国外电子与通信教材系列

电工学原理与应用

（第七版）

Electrical Engineering
Principles and Applications
Seventh Edition

［美］ Allan R. Hambley 著

熊 兰 杨子康 彭光金 余传祥 孙 韬 等译

电子工业出版社
Publishing House of Electronics Industry
北京 · BEIJING

内 容 简 介

本书是电工学领域的经典教材。作者通过讲授电工学原理来激励学生学习,并关注于解决各个工程领域特定的或者有趣的问题,同时还提供了丰富的例题和应用实例。本书的主要内容包括:电阻电路,电感与电容,暂态分析,正弦稳态分析,频率响应、波特图和谐振,逻辑电路,计算机、微控制器和基于计算机的仪器仪表系统,二极管,放大器的技术参数和外部特性,场效应晶体管,双极结型晶体管,运算放大器,磁路和变压器,直流电机,交流电机。

本书可作为高等学校非电类专业电工学课程的教材或教学参考书,也可供从事机电一体化工作的工程技术人员参考。

版权贸易合同登记号　图字:01-2018-8149

图书在版编目(CIP)数据

电工学原理与应用:第七版/ (美)阿伦·R. 汉布利(Allan R. Hambley)著;熊兰等译.
北京:电子工业出版社, 2021.1
(国外电子与通信教材系列)
书名原文:Electrical Engineering: Principles and Applications, Seventh Edition
ISBN 978-7-121-40304-0

Ⅰ. ①电… Ⅱ. ①阿… ②熊… Ⅲ. ①电工—高等学校—教材 Ⅳ. ①TM1

中国版本图书馆 CIP 数据核字(2020)第 264336 号

责任编辑:冯小贝
印　　刷:保定市中画美凯印刷有限公司
装　　订:保定市中画美凯印刷有限公司
出版发行:电子工业出版社
　　　　　北京市海淀区万寿路 173 信箱　　　邮编:100036
开　　本:787×1092　1/16　　印张:45.5　　字数:1345 千字
版　　次:2014 年 9 月第 1 版(原著第 5 版)
　　　　　2021 年 1 月第 2 版(原著第 7 版)
印　　次:2021 年 1 月第 1 次印刷
定　　价:149.00 元

凡所购买电子工业出版社图书有缺损问题,请向购买书店调换。若书店售缺,请与本社发行部联系,联系及邮购电话:(010)88254888,88258888。

质量投诉请发邮件至 zlts@phei.com.cn,盗版侵权举报请发邮件至 dbqq@phei.com.cn。
本书咨询联系方式:fengxiaobei@phei.com.cn。

译 者 序

自 2001 年教育部颁发了《关于加强高等学校本科教学工作提高教学质量的若干意见》以来，国内高等院校不断加大在公共课和专业课教学中推广与普及双语教学的力度，推动着双语教学的改革与试点。双语教学的开展与普及对于中国高等教育的全球化发展和培养国际化、高素质的综合性人才具有显著的积极意义。自 2007 年 1 月，本书的部分译者开始了电工学课程双语教学的改革试点，通过广泛比较各种相关课程的外文原版教材，最终选择了由 Allan R. Hambley 撰写的 *Electrical Engineering: Principles and Applications* 一书。该教材一直被美国蒙大拿大学、科罗拉多大学以及加拿大滑铁卢大学的机械、化学、环境、地理、计算机等专业所选用。

这本书是 *Electrical Engineering: Principles and Applications, Seventh Edition* 的完整翻译版本，书中内容包括电路分析、数字系统、模拟电子技术和电机学等几大主题。该教材的特点是：对知识点和概念的介绍清晰、生动，列举的应用电路的实例非常丰富，而且文字叙述简明、生动；同时，习题量大，便于学生自学和复习。从教材的结构与内容来看，原版教材与国内现行的电工学课程的教学大纲和教学要求基本吻合，满足该课程开展相关教学工作的需要。

综上所述，本书适用于机械、资环、动力、化工、生物、土木、材料等非电类专业的电工学课程的教学，也可以作为电气工程、计算机、自动化等专业学生的专业导论课程的参考教材。

本书由重庆大学电工学课程组来组织翻译工作。彭光金翻译了第 1 章和第 2 章；孙韬翻译了第 3 章和第 4 章；杨子康翻译了第 6 章和第 8 章；熊兰翻译了第 5 章、第 7 章、第 9 章、第 11 章、第 12 章、第 15 章、第 16 章和附录；余传祥翻译了第 10 章、第 13 章、第 14 章；熊露婧参与了第 15 章、第 16 章的翻译工作。最后由熊兰负责全书的统稿工作。

由于译者水平有限，书中难免存在缺点和错误，恳请广大读者批评指正。

前　言[①]

与之前版本一样，编写本书的主要原因有以下三点：第一，从长远来看，有利于学生学好电工学的基本概念；第二，通过讲述电工学原理如何在应用实例中解决特定的、有趣的问题，激发学生的专业学习热情；第三，尽量表述简洁、清晰，便于学生学习和掌握要领。

本书的内容包括电路分析、数字系统、模拟电子技术和电机学，适用于电气工程专业学生的导论课程或者非电类专业学生的综合性课程。先修课程只需要基础物理学和单变量微积分。采用此书来授课有助于在以下多方面培养理论和实践技能：

- 基本电路的分析和测量
- 一阶和二阶电路的暂态响应
- 交流稳态电路
- 谐振与频率响应
- 数字逻辑电路
- 微控制器
- 基于计算机的仪器仪表系统
- 二极管电路
- 放大电路
- 场效应晶体管和双极结型晶体管（三极管）电路
- 运算放大器
- 变压器
- 交流电机和直流电机
- 采用 MATLAB 的计算机辅助电路分析

本书注重基本概念，每一章都安排一段文字概括介绍电工学的基本理论在其他领域中的应用，例如内燃机中的抗振信号处理、心脏起搏器、有源噪声控制、在渔业中使用 RFID 标签等。

非常欢迎读者提出宝贵的建议，如何改进本书的建议尤其有价值，而且将体现在今后的修订版中，作者的 E-mail 是：arhamble@mtu.edu.

学生的在线资源[②]

- MasteringEngineering。课后作业延长了教师的课外辅导时间，引导学生按照自己的学习节奏复习工程教材中的难题，有助于学生了解到自己学习的偏差，并帮助学生采用更简单的步骤解题。本书还提供了视频解答以辅助求解每章中有代表性的习题。读者可以将题解与书打包购买，也可以从网址 www.masteringengineering.com 付费下载。
- 资源网站。这是一个公开的网站(www.pearsonhighered.com/engineering-resources)，其中包含的资源如下：

---

① 本书翻译版的一些字体、正斜体、图示保留了英文原版的写作风格，特此说明。
② 相关的一些资源可登录华信教育资源网(www.hxedu.com.cn)下载。

✧ 学生解答手册。每章有一个 pdf 文件，给出部分章节的练习和每章带星号习题的详解，以及每章测试题的详解。

✧ MATLAB 文件夹。里面有书中介绍的 MATLAB 电路分析案例的 m 文件。

教师的在线资源[①]

教师的在线资源包括：

- MasteringEngineering。在线辅导作业项目有助于教师完成作业自动评分和了解学生的个人反馈，通过不断地布置任务，跟踪了解班级的学习进展或者学生的个人学习能力。
- 完整的教师解答手册。
- PPT 文件，给出书中所有的图表。

这一版的新增内容

- 在每章的最后增加了最受学生欢迎的测试题，用于学生复习知识，为考试做准备。测试题的答案在附录 D 中给出，其详解在学生的在线资源文件夹里。
- 第 1 章～第 7 章均新增了例题。
- 更换了大约一半的习题或者修改了相关的错误。
- 将过去版本中包含计算机、微控制器和以计算机为基础的仪器仪表系统等内容的两章合并为一章，即第 8 章。
- 修改了附录 C，与最新的工程基础考试要求保持一致。
- 第 2 章～第 6 章均新增了采用 MATLAB 的符号运算工具箱的网络分析案例。
- 更改了过去版本文字中的小错误，使表述更清晰。

先修课程

先修课程为基础物理学和单变量微积分。提前掌握微分方程对学习本课程会有所帮助，但不是必需的。微分方程将在第 4 章暂态分析中用到。

教学特点

本书包括多种激发学生兴趣、避免概念混淆和指导学生择业的内容，符合教学要求，包括：

- 每章开头给出本章的学习目标。
- 学习目标之后给出本章相关内容的简介，或者强调要点和需要避免的常见错误。
- 给出电工学理论在其他工程领域的应用，例如有源噪声控制、心脏起搏器。
- 给出解题过程的详细步骤，例如提供了节点电压分析法的解题步骤、戴维南等效电路的解题步骤。
- 每章最后都增加了测试题，用于学生测试所学的知识。答案见附录 D。
- 每章的部分习题和测试题的完整解答可参见学生的在线资源，以此帮助学生深入学习，并明确需要补充的知识点。

[①] 教辅申请方式请参见书末的"教学支持说明"。

● 在每章最后总结重要的知识点，供学生参考复习。
● 在书中以加阴影形式列出重要的公式，引起学生的注意，并有助于记住重要的结论。

满足专业认证的教学要求

本书可以为多种授权证书培训提供很好的选择，工程认证的标准要求毕业生应该具有"应用数学、科学和工程知识的能力"以及"发现、表述和解决工程问题的能力"。本书正是为培养学生的这些能力而编写的。

同时，认证标准还要求学生具备"跨学科的团队协作能力"和"有效沟通的能力"。基于本书的课程，可以为非电类专业的学生提供相关的知识以及有效地与电气工程师沟通的能力训练。本书也帮助电气工程师了解电工学理论在其他工程领域的应用。为了加强交流，每章的部分习题均要求学生以自己的语言来解释电工学的基本概念。

内容及组织

第一部分　基本电路的分析

第 1 章定义电流、电压、功率和能量，介绍基尔霍夫定律，定义电压源、电流源和电阻。

第 2 章分析电阻电路，介绍网络化简法、节点电压分析法、网孔电流分析法等电路分析方法，采用戴维南等效、叠加原理以及惠斯通电桥来解题。

第 3 章介绍电容、电感和互感。

第 4 章讨论电路的暂态响应，首先介绍一阶 RL 和 RC 电路与时间常数，然后讨论二阶电路。

第 5 章讨论正弦稳态电路的性能(附录 A 有助于复习复数的知识)，掌握功率的计算、交流电路的戴维南和诺顿等效以及关于对称三相电路的分析计算。

第 6 章讨论频率响应、波特图、谐振、滤波器和数字信号处理，初步建立傅里叶变换理论(表示信号由具有不同幅值、相位和频率的各种正弦分量组成)的基本概念。

第二部分　数字系统

第 7 章介绍逻辑门、数值的二进制数表示，分析组合逻辑电路和时序逻辑电路，讨论布尔代数、德·摩根定律、真值表、卡诺图、编码器、译码器、触发器和寄存器。

第 8 章以飞思卡尔 HCS12/9S12 为例，介绍基于嵌入式系统的微型计算机，讨论计算机结构与存储器类型。讲述如何采用微控制器进行数字信号处理，以及讲解相关的指令程序。最后，还介绍了以计算机为基础的仪器仪表系统，分析了测量、信号调理、模数转换等概念。

第三部分　电子器件与电路

第 9 章介绍二极管的电路模型、负载线分析和各种应用电路，例如整流电路、稳压电路和波形整形电路等。

第 10 章介绍放大器在实际应用中的性能参数和缺陷，包括增益、输入阻抗、输出阻抗、负载效应、频率响应、脉冲响应、非线性失真、共模抑制和直流失调等内容。

第 11 章介绍 MOS 场效应晶体管(FET)的结构、特性曲线、负载线分析、大信号和小信号模型、偏置电路，以及共源极放大器和共漏极放大器的直流与交流分析。

第 12 章类似于第 11 章讲解的 FET 的内容安排，介绍双极结型晶体管(BJT)的结构、特性曲线、负载线分析、大信号和小信号模型、偏置电路，以及共射极放大器和共集电极放大器的直流与交流分析。

第 11 章和第 12 章的授课顺序可以交换，也可以在授课时跳过这两章中部分小节的内容，节约时间来讲述其他主题。

第 13 章讨论运算放大器的结构、工作原理及其应用。非电类专业的学生能从本章学习如何使用和设计运算放大器，应用于本专业领域的测量仪器。

第四部分　电机学

第 14 章复习基本的磁场理论，分析磁路和变压器。

第 15 章和第 16 章分别讲解直流电机和交流电机。重点介绍电动机而不是发电机，因为非电类专业的工程师更多地接触电动机而不是发电机。在第 15 章学习了直流电机之后，还介绍了多种电动机的等效电路和性能参数的计算，也讨论了通用电动机及其应用。

第 16 章讲解交流电机，从三相感应电动机入手，再介绍同步电动机，从功率因数校正的角度介绍其优越性。对小型电动机例如单相感应电动机也进行了介绍，在本章最后还讲解了步进电动机和无刷直流电动机。

致谢

感谢密歇根理工大学电气与计算机工程系的同事们，在我撰写本书和其他工作中不断给予我帮助与鼓励。

在我撰写本书的各个阶段，得到了来自其他高校和学院的审稿教授们许多很好的建议，这些建议使本书终稿得以顺利地完成，特此一并感谢。

本书的审稿者包括：

Ibrahim Abdel-Motaled, Northwestern University

William Best, Lehigh University

Steven Bibyk, Ohio State University

D. B. Brumm, Michigan Technological University

Karen Butler-Purry, Texas A&M University

Robert Collin, Case Western University

Joseph A. Coppola, Syracuse University

Norman R. Cox, University of Missouri at Rolla

W. T. Easter, North Carolina State University

Zoran Gajic, Rutgers University

Edwin L. Gerber, Drexel University

Victor Gerez, Montana State University

Walter Green, University of Tennessee

Elmer Grubbs, New Mexico Highlands University

Jasmine Henry, University of Western Australia

Ian Hutchinson, MIT

David Klemer, University of Wisconsin, Milwaukee

Richard S. Marleau, University of Wisconsin

Sunanda Mitra, Texas Tech University

Phil Noe, Texas A&M University

Edgar A. O'Hair, Texas Tech University

John Pavlat, Iowa State University

Clifford Pollock, Cornell University

Michael Reed, Carnegie Mellon University

Gerald F. Reid, Virginia Polytechnic Institute

Selahattin Sayil, Lamar University

William Sayle II, Georgia Institute of Technology

Len Trombetta, University of Houston

John Tyler, Texas A&M University

Belinda B. Wang, University of Toronto

Carl Wells, Washington State University

Al Wicks, Virginia Tech

Edward Yang, Columbia University

Subbaraya Yuvarajan, North Dakota State University

Rodger E. Ziemer, University of Colorado, Colorado Springs

多年来，密歇根理工大学和其他学校使用本书的学生与教师给我提出了许多非常好的修改建议，并纠正了相关的错误，在此表示衷心的感谢。

非常感谢本书的编辑 Julie Bai，支持我继续保持正确的撰写方向，并给予众多建议；也感谢 Scott Disanno 为本书出版所做的大量事务性工作。

最后，感谢 Tony、Pam 和 Manson 一直以来对我的鼓励和建议，感谢 Judy（我故去的妻子）为我所做的难以列举的支持和帮助。

Allan R. Hambley

目　录

第1章 引　言

本章学习目标

- 理解电气工程与其他科学、工程领域之间的关系。
- 列举电气工程主要应用的子领域。
- 列举学习电气工程的重要性。
- 理解电流、电压与功率的定义与单位。
- 掌握功率和能量的计算，区分电路元件是提供能量还是消耗能量。
- 掌握基尔霍夫定律及其应用。
- 理解电路的串/并联结构。
- 理解电压源和电流源及其主要特征。
- 掌握欧姆定律的应用。
- 掌握简单电路的电流、电压和功率的求解方法。

本章介绍

本章介绍电路的各个参数(电流、电压、功率与能量)，研究其遵循的定律以及几种电路元件(电流源、电压源和电阻)。

1.1 电气工程综述

电气工程师设计的系统功能有如下两类：

1. 信息的收集、存储、处理、转换和显示。
2. 能量的分配、存储和转换。

在很多电气系统中，对能量和信息的处理是相互依存的。

例如，大量关于电气工程的信息可应用于天气预报中，有关云层覆盖、降雨、风速等方面的数据被气象卫星、地面雷达系统和众多气象站中的传感器(传感器是一种将物理测量结果转换成电子信号的装置)采集起来，这些信息通过通信系统和计算机系统加以传输和处理并用于天气预报，其结果通过电的方式进行传播和显示。

在发电厂中，各种形式的能量被转化成电能。电力调度系统将能量传输到全球各个工厂、家庭和企业，在那里能量被转换为各种有用的形式，如机械能、热能和光能。

毫无疑问，可以列举日常生活中有关电气工程的很多应用。目前，电力电子技术越来越多地被融合在新的产品中，汽车即为一个例证。电子设备在汽车上的应用加快了汽车的增值速度，使汽车设计师们认识到电子技术的应用是一个增加功能、降低成本的好方法。在表1.1中阐述了现代电力电子技术在汽车方面的应用。

> 你可能会发现搜寻与 "mechatronics" (机电一体化)有关的网址很有趣。

另一个应用实例是许多家用电器中包含了用于控制的按钮、传感器、电子显示屏和一些芯片，还有一些使用方便的开关、加热器件和发动机。可见，电子器件已经和机器设备紧密地整合在一起，于是一个新的名词应运而生，即机电一体化。

1.1.1　电气工程应用的子领域

下面简要讨论电气工程应用的 8 个主要的子领域。

1. 通信系统是以电子形式传播信息的。手机、收音机、卫星电视和因特网都是通信系统的例子，这使得地球上两个人的同步通话成为可能。一个在尼泊尔山顶的登山者可以给他的朋友打电话或者发送电子邮件，而不用考虑朋友是在阿拉斯加徒步旅行，还是坐在纽约的办公室里。这种通信影响了我们的生活方式、商业经营方式以及工程设计。例如，通信系统将改变高速公路的设计，因为交通和路面状况的信息可以通过路边的传感器采集起来而传输到当地的交通控制中心。当某个交通事故发生时，一个电子信号会在安全气囊展开后自动发出，给出汽车的确切位置并寻求帮助，同时通知交通控制中心的计算机系统。

2. 计算机系统以数字信号的形式处理和存储信息。毫无疑问，每个人在不同的工作岗位都使用着计算机。另外，计算机还被用到很多不为人注意的地方，比如家用电器和汽车上。一个典型的现代汽车会包含很多特定的计算机控制功能，而化学过程和铁路交通调度也是通过计算机加以控制的。

表 1.1　现代电力电子技术在汽车方面的应用

安全性能
　防抱死系统
　安全气囊
　碰撞的预警和防避
　车辆盲区检测(尤其针对大型卡车)
　红外夜视系统
　仪表显示
　自动故障提示
　后视摄像头

通信和娱乐
　AM/FM 广播
　数字音频播放
　CD/DVD 播放器
　车载电话
　计算机/电子邮件
　卫星广播

便利性
　电子导航
　个性化的座位/镜子/广播收音设定
　电子门锁

排放、性能和燃料经济性
　汽车仪表
　电子点火
　轮胎压力感应器
　程序化的性能评估和行程维护
　适应性悬挂系统

交替推进系统
　电动汽车
　高效电池
　混合动力汽车

> 作为电器或汽车等产品的一部分的计算机被称为嵌入式计算机。

3. 控制系统通过传感器收集信息，并用电能对物理过程进行控制。居室里的加热和制冷系统就是一个简单的控制系统，传感器(或温控器)比较当前温度与设定值之间的差距，控制电路通过控制电炉或空调以达到设定的温度。在轧制钢板时，通过电子控制系统可以得到想要的厚度，如果钢板过厚(或者过薄)，更多(或者更少)的力将被用到轧辊上来修正偏差。化学过程中的温度和流动速度也通过相同的方式来控制。控制系统还被安装到高层建筑中，用于减少因风而引起的建筑物晃动。

4. 电磁学是对电场和磁场领域的研究与应用。磁控管在箱体中产生微波用于加热是一种应用。与此相似但具有更大能量的设备则用于生产胶合板。电磁场加热胶合板各层之间的胶，使各层很快地结合。手机和电视天线也是电磁设备应用的实例。

5. 电子学研究材料、设备以及放大和开关电信号的电路及其应用。最重要的电子元件是各种各样的晶体管，应用于电能和电气信息等各方面。例如，心脏起搏器是一个感应心脏跳动的电子电路，如果心脏停止跳动，起搏器会对心脏进行持续一分钟的刺激。电子仪表和电子传感装置已应用到几乎所有的科学和工程领域，本书在介绍各种放大器时也介绍了它们在各个工程领域中的应用。

> 电子设备是基于控制电子的设备，类似地，光电子设备是基于控制光子的设备。

6. **光电子学**是一个在科学和工程领域令人兴奋的新兴学科，极有可能取代传统的以驱动电子为基础的计算、信号处理、信号感应和通信设备，转而推进以驱动光子为基础的生产方式，极大地提高生产率。光电子学包括新一代的激光和发光二极管，通过光电器件实现传输光信息以及开关、调制、放大和检测等功能，也包括用于驱动光信号的电学、声学和成像学设备。目前，光电子学的应用包括 DVD、全息图、光学信号处理器和光纤通信系统；未来的应用将包括光学计算机、全息存储和医疗设备。光电子学给所有科学家和工程师提供了一个巨大的机遇。

7. **电力系统**将发电厂发出的电能传输到距离很远的地方。这个系统由发电机、变压器、输电线路、电动机和其他的一些设备组成。机械工程师通常用电动机来完成他们的设计，而电动机的选择需要依据其机械特性。本书将介绍这些相关信息。

8. **信号处理**针对载有信息的电信号，通常是从来自传感器的信号中提取有用的信息。其中一种应用是处理机器人的视觉信号，另一种应用是对内燃机点火系统的控制。内燃机点火的时机对其运行状况和减少污染至关重要，影响机轴旋转的最佳点火时机取决于如下因素：燃料质量、空气温度、油门的设定、发动机的转速以及其他因素。

如果点火时间稍微超过了最佳点火时机，发动机会振动并发出刺耳的金属声，这是由于化学燃料在燃烧室里释放能量时造成的快速压力波动引起的。燃烧室的压力波动通过外在的振动体现出来，如图 1.1 所示。剧烈振动将会很快损坏发动机，因此，在更实用的信号处理装置出现之前，发动机的计时只能在不理想的直视状态下凭经验进行控制，以避免在不同运行状态下的发动机振动。

通过在燃烧室中接入一个传感器而获得一个与压力成正比的电信号，由电子电路分析处理此信号，并判断是否因过快的压力波动特性而引起振动。这时，电子电路不断将点火时间调整到最合适的时候以避免撞击。

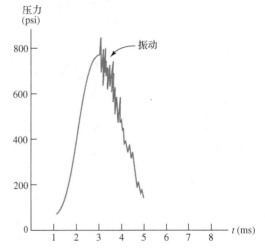

图 1.1　出现振动时，内燃机中的压力与时间的关系曲线。传感器将电压转换为电信号，以便调整燃烧时间，减少污染，实现更佳的性能

1.1.2　为什么需要学习电气工程

作为本书的读者，你可能正在从事其他工程领域和科学领域的工作，或者在上一些关于电气工程的必修课程，你的学习目标可能是为了达到获得学位所必需的课程要求。不过，基于以下原因，有必要学习和掌握一些电气工程的基础知识。

> 本教材可以作为 FE 考试的复习资料。

1. **通过工程基础(FE)考试，为成为注册专业工程师做准备。** 在美国，要求从事公共服务的工程执业者必须成为注册专业工程师(PE)。本书提供了 FE 考试中电气工程方面的知识，可把本教材和相关课程笔记作为 FE 考试的复习资料(参见附录 C 中有关 FE 考试的更多内容)。

  2．**拓展自身的知识面，有助于从事与工程设计相关的工作**。在其他领域的科学实验和工程设计中涉及电气工程的内容已经成为一种发展趋势，企业要求工程师之间不仅相互协作，而且要具备较宽的知识面，那些只熟悉和关注本专业的工程师或科学家将很难有较大发展。从这方面而言，电气工程师应该是非常幸运的，因为结构、机械和化学处理等方面的基础知识可以在日常生活中接触并熟悉，但是，对没有进行系统学习的人来说，电气工程知识是比较深奥难懂的。

  3．**可以操作和维护电气系统，如机械加工过程的控制系统**。大多数电路故障的排除只需要掌握基本的电气工程知识就足够了，能够把电气工程知识应用到工程实践中的工程师或科学家是非常优秀和宝贵的。

  4．**可以与电气工程师进行交流**。如果工作中需要经常与电气工程师紧密联系，本书提供了与电气工程师交流的常用的基本知识。

1.1.3 本书内容

> 电路原理是电气工程师最基本的"工具"。

  电气工程领域涵盖的内容太广，不可能在一两门课程中讲完。本书的目的是介绍一些常用的电气基本概念。电路原理是电气工程师最基本的"工具"，因此本书前六章的内容将介绍电路。

  嵌入式计算机、传感器和数字电路与工程师或科学家的工程设计紧密相连，因此，本书第 7 章和第 8 章重点介绍嵌入式计算机和电气仪表，本书第 9～13 章介绍电子器件与电路。

  机械、化学、建筑、工业或其他领域的工程师经常会用到能量转换设备，因此，本书最后 3 章介绍电力系统中的变压器、发电机和电动机。

  本书介绍了很多基本概念，可用于电气工程师的入门学习课程。另外，无论是其他专业还是电气专业的工程师或科学家，均可以通过本书的学习来了解电气工程知识是如何应用于其他领域的。

1.2 电路、电流与电压

1.2.1 电路的基本知识

  在详细讨论电路之前，我们先用一个简单的例子来理解电路的概念，即汽车前灯的电路模型。这个电路包括一个电池、一个开关、前灯以及连接它们而构成闭合回路的导线，如图 1.2 所示。

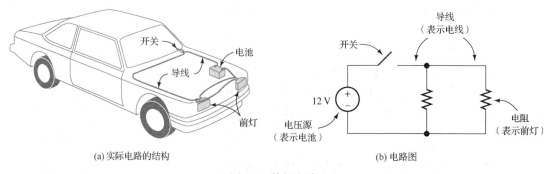

(a) 实际电路的结构   (b) 电路图

图 1.2 前灯电路

> 电池的电压是一个单位电荷通过电池所得到能量的度量。

电池中的化学能产生电荷(电子)流过电路，电荷从电池中的化学能得到能量并传递给汽车前灯，电池的电压(一般为 12 V)是一个单位电荷通过电池所得到能量的度量。

> 电子可以通过铜导线，但不会通过塑料绝缘体。

导线由良好的电导体(铜)构成，这些导线通过缠绕在外周的绝缘体(塑胶)而相互绝缘。电子可以通过铜导线，但不会通过塑料绝缘体，所以电荷的流动(电流)必然沿着导线直至前灯。众所周知，空气是一种绝缘体。

开关用来控制电流。当开关的导线金属片互相接触时，称之为开关闭合，电流通过开关。反之，当导线的金属部分没有接触时，称之为开关断开，没有电流通过。

> 当电子与钨丝的原子发生碰撞时，导致钨丝发热。
> 能量从电池中的化学能转移给电子，再转移至钨丝。

前灯装置包括特殊的耐高温的钨丝。钨丝没有铜的导电性能好，当电子与钨丝的原子发生碰撞时，导致钨丝发热，我们称钨丝具有电阻。所以，当能量从电池中的化学能转移给电子，再转移至钨丝时表现为发热，钨丝达到足够的温度后就会发出大量的光。而且，电子转移的功率等于由电池提供的电流(电荷的流速)和电压(又被称为电势)的乘积。

实际上，对汽车前灯电路的简单描述更适合于传统汽车。在现代汽车中，发光二极管(LED)代替了传统钨丝灯泡，而且传感器可以为嵌入式计算机提供周围环境的亮度信息，确定灯具是否需提供能量，转换装置是否启动。只需通过仪表盘开关给计算机输入一个逻辑信号，表明操作者对前灯进行操作的目的。计算机根据这些输入的信息来控制前灯电路的开关。当点火装置熄灭且周围光线很暗时，计算机将保持车灯亮几分钟，以便乘客下车，然后将车灯关闭，从而节约电池的能量。这个典型例子说明，采用高性能的电子与计算机技术能增强所有工程领域中的工程设计能力。

1.2.2 液体流动模拟

> 把电路与液体流动类比有助于理解电路。

电路类似于液体流动系统。电池好比一个泵，电荷类似于液体，而导线(通常为铜丝)对应于有液体流过的无摩擦阻力的管道。这样，电流相当于液体的流动速度，电压相当于液体环路中各个点之间的压力差，开关相当于阀门。最后，钨丝灯泡的电阻把电能转变为热能，类似于在液体流动系统中导致出现湍流的一个束紧装置。实际上，电流衡量电荷通过电路元件横截面的流速，而电压是用一个电路元件两端或者其他两点之间的电势差来衡量的。

现在，我们对简单电路有了基本的理解，可以更准确地理解相关的概念和术语。

1.2.3 电路

> 电路是一个由导线连接的闭合回路，包含各种电路元件。

电路是一个由导线连接的闭合回路，包含各种电路元件，图 1.3 表示了一个很简单的电路。电路元件可以是电阻、电感、电容和电压源等，各元件的符号如图 1.3 所示。本书后续会详细讨论各种类型元件的性质。

> 电荷很容易通过连接各元件的导线。

电荷很容易通过连接各元件的导线，在实际电路中，导线相当于连接线。电压源为电荷流过导线和元件提供动力，使能量在各元件中传递，最后转化为一种有用的形式。

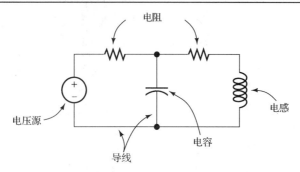

图 1.3　由多个元件(电压源、电阻、电感和电容)组成并用导线连接为闭合回路的电路

1.2.4　电流

电流是单位时间流过导线或电路元件横截面的电荷量,其单位是安培(A),即库仑每秒(C/s)。每个电子的电荷量为-1.602×10^{-19} C。

> 电流是单位时间流过导线或电路元件横截面的电荷量,其单位是安培(A),即库仑每秒(C/s)。

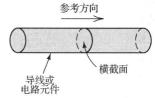

图 1.4　电流是单位时间流过导线或电路元件横截面的电荷量

一般情况下,为了计算一个已知元件的电流,首先,应选择电流的方向大致垂直于该元件的横截面。然后,沿电流方向选择一个**参考方向**,如图 1.4 所示。

接下来,假设已知流过横截面的电荷量。若正电荷沿着参考方向穿过横截面,则净电荷量增加;若正电荷沿着与参考方向相反的方向穿过横截面,则净电荷量减少。换言之,负电荷沿着参考方向穿过横截面将使净电荷量减少,若沿着与参考方向相反的方向穿过横截面,则被认为使净电荷量增加。

如果电荷量关于时间的函数为 $q(t)$,则流过元件的电流表示为

> 本书用带阴影的方式来表示重要的公式。

$$i(t) = \frac{\mathrm{d}q(t)}{\mathrm{d}t} \tag{1.1}$$

1 安培的电流表示每秒内有 1 库仑的电荷穿过元件的横截面。

为了通过电流得到电荷量,需要进行积分运算,有

$$q(t) = \int_{t_0}^{t} i(t)\,\mathrm{d}t + q(t_0) \tag{1.2}$$

t_0 是电荷量已知的初始时刻(除非特别说明,本书约定 t 以秒为单位)。

通过同一电路元件横截面的电流值是相同的,在第 3 章介绍电容时会证明这个结论,即电流从元件的一端流入,从另一端流出。

例 1.1　由电荷量确定电流大小

假设电荷量随时间变化的关系如下:

$$q(t) = 0, \qquad t < 0$$

和

$$q(t) = 2 - 2\mathrm{e}^{-100t}\,\mathrm{C}, \qquad t > 0$$

画出 $q(t)$、$i(t)$ 随时间变化的曲线。

解：由式 (1.1) 得到

$$i(t) = \frac{\mathrm{d}q(t)}{\mathrm{d}t}$$

$$= 0, \qquad t < 0$$

$$= 200\mathrm{e}^{-100t}\,\mathrm{A}, \qquad t > 0$$

$q(t)$、$i(t)$ 随时间变化的曲线如图 1.5 所示。

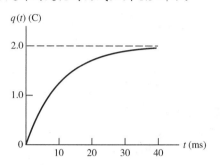 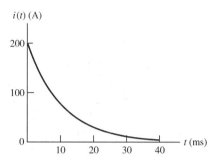

图 1.5　例 1.1 的电荷与电流随时间变化的曲线。注意：时间单位为 ms，$1\ \mathrm{ms} = 10^{-3}\mathrm{s}$

1.2.5　参考方向

在分析电路时，我们也许不知道某个元件的实际电流方向，所以，可以对未知电流设定电流变量，并任意选择一个参考方向。通常情况下，用字母 i 来表示电流，用下标来区分不同的电流，如图 1.6 所示。图中标注的方框 A、B 等表示电路元件，某些电流可能为负值。例如，假设电路中 $i_1 = -2\,\mathrm{A}$，由于 i_1 是负值，可知其实际电流方

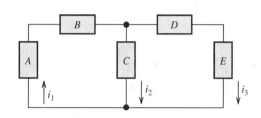

图 1.6　在分析电路时，通常首先设置电流变量 i_1、i_2、

向与选择的电流参考方向相反，所以，实际电流的大小是 $2\,\mathrm{A}$，方向是自上向下流过元件 A。

1.2.6　直流电流和交流电流

> 直流电流随时间变化恒为常数，而交流电流随时间变化而变化。

当电流随时间变化恒为常数时，我们称之为**直流电流**，缩写为 DC。当电流的大小和方向随时间变化出现周期性的变化时，称之为**交流电流**，缩写为 AC。图 1.7(a) 表示一个直流电流，图 1.7(b) 表示一个正弦交流电流。当 $i(t)$ 变为负值时，实际电流方向则会变为与当前电流方向相反。交流电流还有其他类型，例如图 1.8 中的三角波和方波等。

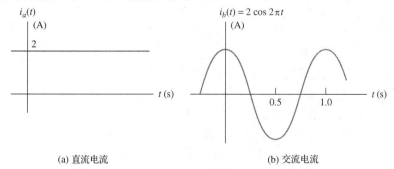

(a) 直流电流　　　　　　　　　　　　　(b) 交流电流

图 1.7　直流电流和交流电流的变化曲线

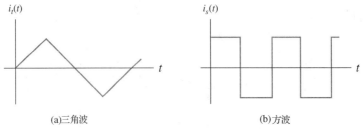

(a)三角波   (b)方波

图 1.8   交流电流具有多种形状的波形

1.2.7 用双下标符号表示电流

前面介绍了在元件旁边标注箭头来表示电流的参考方向。另一种表示元件电流的参考方向的方法是标注元件两端的字母，用双下标来标注电流的方向。例如在图 1.9 中，i_{ab} 表示电流的参考方向是从 a 指向 b，同样，i_{ba} 表示电流的参考方向是从 b 指向 a。很显然，i_{ab} 与 i_{ba} 幅值大小相等，正负符号相反。由于它们表示同样的电流，但参考方向相反，所以 $i_{ab} = -i_{ba}$。

图 1.9   可通过标注元件两端的字母，并用双下标表示电流变量的参考方向，电流 i_{ab} 的参考方向是从 a 指向 b；反之，电流 i_{ba} 的参考方向是从 b 指向 a

练习 1.1   2 A 的直流电流通过一个元件，在 10 s(秒)内有多少电荷量通过该元件？

答案： 20 C。

练习 1.2   通过一元件的电荷量 q 随时间 t 的变化如下：$q(t) = 0.01 \sin(200t)$ C(角度用弧度表示)，请找出电流随时间变化的函数关系。

答案： $i(t) = 2 \cos(200t)$ A。

练习 1.3   在图 1.6 中，设 $i_2 = 1$ A，$i_3 = -3$ A，假定正电荷运动的方向为电流方向，流经元件 C、E 的电流方向是什么？

答案： 元件 C 的电流方向为向下，元件 E 的电流方向为向上。

1.2.8 电压

当电荷经过电路元件时，能量就会被转移。例如，汽车的车灯由电池提供化学能，车灯将该化学能转化为电能，从而发光、发热。电路元件的**电压**是指当单位电荷流过元件时电能的转换量。电压的单位为伏特(V)，等价为焦耳每库仑(J/C)。

> 电压是指单位电荷从电路一点流到另一点时电能的转换量。
> 注意电压是对电路元件两端的度量，而电流是电荷流经电路元件的度量。

如果一辆汽车的蓄电池电压为 12 V，这意味着每 1 库仑的电荷流经蓄电池时有(12 J)能量发生转换。当电荷朝一个方向运动时，由电池供应能量，在电路其他处转换为热能、光能或者启动电动机的机械能。反之，当电荷沿相反的方向运动时，能量被电池吸收，表现为存储化学能。

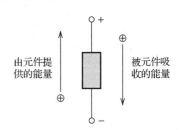

电压的极性指明了能量转换的方向。如果正电荷从正极流向负极，则电路元件吸收能量，如转换为光能、机械能和化学能。反之，如果正电荷从负极流向正极，则电路元件提供能量，如图 1.10 所示。对于负电荷而言，能量转换的方向与正电荷相反。

图 1.10   当元件两端存在电压差时，电荷流过元件，并传递能量

1.2.9 参考极性

在分析电路时，我们常任意设定电压的参考极性，如果分析最后得到的电压值为负值，则说明实际极性与起初设定的参考极性相反。

在分析电路时，通常不知道实际电压的极性，所以可以给这些电压变量任意规定参考极性（当然，实际极性并非任意的），如图 1.11 所示。接下来，根据电路原理(后面将详细介绍)列出等式，并求解出电压值，如果已知电压的极性与我们选定的参考极性相反，则该电压为负值。如图 1.11 所示，若 $v_3 = -5\,\mathrm{V}$，可知电压在元件 3 上的幅值为 $5\,\mathrm{V}$，实际极性与图中的极性相反(即实际极性为下正上负)。

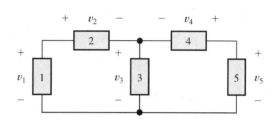

图 1.11　如果不知道电路中的各电压值和极性，可以任意选定电压变量的参考极性(方框表示未知的电路元件)

通常，无须刻意去确定一个"正确"的电流方向或者电压极性。如果不确定，可以任意规定参考方向，然后根据电路分析结果来确定实际的方向与极性(以及电流与电压的幅值)。

电压可以为常数，也可以随时间变化。当电压为常数时被称为**直流电压**；相反，电压幅值和极性随时间变化时被称为**交流电压**。例如，

$$v_1(t) = 10\ \mathrm{V}$$

是一个直流电压，因为其幅值和极性不变。不过，

$$v_2(t) = 10\cos(200\pi t)\ \mathrm{V}$$

是一个交流电压，因为其幅值和极性随时间变化。若 $v_2(t)$ 为负值，则其极性与给定的参考极性相反(在第 5 章中将介绍正弦交流电流和电压)。

1.2.10　电压的双下标符号表示

另一种表示电压参考极性的方法是给电压变量标注双下标，如图 1.12 所示，用字母或数字来标注电压的两端。对图中的电阻，v_{ab} 表示 a、b 点之间的电压，参考极性 a 为正极。双下标表示电压的两个端点，第一个下标是正的参考极性。同样，v_{ba} 指 a、b 之间的电压，但 b 为正的参考极性。由此得出

$$v_{ab} = -v_{ba} \tag{1.3}$$

可见，v_{ab} 与 v_{ba} 有同样的幅值，但极性相反。

当然，还有另一种方式可以表示电压，其参考极性用一个箭头表示。如图 1.13 所示，箭头的前端为正的参考极性。

图 1.12　电压 v_{ab} 的极性：a 端为正，b 端为负

图 1.13　电压 v 的正极性在箭头的前端

1.2.11　开关

开关控制着电路中的电流。当一个开关断开时，经过的电流为零，开关两端的电压由电路的其余部分决定。当开关闭合时，其两端电压为零，而电流由电路的其余部分决定。

练习 1.4　一个元件的两端电压 $v_{ab} = 20\ \text{V}$，2 库仑的正电荷从 b 至 a 流经元件。问：有多少能量发生转移？能量是由元件提供还是被元件吸收？

　　答案：由元件提供 40 J 的能量。

1.3　功率与能量

对于图 1.14 的元件，电流 i 表示电荷流动的速度，电压 v 是单位电荷能量转化的度量值，则电流与电压的乘积表示能量转移的速度，即功率：

$$p = vi \tag{1.4}$$

等式右边的物理单位计算表示为

伏特×安培 = 焦耳/库仑×库仑/秒 = 焦耳/秒 = 瓦特

1.3.1　关联参考方向

现在我们也许会问：由式(1.4)计算的功率如何表示能量由元件提供，还是被元件吸收？参照图 1.14，如果电流的参考方向是从电压的正极流入，则称这种情况为**关联参考方向**。这时，如果计算的功率为正值，表示能量被元件吸收。相反，负的结果则意味着由元件向电路的其他部分提供能量。

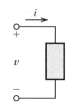

图 1.14　当电流流过一个元件时，电压出现在元件两端，并传递能量。能量转移的速度是功率 $p = vi$

如果电流的参考方向是从电压的负极流入，则计算功率的表达式为

$$p = -vi \tag{1.5}$$

此时，若功率 p 为正值，表明能量被元件吸收；若为负值，则表示该元件为其他元件提供能量。

如果电路元件是电化学蓄电池，则功率为正值表示电池正被充电。也就是说，蓄电池吸收的电能被转化为化学能。反之，功率为负值表示蓄电池正在放电，电池提供的能量被传递到电路的其他元件。

有时，电流、电压和功率是关于时间的函数，可以将式(1.4)表示为

$$p(t) = v(t)i(t) \tag{1.6}$$

例 1.2　功率计算

如图 1.15 所示，计算电路中各元件的功率。如果每个元件均是蓄电池，问：它是在充电还是放电？

　　解：对于元件 A，电路的参考方向从电压的正极流入，这是一个关联参考方向，功率计算如下：

$$p_a = v_a i_a = 12\ \text{V} \times 2\ \text{A} = 24\ \text{W}$$

因为功率是正的，则能量被元件吸收。如果是蓄电池，则会被充电。

对于元件 B，电流的参考方向从电压的负极流入(注意：电流从一端流入则必定从另一端流出，反之亦然)，这是非关联参考方向。所以，功率计算如下：

$$p_b = -v_b i_b = -(12\ \text{V}) \times 1\ \text{A} = -12\ \text{W}$$

由于功率是负值，可知该元件提供能量，如果是蓄电池，则会放电。

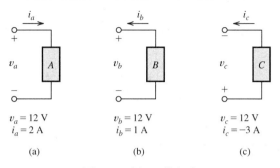

图 1.15　例 1.2 的电路

对于元件 C，电流的参考方向从电压的正极流入。这是关联参考方向，功率计算如下：

$$p_c = v_c i_c = 12\,\text{V} \times (-3\,\text{A}) = -36\,\text{W}$$

由于结果是负值，可知该元件提供能量，如果是蓄电池，则会放电。注意：因为 i_c 为负值，电流实际方向是向下通过元件 C 的。

1.3.2　能量计算

计算在 t_1 至 t_2 时间内一个元件所转换的能量 w，可以对功率积分：

$$w = \int_{t_1}^{t_2} p(t)\,\mathrm{d}t \tag{1.7}$$

这里特别指出，功率是关于时间的函数，因此用 $p(t)$ 表示。

例 1.3　计算能量

在图 1.16 中，找出电压源的功率表达式，计算从 $t_1 = 0$ 至 $t_2 = \infty$ 内的能量变化。

解： 电流的参考方向从电压的正极流入，所以计算功率如下：

$$\begin{aligned} p(t) &= v(t)i(t) \\ &= 12 \times 2\mathrm{e}^{-t} \\ &= 24\mathrm{e}^{-t}\,\text{W} \end{aligned}$$

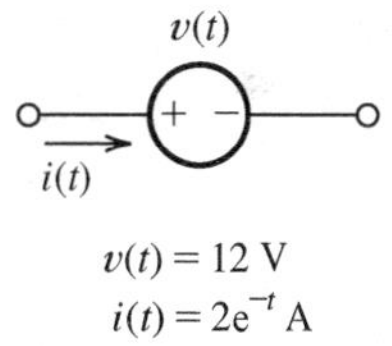

$$v(t) = 12\,\text{V}$$
$$i(t) = 2\mathrm{e}^{-t}\,\text{A}$$

图 1.16　例 1.3 的电路

这时，能量为

$$\begin{aligned} w &= \int_0^\infty p(t)\,\mathrm{d}t \\ &= \int_0^\infty 24\mathrm{e}^{-t}\,\mathrm{d}t \\ &= [-24\mathrm{e}^{-t}]_0^\infty = -24\mathrm{e}^{-\infty} - (-24\mathrm{e}^0) = 24\,\text{J} \end{aligned}$$

因为能量是正值，可知电压源吸收能量。

1.3.3　单位前缀

在电气工程应用领域中，会遇到关于电流、电压、功率以及其他物理量的数量级差异很大的情况，当表示很大或很小的物理量时，可以采用表 1.2 的前缀，例如 1 毫安（1 mA）等于 10^{-3} A，1 千伏特（1 kV）等于 1000 V，等等。

练习 1.5   假设一个元件的两端标注为 a、b,问:i_{ab} 与 v_{ab} 的参考方向是否为关联参考方向?为什么?

答案:参考方向 i_{ab} 的输入端 a 即为参考电压 v_{ab} 的正极,电流的参考方向从电压的正极流入,因此是关联参考方向。

练习 1.6   试计算图 1.17 中各元件的功率与时间的函数关系式,求 $t_1 = 0$ 至 $t_2 = 10$ s 时间内能量的转换量;问:在这种情况下元件是吸收还是提供能量?

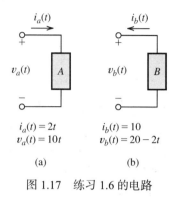

$i_a(t) = 2t$
$v_a(t) = 10t$

$i_b(t) = 10$
$v_b(t) = 20 - 2t$

(a)   (b)

图 1.17   练习 1.6 的电路

表 1.2   常见物理单位前缀

前　缀	缩　写	比例因子
giga	G	10^9
meg 或 mega	M	10^6
kilo	k	10^3
milli	m	10^{-3}
micro	μ	10^{-6}
nano	n	10^{-9}
pico	p	10^{-12}
femto	f	10^{-15}

答案:a. $p_a(t) = 20t^2$ W,$w_a = 6667$ J;w_a 是正值,所以元件 A 吸收能量。

b. $p_b(t) = 20t - 200$ W,$w_b = -1000$ J;w_b 是负值,所以元件 B 提供能量。

1.4   基尔霍夫电流定律

节点是电路中两个或两个以上电路元件的连接点,图 1.18 中表示了多个节点。

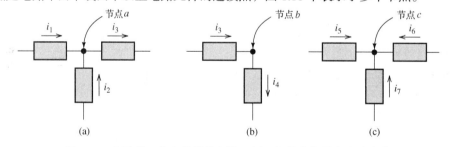

(a)   (b)   (c)

图 1.18   表示单一节点的部分电路,用于解释基尔霍夫电流定律

基尔霍夫电流定律描述为:流入一个节点的净电流为零。

基尔霍夫(Kirchhoff)电流定律是电路的一项重要原则,描述为:流入一个节点的净电流为零。为了计算流入节点的净电流,可将流入的电流相加,再减去流出的电流。这样,对图 1.18 中的节点,有下列等式:

节点 a: $i_1 + i_2 - i_3 = 0$
节点 b: $i_3 - i_4 = 0$
节点 c: $i_5 + i_6 + i_7 = 0$

请注意,对节点 b,基尔霍夫电流定律规定 $i_3 = i_4$,即只有两个电路元件连接的节点,其电流必然相等。或者说,如果流入节点的电流从一个元件流入而从另一个元件流出,这时通常仅对这两个元件定义一个电流变量。

那么，对节点 c，与之相连的所有电流值或者均为零，或者部分为正值，其余为负值。

基尔霍夫电流定律缩写为 KCL，还有另外两种方法来描述 KCL。一种描述方法是：流出节点的净电流为零。为了计算流出节点的净电流，等式中将流出节点的电流相加，并减去流入节点的电流。例如，对图 1.18 中的节点有

$$节点\ a:\quad -i_1 - i_2 + i_3 = 0$$
$$节点\ b:\quad -i_3 + i_4 = 0$$
$$节点\ c:\quad -i_5 - i_6 - i_7 = 0$$

显然，这些等式和前面的等式是等效的。

> KCL 的另一种描述方法是：流入节点的电流和等于流出节点的电流和。

另一种描述方法是：流入节点的电流和等于流出节点的电流和。对于图 1.18，有

$$节点\ a:\quad i_1 + i_2 = i_3$$
$$节点\ b:\quad i_3 = i_4$$
$$节点\ c:\quad i_5 + i_6 + i_7 = 0$$

同样，这些等式也和前面的等式是等效的。

1.4.1　基尔霍夫电流定律的物理基础

要理解 KCL 的正确性，可以假设节点被隔离，然后分析会发生什么情况。对图 1.18(a)，取 $i_1 = 3\,\text{A}$，$i_2 = 2\,\text{A}$，$i_3 = 4\,\text{A}$，则流入节点的电流为

$$i_1 + i_2 - i_3 = 1\,\text{A} = 1\,\text{C/s}$$

在这种情况下，一秒内有 1 库仑电荷堆积在该节点上。即每隔 1 秒有 1 库仑电荷加在节点上，并且在电路上另一个地方要减少 1 库仑电荷。

假设这些电荷之间的距离为 1 米，则这些电荷会相互作用产生吸引力。在电场力作用下，最终产生的力大约为 8.99×10^9 牛顿（2.02×10^9 磅）。可见，当这些电荷之间的距离合适时，会产生非常大的电场力，从而导致电流流动。因此，KCL 描述的就是电场力阻止电荷在节点堆积的现象。

> 电路中所有直接通过导线连接在一起的节点可视为一个单独节点。

电路中所有直接通过导线连接在一起的节点可视为一个单独节点。如图 1.19 所示，元件 A、B、C、D 均连接到同一个节点，通过 KCL 定律可以写出

$$i_a + i_c = i_b + i_d$$

1.4.2　串联电路

我们经常应用 KCL 来分析电路。例如，对于图 1.20 的元件 A、B、C，当两个元件首尾相接时，称之为**串联**。为了把元件 A、B 串联在一起，它们之间不能有其他的电流支路，所以，串联的所有元件均流过同一个电流。关于图 1.20 列写 KCL 等式，对节点 1 有

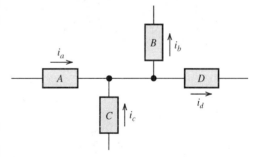

图 1.19　可将元件 A、B、C、D 看作连接到同一个节点，因为这些连接点都由导线连接，等价为一个节点

$$i_a = i_b$$

对节点 2 有

$$i_b = i_c$$

所以，有

$$i_a = i_b = i_c$$

串联电路的电流必须流过电路中的每个元件。

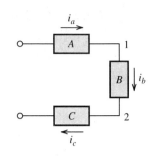

图 1.20　元件 A、B、C 为串联

例 1.4　基尔霍夫电流定律

在图 1.21 中：

a. 哪些元件为串联？

b. 电流 i_c 和 i_d 之间有何关系？

c. 当 $i_a = 6\,A$，$i_c = -2\,A$ 时，求 i_b 和 i_d 的值。

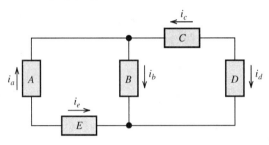

图 1.21　例 1.4 的电路

解：

a. 元件 A、E 为串联，元件 C、D 为串联。

b. 因为元件 C 和元件 D 串联，因此流过两个元件电流的大小相等，但是由于电流 i_c 和 i_d 的参考方向相反，因此电流值的代数符号相反，即 $i_c = -i_d$。

c. 对连接元件 A、元件 B 和元件 C 的节点应用 KCL，得到等式：$i_b = i_a + i_c = 6 - 2 = 4\,A$，$i_d = -i_c = 2\,A$。

练习 1.7　用 KCL 计算图 1.22 中的未知电流值。

答案：$i_a = 4\,A$，$i_b = -2\,A$，$i_c = -8\,A$。

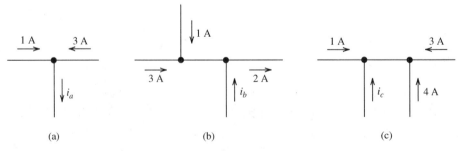

图 1.22　练习 1.7 的电路

练习 1.8　如图 1.23 所示，判断电路中哪些元件为串联。

答案：元件 A、B 为串联；元件 E、F、G 也为串联。

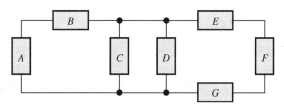

图 1.23　练习 1.8 的电路

1.5　基尔霍夫电压定律

> 基尔霍夫电压定律描述为：每个电路回路中所有元件电压的代数和等于零。

从一个节点出发，经过若干电路元件最终回到起始节点的闭合路径被称为**回路**。给定的电路常常有多个回路，例如，图 1.23 中，一个回路由元件 A 顶端的节点，顺时针分别通过元件 B、C、A，最后回到起始节点。另一条回路从元件 D 顶端的节点，顺时针通过元件 E、F、G、D 回到起始节点。同样，另一条回路依序通过元件 A、B、E、F、G。

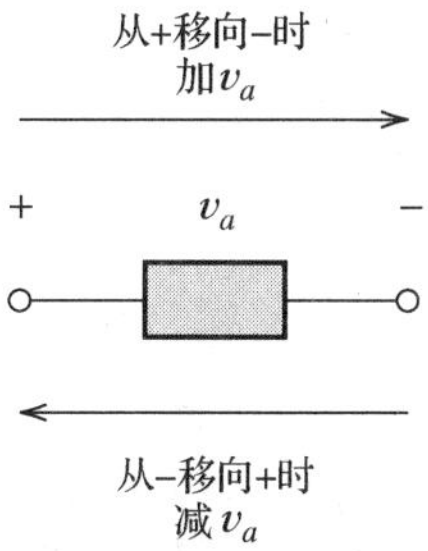

基尔霍夫电压定律(缩写为 KVL)描述为：每个电路回路中所有元件电压的代数和等于零。从一点出发沿一个回路绕行一周，电位有升有降，在元件电压的代数和等式中会出现加号和减号，回到起始节点时该点电压没有变化。通常，在一个回路中沿绕行方向前进，如果首先遇到元件电压的正参考极性，则等式中相应的元件电压值取加号，反之取减号，如图 1.24 所示。

图 1.24　对回路应用 KVL 时，在绕行方向上各元件电压的参考极性决定了在列写的表达式中各元件电压是被加还是被减

对图 1.25，可得以下等式：

$$\text{回路 1:}\quad -v_a + v_b + v_c = 0$$
$$\text{回路 2:}\quad -v_c - v_d + v_e = 0$$
$$\text{回路 3:}\quad v_a - v_b + v_d - v_e = 0$$

注意 v_a 在回路 1 中取减号，但在回路 3 中取加号，因为两个回路的绕行方向不同。类似地，v_c 在回路 1 中取加号，但在回路 2 中取减号。

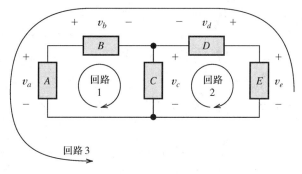

图 1.25　解释 KVL 的电路

1.5.1 基尔霍夫电压定律中的能量守恒

KVL 是能量守恒定律的产物。图 1.26 的电路包含了三个串联元件，所以这三个元件流过相同的电流 i。每一个元件的功率为

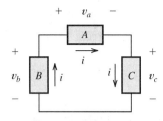

元件 A: $p_a = v_a i$

元件 B: $p_b = -v_b i$

元件 C: $p_c = v_c i$

注意，元件 A、C 的电流与电压的参考方向为关联参考方向。元件 B 则相反，这就是 p_b 表达式中出现负号的原因。

图 1.26   能量守恒定律要求电路中 $v_b = v_a + v_c$

在某一瞬间，所有元件消耗的功率之和必须为零，否则，会有多余的能量被吸收或者被提供，这就不满足能量守恒定律。因此，有

$$p_a + p_b + p_c = 0$$

代入功率的计算式，有

$$v_a i - v_b i + v_c i = 0$$

消去 i，得到

$$v_a - v_b + v_c = 0$$

这正是在图 1.26 中沿顺时针绕行方向上所有元件电压的(KVL)代数和的等式。

一个验证计算的电压、电流值是否正确的方法就是验证所有元件功率之和是否为零。

1.5.2 并联电路

> 如果两个电路元件首首相连、尾尾相连，则这两个电路元件为并联。

如果两个电路元件首首相连、尾尾相连，则这两个电路元件为**并联**。如图 1.27 所示，元件 A、B 并联。类似地，元件 D、E、F 也并联。元件 D 与元件 B 没有并联，因为元件 B 的顶部没有直接与元件 D 的顶部相连。

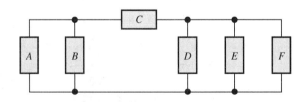

图 1.27   在电路中，元件 A、B 并联；元件 D、E、F 也并联

两个并联元件的电压大小相等、方向相同。图 1.28 为部分电路，其中元件 A、B、C 并联。观察元件 A 与元件 B 构成的回路，沿顺时针绕行方向有 $-v_a + v_b = 0$，即

$$v_a = v_b$$

然后，分析元件 A 与元件 C 构成的回路，按顺时针方向有

$$-v_a - v_c = 0$$

即 $v_a = -v_c$。可见，v_a 和 v_c 方向相反。此外，两个电压中的其中一个必须为负(除非两者都为零)。

所以，在图中某一个电压极性与参考方向相反。因此，两电压的实际极性是相同的(电路顶端的电压极性不是为正，就是为负)。

通常，对于一个并联电路，我们简单地用同一个电压变量来表示所有的元件电压，如图 1.29 所示。

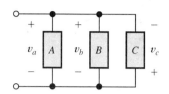
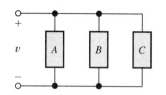

图 1.28　$v_a = v_b = -v_c$，表明这三个电压　　　　图 1.29　对所有并联元件采用相同的
　　　　　　的参考极性以及数值均相同　　　　　　　　　　　　电压和参考极性，以简化分析

例 1.5　基尔霍夫电压定律

在图 1.30 中：

a. 哪些元件为并联？

b. 哪些元件为串联？

c. v_d 和 v_f 之间有何关系？

d. 当 $v_a = 10\,\text{V}$，$v_c = 15\,\text{V}$，$v_e = 20\,\text{V}$ 时，求 v_b 和 v_f 的值。

解：

a. 元件 D、F 为并联。

b. 元件 A、E 为串联。

c. 因为元件 D 和元件 F 并联，所以 v_d 和 v_f 的大小相等。但是，由于电流的参考方向相反，因此电压值的代数符号相反，即 $v_d = -v_f$。

d. 对由元件 A、B、E 组成的回路应用 KVL，得到等式：

$$v_a + v_b - v_e = 0$$

代入已知参数求解，得到 $v_b = 10\,\text{V}$。

对沿电路最外边绕行的回路应用 KVL，得到等式：

$$v_a - v_c - v_e + v_f = 0$$

代入已知参数求解，得到 $v_f = 25\,\text{V}$。

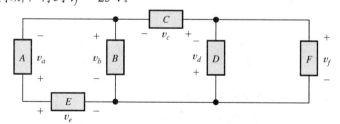

图 1.30　例 1.5 的电路

练习 1.9　对图 1.31 的电路反复应用 KVL 列写方程计算电压 v_c 和 v_e。

答案：$v_c = 8\,\text{V}$，$v_e = -2\,\text{V}$。

练习 1.10　列举图 1.31 的电路中为并联或者串联的元件。

答案：元件 E、F 为并联；元件 A、B 为串联。

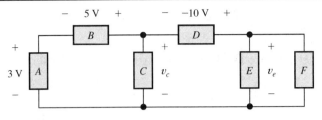

图 1.31　练习 1.9 和练习 1.10 的电路

1.6　电路元件简介

本节主要介绍几种理想电路元件:

- 导线
- 电压源
- 电流源
- 电阻(器)

本书的后面还会介绍更多的元件,包括电感(器)和电容(器),我们总能使用这些理想化电路元件来描述(模拟)复杂的实际电气设备。

1.6.1　导线

理想导线在电路图中代表连接元件的不间断线。我们通过它确定理想电路元件两端之间的电压和电流关系。

> 无论多大的电流经过理想导线,其两端电压为零。
> 如果电路上的所有节点经导线相连接,可将其视为一个节点。

无论多大的电流经过理想导线,其两端电压为零。当电路中的两个节点用导线连接后,我们称这两点被**短路**,理想导线也被称为**短路线**。如果电路上的所有节点经导线相连接,可将其视为一个节点。

如果电路的两部分之间没有导线或其他电路元件相连接,则称这两部分电路之间**断路**,电流不能流过断路的电路。

1.6.2　独立电压源

> 理想独立电压源的两端电压保持恒定。

理想独立电压源的两端电压保持恒定。端电压值与连接它的其他元件或者流过它的电流无关。我们用一个其内注明参考极性的圆圈符号来代表独立电压源,旁边标明电压的大小。电压可以为恒定值,也可以是一个时间函数,图 1.32 给出了独立电压源的例子。

在图 1.32(a)中,端电压值为一个常数,所以称之为直流电压源。在图 1.32(b)中,电压是一个时间的正弦函数,称之为交流电压源。它们均被称为独立电压源,因为其端电压与电路中的其他电压和电流无关。

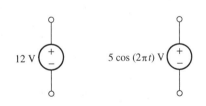

(a)恒压或直流电压源　　　(b) 交流电压源

图 1.32　独立电压源

1.6.3　理想电路元件与实际电路元件

前面已经给出了理想电路元件的定义，不过，在绘制电路图时可能出现理想电路中各元件定义之间的矛盾。例如，图 1.33 给出一个两端用导线短接的 12 V 电压源。根据电压源的定义，电压为 $v_x = 12$ V；但另一方面，根据导线的定义，电压 $v_x = 0$。两者出现了矛盾，可见，在建立理想电路模型时要避免这种矛盾发生。

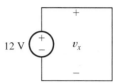

在现实世界中，汽车的电瓶几乎是一个理想的 12 V 电压源，并且一根短铜线几乎是一根理想导线。如果把导线连接在电瓶两端，将会有一个非常大的电流流过导线，电能快速转化为热能，可能会熔化导线或毁坏电瓶。

图 1.33　电路模型的建立要合理，避免出现矛盾

当我们遇到一个矛盾的理想电路模型时，往往会在现实中产生不良状况（如发生火灾或毁坏元件）。在任何情况下，一个矛盾的理想电路模型意味着我们还没有合理地选择实际电路的各元件模型。例如，汽车的电瓶不能完全等效为一个理想的电压源，如果再串联一个电阻，则此模型将更好（特别是电流非常大时）。同理，一根短铜线仅用一根理想导线来表示并不合适，用一个小电阻就可以更好地代表其电阻性。如果能成功地选择合适的电路模型，就可以避免出现矛盾的电路，使电路计算结果更接近现实情况。

1.6.4　受控电压源

受控电压源类似于独立电压源，不同的是其端电压受另一个电压或电流的控制，因此用一个菱形图标取代圆圈来表示受控电压源。在图 1.34 中给出了两个受控电压源的例子。

> 电压控电压源的端电压等于电路中另外一个电压的常数倍。

电压控电压源的端电压等于电路中另外一个电压的常数倍，图 1.34(a) 是一个例子。受控源用一个菱形符号表示，参考极性标记于菱形里面。v_x 决定了受控电压源的电压值，例如，控制电压 $v_x = 3$ V，那么受控源端电压为 $2v_x = 6$ V；如果 v_x 为 –7 V，那么 $2v_x = -14$ V（这时电源的实际正极性端是底端）。

> 电流控电压源的端电压等于电路中流经其他元件的电流的常数倍。

电流控电压源的端电压等于电路中流经其他元件的电流的常数倍。如图 1.34(b) 所示，其端电压为控制电流 i_x 的 3 倍，这个倍数被称为**增益参数**，其单位为 V/A（定义为电阻的量纲，即欧姆）。

现在，关注图 1.34(a) 中的电压控电压源，增益参数为 2，其单位为无量纲（或者 V/V）。

本书以后将说明，受控电压源在晶体管、放大器以及发电机等器件建模时很有用。

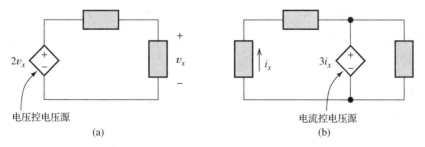

(a)　　　　　　　　　　　　　　　(b)

图 1.34　受控电压源用一个菱形符号表示，其端电压与电路中另外一个元件的电流或者电压有关

1.6.5 独立电流源

理想独立电流源有一个特定电流流经本身。

理想**独立电流源**有一个特定电流流经本身。用一个带箭头的圆圈符号表示独立电流源，箭头方向就是电流的方向。独立电流源产生的电流值与连接它的元件和电压无关。图 1.35 给出了直流电流源和交流电流源。

如果将电流源的两端开路，将出现矛盾。例如，图 1.35(a) 中给出的 2 A 直流电流源，其两端开路。根据定义，流入顶端节点的电流为 2 A；但根据定义，电流不能流过断开的电路，即该节点不满足 KCL 定律，这就是矛盾。建立一个合理的电路模型就不会发生这种情况，因此，今后应尽量避免在理想电路中将电流源开路。

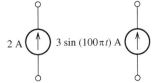

(a) 直流电流源　　(b) 交流电流源

图 1.35　独立电流源

电池是很好的电压源，但在实际应用中不存在类似的电流源。不过，电流源是很有用的电路模型，稍后我们将学习一个类似理想电流源的放大器。

1.6.6 受控电流源

流经受控电流源的电流是由电路中其他的电流或电压控制的。

流经**受控电流源**的电流是由电路中其他的电流或电压控制的，用一个菱形符号表示，其内标注一个箭头，指示电流方向。两种类型的受控电流源如图 1.36 所示。

图 1.36(a) 中有一个**电压控电流源**，其电流是控制电压 v_x 的 3 倍。这里，增益参数是 3，单位为 A/V(后面将介绍这个单位，即西门子或欧姆的倒数)。如果 v_x 的值为 5 V，则通过受控电流源的电流为 $3v_x = 15$ A。

图 1.36(b) 中是一个**电流控电流源**，电流为控制电流 i_y 的 2 倍，该增益参数的单位为 A/A(或者无量纲)。

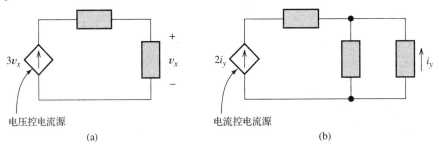

图 1.36　受控电流源的电流与电路中另外一个元件的电流或者电压有关

像受控电压源一样，受控电流源在模拟实际设备如放大器、晶体管、变压器、电动机时很有用。总之，四种受控源为

1. 电流控电压源
2. 电压控电压源
3. 电流控电流源
4. 电压控电流源

1.6.7 电阻和欧姆定律

理想**电阻**两端的电压 v 与流过电阻的电流 i 成正比，这个比例系数定义为电阻 R。电阻的符号如图 1.37(a) 所示。注意：此时，电流和电压的参考方向为关联参考方向，即电流从电压的正极流入。用等式表示电阻的电压和电流满足**欧姆定律**：

$$v = iR$$

电阻单位为 V/A，也被称为欧姆。用大写希腊字母 Ω 表示欧姆，有时采用 mΩ 或者 MΩ 来表示不同数量级的电阻值。

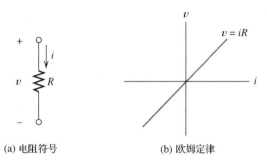

(a) 电阻符号　　　　　　(b) 欧姆定律

图 1.37　一个理想电阻的电压与电流成正比，注意 v 和 i 的参考方向为关联参考方向

一般来说，电阻 R 值为正(在某些电子电路中可能出现负值电阻，但是现在我们假设电阻 R 值为正)。若电流从电压的负极流入，则欧姆定律变为

图 1.38　若 v 和 i 的参考方向为非关联参考方向,则 $v = -iR$

$$v = -iR$$

这在图 1.38 中得到了说明。

电流方向和电压极性之间的关系可以用带双下标的欧姆定律表示(在元件的两端分别标注字母)。若电流与电压的双下标表示一致，则二者的参考方向为关联参考方向，可写出

$$v_{ab} = i_{ab}R$$

反之，当电流与电压的双下标表示不一致时，有

$$v_{ab} = -i_{ba}R$$

1.6.8 电导

由欧姆定律求解电流，有

$$i = \frac{1}{R}v$$

我们把 $1/R$ 称为**电导**，用 G 表示：

$$G = \frac{1}{R} \tag{1.8}$$

电导的单位是欧姆的倒数(Ω^{-1})，称之为西门子(简写为 S)。这样欧姆定律也可以写为

$$i = Gv \tag{1.9}$$

1.6.9　电阻

通常，多种类型的导电材料可等效为理想电阻，如图 1.39 所示。大多数金属及其合金和碳化物材料都可以用于制作电阻。

在微观层面，固体材料中的电子沿着材料移动(类似于在溶液中的离子混合物，其电流由正离子移动而产生)。电子在外加电压产生的电场中加速，电子多次撞击原子类物质，从而失去前进的动力，然后又被再次加速。最后，导致电子的平均速度保持恒定。从宏观方面来看，电流的大小与外加的电压成正比。

图 1.39　电阻表示一根导线的电流阻碍作用

1.6.10　与电阻有关的物理参数

尺寸、几何形状和材料同时决定一个电阻的电阻值，这里只考虑长圆柱体的导线。如图 1.40 所示，横截面积为 A、长为 L 的电阻，如果长度 L 比横截面的直径大很多，则电阻值为

$$R = \frac{\rho L}{A} \tag{1.10}$$

其中，ρ 为电阻率，单位为欧姆·米($\Omega \cdot m$)。

材料可分为导体、半导体或绝缘体，这取决于其电阻率。**导体**的电阻率最低，容易流过电流。**绝缘体**具有很高的电阻率，从而阻碍电流流过。**半导体**的电阻率介于导体和绝缘体之间。在第 9 章、第 11 章和第 12 章，我们将看到某些半导体在制造电子设备时是非常有用的。表 1.3 给出了几种材料的近似电阻值。

表 1.3　在 300 K 温度条件下常用材料的近似电阻值

导体	
铅	2.73×10^{-8}
碳(非结晶的)	3.5×10^{-5}
铜	1.72×10^{-8}
金	2.27×10^{-8}
镍铬合金	1.12×10^{-6}
银	1.63×10^{-8}
钨	5.44×10^{-8}
半导体	
硅(器件级)	$10^{-5} \sim 1$
取决于掺杂浓度	
绝缘体	
熔凝石英	$>10^{21}$
玻璃(典型)	1×10^{12}
聚四氟乙烯塑料	1×10^{19}

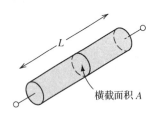

图 1.40　电阻通常是一段长圆柱体材料，电流从一端流入，从另一端流出

例 1.6　电阻值的计算

计算一根直径为 2.05 mm、长为 10 m 的铜丝的电阻值。

解：首先计算铜丝的横截面积

$$A = \frac{\pi d^2}{4} = \frac{\pi (2.05 \times 10^{-3})^2}{4} \cong 3.3 \times 10^{-6} \ m^2$$

然后计算电阻值

$$R = \frac{\rho L}{A} = \frac{1.72 \times 10^{-8} \times 10}{3.3 \times 10^{-6}} \cong 0.052\ \Omega$$

这根铜丝的尺寸基本等同于居民区从配电盒连接到插座的其中一根电线的尺寸。当然，必须同时使用两根电线才能形成完整的电路。

1.6.11　电阻的功率计算

回忆用电流和电压之积来计算功率的等式：

$$p = vi \tag{1.11}$$

如果 i 和 v 的参考方向为关联参考方向，则功率为正，表示元件在吸收功率；反之，功率为负，表示元件在释放功率。

用欧姆定律代替式(1.11)中的 v，有

$$p = Ri^2 \tag{1.12}$$

同样，用欧姆定律代替式(1.11)中的 i，有

$$p = \frac{v^2}{R} \tag{1.13}$$

注意，无论 v 和 i 的符号如何，电阻(这里假设 R 在一般情况下为正值)吸收的功率都为正。如果电阻材料的电阻导致原子和电子发生碰撞、摩擦，则这种功率吸收表现为发热。

一些按照电热原理制成的设备有电炉、热水器、电磁炉和电暖炉等。一个典型电热器的加热元件由镍铬(即镍、铬和铁的合金)丝组成，加热后会发红。为了将足够长的电炉丝安置在一个小空间里，电炉丝必须像弹簧一样卷曲。

实际应用 1.1　应用电阻来测量应变

建筑和机械工程师惯用导体电阻与其物理尺寸的关系来测量应变。这种测量对机械和结构的实验式应力应变分析非常重要。(应变定义为长度变化的比例，$\varepsilon = \Delta L / L$。)

一个典型的电阻式应变仪用光刻镍铜合金箔来获取待测量导体应变的方向。如图 PA1.1 所示，一般把导体黏接到薄聚酰亚胺(一种坚硬的柔性塑料)背衬上面，背衬又通过合适的胶黏剂如氰丙烯酸酯水泥而附在待测试结构上。

导体的电阻为

$$R = \frac{\rho L}{A}$$

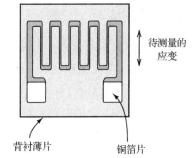

图 PA1.1

当发生应变时，导体的长度和面积会发生变化，因此电阻会改变。表示应变与电阻变化的测量系数为

$$G = \frac{\Delta R / R_0}{\epsilon}$$

其中，R_0 是应变发生前的电阻值。典型应变仪的 $R_0 = 350\ \Omega$，$G = 2.0$，因此1%的应变会产生 $7\ \Omega$ 的电阻变化(ΔR)。一般情况下，使用惠斯通电桥(本书第 2 章将讨论)来测量由应变产生的微小电阻变化。

力、扭矩和压力传感器上都有电阻式应变仪。

1.6.12 电阻器与电阻

有时，电阻也通常表征一种由电能转化为非热能的电路模型。例如，一个音响喇叭的电阻值为 8 Ω，其将一部分功率转化为声音。另一个例子是，一个电阻值为 50 Ω 的天线将一部分功率转化为电磁能以电磁波形式辐射出去。

电阻器和电阻有所不同。电阻器是一个由导电材料制成的双端口元件，而电阻反映元件的电压与电流成比例的特性。因此，电阻器具有电阻性，电阻可以用于对天线和扬声器建立模型，这和电阻器有所不同。不过，我们通常不刻意强调这些术语的区别。

例 1.7 已知额定电压和功率值，计算电阻值。

在工作电压为 120 V 时，一个电热器的额定功率是 1500 W。试计算该等效电阻的电阻值以及工作电流。(通常，电阻值与温度有关，以后将发现对于热电阻，各温度点对应的电阻值是不同的。)

解：根据式 (1.13) 计算电阻值，有

$$R = \frac{v^2}{p} = \frac{120^2}{1500} = 9.6 \ \Omega$$

然后，根据欧姆定律计算工作电流：

$$i = \frac{v}{R} = \frac{120}{9.6} = 12.5 \ \text{A}$$

练习 1.11 例 1.7 中的镍铬线的直径为 1.6 mm，电阻值为 9.6 Ω，试计算电线的长度。(提示：镍铬线的电阻率为 $1.12 \times 10^{-6} \ \Omega \cdot \text{m}$。)

答案：$L = 17.2 \ \text{m}$。

练习 1.12 一个电灯泡的额定功率是 100 W，额定电压是 120 V，试计算其电阻值和工作电流。

答案：$R = 144 \ \Omega$，$i = 0.833 \ \text{A}$。

练习 1.13 一个电视接收器中的 1 kΩ 电阻的额定功率为 1/4 W，试计算电阻工作在最大功率下的电流和电压值。

答案：$v_{\max} = 15.8 \ \text{V}$，$i_{\max} = 15.8 \ \text{mA}$。

1.7 电路简介

在这一章，我们定义了电路的电流和电压，讨论了基尔霍夫定律，介绍了一些理想电路元件，例如电压源、电流源和电阻。现在通过分析一些简单的电路来说明这些概念。在下一章，我们将学习更复杂的电路以及分析方法。

对于图 1.41(a) 的电路，需要计算每一个元件的电流、电压和功率值。可采用本章介绍的基本定律来计算。为了便于理解，首先选择参考极性和参考方向与实际极性和电流方向一致。

KVL 表明图 1.41 中每个回路的电压和为零。所以，在顺时针循环方向上有 $v_R - v_s = 0$，也就是 $v_R = v_s$，即电阻上电压的实际极性为上正下负，数值为 10 V。

也可用其他方式来分析该电路，已知电压源和电阻并联时，无论是大小还是方向，它们的电压相同。

现在使用欧姆定律来计算。因为 10 V 电压加在 5 Ω 电阻上，电流是 $i_R = 10/5 = 2 \ \text{A}$，即 i_R 向下流过电阻，如图 1.41(c) 所示。

由 KCL 可知，对一个节点，其流入和流出的电流之和为零。图 1.41 中的电路有两个节点：一

个在顶端、一个在底端。电流 i_R 从顶端节点流出，流过电阻，所以相同的电流必然通过电压源流入顶端的节点。电流的方向如图 1.41(d)所示。

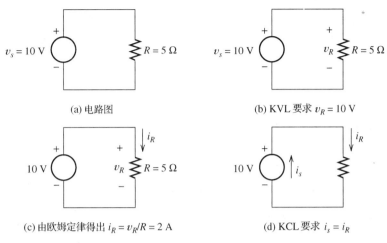

(a) 电路图　　　　　　　　　　　　(b) KVL 要求 $v_R = 10$ V

(c) 由欧姆定律得出 $i_R = v_R/R = 2$ A　　　　(d) KCL 要求 $i_s = i_R$

图 1.41　包含一个电压源和一个电阻的电路

通过另一种方式也可以看出 i_s 和 i_R 相同，因为电压源和电阻串联，而在串联电路中电流处处相等(注意在此电路中电压源和电阻既是并联的，也是串联的，这种情形只会出现在两个元件组成的电路中，多元件电路中不可能出现两元件既并联又串联的情况)。

> 只有流经电阻的电流必须从正极流向负极，电压源的电流根据电路的其他元件可以是任意方向。

注意：在图 1.41 中，电压源的电流由负极流向正极，仅有电阻的电流从正极流入、从负极流出。对电压源来说，其电流流向哪个方向取决于电路中电源的连接方式。

现在我们来计算每个元件的功率。对电阻来说，有如下几种方法来计算功率：

$$p_R = v_R i_R = 10 \times 2 = 20 \text{ W}$$
$$p_R = i_R^2 R = 2^2 \times 5 = 20 \text{ W}$$
$$p_R = \frac{v_R^2}{R} = \frac{10^2}{5} = 20 \text{ W}$$

所有等式都得到同样的结果，可见能量在电阻中以 20 J/s 的速度被传递。

计算电源输出的功率，有

$$p_s = -v_s i_s$$

这里，负号表示电流流进电压的负极(即电流与电压为非关联参考方向)。代入数值，有

$$p_s = -v_s i_s = -10 \times 2 = -20 \text{ W}$$

因为 p_s 为负，可知电压源输出功率。

为了验证功率平衡，可以把所有元件的功率加起来，结果应该是零，因为能量在电路中不会凭空产生，也不会凭空消失，只是换了形式而已，所以有

$$p_s + p_R = -20 + 20 = 0$$

1.7.1　使用任意参考方向

在前面的讨论中，我们选定元件电流的参考方向和电压的实际极性一致。但是，这对更复杂的电路来说往往不可行。幸运的是，这并不是唯一选择，可以任意选择参考方向。在应用电路定

律进行计算之后，不仅可获得电流和电压的数值，还可以结合参考方向来确定电流或者电压的实际方向与极性。

例 1.8　采用任意参考方向的电路分析

电流和电压参考方向如图 1.42 的电路所示，试分析电路，证明结论是正确的。

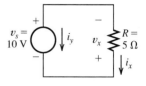

图 1.42　例 1.8 的电路图

解： 按照顺时针方向绕行，并应用 KVL，得到下式：

$$-v_s - v_x = 0$$

因此，$v_x = -v_s = -10\,\text{V}$。由于 v_x 是负值，该电压的实际极性与参考极性相反，即电阻的正极性电压出现在其顶端。

根据欧姆定律，有

$$i_x = -\frac{v_x}{R}$$

表达式中出现负号，表示 v_x 和 i_x 的参考方向为非关联参考方向。代入数据，得到

$$i_x = -\frac{-10}{5} = 2\,\text{A}$$

可见，i_x 为正值，其实际方向向下流过电阻。

接下来，对电路底端的节点应用 KCL，有

$$i_y + i_x = 0$$

这样，$i_y = -i_x = -2\,\text{A}$，可见，2 A 的电流向上流过电压源。

电压源的功率为

$$p_s = v_s i_y = 10 \times (-2) = -20\,\text{W}$$

最后，得到电阻消耗的功率

$$p_R = -v_x i_x$$

表达式中出现负号，表示 v_x 和 i_x 的参考方向为非关联参考方向。这样，得到 $p_R = -(-10) \times (2) = 20\,\text{W}$。由于 p_R 为正值，可知能量输出至电阻被消耗掉。

有时，可以通过反复应用基尔霍夫定律和欧姆定律来分析电路，举例如下。

例 1.9　应用 KVL、KCL 和欧姆定律求解电路

如图 1.43 的电路含有一个电流控电流源，已知 5 Ω 电阻的端电压是 15 V，试求解源电压 V_s。

解： 首先，采用欧姆定律计算电流 i_y：

$$i_y = \frac{15\,\text{V}}{5\,\Omega} = 3\,\text{A}$$

然后，对电流源顶端的节点应用 KCL，得到

$$i_x + 0.5 i_x = i_y$$

代入数据 i_y，解得 $i_x = 2\,\text{A}$。再利用欧姆定律，求得 $v_x = 10 i_x = 20\,\text{V}$。对外周回路应用 KVL，可得

$$V_s = v_x + 15$$

代入 v_x 的值，得到 $V_s = 35\,\text{V}$。

练习 1.14　分析图 1.44 的电路，计算 i_1、i_2 和 v_2 值，并计算每个元件的功率值。

答案：$i_1 = i_2 = -1$ A，$v_2 = -25$ V，$p_R = 25$ W，$p_s = -25$ W。

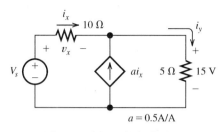

图 1.43　例 1.9 的电路图

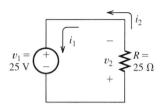

图 1.44　练习 1.14 的电路图

练习 1.15　图 1.45 的电路由一个独立电流源和一个电阻串联构成，要求计算 i_R、v_R 和 v_s 值，并计算每个元件的功率值。

答案：$i_R = 2$ A，$v_s = v_R = 80$ V，$p_s = -160$ W，$p_R = 160$ W。

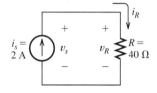

图 1.45　练习 1.15 的电路图

本章小结

1. 电气和电子工程技术被其他领域的工程师不断地融入产品与系统之中，而且，各领域的仪器仪表均以传感器、电子产品和计算机为核心。

2. 电气工程的主要应用领域包括通信系统、计算机系统、控制系统、电磁学、电子学、光电子学、电力系统以及信号处理等。

3. 学习电气工程的目标是通过工程基础(FE)考试，拥有丰富的电气知识，便于在各领域完成各种工程和研究项目，判断和纠正简单的失误，并能够与电气工程师进行有效的交流。

4. 电流是单位时间通过的电荷量，单位是安培(A)或者库仑每秒(C/s)。

5. 电路元件两端的电压是指单位电荷通过元件时传递的能量，单位是伏特(V)，等价于焦耳每库仑(J/C)。如果正电荷从正极转移到负极，则能量被元件吸收。如果电荷移动方向是相反的，则能量由此元件提供。

6. 在关联参考方向下，电流从元件电压的正极流入。

7. 如果元件的电压和电流为关联参考方向，则该元件的功率值计算如下：

$$p = vi$$

如果元件的电压和电流为非关联参考方向，则该元件的功率值计算如下：

$$p = -vi$$

无论设定哪种参考方向，只要 $p > 0$，则表示元件吸收能量。

8. 电路的节点是指两个或者两个以上元件相互连接的交点，理想导线连接的所有节点的电位相等，可将其视为同一节点。

9. 基尔霍夫电流定律(KCL)：所有流进同一节点的电流之和等于流出该节点的电流之和。

10. 各元件的首端与末端依次相连，称之为串联。如果两个元件为串联，则其公共节点不再有其他的电流分支，即串联的所有元件流过的电流相同。

11. 电路中的回路是指从一个节点出发，经过多个元件后回到起始节点的闭合路径。

12. 基尔霍夫电压定律(KVL)：在同一个回路中各元件电压的代数和为零。如果在绕行过程中首先遇到某个元件电压的正极，则在代数和式中电压取正号；反之，在代数和式中电压取负号。

13. 如果两个元件的首端与末端分别连接，称之为并联。此时，两个元件的电压相等。

14. 无论是否有电流流经导线，理想导线的端电压为零。并且，与同一导线连接的所有节点可被视为一个节点。

15. 一个理想独立电压源的端电压保持恒定，与其他元件无关，也与流过自身的电流无关。

16. 一个受控电压源的电压取决于电路中另一个元件的电流或者电压。电压控电压源的电压等于电路中某个电压乘以一个常数。电流控电压源的电压等于电路中某个电流乘以一个常数。

17. 一个理想独立电流源的输出电流保持恒定，与其他元件无关，也与自身的电压无关。

18. 一个受控电流源的电流取决于电路中另一个元件的电流或者电压。电流控电流源的电流等于电路中某个电流乘以一个常数。电压控电流源的电流等于电路中某个电压乘以一个常数。

19. 对于一个线性电阻，其电压正比于电流。如果电流和电压的参考方向满足关联参考方向，则欧姆定律写作 $v = iR$。否则，在非关联参考方向下，欧姆定律为 $v = -iR$。

习题①

1.1节　电气工程综述

P1.1　广义而言，电气系统的两大主要目标是什么？

P1.2　其他工程领域的学生需要学习电气工程的基础知识的 4 个原因是什么？

P1.3　列出电气工程的 8 个分支。

P1.4　参考工程期刊和商业杂志，如 *IEEE Spectrum*、*Automotive Engineering*、*Chemical Engineering* 或 *Civil Engineering* 等，描述一些电气工程在你从事领域的有趣应用。

1.2节　电路、电流与电压

P1.5　定义下列术语及其单位：a. 电流；b. 电压；c. 断开的开关；d. 闭合的开关；e. 直流电流；f. 交流电流。

P1.6　列出在液体流动模拟中下列电路概念的对应部件：a. 导体；b. 断开的开关；c. 电阻；d. 电池。

P1.7　一个电子的电荷量为 -1.60×10^{-19} C。电线中的电子电流为 1 A，问 3 s 内有多少电子流过电线横截面？

*P1.8　一段电线的两端点是 a 和 b，如果 $i_{ab} = -5$ A，请问电子是从 a 流向 b 吗？3 s 内流过电线横截面的电荷量是多少？

P1.9　如图 P1.9 所示，电压 $v = 12$ V，电流 $i_{ba} = -2$ A。问：v_{ba} 的值是多少？i 的值是多少？请务必给出正确的极性符号。此元件是提供能量，还是消耗能量？

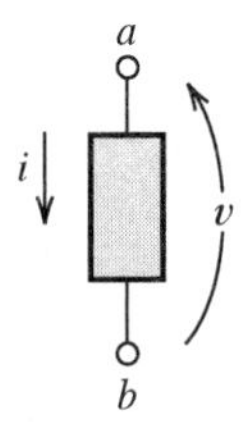

P1.10　如果图 1.2 所示的车灯要流过电流，开关应该是断开还是闭合？在与电路类似的液体流动模拟中，对应开关的阀门是打开还是闭合？是打开还是闭合的阀门对应电路中断开的开关？

图 P1.9

*P1.11　流过一电路元件横截面的净电荷量为 $q(t) = 2 + 3t$ C。t 为时间(单位：s)，求流过该电路元件的电流。

P1.12　一电路元件的电流为 $i(t) = 10\sin(200\pi t)$ A。a. 画出 $i(t)$ 的图形；b. 计算 0～5 ms 内流过元件的静电荷量；c. 计算 0～10 ms 内流过元件的静电荷量。

---

① 带有"*"标记的习题的答案可参考学生解答手册，具体获取方式请参见附录 E。

*P1.13　一电路元件的电流为

$$i(t) = 2e^{-t} \text{A}$$

试计算在 $t = 0$ 到 $t = \infty$ 的时间内通过元件的净电荷量。(提示：电流是单位时间的电荷量，因此，为计算电荷量，必须对电流进行时间的积分。)

P1.14　流过一电路元件横截面的净电荷量为

$$q(t) = 3 - 3e^{-2t} \text{C}$$

t 为时间(单位：s)，求流过该电路元件的电流对时间的函数。

P1.15　一直径为 2.05 mm 的铜电线流过全由电子产生的电流 15 A，一个电子的电荷量是 -1.60×10^{-19} C。假设铜电线中可以自由移动的电子数为 10^{29} 个/m^3，求该电线中电子运动的平均速度。

*P1.16　一铅酸电池重 30 kg，充满电可以在电流为 5 A、电压为 12 V 时工作 24 小时。a. 如果充电能量 100%被用来抬高该电池，那么可以到达多高的高度(重力加速度为 9.8 m/s^2)？b. 如果充电能量 100%被用来加速该电池，那么可以到达多快的速度？c. 汽油的热值为 4.5×10^7 J/kg，试比较汽油和该充电电池单位质量的能量值。

P1.17　一电路元件的两端点为 a 和 b，$v_{ab} = 10$ V，$i_{ba} = 2$ A，在 20 s 内会有多少电荷流过该元件？如果电荷为电子，电子是从哪一端流入的？传递了多少能量？该元件是吸收能量还是提供能量？

P1.18　一个电子的电荷量是 -1.60×10^{-19} C，如果该电子从电压为 9 V 的正极流向负极，会传递多少能量？该电子是获得能量还是失去能量？

*P1.19　一普通深循环电池(用于渔船上的拖捕电动机)可以在电压为 12 V、电流为 5 A 的情况下工作 10 小时，在这段时间内有多少电荷流过该电池？电池提供了多少能量？

1.3 节　功率与能量

P1.20　电压与电流的关联参考方向的含义是什么？当采用双下标表示两端点为 a 和 b 的元件的电压与电流时，如何表示才能实现关联参考方向？

*P1.21　电路元件如图 P1.21 所示，要求计算各元件的功率，并注明元件是吸收能量还是提供能量。

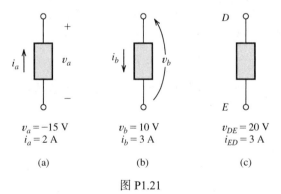

$$
\begin{array}{ccc}
v_a = -15 \text{ V} & v_b = 10 \text{ V} & v_{DE} = 20 \text{ V} \\
i_a = 2 \text{ A} & i_b = 3 \text{ A} & i_{ED} = 3 \text{ A} \\
\text{(a)} & \text{(b)} & \text{(c)}
\end{array}
$$

图 P1.21

P1.22　一电气设备的两端点为 a 和 b，如果 $v_{ab} = -10$ V，则 3 C 正电荷从该设备 a 端流向 b 端会转换多少能量？该设备是吸收能量还是提供能量？

*P1.23　一电池的两端点为 a 和 b，$v_{ab} = 12$ V，如果要使电池储存的化学能增加 600 J，需要多少电荷流过该电池？如果电荷为电子，则电子是从 a 端流向 b 端，还是从 b 端流向 a 端？

P1.24　如图 P1.24 所示，一电路元件的电压 $v(t) = 10$ V，电流 $i(t) = 2e^{-t}$A，试计算

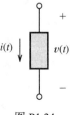

图 P1.24

元件的功率，并计算从 $t = 0$ 到 $t = \infty$ 的时间内元件传递的能量，该元件是吸收能量还是提供能量？

P1.25　一电气设备的电流和电压分别为 $i_{ab}(t) = 5$ A，$v_{ab}(t) = 10 \sin(200\pi t)$ V。a. 求该设备的功率，并画出其图形；b. 计算 $t = 0$ 到 $t = 5$ ms 的时间内该设备传递的能量；c. 计算 $t = 0$ 到 $t = 10$ ms 的时间内该设备传递的能量。

*P1.26　假设电费是每度(千瓦时) $ 0.12，电表账单是每月 $ 60。如果每月 30 天中每天的用电量是不变的，试计算平均功率值。如果供电电压是 120 V，试问电流值为多大？如果家里有一盏 60 W 的电灯，并且 30 天从不关灯，问关掉此灯之后，电将减少多少(百分比)？

P1.27　如图 P1.27 所示，用电流表和电压表测量元件 A 两端的电流和电压。当电流进入电流表正极时，电流表读数为正；当电流离开电流表正极时，电流表读数为负。如果电压表正极的实际电压极性为正极，则电压表读数为正，否则电压表读数为负(实际上图示电路中电流表读数为元件 A 和电压表流过的电流之和，电压表流过的电流很小，此处忽略不计)。试求下列几种情况下元件 A 吸收或者发出的功率：a. 电流表读数为 +2 A，电压表读数为 +30 V；b. 电流表读数为 –2 A，电压表读数为 +30 V；c. 电流表读数为 –2 A，电压表读数为 –30 V。

*P1.28　如果把图 P1.27 改为图 P1.28，再计算一次习题 P1.27 提出的问题。

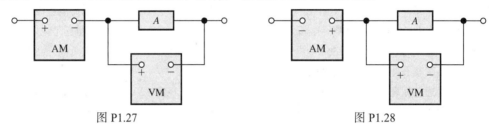

图 P1.27　　　　　　　　　　　　　　　　图 P1.28

P1.29　一普通的 1.2 V 碱性电池的成本为 $ 0.5，电流为 0.1 A 时可以连续工作 75 小时。计算该电池提供每千瓦时能量需要的费用(在美国，电费大致为每千瓦时 $ 0.12)。

P1.30　一帆船的电路电压为 12.6 V 时消耗功率 50 W，如果用一电压为 12.6 V、容量为 100 安时、完全充电的深循环铅酸电池供电，问该电池可以工作多长时间(安时就是电池以某个固定的电流放电能够持续的时间)？该电池初始储能为多少千瓦时？如果该电池的成本为 $ 75，可以充放电 300 次，忽略电池充电费用，提供每千瓦时能量需要的费用是多少？

1.4 节　基尔霍夫电流定律

P1.31　什么是电路的节点？标出图 P1.31 中电路的节点。注意由理想电线连接的所有节点可被视为一个单独节点。

P1.32　表述基尔霍夫电流定律(KCL)。

P1.33　如果两个电气元件串联，如何描述流过两个元件的电流？

P1.34　如果把电路和液体流动的模型类比，电路电流就类似于液体体积流速(cm³/s)，请问这些液体是可压缩性的还是非压缩性的？液流管壁是弹性的还是非弹性的？对你的答案做出解释。

*P1.35　标出图 P1.31 中串联的元件。

P1.36　如图 P1.36 的电路所示，a. 电路中哪些元件串联？b. 电流 i_c 和 i_d 有何关系？c. 当电流 $i_a = 3$ A，$i_c = 1$ A 时，计算 i_b 和 i_d 的值。

*P1.37　如图 P1.37 的电路所示，用 KCL 计算电流 i_a、i_c 和 i_d，电路中哪些元件串联？

*P1.38　如图 P1.38 的电路所示，当电流 $i_a = 2$ A，$i_b = 3$ A，$i_d = –5$ A，$i_h = 4$ A 时，试用 KCL 计算其他的电流值。

P1.39　如图 P1.38 的电路所示，当电流 $i_a = –1$ A，$i_c = 3$ A，$i_g = 5$ A，$i_h = 1$ A 时，计算其他的电流值。

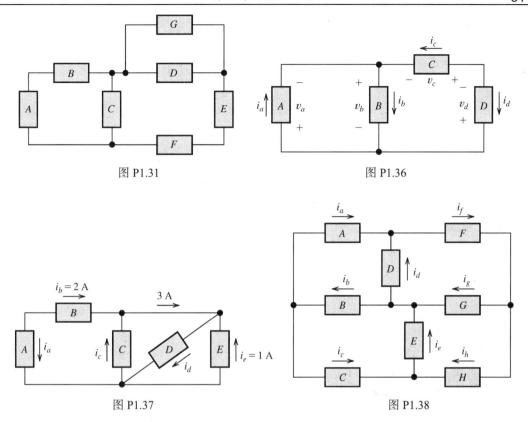

图 P1.31　　　　　　　　　　　　　图 P1.36

图 P1.37　　　　　　　　　　　　　图 P1.38

1.5 节　基尔霍夫电压定律

P1.40　表述基尔霍夫电压定律(KVL)。

P1.41　如图 P1.36 的电路所示，a. 电路中哪些元件并联? b. 电压 v_a 和 v_b 有何关系? c. 当电压 $v_a = 2\,\text{V}$，
$v_d = -5\,\text{V}$ 时，计算 v_b 和 v_c 的值。

*P1.42　如图 P1.42 的电路所示，用 KVL 计算电压 v_a、v_b 和 v_c。

P1.43　如图 P1.43 的电路所示，已知电压 $v_a = 5\,\text{V}$，$v_b = 7\,\text{V}$，$v_f = -10\,\text{V}$，$v_h = 6\,\text{V}$，用 KVL 计算其他的
电压值。

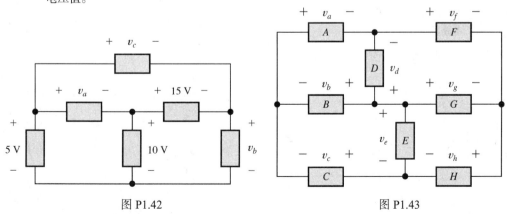

图 P1.42　　　　　　　　　　　　　图 P1.43

*P1.44　如图 P1.44 的电路所示，用 KVL 和 KCL 计算标示的电流和电压值，并计算每个元件的功率，
说明功率是否平衡(即证明所有功率的代数和为零)。

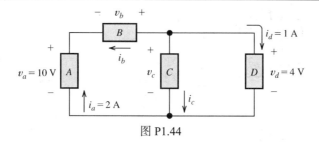

图 P1.44

P1.45　在如下电路图中判断并说明为并联关系的元件：a. 图 P1.37；b. 图 P1.43；c. 图 P1.44。

P1.46　一电路含有 a、b、c、d 四个节点，已知电压 $v_{ab} = 5$ V，$v_{cb} = 15$ V，$v_{da} = -10$ V，求 v_{ac} 和 v_{cd} 的值。(提示：先画出电路图，标出已知电压。)

1.6 节　电路元件简介

P1.47　阐述下列术语：a. 理想导线；b. 理想电压源；c. 理想电流源。

P1.48　列出四种受控源的类型以及对应的增益参数的单位。

P1.49　表述包括参考方向的欧姆定律。

*P1.50　设计一个电路，包含一个 5 Ω 的电阻、一个 10 V 的独立电压源和一个 2 A 的独立电流源，而且三个元件串联。(由于电源参考方向未定，可能出现多个正确答案。)

P1.51　设计习题 P1.50 中的三个元件改为并联、其他条件不变情况下的电路。

P1.52　已知一铜电线电阻为 0.5 Ω。计算相同尺寸钨电线的电阻值。

P1.53　设计一个电路，包含一个 5 Ω 的电阻、一个 10 V 的独立电压源和一个增益为 0.5 V/V 的电压控电压源，假设电阻电压是电压控电压源的控制电压，而且三个元件串联。

P1.54　设计一个电路，包含一个 5 Ω 的电阻、一个 10 V 的独立电压源和一个增益为 2 Ω 的电流控电压源，假设电阻电流是电流控电压源的控制电流，而且三个元件串联。

*P1.55　一电阻的电压为 100 V 时其功率是 100 W，计算该电阻的电阻值。如果电压下降 10%(即为 90 V)，问功率会减少多少百分比？假设电阻值是恒定的。

P1.56　已知一 10 Ω 电阻的电压为 $v(t) = 5\,e^{-2}$ V，计算从 $t = 0$ 到 $t = \infty$ 的时间内电阻消耗的能量。

P1.57　已知一 10 Ω 电阻的电压为 $v(t) = 5 \sin(2\pi t)$ V，计算从 $t = 0$ 到 $t = 10$ s 的时间内电阻消耗的能量。

P1.58　如果一电线电阻为 0.5 Ω。计算下列情况下电线的电阻值：a. 电线长度是原来的 2 倍；b. 电线直径是原来的 2 倍。

1.7 节　电路简介

P1.59　如图 P1.59 所示，请绘制下列各电路中的 i 与 v 的关系曲线。

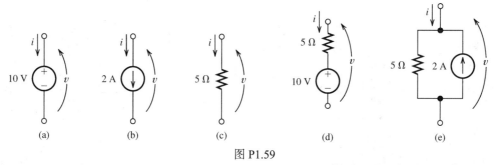

图 P1.59

*P1.60　下列哪些关于电路元件的说法是自相矛盾的：a. 一个 12 V 电压源和一个 2 A 电流源并联；b. 一个 2 A 电流源和一个 3 A 电流源串联；c. 一个 2 A 电流源和短路线并联；d. 一个 2 A 电流源和

开路线串联；e. 一个 5 V 电压源和短路线并联。

P1.61　如图 P1.61 的电路所示，计算每个电源的功率。哪个电源吸收功率？哪个电源发出功率？

*P1.62　分析图 P1.62 的电路，计算流过电阻的电流 i_R 以及每个元件的功率。哪个元件吸收功率？

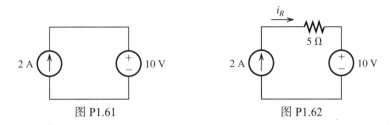

图 P1.61　　　　　　　　　　　图 P1.62

P1.63　分析图 P1.63 的电路，计算流过电阻的电流 i_R 以及每个元件的功率。哪个元件吸功率？

*P1.64　分析图 P1.64 的电路，应用欧姆定律、KVL 和 KCL 计算 V_x。

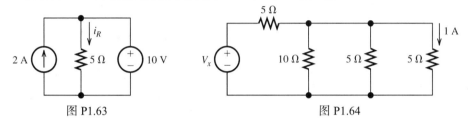

图 P1.63　　　　　　　　　　　图 P1.64

P1.65　分析图 P1.65 的电路，计算 I_x。

P1.66　分析图 P1.66 的电路，a. 哪些元件是串联的？b. 哪些元件是并联的？c. 应用欧姆定律、KVL 和 KCL 计算 V_x。

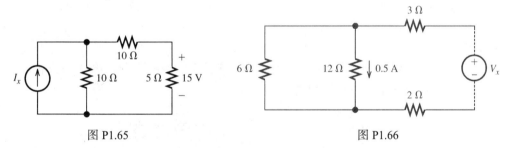

图 P1.65　　　　　　　　　　　图 P1.66

P1.67　图 P1.67 是扩音器的电路模型，扬声器电阻为 8 Ω，麦克风模型是电压源 V_x 和 5 kΩ 电阻，其余元件是放大器。图示的是哪一种受控源？当 8 Ω 电阻的功率是 8 W 时，计算受控源的电流 i_o 和麦克风的电压 V_x。

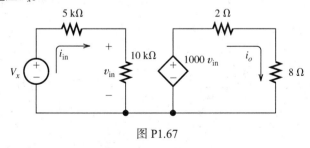

图 P1.67

P1.68　如图 P1.68 的电路所示，a. 哪些元件是串联的？b. 哪些元件是并联的？c. 应用欧姆定律、KVL 和 KCL 计算 R_x。

P1.69 计算图 P1.69 的电路的各电流值。

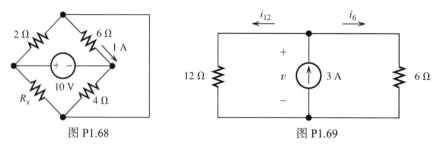

图 P1.68　　　　　　　图 P1.69

*P1.70 图 P1.70 的电路含有一个电压控电压源，a. 应用 KVL 列出各电压的方程并求解 v_x；b. 应用欧姆定律求解 i_x；c. 计算每个电路元件的功率并验算功率是否守恒。

P1.71 如图 P1.71 的电路所示，求解 v_x 和 i_y。

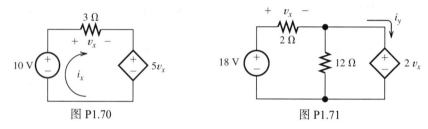

图 P1.70　　　　　　　图 P1.71

P1.72 一个 10 V 独立电压源与一个 2 A 的独立电流源串联，可以等效为哪种类型的独立源？给出等效电源的类型和数值。

P1.73 一个 10 V 独立电压源与一个 2 A 的独立电流源并联，可以等效为哪种类型的独立源？给出等效电源的类型和数值。

P1.74 如图 P1.74 的电路所示，a. 应用 KVL 列出电压方程；b. 应用欧姆定律列出 v_1、v_2 和电流 i 的关系式；c. 把 b.中所列方程代入 a.中求电流 i；d. 计算每个电路元件的功率并验算功率是否守恒。

*P1.75 图 P1.75 的电路有一个电压控电流源，求解 v_s。

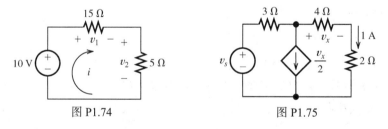

图 P1.74　　　　　　　图 P1.75

P1.76 图 P1.76 的电路是哪一种电源？求解 i_s。

P1.77 图 P1.77 的电路是哪一种电源？求解 i_x。

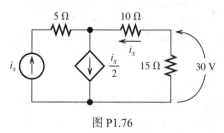

图 P1.76

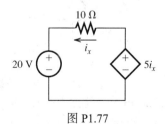

图 P1.77

测试题

下列测试题可以检验读者对本章重要概念的掌握与理解的程度。答案可以在附录 D 中找到，提供给学生的解答文件的获取方式请参考附录 E。

T1.1 连线表 T1.1(a) 和表 T1.1(b) 匹配的选项。［表 T1.1(b) 中的选项可以多次使用或者不用。］

表 T1.1

(a)	(b)
a. 节点	1. $v_{ab} = Ri_{ab}$
b. 回路	2. 元件电流参考方向从电压参考方向的正极流入
c. KVL	3. 一条电流不能流过的路径
d. KCL	4. 多个理想导体的连接点
e. 欧姆定律	5. 一个提供特定电流的电路元件
f. 关联参考方向	6. 一个其电流或电压取决于其他电流或电压的元件
g. 理想导体	7. 一条从一个节点开始又回到该节点的路径
h. 开路	8. 一个电压为零的元件
i. 电流源	9. A/V
j. 电路元件并联	10. V/A
k. 受控源	11. J/C
l. 电压单位	12. C/V
m. 电流单位	13. C/s
n. 电阻单位	14. 连接电路元件的电流相等
o. 元件串联	15. 连接电路元件的电压相等
	16. 闭合回路所有电压的代数和为零
	17. 连接到一个节点的所有元件电压的代数和为零
	18. 流入节点的电流之和等于流出节点的电流之和

T1.2 如图 T1.2 的电路所示，已知 $I_s = 3$ A，$R = 2\ \Omega$，$V_s = 10$ V。a. 计算 v_R；b. 计算电压源的功率，电压源是吸收功率还是发出功率？c. 电路有几个节点？d. 计算电流源的功率，电流源是吸收功率还是发出功率？

T1.3 如图 T1.3 的电路所示，已知 $I_1 = 3$ A，$I_2 = 1$ A，$R_1 = 12\ \Omega$，$R_2 = 6\ \Omega$。a. 计算 v_{ab}；b. 计算每个电流源的功率，电流源是吸收功率还是发出功率？c. 计算 R_1、R_2 吸收的功率。

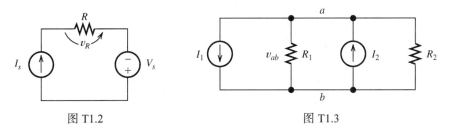

图 T1.2   图 T1.3

T1.4 如图 T1.4 的电路所示，已知 $V_s = 12$ V，$v_2 = 4$ V，$R_1 = 4\ \Omega$。试求 v_1、i 和 R_2。

T1.5 如图 T1.5 的电路所示，已知 $v_s = 15$ V，$R = 10\ \Omega$，$a = 0.3$ S。试求短路电流 i_{sc}。

T1.6 如图 T1.6 的电路所示，已知 $i_4 = 2$ A。应用欧姆定律、KVL 和 KCL 计算 i_1、i_2、i_3 和 v_s。

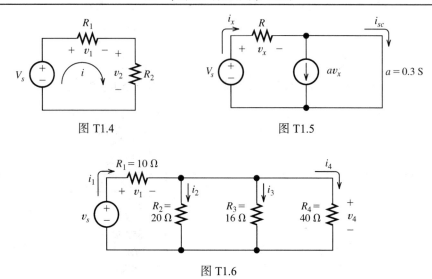

图 T1.4   图 T1.5

图 T1.6

第2章 电阻电路

本章学习目标

- 分析电阻的串/并联等效电路的响应(电流、电压)。
- 掌握分压和分流公式的应用。
- 掌握用节点电压分析法分析电路。
- 掌握用网孔电流分析法分析电路。
- 掌握戴维南等效电路、诺顿等效电路以及电源变换方法。
- 掌握 MATLAB 在求解电路方程中的应用。
- 掌握叠加原理。
- 了解惠斯通电桥的结构和工作原理。

本章介绍

在电气工程的应用中,常常遇到已知电路元件参数和电路的结构,求解电流、电压和功率的电路分析问题。本章将介绍由电阻、电压源和电流源组成的电路的分析方法。在后面章节将把这些分析方法扩展到含电感和电容元件的电路中。

许多电气工程的应用问题也会在其他领域中遇到,通过本章的学习可以获得解决电子仪器和其他电路问题的技能。本书将为参加(美国)工程基础(FE)考试以成为注册专业工程师(FE)的人提供帮助。

2.1 电阻的串联与并联

本节将介绍如何用一个等效电阻替换多个串联或并联的电阻,并举例说明怎样用这些方法来分析电路。

2.1.1 电阻的串联

分析图 2.1(a)的电路中三个串联的电阻,串联是指电路的各元件顺序连接,并通过相同的电流。由欧姆定律,有

$$v_1 = R_1 i \tag{2.1}$$

$$v_2 = R_2 i \tag{2.2}$$

和

$$v_3 = R_3 i \tag{2.3}$$

运用 KVL,可得

$$v = v_1 + v_2 + v_3 \tag{2.4}$$

将式(2.1)、式(2.2)、式(2.3)代入式(2.4),可得

$$v = R_1 i + R_2 i + R_3 i \tag{2.5}$$

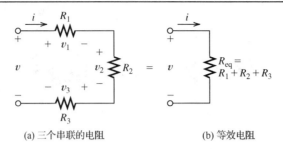

(a) 三个串联的电阻　　　　　　　　(b) 等效电阻

图 2.1　串联电阻网络的等效电阻

提取公因子电流 i，有

$$v = (R_1 + R_2 + R_3)i \tag{2.6}$$

根据定义，等效电阻 R_{eq} 为各串联电阻之和：

$$R_{eq} = R_1 + R_2 + R_3 \tag{2.7}$$

代入式 (2.6)，可得

$$v = R_{eq}i \tag{2.8}$$

可见，三个串联的电阻可以用一个等效电阻 R_{eq} 代替，如图 2.1 (b) 所示，电压 v 和电流 i 保持不变。如果这三个电阻是某个电路的一部分，用一个简单的等效电阻替换之后，则对电路其他部分的电压和电流没有影响。

> 串联的电阻的等效电阻是所有电阻之和。

　　该方法可以用于任意个电阻的串联，例如，两个串联的电阻的等效电阻值为这两个电阻值之和。总之，多个串联的电阻的等效电阻为各电阻之和。

2.1.2　电阻的并联

　　图 2.2 (a) 为三个并联的电阻。在并联电路中，每个元件的电压相同，将欧姆定律应用于图 2.2 (a)，有

$$i_1 = \frac{v}{R_1} \tag{2.9}$$

$$i_2 = \frac{v}{R_2} \tag{2.10}$$

$$i_3 = \frac{v}{R_3} \tag{2.11}$$

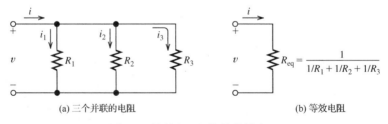

(a) 三个并联的电阻　　　　　　　　(b) 等效电阻

图 2.2　并联电阻网络的等效电阻

　　图 2.2 (a) 中的电阻的两端分别连接于一点，由 KCL 可知，流过端部节点的电流：

$$i = i_1 + i_2 + i_3 \tag{2.12}$$

将式 (2.9)、式 (2.10)、式 (2.11) 代入式 (2.12) 可得

$$i = \frac{v}{R_1} + \frac{v}{R_2} + \frac{v}{R_3} \tag{2.13}$$

提取公因子电压 v，得

$$i = \left(\frac{1}{R_1} + \frac{1}{R_2} + \frac{1}{R_3} \right) v \tag{2.14}$$

得到等效电阻：

$$R_{eq} = \frac{1}{1/R_1 + 1/R_2 + 1/R_3} \tag{2.15}$$

将等效电阻代入，式(2.14)变为

$$i = \frac{1}{R_{eq}} v \tag{2.16}$$

比较式(2.14)和式(2.16)，会发现式(2.15)表示的 R_{eq} 与 i 和 v 有相同的关系。因此，一个电阻并联网络可以用一个等效电阻代替，并保持电路其他部分的电压、电流不变，等效电路见图2.2(b)。

> 在不改变其他电路部分的电压和电流的前提下，并联的电阻可以用等效电阻代替。

这个方法可以应用于任意个电阻的并联，例如在四个电阻并联的情况下，等效电阻为

$$R_{eq} = \frac{1}{1/R_1 + 1/R_2 + 1/R_3 + 1/R_4} \tag{2.17}$$

同样，两个并联的电阻的等效电阻为

$$R_{eq} = \frac{1}{1/R_1 + 1/R_2} \tag{2.18}$$

可以写成

$$R_{eq} = \frac{R_1 R_2}{R_1 + R_2} \tag{2.19}$$

注意：式(2.19)只能应用于两个电阻的并联，不能应用于多个电阻的并联。

> 乘积除和的公式只能应用于两个电阻的并联，不能应用于多个电阻的并联。

有时，通过重复采用电阻串联和并联的等效方法，可以将电阻电路用一个简单的等效电阻来代替。

例2.1　电阻串联和并联的组合

分析图 2.3(a)中电路的等效电阻。

解： 首先寻找并联和串联组合的电阻。在图 2.3(a)中，R_3 和 R_4 串联(实际上，此电路中再没有其余两个电阻是单纯的串联或并联关系)，因此，第一步是合并 R_3、R_4，用其等效电阻来代替。等效电阻值为各串联电阻值之和：

$$R_{eq1} = R_3 + R_4 = 5 + 15 = 20 \ \Omega$$

简化电路如图 2.3(b)所示，会发现 R_2 和 R_{eq1} 并联，其等效电阻为

$$R_{eq2} = \frac{1}{1/R_{eq1} + 1/R_2} = \frac{1}{1/20 + 1/20} = 10 \ \Omega$$

根据此次等效结果画出等效电路如图 2.3(c)所示。

> 1. 寻找并联和串联组合的电阻。
> 2. 合并电阻。
> 3. 重复上述步骤直至只有一个电阻(如果可能)。

可以看到 R_1 和 R_{eq2} 是串联的，因此，整个网络的等效电阻为

$$R_{eq} = R_1 + R_{eq2} = 10 + 10 = 20 \ \Omega$$

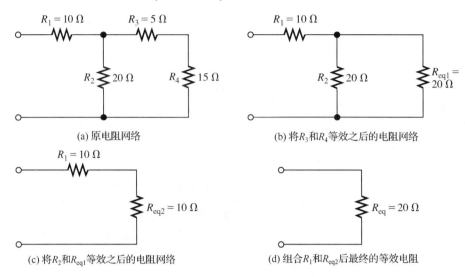

(a) 原电阻网络

(b) 将R_3和R_4等效之后的电阻网络

(c) 将R_2和R_{eq1}等效之后的电阻网络

(d) 组合R_1和R_{eq2}后最终的等效电阻

图 2.3　例 2.1 的电阻网络

练习 2.1　如图 2.4 所示，试计算每个电阻网络的等效电阻值。[提示：图 2.4(b)中 R_3 与 R_4 为并联。]

答案： a. 3 Ω; b. 5 Ω; c. 52.1 Ω; d. 1.5 kΩ。

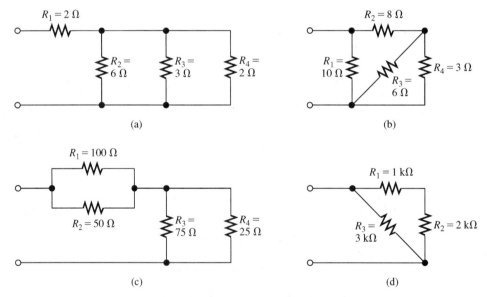

(a)

(b)

(c)

(d)

图 2.4　练习 2.1 的电阻网络

2.1.3　电导的串联与并联

电导串联和电阻并联的关系相似，电导并联和电阻串联的关系相似。

电导是电阻的倒数。对于 n 个串联的电导满足下列关系：

$$G_{eq} = \frac{1}{1/G_1 + 1/G_2 + \cdots + 1/G_n} \tag{2.20}$$

可见，电导串联和电阻并联的关系相似。对于两个电导串联来说，

$$G_{eq} = \frac{G_1 G_2}{G_1 + G_2}$$

对于 n 个并联的电导满足下列关系：

$$G_{eq} = G_1 + G_2 + \cdots + G_n \tag{2.21}$$

电导并联和电阻串联的关系相似。

2.1.4 串联和并联电路

> 当需要一个电压源向多个负载分配功率时，通常把负载并联。

电烤箱和电灯等吸收功率的元件被称为电力**负载**。当需要一个电压源向多个负载分配功率时，通常把负载并联，每个负载的串联开关能阻止电流流向负载，但并不影响其他负载的电压供给。

有时，为了节约电线，将圣诞节使用的灯泡串联成一串。当个别灯泡损坏或者断线而断开电路时，整串灯泡将熄灭，这时只能逐个测试来找出损坏的灯泡。如果有多个灯泡出现故障，找出损坏的灯泡是很麻烦的事情。而在并联方式中，只有损坏的灯泡才会熄灭，这样就很容易找到有问题的灯泡。

2.2 利用串/并联的等效变换进行网络分析

> 电路由电阻、电压源、电流源等元件连接在一起组成一个闭合回路。

电路(电子**网络**)由电阻、电压源、电流源等元件连接在一起组成一个闭合回路。**网络分析**是对一个给定电路和各元件值，求解各元件的电流、电压和功率的过程。在本节和下一节中，将学习几种用于网络分析的方法。

通常，可以多次用等效电阻替换串/并联电阻的方法来求得电阻电路中各元件的电压、电流。这种方法能充分化简电路，并且很容易解决问题。将由简化电路获得的数据回代到前面各步中的等效电路，就可以求得原电路中所有的电压和电流值。

2.2.1 应用串/并联等效变换分析电路

> 对初学者的建议：每次只完成一步，不要一次合并多个步骤。认真重画每一个等效电路并标注其中的未知电流与电压。循规蹈矩的方法在你初学时反而会取得更快、更准确的效果。在学会"跑"之前先学会"走"。

用串/并联等效方法分析电路的步骤：

1. 首先确定电阻电路的结构是串联还是并联的，通常从离电源最远的位置开始进行化简。
2. 用等效电阻替换由第一步找到的电阻组合，画出简化电路。
3. 重复第一步和第二步，直到电路足够简单。通常(但并非必须)简化到只有一个电源和一个电阻时为止。
4. 求得最简电路的电压、电流，将结果回代到前一步的简化电路，求得未知电压和电流。再

继续回代至前一步并求解，多次重复，直到求出整个电路所有的未知电压和电流。

5. 检查结果，确保每个节点的电流满足 KCL，每个回路电压满足 KVL，而各元件功率之和为零。

例 2.2 应用串/并联电阻的等效电路分析

计算图 2.5(a) 的电路中每个元件的电压、电流和功率。

> 步骤 1，2，3。

解： 首先，找到串/并联形式的电阻。例如，在图 2.5(a) 电路中，R_2 和 R_3 并联，可用一个并联等效电阻替换 R_2、R_3，得到图 2.5(b) 的电路。接着，R_1 和 R_{eq1} 串联，用电阻之和替换这些电阻，又得到如图 2.5(c) 所示的简化电路。

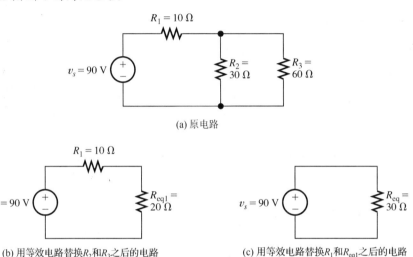

(a) 原电路

(b) 用等效电路替换 R_2 和 R_3 之后的电路　　　　(c) 用等效电路替换 R_1 和 R_{eq1} 之后的电路

图 2.5　例 2.2 的原电路及其简化电路

当把一个电阻网络简化为只有一个等效电阻和一个电源并联的回路后，即可分析简化电路。然后，将结果按简化步骤依次回代，如图 2.6 所示。（图 2.6 与图 2.5 基本相同。通常，在用这种方法解决电路问题时，先画出等效电路，再回到原图，分析所有未知参数。）

> 步骤 4。

首先，分析图 2.6(c) 中化简后的电路。由于 R_{eq} 是和 90 V 电压源并联，R_{eq} 的电压必为 90 V，顶端为正极性。因此，流过 R_{eq} 的电流为

$$i_1 = \frac{v_s}{R_{eq}} = \frac{90\,\text{V}}{30\,\Omega} = 3\,\text{A}$$

可知这个电流是从上至下穿过 R_{eq}，图 2.6(c) 中的 R_{eq} 和 v_s 为串联关系，电流从下至上流过 v_s。因此，如图 2.6(c) 所示，$i_1 = 3\,\text{A}$ 在电路回路中顺时针流动。

因为 R_{eq} 可看作电源以外部分电路的等效电阻，流过 v_s 的电流也一定是 $i_1 = 3\,\text{A}$，在图 2.6(b) 中，显然 i_1 在由 v_s、R_1 和 R_{eq1} 组成的回路中顺时针流动，可得 R_{eq1} 的电压：

$$v_2 = R_{eq1}i_1 = 20\,\Omega \times 3\,\text{A} = 60\,\text{V}$$

由于 R_{eq1} 是电阻 R_2 和 R_3 并联的等效电阻，在原电路中，电压 v_2 也是电阻 R_2 和 R_3 的端电压。

到这一步，已经得到 v_s 和 R_1 的电流值 $i_1 = 3\,\text{A}$，R_2、R_3 的电压是 60 V，这些信息已在图 2.6(a) 中给出。现在，可以计算出其余值：

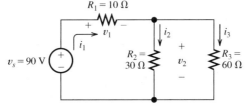

(a) 第三步，用已知的 i_1 和 v_2 计算剩余的电流和电压

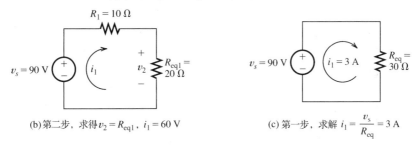

(b) 第二步，求得 $v_2 = R_{eq1} i_1 = 60$ V   (c) 第一步，求解 $i_1 = \dfrac{v_s}{R_{eq}} = 3$ A

图 2.6 将电路化简为一个等效电阻和一个电源并联的回路，先求解最简电路。然后回代求解直到原电路

$$i_2 = \frac{v_2}{R_2} = \frac{60 \text{ V}}{30 \text{ } \Omega} = 2 \text{ A}$$

$$i_3 = \frac{v_2}{R_3} = \frac{60 \text{ V}}{60 \text{ } \Omega} = 1 \text{ A}$$

（用 KCL 可验证 $i_1 = i_2 + i_3$。）

接下来，应用欧姆定律计算 v_1 的值：

$$v_1 = R_1 i_1 = 10 \text{ } \Omega \times 3 \text{ A} = 30 \text{ V}$$

（用 KVL 可验证 $v_s = v_1 + v_2$。）

现在，计算每个元件的功率，对电压源有

$$p_s = -v_s i_1$$

负号表示 v_s 和 i_1 的参考方向为非关联参考方向，可得

$$p_s = -(90 \text{ V}) \times 3 \text{ A} = -270 \text{ W}$$

由于功率是负值，可知电压源为电路中的其他元件提供能量。

电阻的功率：

$$p_1 = R_1 i_1^2 = 10 \text{ } \Omega \times (3 \text{ A})^2 = 90 \text{ W}$$

$$p_2 = \frac{v_2^2}{R_2} = \frac{(60 \text{ V})^2}{30 \text{ } \Omega} = 120 \text{ W}$$

$$p_3 = \frac{v_2^2}{R_3} = \frac{(60 \text{ V})^2}{60 \text{ } \Omega} = 60 \text{ W}$$

验证 $p_s + p_1 + p_2 + p_3 = 0$，说明功率是平衡的。

2.2.2 用串/并联热电阻控制功率

电阻元件通常作为化学工艺中反应室里的热电阻。例如，汽车的催化变换器直至达到其工作温度才会生效。但是，当引擎被加热时会排放大量的污染物，因此需要汽车工程师研究怎样使热电阻更快地加热变换器，并减少污染。事实上，通过使很多热电阻按照单独的、串联的或并联的方式组合起来工作，就能达到多种功率水平，这样对控制化学过程中的温度非常有用。

练习2.2 通过电阻的串联和并联等效，计算图 2.7 中标定的电流值。

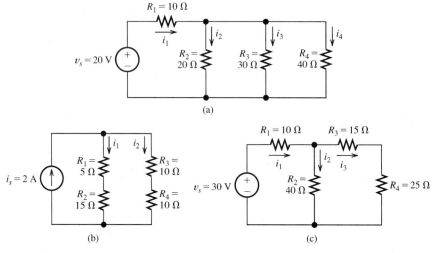

图 2.7 练习 2.2 的电路

答案：a. $i_1 = 1.04$ A，$i_2 = 0.48$ A，$i_3 = 0.32$ A，$i_4 = 0.24$ A；b. $i_1 = 1$ A，$i_2 = 1$ A；c. $i_1 = 1$ A，$i_2 = 0.5$ A，$i_3 = 0.5$ A。

2.3 分压和分流电路

2.3.1 分压原理

将电压加在一个串联电阻电路时，每个电阻都会得到一部分电压。如图 2.8 所示的电路，电压源两端的等效电阻为

$$R_{eq} = R_1 + R_2 + R_3 \qquad (2.22)$$

电流等于总电压除以等效电阻：

$$i = \frac{v_{total}}{R_{eq}} = \frac{v_{total}}{R_1 + R_2 + R_3} \qquad (2.23)$$

此外，电阻 R_1 的端电压：

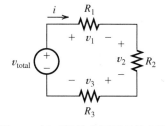

图 2.8 用于推导分压原理的电路

$$v_1 = R_1 i = \frac{R_1}{R_1 + R_2 + R_3} v_{total} \qquad (2.24)$$

同理有

$$v_2 = R_2 i = \frac{R_2}{R_1 + R_2 + R_3} v_{total} \qquad (2.25)$$

和

$$v_3 = R_3 i = \frac{R_3}{R_1 + R_2 + R_3} v_{total} \qquad (2.26)$$

对于总电压而言，串联电路中每个电阻分到的电压比例等于该电阻与串联电阻总和的比值。

我们总结如下：对于总电压而言，串联电路中每个电阻分到的电压比例等于该电阻与串联电阻总和的比值，这就是**分压原理**。

该原理适用于上述三个电阻串联的电路。其实，只要任意个电阻是串联的，该原理都适用。

例 2.3　分压原理的应用

计算图 2.9 中的电压 v_1 和 v_4。

解：运用分压原理，可知 v_1 是 R_1 与总电阻的比值再乘以总电压。

$$v_1 = \frac{R_1}{R_1 + R_2 + R_3 + R_4}v_{\text{total}}$$
$$= \frac{1000}{1000 + 1000 + 2000 + 6000} \times 15 = 1.5 \text{ V}$$

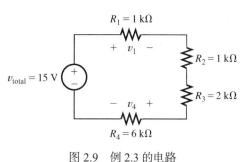

图 2.9　例 2.3 的电路

同样，

$$v_4 = \frac{R_4}{R_1 + R_2 + R_3 + R_4}v_{\text{total}}$$
$$= \frac{6000}{1000 + 1000 + 2000 + 6000} \times 15 = 9 \text{ V}$$

注意，在串联电路中，最大阻值的电阻分得的电压最多。

2.3.2　分流原理

当总电流流入并联电阻组合的电路中时将被分流，每个电阻将分得一部分电流。如图 2.10 所示的电路，其等效电阻为

$$R_{\text{eq}} = \frac{R_1 R_2}{R_1 + R_2} \tag{2.27}$$

并联电阻的电压为

$$v = R_{\text{eq}}i_{\text{total}} = \frac{R_1 R_2}{R_1 + R_2}i_{\text{total}} \tag{2.28}$$

计算每个电阻的电流：

$$i_1 = \frac{v}{R_1} = \frac{R_2}{R_1 + R_2}i_{\text{total}} \tag{2.29}$$

$$i_2 = \frac{v}{R_2} = \frac{R_1}{R_1 + R_2}i_{\text{total}} \tag{2.30}$$

> 对于两个并联电阻，一个电阻的电流是总电流乘以另一个电阻值与两个电阻值之和的比值。

分流原理总结如下：对于两个并联电阻，一个电阻的电流是总电流乘以另一个电阻值与两个电阻值之和的比值。注意，此公式只适用于两个并联电阻的情况。如果有两个以上的电阻并联，在运用分流原理之前必须将这些电阻等效变换为两个电阻并联。

一个替代的方法是应用电导来计算。对 n 个电导并联的电路，可以得到

$$i_1 = \frac{G_1}{G_1 + G_2 + \cdots + G_n}i_{\text{total}}$$

$$i_2 = \frac{G_2}{G_1 + G_2 + \cdots + G_n}i_{\text{total}}$$

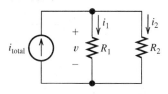

图 2.10　推导分流公式的电路

> 采用电导的分流公式与采用电阻的分压公式相似。

因此，换而言之，采用电导的分流公式与采用电阻的分压公式相似。

例2.4　分压和分流原理的应用

运用分压原理计算图 2.11(a) 中的电压 v_x，然后计算电源电流 i_s 并运用分流原理计算电流 i_3。

解： 分压原理只适用于电阻串联的形式。因此，首先计算 R_2 和 R_3 的并联等效电阻：

$$R_x = \frac{R_2 R_3}{R_2 + R_3} = \frac{30 \times 60}{30 + 60} = 20\ \Omega$$

等效电路如图 2.11(b) 所示。

现在，运用分压原理计算 v_x，电压 v_x 等于总电压与 R_x 在总电阻中的比值之积：

$$v_x = \frac{R_x}{R_1 + R_x} v_s = \frac{20}{60 + 20} \times 100 = 25\ \text{V}$$

电源电流 i_s 为

$$i_s = \frac{v_s}{R_1 + R_x} = \frac{100}{60 + 20} = 1.25\ \text{A}$$

现在，运用分流原理计算 i_3。电源电流 i_s 流过 R_3 的比例系数是 $R_2/(R_2 + R_3)$，因此，

$$i_3 = \frac{R_2}{R_2 + R_3} i_s = \frac{30}{30 + 60} \times 1.25 = 0.417\ \text{A}$$

也可以用另一种方法计算 i_3：

$$i_3 = \frac{v_x}{R_3} = \frac{25}{60} = 0.417\ \text{A}$$

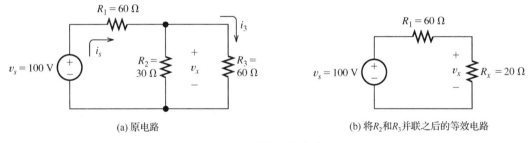

(a) 原电路　　　　　　　　　　(b) 将R_2和R_3并联之后的等效电路

图 2.11　例 2.4 的电路

例2.5　分流原理的应用

运用分流原理计算图 2.12(a) 中的电流 i_1。

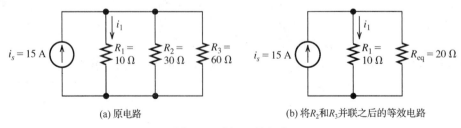

(a) 原电路　　　　　　　　　　(b) 将R_2和R_3并联之后的等效电路

图 2.12　例 2.5 的电路

> 将分流原理用于两个并联电阻的电路。因此，第一步是合并 R_2 和 R_3。

解：将分流原理用于两个并联电阻的电路。因此，第一步是合并 R_2 和 R_3：

$$R_{eq} = \frac{R_2 R_3}{R_2 + R_3} = \frac{30 \times 60}{30 + 60} = 20\ \Omega$$

结果如图 2.12(b) 的等效电路所示，运用分流原理，有

$$i_1 = \frac{R_{eq}}{R_1 + R_{eq}} i_s = \frac{20}{10 + 20} 15 = 10\ A$$

重新用电导进行计算，可以得到

$$G_1 = \frac{1}{R_1} = 100\ mS, \qquad G_2 = \frac{1}{R_2} = 33.33\ mS, \qquad G_3 = \frac{1}{R_3} = 16.67\ mS$$

然后，计算电流 i_1：

$$i_1 = \frac{G_1}{G_1 + G_2 + G_3} i_s = \frac{100}{100 + 33.33 + 16.67} 15 = 10\ A$$

与用电阻计算得到的电流值是相同的。

2.3.3 基于分压原理的位置传感器

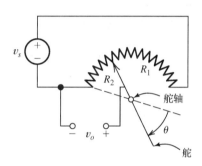

传感器用电压(有时是电流)乘上比例系数来表示如距离、压力或温度等的物理量。例如，图 2.13 展示了船或飞机的舵的偏转角如何变换为与之成正比的电压。当舵偏转时，电阻的触头沿电阻移动，因此 R_2 可以与舵的偏转角 θ 成正比。总电阻为 $R_1 + R_2$ 不变。输出电压为

图 2.13　分压原理用于某些传感器。此图表示一个传感器产生的输出电压正比于舵的偏转角

$$v_o = v_s \frac{R_2}{R_1 + R_2} = K\theta$$

K 是取决于电源电压和传感器结构的比例系数。像这样的传感器实例在科学和工程领域还有很多。

练习 2.3　用分压原理计算图 2.14 的电路中未知的电压。

答案：a. $v_1 = 10\ V$，$v_2 = 20\ V$，$v_3 = 30\ V$，$v_4 = 60\ V$；b. $v_1 = 6.05\ V$，$v_2 = 5.88\ V$，$v_4 = 8.07\ V$。

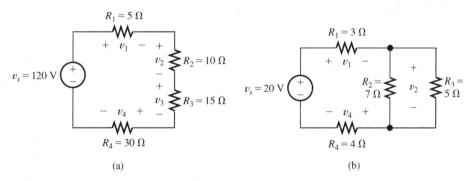

图 2.14　练习 2.3 的电路

练习 2.4　用分流原理计算图 2.15 的电路中未知的电流。

答案：a. $i_1 = 1\ A$，$i_3 = 2\ A$；b. $i_1 = i_2 = i_3 = 1\ A$。

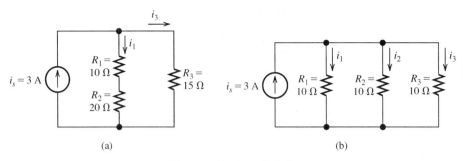

图 2.15 练习 2.4 的电路

2.4 节点电压分析法

尽管电阻串/并联等效和分流/分压原理非常重要，但是它们不能求解所有的电路。

前面学习的电路分析方法是非常有效的，但是不一定适合所有电路的分析。例如图 2.16 中的电路就不能用电阻串/并联等效变换的方法来求解，另外也不能运用分压原理和分流原理的公式。本节将介绍适用于任意电路的**节点电压分析**。

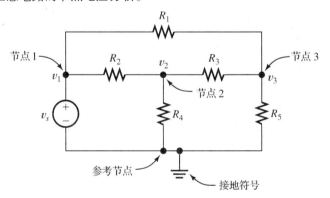

图 2.16 节点电压分析的第一步是选择电路参考节点和标注非参考节点电压

2.4.1 选择参考节点

节点是两个及以上电路元件的连接点。节点电压分析法的第一步是选择一个**参考节点**。理论上可以选择任何节点作为参考节点，但是选择连接电压源的节点作为参考节点可以使电路分析更简单，下面将分析其原因。

例如图 2.16 中电路有 4 个节点，选择底端节点作为参考节点，用**接地符号**表示参考节点。

2.4.2 标注非参考节点电压

第二步是在电路图中标注所有非参考节点电压。例如，图 2.16 的电路中的节点电压为 v_1、v_2 和 v_3，v_1 是节点 1 和参考节点之间的电压，节点 1 的电压极性为正，参考节点的极性为负。类似地，v_2 是节点 2 和参考节点之间的电压，节点 2 的电压极性为正，参考节点的极性为负。实际上，所有节点电压的负极都是参考节点。因此 v_1 是节点 1 和参考节点之间的电压。

每个节点电压的负极都是参考节点。

2.4.3　根据节点电压求解元件电压

> 一旦求出节点电压，求解电路中其他元件的电压或电流就很容易了。

在节点电压分析法中，可以列出方程，最终求出各节点电压。一旦求出节点电压，求解各元件的电流、电压和功率就很容易了。

例如，假设图 2.16 的电路已知各节点电压，求通过电阻 R_3 的电压，左端节点的极性为正。为了不在图 2.16 中增加变量标示，重新画电路如图 2.17 所示。可见 v_2、v_x、v_3 分别是组成回路的电阻 R_4、R_3 和 R_5 上的电压。选择顺时针为该回路绕行方向，根据 KVL 可得

$$-v_2 + v_x + v_3 = 0$$

因此，

$$v_x = v_2 - v_3$$

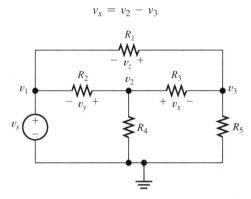

图 2.17　假设能求出三个节点电压 v_1、v_2、v_3，可以根据 KVL 求出 v_x、v_y、v_z，然后根据欧姆定律求各电阻电流。因此关键问题是求解节点电压

> 此电路与图 2.16 所示电路相同，重画电路是为了避免与电压 v_x、v_y、v_z 混淆，它们没有出现在最后的节点方程中。

因此，可以根据节点电压之间的差值求出任意电路元件的电压（如果元件一端节点是参考节点，则该元件电压就是另一端节点的节点电压）。

求出所有元件电压以后，根据欧姆定律和 KCL 可以求出流过每一个元件的电流。最后，每个元件的功率等于该元件电压和电流的乘积。

练习 2.5　对于图 2.17 的电路，写出 v_y 和 v_z 关于 v_1、v_2 和 v_3 的表达式。
答案： $v_y = v_2 - v_1$，$v_z = v_3 - v_1$。

2.4.4　根据节点电压列出 KCL 方程

> 选定参考节点和各节点电压的变量后，可以列出方程求解各节点电压。

选定参考节点和各节点电压的变量后，可以列出方程求解各节点电压。下面继续用图 2.16 所示的电路来说明求解过程。

图 2.16 中，电压 v_1 和电压源电压 v_s 相等，即

$$v_1 = v_s$$

（从本例可以看出：当选取独立电压源一端节点作为参考节点时，可以直接得出该电源另一端节点的节点电压。）

为了求出节点电压 v_2、v_3，需要写出两个独立方程。通常的做法是写出未知节点电压对应节点的电流方程，例如图 2.16 中经 R_4 流出节点 2 的电流为

$$\frac{v_2}{R_4}$$

式子成立是因为电压 v_2 是电阻 R_4 的端电压，而且节点 2 是其正极端。因此电流 v_2/R_4 从节点 2 流出，流入参考节点。

接下来在图 2.17 中可以得出从节点 2 流出经过电阻 R_3 的电流为 v_x/R_3。但是，由于前面 $v_x = v_2 - v_3$，因此该电流为

$$\frac{v_2 - v_3}{R_3}$$

> 如果求从节点 n 出发流经一个电阻到节点 k 的电流，可以用 k 节点电压与 n 节点电压的差除以电阻来计算。

这里，我们可以得到一个非常有用的结论：如果求从节点 n 出发流经一个电阻到节点 k 的电流，可以用 k 节点电压与 n 节点电压的差除以电阻来计算。因此，如果 k 节点电压为 v_k，n 节点电压为 v_n，电阻为 R，则节点 n 流向节点 k 的电流为

$$\frac{v_n - v_k}{R}$$

对图 2.16 电路应用此结论，可以得到从节点 2 流出经过电阻 R_2 的电流为

$$\frac{v_2 - v_1}{R_2}$$

(在电路如图 2.17 所示的习题 2.5 中，我们得到 $v_y = v_2 - v_1$，经过电阻 R_2 流向左边的电流为 v_y/R_2，代入后得到上述相同的表达式。)

当然，如果电路介于节点 n 和参考节点之间，节点 n 流向参考节点的电流就等于节点 n 的电压除以电阻。例如，在前面提及的从节点 2 流出经过电阻 R_4 的电流为 v_2/R_4。

现在对节点 2 应用 KCL，代入所有电流表达式得到

$$\frac{v_2 - v_1}{R_2} + \frac{v_2}{R_4} + \frac{v_2 - v_3}{R_3} = 0$$

v_n 节点 3 的电流方程类似。一般情况下，在列出电流方程时尽量采取相同形式，这样可以减少出错的概率。通常按照流出节点的电流之和为零来列出方程，因此图 2.16 中节点 3 的电流方程为

$$\frac{v_3 - v_1}{R_1} + \frac{v_3}{R_5} + \frac{v_3 - v_2}{R_3} = 0$$

在大多数电路中，可以对所有未知电压的节点列出 KCL 方程，从而求出各未知节点电压。

例 2.6　节点电压分析

电路如图 2.18 所示，写出求解电压 v_1、v_2 和 v_3 的方程。

解：对节点 1 应用 KCL，得到

$$\frac{v_1}{R_1} + \frac{v_1 - v_2}{R_2} + i_s = 0$$

等式左边的各项是流出节点 1 的电流。节点 2 的电流方程为

$$\frac{v_2 - v_1}{R_2} + \frac{v_2}{R_3} + \frac{v_2 - v_3}{R_4} = 0$$

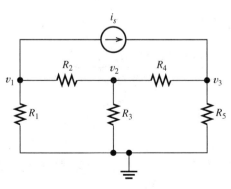

图 2.18　例 2.6 的电路

类似地，节点 3 的电流方程为

$$\frac{v_3}{R_5} + \frac{v_3 - v_2}{R_4} = i_s$$

这里，等式左边是流出节点 3 的电流，等式右边是流入节点 3 的电流。

练习 2.6　图 2.19 的电路中，应用 KCL 写出各节点(参考节点除外)的电流方程。

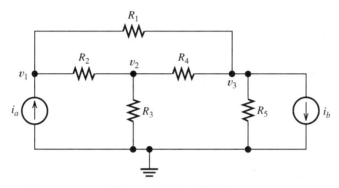

图 2.19　练习 2.6 的电路

答案：

节点1: $\dfrac{v_1 - v_3}{R_1} + \dfrac{v_1 - v_2}{R_2} = i_a$

节点2: $\dfrac{v_2 - v_1}{R_2} + \dfrac{v_2}{R_3} + \dfrac{v_2 - v_3}{R_4} = 0$

节点3: $\dfrac{v_3}{R_5} + \dfrac{v_3 - v_2}{R_4} + \dfrac{v_3 - v_1}{R_1} + i_b = 0$

2.4.5　标准形式的电路方程

写出求解节点电压所需的方程之后，将其调整为标准化形式的方程。把含有节点电压的项按顺序放在等式左边，不含节点电压的项移至等式右边。对于含有两个未知节点电压的电路，最后得到的标准节点电压方程为

$$g_{11}v_1 + g_{12}v_2 = i_1 \tag{2.31}$$
$$g_{21}v_1 + g_{22}v_2 = i_2 \tag{2.32}$$

对于含有三个未知节点电压的电路，标准节点电压方程为

$$g_{11}v_1 + g_{12}v_2 + g_{13}v_3 = i_1 \tag{2.33}$$
$$g_{21}v_1 + g_{22}v_2 + g_{23}v_3 = i_2 \tag{2.34}$$
$$g_{31}v_1 + g_{32}v_2 + g_{33}v_3 = i_3 \tag{2.35}$$

因为节点电压的系数通常(不是必需的)是单位为西门子的电导，因此选择字母 g 代表节点电压的系数。类似地，因为等式右边的项通常为电流，所以选择字母 i 来代表。

方程可以写成矩阵形式：

$$\mathbf{GV} = \mathbf{I}$$

其中，根据有两个或三个未知节点电压，矩阵 $\mathbf{G}$ 为

$$\mathbf{G} = \begin{bmatrix} g_{11} & g_{12} \\ g_{21} & g_{22} \end{bmatrix} \quad \text{或} \quad \mathbf{G} = \begin{bmatrix} g_{11} & g_{12} & g_{13} \\ g_{21} & g_{22} & g_{23} \\ g_{31} & g_{32} & g_{33} \end{bmatrix}$$

另外，矩阵 $\mathbf{V}$ 和 $\mathbf{I}$ 都是列矢量。

$$\mathbf{V} = \begin{bmatrix} v_1 \\ v_2 \end{bmatrix} \quad 或 \quad \mathbf{V} = \begin{bmatrix} v_1 \\ v_2 \\ v_3 \end{bmatrix} \quad 和 \quad \mathbf{I} = \begin{bmatrix} i_1 \\ i_2 \end{bmatrix} \quad 或 \quad \mathbf{I} = \begin{bmatrix} i_1 \\ i_2 \\ i_3 \end{bmatrix}$$

当节点数和节点电压数增加时，矩阵的阶数也相应增加。

一种求解节点电压的方法是先计算矩阵 $\mathbf{G}$ 的逆矩阵后，然后用下列公式求解：

$$\mathbf{V} = \mathbf{G}^{-1}\mathbf{I}$$

2.4.6 列出矩阵方程的简便方法

如果把习题 2.6 中电路(见图 2.19)的节点电压方程写成矩阵形式，可以得到

$$\begin{bmatrix} \dfrac{1}{R_1} + \dfrac{1}{R_2} & -\dfrac{1}{R_2} & -\dfrac{1}{R_1} \\[2mm] -\dfrac{1}{R_2} & \dfrac{1}{R_2} + \dfrac{1}{R_3} + \dfrac{1}{R_4} & -\dfrac{1}{R_4} \\[2mm] -\dfrac{1}{R_1} & -\dfrac{1}{R_4} & \dfrac{1}{R_1} + \dfrac{1}{R_4} + \dfrac{1}{R_5} \end{bmatrix} \begin{bmatrix} v_1 \\ v_2 \\ v_3 \end{bmatrix} = \begin{bmatrix} i_a \\ 0 \\ -i_b \end{bmatrix}$$

把图 2.19 电路与方程组成元素进行比较。首先，电导矩阵 $\mathbf{G}$ 对角线上的元素为

$$g_{11} = \frac{1}{R_1} + \frac{1}{R_2} \quad g_{22} = \frac{1}{R_2} + \frac{1}{R_3} + \frac{1}{R_4} \quad 和 \quad g_{33} = \frac{1}{R_1} + \frac{1}{R_4} + \frac{1}{R_5}$$

可以看出，矩阵 $\mathbf{G}$ 对角线上的元素是连接到相应节点的所有电导之和。其次，矩阵 $\mathbf{G}$ 非对角线上的元素为

$$g_{12} = -\frac{1}{R_2} \quad g_{13} = -\frac{1}{R_1} \quad g_{21} = -\frac{1}{R_2} \quad g_{23} = -\frac{1}{R_4} \quad g_{31} = -\frac{1}{R_1} \quad g_{32} = -\frac{1}{R_4}$$

其中，g_{jk} 等于连接节点 j 和节点 k 之间电导的负数。矩阵 $\mathbf{I}$ 的元素为电流源流入相应节点的电流。如果遵循正常列出节点方程的方法，上述结论对由电阻和独立电流源组成的电路是成立的。

因此，对由电阻和独立电流源组成的电路，可以按照下列步骤快速列出节点方程：

1. 确认电路只由电阻和独立电流源组成。
2. 矩阵 $\mathbf{G}$ 对角线上的元素是连接到相应节点的所有电导之和。
3. 矩阵 $\mathbf{G}$ 非对角线上的元素等于连接相应节点之间电导的负数。
4. 矩阵 $\mathbf{I}$ 的元素为电流源流入相应节点的电流。

> 这是列写矩阵形式节点方程的简便方法，只适用于包含电阻和独立电流源两种元件的电路。

记住，如果电路中包含独立电压源或受控源，就不能采用这种方法。

练习 2.7 写出图 2.18 的电路的矩阵形式的节点电压方程。

答案：
$$\begin{bmatrix} \dfrac{1}{R_1} + \dfrac{1}{R_2} & -\dfrac{1}{R_2} & 0 \\[2mm] -\dfrac{1}{R_2} & \dfrac{1}{R_2} + \dfrac{1}{R_3} + \dfrac{1}{R_4} & -\dfrac{1}{R_4} \\[2mm] 0 & -\dfrac{1}{R_4} & \dfrac{1}{R_4} + \dfrac{1}{R_5} \end{bmatrix} \begin{bmatrix} v_1 \\ v_2 \\ v_3 \end{bmatrix} = \begin{bmatrix} -i_s \\ 0 \\ i_s \end{bmatrix}$$

例 2.7 节点电压分析

写出图 2.20 的电路的矩阵形式的节点电压方程。

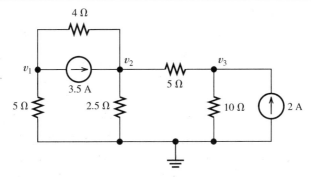

图 2.20 例 2.7 的电路

解：对所有节点应用 KCL，得到

$$\frac{v_1}{5} + \frac{v_1 - v_2}{4} + 3.5 = 0$$

$$\frac{v_2 - v_1}{4} + \frac{v_2}{2.5} + \frac{v_2 - v_3}{5} = 3.5$$

$$\frac{v_3 - v_2}{5} + \frac{v_3}{10} = 2$$

把上述方程改为标准形式，得到

$$0.45v_1 - 0.25v_2 = -3.5$$

$$-0.25v_1 + 0.85v_2 - 0.2v_3 = 3.5$$

$$-0.2v_2 + 0.35v_3 = 2$$

然后，写成矩阵形式的方程，得到

$$\begin{bmatrix} 0.45 & -0.25 & 0 \\ -0.25 & 0.85 & -0.20 \\ 0 & -0.20 & 0.30 \end{bmatrix} \begin{bmatrix} v_1 \\ v_2 \\ v_3 \end{bmatrix} = \begin{bmatrix} -3.5 \\ 3.5 \\ 2 \end{bmatrix} \tag{2.36}$$

因为电路中不含独立电压源和受控源，可以应用简便方法直接写出节点电压方程。例如 $g_{11} = 0.45$ 是连接到节点 1 的所有电导之和，$g_{12} = -0.25$ 是连接到节点 1 和节点 2 之间电导的负数，$i_3 = 2$ 是 2 A 电流源流入节点 3 的电流，等等。

2.4.7 求解网络方程

得到标准形式的节点电压方程之后，可以采用多种方法求解方程，包括替代法、高斯消元法和行列式法。作为工程专业的学生，也许拥有像 TI-84 或 TI-89 这种可以求解多元线性方程的高级计算器，通过完成本章末的习题，应该学会使用相关的方法。

有些场合不允许使用高级计算器或笔记本电脑，例如在工程基础 (FE) 考试 (在美国这是成为注册专业工程师的第一步) 中，只允许使用普通的科学计算器。专业工程考试的计算器使用规定可以登录网址 http://nceee.org/ 查看。因此，尽管你拥有一台高级计算器，也应该练习在 FE 考试中允许使用的某一种计算器。

练习 2.8 用计算器求解式 (2.36) 的方程。

答案：$v_1 = -5 \text{ V}$，$v_2 = 5 \text{ V}$，$v_3 = 10 \text{ V}$。

2.4.8 使用 MATLAB 求解网络方程

MATLAB 是一款用于工程和科学计算的高效软件系统。许多工程院校的学生都在用这款软件，在其他课程中也可能会用到。

在本章和接下来的几章，将介绍 MATLAB 在电路分析中的应用。本书不可能介绍 MATLAB 软件的所有用处，如果是初次学习 MATLAB 软件，可以通过登录网址 http://www.mathworks.com/academia/student_center/tutorials/学习网上的交互教程；或者以前用过这款软件，熟悉 MATLAB 命令。无论哪种一种情况，都应该学会根据本教材中的例子来解决类似的电路问题。

下面介绍用 MATLAB 软件来求解式(2.36)的方程，前面我们用 $\mathbf{V} = \mathbf{G}^{-1}\mathbf{I}$ 来求解节点电压，MATLAB 软件使用命令 $\mathbf{V} = \mathbf{G} \backslash \mathbf{I}$ 求解节点电压，该命令可以对线性方程组的求解提供更准确的算法。

符号"%"后面的内容是注释，MATLAB 软件运行时会忽略这些注释。为了表达更清楚，MATLAB 输入命令用加粗字体表示，注释用正常字体表示。下面的内容类似 MATLAB 软件命令窗口显示的求解过程(>>是 MATLAB 命令提示符)。

```
>> clear % First we clear the work space.
>> % Then, we enter the coefficient matrix of Equation 2.36 with
>> % spaces between elements in each row and semicolons between rows.
>> G = [0.45 -0.25 0; -0.25 0.85 -0.2; 0 -0.2 0.30]
G =
    0.4500   -0.2500        0
   -0.2500    0.8500   -0.2000
        0   -0.2000    0.3000
>> % Next, we enter the column vector for the right-hand side.
>> I = [-3.5; 3.5; 2]
I =
   -3.5000
    3.5000
    2.0000
>> % The MATLAB documentation recommends computing the node
>> % voltages using V = G\I instead of using V = inv(G)*I.
>> V = G\I
V =
   -5.0000
    5.0000
   10.0000
```

这样，得到结果：$v_1 = -5\,\text{V}$、$v_2 = 5\,\text{V}$ 和 $v_3 = 10\,\text{V}$；和练习 2.8 用计算器得到的答案一样。

注意：读者可以下载一些用于 MATLAB 软件的练习和例题 m 文件，下载方法参见附录 E。

例 2.8 节点电压分析

求解图 2.21 电路中的各节点电压和电流 i_x。

解：电路求解的第一步是选择参考节点并标注节点电压，图 2.21 已经完成了这一步骤。

其次，列出方程组。本例题对每个节点列出电流方程，得到

节点 1: $\dfrac{v_1}{10} + \dfrac{v_1 - v_2}{5} + \dfrac{v_1 - v_3}{20} = 0$

节点 2: $\dfrac{v_2 - v_1}{5} + \dfrac{v_2 - v_3}{10} = 10$

节点 3: $\dfrac{v_3}{5} + \dfrac{v_3 - v_2}{10} + \dfrac{v_3 - v_1}{20} = 0$

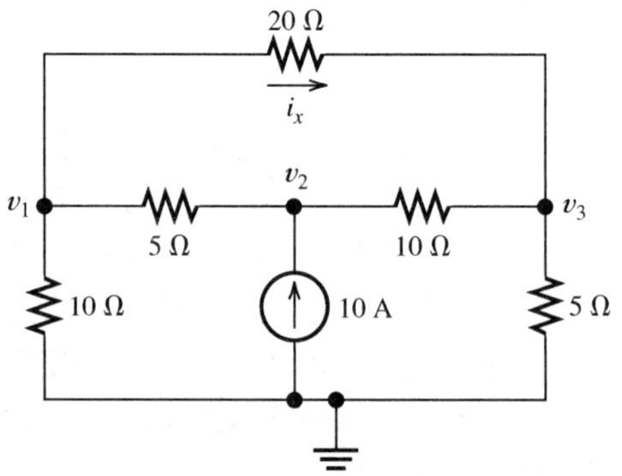

图 2.21 例 2.8 的电路

接下来，把方程改为标准形式：

$$0.35v_1 - 0.2v_2 - 0.05v_3 = 0$$
$$-0.2v_1 + 0.3v_2 - 0.10v_3 = 10$$
$$-0.05v_1 - 0.10v_2 + 0.35v_3 = 0$$

写成矩阵形式，得到

$$\begin{bmatrix} 0.35 & -0.2 & -0.05 \\ -0.2 & 0.3 & -0.1 \\ -0.05 & -0.1 & 0.35 \end{bmatrix} \begin{bmatrix} v_1 \\ v_2 \\ v_3 \end{bmatrix} = \begin{bmatrix} 0 \\ 10 \\ 0 \end{bmatrix}$$

或者写成 **GV = I**，其中 **G** 是电导的系数矩阵，**V** 是节点电压列矢量，**I** 是等式右边的电流列矢量。

这个电路只包含电阻和独立源，也可以采用简便方法直接列出标准形式或矩阵形式的方程组。

用 MATLAB 求解的过程如下：

```
>> clear
>> G = [0.35 -0.2 -0.05; -0.2 0.3 -0.1; -0.05 -0.1 0.35];
>> % A semicolon at the end of a command suppresses the
>> % MATLAB response.
>> I = [0; 10; 0];
>> V = G\I
V =
    45.4545
    72.7273
    27.2727
>> % Finally, we calculate the current.
>> Ix = (V(1) - V(3))/20
Ix =
     0.9091
```

练习 2.9 使用如图 2.22 所示的参考节点和节点电压，重新对例 2.8 中电路进行分析。a. 先列出电路方程；b. 把电路方程写成标准形式；c. 求 v_1、v_2 和 v_3 的值。（得到的结果应该与例 2.8 的不同，因为两图中 v_1、v_2 和 v_3 是不同的节点电压。）；

d. 求电流 i_x（因为两题中 i_x 是相同的电流，其值相等。）

答案：a. $\dfrac{v_1 - v_3}{20} + \dfrac{v_1}{5} + \dfrac{v_1 - v_2}{10} = 0$

$\dfrac{v_2 - v_1}{10} + 10 + \dfrac{v_2 - v_3}{5} = 0$

$\dfrac{v_3 - v_1}{20} + \dfrac{v_3}{10} + \dfrac{v_3 - v_2}{5} = 0$

b. $0.35v_1 - 0.10v_2 - 0.05v_3 = 0$

$-0.10v_1 + 0.30v_2 - 0.20v_3 = -10$

$-0.05v_1 - 0.20v_2 + 0.35v_3 = 0$

c. $v_1 = -27.27$，$v_2 = -72.73$，$v_3 = -45.45$。

d. $i_x = 0.909\ \text{A}$。

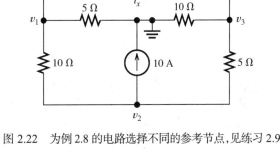

图 2.22 为例 2.8 的电路选择不同的参考节点，见练习 2.9

2.4.9 含电压源的电路

当电路中只有一个电压源时，通常选择电压源一端作为参考节点，这样求解节点电压时就少一个未知数。

例 2.9 节点电压分析

列出如图 2.23 所示的电路方程组，并把方程组转化为标准形式。

解：注意选择电压源下端作为参考节点，因此节点 3 的电压为 10 V，不用再标注一个节点电压。

列出节点 1 和节点 2 的电流方程，得到

$$\frac{v_1 - v_2}{5} + \frac{v_1 - 10}{2} = 1$$

$$\frac{v_2}{5} + \frac{v_2 - 10}{10} + \frac{v_2 - v_1}{5} = 0$$

现在整理方程，并把常数放在右边，得到

$$0.7v_1 - 0.2v_2 = 6$$
$$-0.2v_1 + 0.5v_2 = 1$$

至此，得到了求解 v_1 和 v_2 所需方程的标准形式。

练习 2.10 解例 2.9 中列出的方程，求 v_1 和 v_2 的值。
答案： $v_1 = 10.32\ \text{V}$，$v_2 = 6.129\ \text{V}$。

练习 2.11 求图 2.24 的电路中节点电压 v_1 和 v_2 的值。
答案： $v_1 = 6.77\ \text{V}$，$v_2 = 4.19\ \text{V}$。

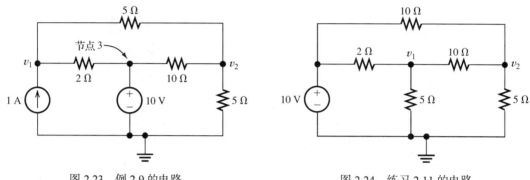

图 2.23 例 2.9 的电路 　　　　　图 2.24 练习 2.11 的电路

　　目前介绍的节点电压方程的表示方式有时需要改进。对于图 2.25 的电路，注意 $v_3 = -15\ \text{V}$，因为 15 V 电压源连接在节点 3 和参考节点之间。因此需要写出两个方程来求 v_1 和 v_2。

　　如果对节点 1 列出电流方程，则必须包含一个流经 10 V 电压源的电流，当然可以标注这个未知电流，但是待求解的方程组的阶数就更高了。当用手工计算求解方程组时，总希望未知数的数量最少。这个电路中，任意节点(包括参考节点)都不能根据节点电压写出电流方程，因为每一个节点都连接电压源。

　　另一种得到电流方程的方法是形成**广义节点**。用短画线把几个节点以及之间的元件围起来形成一个广义节点。如图 2.25 所示有两个广义节点，每个广义节点包含一个电压源。

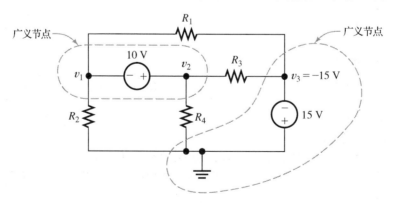

图 2.25 用短画线把几个节点以及之间的元件围起来形成一个广义节点

> 另一种基尔霍夫电流定律的表述为：流经任意闭合面的净电流为零。

　　把基尔霍夫电流定律扩展为更通用的形式：流经任意闭合面的净电流为零。这样就可以把 KCL

应用于广义节点。例如，对包含 10 V 电压源的广义节点的流出电流求和，得到

$$\frac{v_1}{R_2} + \frac{v_1 - (-15)}{R_1} + \frac{v_2}{R_4} + \frac{v_2 - (-15)}{R_3} = 0 \tag{2.37}$$

等式左边的每一项代表一个经电阻元件流出广义节点的电流。因此，通过把广义节点的电压源围起来，可以得到一个不包含未知电压源电流的电流方程。

> 如果列出的电流方程包含了所有节点，就会出现相关方程。

接下来，如尝试列出另一个广义节点的电流方程，会发现它与刚才列出的方程相同。一般情况下，如果列出的电流方程包含了所有节点，就会出现相关方程。节点 1 和节点 2 属于第一个广义节点，节点 3 和参考节点属于第二个广义节点。因此，如果要列出两个广义节点的电流方程，就会包含电路中的所有 4 个节点。

如果用消元法求解节点电压，有些节点电压没有出现在方程中，则不能求解这些节点电压。在 MATLAB 软件中，会出现 G 矩阵是奇异矩阵的警告，换句话说，矩阵的行列式为零。如果出现这种情况，必须另外列出方程。如果避免列出所有节点的电流方程，就不会出现这种情况。

下面介绍得到独立方程的方法。如图 2.26 所示的电路，因为节点电压 v_1、v_2 和 10 V 电压源构成一个回路，可以列出其 KVL 方程，图中用箭头代表电压 v_1、v_2 的极性，按顺时针方向围绕回路一周，得到电压代数和：

$$-v_1 - 10 + v_2 = 0 \tag{2.38}$$

式(2.37)和式(2.38)组成可以求解 v_1、v_2 的独立方程组（假设已知电阻值）。

> 如果两节点之间为电压源，会导致不能根据节点电压列写电流方程的情况。首先，列写一个包含电压源的 KVL 方程，然后把电压源围在广义节点中，对该广义节点列出 KCL 方程。

练习 2.12 写出图 2.25 中围绕 15 V 电压源的广义节点电流方程，证明它是式(2.37)的相关方程。

练习 2.13 根据图 2.27 的电路，写出一组求解节点电压的独立方程。

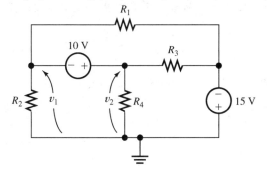

图 2.26 节点电压 v_1、v_2 和 10 V 电压源构成回路，可以列出 KVL 方程(电路与图 2.25 的电路相同)

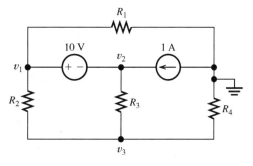

图 2.27 练习 2.13 的电路

答案：KVL：

$$-v_1 + 10 + v_2 = 0$$

KCL(围绕 10 V 电压源的广义节点)：

$$\frac{v_1}{R_1} + \frac{v_1 - v_3}{R_2} + \frac{v_2 - v_3}{R_3} = 1$$

KCL(节点 3)：

$$\frac{v_3 - v_1}{R_2} + \frac{v_3 - v_2}{R_3} + \frac{v_3}{R_4} = 0$$

KCL(参考节点)：

$$\frac{v_1}{R_1} + \frac{v_3}{R_4} = 1$$

为了保证方程组的非相关性，方程组中必须包含 KVL 方程，另从三个方程中任选两个(三个 KCL 方程包含了所有的电路节点，因此不能组成相关方程)。

2.4.10　含受控源的电路

受控源在节点电压分析时会稍显复杂(回忆受控源的值是受电路其他电压或电流控制的)。分析时首先按照独立源方式列出方程，然后，用节点电压变量表示控制变量，代入电路方程求解。下面给出两个例子。

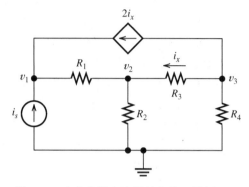

例 2.10　含受控源的节点电压分析

根据图 2.28 的电路，写出关于节点电压的独立方程组。

解：首先，列出每一个节点的电流方程，包括受控源的电流，把它当成独立电流源看待。

图 2.28　含电流控电流源的电路，见例 2.10

$$\frac{v_1 - v_2}{R_1} = i_s + 2i_x \tag{2.39}$$

$$\frac{v_2 - v_1}{R_1} + \frac{v_2}{R_2} + \frac{v_2 - v_3}{R_3} = 0 \tag{2.40}$$

$$\frac{v_3 - v_2}{R_3} + \frac{v_3}{R_4} + 2i_x = 0 \tag{2.41}$$

其次，根据节点电压写出控制变量 i_x 的表达式。发现 i_x 是从节点 3 流经 R_3 的电流，因此可以得到

$$i_x = \frac{v_3 - v_2}{R_3} \tag{2.42}$$

最后，把式(2.42)代入式(2.39)、式(2.40)和式(2.41)中，至此就得到了求解需要的方程组。

$$\frac{v_1 - v_2}{R_1} = i_s + 2\frac{v_3 - v_2}{R_3} \tag{2.43}$$

$$\frac{v_2 - v_1}{R_1} + \frac{v_2}{R_2} + \frac{v_2 - v_3}{R_3} = 0 \tag{2.44}$$

$$\frac{v_3 - v_2}{R_3} + \frac{v_3}{R_4} + 2\frac{v_3 - v_2}{R_3} = 0 \tag{2.45}$$

假设电流 i_s 的值和电阻已知，可以把这组方程转化为标准形式来求 v_1、v_2 和 v_3。

例 2.11　含受控源的节点电压分析

根据图 2.29 的电路，写出关于节点电压的独立方程组。

解：首先，忽略电压源是受控源，按照独立源方式列出方程。因为电压源连接在节点 1 和节点 2 之间，因此对这两个节点不能写出电流方程。但可以列出一个 KVL 电压方程：

$$-v_1 + 0.5v_x + v_2 = 0 \tag{2.46}$$

然后，应用 KCL 列出电流方程。对围绕受控电压源的广义节点：

$$\frac{v_1}{R_2} + \frac{v_1 - v_3}{R_1} + \frac{v_2 - v_3}{R_3} = i_s$$

对节点 3:

$$\frac{v_3}{R_4} + \frac{v_3 - v_2}{R_3} + \frac{v_3 - v_1}{R_1} = 0 \qquad (2.47)$$

对参考节点:

$$\frac{v_1}{R_2} + \frac{v_3}{R_4} = i_s \qquad (2.48)$$

当然，这 3 个电流方程是相关的，因为它们包含了所有的 4 个节点。我们必须用式(2.46)的电压方程和两个 KCL 电流方程组成独立方程组。但是式(2.46)中含有控制变量 v_x，必须用节点电压消去它。

    因此，下一步是写出用节点电压表示的控制变量 v_x 的表达式。注意 v_1、v_x 和 v_3 形成一个回路，顺时针围绕回路求电压代数和，得到

$$-v_1 - v_x + v_3 = 0$$

求 v_x，得到

$$v_x = v_3 - v_1$$

代入式(2.46)，得到

$$v_1 = 0.5(v_3 - v_1) + v_2 \qquad (2.49)$$

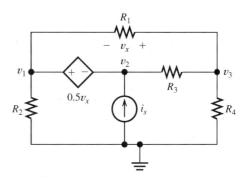

图 2.29　含电压控电压源的电路，见例 2.11

式(2.49)和两个电流方程可以组成一个独立方程组来求解各节点电压。

    应用本节介绍的方法可以写出任何包括电源和电阻元件的电路的节点电压方程。因此，如果再加上计算机或计算器的帮助，可以计算电路的所有电压和电流。

2.4.11　节点电压分析法的解题步骤

下面总结节点电压分析法的解题步骤:

1. 首先，合并串联电阻以减少电路节点数。然后，选择一个参考节点，标注其他节点电压的未知变量。如果电路有独立电压源，选择与其连接的节点为参考节点，则独立电压源另一端节点的电压就是电源电压，可以减少一个节点电压未知变量。
2. 列出电路方程。首先，应用 KCL 列出电路节点和广义节点的电流方程，注意包括广义节点在内，列出的电流方程不能包括所有的电路节点以避免产生相关方程。然后，如因节点之间存在电压源而导致求解未知变量的电流方程数量不够，应用 KVL 列出其余方程。
3. 如果电路含有受控源，找出控制变量关于节点电压的表达式，代入电路方程，得到只包含节点电压未知变量的方程组。
4. 把方程组转化为标准形式，求解各节点电压。
5. 用得到的节点电压计算电路中其他需要计算的电压和电流。

例 2.12　节点电压分析

应用节点电压分析法求解图 2.30(a) 的电路中的电流 i_x。(用这个较复杂电路来演示上面总结的解题步骤。)

解：首先，把串联的 $1\,\Omega$、$2\,\Omega$ 和 $3\,\Omega$ 的电阻合并为 $6\,\Omega$，消除节点 A 和节点 G。然后，选择连接 20 V 电压源低电位端的节点 C 作为参考节点，因此节点 F 的电压为 20 V。（当然，理论上可以选择任何节点作为参考节点，但是，如果选择节点 B 作为参考节点，则未知的节点电压数就多一个。）变化后的电路如图 2.30(b)所示。

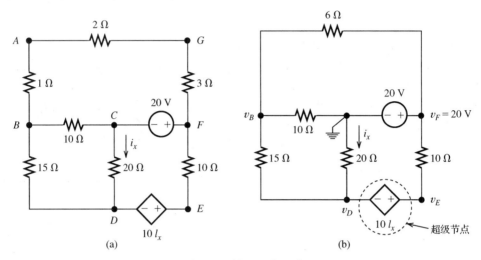

图 2.30 例 2.12 的电路

除节点 B 外，其余节点都与电压源相连，因此不能列出 KCL 电流方程。节点 B 的 KCL 方程为

$$\frac{v_B - 20}{6} + \frac{v_B}{10} + \frac{v_B - v_D}{15} = 0$$

每项乘 30，重新调整后得到

$$10v_B - 2v_D = 100$$

然后，对图 2.30(b)围绕受控电压源的广义节点列出 KCL 电流方程：

$$\frac{v_E - 20}{10} + \frac{v_D}{20} + \frac{v_D - v_B}{15} = 0$$

（另一个可选广义节点是围绕 20 V 电压源的广义节点。）

每项乘 60，重新调整后得到

$$-4v_B + 7v_D + 6v_E = 120$$

为避免方程中包括所有节点以产生相关方程，已没有其他可选节点可以列出 KCL 方程。

因此，列出一个 KVL 方程：从参考节点出发，经过受控电压源的左侧节点 D，再经过受控电压源，从另一侧节点 E 回到参考节点。得到方程：$v_E = 10\,i_x + v_D$。

然后，注意 i_x 是流过 20 Ω 电阻的电流，v_D 是 20 Ω 电阻的电压，它们的参考方向相反，因此根据欧姆定律有 $v_D = -20\,i_x$。结合这两个方程得到

$$v_D - 2v_E = 0$$

步骤 4

这样就得到求解节点电压的三个方程:

$$10v_B - 2v_D = 100$$
$$-4v_B + 7v_D + 6v_E = 120$$
$$v_D - 2v_E = 0$$

解方程可得 $v_D = 17.3913$ V。

因此, 电流 $i_x = -v_D/20 = -0.8696$ A。

练习 2.14 应用节点电压分析法求图 2.31 的电路中标识的电流。

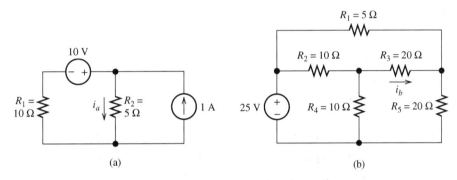

图 2.31 练习 2.14 的电路

答案: a. $i_a = 1.33$ A; b. $i_b = -0.259$ A。

练习 2.15 应用节点电压分析法求图 2.32 的电路中的电流 i_x 和 i_y。

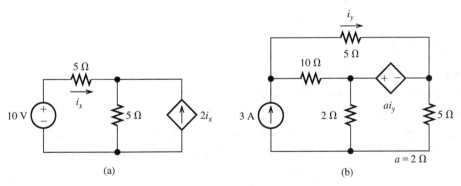

图 2.32 练习 2.15 的电路

答案: $i_x = 0.5$ A, $i_y = 2.31$ A。

2.4.12 应用 MATLAB 符号运算工具箱进行符号运算求解

如果 MATLAB 软件中含有符号运算工具箱(Symbolic Toolbox), 那么可以用来求解节点电压符号方程和其他符号方程。下面以求解例 2.10 的方程组[式(2.43)、式(2.44)、式(2.45)]为例进行说明。

```
>> % First we clear the work space.
>> clear all
>> % Next, we identify the symbols used in the
>> % equations to be solved.
>> syms V1 V2 V3 R1 R2 R3 R4 Is
>> % Then, we enter the equations into the solve command
```

```
>> % followed by the variables for which we wish to solve.
>> [V1, V2, V3] = solve((V1 - V2)/R1 == Is + 2*(V3 - V2)/R3, ...
                  (V2 - V1)/R1 + V2/R2 + (V2 - V3)/R3 == 0, ...
                  (V3 - V2)/R3 + V3/R4 + 2*(V3 - V2)/R3 == 0, ...
                  V1, V2, V3)
V1 =
(Is*(R1*R2 + R1*R3 + 3*R1*R4 + R2*R3 + 3*R2*R4))/(3*R2 + R3 + 3*R4)
V2 =
(Is*R2*(R3 + 3*R4))/(3*R2 + R3 + 3*R4)
V3 = (3*Is*R2*R4)/(3*R2 + R3 +3*R4)
>> % The solve command gives the answers, but in a form that is
>> % somewhat difficult to read.
>> % A more readable version of the answers is obtained using the
>> % pretty command. We combine the three commands on one line
>> % by placing commas between them.
>> pretty(V1), pretty(V2), pretty(V3)

   Is R1 R2 + Is R1 R3 + 3 Is R1 R4 + Is R2 R3 + 3 Is R2 R4
   --------------------------------------------------------
                     3 R2 + R3 + 3 R4

   Is R2 R3 + 3 Is R2 R4
   ---------------------
      3 R2 + R3 + 3 R4

      3 Is R2 R4
   ----------------
   3 R2 + R3 + 3 R4
```

(这里得出的结果是在某一个版本的 MATLAB 下运行得到的,其他版本的 MATLAB 的运行结果在格式上可能不一样,但是在数学计算上一定是一致的。)更标准的数学格式为

$$v_1 = \frac{i_s R_1 R_2 + i_s R_1 R_3 + 3i_s R_1 R_4 + i_s R_2 R_3 + 3i_s R_2 R_4}{3R_2 + R_3 + 3R_4}$$

$$v_2 = \frac{i_s R_2 R_3 + 3i_s R_2 R_4}{3R_2 + R_3 + 3R_4}$$

$$v_3 = \frac{3i_s R_2 R_4}{3R_2 + R_3 + 3R_4}$$

2.4.13 验证答案

一般来说,对答案做一些验证是合适且有必要的。首先,确保答案的单位正确,本例题的单位是伏特。如果答案的单位不对,则检查方程中的数值是否有单位。对图 2.28 的电路,发现只有电流控电流源的增益体现在方程中,它没有单位。

另外在本例题中,当 $R_3 = 0$ 时,应该有 $v_2 = v_3$,验证发现答案满足这个条件。另外,根据观察发现,当 $R_4 = 0$ 时,应该有 $v_3 = 0$,验证发现答案也满足。另一个检查也来自观察,当 R_3 趋于无穷大时,应该有 $i_x = 0$(受控电流源开路),$v_3 = 0$,$v_1 = i_s(R_1 + R_2)$,$v_2 = i_s R_2$。还可以做更多类似的验证。验证不能保证答案正确,但是可以发现许多错误。

练习 2.16 应用 MATLAB 符号运算功能求解式(2.47)～式(2.49)组成的符号方程组。
答案:

$$v_1 = \frac{2i_s R_1 R_2 R_3 + 3i_s R_1 R_2 R_4 + 2i_s R_2 R_3 R_4}{3 R_1 R_2 + 2 R_1 R_3 + 3 R_1 R_4 + 2 R_2 R_3 + 2 R_3 R_4}$$

$$v_2 = \frac{3i_s R_1 R_2 R_3 + 3i_s R_1 R_2 R_4 + 2i_s R_2 R_3 R_4}{3 R_1 R_2 + 2 R_1 R_3 + 3 R_1 R_4 + 2 R_2 R_3 + 2 R_3 R_4}$$

$$v_3 = \frac{3i_s R_1 R_2 R_4 + 2i_s R_2 R_3 R_4}{3 R_1 R_2 + 2 R_1 R_3 + 3 R_1 R_4 + 2 R_2 R_3 + 2 R_3 R_4}$$

MTALAB 和符号运算工具箱的版本不同,可能会使得到的答案的格式不同,但是在数学计算上它们是相等的。

2.5 网孔电流分析法

本节将介绍应用网孔电流分析法分析电路。如果平面电路图中没有任意两个元件(或导线)交叉,则这种电路被称为平面电路。反之,如果平面电路图中有一个元件和其他元件交叉,则称之为非平面电路。本节只讨论平面电路。

让我们从分析图 2.33(a)所示的平面电路开始。假设所有电源电压和电阻值已知,求解各标注电流。首先,因为图中标注的是电路的各支路电流,因此需要列出支路电流方程。然而,我们会最终发现应用网孔电流分析法求解各支路[见图 2.33(b)]电流更加容易。

对于图 2.33(a)所示的电路,需要列出三个独立方程来求解三个支路电流。一般来说,电路中独立的 KVL 方程个数是电路的网孔数。如图 2.33(a)所示的电路有两个网孔。一个由 v_A、R_1 和 R_3 组成,另一个由 v_B、R_2 和 R_3 组成。因此,本电路可以列出两个独立的 KVL 方程,另外需要列出一个 KCL 方程。

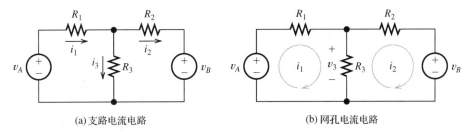

(a)支路电流电路   (b)网孔电流电路

图 2.33　介绍网孔电流分析法的电路

对由 v_A、R_1 和 R_3 组成的网孔回路应用 KVL,得到

$$R_1 i_1 + R_3 i_3 = v_A \tag{2.50}$$

类似地,对由 v_B、R_2 和 R_3 组成的网孔回路应用 KVL,得到

$$-R_3 i_3 + R_2 i_2 = -v_B \tag{2.51}$$

对 R_3 顶端节点应用 KCL,得到

$$i_1 = i_2 + i_3 \tag{2.52}$$

然后,把式(2.52)代入式(2.50)和式(2.51),得到下列方程:

$$R_1 i_1 + R_3(i_1 - i_2) = v_A \tag{2.53}$$

$$-R_3(i_1 - i_2) + R_2 i_2 = -v_B \tag{2.54}$$

因此,我们应用 KCL 来减少 KVL 方程,得到有两个未知量的两个方程。

> 当多个网孔电流流经一个元件时,该元件电流为相应网孔电流的代数和。

现在我们来看图 2.33(b)的网孔电流 i_1 和 i_2。如图所示,网孔电流是流过网孔回路的电流。因此,网孔电流自动满足 KCL。当多个网孔电流流经一个元件时,该元件电流为相应网孔电流的代数和。假设电流参考方向向下,则流过 R_3 的电流为 $(i_1 - i_2)$,$v_3 = R_3(i_1 - i_2)$。如果围绕 i_1 方向对网孔回路应用 KVL,则可以直接得到式(2.53)。类似地,围绕 i_2 方向对网孔回路应用 KVL,可以直接得到式(2.54)。

因为网孔电流自动满足 KCL,所以可以降低列出方程的难度。图 2.33 是非常简单的电路,应用效果还不太显著。复杂的电路更能发挥网孔电流分析法的优势。

2.5.1　选择网孔电流

> 一般选择顺时针作为网孔电流方向。

对平面电路，选择每个网孔的电流作为电流变量。为保持一致，我们一般选择顺时针作为网孔电流方向。

图 2.34 是两个标注了网孔电流的电路。当一个电路中没有交叉元件时就像一面窗户。网孔类似窗户玻璃，网孔电流类似"窗户玻璃上的肥皂泡"。

记住，当两个网孔电流流经一个元件时，该元件电流为两个网孔电流的代数和。例如图 2.34(a)中，向左流过 R_2 的电流为 $i_3 - i_1$，向上流过 R_3 的电流为 $i_2 - i_1$。

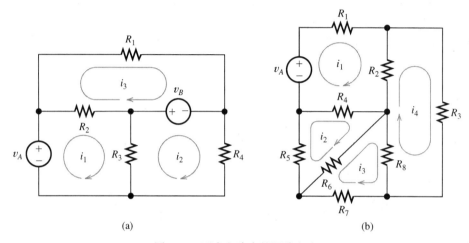

(a)　　　　　　　　　　　　　　　　(b)

图 2.34　两个电路中的网孔电流

练习 2.17　在图 2.34(b)的电路中，求下列电流：a. 向上流过 R_2 的电流；b. 向右流过 R_4 的电流；c. 向下流过 R_8 的电流；d. 向上流过 R_8 的电流。

答案：a. $i_4 - i_1$；b. $i_2 - i_1$；c. $i_3 - i_4$；d. $i_4 - i_3$。（注意 d. 的答案是 c. 的答案的负值。）

2.5.2　列出求解网孔电流的电路方程

如果电路只含有独立电压源和电阻，我们可以列出每个网孔的 KVL 方程，得到求解网孔电流所需的方程。（因为流出每个节点的网孔电流等于流入的电流，因此不需要列出 KCL 方程。）

> 如果电路只含有独立电压源和电阻，我们可以列出每个网孔的 KVL 方程，得到求解网孔电流所需的方程。

例 2.13　网孔电流分析法(I)

列出求解图 2.34(a)的电路的网孔电流的方程。

解：选择网孔电流分析法的固定模式有助于避免出错。例如选择网孔电流的方向是顺时针。然后，对每一个网孔回路绕顺时针方向一圈应用 KVL，如果先经过电压的正极就加上该电压，如果先经过电压的负极就减去该电压，电阻先经过的一端为电阻电压正极，因此电阻电压总是取加号。

例如，在图 2.34(a)所示电路的网孔 1 中，网孔电流先经过电阻 R_2 的左端，则电阻 R_2 的电压为 $R_2(i_1 - i_3)$。同样，网孔电流先经过电阻 R_3 的顶端，则电阻 R_3 的电压为 $R_3(i_1 - i_3)$。根据这种原则，每个电阻元件的电压等于电阻乘其电流，其电流等于本网孔回路电流减去相邻网孔电流，网孔 1 的 KVL 方程为

$$R_2(i_1 - i_3) + R_3(i_1 - i_2) - v_A = 0$$

类似地，网孔 2 的 KVL 方程为

$$R_3(i_2 - i_1) + R_4i_2 + v_B = 0$$

最后，网孔 3 的 KVL 方程为

$$R_2(i_3 - i_1) + R_1i_3 - v_B = 0$$

注意：网孔 1 的方程中 R_3 的电压正极在顶端，网孔 2 的方程中 R_3 的电压正极在底端，因为在方程中它们的符号相反，这并不是错误。

标准形式的方程为

$$(R_2 + R_3)i_1 - R_3i_2 - R_2i_3 = v_A$$
$$-R_3i_1 + (R_3 + R_4)i_2 = -v_B$$
$$-R_2i_1 + (R_1 + R_2)i_3 = v_B$$

矩阵形式的方程为

$$\begin{bmatrix} (R_2 + R_3) & -R_3 & -R_2 \\ -R_3 & (R_3 + R_4) & 0 \\ -R_2 & 0 & (R_1 + R_2) \end{bmatrix} \begin{bmatrix} i_1 \\ i_2 \\ i_3 \end{bmatrix} = \begin{bmatrix} v_A \\ -v_B \\ v_B \end{bmatrix}$$

通常，我们用 **R** 表示系数矩阵，用 **I** 表示网孔电流列矢量，用 **V** 表示标准形式方程右边的列矢量，则得到的网孔电流方程为

$$\mathbf{RI} = \mathbf{V}$$

其中，**R** 矩阵的第 r 行、第 j 列的元素为 r_{ij}。

练习 2.18 列出图 2.34(b) 的电路中的网孔电流方程，并转化为矩阵形式。

答案： 按照网孔顺序列出网孔电流方程为

$$R_1i_1 + R_2(i_1 - i_4) + R_4(i_1 - i_2) - v_A = 0$$
$$R_5i_2 + R_4(i_2 - i_1) + R_6(i_2 - i_3) = 0$$
$$R_7i_3 + R_6(i_3 - i_2) + R_8(i_3 - i_4) = 0$$
$$R_3i_4 + R_2(i_4 - i_1) + R_8(i_4 - i_3) = 0$$

$$\begin{bmatrix} (R_1 + R_2 + R_4) & -R_4 & 0 & -R_2 \\ -R_4 & (R_4 + R_5 + R_6) & -R_6 & 0 \\ 0 & -R_6 & (R_6 + R_7 + R_8) & -R_8 \\ -R_2 & 0 & -R_8 & (R_2 + R_3 + R_8) \end{bmatrix} \begin{bmatrix} i_1 \\ i_2 \\ i_3 \\ i_4 \end{bmatrix} = \begin{bmatrix} v_A \\ 0 \\ 0 \\ 0 \end{bmatrix} \tag{2.55}$$

2.5.3 求解网孔电流方程

得到电路的网孔电流方程之后，可以按照 2.4 节的节点电流分析法来求解方程。下面用一个简单例子来介绍。

例 2.14 网孔电流分析法 (II)

求解图 2.35 的电路中各元件的电流。

解： 首先，按照标准模式选择按顺时针方向的网孔电流。然后，对网孔 1 列出 KVL 方程：

$$20(i_1 - i_3) + 10(i_1 - i_2) - 70 = 0 \tag{2.56}$$

对网孔 2 和网孔 3 有

$$10(i_2 - i_1) + 12(i_2 - i_3) + 42 = 0 \tag{2.57}$$

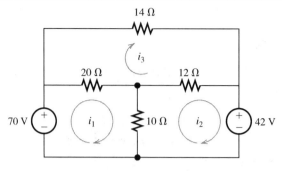

图 2.35　例 2.14 的电路

$$20(i_3 - i_1) + 14i_3 + 12(i_3 - i_2) = 0 \tag{2.58}$$

转化为标准形式，得到

$$30i_1 - 10i_2 - 20i_3 = 70 \tag{2.59}$$

$$-10i_1 + 22i_2 - 12i_3 = -42 \tag{2.60}$$

$$-20i_1 - 12i_2 + 46i_3 = 0 \tag{2.61}$$

写成矩阵形式，得到

$$\begin{bmatrix} 30 & -10 & -20 \\ -10 & 22 & -12 \\ -20 & -12 & 46 \end{bmatrix} \begin{bmatrix} i_1 \\ i_2 \\ i_3 \end{bmatrix} = \begin{bmatrix} 70 \\ -42 \\ 0 \end{bmatrix}$$

这些方程可以有多种求解方法，下面介绍用 MATLAB 来求解。我们用 **R** 表示系数矩阵，因为其元素通常是电阻；类似地，**V** 为方程右边的列矢量，**I** 为网孔电流列矢量。MATLAB 中的命令和运行结果为

```
>> R = [30 -10 -20; -10 22 -12; -20 -12 46];
>> V = [70; -42; 0];
>> I = R\V % Try to avoid using i, which represents the square root of
>> % -1 in MATLAB.
I =
    4.0000
    1.0000
    2.0000
```

因此，得到网孔电流为 $i_1 = 4\,\text{A}$，$i_2 = 1\,\text{A}$，$i_3 = 2\,\text{A}$。然后求各元件的电流。例如，向下流经 10 Ω 电阻的电流为 $i_1 - i_2 = 3\,\text{A}$。

　　练习 2.19　用网孔电流分析法求图 2.36 的电路中流经 10 Ω 电阻的电流。用电阻串/并联的方法求解，验证答案正确与否。再用节点电压分析法来验证答案。

　　答案：流经 10 Ω 电阻的电流为 5 A。

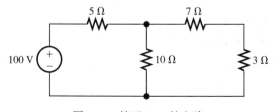

图 2.36　练习 2.19 的电路

练习 2.20 用网孔电流分析法求图 2.24 所示电路中流经 2 Ω 电阻的电流。

答案： 电流为 1.613 A，方向向右。

2.5.4 直接列出矩阵形式的网孔电流方程

如果电路只含有独立电压源和电阻，选择顺时针为网孔电流方向，我们可以根据以下步骤直接列出网孔电流方程：

1. 确认电路只含有独立电压源和电阻，将所有网孔电流方向选择为顺时针方向。
2. 列出 **R** 对角线上的元素为每个网孔电阻的和。换而言之，r_{jj} 代表网孔 j 的所有电阻之和。
3. 列出 **R** 非对角线上的元素为两网孔公共电阻的负数。因此，对于 $i \neq j$，r_{ij} 与 r_{ji} 相同，等于网孔 i 和网孔 j 的公共电阻之和的负数。
4. 对 **V** 矩阵元素，围绕顺时针转一圈，先经过电压源正极的电压取负号，先经过电压源负极的电压取正号。（因为 **V** 矩阵元素和 KVL 方程的电压在方程的不同边，因此和列出网孔 KVL 方程时电压符号的规则相反。）

> 如果电路只含有独立电压源和电阻，这是一种列出矩阵形式网孔电流方程的简便方法。

记住，这种方法不适合用于含有电流源或受控源的电路。

例 2.15 直接列出矩阵形式的网孔电流方程

直接列出图 2.37 的电路的网孔电流方程。

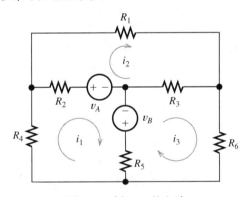

图 2.37 例 2.15 的电路

解： 矩阵方程为

$$\begin{bmatrix} (R_2 + R_4 + R_5) & -R_2 & -R_5 \\ -R_2 & (R_1 + R_2 + R_3) & -R_3 \\ -R_5 & -R_3 & (R_3 + R_5 + R_6) \end{bmatrix} \begin{bmatrix} i_1 \\ i_2 \\ i_3 \end{bmatrix} = \begin{bmatrix} -v_A + v_B \\ v_A \\ -v_B \end{bmatrix}$$

注意网孔 1 包括 R_2、R_4 和 R_5，因此，**R** 矩阵元素 r_{11} 为这些电阻的和。类似地，网孔 2 包括 R_1、R_2 和 R_3，因此，**R** 矩阵元素 r_{22} 为这些电阻的和。因为 R_2 是网孔 1 和网孔 2 的公共电阻，因此有 $r_{12} = r_{21} = -R_2$。应用类似的方法可以写出 **R** 矩阵的其他元素。

当围绕网孔 1 顺时针转时，先经过 v_A 的正极，后经过 v_B 的负极，因此 $v_1 = -v_A + v_B$。可以类推得到 **V** 的其他元素。

练习 2.21　直接列出图 2.34(a)所示电路的网孔电流方程。

答案：

$$\begin{bmatrix} (R_2 + R_3) & -R_3 & -R_2 \\ -R_3 & (R_3 + R_4) & 0 \\ -R_2 & 0 & (R_1 + R_2) \end{bmatrix} \begin{bmatrix} i_1 \\ i_2 \\ i_3 \end{bmatrix} = \begin{bmatrix} v_A \\ -v_B \\ v_B \end{bmatrix}$$

2.5.5　含有电流源电路的网孔电流方程

回想一个电流源的端电流是固定值，但是其端电压不能事先确定，由和它连接的元件确定。因此，通常不太好写出一个电流源的端电压表达式。初学的学生容易犯的一个错误就是假设电流源的端电压为零。

> 初学的学生容易犯的一个错误就是假设电流源的端电压为零。

因此，当电路含有电流源时，不能再用电路只含有电压源和电阻的方式来列出网孔电流方程。首先，查看图 2.38 的电路，与往常一样，网孔电流方向为顺时针，如果想列出网孔 1 的 KVL 方程，需要增加一个电流源端电压的未知量。因为我们不希望增加方程未知量，因此要避免列出包括电流源的网孔的 KVL 方程。在图 2.38 的电路中，电流源电流为 i_1，已知电流为 2 A，因此有

$$i_1 = 2 \text{ A} \tag{2.62}$$

由网孔 2 列出 KVL 方程，得到第 2 个方程为

$$10(i_2 - i_1) + 5i_2 + 10 = 0 \tag{2.63}$$

根据式(2.62)和式(2.63)可以很容易求出电流 i_2。注意，这种电流源只属于一个网孔的情形可以简化求解网孔电流的过程。

现在来分析如图 2.39 所示的电路的更复杂情形。与往常一样，网孔电流方向为顺时针，因为网孔 1 中 5 A 电流源的电压未知，因此不能列出网孔 1 的 KVL 方程(我们不希望增加方程的未知量)。一种解决方法是把网孔 1 和网孔 2 合并为一个**广义网孔**。也就是说，可以围绕网孔 1 和网孔 2 合并后的外围转一圈列出 KVL 方程，得到

$$i_1 + 2(i_1 - i_3) + 4(i_2 - i_3) + 10 = 0 \tag{2.64}$$

然后，列出网孔 3 的 KVL 方程：

$$3i_3 + 4(i_3 - i_2) + 2(i_3 - i_1) = 0 \tag{2.65}$$

最后，如果假设流过电流源的电流参考方向向上，则电流为 $i_2 - i_1$。但是已知电流源的电流为 5 A，方向向上，因此有

$$i_2 - i_1 = 5 \tag{2.66}$$

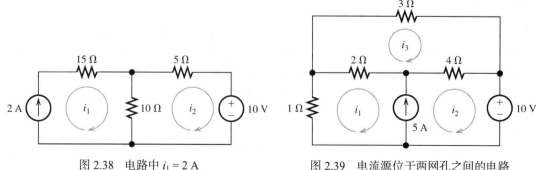

图 2.38　电路中 $i_1 = 2$ A　　　　　　图 2.39　电流源位于两网孔之间的电路

> 认识到式(2.66)不是一个 KCL 方程很重要。

必须认识到式(2.66)不是一个 KCL 方程，它只是表示可以根据网孔电流 $i_2 - i_1$ 得到向上流过电流源的电流，因为这个电流源的电流已知为 5 A。联立式(2.64)、式(2.65)和式(2.66)，可以求解三个网孔电流。

练习 2.22　列出图 2.40 的电路的网孔电流方程。

答案:

$$i_1 = -5 \text{ A}$$
$$10(i_2 - i_1) + 5i_2 - 100 = 0$$

练习 2.23　列出图 2.41 的电路的网孔电流方程，并求网孔电流值。

答案: 方程为 $i_2 - i_1 = 1$ 和 $5i_1 + 10 i_2 + 20 - 10 = 0$。求出: $i_1 = -4/3$ A，$i_2 = -1/3$ A。

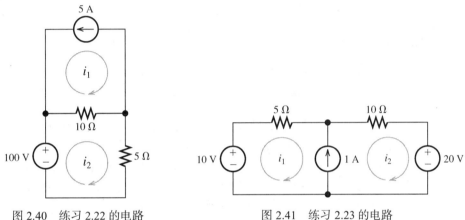

图 2.40　练习 2.22 的电路　　　　图 2.41　练习 2.23 的电路

2.5.6　含受控源的电路

受控源将使网孔电流分析法的求解过程稍显复杂。首先按照独立源方式列出网孔电流方程，然后根据网孔电流确定控制变量，并代入网孔电流方程。下面用一个例子来介绍。

例 2.16　含受控源的网孔电流分析

求解图 2.42(a) 的电路的网孔电流，电路中的电压控电流源位于网孔 1 和网孔 2 之间。

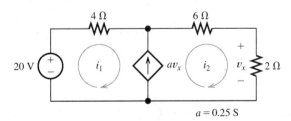

图 2.42　含电压控电流源的电路，见例 2.16

解: 首先，按照独立源方式列出网孔电流方程，因为电流源位于网孔 1 和网孔 2 之间，把两网孔合并为一个广义网孔，列出其 KVL 方程:

$$-20 + 4i_1 + 6i_2 + 2i_2 = 0 \tag{2.67}$$

然后，根据网孔电流写出受控源电流的表达式:

$$av_x = 0.25v_x = i_2 - i_1 \tag{2.68}$$

接下来，控制电压为

$$v_x = 2i_2 \tag{2.69}$$

把式(2.69)代入式(2.68)得到

$$\frac{i_2}{2} = i_2 - i_1 \tag{2.70}$$

最后，把式(2.67)和式(2.70)转化为标准形式的方程：

$$4i_1 + 8i_2 = 20 \tag{2.71}$$

$$i_1 - \frac{i_2}{2} = 0 \tag{2.72}$$

求解方程得到：$i_1 = 1$ A，$i_2 = 2$ A。

应用上述介绍的方法，可以写出任何由电源和电阻组成的平面电路的网孔电流方程。

2.5.7　网孔电流分析法的解题步骤

下面是网孔电流分析法的简便解题步骤。

下面，总结网孔电流分析法的解题步骤：

1．如有必要重画电路图以确保没有出现导线或元件交叉的情况，以减少电路复杂性。然后，统一按照顺时针方向确定各网孔电流(不是必要的)。
2．列出和网孔电路数量相同的电路方程。首先，列出不含电流源的网孔的 KVL 方程。然后，如果有电流源，根据网孔电流写出电流源电流的表达式。最后，如果一个电流源位于两个网孔之间，则把两个网孔合并为广义网孔并列出 KVL 方程。
3．如果电路中含有受控源，则根据网孔电流写出控制变量的表达式，并代入电路方程，使方程中的未知量只有网孔电流。
4．把方程转化为标准形式。应用行列式或其他方法求解网孔电流。
5．根据网孔电流求解其他电压或电流。

例 2.17　网孔电流分析法(III)

应用网孔电流分析求解图 2.43(a)的电路中的电压 v_x(用这个较复杂电路来介绍上面总结的解题步骤)。

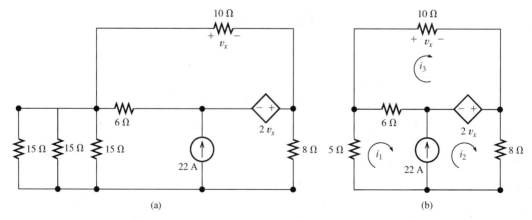

图 2.43　例 2.17 的电路

> 步骤 1。

解： 首先把 3 个 15 Ω 并联电阻合并，这样减少了两个网孔，得到图 2.43(b)所示的电路。选择顺时针作为网孔电流方向。

> 步骤 2。

因为 22 A 电流源的端电压未知，为了不引入新的未知量，所以不列出网孔 1 和网孔 2 的 KVL 方程，只列出网孔 3 的 KVL 方程：

$$10i_3 + 2v_x + 6(i_3 - i_1) = 0$$

其次，根据网孔电流写出向上流经电流源的电流为 $i_2 - i_1$，但是电流源电流为 22 A，因此得到

$$i_2 - i_1 = 22$$

然后，把网孔 1 和网孔 2 合并为一个广义网孔，列出其 KVL 方程：

$$5i_1 + 6(i_1 - i_3) - 2v_x + 8i_2 = 0$$

接下来，根据欧姆定律有

$$v_x = 10i_3$$

把它代入前面列出的方程，并把方程转化为标准形式，得到

$$-6i_1 + 36i_3 = 0$$
$$-i_1 + i_2 = 22$$
$$11i_1 + 8i_2 - 26i_3 = 0$$

求解方程得到 $i_1 = -12$ A，$i_2 = 10$ A，$i_3 = -2$ A。然后，可得 $v_x = 10\,i_3 = -20$ V。

练习 2.24 应用网孔电流分析法求解图 2.31 的电路中标注的电流值。

答案： a. $i_a = 1.33$ A； b. $i_b = -0.259$ A。

练习 2.25 应用网孔电流分析法求解图 2.32 的电路中的电流 i_x、i_y。

答案： $i_x = 0.5$ A，$i_y = 2.31$ A。

2.6　戴维南等效电路和诺顿等效电路

本节将学习怎么用简单的等效电路来代替仅包含电阻和电源的二端电路。二端电路是指只有 2 个端点可与其他电路相连接的部分电路。原电路可以是任何复杂形式的多个电源和电阻的连接，条件是受控源的控制变量必须在原电路内。

2.6.1　戴维南等效电路

> 戴维南等效电路是由一个独立的电压源和一个电阻串联组成的。

等效电路的一种形式是**戴维南(Thévenin)等效电路**，是由一个独立的电压源和一个电阻串联组成的，如图 2.44 所示。

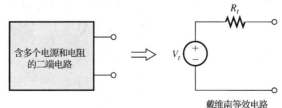

图 2.44　含多个电源和电阻的二端电路可以用戴维南等效电路来代替

有开路端的戴维南等效电路如图 2.45 所示。根据定义，没有电流流过开路电路，所以没有电流流过这个戴维南等效电路，电阻电压为 0。应用 KVL，可得

$$V_t = v_{oc}$$

原电路和等效电路要求有相同的开路电压，所以戴维南等效电压 V_t 与原电路的开路电压相等。

戴维南等效电压与原电路的开路电压相等。

接下来，假设将戴维南等效电路的两端用导线短接，如图 2.46 所示，则流过电路的电流为

$$i_{sc} = \frac{V_t}{R_t}$$

短路电流 i_{sc} 既是原电路的电流，也是戴维南等效电路的电流。最后，求等效电阻：

$$R_t = \frac{V_t}{i_{sc}} \tag{2.73}$$

因为戴维南等效电压与原开路电压相等，即

$$R_t = \frac{v_{oc}}{i_{sc}} \tag{2.74}$$

可见，要获得戴维南等效电路，可以首先分析原电路的开路电压和短路电流。戴维南等效电压等于开路电压，戴维南等效电阻则可根据式(2.74)来计算。

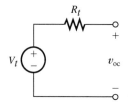

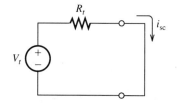

图 2.45　含开路端的戴维南等效电路，开路　　　　图 2.46　二端短路的戴维南等效电
　　　　电压 v_{oc} 等于戴维南等效电压 V_t　　　　　　　　　路，短路电流 $i_{sc} = V_t/R_t$

例 2.18　求解戴维南等效电路

求解图 2.47(a)的戴维南等效电路。

解： 首先，分析这个部分开路的电路，如图 2.47(b)所示。

电阻 R_1 和电阻 R_2 串联，总等效电阻为 $R_1 + R_2$。所以，流过电路的电流：

$$i_1 = \frac{v_s}{R_1 + R_2} = \frac{15}{100 + 50} = 0.10 \text{ A}$$

开路电压就是 R_2 的电压：

$$v_{oc} = R_2 i_1 = 50 \times 0.10 = 5 \text{ V}$$

所以，戴维南等效电压是 $V_t = 5 \text{ V}$。

现在，假设其两端点短路，如图 2.47(c)所示。短路电压为零，因此，R_2 处的电压也为零，流过 R_2 的电流为零。这样，短路电流 i_{sc} 只流过 R_1，而电源电压 v_s 全加在了 R_1 上，得到

$$i_{sc} = \frac{v_s}{R_1} = \frac{15}{100} = 0.15 \text{ A}$$

再用式(2.74)计算戴维南等效电阻：

$$R_t = \frac{v_{oc}}{i_{sc}} = \frac{5 \text{ V}}{0.15 \text{ A}} = 33.3 \text{ } \Omega$$

最后，得到戴维南等效电路如图 2.47(d)所示。

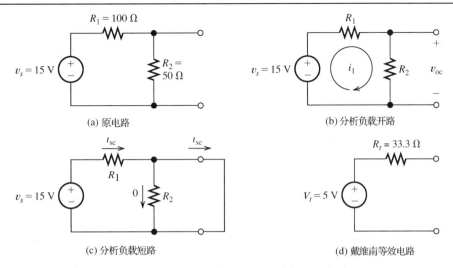

图 2.47 例 2.18 的电路

练习 2.26 画出图 2.48 的戴维南等效电路。

答案： $V_t = 50$ V，$R_t = 50$ Ω。

直接计算戴维南等效电阻 如果二端电路内部不包含受控源，则有另一种办法可确定等效电阻。

首先，关注二端电路内部的电源，把电压源的电压值置零，即将电压源视为短路；同时，把电流源的电流值置零。根据定义，元件电流为零时相当于开路。因此，为了将电源值置零，可用短路代替电压源，用开路代替电流源。

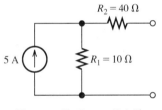

图 2.48 练习 2.26 的电路

把电流源的电流值置零，可视为开路。把电压源的电压值置零，可视为短路。

图 2.49 画出了将电压源的电压值置零前后的戴维南等效电路。将电源值置零后，可以直接得到等效电阻值。因此，可通过将原电路内的电源值置零，再计算从两端点看进去的电阻，即为戴维南等效电阻。

可通过将原电路内的电源值置零，再计算从两端点看进去的电阻，即为戴维南等效电阻。

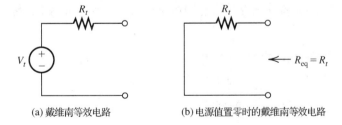

图 2.49 当二端电路内部的电源值置零时，从两端点看进去的电阻就是戴维南等效电阻

例 2.19 通过将电源值置零来计算戴维南等效电阻

通过将电源值置零来计算图 2.50(a) 中的戴维南等效电阻，并算出短路电流，画出戴维南等效电路。

解： 先用短路和开路分别代替二端电路内部的电压源和电流源，计算结果如图 2.50(b) 所示。等效电阻就是从两端点看进去的电阻值，是由电阻 R_1 和 R_2 并联形成的。

$$R_t = R_{\text{eq}} = \frac{1}{1/R_1 + 1/R_2} = \frac{1}{1/5 + 1/20} = 4\ \Omega$$

然后,计算短路电流,如图 2.50(c)所示。在本电路中,短路导致电阻 R_2 的电压为零,所以通过 R_2 的电流为零,即

$$i_2 = 0$$

又因为 R_1 上的电压为 20 V,则

$$i_1 = \frac{v_s}{R_1} = \frac{20}{5} = 4\ \text{A}$$

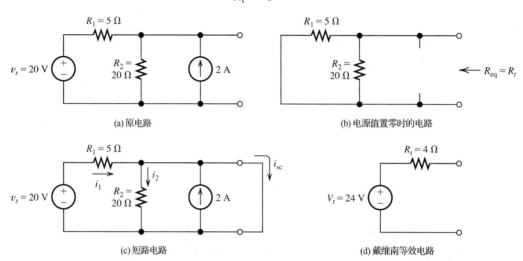

图 2.50 例 2.19 的电路

最后,列出连接 R_2 和 2 A 电流源顶端节点的 KCL 方程,流入电流的和等于流出电流的和,得到

$$i_1 + 2 = i_2 + i_{\text{sc}}$$

得出 $i_{\text{sc}} = 6\ \text{A}$。

则戴维南等效电压为

$$V_t = R_t i_{\text{sc}} = 4 \times 6 = 24\ \text{V}$$

最后,等效电路如图 2.50(d)所示。

练习 2.27 用节点电压分析法分析图 2.50(a)的电路,证明其开路电压等于例 2.19 中求得的戴维南等效电压。

练习 2.28 通过将电源值置零,计算图 2.51 中各电路的等效电阻。

答案: a. $R_t = 14\ \Omega$; b. $R_t = 30\ \Omega$; c. $R_t = 5\ \Omega$。

下面再介绍一个戴维南等效电路的例子。

例 2.20 含有受控源的戴维南等效电路

求图 2.52(a)中电路的戴维南等效电阻。

> 如果电路包含一个受控源,就不能通过将电源值置零以及计算串/并联电阻的方法来计算戴维南等效电阻。

解: 本电路包含一个受控源,因此,不能通过将电源值置零以及计算串/并联电阻的方法来计算等效电阻,必须分析电路,求解开路电压和短路电流。

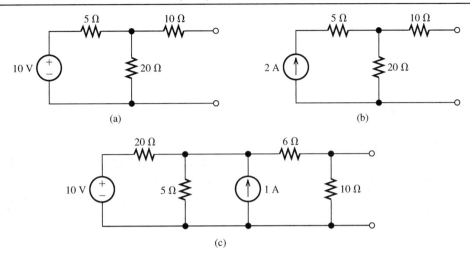

图 2.51 练习 2.28 的电路

首先计算开路电压。如图 2.52(b)所示，设定电路底端为参考节点。这样，v_{oc} 是未知的节点电压。对节点 1 列出方程：

$$i_x + 2i_x = \frac{v_{oc}}{10} \tag{2.75}$$

然后，用 v_{oc} 来表示 i_x：

$$i_x = \frac{10 - v_{oc}}{5}$$

代入式(2.75)，得

$$3\frac{10 - v_{oc}}{5} = \frac{v_{oc}}{10}$$

解得 $v_{oc} = 8.57$ V。

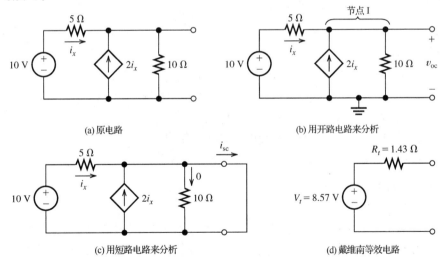

(a)原电路   (b) 用开路电路来分析

(c)用短路电路来分析   (d) 戴维南等效电路

图 2.52 例 2.20 的电路

现在，假设电路短路，如图 2.52(c)所示，此时通过 10 Ω电阻的电流为 0。又有

$$i_x = \frac{10\text{ V}}{5\ \Omega} = 2\text{ A}$$

和

$$i_{sc} = 3i_x = 6\text{ A}$$

所以，由式(2.74)计算戴维南等效电阻:

$$R_t = \frac{v_{oc}}{i_{sc}} = \frac{8.57\text{ V}}{6\text{ A}} = 1.43\ \Omega$$

最后，戴维南等效电路如图 2.52(d)所示。

2.6.2 诺顿等效电路

等效电路的另一种形式被称为**诺顿(Norton)等效电路**，如图 2.53 所示，它是由一个独立电流源 I_n 与一个等效电阻并联组成的。如果将独立电流源置零(断开)，则诺顿等效电路变成了电阻 R_t。将戴维南等效电路中的电压源短路之后，结果也一样。可见，诺顿等效电阻与戴维南等效电阻是相同的。

假设将诺顿等效电路短路，如图 2.54 所示，则流过 R_t 的电流为零。因此，诺顿电流与短路电流相等，即

$$I_n = i_{sc}$$

利用确定戴维南等效电路的方法，同样可以得到诺顿等效电路。

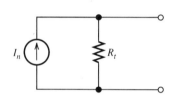

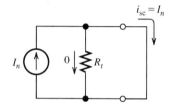

图 2.53　由一个独立电流源 I_n 与一个戴维南等效电阻 R_t 并联组成的诺顿等效电路

图 2.54　两端短路的诺顿等效电路

2.6.3 戴维南(诺顿)等效电路分析的步骤

1. 先执行这三步之中的两步:
   a. 确定开路电压 $V_t = v_{oc}$。
   b. 确定短路电流 $I_n = i_{sc}$。
   c. 将电源值置零，计算戴维南等效电阻 R_t。注意不能将受控源值置零。
2. 用等式 $V_t = R_t I_n$ 完成剩余一个参数的计算。
3. 戴维南等效电路由一个电压源 V_t 与电阻 R_t 串联组成。
4. 诺顿等效电路由一个电流源 I_n 与一个电阻 R_t 并联组成。

例 2.21　求解诺顿等效电路

画出图 2.55(a)的诺顿等效电路。

解: 因为二端电路中包含一个受控源，不能通过将电源值置零以及计算串/并联电阻的等效电阻的方法来求解戴维南等效电阻。首先，考虑二端电路有开路端，如图 2.53(a)所示，可将 v_{oc} 作为变量。对电路顶端的节点列出电流方程，有

$$\frac{v_x}{4} + \frac{v_{oc} - 15}{R_1} + \frac{v_{oc}}{R_2 + R_3} = 0 \tag{2.76}$$

后，根据分压原理用 v_{oc} 和电阻来表示 v_x:

$$v_x = \frac{R_3}{R_2 + R_3} v_{oc} = 0.25 v_{oc}$$

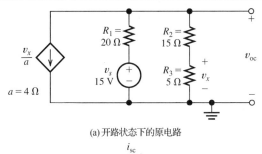

(a) 开路状态下的原电路

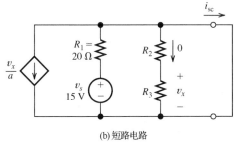

(b) 短路电路

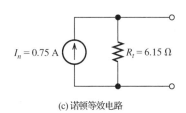

(c) 诺顿等效电路

图 2.55 例 2.21 的电路

将上式代入式 (2.76), 有

$$\frac{0.25 v_{\text{oc}}}{4} + \frac{v_{\text{oc}} - 15}{R_1} + \frac{v_{\text{oc}}}{R_2 + R_3} = 0$$

得到 $v_{\text{oc}} = 4.62 \text{ V}$。

接下来, 假设将原电路短路, 如图 2.55(b) 所示, 则通过电阻 R_2 和 R_3 的电流为 0。这样, 有 $v_x = 0$, 受控电流源相当于开路。短路电流为

$$i_{\text{sc}} = \frac{v_s}{R_1} = \frac{15 \text{ V}}{20 \text{ }\Omega} = 0.75 \text{ A}$$

所以, 可计算得到戴维南等效电阻:

$$R_t = \frac{v_{\text{oc}}}{i_{\text{sc}}} = \frac{4.62}{0.75} = 6.15 \text{ }\Omega$$

最后, 得到诺顿等效电路如图 2.55(c) 所示。

练习 2.29 求解图 2.56 各电路的诺顿等效电路。

答案: a. $I_n = 1.67 \text{ A}$, $R_t = 9.375 \text{ }\Omega$; b. $I_n = 2 \text{ A}$, $R_t = 15 \text{ }\Omega$。

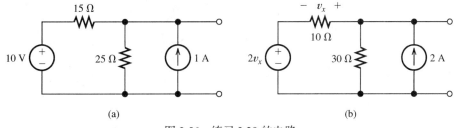

(a)

(b)

图 2.56 练习 2.29 的电路

2.6.4 电源变换

> 这里有个有趣的问题: 假设把图 2.57 的电路放入两个相同的黑箱中, 黑箱有两个可以连接外面的端点, 如何确定诺顿等效电路在哪一个黑箱中? 问题的答案可以在本章小结中找到。

　　已知可以用一个电流源和一个电阻并联的诺顿等效电路来代替一个电压源与一个电阻串联的电路，这被称为**电源变换**，如图 2.57 所示。就外电路而言，这两个等效电路是等价的。也就是说，经过变换后，端点 a、b 两点之间的电压和电流是一样的。但是，流过电阻 R_t 的电流不一样。例如，假设图 2.57 的两个电路均开路，则没有电流流过与电压源串联的电阻。不过，电流 I_n 流过与电流源并联的电阻。

　　在电源变换的过程中，保持电源极性不变很重要，如果变换前电压源的方向指向端点 a，则变换后电流源的方向也应该指向端点 a，如图 2.57 所示。

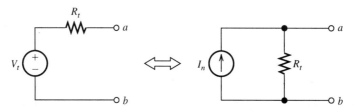

图 2.57　电压源与电阻串联的电路等效于电流源与电阻并联的电路，假设 $I_n = V_t/R_t$

　　有时，可以通过电源变换来简化电路的求解，这与求解串/并联电阻的等效电阻来求解电路相类似。

例 2.22　应用电源变换的方法

　　应用电源变换的方法求解电流 i_1 和 i_2，如图 2.58(a) 所示。

　　解： 分析该电路可以有好几种方法。其中一种是把 1 A 的电流源和电阻 R_2 并联的形式变换成一个电压源与电阻 R_2 串联的形式，如图 2.58(b) 所示。注意 10 V 电压源的正极在上面，因为 1 A 电流源的流向是向上的。因此，可列出 KVL 方程如下：

$$R_1 i_1 + R_2 i_1 + 10 - 20 = 0$$

解得

$$i_1 = \frac{10}{R_1 + R_2} = 0.667 \text{ A}$$

对原电路顶端的节点列出电流方程，可得到电流 i_2:

$$i_2 = i_1 + 1 = 1.667 \text{ A}$$

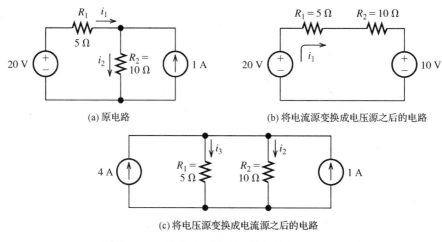

图 2.58　例 2.22 的电路

另一种求解方法是将电压源与电阻 R_1 串联变换成电流源与电阻 R_1 并联, 如图 2.58(c) 所示。注意, 流过电阻 R_1 的电流是 i_3 而不是 i_1, 这是因为变换后流过电阻 R_1 的电流已经与原电路中的电流不一样了。观察图 2.58(c), 可以看出流过电阻 R_1 和 R_2 的总电流是 5 A。根据分流原理:

$$i_2 = \frac{R_1}{R_1 + R_2} i_{\text{total}} = \frac{5}{5 + 10}(5) = 1.667 \text{ A}$$

与前面计算得到的结果相吻合。

练习 2.30 使用电源变换的方法求解图 2.59 中的电流 i_1 和 i_2。

第一种方法: 先将电流源与电阻 R_1 并联变换为电压源与电阻 R_1 串联(变换要保证电压源与电流源的参考极性和方向一致), 然后求解变换后的电路, 确定电流 i_1 和 i_2。

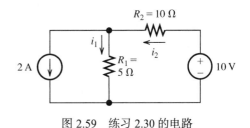

图 2.59 练习 2.30 的电路

第二种方法: 将电压源与电阻 R_2 串联变换为电流源与电阻 R_2 并联, 然后求解变换后的电路, 确定电流 i_1 和 i_2 的值。当然, 两种方法得到的结果是一样的。

答案: $i_1 = -0.667 \text{ A}$, $i_2 = 1.333 \text{ A}$。

2.6.5 最大功率传输

对于图 2.60(a) 的二端电路, 在连接一个负载电阻 R_L 之后, 希望能将最大功率传输到负载电阻上。分析这类问题时, 可首先用戴维南等效电路代替原电路, 如图 2.60(b) 所示。

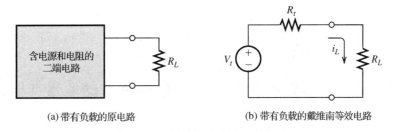

(a) 带有负载的原电路   (b) 带有负载的戴维南等效电路

图 2.60 分析最大功率传输的电路

流过负载电阻的电流为

$$i_L = \frac{V_t}{R_t + R_L}$$

而传给负载电阻的功率是

$$p_L = i_L^2 R_L$$

将电流代入上式, 得到

$$p_L = \frac{V_t^2 R_L}{(R_t + R_L)^2} \tag{2.77}$$

对其求 R_L 的导数, 并令导数方程为零:

$$\frac{dp_L}{dR_L} = \frac{V_t^2 (R_t + R_L)^2 - 2V_t^2 R_L (R_t + R_L)}{(R_t + R_L)^4} = 0$$

推导得到

$$R_L = R_t$$

> 当二端电路两个端点的负载电阻等于戴维南等效电阻时，负载电阻可以获得最大功率。

可见，当二端电路两个端点的负载电阻等于戴维南等效电阻时，负载电阻可以最大程度地吸收能量，获得的最大功率为

$$P_{L\max} = \frac{V_t^2}{4R_t} \tag{2.78}$$

一个经典的例子　在寒冷的冬天，很难发动汽车。可以将汽车内的电池组看成一个戴维南等效电路，戴维南等效电压基本不随外界温度变化。但是，当电池组温度很低的时候，其内部的化学物质反应很慢，戴维南等效电阻变得很大。因此，电池组能够给外界提供的能量就会大大减小。

例 2.23　计算最大传输功率

求解图 2.61 的电路中能获得最大传输功率的负载电阻，并计算最大输出功率。

解：首先，求解原电路的戴维南等效电路。

令电压源的电压值置零，则电阻 R_1 与 R_2 并联。戴维南等效电阻为

$$R_t = \frac{1}{1/R_1 + 1/R_2} = \frac{1}{1/20 + 1/5} = 4\ \Omega$$

戴维南等效电压与开路电压相等，根据分压原理，有

$$V_t = v_{oc} = \frac{R_2}{R_1 + R_2}(50) = \frac{5}{5+20}(50) = 10\ \text{V}$$

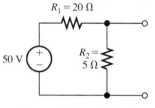

这样，能够得到最大传输功率的负载电阻：

$$R_L = R_t = 4\ \Omega$$

其最大传输功率：

$$P_{L\max} = \frac{V_t^2}{4R_t} = \frac{10^2}{4 \times 4} = 6.25\ \text{W}$$

图 2.61　例 2.23 的电路

实际应用 2.1　一个重要的工程问题：电动汽车的能量存储系统

设想一辆表现优良、行程达到 500 千米的无污染电动汽车。这种电动汽车的能量使用高效，尤其是在走走停停的城市交通中。车辆制动时的动能可以回收，用于车辆加速。而且，电动汽车对拥挤的城市环境的污染极小。

迄今为止，电动汽车的表现和行程是不尽如人意的(同理，目前尚无一周不需要充电的智能手机)。能量存储设备已成为电动汽车实用化的绊脚石。

在第 3 章将介绍的电容和电感可以储存能量，但是它们的单位容积能值太小，不能解决电动汽车的实用化问题。现代充电式电池的单位容积能值还比较理想，但是仍然无法和汽油相提并论。汽油的单位容积能值为 10 000 瓦时/升(Wh/L)，而目前电动汽车上使用的镍-金属氢化物电池的单位容积能值仅为 175 Wh/L。正在研发的锂离子电池的相关数值估计可以提高到 300 Wh/L。因此，即使内燃机效率相对较低，使用燃烧汽油把化学能转换为机械能所得到的能量也远远大于使用相当容积电池获得的能量。

尽管电动汽车在使用时不会产生污染物，但是金属在采掘、冶炼和处理环节会严重污染环境。我们在设计这些系统时必须考虑整体的环境(还有经济方面)效果。工程师可以接受这一重大挑战：为人类开发安全环保、轻松转换为电能的能量存储系统。

当然，一种解决方案可能是目前广泛研究的基于无毒化工产品的电化学电池。另一种是机械

飞轮系统,它可以实现从发电机到电动机的耦合。另外还有一种是混合动力汽车,它包含一个小内燃机、一个发电机、一个能量存储系统。通过优化使发电机工作在恒定的负载状态,同时对能量储存系统充电,这样对环境的污染较低。当能量储存系统被充满电以后,发电机自动切断,汽车由能量储存系统提供能量。发电机仅保证汽车在高速公路上高速行驶的能量需求。

无论采取哪一种最终解决汽车污染问题的方案,可以预见该方案将包括机械、化学、制造以及建筑工程和电气工程原理紧密结合的各种元器件。

最大功率传输的应用 当负载电阻与戴维南等效电阻相等时,有一半功率输送给了负载电阻,另一半功率被电源内部消耗掉了。在大功率设备的应用中,效率是非常重要的。此时,就不一定需要设计输出最大功率的电路。例如,在设计电动汽车时,我们希望电池内储存的能量能够大量地用于驱动汽车,并尽量减小电池内阻和导线的功率损耗。仅当需要达到最大加速运行时,才需要达到最大功率传输的工作状态。

另一方面,当只传输较小容量的功率时,常要求实现最大功率传输。例如,设计无线电接收机时希望从接收天线获得最大功率的信号。这类应用中的功率很小,通常小于 1 微瓦(mW),对传输效率的要求不高。

2.7 叠加原理

假设一个电路由线性受控源、电阻和 n 个独立源组成(稍后很快会解释什么是线性受控源)。由于电压和电流是独立源作用的结果,因此将流过已知元件的电流(或电压)称为**响应**。

回忆前面学过的将独立源值置零,计算二端电路的戴维南等效电阻的方法。这里将电源值置零,即令电流源为开路,电压源为短路。

现在,假设将除第一个独立源外的所有独立源置零,计算某一特定元件的响应(电流或电压),将这个响应值记为 r_1(用 r 而不用 i 或 v,因为此响应既可能是电流,也可能是电压)。类似地,将第二个独立源的响应记为 r_2,以此类推,将所有电源所产生的总响应记为 r_T。**叠加原理**的表述是,总响应是每个独立源单独作用产生的响应的总和,方程如下:

$$r_T = r_1 + r_2 + \cdots + r_n \tag{2.79}$$

> 叠加原理说明,一个线性电路的任意响应都是每个独立源单独作用(其余独立源为零值)下的响应之和。独立源为零值即电流源用开路来取代,而电压源用短路来取代。

下面,通过对图 2.62 进行分析来说明叠加原理的可行性。在此电路中有 2 个独立源,电压源记为 v_{s1},电流源记为 i_{s2}。分析它们在电阻 R_2 上的电压响应。

首先,分析两个独立源共同作用下的总响应 v_T,对电路的节点列出电流方程:

$$\frac{v_T - v_{s1}}{R_1} + \frac{v_T}{R_2} + Ki_x = i_{s2} \tag{2.80}$$

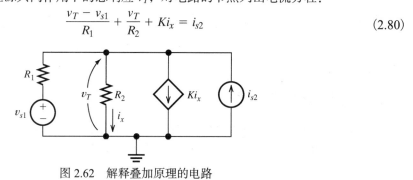

图 2.62 解释叠加原理的电路

受控变量为

$$i_x = \frac{v_T}{R_2} \tag{2.81}$$

将式(2.81)代入式(2.80)，得到

$$v_T = \frac{R_2}{R_1 + R_2 + KR_1} v_{s1} + \frac{R_1 R_2}{R_1 + R_2 + KR_1} i_{s2} \tag{2.82}$$

令 $i_{s2} = 0$，得到 v_{s1} 单独作用的电压响应为

$$v_1 = \frac{R_2}{R_1 + R_2 + KR_1} v_{s1} \tag{2.83}$$

令式(2.82)中的 $v_{s1} = 0$，得到 i_{s2} 单独作用的响应为

$$v_2 = \frac{R_1 R_2}{R_1 + R_2 + KR_1} i_{s2} \tag{2.84}$$

比较式(2.82)、式(2.83)和式(2.84)，得到

$$v_T = v_1 + v_2$$

由此验证了叠加原理，即总的电路响应等于每个独立源单独作用下的各响应的总和。

注意：如果将两个独立源均置零($v_{s1} = 0$ 和 $i_{s2} = 0$)，则响应为零。这样，受控源就无法在电路中引起响应。事实上，受控源对两个独立源的作用是有影响的。从受控源的增益参数 K 出现在电压 v_1 和 v_2 中就显而易见。总之，受控源不能对电路独立产生响应，在应用叠加原理时不能将受控源置零。

> 受控源不能对电路独立产生响应，在应用叠加原理时不能将受控源置零。

2.7.1 线性

如果绘制流过一个电阻的电流与其端电压的特性曲线，则会得到一条直线，如图 2.63 所示。这样，我们认为欧姆定律是**线性方程**。类似地，图 2.62 的受控源的电流 $i_{cs} = Ki_x$，这也是一个线性方程。在本书中，电路中的**线性受控源**是指该电源值等于其控制电流或者控制电压乘以一个常数。

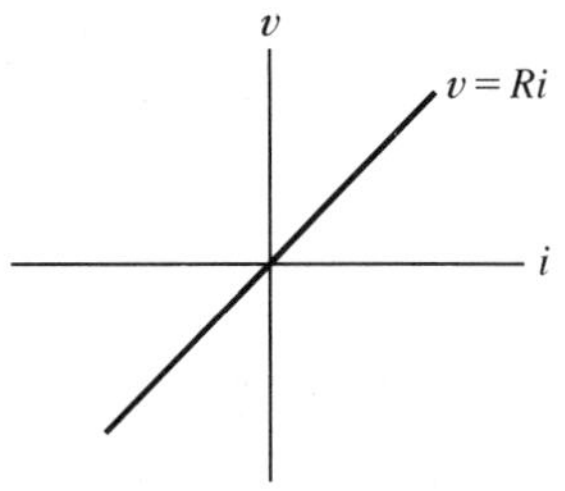

列举一些非线性方程的例子如下：

$$v = 10i^2$$

$$i_{cs} = K\cos(i_x)$$

以及

$$i = e^v$$

图 2.63 符合欧姆定律的电阻特性是线性的

> 叠加原理不适用于含有非线性元件的电路。

叠加原理不适用于含有非线性元件的电路。在本书后面有关电子电路的章节中将学习非线性元件电路的分析方法。

2.7.2 利用叠加原理求解电路

对单个电源的响应进行逐个分析，再根据叠加原理，把这些单个响应叠加起来就是总响应。有时，逐个分析单电源电路会使问题简化，举例说明如下。

例 2.24 利用叠加原理分析电路

利用叠加原理求解图 2.64(a) 中的电压 v_T。

解： 分析此电路，可以每次只考虑一个电源的独立作用，然后把各响应叠加起来。

如图 2.64(b) 所示，电路只有一个电压源，应用分压原理，产生的电压响应为

$$v_1 = \frac{R_2}{R_1 + R_2} v_s = \frac{5}{5 + 10}(15) = 5 \text{ V}$$

分析电流源产生的响应，如图 2.64(c) 所示。这时，两个并联电阻 R_1 和 R_2 的等效电阻为

$$R_{\text{eq}} = \frac{1}{1/R_1 + 1/R_2} = \frac{1}{1/10 + 1/5} = 3.33 \ \Omega$$

电流源产生的电压响应为

$$v_2 = i_s R_{\text{eq}} = 2 \times 3.33 = 6.66 \text{ V}$$

综合上述分析，总的电压响应为

$$v_T = v_1 + v_2 = 5 + 6.66 = 11.66 \text{ V}$$

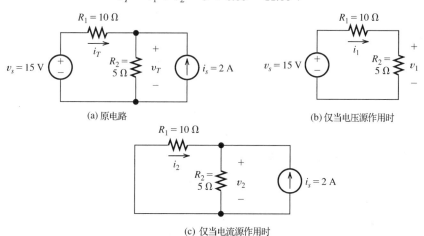

(a) 原电路

(b) 仅当电压源作用时

(c) 仅当电流源作用时

图 2.64 例 2.24 和练习 2.31 的电路

练习 2.31 求解图 2.64 的电流响应 i_1、i_2 和 i_T。

答案： $i_1 = 1 \text{ A}$, $i_2 = -0.667 \text{ A}$, $i_T = 0.333 \text{ A}$。

练习 2.32 利用叠加原理求解图 2.65 中的响应 v_T、i_T。

答案： $v_1 = 5.45 \text{ V}$, $v_2 = 1.82 \text{ V}$, $v_T = 7.27 \text{ V}$, $i_1 = 1.45 \text{ A}$, $i_2 = -0.181 \text{ A}$, $i_T = 1.27 \text{ A}$。

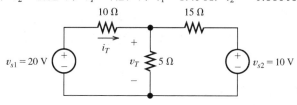

图 2.65 练习 2.32 的电路

2.8 惠斯通电桥

在做机械和建筑物的应变研究实验时，机械和建筑工程师利用惠斯通电桥来测量应变仪的电阻。

　　惠斯通(Wheatstone)电桥是一个用来测量未知电阻的电路。例如，机械和建筑工程师在做机械和建筑物的应变研究实验时，通常会测量应变仪的电阻。图 2.66 的电路中包含一个直流电压源 v_s，一个指示器(指针)，一个未知电阻 R_x，以及 3 个精密电阻 R_1、R_2 和 R_3。通常，R_2 和 R_3 是可变电阻，在电阻符号上用箭头标示。

　　指示器能检测到微小的电流(小于 1 μA)。不过，一般不必去校准，只需要指示出是否有电流流过就可以了。通常，取决于流过电流的方向，指示器有一个指针会偏向一方或另一方。

　　在操作过程中，应不断调整电阻 R_2 和 R_3 的值，直到指示器显示流过的电流为零，这时电桥平衡，而且电流 i_g 和加在指示器上的电压 v_{ab} 为零。

　　在节点 a(见图 2.66)处应用 KCL 方程和 $i_g = 0$，可得

$$i_1 = i_3 \qquad (2.85)$$

同样，在节点 b 处有

$$i_2 = i_4 \qquad (2.86)$$

对由电阻 R_2、R_1 和指示器构成的回路列出 KVL 方程，有

$$R_1 i_1 + v_{ab} = R_2 i_2 \qquad (2.87)$$

当电桥平衡时，$v_{ab} = 0$，有

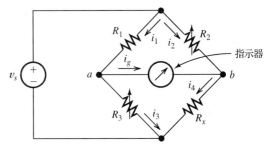

图 2.66　惠斯通电桥平衡时 $i_g = 0$，$v_{ab} = 0$

$$R_1 i_1 = R_2 i_2 \qquad (2.88)$$

同理，对于由电阻 R_3、R_4 和指示器组成的回路，有

$$R_3 i_3 = R_x i_4 \qquad (2.89)$$

将式(2.85)和式(2.86)代入式(2.89)得

$$R_3 i_1 = R_x i_2 \qquad (2.90)$$

将式(2.90)除以式(2.88)得

$$\frac{R_3}{R_1} = \frac{R_x}{R_2}$$

最后，求得未知电阻：

$$R_x = \frac{R_2}{R_1} R_3 \qquad (2.91)$$

　　在商用电桥中，通过一个多位开关来选择测量因子的数量级，这是通过改变测量因子 R_2/R_1 中的电阻 R_2 来实现的。然后，通过标准开关调节 R_3，直至达到电桥平衡。这样，未知值 R_x 就是电阻 R_3 乘以测量因子。

例 2.25　利用惠斯通电桥测量电阻

　　某商用惠斯通电桥的电阻 R_1 为 1 kΩ，电阻 R_3 的阻值可以按 1 Ω 为调节单位，从 0 调节到 1100 Ω，电阻 R_2 可以选择为 1 kΩ、10 kΩ、100 kΩ 和 1 MΩ 等数值。a. 假设 $R_3 = 732\ \Omega$，$R_2 = 10$ kΩ 时电桥平衡，求电阻 R_x 的值；b. 问：电桥平衡时允许 R_x 的最大值是多少？c. 假设 $R_2 = 1$ MΩ，则 R_x 的增量为多少时电桥平衡？

　　解：

　　a. 根据式(2.91)，有

$$R_x = \frac{R_2}{R_1}R_3 = \frac{10\text{ k}\Omega}{1\text{ k}\Omega} \times 732\text{ }\Omega = 7320\text{ }\Omega$$

注意，R_2/R_1 是一个测量因子，可以设置为 1、10、100 和 1000，取决于电阻 R_2 的取值。当未知电阻 R_x 等于该测量因子乘以 R_3 时，电桥平衡。

b. 电桥平衡时的最大电阻取决于电阻 R_2 和 R_3 均取最大值：

$$R_{x\max} = \frac{R_{2\max}}{R_1}R_{3\max} = \frac{1\text{ M}\Omega}{1\text{ k}\Omega} \times 1100\text{ }\Omega = 1.1\text{ M}\Omega$$

c. R_x 的增量为测量因子乘以电阻 R_3 的增量：

$$R_{x\text{inc}} = \frac{R_2}{R_1}R_{3\text{inc}} = \frac{1\text{ M}\Omega}{1\text{ k}\Omega} \times 1\text{ }\Omega = 1\text{ k}\Omega$$

2.8.1　应变测量

结合应变仪，惠斯通电桥常用于横梁和机械结构的应变测量（应变仪的更多信息见第 1 章的实际应用 1.1）。

例如，图 2.67(a) 中悬臂梁的外端承受向下的负载力。悬臂梁的展开上端有两个应变仪，当负载加上后，增加电阻 ΔR，ΔR 由下式得到：

$$\Delta R = R_0 G \frac{\Delta L}{L} \tag{2.92}$$

其中 $\Delta L/L$ 是应变仪的表面应变。R_0 是应变加上前应变仪的电阻。G 是应变仪系数，一般为 2。类似地，在悬臂梁下端的两个应变仪是受压的，根据负载减少的电阻为 ΔR（为简便起见，假设四个应变仪的应变相同）。

四个应变仪如图 2.67(b) 所示连成一个惠斯通电桥，$R_0+\Delta R$ 电阻是上端拉伸应变仪的电阻，$R_0-\Delta R$ 电阻是下端受压应变仪的电阻。在加上负载之前，四个电阻均为 R_0，惠斯通电桥是平衡的，因此输出电压 v_o 为 0。

可以证明，输出电压 v_o 可以根据下式计算：

$$v_o = V_s \frac{\Delta R}{R_0} = V_s G \frac{\Delta L}{L} \tag{2.93}$$

可见，输出电压与悬臂梁承受的应变成正比。

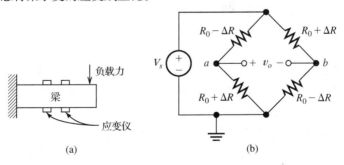

图 2.67　利用惠斯通电桥测量应变

理论上，一个应变仪的应变可以根据测量出来的应变仪的电阻来确定。但是，电阻变化非常小，测量需要非常精确。而且，应变仪的电阻随温度变化也会发生微小变化。在应变仪连接在悬臂梁的电桥中，温度变化对输出电压 v_o 的影响很小。

通常,输出电压 v_o 被 13.8 节介绍的仪用放大器放大,放大的电压可以转化为数字信号,然后输入到计算机或远程无线监控终端。

本章小结

1. 多个串联电阻的总阻值等于单个电阻之和,对于 n 个串联电阻,有

$$R_{eq} = R_1 + R_2 + \cdots + R_n$$

2. 多个并联电阻的总阻值等于各电阻的倒数之和的倒数:

$$R_{eq} = \frac{1}{1/R_1 + 1/R_2 + \cdots + 1/R_n}$$

3. 有些电阻电路可以通过反复合并串/联电阻的方法来求解。求解了简化电路之后,再将数据逐个回代至各级简化电路。最后,可解得原电路中的电流和电压。

4. 分压原理适用于由多个电阻串联的电路。总电压中的一部分加在各个电阻上,加在一个已知电阻的这部分电压等于该电阻乘以总电压再除以总的串联电阻。

5. 分流原理适用于电流流过两个并联电阻的情况。总电流中的一部分电流流过其中的一个电阻,流过 R_1 的电流与总电流的比值等于 $R_2 / (R_1 + R_2)$。

6. 节点电压分析法可以求解电阻电路的电压。具体步骤见第 59 页。

7. 对由电阻和独立源组成的电路直接列出矩阵形式的节点电压方程的步骤见第 52 页。

8. 网孔电流分析法可以求解平面电路的电流。具体步骤见第 70 页。

9. 对由电阻和独立电压源组成的电路,直接列出矩阵形式的网孔电流方程的步骤见第 67 页。此方法中,网孔电流必须为顺时针方向。

10. 一个含多个电源与电阻的二端电路可以变换为由一个电压源与一个电阻串联的戴维南等效电路。戴维南等效电压与原电路的开路电压相等,戴维南等效电阻等于原电路的开路电压除以短路电流。有时,戴维南等效电阻可以通过将原电路中的独立源值置零后,再合并串/并联电阻而得到。独立电压源置零时,用短路代替;独立电流源置零时,用断路代替。注意:不能对受控源置零。

11. 一个含多个电源与电阻的二端电路还可以变换为由一个电流源和电阻并联的诺顿等效电路。诺顿电流等于原电路的短路电流,诺顿电阻与戴维南等效电阻相等。详见第 76 页戴维南和诺顿等效电路的分析步骤。

12. 有时,采用电源变换(将戴维南等效电路与诺顿等效电路相互替换)来求解电路也很有效。

13. 当一个二端电路的负载电阻等于戴维南等效电阻时,电路输出最大功率。

14. 叠加原理是指在一个电阻电路中,总响应等于各个独立源的响应之和。叠加原理不适合分析含有非线性元件的电路。

15. 惠斯通电桥是用来测量电阻的电路。该电路中包括一个电压源、一个指示器和 3 个精密电阻,其中 2 个可调,还有一个为待测电阻。调节 2 个电阻直到电桥平衡,则未知电阻可通过这 3 个电阻而获得。

第 76 页的问题的答案:假设电路两端开路,则戴维南等效电路的电流为零,而诺顿等效电路有电流 I_n,因此诺顿等效电路的黑箱会发热。求解这个问题的关键点是电路等效是根据电路两端的电压和电流而不是内部特性确定的。

习题

2.1 节　电阻的串联与并联

*P2.1　对图 P2.1 中的各电路采用合并串/并联电阻的方法进行化简。

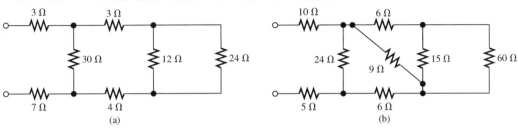

图 P2.1

*P2.2　一个 20 Ω 电阻和电阻 R_x 并联以后再和 4 Ω 电阻串联，其等效电阻为 8 Ω，计算 R_x。

*P2.3　计算图 P2.3 中电路 a、b 二端的等效电阻。

*P2.4　假设需要 1.5 kΩ 电阻，但只有一组 1 kΩ 电阻，试设计相应的等效电路。如果等效电阻为 2.2 kΩ，设计相应的电路。

*P2.5　计算图 P2.5 中电路 a、b 二端的等效电阻。

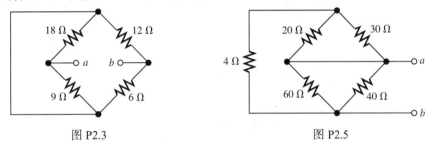

　　　图 P2.3　　　　　　　　　　　　　　　图 P2.5

P2.6　计算图 P2.6 中电路 a、b 二端的等效电阻。

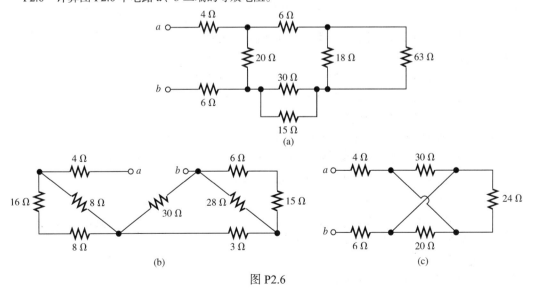

图 P2.6

P2.7 如果等效电阻值为 48 Ω,则 120 Ω 电阻需要并联阻值多大的电阻?

P2.8 a. 计算图 P2.8 中电路 a、b 二端的等效电阻;b. 将 c 和 d 端短接之后,再计算电路 a、b 二端的等效电阻。

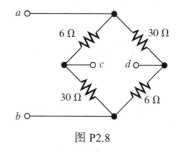

图 P2.8

P2.9 现有两个阻值为 R 和 2R 的电阻并联。如果电阻 R 和并联等效电阻均为整数,请问 R 可能为哪些值?

P2.10 一个端点为 a、b 的二端电路是由两个并联电路串联而成的。第一个并联电路是两个电阻值为 16 Ω 和 48 Ω 的电阻并联,第二个并联电路是两个电阻值为 12 Ω 和 24 Ω 的电阻并联。画出对应的电路图再计算电路 a、b 二端的等效电阻。

P2.11 现有 R_1 和 R_2 两个电阻并联。已知 $R_1 = 90$ Ω,流过 R_2 的电流是流过 R_1 的电流的三倍。计算 R_2 的电阻值。

P2.12 计算图 P2.12(a) 中无限网络的等效电阻。该电路被称为半无限阶梯网络。[提示:如果将图 P2.12(b) 的电路连接至半无限阶梯网络,则其等效电阻不变。那么,对图 P2.12(b) 的电路列出由 R_{eq} 表示 R_{eq} 的表达式,就可以求解 R_{eq} 值。]

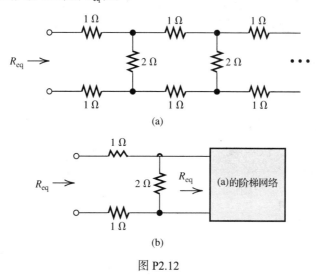

图 P2.12

P2.13 如果 n 个 1000 Ω 的电阻并联,那么等其效电阻的电阻值为多少?

P2.14 一电炉的加热元件是两个电阻,$R_1 = 57.6$ Ω,$R_2 = 115.2$ Ω,两个电阻可以在 120 V 或 240 V 电压下单独、并联或者串联工作。当两个电阻并联且电压为 120 V 时,电炉的功率最低。如果要获得最高电压,两个电阻元件应该如何连接?工作电压为多少?最大功率为多少?画出三种以上的工作模式并计算对应的功率。

P2.15 一空气加热器的工作电压为 120 V,加热元件是两个电阻 R_1 和 R_2,两个电阻可以单独、并联或者串联工作。电路的最大功率为 1280 W,最小功率为 240 W。求 R_1 和 R_2 的电阻值。电路还有可能输出哪些介于最大值和最小值之间的中间功率?

P2.16 对不能应用电阻串/并联简化求解等效电阻的电路,有时我们可以应用对称结构方法来求解其电阻。图 P2.16 的电路就是一个经典示例,12 个 1 Ω 的电阻位于立方体的每条边上,端点 a、b 与立方体斜对角端连接。问题就是求两端点之间的电阻。可以这样求解:假设端点 a、b 流过的电流为 1 A,则端点 a、b 之间的电压就等于待求的电阻。对称结构的电路中,每个电阻的电流可求,然后应用 KVL 就可以求出端点 a、b 之间的电压。

P2.17 对于图 P2.17 的电路，已知 a、b 二端的等效电阻 $R_{ab} = 23\ \Omega$，求电阻 R 的值。

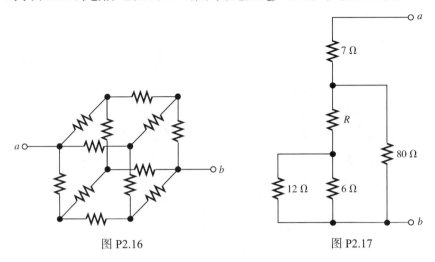

图 P2.16   图 P2.17

P2.18 a. 三个电导 G_1、G_2、G_3 串联，写出等效电导 $G_{eq} = 1/R_{eq}$ 和电导 G_1、G_2、G_3 的关系式；b.假设三个电导 G_1、G_2、G_3 并联，重复 a.的问题。

P2.19 绝大多数电源表现为理想电压源的特性。这时，如果有多个负载需要独立工作，我们可以把这些负载并联，并且每个负载串联一个开关，就可以实现每个负载开关独立断开或闭合，而不会影响其他负载的工作。

　　如果电源表现为理想电流源，要实现多个负载独立工作，那么负载和开关应该如何连接？画出电流源和三个带有通-断开关负载的电路图。如果要断开一个负载，对应开关是断开还是闭合呢？请解释。

P2.20 如图 P2.20 的电路所示，当 c 端断开时，a、b 二端的等效电阻 $R_{ab} = 50\ \Omega$，当 a 端断开时，b、c 二端的等效电阻 $R_{bc} = 100\ \Omega$，当 b 端断开时，c、a 二端的等效电阻 $R_{ca} = 70\ \Omega$。如果 b、c 二端短路，计算 a 端与 b、c 二端之间的电阻值。

P2.21 图 P2.21 所示的三相电路(见 5.7 节)具有三角形连接的负载，如果我们只能接触到三个端点，则可以通过下列方法得到三个电阻值：把任意两端点短路连接，测量另外一个端点与这两端点之间的电阻值，依次短接另外两个端点，重复三次测量电阻就可以得出三个电阻值。设 $R_{as} = 12\ \Omega$，$R_{bs} = 20\ \Omega$，$R_{cs} = 15\ \Omega$，其中 R_{as} 表示当 a 端与短接 b、c 二端之间的等效电阻，计算 R_a、R_b、R_c 的阻值。(提示：也许你会发现应用电导比电阻更容易求解方程，一旦求出电导，其倒数就是电阻。)

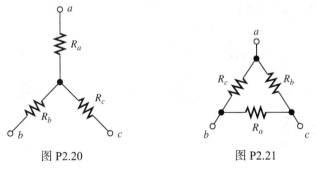

图 P2.20   图 P2.21

2.2 节　利用串/并联的等效变换进行网络分析

P2.22 采用电阻的串/并联来简化电路的方法有哪些步骤？这种方法适用于所有的电路吗？请解释。

P2.23 分析图 P2.23，求解电流 i_1 和 i_2。

*P2.24　分析图 P2.24，采用电阻的串/并联等效求解电压 v_1 和 v_2。

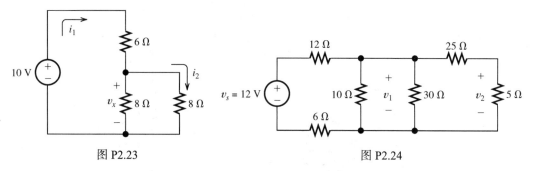

图 P2.23　　　　　　　　　　　　　　　图 P2.24

*P2.25　分析图 P2.25，求解电压 v 和电流 i。

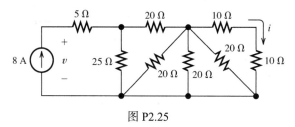

图 P2.25

P2.26　对于图 P2.24 的电路，假设电源电压 v_s 一直变化，直到电压 $v_2 = 5$ V，计算此时电压 v_s 的值。(提示：电路自右至左计算电流和电压，直至计算到电源电压。)

P2.27　分析图 P2.27，求解电压 v 和电流 i_1 和 i_2。

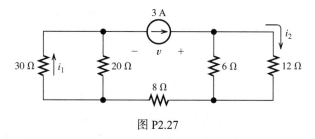

图 P2.27

P2.28　分析图 P2.28，求解电压 v_s、v_1 和电流 i_2。

P2.29　分析图 P2.29，求解电流 i_1 和 i_2。

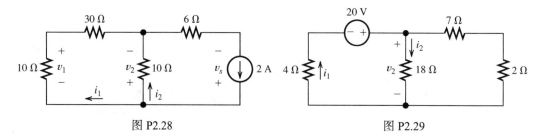

图 P2.28　　　　　　　　　　　　　　　图 P2.29

P2.30　分析图 P2.30，求解电压 v_1、v_2 和 v_{ab}。

P2.31　分析图 P2.31，求解电流 i_1 和 i_2，以及电源的功率。问：电流源是吸收能量还是提供能量？电压源是吸收能量还是提供能量？

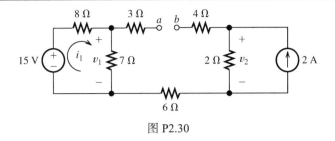

图 P2.30

P2.32 图 P2.32 的电路中，12 V 电源发出 36 mW 功率，4 个电阻的电阻值相同（为 R），求解 R。

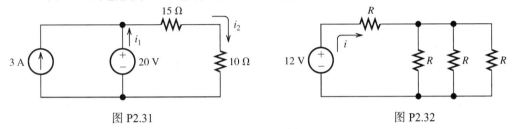

图 P2.31   图 P2.32

P2.33 对于图 P2.33 的电路，当开关断开时，电压 $v_2 = 8$ V，当开关闭合时，电压 $v_2 = 6$ V，求解 R_2 和 R_L。

*P2.34 分析图 P2.34，求解电流 i_1 和 i_2，计算电路每个元件的功率，并说明是吸收能量还是提供能量。验证吸收总功率和发出总功率相等。

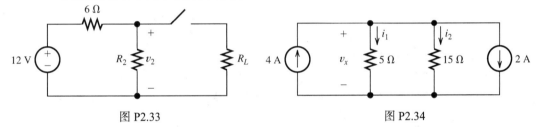

图 P2.33   图 P2.34

*P2.35 分析图 P2.35，求解电流 i_1 和 i_2。

2.3 节 分压和分流电路

*P2.36 如图 P2.36 所示，应用分压原理求解电压 v_1、v_2 和 v_3。

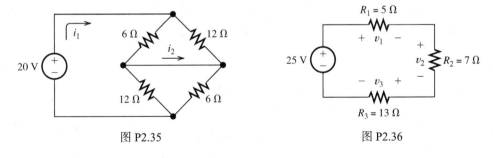

图 P2.35   图 P2.36

*P2.37 如图 P2.37 所示，应用分流原理求解电流 i_1 和 i_2。

*P2.38 如图 P2.38 所示，应用分压原理求解电压 v。

P2.39 如图 P2.39 所示，应用分流原理求解电流 i_3。

P2.40 图 P2.40 的分压电路中，15 V 电源流过的电流为 200 mA，输出电压 $v_o = 5$ V。a. 求解 R_1 和 R_2；

      b. 如果输出端连接 200 Ω 的负载电阻，求解 v_o。

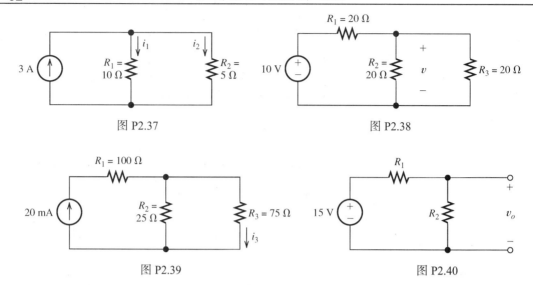

图 P2.37   图 P2.38

图 P2.39   图 P2.40

P2.41   现有一电压为 120 V 的电源对一个 10 Ω、一个 5 Ω 和未知 R_x 的电阻串联电路供电。5 Ω 电阻的端电压为 20 V，求解 R_x。

P2.42   现有一 15 mA 电流源与一个 60 Ω 电阻、一个 20 Ω 电阻和未知电阻 R_x 并联。流过未知电阻的电流为 10 mA，求解 R_x。

*P2.43   一个工人站在潮湿的混凝土地面上，手里拿着一把有着金属外壳的电锯。金属外壳通过三端电源插座实现电力系统接地。电线电阻为 R_g，工人身体电阻 $R_w = 500\ \Omega$。由于绝缘故障，2 A 电流流过金属外壳，电路如图 P2.43 所示。要使流过工人身体的电流不超过 0.1 mA，求解 R_g 的最大值。

P2.44   如果一负载吸收功率，工作电流介于 0~50 mA 之间，负载电压介于 4.7~5 V 之间。现有一个 15 V 的电压源可用。设计一个电路分压网络对该负载供电。你可以使用任意值的电阻，并求解每个电阻的最大功率。

P2.45   一电阻为 50 Ω 的负载希望承受的电压为 5 V。现有一 12.6 V 的电压源和任意值的电阻可用。设计一个合理的包括负载、电压源和另外一个电阻的电路图。给出另外一个电阻的值。

P2.46   一电阻为 1 kΩ 的负载希望获得的功率为 25 mW。现有一 20 mA 的电流源和任意值的电阻可用。设计一个合理的包括负载、电流源和另外一个电阻的电路图。给出另外一个电阻的值。

P2.47   图 P2.47 的电路类似数模转换电路。假设电路右边无限延伸，求解 i_1、i_2、i_3 和 i_4。i_{n+2} 和 i_n 是如何关联的？i_{18} 为多少？（提示：参见习题 P2.12。）

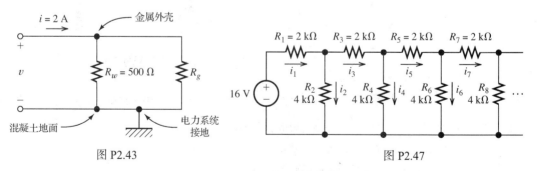

图 P2.43   图 P2.47

2.4 节　节点电压分析法

*P2.48   对于图 P2.48 的电路，求解各节点电压和 i_1。

*P2.49　对于图 P2.49 的电路，求解各节点电压和 i_s。

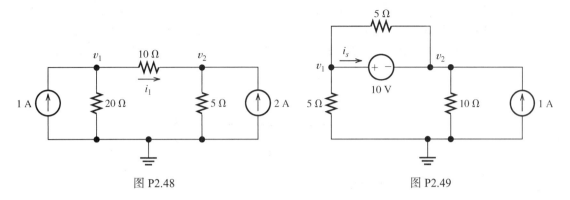

图 P2.48　　　　　　　　　　　　　　　图 P2.49

P2.50　对于图 P2.50 的电路，求解各节点电压。如果电流源方向变为相反方向，再求解各节点电压的新值。请问电压值和原来的值有什么关系？

P2.51　对于图 P2.51 的电路，$R_1 = 4\ \Omega$，$R_2 = 5\ \Omega$，$R_3 = 8\ \Omega$，$R_4 = 10\ \Omega$，$R_5 = 2\ \Omega$，$I_s = 2\ A$，求解各节点电压。

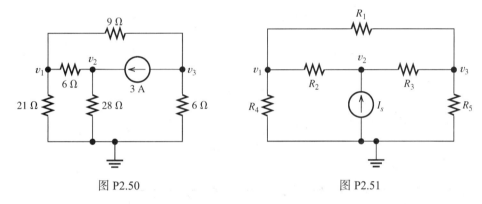

图 P2.50　　　　　　　　　　　　　　　图 P2.51

P2.52　对于图 P2.52 的电路，应用节点电压分析法求解 i_1。选择参考节点时尽量使节点电压未知量最少。请问 20 Ω 电阻对答案有何影响？

P2.53　对于图 P2.53 的电路，$R_1 = 15\ \Omega$，$R_2 = 5\ \Omega$，$R_3 = 20\ \Omega$，$R_4 = 10\ \Omega$，$R_5 = 8\ \Omega$，$R_6 = 4\ \Omega$，$I_s = 5\ A$，求解各节点电压。

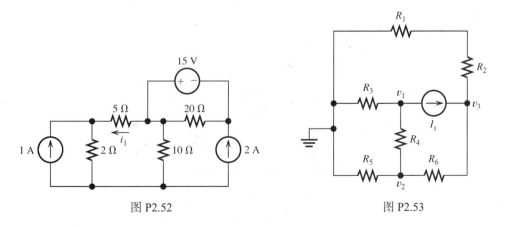

图 P2.52　　　　　　　　　　　　　　　图 P2.53

P2.54　在电路分析时，列出 KCL 方程时必须遵循什么规则？为什么？

P2.55　对于图 P2.55 的电路，应用 MATLAB 符号运算功能求等效电阻的表达式。(提示：首先在端点 a、b 之间加一个 1 A 电流源，然后应用节点电压分析法求解电路。电流源两端的电压值等于等效电阻值。) 最后用 $R_1 = 15\,\Omega$，$R_2 = 5\,\Omega$，$R_3 = 20\,\Omega$，$R_4 = 10\,\Omega$，$R_5 = 8\,\Omega$，验证 MATLAB 命令是否正确。

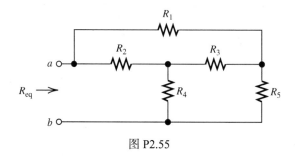

图 P2.55

*P2.56　对于图 P2.56 的电路，求解各节点电压和 i_x。

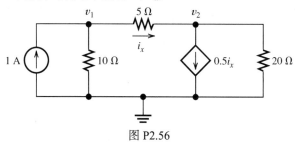

图 P2.56

*P2.57　对于图 P2.57 电路，求解各节点电压。

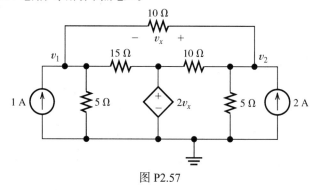

图 P2.57

P2.58　对于图 P2.58 的电路，求解 8 Ω 电阻的功率和各节点电压。

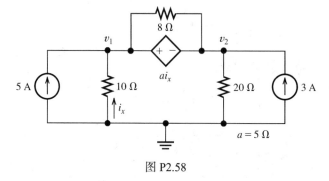

图 P2.58

P2.59　对于图 P2.59 的电路，求解各节点电压。

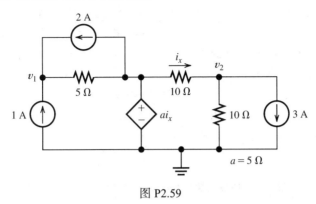

图 P2.59

P2.60　对于图 P2.60 的电路，求等效电阻。（提示：首先在端点 a、b 之间加一个 1 A 电流源，然后应用节点电压分析法求解电路。电流源两端的电压值等于等效电阻值。）

P2.61　对于图 P2.61 的电路，求等效电阻。（提示：首先在端点 a、b 之间加一个 1 A 电流源，然后应用节点电压分析法求解电路。电流源两端的电压值等于等效电阻值。）

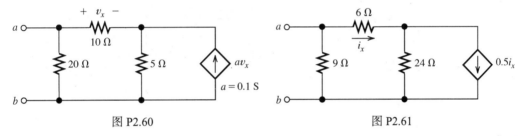

图 P2.60　　　　　　　　　　图 P2.61

P2.62　图 P2.62 的电路是一个特殊分压电路。应用节点电压分析法和 MATLAB 符号运算功能求输出电压和输入电压 V_{out}/V_{in} 的比值。注意节点电压变量为 V_1、V_2 和 V_{out}。

P2.63　对于图 P2.63 的电路，求解各节点电压。求解节点电压时忽略网孔电流 i_1、i_2、i_3 和 i_4。

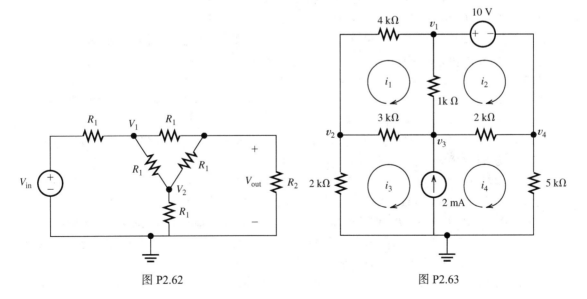

图 P2.62　　　　　　　　　　图 P2.63

P2.64 如图 P2.64 的立方体电路所示，每条边上的电阻为 1 Ω。从前面看四个角为节点 1、2、7 和参考节点，从后面看四个角为节点 3、4、5 和 6(可以将其看成平面电路)。我们想求解相邻节点之间如节点 1 和参考节点之间的电阻，在节点 1 和参考节点之间加一个 1 A 电流源，求解 v_1，则 v_1 的值等于电阻值。a. 用 MATLAB 求解矩阵方程 $\mathbf{GV} = \mathbf{I}$，求出节点电压和电阻；b. 求对角线节点如节点 2 和参考节点的电阻值；c. 求立方体电路不同角的电阻值。(c.部分与习题 2.16 一样，可以用对称法求解电阻，a.和 b.部分可以用对称法求解，节点电压相同节点短路连接不会改变电流和电压值，短路处可以用电阻/串并联方法得到答案。当然，如果电阻为任意值，则 MATLAB 计算方法仍然适用，但是不能再用对称法求解。)

2.5 节　网孔电流分析法

*P2.65　对于图 P2.65 的电路，求 15 Ω 电阻的功率和各网孔电流。

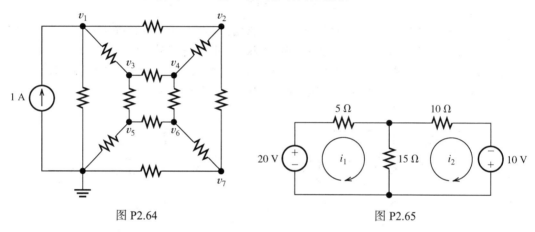

图 P2.64   图 P2.65

*P2.66　对于图 P2.24 的电路，应用网孔电流分析法求解 v_2 和电源输出的功率。

*P2.67　对于图 P2.48 的电路，应用网孔电流分析法求 i_1。

P2.68　对于图 P2.68 的电路，应用网孔电流分析法求电压源输出的功率。

P2.69　对于图 P2.38 的电路，应用网孔电流分析法求电压 v。

P2.70　对于图 P2.39 的电路，应用网孔电流分析法求 i_3。

P2.71　对于图 P2.27 的电路，应用网孔电流分析法求 i_1、i_2 的值。左边网孔电流 i_1、右边网孔电流 i_2 和中间网孔电流 i_3 均为顺时针方向。

P2.72　对于图 P2.23 的电路，应用网孔电流分析法求 i_1、i_2 的值。

P2.73　对于图 P2.29 的电路，应用网孔电流分析法求 i_1、i_2 的值。左边网孔电流 i_A 和右边网孔电流 i_B 均为顺时针方向，先求出网孔电流 i_A 和 i_B 后再求 i_1、i_2。

P2.74　对于图 P2.28 的电路，应用网孔电流分析法求 i_1、i_2 的值。左边网孔电流 i_A 和右边网孔电流 i_B 均为顺时针方向，先求出网孔电流 i_A 和 i_B 后再求 i_1、i_2。

P2.75　图 P2.75 的电路是一个简单的家用功率分配系统的直流等效电路。电阻 R_1 和 R_2 代表并联的不同负载，如灯泡或者插在插座上的设备，额定电压为 120 V，R_3 代表一负载，如电炉的加热元件，额定电压为 240 V，R_w 代表导线电阻，R_n 代表"中线"(neutral)电阻。a. 用节点电压分析法计算各负载的电压值；b. 假设分配控制面板操作失误造成中线开路，再计算各负载电压，并分析 15 Ω 电阻的一部分如计算机或等离子电视可能出现的状况。

P2.76　对于图 P2.51 的电路，$R_1 = 4\ \Omega$，$R_2 = 5\ \Omega$，$R_3 = 8\ \Omega$，$R_4 = 10\ \Omega$，$R_5 = 2\ \Omega$，$I_s = 2$ A，应用 MATLAB 和网孔电流分析法计算 v_3 的值。

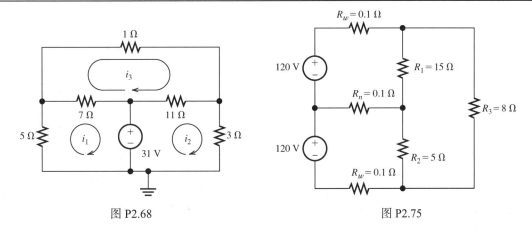

图 P2.68　　　　　　　　　　　　　图 P2.75

P2.77　对于图 P2.55 的电路，$R_1 = 6\ \Omega$，$R_2 = 5\ \Omega$，$R_3 = 4\ \Omega$，$R_4 = 8\ \Omega$，$R_5 = 2\ \Omega$，在端点 a、b 之间连接一个 1 V 电压源，用网孔电流分析法求解电路，计算流过电源的电流值。最后，用电压源电压除以电流，得到端点 a、b 之间的等效电阻值。

P2.78　对于图 P2.1 (a) 的电路，在端点之间连接一个 1 V 电压源，用网孔电流分析法求解电路，计算流过电源的电流值。最后，用电压源电压除以电流，得到端点 a、b 之间的等效电阻值。用电阻串/并联方法验证答案是否正确。

P2.79　对于图 P2.63 的电路，应用 MATLAB 求解网孔电流。

2.6 节　戴维南等效电路和诺顿等效电路

*P2.80　对于图 P2.80 的二端电路，试求解其戴维南等效电路和诺顿等效电路。

*P2.81　将一个电池等效为一个电压源串联一个电阻，其开路电压为 9 V。当外接一个 100 Ω 负载电阻时，端电压下降至 6 V。试计算电池(等效为一个二端电路)的内阻。

P2.82　对于图 P2.82 的二端电路，试求解其戴维南等效电路和诺顿等效电路。

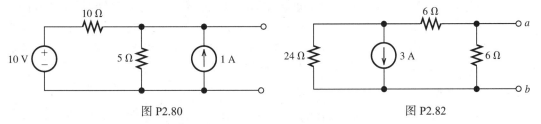

图 P2.80　　　　　　　　　　　　　图 P2.82

P2.83　对于图 P2.83 的二端电路，试求解其戴维南等效电路和诺顿等效电路。

P2.84　对于图 P2.84 的二端电路，试求解其戴维南等效电路和诺顿等效电路。注意观察电压源与电流源相对端点 a 和 b 的方向和极性。提问：电路中 7 Ω 电阻的作用如何？请解释原因。

P2.85　一汽车电池的开路电压为 12.6 V，当外接一个 0.1 Ω 电阻时电流为 100 A。试画出其戴维南等效电路和诺顿等效电路并计算电路的参数值。如果该电池短路，电流为多大？假设当电池开路时其储存能量保持不变，哪一种等效电路更加符合实际？请解释原因。

P2.86　一个二端电路的开路电压为 15 V，连接一个 2 kΩ 负载电阻时，负载电压为 10 V。计算其戴维南等效电阻。

P2.87　如果对一个二端电路分两次连接电阻值已知且不同的负载，测量负载电压，就可以确定其戴维南等效电路和诺顿等效电路。二端电路连接一个 2.2 kΩ 负载电阻时，负载电压为 4.4 V，当负载电阻增加到 10 kΩ 时，负载电压为 5 V。计算其戴维南等效电路的电压和电阻。

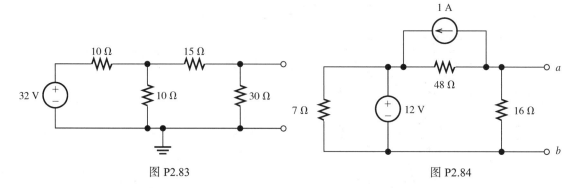

图 P2.83　　　　　　　　　　　　　图 P2.84

P2.88　对于图 P2.88 的二端电路，试求解其戴维南等效电路和诺顿等效电路。

P2.89　对于图 P2.80 的二端电路，试求解其输出的最大功率，提问：负载电阻为何值时电路达到最大功率输出？

P2.90　对于图 P2.82 的二端电路，试求解其输出的最大功率，提问：负载电阻为何值时电路达到最大功率输出？

*P2.91　图 P2.91 中，负载 R_L 连接至戴维南等效电路，提问：负载电阻为何值时电路达到最大功率输出？并计算此最大功率。（提示：如果不仔细思考，可能会难以解决此问题。）

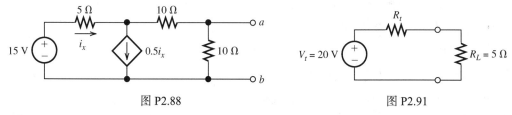

图 P2.88　　　　　　　　　　　　　图 P2.91

P2.92　诺顿等效电路与负载 R_L 连接，试根据 I_n、R_t、R_L 求负载功率的表达式。假设 I_n、R_t 的值确定不变，R_L 的值可变，试证明当 $R_t = R_L$ 时负载功率最大，并计算此最大功率值。

P2.93　把一电池看成电压为 V_t 的电压源和电阻 R_t 串联。假设选择一个合适的负载电阻与电池连接，使得输出功率最大，提问：负载功率占电压源发出功率的多大比例？如果 $R_L = 9R_t$ 时，负载功率占电压源发出功率的多大比例？通常，我们希望设计的电源系统能够把电池储存的能量尽量都传输给负载，这时我们需要使电源输出功率最大吗？

2.7 节　叠加原理

*P2.94　如图 P2.94 所示，应用叠加原理计算电流 i。首先，将电流源置零，求得电压源单独作用下的电流 i_v 值；再将电压源置零，求得电流源单独作用下的电流 i_c 值。最后，叠加这些结果，就得到总电流 i。

*P2.95　如图 P2.49 所示，应用叠加原理计算电流 i_s。

P2.96　如图 P2.48 所示，应用叠加原理计算电流 i_1。首先，将 1 A 电流源置零，求得

图 P2.94

2 A 电流源单独作用下的电流 i_1；再将 2 A 电流源置零，求得 1 A 电流源单独作用下的电流 i_1。最后，叠加这些结果，就得到总电流 i_1。

P2.97　如图 P2.34 所示，应用叠加原理计算电流 i_1。

P2.98　求解图 P2.24 的另一种方法是：假设电压 $v_2 = 1$ V，由电阻网络反推至电源端，应用欧姆定律、

KCL 和 KVL 求解电压 v_s。由于电压 v_s 值是在 $v_2 = 1$ V 的假设下获得，当实际电压 $v_s = 12$ V 时，也就得到了电压 v_2 的实际值。

P2.99 利用习题 P2.98 中得到的分析方法求解图 P2.23 电路，假设电流 $i_2 = 1$ A。

P2.100 如图 P2.100 所示，计算电流 i_6。首先假设电流 $i_6 = 1$ A，反推至电流源求解出 I_s 值。然后根据比例关系得到当 $I_s = 10$ A 对应 i_6 的值。

P2.101 如图 P2.101 所示，元件 A 的特性为 $v = 3i^2$ ($i \geqslant 0$)，$v = 0$ ($i < 0$)。a. 当 1 A 电流源置零时，计算 2 A 电流源独立作用下的电压 v；b. 当 2 A 电流源置零时，计算 1 A 电流源独立作用下的电压 v；c. 计算两个电源同时作用下的电压 v。提问：为什么不能应用叠加原理进行分析？

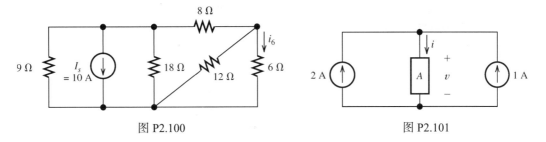

图 P2.100   图 P2.101

2.8 节 惠斯通电桥

P2.102 a. 对于图 2.66 的惠斯通电桥，当 $R_1 = 10$ kΩ、$R_3 = 3419$ Ω、$R_2 = 1$ kΩ 时电桥平衡，计算 R_x；b. 其他值不变，$R_2 = 100$ kΩ 时电桥平衡，计算 R_x。

*P2.103 对于图 2.66 的惠斯通电桥，$v_s = 10$ V，$R_1 = 10$ kΩ，$R_2 = 10$ kΩ，$R_x = 5932$ Ω，指示器可以看成 5 Ω 的电阻。a. R_3 为多大值时电桥平衡？b. 如果 R_3 的值比 a. 求出的值大 1 Ω，计算电流计流过的电流。(提示：先把电流计断开，求出其余电路的戴维南等效电路，最后连接戴维南等效电路和指示器来求出电流。)

P2.104 对于图 2.66 的惠斯通电桥，理论上 R_1 和 R_3 可以为任何值。要使电桥平衡，R_1 和 R_3 的比值很重要。如果 R_1 和 R_3 的比值很小，可能会产生什么样的实际问题？如果 R_1 和 R_3 的比值很大，可能会产生什么样的实际问题？

P2.105 对于图 2.66 的惠斯通电桥，列出从指示器看过去的戴维南等效电压和电阻的表达式(换个说法，先把电流计断开，求出其余电路的戴维南等效电路)。当电桥平衡时，戴维南等效电压为多大值？

P2.106 对于图 2.67 的惠斯通电桥，推导式(2.93)。

P2.107 应变仪在应变施加以前，狭长形导线的长度为 L、横截面积为 A；在应变施加以后，长度变为 $L+\Delta L$，横截面积减少，导线体积不变。假设 $\Delta L/L << 1$，导线电阻率 ρ 不变，计算应变仪的应变系数。[提示：利用式(1.10)。]

$$G = \frac{\Delta R / R_0}{\Delta L / L}$$

P2.108 解释图 2.67 的电桥电路在布线时会发生什么情况？拉伸应变仪(标注为 $R+\Delta R$)布置在电桥电路上面，如图 2.67(b)所示，受压应变仪布置在电桥电路下面。

测试题

T2.1 把表 T2.1(a) 和表 T2.1(b) 匹配的选项连线。[表 T2.1(b) 中的选项可以多次使用或者不用。]

表 T2.1

(a)	(b)
a. 并联电阻的等效电阻……	1. 导体并联
b. 电阻并联连接在一起……	2. 并联
c. 供电负载通常连接为……	3. 任何电路
d. 串/并联求解电路的方法适用于……	4. 电阻或导体并联
e. 分压原理适用于……	5. 所有电阻之和
f. 分流原理适用于……	6. 所有电阻倒数之和的倒数
g. 广义节点原理适用于……	7. 部分电路
h. 节点电压分析法适用于……	8. 平面电路
i. 本书中的网孔电流分析法适用于……	9. 一个电流源与一个电阻串联
j. 二端电路的戴维南等效电阻等于……	10. 导体串联
k. 二端电路的诺顿电流源电流等于……	11. 线性元件组成的电路
l. 一个电压源并联一个电阻等效于……	12. 串联
	13. 电阻或导体串联
	14. 一个电压源
	15. 开路电压除以短路电流
	16. 一个电流源
	17. 短路电流

T2.2 对于图 T2.2 的电路，$v_s = 96$ V，$R_1 = 6\ \Omega$，$R_2 = 48\ \Omega$，$R_3 = 16\ \Omega$，$R_4 = 60\ \Omega$。计算电流 i_s 和 i_4。

T2.3 对于图 T2.3 的电路，编写求解节点电压的 MATLAB 代码。

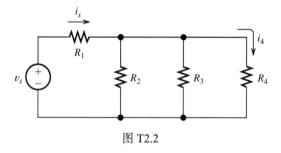

图 T2.2

T2.4 对于图 T2.4 的电路，列出求解网孔电流的方程组。说明组成方程组的是哪一种方程。

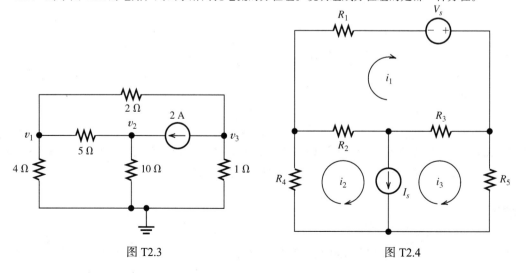

图 T2.3　　　　　　　　　　　　图 T2.4

T2.5　对于图 T2.5 的电路，求其戴维南等效电路和诺顿等效电路，并标出原电路的端点。

T2.6　对于图 T2.6 的电路，根据叠加原理分析 5 V 电压源在 5 Ω 电阻产生的电流占总电流的百分比是多少？5 V 电压源在 5 Ω 电阻产生的功率占总功率百分比是多少？假设两个电源都是工作的。

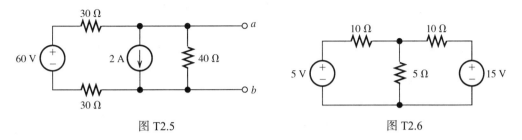

图 T2.5　　　　　　　　　　　　图 T2.6

T2.7　对于图 T2.7 的电路，计算端点 a、b 之间的等效电阻。

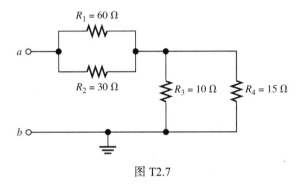

图 T2.7

T2.8　对于图 T2.8 的电路，首先把 2 A 电流源和 6 Ω 电阻电源等效变换为串联，然后再把串联的电压源和电阻进行合并，试画出每一步的电路图。

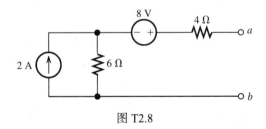

图 T2.8

第3章 电感与电容

本章学习目标

- 由电感或电容给定电压(电流)的时域表达式计算电流(电压)。
- 计算平行板电容器的电容。
- 计算电感或电容中储存的能量。
- 能够描述电容和电感元件的典型物理结构,并能识别寄生效应。
- 由耦合电感的电流计算电压。
- 应用 MATLAB 中的符号运算工具箱分析电容和电感的伏安关系。

本章介绍

前面我们已经学习了仅由电阻和电源构成的电路。本章将讨论另外两种电路元件:电感与电容。电阻元件可以将电能转换为热能,然而电感和电容都为**储能元件**,能够储存能量,也可以将能量释放到电路中。电容与电感都不会产生能量,只有储存在这些元件中的能量才会被提取出来。因此,它们与电阻一样都是**无源**元件。

电磁场理论是研究电荷效应的基本方法。然而,作为场论的精简内容,用电路理论研究电荷效应会更加容易。电容具有储存电场能量的电路性质,而电感具有储存磁场能量的电路性质。

我们将了解到理想电感元件两端的电压正比于其电流的时域微分。另一方面,理想电容元件两端的电压却与其电流的时域积分成正比。

我们也将学习互感,它是一种通过磁场使得几个电感相互联系的电路特性。在第 15 章将发现互感是变压器的基本组成部分,在长距离电能输送中,变压器将起到关键的作用。

我们也将讨论以电感和电容为基础的几种传感器。例如,一种麦克风主要由电容元件构成,其电容量随着声压的变化而变化。而互感的一种应用就是作为线性可变差分变压器,其铁芯的位置变化可以转换为电压。

有时,表示位移等物理变量的电信号会受到噪声的干扰。例如,在一个汽车的主动悬架(受电子控制)中,位置传感器将会受到路面高低不平和车辆载重量的影响。为了精确获得表示每个车轮位置的电信号,有必要消除由路面高低不平引起的信号波动。自本章以后,我们将逐渐了解到由电感和电容构成的滤波器可以实现这种功能。

完成本章的学习之后,我们将把第 2 章介绍的电路分析基本方法应用到含有电感和电容的电路中。

3.1 电容

电容器(或直接称电容)通常由一层较厚的绝缘层分离开的两层导体构成。图 3.1 所示为一个平行板电容器,其导体为两层平行的金属材料薄片。在两层平行板中的绝缘层被称为**电介质**,可以为空气、聚酯薄膜、聚酯材料、聚丙烯、云母或其他的绝缘材料。

> 电容器通常是由一层较厚的绝缘层分离开的两层导体构成的。

首先来分析当电流流过一个电容器时会发生什么情况。在图 3.2(a)中，假设电流是从上向下流动。在大多数金属中，电流是由电子的运动形成的，按规定如果电流方向是向下的，那么电子的实际运动方向是向上的。随着电子的向上运动，它们将堆积在电容器下层极板上，同时下层极板积累的负电荷使得在电介质中形成了电场。这个电场迫使电子以其积累在下层极板的相同速度离开上层极板。因此随之形成了流过电容器的电流。随着电荷的不断累积，电容器的两端也呈现出一定的电压。

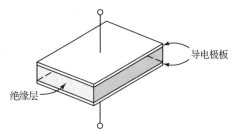

图 3.1　由绝缘层分离开的两层导体构成的平行板电容器

累积在每个极板上的电荷即为储存在电容器中的电荷。然而，在两层极板上储存的总电荷始终为零，这是因为一个极板上的正电荷与另外一个极板上的负电荷的数量相同。

> 一个极板上的正电荷与另外一个极板上的负电荷的数量相同。

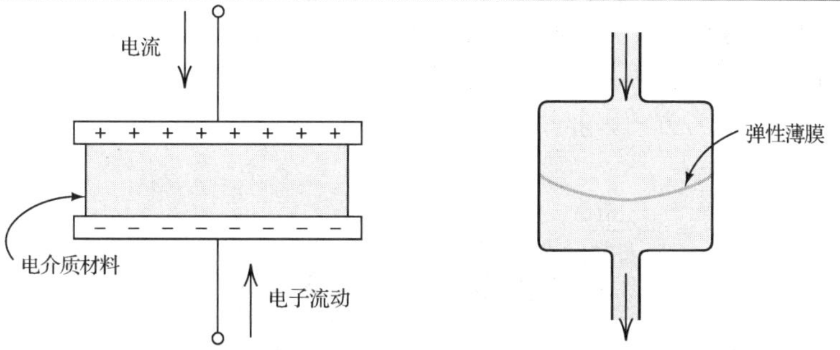

（a）当电流流过电容器时，极板上将会积累与其极性相反的电荷

（b）电容器的液体流动模拟

图 3.2　电容器及其液体流动模拟

3.1.1　液体流动模拟

图 3.2(b)为电容器的液体流动模拟，它相当于一个由弹性薄膜将入口和出口隔离开的蓄水池。当液体从入口流入时，薄膜受到延伸产生一个反作用力（相当于电容电压）来阻止更多液体流入。从薄膜的初始状态延伸后增加的液体流量就相当于储存在电容器每个极板上的电荷量。

> 根据液体流动模拟，电容器相当于一个由弹性薄膜将入口和出口隔离开的蓄水池。

3.1.2　根据电压计算储存的电荷

在一个理想电容中，储存的电荷 q 与两极板间的电压成正比，即

$$q = Cv \tag{3.1}$$

这个比例常数即电容量 C，其单位是法拉（F）。法拉等同于库仑每伏特。

更准确地说，电荷 q 实际上是电压 v 参考极性为正的极板上的总电荷。因此，如果电压 v 为正，那么正电荷位于电压 v 参考极性为正的极板上。另一方面，如果电压 v 为负，那么负电荷位于电压 v 参考极性为正的极板上。

1 F 的电容量是非常大的。在绝大多数情形中，我们所用的电容都在几 pF 与 00.1 F 之间，其中 1 pF = 10^{-12} F。计算机芯片的性能也与 fF（1 fF = 10^{-15} F）级电容量有密切的关系。

> 在绝大多数情形中，我们所用的电容都在几 pF 与 00.1 F 之间。

3.1.3　电容的伏安关系

我们知道，电流即为单位时间内流过的电荷。对式（3.1）进行时间微分，可得

$$i = \frac{\mathrm{d}q}{\mathrm{d}t} = \frac{\mathrm{d}}{\mathrm{d}t}(Cv) \tag{3.2}$$

通常电容 C 不是时间的函数（前面所提到的电容式麦克风除外）。因此，电容的电压与电流的关系为

$$i = C\frac{\mathrm{d}v}{\mathrm{d}t} \tag{3.3}$$

式（3.1）和式（3.3）表明随着电压的增加，电流将会流过电容，同时电荷也会累积在每个极板上。如果电压保持常数不变，则电荷也保持不变，并且电流为零。因此，在直流电压稳定作用下，电容相当于开路。

在直流电压稳定作用下，电容相当于开路。

图 3.3 所示为电容的符号以及电压与电流的参考方向。其中，参考方向是关联的，即电流的参考方向是从电压的参考极性的正端流入的。如果它们的参考方向为非关联，那么式（3.3）将多一个负号：

$$i = -C\frac{\mathrm{d}v}{\mathrm{d}t} \tag{3.4}$$

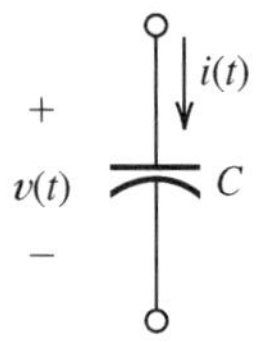

图 3.3　电容的符号以及电压 $v(t)$ 与电流 $i(t)$ 的参考方向

有时，需要强调电压与电流都是时间的函数，这样记为 $v(t)$ 和 $i(t)$。

例 3.1　由给定电压计算电容电流

图 3.4(b) 为施加在 $1\ \mu\mathrm{F}$ 电容两端的电压波形 $v(t)$，试绘制电容中储存的电荷与电流随时间变化的波形。

解： 储存在电容器极板上的电荷可由式（3.1）确定。［我们知道 $q(t)$ 表示上层极板的电荷，是因为这个极板对应于 $v(t)$ 参考极性的正端。］因此

$$q(t) = Cv(t) = 10^{-6}v(t)$$

其波形如图 3.4(c) 所示。

由式（3.3）可得流过电容器的电流:

$$i(t) = C\frac{\mathrm{d}v(t)}{\mathrm{d}t} = 10^{-6}\frac{\mathrm{d}v(t)}{\mathrm{d}t}$$

显然，电压的微分即为电压随时间变化的波形的斜率。

因此，当 $0 < t < 2\ \mu\mathrm{s}$ 时，有

$$\frac{\mathrm{d}v(t)}{\mathrm{d}t} = \frac{10\ \mathrm{V}}{2 \times 10^{-6}\ \mathrm{s}} = 5 \times 10^6\ \mathrm{V/s}$$

且

$$i(t) = C\frac{\mathrm{d}v(t)}{\mathrm{d}t} = 10^{-6} \times 5 \times 10^6 = 5\ \mathrm{A}$$

当 $2\ \mu\mathrm{s} < t < 4\ \mu\mathrm{s}$ 时，电压为常数（$\mathrm{d}v/\mathrm{d}t = 0$），电流为零。最后，当 $4\ \mu\mathrm{s} < t < 5\ \mu\mathrm{s}$ 时，有

$$\frac{\mathrm{d}v(t)}{\mathrm{d}t} = \frac{-10\ \mathrm{V}}{10^{-6}\ \mathrm{s}} = -10^7\ \mathrm{V/s}$$

且

$$i(t) = C\frac{\mathrm{d}v(t)}{\mathrm{d}t} = 10^{-6} \times (-10^7) = -10 \text{ A}$$

图 3.4(d) 为电流 $i(t)$ 的波形。

通过本例可以看出，当电压增加时，电流流过电容器，电荷将累积在极板上。当电压为常数时，电流为零，电荷也为常数。当电压减小时，电流以相反的方向流过电容器，储存的电荷也将从电容器中释放出来。

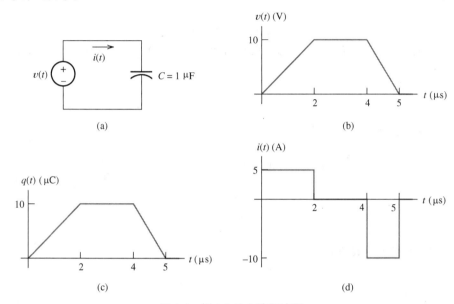

图 3.4 例 3.1 的电路和波形

练习 3.1 一个 $2\,\mu\text{F}$ 电容上的电荷为

$$q(t) = 10^{-6}\sin(10^5 t) \text{ C}$$

试求电压与电流的表达式。

答案：$v(t) = 0.5\sin(10^5 t) \text{ V}$，$i(t) = 0.1\cos(10^5 t) \text{ A}$。

3.1.4 由电流计算电容电压

假如我们已知流过电容 C 的电流 $i(t)$，需要计算电荷与电压。由于电流是单位时间流过的电荷，只要对电流积分则可计算出电荷。通常在电路分析的问题中，在给定的初始时刻 t_0，电荷的初始值 $q(t_0)$ 是已知的。因此，可得电荷随时间变化的表达式为

$$q(t) = \int_{t_0}^{t} i(t)\,\mathrm{d}t + q(t_0) \tag{3.5}$$

将式 (3.1) 代入式 (3.5)，可解得电压 $v(t)$ 为

$$v(t) = \frac{1}{C}\int_{t_0}^{t} i(t)\,\mathrm{d}t + \frac{q(t_0)}{C} \tag{3.6}$$

电容电压的初始值为

$$v(t_0) = \frac{q(t_0)}{C} \tag{3.7}$$

将上式代入式(3.6)，可得

$$v(t) = \frac{1}{C} \int_{t_0}^{t} i(t)\, dt + v(t_0) \tag{3.8}$$

通常取初始时刻 $t_0 = 0$。

例 3.2　由给定电流计算电容电压

在 $t_0 = 0$ 之后，流过 $0.1\ \mu F$ 电容的电流为

$$i(t) = 0.5 \sin(10^4 t)\ \text{A}$$

(其中正弦函数的相位单位为弧度。)电容中电荷的初始值为 $q(0) = 0$。试绘制出 $i(t)$、$q(t)$ 和 $v(t)$ 随时间变化的波形。

解： 首先，根据式(3.5)可得电荷的表达式为

$$
\begin{aligned}
q(t) &= \int_0^t i(t)\, dt + q(0) \\
&= \int_0^t 0.5 \sin(10^4 t)\, dt \\
&= -0.5 \times 10^{-4} \cos(10^4 t)\big|_0^t \\
&= 0.5 \times 10^{-4}[1 - \cos(10^4 t)]\ \text{C}
\end{aligned}
$$

由式(3.1)可得电压的表达式为

$$
\begin{aligned}
v(t) &= \frac{q(t)}{C} = \frac{q(t)}{10^{-7}} \\
&= 500[1 - \cos(10^4 t)]\ \text{V}
\end{aligned}
$$

图 3.5 为 $i(t)$、$q(t)$ 和 $v(t)$ 的波形。可以看出，在 $t = 0$ 之后的瞬间，电流为正，电荷 $q(t)$ 增加。经过半个周期之后，电流 $i(t)$ 为负，电荷 $q(t)$ 减小。当一个周期刚结束时，电荷与电压又回到了零。

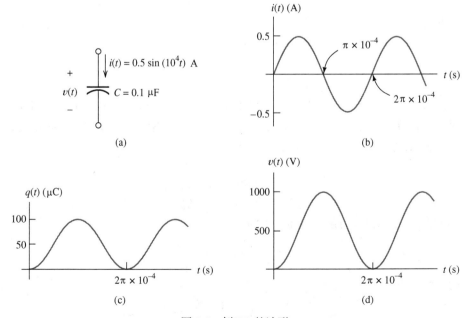

图 3.5　例 3.2 的波形

3.1.5 储存的能量

一个电路元件的功率为电流与电压的乘积(假设其参考方向是关联的):

$$p(t) = v(t)i(t) \tag{3.9}$$

将式(3.3)的电流代入上式,有

$$p(t) = Cv\frac{dv}{dt} \tag{3.10}$$

假设一个电容电压的初始值为 $v(t_0) = 0$。那么电容储存的初始能量为零,我们说电容未被充电。进一步分析,假设从时间 t_0 到时间 t 这段时间,电容电压从 0 变为 $v(t)$。随着电压幅值的增加,能量就以电场的形式储存在两极板之间。

如果对功率从 t_0 到 t 这段时间进行积分,可得能量为

$$w(t) = \int_{t_0}^{t} p(t)\,dt \tag{3.11}$$

将式(3.10)代入上式,有

$$w(t) = \int_{t_0}^{t} Cv\frac{dv}{dt}\,dt \tag{3.12}$$

消去积分时间变量,将积分限用相应的电压替代,有

$$w(t) = \int_{0}^{v(t)} Cv\,dv \tag{3.13}$$

进行积分计算后,得

$$w(t) = \frac{1}{2}Cv^2(t) \tag{3.14}$$

上式表明储存在电容中的能量可以返给电路。

由式(3.1)解得 $v(t)$,并代入到式(3.14),可得电容中储存能量的另外两个表达式:

$$w(t) = \frac{1}{2}v(t)q(t) \tag{3.15}$$

$$w(t) = \frac{q^2(t)}{2C} \tag{3.16}$$

例 3.3 计算电容的电流、功率和能量

图 3.6(a)为施加在 $10\ \mu\text{F}$ 电容两端的电压波形。试求出电流、功率和能量,并绘制出它们在 0 到 5 s 之间的波形。

解: 首先,写出电压随时间变化的表达式:

$$v(t) = \begin{cases} 1000t\ \text{V}, & 0 < t < 1 \\ 1000\ \text{V}, & 1 < t < 3 \\ 500(5-t)\ \text{V}, & 3 < t < 5 \end{cases}$$

根据式(3.3),求得电流的表达式:

$$i(t) = C\frac{dv(t)}{dt}$$

$$i(t) = \begin{cases} 10 \times 10^{-3}\ \text{A}, & 0 < t < 1 \\ 0\ \text{A}, & 1 < t < 3 \\ -5 \times 10^{-3}\ \text{A}, & 3 < t < 5 \end{cases}$$

电流 $i(t)$ 的波形如图 3.6(b)所示。

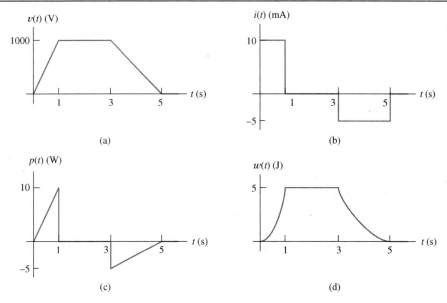

图 3.6　例 3.3 的波形

其次，将电压与电流相乘可得功率的表达式：
$$p(t) = v(t)i(t)$$

$$p(t) = \begin{cases} 10t \text{ W}, & 0 < t < 1 \\ 0 \text{ W}, & 1 < t < 3 \\ 2.5(t-5) \text{ W}, & 3 < t < 5 \end{cases}$$

功率 $p(t)$ 的波形如图 3.6(c) 所示。注意在 $t=0$ 与 $t=1$ 期间，功率为正，表明对电容进行充电。在 $t=3$ 与 $t=5$ 期间，功率为负，能量从电容释放到外电路。

最后，根据式 (3.14) 得到电容中储存的能量的表达式：
$$w(t) = \frac{1}{2}Cv^2(t)$$

$$w(t) = \begin{cases} 5t^2 \text{ J}, & 0 < t < 1 \\ 5 \text{ J}, & 1 < t < 3 \\ 1.25(5-t)^2 \text{ J}, & 3 < t < 5 \end{cases}$$

能量 $w(t)$ 的波形如图 3.6(d) 所示。

练习 3.2　图 3.7 为流过 0.1 μF 电容的电流波形。当 $t_0 = 0$ 时，电容两端的电压为零。试求出电荷、电压、功率和能量随时间变化的表达式，并绘制出它们的波形。

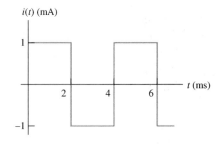

图 3.7　练习 3.2 的方波电流

答案：波形如图 3.8 所示。

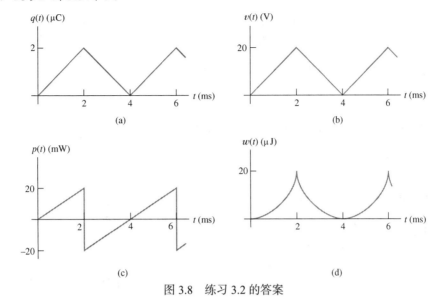

图 3.8　练习 3.2 的答案

3.2　电容的串联与并联

3.2.1　电容并联

图 3.9 为 3 个电容并联。当然，在一个并联电路中，每个元件两端的电压是相同的。由式（3.3）可以根据电压求出电流。因此，可以写成

$$i_1 = C_1 \frac{\mathrm{d}v}{\mathrm{d}t} \tag{3.17}$$

$$i_2 = C_2 \frac{\mathrm{d}v}{\mathrm{d}t} \tag{3.18}$$

$$i_3 = C_3 \frac{\mathrm{d}v}{\mathrm{d}t} \tag{3.19}$$

根据 KCL，可得

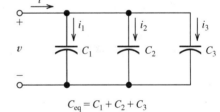

图 3.9　3 个电容并联

$$i = i_1 + i_2 + i_3 \tag{3.20}$$

将式（3.17）、式（3.18）和式（3.19）代入式（3.20），可得

$$i = C_1 \frac{\mathrm{d}v}{\mathrm{d}t} + C_2 \frac{\mathrm{d}v}{\mathrm{d}t} + C_3 \frac{\mathrm{d}v}{\mathrm{d}t} \tag{3.21}$$

上式可写成

$$i = (C_1 + C_2 + C_3) \frac{\mathrm{d}v}{\mathrm{d}t} \tag{3.22}$$

因此，可以定义多个电容并联的等效电容为各个电容之和：

$$C_{\mathrm{eq}} = C_1 + C_2 + C_3 \tag{3.23}$$

> 将并联电容相加可得其等效电容。

根据式（3.22）的定义，得

$$i = C_{\text{eq}} \frac{\mathrm{d}v}{\mathrm{d}t} \tag{3.24}$$

可见，流过等效电容的电流与流过并联电容的总电流是一致的。

> 电容并联等效类似于电阻串联等效的情况。

将并联电容相加可得其等效电容，这类似于电阻串联的情况。

3.2.2 电容串联

按照类似电容并联的分析方法，3 个电容串联的等效电容为

$$C_{\text{eq}} = \frac{1}{1/C_1 + 1/C_2 + 1/C_3} \tag{3.25}$$

可以看出，电容串联类似于电阻并联。

> 电容串联等效类似于电阻并联等效的情况。

为了从低电压的电源获得较高的电压，可以将 n 个电容并联，再与电源并联进行充电。然后，通过开关切换电路，将每个电容与电源串联起来，即可获得较高的电压。例如，在一些心脏起搏器中，仅有 1 节 2.5 V 的电池，但是对心肌刚开始的起搏需要 5 V 的电压。这里，可以通过 2.5 V 的电池对两个并联的电容充电，然后通过开关切换电路，将这两个电容串联，就能够为心脏提供一个 5 V 的脉冲电压。

例 3.4 电容的并联与串联

试计算图 3.10(a) 的电路中 a、b 两端之间的等效电容。

解： 首先，12 μF 与 24 μF 的电容是串联的，其等效电容为

$$\frac{1}{1/12 + 1/24} = 8 \ \mu F$$

这两个电容等效变换后的结果如图 3.10(b) 所示。

其次，8 μF 与 4 μF 的电容是并联的，二者的并联等效电容为 12 μF，其结果如图 3.10(c) 所示。

最后将 6 μF 与 12 μF 的电容进行串联等效变换，图 3.10(d) 所示为最后的等效电容，大小为 4 μF。

练习 3.3 根据图 3.11 所示的 3 个电容推导式 (3.25)。

练习 3.4 a. 两个串联电容分别为 2 μF 和 1 μF，试求其等效电容；b. 如果这两个电容并联，再求其等效电容。

答案： a. 2/3 μF；b. 3 μF。

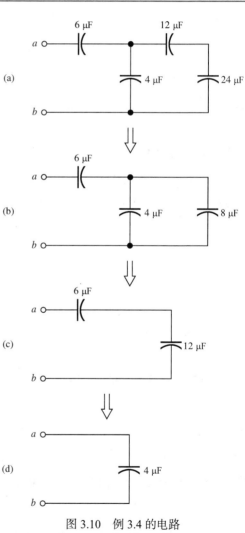

图 3.10 例 3.4 的电路

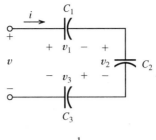

$$C_{eq} = \frac{1}{1/C_1 + 1/C_2 + 1/C_3}$$

图 3.11 3 个电容串联

3.3 电容器的物理特征

3.3.1 平行板电容器的电容量

图 3.12 所示为一个平行板电容器及其外形尺寸。每个极板的面积为 A（实际上 A 为每个极板单面的面积）。如果矩形极板的宽度为 W，长度为 L，则其面积为 $A = W \times L$。该电容器的极板是平行的，其间距为 d。

如果两极板的间距 d 远小于它们的宽度和长度，则该电容器的电容量近似为

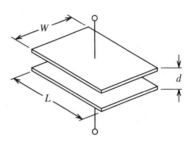

图 3.12 一个平行板电容器及其外形尺寸

$$C = \frac{\epsilon A}{d} \tag{3.26}$$

其中，ϵ 为两极板间材料的**介电常数**。对于真空介质，其介电常数为

$$\epsilon = \epsilon_0 \cong 8.85 \times 10^{-12} \text{ F/m}$$

那么对于其他材料，介电常数为

$$\epsilon = \epsilon_r \epsilon_0 \tag{3.27}$$

其中 ϵ_r 为**相对介电常数**。表 3.1 给出了几种材料的相对介电常数。

例 3.5 计算给定物理尺寸电容器的电容量

计算一个平行板电容器的电容量，矩形极板的尺寸为 10 cm × 20 cm，其间距为 0.1 mm。电介质为空气。如果电介质为云母，再计算其电容量。

解：首先得到极板的面积：

$$A = L \times W = (10 \times 10^{-2}) \times (20 \times 10^{-2}) = 0.02 \text{ m}^2$$

由表 3.1 可知，空气的相对介电常数为 1.0。因此空气的介电常数为

$$\epsilon = \epsilon_r \epsilon_0 = 1.00 \times 8.85 \times 10^{-12} \text{ F/m}$$

表 3.1 几种材料的相对介电常数

材料	相对介电常数
空气	1.0
钻石	5.5
云母	7.0
聚酯薄膜	3.4
石英	4.3
二氧化硅	3.9
水	78.5

那么，其电容量为

$$C = \frac{\epsilon A}{d} = \frac{8.85 \times 10^{-12} \times 0.02}{10^{-4}} = 1770 \times 10^{-12}\,\text{F}$$

云母的相对介电常数为 7.0。因此，其电容量应该是电介质为空气或真空时的 7 倍：

$$C = 12\,390 \times 10^{-12}\,\text{F}$$

练习 3.5 为了设计一个电容量为 1 μF 的电容器，选择长方形极板的宽度为 2 cm，电介质为聚酯薄膜，其厚度为 15 μm，试求长方形极板的长度。

答案： $L = 24.93\,\text{m}$。

3.3.2 实际电容器

对于便携式计算机和移动电话等小型电子电路而言，为了使电容量只有 1 μF 左右，平行板电容器的尺寸显得就太大了。通常情况下，为了使电容器的尺寸变得更小，将由两层绝缘层分隔开的极板卷起来。为了在卷起极板之前将它们分隔开，必须在卷筒的两端将每个极板接上连接线。这类电容器的结构如图 3.13 所示。

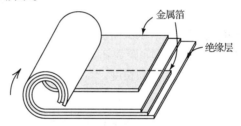

图 3.13 实际电容器的极板是卷成筒状的，由两层绝缘层分隔开。为了将极板分隔开，需要在卷筒的两端将每个极板接上连接线

实际的电容器有最大额定电压的限制。

为了使电容器的电容量很小，则绝缘层应该很薄，其介电常数需要很高。然而，当电场强度(单位为伏特每米)太高时，绝缘材料将会被击穿而变为电导体。因此，实际的电容器应有额定电压。对于给定的电压，绝缘层越薄，则电场强度越高。显然，在工程设计中要综合考虑尺寸和额定电压这两个因素。

我们需要权衡电容器在工程应用上尺寸较小和高额定电压的不同需求。

3.3.3 电解电容器

在**电解电容器**中，一个极板是金属铝或金属钽，金属表面的氧化层为绝缘层，电解液则为另外"一块"极板。含氧化物的金属极板浸入在电解液中。

这种结构将会使单位体积的电容量更高。然而，电压只能按照固定极性施加到电解电容器上。如果施加电压的极性反向，绝缘层将产生化学反应，在两个极板之间将形成导电通路(施加电压的正端通常标注在电容器的外壳上)。另一方面，电容器上施加电压的负端通常都是聚乙烯、聚酯薄膜等材料。如果需要的电容量较大，并且施加电压的极性不会改变，设计者都会选用电解电容器。

电压只能按照固定极性施加到电解电容器上。

3.3.4　寄生效应

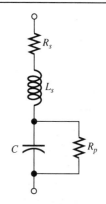

　　实际电容器的电路模型不仅仅是一个简单的电容。图 3.14 为一个电容器的复杂电路模型。除了电容 C，由于极板本身存在电阻，因此用串联电阻 R_s 表示。由于电流流过电容器时会产生磁场，因此存在一个串联的电感 L_s(本章后面将讨论电感)。最后，实际的材料中没有理想的绝缘体，因此并联电阻 R_p 表明了绝缘层的导电能力。

　　我们将 R_s、L_s 和 R_p 称为**寄生元件**。当设计电容时，在兼顾外形尺寸和额定电压的同时，要尽量使电路寄生元件的影响最小化。然而，寄生效应在一定范围内始终存在。在设计电路时，一定要仔细选用电路元件，以避免寄生效应影响电路的正常工作。

图 3.14　实际电容器的电路模型，包含了寄生元件 R_s、L_s 和 R_p

　　例 3.6　什么原因导致能量丢失了?

　　如图 3.15 所示的电路。在 $t=0$ 时刻之前，电容 C_1 所充的电压为 $v_1 = 100\text{ V}$，另一个电容没有被充电(即 $v_2 = 0$)。在 $t=0$ 时刻开关闭合。试求开关闭合前后两个电容中储存的总能量。

　　解:　每个电容储存的初始能量为

$$w_1 = \frac{1}{2}C_1 v_1^2 = \frac{1}{2}(10^{-6})(100)^2 = 5\text{ mJ}$$

$$w_2 = 0$$

总能量为

$$w_{\text{total}} = w_1 + w_2 = 5\text{ mJ}$$

　　为了计算出开关闭合以后的电压和储存的能量，可以利用开关闭合以后上层极板总电荷守恒的规律，因为没有通路让电荷离开该电路。

　　$t=0$ 时刻之前，C_1 上层极板储存的电荷为

$$q_1 = C_1 v_1 = 1 \times 10^{-6} \times 100 = 100\ \mu\text{C}$$

此外，C_2 的初始电荷为零:

$$q_2 = 0$$

因此，当开关闭合后，等效电容的电荷为

$$q_{\text{eq}} = q_1 + q_2 = 100\ \mu\text{C}$$

　　注意: 当开关闭合后，电容为并联结构，其等效电容为

$$C_{\text{eq}} = C_1 + C_2 = 2\ \mu\text{F}$$

等效电容两端的电压为

$$v_{\text{eq}} = \frac{q_{\text{eq}}}{C_{\text{eq}}} = \frac{100\ \mu\text{C}}{2\ \mu\text{F}} = 50\text{ V}$$

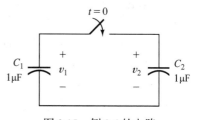

图 3.15　例 3.6 的电路

显然，当开关闭合后，$v_1 = v_2 = v_{\text{eq}}$。

　　此时，当开关闭合后每个电容储存的能量为

$$w_1 = \frac{1}{2}C_1 v_{\text{eq}}^2 = \frac{1}{2}(10^{-6})(50)^2 = 1.25\text{ mJ}$$

$$w_2 = \frac{1}{2}C_2 v_{\text{eq}}^2 = \frac{1}{2}(10^{-6})(50)^2 = 1.25\text{ mJ}$$

开关闭合的总能量为

$$w_{\text{total}} = w_1 + w_2 = 2.5 \text{ mJ}$$

可见，开关闭合后的总能量仅有开关闭合前的一半。那是什么原因导致能量缺少了？

通常认为由于寄生电阻的存在而吸收了部分能量。电容器没有一些寄生效应是不可能的。即使导线和极板都采用超导材料，仍然会存在寄生电感。如果在电路模型中包含了寄生电感，那么总的能量应该保持不变。（第4章将分析具有时变电压和电流的LC电路。）

> 通常是由寄生电阻吸收了损失的能量。

换句话说，找不到一个与图3.15的模型相对应的实际电路。因此，适当用非理想模型表示实际电路，才能找到所有的能量。

> 与图3.15的模型相对应的电路在现实中是不存在的。

3.4 电感

电感的结构是将一段导线缠绕在某些材料上。图3.16为几种实际电感的结构图。电流通过绕组时会产生一个与绕组相链接的磁场或磁通。通常绕组缠绕在如金属铁或铁氧体等磁性材料上，以在电流一定的情形下增大磁通(铁芯通常由被称为**叠片**的薄片构成。第14章将讨论为什么要采用这种结构)。

> 通常情况下，电感是由一段导线缠绕在某个材料上制作而成的。

  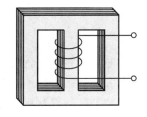

(a)环形电感   (b) 铁氧体电感，可以抽出或   (c) 叠片铁芯电感
              放入铁氧体以调节电感量

图3.16   将导线缠绕在某些材料上的电感

当电感电流的大小发生变化时，将使磁通发生变化。根据法拉第电磁感应定律，与绕组相链接的磁通发生变化时，会在绕组中产生感应电压。对于理想电感，感应电压与电流随时间的变化率成正比，而且感应电压的极性始终阻碍电流的变化。这个比例常数被称为电感，通常用字母 L 表示。

电感的符号如图3.17所示，其电压与电流满足如下关系式：

$$v(t) = L\frac{\mathrm{d}i}{\mathrm{d}t} \tag{3.28}$$

通常假设电压与电流的参考方向是关联的。如果二者的参考方向不关联，则式(3.28)为

$$v(t) = -L\frac{\mathrm{d}i}{\mathrm{d}t} \tag{3.29}$$

电感的单位是亨利(H)，等于伏特·秒每安培。通常，电感值都在几微亨(μH)到几十亨的范围内。

> 电感的单位是亨利(H)，等于伏特·秒每安培。

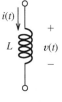

$$v(t) = L\frac{\mathrm{d}i}{\mathrm{d}t}$$

图3.17   电感的符号及 v–i 关系式

3.4.1 液体流动模拟

如果用液体来表示电感，则其相当于液体流过直径为常数的无阻碍管子时的惯量。管子两端的压力差相当于电压，液体的流速相当于电流。因此，液体的加速度就相当于电流的变化率。仅当液体加速或减速流动时，管子的两端才会有压力差。

在液体流动的过程中，当一个阀门(通常是受螺线管控制)突然关闭而阻止液体流动时，才会使液体产生惯量。比如在一个洗衣机中，液体流速的突然变化会导致高的压力，将会在桶壁上出现碰撞或振动。这就类似于当电感中的电流突然中断所产生的电磁效应，汽油内燃机点火系统的工作原理就是突然中断电感元件中的电流而产生高电压。

3.4.2 根据电压计算电流

假如已知电感电流的初始值 $i(t_0)$ 及两端的电压 $v(t)$，为了计算 $t > t_0$ 以后的电感电流，式(3.28)可以写为

$$\mathrm{d}i = \frac{1}{L} v(t)\, \mathrm{d}t \tag{3.30}$$

对上式两端同时积分，可得

$$\int_{i(t_0)}^{i(t)} \mathrm{d}i = \frac{1}{L} \int_{t_0}^{t} v(t)\, \mathrm{d}t \tag{3.31}$$

注意：式(3.31)右边的积分与时间有关，并且积分限是初始时间 t_0 与时间变量 t。等式左边的积分为电流，与等式右边的积分上下限时间相对应。对式(3.31)经过积分整理可得

$$i(t) = \frac{1}{L} \int_{t_0}^{t} v(t)\, \mathrm{d}t + i(t_0) \tag{3.32}$$

从上式可知，只要 $v(t)$ 有限，随着时间的增加，$i(t)$ 的变化量也是有限的。因此，$i(t)$ 在数值上肯定是连续的，不会发生突变。(后面我们将介绍理想化的电路，其中可能会短暂地出现无穷大的电压，那么将导致电感中的电流发生突变。)

3.4.3 储存的能量

假设一个电路元件电压与电流的参考方向是关联的，那么其功率应为电流与电压的乘积：

$$p(t) = v(t)i(t) \tag{3.33}$$

将式(3.28)的电压代入上式，有

$$p(t) = Li(t)\frac{\mathrm{d}i}{\mathrm{d}t} \tag{3.34}$$

假设一个电感电流的初始值为 $i(t_0) = 0$。那么电感储存的初始能量为零。进一步分析，假设从 t_0 到 t 这段时间，电感电流从零变为 $i(t)$。随着电流幅值的增加，能量就以磁场的形式储存在电感中。

如果对功率从 t_0 到 t 这段时间进行积分，可得能量为

$$w(t) = \int_{t_0}^{t} p(t)\, \mathrm{d}t \tag{3.35}$$

将式(3.34)代入上式，可得

$$w(t) = \int_{t_0}^{t} Li \frac{\mathrm{d}i}{\mathrm{d}t} \mathrm{d}t \tag{3.36}$$

消去积分时间变量，将积分限用相应的电流替代，有

$$w(t) = \int_{0}^{i(t)} Li \, \mathrm{d}i \tag{3.37}$$

进行积分计算，可得

$$w(t) = \frac{1}{2} Li^2(t) \tag{3.38}$$

上式表明了如果电感电流减小到零，则储存在电感中的能量会返给电路。

例 3.7　计算电感的电压、功率和能量

图 3.18(a) 所示为流过一个 5 H 电感的电流波形。试求出电压、功率和能量，并绘制出它们在 0～5 s 之间的波形。

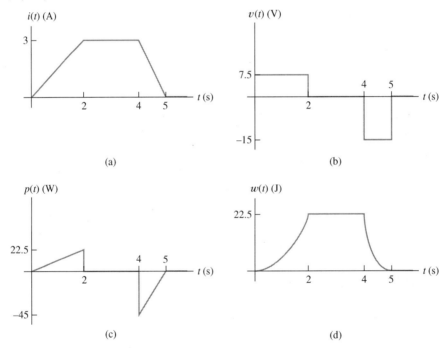

图 3.18　例 3.7 的波形

解：首先，我们根据式(3.28)计算电压：

$$v(t) = L \frac{\mathrm{d}i}{\mathrm{d}t}$$

电流对时间的微分即为电流随时间变化的曲线的斜率。在 $0 < t < 2\,\mathrm{s}$ 期间，有 $\mathrm{d}i/\mathrm{d}t = 1.5\,\mathrm{A/s}$ 及 $v = 7.5\,\mathrm{V}$。当 $2\,\mathrm{s} < t < 4\,\mathrm{s}$ 时，有 $\mathrm{d}i/\mathrm{d}t = 0$，因此 $v = 0$。最后，当 $4\,\mathrm{s} < t < 5\,\mathrm{s}$ 时，有 $\mathrm{d}i/\mathrm{d}t = -3\,\mathrm{A/s}$ 及 $v = -15\,\mathrm{V}$。图 3.18(b) 为该电感电压随时间变化的波形。

其次，将电压电流逐点相乘，可获得电感的功率，其波形如图 3.18(c) 所示。

最后，根据式(3.38)可得电感中储存的能量的时域表达式：

$$w(t) = \frac{1}{2} Li^2(t)$$

电感中能量的波形如图 3.18(d) 所示。

由图 3.18 可见，随着电流幅值的增大，功率为正，储存的能量也在增大。当电流不变时，电压和功率都为零，储存的能量也保持不变。当电流幅值逐渐减小到零时，功率为负，表明储存的能量也返给电路的其余部分。

例 3.8　电感电流与常数电压的关系

如图 3.19(a) 所示的电路，当 $t = 0$ 时开关闭合，使 10 V 的电源接入到 2 H 电感。试求电流随时间变化的关系式。

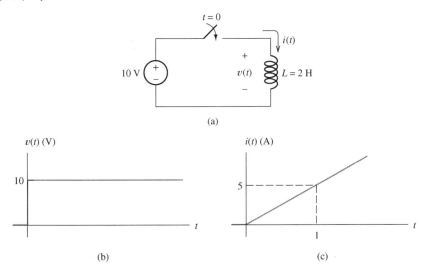

图 3.19　例 3.8 的电路和波形

解： 由于施加于电感两端的电压是有限值，电流必定是连续的。在时间 $t = 0$ 以前，电流为零（因为电流不能流过一个断开的开关）。因此，在 $t = 0$ 开关闭合后的一瞬间，电流也必为零。

电感两端的电压波形如图 3.19(b) 所示。根据式 (3.32) 可得电流：

$$i(t) = \frac{1}{L} \int_{t_0}^{t} v(t)\, dt + i(t_0)$$

取 $t_0 = 0$，且 $i(t_0) = i(0) = 0$。将有关参数代入上式，可得

$$i(t) = \frac{1}{2} \int_{0}^{t} 10\, dt$$

其中，假定积分限 t 是大于零的。经过积分计算，可得电流为

$$i(t) = 5t\, A, \qquad t > 0$$

电感电流的波形如图 3.19(c) 所示。

可见，当开关闭合以后，电感电流在逐渐增大。这是因为在时间 $t = 0$ 以后，当电压为常数时，电感电流以由式 (3.28) 确定的固定速度增加。这里有必要将式 (3.28) 重新列出：

$$v(t) = L \frac{di}{dt}$$

如果 $v(t)$ 是常数，那么电流的变化率 di/dt 也是常数。

在图 3.19 的电路中，假设在 $t = 1\,s$ 时断开开关。在理想情况下，电流不会流过断开的开关。因此，在 $t = 1\,s$ 时电流会突然下降到零。然而电感两端的电压正比于电流随时间的变化率。当电流突然变化时，将会在电感两端产生无穷大的电压，并且这个无穷大的电压只持续到电流下降为

零时为止。在本书后面将介绍脉冲函数的概念来说明这种情况(以及类似的情况)。目前,我们已经知道了在含有电感的开关电路中会出现非常大的电压。

如果构建一个图 3.19(a)所示的实际电路,并且在 $t=1\,\mathrm{s}$ 时断开开关,会发现高电压将在开关的触点上产生电弧,电弧持续出现直到电感的能量释放完毕。如果这种现象频繁发生,不久就会导致开关损坏。

练习 3.6　流过一个 10 mH 电感的电流为 $i(t)=0.1\cos(10^4 t)$ A。试求电压和储存的能量随时间变化的表达式。假设 $v(t)$ 和 $i(t)$ 的参考方向是关联的。

答案:　$v(t)=-10\sin(10^4 t)$ V,　$w(t)=50\cos^2(10^4 t)$ μJ。

练习 3.7　一个 150 μH 电感两端的电压波形如图 3.20(a)所示。电流的初始值为 $i(0)=0$,试求电流 $i(t)$ 并绘制出其波形。假设 $v(t)$ 和 $i(t)$ 的参考方向是关联的。

答案:　电流波形如图 3.20(b)所示。

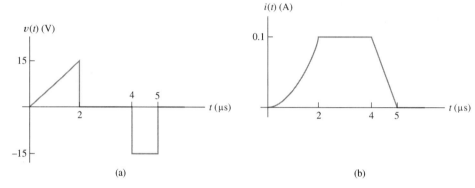

图 3.20　练习 3.7 的电压与电流波形

3.5　电感的串联与并联

串联电路的等效电感等于所有电感之和。如果电感是并联的,则其等效电感等于每个电感倒数和的倒数。图 3.21 为电感的串/并联等效变换。注意:电感的串/并联等效形式与电阻的情况是完全相同的,可以根据本章前面分析电容串/并联等效的方法来证明关于电感串/并联等效的结论。

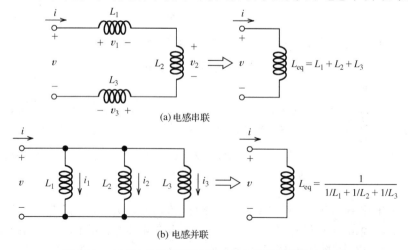

图 3.21　电感的串/并联等效形式与电阻的情况完全相同

电感的串/并联等效原则完全类同于电阻的情况：串联电路的等效电感等于所有电感之和；如果电感是并联的，则其等效电感等于每个电感倒数和的倒数。

例 3.9　电感的串联与并联

试计算图 3.22(a) 的电路中 a、b 两端之间的等效电感。

解： 首先，3 H、6 H 和 2 H 电感是并联的，其等效电感为

$$\frac{1}{1/3 + 1/6 + 1/2} = 1\ \mathrm{H}$$

它们等效变换后的结果如图 3.22(b) 所示。

最后将 4 H 与 1 H 的电感进行串联等效变换，图 3.22(c) 所示为最后的等效电感，大小为 5 H。

练习 3.8　试证明串联等效电感为各个电感之和。

练习 3.9　证明图 3.21(b) 的电路中并联等效电感的计算式。

练习 3.10　试求图 3.23 中各个电路的等效电感。

答案： a. 3.5 H；b. 8.54 H。

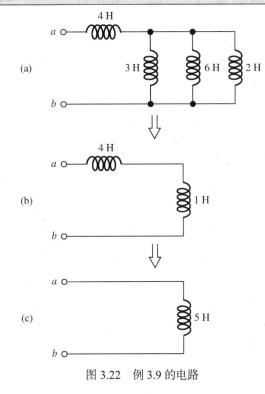

图 3.22　例 3.9 的电路

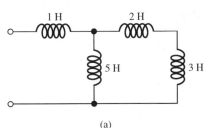 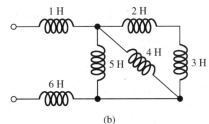

图 3.23　练习 3.10 的电路

3.6　实际电感元件

实际电感元件有各种各样的外形，这主要取决于其电感量和应用。（图 3.16 为部分实际的电感元件。）比如，一个 1 μH 电感是由缠绕在外径为 0.5 cm 的铁氧体螺旋（甜甜圈形状）铁芯上的 25 匝细线（28 号线）构成。另一方面，通常一个 5 H 电感由几百匝 18 号线绕制而成，其铁芯重达 1 kg。

电感中的铁金属通常被称为铁芯，由被称为叠片的薄片构成，此类电感如图 3.16(c) 所示。由于变化的磁场将在铁芯中产生感应电压，因此采用这种结构是很有必要的。铁芯中的感应电压会产生涡流而导致能量损耗。生产无损耗铁芯通常是不现实的。采用相互绝缘的叠片有助于减少涡流损耗。在安装时，叠片的方向是与电流的方向垂直的。

减小涡流的另一种方法就是采用铁氧体铁芯，它是铁的氧化物，是一种电绝缘材料。其他的方法就是用绝缘黏合剂将铁粉黏合在一起构成铁芯。

应用实例 3.1 电子闪光灯

如图 PA3.1 所示为相机中电子闪光灯的电路。该电路的目的是在相机快门打开的时候，由闪光管中流过的大电流使其产生高亮度的闪光。当闪光管闪光时，其功率高达 1000 W，但是持续时间不到 1 μs。虽然闪光管的功率很高，但由于持续时间很短，因此其能量并不大(约为 1 J)。

直接由电池对闪光管提供这样的功率是不可能的，主要有以下几个原因：首先，实际电池最多只能提供几十伏电压，但是要使闪光管闪光则需要几百伏电压。其次，根据最大功率传输原理，由于电池具有戴维南内阻[参见式(2.78)和相关分析]，它能够提供的最大功率仅有 1 W。因此不能满足闪光管的要求。为了解决该问题，可将电池在几秒内提供的能量储存在电容器中。由于电容器的串联寄生电阻很小，储存在电容器中的能量会快速释放出来。

电子开关在 1 秒内会交替开关约 10 000 次(在某些相机中，你可能会听到尖锐的哨声，这是因为少量能量很容易转换为声能)。当电子开关闭合时，电池将通过电感产生电流。接着当电子开关断开时，电感迫使电流流过二极管对电容进行充电(回顾一下电感电流不能发生突变)。电流只能按照箭头的方向流过二极管。因此，二极管的作用在于当电子开关断开时让电荷流入电容器，而电子开关闭合时可以阻止电荷流出电容器。因此，每当电子开关断开时，电容器中存储的电荷将不断增加。最终将使电容器的电压达到几百伏。当相机快门打开时，另外一个开关将闭合，使电容器对闪光管进行放电。

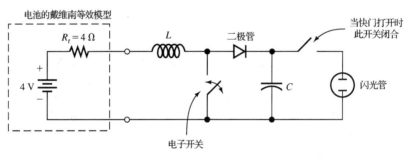

图 PA3.1

作者的一个朋友在苏必利尔湖的北岸有一座小屋,其中的供水系统(如图 PA3.2 所示)很特别,它与闪光灯电路的原理差不多。河水可以流入浸入在河中的水管。在这个水管的底端有一个阀门，可以定期关闭，使水管中的河水停止流动。当阀门关闭时，由于水流存在惯性将产生一个高压脉冲。这种高压迫使河水通过单向球阀进入储水箱。储水箱中的压缩空气将会使河水流入小屋中。

你能否找到图 PA3.2 中的各个部分与图 PA3.1 中的哪些元件具有类似的功能?

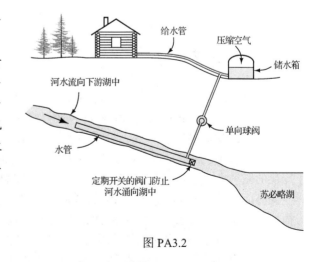

图 PA3.2

3.6.1　实际电感元件的寄生效应

实际电感元件在理想电感之外还存在寄生元件。图 3.24 为一个实际电感的电路模型。串联电阻 R_s 相当于金属导线本身的电阻(可以采用零电阻的超导材料制作导线而消除这种寄生效应)。并联电容大小与绕组之间电解质(绝缘材料)中的电场有关,这个电容被称为**绕组间电容**。并联电阻 R_p 代表铁芯损耗,主要是铁芯中的涡流损耗。

实际上,图 3.24 所示的实际电感元件的电路模型只是一个近似模型。串联电阻与绕组导线的长度

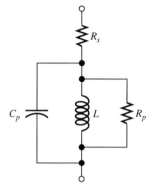

图 3.24　含有寄生元件的实际电感的电路模型

有关,也与绕组间电容有关。实际电感元件更精确的电路模型应该是由很多小段(小段的数目可能会无穷多)的寄生效应模型连接起来的。最终,将直接采用场理论进行分析,而放弃对电路模型进行分析。

将电路模型精确到这种程度几乎没有什么必要。一个实际电感元件的模型通常是一个电感再外加少数寄生元件,这已经足够了。当然,与传统的数学分析相比较,计算机辅助电路分析可以建立更加复杂的模型,以获得更加准确的分析结果。

3.7　互感

有时,将几个绕组绕制成相同的形状,使得由一个绕组产生的磁通也会与其他绕组相链接。那么在一个绕组中流过时变电流时,在其他绕组将产生感应电压。图 3.25 为两个相互耦合电感的电路符号,其中 L_1 和 L_2 分别为两个绕组的**自感**。M 为它们的**互感**,其单位也为亨利。注意:图 3.25 的两个绕组的电压与电流都是关联参考方向的。

图 3.25 给出了电压与电流的关系式。由于绕组之间存在相互耦合而产生了互感电压 $M di_1/dt$ 和 $M di_2/dt$。另外,自感电压 $L_1 di_1/dt$ 和 $L_2 di_2/dt$ 是由每个绕组自身的电流产生的感应电压。

> 一个绕组产生的磁通可能会增强或削弱另一个绕组产生的磁通。

一个绕组产生的磁通可能会增强或削弱另一个绕组产生的磁通。绕组两端的圆点表明了两个磁场方向是相同或相反的。如果一个电流流入标有圆点的端子(同名端),而另一个电流流出标有圆点的端子,这表明两个磁场方向是相反的。例如,假设图 3.25(b)中电流 i_1 和 i_2 都为正,则它们产生的磁场方向是相反的。如果两个电流都从标有圆点的端子流入(或都流出),则它们产生的磁场方向相同。因此在图 3.25(a)中,如果电流 i_1 和 i_2 都为正的,则产生的磁场方向相同。

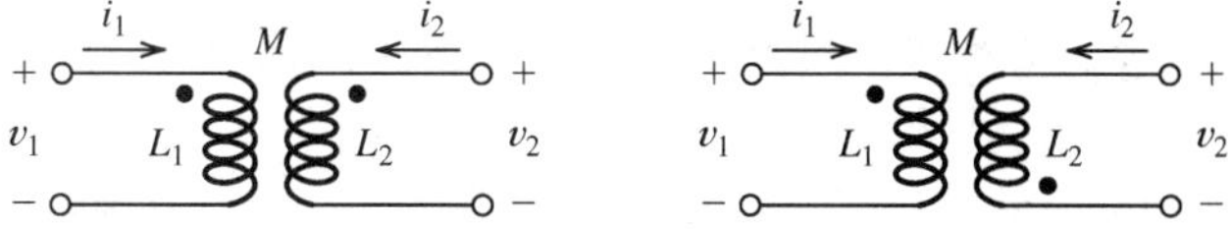

$$v_1 = L_1 \frac{di_1}{dt} + M \frac{di_2}{dt}$$

$$v_2 = M \frac{di_1}{dt} + L_2 \frac{di_2}{dt}$$

(a)

$$v_1 = L_1 \frac{di_1}{dt} - M \frac{di_2}{dt}$$

$$v_2 = -M \frac{di_1}{dt} + L_2 \frac{di_2}{dt}$$

(b)

图 3.25　互感的符号及 v-i 关系式

在电压与电流的关系式中，互感电压的符号由标有圆点的端子的电流方向决定。如果两个电流的参考方向都是流入(或流出)标有圆点的端子，如图 3.25(a)所示，则互感电压的符号为正。如果一个电流的参考方向是流入标有圆点的端子，而另一个电流流出，如图 3.25(b)所示，则互感电压的符号为负。

3.7.1　线性可变差动变压器

图 3.26 为由互感构成的线性可变差动变压器(LVDT)，可以作为位置传感器。中间的绕组接入一个交流电源，产生的磁场与二次绕组的上下两部分相链接。当铁芯位于绕组的正中位置时，在二次绕组的上下两部分产生的感应电压相互抵消，使 $v_o(t) = 0$(这是由于二次绕组上下两部分的缠绕方向是相反的)。当铁芯上下移动时，一次绕组和二次绕组之间的耦合程度会改变，其中一半绕组的感应电压将会减小，另一半绕组的感应电压将会增大。在理想情况下，输出电压为

$$v_o(t) = Kx \cos(\omega t)$$

其中，x 为铁芯的位置坐标。可见，LVDT 可用于自动化制造过程的位置检测中。

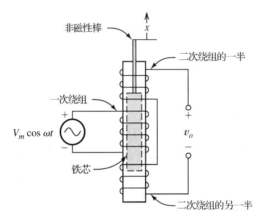

图 3.26　可用作位置传感器的线性可变差动变压器

3.8　使用 MATLAB 进行符号微积分运算

由前面的内容可知，根据储能元件的电压计算电流(或反之)需要用到积分或微分运算。因此，我们有时需要计算出复杂函数的积分或微分运算结果，但是用传统方法对它们进行微积分运算是非常困难的。我们可以求助于符号计算软件。这些可用的软件包括 Maplesoft 的 Maple、Wolfram Research 的 Mathematica，以及 Mathworks 的 MATLAB 软件中的符号运算工具箱。这些软件都有各自的优缺点，当遇到问题时应尝试不同的解决方案。MATLAB 软件已在电气工程领域广泛使用，这里我们仅简单介绍其符号运算功能。

注意：在前面章节的部分例题、练习和习题中已用到了 R2015(b)版本的 MATLAB 软件。请记住，如果所用的 MATLAB 版本低于 R2015(b)，就可能无法获得想要的结果。在花费大量时间解决这些问题之前，请试运行一下相关的 m 文件。

接下来，我们认为你已对 MATLAB 有一定的了解。更多的在线交互式教程可以从网上获取(https://www.mathworks.com/)。总而言之，学习了本章例题的代码后，你将会发现对本章的练习和习题编写命令是相当容易的。

例 3.10　使用 MATLAB 的符号运算工具箱进行微积分运算

使用 MATLAB 求出图 3.27 的电路中 3 个电压的表达式，其中 $v_C(0)=0$ 且

$$i_x(t) = kt^2 \exp(-at)\sin(\omega t), \quad t \geqslant 0$$
$$= 0, \quad t < 0 \tag{3.39}$$

同时，绘制出当 $k=3$、$a=2$、$\omega=1$、$L=0.5\,\mathrm{H}$、$C=1\,\mathrm{F}$ 时电流电压在 $t \geqslant 0$ 的曲线(选用这些参数的主要目的即便于用 MATLAB 进行验证)。其中电流单位为安培、电压单位为伏特、ωt 的单位为弧度、时间 t 的单位为秒。

解：首先我们用符号表示各个参数(k、a、ω、L 和 C)，将电流和各部分电压分别记为 ix、vx、vL 和 vC。然后我们将数值代入这些符号中，并将结果表示为 ixn、vxn、vLn 和 vCn(字母"n"说明表达式中的符号变量已给定了数值)。

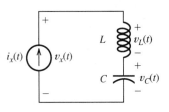

图 3.27　例 3.10 的电路

我们用粗体字体表示命令，用常规字体表示注释，用加阴影字体表示 MATLAB 的运算结果。在 MATLAB 中注释(以%开头的内容)可有可无。我们展示的结果好像在 MATLAB 的命令窗口中一次执行了所有的命令和注释，然而将命令窗口中的这些内容放在一个 m 文件并运行 m 文件将会更加方便。

当开始执行符号运算时，我们在 MATLAB 中定义每个符号为符号对象，电流用 ix 表示，代入了数值后的运算结果表示为 ixn。

```
>> clear all % Clear work area of previous work.
>> syms vx ix vC vL vxn ixn vCn vLn k a w t L C
>> % Names for symbolic objects must start with a letter and
>> % contain only alpha-numeric characters.
>> % Next, we define ix.
>> ix=k*t^2*exp(-a*t)*sin(w*t)
     ix =
     (k*t^2*sin(w*t))/exp(a*t)
>> % Next, we substitute k=3, a=2, and w=1
>> % into ix and denote the result as ixn.
>> ixn = subs(ix,[k a w],[3 2 1])
     ixn =
     (3*t^2*sin(t))/exp(2*t)
```

接下来，为了绘制电流随时间变化的曲线，需要确定时间 t 的范围。根据给定的参数，需要绘制的图形的电流表达式为

$$i_x(t) = 3t^2 \exp(-2t)\sin(t), \quad t \geqslant 0$$
$$= 0, \quad t < 0$$

对该表达式进行仔细分析(可能要用计算器进行简单运算)后可知，在 $t=0$ 时刻电流为零，由于 t^2 项的作用，在 $t=0$ 时刻以后电流迅速上升；又因为指数项的作用，在 $t=10\,\mathrm{s}$ 左右电流又衰减到非常小的数值。因此我们选择时间范围 0 到 $10\,\mathrm{s}$ 来绘制电流曲线。继续在 MATLAB 窗口中执行以下命令：

```
>> % Next, we plot ixn for t ranging from 0 to 10 s.
>> ezplot(ixn,[0,10])
```

这样将打开一个如图 3.28 所示的新窗口并显示出电流随时间变化的曲线。不出所料，电流在 $t=0$ 时刻后迅速上升，在 $10\,\mathrm{s}$ 时又衰减到接近于零(我们已经使用了 Edit 菜单中的一些命令对本书的结果曲线进行处理)。

然后，我们根据如下的微分式计算电感电压：

$$v_L(t) = L\frac{\mathrm{d}i_x(t)}{\mathrm{d}t}$$

参数 a、k 和 ω 作为常量。计算电感电压的相关 MATLAB 命令和结果为

```
>> vL=L*diff(ix,t)   % L × the derivative of ix with respect to t.
   vL =
   L*((2*k*t*sin(t*w))/exp(a*t) - (a*k*t^2*sin(t*w))/exp(a*t) +
   (k*t^2*w*cos(t*w))/exp(a*t))
>> % A nicer display for vL is produced with the command:
>> pretty(vL)
   L k t (2 sin(t w) - a t sin(t w) + t w cos(t w))
   ------------------------------------------------
                      exp(a t)
```

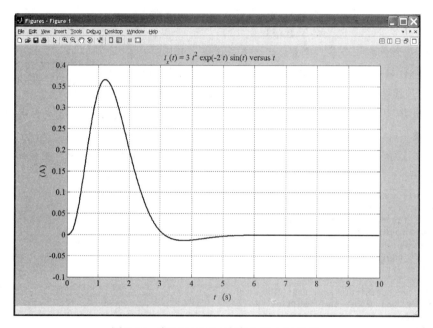

图 3.28 在 MATLAB 中产生的 $i_x(t)$ 曲线

将电感电压的表达式写成标准形式：

$$v_L(t) = Lkt\exp(-at)[2\sin(\omega t) - at\sin(\omega t) + \omega t\cos(\omega t)]$$

可以通过对式(3.39)的右边微分并乘以 L 来验证上式的正确性。接下来根据如下的积分式计算电容电压：

$$v_C(t) = \frac{1}{C}\int_0^t i_x(t)\mathrm{d}t + v_C(0), \quad t \geqslant 0$$

将电流的表达式以及电压初始值代入上式可得

$$v_C(t) = \frac{1}{C}\int_0^t kt^2\exp(-at)\sin(\omega t)\mathrm{d}t, \quad t \geqslant 0$$

手工运算这个积分式会比较困难，但是用如下的 MATLAB 命令就会很容易完成运算：

```
>> % Integrate ix with respect to t with limits from 0 to t.
>> vC=(1/C)*int(ix,t,0,t);
>> % We included the semicolon to suppress the output, which is
```

```
>> % much too complex for easy interpretation.
>> % Next, we find the total voltage vx.
>> vx = vC + vL;
>> % Now we substitute numerical values for the parameters.
>> vLn=subs(vL,[k a w L C],[3 2 1 0.5 1]);
>> vCn=subs(vC,[k a w L C],[3 2 1 0.5 1]);
>> vxn=subs(vx,[k a w L C],[3 2 1 0.5 1]);
>> % Finally, we plot all three voltages in the same window.
>> figure % Open a new figure for this plot.
>> ezplot(vLn,[0,10])
>> hold on % Hold so the following two plots are on the same axes.
>> ezplot(vCn,[0,10])
>> ezplot(vxn,[0,10])
```

运算结果如图 3.29 所示(这里我们又用了 Edit 菜单中的命令调整了纵坐标的刻度, 并对本书中的曲线进行了标注)。

　　本例题的所有 MATLAB 命令已包含在名为 Example_3_10 的 m 文件中(有关这些 MATLAB 文件的信息请参阅本书的附录 E)。如果将这个文件复制到计算机上 MATLAB 运行路径所在的文件夹中, 则可以试运行该文件。比如, 当执行该文件后, 在窗口输入命令

```
>> vC
```

将会显示出一串相当复杂的电容电压表达式。

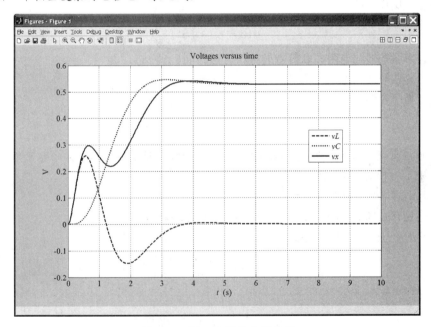

图 3.29　例 3.10 的各电压曲线

练习 3.11　试将例 3.2 的运算结果按照图 3.5 所示曲线的方式用 MATLAB 绘制出来。

答案: 包含了一些注释的 MATLAB 命令为

```
clear % Clear the work area.
% We avoid using i alone as a symbol for current because
% we reserve i for the square root of -1 in MATLAB. Thus, we
% will use iC for the capacitor current.
syms t iC qC vC % Define t, iC, qC and vC as symbolic objects.
iC = 0.5*sin((1e4)*t);
czplot(iC, [0 3*pi*1e-4])
qC=int(iC,t,0,t); % qC equals the integral of iC.
```

```
figure  % Plot the charge in a new window.
ezplot(qC, [0 3*pi*1e-4])
vC = 1e7*qC;
figure % Plot the voltage in a new window.
ezplot(vC, [0 3*pi*1e-4])
```

MATLAB 绘制的曲线与图 3.5 的结果非常相似。该练习的 m 文件名为 Exercise_3_11。

本章小结

1. 电容具有电场效应的电路特性。电容的单位是法拉(F)，等同于库仑每秒。

2. 电容中储存的电荷为 $q = Cv$。

3. 电容的电压和电流的关系式为

$$i = C\frac{\mathrm{d}v}{\mathrm{d}t}$$

和

$$v(t) = \frac{1}{C}\int_{t_0}^{t} i(t)\,\mathrm{d}t + v(t_0)$$

4. 电容中储存的能量为

$$w(t) = \frac{1}{2}Cv^2(t)$$

5. 电容串联等效与电阻并联等效的分析方法相同。

6. 电容并联等效与电阻串联等效的分析方法相同。

7. 平行板电容器的电容量为

$$C = \frac{\epsilon A}{d}$$

如果是真空，介电常数为 $\epsilon = \epsilon_0 \cong 8.85\times10^{-12}$ F/m。对于其他物质，介电常数为 $\epsilon = \epsilon_r\epsilon_0$，其中 ϵ_r 为相对介电常数。

8. 实际电容器含有几种寄生元件。

9. 电感具有磁场效应的电路特性。电感的单位是亨利(H)。

10. 电感的电压与电流的关系式为

$$v(t) = L\frac{\mathrm{d}i}{\mathrm{d}t}$$

和

$$i(t) = \frac{1}{L}\int_{t_0}^{t} v(t)\,\mathrm{d}t + i(t_0)$$

11. 电感中储存的能量为

$$w(t) = \frac{1}{2}Li^2(t)$$

12. 电感的串/并联等效分析方法与电阻的串/并联等效分析方法相同。

13. 实际电感元件含有几种寄生元件。

14. 互感表明了绕组之间磁场相互耦合的性质。

15. MATLAB 语言是一种可以进行符号微积分运算和图形绘制的有用工具。

习题

3.1节 电容

P3.1 什么是绝缘材料？请列举两个例子。

P3.2 对于一个结构为金属层、被非导体隔离开的电容器，请简要说明电流怎样流过该电容器。

P3.3 如果一个理想电容器两端的电压为常数，那么流过该电容器的电流为多少？在电压与电流都为常数的电路中，理想电容器应等效为什么样的电路元件？

P3.4 描述电容器的内部结构。

P3.5 给一个 10 μF 电容施加 50 V 电压，试计算每个极板上储存的电荷及两个极板上总电荷的大小。

*P3.6 一个 2000 μF 电容的电压初始值为 100 V，其放电电流为常数 100 μA。试问需用多长时间使电容的电压放到 0 V？

P3.7 一个 5 μF 电容被充电到 1000 V，试求储存的初始电荷和能量。如果该电容电压经过 1 μs 放电到 0 V，试求在放电期间内电容输出的平均功率。

*P3.8 假设一个 10 μF 电容两端的电压为 $v(t) = 100\sin(1000t)\ \text{V}$。试求电流、功率和储存能量的表达式，并画出它们随时间变化的波形。

P3.9 假设一个 1 μF 电容两端的电压为 $v(t) = 100\text{e}^{-100t}\ \text{V}$。试求电流、功率和储存能量的表达式，并画出它们随时间变化的波形。

P3.10 在 $t = 0$ 时刻之前，100 μF 电容的初始储能为零。从 $t = 0$ 时刻开始，该电容的电压线性增加，其电压在 2 s 时上升到 100 V，然后其电压保持在 100 V 不变。绘制出该电容电压、电流、功率和储存的能量随时间变化的波形。

P3.11 图 P3.11 为流过 0.5 μF 电容的电流的波形。在 $t = 0$ 时刻，其电压为零。试绘制电压、功率和储存的能量随时间变化的波形。

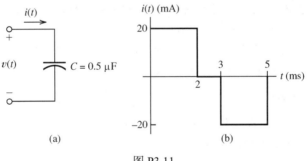

图 P3.11

P3.12 试计算图 P3.12 的电路中电容在 $t = 20$ ms 时刻的电压、功率和储存的能量。

P3.13 已知流过一个电容 C 的电流为 $i(t) = I_m\cos(\omega t)$，$t = 0$ 时刻的电压为零。假设角频率 ω 接近于无穷大，试问在该电流作用下，电容近似为开路还是短路？试说明理由。

P3.14 图 P3.14 为流过 3 μF 电容的电流的波形。在 $t = 0$ 时刻，其电压 $v(0) = 10\ \text{V}$。试绘制电压、功率和储存的能量随时间变化的波形。

*P3.15 流过一个 50 μF 电容器的直流电流为 $i(t) = 3\ \text{mA}$，在 $t = 0$ 时刻 $v(0) = -20\ \text{V}$。假设电压与电流的参考方向是一致的，试求 $t = 0$ 时刻的功率并判断能量是流入还是流出该电容器。试重复计算当 $t = 1\ \text{s}$ 时的上述内容。

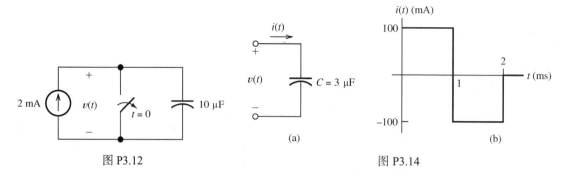

图 P3.12   图 P3.14

P3.16 20 μF 电容储存的能量为 200 J,在 $t = 3$ s 时刻能量以 500 J/s 的速度开始衰减。试求 $t = 3$ s 时刻电压和电流的大小。试问该时刻电流是从电容电压的正极流入还是流出?

P3.17 在 $t = t_0$ 时刻电容 C 两端的电压为零,在 t_0 到 $t_0 + \Delta t$ 期间,有脉冲电流通过该电容,使其电压增加到 V_f。在该脉冲电流作用下,试求电流的幅值 I_m 和该区域的面积(相当于电流随时间变化的函数)。请问该区域面积的单位和物理意义各是什么?在 V_f 保持不变的情况下,如果时间间隔 Δt 趋于零,那么关于电流的幅值和面积会出现什么变化?

P3.18 一个不规则电容器的电容量为随时间变化的函数,即

$$C = 2 + \cos(2000t) \ \mu F$$

其中,三角函数中角度的单位为弧度。假设该电容两端施加 50 V 的直流电压,试计算电流随时间变化的函数表达式。

P3.19 对于一个电阻,在什么情况下相当于短路?对于一个未充电的电容,当电容值取多大时相当于短路?请说明理由。如果等效为开路,再重复上述过程。

P3.20 假设一个非常大(理想情况下为无穷大)的电容被充电到 10 V,试问哪一个电路元件与该电容具有相同的伏安关系?并说明理由。

*P3.21 我们打算用一个已储存了足够能量的 0.01 F 电容持续 1 个小时输出 5 马力的功率。试问电容的电压应充到多高?[提示:1 马力(hp)等于 745.7 瓦特。]储存这么大的能量是否现实?通过电容储存的能量为电动汽车供电是否切实可行?

P3.22 100 μF 电容两端的电压为 $v(t) = 10 - 10\exp(-2t)$ V,试求 $t = 0$ 时刻的功率,此时电容器是吸收还是释放能量。当 $t_2 = 0.5$ s 时,再重复计算功率。

3.2 节 电容的串联与并联

P3.23 请描述电容的串/并联是怎样等效的,并与电阻进行比较。

*P3.24 试求图 P3.24 的每个电路的等效电容。

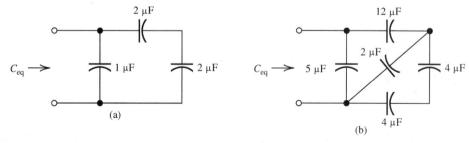

图 P3.24

P3.25   试求图 P3.25 的每个电路中 x、y 两端之间的等效电容。

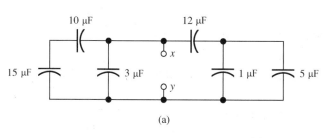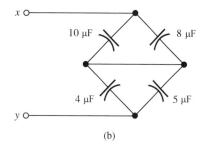

(a)   (b)

图 P3.25

P3.26   一个电路为 12 μF 电容和 8 μF 电容并联再与 5 μF 电容串联，画出电路图并求出串/并联组合的等效电容。

P3.27   试求出将 4 个 2 μF 电容通过串/并联方式所得等效电容的最小值和最大值，其中每种情况下电容是怎样连接的？

P3.28   我们将两个未充电的电容 $C_1 = 15$ μF 和 $C_2 = 20$ μF 串联，然后两端接入 10 V 的电源，电路如图 P3.28 所示。试求电源接入后的电容电压 v_1 和 v_2。(提示：由于两个电容的电流相同，它们储存的电荷应该相同。)

图 P3.28

*P3.29 假设我们需要设计一个心脏起搏器电路。要求该电路能为心脏提供 1 ms 的脉冲，其中心脏的电路模型相当于 500 Ω 的电阻，脉冲的幅值为 5 V。由于电池电压只有 2.5 V，因此我们决定将两个等值电容并联充电到 2.5 V，然后通过开关切换将它们串联来为心脏提供 1 ms 的脉冲。要求输出脉冲电压的幅值保持在 4.9 V 到 5 V 之间，问电容的最小取值应为多少？如果每秒产生一次脉冲，请问电池提供的电流平均值为多少？采用近似处理的方法，假设在脉冲提供过程中电流保持为常数，计算该电池的容量(安培小时)使其可以持续使用 5 年。

P3.30   有两个 100 μF 电容，其中一个被充电到 50 V，另一个被充电到 100 V，如果通过将一个电容电压正极与另一个电容电压负极相连接的方式进行串联，试求等效电容和总电压。然后计算储存在两个电容中能量的总和及等效电容中储存的能量。为什么等效电容中的能量会少于每个电容储存的能量之和？

3.3 节 电容器的物理特征

*P3.31 试求平行板电容器的电容，其中极板尺寸为 10 cm×30 cm，介质的厚度为 0.01 mm，相对介电常数 $\epsilon_r = 15$。

P3.32   一个 100 pF 的平行板电容器，极板的宽度为 W、长度为 L，极板间的距离为 d，电介质为空气。假设 L 和 W 都远大于 d，试求以下各种情况中的电容：a. L 和 W 都减半，其余参数不变；b. 极板间距减半，其余参数都为初始值，保持不变；c. 将电介质空气替换为油，其相对介电常数为 25，其余参数都为初始值，保持不变。

P3.33   考虑一个平行板电容器，极板的宽度为 W、长度为 L，极板间的距离为 d，假设 L 和 W 都远大于 d。该电容可施加的电压最大值为 $V_{max} = Kd$，其中 K 为电介质的击穿强度。试推导出电容储存的能量的最大值与参数 K 和电介质体积之间的函数关系式。如果我们期望单位体积储存的能量最大，试问如何选择参数 W、L 和 d？哪些参数比较重要？

*P3.34 假设一个以空气为电介质的 1000 pF 的平行板电容器被充电到 1000 V，电容两端为开路，试求储存的能量。如果电容极板快速分离，使极板间距离加倍，试求电容新电压和储存的能量。请问额外的能量从何而来？

P3.35 如图 P3.35 所示的电路，在开关闭合之前两个 1 μF 电容的电压初始值都为 100 V。试求开关闭合之前储存的总能量。并计算开关闭合后每个电容的电压及储存的总能量。此时总能量会出现什么情况？

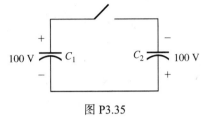

图 P3.35

P3.36 图 P3.36 为一个液位传感器，由浸入在绝缘液体中的两个导电极板构成。当水箱为空时(即 $x = 0$)，两个极板形成的电容为 200 pF，液体的相对介电常数为 25。试求电容量 C 与液位高度 x 的函数关系式。

P3.37 对于图 P3.36 的平行板电容器，当水箱盛满液体时，其电容量为 2000 pF，此时两个极板完全浸入在绝缘液体中。(此时液体的介电常数和极板尺寸不同于习题 P3.36 中的参数。)当水箱为空时，两个极板间的介质为空气，其电容为 200 pF。假设在水箱盛满液体时，电容被充电到 1000 V，然后排空水箱，由于电容是开路的，因此极板上的电荷不会改变。试计算水箱排空后的电容电压以及水箱排空前后电容中储存的能量。由于极板是开路的，则没有电源提供额外的能量，那么能量的变化从何而来？

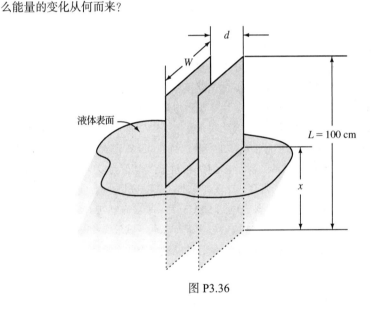

图 P3.36

P3.38 振动传感器的结构为平行板电容器，其极板面积为 100 cm²，介质为空气，两极板的距离随时间变化的关系式为

$$d(t) = 1 + 0.01\sin(200t)\,\text{mm}$$

当 200 V 的直流电压加在极板两端时，利用近似公式 $1/(1+x) \cong 1 - x\,(x \ll 1)$ 试计算通过电容的电流随时间变化的函数关系式。(其中三角函数中角度的单位为弧度。)

P3.39 图 P3.39 的电容为 0.1 μF，其串联寄生电阻为 10 Ω。假设电容两端的电压为 $v_c(t) = 10\cos(100t)\,\text{V}$，试求电阻两端的电压。在这种情况下，试计算总电压 $v(t) = v_r(t) + v_c(t)$，其精度要求不超过 1%，请问是否有必要将寄生电阻考虑进去？如果 $v_c(t) = 0.1\cos(10^7 t)\,\text{V}$，再重复上述计算。

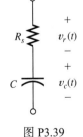

图 P3.39

*P3.40 假设一个平行板电容器的电场强度超过 K V/m 时，其介质将被击穿。因此，该电容器额定电压的最大值应为 $V_{max} = Kd$，其中 d 为介质厚度。在分析习题 P3.33 时，我们已计算出在电容被击穿之前可储存的能量的最大值为 $w_{max} = 1/2\epsilon_r \epsilon_0 K^2 (\text{Vol})$，其中 Vol 为绝缘介质的体积。对于空气可近似取 $K = 32 \times 10^5$ V/m，$\epsilon_r = 1$，如果希望以最小的体积在 1000 V 的电压下储能 1 mJ，试计算正方形平行板电容器的尺寸。

3.4 节　电感

P3.41 简要说明电感元件是怎样构成的。

P3.42 如果通过一个电感电流的绝对值在增大，试问能量是流入还是流出该电感？

P3.43 如果理想电感的电流为常数，则其电压为多少？当理想电感的电流电压都为常数时，应等效为哪种电路元件？

P3.44 简要说明电感元件的液体流动模拟。

*P3.45 图 P3.45 为流过一个 2 H 电感的电流波形，试绘制出电压、功率和储存的能量随时间变化的波形。

P3.46 已知 100 mH 电感的电流为 $0.5\sin(1000t)$ A，其中角度的单位为弧度。试求其电压、功率和储存能量的表达式，并绘制出它们随时间变化的波形。

P3.47 已知 2 H 电感的电流为 $5\exp(-20t)$ A。试求其电压、功率和储存的能量的表达式，并绘制出它们在 0 到 100 ms 期间内随时间变化的波形。

P3.48 一个 2 H 电感两端的电压波形如图 P3.48 所示，其电流的初始值为 $i(0) = 0$。试绘制出其电压、功率和储存的能量随时间变化的波形。

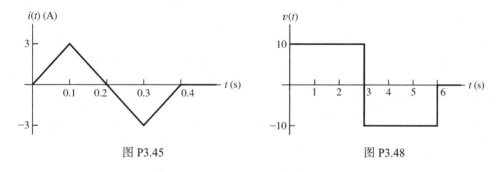

图 P3.45　　　　　　　　　　　图 P3.48

P3.49 一个 10 μH 电感两端的电压为 $v(t) = 5\sin(10^6 t)$ V，其电流的初始值为 $i(0) = -0.5$ A。试求 $t > 0$ 以后电流、功率和储存的能量的表达式，并画出它们随时间变化的波形。

P3.50 对于一个 2 H 电感，有 $i(0) = 0$ A，$v(t) = t\exp(-t)(t \geq 0)$。试求 $i(t)$，并选用一种软件绘制出 $0 \leq t \leq 10$ s 期间 $i(t)$ 和 $v(t)$ 的波形曲线。

*P3.51 一个 50 μH 电感两端所加的直流电压为 10 V，其电路如图 P3.51 所示。电感电流在 $t = 0$ 时刻的大小为 –100 mA，试问将在什么时刻电流将达到 +100 mA？

*P3.52 在 $t = 0$ 时刻流过 0.5 H 电感的电流为 4 A，要使在 $t = 0.2$ s 时刻电感电流减小到零，那么电感两端应施加多大的直流电压？

P3.53 已知 100 mH 电感的电流为 $i(t) = \exp(-t)\sin(10t)$ A，其中角度的单位为弧度。试求该电感电压，并选用一种软件绘制出 $0 \leq t \leq 3$ s 期间 $i(t)$ 和 $v(t)$ 的波形曲线。

P3.54 在 $t = 0$ 时刻之前，一个 2 H 电感的电流一直为零。从 $t = 0$

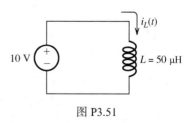

图 P3.51

时刻开始，其电流在 5 s 内线性增加到 10 A。然后，电感电流保持 10 A 不变，试求电压、电流、功率和储存的能量随时间变化的表达式。

P3.55 在 $t = 0$ 时刻 5 V 的直流电压源加在 3 H 电感两端，假设其电流初始值为 0，试求在 $t = 2$ s 时刻电感的电流、功率和储存的能量。

P3.56 在 $t = t_0$ 时刻给定电感的电流为零，在 t_0 到 $t_0 + \Delta t$ 期间，有脉冲电压施加到该电感两端，使其电流增加到 I_f。在该脉冲电压作用下，试求电压的幅值 V_m 和该区域的面积(相当于电压随时间变化的函数)。请问该区域的面积的单位是什么？在 I_f 保持不变的情况下，如果时间间隔 Δt 趋于零，那么关于电流的幅值和面积会出现什么情况？

P3.57 一个 2 H 电感储存的能量为 200 J，在 $t = 5$ s 时刻能量以 100 J/s 的速度开始衰减。试求 $t = 5$ s 时电压和电流的大小。试问该时刻电流是从电感电压的正极流入还是流出？

P3.58 假设一个电感的电流初始值为零，试问电感参数应为多少就相当于开路，并说明理由。如果要使电感相当于短路，那又该怎么办？

P3.59 假设一个非常大(理想情况下为无穷大)的电感电流初始值为 10 A，试问该电感可以等效为哪种电路元件？并说明原因。

P3.60 一个电感 L 的电流初始值为零，其两端电压为 $v(t) = V_m \cos(\omega t)$。假设角频率 ω 接近于无穷大，试问在该电压作用下，电感近似为开路还是短路？试说明理由。

3.5 节　电感的串联与并联

P3.61 请描述电感的串/并联是怎样等效的，并与电阻进行比较。

*P3.62 试求如图 P3.62 所示每组串/并联组合的等效电感。

P3.63 试求如图 P3.63 所示每组串/并联组合的等效电感。

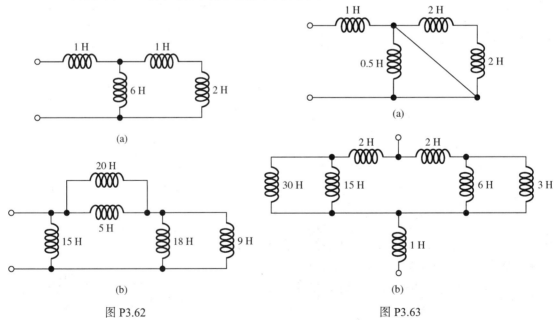

图 P3.62

图 P3.63

P3.64 假设我们有 4 个 2 H 电感。试问将它们通过串/并联组合可得到等效电感的最大值为多少？可得到等效电感的最小值又为多少？

P3.65 假设我们需要将一个参数未知的电感 L 与一个 6 H 电感通过串联或并联的方式获得 2 H 电感。试问应该采用串联还是并联的方式？L 的值应为多少？

P3.66　已知条件如同习题 P3.65，为了获得 8 H 电感，应怎么办？

*P3.67　两个电感 $L_1 = 1\,\text{H}$ 和 $L_2 = 2\,\text{H}$ 并联连接，其电路如图 P3.67 所示，它们电流的初始值为 $i_1(0) = 0$ 和 $i_2(0) = 0$。试求 $i_1(t)$ 与 $i(t)$、L_1 和 L_2 之间的函数关系式，然后重复计算 $i_2(t)$ 的表达式。

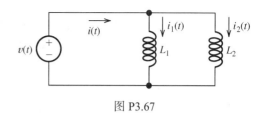

图 P3.67

3.6 节　实际电感元件

P3.68　一个 10 mH 电感元件的寄生串联电阻为 $R_s = 1\,\Omega$，其电路如图 P3.68 所示。a. 如果给定电流 $i(t) = 0.1\cos(10^5 t)\,\text{A}$，试求 $v_R(t)$、$v_L(t)$ 和 $v(t)$。在这种情况下，如果使总电压 $v(t)$ 达到 1% 的精度要求，请问寄生串联电阻是否可以忽略？b. 如果 $i(t) = 0.1\cos(10t)\,\text{A}$，再重复上述计算。

P3.69　请画出包含了 3 种寄生效应的实际电感的等效电路。

P3.70　图 3.24 所示为实际电感的等效电路。流过该电感为 100 mA 的直流电流，其端电压为 500 mV。从已知电流电压可推导出哪些电路参数，其数值为多少？

P3.71　在图 P3.71 所示的电路中，分别计算 $i(t)$、$v_L(t)$、$v(t)$、电容中储存的能量、电感中储存的能量和储存的总能量，其中 $v_C(t) = 10\sin(1000t)\,\text{V}$。（三角函数中角度的单位为弧度。）结果表明储存的总能量为与时间无关的常数，并对该结果加以说明。

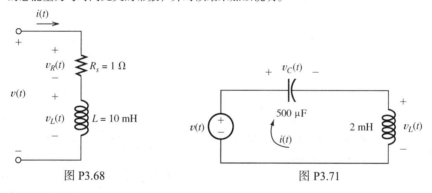

图 P3.68　　　　　　　　　　　图 P3.71

P3.72　在图 P3.72 的电路中，分别计算 $v(t)$、$i_C(t)$、$i(t)$、电容中储存的能量、电感中储存的能量和储存的总能量，其中 $i_L(t) = 0.1\cos(5000t)\,\text{A}$。（三角函数中角度的单位为弧度。）结果表明储存的总能量为与时间无关的常数，并对该结果加以说明。

3.7 节　互感

P3.73　简要说明互感的物理基础。

P3.74　在图 P3.74 的互感中，$L_1 = 1\,\text{H}$，$L_2 = 2\,\text{H}$，$M = 1\,\text{H}$，另外 $i_1(t) = \sin(10t)\,\text{A}$ 和 $i_2(t) = 0.5\sin(10t)\,\text{A}$。试求电压 $v_1(t)$ 和 $v_2(t)$ 的表达式（三角函数中角度的单位为弧度）。

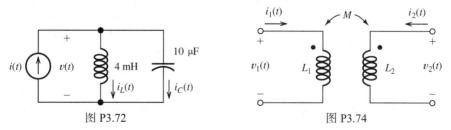

图 P3.72　　　　　　　　　　　图 P3.74

*P3.75　当 L_2 的同名端标在底端时，再重复计算习题 P3.74 的问题。

*P3.76　a. 试求图 P3.76 的电路等效电感的表达式；b. 当 L_2 的同名端标在底端时，再计算等效电感。

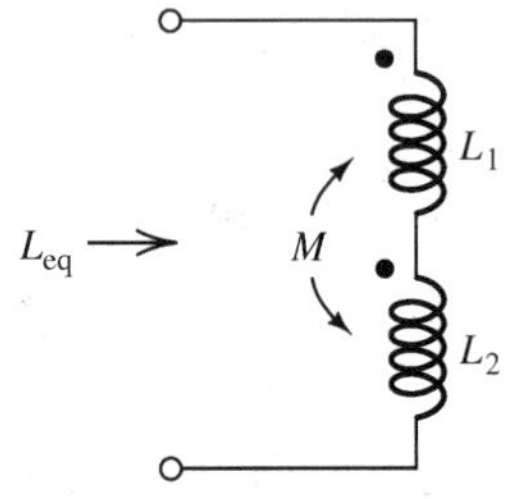

P3.77　假设图 P3.67 所示的并联电感相互耦合，其同名端为 L_1 和 L_2 的顶部。试求从电源端看进去等效电感参数与 L_1、L_2 和 M 之间的关系式。[提示：写出电路方程，将其转换成为 $v(t) = L_{\text{eq}}\mathrm{d}i(t)/\mathrm{d}t$ 的形式，则 L_{eq} 即为 L_1、L_2 和 M 的函数。]

P3.78　将图 3.25(a) 的互感中 L_2 的两端短接，试求从 L_1 两端看进去等效电感的表达式。

P3.79　已知一对互感的部分参数为 $L_1 = 2\,\text{H}$、$L_2 = 1\,\text{H}$，电流为 $i_1 = 10\cos(1000t)\,\text{A}$、$i_2 = 0$，部分电压为 $v_2 = 10^4\sin(1000t)\,\text{V}$。试求 $v_1(t)$ 和互感大小，其中三角函数中角度的单位为弧度。

图 P3.76

3.8 节　使用 MATLAB 进行符号微积分运算

P3.80　流过 200 mH 电感的电流为 $i_L(t) = \exp(-2t)\sin(4\pi t)\,\text{A}$，其中角度的单位为弧度。应用已学的数学知识，求出电感电压的表达式。然后再用 MATLAB 验证计算结果，并绘制出在 0 到 2 s 期间电流与电压的曲线。

P3.81　对于一个 1 H 电感，有 $i_L(0) = 0$，当 $t \geqslant 0$ 时 $v_L(t) = t\exp(-t)$。应用已学的数学知识，求出电感电流的表达式。然后再用 MATLAB 验证计算结果，并绘制出在 0 到 10 s 期间 $v_L(t)$ 和 $i_L(t)$ 的曲线。

测试题

T3.1　一个 10 μF 电容的两端分别标为 a 和 b，当 $t \geqslant 0$ 时其电流为 $i_{ab} = 0.3\exp(-2000t)\,\text{A}$。如果 $v_{ab}(0) = 0$，试求 $t \geqslant 0$ 以后 $v_{ab}(t)$ 的表达式，然后计算 $t = \infty$ 时电容中储存的能量。

T3.2　试求图 T3.2 的电路的等效电容 C_{eq}。

T3.3　一个平行板电容器的极板长度为 2 cm，宽度为 3 cm，绝缘介质的厚度为 0.1 mm，其相对介电常数为 80。试求其电容量的大小。

T3.4　一个 2 mH 电感的电流为 $i_{ab} = 0.3\sin(2000t)\,\text{A}$。试求 $v_{ab}(t)$ 的表达式，然后计算电感中储存能量的最大值。

T3.5　试求图 T3.5 的电路 a、b 两端之间的等效电感 L_{eq}。

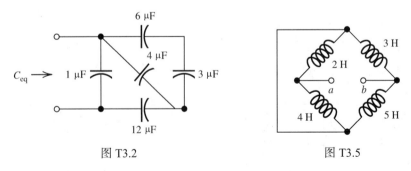

图 T3.2　　　　　　　　　　　　图 T3.5

T3.6　在图 T3.6 的电路中，已知 $v_c(t) = 10\sin(1000t)\,\text{V}$，试求 $v_s(t)$ 的表达式。（三角函数中角度的单位为弧度。）

T3.7　在图 T3.7 的互感中，$L_1 = 40\text{ mH}$，$M = 20\text{ mH}$，$L_2 = 30\text{ mH}$。试求电压 $v_1(t)$ 和 $v_2(t)$ 的表达式。

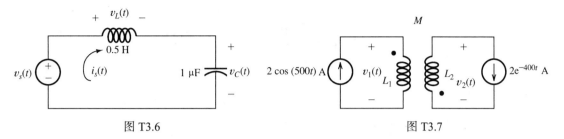

图 T3.6　　　　　　　　　　　　图 T3.7

T3.8　一个 20 μF 电容两端分别标为 a 和 b，当 $t \geqslant 0$ 时其电流为 $i_{ab} = 3 \times 10^5 t^2 \exp(-2000t)\text{ A}$。如果 $v_{ab}(0) = 5\text{ V}$，试用 MATLAB 命令求出 $t \geqslant 0$ 以后 $v_{ab}(t)$ 的表达式，并绘制出在 0 到 5 ms 期间电流与电压的曲线。

第4章 暂态分析

本章学习目标

- 求解一阶 RC 或 RL 电路。
- 理解暂态响应和稳态响应的概念。
- 明确一阶电路的暂态响应与时间常数的关系。
- RLC 电路的直流稳态分析。
- 求解二阶电路。
- 明确二阶电路的阶跃响应与固有频率和阻尼比的关系。
- 使用 MATLAB 的符号运算工具箱求解微分方程。

本章介绍

本章将分析含有电源、开关、电阻、电感和电容的电路。开关的通断将会导致电源的突然变化，在电路中所产生的时变电流和电压被称为暂态。

在电路的暂态分析中，我们仍然应用第 2 章学过的分析方法来列写电路方程，比如 KCL、KVL、节点电压分析法和网孔电流分析法等。由于电感与电容的伏安关系涉及积分和微分，因此列写的方程为微积分方程。通过对这些方程做时间微分，将其转换成纯微分方程。因此，进行暂态分析需要求解微分方程。

4.1 一阶 RC 电路

在本小节我们将学习含有独立源、电阻和仅有一个电容的电路。

4.1.1 电容通过电阻进行放电

首先以图 4.1(a) 的电路为例，在 $t = 0$ 时刻之前，电容已被充电，其电压初始值为 V_i。在 $t = 0$ 时刻开关闭合，电流流过电阻，电容开始放电。

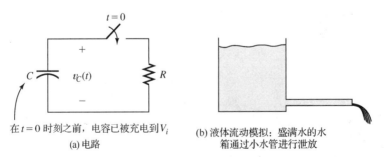

在 $t = 0$ 时刻之前，电容已被充电到 V_i

(a) 电路

(b) 液体流动模拟：盛满水的水箱通过小水管进行泄放

图 4.1 电容通过电阻进行放电的电路及其液体流动模拟。在 $t = 0$ 时刻之前（充电电路没有提供），电容已被充电到 V_i。在 $t = 0$ 时刻开关闭合，电容通过电阻开始放电

当开关闭合后，该电路的电流方程为

$$C\frac{\mathrm{d}v_C(t)}{\mathrm{d}t} + \frac{v_C(t)}{R} = 0$$

将方程两端同时乘以电阻 R，有

$$RC\frac{\mathrm{d}v_C(t)}{\mathrm{d}t} + v_C(t) = 0 \tag{4.1}$$

由此获得了一个微分方程。

式 (4.1) 表明了该方程的解 $v_C(t)$ 与它的一阶微分具有相同的形式，具有这种性质的函数当然是一个指数函数。因此，预先定义解的通式为

> 式 (4.1) 表明方程的解 $v_C(t)$ 与其一阶微分具有相同的形式，具有这种性质的函数是一个指数函数。

$$v_C(t) = Ke^{st} \tag{4.2}$$

其中，K 和 s 为待定常数。

将式 (4.2) 的 $v_C(t)$ 代入式 (4.1)，可得

$$RCKse^{st} + Ke^{st} = 0 \tag{4.3}$$

求解 s 可得

$$s = \frac{-1}{RC} \tag{4.4}$$

将上式代入式 (4.2)，可得微分方程的解为

$$v_C(t) = Ke^{-t/RC} \tag{4.5}$$

再回到图 4.1(a)，根据第 3 章学过的内容可知，当开关闭合时，电容两端的电压不能突变，这是由于 $i_C(t) = C\mathrm{d}v_C/\mathrm{d}t$，如果电压发生突变，电流必然为无穷大。然而电压是有限值，那么流过电阻的电流也必然是有限值，因此我们认为电容两端的电压必然是连续的，即发生换路(电路的状态或者参数发生改变，称之为换路)前后的瞬间，电容电压应该相等，写成表达式为

> 由于电流是有限值，当开关闭合时，电容两端的电压不能发生突变。

$$v_C(0+) = V_i \tag{4.6}$$

其中，$v_C(0+)$ 表示开关闭合后瞬间的电容电压。在式 (4.5) 中，令 $t = 0+$ 可得

$$v_C(0+) = V_i = Ke^0 = K \tag{4.7}$$

可以看出，常数 K 等于电容电压的初始值。最后，可得所求电容电压的解为

$$v_C(t) = V_i e^{-t/RC} \tag{4.8}$$

图 4.2 为所求电压的波形图。注意：电容电压最终衰减到零。

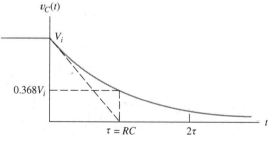

图 4.2   图 4.1(a) 的电路中电压随时间变化的曲线。当开关闭合后，电容电压最终衰减到零。经历一个时间常数之后，电压为初始电压的 36.8%

时间间隔

$$\tau = RC \tag{4.9}$$

被称为电路的**时间常数**。每经历一个时间常数，电压将降低到初始电压的 $e^{-1} \cong 0.368$ 倍。大约经历 5 个时间常数后，与其初始电压相比，电容两端所剩电压完全可以忽略不计。

> 时间间隔 $\tau = RC$ 被称为电路的时间常数。

> 在第一个时间常数时刻，电容通过电阻放电后，其电压将降低到初始电压的 $e^{-1} \cong 0.368$ 倍。大约经历 3~5 个时间常数后，电容上的电荷释放完毕。

图 4.1(b)为该电路的液体流动模拟。原来已盛有水的水箱相当于已充电的电容，小水管相当于电阻。刚开始时，水箱是满的，流量较大，水位下降较快。随着水箱不断变空，流量也在不断减小。

过去，工程师们经常采用 RC 电路进行时间控制。比如，当每次开关车库门时，需要打开一个电灯，并且持续 30 s 后自动熄灭。为了实现该任务，需要设计这样一个电路，包括：(1)在开关门时可以将电压充入初始值为 V_i 的电容；(2)对电容进行放电的电阻元件；(3)一个感应电路可以使电灯在电容电压超过 $0.368 V_i$ 时持续点亮。如果我们选取时间常数 $\tau = RC$ 为 30 s，就可以完成预期的目标。

(目前车库的自动开门设备主要由微控制器和延迟几秒的计时软件组成。我们将在第 8 章介绍微控制器。)

例 4.1　电容通过电阻进行放电

在图 4.1(a)的电路中，$R = 2\,\mathrm{M\Omega}$，$C = 3\,\mu\mathrm{F}$，$V_i = 100\,\mathrm{V}$。试问将在什么时刻 (t_x) 使得 $v_C(t) = 25\,\mathrm{V}$。

解： 由式(4.8)可知电容电压为

$$v_C(t) = V_i e^{-t/RC}, \qquad t > 0$$

其中时间常数 $\tau = RC = (2\,\mathrm{M\Omega}) \times (3\,\mu\mathrm{F}) = 6\,\mathrm{s}$。

代入已知条件，可得

$$v_C(t_x) = 25 = 100 e^{-t_x/6}$$

将上式两端都除以 100，可得

$$0.25 = e^{-t_x/6}$$

然后再对两端取自然对数，有

$$\ln(0.25) = -t_x/6$$

$$t_x = -6\ln(0.25)$$

$$t_x = 8.3178\,\mathrm{s}$$

4.1.2　直流电源对电容充电

接下来分析如图 4.3 所示的电路，电源电压 V_s 为常数，即直流电源，在 $t = 0$ 时刻开关闭合，将电源接入 RC 电路。假设在开关闭合以前电容电压的初始值为 $v_C(0-) = 0$，试求解电容电压随时间变化的函数关系式。

电阻与电容连接点的电流方程为

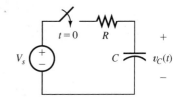

图 4.3　通过电阻对电容进行充电。在 $t = 0$ 时刻开关闭合，将直流电源 V_s 接入该电路

$$C \frac{\mathrm{d}v_C(t)}{\mathrm{d}t} + \frac{v_C(t) - V_s}{R} = 0 \tag{4.10}$$

上式左边的第一项为流过电容的电流,其参考方向向下。第二项为电阻的电流,其参考方向向左。根据 KCL,流出该节点的电流总和应为零。

式(4.10)可以写成

$$RC \frac{\mathrm{d}v_C(t)}{\mathrm{d}t} + v_C(t) = V_s \tag{4.11}$$

由此获得了一个一阶线性常微分方程。同前面的电路一样,由于电压为有限值,换路时电容电压不能发生突变,同理电阻电流(即电容电流)也为有限值。只有电容为无穷大时才能使电容电压发生突变,因此有

$$v_C(0+) = v_C(0-) = 0 \tag{4.12}$$

$v_C(0-)$ 为开关闭合($t = 0$)之前的瞬时电容电压。同理, $v_C(0+)$ 为开关闭合之后的瞬时电容电压。

现在,为了获取 $v_C(t)$ 的表达式,要求:(1)满足式(4.11);(2)符合式(4.12)给定的初始条件。注意:式(4.11)与式(4.1)是完全一致的,只不过将其常数项移到了方程右边。因此,可以求解的形式为

$$v_C(t) = K_1 + K_2 \mathrm{e}^{st} \tag{4.13}$$

其中 K_1、K_2 和 s 为待定常数。

将式(4.13)的 $v_C(t)$ 代入式(4.11),可得

$$(1 + RCs)K_2 \mathrm{e}^{st} + K_1 = V_s \tag{4.14}$$

为了使上式成立,e^{st} 的系数必须为零,可得 s 为

$$s = \frac{-1}{RC} \tag{4.15}$$

由式(4.14),还可求得 K_1 为

$$K_1 = V_s \tag{4.16}$$

将式(4.15)和式(4.16)代入式(4.13),可得

$$v_C(t) = V_s + K_2 \mathrm{e}^{-t/RC} \tag{4.17}$$

其中 K_2 仍为待定常数。

现在应用初始条件[见式(4.12)]得 K_2。在式(4.17)中,令 $t = 0+$ 可得

$$v_C(0+) = 0 = V_s + K_2 \mathrm{e}^0 = V_s + K_2 \tag{4.18}$$

因此,$K_2 = -V_s$,代入式(4.17),可得电容电压的解为

$$v_C(t) = V_s - V_s \mathrm{e}^{-t/RC} \tag{4.19}$$

上式右边的第二项被称为**暂态响应**,最终将趋于无穷小。上式右边的第一项被称为**稳态响应**,也被称为**强迫响应**,即在暂态过程结束后最后保留下来的响应。

当电路中含有直流电源时,电容电压的全响应由两部分组成:强迫分量(或稳态分量)和暂态分量。

与前面的分析一样,电阻和电容的乘积具有时间量纲,称之为时间常数 $\tau = RC$。因此该方程的解可写成

$$v_C(t) = V_s - V_s \mathrm{e}^{-t/\tau} \tag{4.20}$$

当一个直流电源通过一个电阻对电容充电时，在电容电压响应的初始时刻作切线，则该切线与稳态值相交的时刻正好为一个时间常数。

图 4.4 所示为电压 $v_C(t)$ 的波形图。可见，随着时间的增多，$v_C(t)$ 从初始值 0 逐渐趋于终值 V_s。经历一个时间常数后，$v_C(t)$ 等其终值的 63.2%。实际上，大约经历 5 个时间常数后，$v_C(t)$ 就已达到其终值 V_s，此时电路已经进入稳态。

从图 4.4 可以看出，$v_C(t)$ 在初始时刻的切线延长后与稳态值相交的时刻正好为一个时间常数。

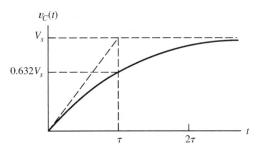

图 4.4　图 4.3 的 RC 电路充电的暂态过程

通过以上的分析，我们知道电容的充放电都需要经历数倍于时间常数的过渡时间，这一点使数字计算机的数据处理速度受到限制。在一般的计算机中，信息或者用 +1.8 V 电压或者用 0 V 电压来表示，具体用哪个电压由它们代表的数字量来决定。当数据发生变化时，电压也随之发生变化。在设计的电路中，当电压发生变化时不可能不会对一些电容进行充电或者放电。进一步说，电路中肯定存在一些非零电阻，当电容在充放电时，它们将会阻碍电流流动。所以，计算机中每个电路非零的时间常数将限制它们的运行速度。在以后的章节中，我们将深入学习数字计算机。

RC 电路的暂态现象是限制计算机的运行速度的主要因素。

例 4.2　一阶 RC 电路

在图 4.5(a) 的电路中，在 $t=0$ 时刻之前开关一直是断开的，在 $t=0$ 时刻闭合开关。试求换路之后 $v_C(t)$ $(t>0)$ 的表达式。

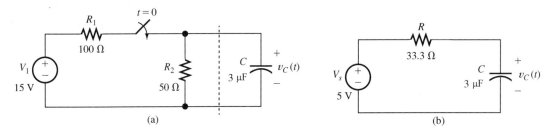

图 4.5　例 4.2 的电路

解：在开关断开期间，电容已通过电阻 R_2 放电。由于开关已断开很长一段时间，则 $v_C(0-)=0$。由于该电路的电流为有限值，因此 $v_C(t)$ 不会发生突变。由换路规则可知 $v_C(0+)=0$。

图 4.5(b) 为图 4.5(a) 虚线左边二端电路的戴维南等效电路，例 2.18 为该电路的推导过程。

此时图 4.5(b) 的电路如同图 4.3，由式 (4.20) 可得电容电压为

$$v_C(t) = V_s - V_s e^{(-t/RC)}, \qquad t>0$$

其中时间常数 $\tau = RC = (33.3\,\Omega)\times(3\,\mu F) = 100\,\mu s$。

代入已知条件，可得

$$v_C(t) = 5 - 5e^{(-10000t)} \quad V, \qquad t>0$$

练习 4.1　假设图 4.1(a) 的电路中，$R=5000\,\Omega$，$C=1\,\mu F$。试求经历多长时间后电容电压变为其初始值的 1%。

答案：$t = -5\ln(0.01)\text{ms} \cong 23\text{ ms}$。

练习 4.2　试证明图 4.4 中电压 $v_C(t)$ 的曲线在初始时刻的切线延长后与稳态值相交的时刻正好为一个时间常数。[$v_C(t)$ 的表达式由式 (4.20) 给出。]

4.2　直流稳态

RLC 电路中电压和电流表达式的暂态项随着时间的增多将会衰减到零(没有电阻的 LC 电路除外)。对于直流电源的电路,电压和电流的稳态值也为常数。

> RLC 电路中电压和电流表达式的暂态项随着时间的增多将会衰减到零。

根据如下的方程可求得流过电容的电流:

$$i_C(t) = C\frac{\mathrm{d}v_C(t)}{\mathrm{d}t}$$

如果电压 $v_C(t)$ 是常数,则电流应为零。换句话说,电容相当于开路。因此,在电路为直流稳态的情况下,电容相当于开路。

同理,对于电感有

$$v_L(t) = L\frac{\mathrm{d}i_L(t)}{\mathrm{d}t}$$

当电流为常数时,电压也为零。因此,在电路为直流稳态的情况下,电感相当于短路。

这些结论为我们提供了一种计算 RLC 电路直流稳态解的方法。首先,将电容和电感分别用开路和短路代替,此时电路仅由直流电源和电阻构成。最后,求解等效电路以获得电压与电流的稳态值。

> 在直流电源作用下计算 RLC 电路稳态响应的步骤为
> 1. 将电容用开路代替。
> 2. 将电感用短路代替。
> 3. 求解等效后的电路。

例 4.3　直流稳态分析
试求图 4.6(a) 的电路在 $t \gg 0$ 时的 v_x 和 i_x。

> 第 1 步和第 2 步。

解: 在开关闭合很长时间以后,假设暂态响应已衰减为零,那么电路进入了直流稳态。我们将电感用短路代替,将电容用开路代替以进行直流稳态分析,图 4.6(b) 为直流稳态等效电路。

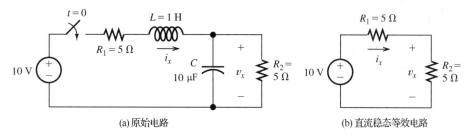

图 4.6　例 4.3 的电路及其直流稳态等效电路

> 第 3 步。

这是一个可以直接求解的电阻电路,电阻 R_1 和 R_2 形成串联结构,因此有

$$i_x = \frac{10}{R_1 + R_2} = 1\,\mathrm{A}$$

以及

$$v_x = R_2 i_x = 5 \text{ V}$$

有时，我们只对电路的直流稳态感兴趣。比如在汽车的前灯电路中，我们最关心稳态的情况。另一方面，在分析点火系统的工作过程时，暂态分析是必不可少的。

在其他一些场合，我们又对正弦交流稳态感兴趣。对于正弦电源，稳态电压和电流也是正弦量。在第 5 章将学习一种类似于直流稳态分析的方法以求解正弦稳态电路。这种方法不是将电感和电容用短路、开路代替，而是用如同电阻的阻抗表示，只不过阻抗是虚数。

练习 4.3　试求图 4.7 的电路中标注的未知电压和电流的稳态值。

答案：a. $v_a = 50 \text{ V}$，$i_a = 2 \text{ A}$；b. $i_1 = 2 \text{ A}$，$i_2 = 1 \text{ A}$，$i_3 = 1 \text{ A}$。

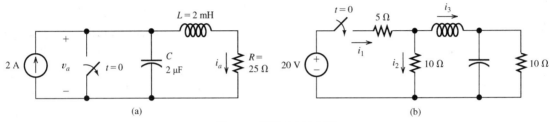

图 4.7　练习 4.3 的电路

4.3　RL 电路

本小节将学习含有直流电源、电阻和仅有一个电感的电路，其分析方法和解的形式都非常类似 4.1 节的 RC 电路。

对含有直流电源、电阻和仅有一个储能元件(电容或电感)的简单电路的暂态分析步骤为

1. 应用基尔霍夫电流和电压定律列写电路方程。
2. 如果方程中含有积分项，则将该方程的每一项进行微分，使其转换为一个纯微分方程。
3. 假设解的形式为 $K_1 + K_2 \mathrm{e}^{st}$。
4. 将该表达式代入到微分方程求取参数 K_1 和 s (或者我们也可以用 4.2 节中直流稳态分析的方法计算参数 K_1)。
5. 应用初始条件计算参数 K_2。
6. 获得解的最终表达式。

例 4.4　RL 电路的暂态分析

试求图 4.8 所示电路中 $i(t)$ 和 $v(t)$ 的暂态响应。

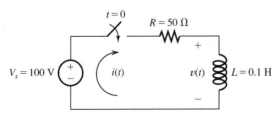

图 4.8　例 4.4 的电路

解：首先求电流 $i(t)$。显然，在 $t = 0$ 时刻以前，开关是断开的，电流为零：

$$i(t) = 0, \qquad t < 0 \tag{4.21}$$

当开关闭合后，电感电流逐渐增大，最终达到稳态值。

第 1 步。

根据回路的 KVL 方程，可得该电路的微分方程为

$$Ri(t) + L\frac{\mathrm{d}i}{\mathrm{d}t} = V_s \tag{4.22}$$

这种情形下跳过第 2 步。

该方程与式 (4.11) 的形式相同，那么它的解的结构也类似于式 (4.13) 的形式，因此可假设该方程解的形式为

$$i(t) = K_1 + K_2\mathrm{e}^{st} \tag{4.23}$$

第 3 步。

其中 K_1、K_2 和 s 为待定常数。然后根据 4.1 节提出的分析方法，将式 (4.23) 的 $i(t)$ 代入式 (4.22)，可得

$$RK_1 + (RK_2 + sLK_2)\mathrm{e}^{st} = V_s \tag{4.24}$$

第 4 步。

由上式可得

$$K_1 = \frac{V_s}{R} = 2 \tag{4.25}$$

以及

$$s = \frac{-R}{L} \tag{4.26}$$

将式 (4.25) 和式 (4.26) 代入式 (4.23)，可得

$$i(t) = 2 + K_2\mathrm{e}^{-tR/L} \tag{4.27}$$

第 5 步。

接下来我们根据初始条件计算参数 K_2。由于开关是断开的，在 $t=0$ 时刻之前电感电流为零。由于电感电压是有限值，那么其电流必然是连续的，在开关闭合的瞬间，电流必然为零。因此可得

$$i(0+) = 0 = 2 + K_2\mathrm{e}^0 = 2 + K_2 \tag{4.28}$$

求解上式有 $K_2 = -2$。

第 6 步。

再将上式代入式 (4.27)，可得电感电流的解为

$$i(t) = 2 - 2\mathrm{e}^{-t/\tau}, \qquad t > 0 \tag{4.29}$$

其中时间常数为

$$\tau = \frac{L}{R} \tag{4.30}$$

图 4.9(a) 所示为电流随时间变化的曲线。可以看出，电流从初始值 0 逐渐增大到稳态值 2 A。

经历 5 个时间常数后，$i(t)$ 已达到其终值的 99%，此时电路已经进入稳态(正如 4.2 节的分析方法，将电感用短路代替则可直接求得该结果)。

现在来考虑电压 $v(t)$。在 $t = 0$ 时刻以前，开关是断开的，电感电压为零:

$$v(t) = 0, \qquad t < 0 \tag{4.31}$$

在 $t = 0$ 时刻之后，$v(t)$ 应等于电源电压减去电阻 R 上的压降。因此可得

$$v(t) = 100 - 50i(t), \qquad t > 0 \tag{4.32}$$

将式(4.29)代入上式，可得电感电压的暂态响应为

$$v(t) = 100\mathrm{e}^{-t/\tau} \tag{4.33}$$

图 4.9(b)所示为电压 $v(t)$ 的曲线。

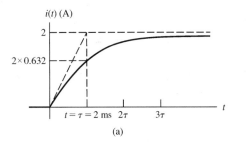
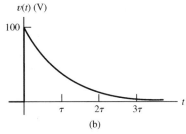

图 4.9　图 4.8 的电路的电压与电流波形

从图 4.9 的波形中可以看出，在 $t = 0$ 时刻，电感电压从 0 突变到 100 V。随着电流的增加，电阻上的压降也在增加，使得电感电压逐渐减小。进入稳态后，电感相当于短路，使其电压 $v(t) = 0$。

通过对上面一个简单一阶电路的分析可以看出，我们完全可以运用个人经验而不必按照本节最初的步骤进行分析计算。在下一个例题中将会简化计算过程。

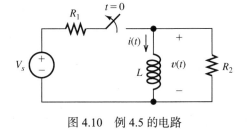

图 4.10　例 4.5 的电路

例 4.5　RL 电路的暂态分析

图 4.10 的电路中的 V_s 为直流电源。假设在 $t = 0$ 时刻之前电路处于稳态。试求 $i(t)$ 和 $v(t)$ 的表达式。

> 首先，我们需要计算开关断开之前电流的稳态值。

解: 由于在 $t = 0$ 时刻以前，电感相当于短路，因此可得

$$v(t) = 0, \qquad t < 0$$

以及

$$i(t) = \frac{V_s}{R_1}, \qquad t < 0$$

在开关断开之前，电流沿着顺时针方向依次流过 V_s、R_1 和电感。当开关断开后，电流继续流过电感，但是将通过 R_2 形成闭合路径。那么电感两端的压降施加在 R_2 上，使得其电流减小。

> 当开关断开后，由于电路中不再有任何电源，则 $t > 0$ 之后电流的稳态值将为零。

当开关断开后，由于电路中不再有任何电源，则 $t > 0$ 之后电流的稳态值将为零。因此 $i(t)$ 的表达式可写成

$$i(t) = K\mathrm{e}^{-t/\tau}, \qquad t > 0 \tag{4.34}$$

其中的时间常数为

$$\tau = \frac{L}{R_2} \tag{4.35}$$

除非电感两端的电压为无穷大，那么其电流肯定是连续的。我们知道，在 $t = 0$ 时刻以前，$i(t) = V_s / R_1$，那么在开关断开的瞬间，有

$$i(0+) = \frac{V_s}{R_1} = Ke^{-0} = K$$

将参数 K 的值代入式(4.34)，可得电感电流为

$$i(t) = \frac{V_s}{R_1}e^{-t/\tau}, \qquad t > 0 \tag{4.36}$$

电感电压为

$$v(t) = L\frac{\mathrm{d}i(t)}{\mathrm{d}t}$$

$$= 0, \qquad t < 0$$

$$= -\frac{LV_s}{R_1\tau}e^{-t/\tau}, \qquad t > 0$$

电压与电流随时间变化的曲线如图 4.11 所示。

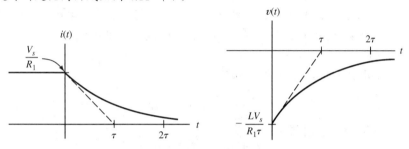

图 4.11 图 4.10 的电路的电压与电流波形

练习 4.4 在例 4.5 的电路(见图 4.10)中，假设 $V_s = 15\ \mathrm{V}$，$R_1 = 10\ \Omega$，$R_2 = 100\ \Omega$，$L = 0.1\ \mathrm{H}$。a. 该电路的时间常数是多少(开关断开后)？ b. 电压 $v(t)$ 的最大幅值是多少？ c. $v(t)$ 的最大幅值为电源电压的多少倍？ d. 当开关断开后需要经过多长时间，$v(t)$ 的大小仅为其初始值的一半？

答案：a. $\tau = 1\ \mathrm{ms}$；b. $|v(t)|_{\max} = 150\ \mathrm{V}$；c. $v(t)$ 的最大幅值为电源电压 V_s 的 10 倍；d. $t = \tau\ln(2) = 0.693\ \mathrm{ms}$。

练习 4.5 在图 4.12 的电路中，在 $t = 0$ 时刻开关断开。试求 $t > 0$ 以后 $v(t)$、$i_R(t)$ 和 $i_L(t)$ 的表达式。假设在开关断开以前 $i_L(t)$ 为零。

答案：$v(t) = 20e^{-t/0.2}$，$i_R(t) = 2e^{-t/0.2}$，$i_L(t) = 2 - 2e^{-t/0.2}$。

练习 4.6 在图 4.13 的电路中，在 $t = 0$ 时刻以前，开关已经闭合了很长一段时间。试求 $i(t)$ 和 $v(t)$ 的表达式。

答案：

$$i(t) = 1.0, \qquad t < 0$$

$$= 0.5 + 0.5e^{-t/\tau}, \qquad t > 0$$

$$v(t) = 0, \qquad t < 0$$

$$= -100e^{-t/\tau}, \qquad t > 0$$

其中时间常数 $\tau = 5\ \mathrm{ms}$。

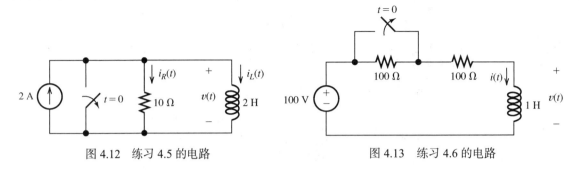

图 4.12　练习 4.5 的电路　　　　　　　　　　图 4.13　练习 4.6 的电路

4.4　一般电源作用下的 RC 和 RL 电路

目前，我们已知道 RL 和 RC 电路有些类似的地方，在此基础上我们将分析它们在一般电源作用下的解。本小节仍然处理仅含有一个储能元件的电路，即只有一个电感或电容。

考虑如图 4.14(a) 所示的电路，方框里面为电阻和电源的任意组合，电感 L 放在方框之外。回顾一下我们所学的，可以由戴维南等效电路表示仅含电源和电阻的电路，其等效电路由一个独立电压源 $V_t(t)$ 和戴维南等效电阻 R 串联而成。因此，任何包含了电源、电阻和一个电感的电路可以等效为如图 4.14(b) 所示的电路。（当然，我们也可以将含有电源、电阻和一个电容的电路简化为类似的形式。）

对图 4.14(b) 的电路列写 KVL 方程，可得

$$L\frac{\mathrm{d}i(t)}{\mathrm{d}t} + Ri(t) = v_t(t) \tag{4.37}$$

将上式两端同时除以电阻 R，可得

$$\frac{L}{R}\frac{\mathrm{d}i(t)}{\mathrm{d}t} + i(t) = \frac{v_t(t)}{R} \tag{4.38}$$

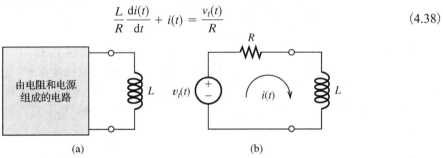

(a)　　　　　　　　　　　　　(b)

图 4.14　由电源、电阻和一个电感组成的电路可以等效为一个电压源和一个电阻与电感串联而成

通常情况下，含有一个电感或一个电容的任何电路方程都具有如下的形式：

$$\tau\frac{\mathrm{d}x(t)}{\mathrm{d}t} + x(t) = f(t) \tag{4.39}$$

其中 $x(t)$ 表示我们待求的电压或电流表达式。然后我们开始求解在给定初始条件（比如电感的初始电流）下式 (4.39) 的解。

常数 τ（即时间常数）为电阻和电感（或电容）的函数。$f(t)$ 被称为**强迫函数**，也就是电路的电源部分。如果一个电路没有外接电源（如图 4.1 所示），则强迫函数为零。如果是直流电源，则强迫函数是常数。

由于式 (4.39) 的最高阶微分是一阶，因此被称为一阶微分方程。由于该方程未包含功率或 $x(t)$ 或其微分的非线性函数，因此该方程是一个线性方程。因此，为了分析 RL（或 RC）电路，我们必须求出一阶常系数微分方程的解。

4.4.1 微分方程的解

关于微分方程的一个重要结论表明式(4.39)的解由两部分组成。第一部分被称为**特解** $x_p(t)$，其表达式应满足式(4.39)，即

> 式(4.39)解的一般形式由两部分组成。

$$\tau \frac{\mathrm{d}x_p(t)}{\mathrm{d}t} + x_p(t) = f(t) \tag{4.40}$$

特解也被称为**强迫响应**，因为它与强迫函数有关(即与独立源有关)。

> 特解(也被称为强迫响应)可以是满足方程的任何形式。

虽然特解满足微分方程，但是它可能不满足初始条件，即电容电压或电感电流的初始值。将特解加上另一部分，即通解，这样我们就能获得既满足微分方程，也满足初始条件的解。

> 为了使方程的解满足初始条件，我们需要将通解加到特解上。

我们经常根据强迫函数来选取特解的形式。通常情况下特解与强迫函数及其微分项具有相同的形式。

在工程中正弦函数是用得最多的强迫函数之一。比如，考虑如下的强迫函数：

$$f(t) = 10\cos(200t)$$

由于正余弦函数的微分也是正余弦函数，因此选取如下形式的特解：

$$x_p(t) = A\cos(200t) + B\sin(200t)$$

其中 A 和 B 是两个需要确定的常数。将上述特解代入微分方程并使方程两边完全一致，从而可以解出 A 和 B。(在第 5 章中，将会学习求解正弦激励源电路的强迫响应的便捷方法。)

方程解的第二部分被称为**通解** $x_c(t)$，它是齐次方程的解

$$\tau \frac{\mathrm{d}x_c(t)}{\mathrm{d}t} + x_c(t) = 0 \tag{4.41}$$

通过令强迫函数为 0 而得到此齐次方程。因此，通解的形式并不取决于输入函数的形式。由于它取决于电路的元件，因此它也被称为**自然响应**。为使所得的一般解满足电流和电压的初始值，通解应该和特解相加。

> 令强迫函数为 0 可得到对应的齐次方程。

> 通解(也被称为自然响应)即为齐次方程的解。

将齐次方程变形为以下形式：

$$\frac{\mathrm{d}x_c(t)/\mathrm{d}t}{x_c(t)} = \frac{-1}{\tau} \tag{4.42}$$

整理式(4.42)两边，可得

$$\ln[x_c(t)] = \frac{-t}{\tau} + c \tag{4.43}$$

方程中 c 是积分常数。式(4.43)可变换为

$$x_c(t) = \mathrm{e}^{(-t/\tau + c)} = \mathrm{e}^c \mathrm{e}^{-t/\tau}$$

再令 $K = \mathrm{e}^c$，将得到通解为

$$x_c(t) = K\mathrm{e}^{-t/\tau} \tag{4.44}$$

4.4.2 解方程的步骤

接下来，我们将总结如何求解由一个电阻、一个激励源和一个电感(或电容)组成的电路。

1. 写出电路方程并整理成一阶微分方程。
2. 求出一个特解。这取决于强迫函数的形式，我们通过例子和练习来描述几种强迫函数。
3. 把特解和由式(4.44)得到的通解相加得到完整解，其中包含任意常数 K。
4. 由初始条件解出 K 值。

我们通过下面的例题来说明如何求解。

例4.6 正弦激励作用下 RC 电路的瞬态分析

求解图 4.15 所示电路的电流，其中电容电压的初始值为 $v_C(0+) = 1\text{ V}$。

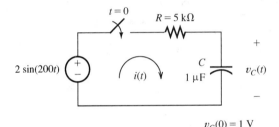

$$v_C(0) = 1\text{ V}$$

图 4.15 正弦激励作用下的一阶 RC 电路。参见例 4.6

第 1 步: 写出电路方程，并将其变换为一阶微分方程。

解: 首先，写出 $t > 0$ 时的电压方程，以顺时针为正方向将各个电压相加得到

$$Ri(t) + \frac{1}{C}\int_0^t i(t)\,\mathrm{d}t + v_C(0) - 2\sin(200t) = 0$$

通过对方程两边求导将方程变形。显然，对积分求导得到被积函数。因为 $v_C(0)$ 是常量，求导为 0，故有

$$R\frac{\mathrm{d}i(t)}{\mathrm{d}t} + \frac{1}{C}i(t) = 400\cos(200t) \tag{4.45}$$

上式两边同时乘以 C 可得

$$RC\frac{\mathrm{d}i(t)}{\mathrm{d}t} + i(t) = 400\,C\cos(200t) \tag{4.46}$$

代入 R 和 C 的值，可得

$$5\times10^{-3}\frac{\mathrm{d}i(t)}{\mathrm{d}t} + i(t) = 400\times10^{-6}\cos(200t) \tag{4.47}$$

第 2 步: 求出其中一个特解。

第 2 步要求出一个特解 $i_p(t)$。通常，首先推测 $i_p(t)$ 的形式，可能包含一些未知常量。然后，将猜测的代入微分方程求得常量。本例中，因为 $\sin(200t)$ 和 $\cos(200t)$ 的求导分别为 $200\cos(200t)$ 和 $-200\sin(200t)$，因而将特解形式写成

$$i_p(t) = A\cos(200t) + B\sin(200t) \tag{4.48}$$

其中 A 和 B 是待求的常量，因此 i_p 是式(4.47)的解。

在正弦函数的作用下，其特解都具有式(4.48)的形式。

将式 (4.48) 代入微分方程，可求出待定系数 A 和 B。

将上述方程代入式 (4.47)，可得

$$- A \sin(200t) + B \cos(200t) + A \cos(200t) + B \sin(200t)$$

$$= 400 \times 10^{-6} \cos(200t)$$

方程等号左右两边应该一致，合并 sin 函数项的系数，得到

$$-A + B = 0 \tag{4.49}$$

合并 cos 函数项的系数，得到

$$B + A = 400 \times 10^{-6} \tag{4.50}$$

可解上述方程，得到

$$A = 200 \times 10^{-6} = 200 \ \mu A$$

和

$$B = 200 \times 10^{-6} = 200 \ \mu A$$

把以上值代入式 (4.48)，得到特解

$$i_p(t) = 200 \cos(200t) + 200 \sin(200t) \ \mu A \tag{4.51}$$

也可将其写成

$$i_p(t) = 200 \sqrt{2} \cos(200t - 45°)$$

(第 5 章中我们将学习更简便的合并正弦和余弦函数的方法。)

将式 (4.46) 中的强迫函数置 0，可以得到以下齐次方程：

$$RC \frac{\mathrm{d}i(t)}{\mathrm{d}t} + i(t) = 0 \tag{4.52}$$

方程的通解为

$$i_c(t) = K e^{-t/RC} = K e^{-t/\tau} \tag{4.53}$$

第 3 步: 将通解和特解相加可得方程的完整解。

将通解和特解相加得到方程的完整解为

$$i(t) = 200 \cos(200t) + 200 \sin(200t) + K e^{-t/RC} \ \mu A \tag{4.54}$$

第 4 步: 由初始条件求出 K 值。

最后，代入初始值求得常数 K。电压电流在开关闭合后瞬间的情况如图 4.16 所示。激励源电压为 0，电容两端的电压为 $v_C(0+) = 1$。这样电阻两端的电压必定为 $v_R(0+) = -1$ V，因此，我们得到

$$i(0+) = \frac{v_R(0+)}{R} = \frac{-1}{5000} = -200 \ \mu A$$

将 $t = 0$ 代入式 (4.54)，得到

$$i(0+) = -200 = 200 + K \ \mu A \tag{4.55}$$

解得 $K = -400 \ \mu A$，把 K 代入式 (4.54) 得到解

$$i(t) = 200 \cos(200t) + 200 \sin(200t) - 400 e^{-t/RC} \ \mu A \tag{4.56}$$

特解和通解的波形如图 4.17 所示。电路的时间常数为 $\tau = RC = 5$ ms。注意到自然响应在 25 ms 后衰减到一个可忽略的值。和预想的一样，自然响应在 5 倍时间常数下衰减完。另外，注意对于输入为正弦强迫函数，其强迫响应也是正弦的，并且在自然响应衰减完后仍然持续。

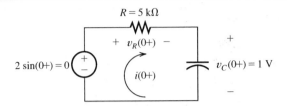

图 4.16　图 4.15 所示电路开关闭合后瞬间的电压和电流

完整解的波形如图 4.18 所示。

> **注意：** 正弦函数作用下暂态电路的强迫响应同样也为正弦函数。

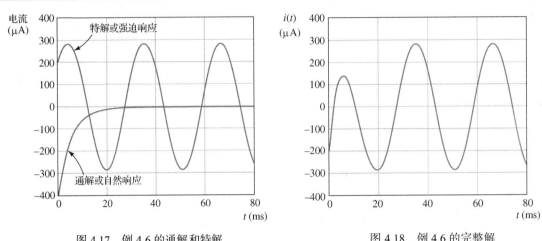

图 4.17　例 4.6 的通解和特解　　　　　　　　图 4.18　例 4.6 的完整解

练习 4.7　在例 4.6 中，如果激励源电压变为 $2\cos(200t)$ V 且电容电压初始值为 $v_C(0)=0$，电路如图 4.19 所示，再计算电流 $i(t)$。

解答：　$i(t)=-200\sin(200t)+200\cos(200t)+200\mathrm{e}^{-t/RC}$ μA，其中时间常数 $\tau=RC=5$ ms。

练习 4.8　求解图 4.20 所示电路在开关闭合后的电流。[提示：特解形式为 $i_p(t)=A\mathrm{e}^{-t}$。]

解答：　$i(t)=20\mathrm{e}^{-t}-15\mathrm{e}^{-t/2}$ μA。

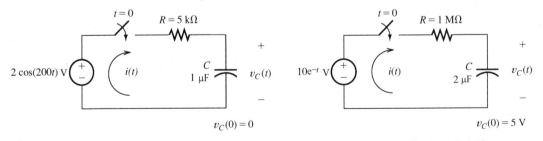

图 4.19　练习 4.7 的电路　　　　　　　　　　图 4.20　练习 4.8 的电路

4.5　二阶电路

本节中，我们将考虑含有两个储能元件的电路，尤其关注仅有一个电感和电容串联或并联的电路。

4.5.1 微分方程

为了导出二阶电路的一般形式解，考虑如图 4.21(a) 所示的串联电路。由 KVL 可得

$$L\frac{\mathrm{d}i(t)}{\mathrm{d}t} + Ri(t) + \frac{1}{C}\int_0^t i(t)\mathrm{d}t + v_C(0) = v_s(t) \tag{4.57}$$

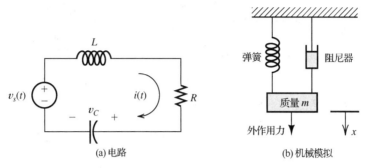

图 4.21   RLC 串联电路与它的机械模拟

将上式对时间微分，可得

$$L\frac{\mathrm{d}^2i(t)}{\mathrm{d}t^2} + R\frac{\mathrm{d}i(t)}{\mathrm{d}t} + \frac{1}{C}i(t) = \frac{\mathrm{d}v_s(t)}{\mathrm{d}t} \tag{4.58}$$

> 将微积分方程两端对时间微分将获得纯微分方程。

除以 L，可得

$$\frac{\mathrm{d}^2i(t)}{\mathrm{d}t^2} + \frac{R}{L}\frac{\mathrm{d}i(t)}{\mathrm{d}t} + \frac{1}{LC}i(t) = \frac{1}{L}\frac{\mathrm{d}v_s(t)}{\mathrm{d}t} \tag{4.59}$$

接下来，定义**阻尼系数**为

$$\alpha = \frac{R}{2L} \tag{4.60}$$

以及**无阻尼振荡角频率**：

$$\omega_0 = \frac{1}{\sqrt{LC}} \tag{4.61}$$

强迫函数为

$$f(t) = \frac{1}{L}\frac{\mathrm{d}v_s(t)}{\mathrm{d}t} \tag{4.62}$$

由上述定义，式 (4.59) 可写成

$$\frac{\mathrm{d}^2i(t)}{\mathrm{d}t^2} + 2\alpha\frac{\mathrm{d}i(t)}{\mathrm{d}t} + \omega_0^2 i(t) = f(t) \tag{4.63}$$

这是一个线性二阶常系数微分方程。因此，我们将含有两个储能元件的电路称为二阶电路。（两个储能元件可通过串联或并联合并的情况除外。例如，两个电容并联，我们可以把它们合并成一个等效电容，此时则为一阶电路。）

4.5.2　机械模拟

RLC 串联电路的机械模拟如图 4.21(b)所示。重物的位移 x 类比于充电，速度 dx/dt 类比于电流，拉力类比于电压。重物类比于电感，弹簧类比于电容，阻尼器类比于电阻。这个机械系统的运动方程可以写成式(4.63)的形式。

> 如果一个电路含有两个储能元件(通过串/并联等效变换之后)，则其方程总是如式(4.63)的形式。

基于图 4.21 的直观考虑，我们可以假设一个突然的恒定作用力(直流电压)，这将造成一个逐渐向稳态靠近的位移(电流)，或者是进入稳态前有一个振荡过程。这取决于质量、弹性系数和阻尼系数间的关系。

4.5.3　二阶微分方程的解

我们发现有两个储能元件的电路的电流、电压方程可以表示成式(4.63)的形式。因此，将解写成

$$\frac{d^2x(t)}{dt^2} + 2\alpha\frac{dx(t)}{dt} + \omega_0^2 x(t) = f(t) \tag{4.64}$$

式中用 $x(t)$ 代表一个变量，它可以表示电流或电压。

这里再次说明，方程的完整解 $x(t)$ 由两部分组成，即一个特解 $x_p(t)$ 与一个通解 $x_c(t)$ 的和的形式，写作

$$x(t) = x_p(t) + x_c(t) \tag{4.65}$$

特解　特解是一个表达式 $x_p(t)$，它满足以下微分方程：

$$\frac{d^2x_p(t)}{dt^2} + 2\alpha\frac{dx_p(t)}{dt} + \omega_0^2 x_p(t) = f(t) \tag{4.66}$$

特解也被称为**强迫响应**。[通常，把 $x_p(t)$ 代入式(4.66)等号左边会产生零网络结果的关系应该消除。换句话说，要消除任何与齐次解有相同形式的关系。]

> 当直流电源作用时，我们可以根据 4.2 节的方法通过直流稳态分析计算出特解。

我们主要关心常量(直流)或正弦(交流)强迫函数。对于直流激励源，将电感视为短路或将电容视为开路可直接解出特解，此方法在 4.2 节中已经讨论过。在第 5 章，我们将学习求解正弦激励输入下的强迫响应的更有效方法。

通解　通解 $x_c(t)$ 可由齐次方程中令强迫函数 $f(t)$ 为 0 而解出。因此，齐次方程为

$$\frac{d^2x_c(t)}{dt^2} + 2\alpha\frac{dx_c(t)}{dt} + \omega_0^2 x_c(t) = 0 \tag{4.67}$$

在解齐次方程时，先将实验解 $x_c(t) = Ke^{st}$ 代入，得到

$$s^2 Ke^{st} + 2\alpha s Ke^{st} + \omega_0^2 Ke^{st} = 0 \tag{4.68}$$

提取公因式，得到

$$(s^2 + 2\alpha s + \omega_0^2)Ke^{st} = 0 \tag{4.69}$$

为得到 Ke^{st} 的非零解，必须使得

$$s^2 + 2\alpha s + \omega_0^2 = 0 \tag{4.70}$$

这个方程被称为**特征方程**。

阻尼比定义为

$$\zeta = \frac{\alpha}{\omega_0} \tag{4.71}$$

通解的形式取决于阻尼比的大小。特征方程的根给出如下：

> 通解的形式取决于阻尼比的大小。

$$s_1 = -\alpha + \sqrt{\alpha^2 - \omega_0^2} \tag{4.72}$$

和

$$s_2 = -\alpha - \sqrt{\alpha^2 - \omega_0^2} \tag{4.73}$$

通过比较阻尼比 ζ 与 1 的大小得到以下三种情况。

1. 过阻尼状态 ($\zeta > 1$)。如果 $\zeta > 1$（即如果 $\alpha > \omega_0$），特征方程有两个不同实根，通解可写为

$$x_c(t) = K_1 e^{s_1 t} + K_2 e^{s_2 t} \tag{4.74}$$

这种情况下我们称电路处于**过阻尼状态**。

> 如果阻尼比大于 1，我们称电路处于过阻尼状态，特征方程的根都为实数，通解的形式如同式(4.74)。

2. 临界阻尼状态 ($\zeta = 1$)。如果 $\zeta = 1$（即如果 $\alpha = \omega_0$），特征方程有两个相等实根，通解可以写成

$$x_c(t) = K_1 e^{s_1 t} + K_2 t e^{s_2 t} \tag{4.75}$$

这种情况下我们称电路处于**临界阻尼状态**。

> 如果阻尼比正好为 1，我们称电路处于临界阻尼状态，特征方程的根为两个相等的实数，通解的形式如同式(4.75)。

3. 欠阻尼状态 ($\zeta < 1$)。如果 $\zeta < 1$（即如果 $\alpha < \omega_0$），特征方程有复数解。（复数解指的是方程的根包含 $\sqrt{-1}$。）换句话说，根的形式为

$$s_1 = -\alpha + j\omega_n, \qquad s_2 = -\alpha - j\omega_n$$

上式中 $j = \sqrt{-1}$，且定义**自然角频率**为

$$\omega_n = \sqrt{\omega_0^2 - \alpha^2} \tag{4.76}$$

（在电气工程中，我们用 j 而不是 i 来代表虚数 $\sqrt{-1}$，这是因为 i 代表了电流。）

对于虚数根的情况，通解有以下形式：

$$x_c(t) = K_1 e^{-\alpha t} \cos(\omega_n t) + K_2 e^{-\alpha t} \sin(\omega_n t) \tag{4.77}$$

这种情况下我们称电路处于**欠阻尼状态**。

> 如果阻尼比小于 1，特征方程的根为一对共轭复数，通解的形式如同式(4.77)。

例 4.7 直流激励源作用下二阶电路的分析

一个直流激励源通过开关在 $t = 0$ 时刻闭合接入 RLC 串联电路，电路图如图 4.22 所示。初始值为 $i(0) = 0$，$v_C(0) = 0$。写出关于 $v_C(t)$ 的微分方程；若已知 $R = 300\,\Omega$、$200\,\Omega$ 和 $100\,\Omega$，分别求解 $v_C(t)$。

解： 首先，写出用电容电压表示的电流表达式：

$$i(t) = C\frac{dv_C(t)}{dt} \tag{4.78}$$

> 首先，我们写出电路方程，并将其变换为如式(4.63)的形式。

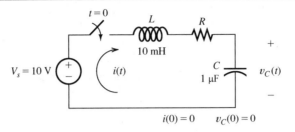

图 4.22　例 4.7 的电路

然后，写出电路的 KVL 方程

$$L\frac{\mathrm{d}i(t)}{\mathrm{d}t} + Ri(t) + v_C(t) = V_s \tag{4.79}$$

用式 (4.78) 代替 $i(t)$，得到

$$LC\frac{\mathrm{d}^2v_C(t)}{\mathrm{d}t^2} + RC\frac{\mathrm{d}v_C(t)}{\mathrm{d}t} + v_C(t) = V_s \tag{4.80}$$

两边同时除以 LC，得到

$$\frac{\mathrm{d}^2v_C(t)}{\mathrm{d}t^2} + \frac{R}{L}\frac{\mathrm{d}v_C(t)}{\mathrm{d}t} + \frac{1}{LC}v_C(t) = \frac{V_s}{LC} \tag{4.81}$$

和预想的一样，$v_C(t)$ 的微分方程与式 (4.63) 具有相同的形式。

> 其次，我们计算电路的稳态响应以获得方程的特解。

　　接下来，求特解。因为有直流激励源，我们将电感用短路替代，电容用开路替代，从而得到这部分解。如图 4.23 所示为此时的等效电路。然后电流为零，电阻上的压降也为零，这样电容电压(开路)等于直流激励源电压。因此，特解为

$$v_{Cp}(t) = V_s = 10\text{ V} \tag{4.82}$$

[通过代入式 (4.81) 可以证明这是方程的一个特解。] 注意，电路中 $v_C(t)$ 的特解在三种电阻值的情况下均相同。

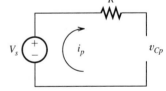

图 4.23　图 4.22 的稳态等效电路。将电感视为短路，将电容视为开路

　　接下来，我们将解出各个电阻值对应的齐次解和通解。三种阻值下均有

$$\omega_0 = \frac{1}{\sqrt{LC}} = 10^4 \tag{4.83}$$

> 然后，我们计算出不同电阻取值下方程的通解。对于每个电阻值，我们有
> 1. 计算阻尼比和特征方程的根。
> 2. 根据不同的阻尼比，找出对应通解的形式。
> 3. 将通解与特解相加，根据初始条件求出待定系数(K_1 和 K_2)。

情形 I ($R = 300\text{ }\Omega$)

这种情形下有

$$\alpha = \frac{R}{2L} = 1.5 \times 10^4 \tag{4.84}$$

阻尼比为 $\zeta = \alpha / \omega_0 = 1.5$。因为 $\zeta > 1$，这是过阻尼状态。特征方程的根在式 (4.72) 式 (4.73) 中已经给出，代入数值得到

$$s_1 = -\alpha + \sqrt{\alpha^2 - \omega_0^2}$$

$$= -1.5 \times 10^4 + \sqrt{(1.5 \times 10^4)^2 - (10^4)^2}$$

$$= -0.3820 \times 10^4$$

和

$$s_2 = -\alpha - \sqrt{\alpha^2 - \omega_0^2}$$

$$= -2.618 \times 10^4$$

齐次方程有式(4.74)的形式。将式(4.82)的特解加上齐次解，得到完整解

$$v_C(t) = 10 + K_1 e^{s_1 t} + K_2 e^{s_2 t} \tag{4.85}$$

现在，我们要求出适合电路的初始值的 K_1 和 K_2。已知电容电压的初始值为零，因此，

$$v_C(0) = 0$$

在式(4.85)中令 $t = 0$，得到

$$10 + K_1 + K_2 = 0 \tag{4.86}$$

另外，已知初始电流 $i(0) = 0$，之前已经给出电流表达式为

$$i(t) = C\frac{\mathrm{d}v_C(t)}{\mathrm{d}t}$$

我们推断

$$\frac{\mathrm{d}v_C(0)}{\mathrm{d}t} = 0$$

对式(4.85)求导并令 $t = 0$，得到

$$s_1 K_1 + s_2 K_2 = 0 \tag{4.87}$$

现在，我们可以由式(4.86)和式(4.87)求解 K_1 和 K_2。解得 $K_1 = -11.708$ 和 $K_2 = 1.708$，将它们代入式(4.85)，得到解为

$$v_C(t) = 10 - 11.708 e^{s_1 t} + 1.708 e^{s_2 t}$$

图 4.24 所示为解及其各个分量的曲线。

情形 II（$R = 200\ \Omega$）

当 $R = 200\ \Omega$ 时，现在我们重复上述步骤。

这种情形下，可得

$$\alpha = \frac{R}{2L} = 10^4 \tag{4.88}$$

因为 $\zeta = \alpha / \omega_0 = 1$，这是临界阻尼状态。特征方程的根在式(4.72)和式(4.73)中已经给出，代入数值得到

$$s_1 = s_2 = -\alpha + \sqrt{\alpha^2 - \omega_0^2} = -\alpha = -10^4$$

齐次方程有式(4.75)的形式。将特解[见式(4.82)]加上齐次解，得到

$$v_C(t) = 10 + K_1 e^{s_1 t} + K_2 t e^{s_2 t} \tag{4.89}$$

和情况 I 类似，初始值要求 $v_C(0)=0$，且 $\mathrm{d}v_C(0)/\mathrm{d}t=0$。因此，将 $t=0$ 代入式(4.89)，得到

$$10 + K_1 = 0 \tag{4.90}$$

对式(4.89)微分并令 $t=0$，得到

$$s_1K_1 + K_2 = 0 \tag{4.91}$$

解式(4.90)和式(4.91)得到 $K_1 = -10$ 和 $K_2 = -10^5$，因此完整解为

$$v_C(t) = 10 - 10\mathrm{e}^{s_1 t} - 10^5 t\mathrm{e}^{s_1 t} \tag{4.92}$$

图 4.25 所示为解及其各个分量的曲线。

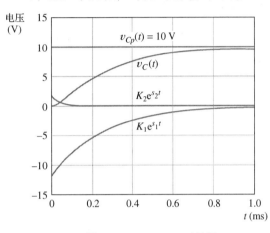

图 4.24 $R = 300\ \Omega$ 时的解

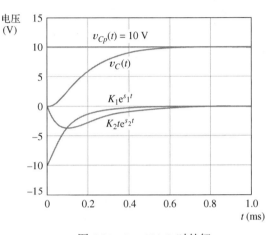

图 4.25 $R = 200\ \Omega$ 时的解

情形 III ($R = 100\ \Omega$)

最后，我们再求解当 $R = 100\ \Omega$ 时的电路方程。

这种阻值的情形中，有

$$\alpha = \frac{R}{2L} = 5000 \tag{4.93}$$

因为 $\zeta = \alpha/\omega_0 = 0.5$，这是欠阻尼状态。通过式(4.76)，解得自然角频率

$$\omega_n = \sqrt{\omega_0^2 - \alpha^2} = 8660 \tag{4.94}$$

齐次方程有式(4.77)的形式。将之前解得的特解加上齐次解，得到完整解

$$v_C(t) = 10 + K_1\mathrm{e}^{-\alpha t}\cos(\omega_n t) + K_2\mathrm{e}^{-\alpha t}\sin(\omega_n t) \tag{4.95}$$

和之前的情形类似，初始值要求 $v_C(0)=0$，且 $\mathrm{d}v_C(0)/\mathrm{d}t=0$。因此，将 $t=0$ 代入式(4.95)，得到

$$10 + K_1 = 0 \tag{4.96}$$

对式(4.95)微分并令 $t=0$，得到

$$-\alpha K_1 + \omega_n K_2 = 0 \tag{4.97}$$

解式(4.96)和式(4.97)得到 $K_1 = -10$ 和 $K_2 = -5.774$，因此完整解为

$$v_C(t) = 10 - 10\mathrm{e}^{-\alpha t}\cos(\omega_n t) - 5.774\mathrm{e}^{-\alpha t}\sin(\omega_n t) \tag{4.98}$$

图 4.26 所示为完整解及其各个分量的曲线。

图 4.27 所示为三种阻值下完整解的波形。

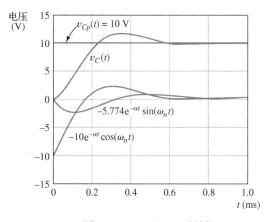

图 4.26 $R = 100\,\Omega$ 时的解

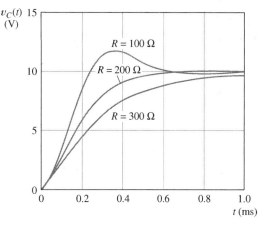

图 4.27 三种电阻值下的解

4.5.4 二阶系统的标准阶跃响应

当突然给电路加一个恒定的激励源时，我们就说强迫函数是一个**阶跃函数**。一个单位阶跃函数用 $u(t)$ 表示，如图 4.28所示。由定义，有

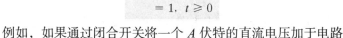

例如，如果通过闭合开关将一个 A 伏特的直流电压加于电路中，则加入的电压就是阶跃函数，写成

$$v(t) = Au(t)$$

这个函数如图 4.29 所示。

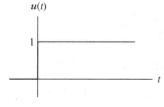

图 4.28 单位阶跃函数 $u(t)$ 。当 $t < 0$，$u(t) = 0$；当 $t \geqslant 0$，$u(t) = 1$

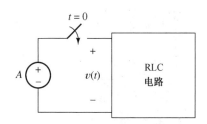

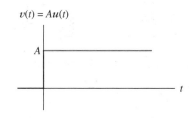

图 4.29 开关闭合接入直流电压，使得强迫函数为一个阶跃函数

我们通常会遇到如例 4.7 的情况，其中阶跃函数作用于二阶系统，这可以描述成下面的微分方程的形式：

$$\frac{\mathrm{d}^2 x(t)}{\mathrm{d}t^2} + 2\alpha\frac{\mathrm{d}x(t)}{\mathrm{d}t} + \omega_0^2 x(t) = Au(t) \tag{4.99}$$

微分方程的特征在于无阻尼振荡角频率 ω_0 和阻尼比 $\zeta = \alpha / \omega_0$。[当然，$x(t)$ 的解也取决于初始状态。]方程的标准解如图 4.30 所示，其中初始状态为 $x(0) = 0$ 和 $x'(0) = 0$。

当阻尼比 ζ 较小时，系统的响应出现进入稳态前的**超调**和**振荡**。另一方面，如果阻尼比较大（与1 相比），则响应需要较长时间才能逐渐趋于最终值。

有时，我们想要设计一个能快速达到稳态的二阶系统，可以尝试将阻尼比设计成接近 1。例如，

机械臂的控制系统就是一个二阶系统。当阶跃信号要求机械臂移动时，我们希望它能够在最短的时间内到达最终位置，且没有过度的超调和振荡。

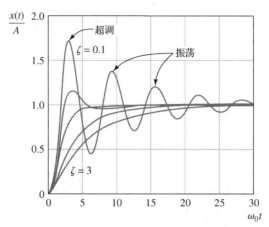

图 4.30 由式(4.99)描述的二阶系统准阶跃响应的标准形式。其中，阻尼比 $\zeta = 0.1$，0.5，1，2，3。初始状态为假设 $x(0) = 0$ 且 $x'(0) = 0$

通常，在设计电气控制系统和机械系统时，最佳阻尼比应接近 1。例如，当汽车上的悬架系统严重欠阻尼时，是时候安装新的减震器了。

4.5.5 LC 并联电路

对于电感与电容并联的电路，其解与串联的情况相似。考虑图 4.31(a)中的电路，方框里的电路假定由激励源和电阻构成。正如我们在 2.6 节中看到的，任何由电阻和激励源构成的二端电路均可等效成诺顿电路，其等效电路如图 4.31(b)所示。

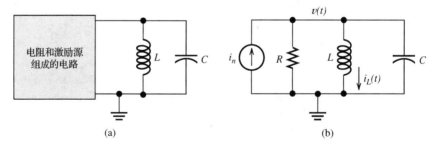

图 4.31 任何由激励源、电阻、一对并联 LC 支路构成的电路可以简化为图 (b)中所示的等效电路

分析电路，通过对图 4.31(b)中电路的顶部节点列写 KCL 方程，得到

$$C\frac{\mathrm{d}v(t)}{\mathrm{d}t} + \frac{1}{R}v(t) + \frac{1}{L}\int_0^t v(t)\,\mathrm{d}t + i_L(0) = i_n(t) \tag{4.100}$$

两边对时间求导，可以变成纯微分方程

$$C\frac{\mathrm{d}^2v(t)}{\mathrm{d}t^2} + \frac{1}{R}\frac{\mathrm{d}v(t)}{\mathrm{d}t} + \frac{1}{L}v(t) = \frac{\mathrm{d}i_n(t)}{\mathrm{d}t} \tag{4.101}$$

两边除以电容，得到

$$\frac{\mathrm{d}^2v(t)}{\mathrm{d}t^2} + \frac{1}{RC}\frac{\mathrm{d}v(t)}{\mathrm{d}t} + \frac{1}{LC}v(t) = \frac{1}{C}\frac{\mathrm{d}i_n(t)}{\mathrm{d}t} \tag{4.102}$$

现在，如果定义阻尼系数

$$\alpha = \frac{1}{2RC} \tag{4.103}$$

无阻尼振荡角频率

$$\omega_0 = \frac{1}{\sqrt{LC}} \tag{4.104}$$

强迫函数为

$$f(t) = \frac{1}{C}\frac{\mathrm{d}i_n(t)}{\mathrm{d}t} \tag{4.105}$$

微分方程可以写成

$$\frac{\mathrm{d}^2v(t)}{\mathrm{d}t^2} + 2\alpha\frac{\mathrm{d}v(t)}{\mathrm{d}t} + \omega_0^2 v(t) = f(t) \tag{4.106}$$

方程的形式恰好和式(4.64)的相同。因此，并联 LC 电路的暂态分析和串联 LC 电路相似。然而，注意在并联电路($\alpha = 1/2RC$)中和在串联电路($\alpha = R/2L$)中方程的阻尼系数 α 是不同的。

注意：RLC 并联电路中阻尼系数的表达式与串联电路中的是不同的。

练习 4.9 考虑图 4.32 所示的电路，电阻 $R = 25\,\Omega$。a. 计算无阻尼振荡角频率，阻尼系数，以及阻尼比；b. 初始状态为 $v(0-) = 0$ 且 $i_L(0-) = 0$，这要求 $v'(0+) = 10^6$ V/s；c. 计算 $v(t)$ 的特解；d. 计算 $v(t)$ 的完整解，所有参数均用数值表示。

$v(0-)$ 和 $i_L(0-)$ 是开关断开之前瞬间的电压和电流大小。

解答：a. $\omega_0 = 10^5$，$\alpha = 2\times10^5$，$\zeta = 2$；b. KCL 要求 $i_C(0) = 0.1$ A $= Cv'(0)$，因此 $v'(0) = 10^6$；c. $v_p(t) = 0$；d. $v(t) = 2.89(\mathrm{e}^{-0.268\times10^5 t} - \mathrm{e}^{-3.73\times10^5 t})$。

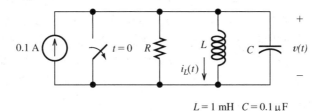

$L = 1\,\text{mH} \quad C = 0.1\,\mu\text{F}$

图 4.32　练习 4.9、练习 4.10 和练习 4.11 的电路

练习 4.10 当 $R = 50\,\Omega$ 时重复练习 4.9 的计算。

解答：a. $\omega_0 = 10^5$，$\alpha = 10^5$，$\zeta = 1$；b. KCL 要求 $i_C(0) = 0.1$ A $= Cv'(0)$，因此 $v'(0) = 10^6$；c. $v_p(t) = 0$；d. $v(t) = 10^6 t\mathrm{e}^{-10^5 t}$。

练习 4.11 当 $R = 250\,\Omega$ 时重复练习 4.9 的计算。

解答：a. $\omega_0 = 10^5$，$\alpha = 0.2\times10^5$，$\zeta = 0.2$；b. KCL 要求 $i_C(0) = 0.1$ A $= Cv'(0)$，因此 $v'(0) = 10^6$；c. $v_p(t) = 0$；d. $v(t) = 10.21\mathrm{e}^{-2\times10^4 t}\sin(97.98\times10^3 t)$。

实际应用 4.1　电子学与汽车维修的艺术

在汽车漫长的历史中，作为电气暂态的一个直接应用，点火系统被设计了出来。图 PA4.1 是一个用了很多年的基本点火系统。图中的绕组是一对互相耦合的电感，分别称之为主电感和副电感。

　　由若干触点形成开关的打开和闭合来模拟引擎旋转，在气缸的点火系统点火瞬间，开关打开。当触点闭合的时候，电流在主绕组中缓慢形成。然后，当触点打开时候，电流迅速切断。很大的电流变化在副绕组中引起很大的电压，相应的火花塞与副绕组相连。电阻用来限制引擎停止且触点仍闭合时的电流。电容用来防止当触点快速打开时出现过快的电压上升情况。(或说电容电压不能突变。)另外，触点之间可能出现电弧，将造成触点的燃烧和损坏。电容减缓电压上升，使得触点间隙有足够的时间变宽来承受这个电压。(尽管如此，触点间的电压峰值仍为电源电压的很多倍。)

　　主电感、限流电阻和电容形成了一个欠阻尼串联 RLC 电路。因此，触点闭合振荡的电流流经主电感时，必定在副绕组中产生一个电压。

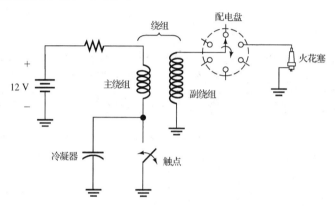

图 PA4.1　内燃机的经典点火系统

　　早期的点火系统含有机械和真空系统来适应调速器，这取决于发动机速度和风门的放置情况。最近几年，价格合理的复杂电子设备的出现，使得能适应变化的温度、燃料品质、气压、发动机温度及其他影响因素而获得高性能和低污染的点火系统的需求增加。基本的原理和经典的汽车时代保持一样，但复杂的电子传感器网络、数字计算机和电子开关代替了触点和简单的真空状态。

　　现代工程设计的复杂性变得有些吓人，甚至对于工程师也是如此。在 20 世纪 60 年代，作为一名刚毕业的工程师，作者可以学习点火系统的设计，对于收音机或是家用电器等，利用一些工具和标准零件就可以找出失灵的原因并进行修理。现在，如果作者的汽车因为点火系统失灵而无法启动，则束手无策，只能求助专业人士。现代电子学提高了点火系统的性能，却也造成了维修的困难。

4.6　使用 MATLAB 的符号运算工具箱进行暂态分析

　　MATLAB 的符号运算工具箱对求解电路的瞬态解很有帮助。它使得解微分方程系统就像用计算器求解算术问题一样简单。在这种方式下，求解一个电路的步骤为

1. 写出电路的网孔电路、节点电压或其他变量的微积分方程。
2. 必要时，对方程进行微分以消去积分项。
3. 分析 $t=0+$ 时刻(即开关动作瞬间)的电路以得到各个变量及其导数的初始状态。对于一阶方程，我们需要电路变量的初始值。对于二阶方程，我们需要各个变量及其导数的初始值。
4. 在 MATLAB 求解符号微分方程命令窗口中输入方程和初始值。

我们用一个例子来描述。

例 4.8　一阶电路的计算机辅助求解

求解图 4.33(a)所示的电路的 $v_L(t)$。（注：余弦函数中的角度单位为弧度。）

解：首先，写出电阻和电感连接的节点的 KCL 方程

$$\frac{v_L(t) - 20\cos(100t)}{R} + \frac{1}{L}\int_0^t v_L(t)\,\mathrm{d}t + i_L(0) = 0$$

利用微分去掉方程的积分项，两边乘以 R，代入数值，最后我们得到

$$\frac{\mathrm{d}v_L(t)}{\mathrm{d}t} + 100v_L(t) = -2000\sin(100t)$$

接下来需要计算 v_L 的初始值，因为直到 $t=0$ 时刻开关一直断开，直到 $t=0$ 时刻电感电流的初始值为零。另外，电路中的电流不能突变。因此，有 $i_L(0+) = 0$。开关瞬间闭合，激励源电压为 20 V，流过电路的电流为零，电阻压降为零。由 KVL 有 $v_L(0+) = 20\,\text{V}$。这些变量都描述于图 4.33(b)中。

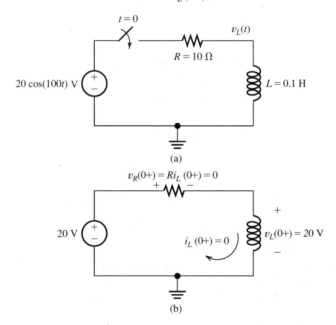

图 4.33　(a)例 4.8 的电路；(b)$t=0+$时刻电路的状态

现在，我们可以写出 MATLAB 的命令。

```
>> clear all
>> syms VL t
>> % Enter the equation and initial value in the dsolve command.
>> % DVL represents the derivative of VL with respect to time.
>> VL = dsolve('DVL + 100*VL = -2000*sin(100*t)', 'VL(0) = 20');
>> % Print answer with 4 decimal place accuracy for the constants:
>> vpa(VL,4)
    ans =
    10.0*cos(100.0*t)-10.0*sin(100.0*t)+10.0*exp(-100.0*t)
```

将运算结果写成标准形式：

$$v_L(t) = 10\cos(100t) - 10\sin(100t) + 10\exp(-100t)$$

该结果也等效为

$$v_L(t) = 14.14\cos(100t + 0.7854) + 10\exp(-100t)$$

其中余弦函数的角度单位为弧度。注意，不同的 MATLAB 版本可能会给出不同的结果。

MATLAB 的文件夹中一个名为 Example_4_8 的 m 文件即含有上例中的命令。(在附录 E 中给出了此文件夹的下载路径。)

例 4.9　二阶电路的计算机辅助求解

在图 4.34(a)所示的电路中，在 $t=0$ 时刻以前，开关闭合了很长时间，假设 $i_L(0+)=0$。用 MATLAB 解出 $i_L(t)$ 并画出 $0 \leqslant t \leqslant 2$ ms 的波形。

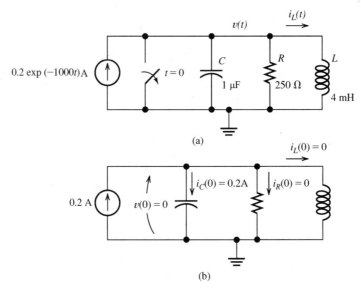

图 4.34　(a)例 4.9 的电路；(b)$t=0+$ 时刻电路的状态

解：因为电路含有 2 个节点和 3 个网孔，节点电压分析比网孔分析要简单。我们将解出 $v(t)$，然后将电压的积分项乘以 $1/L$ 获得流过电感的电流。

我们通过列写电路顶部的节点(开关断开)的 KCL 方程开始节点电压分析，有

$$C\frac{\mathrm{d}v(t)}{\mathrm{d}t} + \frac{v(t)}{R} + \frac{1}{L}\int_0^t v(t)\,\mathrm{d}t + i_L(0+) = 0.2\exp(-1000t)$$

对方程求导消去积分项，并代入初始值，最终得到

$$10^{-6}\frac{\mathrm{d}^2v(t)}{\mathrm{d}t^2} + 4\times10^{-3}\frac{\mathrm{d}v(t)}{\mathrm{d}t} + 250v(t) = -200\exp(-1000t)$$

因为对于二阶电路，我们需要 $v(t)$ 的初始值及其一阶导数。电路在 $t=0+$ 时刻的状态见图 4.34(b)。现将问题描述为，电感的初始电流为零，初始电压 $v(0+)$ 是零，因为开关闭合时，电容相当于短路；开关断开时，电容电压保持为零，因为电容电压突变需要一个无穷大的电流。另外，流过电阻的电流为零，因为电阻两端的电压为零。因此，激励源的 0.2 A 的电流应流过电容，故有

$$C\frac{\mathrm{d}v(0+)}{\mathrm{d}t} = 0.2$$

已经确定 $v(0+)=0$ 且 $v'(0+)=\mathrm{d}v(0+)/\mathrm{d}t=0.2\times10^6$ V/s。

算出电压后，也可得到电流，即

$$i_L(t) = \frac{1}{L}\int_0^t v(t)\,\mathrm{d}t = 250\int_0^t v(t)\,\mathrm{d}t$$

我们可用以下 MATLAB 命令获得结果。

```
>> clear all
>> syms IL V t
>> % Enter the equation and initial values in the dsolve command.
>> % D2V represents the second derivative of V.
>> V = dsolve('(1e-6)*D2V + (4e-3)*DV + 250*V = -200*exp(-1000*t)', ...
             'DV(0)=0.2e6', 'V(0)=0');
>> % Calculate the inductor current by integrating V with respect to t
>> % from 0 to t and multiplying by 1/L:
>> IL = (250)*int(V,t,0,t);
>> % Display the expression for current to 4 decimal place accuracy:
>> vpa(IL,4)
    ans =
    -(0.0008229*(246.0*cos(15688.0*t) - 246.0*exp(1000.0*t) +
        15.68*sin(15688.0*t)))/exp(2000.0*t)
>> ezplot(IL,[0 2e-3])
```

将运算结果写成标准形式:

$$i_L(t) = -0.2024 \exp(-2000t) \cos(15680t) -$$
$$0.01290 \exp(-2000t) \sin(15680t) + 0.2024 \exp(-1000t)$$

图 4.35 为解的曲线(已进行了编辑处理)。MATLAB 的文件夹中一个名为 Example_4_9 的 m 文件即包含上例中的命令。

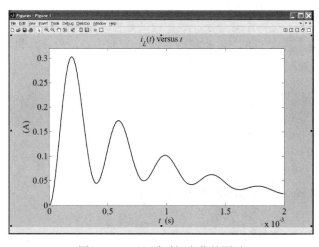

图 4.35 $i_L(t)$ 随时间变化的图示

4.6.1 求解线性微分方程组

目前为止,每一个算例仅有一个单一的微分方程。有时电路导出的是含有两个或两个以上变量(例如节点电压或网孔电流)的微分方程组。当传统方法已经能很好地求解这些方程组时,MATLAB 的符号运算工具箱就能更容易地求解它们。

例 4.10 微分方程组的计算机辅助求解

利用 MATLAB 解出图 4.36 的电路的节点电压。在 $t = 0$ 时刻以前开关一直是断开的,因此各节点电压都为零初始值。

解:首先,列出节点 1、节点 2 的 KCL 方程:

$$C_1 \frac{\mathrm{d}v_1(t)}{\mathrm{d}t} + \frac{v_1(t) - V_s}{R_1} + \frac{v_1(t) - v_2(t)}{R_2} = 0$$

$$C_2 \frac{\mathrm{d}v_2(t)}{\mathrm{d}t} + \frac{v_2(t) - v_1(t)}{R_2} + \frac{v_2(t)}{R_3} = 0$$

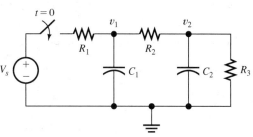

$V_s = 10\,\mathrm{V} \quad R_1 = R_2 = R_3 = 1\,\mathrm{M\Omega} \quad C_1 = C_2 = 1\,\mathrm{\mu F}$

图 4.36 例 4.10 的电路

代入已知元件参数，两式分别乘以 10^6，重新整理式子可得

$$\frac{\mathrm{d}v_1(t)}{\mathrm{d}t} + 2v_1(t) - v_2(t) = 10$$

$$\frac{\mathrm{d}v_2(t)}{\mathrm{d}t} + 2v_2(t) - v_1(t) = 0$$

MATLAB 命令和结果如下：

```
>> clear all
>> syms v1 v2 t
>> [v1 v2] = dsolve('Dv1 + 2*v1 - v2 = 10','Dv2 + 2*v2 -v1 = 0', ..
                    'v1(0) = 0','v2(0)= 0');
>> v1
   v1 =
   exp(-t)*(5*exp(t) - 5) + exp(-3*t)*((5*exp(3*t))/3 - 5/3)
>> v2
   v2 =
   exp(-t)*(5*exp(t) - 5) - exp(-3*t)*((5*exp(3*t))/3 - 5/3)
```

注意，不同的 MATLAB 版本可能会给出不同的结果。待求节点电压的标准形式为

$$v_1(t) = 20/3 - 5\exp(-t) - (5/3)\exp(-3t)$$
$$v_2(t) = 10/3 - 5\exp(-t) + (5/3)\exp(-3t)$$

对所求的结果进行检验是一个好想法。首先验证是否满足初始状态，我们可以证实 $t = 0$ 时刻 MATLAB 的解均为 0。其次，在 $t = \infty$ 时，电容表现为开路，由分压定律有 $v_1(\infty) = 20/3\,\mathrm{V}$ 和 $v_2(\infty) = 10/3\,\mathrm{V}$。利用 MATLAB 的符号计算表达式也能得到这些数值。

练习 4.12 利用 MATLAB 的符号运算工具箱求解例 4.6，计算结果应如同式(4.56)，响应曲线如图 4.18 所示。

答案： 生成解和响应曲线的命令为

```
clear all
syms ix t R C vCinitial w
ix = dsolve('(R*C)*Dix + ix = (w*C)*2*cos(w*t)', 'ix(0)=-vCinitial/R');
ians = subs(ix,[R C vCinitial w],[5000 1e-6 1 200]);
vpa(ians, 4)
ezplot(ians,[0 80e-3])
```

MATLAB 的文件夹中一个名为 Exercise_4_12 的 m 文件即为上例中的命令。

练习 4.13 利用 MATLAB 的符号运算工具箱求解例 4.7，计算结果应如同例 4.7 中的 $v_C(t)$，响应曲线如图 4.27 所示。

答案： 生成解和响应曲线的命令为

```
clear all
syms vc t
% Case I, R = 300:
vc = dsolve('(1e-8)*D2vc + (1e-6)*300*Dvc+ vc =10', 'vc(0) = 0','Dvc(0)=0');
vpa(vc,4)
ezplot(vc, [0 1e-3])
hold on % Turn hold on so all plots are on the same axes

% Case II, R = 200:
vc = dsolve('(1e-8)*D2vc + (1e-6)*200*Dvc+ vc =10', 'vc(0) = 0','Dvc(0)=0');
vpa(vc,4)
ezplot(vc, [0 1e-3])
% Case III, R = 100:
vc = dsolve('(1e-8)*D2vc + (1e-6)*100*Dvc+ vc =10', 'vc(0) = 0','Dvc(0)=0');
vpa(vc,4)
ezplot(vc, [0 1e-3])
```

MATLAB 的文件夹中一个名为 Exercise_4_13 的 m 文件即为上例中的命令。

本章小结

1. 由激励源、电阻、单个储能元件(L 或 C)组成的电路，其响应的暂态部分表示为 $Ke^{-t/\tau}$。时间常数为 $\tau = RC$ 或 $\tau = L/R$，电阻 R 是从储能元件两端看过去的戴维南等效电阻。

2. 直流稳态情况下，电感相当于短路而电容相当于开路。我们可以通过分析直流等效电路来解出稳态(强迫)响应。

3. 为了求解暂态电压、电流，必须要求解常系数线性微分方程。方程解由两部分组成，其中特解也被称为强迫相应，取决于激励源和其他电路元件。通解(齐次解)也被称为自然响应，是由 R、L、C 决定的，而与激励源无关。在含有电阻的电路中的自然响应最终趋于零。

4. 由一对电感和电容串联或并联组成的二阶电路，其自然响应取决于阻尼比和无阻尼振荡角频率。

　　如果阻尼比大于 1，则电路处于过阻尼状态，自然响应有以下形式：

$$x_c(t) = K_1 e^{s_1 t} + K_2 t e^{s_2 t}$$

　　如果阻尼比等于 1，则电路处于欠阻尼状态，自然响应有以下形式：

$$x_c(t) = K_1 e^{s_1 t} + K_2 t e^{s_2 t}$$

　　如果阻尼比小于 1，则电路处于欠阻尼状态，自然响应有以下形式：

$$x_c(t) = K_1 e^{-\alpha t}\cos(\omega_n t) + K_2 e^{-\alpha t}\sin(\omega_n t)$$

　　二阶电路中不同阻尼比的单位阶跃响应见图 4.30。

5. MATLAB 的符号运算工具箱是求解暂态电路方程的有力工具。求解步骤已在本书第 160 页列出。

习题

4.1 节　一阶 RC 电路

P4.1　假设有一电容 C 通过电阻 R 放电。写出时间常数的定义并列出表达式。要得到一个较大的时间常数，我们需要较大的 R 还是较小的 R? 较大的 C 还是较小的 C?

*P4.2　实际上电容的绝缘材料并不是很好的绝缘体，用一个电阻并联在电容两端的模型可以模拟这个缺点，这个电阻成为泄漏电阻。一个 100 μF 电容初始时被充到 100 V，一分钟后能保持初始电容储能的 90%，则这个电容泄漏电阻的限制是多少?

*P4.3　电路如图 P4.3 所示，电容电压的初始值为 $v_c(0+) = -10\,\text{V}$，列出电容两端电压关于时间的函数表达式，确定电压过零的时间 t_0。

*P4.4　一个 100 μF 电容初始时被充到 1000 V，在 $t = 0$ 时刻，被连接到一个 1 kΩ 的电阻上。在哪一时刻 t_2 将在电阻上消耗初始电容储能的 50%?

*P4.5　电路如图 P4.5 所示，$t = 0$ 时刻，一个被充电的 10 μF 电容连接到一个电压表上，电压表可用一个电阻模拟。在 $t = 0$ 时刻，电压表读数为 50 V，在 $t = 30\,\text{s}$ 时刻，电压表读数为 25 V，求电压表的电阻。

*P4.6　在 t_1 时刻，电容 C 被充至电压 V_1，然后通过电阻 R 放电。写出 $t > t_1$ 时电容电压关于时间的表达式，用 R、C、V_1、t_1 表示。

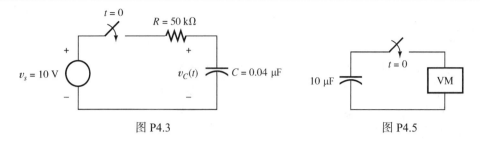

图 P4.3　　　　　　　　　　　　　　　图 P4.5

P4.7　一个初始时充了电的电容，在 $t = 0$ 时刻通过一个电阻放电，两倍时间常数的时间后电容电压变为初始电压的百分之多少？还剩初始储能的百分之多少？

P4.8　电路如图 P4.3 所示，电容电压的初始值为 $v_C(0+) = 0\ \text{V}$，列出电容两端的电压关于时间的函数表达式，并画出电压随时间变化曲线。

P4.9　物理学上，半衰期通常用来描述数量随指数规律衰减的物质，例如放射性物质。半衰期是指数量衰减为初始值一半所需要的时间。电容通过电阻放电，电压时间常数为 $\tau = RC$。用 R 和 C 表示电压半衰期的表达式。

P4.10　已知一个 50 μF 电容在 $t = 0$ 时被充到一个未知电压 V_i，电容与一个 3 kΩ 电阻并联。在 $t = 100\ \text{ms}$ 时刻，电容电压变为 5 V，确定 V_i 的值。

P4.11　电路如图 P4.11 所示，已知 $t = 0$ 时刻以前，电容被充到 10 V。a. 写出全过程中电容电压 $v_C(t)$ 和电阻电压 $v_R(t)$ 的表达式；b. 写出传送到电阻上的功率表达式；c. 从 $t = 0$ 到 $t = \infty$ 对功率积分，写出传递的能量的表达式；d. 证明传递到电阻上的能量和 $t = 0$ 时刻以前存储在电容上的能量相等。

P4.12　货币的单位购买力 P 每年下降 3%，确定货币购买力相对应的时间常数。

P4.13　电路如图 P4.13 所示，对电路中的表达式 $v_C(t)$ 微分，并画出 $v_C(t)$ 随时间变化曲线。

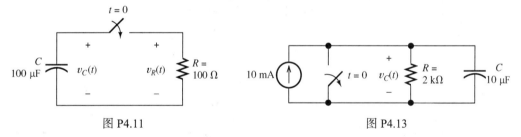

图 P4.11　　　　　　　　　　　　　　图 P4.13

P4.14　假设 $t = 0$ 时刻，将一个 10 μF 电容接入由 2500 V 电压源和 2 MΩ 电阻串联而成的充电回路中。在 $t = 40\ \text{s}$ 时刻，电容从充电回路断开后与一个 5 MΩ 电阻并联。确定 $t = 40\ \text{s}$ 时刻和 $t = 100\ \text{s}$ 时刻的电容电压。(提示：在放电区间定义一个时间变量 $t' = t - 40$，使得放电开始于 $t' = 0$ 时刻。)

P4.15　假设有一个电容 C 被充到初始电压 V_i。之后在 $t = 0$ 时刻，一个电阻 R 被接到电容两端，写出电流表达式。之后，从 $t = 0$ 到 $t = \infty$ 对电流积分，证明积分结果等于电容初始储存的电荷。

P4.16　一个站在干燥地毯上的人被近似模拟成一个 100 pF 的一端接地的电容。如果这个人碰到一个接地的金属物品，例如水龙头，电容将放电并且人会感受到一个短时的冲击。通常，电容被充到 20 000 V，若电阻(主要是一个手指)为 100 Ω，确定放电时电流峰值和冲击的时间常数。

P4.17　考虑如图 P4.17 所示的电路，开关可在 A、B 两触点间快速切换，每点停留 2 s。因而，电容重复着充电 2 s 后放电 2 s 的过程。假设 $t = 0$ 时刻 $v_C(0) = 0$ 且开关在 A 触点，确定 $v_C(2)$、$v_C(4)$、$v_C(6)$ 和 $v_C(8)$。

P4.18　考虑如图 P4.18 所示的电路，在 $t = 0$ 时刻以前，$v_1 = 100\ \text{V}$ 且 $v_2 = 0$。a. 开关突然闭合，电流有多大[即 $i(0+)$ 为多大]？b. 写出用电流和初始电压表达的电路的 KVL 方程。求导得到微分方程；c. 电路的时间常数为多少？d. 求出电流关于时间的表达式；e. 求出当 t 很大时 v_2 的值趋于多少。

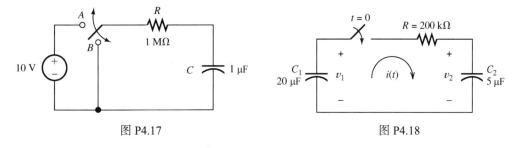

图 P4.17   图 P4.18

4.2 节　直流稳态

P4.19　列出 RLC 电路的直流稳态分析的步骤。

P4.20　解释为何在直流稳态分析中，将电容替换成开路而将电感替换成短路。

*P4.21　电路如图 P4.21 所示，解出 i_1、i_2、i_3 的稳态值。

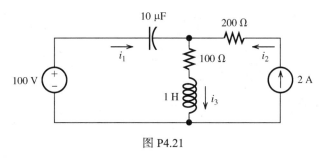

图 P4.21

*P4.22　考虑如图 P4.22 所示的电路，开关断开后 v_C 的稳态值为多少？确定开关断开后经过多长时间 v_C 降至稳态值的 1% 以下。

*P4.23　电路如图 P4.23 所示，$t = 0$ 时刻以前，开关一直处于 A 触点，求出 $v_R(t)$ 的表达式并画出 $-2 \leqslant t \leqslant 10\,\text{s}$ 的波形。

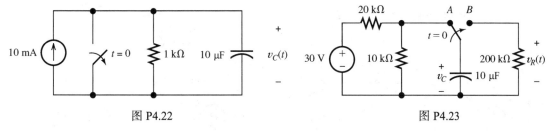

图 P4.22   图 P4.23

P4.24　电路如图 P4.24 所示，在 $t = 0$ 时刻以前开关闭合，解出 $t = 0$ 时刻以前 v_C 的值和开关断开很长时间以后 v_C 的稳态值。

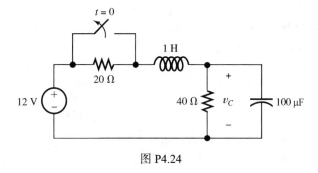

图 P4.24

P4.25 电路如图 P4.25 所示，求解 i_1、i_2、i_3、i_4 和 v_C 的稳态值。假设开关已经闭合了很长时间。

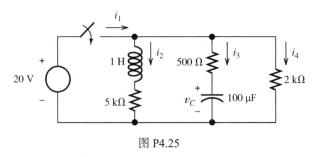

图 P4.25

P4.26 图 P4.26 所示电路处于稳态，确定 i_L、v_x 和 v_C 的值。

P4.27 图 P4.27 所示电路已接入很长时间，确定 v_C 和 i_R 的值。

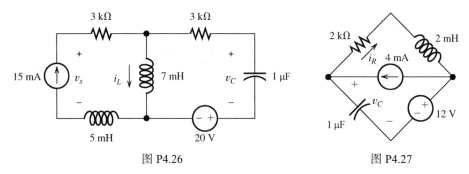

图 P4.26　　　　　　　　　图 P4.27

P4.28 考虑如图 P4.28 所示的电路，在 $t=0$ 时刻以前，开关闭合了很长时间，确定 $t=0$ 时刻以前和 $t=0$ 时刻过很长一段时间以后 $v_C(t)$ 的值。并确定开关断开以后的时间常数和 $v_C(t)$ 的表达式，画出 $v_C(t)$ 在 $-0.2 \leqslant t \leqslant 0.5\,\text{s}$ 时的波形。

P4.29 考虑如图 P4.29 所示的电路，在 $t=0$ 时刻以前，开关闭合了很长时间，求解 $v_C(t)$ 的表达式并画出 $v_C(t)$ 在 $-80 \leqslant t \leqslant 160\,\text{ms}$ 时的波形。

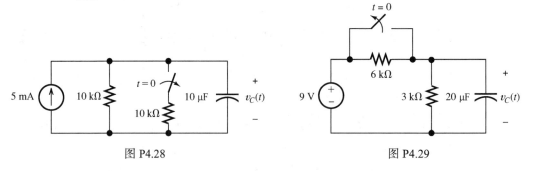

图 P4.28　　　　　　　　　图 P4.29

P4.30 考虑如图 P4.30 所示的电路，在 $t=0$ 时刻以前，开关闭合了很长时间。确定 $t=0$ 时刻以前和 $t=0$ 时刻过很长一段时间以后 $v_C(t)$ 的值。并确定开关断开以后的时间常数和 $v_C(t)$ 的表达式，画出 $v_C(t)$ 在 $-4 \leqslant t \leqslant 16\,\text{s}$ 时的波形。

4.3 节　RL 电路

P4.31 一电路由具有初始电流的电感 L 和电阻 R 串联而成，写出时间常数的表达式。要得到一个较大的

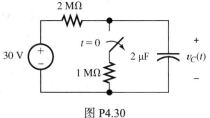

图 P4.30

时间常数，我们需要较大的 R 还是较小的 R？较大的 L 还是较小的 L？

P4.32　一电路由开关、电阻、直流电源和一个储能元件组成，开关在 $t = 0$ 时刻断开或闭合，储能元件可为电容或电感。我们希望解出 $t \geq 0$ 时电流或电压关于时间的函数 $x(t)$，写出一般形式解，如何确定解中的每个未知数？

*P4.33　考虑如图 P4.33 所示的电路，$t = 0$ 时刻以前开关闭合并达到稳态，求解 $t < 0$ 和 $t \geq 0$ 时的 $i(t)$。

*P4.34　考虑如图 P4.34 所示的电路，电感初始电流为 $i_L(0-) = -0.2 \, \text{A}$，求解 $t \geq 0$ 时 $i_L(t)$ 和 $v(t)$ 的表达式并画出波形。

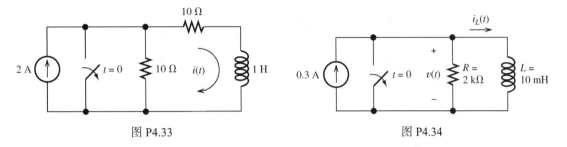

图 P4.33　　　　　　　　　　　　　图 P4.34

P4.35　若习题 P4.34 中改为 $i_L(0-) = 0 \, \text{A}$，重新求解。

*P4.36　实际的电感有一个串联的电阻，与用来缠绕成线圈的导线相关联。假设我们想要在 10 H 的电感中储能，确定串联电阻的范围，使得电感在一小时后保持至少 75% 的初始储能。

P4.37　考虑如图 P4.37 所示的电路，确定 $-0.2 \leq t \leq 1.0 \, \text{s}$ 时 $i_s(t)$ 的表达式并画出波形。

P4.38　考虑如图 P4.38 所示的电路，求解 $i_L(t)$ 的表达式并画出波形，求解 $v_L(t)$ 的表达式并画出波形。

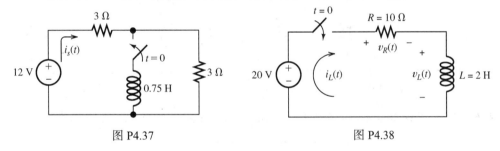

图 P4.37　　　　　　　　　　　　　图 P4.38

P4.39　考虑如图 P4.39 所示的电路，在 $t = 0$ 时刻以前，开关闭合处于稳态，求解 $t < 0$ 和 $t \geq 0$ 时 $i_L(t)$ 的表达式并画出波形。

P4.40　考虑如图 P4.40 所示的电路，电压表(VM)接于电感两端，开关闭合了很长时间，当开关断开时，开关触点间有电弧出现。请解释原因。假设为一个理想开关和电感，开关断开时电感两端电压为多大？电压表会出现什么情况？

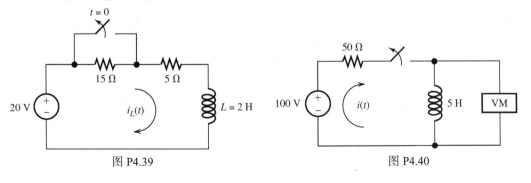

图 P4.39　　　　　　　　　　　　　图 P4.40

P4.41　考虑如图 P4.41 所示的电路，由于图中未画出的元件使得电路的 $i_L(0) = I_i$。a. 写出 $t \geqslant 0$ 时 $i_L(t)$ 的表达式；b. 求解传递到电阻上的功率关于时间的函数表达式；c. 对传递到电阻上的功率从 $t = 0$ 到 $t = \infty$ 积分，证明积分结果与电感初始储能相等。

P4.42　电路如图 P4.42 所示，在 $t = 0$ 时刻以前开关闭合，开关在 $t = 0$ 时刻断开并在 $t = 1\,\mathrm{s}$ 时刻重新闭合，求解全过程 $i_L(t)$ 的表达式。

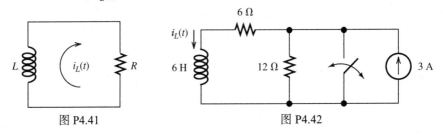

图 P4.41　　　　　　　　　　图 P4.42

P4.43　电路如图 P4.43 所示，确定 $v_R(t)$ 的表达式并画出波形图。电路在 $t = 0$ 时刻以前，开关闭合处于稳态。考虑时间间隔为 $-1 \leqslant t \leqslant 5\,\mathrm{ms}$。

4.4 节　一般电源作用下的 RC 和 RL 电路

P4.44　对于一个电源、一个电阻、一个电感(电容)构成的电路，求解步骤是什么？

*P4.45　电路如图 P4.45 所示，写出 $i_L(t)$ 的微分方程并求出完整解。[提示：特解形式设为 $i_{Lp}(t) = Ae^{-t}$。]

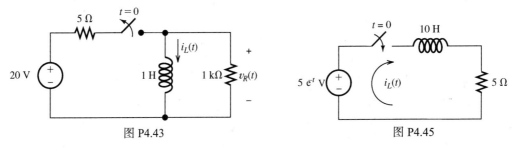

图 P4.43　　　　　　　　　　图 P4.45

*P4.46　电路如图 P4.46 所示，求解 $t > 0$ 时的 $v_C(t)$。[提示：特解形式设为 $v_{Cp}(t) = Ae^{-3t}$。]

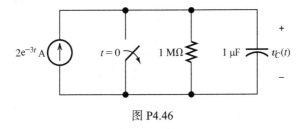

图 P4.46

*P4.47　电路如图 P4.47 所示，求解 $t > 0$ 时的 $v(t)$，已知 $t = 0$ 时刻以前，电感电流为 0。[提示：特解形式设为 $v_p = A\cos(10t) + B\sin(10t)$。]

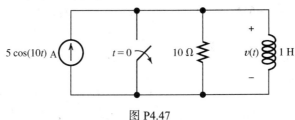

图 P4.47

P4.48 考虑如图 P4.48 所示的电路，求解 $t > 0$ 时的 $i_L(t)$。特解的形式要有根据地猜想。[提示：特解包含的项和强迫函数及其导数具有相同的函数形式。]

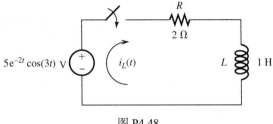

图 P4.48

P4.49 考虑如图 P4.49 所示的电路，已知电压源为**斜坡函数**，定义如下：

$$v(t) = \begin{cases} 0, & t < 0 \\ t, & t \geq 0 \end{cases}$$

假设 $v_c(0) = 0$，对 $t \geq 0$ 时 $v_C(t)$ 的表达式微分，画出 $v_C(t)$ 波形。[提示：写出 $v_c(t)$ 的微分方程并假设特解形式为 $v_{Cp}(t) = A + Bt$。]

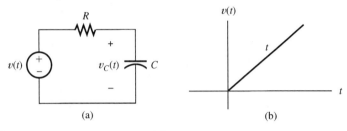

(a)   (b)

图 P4.49

P4.50 考虑如图 P4.50 所示的电路，电感电流初始值为 $i_s(0+) = 0$。写出 $i_s(t)$ 的微分方程和解。[提示：特解形式设为 $i_{sp}(t) = A\cos(300t) + B\sin(300t)$。]

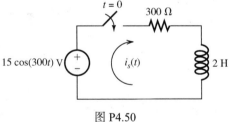

图 P4.50

P4.51 考虑如图 P4.51 所示的电路，电压源为斜坡函数。假设 $i_L(0) = 0$，写出 $i_L(t)$ 的微分方程并求出完整解。[提示：特解形式设为 $i_p(t) = A + Bt$。]

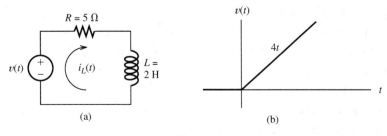

(a)   (b)

图 P4.51

P4.52　确定下面的微分方程的特解形式：

$$2\frac{\mathrm{d}v(t)}{\mathrm{d}t} + v(t) = 5t\sin(t)$$

　　　　然后解出特解。〔提示：特解包含的项和强迫函数及其导数具有相同的函数形式。〕

P4.53　确定下面的微分方程的特解形式：

$$\frac{\mathrm{d}v(t)}{\mathrm{d}t} + 3v(t) = t^2\exp(-t)$$

　　　　然后解出特解。〔提示：特解包含的项和强迫函数及其导数具有相同的函数形式。〕

P4.54　考虑如图 P4.54 所示的电路。

　　　　a. 写出 $i(t)$ 的微分方程。

　　　　b. 求解时间常数以及通解的形式。

　　　　c. 通常，对于指数形式的强迫函数，特解形式设为 $i_p(t) = K\exp(-3t)$，为什么此时无效？

　　　　d. 求特解。〔提示：特解形式设为 $i_p(t) = Kt\exp(-3t)$。〕

　　　　e. 求 $i(t)$ 的完整解。

P4.55　考虑如图 P4.55 所示的电路。

　　　　a. 写出 $v(t)$ 的微分方程。

　　　　b. 求解时间常数以及通解的形式。

　　　　c. 通常，对于指数形式的强迫函数，特解形式设为 $v_p(t) = K\exp(-10t)$，为什么此时无效？

　　　　d. 求特解。〔提示：特解形式设为 $i_p(t) = Kt\exp(-10t)$。〕

　　　　e. 求 $v(t)$ 的完整解。

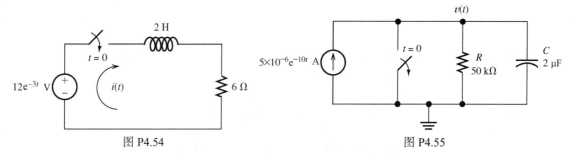

图 P4.54　　　　　　　　　　　　图 P4.55

4.5 节　二阶电路

P4.56　如何从电路图确定它是一阶电路还是二阶电路？

P4.57　如何确定欠阻尼二阶系统？它的通解的形式是什么样的？临界阻尼和过阻尼又如何？

P4.58　单位阶跃函数的定义是什么？

P4.59　讨论两种求解恒稳直流电源作用下电路的特解的方法。

P4.60　画出二阶系统在较大超调量和振荡时的阶跃响应。哪种电路具有显著的超调量和振荡？

*P4.61　如图 P4.61 所示，一个直流电源在 $t=0$ 时刻通过一个开关接入 RLC 串联电路，初始状态为 $i(0+) = 0$ 且 $v_C(0+) = 0$。写出 $v_C(t)$ 的微分方程，若 $R = 80\ \Omega$，求解 $v_C(t)$。

*P4.62　当 $R = 40\ \Omega$ 时再次求解习题 P4.61。

*P4.63　当 $R = 20\ \Omega$ 时再次求解习题 P4.61。

P4.64　考虑如图 P4.64 所示的电路，在 $t=0$ 时刻以前开关保持断开，已知 $R = 25\ \Omega$。

　　　　a. 计算开关闭合时的无阻尼振荡角频率、阻尼系数和阻尼比。

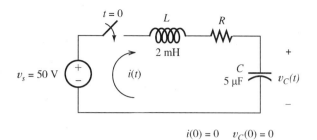

图 P4.61

b. 假设电容初始时被一个 25 V 的直流电源充电，故有 $v(0+) = 25\,\text{V}$。确定 $i_L(0+)$ 和 $v'(0+)$ 的值。

c. 求出 $v(t)$ 的特解。

d. 求出 $v(t)$ 的完整解，所有参数用数值表示。

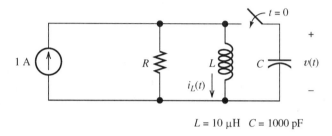

$L = 10\,\mu\text{H}\quad C = 1000\,\text{pF}$

图 P4.64

P4.65　若 $R = 50\,\Omega$，再次求解习题 P4.64。

P4.66　若 $R = 500\,\Omega$，再次求解习题 P4.64。

P4.67　试求解图 P4.67 所示的电路当 $t > 0$ 时 $i(t)$ 的表达式，其中 $R = 50\,\Omega$，$i(0+) = 0$、$v_C(0+) = 20\,\text{V}$。
　　　〔提示：特解形式设为 $i_p(t) = A\cos(100t) + B\sin(100t)$。〕

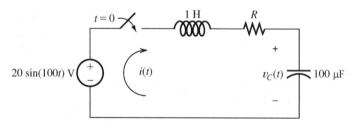

图 P4.67

P4.68　若 $R = 200\,\Omega$，再次求解习题 P4.67。

P4.69　若 $R = 400\,\Omega$，再次求解习题 P4.67。

P4.70　考虑如图 P4.70 所示的电路。

　　　a. 写出 $v(t)$ 的微分方程。

　　　b. 求解阻尼系数、自然角频率、通解的形式。

　　　c. 通常，对于正弦强迫函数，特解形式设为 $v_p(t) = A\cos(10^4 t) + B\sin(10^4 t)$，为什么此时无效？

　　　d. 求出特解。〔提示：特解形式设为 $v_p(t) = At\cos(10^4 t) + Bt\sin(10^4 t)$。〕

　　　e. 求出 $v(t)$ 的完整解。

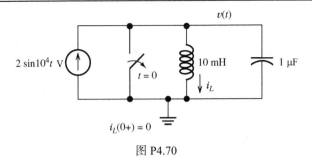

图 P4.70

4.6 节　使用 MATLAB 的符号运算工具箱进行暂态分析

P4.71 考虑如图 P4.13 所示的电路,使用MATLAB对 $v_C(t)$ 的表达式微分并画出 $0 < t < 100\,\text{ms}$ 时 $v_C(t)$ 的波形。

P4.72 考虑如图 P4.49 所示的电路,电压源为**斜坡函数**,定义为

$$v(t) = \begin{cases} 0, & t < 0 \\ t, & t \geqslant 0 \end{cases}$$

运用 MATLAB 对 $v_C(t)$ 的表达式微分并用 R、C、t 表示。接下来,代入 $R = 1\,\text{M}\Omega$ 和 $C = 1\,\mu\text{F}$,然后在同一坐标轴中画出 $0 < t < 5\,\text{s}$ 时 $v_C(t)$ 和 $v(t)$ 的波形。

P4.73 考虑如图 P4.50 所示的电路,$t = 0$ 时刻以前开关一直断开,电流初始值 $i_s(0+) = 0$。写出 $i_s(t)$ 的微分方程并用 MATLAB 求解。然后,画出 t 在 0 到 80 ms 范围内 $i_s(t)$ 的图形。〔提示:避免用小写"i"作为因变量的首字母,在 MATLAB 中电流用"Is"代替。〕

P4.74 考虑如图 P4.64 所示的电路,$t = 0$ 时刻以前开关一直断开,已知 $R = 25\,\Omega$。a. 写出 $v(t)$ 的微分方程;b. 假设电容初始时被 50 V 的直流电源充电,故有 $v(0+) = 50\,\text{V}$。确定 $i_L(0+)$ 和 $v'(0+)$ 的值;c. 用 MATLAB 求出 $v(t)$ 的完整解。

P4.75 考虑如图 P4.70 所示的电路。a. 写出 $v(t)$ 的微分方程;b. 确定 $v(0+)$ 和 $v'(0+)$ 的值;c. 用 MATLAB 求出 $v(t)$ 的完整解,画出 $0 \leqslant t \leqslant 10\,\text{ms}$ 时 $v(t)$ 的波形。

P4.76 如图 P4.76 所示,使用 MATLAB 求解网孔电流。$t = 0$ 时刻以前开关一直断开,电感电流初始值为 0。

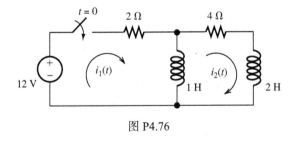

图 P4.76

测试题

T4.1 考虑如图 T4.1 所示的电路,$t = 0$ 时刻以前开关一直闭合。在 $t = 0$ 时刻断开开关,试求 $v_C(t)$ 达到 15 V 时的时刻 t_x。

T4.2 考虑如图 T4.2 所示的电路。$t = 0$ 时刻以前开关一直闭合。a. 确定开关断开以前瞬时 i_L、i_1、i_2、i_3 和 v_C 的值;b. 确定开关断开以后瞬时 i_L、i_1、i_2、i_3 和 v_C 的值;c. 求出 $t > 0$ 时的 $i_L(t)$;d. 求出 $t > 0$ 时的 $v_C(t)$。

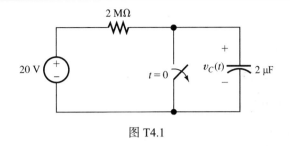

图 T4.1

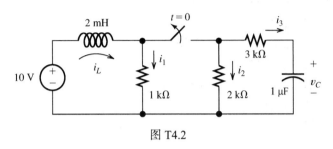

图 T4.2

T4.3 考虑如图 T4.3 所示的电路。a. 写出关于 $i(t)$ 的微分方程；b. 求出时间常数和通解的形式；c. 求出特解；d. 求出 $i(t)$ 的完整解。

T4.4 考虑如图 T4.4 所示的电路。其中电感电流和电容电压的初始值都为零。

   a. 写出 $v_C(t)$ 的微分方程。

   b. 求出特解。

   c. 电路处于过阻尼状态、临界阻尼状态、还是欠阻尼状态？求出通解的形式。

   d. 求出 $v_C(t)$ 的完整解。

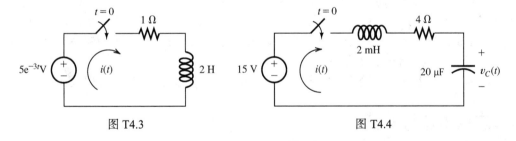

图 T4.3   图 T4.4

T4.5 利用 MATLAB 命令求解测试题 T4.4 的微分方程并保留四位小数的精度。

第 5 章　正弦稳态分析

本章学习目标

● 熟悉正弦信号的频率、角频率、峰值、均方根(有效)值和相位。
● 计算任意周期电流或电压的均方根(有效)值。
● 用相量和复阻抗进行交流电路的稳态分析。
● 计算交流稳态电路的功率。
● 计算交流电路的戴维南等效电路和诺顿等效电路。
● 确定最大功率传输时的负载阻抗。
● 讨论三相配电的优点。
● 计算对称三相电路。
● 使用 MATLAB 进行交流电路的计算。

本章介绍

正弦交流电路有很多重要的应用。例如，电能是以正弦电流和电压的形式传输给居民和商业用户。另外，正弦信号在无线通信中的应用也较多。而且，数学中的一个应用分支——傅里叶分析表明：实际的周期性信号均由多个正弦分量构成。因此，研究含正弦交流电源的电路是电气工程中的一个核心内容。

在第 4 章，我们已经知道一个电网络的响应由两部分组成：强迫响应和自然响应。在大部分电路中，自然响应迅速衰减为零，而正弦交流电路中的强迫响应一直存在，因此将其称为正弦稳态响应。因为自然响应迅速衰减为零，所以稳态响应是我们最关注的部分。在本章，我们将学习分析正弦交流电路稳态响应的有效方法。

本章还将介绍用于配电系统中的三相电路，工业生产中大多数工程师均需要理解三相配电。

5.1　正弦电流与电压

图 5.1 的正弦电压由下式给出：

$$v(t) = V_m \cos(\omega t + \theta) \tag{5.1}$$

其中，V_m 是电压**峰值**，ω 是**角频率**，单位为弧度每秒(rad/s)，θ 是**相位角**。

正弦信号是周期性的，在每一**周期** T 中重复同样的值。当角度每增加 2π 弧度时，余弦(或正弦)函数完成一个周期，因此

$$\omega T = 2\pi \tag{5.2}$$

周期信号的**频率**是每秒钟完成周期的次数，可得

$$f = \frac{1}{T} \tag{5.3}$$

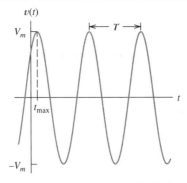

图 5.1　正弦电压 $v(t) = V_m \cos(\omega t + \theta)$ 的波形。注意：假设 θ 的
单位是度，则有 $t_{max} = -\theta / 360 \times T$，对于图中的波形，$\theta$ 为 $-45°$

频率的单位是赫兹(Hz)(实际上，1 赫兹等于 1 秒的倒数)。变换式(5.2)的结构，得到角频率

$$\omega = \frac{2\pi}{T} \tag{5.4}$$

我们用 ω 表示角频率，单位是弧度每秒(rad/s)；而用 f 表示频率，单位是赫兹(Hz)。

将式(5.3)代入式(5.4)去替换 T，得到

$$\omega = 2\pi f \tag{5.5}$$

通过讨论，余弦(或正弦)函数有争议之处在于相位形式

$$\omega t + \theta$$

角频率 ω 的单位为弧度每秒(rad/s)。但是，人们有时用度来表示相位角 θ，导致余弦函数的相位单位不统一；如果想求某一时刻的 $\cos(\omega t + \theta)$，在进行相位的加法运算之前应该把 θ 转换成弧度。不过，用角度表达更加直观，因此单位不统一不是一个问题。

电气工程师经常使用不统一的单位，即 ωt 的单位是弧度，而 θ 的单位是度。

统一起见，本书采用余弦函数而不是正弦函数来表示正弦量。正弦和余弦二者的关系如下：

$$\sin(z) = \cos(z - 90°) \tag{5.6}$$

例如，为了获得如下函数的相位：

$$v_x(t) = 10 \sin(200t + 30°)$$

可将它转换为余弦函数

$$v_x(t) = 10 \cos(200t + 30° - 90°)$$
$$= 10 \cos(200t - 60°)$$

因此，$v_x(t)$ 的初相位为 $-60°$。

5.1.1　均方根(有效)值

将周期为 T 的电压 $v(t)$ 对电阻 R 进行供电。电阻吸收的功率为

$$p(t) = \frac{v^2(t)}{R} \tag{5.7}$$

那么，电阻在一个周期内吸收的能量为

$$E_T = \int_0^T p(t)\, dt \tag{5.8}$$

电阻的平均功率 P_{avg} 即为一个周期内吸收能量的平均值。因此，

$$P_{avg} = \frac{E_T}{T} = \frac{1}{T}\int_0^T p(t)\, dt \tag{5.9}$$

将式(5.7)代入式(5.9)，可得

$$P_{avg} = \frac{1}{T}\int_0^T \frac{v^2(t)}{R}\, dt \tag{5.10}$$

上式可重新写成

$$P_{avg} = \frac{\left[\sqrt{\dfrac{1}{T}\int_0^T v^2(t)\, dt}\,\right]^2}{R} \tag{5.11}$$

功率计算多采用电压或者电流的有效值来进行。

现在，定义周期电压 $v(t)$ 的均方根(rms)值为

$$V_{rms} = \sqrt{\frac{1}{T}\int_0^T v^2(t)\, dt} \tag{5.12}$$

将上式代入式(5.11)，得电阻的平均功率为

$$P_{avg} = \frac{V_{rms}^2}{R} \tag{5.13}$$

因此，如果一个周期电压的均方根值已知，那么计算该电压为电阻提供的平均功率就会很容易。均方根值也被称为**有效值**。

类似地，定义周期电流 $i(t)$ 的均方根值为

$$I_{rms} = \sqrt{\frac{1}{T}\int_0^T i^2(t)\, dt} \tag{5.14}$$

那么该电流 $i(t)$ 流过一个电阻，传递的平均功率为

$$P_{avg} = I_{rms}^2 R \tag{5.15}$$

5.1.2 正弦量的有效值

已知一个正弦电压如下：

$$v(t) = V_m \cos(\omega t + \theta) \tag{5.16}$$

为了获得其均方根值，将上式代入式(5.12)，可得

$$V_{rms} = \sqrt{\frac{1}{T}\int_0^T V_m^2 \cos^2(\omega t + \theta)\, dt} \tag{5.17}$$

其次，运用三角恒等式

$$\cos^2(z) = \frac{1}{2} + \frac{1}{2}\cos(2z) \tag{5.18}$$

则式(5.17)可写成

$$V_{\text{rms}} = \sqrt{\frac{V_m^2}{2T} \int_0^T [1 + \cos(2\omega t + 2\theta)]\, dt} \tag{5.19}$$

通过积分后可得

$$V_{\text{rms}} = \sqrt{\frac{V_m^2}{2T} \left[t + \frac{1}{2\omega} \sin(2\omega t + 2\theta) \right]_0^T} \tag{5.20}$$

进一步计算，有

$$V_{\text{rms}} = \sqrt{\frac{V_m^2}{2T} \left[T + \frac{1}{2\omega} \sin(2\omega T + 2\theta) - \frac{1}{2\omega} \sin(2\theta) \right]} \tag{5.21}$$

由式 (5.2) 可知 $\omega T = 2\pi$，因此

$$\frac{1}{2\omega} \sin(2\omega T + 2\theta) - \frac{1}{2\omega} \sin(2\theta) = \frac{1}{2\omega} \sin(4\pi + 2\theta) - \frac{1}{2\omega} \sin(2\theta)$$

$$= \frac{1}{2\omega} \sin(2\theta) - \frac{1}{2\omega} \sin(2\theta)$$

$$= 0$$

因此，式 (5.21) 精简为

$$V_{\text{rms}} = \frac{V_m}{\sqrt{2}} \tag{5.22}$$

这个有用的结论在以后处理正弦量时将多次用到。

通常，在讨论正弦量时，其均方根值或有效值是已知的，而峰值是未知的。例如，在民用配电中，交流电源的工作频率是 60 Hz，有效值是 115 V（美国标准）。大部分人都知道这一点，但是几乎很少有人知道 115 V 是电压有效值，其电压峰值为 $V_m = V_{\text{rms}} \times \sqrt{2} = 115 \times \sqrt{2} \cong 163$ V（实际上，115 V 是民用配电的额定电压，其值的变化范围大约为 105 V 到 130 V）。

注意：$V_{\text{rms}} = V_m / \sqrt{2}$ 仅适用于正弦量。为了获得其他周期波形的有效值，需要根据式 (5.12) 的定义进行计算。

> 一个正弦量的有效值等于峰值除以 $\sqrt{2}$，但是，此结论不适用于其他周期波形（例如方波或者三角波）。

例 5.1 正弦电源向电阻提供的功率

假设电压为 $v(t) = 100\cos(100\pi t)$ V 的电源加到 50 Ω 的电阻上。要求：画出 $v(t)$ 随时间变化的波形，并计算电压的有效值和电阻的平均功率。求出功率随时间变化的关系式，并画出其波形。

解：将 $v(t)$ 的表达式和式 (5.1) 相比较，得到 $\omega = 100\pi$。再由式 (5.5)，得到频率为 $f = \omega / 2\pi = 50$ Hz，因此周期 $T = 1/f = 20$ ms。$v(t)$ 随时间变化的波形如图 5.2(a) 所示。

电压的峰值为 $V_m = 100$ V，则有效值 $V_{\text{rms}} = V_m / \sqrt{2} = 70.71$ V，平均功率为

$$P_{\text{avg}} = \frac{V_{\text{rms}}^2}{R} = \frac{(70.71)^2}{50} = 100 \text{ W}$$

瞬时功率的表达式为

$$p(t) = \frac{v^2(t)}{R} = \frac{100^2 \cos^2(100\pi t)}{50} = 200\cos^2(100\pi t) \text{ W}$$

$p(t)$ 随时间变化的波形如图 5.2(b) 所示。注意：功率值的变化范围为 0~200 W，然而，平均功率为 100 W，正好与采用有效值进行计算的值相吻合。

> 一个正弦电流流过电阻时，其瞬时功率的波形周期性地在 0~$2P_{\text{avg}}$ 之间振荡。

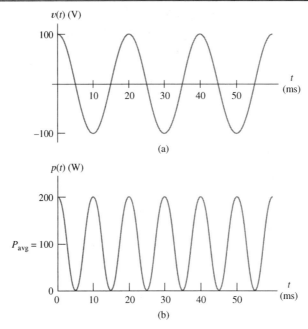

图 5.2　例 5.1 的电压和功率随时间变化的波形

5.1.3　非正弦电压或电流的有效值

有时我们需要计算非正弦电压或电流的有效值，可以直接由式(5.12)或式(5.14)进行计算。

例 5.2　三角波电压的有效值

图 5.3(a)为一个三角波电压的波形，试求其有效值。

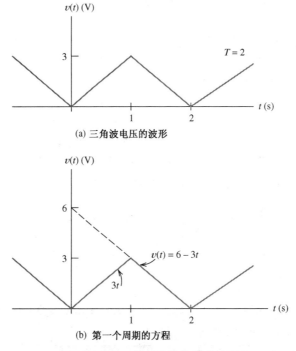

图 5.3　例 5.2 的三角波电压的波形

解： 首先，求在 $t = 0$ 和 $t = T = 2\,\text{s}$ 之间电压波形的表达式。如图 5.3(b)所示，三角波第一个周期的表达式为

$$v(t) = \begin{cases} 3t, & 0 \leqslant t \leqslant 1 \\ 6 - 3t, & 1 \leqslant t \leqslant 2 \end{cases}$$

根据式(5.12)提供的电压有效值

$$V_{\text{rms}} = \sqrt{\frac{1}{T} \int_0^{\text{T}} v^2(t)\mathrm{d}t}$$

将 $v(t)$ 的表达式分为两部分，并代入上式可得

$$V_{\text{rms}} = \sqrt{\frac{1}{2}\left[\int_0^1 9t^2\mathrm{d}t + \int_1^2 (6 - 3t)^2\mathrm{d}t\right]}$$

$$V_{\text{rms}} = \sqrt{\frac{1}{2}[3t^3|_{t=0}^{t=1} + (36t - 18t^2 + 3t^3)|_{t=1}^{t=2}]}$$

最后可得

$$V_{\text{rms}} = \sqrt{\frac{1}{2}[3 + (72 - 36 - 72 + 18 + 24 - 3)]} = \sqrt{3}\ \text{V}$$

以上例题的积分都是很容易手工计算的。但是，当积分计算很复杂时，主要运用 MATLAB 软件编程来解决，以上例题中的积分运算用 MATLAB 软件编写的命令行如下：

```
>> syms Vrms t
>> Vrms = sqrt((1/2)*(int(9*t^2,t,0,1) + int((6-3*t)^2,t,1,2)))
     Vrms =
     3^(1/2)
```

练习 5.1　假设一个正弦电压为

$$v(t) = 150\cos(200\pi t - 30°)\ \text{V}$$

a. 试求角频率、频率、周期、峰值和有效值，并求出时间 $t = 0$ 以后 $v(t)$ 第一次出现正的最大值对应的时间 $t_{\max}$。b. 如果这个电压源对 $50\ \Omega$ 的电阻供电，试求电源的平均功率。c. 画出 $v(t)$ 随时间变化的波形。

答案： a. $\omega = 200\pi$，$f = 100\ \text{Hz}$，$T = 10\ \text{ms}$，$V_m = 150\ \text{V}$，$V_{\text{rms}} = 106.1\ \text{V}$，$t_{\max} = 30°/360° \times T = 0.833\ \text{ms}$；b. $P_{\text{avg}} = 225\ \text{W}$；c. $v(t)$ 随时间变化的波形如图 5.4 所示。

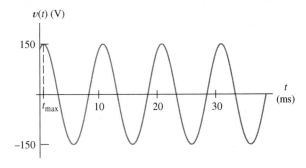

图 5.4　练习 5.1(c) 的答案

练习 5.2　试将表达式 $v(t) = 100\sin(300\pi t + 60°)\ \text{V}$ 转换为余弦函数形式。

答案： $v(t) = 100\cos(300\pi t - 30°)\ \text{V}$。

练习 5.3 假设一个为计算机供电的交流线路电压的有效值为 110 V,频率为 60 Hz,在 $t = 5$ ms 时出现电压峰值,试写出该交流电压的表达式。

答案: $v(t) = 155.6\cos(377t - 108°)$ V 。

5.2 相量

在后面的几节中,我们将发现如果将电流和电压用复平面的矢量(也被称为**相量**)表示,那么正弦交流电路的稳态分析将变得非常容易。请复习附录 A 中有关复数运算的内容,作为相量分析的预备知识。

本书从正弦量的加(或减)运算入手引入相量。在分析交流电路中经常会用到基尔霍夫电流定律(KCL)和基尔霍夫电压定律(KVL)。例如,对电路中的几个正弦电压应用 KVL,可获得下式:

$$v(t) = 10\cos(\omega t) + 5\sin(\omega t + 60°) + 5\cos(\omega t + 90°) \tag{5.23}$$

为了获得 $v(t)$ 的峰值和相位,将式(5.23)转换为

$$v(t) = V_m\cos(\omega t + \theta) \tag{5.24}$$

因此,可以多次应用三角恒等式以获得计算结果。然而,这种常规的计算方法非常烦琐,如果将式(5.23)右边的每一项用复平面上的矢量(即相量)来表示,就可以相对容易地进行相量的加法运算,然后将结果转换为要求的形式即可。

5.2.1 相量的定义

对于一个如下形式的正弦电压:

$$v_1(t) = V_1\cos(\omega t + \theta_1)$$

定义相量为

$$\mathbf{V}_1 = V_1\ \underline{/\theta_1}$$

因此,一个正弦量的相量是一个复数,其模为正弦量的峰值,并且具有相同的初相位。这里,我们用粗体字母表示相量。(实际上,工程师所用相量的模并不一致。在本章和第 6 章,我们以正弦量的峰值作为相量的模,这在电气工程师进行电路分析时是比较普遍的。然而,在第 14 章和第 15 章中,我们以正弦量的有效值作为相量的模,这通常是电力工程师所采用的方式 。判断是否为有效值相量时,关键看是否有 rms 下标。在本书中,如果相量没有 rms 下标,则为峰值相量。)

> 相量是表示正弦电压或者正弦电流的复数,其幅值等于正弦量的峰值,角度等于正弦量(写作余弦形式)的相位角。

如果一个正弦量的表达式为

$$v_2(t) = V_2\sin(\omega t + \theta_2)$$

首先,应用三角恒等式将其转换为余弦函数

$$\sin(z) = \cos(z - 90°) \tag{5.25}$$

有

$$v_2(t) = V_2\cos(\omega t + \theta_2 - 90°)$$

其相量为

$$\mathbf{V}_2 = V_2 \,\underline{/\theta_2 - 90°}$$

正弦电流的相量具有相同的形式。因此，对于电流

$$i_1(t) = I_1 \cos(\omega t + \theta_1)$$

和

$$i_2(t) = I_2 \sin(\omega t + \theta_2)$$

其相量分别为

$$\mathbf{I}_1 = I_1 \,\underline{/\theta_1}$$

和

$$\mathbf{I}_2 = I_2 \,\underline{/\theta_2 - 90°}$$

5.2.2　用相量实现正弦量相加

现在举例说明怎样用相量来合并式(5.23)的右边几项。在这次讨论中，将提供分析步骤，说明正弦量为什么能够用相量进行加法运算，最后得出一般的分析过程。

在合并式(5.23)之前，首先根据式(5.25)将所有的正弦量换用余弦函数表示，因此式(5.23)写成

$$v(t) = 10 \cos(\omega t) + 5 \cos(\omega t + 60° - 90°) + 5 \cos(\omega t + 90°) \tag{5.26}$$

$$v(t) = 10 \cos(\omega t) + 5 \cos(\omega t - 30°) + 5 \cos(\omega t + 90°) \tag{5.27}$$

根据附录 A 中的欧拉公式[见式(A.8)]，有

$$\cos(\theta) = \mathrm{Re}(e^{j\theta}) = \mathrm{Re}[\cos(\theta) + j\sin(\theta)] \tag{5.28}$$

其中 Re() 表示取圆括号中的实部。因此，式(5.27)可以写成

$$v(t) = 10 \,\mathrm{Re}\left[e^{j\omega t}\right] + 5 \,\mathrm{Re}\left[e^{j(\omega t - 30°)}\right] + 5 \,\mathrm{Re}\left[e^{j(\omega t + 90°)}\right] \tag{5.29}$$

已知当一个实数 A 与复数 Z 相乘时，实数 A 应与复数 Z 的实部和虚部分别相乘，上式变为

$$v(t) = \mathrm{Re}\left[10e^{j\omega t}\right] + \mathrm{Re}\left[5e^{j(\omega t - 30°)}\right] + \mathrm{Re}\left[5e^{j(\omega t + 90°)}\right] \tag{5.30}$$

进一步可得

$$v(t) = \mathrm{Re}\left[10e^{j\omega t} + 5e^{j(\omega t - 30°)} + 5e^{j(\omega t + 90°)}\right] \tag{5.31}$$

这表明几个复数之和的实部等于各实部之和。如果提出公因子 $e^{j\omega t}$，则式(5.31)变为

$$v(t) = \mathrm{Re}\left[(10 + 5e^{-j30°} + 5^{j90°})\, e^{j\omega t}\right] \tag{5.32}$$

将复数用极坐标形式表示，可得

$$v(t) = \mathrm{Re}\left[(10 \,\underline{/0°} + 5 \,\underline{/-30°} + 5 \,\underline{/90°})e^{j\omega t}\right] \tag{5.33}$$

将这些复数相加，可得

$$
\begin{aligned}
10 \,\underline{/0°} + 5 \,\underline{/-30°} + 5 \,\underline{/90°} &= 10 + 4.33 - j2.50 + j5 \\
&= 14.33 + j2.5 \\
&= 14.54 \,\underline{/9.90°} \\
&= 14.54 e^{j9.90°}
\end{aligned}
\tag{5.34}
$$

将该结果代入式(5.33)，有

$$v(t) = \mathrm{Re}\left[(14.54e^{j9.90°})\, e^{j\omega t}\right]$$

再将上式整理可得

$$v(t) = \text{Re}\left[14.54e^{j(\omega t + 9.90°)}\right] \tag{5.35}$$

再根据式(5.28),可得

$$v(t) = 14.54\cos(\omega t + 9.90°) \tag{5.36}$$

此时,我们最终获得了 $v(t)$ 的最简表达式。式(5.34)的左边几项即为式(5.27) $v(t)$ 表达式右边几项对应的相量。注意:将相量相加是合并正弦量必不可少的部分。

5.2.3 正弦量求和运算的基本步骤

> 为了计算正弦量的相加结果,我们首先将每个正弦量转换为相量形式,用复数运算法则将这些相量相加;然后,将求和结果表示为极坐标形式,就可以写出相应的正弦量函数表达式。

今后为了将正弦量相加,首先应写出求和项中每项对应的相量,再利用复数运算将相量相加,最后将求和结果转换为简化的表达式。

例 5.3　用相量实现正弦量求和运算

假设

$$v_1(t) = 20\cos(\omega t - 45°)$$
$$v_2(t) = 10\sin(\omega t + 60°)$$

试将它们之和 $v_s(t) = v_1(t) + v_2(t)$ 用一个正弦量表示。

> 在使用相量进行正弦量相加运算时,必须保证每个正弦量的频率值相等。
> 第1步:将正弦量转换为相量。

解:对应的相量为

$$\mathbf{V}_1 = 20 \underline{/-45°}$$
$$\mathbf{V}_2 = 10 \underline{/-30°}$$

注意:这里将 $\mathbf{V}_2$ 的相位减去 $90°$,因为 $v_2(t)$ 是一个正弦函数而不是余弦函数。

> 第2步:将相量进行复数相加运算。
> 第3步:将相量的和转换为极坐标形式。

其次,用复数运算进行相量相加,并把求和结果转换为极坐标形式。

$$
\begin{aligned}
\mathbf{V}_s &= \mathbf{V}_1 + \mathbf{V}_2 \\
&= 20 \underline{/-45°} + 10 \underline{/-30°} \\
&= 14.14 - j14.14 + 8.660 - j5 \\
&= 22.80 - j19.14 \\
&= 29.77 \underline{/-40.01°}
\end{aligned}
$$

> 第4步:写出求和结果的时间函数(时域)表达式。

因此,相量 $\mathbf{V}_s$ 的时域表达式为

$$v_s(t) = 29.77\cos(\omega t - 40.01°)$$

练习 5.4　用相量进行以下运算:

$$v_1(t) = 10\cos(\omega t) + 10\sin(\omega t)$$
$$i_1(t) = 10\cos(\omega t + 30°) + 5\sin(\omega t + 30°)$$
$$i_2(t) = 20\sin(\omega t + 90°) + 15\cos(\omega t - 60°)$$

答案：

$$v_1(t) = 14.14 \cos(\omega t - 45°)$$

$$i_1(t) = 11.18 \cos(\omega t + 3.44°)$$

$$i_2(t) = 30.4 \cos(\omega t - 25.3°)$$

5.2.4 相量与旋转矢量

已知正弦电压

$$v(t) = V_m \cos(\omega t + \theta)$$

为了建立相量的概念，将正弦电压写成

$$v(t) = \text{Re}\left[V_m e^{j(\omega t + \theta)}\right]$$

其中，方括号中的复数为

$$V_m e^{j(\omega t + \theta)} = V_m \underline{/\omega t + \theta}$$

这个复数用一个复平面上长度为 V_m、以 $\omega\,(\text{rad/s})$ 角速度逆时针旋转的矢量来表示，电压 $v(t)$ 为该矢量的实部，如图 5.5 所示。当这个矢量旋转时，它在实轴上的投影为该电压在当前时刻的大小，此旋转矢量在 $t = 0$ 时刻的映射即为该电压对应的相量。

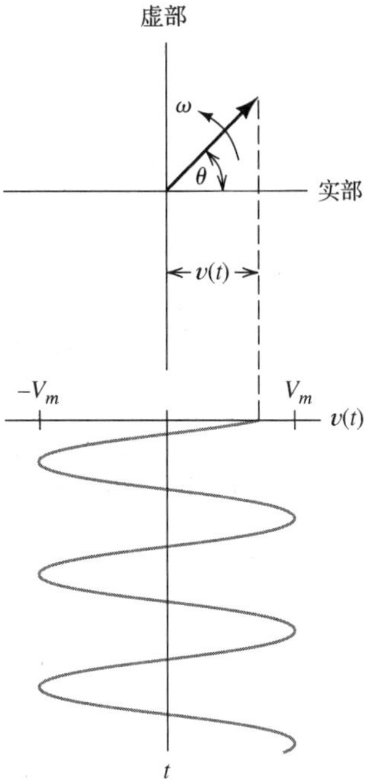

图 5.5　一个正弦量可用复平面上逆时针旋转的矢量的实部表示

> 正弦量可表示为一个在复平面上旋转的相量在实轴上的投影；正弦量的相量是 $t = 0$ 时刻正弦量对应的旋转矢量的映射。

5.2.5 相位关系

电流与电压之间的相位关系通常是很重要的。已知电压

$$v_1(t) = 3 \cos(\omega t + 40°)$$

和

$$v_2(t) = 4 \cos(\omega t - 20°)$$

其对应的相量为

$$\mathbf{V}_1 = 3\ \underline{/40°}$$

和

$$\mathbf{V}_2 = 4\ \underline{/-20°}$$

相量图如图 5.6 所示。注意 $\mathbf{V}_1$ 和 $\mathbf{V}_2$ 之间的角度为 $60°$，因为复数矢量按逆时针方向旋转，我们说 $\mathbf{V}_1$ 的相位超前 $\mathbf{V}_2$ 的相位 $60°$（$\mathbf{V}_1$ 超前 $\mathbf{V}_2$ $60°$，也可以说 $\mathbf{V}_2$ 滞后 $\mathbf{V}_1$ $60°$）。

> 为了明确一个相量图中各相量之间的相位关系，首先假设相量按逆时针方向旋转，然后选定一个初相位。如果相量 $\mathbf{V}_1$ 相比 $\mathbf{V}_2$ 首先到达，提前了相位角 θ，则我们说相量 $\mathbf{V}_1$ 超前 $\mathbf{V}_2$ θ 角度；反之，相量 $\mathbf{V}_2$ 滞后 $\mathbf{V}_1$ θ 角度。（注意：θ 是两个相量 $\mathbf{V}_1$ 与 $\mathbf{V}_2$ 之间夹角中较小的那个角。）

电压的大小由旋转矢量的实部获得，图 5.7 为 $v_1(t)$ 和 $v_2(t)$ 随 ωt 变化的波形图。注意：$v_1(t)$ 比 $v_2(t)$ 提前 $60°$ 达到峰值，这意味着 $v_1(t)$ 的相位超前 $v_2(t)$ 的相位 $60°$。

> 为了明确正弦量波形图中各正弦量之间的相位关系，我们首先计算两个正弦量波形正峰值之间最短距离的时间间隔 t_p。然后，计算相位角 $\theta = (t_p/T) \times 360°$。如果波形 $v_1(t)$ 的正峰值首先到达，则我们说正弦量 $v_1(t)$ 超前 $v_2(t)$，或者正弦量 $v_2(t)$ 滞后 $v_1(t)$。

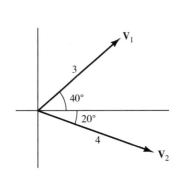

图 5.6　由于矢量按逆时针方向旋转，则 $\mathbf{V}_1$
　　　超前 $\mathbf{V}_2$ 60°（或 $\mathbf{V}_2$ 滞后 $\mathbf{V}_1$ 60°）

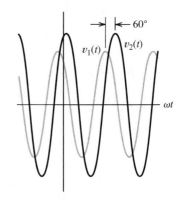

图 5.7　$v_1(t)$ 比 $v_2(t)$ 提前 60° 达到正
　　　峰值，即 $v_1(t)$ 超前 $v_2(t)$ 60°

练习 5.5　已知如下几个交流电压：

$$v_1(t) = 10\cos(\omega t - 30°)$$
$$v_2(t) = 10\cos(\omega t + 30°)$$
$$v_3(t) = 10\sin(\omega t + 45°)$$

试说明每两个电压之间的相位关系。（提示：找出每个电压的相量并画出相量图。）

答案：

v_1 滞后 v_2 60°（或 v_2 超前 v_1 60°）。

v_1 超前 v_3 15°（或 v_3 滞后 v_1 15°）。

v_2 超前 v_3 75°（或 v_3 滞后 v_2 75°）。

5.3　复阻抗

在本小节，我们将学习用相量表示正弦电压与电流，并进行正弦交流电路的稳态分析。与第 4 章学过的方法相比较，相量分析法要相对容易一些。除了采用复数计算，正弦稳态分析完全可以采用第 2 章所学过的电阻电路的分析方法。

5.3.1　电感

假设流过一个电感的正弦电流为

$$i_L(t) = I_m \sin(\omega t + \theta) \tag{5.37}$$

回忆一下电感两端的电压为

$$v_L(t) = L\frac{\mathrm{d}i_L(t)}{\mathrm{d}t} \tag{5.38}$$

将式(5.37)代入式(5.38)，经过推导可得

$$v_L(t) = \omega L I_m \cos(\omega t + \theta) \tag{5.39}$$

电流和电压相量为

$$\mathbf{I}_L = I_m\ \underline{/\theta - 90°} \tag{5.40}$$

和

$$\mathbf{V}_L = \omega L I_m \underline{/\theta} = V_m \underline{/\theta} \tag{5.41}$$

相量图如图 5.8(a)所示，相应的电流和电压波形如图 5.8(b)所示。注意：对于一个纯电感，其电流(相位)滞后电压(相位)90°。

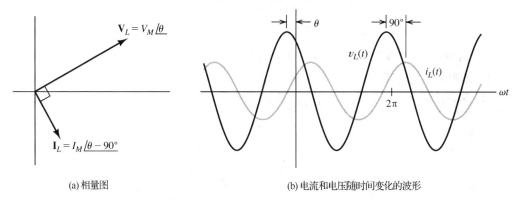

(a) 相量图　　　　　　　　　(b) 电流和电压随时间变化的波形

图 5.8　纯电感的电流滞后电压 90°

> 对于一个纯电感，其电流滞后电压 90°。

式(5.41)可以写成如下的形式：

$$\mathbf{V}_L = (\omega L \underline{/90°}) \times I_m \underline{/\theta - 90°} \tag{5.42}$$

将式(5.40)代入上式可得

$$\mathbf{V}_L = (\omega L \underline{/90°}) \times \mathbf{I}_L \tag{5.43}$$

又可以写成

$$\mathbf{V}_L = \mathrm{j}\omega L \times \mathbf{I}_L \tag{5.44}$$

将 $\mathrm{j}\omega L = \omega L \underline{/90°}$ 称为电感的**复阻抗**，并记为 Z_L，可得

$$Z_L = \mathrm{j}\omega L = \omega L \underline{/90°} \tag{5.45}$$

和

$$\mathbf{V}_L = Z_L \mathbf{I}_L \tag{5.46}$$

因此，电压相量等于复阻抗乘以电流相量，这就是欧姆定律的相量形式。这里，电感的复阻抗是虚数，而电阻是实数(如果阻抗是纯虚数，也将其称为**电抗**)。

> 式(5.46)表明，电感的电压相量和电流相量仍然可以表示为欧姆定律的形式。

5.3.2　电容

同理，对于电容而言，如果其电流和电压都为正弦量，则相量关系为

$$\mathbf{V}_C = Z_C \mathbf{I}_C \tag{5.47}$$

其中，电容的复阻抗为

$$Z_C = -\mathrm{j}\frac{1}{\omega C} = \frac{1}{\mathrm{j}\omega C} = \frac{1}{\omega C} \underline{/-90°} \tag{5.48}$$

注意：电容的复阻抗也是一个纯虚数。

假设电压相量为

$$\mathbf{V}_C = V_m \underline{/\theta}$$

那么电流相量为

$$\mathbf{I}_C = \frac{\mathbf{V}_C}{Z_C} = \frac{V_m \underline{/\theta}}{(1/\omega C) - \underline{/90°}} = \omega C V_m \underline{/\theta + 90°}$$

$$\mathbf{I}_C = I_m \underline{/\theta + 90°}$$

其中，$I_m = \omega C V_m$。纯电容元件的电压和电流的相量图如图 5.9(a) 所示，其波形如图 5.9(b) 所示。注意：对于纯电容，电流超前电压 90°。(另一方面，电感电流滞后于电压。)

> 对于一个纯电容，其电流超前电压 90°。

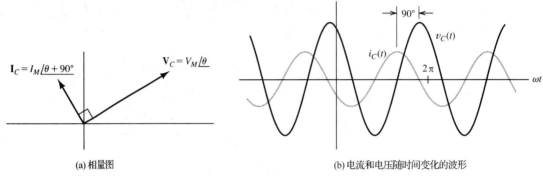

(a) 相量图   (b) 电流和电压随时间变化的波形

图 5.9 纯电容的电流超前电压 90°

5.3.3 电阻

对于电阻，其电流和电压的相量关系为

$$\mathbf{V}_R = R\mathbf{I}_R \tag{5.49}$$

由于电阻是一个实数，其电压与电流同相，相量图和波形图如图 5.10 所示。

> 电阻的电压与电流同相。

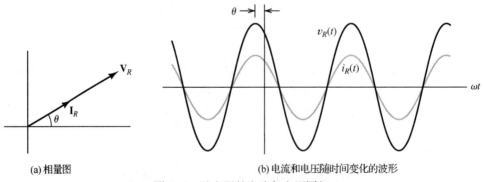

(a) 相量图   (b) 电流和电压随时间变化的波形

图 5.10 纯电阻的电流与电压同相

5.3.4 复阻抗的串联与并联

当电感、电容和电阻串联或者并联时，其复阻抗的串/并联形式与电阻的串/并联形式是一致的。(回顾一下，多个电容串联的等效电容形式与多个电阻的并联形式是一致的，但是多个电容的复阻抗串联形式则与电阻的阻抗串联形式是一致的。)

例 5.4　复阻抗的串联与并联等效

当 $\omega = 1000$ rad/s 时，计算图 5.11(a) 中端口的复阻抗。

解：首先，电感的复阻抗为 $j\omega L = j100\ \Omega$，电容的复阻抗为 $-j/(\omega C) = -j80\ \Omega$。这些值见图 5.11(b)。

接下来，我们看到 $200\ \Omega$ 的电阻与串联的复阻抗 $100 + j100\ \Omega$ 是并联的，因此等效复阻抗如下：

$$\frac{1}{1/100 + 1/(100 + j100)} = 80 + j40\ \Omega$$

此等效复阻抗示于图 5.11(c) 中。（我们用矩形框表示不同类型元件的等效复阻抗。）

然后，可以看到 5.11(c) 中的两个元件是串联关系，其复阻抗值相加如下：

$$-j80 + 80 + j40 = 80 - j40 = 89.44 - 26.57\ \Omega$$

如图 5.11(d) 所示。

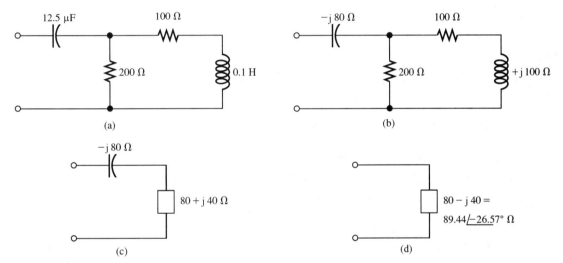

图 5.11　例 5.4 的电路

练习 5.6　一个电压 $v_L(t) = 100\cos(200t)$ V 加在 0.25 H 的电感两端（注意到 $\omega = 200$）。a. 试求电感的复阻抗、电流相量和电压相量；b. 画出相量图。

答案：a. $Z_L = j50 = 50\underline{/90°}\ \Omega$，$\mathbf{I}_L = 2\underline{/-90°}$ A，$\mathbf{V}_L = 100\underline{/0°}$ V；b. 相量图如图 5.12(a) 所示。

练习 5.7　一个电压 $v_C(t) = 100\cos(200t)$ V 加在 $100\ \mu$F 的电容两端。a. 试求电容的复阻抗、电流相量和电压相量；b. 画出相量图。

答案：a. $Z_C = -j50 = 50\underline{/-90°}\ \Omega$，$\mathbf{I}_C = 2\underline{/90°}$ A，$\mathbf{V}_C = 100\underline{/0°}$ V；b. 相量图如图 5.12(b) 所示。

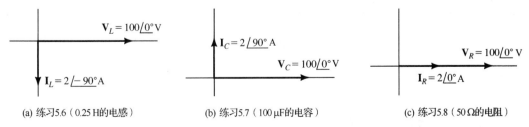

(a) 练习 5.6（0.25 H 的电感）　　(b) 练习 5.7（100 μF 的电容）　　(c) 练习 5.8（50 Ω 的电阻）

图 5.12　练习 5.6、练习 5.7 和练习 5.8 的答案。为了使电流相量可见，已将其按比例放大了

练习 5.8 一个电压 $v_R(t) = 100\cos(200t)$ 加在 50 Ω 的电阻两端。a. 试求电流相量和电压相量；b. 画出相量图。

答案： a. $\mathbf{I}_R = 2\underline{/0°}$ A，$\mathbf{V}_R = 100\underline{/0°}$ V；b. 相量图如图 5.12(c)所示。

5.4 使用相量和复阻抗进行电路分析

5.4.1 基尔霍夫定律的相量形式

回顾对基尔霍夫电压定律(KVL)的描述，电路中任何闭合回路中电压的代数和为零。其典型表达式为

$$v_1(t) + v_2(t) - v_3(t) = 0 \tag{5.50}$$

如果电压都是正弦量，则可以用相量表示。上式变为

$$\mathbf{V}_1 + \mathbf{V}_2 - \mathbf{V}_3 = 0 \tag{5.51}$$

因此，可以直接列出相量的 KVL，即任何闭合回路中电压的相量和等于零。

类似地，基尔霍夫电流定律(KCL)也可以写成电流的相量形式，流入一个节点的电流相量之和一定等于流出该节点的电流相量之和。

5.4.2 用相量和复阻抗进行电路分析

我们已经知道电流和电压相量由复阻抗联系起来，基尔霍夫定律也可以用相量表示。除了电压、电流和复阻抗为复数形式，正弦交流电路的方程形式与电阻电路完全一致。

对正弦交流电路进行稳态分析的步骤如下。

1. 将时域表达式的电压源和电流源用相量代替(所有电源的频率必须相同)。
2. 将电感用复阻抗 $Z_L = j\omega L = \omega L \underline{/90°}$ 代替，将电容用复阻抗 $Z_C = 1/j\omega C = (1/\omega C)\underline{/-90°}$ 代替，电阻的阻抗就是其本身。
3. 运用第 2 章学过的各种方法进行电路分析，并进行复数运算。

例 5.5 串联电路的交流稳态分析

试求图 5.13(a)中电路的电流稳态值，同时，求出每个元件的电压相量，并画出相量图。

> **第 1 步：** 用相应的相量替换电压源的时域形式。

解： 从给定电压源 $v_s(t)$ 的表达式可知，其峰值电压为 100 V，角频率 $\omega = 500$ rad/s，相位角为 30°。则电压源的相量为

$$\mathbf{V}_s = 100 \underline{/30°} \text{ V}$$

> **第 2 步：** 用复阻抗替换电感和电容。

电感和电容的复阻抗为

$$Z_L = j\omega L = j500 \times 0.3 = j150 \text{ Ω}$$

和

$$Z_C = -j\frac{1}{\omega C} = -j\frac{1}{500 \times 40 \times 10^{-6}} = -j50 \text{ Ω}$$

> **第 3 步：** 用复数运算来分析电路。

图 5.13(b)的电路元件表示为相量形式。三个元件均为串连，因此，将三个元件的复阻抗相加，

得到电路的等效复阻抗为

$$Z_{eq} = R + Z_L + Z_C$$

代入每个复阻抗的数值，

$$Z_{eq} = 100 + j150 - j50 = 100 + j100 \ \Omega$$

将其转换为极坐标形式，有

$$Z_{eq} = 141.4 \ \underline{/45°} \ \Omega$$

现在，将电压相量除以等效复阻抗，得电流相量

$$\mathbf{I} = \frac{\mathbf{V}_s}{Z} = \frac{100 \ \underline{/30°}}{141.4 \ \underline{/45°}} = 0.707 \ \underline{/-15°} \ \text{A}$$

电流的时域表达式为

$$i(t) = 0.707 \cos(500t - 15°) \ \text{A}$$

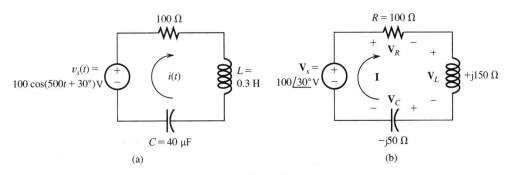

图 5.13　例 5.5 的电路

这里，将电流相量乘以每个元件的复阻抗，可得其电压相量

$$\mathbf{V}_R = R \times \mathbf{I} = 100 \times 0.707 \ \underline{/-15°} = 70.7 \ \underline{/-15°} \ \text{V}$$

$$\mathbf{V}_L = j\omega L \times \mathbf{I} = \omega L \ \underline{/90°} \times \mathbf{I} = 150 \ \underline{/90°} \times 0.707 \ \underline{/-15°}$$

$$= 106.1 \ \underline{/75°} \ \text{V}$$

$$\mathbf{V}_C = -j\frac{1}{\omega C} \times \mathbf{I} = \frac{1}{\omega C} \ \underline{/-90°} \times \mathbf{I} = 50 \ \underline{/-90°} \times 0.707 \ \underline{/-15°}$$

$$= 35.4 \ \underline{/-105°} \ \text{V}$$

电压和电流的相量图如图 5.14 所示。注意到电流 $\mathbf{I}$ 滞后电压源 $\mathbf{V}_s$ 45°。正如预期，电阻电压 $\mathbf{V}_R$ 与电流 $\mathbf{I}$ 同相，电感电压 $\mathbf{V}_L$ 超前电流 $\mathbf{I}$ 90°，电容电压 $\mathbf{V}_C$ 滞后电流 $\mathbf{I}$ 90°。

例 5.6　复阻抗的串并联等效

如图 5.15(a) 所示的电路，试求电压 $v_C(t)$ 的稳态值，并计算每个元件的电流相量，画出电流和电压源的相量图。

第 1 步：用相应的相量替换电压源的时域形式。

解： 电压源的相量为 $\mathbf{V}_s = 10 \ \underline{/-90°} \ \text{V}$。[注意：$v_s(t)$ 是正弦函数而不是余弦函数，因此有必要将相位减去 90°。] 其角频率 $\omega = 1000 \ \text{rad/s}$。

第 2 步：用复阻抗替换电感和电容。

电感和电容的复阻抗为

$$Z_L = j\omega L = j1000 \times 0.1 = j100 \ \Omega$$

和

$$Z_C = -j\frac{1}{\omega C} = -j\frac{1}{1000 \times 10 \times 10^{-6}} = -j100 \ \Omega$$

电路的相量形式如图 5.15(b) 所示。

第 3 步：用复数运算来分析电路。

为了求得 $\mathbf{V}_C$，首先将并联的电阻和电容进行合并。接着，运用分压公式获得 RC 并联部分的电压。RC 并联部分的阻抗为

$$Z_{RC} = \frac{1}{1/R + 1/Z_C} = \frac{1}{1/100 + 1/(-j100)}$$

$$= \frac{1}{0.01 + j0.01} = \frac{1\ \underline{/0°}}{0.01414\ \underline{/45°}} = 70.71\ \underline{/-45°}\ \Omega$$

将其转换为极坐标形式可得

$$Z_{RC} = 50 - j50 \ \Omega$$

并联简化后的等效电路如图 5.15(c) 所示。

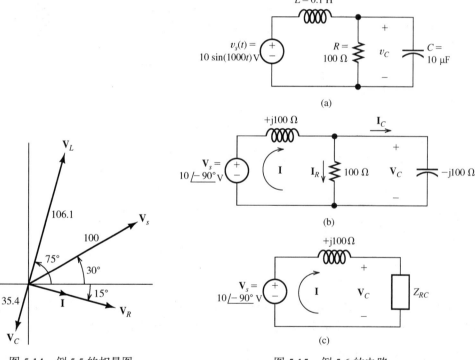

图 5.14 例 5.5 的相量图   图 5.15 例 5.6 的电路

现在，由分压公式可得

$$\mathbf{V}_C = \mathbf{V}_s \frac{Z_{RC}}{Z_L + Z_{RC}} = 10\ \underline{/-90°}\ \frac{70.71\ \underline{/-45°}}{j100 + 50 - j50}$$

$$= 10\ \underline{/-90°}\ \frac{70.71\ \underline{/-45°}}{50 + j50} = 10\ \underline{/-90°}\ \frac{70.71\ \underline{/-45°}}{70.71\ \underline{/45°}}$$

$$= 10\ \underline{/-180°}\ V$$

将电压相量转换为时域表达式，可得

$$v_C(t) = 10\cos(1000t - 180°) = -10\cos(1000t) \text{ V}$$

最后，可得每个元件的电流为

$$\mathbf{I} = \frac{\mathbf{V}_s}{Z_L + Z_{RC}} = \frac{10\ \underline{/-90°}}{j100 + 50 - j50} = \frac{10\ \underline{/-90°}}{50 + j50}$$

$$= \frac{10\ \underline{/-90°}}{70.71\ \underline{/45°}} = 0.1414\ \underline{/-135°}\text{ A}$$

$$\mathbf{I}_R = \frac{\mathbf{V}_C}{R} = \frac{10\ \underline{/-180°}}{100} = 0.1\ \underline{/-180°}\text{ A}$$

$$\mathbf{I}_C = \frac{\mathbf{V}_C}{Z_C} = \frac{10\ \underline{/-180°}}{-j100} = \frac{10\ \underline{/-180°}}{100\ \underline{/-90°}} = 0.1\ \underline{/-90°}\text{ A}$$

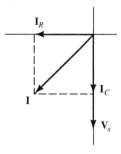

图 5.16　例 5.6 的相量图

其相量图如图 5.16 所示。

5.4.3　节点电压分析

我们可以用相量表示节点电压来分析我们第 2 章的一个例子。

例 5.7　利用节点电压分析法的交流稳态分析

利用节点电压分析法求图 5.17(a) 的电路中 $v_1(t)$ 的稳态值。

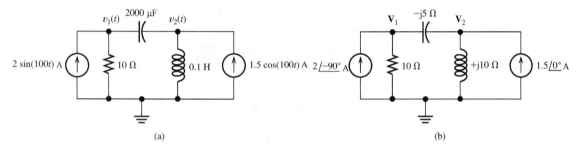

图 5.17　例 5.7 的电路

解：复阻抗变换后的电路如图 5.17(b) 所示，在节点 1 和节点 2 运用基尔霍夫电压定律可以得到两个等式

$$\frac{\mathbf{V}_1}{10} + \frac{\mathbf{V}_1 - \mathbf{V}_2}{-j5} = 2\ \underline{/-90°}$$

$$\frac{\mathbf{V}_2}{j10} + \frac{\mathbf{V}_2 - \mathbf{V}_1}{-j5} = 1.5\ \underline{/0°}$$

这些等式可以写成

$$(0.1 + j0.2)\mathbf{V}_1 - j0.2\mathbf{V}_2 = -j2$$
$$-j0.2\mathbf{V}_1 + j0.1\mathbf{V}_2 = 1.5$$

求得

$$\mathbf{V}_1 = 16.1\ \underline{/29.7°}\text{ V}$$

现在，我们把这个相量转化为时域表达式，可得

$$v_1(t) = 16.1\cos(100t + 29.7°)\text{ V}$$

5.4.4　网孔电流分析

同样，我们用相量分析电路的网孔电流。

例 5.8　利用网孔电流分析法的交流稳态分析

利用网孔电流分析法计算图 5.18(a)中电流 $i_1(t)$ 的稳态值。

解： 首先，我们注意到电路中的电压源和电流源的角频率均为 $\omega = 1000\ \text{rad/s}$。因此，电感的复阻抗 $j\omega L = \text{j}50\ \Omega$，而电容的复阻抗 $-\text{j}/(\omega C) = -\text{j}100\ \Omega$。重新绘制复阻抗形式的电路见图 5.18(b)。

接下来，采用 KVL 列写等式。目前，不能用网孔 1 或者网孔 2 列写表达式，因为不知道电流源的端电压。但可以对电路外周列写 KVL 等式如下：

$$\text{j}100 + 50\mathbf{I}_1 + 100\mathbf{I}_2 - \text{j}100\,\mathbf{I}_2 + \text{j}50\,\mathbf{I}_2 = 0$$

向上流过电流源的电流计算如下：

$$\mathbf{I}_2 - \mathbf{I}_1 = 1$$

将以上两个等式转换为标准形式，即

$$50\mathbf{I}_1 + (100 - \text{j}50)\,\mathbf{I}_2 = -\text{j}100$$

$$-\mathbf{I}_1 + \mathbf{I}_2 = 1$$

求解上式，得到

$$\mathbf{I}_1 = 0.7071\ \underline{/-135^\circ}\,\text{A} \quad \text{或} \quad i_1(t) = 0.7071\cos(1000t - 135^\circ)\ \text{A}$$

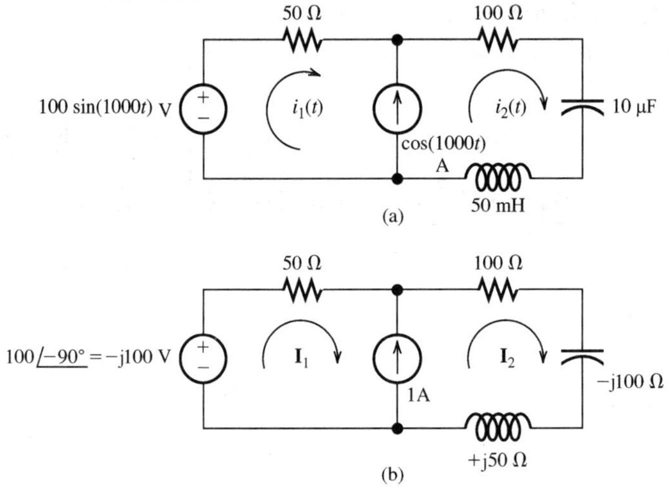

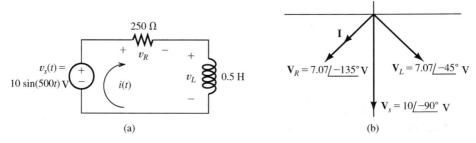

图 5.18　例 5.8 的电路

练习 5.9　已知如图 5.19(a)所示的电路。a. 试求 $i(t)$；b. 画出三个电压和电流的相量图；c. 说明 $v_s(t)$ 和 $i(t)$ 的相位关系。

图 5.19　练习 5.9 的电路和相量图

答案：a. $i(t) = 0.0283\cos(500t - 135°)$ A；b. 相量图如图 5.19 (b) 所示；c. $i(t)$ 滞后 $v_s(t)$　45°。

练习 5.10　试求图 5.20 的电路中每个元件的电压和电流相量。

答案：$\mathbf{V} = 277\underline{/-56.3°}$ V，$\mathbf{I}_C = 5.55\underline{/33.7°}$ A，$\mathbf{I}_L = 1.39\underline{/-146.3°}$ A，$\mathbf{I}_R = 2.77\underline{/-56.3°}$ A。

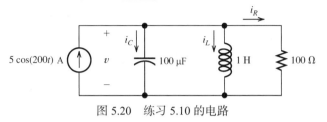

图 5.20　练习 5.10 的电路

练习 5.11　求图 5.21 的电路中的网孔电流。

答案：$i_1(t) = 1.414\cos(1000t - 45°)$ A，$i_2(t) = \cos(1000t)$ A。

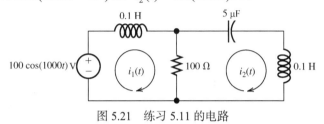

图 5.21　练习 5.11 的电路

5.5　交流电路的功率

如图 5.22 所示，电压 $v(t) = V_m\cos(\omega t)$ 对一个由电阻、电感和电容构成的网络（即 RLC 网络）供电，电压源的相量为 $\mathbf{V} = V_m\underline{/0°}$，该网络的等效阻抗为 $Z = |Z|\underline{/\theta} = R + \mathrm{j}X$。则电流相量为

$$\mathbf{I} = \frac{\mathbf{V}}{Z} = \frac{V_m\underline{/0°}}{|Z|\underline{/\theta}} = I_m\underline{/-\theta} \tag{5.52}$$

其中

$$I_m = \frac{V_m}{|Z|} \tag{5.53}$$

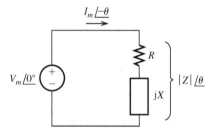

在计算电源对一般性负载提供的功率之前，应分别分析负载为纯电阻、纯电感或纯电容的情形。

图 5.22　电压源对阻抗为 $Z = R + \mathrm{j}X$ 的负载供电

5.5.1　电阻性负载的电流、电压和功率

首先分析负载为纯电阻的情形。由于负载的初相位 $\theta = 0$，有

$$v(t) = V_m\cos(\omega t)$$
$$i(t) = I_m\cos(\omega t)$$
$$p(t) = v(t)i(t) = V_mI_m\cos^2(\omega t)$$

这些电量的波形如图 5.23 所示。注意：电流与电压同相（即在相同时刻达到峰值）。因为 $p(t)$ 在任何时刻都为正值，说明电源不断地向负载输出能量（即负载将电能转换为热能）。当然，随着电压（以及电流）幅值的波动，功率的大小也随时间波动。

在交流电路中，电阻吸收平均功率。

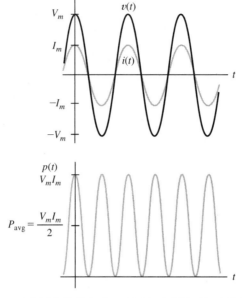

图 5.23 纯电阻负载的电流、电压和功率随时间变化的波形

5.5.2 电感性负载的电流、电压和功率

接下来，分析负载为纯电感的情形，其复阻抗 $Z = \omega L\ \underline{/90°}$。由于负载的初相位 $\theta = 90°$，有

$$v(t) = V_m \cos(\omega t)$$

$$i(t) = I_m \cos(\omega t - 90°) = I_m \sin(\omega t)$$

$$p(t) = v(t)i(t) = V_m I_m \cos(\omega t) \sin(\omega t)$$

根据三角恒等式 $\cos(x)\sin(x) = (1/2)\sin(2x)$，则功率的表达式变为

$$p(t) = \frac{V_m I_m}{2} \sin(2\omega t)$$

> 在交流电路中，电感的功率有输出、有输入，其吸收的平均功率为零。

这些电量的波形见图 5.24(a)。注意：电流滞后电压 90°。半个周期的功率为正值，表明电感吸收电能并储存在磁场中；另外半个周期的功率为负值，表明电感将储存的能量释放给电源；注意到平均功率为零，说明**无功功率**在电源与负载之间来回流动。

5.5.3 电容性负载的电流、电压和功率

最后，分析负载为纯电容的情形，其复阻抗 $Z = (1/\omega C)\underline{/-90°}$。由于负载的初相位 $\theta = -90°$，有

$$v(t) = V_m \cos(\omega t)$$

$$i(t) = I_m \cos(\omega t + 90°) = -I_m \sin(\omega t)$$

$$p(t) = v(t)i(t) = -V_m I_m \cos(\omega t) \sin(\omega t)$$

$$= -\frac{V_m I_m}{2} \sin(2\omega t)$$

> 在交流电路中，电容的功率有输出、有输入，其吸收的平均功率为零。

这些电量的波形见图 5.24(b)。同样，电容的平均功率也为零，即无功功率在电源与负载之间来回流动。注意：电容功率的极性正好与电感的相反。因此，约定电感的无功功率为正，而电容

的无功功率为负。如果负载中既有电感又有电容，而且无功功率的大小相等，那么总的无功功率
则被相互抵消。

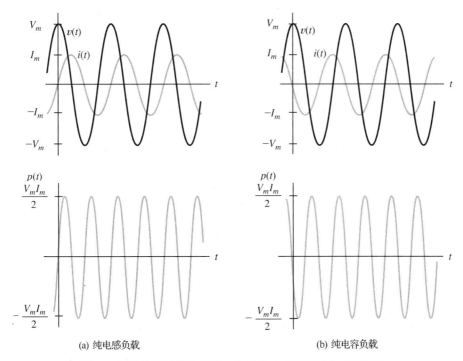

(a) 纯电感负载　　　　　　　　　　　　　　(b) 纯电容负载

图 5.24　纯储能元件的电流、电压和功率随时间变化的波形

5.5.4　无功功率的重要性

> 流入和流出电感与电容的功率被称为无功功率，无功功率非常重要，因为其在输电线路和配电线路的
> 变压器上引起功率损耗。

虽然纯储能元件(电感或电容)的平均功率为零，电气工程师仍然重视无功功率，这是因为输
电线路、变压器、熔断器以及其他元件都要承受与无功功率相关的大电流。如果负载中含有储能
元件，即使负载几乎不消耗无功功率，由于导线中的大电流，也会要求提高导线的额定值或选用
高质量的导线。因此，供电公司既对工业用户的总电量收取费用，同时对无功功率也要(按照相对
较低的比例)收取一定费用。

5.5.5　一般负载功率的计算

现在来计算一般 RLC 负载的电压、电流和功率，即负载的初相位 θ 为 $-90°\sim+90°$ 之间的任意
值，有

$$v(t) = V_m \cos(\omega t) \tag{5.54}$$

$$i(t) = I_m \cos(\omega t - \theta) \tag{5.55}$$

$$p(t) = V_m I_m \cos(\omega t) \cos(\omega t - \theta) \tag{5.56}$$

应用三角恒等式

$$\cos(\omega t - \theta) = \cos(\theta)\cos(\omega t) + \sin(\theta)\sin(\omega t)$$

则式(5.56)可转换为

$$p(t) = V_mI_m \cos(\theta) \cos^2(\omega t) + V_mI_m \sin(\theta) \cos(\omega t) \sin(\omega t) \tag{5.57}$$

再运用等式

$$\cos^2(\omega t) = \frac{1}{2} + \frac{1}{2} \cos(2\omega t)$$

和

$$\cos(\omega t) \sin(\omega t) = \frac{1}{2} \sin(2\omega t)$$

则式(5.57)可写为

$$p(t) = \frac{V_mI_m}{2} \cos(\theta)[1 + \cos(2\omega t)] + \frac{V_mI_m}{2} \sin(\theta) \sin(2\omega t) \tag{5.58}$$

注意，含有 $\cos(2\omega t)$ 和 $\sin(2\omega t)$ 两部分的平均值为零，因此，平均功率为

$$P = \frac{V_mI_m}{2} \cos(\theta) \tag{5.59}$$

再应用关系式 $V_{\text{rms}} = V_m / \sqrt{2}$ 和 $I_{\text{rms}} = I_m / \sqrt{2}$，则平均功率的表达式为

$$P = V_{\text{rms}}I_{\text{rms}} \cos(\theta) \tag{5.60}$$

功率的单位为瓦特(W)。

5.5.6 功率因数

$\cos(\theta)$ 项被称为**功率因数**(Power Factor，PF)：

$$\text{PF} = \cos(\theta) \tag{5.61}$$

> 功率因数是 $\cos(\theta)$，θ 是电流滞后于电压的相位角(如果电流超前于电压，则 θ 为负值)。

为了简化分析过程，我们假设电压的初相位为零。通常电压的初相位为非零值，则 θ 为电压的初相位 θ_v 与电流的初相位 θ_i 之差，或

$$\theta = \theta_v - \theta_i \tag{5.62}$$

有时，θ 也被称为**功率角**。

> 通常将功率因数用百分数表示。
> 如果电流滞后于电压，则功率因数为电感性或者滞后性；反之，如果电流超前于电压，则功率因数为电容性或者超前性。

通常将功率因数用百分数表示，并且应说明电流是超前(电容性负载)还是滞后(电感性负载)于电压。功率因数的典型值是滞后 90%，意味着 $\cos(\theta) = 0.9$，且电流滞后于电压。

5.5.7 无功功率

在交流电路中，能量不断在储能元件(电感和电容)中流进和流出。例如，当电容电压的幅值增加时，电容吸收能量；当电压幅值减小时，电容释放能量。类似地，当电流幅值增加时，电感吸收能量。虽然瞬时功率很大，但是一个理想电容或理想电感在每个周期吸收的能量为零。

当一个电容和电感并联(或串联)时，能量从一个元件流入的同时又从另一个元件流出。因此，在每个时刻电容的能量趋于与电感的能量相互抵消。

> 无功功率 Q 的单位是乏(VAR)。

无功功率被定义为一般负载中储能元件瞬时功率的峰值，由式(5.58)，有

$$Q = V_{\text{rms}}I_{\text{rms}} \sin(\theta) \tag{5.63}$$

其中，θ 为式(5.62)中的功率角，V_{rms} 为负载电压的有效值(或均方根值)，I_{rms} 为负载电流的有效值(或均方根值)。(注意：纯电阻负载的 $\theta = 0$ 和 $Q = 0$。)

无功功率的量纲也是瓦特。然而，为了强调 Q 并不代表为电路提供的有效能量，其单位通常为乏(VAR)。

5.5.8　视在功率

> 视在功率是电压有效值和电流有效值的乘积，其单位是伏安(VA)。

还有一种电量被称为**视在功率**，定义为电压有效值和电流有效值的乘积，即

$$视在功率 = V_{\text{rms}}I_{\text{rms}}$$

其单位为伏安(VA)。

由式(5.60)和式(5.63)可得

$$P^2 + Q^2 = (V_{\text{rms}}I_{\text{rms}})^2 \cos^2(\theta) + (V_{\text{rms}}I_{\text{rms}})^2 \sin^2(\theta)$$

由 $\cos^2(\theta) + \sin^2(\theta) = 1$，得

$$P^2 + Q^2 = (V_{\text{rms}}I_{\text{rms}})^2 \tag{5.64}$$

5.5.9　单位

通过上述电量的单位可以判断功率是有功功率(W)、无功功率(VAR)还是视在功率(VA)。例如，如果有一个 5 kW 的负载，就意味着有功功率 $P = 5$ kW。另一方面，如果有一个 5 kVA 的负载，即视在功率 $V_{\text{rms}}I_{\text{rms}} = 5$ kVA。如果说一个负载的吸收功率为 5 kVAR，则表示无功功率 $Q = 5$ kVAR。

5.5.10　功率三角形

> 采用功率三角形可精确地表示交流功率的相互关系。

有功功率 P、无功功率 Q、视在功率 $V_{\text{rms}}I_{\text{rms}}$ 与功率角 θ 之间的关系可由**功率三角形**来表示。图 5.25(a)为电感性负载的功率三角形，其中 θ 和 Q 为正值。图 5.25(b)为电容性负载的功率三角形，其中 θ 和 Q 为负值。

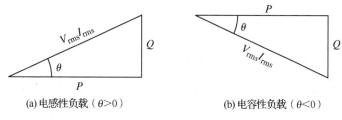

(a)电感性负载（$\theta > 0$）　　　　　　(b)电容性负载（$\theta < 0$）

图 5.25　电感性负载和电容性负载的功率三角形

5.5.11　其他功率关系

对于复阻抗 Z，

$$Z = |Z| \underline{/\theta} = R + jX$$

其中，R 为负载的电阻，X 为电抗，三者的关系如图 5.26 所示，可得

$$\cos(\theta) = \frac{R}{|Z|} \tag{5.65}$$

和

$$\sin(\theta) = \frac{X}{|Z|} \tag{5.66}$$

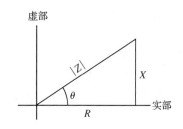

图 5.26　复平面上表示的负载阻抗

将式(5.65)代入式(5.59)，得

$$P = \frac{V_m I_m}{2} \times \frac{R}{|Z|} \tag{5.67}$$

由式(5.53)有 $I_m = V_m/|Z|$，代入上式，有

$$P = \frac{I_m^2}{2} R \tag{5.68}$$

再根据 $I_{\text{rms}} = I_m / \sqrt{2}$，得到有功功率为

$$P = I_{\text{rms}}^2 R \tag{5.69}$$

　　　在式(5.69)中，R 是电流流过的复阻抗的实部。

同理，可得无功功率

$$Q = I_{\text{rms}}^2 X \tag{5.70}$$

　　　在式(5.70)中，X 是电流流过的复阻抗的虚部，含正负符号。

在应用式(5.70)时保留了 X 的极性符号。对于电感性负载，X 为正值，而电容性负载的 X 为负值。

　　　电感性负载的无功功率 Q 是正值，电容性负载的无功功率是负值。

　　　在 5.1 节中已知电阻的平均功率为

$$P = \frac{V_{R\text{rms}}^2}{R} \tag{5.71}$$

其中，$V_{R\text{rms}}$ 为电阻电压的有效值。(注意：在图 5.22 中，电源电压没有全部加在电阻上，因为有电抗与该电阻串联。)

　　　在式(5.71)中，$V_{R\text{rms}}$ 为电阻电压的有效值。

　　　类似地，我们有

$$Q = \frac{V_{X\text{rms}}^2}{X} \tag{5.72}$$

其中，$V_{X\text{rms}}$ 为电抗电压的有效值。同样的，电感性负载的电抗 X 的极性为正，而电容性负载的电抗 X 的极性为负。

　　　在式(5.72)中，$V_{X\text{rms}}$ 为电抗电压的有效值。

5.5.12　复功率

　　　已知图 5.27 为一电路的部分电路。**复功率**(用 **S** 表示)定义为电压相量 **V** 与电流相量 **I***复共轭的乘积的一半，即

$$\mathbf{S} = \frac{1}{2}\mathbf{V}\mathbf{I}^* \tag{5.73}$$

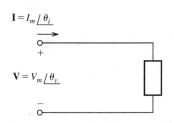

图 5.27　该电路元件的复功率为 $\mathbf{S} = \dfrac{1}{2}\mathbf{V}\mathbf{I}^*$

电压相量 $\mathbf{V} = V_m \underline{/\theta_v}$，$V_m$ 是电压幅值，θ_v 是电压的初相位。此外，相量 $\mathbf{I} = I_m \underline{/\theta_i}$，$I_m$ 是电流幅值，θ_i 是电流的初相位。代入式(5.73)，可得

$$\mathbf{S} = \frac{1}{2}\mathbf{V}\mathbf{I}^* = \frac{1}{2}(V_m \underline{/\theta_v}) \times (I_m \underline{/-\theta_i}) = \frac{V_m I_m}{2} \underline{/\theta_v - \theta_i} = \frac{V_m I_m}{2} \underline{/\theta} \tag{5.74}$$

这里，$\theta = \theta_v - \theta_i$ 表示功率角，把式(5.74)最右边的部分写成实部与虚部的形式，有

$$\mathbf{S} = \frac{V_m I_m}{2} \cos(\theta) + \mathrm{j} \frac{V_m I_m}{2} \sin(\theta)$$

上式中，实部表示电路的平均功率，虚部表示无功功率，有

$$\mathbf{S} = \frac{1}{2}\mathbf{V}\mathbf{I}^* = P + \mathrm{j}Q \tag{5.75}$$

这样，如果获得了复功率，就可以分别得到平均功率、无功功率以及视在功率如下：

$$P = \mathrm{Re}(\mathbf{S}) = \mathrm{Re}\left(\frac{1}{2}\mathbf{V}\mathbf{I}^*\right) \tag{5.76}$$

$$Q = \mathrm{Im}(\mathbf{S}) = \mathrm{Im}\left(\frac{1}{2}\mathbf{V}\mathbf{I}^*\right) \tag{5.77}$$

$$视在功率 = |\mathbf{S}| = \left|\frac{1}{2}\mathbf{V}\mathbf{I}^*\right| \tag{5.78}$$

$\mathrm{Re}(\mathbf{S})$ 表示 $\mathbf{S}$ 的实部，$\mathrm{Im}(\mathbf{S})$ 表示 $\mathbf{S}$ 的虚部。

例 5.9 交流电路的功率计算

计算例 5.6 的电路从电源获得的有功功率和无功功率，并计算每个元件的有功功率和无功功率。为了方便起见，例 5.6 的电路和待计算的电流已显示在图 5.28 中。

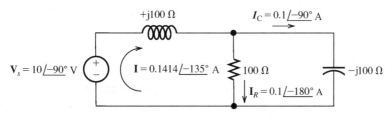

图 5.28 例 5.9 的电路

解： 为了计算电源输出的有功功率和无功功率，首先，由式(5.62)确定功率角：

$$\theta = \theta_v - \theta_i$$

已知电源电压的初相位为 $\theta_v = -90°$，而电流的初相位为 $\theta_i = -135°$。因此，有功功率角

$$\theta = -90° - (-135°) = 45°$$

电源电压和电流的有效值分别为

$$V_{srms} = \frac{|\mathbf{V}_s|}{\sqrt{2}} = \frac{10}{\sqrt{2}} = 7.071 \text{ V}$$

$$I_{rms} = \frac{|\mathbf{I}|}{\sqrt{2}} = \frac{0.1414}{\sqrt{2}} = 0.1 \text{ A}$$

现在，应用式(5.60)和式(5.63)来计算电源发出的有功功率和无功功率：

$$P = V_{srms}I_{rms}\cos(\theta)$$

$$= 7.071 \times 0.1 \cos(45°) = 0.5 \text{ W}$$

$$Q = V_{srms}I_{rms}\sin(\theta)$$
$$= 7.071 \times 0.1\sin(45°) = 0.5\,\text{VAR}$$

另一种更简洁的方法是先求复功率，然后取复功率的虚部和实部，分别获得 P 和 Q，如下：

$$\mathbf{S} = \frac{1}{2}\mathbf{V}_s\mathbf{I}^* = \frac{1}{2}(10\,\underline{/-90°})(0.1414\,\underline{/135°}) = 0.707\,\underline{/45°} = 0.5 + \text{j}0.5$$

$$P = \text{Re}(\mathbf{S}) = 0.5\,\text{W}$$

$$Q = \text{Im}(\mathbf{S}) = 0.5\,\text{VAR}$$

应用式(5.70)计算电感的无功功率，可得

$$Q_L = I_{rms}^2 X_L = (0.1)^2(100) = 1.0\,\text{VAR}$$

对于电容，有

$$Q_C = I_{Crms}^2 X_C = \left(\frac{0.1}{\sqrt{2}}\right)^2(-100) = -0.5\,\text{VAR}$$

注意：这里是用电容电流的有效值进行计算的，而且电容电抗 X_C 为负。可见，我们约定电容的无功功率为负值。由于电阻的无功功率为零，为了验证计算结果是否正确，可以判断电源发出的无功功率是否等于电感和电容吸收的无功功率之和，即看下式是否成立，

$$Q = Q_L + Q_C$$

求得电阻上的有功功率为

$$P_R = I_{R\,rms}^2 R = \left(\frac{|\mathbf{I}_R|}{\sqrt{2}}\right)^2 R = \left(\frac{0.1}{\sqrt{2}}\right)^2 100$$
$$= 0.5\,\text{W}$$

而电容和电感吸收的有功功率为

$$P_L = 0$$
$$P_C = 0$$

因此，电源发出的有功功率全部被电阻吸收，即 $P = P_R$。

配电系统中的功率值都非常大，而不像上述示例中的数值那么小。例如，一个大型电站的功率可能为 1000 MW，工厂中一个 100 马力的电动机在满载情况下吸收的功率大约为 85 kW。

民用电的典型功率峰值在 10～40 kW 之间。一个家庭(房间面积中等，仅两个人，也不用电取暖设备)消耗的平均功率大约为 600 W。记住自己家的电器的平均功率损耗和各种用电设备的功率是有用的，这样可以使你有意识地关掉不用的电灯和计算机等用电设备，以建立节约和环保的意识。

例 5.10 功率三角形的应用

如图 5.29 所示，电路由一个电压源向两个并联负载供电。试求电源的有功功率、无功功率和功率因数，以及电流相量 $\mathbf{I}$。

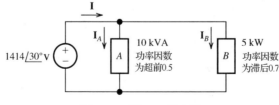

图 5.29 例 5.10 的电路

解：由电路图可知，负载 A 的视在功率为 10 kVA，另一方面，负载 B 的有功功率为 5 kW。

同时，负载 A 的功率因数为超前 0.5，意味着电流(相位)超前于电压(相位)，或者说负载 A 是电容性的。类似地，负载 B 的功率因数为滞后 0.7(电感性)。

首先，求出每个负载的有功功率和无功功率。接着，将这些数值相加以获得电源输出的有功功率和无功功率。最后，计算电源的功率因数和输出电流。

> 计算负载 A。

由于负载 A 为超前(电容性)功率因数，则无功功率 Q_A 和功率角 θ_A 都为负值。负载 A 的功率三角形如图 5.30(a)所示，其功率因数为

$$\cos(\theta_A) = 0.5$$

有功功率为

$$P_A = V_{\text{rms}}I_{\text{Arms}}\cos(\theta_A) = 10^4(0.5) = 5\,\text{kW}$$

根据式(5.64)可求得无功功率

$$Q_A = \sqrt{(V_{\text{rms}}I_{\text{Arms}})^2 - P_A^2}$$
$$= \sqrt{(10^4)^2 - (5000)^2}$$
$$= -8.660\,\text{kVAR}$$

注意：直接取 Q_A 为负值，因为电容性(超前)负载的无功功率为负值。

> 计算负载 B。

负载 B 的功率三角形如图 5.30(b)所示。由于负载 B 为滞后(电感性)功率因数，则无功功率 Q_B 和功率角 θ_B 都为正值。因此

$$\theta_B = \arccos(0.7) = 45.57°$$

根据三角恒等式，可得

$$Q_B = P_B\tan(\theta_B) = 5000\tan(45.57°)$$
$$Q_B = 5.101\,\text{kVAR}$$

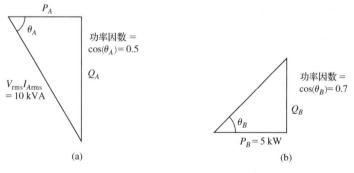

图 5.30　例 5.10 的负载 A 和 B 的功率三角形

> 电路的总有功功率是各个负载有功功率的总和。同样，电路的总无功功率是各个负载无功功率的总和。

至此，求得电源输出的有功功率和无功功率为

$$P = P_A + P_B = 5 + 5 = 10\,\text{kW}$$
$$Q = Q_A + Q_B = -8.660 + 5.101 = -3.559\,\text{kVAR}$$

> 电源的功率计算。

因为 Q 为负值，则功率角也为负值，有

$$\theta = \arctan\left(\frac{Q}{P}\right) = \arctan\left(\frac{-3.559}{10}\right) = -19.59°$$

同时，求得功率因数

$$\cos(\theta) = 0.9421$$

电气工程师经常用百分数来表示功率因数，因此该电路的功率因数为超前 94.21%。

电源发出的复功率为

$$\mathbf{S} = P + \mathrm{j}Q = 10 - \mathrm{j}3.559 = 10.61\ \underline{/-19.59°}\ \text{kVA}$$

得

$$\mathbf{S} = \frac{1}{2}\mathbf{V}_s\mathbf{I}^* = \frac{1}{2}(1414\ \underline{/30°})\mathbf{I}^* = 10.61 \times 10^3\ \underline{/-19.59°}\ \text{kVA}$$

解得电流相量

$$\mathbf{I} = 15.0\ \underline{/49.59°}\ \text{A}$$

电压和电流的相量图如图 5.31 所示。注意：该电路中电流超前于电压。

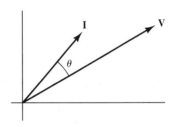

图 5.31　例 5.10 的相量图

5.5.13　功率因数校正

我们已知在平均功率为零的情况下会有大电流流过储能元件(电感和电容)。在重工业系统中，许多负载都是呈电感性的，有大量的无功功率来回流动。这些无功功率将会在配电系统中产生更大的电流，相比同一平均功率的纯电阻(100%的功率因数)负载，含无功功率的负载使得输电线路和变压器必须具有更高的额定值。

> 功率因数校正对于消耗大量电能的用户而言，可以帮助其更经济地使用电能。

因此，对企业收取的电费取决于功率因数的大小，功率因数越低，则需要支付更高的费用(对于民用电则不考虑功率因数)。所以，匹配负载使功率因数接近 1 是有利的，通常的方法是采用补偿电容与电感性负载并联，以提高功率因数。

例 5.11　功率因数校正

一个 50 kW 负载的功率因数为滞后 60%，供电电源的频率为 60 Hz，电压有效值为 10 kV。试求将功率因数提高到滞后 90%所需并联的电容的电容量。

解： 首先，计算功率角为

$$\theta_L = \arccos(0.6) = 53.13°$$

接着，根据功率三角形求得负载的无功功率

$$Q_L = P_L\tan(\theta_L) = 66.67\ \text{kVAR}$$

在并联电容后，有功功率仍为 50 kW，而功率角变为

$$\theta_{\text{new}} = \arccos(0.9) = 25.84°$$

新的无功功率为

$$Q_{\text{new}} = P_L\tan(\theta_{\text{new}}) = 24.22\ \text{kVAR}$$

因此，电容的无功功率必然为

$$Q_C = Q_{\text{new}} - Q_L = -42.45\ \text{kVAR}$$

则电容的电抗值为

$$X_C = -\frac{V_{\text{rms}}^2}{Q_C} = \frac{(10^4)^2}{42\,450} = -2356\ \Omega$$

由于角频率为

$$\omega = 2\pi 60 = 377.0\ \text{rad/s}$$

因此，应并联的电容的电容量为

$$C = \frac{1}{\omega |X_C|} = \frac{1}{377 \times 2356} = 1.126\ \mu\text{F}$$

练习 5.12 a. 一个电压源 $\mathbf{V} = 707.1\underline{/40°}$ V 向功率因数为 100% 的 5 kW 负载供电。试求无功功率和电流相量；b. 如果负载功率因数变为滞后 20%，再重复上一问的要求；c. 对于连接电源与负载的导线，哪种功率因数要求更高的额定电流？哪种情况更节省导线费用？

答案：a. $Q = 0$，$\mathbf{I} = 14.14\underline{/40°}$ A；b. $Q = 24.49$ kVAR，$\mathbf{I} = 70.7\ \underline{/38.46°}$ A；c. b. 中导线的额定电流为 a. 中导线的 5 倍。很明显，功率因数为 100% 时更节省导线费用。

练习 5.13 一个有效值为 1 kV、频率为 60 Hz 的电压源向两个并联的负载供电。第一个负载为 10 μF 的电容，第二个负载的视在功率为 10 kVA、功率因数为滞后 80%。试求总有功功率和总无功功率，以及电源的功率因数和电流的有效值。

答案：$P = 8$ kW，$Q = 2.23$ kVAR，PF = 滞后 96.33%，$I_{\text{rms}} = 8.305$ A。

5.6　戴维南等效电路与诺顿等效电路

5.6.1　戴维南等效电路

在第 2 章我们已经知道，由电源和电阻构成的二端电路的戴维南等效电路由一个等效电压源和一个电阻串联构成，可以将这种等效方法应用到由多个正弦电源(所有电源的频率必须相同)、电阻、电感和电容构成的电路中。正弦交流电路的戴维南等效电路由一个电压源相量和一个复阻抗串联构成，其等效电路如图 5.32 所示。不过，相量和复阻抗仅适用于正弦稳态分析，因此，正弦交流电路的戴维南等效电路也仅对稳态分析是有效的。

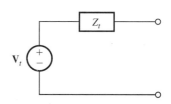

图 5.32　交流电路的戴维南等效电路由一个电压源相量 $\mathbf{V}_t$ 和一个复阻抗 Z_t 串联构成

> 戴维南等效电压为原电路的开路电压相量。

在电阻电路中，戴维南等效电压等于二端电路的开路电压。在交流电路中应用相量分析法，则戴维南等效电压为

$$\mathbf{V}_t = \mathbf{V}_{\text{oc}} \tag{5.79}$$

> 计算戴维南等效阻抗的方法是将电路中的所有独立源置零，然后计算从两个端子看进去的等效复阻抗。

将所有独立源置零，然后从两个端子看进去的等效复阻抗即为戴维南等效阻抗 Z_t。(回顾一下，将电压源置零时，应用短路代替；将电流源置零时，应用开路代替。)但是要记住，不能将受控源置零。

> 戴维南等效阻抗等于开路电压除以短路电流。

计算戴维南等效阻抗的另一种方法是先计算出短路电流相量 $\mathbf{I}_{\text{sc}}$ 和开路电压相量 $\mathbf{V}_{\text{oc}}$，则戴维

南等效阻抗由下式给出：

$$Z_t = \frac{\mathbf{V}_{oc}}{\mathbf{I}_{sc}} = \frac{\mathbf{V}_t}{\mathbf{I}_{sc}}$$

(5.80)

由此可见，除了采用的相量和复阻抗不同，交流稳态电路的戴维南等效概念和分析方法与电阻电路的相同。

5.6.2　诺顿等效电路

二端交流稳态电路的另一种等效电路是诺顿等效电路，如图 5.33 所示，由一个电流源相量和戴维南等效阻抗并联构成。诺顿电流等于原电路的短路电流，即

$$\mathbf{I}_n = \mathbf{I}_{sc}$$

(5.81)

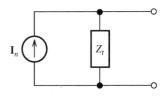

图 5.33　交流电路的诺顿等效电路由一个电流源相量 $\mathbf{I}_n$ 和一个复阻抗 Z_t 并联构成

例 5.12　戴维南和诺顿等效电路

试求图 5.34(a) 中电路的戴维南和诺顿等效电路。

> 首先判断三个电量 $\mathbf{V}_{oc}$、$\mathbf{I}_{sc}$ 或 Z_t 中最容易计算的两个电量。

解： 首先计算三个电量 $\mathbf{V}_{oc}$、$\mathbf{I}_{sc}$ 或 Z_t 中的任意两个。通常选取计算工作量最小的两个电量。这样，首先将独立源置零，求得 Z_t，然后再计算短路电流。

将独立源置零后获得的电路如图 5.34(b) 所示。从 a、b 端看进去的复阻抗为戴维南等效阻抗，即电阻和电容复阻抗的并联等效结果。

因此，有

$$
\begin{aligned}
Z_t &= \frac{1}{1/100 + 1/(-j100)} \\
&= \frac{1}{0.01 + j0.01} \\
&= \frac{1}{0.01414 \underline{/45°}} \\
&= 70.71 \underline{/-45°} \\
&= 50 - j50 \ \Omega
\end{aligned}
$$

(a) 原电路

(b) 将独立源置零后的电路

(c) 计算短路电流的电路

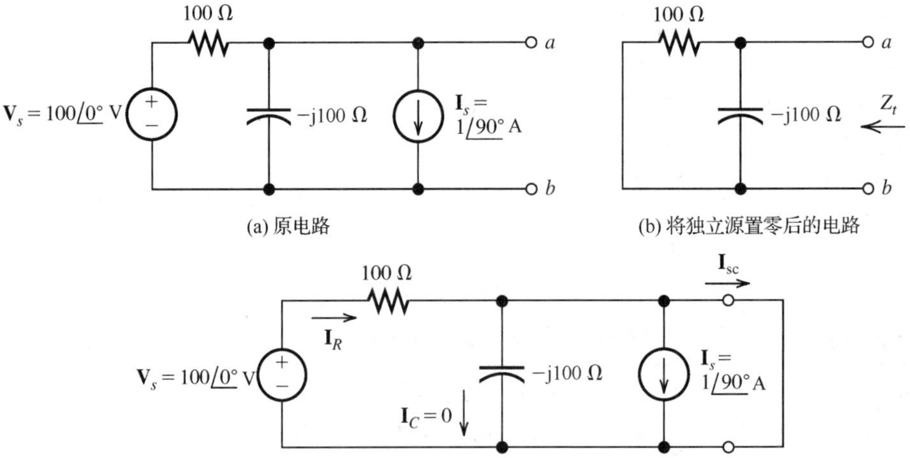

图 5.34　例 5.12 的电路

现在，将 a、b 端短路以计算短路电流，电路如图 5.34(c) 所示。当 a、b 端短路时，电容两端的电压为零，所以 $\mathbf{I}_C = 0$。电源电压 $\mathbf{V}_s$ 正好加在电阻两端，可得

$$I_R = \frac{\mathbf{V}_s}{100} = \frac{100}{100} = 1\ \underline{/0^\circ}\ \text{A}$$

再根据 KCL 有

$$\mathbf{I}_{sc} = \mathbf{I}_R - \mathbf{I}_s = 1 - 1\ \underline{/90^\circ} = 1 - j = 1.414\ \underline{/-45^\circ}\ \text{A}$$

根据式 (5.80) 得戴维南等效电压

$$\mathbf{V}_t = \mathbf{I}_{sc}Z_t = 1.414\ \underline{/-45^\circ} \times 70.71\ \underline{/-45^\circ} = 100\ \underline{/-90^\circ}\ \text{V}$$

最后，戴维南和诺顿等效电路如图 5.35 所示。

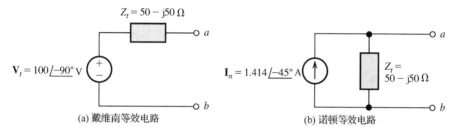

(a) 戴维南等效电路　　　　　　　　(b) 诺顿等效电路

图 5.35　图 5.34(a) 中电路的戴维南和诺顿等效电路

5.6.3　最大(有功)功率传输

有时我们需要调节负载阻抗，以便从二端电路获得最大平均功率，如图 5.36 所示的电路，其中二端电路用戴维南等效电路来表示。显然，负载获得的(有功)功率取决于负载的复阻抗。当负载短路时，其功率为零，这是因为负载两端的电压为零。同理，当负载开路时，其电流为零，所以负载获得的功率也为零。再有，纯电抗负载(电感或电容)获得的功率也为零，因为负载的功率因数为零。

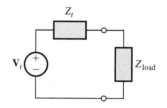

图 5.36　二端电路的戴维南等效电路向负载供电

> 如果负载为复阻抗形式，则当负载阻抗为戴维南等效阻抗的复共轭时，负载获得最大功率。

接下来讨论两种有意义的情形。第一，如果负载为复阻抗形式，则当负载阻抗为戴维南等效阻抗的复共轭时，负载获得最大功率：

$$Z_{\text{load}} = Z_t^*$$

现在来证明该结论的正确性。假设二端电路的戴维南等效阻抗为

$$Z_t = R_t + jX_t$$

那么，最大功率传输时的负载阻抗为

$$Z_{\text{load}} = Z_t^* = R_t - jX_t$$

显然，与戴维南电源相连接的总阻抗等于戴维南等效阻抗与负载阻抗相加：

$$Z_{\text{total}} = Z_t + Z_{\text{load}}$$
$$= R_t + jX_t + R_t - jX_t$$
$$= 2R_t$$

因此，负载电抗与二端网络的内电抗相互抵消了。对于给定负载电阻，当获得最大功率时，电流也达到最大值。在电阻一定的情况下，选择恰当的电抗使总阻抗的模最小，就能使电流达到最大值。显然，在电阻保持不变的情况下，只有总电抗为零，才使得阻抗值最小。

由于总电抗为零，原电路变为了电阻电路。根据第 2 章所学过的电阻电路分析方法，只有当 $R_{\text{load}} = R_t$ 时，才出现最大功率传输。

> 如果负载是纯电阻，则当负载电阻为戴维南等效阻抗的模时，负载获得最大功率。

第二，假设负载只能为纯电阻。在这种情形下，要使负载功率获得最大值，应使负载电阻等于戴维南等效阻抗的模：

$$Z_{\text{load}} = R_{\text{load}} = |Z_t|$$

例 5.13　最大功率传输

在图 5.34(a) 的二端电路中，试分别计算以下两种情形下负载获得的最大功率：a. 负载可取任意复数值；b. 负载只能为纯电阻。

解： 在例 5.12 中已经获得了该电路的戴维南等效电路，如图 5.35(a) 所示。

其戴维南等效阻抗为

$$Z_t = 50 - j50 \ \Omega$$

a. 当负载获得最大功率时，负载阻抗为

$$Z_{\text{load}} = Z_t^* = 50 + j50 \ \Omega$$

图 5.37(a) 为戴维南等效电路接入该负载的电路，负载电流为

$$\mathbf{I}_a = \frac{\mathbf{V}_t}{Z_t + Z_{\text{load}}}$$
$$= \frac{100 \ \underline{/-90°}}{50 - j50 + 50 + j50}$$
$$= 1 \ \underline{/-90°} \ \text{A}$$

负载电流的有效值为 $I_{arms} = 1/\sqrt{2} \ \text{A}$。可得负载的功率为

$$P = I_{arms}^2 R_{\text{load}} = \left(\frac{1}{\sqrt{2}}\right)^2 (50) = 25 \ \text{W}$$

b. 负载获得最大功率的纯电阻值为

$$R_{\text{load}} = |Z_t|$$
$$= |50 - j50|$$
$$= \sqrt{50^2 + (-50)^2}$$
$$= 70.71 \ \Omega$$

图 5.37(b) 为戴维南等效电路接入纯电阻负载的电路，负载电流为

$$\mathbf{I}_b = \frac{\mathbf{V}_t}{Z_t + Z_{\text{load}}}$$
$$= \frac{100 \ \underline{/-90°}}{50 - j50 + 70.71}$$

$$= \frac{100 \, \underline{/-90°}}{130.66 \, \underline{/-22.50°}}$$

$$= 0.7654 \, \underline{/-67.50°} \text{ A}$$

此时负载的功率为

$$P = I_{brms}^2 R_{load}$$

$$= \left(\frac{0.7653}{\sqrt{2}} \right)^2 70.71$$

$$= 20.71 \text{ W}$$

注意：纯电阻负载获得的功率小于复阻抗负载获得的功率。

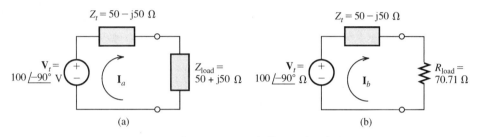

图 5.37　例 5.13 的戴维南等效电路和负载

练习 5.14　试求图 5.38 的电路的戴维南等效阻抗、戴维南等效电压和诺顿电流。

答案： $Z_t = 100 + j25 \, \Omega$，　$\mathbf{V}_t = 70.71 \underline{/-45°} \text{ V}$，　$\mathbf{I}_n = 0.686 \, \underline{/-59.0°} \text{ A}$。

练习 5.15　在图 5.38 的二端电路中，试分别计算以下两种情形中负载获得的最大功率：a. 负载可取任何复数值；b. 负载只能为纯电阻。

答案： a. 6.25 W；b. 6.16 W。

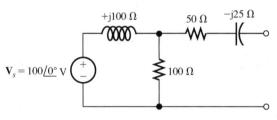

图 5.38　练习 5.14 和练习 5.15 的电路

5.7　对称三相电路

> 商业和企业使用的电能大多数来自三相配电系统，电气工程师必须熟悉三相配电系统。

在电能生产和配电系统中，采用不同相位的多个电源具有明显的优势。最常见的输电电源为三个幅值相等、相位互差 120° 的交流电源，这就是对称三相电源，图 5.39(a) 为对称三相电源的实例。[回顾一下电压的双下标表示方法，其中第一个下标为参考极性的正极。因此，$v_{an}(t)$ 指节点 a 与节点 n 之间的电压，节点 a 为参考极性的正极。]在第 16 章将学习三相电压源是怎样产生的。

图 5.39(a) 中三相电源的连接方式被称为 **Y 形连接**。本章后续将介绍三相电源的另一种连接方式，即 △ 形连接。

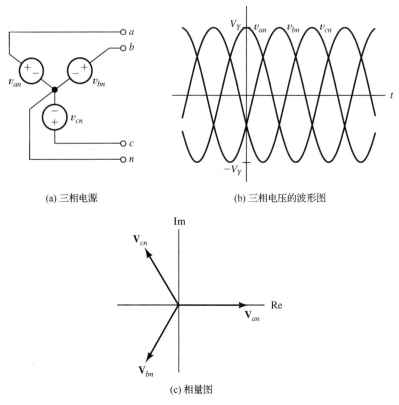

(a) 三相电源　　　　　　　　　　　(b) 三相电压的波形图

(c) 相量图

图 5.39　一种对称三相电源

图 5.39(b)中三个电压的表达式分别为

$$v_{an}(t) = V_Y \cos(\omega t) \tag{5.82}$$

$$v_{bn}(t) = V_Y \cos(\omega t - 120°) \tag{5.83}$$

$$v_{cn}(t) = V_Y \cos(\omega t + 120°) \tag{5.84}$$

其中，V_Y 为三相 Y 形连接中每个电源的幅值。每个电压对应的相量为

$$\mathbf{V}_{an} = V_Y \underline{/0°} \tag{5.85}$$

$$\mathbf{V}_{bn} = V_Y \underline{/-120°} \tag{5.86}$$

$$\mathbf{V}_{cn} = V_Y \underline{/120°} \tag{5.87}$$

图 5.39(c)为它们的相量图。

5.7.1　相序

> 三相电源有正相序或者负相序。

　　一组三相电压依次按照 *a-b-c* 的顺序达到最大值，称之为**正相序**。从图 5.39(c)可知，v_{an} 超前 v_{bn}，然后 v_{bn} 超前 v_{cn}(回忆一下，按照相量逆时针旋转的方向来判断相量之间的相位关系)。如果将 *b*、*c* 相交换，此时相序为负(即**负相序**)，即按照 *a-c-b* 的顺序达到最大值。

> 我们在本书后面将会看到，通过改变电源的相序来反转三相电动机。

　　相序对于三相电路的分析是非常重要的，例如对于三相感应电动机，电动机的转向因不同的相序而改变。为了改变电动机的转向，只需要交换 b、c 两相即可。（三相电动机是一种在工业生产中普遍使用的设备。）对于两种相序而言，其分析方法都是类似的，因此，在教材后面的内容中如没有特别说明，都约定为正相序。

5.7.2　Y-Y 形连接

三相电源和负载可以连接为 Y 形或者 △ 形。

图 5.40 为对称三相电源与对称三相负载相连接的电路。其中，导线 a-A、b-B 和 c-C 被称为**相线**，导线 n-N 被称为**中线**。这种连接方式被称为有中线的 Y-Y(Wye-Wye)形连接。（所谓对称负载是指每相负载的复阻抗相等，本书只研究对称负载的情况。）

三相电路分析的关键在于分析 Y-Y 形连接的电路结构。

还有其他几种有用的连接方式。例如，中线 n-N 被去掉的情况，以及电源和负载连接为 △ 形，这些连接方式都可以等效为 Y-Y 形电路结构，然后再计算电流、电压和功率。因此，三相电路分析的关键在于分析 Y-Y 形连接的电路结构。

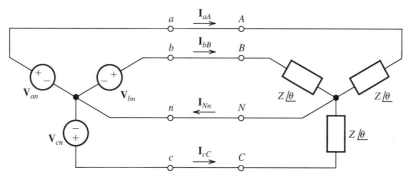

图 5.40　有中线的三相 Y-Y 形连接

在第 5 章和第 6 章，我们采用相量的幅值来表示正弦量的峰值。不过，电力工程师通常用相量的幅值来表示正弦量的有效值，例如本书第 14 章和第 15 章采用有效值相量而不是峰值相量。

"相"是指三相电源或负载的一部分，因此，A 相电源电压为 $v_{an}(t)$，A 相负载为连接在 A 点与 N 点之间的复阻抗。我们称 V_Y 为**相电压**或 Y 形连接的电源中相线与中线之间的电压。（电力工程师通常是用有效值而不是峰值来表示相电压。不过，除非本书特别说明，相量幅值都等于正弦量的峰值而不是其有效值。）另外，$\mathbf{I}_{aA}$、$\mathbf{I}_{bB}$ 和 $\mathbf{I}_{cC}$ 被称为**线电流**。（回顾一下电流的双下标表示方法，其参考方向是从第一个下标指向第二个下标，即电流 $\mathbf{I}_{aA}$ 的参考方向是从节点 a 指向节点 A，如图 5.40 所示。）

A 相负载的电流为

$$I_{aA} = \frac{\mathbf{V}_{an}}{Z \,\underline{/\theta}} = \frac{V_Y \,\underline{/0°}}{Z \,\underline{/\theta}} = I_L \,\underline{/-\theta}$$

其中，$I_L = V_Y / Z$ 为线电流的幅值。负载是对称的，因此，所有线电流除相位外都是相同的，因此，各个线电流的表达式为

$$i_{aA}(t) = I_L \cos(\omega t - \theta) \tag{5.88}$$

$$i_{bB}(t) = I_L \cos(\omega t - 120° - \theta) \tag{5.89}$$

$$i_{cC}(t) = I_L \cos(\omega t + 120° - \theta) \tag{5.90}$$

图 5.40 的中线电流为

$$i_{Nn}(t) = i_{aA}(t) + i_{bB}(t) + i_{cC}(t)$$

其相量式为

$$\mathbf{I}_{Nn} = \mathbf{I}_{aA} + \mathbf{I}_{bB} + \mathbf{I}_{cC}$$

$$= I_L \underline{/-\theta} + I_L \underline{/-120° - \theta} + I_L \underline{/120° - \theta}$$

$$= I_L \underline{/-\theta} \times (1 + 1 \underline{/-120°} + 1 \underline{/120°})$$

$$= I_L \underline{/-\theta} \times (1 - 0.5 - \text{j}0.866 - 0.5 + \text{j}0.866)$$

$$= 0$$

> 三个幅值大小相等、相位互差 120° 的相量之和为零。

因此,三个幅值大小相等、相位互差 120° 的相量之和为零(后续还要使用此结论)。

可见,对称三相配电系统的中线电流为零。因此,如果去掉中线也不会对任何电压或电流造成影响,可以只用 3 根导线实现三相电源对三相负载供电。

> 对称 Y-Y 形连接系统的中线电流为零。理论上说,在该系统中,中线的有无并不影响负载的电流和电压值。不过,实际配电系统中的三相负载并非对称,因此中线的有无对负载电压和电流存在影响。

三相系统与单相系统相比,其中一个重要的优势在于所用的输电导线更少。如图 5.41 所示,将 3 个单相电源分别对 3 个负载供电,需要 6 根导线;但如果采用三相系统对相同的负载供电,仅需 3 根导线(加上中线才 4 根导线)。

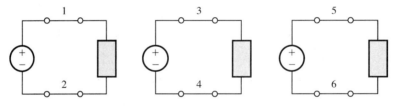

图 5.41   3 个单相电源分别对 3 个负载供电需要 6 根导线。如果采用三相系统对相同的负载供电,仅需 3 根导线

5.7.3   三相功率

与单相系统相比,三相系统的另一个优点是总功率是常数(与时间无关),而非脉动量(图 5.2 中单相系统的功率为脉动量)。为了说明图 5.40 中的 Y-Y 形连接系统的功率为常数,可求出总功率的表达式。A 相负载的功率为 $v_{an}(t)i_{aA}(t)$,同理,其余每相负载的功率为电压与电流的乘积,因此,总功率为

$$p(t) = v_{an}(t)i_{aA}(t) + v_{bn}(t)i_{bB}(t) + v_{cn}(t)i_{cC}(t) \tag{5.91}$$

将式(5.82)、式(5.83)和式(5.84)中的电压和式(5.88)、式(5.89)和式(5.90)中的电流代入上式,可得

$$\begin{aligned} p(t) = &\, V_Y \cos(\omega t)I_L \cos(\omega t - \theta) \\ &+ V_Y \cos(\omega t - 120°)I_L \cos(\omega t - \theta - 120°) \\ &+ V_Y \cos(\omega t + 120°)I_L \cos(\omega t - \theta + 120°) \end{aligned} \tag{5.92}$$

应用三角恒等式

$$\cos(x)\cos(y) = \frac{1}{2}\cos(x - y) + \frac{1}{2}\cos(x + y)$$

则式(5.92)可写成

$$p(t) = 3\frac{V_Y I_L}{2}\cos(\theta) + \frac{V_Y I_L}{2}[\cos(2\omega t - \theta)$$
$$+ \cos(2\omega t - \theta - 240°) + \cos(2\omega t - \theta + 480°)] \tag{5.93}$$

其中，括号中的几项之和为

$$\cos(2\omega t - \theta) + \cos(2\omega t - \theta - 240°) + \cos(2\omega t - \theta + 480°)$$
$$= \cos(2\omega t - \theta) + \cos(2\omega t - \theta + 120°) + \cos(2\omega t - \theta - 120°)$$
$$= 0$$

这是本节前面所得的结论，即三个幅值大小相等、相位互差 120° 的相量之和为零。因此，三相总功率为

$$p(t) = 3\frac{V_Y I_L}{2}\cos(\theta) \tag{5.94}$$

> (对称)三相系统的总功率为常数而与时间无关。

注意，(对称)三相系统的总功率为常数而与时间无关。这个结论表明：接有对称负载的三相发电机的驱动转矩为常量，同时减弱了发电机的振动。类似地，三相电动机产生的电磁转矩也为常量，然而单相电动机产生的电磁转矩却是脉动量。

每相相电压的有效值为

$$V_{Y\text{rms}} = \frac{V_Y}{\sqrt{2}} \tag{5.95}$$

同理，线电流的有效值为

$$I_{L\text{rms}} = \frac{I_L}{\sqrt{2}} \tag{5.96}$$

将式 (5.95) 和式 (5.96) 代入式 (5.94)，可得

$$P_{\text{avg}} = p(t) = 3V_{Y\text{rms}}I_{L\text{rms}}\cos(\theta) \tag{5.97}$$

> 在式 (5.97) 和式 (5.98) 中，$V_{Y\text{rms}}$ 是相电压的有效值，$I_{L\text{rms}}$ 是线电流的有效值，θ 是负载的功率角。

5.7.4　无功功率

与单相电路一样，能量也会在电源与三相负载中的储能元件之间来回流动，表征这种能量交换的物理量即为无功功率。无功功率的存在使得导线中的电流更大，以及电力设备的额定值更高。对称三相负载的无功功率为

$$Q = 3\frac{V_Y I_Y}{2}\sin(\theta) = 3V_{Y\text{rms}}I_{L\text{rms}}\sin(\theta) \tag{5.98}$$

5.7.5　线电压

前面已经介绍过，在端子 a、b、c 和中点 n 之间的电压被称为**相电压**。另一方面，在 a 与 b、b 与 c 或 c 与 a 之间的电压被称为线与线之间的电压，或简称为**线电压**。因此，$\mathbf{V}_{an}$、$\mathbf{V}_{bn}$ 和 $\mathbf{V}_{cn}$ 为相电压，而 $\mathbf{V}_{ab}$、$\mathbf{V}_{bc}$ 和 $\mathbf{V}_{ca}$ 为线电压(为了保持一致性，将下标以 a-b-c-a-b-c 的相序进行标注)。下面将分析线电压和相电压的关系。

在图 5.40 中，根据 KVL 可得如下关系式：

$$\mathbf{V}_{ab} = \mathbf{V}_{an} - \mathbf{V}_{bn}$$

将式(5.85)和式(5.86)代入上式可得

$$\mathbf{V}_{ab} = V_Y \underline{/0°} - V_Y \underline{/-120°} \qquad (5.99)$$

即

$$\mathbf{V}_{ab} = V_Y \underline{/0°} + V_Y \underline{/60°} \qquad (5.100)$$

线电压和相电压的相量关系如图 5.42 所示。根据相量图，由式(5.100)可得

$$\mathbf{V}_{ab} = \sqrt{3} V_Y \underline{/30°} \qquad (5.101)$$

将线电压的幅值记为 V_L，线电压的大小为相电压的 $\sqrt{3}$ 倍：

$$V_L = \sqrt{3} V_Y \qquad (5.102)$$

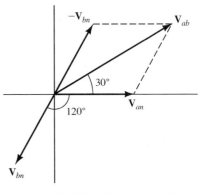

图 5.42　表明线电压 $\mathbf{V}_{ab}$ 与相电压 $\mathbf{V}_{an}$ 和 $\mathbf{V}_{bn}$ 之间关系的相量图

因此，线电压 $\mathbf{V}_{ab}$ 与相电压 $\mathbf{V}_{an}$ 的关系为

$$\mathbf{V}_{ab} = \mathbf{V}_{an} \times \sqrt{3} \underline{/30°} \qquad (5.103)$$

同理可得

$$\mathbf{V}_{bc} = \mathbf{V}_{bn} \times \sqrt{3} \underline{/30°} \qquad (5.104)$$

及

$$\mathbf{V}_{ca} = \mathbf{V}_{cn} \times \sqrt{3} \underline{/30°} \qquad (5.105)$$

图 5.43 表明了这些电压的相量图。

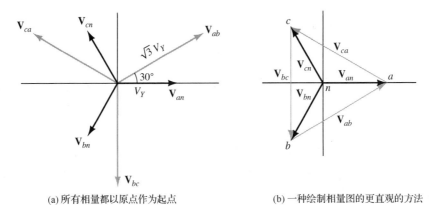

(a) 所有相量都以原点作为起点　　　　　　　(b) 一种绘制相量图的更直观的方法

图 5.43　线电压与相电压的相量图

图 5.43(b)提供了一种便于记住对称三相电路中线电压与相电压的相位关系的方法。

例 5.14　Y-Y 形连接系统的分析

一个正相序 Y 形对称三相电源的频率为 60 Hz，相电压为 $V_Y = 1000\,\text{V}$。该电源接有 Y 形连接的对称三相负载，每相负载由一个 0.1 H 的电感和一个 50 Ω 的电阻串联而成。试求线电流、线电压以及负载的有功功率和无功功率，并绘制相电压、线电压和线电流的相量图。假设 $\mathbf{V}_{an}$ 的初相位为零。

解： 首先计算每相负载的复阻抗，可得

$$Z = R + j\omega L = 50 + j2\pi(60)(0.1) = 50 + j37.70\,\Omega$$

$$= 62.62 \underline{/37.02°}\,\Omega$$

其次，绘制该电路，见图 5.44(a)。在对称 Y-Y 形连接系统中，可假设 n 与 N 点是相连的(无论中线是否存在，每相负载的电流和电压值都与单相电源相同)。因此，$\mathbf{V}_{an}$ 为 A 相负载的相电压，有

$$\mathbf{I}_{aA} = \frac{\mathbf{V}_{an}}{Z} = \frac{1000\ \underline{/0^\circ}}{62.62\ \underline{/37.02^\circ}} = 15.97\ \underline{/-37.02^\circ}\ \text{A}$$

同理可得

$$\mathbf{I}_{bB} = \frac{\mathbf{V}_{bn}}{Z} = \frac{1000\ \underline{/-120^\circ}}{62.62\ \underline{/37.02^\circ}} = 15.97\ \underline{/-157.02^\circ}\ \text{A}$$

$$\mathbf{I}_{cC} = \frac{\mathbf{V}_{cn}}{Z} = \frac{1000\ \underline{/120^\circ}}{62.62\ \underline{/37.02^\circ}} = 15.97\ \underline{/82.98^\circ}\ \text{A}$$

由式(5.103)、式(5.104)和式(5.105)可得线电压为

$$\mathbf{V}_{ab} = \mathbf{V}_{an} \times \sqrt{3}\ \underline{/30^\circ} = 1732\ \underline{/30^\circ}\ \text{V}$$

$$\mathbf{V}_{bc} = \mathbf{V}_{bn} \times \sqrt{3}\ \underline{/30^\circ} = 1732\ \underline{/-90^\circ}\ \text{V}$$

$$\mathbf{V}_{ca} = \mathbf{V}_{cn} \times \sqrt{3}\ \underline{/30^\circ} = 1732\ \underline{/150^\circ}\ \text{V}$$

由式(5.94)可得负载的有功功率为

$$P = 3\frac{V_Y I_L}{2}\cos(\theta) = 3\left(\frac{1000 \times 15.97}{2}\right)\cos(37.02^\circ) = 19.13\ \text{kW}$$

由式(5.98)可得负载的无功功率为

$$Q = 3\frac{V_Y I_L}{2}\sin(\theta) = 3\left(\frac{1000 \times 15.97}{2}\right)\sin(37.02^\circ) = 14.42\ \text{kVAR}$$

相量图见图 5.44(b)。为便于彼此区别，通常选取的电流与电压的尺度是不一样的。

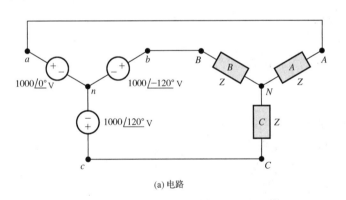

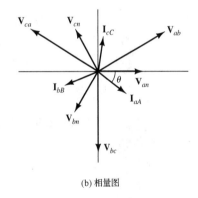

(a) 电路　　　　　　　　　　　　　　　　　　　　(b) 相量图

图 5.44　例 5.14 的电路和相量图

练习 5.16　一个正相序 Y 形对称三相电源的频率为 60 Hz，线电压为 $V_L = 1000$ V。该电源接有 Y 形连接的对称三相负载，每相负载由一个 0.2 H 的电感和一个 100 Ω 的电阻串联而成。试求相电压、线电流以及负载的有功功率和无功功率。假设 $\mathbf{V}_{an}$ 的初相位为零。

答案：$\mathbf{V}_{an} = 577.4\ \underline{/0^\circ}$ V，　$\mathbf{V}_{bn} = 577.4\ \underline{/-120^\circ}$ V，　$\mathbf{V}_{cn} = 577.4\ \underline{/120^\circ}$ V；　$\mathbf{V}_{aA} = 4.61\ \underline{/-37^\circ}$ V，$\mathbf{V}_{bB} = 4.61\ \underline{/-157^\circ}$ V，　$\mathbf{V}_{cC} = 4.61\ \underline{/83^\circ}$ V；　$P = 3.19$ kW；　$Q = 2.40$ kVAR。

5.7.6　△形连接的三相电源

一组对称三相电源也可以连接成为三角形△ (delta) 形式，如图 5.45 所示。通常我们应当避免将电

压源接成△形式。然而在这种理想情况下，回路中的电压之和为零：

$$\mathbf{V}_{ab} + \mathbf{V}_{bc} + \mathbf{V}_{ca} = 0$$

因此，△形连接中的回路电流也为零。实际上，这只是第一个近似条件，配电系统中还存在很多具体情况，我们目前还无法讨论。例如，实际传输的电压并不是理想的正弦波，而是由基波和几种谐波分量叠加而成的。对于电源和负载应该选用 Y 形连接还是△形连接，谐波成分的存在成为一个重要的决定因素。

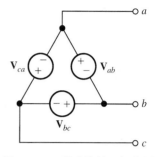

图 5.45   △形连接的三相电源

对于一个给定的△形连接的三相电源，根据式(5.103)~式(5.105)可以获得一个与之等效的 Y 形三相电源(反之亦然)。很明显，△形三相电源没有中点，因此，四线制配电系统只能采用 Y 形三相电源。

5.7.7 Y 形和△形连接的负载

负载阻抗既可以连接成 Y 形，也可以连接成△形，其连接方式如图 5.46 所示。这两种负载之间的等效关系为

$$Z_\Delta = 3Z_Y \tag{5.106}$$

因此，可以将△形负载等效为 Y 形负载，反之亦然。

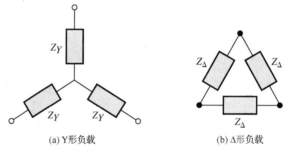

(a) Y形负载   (b) △形负载

图 5.46   负载既可为 Y 形连接也可为△形连接

5.7.8 △-△形连接

图 5.47 为△形电源向△形负载供电。假设电源电压为

$$\mathbf{V}_{ab} = V_L\ \underline{/30°} \tag{5.107}$$
$$\mathbf{V}_{bc} = V_L\ \underline{/-90°} \tag{5.108}$$
$$\mathbf{V}_{ca} = V_L\ \underline{/150°} \tag{5.109}$$

它们的相量图见图 5.43(这里选取的△形电源的初相位与前面讨论的内容是一致的)。

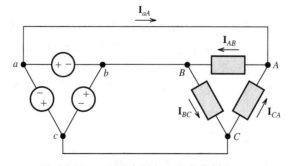

图 5.47   △形电源向△形负载供电

如果连接导线的阻抗为零，那么负载的线电压应等于电源的线电压，即 $\mathbf{V}_{AB} = \mathbf{V}_{ab}$、$\mathbf{V}_{BC} = \mathbf{V}_{bc}$ 和 $\mathbf{V}_{CA} = \mathbf{V}_{ca}$。

假设每相负载的复阻抗为 $Z_\Delta \underline{/\theta}$，那么 AB 相负载的相电流为

$$\mathbf{I}_{AB} = \frac{\mathbf{V}_{AB}}{Z_\Delta \underline{/\theta}} = \frac{\mathbf{V}_{ab}}{Z_\Delta \underline{/\theta}} = \frac{V_L \underline{/30°}}{Z_\Delta \underline{/\theta}} = \frac{V_L}{Z_\Delta} \underline{/30° - \theta}$$

定义相电流的幅值为

$$I_\Delta = \frac{V_L}{Z_\Delta} \tag{5.110}$$

因此

$$\mathbf{I}_{AB} = I_\Delta \underline{/30° - \theta} \tag{5.111}$$

同理可得

$$\mathbf{I}_{BC} = I_\Delta \underline{/-90° - \theta} \tag{5.112}$$

$$\mathbf{I}_{CA} = I_\Delta \underline{/150° - \theta} \tag{5.113}$$

a-A 导线中的线电流为

$$\begin{aligned}
\mathbf{I}_{aA} &= \mathbf{I}_{AB} - \mathbf{I}_{CA} \\
&= I_\Delta \underline{/30° - \theta} - I_\Delta \underline{/150° - \theta} \\
&= (I_\Delta \underline{/30° - \theta}) \times (1 - 1 \underline{/120°}) \\
&= (I_\Delta \underline{/30° - \theta}) \times (1.5 - j0.8660) \\
&= (I_\Delta \underline{/30° - \theta}) \times (\sqrt{3} \underline{/-30°}) \\
&= I_{AB} \times \sqrt{3} \underline{/-30°}
\end{aligned}$$

因此，线电流的幅值为

$$I_L = \sqrt{3} I_\Delta \tag{5.114}$$

> 对于对称△形连接负载，电路中的线电流是其相电流的 $\sqrt{3}$ 倍。

例 5.15　对称△-△形连接系统的分析

考虑如图 5.48(a)所示的电路。一组△形电源通过复阻抗为 $Z_{\text{line}} = 0.3 + j0.4\ \Omega$ 的导线向△形负载供电。负载阻抗为 $Z_\Delta = 30 + j6\ \Omega$，电源电压为

$$\mathbf{V}_{ab} = 1000 \underline{/30°}\ \text{V}$$

$$\mathbf{V}_{bc} = 1000 \underline{/-90°}\ \text{V}$$

$$\mathbf{V}_{ca} = 1000 \underline{/150°}\ \text{V}$$

试求线电流、负载的线电压、每相负载的电流、负载的有功功率以及输电线上损耗的功率。

> 分析三相电路时，可以先把△形电源和负载分别转换为等效的 Y 形电源和负载，有利于求解电路。

解：首先，分别转换△形电源、负载为等效的 Y 形电源和负载(这样，只需要处理 1/3 电路即可，因为其余电路除了初相位不同，其余参数都是相同的)。选取 A 相进行分析计算，从式(5.103)可得 $\mathbf{V}_{an}$ 为

$$\mathbf{V}_{an} = \frac{\mathbf{V}_{ab}}{\sqrt{3} \underline{/30°}} = \frac{1000 \underline{/30°}}{\sqrt{3} \underline{/30°}} = 577.4 \underline{/0°}\ \text{V}$$

根据式(5.106)有

$$Z_Y = \frac{Z_\Delta}{3} = \frac{30 + j6}{3} = 10 + j2 \ \Omega$$

可得图 5.48(b)中的 Y 形等效电路。

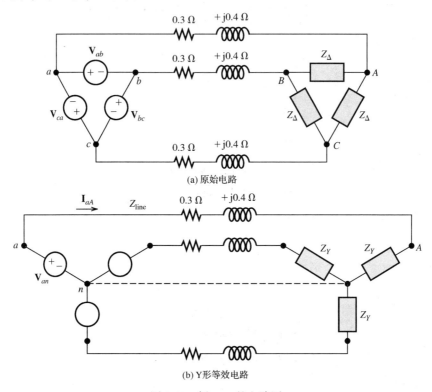

(a) 原始电路

(b) Y形等效电路

图 5.48　例 5.15 的电路图

在对称负载的 Y-Y 形连接系统中, 可认为电源与负载的中点是相连的, 如图 5.48(b)中的虚线所示。这样, 可将三相电路分解成为 3 个单相电路。对于图 5.48(b)中的 A 相, 有

$$\mathbf{V}_{an} = (Z_{\text{line}} + Z_Y)\mathbf{I}_{aA}$$

所以

$$\mathbf{I}_{aA} = \frac{\mathbf{V}_{an}}{Z_{\text{line}} + Z_Y} = \frac{577.4 \ \underline{/0°}}{0.3 + j0.4 + 10 + j2}$$

$$= \frac{577.4 \ \underline{/0°}}{10.3 + j2.4} = \frac{577.4 \ \underline{/0°}}{10.58 \ \underline{/13.12°}}$$

$$= 54.60 \ \underline{/-13.12°} \ \text{A}$$

负载的相电压为

$$\mathbf{V}_{An} = \mathbf{I}_{Aa}Z_Y = 54.60 \ \underline{/-13.12°} \times (10 + j2)$$

$$= 54.60 \ \underline{/-13.12°} \times 10.20 \ \underline{/11.31°}$$

$$= 556.9 \ \underline{/-1.81°} \ \text{V}$$

则可得负载的线电压为

$$\mathbf{V}_{AB} = \mathbf{V}_{An} \times \sqrt{3} \,\underline{/30°} = 556.9 \,\underline{/-1.81°} \times \sqrt{3} \,\underline{/30°}$$
$$= 964.6 \,\underline{/28.19°} \text{ V}$$

AB 相负载的相电流为

$$\mathbf{I}_{AB} = \frac{\mathbf{V}_{AB}}{Z_\Delta} = \frac{964.6 \,\underline{/28.19°}}{30 + \text{j}6} = \frac{964.6 \,\underline{/28.19°}}{30.59 \,\underline{/11.31°}}$$
$$= 31.53 \,\underline{/16.88°} \text{ A}$$

AB 相负载的功率为电流有效值的平方乘以电阻：

$$P_{AB} = I_{ABrms}^2 R = \left(\frac{31.53}{\sqrt{2}}\right)^2 (30) = 14.91 \text{ kW}$$

由于其余两相负载的功率都是相同的，因此三相总功率为

$$P = 3P_{AB} = 44.73 \text{ kW}$$

导线 A 上的功率损耗为

$$P_{\text{lineA}} = I_{aArms}^2 R_{\text{line}} = \left(\frac{54.60}{\sqrt{2}}\right)^2 (0.3) = 0.447 \text{ kW}$$

由于其余两根导线上的功率损耗是相等的，因此，导线总损耗为

$$P_{\text{line}} = 3 \times P_{\text{lineA}} = 1.341 \text{ kW}$$

练习 5.17 一个 △ 形连接的三相电源的电压分别为

$$\mathbf{V}_{ab} = 1000 \,\underline{/30°} \text{ V}$$
$$\mathbf{V}_{bc} = 1000 \,\underline{/-90°} \text{ V}$$
$$\mathbf{V}_{ca} = 1000 \,\underline{/150°} \text{ V}$$

该电源向 △ 形连接负载供电，每相负载为 50 Ω 的电阻。试求线电流以及负载的有功功率。

答案： $\mathbf{I}_{aA} = 34.6 \,\underline{/0°}$ A， $\mathbf{I}_{bB} = 34.6 \,\underline{/-120°}$ A， $\mathbf{I}_{cC} = 34.6 \,\underline{/120°}$ A； $P = 30$ kW。

5.8 使用 MATLAB 软件进行三相交流稳态分析

本节将阐明如何使用 MATLAB 编写程序，完成复杂的三相交流电路的分析过程。事实上，职业工程师已经很少使用计算器，因为使用 MATLAB 可以轻松进行各种各样的工程计算。当然，你可能需要使用计算器进行课程考试，或者在你参加专业工程师(PE)考试时，只允许携带各种简易的科学计算器。因此，在参加考试之前，你应该熟练掌握其中的一种。

5.8.1 MATLAB 中的复数

在默认情况下，MATLAB 设定 $\text{i} = \text{j} = \sqrt{-1}$。然而，经常遇到的一个错误是使用 j 代替 i，因此，在使用 MATLAB 或 MATLAB 符号运算工具箱时，强调使用 i 作为虚数单位。在进行交流电路分析时，需要小心避免 i 用于其他目的。例如，如果用 i 代表一个电流或其他变量，且没有指定它所代表的值，将会产生错误。

在 MATLAB 中，复数应写成直角坐标形式(如 3 + 4i 或者 3 + i * 4)。

可以用极坐标形式表示复数 $M\underline{/\theta} = M\exp(\text{j}\theta)$，MATLAB 要求用弧度表示角度，所以用极坐标表示复数时，需要将角度乘以 $\pi/180$，从而把角度转换为弧度。例如，我们用如下命令输入 $V_s = 5\sqrt{2}\underline{/45°}$：

```
>> Vs = 5*sqrt(2)*exp(i*45*pi/180)
Vs =
    5.0000 + 5.0000i
```

可以验证，MATLAB 已经正确地将 $5\sqrt{2}\underline{/45°}$ 转换成直角坐标形式。

另外，可以用欧拉公式

$$M\underline{/\theta} = M\exp(\mathrm{j}\theta) = M\cos(\theta) + \mathrm{j}M\sin(\theta)$$

来输入极坐标数据，同样要把角度转化为弧度。例如，对于 $V_s = 5\sqrt{2}\underline{/45°}$，可以输入

```
>> Vs = 5*sqrt(2)*cos(45*pi/180) + i*5*sqrt(2)*sin(45*pi/180)
Vs =
    5.0000 + 5.0000i
```

如果数据已经是极坐标形式，可以直接输入，例如，输入 $Z = 3 + \mathrm{j}4$，可以使用命令

```
>> Z = 3 + i*4
Z =
    3.0000 + 4.0000i
```

如果输入

```
>> Ix = Vs/Z
Ix =
    1.4000 - 0.2000i
```

MATLAB 可进行复数的计算，然后把结果用直角坐标形式表示出来。

5.8.2　在 MATLAB 中寻找数据的极坐标形式

通常，我们需要了解 MATLAB 计算结果的极坐标形式，可以用 abs 命令找到数据的幅值，用 angle 命令找到数据相位的弧度值，为获得角度值，需用弧度值乘以 $180/\pi$。因此，为了获得数据的幅值和相位，请执行如下命令：

```
>> abs(Vs) % Find the magnitude of Vs.
ans =
    7.0711
>> (180/pi)*angle(Vs) % Find the angle of Vs in degrees.
ans =
    45.0000
```

5.8.3　为 MATLAB 添加新函数

由于我们经常需要输入数据或者了解结果中能够反映初相位的极坐标形式，如果为 MATLAB 添加两个新的功能函数，将会非常方便。因此，可以编写一个 m 文件，命名为 pin.m，功能是将极坐标形式转化成直角坐标形式，然后将其保存在工作文件夹中，在 m 文件中的命令为

```
function z = pin(magnitude, angleindegrees)
z = magnitude*exp(i*angleindegrees*pi/180)
```

然后，为了输入数据 $V_s = 5\sqrt{2}\underline{/45°}$，可以键入命令

```
>> Vs = pin(5*sqrt(2),45)
Vs =
    5.0000 + 5.0000i
```

选择用 pin 来命名这段程序，以此来暗示"polar　input"，也就是极坐标输入。这个文件保存在 MATLAB 文件夹中。(具体信息请阅读附录 E。)

同样，为了得到答案的极坐标形式，可以编写一个新程序，称之为 pout(代表"polar out")，

命令如下：

```
function [y] = pout(x);
magnitude = abs(x);
angleindegrees = (180/pi)*angle(x);
y = [magnitude angleindegrees];
```

将其保存在 m 文件中，命名为 pout.m。如果需要输出一个结果的极坐标形式，就可以调用此函数，例如：

```
>> pout(Vs)
ans =
    7.0711    45.0000
```

还有一个例子：

```
>> pout(i*200)
ans =
    200        90
```

5.8.4　利用 MATLAB 求解网络方程

我们可以利用 MATLAB 轻松求解交流电路计算中的节点电压和网孔电流方程以及其他方程，步骤如下。

1. 写出节点电压和网孔电流方程。
2. 把方程转化成矩阵形式，网孔电流方程表示为 $\mathbf{ZI} = \mathbf{V}$，$\mathbf{Z}$ 表示系数矩阵，$\mathbf{I}$ 是列矢量，由待求的网孔电流组成；$\mathbf{V}$ 是列矢量，由已知的电压组成。对于节点电压方程，矩阵形式为 $\mathbf{YV} = \mathbf{I}$，$\mathbf{Y}$ 是系数矩阵，$\mathbf{V}$ 是待求的节点电压，$\mathbf{I}$ 是流入节点的电流。
3. 把矩阵输入 MATLAB 中，然后采用逆矩阵的方法计算网孔电流和节点电压。通过 $\mathbf{I} = \text{inv}(\mathbf{Z}) \times \mathbf{V}$ 求得网孔电流，通过 $\mathbf{V} = \text{inv}(\mathbf{Y}) \times \mathbf{I}$ 求得节点电压，inv 表示矩阵的逆矩阵。
4. 利用这些结果计算其他任何感兴趣的电路参数。

例 5.16　使用 MATLAB 进行网孔电流相量的分析

试计算图 5.49 的电路中的网孔电流、电源 $\mathbf{V}_1$ 提供的有功功率以及无功功率。

解： 对每个回路利用基尔霍夫电压定律写出网孔电流方程：

$$(5 + j3)\mathbf{I}_1 + (50\ \underline{/-10°})(\mathbf{I}_1 - \mathbf{I}_2) = 2200\sqrt{2}$$

$$(50\ \underline{/-10°})(\mathbf{I}_2 - \mathbf{I}_1) + (4 + j)\mathbf{I}_2 + 2000\sqrt{2}\ \underline{/30} = 0$$

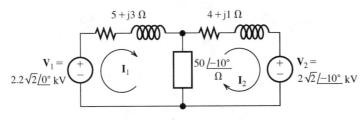

图 5.49　例 5.16 的电路

写成矩阵形式，上面的等式变成

$$\begin{bmatrix} (5 + j3 + 50\ \underline{/-10°}) & -50\ \underline{/-10°} \\ -50\ \underline{/-10°} & (4 + j + 50\ \underline{/-10°}) \end{bmatrix} \begin{bmatrix} \mathbf{I}_1 \\ \mathbf{I}_2 \end{bmatrix} = \begin{bmatrix} 2200\sqrt{2} \\ -2000\sqrt{2}\ \underline{/-10°} \end{bmatrix}$$

通过求解方程，得到 $\mathbf{I}_1$ 和 $\mathbf{I}_2$，再计算电源 $\mathbf{V}_1$ 输出的复功率

$$\mathbf{S}_1 = \frac{1}{2}\mathbf{V}_1\mathbf{I}_1^*$$

最后，$\mathbf{S}_1$ 的实部是有功功率，虚部即为无功功率。

我们将系数矩阵 $\mathbf{Z}$ 和电压矩阵输入到 $\mathbf{V}$ 中，输入极坐标形式的数据用前面编写的 pin 函数，然后计算得到电流矩阵。

```
>> Z = [(5 + i*3 + pin(50,-10)) (-pin(50,-10));...
(-pin(50,-10)) (4 + i + pin(50,-10))];
>> V = [2200*sqrt(2); -pin(2000*sqrt(2),-10)];
>> I = inv(Z)*V

I =
   74.1634 + 29.0852i
   17.1906 + 26.5112i
```

得到的网孔电流是直角坐标形式的，接下来应用 pout 函数得到结果的极坐标形式。

```
>> pout(I(1))
ans =
    79.6628    21.4140
>> pout(I(2))
ans =
    31.5968    57.0394
```

所以，求得的电流为 $\mathbf{I}_1 = 79.66\underline{/21.41^\circ}\,\mathrm{A}$，$\mathbf{I}_2 = 31.60\underline{/57.04^\circ}\,\mathrm{A}$，保留两位小数。接下来，计算第一个电源的复功率、有功功率和无功功率。

$$\mathbf{S}_1 = \frac{1}{2}\mathbf{V}_1\mathbf{I}_1^*$$

```
>> S1 = (1/2)*(2200*sqrt(2))*conj(I(1));
>> P1 = real(S1)
P1 =
    1.1537e + 005
>> Q1 = imag(S1)
Q1 =
   -4.5246e + 004
```

所以，电源 $\mathbf{V}_1$ 的有功功率是 115.37 kW，无功功率是 −45.25 kVAR。相关的命令在 m 文件 Example_5_16 中。

练习 5.18 使用 MATLAB 求图 5.50 的电路中节点电压相量的极坐标形式。

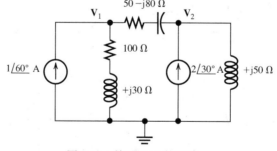

图 5.50　练习 5.18 的电路

答案： MATLAB 中的命令为

```
clear all
Y = [(1/(100+i*30)+1/(50-i*80)) (-1/(50-i*80));...
(-1/(50-i*80)) (1/(i*50)+1/(50-i*80))];
I = [pin(1,60); pin(2,30)];
V = inv(Y)*I;
pout(V(1))
pout(V(2))
```

结果是 $\mathbf{V}_1 = 79.98\underline{/106.21^\circ}\,\mathrm{V}$，$\mathbf{V}_2 = 124\underline{/13\ 116.30^\circ}\,\mathrm{V}$。

本章小结

1. 一个正弦电压的表达式为 $v(t) = V_m \cos(\omega t + \theta)$，其中 V_m 是电压幅值，ω 是角频率，单位为弧度每秒，θ 是相位角(初相位)。频率 $f = 1/T$，T 为周期，并且 $\omega = 2\pi f$。

2. 为了统一起见，本书用余弦函数表示正弦量。正弦函数和余弦函数二者转换的关系为 $\sin(z) = \cos(z - 90°)$。

3. 周期电压 $v(t)$ 的均方根(有效)值为

$$V_{\text{rms}} = \sqrt{\frac{1}{T} \int_0^T v^2(t)\,\mathrm{d}t}$$

电压 $v(t)$ 为电阻提供的平均功率为

$$P_{\text{avg}} = \frac{V_{\text{rms}}^2}{R}$$

同理，对于电流 $i(t)$ 有

$$I_{\text{rms}} = \sqrt{\frac{1}{T} \int_0^T i^2(t)\,\mathrm{d}t}$$

电流 $i(t)$ 流过电阻的平均功率为

$$P_{\text{avg}} = I_{\text{rms}}^2 R$$

对于正弦量，其有效值等于其幅值除以 $\sqrt{2}$。

4. 用相量表示正弦量。相量的模等于正弦量的幅值，初相位等于正弦量的初相位(假设用余弦函数表示正弦量)。

5. 通过相量的加(或减)实现正弦量的加(或减)。

6. 一个无源电路的电压相量等于电流相量乘以电路的复阻抗。对于电阻，$\mathbf{V}_R = R\mathbf{I}_R$，并且电压与电流同相。对于电感，$\mathbf{V}_L = \mathrm{j}\omega L\mathbf{I}_L$，电压超前电流 $90°$。对于电容，$\mathbf{V}_C = -\mathrm{j}(1/\omega C)\mathbf{I}_C$，电压滞后电流 $90°$。

7. 第 2 章介绍的电阻电路的分析方法可以用来分析正弦交流电路，只需将电流和电压用相量代替、将无源元件用其复阻抗代替即可。例如，复阻抗的串/并联等效与电阻的串/并联等效的分析方法是相同的(交流电路中要用到复数运算)；节点电压分析法、分流和分压公式也可以直接用来分析交流电路。

8. 当已知一个元件的正弦电压和电流时，平均功率为 $P = V_{\text{rsm}} I_{\text{rsm}} \cos(\theta)$，其中 θ 为功率角，等于电压的初相位减去电流的初相位(即 $\theta = \theta_v - \theta_i$)，功率因数为 $\cos(\theta)$。

9. 无功功率表明了能量在电源与储能元件(L 和 C)来回交换的规模。定义电感的无功功率为正值，电容的无功功率为负值。每个周期内电路的总无功功率为零。对无功功率的分析研究是很有必要的，因为无功功率的存在，导致电气设备比无功功率为零时要求更高的额定电流。

10. 视在功率等于电压和电流有效值的乘积。图 5.25 的功率三角形反映了有功功率、无功功率、视在功率和功率角之间的关系。

11. 一个由电阻、电感、电容和多个正弦电源(所有电源的频率都相同)构成的交流稳态电路，都有一个由电压源相量和复阻抗串联构成的戴维南等效电路，其诺顿等效电路由电流源相量和戴维南阻抗并联构成。

12. 二端交流电路向负载输出最大功率的条件是负载复阻抗等于戴维南等效阻抗的复共轭。如果负载只能选用纯电阻，则当负载电阻等于戴维南等效阻抗的模时，获得最大功率。

13. 由于节省导线，三相配电系统比单相配电系统更加经济。而且对称三相电路的功率是平稳的，不同于单相电路的功率是脉动量。因此，与单相电动机相比，三相电动机具有振动更小的优点。

习题

5.1 节　正弦电流与电压

P5.1　已知一个正弦电压的波形 $v(t) = V_m \cos(\omega t + \theta)$ 如图 5.1 所示，以下选项 1~6 中的哪类变化，

1. 纵向延伸正弦曲线
2. 纵向压缩正弦曲线
3. 横向延伸正弦曲线
4. 横向压缩正弦曲线
5. 向右平移正弦曲线
6. 向左平移正弦曲线

会导致波形变化分别以下所述。

a. 减少电压 V_m 的值；b. 增加频率 f 的值；c. 增加 θ 的值；d. 减少角频率 ω 的值；e. 增加周期。

P5.2　角频率 ω 的单位是什么？频率 f 的单位是什么？二者的关系如何？

*P5.3　一个电压的表达式为 $v(t) = 10\sin(1000\pi t + 30°)$ V。首先用余弦函数的形式表示 $v(t)$，然后计算此电压的角频率、频率、相位角、周期和均方根(有效)值。如果用此电压对一个 $50\,\Omega$ 电阻供电，则输出有功功率是多少?计算 $t = 0$ 时刻之后 $v(t)$ 第一次达到最大值的时间，画出 $v(t)$ 的波形。

P5.4　如果电压为 $v(t) = 50\sin(500\pi t + 120°)$ V，习题 P5.3 又该如何解答？

*P5.5　一个正弦电压 $v(t)$ 的均方根值是 20 V，周期是 100 μs，第一次到达正峰值的时间是 20 μs，求电压 $v(t)$ 的表达式。

P5.6　一个正弦电压的峰值是 15 V，频率是 125 Hz，第一次以正斜率过零点的时间是 $t = 1$ ms。写出电压的表达式。

P5.7　电流 $i(t) = 10\cos(2000\pi t)$ A 流过一个 $100\,\Omega$ 的电阻，要求大致画出 $i(t)$ 和 $p(t)$ 的波形，并计算电源提供给电阻的平均功率。

P5.8　电压 $v(t) = 1000\sin(500\pi t)$ V 接在一个 $500\,\Omega$ 的电阻两端。画出 $v(t)$ 和 $p(t)$ 的波形，并计算电源提供给电阻的平均功率。

P5.9　假设一个正弦电流 $i(t)$ 的有效值为 5 A，周期为 10 ms，当 $t = 3$ ms 时，波形到达正峰值。试写出 $i(t)$ 的表达式。

P5.10　画出一条正弦曲线对另一条正弦曲线的 Lissajous 图，已知 $x(t) = \cos(\omega_x t)$，$y(t) = \cos(\omega_y t + \theta)$，用 MATLAB 对 x 和 y 每秒取 100 个值，总计持续 20 秒。然后以 y 为纵轴，x 为横轴，画出 $y \sim x$ 的图形。a. $\omega_x = \omega_y = 2\pi$，$\theta = 90°$；b. $\omega_x = \omega_y = 2\pi$，$\theta = 45°$；c. $\omega_x = \omega_y = 2\pi$，$\theta = 0°$；d. $\omega_x = 2\pi$，$\omega_y = 4\pi$，$\theta = 0°$。

*P5.11　求图 P5.11 的电压波形的有效值。

*P5.12　图 P5.12 为正弦波的半波整流波形，计算其有效值。

*P5.13　求图 P5.13 的电流波形的有效值。

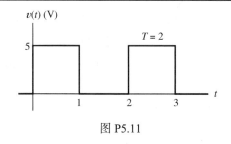

图 P5.11

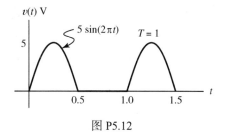

图 P5.12

P5.14　计算 $v(t) = A\cos(2\pi t) + B\sin(2\pi t)$ 的有效值。

P5.15　计算 $v(t) = 5 + 10\cos(20\pi t)$ 的有效值。

P5.16　计算图 P5.16 中周期波形的有效值。

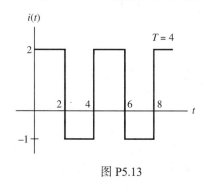

图 P5.13

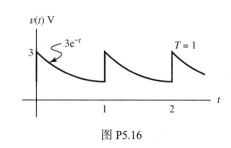

图 P5.16

P5.17　求图 P5.17 的电压波形的有效值。

P5.18　一个周期波形的有效值是否总是等于峰值的平方根？什么条件下有这种关系？

5.2 节　相量

P5.19　计算多个正弦电流或者电压之和需要按照什么步骤进行？正弦量必须满足什么条件？

P5.20　描述两种方式来表达同频率正弦量之间的相位关系。

*P5.21　设 $v_1(t) = 100\cos(\omega t)$，$v_2(t) = 100\sin(\omega t)$，用相量相加求出两个电压的和，即 $v_s(t) = v_1(t) + v_2(t)$，并把结果写成 $V_m\cos(\omega t + \theta)$ 的形式。画出 $\mathbf{V}_1$、$\mathbf{V}_2$ 和 $\mathbf{V}_s$ 的相量图，并比较三者的相位关系。

P5.22　如图 P5.22 所示的两个相量，每个信号的频率都是 $f = 200$ Hz。要求写出每个电压的时域表达式，如 $V_m\cos(\omega t + \theta)$，并相互比较两者的相位关系。

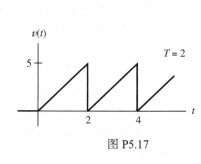

图 P5.17

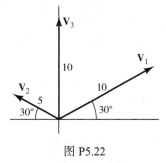

图 P5.22

*P5.23　把 $5\cos(\omega t + 75°) - 3\cos(\omega t - 75°) + 4\sin(\omega t)$ 转化成 $V_m\cos(\omega t + \theta)$ 的形式。

P5.24　两个同频率电压正弦量的有效值分别是 8 V 和 3 V。试计算这两个相量相加后的最小有效值以及最大有效值，并加以证明。

P5.25 设 $v_1(t)=100\cos(\omega t+45°)$ ，$v_2(t)=150\sin(\omega t+60°)$ ，用相量法计算出 $v_s(t)=v_1(t)+v_2(t)$ ，并把结果写成 $V(t)=v_m\cos(\omega t+\theta)$ 的形式。要求画出三个电压的相量图，并比较三者的相位关系。

P5.26 写出图 P5.26 的形如 $v(t)=V_m\cos(\omega t+\theta)$ 的表达式，指出电压 V_m、ω 和 θ 的值，还有 $v(t)$ 的相量和有效值。

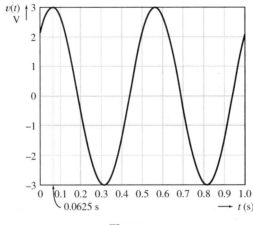

图 P5.26

P5.27 已知一个电路的电压为 $v_1(t)=10\cos(\omega t+30°)$ ，电流 $i_1(t)$ 的有效值是 5 A，电流比电压超前 20°（电压和电流的频率相同）。要求画出这两个正弦量的相量图，并写出 $i_1(t)$ 的表达式，形如 $I_m\cos(\omega t+\theta)$ 。

P5.28 把 $5\sin(\omega t)+5\cos(\omega t+30°)+5\cos(\omega t+150°)$ 改写成 $V(t)=V_m\cos(\omega t+\theta)$ 的形式。

P5.29 使用 MATLAB 画出 $v(t)=\cos(19\pi t)+\cos(21\pi t)$ 在 0 到 2 s 的区间内 t 以 0.01 s 为间隔的波形。[注意：$v(t)$ 两部分分量的频率不相等，因此不能用相量来计算。]然后，用两个在复平面上以不同速度旋转的矢量的实部投影的和来表示，并加以注释。

P5.30 一个正弦电流 $i_1(t)$ 的初相位是 30° ，$i_1(t)$ 达到正向最大值的时间比 $i_2(t)$ 早 2 ms，两个电流的频率都是 200 Hz。试计算电流 $i_2(t)$ 的初相位。

5.3 节 复阻抗

P5.31 写出电感两端的电压相量和电流相量之间的关系。同理，描述电容的电压相量和电流相量的关系。

P5.32 分别描述电阻、电感以及电容两端的电压和流过电流的相位关系。

*P5.33 电压 $v_L(t)=10\cos(2000\pi t)$ V 向一个 100 mH 电感供电，试计算电感的复阻抗，以及电压相量和电流相量，并画出相量图。写出电流的时域表达式，画出电压和电流的波形图，并描述电压和电流的相位关系。

*P5.34 电压 $v_C(t)=10\cos(2000\pi t)$ V 对一个 10 µF 电容供电，求电容的复阻抗以及电压相量和电流相量，并画出相量图。写出电流的时域表达式，画出电压和电流的波形图，并描述电压和电流的相位关系。

P5.35 某电路由一个电阻、电感或电容组成，如果元件上的电压和电流值分别如下：

a. $v(t)=100\sin(200t+30°)$ V ，$i(t)=\cos(200t+30°)$ A

b. $v(t)=500\cos(100t+50°)$ V ，$i(t)=2\cos(100t+50°)$ A

c. $v(t)=100\cos(400t+30°)$ V ，$i(t)=\sin(400t+30°)$ A

试确定此元件的类型和值（单位分别为欧姆、亨利和法拉）。

P5.36 用 MATLAB 或手工画出由 10 mH 电感、10 µF 电容和 50 Ω 电阻构成的阻抗大小的变化曲线，频率范围是 0～1000 Hz。

P5.37　a. 已知一个元件的电压相量 $\mathbf{V} = 100\underline{/30°}$ V，电流相量 $\mathbf{I} = 5\underline{/120°}$ A，角频率为 500 rad/s。要求确定此元件的性质和相关数值。b. 同样，已知一个元件的电压相量为 $\mathbf{V} = 20\underline{/-45°}$ V，电流相量 $\mathbf{I} = 5\underline{/-135°}$ A。确定此元件的性质和相关数值。c. 同样，已知一个元件的电压相量 $\mathbf{V} = 5\underline{/45°}$ V，电流相量 $\mathbf{I} = 5\underline{/45°}$ A。确定此元件的性质和相关数值。

P5.38　a. 一个电路元件的电压和电流的波形见图 P5.38(a)，确定此元件的性质和相关数值；b. 一个电路元件的电压和电流的波形见图 P5.38(b)，确定此元件的性质和相关数值。

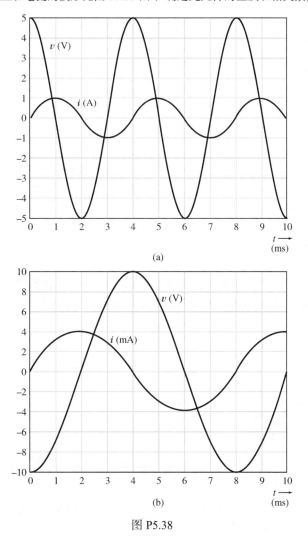

图 P5.38

5.4 节　使用相量和复阻抗进行电路分析

P5.39　给出含正弦电源的交流稳态响应的分析步骤，电源必须要满足何种条件？

*P5.40　试求图 P5.40 的电路中复阻抗的极坐标形式，已知 $\omega = 500$（单位：rad/s）。如果分别改为 $\omega = 1000$、$\omega = 2000$，重新计算。

*P5.41　求图 P5.41 的电路中的电压相量和电流相量，画出 $\mathbf{V}_s$、$\mathbf{I}$、$\mathbf{V}_R$、$\mathbf{V}_L$ 的相量图，分析 $\mathbf{V}_s$ 和 $\mathbf{I}$ 的相位关系。

P5.42　如果将电感变为 0.1 H，重做习题 P5.41。

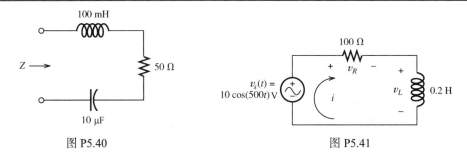

图 P5.40　　　　　　　　　　　　　　　　图 P5.41

P5.43　试求图 P5.43 的电路中复阻抗的极坐标形式，已知 $\omega = 500$。如果分别改为 $\omega = 1000$、$\omega = 2000$，重新计算。

P5.44　一个 10 mH 电感与一个 100 Ω 电阻和一个 100 μF 电容相并联，分别在 $\omega = 500$、$\omega = 1000$、$\omega = 2000$ 的情况下，计算总的复阻抗，并注明此等效电路呈电阻性还是电容性、电感性。

P5.45　求图 P5.45 的电路的电压相量和电流相量，画出 $\mathbf{V}_s$、$\mathbf{I}$、$\mathbf{V}_R$、$\mathbf{V}_C$ 的相量图，比较 $\mathbf{V}_s$ 和 $\mathbf{I}$ 的相位关系。

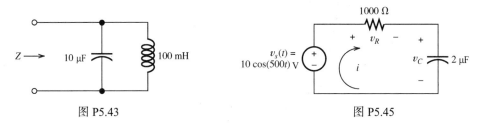

图 P5.43　　　　　　　　　　　　　　　　图 P5.45

*P5.46　把电容改成 1 μF，重做习题 P5.45。

P5.47　求图 P5.47 的电路的电压相量和电流相量，画出 $\mathbf{I}_s$、$\mathbf{V}$、$\mathbf{I}_R$、$\mathbf{I}_L$ 的相量图，说明 $\mathbf{V}$ 和 $\mathbf{I}_s$ 的相位关系。

*P5.48　求图 P5.48 的电路的电压相量和电流相量，画出 $\mathbf{I}_s$、$\mathbf{V}$、$\mathbf{I}_R$、$\mathbf{I}_C$ 的相量图，并说明相量 $\mathbf{V}$ 和 $\mathbf{I}_s$ 的相位关系。

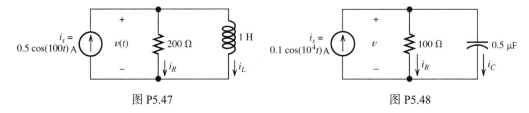

图 P5.47　　　　　　　　　　　　　　　　图 P5.48

*P5.49　对于图 P5.49 的电路，求相量 $\mathbf{I}_s$、$\mathbf{V}$、$\mathbf{I}_R$、$\mathbf{I}_L$、$\mathbf{I}_C$，并比较 $i_L(t)$ 和 $i_s(t)$ 的幅值，有什么发现？请加以解释。

P5.50　求图 P5.50 的电路的相量 $\mathbf{V}_s$、$\mathbf{I}$、$\mathbf{V}_L$、$\mathbf{V}_R$，比较 $v_s(t)$ 和 $v_L(t)$ 峰值的大小，有什么发现，解释这种现象。

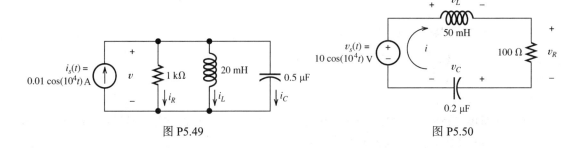

图 P5.49　　　　　　　　　　　　　　　　图 P5.50

P5.51　求图 P5.51 的电路的相量 **V**₁、**V**₂、**V**_R、**V**_L、**I**，画出相量图。分别比较 **I**、**V**₁ 之间和 **I**、**V**_L 之间的相位关系。

P5.52　求图 P5.52 的电路的电流相量 **I**、**I**_R、**I**_C，并画出相量图。

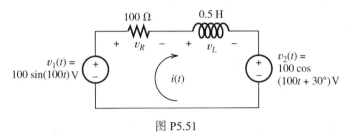

图 P5.51

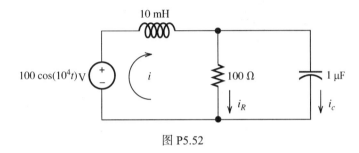

图 P5.52

*P5.53　求图 P5.53 的电路的节点电压。

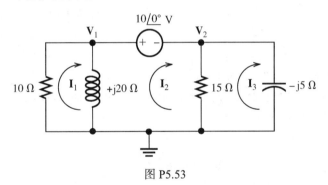

图 P5.53

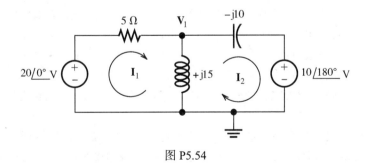

图 P5.54

P5.54　求图 P5.54 的电路的节点电压。

P5.55　求图 P5.55 的电路的节点电压。

P5.56　求图 P5.56 的电路的节点电压。

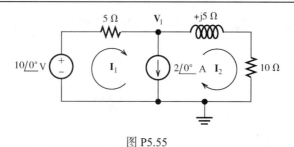

图 P5.55

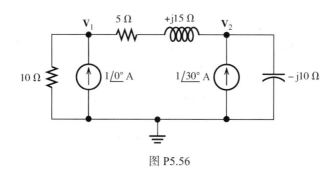

图 P5.56

*P5.57 计算图 P5.54 的电路的网孔电流值。

P5.58 计算图 P5.55 的电路的网孔电流值。

P5.59 计算图 P5.53 的电路的网孔电流值。

P5.60 a. 一个 20 mH 电感和一个 50 μF 电容串联，通过计算机编程或者手工画出此电路的等效阻抗与角频率关系的幅频特性曲线，横轴上 ω 的变化范围为 0～2000 rad/s，纵轴上阻抗的变化范围为 0～100 Ω；b. 如果把电感与电容改成并联，再画出幅频特性曲线。

P5.61 a. 一个 20 mH 电感和一个 50 Ω 电阻串联，通过计算机编程或者手工画出此电路的等效阻抗与角频率关系的幅频特性曲线，横轴上 ω 的变化范围为 0～5000 rad/s；b. 如果把电感与电阻改成并联，再画出的幅频特性曲线。

5.5 节 交流电路的功率

P5.62 有功功率、无功功率和视在功率的单位分别是什么？

P5.63 功率因数和功率角有什么关系。

P5.64 假设一个非零的交流电源向一个元件供电，则下列三种元件的有功功率和无功功率分别是正值、负值还是零？a. 纯电阻；b. 纯电感；c. 纯电容。

P5.65 如果一个负载有超前的功率因数，那么它是电感性还是电容性的？其无功功率是正值还是负值？如果负载有滞后的功率因数，重复回答上述问题。

P5.66 a. 画出一个电感元件的功率三角形，并标注每个边所代表的意义，再标注功率角；b. 对于一个电容元件，重复上述步骤。

P5.67 讨论为什么发电和配电工程师关注：a. 负载吸收的有功功率；b. 无功功率。

P5.68 定义什么是功率因数的校正？如果要校正感性负载的功率因数，要与负载并联什么性质的元件？

*P5.69 一个负载的复阻抗为 $Z = 100 - j50\ \Omega$，电流为 $\mathbf{I} = 15\sqrt{2}\underline{/30°}\ \text{A}$。问：这个负载是电感性的还是电容性的？计算其功率因数、有功功率、无功功率和视在功率。

P5.70 一个负载的复阻抗为 $Z = 30 + j40\ \Omega$，电压为 $\mathbf{V} = 1500\sqrt{2}\underline{/30°}\ \text{V}$。问：这个负载是电感性的还是电容性的？计算其功率因数、有功功率、无功功率和视在功率。

P5.71 一个负载两端的电压 $V = 1000\sqrt{2}\,\underline{/30^\circ}$ V，电流 $I = 15\sqrt{2}\,\underline{/60^\circ}$ A，电流和电压的正方向相同，计算负载的功率因数、有功功率、无功功率、视在功率和复阻抗，判断功率因数是超前的还是滞后的？

P5.72 一个负载两端的电压 $v(t) = 10^4\sqrt{2}\cos(\omega t + 10^\circ)$ V，电流 $i(t) = 20\sqrt{2}\cos(\omega t - 20^\circ)$ A，电流参考方向和电压正方向相同，计算功率因数、有功功率、无功功率和视在功率，此负载是电容性的还是电感性的？

P5.73 假设一个非零的交流电源向电路供电，分别说明以下三种负载获得的有功功率、无功功率是正值、负值还是零？a. 一个电阻和一个电感串联；b. 一个电阻和一个电容串联。（假设电阻、电容和电感值非零且有限。）

P5.74 假设一个非零的交流电源向一个由纯电感和纯电容元件串联而成的电路供电，如何判断负载获得的有功功率和无功功率是正值、负值还是零？分别讨论电容的阻抗值大于、等于和小于电感的阻抗值这三种情况。

P5.75 如果将一个电容和电感并联，习题 P5.74 的讨论结果又怎样？

P5.76 计算图 P5.76 的电路中每个电源的有功功率，并说明每个电源是输出还是吸收有功功率。

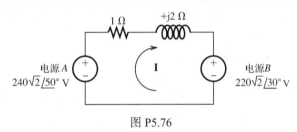

图 P5.76

P5.77 计算图 P5.77 的电路中每个电源的有功功率，说明每个电源是输出还是吸收功率。

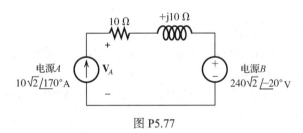

图 P5.77

P5.78 一个频率为 60 Hz、有效值为 220 V 的电压源向一个由电阻和电感串联的负载供电，输出的有功功率是 1500 W，视在功率是 2500 VAR。试分别计算电阻和电感值。

P5.79 对于图 P5.79 的电路，试计算电流相量 I，以及电源输出的有功功率、无功功率、视在功率和功率因数，说明是超前的还是滞后的。

*P5.80 将习题 P5.79 中的电感更换成 10 μF 电容，按照要求重新计算。

*P5.81 两个负载 A 和 B 并联，由一个频率为 60 Hz、有效值为 1 kV 的电压源供电(见图 P5.81)负载 A 消耗的功率为 10 kW，功率因数为滞后 90%，B 的视在功率为 15 kVA，功率因数为滞后 80%。试计算电源的有功功率、无功功率和视在功率，以及从电源端看出去的功率因数。

P5.82 将习题 P5.81 的条件改变为：负载 A 消耗功率 5 kW，功率因数为滞后 90%；负载 B 消耗功率 10 kW，功率因数为超前 80%。计算电源的有功功率、无功功率和视在功率，以及从电源端看出去的功率因数。

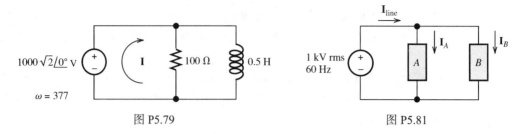

图 P5.79   图 P5.81

P5.83 求图 P5.83 的电路中电源输出的有功功率、无功功率、视在功率,求功率因数,并说明是滞后的还是超前的。

P5.84 把习题 P5.83 中的电容、电阻、电感串联,又该如何解答。

*P5.85 如图 P5.85 所示,一个有效值为 1000 V 的交流电源供电,负载消耗的功率为 100 kW,功率因数为滞后 25%。a. 假设电容没有连接在电路中,求电流相量 **I**;b. 要使功率因数达到 100%,计算需要并联在负载两端的电容值。工程师一般根据电容的额定无功功率来决定使用于校正功率因数的电容值,那么电路中并联电容的额定功率是多少? 如果将这个电容连接到电路中,电流相量 **I** 现在是多少? c. 假设电源经长距离导线给负载供电,那么像这样在电源端并联电容有什么潜在的优点和缺点?

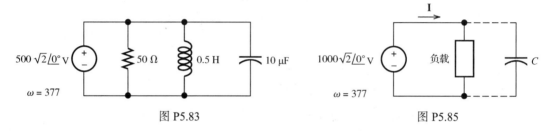

图 P5.83   图 P5.85

5.6 节 戴维南等效电路与诺顿等效电路

P5.86 交流稳态电路的戴维南等效电路由哪些部分组成,诺顿等效电路由哪些部分构成,两种等效电路中的参数是怎么确定的?

P5.87 为了实现电路的最大功率输出,分别讨论在如下情况负载的复阻抗要满足什么条件? a. 负载阻抗为任意复阻抗;b. 负载是纯电阻。

P5.88 如果一个电路由一个负载和一个戴维南等效电路连接,那么电阻两端的电压可以超过戴维南等效电压吗? 如果不可以,解释原因;如果可以,则分析在什么条件下可能实现? 并加以解释。

*P5.89 a. 给出图 P5.89 的电路的戴维南等效电路和诺顿等效电路;b. 如果负载为任意复阻抗,计算电路输出的最大功率;c. 如果负载是纯电阻,此电路输出的最大功率是多少?

P5.90 a. 给出图 P5.90 的电路的戴维南等效电路和诺顿等效电路;b. 如果负载为任意复阻抗,计算此电路输出的最大功率;c. 如果负载为任意电阻,计算此电路输出的最大功率。

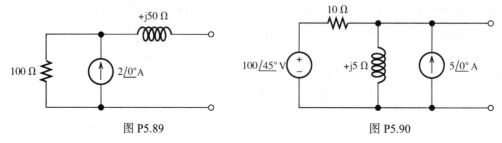

图 P5.89   图 P5.90

P5.91　给出图 P5.91 的电路的戴维南等效电路和诺顿等效电路，并标注等效元件与端点。

P5.92　给出图 P5.92 的电路的戴维南等效电路和诺顿等效电路，并标注等效元件与端点。

P5.93　图 P5.93 为一个二端电路的戴维南等效电路，电源的频率为 $f = 60$ Hz。如果在 a、b 端连接一个电阻和电容为串联结构的负载，则负载得到的有功功率最大，试计算此电阻和电容的值。

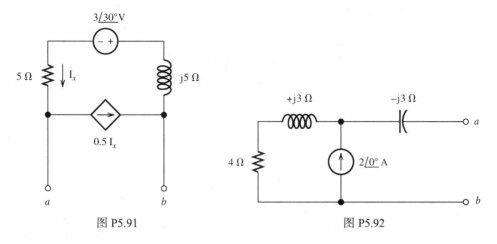

图 P5.91　　　　　　　　　　　　　图 P5.92

*P5.94　如果习题 P5.93 中的负载变成一个电阻和电容并联的结构，又该如何解答?

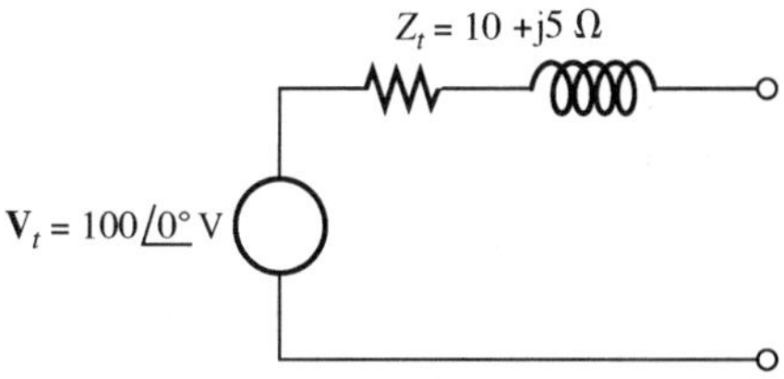

5.7 节　对称三相电路

P5.95　有一个正相序的三相对称电压源，其中一项为

$$v_{an}(t) = 100\cos(377t + 90°) \text{ V}$$

a. 计算电源的频率;

b. 写出 $v_{bn}(t)$ 和 $v_{cn}(t)$ 的时域表达式;

c. 如果电源是负相序的，b. 该如何解答。

图 P5.93

P5.96　一个三相电源为

$$v_{an}(t) = 100\cos(\omega t - 60°)$$
$$v_{bn}(t) = 100\cos(\omega t + 60°)$$
$$v_{cn}(t) = -100\cos(\omega t)$$

提问: 这是一个正相序电源还是负相序电源? 分别写出 $v_{ab}(t)$、$v_{bc}(t)$ 和 $v_{ca}(t)$ 的时域表达式。

*P5.97　一个对称的 Y 形连接的三相电源，相电压为 440 V，试计算线电压的幅值。如果此电源对一个 Y 形连接的三相负载(30 Ω 的电阻)供电，求线电流的有效值和总有功功率。

*P5.98　一个 Y 形连接的三相负载分别由一个 50 Ω 电阻和一个 100 μF 电容并联构成，若将每相负载转换为等效的 △ 形连接，负载的复阻抗是多少? 设工作频率是 60 Hz。

P5.99　一个对称三相电源向对称负载供电，其总有功功率与时间有什么关系? 对于单相供电的系统也有这样的规律吗? 这是三相配电系统的一个什么优势? 与单相配电系统相比，三相配电系统还有哪些优势?

P5.100　一个 △ 形连接的三相电源对一个 △ 形负载供电，如图 P5.100 所示。电源线电压的有效值 $V_{ab\text{rms}} = 440$ V，单相负载的复阻抗 $Z_{\triangle} = 10 - j2$。计算 $\mathbf{I}_{aA}$、$\mathbf{V}_{AB}$、$\mathbf{I}_{AB}$ 和电源输出的总功率，以及输电线路损耗的功率。

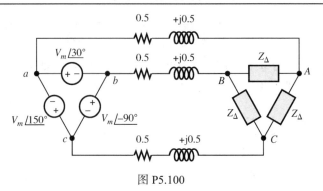

图 P5.100

*P5.101 把习题 P5.100 的负载的每相阻抗变成 $Z_\Delta = 5 - j2$，又该如何解答。

P5.102 一个负相序 Y 形连接的对称三相电源，相电压 $\mathbf{V}_{an} = V_Y\underline{/0°}$、$\mathbf{V}_{bn} = V_Y\underline{/120°}$、$\mathbf{V}_{cn} = V_Y\underline{/-120°}$。要求：计算线电压 $\mathbf{V}_{ab}$、$\mathbf{V}_{bc}$、$\mathbf{V}_{ca}$，绘制相电压和线电压的相量图，并与图 5.41 进行比较。

P5.103 一个正相序 Y 形连接的对称三相电源，频率为 60 Hz，线电压的有效值为 $V_L = 440$ V。电源对一个对称三相 Y 形连接的负载供电，每相负载由一个 0.3 H 电感和 50 Ω 电阻串联组成，求相电压相量、线电压相量和线电流相量，以及负载获得的有功功率、无功功率，假设 $\mathbf{V}_{an}$ 的初相位为零。

P5.104 一个 Y 形连接的对称三相电源，相电压的有效值为 240 V，计算三相电源的线电压的有效值。若该电源对一个 △ 形连接的负载供电，负载由一个 10 Ω 电阻和 +j5 Ω 电抗并联组成，计算线电流的有效值、功率因数以及总有功功率。

P5.105 本章主要分析了对称负载，但是也可能遇到不对称的 △ 形连接负载转换为 Y 形连接的问题，反之亦然。如图 P5.105 所示，试推导 △ 形连接负载转换为 Y 形连接的阻抗关系的一般性公式。[提示：将图 P5.105(a) 和 (b) 的第三端视作开路，计算其余两端之间的等效复阻抗，即可分别获得三个等式。根据等效关系，最终得到由 Z_A、Z_B、Z_C 分别表示 Z_a、Z_b、Z_c 的等式。在转换过程中要特别注意辨别阻抗下标字母的大写和小写形式。]

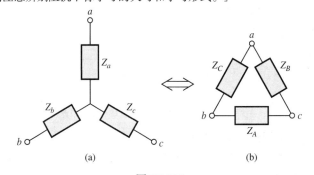

(a)   (b)

图 P5.105

P5.106 求 Y 形连接负载转换为 △ 形连接的阻抗关系的一般性公式(见习题 P5.105)。[提示：首先将 △ 连接电路的元件用导纳 (Y_A、Y_B、Y_C) 表示。然后将图 5.105(a) 和 (b) 的两端短路，计算剩余端与短路端之间的等效复阻抗，即可分别获得三个等式。根据等效关系，最终得到由 Z_a、Z_b、Z_c 分别表示 Y_A、Y_B、Y_C 的等式。在转换换过程中要特别注意辨别阻抗下标字母的大写和小写形式。]

5.8 节 使用 MATLAB 软件进行交流稳态分析

*P5.107 使用 MATLAB 计算图 P5.107 中的节点电压。

P5.108 使用 MATLAB 求图 P5.107 中的网孔电流。

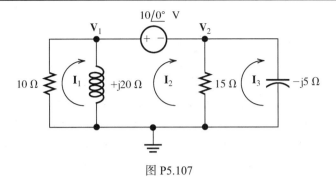

图 P5.107

*P5.109　使用 MATLAB 求图 P5.109 中的网孔电流。

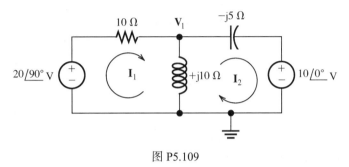

图 P5.109

P5.110　使用 MATLAB 求图 P5.110 中的网孔电流。

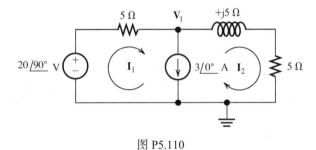

图 P5.110

P5.111　使用 MATLAB 求图 P5.109 中的节点电压。

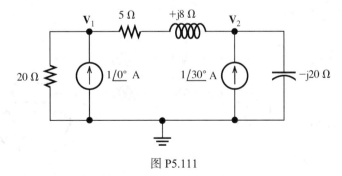

图 P5.111

P5.112　已知 $v(t) = 10\exp(-5t)\sin(20\pi t)$ V，$0 \leqslant t \leqslant 1$ s。要求使用 MATLAB 的符号运算工具箱计算 $v(t)$ 的有效值。

测试题

T5.1　计算图 T5.1 电流源波形的有效值，并计算其对一个 $50\,\Omega$ 电阻输出的平均功率。

T5.2　把 $v(t) = 5\sin(\omega t + 45°) + 5\cos(\omega t - 30°)$ 改写成 $V_m \cos(\omega t + \theta)$ 这种形式。

T5.3　已知两个电压 $v_1(t) = 15\sin(400\pi t + 45°)\,\text{V}$, $v_2(t) = 5\cos(400\pi t - 30°)\,\text{V}$ ，要求计算(含单位)：a. $v_1(t)$ 的有效值；b. 电压的频率；c. 电压的角频率；d. 电压的周期；e. $v_1(t)$ 和 $v_2(t)$ 之间的相位关系。

T5.4　计算图 T5.4 的电路的电压相量 $\mathbf{V}_R$、$\mathbf{V}_L$、$\mathbf{V}_C$，用极坐标形式表示。

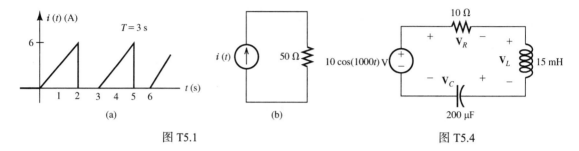

图 T5.1　　　　　　　　　　　　　　　图 T5.4

T5.5　用节点电压法计算图 T5.5 的电路中的稳态 $v_1(t)$ 。

T5.6　计算图 T5.6 的电路中负载吸收的复功率、有功功率、无功功率以及视在功率，并且算出负载的功率因数。

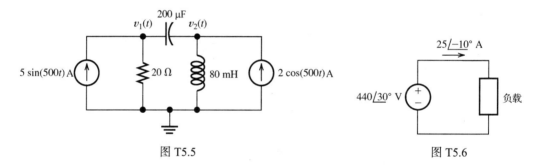

图 T5.5　　　　　　　　　　　　　　　图 T5.6

T5.7　计算图 T5.7 的电路的电流相量 $\mathbf{I}_{aA}$，用极坐标表示，这是一个正相序的对称三相系统，其中 $\mathbf{V}_{an} = 208\underline{/30°}\,\text{V}$, $Z_\Delta = 6 + \text{j}8\,\Omega$ 。

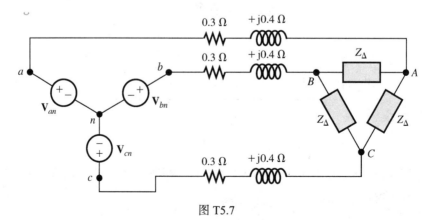

图 T5.7

T5.8 使用 MATLAB 计算图 T5.8 的电路的网孔电流，写出编写的命令，可以使用本章中提到的 pin 和 pout 函数。

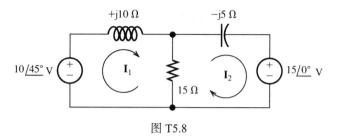

图 T5.8

第6章 频率响应、波特图和谐振

本章学习目标

- 理解傅里叶变换的基本概念。
- 掌握滤波器的传递函数，在输入正弦信号时计算其输出信号。
- 掌握用电路分析法求解简单的传递函数。
- 能设计一阶低通滤波器或高通滤波器，并绘制相应的传递函数。
- 理解分贝、对数频率坐标和波特图的概念。
- 能绘制一阶滤波器传递函数的波特图。
- 掌握串联谐振和并联谐振有关参数的计算。
- 精选和设计简单滤波器。
- 使用 MATLAB 软件导出和绘制网络函数。
- 设计简单的数字信号处理系统。

本章介绍

在电气工程中，大部分工作都关注于**信号**，即承载信息的电流和电压。如安装在内燃机上的各种传感器用来提供各类电信号，这些信号表征温度、速度、节流阀位置以及曲轴的旋转位置，通过对这些信号的**处理**来决定每个油缸的最佳点火时刻。由此，产生用来点燃每个油缸火花塞的电脉冲。

测量人员使用一种测量仪来量测距离，该仪器先发射一束光，光在待测处被镜子反射回到测量仪，并被转换为电信号，经过电路处理后用来判断测量仪和镜子之间的往返延迟时间，最终，将时间转换为距离并显示在测量仪上。

另一个信号处理的例子就是心电图，心电图是反映心脏活动的一系列曲线图。在检测心脏工作状态时，用电路和计算机来获得病人心脏工作的信息。如果病人的心脏有问题，通过心电图就可以提醒医生和护士。

总之，信号处理关注的是采用信号来精确获得信息，并产生其他有用电信号。深入研究该课题是很重要的。本章将从信号处理的角度来讨论几个简单有用的电路。

回顾第 5 章，我们已经掌握如何分析含正弦信号源的各种电路，这类正弦电路的激励和响应均为同一个频率，主要应用在电力系统。现实生活中承载信息的绝大多数电信号不是标准的正弦信号，不过，相量概念对理解电路在非正弦信号源激励下的响应仍然是非常有用的。事实上，可以将一个非正弦信号看作多个频率、幅值和相位各异的正弦信号的总和。

6.1 傅里叶分析、滤波器和传递函数

6.1.1 傅里叶分析

在本章介绍中已强调多数承载信息的信号是非正弦信号，如麦克风采集到的讲演或音乐的波形是一种复杂的不可提前预知的非正弦波形。图 6.1(a) 显示的是音乐信号的一小段波形。

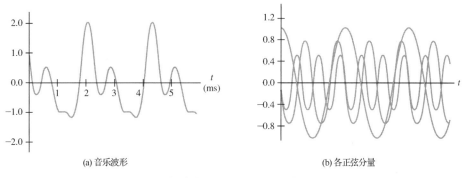

图 6.1　(a)的音乐波形片段可由(b)的各正弦分量组成

尽管许多研究的信号不是正弦信号，但是可以分解为一些有确定的幅值、频率和相位的正弦信号。图 6.1(a)的非正弦信号由图 6.1(b)的正弦信号叠加而成。在图 6.1(a)中的非正弦信号是相对简单的，仅由三个正弦信号构成，而多数的实际非正弦信号可由成千上万个正弦信号构成(理论上，这些正弦信号的个数可以是无穷个)。

当我们听音乐时，耳朵对不同频率的信号会有不同的感受，某些频率和幅值的正弦信号令人愉悦，其他的却令人不舒服。这样，在对音乐信号设计处理电路(例如放大器)时，必须考虑电路对不同频率的正弦信号的响应。

傅里叶分析是一种数学工具，用于将给定的波形分解成多个频率、幅值和相位的正弦波的组合。本文不详细研究该理论，而是直接引用傅里叶分析的部分结论，其中尤为重要的是：现实生活中的信号都可由多个正弦信号组合构成。而一定条件下构建的正弦波的频率范围取决于该信号的类型。表 6.1 给出了几种信号的频率范围，例如构建心电图的正弦信号频率范围是从 0.05 Hz 到 100 Hz。

> 现实生活中的信号都是由不同频率、幅值和相位的正弦分量组合构成的。

表 6.1　几种信号的频率范围

心电图	0.05 Hz 到 100 Hz
可听声音	20 Hz 到 15 kHz
调幅(AM)无线电广播	540 kHz 到 1600 kHz
高清视频信号	0 Hz 到 25 MHz
调频(FM)无线电广播	88 MHz 到 108 MHz
手机通信	824 MHz 到 894 MHz 和 1850 MHz 到 1990 MHz
卫星电视下行链路(C 段)	3.7 GHz 到 4.2 GHz
数字卫星电视	12.2 GHz 到 12.7 GHz

方波信号的傅里叶级数　另一个例子是如图 6.2(a)所示的**方波**，该方波经傅里叶变换成为无限个正弦信号的组合，可以写成下式：

$$v_{sq}(t) = \frac{4A}{\pi}\sin(\omega_0 t) + \frac{4A}{3\pi}\sin(3\omega_0 t) + \frac{4A}{5\pi}\sin(5\omega_0 t) + \cdots \tag{6.1}$$

其中，$\omega_0 = 2\pi/T$ 被称为方波信号的**基频**。

图 6.2(b)显示的波形是上述系列正弦波中由前五项分量波形叠加而成的结果。显然，即使只采用前五项组合而成的波形，都已经非常接近该方波信号，而且随着项数的增加，近似程度将会更好。可见，方波的确可由无穷项的正弦波构建，而各正弦波的频率是基频的奇数倍，幅值却随着频率的增加而下降，相位都是 −90°。与方波信号不同的是，构建实际生活中信号的正弦波的频率都被约束在有限的范围内，而且幅值无法通过简单的数学表达式给出。

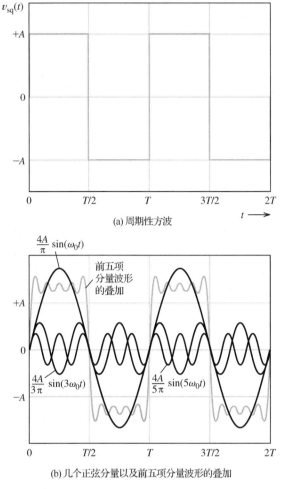

(a) 周期性方波

(b) 几个正弦分量以及前五项分量波形的叠加

图 6.2　方波的波形以及部分正弦分量

实际生活中信号的正弦波的频率都被约束在有限的范围内。

有时信号包含零频率的成分，将频率为零代入一般的正弦形式 $A\cos(\omega t + \theta)$ 中便简化为常数 $A\cos\theta$。我们称恒定的电压为直流，所以零频率成分相当于直流。

零频率对应直流。

总之，电气工程的一个基本概念就是所有的电信号都可由多个正弦函数构建。一个给定信号的正弦函数分量的频率、相位和幅值都可由理论分析或实验测量(使用频谱仪分析)获得。对于信号处理系统的设计，通常要考虑系统如何响应各频率分量的正弦函数。

事实上，所有的信号都是由正弦分量组成的，这是电气工程中的一个基本概念。

6.1.2　滤波器

在已知的频率范围内保留一部分频率范围的信号，而去掉另一部分频率范围的信号，完成这种作用的电路被称为**滤波器**(实际上，滤波器有很多种，但本文仅限于讨论几种相对简单的 RLC 滤波电路)。

滤波电路是**二端口网络**，如图 6.3 所示，将被滤波的信号加在输入端口，而(理想状态下)只有有用频率范围的信号从输出端口获得。例如调频收音机天线接收到许多发送机发送的电磁波信号，产生感应电压。这些信号电压经过滤波器的作用，保留 88 MHz 到 108 MHz 范围内的信号，其他的则被滤除掉。这样，就可接收到调频无线电信号，而去除了干扰音频信息提取过程的其他信号。

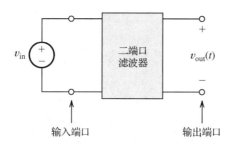

图 6.3　当输入信号 $v_{in}(t)$ 施加至滤波器的输入端时，其部分正弦分量能够通过滤波器，其余分量被抑制。因此，输出信号 $v_{out}(t)$ 中只包含 $v_{in}(t)$ 的部分正弦分量，同时，通过滤波器的正弦分量的幅值和相位有所改变

第 5 章已经介绍了容抗和感抗会随着频率的改变而改变，例如感抗为 $Z_L = \omega L\underline{/90°} = 2\pi f L\underline{/90°}$。作用在该电感上的同一电压的高频段成分的等效阻抗比低频段的要高，因此，电路对同一信号的不同频段具有选择性，这就是电路实现滤波的一种方式。本章后面将讨论几种具体的电路。

> 滤波器根据每个分量的频率对输入信号的正弦分量进行不同的处理。通常，滤波器的目标是保留特定频率范围内的分量，并抑制其他频率范围内的分量。
> RLC 电路提供了一种实现滤波器的方法。

6.1.3　传递函数

对于图 6.3 的二端口滤波器，假设一个频率为 f 的相量 $\mathbf{V}_{in}$ 加在输入端口，在稳定状态下，输出端口也是同频率的正弦量，用相量 $\mathbf{V}_{out}$ 表示。

二端口滤波器的**传递函数** $H(f)$ 定义为输出电压相量与输入电压相量之比，是一个以频率为自变量的函数，即

$$H(f) = \frac{\mathbf{V}_{out}}{\mathbf{V}_{in}} \tag{6.2}$$

因为相量是复数，故传递函数也是一个包含幅值和相位的复数，而且其幅值和相位都是频率的函数。

传递函数的幅值是输出信号的幅值与输入信号的幅值之比，传递函数的相位是输出信号的相位与输入信号的相位之差。这样，传递函数的幅值表示了滤波器如何影响每个频率成分正弦信号的幅值。同样，传递函数的相位反映了滤波器如何影响每个频率成分正弦信号的相位关系。

> 二端口滤波器的传递函数 $H(f)$ 定义为输出电压相量与输入电压相量之比，是一个以频率为自变量的函数。
> 传递函数的幅值表示了滤波器如何影响每个频率成分正弦信号的幅值。同样，传递函数的相位反映了滤波器如何影响每个频率成分正弦信号的相位关系。

例 6.1　用传递函数来计算输出值

滤波器的传递函数 $H(f)$ 如图 6.4 所示。[注意：幅值函数 $|H(f)|$ 和相位函数 $\underline{/H(f)}$ 分别画在图中。]如果输入信号为

$$v_{in}(t) = 2\cos(2000\pi t + 40°)\text{ V}$$

试写出该滤波器的输出表达式(以时间 t 为自变量)。

解：已知输入信号的频率为 $f = 1000\,\text{Hz}$，参照图 6.4，其幅值和相位分别为 $|H(1000)| = 3$ 和 $\underline{/H(1000)} = 30°$，因此，有

$$H(1000) = 3\underline{/30°} = \frac{\mathbf{V}_\text{out}}{\mathbf{V}_\text{in}}$$

输入信号的相量为 $\mathbf{V}_\text{in} = 2\underline{/40°}\,\text{V}$，有

$$\mathbf{V}_\text{out} = H(1000) \times \mathbf{V}_\text{in} = 3\underline{/30°} \times 2\underline{/40°} = 6\underline{/70°}\,\text{V}$$

即输出信号

$$v_\text{out}(t) = 6\cos(2000\pi t + 70°)\,\text{V}$$

在这个例子中，可以看到输入信号经过该滤波器后幅值放大了三倍，输出信号的相位偏移了 $30°$。当然，这依据传递函数在 $f = 1000\,\text{Hz}$ 时所具有的幅值和相位。

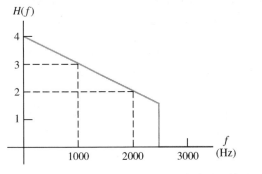 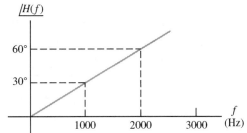

图 6.4　滤波器的传递函数，见例 6.1 和例 6.2

练习 6.1　如例 6.1 所述，假设输入信号为 a. $v_\text{in}(t) = 2\cos(4000\pi t)\,\text{V}$ 和 b. $v_\text{in}(t) = 1\cos(6000\pi t - 20°)\,\text{V}$，试分别写出输出表达式。

答案：a. $v_\text{out}(t) = 4\cos(4000\pi t + 60°)\,\text{V}$；b. $v_\text{out}(t) = 0$。

注意：滤波器对信号的幅值和相位的影响取决于输入信号的频率。

示例：图示均衡器　若你拥有一台立体声收音机，可知收音机有一个图示均衡器，实际上就是一个传递函数可调的滤波器。通常，均衡器各调节键的位置决定了传递函数的幅值随频率的变化情况。（实际上，在立体声系统中的均衡器包含两个滤波器，一个是左声道，一个是右声道，而且被绑定控制。）用户可以调节传递函数来获得幅值和频率的最佳比值，从而达到最满意的听觉效果。

具有多频率成分的输入信号　如果在滤波器输入信号中含有多个不同频率的成分，可以先单独对每个频率成分的输入信号求相应的输出，然后再把各个输出信号叠加一起，这就是 2.7 节介绍的叠加法的应用。

对滤波器输入一个含多个频率正弦分量的信号，求其输出的步骤如下：

1. 写出输入信号每个正弦分量的频率和相量表达式。
2. 对每个正弦分量求相应的传递函数的复数值（相量式）。
3. 将每个正弦分量的相量与相应的传递函数的相量相乘，得到输入信号的每个正弦分量的输出相量。
4. 将每个输出相量转换为各频率下的时域正弦分量形式，再将这些时域正弦分量叠加起来。

例 6.2　含多个正弦分量的输入信号用于传递函数的计算

设图 6.4 中滤波器的输入信号如下:

$$v_{in}(t) = 3 + 2\cos(2000\pi t) + \cos(4000\pi t - 70°)\,V$$

试找出其输出信号的表达式。

第 1 步。

解: 先把输入信号分为三部分。第一部分:

$$v_{in1}(t) = 3\,V$$

第二部分:

$$v_{in2}(t) = 2\cos(2000\pi t)\,V$$

第三部分:

$$v_{in3}(t) = \cos(4000\pi t - 70°)\,V$$

第 2 步。

各正弦分量的信号频率分别为 0 Hz、1000 Hz 和 2000 Hz,参照图 6.4 的传递函数,可得

$$H(0) = 4$$

$$H(1000) = 3\underline{/30°}$$

和

$$H(2000) = 2\underline{/60°}$$

第一部分的直流输出量:

$$v_{out1} = H(0)v_{in1} = 4 \times 3 = 12\,V$$

第 3 步。

其余两部分的输出相量:

$$\mathbf{V}_{out2} = H(1000) \times \mathbf{V}_{in2} = 3\underline{/30°} \times 2\underline{/0°} = 6\underline{/30°}\,V$$

$$\mathbf{V}_{out3} = H(2000) \times \mathbf{V}_{in3} = 2\underline{/60°} \times 1\underline{/-70°} = 2\underline{/-10°}\,V$$

接下来,把相量转化为时域函数:

$$v_{out1}(t) = 12\,V$$

$$v_{out2}(t) = 6\cos(2000\pi t + 30°)\,V$$

和

$$v_{out3}(t) = 2\cos(4000\pi t - 10°)\,V$$

最后,把各部分的输出叠加,得到输出电压为

$$v_{out}(t) = v_{out1}(t) + v_{out2}(t) + v_{out3}(t)$$

和

$$v_{out}(t) = 12 + 6\cos(2000\pi t + 30°) + 2\cos(4000\pi t - 10°)\,V$$

注意:在例 6.2 中,不能将相量 $\mathbf{V}_{out2}$ 和 $\mathbf{V}_{out3}$ 直接相加,因为相量是用来表征所有同频率的正弦函数。因此,在各分量相加之前必须把相量转换为时域信号。

在各分量相加之前必须把相量转换为时域信号。

实际生活中承载信息的信号包含成千上万个正弦分量,原则上,使用上述例 6.2 的步骤,可以

求得任意一个输入信号的输出，但是，因为项数太多，过程很烦琐而难以执行。幸运的是，没有必要这样做，最重要的是理解其原理。总之，线性电路(或者其他系统，只要输入和输出之间的关系能用线性时不变微分方程描述)都可以按如下处理：

1. 将输入信号分解成各个频率的正弦分量。
2. 各分量因各自频率不同，通过传递函数改变各自的幅值和相位。
3. 将各单一频率的时域输出值叠加，产生整个输出结果。

该过程如图 6.5 所示。

由于传递函数决定了各部分输入量在各自频率上幅值和相位的变化情况，所以滤波器的传递函数是很重要的。

传递函数的实验测定 为了使用实验方法来确定滤波器的传递函数，将正弦信号源连接到输入端口，测量输出与输入的幅值和相位，再将输出相量除以输入相量，对于每个有意义的频率都重复上述过程。如图 6.6 所示，分别用各种仪器如电压表与示波器来测量幅值和相位。

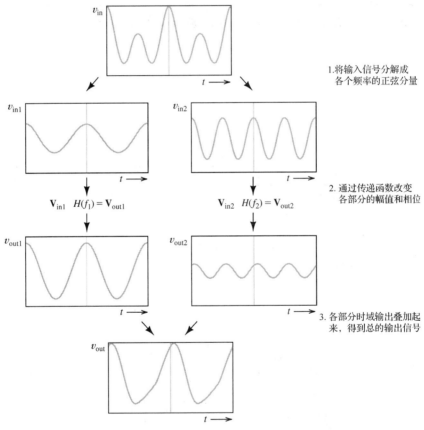

图 6.5 将输入信号分解后滤波器产生输出的过程演示：将输入信号分解成各个频率的正弦分量；
通过传递函数改变各部分的幅值和相位；各部分时域输出叠加起来，得到总的输出信号

在本章的后面几节中，我们将用数学分析方法计算几个相对简单的电路的传递函数。

练习 6.2 已知图 6.4 的传递函数，输入信号为

$$v_{in}(t) = 2\cos(1000\pi t + 20°) + 3\cos(3000\pi t) \text{ V}$$

试求输出信号的表达式。

答案：$v_{\text{out}}(t) = 7\cos(1000\pi t + 35°) + 7.5\cos(3000\pi t + 45°)$ V。

练习 6.3　已知图 6.4 的传递函数，输入信号为

$$v_{\text{in}}(t) = 1 + 2\cos(2000\pi t) + 3\cos(6000\pi t)\ \text{V}$$

试求输出信号的表达式。

答案： $v_{\text{out}}(t) = 4 + 6\cos(2000\pi t + 30°)$ V，注意 3000 Hz 的
信号分量被滤波器消除了。

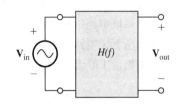

图 6.6　实验室测量传递函数的示意图

实际应用 6.1　有源消声系统

在飞机或其他飞行物中，噪声和颤动令乘客厌烦。在降低噪声级别上，传统的消声材料非常
有效，但若应用到飞行物中，则因量多、体积大而几乎不实用。另一种可替代的方案就是设计一
种消除噪声的电子系统，如图 PA6.1 所示。在噪声源如发动机附近装一麦克风，在噪音进入旅客
区域前进行采样，转化的电信号通过滤波器，该滤波器由专用的计算机进行连续调节，使之与声
音通道的传递函数相匹配。最终，得到一个反相的信号，并送到扬声器(喇叭)，而来自扬声器的
信号与噪声反相，可消除部分噪声。另一麦克风装在乘客的头枕中，监听着能被乘客感受到的声
音，以便让计算机将滤波器调节到最好的位置来消除噪声。

近来，基于以上原理并包含所有该系统成分的消声系统已出现在轻便的头戴耳机中，飞机上
的旅客戴上耳机，可以享受到更安静、舒适的旅行。

有源消声系统可以有效地取代质量更大的消声材料。因此，有源噪声消除在飞机和汽车中的应用
是非常具有吸引力的。你可以在因特网上搜索，找到很多关于这个话题的研究报告和近期文章。

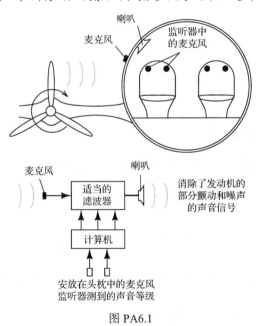

图 PA6.1

6.2　一阶低通滤波器

考虑图 6.7 的电路，该电路有助于通过低频段的信号而阻止高频段的信号(换言之，对低频段

的信号而言,输出几乎和输入一致;对高频段的信号而言,输出幅值远远小于输入幅值。)在第4章,我们知道可用一阶微分方程来描述该电路,正因如此,该电路被称为**一阶低通滤波器**。

为得到该电路的传递函数,假设输入一个相量为 $\mathbf{V}_{in}$ 的正弦信号,然后分析在频率为 f 的信号源函数作用下该电路的工作情况。

电流相量 $\mathbf{I}$ 等于输入的电压相量除以该电路的复阻抗,得

$$\mathbf{I} = \frac{\mathbf{V}_{in}}{R + 1/j2\pi fC} \tag{6.3}$$

输出的电压相量等于电流相量 $\mathbf{I}$ 乘以电容的复阻抗,得

$$\mathbf{V}_{out} = \frac{1}{j2\pi fC}\mathbf{I} \tag{6.4}$$

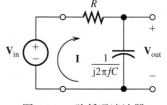

图 6.7 一阶低通滤波器

> 我们可以通过以频率为函数的复阻抗的稳态分析来确定 RLC 电路的传递函数。

将式(6.3)中的电流 $\mathbf{I}$ 代入式(6.4),有

$$\mathbf{V}_{out} = \frac{1}{j2\pi fC} \times \frac{\mathbf{V}_{in}}{R + 1/j2\pi fC} \tag{6.5}$$

而传递函数是输出相量与输入相量之比:

$$H(f) = \frac{\mathbf{V}_{out}}{\mathbf{V}_{in}} \tag{6.6}$$

经整理得

$$H(f) = \frac{\mathbf{V}_{out}}{\mathbf{V}_{in}} = \frac{1}{1 + j2\pi fRC} \tag{6.7}$$

令

$$f_B = \frac{1}{2\pi RC} \tag{6.8}$$

则传递函数为

$$H(f) = \frac{1}{1 + j(f/f_B)} \tag{6.9}$$

6.2.1 传递函数的幅值和相位图

显然,传递函数 $H(f)$ 是一个具有幅值和相位的复数,由式(6.9)的右式可知,$H(f)$ 的幅值等于分子的幅值(单位 1)除以分母的幅值,而复数的幅值等于实部的平方与虚部的平方之和开平方,所以,式(6.9)的幅值为

$$|H(f)| = \frac{1}{\sqrt{1 + (f/f_B)^2}} \tag{6.10}$$

由式(6.9)可知,该传递函数的相位等于分子的相位(为零度)减去分母的相位,有

$$\underline{/H(f)} = -\arctan\left(\frac{f}{f_B}\right) \tag{6.11}$$

如图 6.8 所示的传递函数的幅值和相位图,对低频段(频率 f 接近零),幅值大约为 1,相位几乎为零,这说明低频段信号的幅值和相位几乎不受滤波器的影响,也就是低频段信号的幅值和相位几乎不变地通过滤波器。

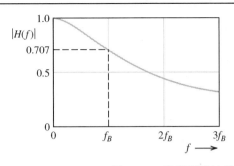 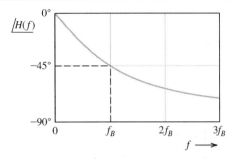

图 6.8　一阶低通滤波器传递函数的幅值和相位图

相反，对高频段的信号（$f \gg f_B$），传递函数的幅值几乎为零，意味着输出信号的幅值远远小于输入信号的幅值，也就是高频段的信号被滤波器阻止。另外，在高频段传递函数的相位也接近 $-90°$。因此，高频段的信号不仅幅值减小，而且也出现相移。

注意：在频率 $f = f_B$ 处，输出信号的幅值等于输入信号的 $1/\sqrt{2}(\cong 0.707)$ 倍，如果电压幅值乘以 $1/\sqrt{2}$ 因子，那么该电压加在已知电阻上所消耗的功率就只有原电压作用下功率的一半（因功率正比于电压的平方）。因此，f_B 被称为**截止频率（半功率频率）**。

> 在截止频率下，传递函数的幅值是其最大值的 $1/\sqrt{2}(\cong 0.707)$ 倍。

6.2.2　传递函数的应用

由 6.1 节可知，如果滤波器的输入信号包含多个频率的正弦分量，那么应用传递函数分别计算每个正弦分量的输出，然后再把各输出加起来就得到整个输出值。

例 6.3　计算 RC 低通滤波器的输出

将输入信号

$$v_{in}(t) = 5 \cos(20\pi t) + 5 \cos(200\pi t) + 5 \cos(2000\pi t) \text{ V}$$

加至图 6.9 的输入端，试求输出信号的表达式。

解： 该电路构成低通滤波器，其截止频率为

$$f_B = \frac{1}{2\pi RC} = \frac{1}{2\pi \times (1000/2\pi) \times 10 \times 10^{-6}} = 100 \text{ Hz}$$

图 6.9　例 6.3 的电路。其中，电阻是刻意选择的，便于求解截止频率

第一部分的输入信号为

$$v_{in1}(t) = 5 \cos(20\pi t) \text{ V}$$

其相量为 $\mathbf{V}_{in1} = 5\underline{/0°}$，角频率 $\omega = 20\pi$，因此 $f = \omega/2\pi = 10$，由式（6.9）得电路的传递函数为

$$H(f) = \frac{1}{1 + j(f/f_B)}$$

将第一个分量的频率 $f = 10 \text{ Hz}$ 代入上式，有

$$H(10) = \frac{1}{1 + j(10/100)} = 0.9950\underline{/-5.71°}$$

得到对应的输出相量：

$$\mathbf{V}_{out1} = H(10) \times \mathbf{V}_{in1}$$

$$= (0.9950\underline{/-5.71°}) \times (5\underline{/0°}) = 4.975\underline{/-5.71°} \text{ V}$$

即对应的第一部分的输出信号为

$$v_{\text{out1}}(t) = 4.975 \cos(20\pi t - 5.71°) \, \text{V}$$

同理，第二部分的输入信号：

$$v_{\text{in2}}(t) = 5 \cos(200\pi t) \, \text{V}$$

其相量：

$$\mathbf{V}_{\text{in2}} = 5\underline{/0°} \, \text{V}$$

频率 $f = 100 \, \text{Hz}$，有

$$H(100) = \frac{1}{1 + \text{j}(100/100)} = 0.7071\underline{/-45°}$$

$$\mathbf{V}_{\text{out2}} = H(100) \times \mathbf{V}_{\text{in2}}$$

$$= (0.7071\underline{/-45°}) \times (5\underline{/0°}) = 3.535\underline{/-45°} \, \text{V}$$

得到对应的第二部分的输出信号为

$$v_{\text{out2}}(t) = 3.535 \cos(200\pi t - 45°) \, \text{V}$$

第三部分的输入信号为

$$v_{\text{in3}}(t) = 5 \cos(2000\pi t) \, \text{V}$$

$$\mathbf{V}_{\text{in3}} = 5\underline{/0°} \, \text{V}$$

$$H(1000) = \frac{1}{1 + \text{j}(1000/100)} = 0.0995\underline{/-84.29°}$$

$$\mathbf{V}_{\text{out3}} = H(1000) \times \mathbf{V}_{\text{in3}}$$

$$= (0.0995\underline{/-84.29°}) \times (5\underline{/0°}) = 0.4975\underline{/-84.29°} \, \text{V}$$

即对应的第三部分的输出信号为

$$v_{\text{out3}}(t) = 0.4975 \cos(2000\pi t - 84.29°) \, \text{V}$$

最后，把各部分的输出加起来得到总的输出：

$$v_{\text{out}}(t) = 4.975 \cos(20\pi t - 5.71°) + 3.535 \cos(200\pi t - 45°)$$

$$+ 0.4975 \cos(2000\pi t - 84.29°) \, \text{V}$$

可见，该滤波器对不同输入部分的处理效果不一样，对频率 $f = 10 \, \text{Hz}$ 的部分，几乎不影响其幅值和相位；对频率 $f = 100 \, \text{Hz}$ 的部分，幅值减小为原来的 0.7071 倍，相位滞后 45°；对频率 $f = 1000 \, \text{Hz}$ 的部分，幅值几乎减小近一个数量级。由此，该滤波器极大地阻止了高频成分通过。

6.2.3　一阶低通滤波器的应用

一阶低通滤波器的一个简单应用就是调幅收音机中的音频控制器，这是通过调节 RC 电路的电阻，也就是改变滤波器的截止频率来实现的。假设我们正收听远方的无线电广播站传送的新闻，期间也收听到雷电风暴引起的干扰噪声。已知电台声音的信息成分主要集中在音频范围内的低频段，另一方面，雷电引起的噪声在各个频段都有着同样大小的幅值。在这种情况下，我们可以调节音频控制器来降低截止频率。那么，高频段的噪声成分将被滤除，而绝大部分低频段的声音信息成分将通过。这样，我们可以提高信噪比，使得收听到的声音更加清晰。

6.2.4　不同频率下的相量用法

已知只有频率相同的相量才能合并，这对于理解不同频率的相量不能相加很重要。因此，

在前面的例题中，都是先用相量获得各时域函数的输出，再把各输出值相加得到总的输出值。

> **不同频率的相量不能相加。**

　　练习 6.4　考虑如图 6.10 所示的滤波器，试写出传递函数 $H(f) = \mathbf{V}_{\text{out}} / \mathbf{V}_{\text{in}}$ 的表达式。设 $f_B = R / 2\pi L$，试写出如式 (6.9) 的表达式。

　　练习 6.5　如图 6.11 所示，设输入信号为

$$v_{\text{in}}(t) = 10 \cos(40\pi t) + 5 \cos(1000\pi t) + 5 \cos(2\pi 10^4 t) \text{ V}$$

试写出输出信号 $v_{\text{out}}(t)$ 的表达式。

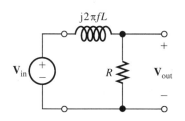

图 6.10　另一种一阶低通滤波器，见练习 6.4

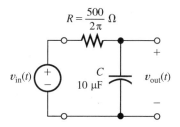

图 6.11　练习 6.5 的电路

答案：

$$v_{\text{out}}(t) = 9.95 \cos(40\pi t - 5.71°) + 1.86 \cos(1000\pi t - 68.2°)$$
$$+ 0.100 \cos(2\pi 10^4 t - 88.9°) \text{ V}$$

6.3　分贝、级联和对数频率坐标

　　在比较各种滤波器的性能中，常用**分贝**来表示传递函数的幅值。为把传递函数的幅值转换为分贝，转换过程定义为将传递函数的幅值取以 10 为底的对数再乘以 20，即

$$|H(f)|_{\text{dB}} = 20\log|H(f)| \tag{6.12}$$

（传递函数实际是电压的比值，可转换为分贝，即取对数后再乘以 20；另一方面，功率的比值转换为分贝是取对数后再乘以 10。）

　　表 6.2 是用分贝表示的传递函数的幅值，注意：当传递函数的幅值比单位 1 大时，其分贝值为正；若幅值比 1 小，则分贝值为负。

　　在许多应用中，滤波器对给定频率范围内滤除干扰信号的能力是非常重要的。例如，与声音信号有关的一个普遍问题就是，电线上的一个微小交流电压都可能随机加到信号上。当把信号送入喇叭时，其中 60 Hz 的干扰成分将产生令人厌烦的嗡嗡声(实际上，当数字技术代替模拟技术后，这个问题已彻底解决)。

表 6.2　传递函数的幅值以及分贝值

$\lvert H(f)\rvert$	$\lvert H(f)\rvert_{\text{dB}}$
100	40
10	20
2	6
$\sqrt{2}$	3
1	0
$1/\sqrt{2}$	−3
1/2	−6
0.1	−20
0.01	−40

　　通常，解决这个问题的方法是，把该干扰工频电压加到期望的声音信号的路径上消除掉。但是，有时不可能这样做。那么就只有设计出滤波器，阻止 60 Hz 的信号成分而让其他频率成分通过，

这类滤波器传递函数的幅值见图 6.12(a)。像这样能阻止很窄频率范围内信号通过的滤波器，被称为**陷波(带阻)**滤波器。

已知欲降低幅值较大的 60 Hz 工频噪声(如激烈的大声吵闹的声音)，传递函数的幅值必须是 -80 dB 或更小，对应 $|H(f)| = 10^{-4}$ 或更小。另外，对于那些应该通过滤波器的有用信号，滤波器传递函数的幅值应该接近于 1，定义可通过的频率范围段为**通频带**。

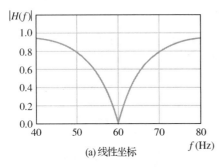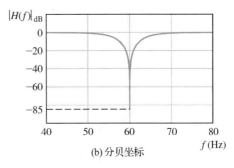

图 6.12　陷波滤波器用于减少声音信号中的工频噪声(嗡嗡声)

如图 6.12(a)所示，如果没有采用分贝坐标而用线性坐标画出传递函数的幅值 $|H(f)|$，可以看到在同一幅图上很难清楚地显示10^{-4} 和 1 这两个值；如果采用该坐标显示通频带信号的幅值，就不能看到在 60 Hz 处的信号幅值具体小到什么程度。反之，如果采用该坐标显示 60 Hz 处的幅值，则相邻频率的幅值将会超出显示范围。

但是，如果采用分贝坐标，两部分的幅值都将很容易观察。图 6.12(b)是图 6.12(a)的等效分贝图。在图 6.12(b)中，可看到通频带的幅值接近 0 dB 而在 60 Hz 处的幅值足够小(不到-80 dB)。

可见，传递函数分贝图的优点之一是能同时显示出很小的幅值和很大的幅值；分贝图的另一个优点是：许多滤波器的分贝图都接近一条直线(因对频率采用了对数坐标)；而且，为了理解电气工程中的一些专业术语，也必须熟悉分贝的概念。

> 传递函数分贝图的优点之一是能同时显示出很小的幅值和很大的幅值。

6.3.1　二端口网络的级联

如果把一个二端口网络的输出连接到另一个二端口网络的输入，就构成二端口网络的级联，如图 6.13 所示。第一个二端口网络的输出电压等于第二个二端口网络的输入电压，整个网络的传递函数为

$$H(f) = \frac{\mathbf{V}_{out}}{\mathbf{V}_{in}}$$

> 在级联连接中，一个滤波器的输出连接到第二个滤波器的输入。

其中，级联网络的输出电压等于第二个二端口网络的输出电压($\mathbf{V}_{out} = \mathbf{V}_{out2}$)，而且输入电压等于第一个二端口网络的输入电压($\mathbf{V}_{in} = \mathbf{V}_{in1}$)。

那么有

$$H(f) = \frac{\mathbf{V}_{out2}}{\mathbf{V}_{in1}}$$

同时乘以 $\mathbf{V}_{out1}$ 再除以 $\mathbf{V}_{out1}$，得

$$H(f) = \frac{\mathbf{V}_{out1}}{\mathbf{V}_{in1}} \times \frac{\mathbf{V}_{out2}}{\mathbf{V}_{out1}}$$

再有，第一个二端口网络的输出电压等于第二个二端口网络的输入电压（$\mathbf{V}_{out1} = \mathbf{V}_{in2}$），因此

$$H(f) = \frac{\mathbf{V}_{out1}}{\mathbf{V}_{in1}} \times \frac{\mathbf{V}_{out2}}{\mathbf{V}_{in2}}$$

得

$$H(f) = H_1(f) \times H_2(f) \tag{6.13}$$

这样，级联网络的传递函数就是单个二端口网络传递函数的乘积，这个结论也适用三个或以上的二端口网络的级联。

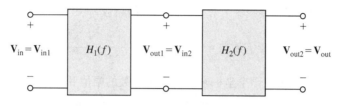

图 6.13　二端口网络的级联

应用式(6.13)的困难之处在于二端口网络的传递函数常取决于与其输出端连接的设备，因此，必须求得连接有第二个二端口网络时的 $H_1(f)$。

在应用式(6.13)时，必须求得连接有第二个二端口网络时的 $H_1(f)$。

对式(6.13)两边幅值求对数，表示为分贝形式，则有

$$20 \log|H(f)| = 20 \log[|H_1(f)| \times |H_2(f)|] \tag{6.14}$$

根据各项乘积的对数等于各项对数之和，得

$$20 \log|H(f)| = 20 \log|H_1(f)| + 20 \log|H_2(f)| \tag{6.15}$$

表示为分贝形式，则有

$$|H(f)|_{dB} = |H_1(f)|_{dB} + |H_2(f)|_{dB} \tag{6.16}$$

这样，如果采用分贝形式，各部分传递函数的分贝幅值之和即为总级联网络的传递函数的分贝幅值。

如果采用分贝形式，各部分传递函数的分贝幅值之和即为总级联网络的传递函数的分贝幅值。

6.3.2　对数频率坐标

在绘制传递函数时，常用**对数坐标**来表示频率。在对数坐标中，坐标值每增加相等长度，就表示变量乘以同一个倍数(而在线性坐标中，坐标值每增加相等长度，表示变量增加同一个固定量)。图 6.14 为对数频率坐标。

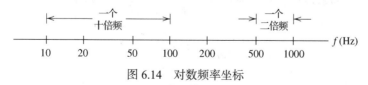

图 6.14　对数频率坐标

在对数坐标中，坐标值每增加相等长度，表示变量乘以同一个倍数。

十倍频表示最大频率与最小频率之比为 10,频率从 2 Hz 到 20 Hz 是一个十倍频,同理,从 50 Hz

到 5000 Hz 的频率范围就是两个十倍频(50 Hz 到 500 Hz 是一个十倍频, 500 Hz 到 5000 Hz 又是一个十倍频)。

另外还有二倍频, 如频率从 10 Hz 到 20 Hz 是一个二倍频, 频率从 2 kHz 到 16 kHz 有三个二倍频。

假设有频率 f_1 和 f_2, 且 $f_2 > f_1$, 在频率 f_1 和 f_2 之间的十倍频数的计算如下:

$$十倍频数 = \log\left(\frac{f_2}{f_1}\right) \tag{6.17}$$

其中, 对数以 10 为底。同理, 在频率 f_1 和 f_2 之间的二倍频数为

$$二倍频数 = \log_2\left(\frac{f_2}{f_1}\right) = \frac{\log(f_2/f_1)}{\log(2)} \tag{6.18}$$

与线性坐标相比, 采用对数频率坐标来绘制传递函数的幅值和相位图时, 其优点在于从低频段的 10 Hz 到 20 Hz 以及从高频段的 10 MHz 到 20 MHz, 幅值和相位的变化都可以清晰地画在同一张图上。但是, 若采用线性坐标, 则低频段信息会被严重压缩, 或者高频段信息会超出显示范围。

例 6.4 分贝和对数频率坐标

给定滤波器的传递函数的幅值为

$$|H(f)| = \frac{10}{\sqrt{1 + (f/5000)^6}}$$

a. 在非常低的频段, 传递函数的幅值的分贝值是多少?
b. 传递函数的幅值小于非常低的频段幅值 3 dB 的频率 $f_{3\,dB}$ 是多少?
c. 传递函数的幅值小于非常低的频段幅值 60 dB 的频率 $f_{60\,dB}$ 是多少?
d. $f_{3\,dB}$ 和 $f_{60\,dB}$ 之间包含多少个十倍频? 多少个八倍频?

解:

a. 非常低的频率是接近零的频率。因为 $f = 0$, 可得 $|H(0)| = 10$, 所以: $|H(0)|_{dB} = 20\log(10) = 20\ dB$。

b. 因为 $-3\ dB$ 相当于 $1/\sqrt{2}$, 可得

$$|H(f_{3dB})| = \frac{10}{\sqrt{2}} = \frac{10}{\sqrt{1 + (f_{3dB}/5000)^6}}$$

通过上式可得 $f_{3\,dB} = 5000\ Hz$。

c. 同理, $-60\ dB$ 相当于 $1/1000$, 可得

$$|H(f_{60dB})| = \frac{10}{1000} = \frac{10}{\sqrt{1 + (f_{60dB}/5000)^6}}$$

通过上式可得 $f_{60\,dB} = 50\ kHz$。

d. 显然, $f_{60\,dB} = 50\ kHz$ 比 $f_{3\,dB} = 5000\ Hz$ 多一个十倍频, 根据式(6.18), 可得两个频率之间的八倍频关系是

$$\frac{\log(50/5)}{\log(2)} = \frac{1}{\log(2)} = 3.32$$

练习 6.6 设 $|H(f)| = 50$, 试求等效分贝值。

答案: $|H(f)|_{dB} = 34\ dB$。

练习 6.7 a. 设 $|H(f)|_{dB} = 15\ dB$, 试求 $|H(f)|$ 值; b. $|H(f)|_{dB} = 30\ dB$, 求 $|H(f)|$ 的值。

答案：a. $|H(f)|_{dB} = 5.62$；b. $|H(f)|_{dB} = 31.6$。

练习 6.8　a. 比 1000 Hz 大出 2 个二倍频的频率是多少？b. 比 1000 Hz 小 3 个二倍频的频率是多少？c. 比 1000 Hz 大 2 个十倍频的频率是多少？d. 比 1000 Hz 小 1 个十倍频的频率是多少？

答案：a. 4000 Hz；b. 125 Hz；c. 100 kHz；d. 100 Hz。

练习 6.9　a. 在对数频率坐标中，哪一个频率位于 100 Hz 和 1000 Hz 中间？b. 在线性坐标中，哪一个频率位于 100 Hz 和 1000 Hz 中间？

答案：a. 316.2 Hz；b. 550 Hz。

练习 6.10　a. 在频率 $f_1 = 20$ Hz 到 $f_2 = 15$ kHz（人耳能听到的音频范围）之间有多少个十倍频？b. 在频率 $f_2 = 20$ Hz 到 $f_1 = 15$ kHz 之间有多少个二倍频？

答案：a. 十倍频数 $= \log\left(\dfrac{15\ \text{kHz}}{20\ \text{Hz}}\right) = 2.87$；b. 二倍频数 $= \dfrac{\log(15000/20)}{\log(2)} = 9.55$。

6.4　波特图

波特图是指用纵坐标表示二端口网络传递函数的幅值的分贝量、横坐标采用对数频率坐标的图形。由于传递函数极大的频率范围，波特图能够在一张图纸上清楚地画出非常大和非常小的幅值，所以波特图在表示传递函数上特别有用。而且，已知网络函数的波特图在某些频率范围内非常接近一条直线，因此绘图比较容易（实际上，如今采用计算机绘图，此优点已不如从前那么重要）。与波特图相关的术语也经常在信号处理方面的文献中遇到，当然，理解波特图也便于对传递函数做出快速判断。

> 波特图是指用纵坐标表示二端口网络传递函数的幅值的分贝量、横坐标采用对数频率坐标的图形。

为阐述波特图的概念，本节讨论一阶低通滤波器，其传递函数见式(6.9)，即

$$H(f) = \frac{1}{1 + j(f/f_B)}$$

其幅值函数见式(6.10)，即

$$|H(f)| = \frac{1}{\sqrt{1 + (f/f_B)^2}}$$

把幅值函数表达式转化为分贝形式，取对数再乘以 20 倍，即

$$|H(f)|_{dB} = 20\log|H(f)|$$

把幅值函数代入上式，得

$$|H(f)|_{dB} = 20\log\frac{1}{\sqrt{1 + (f/f_B)^2}}$$

运用对数性质，有

$$|H(f)|_{dB} = 20\log(1) - 20\log\sqrt{1 + \left(\frac{f}{f_B}\right)^2}$$

因单位 1 的对数为零，因此

$$|H(f)|_{dB} = -20\log\sqrt{1 + \left(\frac{f}{f_B}\right)^2}$$

最后，根据 $\log\sqrt{x} = \dfrac{1}{2}\log(x)$，得

$$|H(f)|_{dB} = -10\log\left[1 + \left(\frac{f}{f_B}\right)^2\right] \tag{6.19}$$

注意:当频率 $f \ll f_B$ 时,根据式(6.19)可知其值接近零。因此,对低频段而言,传递函数的幅值接近水平直线,即如图 6.15 所示的**低频渐近线**。

> 低频渐近线恒定在 0 dB。

另外,对于频率 $f \gg f_B$,式(6.19)近似为

$$|H(f)|_{dB} \cong -20 \log\left(\frac{f}{f_B}\right) \tag{6.20}$$

将频率 f 取各个值代入式(6.20),计算得到如表 6.3 所示的近似值。连接这些值,获得图 6.15 中右下方的斜线,即如图所示的**高频渐近线**。从图中可看出,两条渐近线的相交点在截止频率 f_B 处。正是由于这个原因,截止频率又被称为**转折频率或半功率频率**。

> 高频渐近线以 20 dB/十倍频向下倾斜,从 f_B 处的 0 dB 开始。
> 注意,两条渐近线的相交点在截止频率 f_B 处。

也可以看到高频渐近线的斜率是每十倍频下降 20 dB(这条斜线也可描述为每经一个二倍频,幅值就要降下 6 dB)。

将 $f = f_B$ 代入式(6.19),得

$$|H(f_B)|_{dB} = -3 \text{ dB}$$

这样,在转折频率处的渐近线仅存在 3 dB 的误差。$|H(f)|$ 该附近的实际曲线如图 6.15 所示。

> 在转折频率处的渐近线仅存在 3 dB 的误差。

表 6.3　式(6.20)取部分频率点的近似值	
f	$|H(f)|_{dB}$
f_B	0
$2f_B$	−6
$10f_B$	−20
$100f_B$	−40
$1000f_B$	−60

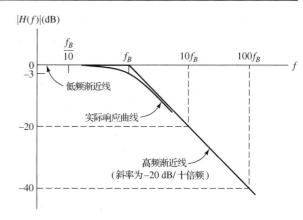

图 6.15　一阶低通滤波器的幅频波特图

6.4.1　相位图

由式(6.11)可知,一阶低通滤波器传递函数的相位关系如下:

$$\angle H(f) = -\arctan\left(\frac{f}{f_B}\right)$$

由上式可知,在频率非常低处相位几乎为零,在截止频率处相位为 −45°,在高频处相位接近 −90°。

图 6.16 画出了相位随频率变化的关系,可以看到实际曲线和各直线段非常接近:

1. 对于频率 $f < f_B/10$ 的相频特性,为一条接近 0° 的水平线。

2. 对于频率介于 $f_B/10$ 和 $10f_B$ 之间的相频特性,实际曲线近似于一条连接 0° 和 −90° 的斜线。

3．对于频率 $f > 10f_B$ 的相频特性，实际曲线接近 –90° 的一条水平线。

相位的实际曲线非常接近这些直线段，仅有不到 6° 的误差。因此，用手工绘图，可以直接用直线段近似画出相位图。

许多网络函数的图形都可以采用上述介绍的画简单 RC 低通滤波器电路函数的方法画出；但是，不鼓励广泛采用此方法。因为 RLC 网络的幅值特性和相频特性波特图都可以很容易由计算机程序绘制。介绍手工方法绘图来分析 RC 低通滤波器的波特图，主要是为了讲解这些基本概念和专业术语。

练习 6.11　如图 6.17 所示，用波特图画出该电路的幅值和相频特性。

答案：见图 6.18。

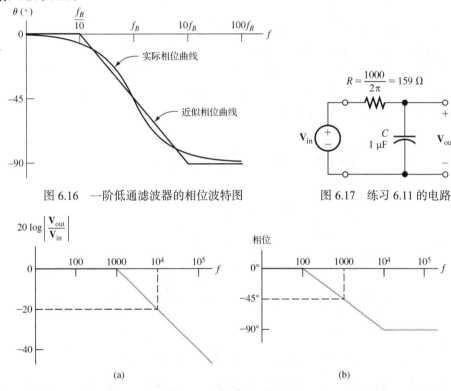

图 6.16　一阶低通滤波器的相位波特图　　　　图 6.17　练习 6.11 的电路

图 6.18　练习 6.11 的答案

6.5　一阶高通滤波器

图 6.19 的电路为**一阶高通滤波器**，其分析思路与本章前面介绍的一阶低通滤波器类似。该滤波器的传递函数为

$$H(f) = \frac{\mathbf{V}_{\text{out}}}{\mathbf{V}_{\text{in}}} = \frac{j(f/f_B)}{1 + j(f/f_B)} \tag{6.21}$$

其中，截止频率为

$$f_B = \frac{1}{2\pi RC} \tag{6.22}$$

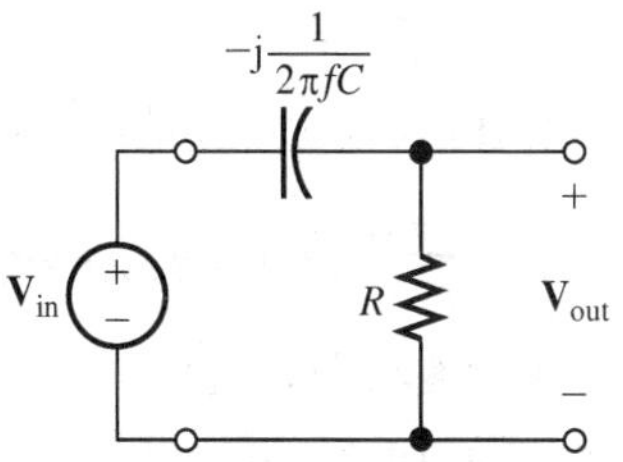

图 6.19　一阶高通滤波器

练习 6.12　用电路分析法求图 6.19 的传递函数,对比其传递函数和截止频率是否与式(6.21)、式(6.22)一致。

6.5.1　传递函数的幅频特性和相频特性

传递函数的幅频特性方程如下:

$$|H(f)| = \frac{f/f_B}{\sqrt{1 + (f/f_B)^2}} \tag{6.23}$$

如图 6.20(a)所示,对于直流信号(频率为零),传递函数的对应幅值为零;对于高频信号($f \gg f_B$),传递函数的对应幅值接近单位 1。由此,该滤波器阻止低频成分而通过高频成分,这就是高通滤波器名字的由来。

高通滤波器有利于通过高频成分,抑制低频成分。例如,记录在嘈杂环境中鸟的鸣叫声,已知鸟的鸣叫声的频率在人耳能听见的频段(20 Hz 到 15 kHz 之间)的高频部分,主要在 2 kHz 以上。另外,嘈杂噪声集中在低频处,如行驶在颠簸不平的路上大卡车发出的隆隆声的噪声频率低于 2 kHz。如果在这种噪声环境中录下鸟的鸣叫声,则高通滤波器非常有用。通过选择电路中的电阻 R 和电容 C 来得到截止频率 f_B,使之接近 2 kHz。这样设计出的滤波器将通过鸟的鸣叫声而阻止大部分的噪声成分。

> 高通滤波器有利于通过高频成分,抑制低频成分。

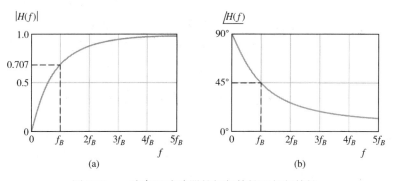

图 6.20　一阶高通滤波器的幅频特性和相频特性

如果将正弦分量的幅值乘上 $1/\sqrt{2}$ 因子,那么该幅值电压加在一个电阻上传递的能量是原来的一半。在 $f = f_B$ 处,$|H(f)| = 1/\sqrt{2} \cong 0.707$。因此,和低通滤波器一样,$f_B$ 被称为半功率频率(又被称为转折频率、3 dB 频率和截止频率)。

高通滤波器的相频特性方程为

$$\angle H(f) = 90° - \arctan\left(\frac{f}{f_B}\right) \tag{6.24}$$

图 6.20(b)为相频特性曲线。

6.5.2　一阶高通滤波器的波特图

采用波特图画法来绘制传递函数更为方便,波特图采用分贝幅值和对数频率坐标,高通滤波器传递函数的幅频特性的分贝形式如下:

$$|H(f)|_{dB} = 20 \log \frac{f/f_B}{\sqrt{1 + (f/f_B)^2}}$$

也可写成

$$|H(f)|_{dB} = 20 \log \left(\frac{f}{f_B}\right) - 10 \log \left[1 + \left(\frac{f}{f_B}\right)^2\right] \tag{6.25}$$

对于频率 $f \ll f_B$，式 (6.25) 右边第二部分近似为零，因此有

$$|H(f)|_{dB} \cong 20 \log \left(\frac{f}{f_B}\right), \qquad f \ll f_B \tag{6.26}$$

对于给定的多个频率点 f，由上式可计算出其对应的分贝值，如表 6.4 所示。连接这些值，得到低频处的渐近线，如图 6.21 (a) 中左边的斜线，该渐近线每经过一个十倍频，幅值下降 20 dB。

表 6.4　由式 (6.26) 解得的各给定频率的分贝幅值

f	$|H(f)|_{dB}$
f_B	0
$f_B/2$	−6
$f_B/10$	−20
$f_B/100$	−40

对于频率 $f \gg f_B$，由式 (6.25) 可知幅值几乎接近 0 dB。因此有

$$|H(f)|_{dB} \cong 0, \qquad f \gg f_B \tag{6.27}$$

如图 6.21 (a) 中高频处的渐近线所示，两条渐近线在 $f = f_B$ 处相交 (f_B 被称为截止频率)。

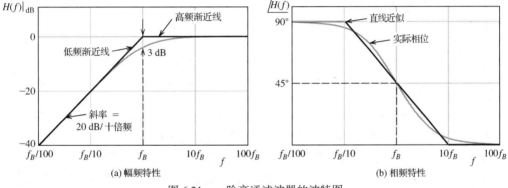

(a) 幅频特性　　(b) 相频特性

图 6.21　一阶高通滤波器的波特图

$|H(f)|_{dB}$ 的实际曲线也在图 6.21 (a) 中画出，可以看出在频率 $f = f_B$ 时，$|H(f)|_{dB}$ 的实际值为 −3 dB，仅有 3 dB 误差；在其他频率处，实际曲线更接近渐近线。图 6.21 (b) 也画出了直线近似的相频特性波特图以及实际曲线。

例 6.5　求高通滤波器的截止频率

已知某一阶高通滤波器的传递函数在频率 $f = 60$ Hz 时幅值为 −30 dB，试求其截止频率。

解：已知一阶高通滤波器的低频渐近线为每十倍频下降 20 dB 的斜率，可求得 30 dB 对应的十倍频数为

$$\frac{30 \text{ dB}}{20 \text{ dB/十倍频}} = 1.5 \text{个十倍频}$$

比 60 Hz 要大，根据式 (6.17) 可知

$$\log \left(\frac{f_B}{60}\right) = 1.5$$

得

$$\frac{f_B}{60} = 10^{1.5} = 31.6$$

有

$$f_B \cong 1900 \text{ Hz}$$

在实际中经常需要这样一个滤波器,其传递函数在给定频率处会大幅度减小幅值,而对该频率附近的信号影响很小。前面介绍的一阶滤波器表明,如果要用其减小给定分量的幅值,选择的截止频率需远离想要阻止通过的信号的频率,但是其他频率信号也会受到影响。要解决这类问题就必须设计更高阶的复杂滤波电路,后面的内容中将介绍二阶滤波电路。

练习6.13 如图6.22的电路,如果定义截止频率为 $f_B = R/2\pi L$,根据式(6.21)写出该电路的传递函数。

练习6.14 设计一阶 RC 高通滤波器,假设在频率 1 kHz 处可减小幅值 50 dB,且已知电阻为 1 kΩ,试求该高通滤波器的电容 C 及截止频率。

答案: $f_B = 316 \text{ kHz}$, $C = 503 \text{ pF}$ 。

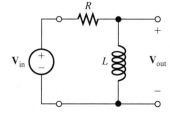

图 6.22 练习 6.13 的电路图

6.6 串联谐振

在本节和下一小节我们将讨论谐振电路。以这类电路为基础而形成的滤波器比一阶滤波器具有更佳的性能,可以通过需要的信号而阻止非常邻近的信号。这类滤波器应用在收音机的接收器中,也可应用于去除声音信号中的 60 Hz 工频干扰的陷波滤波器。谐振现象在机械系统和电路中均可观察到,如吉他的弦就是一个机械谐振系统。

> 谐振现象在机械系统和电路中均可观察到。

将某个频率的正弦电压源输入谐振电路中,在电路中会产生一个比源电压大得多的电压。一个熟知的故事就是剧院歌唱家的嗓音曾把玻璃酒杯震碎,这是因为酒杯获得外界一个正弦信号(声音)源而产生谐振,使得酒杯的振动幅度足够大而碎裂。另一个例子是 1940 年塔科马海峡大桥(Tacoma Narrows Bridge)的倒塌,因为风力引起大桥谐振而导致倒塌。还有一些音乐器械的丝弦、排钟、管风琴的空气柱以及其他乐器等都是机械谐振系统的例子。

> 你可以在因特网上找到一个正在振动的大桥的视频短片。

如图 6.23 的串联谐振电路,从电源两端看过去的电路复阻抗为

$$Z_s(f) = \text{j}2\pi f L + R - \text{j}\frac{1}{2\pi f C} \qquad (6.28)$$

谐振频率 f_0 定义为在该频率点处整个电路呈现出纯电阻性(即电抗为 0)。由于电抗为 0,感抗和容抗必须在数值上相等,有

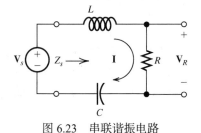

图 6.23 串联谐振电路

> 谐振频率 f_0 定义为在该频率点处整个电路呈现出纯电阻性(即电抗为 0)。

$$2\pi f_0 L = \frac{1}{2\pi f_0 C} \qquad (6.29)$$

由此可得到谐振频率 f_0,即

$$f_0 = \frac{1}{2\pi\sqrt{LC}} \qquad (6.30)$$

品质因数 Q_s 定义为在谐振频率处的感抗与电阻的比值：

> 串联谐振电路的品质因数 Q_s 定义为在谐振频率处的感抗与电阻的比值。

$$Q_s = \frac{2\pi f_0 L}{R} \tag{6.31}$$

将式(6.29)的 L 代入式(6.31)中，得

$$Q_s = \frac{1}{2\pi f_0 CR} \tag{6.32}$$

将式(6.30)和式(6.31)代入式(6.28)中，可推导出整个电路的复阻抗如下：

$$Z_s(f) = R\left[1 + jQ_s\left(\frac{f}{f_0} - \frac{f_0}{f}\right)\right] \tag{6.33}$$

可见，串联谐振电路的特点是由品质因数和谐振频率决定的。

阻抗归一化幅值和相位随归一化频率变化的关系如图 6.24 所示，可以看到在谐振频率处阻抗最小，随着品质因数增大，波形变得更加陡峭。

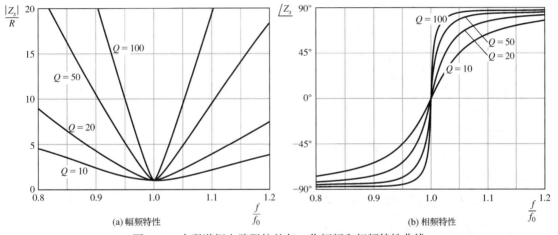

(a) 幅频特性　　　　　　　　　　　　(b) 相频特性

图 6.24　串联谐振电路阻抗的归一化幅频和相频特性曲线

6.6.1　串联谐振电路用作带通滤波器

由图 6.23，有电路电流

$$\mathbf{I} = \frac{\mathbf{V}_s}{Z_s(f)}$$

将式(6.33)代入上式中，得

$$\mathbf{I} = \frac{\mathbf{V}_s/R}{1 + jQ_s(f/f_0 - f_0/f)}$$

可得电阻电压

$$\mathbf{V}_R = R\mathbf{I} = \frac{\mathbf{V}_s}{1 + jQ_s(f/f_0 - f_0/f)}$$

归一化后，得传递函数

$$\frac{\mathbf{V}_R}{\mathbf{V}_s} = \frac{1}{1 + jQ_s(f/f_0 - f_0/f)}$$

图 6.25 为归一化幅值 $\mathbf{V}_R/\mathbf{V}_s$ 与频率 f 以及品质因数 Q_s 的变化关系。

当电源电压的频率变化时，在低频处，谐振电路的容抗非常大，因此电流 I 值比较小，此时电阻上的电压比电源电压要小得多。在谐振频率处，总的阻抗最小(因容抗和感抗相互抵消)，电流 I 达到最大值，此时电阻上的电压等于电源电压。在高频处，感抗非常大，电流 I 比较小，电阻上的电压比电源电压小得多。

设含有该谐振频率的电压源作用在该电路上，那么在谐振频率附近的这些信号通过该电路电阻时变化不大，可以顺利通过，而远离谐振频率的其他成分信号却急剧下降，被电路阻止。该谐振电路被称为**带通滤波器**。

> 这种谐振电路被称为带通滤波器。

截止频率的定义是滤波器的传递函数的幅值下降到 $1/\sqrt{2} \cong 0.707$ 时的频率。对于串联谐振电路，图 6.26 有两个截止频率。

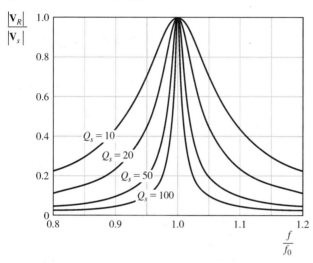

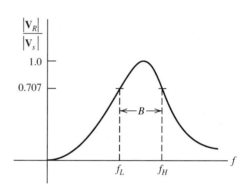

图 6.25　串联谐振带通滤波器的传递函数的幅值 $|\mathbf{V}_R / \mathbf{V}_s|$ 图

图 6.26　带宽 B 等于两个截止频率之差

滤波器**带宽** B 指两个截止频率的差值，

$$B = f_H - f_L \tag{6.34}$$

对于串联谐振电路，有

$$B = \frac{f_0}{Q_s} \tag{6.35}$$

当 $Q_s \gg 1$ 时，截止频率分别近似为

$$f_H \cong f_0 + \frac{B}{2} \tag{6.36}$$

和

$$f_L \cong f_0 - \frac{B}{2} \tag{6.37}$$

例 6.6　串联谐振电路

如图 6.27 的串联谐振电路，计算谐振频率、带宽及截止频率。设该电压源的频率与电路的谐振频率一致，求各元件的电压相量并画出相量图。

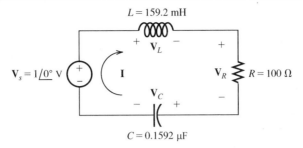

图 6.27　例 6.5 的串联谐振电路(刻意选择了元件的电量值，以便计算的谐振频率和品质因数 Q_s 为整数)

解： 首先根据式(6.30)求谐振频率，即

$$f_0 = \frac{1}{2\pi\sqrt{LC}} = \frac{1}{2\pi\sqrt{0.1592 \times 0.1592 \times 10^{-6}}} = 1000 \text{ Hz}$$

由式(6.31)计算品质因数，即

$$Q_s = \frac{2\pi f_0 L}{R} = \frac{2\pi \times 1000 \times 0.1592}{100} = 10$$

由式(6.35)求带宽，即

$$B = \frac{f_0}{Q_s} = \frac{1000}{10} = 100 \text{ Hz}$$

由式(6.36)和式(6.37)求近似截止频率，即

$$f_H \cong f_0 + \frac{B}{2} = 1000 + \frac{100}{2} = 1050 \text{ Hz}$$

$$f_L \cong f_0 - \frac{B}{2} = 1000 - \frac{100}{2} = 950 \text{ Hz}$$

在谐振频率处，分别求感抗和容抗，即

$$Z_L = \mathrm{j}2\pi f_0 L = \mathrm{j}2\pi \times 1000 \times 0.1592 = \mathrm{j}1000 \ \Omega$$

$$Z_C = -\mathrm{j}\frac{1}{2\pi f_0 C} = -\mathrm{j}\frac{1}{2\pi \times 1000 \times 0.1592 \times 10^{-6}} = -\mathrm{j}1000 \ \Omega$$

可见，在谐振频率处，感抗和容抗幅值相等。电路的复阻抗为

$$Z_s = R + Z_L + Z_C = 100 + \mathrm{j}1000 - \mathrm{j}1000 = 100 \ \Omega$$

电流相量为

$$\mathbf{I} = \frac{\mathbf{V}_s}{Z_s} = \frac{1\underline{/0°}}{100} = 0.01\underline{/0°} \ \text{A}$$

各元件的电压相量为

$$\mathbf{V}_R = R\mathbf{I} = 100 \times 0.01\underline{/0°} = 1\underline{/0°} \ \text{v}$$

$$\mathbf{V}_L = Z_L\mathbf{I} = \mathrm{j}1000 \times 0.01\underline{/0°} = 10\underline{/90°} \ \text{v}$$

$$\mathbf{V}_C = Z_C\mathbf{I} = -\mathrm{j}1000 \times 0.01\underline{/0°} = 10\underline{/-90°} \ \text{v}$$

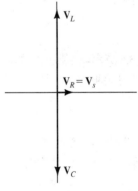

图 6.28 为各电压的相量图，可以看到电感和电容上的电压要比电
图 6.28　例 6.6 的电压的相量图
源电压在幅值上大得多。不过，电压相量仍然满足基尔霍夫电压定律，因为从图上可以看出，电
容电压和电感电压相位相反、大小相等，从而相互抵消。

由例 6.6 可知，电感及电容上的电压是电源电压的 Q_s(品质因数)倍。品质因数越大，电感电
压和电容电压越大，这类似于剧院歌唱家的噪音导致玻璃酒杯碎裂的幅值极大。

练习 6.15　已知 $L = 10\,\mu H$, $f_0 = 1\,MHz$, $Q_s = 50$, 试求该串联谐振电路的电阻 R 和电容 C, 以及带宽和近似截止频率。

答案：$C = 2533\,pF$, $R = 1.257\,\Omega$, $B = 20\,kHz$, $f_L \cong 990\,kHz$, $f_H \cong 1010\,kHz$。

练习 6.16　设频率为 $1\,MHz$ 的电压源 $\mathbf{V}_s = 1\underline{/0^\circ}\,V$ 加在练习 6.15 的电路上, 试求电感、电容与电阻元件上的电压相量。

答案：$\mathbf{V}_R = 1\underline{/0^\circ}\,V$, $\mathbf{V}_C = 50\underline{/-90^\circ}\,V$, $\mathbf{V}_L = 50\underline{/90^\circ}\,V$。

练习 6.17　已知电容 $C = 470\,pF$, 谐振频率为 $5\,MHz$, 带宽为 $200\,kHz$, 试求该串联谐振电路的电阻 R 和电感 L。

答案：$R = 2.709\,\Omega$, $L = 2.156\,\mu H$。

6.7　并联谐振

图 6.29 为另一种谐振电路 —— **并联谐振电路**, 该电路的复阻抗为

$$Z_p = \frac{1}{1/R + j2\pi fC - j(1/2\pi fL)} \tag{6.38}$$

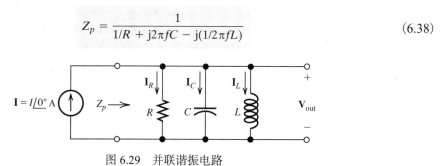

图 6.29　并联谐振电路

与串联谐振电路类似, 在谐振频率 f_0 处, 整个电路呈现纯电阻性。令式(6.38)的虚部为零可得

$$2\pi f_0 C = \frac{1}{2\pi f_0 L} \tag{6.39}$$

解得谐振频率为

$$f_0 = \frac{1}{2\pi\sqrt{LC}} \tag{6.40}$$

这与 6.6 节串联谐振电路的谐振频率的表达式一致。

对于并联谐振电路, 定义品质因数 Q_p 为电阻与感抗的比值, 即

$$Q_p = \frac{R}{2\pi f_0 L} \tag{6.41}$$

注意:此品质因数 Q_p 为串联谐振品质因数 Q_s 的倒数。求式(6.40)的电感 L 值, 并将之代入式(6.41), 得到另一种形式的品质因数

$$Q_p = 2\pi f_0 CR \tag{6.42}$$

> 注意，根据电路元件表示的并联谐振品质因数 Q_p 为串联谐振品质因数 Q_s 的倒数。

分别求式(6.41)和式(6.42)的电感 L 值和电容 C 值, 代入式(6.38), 得

$$Z_p = \frac{R}{1 + jQ_p(f/f_0 - f_0/f)} \tag{6.43}$$

整个并联谐振电路的输出电压为电流相量与电阻乘积，即

$$\mathbf{V}_{\text{out}} = \frac{\mathbf{I}R}{1 + jQ_p(f/f_0 - f_0/f)} \tag{6.44}$$

设电路的电流值为常数，改变频率，则电压幅值是频率的函数，如图 6.30 所示。由图可知，在谐振频率处输出电压达到最大值 $V_{o\max} = RI$，该波形与串联谐振电路的电压传递函数的幅值图类似，如图 6.25 所示。

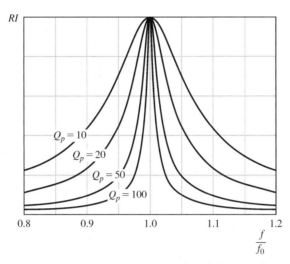

图 6.30　并联谐振电路的电压幅值随频率变化的关系

我们将截止频率 f_L 和 f_H 定义为在这两个频率点处电压幅值降为最大值的 $1/\sqrt{2}$，则电路的带宽为

$$B = f_H - f_L \tag{6.45}$$

也可推出带宽与截止频率和品质因数的关系式：

$$B = \frac{f_0}{Q_p} \tag{6.46}$$

例 6.7　并联谐振电路

已知电阻 $R = 10\ \text{k}\Omega$，$f_0 = 1\ \text{MHz}$，带宽 $B = 100\ \text{kHz}$，试求该并联谐振电路的电感 L 和电容 C。设电流源 $\mathbf{I} = 10^{-3}\underline{/0°}\ \text{A}$；求电路谐振时各部分的电流相量并画出相量图。

解：根据式 (6.46) 计算出电路的品质因数为

$$Q_p = \frac{f_0}{B} = \frac{10^6}{10^5} = 10$$

将 Q_p 代入式 (6.41) 和式 (6.42)，分别得到电感和电容值，即

$$L = \frac{R}{2\pi f_0 Q_p} = \frac{10^4}{2\pi \times 10^6 \times 10} = 159.2\ \mu\text{H}$$

$$C = \frac{Q_p}{2\pi f_0 R} = \frac{10}{2\pi \times 10^6 \times 10^4} = 159.2\ \text{pF}$$

谐振时，输出电压相量为

$$\mathbf{V}_{\text{out}} = \mathbf{I}R = (10^{-3}\underline{/0°}) \times 10^4 = 10\underline{/0°}\ \text{V}$$

其他电流相量为

$$\mathbf{I}_R = \frac{\mathbf{V}_{\text{out}}}{R} = \frac{10\underline{/0°}}{10^4} = 10^{-3}\underline{/0°}\ \text{A}$$

$$\mathbf{I}_L = \frac{\mathbf{V}_{\text{out}}}{\text{j}2\pi f_0 L} = \frac{10\underline{/0°}}{\text{j}10^3} = 10^{-2}\underline{/-90°}\ \text{A}$$

$$\mathbf{I}_C = \frac{\mathbf{V}_{\text{out}}}{-\text{j}/2\pi f_0 C} = \frac{10\underline{/0°}}{-\text{j}10^3} = 10^{-2}\underline{/90°}\ \text{A}$$

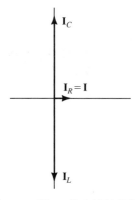

图 6.31　例 6.7 的电流的相量图

图 6.31 为并联谐振电路的各电流的相量图，由图可知流过电感和电容的电流远远大于电流源的电流。不过，电感电流 $\mathbf{I}_L$ 和电容电 $\mathbf{I}_C$ 流大小相等、相位相反，因而相互抵消。

　　练习 6.18　已知并联谐振电路的电阻 $R = 10\ \text{k}\Omega$，$L = 100\ \mu\text{H}$，$C = 500\ \text{pF}$，试求该电路的谐振频率、品质因数与带宽。

　　答案：　$f_0 = 711.8\ \text{kHz}$，$Q_p = 22.36$，$B = 31.83\ \text{kHz}$。

　　练习 6.19　已知并联谐振电路的谐振频率 $f_0 = 10\ \text{MHz}$，$B = 200\ \text{kHz}$，$R = 1\ \text{k}\Omega$，试求电感 L 和电容 C。

　　答案：　$L = 0.3183\ \mu\text{H}$，$C = 795.8\ \text{pF}$。

6.8　理想滤波器和二阶滤波器

6.8.1　理想滤波器

　　当讨论到滤波器的性能时，分析理想滤波器是非常有用的。有用信号能顺利通过理想滤波器且幅值和相位不改变，而干扰信号则被完全抑制。根据滤波器工作的频带，可以把滤波器分为以下几种类型：低通滤波器、高通滤波器、带通滤波器和带阻滤波器。这四种理想滤波器的传递函数 $H(f) = \mathbf{V}_{\text{out}}/\mathbf{V}_{\text{in}}$ 如图 6.32 所示。

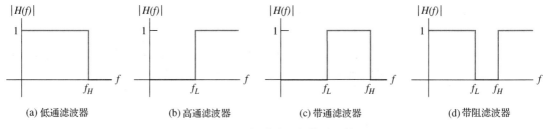

图 6.32　理想滤波器的传递函数

- **理想低通滤波器**[如图 6.32(a)所示]通过频率低于其截止频率 f_H 以下的信号，而抑制频率高于 f_H 的信号。
- **理想高通滤波器**[如图 6.32(b)所示]通过频率高于其截止频率 f_L 以上的信号，而抑制频率低于 f_L 的信号。
- **理想带通滤波器**[如图 6.32(c)所示]通过频率在其截止频率(f_L 和 f_H)之间的信号，而抑制此频率范围之外的信号。

● **理想带阻滤波器**[如图 6.32(d) 所示]也被称为陷波滤波器,抑制频率在其截止频率(f_L 和 f_H)
之间的信号,而通过此频率范围之外的信号。

在本章前几节已经讨论过,当信号源同时包含一个频率范围内的有用信号和另一个频率范围
内的干扰信号时,就需要用到滤波器了。例如,图 6.33 是被高频噪声干扰的 1 kHz 的正弦波,当
该信号通过低通滤波器时,噪声信号就被滤除了。

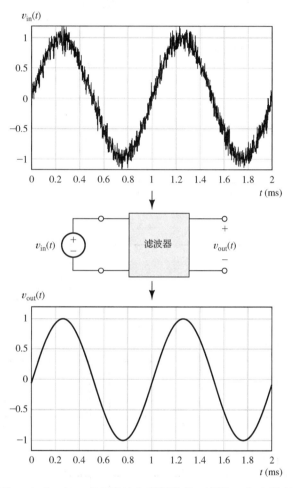

图 6.33　输入信号 v_{in} 包含 1 kHz 的正弦波和高频噪声。当把 v_{in} 加在具有合适截止频率的
理想低通滤波器上时,正弦波通过了,而高频噪声则被抑制,输出完好的正弦波

例 6.8　级联理想滤波器

心电图(ECG)信号是放置在躯干、手臂或腿上的电极之间的电压。ECG 信号被心脏病专家用
来帮助诊断各种类型的心脏病。

遗憾的是,电极之间的电压可能含有不希望出现的噪声(即医学术语中的“伪像”)。不希望
出现的噪声分量有直流和低于 0.5 Hz 的频率成分(被称为“基线漂移”),来自电力线干扰的 60 Hz
的正弦波,以及“肌肉噪声”,其分量高于 100 Hz,由肌肉运动引起,例如当患者在跑步机上运动
时。心脏病专家感兴趣的 ECG 信号位于 0.5 Hz 到 100 Hz 之间。

我们希望设计一个级联理想滤波器,以消除噪声和保留感兴趣的 ECG 信号分量。

解:首先,我们可以使用图 6.34(a) 的传递函数的幅值为 $|H_1(f)|$ 的理想高通滤波器,消除直

流和低于 0.5 Hz 的基线漂移分量。

注意，我们在图 6.34 中使用了对数频率坐标来更清楚地显示低频和高频，这比用线性频率坐标更清楚。

接下来，可以使用具有图 6.34(b) 的传递函数的幅值 $|H_2(f)|$ 的理想低通滤波器来消除 100 Hz 以上的肌肉噪声分量。

最后，我们采用带阻滤波器，其传递函数的幅值 $|H_3(f)|$ 如图 6.34(c) 所示，截止频率略高于 60 Hz 或略低于 60 Hz，以消除电力线干扰。我们应该努力使带阻滤波器的截止频率非常接近 60 Hz，以避免滤除太多的心电图信号分量。

整个传递函数的幅值 $|H(f)|=|H_1(f)| \times |H_2(f)| \times |H_3(f)|$ 如图 6.34(d) 所示，级联理想滤波器如图 6.34(e) 所示。

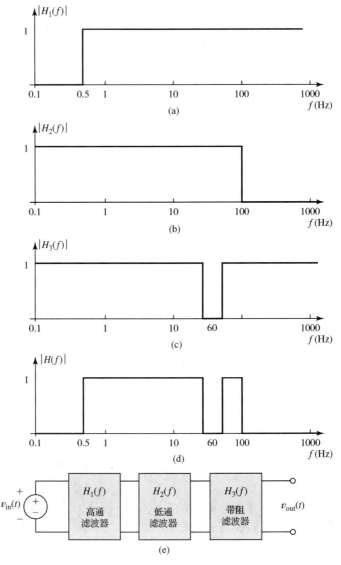

图 6.34　例 6.8 的级联理想滤波器

遗憾的是，构建一个理想滤波器是不可能的，只能用真实的电路来近似得到理想滤波器。随着滤波电路的复杂程度增加，可以设计出能更好地保留有用信号而抑制干扰信号的滤波器。因此，二阶电路比本章前几节中讨论的一阶电路的性能更佳，更接近理想滤波器。

6.8.2　二阶低通滤波器

如图 6.35(a)所示，一个以 6.6 节中串联谐振电路为基础的二阶低通滤波器，它的特性由其谐振频率 f_0 和品质因素 Q_s 决定，谐振频率 f_0 和品质因素 Q_s 的值分别见式(6.30)和式(6.31)。由此可得电路的传递函数为

$$H(f) = \frac{\mathbf{V}_{out}}{\mathbf{V}_{in}} = \frac{-jQ_s(f_0/f)}{1 + jQ_s(f/f_0 - f_0/f)} \tag{6.47}$$

考虑图 6.35(c)中传递函数的幅频特性波特图，可见当 $Q_s \gg 1$ 时，传递函数的幅值在谐振频率附近达到最大值。通常，在设计一个滤波器时，我们希望增益在通频带之间能近似为恒定值，所以选择 $Q_s \cong 1$。(事实上，$Q_s = 0.707$ 已经是传递函数的幅值不会在下降之前呈现上升趋势的最大值，此时传递函数的幅频响应波特图最平坦，也将其称为巴特沃思函数，经常用于低通滤波器。)

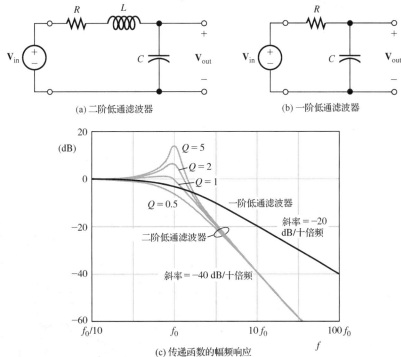

(a) 二阶低通滤波器　　　　　　　(b) 一阶低通滤波器

(c) 传递函数的幅频响应

图 6.35　低通滤波器及其传递函数的幅频响应

6.8.3　比较一阶和二阶低通滤波器

为了便于比较，一阶低通滤波器及其幅频响应波特图分别见图 6.35(b)和图 6.35(c)。一阶电路的特性由其截止频率 $f_B = 1/(2\pi RC)$ 决定(在比较时，令 $f_B = f_0$)。由此可见，当频率大于 f_0 时，二阶低通滤波器的传递函数的幅值比一阶滤波器的衰减速度快得多(–40 dB/十倍频比–20 dB/十倍频)。

> 　　二阶低通滤波器的传递函数的幅值以 40 dB/十倍频衰减，一阶滤波器的传递函数的幅值以 20 dB/十倍频衰减。二阶滤波器的传递函数的幅值比一阶滤波器的衰减速度快得多。因此，二阶滤波器可以近似为理想低通滤波器。

6.8.4　二阶高通滤波器

图 6.36(a)是一个二阶高通滤波器,其幅频响应波特图见图 6.36(b)。同理,我们通常希望传递函数在通频带处的幅值尽可能地恒定,所以选择 $Q_s \cong 1$。(换句话说,我们通常希望设计的滤波器与理想滤波器越接近越好。)

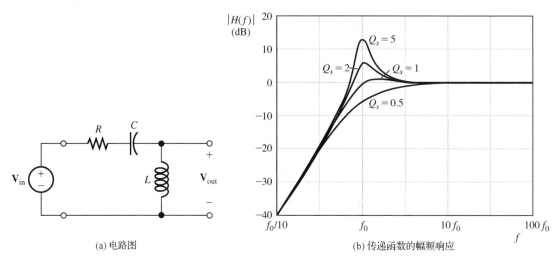

(a) 电路图　　　　　　　　　(b) 传递函数的幅频响应

图 6.36　二阶高通滤波器和不同 Q_s 下传递函数的幅频响应

6.8.5　二阶带通滤波器

图 6.37(a)是一个二阶带通滤波器,其幅频响应波特图见图 6.37(b)。由式(6.34)和式(6.35)得到带通滤波器的带宽 B 为

$$B = f_H - f_L$$

有

$$B = \frac{f_0}{Q_s}$$

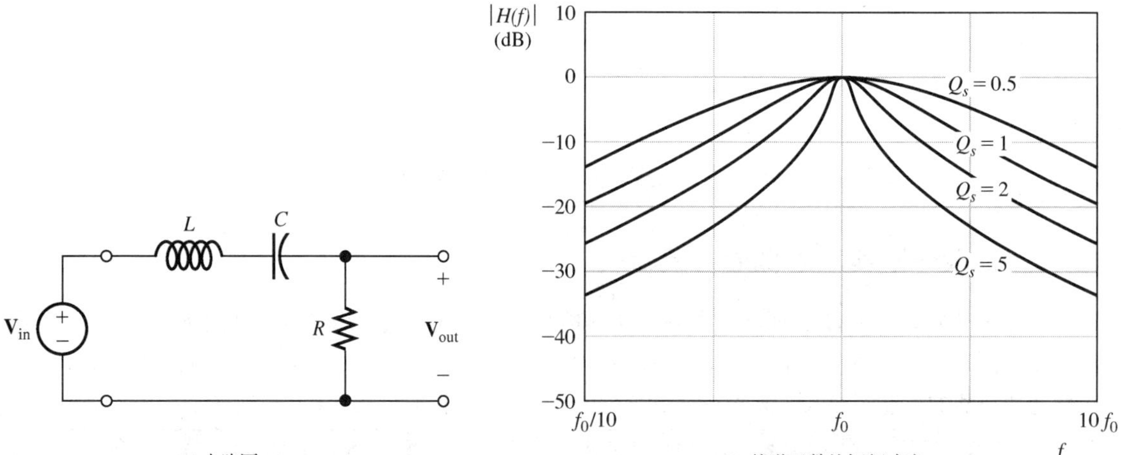

(a) 电路图　　　　　　　　　(b) 传递函数的幅频响应

图 6.37　二阶带通滤波器和不同 Q_s 下传递函数的幅频响应

6.8.6　二阶带阻(陷波)滤波器

图 6.38(a)是一个二阶带阻滤波器，其幅频响应波特图见图 6.38(b)。理论上，在 $f = f_0$ 处，其传递函数的幅值应该为零；若用分贝值表示，对应为 $|H(f_0)| = -\infty$ dB。然而，由于真实的电感总是包含电阻，所以在实际电路中频率为 f_0 的分量不可能被完全抑制。

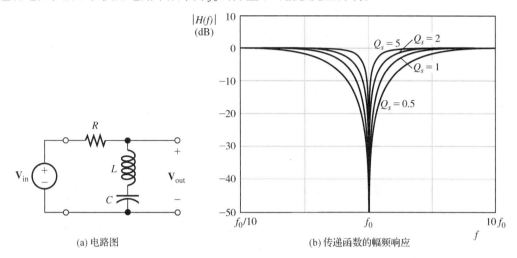

(a) 电路图　　　　　　　　　　　　　(b) 传递函数的幅频响应

图 6.38　二阶带阻滤波器和不同 Q_s 下传递函数的幅频响应

例 6.9　滤波器设计

设计一个滤波器，要求通过频率 1 kHz 以上的信号而抑制频率低于 1 kHz 的信号。已知 $L = 50$ mH，试选择合适的二阶电路结构，并计算其他参数的具体值。

解： 由于要求通过高频信号而阻止低频信号，因此，我们需要一个高通滤波器。图 6.36(a)便是二阶高通滤波器的电路图，其幅频响应波特图见图 6.36(b)。通常，为了使传递函数在其通带范围内近似为恒定，令 $Q_s \cong 1$。根据题意，为了使 1 kHz 以上的信号通过，且滤除 1 kHz 以下的(至少部分)信号，取 $f_0 \cong 1$ kHz。由式(6.30)得电容值

$$C = \frac{1}{(2\pi)^2 f_0^2 L} = \frac{1}{(2\pi)^2 \times 10^6 \times 50 \times 10^{-3}}$$
$$= 0.507\ \mu\text{F}$$

由式(6.31)计算电阻值

$$R = \frac{2\pi f_0 L}{Q_s} = \frac{2\pi \times 1000 \times 50 \times 10^{-3}}{1} = 314.1\ \Omega$$

滤波电路和参数值如图 6.39 所示。

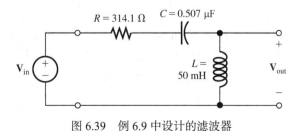

图 6.39　例 6.9 中设计的滤波器

　　在上个例子中，我们在设计滤波器时也许最终不会用到计算的准确值，理由如下：首先，大小经修正为特定的标准值后的电容和电阻更容易得到；此外，由于要求设计一个抑制频率低于 1 kHz 以及通过频率高于 1 kHz 的滤波器，便简单地选择 $f_0 = 1$ kHz，根据重点是抑制低频信号还是使高频信号幅值不变地通过，可以调整 f_0 来更好地满足要求；最后，Q_s 的选择在某种程度上也是任意的。实际中，我们使用计算得到的参数作为切入点，然后，在实验过程中调整滤波器达到满意的效果。

　　练习 6.20　设计一个滤波器，要求通过频率低于 5 kHz 的信号而抑制频率高于 5 kHz 的信号。已知 $L = 50$ mH，试选择合适的二阶电路结构并计算其他参数的具体值。

　　答案：见图 6.40。

　　练习 6.21　设计一个滤波器，要求通过频率在 $f_L = 45$ kHz 到 $f_H = 55$ kHz 之间的信号，而抑制高于 f_H 或低于 f_L 的信号。已知电感 $L = 1$ mH，画出电路图。

　　答案：滤波器应为带通滤波器，$f_0 \cong 50$ kHz，$Q_s = 5$，电路图如图 6.41 所示。

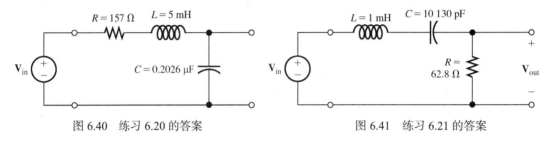

图 6.40　练习 6.20 的答案　　　　　　　　图 6.41　练习 6.21 的答案

6.9　使用 MATLAB 软件绘制波特图

　　目前为止，本章已经讲述了如何用手工方法绘制简单滤波器的波特图。虽然手工方法也适用于更加复杂的电路，但是使用计算机软件求取传递函数和绘制波特图会更加快速、更加精确。

　　因为微小的程序错误都能够导致错误的结果，所以，对于计算机生成的波特图进行独立检查是很好的习惯。例如，在信号频率很高或者很低时，对一个非常复杂的电路进行手工分析很容易。在很低的频率点，如 4.2 节所讲，电感相当于短路，电容相当于开路，然后用短路和开路分别代替电感和电容，简化电路，求得低频点的传递函数的幅值，这样便可代入检查，验证计算机生成的波特图。

> 直流和高频的手工分析结果，可以对计算机辅助生成的波特图进行简单的检查。

　　同理，在高频点处，电感相当于开路，电容相当于短路。接下来，我们将用一个例子来阐述这种方法。

例 6.10　计算机生成的波特图

　　图 6.42 是一个陷波滤波器的电路图。使用 MATLAB 软件绘制其传递函数 $H(f) = \mathbf{V}_{out}/\mathbf{V}_{in}$ 的幅频响应波特图，频率范围从 10 Hz 到 100 kHz。同时，手工计算在频率很高和很低时的电路参数，用结果来检查所得的波特图，并根据波特图求得最大衰减处的频率以及此时传递函数的幅值。

　　解：由分压公式可得滤波器的传递函数为

$$H(f) = \frac{\mathbf{V}_{out}}{\mathbf{V}_{in}} = \frac{R_3}{R_1 + R_3 + 1/[\mathrm{j}\omega C + 1/(R_2 + \mathrm{j}\omega L)]}$$

绘制波特图的 MATLAB 源程序如下:

```
clear
% Enter the component values:
R1 = 90; R2 = 10; R3 = 100;
L = 0.1; C = 1e-7;
% The following command generates 1000 frequency values
% per decade, evenly spaced from 10^1 to 10^5 Hz
% on a logarithmic scale:
f = logspace(1,5,4000);
w = 2*pi*f;
% Evaluate the transfer function for each frequency.
% As usual, we are using i in place of j:
H = R3./(R1+R3+1./(i*w*C + 1./(R2 + i*w*L)));
% Convert the magnitude values to decibels and plot:
semilogx(f,20*log10(abs(H)))
```

生成的波特图如图 6.43 所示, 可见频率在 1591 Hz 左右的信号被极大地抑制了, 而高于或低于 1591 Hz 的信号则通过了滤波器, 这就是陷波滤波器名字的由来, 其最大衰减量为 60 dB。

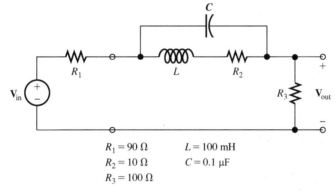

$$R_1 = 90 \ \Omega \qquad L = 100 \ \text{mH}$$
$$R_2 = 10 \ \Omega \qquad C = 0.1 \ \mu\text{F}$$
$$R_3 = 100 \ \Omega$$

图 6.42 例 6.10 的滤波器

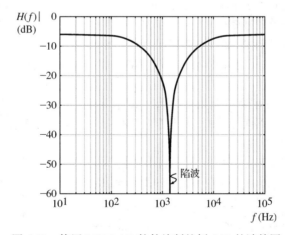

图 6.43 使用 MATLAB 软件绘制的例 6.10 的波特图

此源文件被命名为 Example_6_10, 保存在 MATLAB 文件夹里, 可以使用 MATLAB 软件运行这个源程序并查看运行结果。(如何找到 MATLAB 文件夹, 可参考附录 E。) 然后, 还可以使用图形窗口的工具栏将波特图放大, 从图中精确地读出陷波频率和最大衰减量。

命令

```
f = logspace(1,5,4000)
```

产生了含有 4000 个频率值的数组，从 10^1 Hz 到 10^5 Hz，每十倍频取 1000 个频率点，平均地分布在对数坐标轴上。(通常取每十倍频 100 个点，但由于这个传递函数的幅值在频率 1590 Hz 附近变化得太快，因此为了精确知道陷波的位置和深度，我们增加了点数。)

为了简单验证我们的分析和程序，首先，求传递函数在 $f = 0$(即直流)时的值，此时，用短路代替电感，用开路代替电容，电路就变成由电阻 R_1、R_2、R_3 组成的简单分压电路。由此可得

$$H(0) = \frac{\mathbf{V}_{\text{out}}}{\mathbf{V}_{\text{in}}} = \frac{R_3}{R_1 + R_2 + R_3} = 0.5$$

转化为分贝值，有

$$H_{\text{dB}}(0) = 20\log(0.5) = -6\,\text{dB}$$

此结果与图中 10 Hz 处的分贝值一致。

其次，用短路代替电容，用开路代替电感，求传递函数在非常高的频率点的幅值。电路简化后就变成由电阻 R_1 和 R_3 组成的简单分压电路，从而有

$$H(\infty) = \frac{R_3}{R_1 + R_3} = 0.5263$$

分贝值为

$$H_{\text{dB}}(\infty) = 20\log(0.5263) = -5.575\,\text{dB}$$

这与波特图中 100 kHz 处的分贝值非常近似。

练习 6.22　使用 MATLAB，在 MATLAB 文件夹中运行 m 文件 Example_6_10。
答案：结果图应该非常类似于图 6.43。

6.10　数字信号处理

目前为止，本章已经介绍了 RLC 电路构成的滤波器的概念。但是，现代系统中使用的是更为复杂的技术，即**数字信号处理**(DSP)。当使用 DSP 滤除一个信号时，由**模数转换器**(ADC)将模拟的输入信号 $x(t)$ 转化为数字信号(即一组数列)，然后，计算机用数字化的输入信号计算出一系列的输出信号。最终，在必要时，**数模转换器**(DAC)将计算值转换为模拟的输出信号 $y(t)$。图 6.44 给出了 DSP 系统的通用框图。

除了滤波，DSP 系统还有很多其他的应用，如语音识别。在早期的太空望远镜中，使用 DSP 来聚焦由望远镜设计上的错误而导致的模糊图像。DPS 技术也为高清电视、数字手机和 MP3 播放器等设备的出现做出了贡献。

数字信号处理是一个范围广泛且迅速发展的领域，将会不断产生新型产品。本节将简单讨论数字滤波器，让大家对这个生机勃勃的领域有个基本的认识。

图 6.44　数字信号处理(DSP)系统的通用框图

6.10.1　模数信号转换

模拟信号由模数转换器转化为数字信号需要两个步骤。首先，对模拟信号在周期性的时间点上进行采样(即测出该点的幅值)；然后用一个代码来近似表示每个采样值。通常，这个代码由二进制

符号组成，具体处理过程见图 6.45。图中，每个采样值都由一个 3 位的代码表示，此代码与采样点所在的幅值区间相对应。因此，每个采样值都被转化为一个代码，相应地就形成了图中的数字波形。

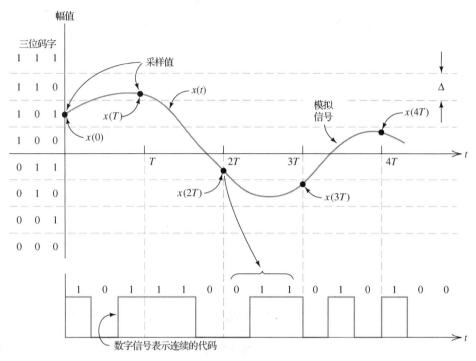

图 6.45　模拟信号通过采样被转化成近似相等的数字信号，每个采样值都由一个 3 位的
代码表示(实际的转换器采用更长的代码，其每个幅值区间的宽度Δ就更小)

采样频率 f_s 取决于信号分量的频率，众所周知，所有的实际信号都能分解为多个频率、幅值和相位不同的正弦信号。如果一个信号不包含频率高于 f_H 的正弦分量，理论上这个信号就能被完全重现，只要其采样频率 f_s 大于两倍的 f_H，即

$$f_s > 2f_H \tag{6.48}$$

例如，高保真音频信号的最高频率大约为 15 kHz，因此，音频信号的最小采样频率应该为 30 kHz。实际操作中，会使采样频率大于理论上的最小值，比如，激光唱片技术将音频信号转化为采样频率为 44.1 kHz 的数字信号。自然地，采用最低的实际采样频率来压缩必须由数字信号处理系统存储或者操作的数据量是绝对可行的。

> 如果一个信号不包含频率高于 f_H 的正弦分量，理论上这个信号就能被完全重现，只要其采样频率 f_s 大于两倍的 f_H。

当然，采样周期 T 是采样频率的倒数：

$$T = \frac{1}{f_s} \tag{6.49}$$

在模数转换中，另一个需要考虑的重点是使用的幅值区间的数量，由于在一个给定区间上的所有幅值都有着相同的代码，所以信号幅值不能被精确地表示出来。于是，当一个数模转换器用二进制代码来重现原始的模拟信号波形时，也只能得到原始信号的近似波形，如图 6.46 所示。因此，在原始信号和重建信号中存在着**量化误差**，通过增加区间数量和代码长度，可以减小量化误差。区间数量 N 与代码位数 k 的关系如下：

$$N = 2^k \tag{6.50}$$

所以，假如我们使用一个 8 位的模数转换器，那么将会有 $N = 2^8 = 256$ 个幅值区间。激光唱片技术中常使用 16 位的代码来表示采样值，当代码长度如此之大后，听众就很难察觉出重建的音频信号的量化误差。

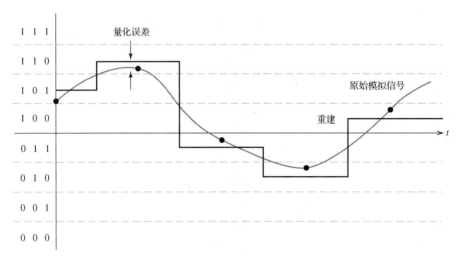

图 6.46　当一个模拟信号由其相应的数字信号重建时，出现量化误差

常常在工程检测仪器中需要将传感器检测到的信号转换为数字信号，为此必须先确定数模转换器的规格。例如，假设我们要将−1 V 到 1 V 的信号数字化，且要求 $\Delta = 0.5$ mV（Δ 的说明如图 6.45 的右上角所示）。然后，最小区间数量由总的电压范围（2 V）除以 Δ 得出，即 $N = 4000$，又由于 N 是 2 的整数次幂，因此可得 $k = 12$（换句话说，我们需要一个 12 位的模数转换器）。

在本节接下来的内容中，将会忽略量化误差，并假设通过计算机可以得到精确的采样值。

6.10.2　数字滤波器

我们已经知道模数转换器能将模拟信号转化为一系列的代码，这些代码能准确表示采样点信号的幅值。尽管事实上是由计算机处理这些代表信号幅值的代码，但想要研究这些代码所表示的数字时还是很方便的。概念上，信号 $x(t)$ 被转化为一系列的值 $x(nT)$，其中 T 是采样周期，n 是一个整数变量。我们在表示时常常省略采样周期，将输入和输出的信号采样值分别简单地写作 $x(n)$ 和 $y(n)$。

6.10.3　数字低通滤波器

可以模仿本章前几节中的 RLC 滤波器来设计一个数字低通滤波器。如图 6.47 中的一阶 RC 低通滤波器，其中输入电压表示为 $x(t)$，输出电压表示为 $y(t)$，在电容顶端的节点处由基尔霍夫电流定律得

$$\frac{y(t) - x(t)}{R} + C\frac{\mathrm{d}y(t)}{\mathrm{d}t} = 0 \tag{6.51}$$

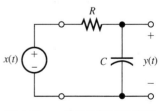

图 6.47　一阶 RC 低通滤波器

将等式每一项都乘以 R，且令时间常数 $\tau = RC$，则有

$$y(t) - x(t) + \tau\frac{\mathrm{d}y(t)}{\mathrm{d}t} = 0 \tag{6.52}$$

对导数进行近似处理后得

$$\frac{\mathrm{d}y(t)}{\mathrm{d}t} \cong \frac{\Delta y}{\Delta t} = \frac{y(n) - y(n-1)}{T} \tag{6.53}$$

写出近似等效的微分方程

$$y(n) - x(n) + \tau \frac{y(n) - y(n-1)}{T} = 0 \tag{6.54}$$

这种形式的方程有时也被称为**差分方程**，因为它包含了连续的采样值的差数。解方程得第 n 点的输出值为

$$y(n) = ay(n-1) + (1-a)x(n) \tag{6.55}$$

其中，定义参数

$$a = \frac{\tau/T}{1 + \tau/T} \tag{6.56}$$

式 (6.55) 表示要描述一个输入信号为 $x(n)$ 的低通滤波器的特性，需要计算 $y(n)$ 的值。在每个采样点处，输出值由上一个输出值的 a 倍加上现在输入值的 $(1-a)$ 倍。通常，$\tau \gg T$，所以 a 的值略小于 1。

例 6.11　一阶数字低通滤波器的阶跃响应

已知 $a = 0.9$，输入为阶跃函数，且定义为

$$x(n) = \begin{cases} 0, & \text{当} n < 0 \text{时} \\ 1, & \text{当} n \geq 0 \text{时} \end{cases}$$

试求 n 从 0 到 20 的输入和输出采样信号并在坐标图中表示出来，假设当 $n < 0$ 时 $y(n) = 0$。

解：由题意有

$$y(0) = ay(-1) + (1-a)x(0) = 0.9 \times 0 + 0.1 \times 1 = 0.1$$
$$y(1) = ay(0) + (1-a)x(1) = 0.19$$
$$y(2) = ay(1) + (1-a)x(2) = 0.271$$
$$\cdots$$
$$y(20) = 0.8906$$

$x(n)$ 和 $y(n)$ 的图如图 6.48 所示。注意，数字滤波器的阶跃响应和图 4.4 的 RC 滤波器的阶跃响应相似。

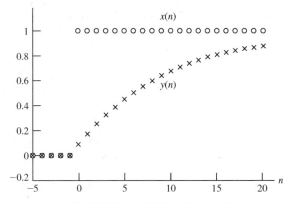

图 6.48　一阶数字低通滤波器的阶跃输入及其相应的输出

练习 6.23　a. 已知 $a = 0.9$，计算时间常数 τ 的值，用采样周期 T 表示；b. 已知时间常数是指阶跃响应到达其 $1 - \exp(-1) = 0.632$ 倍的最终值所需的时间，估算图 6.48 中响应的时间常数的值。

答案：a. $\tau = 9T$；b. $\tau \cong 9T$。

6.10.4　其他数字滤波器

参照本章前几节介绍的 RLC 滤波器的特性，我们也可以设计出数字带通、陷波或者高通滤波器。此外，高阶的数字滤波器也可以实现。一般而言，确定这种滤波器的方程如下：

$$y(n) = \sum_{\ell=1}^{N} a_\ell y(n - \ell) + \sum_{k=0}^{M} b_k x(n - k) \tag{6.57}$$

滤波器的类型和它的性能取决于系数 a_ℓ 和 b_k 的值，对于例 6.11 中讨论的一阶低通滤波器，它的系数为 $a_1 = 0.9$，$b_0 = 0.1$，其余的所有系数都为 0。

练习 6.24　如图 6.49 的 RC 高通滤波器，采用分析低通滤波器的方法得出形如式 (6.57) 的高通滤波器的方程，并求方程中的系数，用时间常数 $\tau = RC$ 和采样周期 T 表示。

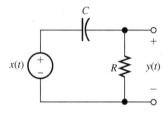

答案：$y(n) = a_1 y(n-1) + b_0 x(n) + b_1 x(n-1)$，其中

$$a_1 = b_0 = -b_1 = \frac{\tau/T}{1 + \tau/T}$$

图 6.49　练习 6.24 的 RC 高通滤波器

6.10.5　简单的陷波滤波器

获得陷波滤波器的一个简单方法是令 $a_\ell = 0$（无论 ℓ 为何值），$b_0 = 0.5$，$b_d = 0.5$，其余的系数 b_k 都为 0，此时，滤波器的输出表达式为

$$y(n) = 0.5x(n) + 0.5x(n - d) = 0.5[x(n) + x(n - d)]$$

于是，每个输入信号采样值都被延时了 Td，然后再加上此时的采样值，最后将得到的和再乘以 0.5。为了弄清楚这在陷波滤波器里会有什么结果，假设一个正弦波被延时了 Td，则有

$$A \cos[\omega(t - Td)] = A \cos(\omega t - \omega Td) = A \cos(\omega t - \theta)$$

所以，一个 Td 的时延就意味着相位角改变 ωTd 弧度或者 $fTd \times 360°$（这里 T 指采样周期，而不是正弦波的周期）。在低频点，相位的改变很小，$x(n)$ 的低频分量几乎与 $x(n-d)$ 的低频分量同相，可直接相加。另一方面，若频率为

$$f_{\text{notch}} = \frac{1}{2Td} = \frac{f_s}{2d} \tag{6.58}$$

此时相移为 180°，当将一个正弦波相移 180° 后再加上原来的波形，其和为 0，故任何频率为 f_{notch} 的输入分量均不能通过滤波器。只要为方程 (6.57) 选择合适的系数，很多数字滤波器就都能被实现，一阶低通滤波器和这个简单的陷波滤波器只是其中的两种而已。

练习 6.25　设采样频率 $f_s = 10\,\text{kHz}$，要求用一个简单的陷波滤波器滤除 500 Hz 的正弦分量。a. 计算出符合要求的 d；b. 假如我们想要滤除频率为 300 Hz 的分量，会遇到什么困难？

答案：a. $d = 10$；b. 由式 (6.58) 得 $d = 16.67$，但是 d 必须为整数。

6.10.6　数字滤波器的仿真

接下来，我们使用 MATLAB 软件来说明数字滤波器的作用。首先，对有噪声和干扰的实际信号进行采样。有用信号是由 1 Hz 的正弦信号组成的，这只是真实世界中各种信号的一个代表，如一个人在深睡时脑电波里的 δ 波形，或者是海洋中的压力传感器在有海浪时的输出信号。部分干扰信号由 60 Hz 的正弦波组成，即交流电源线与信号传感器的耦合，这是真实世界中常见的一个问题；干扰的另一个因素是随机噪声，在真实世界中也很常见。

产生仿真数据的 MATLAB 代码如下：

```
t = 0:1/6000:2;
signal = cos(2*pi*t);
interference = cos(120*pi*t);
white_noise = randn(size(t));
noise = zeros(size(t));
for n = 2:12001
noise(n) = 0.25*(white_noise(n) - white_noise(n - 1));
end
x = signal + interference + noise; % This is the simulated data.
```

第一条命令产生了有 12 001 个元素的采样时间的行相量，其范围为 0～2 秒，采样频率为 f_s=6000 Hz ；第二条和第三条命令则建立起包含有用信号和 60 Hz 的工频干扰信号的采样值的行相量；在接下来的一行命令中，MATLAB 的随机数发生器产生"白噪声"，它包含采样频率值一半以内的各个频率的等幅值分量，然后经过 for-end 循环语句的处理，生成 0～3000 Hz 的分量，且在 1500 Hz 处达到峰值。然后，有用信号、干扰信号和噪声信号相加得到仿真数据 $x(n)$ 。〔当然，在实际应用中，这种数据是通过将传感器(如脑电图描记器的电极)的输出信号加在模数转换器中获得的。〕

接着，我们使用 MATLAB 软件绘制有用信号、干扰信号、噪声信号和仿真数据的波形图。

```
subplot(2,2,1)
plot(t, signal)
axis([0 2 -2 2])
subplot(2,2,2)
plot(t, interference)
axis([0 2 -2 2])
subplot(2,2,3)
plot(t,noise)
axis([0 2 -2 2])
subplot(2,2,4)
plot(t,x)
axis([0 2 -3 3])
```

产生的波形图如图 6.50 所示。仿真数据是典型的真实世界实验中传感器输出的波形，例如，在生物医学中，心电图仪器产生的信号就是心跳信号加上 60 Hz 的工频干扰信号，再加上肌肉收缩产生的噪声，尤其应力测试时被测对象的位移。

事实上，60 Hz 的工频干扰信号在图 6.50 (b)中看起来有一点不平坦，是由于显示屏的屏幕分辨率有限，这是波形失真的一种形式，被称为频谱混叠，当采样频率过低时，就会出现这种情况。如果在自己的计算机上运行这些命令，并用缩放工具水平放大，就会得到一个平滑的 60 Hz 的正弦干扰信号波形。在上述数字示波器的仿真中所需的命令在 M 文件 DSPdemo 里，保存在 MATLAB 文件夹中。

要求数字滤波器处理图 6.50 (d)中的 $x(n)$ 数据时，得到与如图 6.50 (a)的波形相近的输出信号，故此滤波器必须通过 1 Hz 的工频信号，抑制 60 Hz 的工频干扰信号和在 1500 Hz 频率附近达到最大值的噪声信号。

为了实现这个目标,使用能滤除 60 Hz 的工频干扰信号的数字陷波滤波器和一个能抑制大部分噪声信号的低通滤波器级联,其示意图如图 6.51 所示。

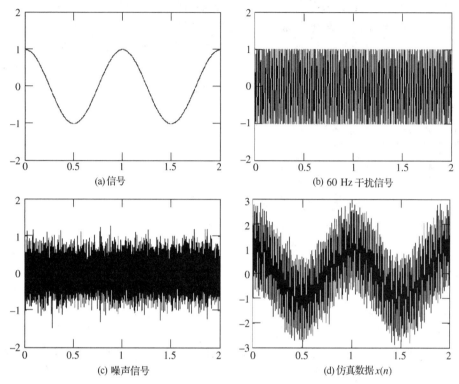

(a)信号

(b) 60 Hz 干扰信号

(c) 噪声信号

(d) 仿真数据 $x(n)$

图 6.50 压力传感器输出信号的仿真图及其分量

由式(6.58)可知,令 $d = 50$,$f_s = 6000\ \text{Hz}$,就能得到在 60 Hz 处增益为零的陷波滤波器(假如 60 Hz 的工频干扰很严重,将采样频率选为 60 Hz 的偶数倍是一个不错的方法,这也是我们将采样频率定为 6000 Hz 的一个原因)。当输入为 $x(n)$ 时,陷波滤波器的输出表达式 $z(n)$ 如下:

$$z(n) = \frac{1}{2}[x(n) + x(n - 50)]$$

同样,我们需要一个低通滤波器来消除噪声,即使用前面讨论过的一阶低通滤波器。由于希望低通滤波器不干扰有用信号,所以截止频率应比 1 Hz 高得多,选择 $f_B = 50\ \text{Hz}$。对于 RC 低通滤波器,其截止频率为

$$f_B = \frac{1}{2\pi RC}$$

代入值,解得时间常数为

$$\tau = RC = \frac{1}{2\pi f_B} = \frac{1}{2\pi(50)} = 3.183\ \text{ms}$$

其近似等效的数字滤波器的放大系数由式(6.56)可得,其中采样周期 $T = 1/f_s = 1/6000\ \text{s}$,有

$$a = \frac{\tau/T}{1 + \tau/T} = 0.9503$$

将这个值代入式(6.55)中,当低通滤波器的输入为 $z(n)$ 和前一个的输出为 $y(n-1)$ 时,便可得到当前的输出表达式

$$y(n) = 0.9503y(n-1) + 0.0497z(n)$$

对仿真信号 $x(n)$ 进行滤波，再绘制输出 $y(n)$ 的波形图的 MATLAB 程序如下：

```
for n = 51:12001
z(n) = (x(n) + x(n - 50))/2; % This is the notch filter.
end
y = zeros(size(z));
for n = 2:12001
y(n) = 0.9503*y(n-1) + 0.0497*z(n); % This is the lowpass filter.
end
figure
plot(t,y)
```

运行结果见图 6.52，正如我们期望的，输出信号几乎为 1 Hz 的正弦波。这个相对简单的数字滤波器在消除噪声和干扰方面的性能很好，因为大部分噪声和干扰的频率都比有用信号的频率高很多。如果有用信号的频率与噪声和干扰信号的频率比较接近，就需要采用高阶的滤波器。

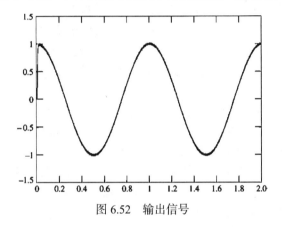

图 6.52　输出信号

6.10.7　滤波技术的比较

我们已经讨论了两种对信号进行滤波的方法：RLC 电路和数字滤波器。还有很多其他种类的滤波器，比如由电阻、电容和运算放大器(第 14 章将会讲到)组成的有源滤波器，以及基于压电晶体的机械谐振、声音的表面波、导波线里电场的传播、开关电容网络和输电线的各种滤波器。

在任何情况下，滤波器的目的是将想要的信号与噪声和干扰信号分开。业余无线电爱好者的操作频段在 28～29.7 MHz 之间，他们常常需要在发射机和天线之间放置一个带阻滤波器，来防止二次谐波分量到达天线。如果不滤除二次谐波分量，就会在他们邻居的电视屏幕上产生嘈杂的干扰。在这个应用中，由于有大电流和大电压的参与，从技术角度应选择 RLC 滤波器。

> 滤波器的目的是将想要的信号与噪声和干扰信号分开。

另一方面，睡眠研究员可能希望对脑电波进行滤波，分开 4 Hz 或更低的 δ 波和频率更高的脑电波。在这个例子中，数字滤波器是个合适的选择。

总体来说，滤波器有很多应用，实现滤波器的技术也有很多种。本节介绍的 RLC 电路和数字滤波器的大部分原理也适用于以其他技术为基础的滤波器。

本章小结

1. 傅里叶理论的基本概念是通过叠加多个给定幅值、频率和相位的正弦分量而构建任意信号。

2. 实际上，一个滤波器可将输入信号分解成一系列正弦分量，因为各正弦分量的频率不同而相应地改变其幅值和相位再输出，然后将各输出分量叠加起来产生总的输出。通常，希望滤波器在某些频率范围内不改变信号的幅值和相位，即通过该类信号而抑制其余频段的信号。

3. 滤波器的传递函数是以频率为自变量的函数，定义为输出的相量除以输入的相量。传递函数是个复数，表明了输入信号的正弦分量的幅值和相位在通过滤波器时是如何受影响的。

4. 用相量和复阻抗的电路分析法来分析给定电路的传递函数。

5. 一阶滤波器的特性常由截止频率 f_B 来反映。

6. 传递函数的大小可以通过取对数后再乘以 20，即转化为分贝来表达。

7. 二端口滤波器的级联就是通过将前一个滤波器的输出连接到后一个滤波器的输入，整个级联后的传递函数就是各个滤波器的传递函数的乘积。如果传递函数是用分贝表示的，则级联后的传递函数就是各部分传递函数分贝值的叠加。

8. 在对数频率坐标上，频率乘上某给定系数就是沿坐标轴增加等增量的线段。十倍频表示频段的最大频率是最小频率的十倍，二倍频表示频段的最大频率是最小频率的二倍。

9. 波特图显示的是网络函数的幅值随频率的变化关系，其中幅值采用了分贝的形式，频率采用对数的形式。

10. 一阶滤波器的波特图近似于一条直线渐近线。在一阶低通滤波器中，传递函数的幅值在高于截止频率处以 20 dB/十倍频的斜率下降；在一阶高通滤波器中，传递函数的幅值在低于截止频率处以 20 dB/十倍频的斜率下降。

11. 在低频处，将电感视为短路，将电容视为开路；在高频处，将电感视为开路，将电容视为短路。通常，很容易通过计算，分析 RLC 滤波器的低频和高频特性，并以此为依据来验证计算机生成的波特图。

12. 串联谐振和并联谐振电路的重要参数是谐振频率和品质因数，这两种电路在谐振频率处都呈现纯电阻性，高品质因数电路的响应值比信号源幅值大得多。

13. 滤波器分为低通、高通、带通和带阻滤波器四种，在通带内，理想滤波器的传递函数的增益是恒定的，而在阻带内，滤波器的增益为零。

14. 可用串联谐振电路实现上述四种类型的滤波器。

15. 二阶滤波器的特性由它的谐振频率和品质因素决定。

16. 在导出和绘制复杂的 RLC 电路的传递函数时，MATLAB 软件非常有用。

17. 使用数字信号处理对一个信号进行滤波时，首先模拟的输入信号 $x(t)$ 被模数转换器转换为数字信号，然后计算机根据数字化的输入信号计算出一系列的输出信号值，最终这些信号值会被数模转换器转换为模拟信号 $y(t)$ 输出。

18. 如果一个信号不包含频率高于 f_H 的分量，那么这个信号就能由采样值准确地恢复出来，只要采样频率 f_s 大于两倍的 f_H。

19. 对于 RLC 电路的滤波器，都能得到近似等效的数字滤波器。

习题

6.1 节　傅里叶分析、滤波器和传递函数

P6.1　傅里叶理论的基本概念是什么？

P6.2　如图 P6.2 所示，三角波的表达式为

$$v_t(t) = 1 + \frac{8}{\pi^2}\cos(2000\pi t) + \frac{8}{(3\pi)^2}\cos(6000\pi t) + \cdots + \frac{8}{(n\pi)^2}\cos(2000n\pi t) + \cdots$$

n 只取奇数。使用 MATLAB 软件计算和绘制 $n = 19$ 的表达式在 $0 \leqslant t \leqslant 2\ \text{ms}$ 内的波形图，并与图 P6.2 的波形图相比较。

P6.3　如图 P6.3 所示，经全波整流的余弦波的表达式为

$$v_{\text{fw}}(t) = \frac{2}{\pi} + \frac{4}{\pi(1)(3)}\cos(4000\pi t) - \frac{4}{\pi(3)(5)}\cos(8000\pi t) + \cdots + \frac{4(-1)^{(n/2+1)}}{\pi(n-1)(n+1)}\cos(2000n\pi t) + \cdots$$

设 n 为偶数。使用 MATLAB 软件计算和绘制 $n = 60$ 的表达式在 $0 \leqslant t \leqslant 2\ \text{ms}$ 内的波形图，并与图 6.3 的波形图相比较。

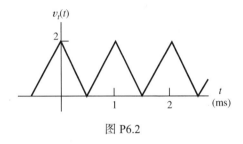

图 P6.2

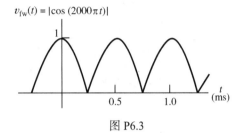

图 P6.3

P6.4　如图 P6.4 所示，经半波整流的余弦波的傅里叶级数为

$$v_{\text{hw}}(t) = \frac{1}{\pi} + \frac{1}{2}\cos(2\pi t) + \frac{2}{\pi(1)(3)}\cos(4\pi t) - \frac{2}{\pi(3)(5)}\cos(8\pi t) + \cdots + \frac{2(-1)^{(n/2+1)}}{\pi(n-1)(n+1)}\cos(2n\pi t) + \cdots$$

设 n 为偶数。使用 MATLAB 软件计算和绘制 $n = 50$ 的表达式在 $-0.5 \leqslant t \leqslant 1.5\ \text{s}$ 内的波形图，并与图 P6.4 的波形图相比较。

P6.5　如图P6.5所示，锯齿波傅里叶级数为

$$v_{\text{st}}(t) = 1 - \frac{2}{\pi}\sin(2000\pi t) - \frac{2}{2\pi}\sin(4000\pi t) - \frac{2}{3\pi}\sin(6000\pi t) - \cdots - \frac{2}{n\pi}\sin(2000n\pi t) - \cdots$$

设 n 为偶数。使用MATLAB软件计算和绘制 $n = 3$ 时表达式在 $0 \leqslant t \leqslant 2\ \text{ms}$ 内的波形图，并与图 6.5 的波形图相比较。

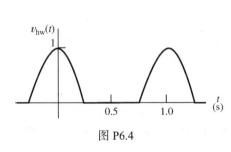

图 P6.4

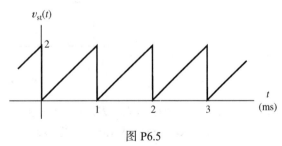

图 P6.5

P6.6　滤波器的传递函数是什么？简述如何使用实验方法得到一个滤波器的传递函数。

P6.7　就正弦分量而言，一个滤波器如何处理输入信号来产生输出信号？

*P6.8　某滤波器传递函数 $H(f) = \mathbf{V}_{\text{out}}/\mathbf{V}_{\text{in}}$ 如图 P6.8 所示，设输入信号为

$$v_{\text{in}}(t) = 5 + 2\cos(5000\pi t + 30°) + 2\cos(15000\pi t)$$

试找出该滤波器稳定输出的时域表达式。

P6.9　输入信号为

$$v_{in}(t) = 4 + 5\cos(10^4\pi t - 30°) + 2\sin(24\,000\pi t)$$

重复习题 P6.8 的问题。

P6.10 输入信号为

$$v_{in}(t) = 6 + 2\cos(6000\pi t) - 4\cos(12\,000\pi t)$$

重复习题 P6.8 的问题。

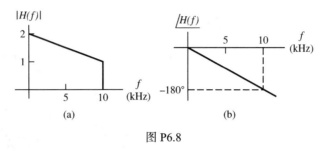

图 P6.8

*P6.11 某滤波器的输入信号为

$$v_{in}(t) = 2\cos(10^4\pi t - 25°)$$

相应的稳定输出信号为

$$v_{out}(t) = 2\cos(10^4\pi t + 20°)$$

试写出该滤波器的传递函数在频率 $f = 5000$ Hz 的相量式。

*P6.12 在稳定状态下,输入和输出电压信号可通过示波器进行观察,当输入信号达到峰值电压为 5 V 时,输出为 15 V,输入和输出信号的周期都为 $t = 1$ ms,且输出信号达到正的峰值电压是在 $t = 1.5$ ms 处,试求该信号的频率以及相应的传递函数值。

*P6.13 图 P6.2 的三角波是一个滤波器的输入信号,其传递函数图如图 P6.13 所示,设传递函数在各频率的相位均为 0,求该滤波器的稳态输出信号。

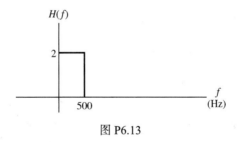

图 P6.13

*P6.14 已知一个电路的输入电压为其输入电压在运行时间上的积分,如图 P6.14 所示。输入电压为 $v_{in}(t) = V_{max}\cos(2\pi f t)$,求输出电压的时域表达式和此积分器的传递函数,并绘制传递函数的幅频特性图和相频特性图。

P6.15 滤波器的传递函数如图 P6.15 所示,将习题 P6.5 的锯齿波加在滤波器的输入端,设传递函数在各频率的相位均为 0,求该滤波器的稳态输出信号。

P6.16 一个滤波器在稳定状态下,输入正弦信号时输入和输出电压的波形如图 P6.16 所示,试求该信号的频率以及相应的传递函数值。

P6.17 已知一个滤波器的输入信号为

$$v_{in}(t) = 2 + 3\cos(1000\pi t) + 3\sin(2000\pi t) + \cos(3000\pi t)\ \text{V}$$

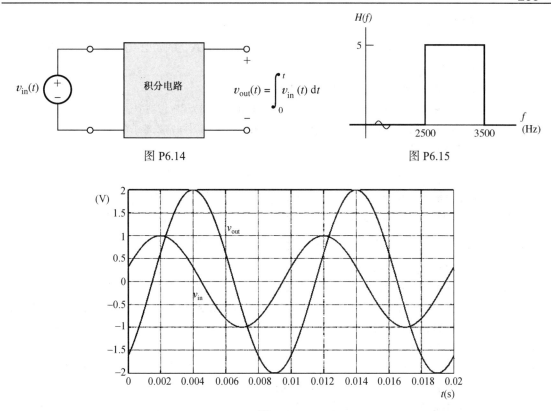

图 P6.14

图 P6.15

图 P6.16

输出信号为

$$v_{\text{out}}(t) = 3 + 2\cos(1000\pi t + 30°) + 3\cos(3000\pi t)$$

列出各信号的频率，并求每个频率下的传递函数。

P6.18 一个系统的输出电压为 $v_o(t) = v_{\text{in}}(t) + v_{\text{in}}(t - 10^{-3})$（即输出电压为输入电压加上延时 1 ms 的输入电压），当输入电压为 $v_{\text{in}}(t) = V_{\max}\cos(2\pi ft)$，求输出电压的时域表达式和系统的传递函数，并用 MATLAB 软件绘制传递函数在频率 0 到 2000 Hz 内的幅频特性图，分析结果。

P6.19 设一个系统的输出电压为

$$v_o(t) = 1000 \int_{t-10^{-3}}^{t} v_{\text{in}}(t)\mathrm{d}t$$

当输入电压为 $v_{\text{in}}(t) = V_{\max}\cos(2\pi ft)$，求输出电压的时域表达式和系统的传递函数，并用 MATLAB 软件绘制传递函数在频率 0 到 2000 Hz 内的幅频特性图，然后分析结果。

P6.20 设一个电路的输出电压是输入电压的导数，如图 P6.20 所示。当输入电压为 $v_{\text{in}}(t) = V_{\max}\cos(2\pi ft)$ 时，求输出电压的时域表达式和系统的传递函数，并用 MATLAB 软件绘制传递函数的幅频特性图和相频特性图。

图 P6.20

6.2 节　一阶低通滤波器

P6.21　画出一阶 RC 低通滤波器的电路图，写出其截止频率表达式，并画出传递函数的幅频特性图和相频特性图。

P6.22　对于一阶 RL 滤波器，重复习题 P6.21 的问题。

*P6.23　对于一阶 RC 低通滤波器，频率分别为多少时其相移分别为 $-1°$，$-10°$，$-89°$?

P6.24　第 4 章使用时间常数来描述一阶 RC 电路，求截止频率与时间常数的关系式。

*P6.25　已知某输入信号

$$v_{in}(t) = 5\cos(500\pi t) + 5\cos(1000\pi t) + 5\cos(2000\pi t)$$

将该信号输入到图 P6.25 的 RC 低通滤波器中，试求输出信号的表达式。

P6.26　已知一阶低通滤波器的传递函数见式(6.9)，截止频率为 200 Hz。当输入信号为

$$v_{in}(t) = 3 + 2\sin(800\pi t + 30°) + 5\cos(20\times10^3\pi t)$$

时，试求输出电压的表达式。

P6.27　需设计一阶 RC 低通滤波器，其截止频率为 1 kHz，电阻 R 为 5 kΩ，试求其电容。

P6.28　已知一个一阶低通滤波器的输入信号包含频率从 100 Hz 到 50 kHz 的分量，要求将频率为 50 kHz 的分量的幅值减小为原来的 1/200，试求滤波器的截止频率，问当频率为 2 kHz 的分量通过滤波器时，其幅值改变了多少？

P6.29　在频率为 5 kHz 的正弦稳定状态下，用示波器观察到一个一阶低通滤波器的输出信号的正向过零点与输入信号相比延时 30 μs，求滤波器的截止频率。

*P6.30　对于图 P6.30 的电路，画出其传递函数 $H(f) = \mathbf{V}_{out}/\mathbf{V}_{in}$ 的幅频特性图，并求其截止频率。(提示：可以将电路简化为从电容端看过去的戴维南等效电路。)

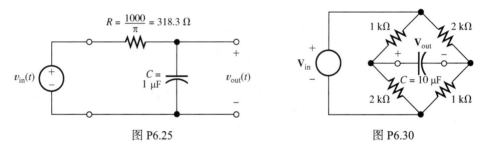

图 P6.25　　　　　　　　　　　　图 P6.30

P6.31　已知在稳定状态下一阶 RC 低通滤波器的输入信号为 $v_{in}(t) = 5\cos(20\times10^3\pi t)$ V，输出信号为 $v_{out}(t) = 0.2\cos(20\times10^3\pi t - \theta)$ V，试求该滤波器的截止频率和 θ 值。

P6.32　考虑图 P6.32(a) 的电路，该电路由内阻为 R_s 的电源、RC 低通滤波器和负载电阻 R_L 组成。a. 证明电路的传递函数为

$$H(f) = \frac{\mathbf{V}_{out}}{\mathbf{V}_s} = \frac{R_L}{R_s + R + R_L} \times \frac{1}{1 + j(f/f_B)}$$

截止频率为

$$f_B = \frac{1}{2\pi R_t C}, \quad 其中 R_t = \frac{R_L(R_s + R)}{R_L + R_s + R}$$

注意，R_t 是 R_L 与 $(R_s + R)$ 的并联电阻；〔提示：将电路图按图 P6.32(b) 重新排布，可使求解更简单。〕b. 已知 $C = 0.2\ \mu F$，$R_s = 2\ k\Omega$，$R = 47\ k\Omega$，$R_L = 1\ k\Omega$，画出以 $H(f)$ 为变量的传递函数的幅频特性图，f/f_B 值从 0 到 3。

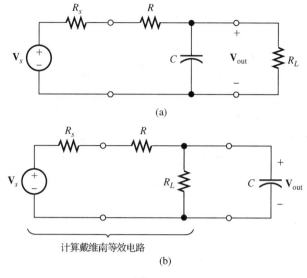

图 P6.32

P6.33 电路如图 P6.33 所示，要求：a. 由 $H(f) = \mathbf{V}_{\text{out}} / \mathbf{V}_{\text{in}}$ 推导半功率频率表达式；b. 已知 $R_1 = 50\,\Omega$，$R_2 = 50\,\Omega$，且 $L = 15\,\mu\text{H}$，画出传递函数的幅值随频率变化的曲线。

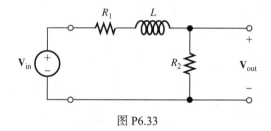

图 P6.33

P6.34 已知把频率为 20 kHz、有效值为 5 V 的正弦信号输入一阶 RC 低通滤波器，其稳态输出电压有效值为 0.5 V。当把输入信号的频率提高到 150 kHz 而幅值不变时，预测滤波器的稳态输出电压有效值。

P6.35 传递函数的概念也适用于机械系统，这可能让人意想不到。设质量为 m 的物体于外力的作用在液体中移动，其速率为 v，它的运动可由一阶微分方程

$$f = m\frac{\mathrm{d}v}{\mathrm{d}t} + kv$$

描述，其中为 k 黏滞摩擦系数。试求传递函数

$$H(f) = \frac{\mathbf{V}}{\mathbf{F}}$$

的表达式，并计算出 k 和 m 表示的截止频率(定义截止频率为传递函数的幅值为其直流值的 $1/\sqrt{2}$ 时的频率)。[提示：为了求传递函数，先假设稳态正弦速率为 $v = V_m \cos(2\pi f t)$，然后求外力以及它们的矢量比。]

6.3 节 分贝、级联和对数频率坐标

P6.36 什么是对数频率坐标？什么是线性频率坐标？

P6.37 陷波滤波器是什么？写出它的一个应用。

P6.38 在画图前将传递函数的幅值转化为分贝值的最重要的优点是什么？

P6.39 解释一个滤波器的通频带。

*P6.40 a. 已知 $|H(f)|_{dB} = -10\,dB$，求 $|H(f)|$；b. 如果已知 $|H(f)|_{dB} = 10\,dB$，求 $|H(f)|$。

*P6.41 a. 试在对数频率坐标上计算 100～3000 Hz 中间的频率值；b. 在线性频率坐标上，100～3000 Hz 中间的频率值为何值呢？

P6.42 求下列值的分贝值：$|H(f)| = 0.5$，$|H(f)| = 2$，$|H(f)| = 1/\sqrt{2} \cong 0.7071$，$H(f)| = \sqrt{2}$。

P6.43 分别求下列频率值：a. 比 800 Hz 高一个倍频程；b. 比 800 Hz 低 2 个倍频程；c. 比 800 Hz 低 2 个十倍频程；d. 比 800 Hz 高一个十倍频程。

P6.44 解释级联的含义。

P6.45 已知一系列连续的频率值：2 Hz，f_1，f_2，f_3，50 Hz，分别计算：a. 这些频率值平均地分布在线性频率坐标上的 f_1、f_2 和 f_3 的值；b. 这些频率值平均地分布在对数频率坐标上的 f_1、f_2、f_3 的值。

*P6.46 如图 P6.46 所示，两个低通滤波器级联，它们的传递函数为

$$H_1(f) = H_2(f) = \frac{1}{1 + j(f/f_B)}$$

a. 写出总传递函数的表达式；b. 求总的传递函数的截止频率 f_B。

[说明：这个滤波器不能像图 6.7 的滤波器一样由两个简单的 RC 低通滤波器级联组成，因为当与第二个滤波器级联时，第一个滤波器的传递函数已经改变。这时，缓冲放大器(如在随后的 14.3 节中讨论的电压跟随器)必须加在两个 RC 滤波器之间。]

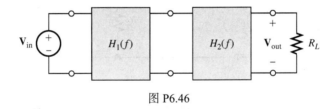

图 P6.46

P6.47 在频率 $f_1 = 20$ Hz 和 $f_2 = 45$ kHz 之间有多少个十倍频？有多少个倍频程？

P6.48 已知两个级联的滤波器的传递函数分别为 $H_1(f)$ 和 $H_2(f)$，求总的传递函数。当传递函数的幅值用分贝表示为 $|H_1(f)|_{dB}$ 和 $|H_2(f)|_{dB}$ 时，求总的传递函数。考虑 $H_1(f)$ 时，应该注意什么？

P6.49 已知两个滤波器级联，在频率 f_1 处的传递函数分别为 $|H_1(f_1)|_{dB} = -30$ 和 $|H_2(f_1)|_{dB} = +10$，试求级联后的整个滤波器的传递函数在 $f = f_1$ 处的分贝幅值。

6.4 节 波特图

P6.50 波特图是什么？

P6.51 一阶低通滤波器的幅频特性图中高频渐近线的斜率是多少？低频渐近线的呢？高频和低频渐近线在频率为何值时相交？

*P6.52 已知传递函数

$$H(f) = \frac{100}{1 + j(f/1000)}$$

试画出幅值和相位的波特图，并求截止频率。

P6.53 假设三个传递函数相同的一阶低通滤波器级联，当频率高于截止频率时总传递函数的下降率是多少？为什么？

P6.54 对于图 P6.54 的电路,求其传递函数 $H(f) = \mathbf{V}_{\text{out}} / \mathbf{V}_{\text{in}}$,
 并画出幅值和相位的波特图。

P6.55 已知传递函数

$$H(f) = \frac{10}{1 - \mathrm{j}(f / 500)}$$

试画出幅值和相位的波特图,并求截止频率。

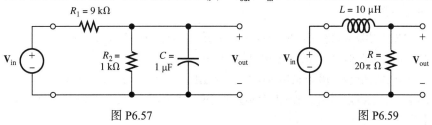

图 P6.54

P6.56 已知一个电路,

$$v_{\text{out}}(t) = v_{\text{in}}(t) - 200\pi \int_0^t v_{\text{out}}(t)\,\mathrm{d}t$$

a. 设 $v_{\text{out}}(t) = A\cos(2\pi ft)$,求 $v_{\text{in}}(t)$ 的表达式; b. 利用 a. 的结果求系统的传递函数 $H(f) = \mathbf{V}_{\text{out}} / \mathbf{V}_{\text{in}}$;
c. 画出传递函数的幅值的波特图。

P6.57 对于图 P6.57 的电路,求其传递函数 $H(f) = \mathbf{V}_{\text{out}} / \mathbf{V}_{\text{in}}$,并画出幅值和相位的波特图。

P6.58 已知传递函数

$$H(f) = \frac{1 - \mathrm{j}(f / 100)}{1 + \mathrm{j}(f / 100)}$$

试画出幅值和相位的波特图。

P6.59 对于图 P6.59 的电路,求其传递函数 $H(f) = \mathbf{V}_{\text{out}} / \mathbf{V}_{\text{in}}$,并画出幅值和相位的波特图。

图 P6.57   图 P6.59

*P6.60 求解习题 P6.14,得积分电路的传递函数为 $H(f) = 1/(\mathrm{j}2\pi f)$,画出其幅值和相位的波特图,并求幅频特性图的斜率。

P6.61 求解习题 P6.20,得微分电路的传递函数为 $H(f) = \mathrm{j}2\pi f$,画出其幅值和相位的波特图,并求幅频特性图的斜率。

6.5 节 一阶高通滤波器

P6.62 画出一阶 RC 高通滤波器的电路图,并求其截止频率。

P6.63 一阶高通滤波器的幅频特性图中高频渐近线的斜率是多少?低频渐近线的呢?高频和低频渐近线在频率为何值时相交?

*P6.64 对于图 P6.64 的电路,求其传递函数 $H(f) = \mathbf{V}_{\text{out}} / \mathbf{V}_{\text{in}}$,并画出幅值和相位的波特图。

*P6.65 已知一阶高通滤波器如图 P6.65 所示,输入信号为

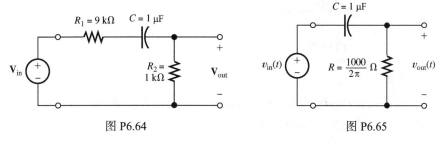

图 P6.64   图 P6.65

$$v_{in}(t) = 5 + 5\cos(2000\pi t)$$

试求稳定条件下的输出 $v_{out}(t)$。

P6.66 当输入信号为

$$v_{in}(t) = 10\cos(400\pi t) + 20\cos(4000\pi t)$$

时，重复习题 P6.65 的问题。

P6.67 设需要一个一阶高通滤波器(如图 6.19 所示)使 60 Hz 的输入信号衰减 60 dB，其截止频率应为多少？当 600 Hz 的信号分量通过这个滤波器时会衰减多少？若 $R = 5\ \text{k}\Omega$，求 C 的值。

P6.68 对于图 P6.68 的电路，画出其传递函数 $H(f) = \mathbf{V}_{out}/\mathbf{V}_{in}$ 幅值和相位的波特图。

P6.69 对于图 P6.69 的电路，画出其传递函数 $H(f) = \mathbf{V}_{out}/\mathbf{V}_{in}$ 幅值和相位的波特图。

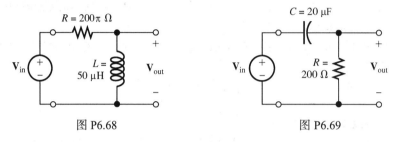

图 P6.68   图 P6.69

6.6 节   串联谐振

P6.70 一个 RLC 串联电路在谐振频率处的阻抗有什么特点？如何定义谐振频率和品质因素？

P6.71 什么是带通滤波器？它的带宽是怎样定义的？

*P6.72 设图 P6.72 的电路为串联谐振，其中 $L = 20\ \mu\text{H}$，$R = 14.14\ \Omega$，$C = 1000\ \text{pF}$，试求该电路的谐振频率、带宽和截止频率。假设信号源频率与谐振频率相同，试求各元件的电压相量，并画出电路相量图。

P6.73 若 $L = 80\ \mu\text{H}$，$R = 14.14\ \Omega$，$C = 1000\ \text{pF}$，重复习题 P6.72 的问题。

P6.74 已知一个串联谐振电路，$B = 30\ \text{kHz}$，$f_0 = 300\ \text{kHz}$，$R = 40\ \Omega$，求电感 L 和电容 C 的值。

*P6.75 已知一个串联谐振电路，$R = 50\ \Omega$，在其谐振频率 $f_0 = 1\ \text{MHz}$ 处有 $|\mathbf{V}_R| = 2\ \text{V}$，$|\mathbf{V}_L| = 20\ \text{V}$，求电感 L 和电容 C 的值，并计算 $|\mathbf{V}_C|$。

P6.76 假设一个串联谐振电路的带宽 $B = 600\ \text{kHz}$，谐振频率 $f_0 = 12\ \text{MHz}$，同时，电路的阻抗值达到最小值 $20\ \Omega$。试求该电路中的电阻 R、电感 L 和电容 C 的值。

P6.77 对于图 P6.77 的电路，求谐振频率的表达式。(记住，谐振频率定义为当电路中阻抗为纯电阻时的频率。)

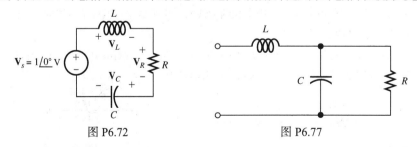

图 P6.72   图 P6.77

6.7 节   并联谐振

P6.78 一个 RLC 并联电路在谐振频率处的阻抗有什么特点？它的谐振频率是如何定义的？试比较并联谐振电路和串联谐振电路的品质因素。

*P6.79　已知一并联谐振电路，其中 $R = 5\,\text{k}\Omega$，$L = 50\,\mu\text{H}$，$C = 200\,\text{pF}$，试求谐振频率、品质因数与带宽。

P6.80　已知一并联谐振电路，其谐振频率 $f_0 = 20\,\text{MHz}$，带宽 $B = 200\,\text{kHz}$，电路的最大阻抗值 $|Z_p| = 5\,\text{k}\Omega$，试求电阻 R、电感 L 和电容 C 的值。

P6.81　已知图 6.29 的并联谐振电路，其中 $R = 1\,\text{k}\Omega$，谐振频率 $f_0 = 10\,\text{MHz}$，带宽 $B = 500\,\text{kHz}$，试求电感 L 和电容 C 的值。如果 $\mathbf{I} = 10^{-3}\underline{/0°}\,\text{A}$，要求画出电路谐振时，电流流经各元件产生的电压相量。

P6.82　已知一并联谐振电路，$R = 2\,\text{k}\Omega$，谐振频率 $f_0 = 100\,\text{MHz}$，带宽 $B = 5\,\text{MHz}$，试求电感 L 和电容 C 的值。

6.8 节　理想滤波器和二阶滤波器

P6.83　写出 4 种理想滤波器的名称，并画出其传递函数的幅值图。

*P6.84　已知一个理想的带通滤波器的截止频率分别为 9 kHz 和 11 kHz，其通带增益为 2，画出传递函数的幅频特性图。对于理想的带阻滤波器，重复这个要求。

P6.85　已知一个理想的低通滤波器的截止频率分别为 10 kHz，其通带增益为 2，画出传递函数的幅频特性图。对于理想的高通滤波器，重复这个要求。

P6.86　每个调幅收音机的信号分量的频率范围都是从低于其载波频率的 10 kHz 到高于其载波频率的 10 MHz，在给定的区域里不同的广播电台有不同的载波频率，以致信号的频率范围不会重叠。设一个 AM 无线电发射机的载波频率为 980 kHz，如果想要接收到这个发射机的信号而抑制其他所有发射机的信号，应该选用何种滤波器？截止频率应为何值？

P6.87　在心电图描记器中，心脏信号的频率范围从直流到 100 Hz。当人在跑步机上运动时，电极获得的信号也包含了肌肉收缩产生的噪声信号，且大多数的噪声信号频率超过 100 Hz，应使用何种滤波器来抑制噪声？滤波器的截止频率应为何值？

*P6.88　画出二阶高通滤波器的电路图，设 $R = 1\,\text{k}\Omega$，$Q_s = 1$，$f_0 = 100\,\text{kHz}$，试求电感 L 和电容 C 的值。

P6.89　画出二阶高通滤波器的电路图，设 $R = 50\,\Omega$，$Q_s = 0.5$，$f_0 = 30\,\text{MHz}$，试求电感 L 和电容 C 的值。

P6.90　设有正弦干扰信号加在一个频率范围从 20 Hz 到 15 kHz 的音频信号上，干扰信号的频率从 950 Hz 到 1050 Hz 缓慢变化，所以需要一个滤波器将干扰信号至少衰减 20 dB 而使大部分音频信号通过，应选用何种滤波器？画出符合条件的滤波器的传递函数的幅频响应波特图，并标注它的详细说明。

6.9 节　使用 MATLAB 软件绘制波特图

P6.91　对于图 P6.91 的滤波器，a. 写出传递函数 $H(f) = \mathbf{V}_{\text{out}} / \mathbf{V}_{\text{in}}$ 的表达式；b. 已知 $R_1 = 9\,\text{k}\Omega$，$R_2 = 1\,\text{k}\Omega$，$C = 0.01\,\mu\text{F}$，频率范围从 10 Hz 到 1 MHz，使用 MATLAB 画出其传递函数的幅频响应波特图；c. 在频率很低时，电容相当于开路，求这种情况下的传递函数和估算 b. 中的电路参数，计算结果和 b. 图中的值一致吗？d. 在频率很高时，电容相当于短路，求这种情况下的传递函数和估算 b. 中的电路参数，计算结果和 b. 图中的值一致吗？

P6.92　对于图 6.92 的滤波器，重复习题 P6.91 中的问题。

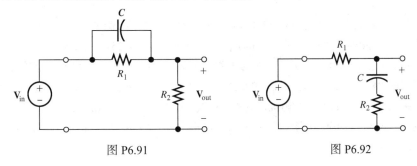

图 P6.91　　　　　　　　　　　　　　图 P6.92

P6.93　设需要一个波特图如图 P6.93(a)所示的滤波器，可采用如图 P6.93(b)所示的高通滤波器和低通滤波器级联来实现。令 $R_2 = 100 R_1$，使第二个电路当接到第一个电路时可近似为开路，a. 哪几个元件组成低通滤波器？哪几个元件组成高通滤波器？b. 左边电路近似有一个开路负载，计算电容为何值时能得到符合条件的截止频率；c. 写出传递函数 $H(f) = \mathbf{V}_{out} / \mathbf{V}_{in}$ 的表达式，并使用 MATLAB 绘制频率范围从 1 Hz 到 1 MHz 的传递函数的幅频响应波特图，运行结果应该与图 P6.93(a)相似。

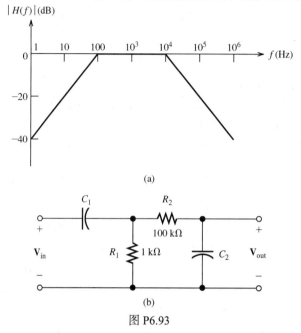

图 P6.93

P6.94　设需要一个波特图如图 P6.93(a)所示的滤波器，可采用图 P6.94 的高通滤波器和低通滤波器级联来实现。令 $C_2 = C_1 / 100$，使第二个电路当接到第一个电路时可近似为开路，a. 哪几个元件组成低通滤波器？哪几个元件组成高通滤波器？b. 左边电路近似有一个开路负载，计算电容为何值时能得到符合条件的截止频率；c. 写出传递函数 $H(f) = \mathbf{V}_{out} / \mathbf{V}_{in}$ 的表达式，并使用 MATLAB 绘制频率范围从 1 Hz 到 1 MHz 的传递函数的幅频响应波特图，运行结果应该与图 P6.93(a)相似。

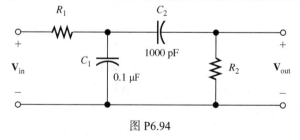

图 P6.94

P6.95　由 R、L 和 C 组成的其他电路也有与串联谐振电路相似的特性，例如，对于图 P6.95 的电路，a. 求电路的谐振频率的表达式；b. 若 $L = 1\,\mathrm{mH}$，$R = 1000\,\mathrm{k\Omega}$，$C = 0.25\,\mu\mathrm{F}$，求谐振频率；c. 使用 MATLAB 绘制频率范围从 95%谐振频率至 105%谐振频率的阻抗幅值图，并与串联 RLC 电路的结果进行比较。

P6.96　对于图 P6.77 的电路，已知 $R = 1000\,\Omega$，$L = 1\,\mathrm{mH}$，$C = 0.25\,\mu\mathrm{F}$，a. 使用 MATLAB 绘制频率范围从 9 kHz 到 11 kHz 的阻抗幅值图；b. 观察阻抗幅值图，写出最小阻抗值及此时的频率和带宽；c. 求与 b. 中有相同参数的串联 RLC 电路的元件值；d. 在与 a. 中相同的坐标系中画出串联电路的阻抗幅值图。

P6.97 由 R、L 和 C 组成的其他电路也有与并联谐振电路相似的特性，例如，对于图 P6.97 的电路，a. 求电路的谐振频率的表达式；b. 若 $L=1\,\text{mH}$，$R=1\,\Omega$，$C=0.25\,\mu\text{F}$，求谐振频率；c. 使用 MATLAB 绘制频率范围从 95%谐振频率至 105%谐振频率的阻抗幅值图，并与并联 RLC 电路的结果进行比较。

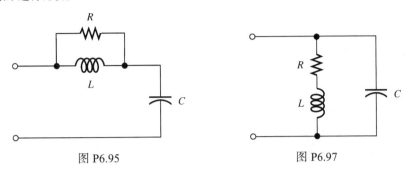

图 P6.95　　　　　　　　图 P6.97

P6.98 对于图 P6.98 的电路，a. 写出传递函数 $H(f)=\mathbf{V}_{\text{out}}/\mathbf{V}_{\text{in}}$ 的表达式；b. 已知 $R=10\,\Omega$，$L=10\,\text{mH}$，$C=0.025\,33\,\mu\text{F}$，频率范围从 1 kHz 到 100 kHz，使用 MATLAB 画出其传递函数的幅频特性波特图；c. 在频率很低时，电感相当于短路，电容相当于开路，求这种情况下的传递函数表达式和估算 b. 中的电路参数，计算结果和 b. 图中的值一致吗？d. 在频率很高时，电容相当于短路，电感相当于开路，求这种情况下的传递函数表达式和估算 b. 中的电路参数，计算结果和 b. 图中的值一致吗？

P6.99 对于图 P6.99 的电路，重复习题 P6.98 中的问题。

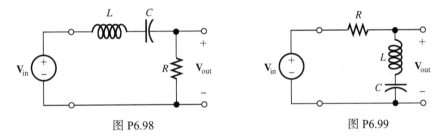

图 P6.98　　　　　　　　图 P6.99

6.10 节　数字信号处理

P6.100 对于图 P6.100 的 RL 滤波器，模仿其功能设计一个数字滤波器，a. 求各系数的表达式，用时间常数 τ 和采样周期 T 表示（提示：如果求得的电路方程包含积分，那么就对时间求微分得到一个纯粹的微分方程。）；b. 已知 $R=10\,\Omega$，$L=200\,\text{mH}$，画出电路的阶跃响应图；c. 使用 MATLAB 软件求和并绘制不同时间常数下数字滤波器的阶跃响应，再使用 b. 中的时间常数和 $f_s=500\,\text{Hz}$，比较 b. 和 c. 的结果。

P6.101 对于图 P6.101 的滤波器，重复习题 P6.100 的问题。

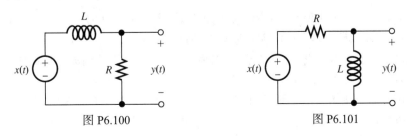

图 P6.100　　　　　　　　图 P6.101

*P6.102 对于图 P6.102 的二阶带通滤波器，a. 求电感 L 和电容 C 的表达式，用谐振频率 ω_0 和品质因素 Q_s 表示；b. 写出电路的 KVL 方程，模仿 RLC 滤波器的功能来设计一个数字滤波器，再用 a. 中的计算结果，求用谐振频率 ω_0、品质因素 Q_s 和采样周期 T 表示的各个系数。（提示：如果求得的电路方程包含积分，那么就对时间求微分得到一个纯粹的微分方程。）

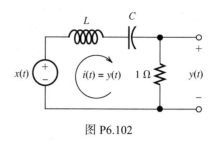

图 P6.102

测试题

T6.1 当涉及真实世界的信号时，傅里叶理论的基本概念是什么？滤波器的传递函数与它有什么联系？

T6.2 如图 T6.2 的 RL 滤波器，已知

$$v_{in}(t) = 3 + 4\cos(1000\pi t) + 5\cos(2000\pi t - 30°)$$

求输出信号 $v_{out}(t)$ 的表达式。

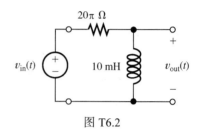

图 T6.2

T6.3 已知滤波器的传递函数为

$$H(f) = \frac{\mathbf{V}_{out}}{\mathbf{V}_{in}} = 50\frac{j(f/200)}{1+j(f/200)}$$

由其幅频特性波特图可得

a. 低频渐近线的斜率为多少？

b. 高频渐近线的斜率为多少？

c. 高频渐近线与低频渐近线交点的坐标是多少？

d. 此滤波器是什么类型？

e. 截止频率为多少？

T6.4 已知一个串联谐振电路，其中 $R = 5\,\Omega$，$L = 20\,mH$，$C = 1\,\mu F$，试求下列值：

a. 谐振频率，单位为 Hz；

b. 品质因素 Q；

c. 带宽，单位为 Hz；

d. 谐振频率处电路的阻抗；

e. 直流时电路的阻抗；

f. 频率接近无穷大时电路的阻抗。

T6.5 已知一个串联谐振电路，其中 $R = 10\,k\Omega$，$L = 1\,mH$，$C = 1000\,pF$，重复测试题 T6.4 的问题。

T6.6 有一个由语音对话和音乐组成的信号，频率成分从大约 30 Hz 到 8 kHz，加上 800 Hz 的洪亮的正弦音。在以下条件下，确定理想滤波器的类型和截止频率。

a. 希望几乎所有的语音和音乐分量都通过滤波器，消除 800 Hz 的音调，这样我们就能更好地监听会话。

b. 希望消除几乎所有的声音和音乐成分，并通过滤波器传递 800 Hz 的音调，以便我们能够监测其幅值的缓慢变化，这可以提供有关说话的人的信息。

T6.7 如图 T6.7 所示，每个电路图的传递函数都为 $\mathbf{V}_{out}/\mathbf{V}_{in}$，将相关电路按一阶低通滤波器、二阶带通滤波器等来分类，并证明你的答案。

T6.8 写出绘制测试题 T6.3 中传递函数的幅频特性波特图所需的 MATLAB 命令，其中频率范围从 10 Hz 到 10 kHz。

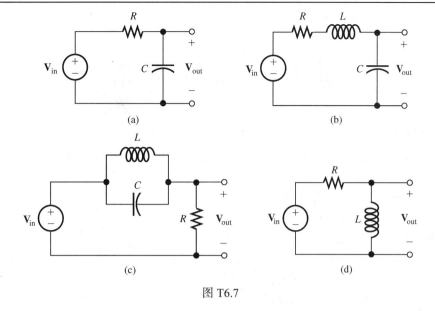

图 T6.7

第7章 逻辑电路

本章学习目标

- 理解数字电子技术与模拟电子技术相比较的优势。
- 理解与数字电路相关的术语。
- 掌握十进制数、二进制数和其他进制数之间的转换。
- 了解格雷码在位置和角度传感器中的应用。
- 理解计算机和其他数字系统中的二进制代数运算。
- 掌握由各种逻辑门电路组合实现给定逻辑函数的方法。
- 掌握采用卡诺图法减少门电路数量并实现逻辑函数的方法。
- 掌握采用门电路构成触发器和寄存器的方法。

本章介绍

迄今，我们学习了用于处理模拟信号的滤波器等电路。**模拟信号**的幅值是连续变化的，而且各幅值具有独特的意义。例如：一个位置传感器会输出正比于位移量的模拟信号，该信号的幅值即表示不同的位置。模拟信号的波形如图 7.1(a)所示。

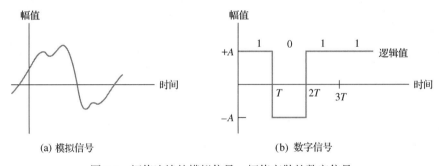

图 7.1　幅值连续的模拟信号；幅值离散的数字信号

本章将介绍处理数字信号的电路。仅有有限个幅值的信号被称为**数字信号**，在给定范围内的幅值具有相同的重要性。最常见的数字信号是二进制信号，其幅值只有两种取值范围，分别表示**逻辑 1** 或者**逻辑 0**，图 7.1(b)为一数字信号的波形。计算机系统是典型的数字电路系统。通过本章的学习，我们将发现采用数字信号处理比采用模拟信号处理有更多的优越性。

7.1　逻辑电路的基本概念

模拟信号常见于真实的世界，例如一个压力转换器可以将内燃机引擎产生的压力值转换为与压力成正比的模拟电压信号。根据 6.10 节的讲解，模拟信号可以转换为表示相同信息的数字信号，这样转换之后，便于采用计算机或者其他数字电路进行处理。因此，在应用过程中可以选择采用数字信号处理方式还是模拟信号处理方式。

7.1.1 数字信号处理的优点

与模拟信号相比，数字信号具有几个重要的优点。首先，如果模拟信号受到了噪声干扰，要想鉴别原始信号是非常困难的。但是，如果数字信号受到了噪声干扰，在噪声幅值比较小的情况下，我们可以明显区分出数字信号的逻辑 0 或者逻辑 1。图 7.2 分别为受到噪声干扰的模拟信号和数字信号。

> 在噪声幅值比较小的情况下，可以明显区分出数字信号的逻辑 0 或者逻辑 1。

对一个给定逻辑电路，事先要指定逻辑 1 和逻辑 0 表示的电压范围，在数字系统中只要输出电压值在允许范围内即可，因此数字电路的元件值无须达到与模拟电路相同的精度。

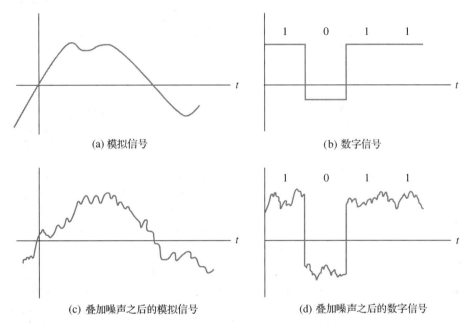

(a) 模拟信号   (b) 数字信号

(c) 叠加噪声之后的模拟信号   (d) 叠加噪声之后的数字信号

图 7.2　施加了噪声之后的数字信号表示的信息（逻辑值）仍然可以准确判定。
然而，当噪声与模拟信号混杂一起时，却难以鉴别模拟信号的原始幅值

> 随着现代集成电路制造技术的发展，复杂数字逻辑电路的生产成本大大降低。

其次，随着现代集成电路制造技术的发展，复杂数字逻辑电路（可集成上百万个元件）的生产成本大大降低。而模拟电路中需要大容量电容器和高精度元件，难以进行大规模集成化生产。因此，数字系统在过去数十年内得到了重视与发展，而未来仍会继续发展。

7.1.2 正逻辑与负逻辑

通常，我们约定二进制系统数字信号中幅值高的电压为逻辑 1，幅值低的电压为逻辑 0，这种定义为**正逻辑系统**。反之，**负逻辑系统**定义高幅值电压为逻辑 0，低幅值电压为逻辑 1。如果未加注明，本书中均采用正逻辑系统。

逻辑 1 也被称为**高**、**真**或者**导通**；与之相对应，逻辑 0 被称为**低**、**伪**或者**断开**。逻辑系统通过信号在高与低之间的切换来表示信息的变换。我们定义的这些信号被称为**逻辑变量**，一般用大写字母 A、B、C 来表示。

7.1.3 电平区和噪声容限

> 对于一个逻辑信号，一定范围内的幅值变化可代表逻辑 1，在另一个非交叠的范围内的幅值变化可代表逻辑 0；而介于之间的幅值范围没有意义，或者不会出现，或者出现于电压变化之时。

通常，逻辑电路的输入电压值如果在一定范围内被视为逻辑 1，则在另一个非交叠的电压范围内被视为逻辑 0。其中，视为逻辑 0 或者低电平的允许电压最大值定义为 V_{IL}；视为逻辑 1 或者高电平的允许电压最小值定义为 V_{IH}，如图 7.3 所示。因此，在 V_{IL} 和 V_{IH} 之间的电压值是无意义的，V_{IL} 和 V_{IH} 仅出现在电压变化之时。

另外，电路设计要求输出电压的允许范围比输入信号的更窄，前提条件是输入电压在此范围内。如图 7.3 所示，V_{OL} 是低电平输出电压的允许最大值，V_{OH} 是高电平输出电压的允许最小值。

由于在信号传输过程中噪声可能叠加在数字信号上，因此输出电压必须有比输入电压更窄的允许变化范围，这样的差异被称为**噪声容限**，即

$$NM_L = V_{IL} - V_{OL}$$

$$NM_H = V_{OH} - V_{IH}$$

在理想情况下，噪声容限越大越好。

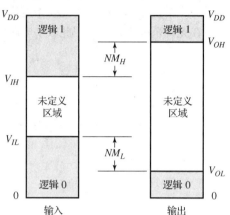

图 7.3 数字电路输入和输出的电压范围

7.1.4 数字字

我们把单个二进制数称为**位**(比特)，表示非常小的信息量。例如，一个逻辑变量 R 可表示某特定地区是否有雨，即 $R=1$ 表示有雨，$R=0$ 表示无雨。

为了表示更多的信息，我们采用逻辑变量的组合 RWS，并称之为**数字字**。例如字 RWS 表示天气状况，其中 R 表示是否有雨；$W=1$ 表示风速大于 15 英里/小时，反之 $W=0$ 表示风速小于 15 英里/小时；S 表示晴朗天气($S=1$)或者多云天气($S=0$)。这样，数字字 110 表示有雨、大风和多云的天气。通常，一个**字节**由 8 位字组成，而一个**半位元**是 4 位字。

7.1.5 数字信息的传输

并行传输表示 n 位字信息同时通过 $n+1$ 条线，每条线通过 1 位信息，另加公共线或者地线。反之，**串行传输**表示所有的字信息一个接一个依次通过同一对线路。在接收端，所有的位信息被收集并组合为字。相比串行传输，并行传输的速度更快，通常用于短距离传输信息，例如计算机内部的数据传输，而串行传输方式更适用于长距离数字通信系统。

7.1.6 数字信息处理系统的应用

采用一串由逻辑值和二进制数预置组成的 100 位数字字，我们就可以相当准确地提供某地区的天气情况报告。例如气象局里的计算机接收并处理从各个气象站传来的数字信息，并产生包括温度、风速、云、雨量和预测等信息的等高线图。这些图对理解和预测天气状况非常有帮助。

模拟信号可以通过其周期性采样值(即在各相等间距的时间点上的瞬时测量值)而加以重构，前提是采样率要足够高。各采样点的幅值分别由一个数字字表示，这样，一个模拟信号即由一串数字字表示。通过回放方式，这些数字字即可还原为相应的模拟信号，这就是 CD 刻录技术。

可见，电子电路能以数字方式收集、存储、传输和处理信息，并产生有效的或者有益的结果。

7.2 二进制数的表示

7.2.1 二进制数

> 由于将数字电路(差不多总是)设计为 0 或者 1 的逻辑运算,因此,有必要将 0 和 1 依序组合来表达十进制数或者其他进制的数。

数字字可以表示数。首先,我们可以把十进制数(以 10 为底)743.2 表示为如下形式:

$$7 \times 10^2 + 4 \times 10^1 + 3 \times 10^0 + 2 \times 10^{-1}$$

同样的,二进制数(以 2 为底)1101.1 可表示为

$$1 \times 2^3 + 1 \times 2^2 + 0 \times 2^1 + 1 \times 2^0 + 1 \times 2^{-1} = 13.5$$

也就是说,二进制数 1101.1 等于十进制数 13.5。不过,这样容易引起混淆,因此,我们采用不同的下标来区分数的进制,例如二进制数 1101.1_2 和十进制数 13.5_{10}。

对于 3 位二进制数可以得到 $2^3 = 8$ 个数字字,这些字分别表示十进制整数 0~7,如下:

000	0
001	1
010	2
011	3
100	4
101	5
110	6
111	7

同理,一个 4 位字有 16 种组合,分别表示十进制整数 0~15。(一般而言,我们在讨论数字电路中的二进制数时会保留前置 0,因为通常设计的电路对定长字进行运算时,会产生前置 0。)

7.2.2 十进制数与二进制数的转换

通过将十进制整数反复除以 2,直到商为 0 为止,这样就完成了十进制整数向二进制数的转换。注意:转换得到的二进制数是所有除式的余数按逆序方式的组合。

例 7.1 十进制整数转换为二进制数

将 343_{10} 转换为二进制数。

解: 运算过程如图 7.4 所示。十进制整数被反复除以 2,当商为 0 时结束除法运算。所有的余数按逆序方式形成最终的二进制数,即

$$343_{10} = 101010111_2$$

此外,将十进制小数反复乘以 2,则每次运算的取整值依序组合为相应二进制数的小数部分(在误差允许范围内)。

例 7.2 将十进制小数转换为二进制数

将 0.392_{10} 转换为最接近的 6 位二进制数。

解: 该转换过程如图 7.5 所示。十进制小数被反复乘以 2,保留各次乘积值的整数部分作为等效二进制数的位。当二进制数的位数达到要求的精度时停止运算,这样,得到的数据如下:

$$0.392_{10} \cong 0.011001_2$$

图 7.4　将 343_{10} 转换为二进制数　　　　图 7.5　将 0.392_{10} 转换为二进制数

如果一个十进制数同时包含整数和小数两部分，那么在进行二进制转换时，需要将这两部分分别进行转换，然后组合为最后的结果。

例 7.3　将十进制数转换为二进制数

将 343.392_{10} 转换为相应的二进制数。

> 分别将十进制数的整数和小数部分转换为二进制数，再组合即可。

解：根据例 7.1 和例 7.2，分别得到

$$343_{10} = 101010111_2$$

和

$$0.392_{10} \cong 0.011001_2$$

把这两部分组合起来，即得到

$$343.392_{10} \cong 101010111.011001_2$$

例 7.4　将二进制数转换为十进制数

将 10011.011_2 转换为十进制数。

解：

$$10011.011_2 = 1 \times 2^4 + 0 \times 2^3 + 0 \times 2^2 + 1 \times 2^1 + 1 \times 2^0 + 0 \times 2^{-1}$$
$$+ 1 \times 2^{-2} + 1 \times 2^{-3} = 19.375_{10}$$

练习 7.1　将以下十进制数分别转换为二进制数,对小数部分的变换最多到 6 位即可: a. 23.75; b. 17.25; c. 4.3。

答案: a. 10111.11; b. 10001.01; c. 100.010011。

练习 7.2　将以下二进制数转换为十进制数: a. 1101.111_2; b. 100.001_2。

答案: a. 13.875_{10}; b. 4.125_{10}。

7.2.3　二进制数的代数运算

二进制数的加法运算与十进制数相同，不过加法规则不同(更简单)，如图 7.6 所示。

例 7.5　二进制数的相加

求二进制数 1000.111 与 1100.011 的和。

解：见图 7.7。

	和	进位
0 + 0	= 0	0
0 + 1	= 1	0
1 + 1	= 0	1
1 + 1 + 1	= 1	1

```
0001 11  ←── 进位
1000.111
+1100.011
10101.010
```

图 7.6 二进制数的加法规则　　　　　图 7.7 二进制数的加法运算

7.2.4 十六进制数和八进制数

由于二进制数在表示一个很大的数(或者精度很高的小数)时，需要很多位，因此不便于人们使用。十六进制(以 16 为底)数和八进制(以 8 为底)数很容易转换为二进制数，而且它们比二进制数更能高效地表示信息。

表 7.1 为十六进制数和八进制数及其等值的二进制数。注意：需要用 16 个符号来表示一个十六进制数的各数位。习惯上用字母 A 到 F 表示数 10 到 15。

表 7.1 十六进制数和八进制数及其等值的二进制数

八　进　制	等值二进制	十六进制	等值二进制
0	000	0	0000
1	001	1	0010
2	010	2	0010
3	011	3	0011
4	100	4	0100
5	101	5	0101
6	110	6	0110
7	111	7	0111
		8	1000
		9	1001
		A	1010
		B	1011
		C	1100
		D	1101
		E	1110
		F	1111

例 7.6　将八进制数转换为十进制数

将八进制数 173.21_8 转换为十进制数。

解：

$$173.21_8 = 1 \times 8^2 + 7 \times 8^1 + 3 \times 8^0 + 2 \times 8^{-1} + 1 \times 8^{-2} = 123.265625_{10}$$

例 7.7　将十六进制数转换为十进制数

将十六进制数 $1FA.2A_{16}$ 转换为十进制数。

解：

$$1FA.2A_{16} = 1 \times 16^2 + 15 \times 16^1 + 10 \times 16^0 + 2 \times 16^{-1} + 10 \times 16^{-2}$$
$$= 506.1640625_{10}$$

通过用相应位的二进制数代替八进制数和十六进制数的每一位数，可实现八进制数和十六进制数到二进制数的转换。

例 7.8　**将十六进制数和八进制数转换为二进制数**

分别将 317.2_8 和 $F3A.2_{16}$ 转换为对应的二进制数。

> 根据表 7.1，将八进制数或者十六进制数的每一位替换为相应的二进制数。

解：如表 7.1 所示，可用等值的二进制数代替所给数的每一位，得
$$317.2_8 = 011\ 001\ 111.010_2$$
$$= 011001111.010_2$$

以及

$$F3A.2_{16} = 1111\ 0011\ 1010.0010$$
$$= 111100111010.0010_2$$

在将二进制数转换为八进制数时，首先将二进制数的每 3 位数分为一组，分组从小数点开始，分别向左右进行。如果有必要，可以在整数最前端加入前置 0，在小数最末端加入后置 0，实现 3 位数一组，然后给每一组数分配一个对应的八进制数。二进制数到十六进制数的转换与此类似，不同的只是将每 4 位二进制数分成一组。

例 7.9　**将二进制数转换为八进制数和十六进制数**

将 11110110.1_2 转换为对应的八进制数和十六进制数。

> 分组从小数点开始，分别向左右进行。先将二进制数的每 3 位数(八进制)或者 4 位数(十六进制)分为一组，在整数的首部或者小数的尾部加 0，再参照表 7.1，即可将二进制数转换为八进制数或者十六进制数。

解：分组从小数点开始，分别向左右进行。先将二进制数的每 3 位数分为一组，即可将二进制数转换为八进制数：
$$11110110.1_2 = 011\ 110\ 110.100$$
注意：在整数的首部和小数尾部添加 0 是为了使每一组中均包含 3 位二进制数。接下来，写出与每一组二进制数等值的八进制数，得
$$11110110.1_2 = 011\ 110\ 110.100 = 366.4_8$$
将二进制数转换为十六进制数时，方法同上，只是将每 4 位二进制数分成一组，得
$$11110110.1_2 = 1111\ 0110.1000 = F6.8_{16}$$

练习 7.3　将下列各数转换为对应的二、八、十六进制数。a. 97_{10}；b. 229_{10}。
答案：a. $97_{10} = 1100001_2 = 141_8 = 61_{16}$；b. $229_{10} = 11100101_2 = 345_8 = E5_{16}$。

练习 7.4　将下列各数转换为对应的二进制数。a. 72_8；b. $FA6_{16}$。
答案：a. 111010_2；b. 111110100110_2。

7.2.5　二进制编码的十进制数

> 为了将十进制数表示为 BCD 码，将每一位十进制数表示为 4 位二进制数即可。

用 4 位二进制数表示 1 位十进制数，则十进制数可用以下二进制数形式来表示。这样得到的二进制数被称为该数的二进制编码的**十进制数形式**(简称 BCD 码)。例如：
$$93.2 = 1001\ 0011.0010_{BCD}$$

二进制数组合 1010、1011、1100、1101、1110 和 1111 不会出现(除非出错)。计算器的内部数据就使用了 BCD 码，当按下按键时，对应的 BCD 码就被存储下来。如计算
$$9 \times 3 = 27$$
时，对应的 BCD 码为

$$1001 \times 0011 = 0010\ 0111$$

虽然计算器使用二进制码表示十进制整数，但是其内部数据仍然以十进制数形式进行计算。而在计算机中的数据则是使用二进制数形式进行计算。

练习 7.5　将 197_{10} 表示为 BCD 码的形式。

答案：　$197_{10} = 000110010111_{BCD}$。

7.2.6　格雷码

设有一个具有黑白色带的机器臂，如图 7.8 所示。传感器通过黑白色带来确定机器臂的位置。这里假定光电二极管将黑色带读为逻辑 1，将白色带读为逻辑 0。

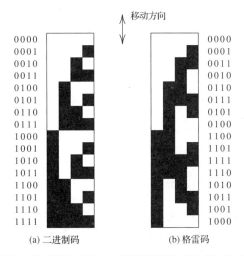

图 7.8　机器臂上的黑白色带（通过光电二极管阵列来读取表示机器臂位置的数字字）

如果以图 7.8(a) 中的二进制码来判断移动中机器臂的位置，则可能出现错误。例如，当机器臂从 0011 代表的位置移动到 0100 代表的位置时，二进制码中有 3 位代码发生变动。如果光电传感器的反应速度不一致，则 0011 可能先变为 0001，再变为 0000，最后才变为 0100。这样就造成了传感器显示的位置与实际位置的不符。

> 相邻的两个格雷码之间只有一位代码发生变化。

一种更好的位置编码方式是**格雷码**，如图 7.8(b) 所示。相邻的两个格雷码之间只有一位代码发生变化，这样就避免了传感器测得的位置与实际位置不符的情况。不同位数的格雷码形式如图 7.9 所示，注意格雷码的连续变化规律。

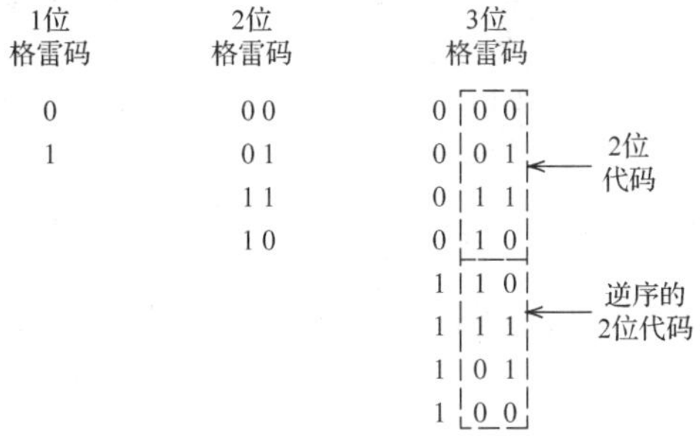

图 7.9　不同位数的格雷码。1 位格雷码很简单，仅包括两个字 0 和 1；n 位格雷码的列出规律如下：将 $n-1$ 位格雷码组成首阵列，其逆序形式组成第二阵列。同时，在首阵列的每组编码的左端加 0；而在第二阵列的每组编码的左端加 1

格雷码也被用于转轴角度的编码。在转轴一圈的最后一个字应与第一个字相邻。为了使每一个格雷码字所代表的角度小于1°，可使用包含9位的格雷码，这样总共有$2^9 = 512$个字，每一个字代表的角度为360/512 = 0.703°。

练习7.6 设一机器臂长20英寸，为了达到0.01英寸的位置分辨率，需要用多少位的格雷码对该机器臂的位置进行编码？

答案： 11位。

7.2.7　补码运算

一个二进制数的**反码**可以通过将其各数位的1换作0、0换作1即可得到。例如，一个8位二进制数及其反码如下：

$$01001101$$
$$10110010(反码)$$

一个二进制数的**补码**可以通过将其反码加1，同时忽略最高有效位的进位而得到。例如，为了得到二进制数

$$01001100$$

的补码，先求其反码得

$$10110011$$

再加上1即可得到其补码。具体过程如图7.10(a)所示。

求补码的另一种方法是：从右至左数起，直到第一个1为止，包含第一个1的右半部分不变，左半部分取反。具体过程如图7.10(b)所示。

补码用于计算机中负数的表示和减法的运算，此外，补码运算也简化了数字计算机的设计。最常见的是有符号补码，其最高位为符号位。正数的符号位为0，负的符号位为1。负数补码的数值部分是由与之对应的正数的数值部分按位取反并加1而得到的。图7.11给出了8位二进制数的有符号补码，表示的数的范围为–128 到+127。显然，位数越多，能表示的数的范围就越大。

图7.10　求01001100的补码的两种方法　　图7.11　8位二进制数的有符号补码

补码的减法运算的过程是：先求出减数的补码，再将两数的二进制码相加，忽略进位，舍去符号位。

例7.10 补码减法

使用8位有符号补码，求$29_{10} - 27_{10}$。

解: 首先写出 29_{10} 和 27_{10} 的二进制数形式,得

$$29_{10} = 00011101$$

和

$$27_{10} = 00011011$$

减数的补码为

$$-27_{10} = 11100101$$

两数相加即为所求:

$$
\begin{array}{rr}
00011101 & 29 \\
+\underline{11100101} & +\underline{(-27)} \\
\end{array}
$$

忽略进位,舍去符号位 $\rightarrow \overline{00000010} \qquad \overline{2}$

虽然这样的加减运算对人来说很单调无聊,但对计算机来说,这种简单操作能使其快速准确地完成运算。

在补码运算中,需要注意:所求结果可能超出了字所表示的最大值而产生**上溢**。例如,两个 8 位字:

$$97_{10} = 01100001$$

与

$$63_{10} = 00111111$$

相加得

$$
\begin{array}{r}
01100001 \\
+\underline{00111111} \\
10100000
\end{array}
$$

以上所得为 -96 的有符号补码,而正确的结果应为 $97 + 63 = 160$。发生错误的原因就是所求的和超出了 $+127$(8 位字长的有符号补码所表示的最大值)。

类似地,如果所求结果小于 -128(8 位字长的有符号补码所表示的最小值),则发生了**下溢**。符号相反的两个数相加不会发生上溢或下溢。如果符号相同的两个数相加,所得结果的符号与加数相反,则发生了上溢或者下溢。

如果符号相同的两个数相加,所得结果的符号与加数相反,则发生了上溢或者下溢。

练习 7.7 求下列各数的 8 位有符号补码。a. 22_{10}; b. -30_{10}。
答案: a. 00010110; b. 11100010。

练习 7.8 用 8 位有符号补码形式求 $19_{10} - 4_{10}$。
答案:

$$
\begin{array}{rr}
19 & 00010011 \\
+\underline{(-4)} & +\underline{11111100} \\
15 & 00001111
\end{array}
$$

7.3 组合逻辑电路

在本节中,将实现由多个输入逻辑变量产生一个输出逻辑变量的电路称为**逻辑门**。这里只讨论逻辑门的外部特性,在第 11 章将会介绍怎样由场效应晶体管构成门电路。

下面将介绍的电路是**无记忆的**,即它们在某一时刻的输出值仅与同一时刻的输入值有关。而在之后介绍的逻辑电路是**有记忆的**,即它们在某一时刻的输出值不仅与同一时刻的输入值有关,还与之前的输出状态有关。

7.3.1 与门

与(AND)运算是一种重要的逻辑功能,两个逻辑变量之与,即 A 和 B,写作 AB,读作 "A 与 B"。与运算也被称为**逻辑乘法**。

列出所有可能的输入变量组合及其对应的输出变量的值的表被称为**真值表**。两个输入变量的与运算的真值表如图 7.12(a)所示。注意:当且仅当 A 和 B 均为 1 时,$AB = 1$。

对于与运算有如下关系式:

$$AA = A \tag{7.1}$$

$$A1 = A \tag{7.2}$$

$$A0 = 0 \tag{7.3}$$

$$AB = BA \tag{7.4}$$

$$A(BC) = (AB)C = ABC \tag{7.5}$$

两输入与门的电路符号如图 7.12(b)所示。

与门允许有两个及其以上的输入变量,如图 7.13 所示给出了三输入与门的真值表及电路符号。

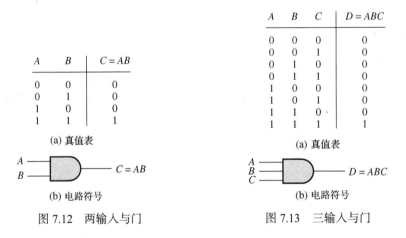

A	B	$C = AB$
0	0	0
0	1	0
1	0	0
1	1	1

(a) 真值表

$C = AB$

(b) 电路符号

图 7.12 两输入与门

A	B	C	$D = ABC$
0	0	0	0
0	0	1	0
0	1	0	0
0	1	1	0
1	0	0	0
1	0	1	0
1	1	0	0
1	1	1	1

(a) 真值表

$D = ABC$

(b) 电路符号

图 7.13 三输入与门

7.3.2 非门(反相器)

在逻辑变量符号的上方加一横线,表示对该变量进行取反(NOT)运算。如符号 $\overline{A}$ 表示对变量 A 取反,读作 "A 的非" 或者 "A 的反"。如果 A 为 0,则 $\overline{A} = 1$,反之亦然。

对变量取反运算的电路被称为非门(反相器)。非门的真值表及电路符号如图 7.14 所示。电路符号输出端的小圆圈表示取反。

对于取反运算有如下关系式:

$$A\overline{A} = 0 \tag{7.6}$$

$$\overline{\overline{A}} = A \tag{7.7}$$

A	$\overline{A}$
0	1
1	0

(a) 真值表

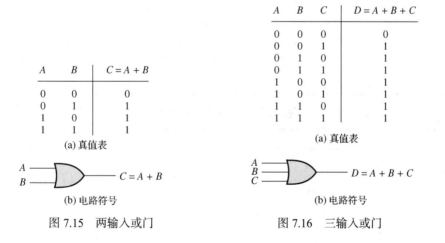

(b) 电路符号

图 7.14　非门

7.3.3　或门

逻辑变量的或(OR)运算写作 $A + B$，读作 "A 或 B"。图 7.15 给出了两输入或门的真值表及电路符号。注意：当 A、B 中有一个为 1 时，$A + B = 1$。或运算也被称为**逻辑加法**。三输入或门的真值表及电路符号如图 7.16 所示。对于或运算有如下关系式：

$$(A + B) + C = A + (B + C) = A + B + C \tag{7.8}$$

$$A(B + C) = AB + AC \tag{7.9}$$

$$A + 0 = A \tag{7.10}$$

$$A + 1 = 1 \tag{7.11}$$

$$A + \overline{A} = 1 \tag{7.12}$$

$$A + A = A \tag{7.13}$$

A	B	C	$D = A + B + C$
0	0	0	0
0	0	1	1
0	1	0	1
0	1	1	1
1	0	0	1
1	0	1	1
1	1	0	1
1	1	1	1

(a) 真值表

A	B	$C = A + B$
0	0	0
0	1	1
1	0	1
1	1	1

(a) 真值表

(b) 电路符号

$C = A + B$

(b) 电路符号

$D = A + B + C$

图 7.15　两输入或门　　　　　　　图 7.16　三输入或门

7.3.4　布尔代数

由式(7.13)可以看出，虽然使用了加法符号(+)表示或运算，但逻辑变量间的与、或、非运算不同于普通代数。逻辑变量的数学理论被称为**布尔代数**，它是由数学家乔治·布尔(George Boole)提出的。

为了证明布尔代数中的关系式是否成立，可先列出包含变量的所有可能组合的真值表，再比较关系式两边的值是否相等。

例 7.11 用真值表法证明下列关系式成立。

$$(A + B) + C = A + (B + C)$$

解：首先列出如表 7.2 所示的真值表。从表中可以看出，在相同的输入下，$(A+B)+C$ 与 $A+(B+C)$ 具有相同的逻辑值。这样就可以去掉式中的圆括号，得

$$A + (B + C) = (A + B) + C = A + B + C$$

表 7.2 式(7.8)的或门结合律的真值表证明

A	B	C	(A+B)	(B+C)	A+(B+C)	(A+B)+C	A+B+C
0	0	0	0	0	0	0	0
0	0	1	0	1	1	1	1
0	1	0	1	1	1	1	1
0	1	1	1	1	1	1	1
1	0	0	1	0	1	1	1
1	0	1	1	1	1	1	1
1	1	0	1	1	1	1	1
1	1	1	1	1	1	1	1

练习 7.9 用真值表法证明式(7.5)和式(7.9)。

答案：见表 7.3 和表 7.4。

表 7.3 式(7.5)的与门结合律的真值表证明

A	B	C	(AB)	(BC)	(AB)C	A(BC)
0	0	0	0	0	0	0
0	0	1	0	0	0	0
0	1	0	0	0	0	0
0	1	1	0	1	0	0
1	0	0	0	0	0	0
1	0	1	0	0	0	0
1	1	0	1	0	0	0
1	1	1	1	1	1	1

表 7.4 式(7.9)的真值表证明

A	B	C	(B+C)	AB	AC	AB+AC	A(B+C)
0	0	0	0	0	0	0	0
0	0	1	1	0	0	0	0
0	1	0	1	0	0	0	0
0	1	1	1	0	0	0	0
1	0	0	0	0	0	0	0
1	0	1	1	0	1	1	1
1	1	0	1	1	0	1	1
1	1	1	1	1	1	1	1

练习 7.10 列出逻辑关系式 $D = AB + C$ 的真值表。

答案：见表 7.5。

表 7.5　$D = AB + C$ 的真值表

A	B	C	AB	$D = AB + C$
0	0	0	0	0
0	0	1	0	1
0	1	0	0	0
0	1	1	0	1
1	0	0	0	0
1	0	1	0	1
1	1	0	1	1
1	1	1	1	1

7.3.5　布尔代数式的实现

布尔代数式通过与门、或门和非门的组合连接来实现。

布尔代数式通过与门、或门和非门的组合连接来实现。例如，逻辑表达式

$$F = A\overline{B}C + ABC + (C + D)(\overline{D} + E) \tag{7.14}$$

可由图 7.17 的逻辑电路实现。

$$F = A\overline{B}C + ABC + C\overline{D} + CE + D\overline{D} + DE \tag{7.15}$$

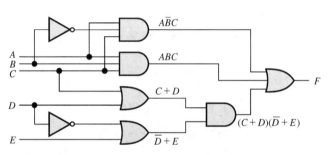

图 7.17　实现式 (7.14) 的逻辑电路

通常我们可以对逻辑表达式进行化简，例如，式 (7.14) 右边的最后一项可以展开得
由于 $D\overline{D}$ 始终为 0，故可从式中去掉。再将式 (7.15) 右边的第一项、第二项合并得到

$$F = AC(\overline{B} + B) + C\overline{D} + CE + DE \tag{7.16}$$

又由于 $\overline{B} + B$ 恒等于 1，故得到

$$F = AC + C\overline{D} + CE + DE \tag{7.17}$$

将式 (7.17) 右边的前三项合并得到

$$F = C(A + \overline{D} + E) + DE \tag{7.18}$$

式 (7.18) 可由图 7.18 的逻辑电路实现。

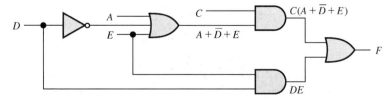

图 7.18　实现式 (7.14) 的更简单的逻辑电路

> 实现给定逻辑函数的逻辑电路可以有多种。

通常，实现给定逻辑函数的逻辑电路可以有多种。下面将介绍用最少的给定类型的门电路实现逻辑函数的方法。

7.3.6 德·摩根定律

德·摩根(De Morgan)定律是布尔代数中的两个重要结论，即

$$AB = \overline{\overline{A} + \overline{B}} \tag{7.19}$$

和

$$A + B = \overline{\overline{A}\,\overline{B}} \tag{7.20}$$

德·摩根定律可扩展为三变量的表达式，例如

$$ABC = \overline{\overline{A} + \overline{B} + \overline{C}}, \qquad A + B + C = \overline{\overline{A}\,\overline{B}\,\overline{C}}$$

德·摩根定律的另一种表述为：将逻辑表达式中的每个变量用"非"变量代替，将式中的"与"运算和"或"运算互换，并将整个表达式取反，得到的逻辑表达式与原来的表达式等价。

因此，德·摩根定律可用于将表达式中的与运算改变为或运算，反之也成立。通过改变运算方式的组合结构，也就获得了各种等效的表达式。

例 7.12　德·摩根定律的应用

应用德·摩根定律，将以下等式右边的逻辑表达式中所有的或运算变成与运算，将所有的与运算变成或运算：

$$D = AC + \overline{B}C + \overline{A}(\overline{B} + BC)$$

解： 首先，将等式右边中的每个变量用它的"非"代替，得到

$$\overline{A}\,\overline{C} + B\overline{C} + A(B + \overline{B}\,\overline{C})$$

然后将"与"运算与"或"运算互换得到

$$(\overline{A} + \overline{C})(B + \overline{C})[A + B(\overline{B} + \overline{C})]$$

最后将整个表达式取反，得

$$D = \overline{(\overline{A} + \overline{C})(B + \overline{C})[A + B(\overline{B} + \overline{C})]}$$

可见，德·摩根定律实现了用另一种方式描述同样的逻辑表达式。

练习 7.11　用德·摩根定律求下列各式的另一表达式：

$$D = AB + \overline{B}C$$

和

$$E = \overline{[F(G + \overline{H}) + F\overline{G}]}$$

答案：

$$D = \overline{(\overline{A} + \overline{B})(B + \overline{C})}$$
$$E = (\overline{F} + \overline{G}H)(\overline{F} + G)$$

> 任何逻辑函数均能由与门和非门的组合连接来实现。

德·摩根定律表明，任何逻辑函数均能由与门和非门的组合连接来实现。显然，定律的第二个等式即式(7.20)，实现了用与运算和非运算代替或运算。

任何逻辑函数均能由或门和非门的组合连接来实现。

类似地，任何逻辑函数均能由或门和非门的组合连接来实现。显然，定律的第一个等式即式 (7.19)，实现了用或运算(和非运算一起)代替与运算。这样，实现逻辑函数只需要非门和与门相组合，或者非门和或门相组合，不需要同时使用与门和或门。

7.3.7　与非门、或非门和异或门

图 7.19 给出了其他几个逻辑门。与非门等价于一个与门同一个非门相串联。注意：在符号上，与非门仅是在与门的输出端加上了一个小圆圈，以表示在"与"运算后进行了取反。类似地，或非门等价于一个或门同一个非门相串联。

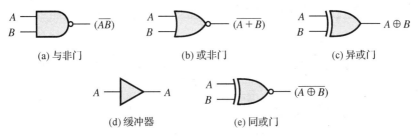

(a) 与非门　　　　　　　(b) 或非门　　　　　　　(c) 异或门

(d) 缓冲器　　　　　　　(e) 同或门

图 7.19　其他逻辑门的电路符号

$A \oplus B$ 表示两个逻辑变量 A 和 B 的异或运算，且有如下定义：

$$0 \oplus 0 = 0$$
$$1 \oplus 0 = 1$$
$$0 \oplus 1 = 1$$
$$1 \oplus 1 = 0$$

注意，仅当 $A = 1$ 或 $B = 1$ 时，$A \oplus B = 1$；A，B 同时为 1 时，$A \oplus B = 0$。异或运算也被称为**模 2 加法**。

缓冲器只有一个输入端和一个输出端，输出端产生与输入端相同的值。在逻辑信号带有低阻抗负载时，常使用缓冲器来提供大电流。

同或门在两个输入变量相同时，输出一个高电平。实际上同或门是由异或门加上一个非门构成的，电路符号如图 7.19(e) 所示。

7.3.8　电路的与非门和或非门实现

显然，通过组合几个不同的门电路，可以实现相同的逻辑函数。例如，将与非门的两个输入端连接起来就得到了一个非门，即

$$\overline{(AA)} = \overline{A}$$

如图 7.20(a) 所示。

此外，由德·摩根定律可得，或运算等效于将两个输入变量取反后再加到与非门的两个输入端，如图 7.20(b) 所示；与运算等效于与非门后加上一个非门。这样，基本的逻辑函数(与、或、非)均可由与非门实现。因此，可以得出结论：由与非门可以实现任意的组合逻辑函数。

任何逻辑函数均能由与非门的组合连接来实现。

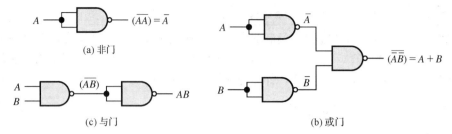

图 7.20　由与非门表示的基本布尔运算，因此，任意逻辑函数均可由与非门唯一表示

练习 7.12　怎样仅由或非门分别实现与、或、非函数？

任何逻辑函数均能由或非门的组合连接来实现。

答案：见图 7.21。

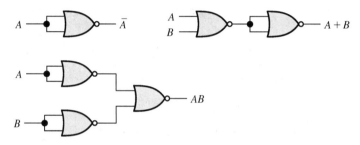

图 7.21　由或非门表示的基本布尔运算，因此，任意逻辑函数均可由或非门唯一表示

7.4　逻辑电路的综合

本节中将介绍根据已知的输入与输出逻辑关系来设计逻辑电路的方法。通常情况下，逻辑电路的初始说明是通过自然语言描述的，通过将自然语言翻译为真值表或者布尔逻辑表达式，可以求得实际的逻辑电路。

7.4.1　与或式(SOP)的电路实现

如表 7.6 所示，A、B 和 C 为输入逻辑变量，D 为要求的输出。注意，这里的每一行是按照与 ABC 所表示的二进制数对应的十进制数顺序编号的。

为了求得产生输出变量 D 的逻辑电路，须先获得 D 的逻辑表达式。一种方法是集合真值表中所有 D 为 1 的行，写出 D 的逻辑表达式。首先在表 7.6 的真值表中选出 D 为 1 的行，即第 0 行、第 2 行、第 6 行和第 7 行。然后，写出这些行的输入逻辑变量的逻辑乘(即与逻辑项，简称与项)，注意：将输入逻辑变量为 0 的取其反变量，使该与项为 1，而每一项与项中应包含所有的输入变量。例如，对于第 0 行、第 2 行、第 6 行和第 7 行，与项分别为 $\overline{A}\,\overline{B}\,\overline{C}$、$\overline{A}B\overline{C}$、$AB\overline{C}$ 和 ABC，并且值均为 1。上述包含所有输入变量(或其反变量)的与项被称为**最小项**。

将所有最小项相或(即逻辑加)就得到输出变量的逻辑表达式。对于表 7.6，有

$$D = \overline{A}\,\overline{B}\,\overline{C} + \overline{A}B\overline{C} + AB\overline{C} + ABC \tag{7.21}$$

这样的表达式被称为**与或式**(SOP)。可知，根据给定的真值表，总能找到此逻辑函数的 SOP 表达式。由式(7.21)可直接得到如图 7.22 所示的逻辑电路。

表 7.6　用于说明 SOP 和 POS 表达式的真值表

行	A	B	C	D
0	0	0	0	1
1	0	0	1	0
2	0	1	0	1
3	0	1	1	0
4	1	0	0	0
5	1	0	1	0
6	1	1	0	1
7	1	1	1	1

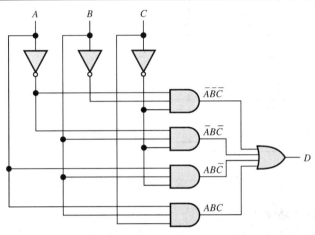

图 7.22　表 7.6 的 SOP 表达式的电路实现

> 　　在 SOP 表达式中，每个与项是真值表中输出值为 1 的行对应的输入原（或者反）变量的逻辑乘（与项），而输出是以上所有与项之和。

　　SOP 的简写法是列出真值表中所有输出值为逻辑 1 的行号。这样，式（7.21）可记为

$$D = \sum m(0, 2, 6, 7)$$

(7.22)

其中，m 表示所列举行对应的最小项。

7.4.2　或与式（POS）的电路实现

　　求输出函数 D 的逻辑表达式的另一种方法，是集合真值表中所有 D 为 0 的行。首先在真值表 7.6 中选出 D 为 0 的行，即第 1 行、第 3 行、第 4 行和第 5 行。然后，写出这些行的输入逻辑变量的逻辑加（即或项），注意将输入逻辑变量为 1 的取其反变量，使该或项值为 0。每一项或项中应包含所有的输入变量。例如：对于第 1 行、第 3 行、第 4 行和第 5 行，或项分别为 $(A+B+\overline{C})$、$(A+\overline{B}+\overline{C})$、$(\overline{A}+B+C)$ 和 $(\overline{A}+B+\overline{C})$，且各项的值均为 0。上述包含所有输入变量（或其反变量）的或项被称为**最大项**。

　　将所有最大项相与就得到输出函数的逻辑表达式。对于表 7.6，有

$$D = (A + B + \overline{C})(A + \overline{B} + \overline{C})(\overline{A} + B + C)(\overline{A} + B + \overline{C})$$

(7.23)

这样的表达式被称为**或与式（POS）**。由上述内容可知，根据给定的真值表，总能找到一个逻辑电路输出函数的 POS 表达式。由式（7.23）可直接得到如图 7.23 所示的逻辑电路。

在 POS 表达式中，每个或项是真值表中输出值为 0 的行对应的输入原(或者反)变量的逻辑加(或项)，而输出是以上所有或项之乘积。

POS 的简写法是列出真值表中所有输出值为逻辑 0 的行号。这样，式(7.23)可记为

$$D = \prod M(1, 3, 4, 5) \tag{7.24}$$

其中，M 表示所列举行对应的最大项。

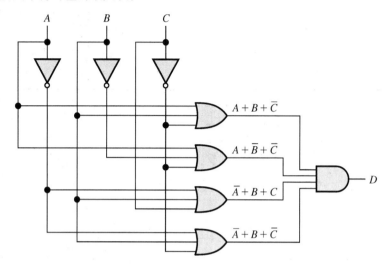

图 7.23　表 7.6 的 POS 表达式的电路实现

例 7.13　组合逻辑电路设计

一种家庭供暖系统的控制逻辑为：在白天温度低于 68°F 和晚上温度低于 62°F 时，供暖系统开始工作。设有 D、H 和 L 三个逻辑信号，$D = 1$ 表示白天，$H = 1$ 表示温度高于 68°F，$L = 1$ 表示温度高于 62°F。设计一个逻辑电路使得输出信号 F 仅在供暖系统工作时为 1。

输入变量的有些组合不会出现的，相对应的输出值被称为无关项。

解： 首先，将系统的控制逻辑描述翻译为真值表，如图 7.24(a)所示。真值表中列出了所有输入变量的组合，其中组合 $DHL = 010$ 和 110 是不可能出现的，因为温度不可能同时既低于 62°F ($L = 0$) 又高于 68°F ($H = 1$)。与这些不可能出现的组合相对应的输出以×表示，对应的组合项被称为**无关项**，因为在这些输入组合下的输出是不被关心的。

如前所述，要获得输出逻辑函数的表达式，可根据真值表写出所有输出值为 1 的行的最小项之和。由图 7.24(a)的真值表可得到

$$F = \overline{DHL} + D\overline{HL} + D\overline{H}L \tag{7.25}$$

式中，右边第一项 $\overline{DHL}$ 仅在真值表的第 0 行时为 1，第二项 $D\overline{HL}$ 仅在真值表的第 4 行时为 1，第三项 $D\overline{H}L$ 仅在真值表的第 5 行时为 1。式(7.25)可简写为

$$F = \sum m(0, 4, 5) \tag{7.26}$$

注意：在式(7.25)和式(7.26)中，无关项取 0。

式(7.25)可化简为

$$F = D\overline{H} + \overline{D}\,\overline{H}\,\overline{L}$$

对应的逻辑电路图如图 7.24(b)所示。

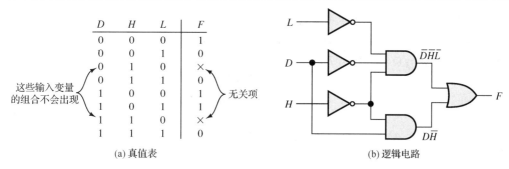

(a) 真值表   (b) 逻辑电路

图 7.24 例 7.10 的真值表和电路

另一种求解输出逻辑函数的表达式的方法是，根据真值表写出所有输出值为 0 的行的最大项之积。由图 7.24(a) 的真值表可得到

$$F = (D + H + \overline{L})(D + \overline{H} + \overline{L})(\overline{D} + \overline{H} + \overline{L}) \tag{7.27}$$

式中，右边第一项 $(D+H+\overline{L})$ 仅在真值表的第 1 行为 0，第二项 $(D+\overline{H}+\overline{L})$ 仅在真值表的第 3 行为 0，最后一项 $(\overline{D}+\overline{H}+\overline{L})$ 仅在真值表的第 7 行为 0。式 (7.27) 可简写为

$$F = \prod M(1, 3, 7) \tag{7.28}$$

注意，在式 (7.27) 和式 (7.28) 中，无关项取 1。由于无关项的取值不同，故式 (7.25) 与式 (7.27) 中变量 F 的表达式是不相等的。

练习 7.13 用两种方法以与门、或门和非门实现异或运算。

答案：见图 7.25。

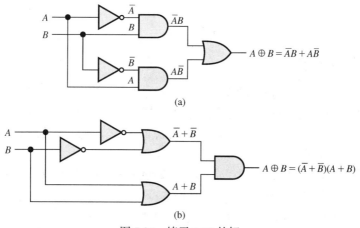

(a)

(b)

图 7.25 练习 7.13 的解

练习 7.14 有一则儿童趣味题：一个农夫带着一袋黑面包、一只鹅和一只狗去旅行。在旅行途中有一条河，农夫需要坐船从河的东岸到河的西岸。河边有一只小船，小船的空间只能容下农夫和他所带的一个物品。如果农夫不在，鹅会吃掉黑面包或者狗会吃掉鹅。

我们可以设计一个逻辑电路对这则趣味题描述的情况进行仿真。设有四个开关，分别对应于农夫、黑面包、鹅和狗这四个对象，开关的两个状态分别表示各对象的位置是在东岸还是西岸。规定每次最多有两个开关动作，并且对应农夫的开关每次必须动作（因为需要农夫划船）。假设对应于农夫的开关的逻辑变量为 F，$F=1$ 表示农夫在东岸，$F=0$ 表示在西岸。类似地，对应于鹅、狗和黑面包的开关的逻辑变量分别为 G、D 和 R。

设逻辑变量 A 表示报警, 在黑面包或者鹅可能被吃掉的情况下 $A=1$。请使用与或式(最小项之和)和或与式(最大项之积)两种方法求出 A 的逻辑表达式。

答案: 首先列出真值表, 如表 7.7 所示。得到的布尔表达式为

$$A = \sum m(3, 6, 7, 8, 9, 12) = \overline{F}\,\overline{D}GR + \overline{F}DG\overline{R} + \overline{F}DGR$$
$$+ F\overline{D}\,\overline{G}\,\overline{R} + F\overline{D}\,\overline{G}R + FD\overline{G}\,\overline{R}$$

和

$$A = \prod M(0, 1, 2, 4, 5, 10, 11, 13, 14, 15)$$

表 7.7   练习 7.14 的真值表

F	D	G	R	A
0	0	0	0	0
0	0	0	1	0
0	0	1	0	0
0	0	1	1	1
0	1	0	0	0
0	1	0	1	0
0	1	1	0	1
0	1	1	1	1
1	0	0	0	1
1	0	0	1	1
1	0	1	0	0
1	0	1	1	0
1	1	0	0	1
1	1	0	1	0
1	1	1	0	0
1	1	1	1	0

7.4.3   编码器和译码器

许多有用的组合电路如**编码器**和**译码器**均可由集成电路实现。下面我们举两个例子, 在计算器或手表中使用 BCD 码表示需要显示的信息, 其中, 0000 表示 0, 0001 表示 1, 0010 表示 2, 0011 表示 3, 等等。一个 4 位字共有 16 种不同的组合形式, 而在 BCD 码中只使用了 10 种, 代码如 1010 和 1011 等在 BCD 码中是没有意义的。

计算器的显示部分由 7 条液晶显示段组成, 如图 7.26(a) 所示, 数字 0 到 9 的显示情况如图 7.26(b) 所示。因此, 需要一个译码器将 4 位 BCD 码字转换为表示 *ABCDEFG* 的七位字, $A=1$ 指明 A 表示的液晶段点亮, $B=1$ 指明 B 表示的液晶段点亮, 等等。这样, 在显示零时, 0000 被转换为 1111110。类似地, 0001 被转换为 0110000, 0010 被转换为 1101101。显然, BCD-七段译码器具有 4 个输入和 7 个输出变量。

(a) 7 条液晶显示段　　　(b) 数字 0~9 的显示设计
例如: *字符表示"1"的 B 段和 C 段是点亮的

图 7.26   七段数码显示器

另一个例子是 3 线-8 线译码器，它具有 3 个输入和 8 个输出变量。在 3 线-8 线译码器中，3 位输入字选择一条输出线，使该输出为逻辑 1。真值表和逻辑电路如图 7.27 所示。

C	B	A	Y_0	Y_1	Y_2	Y_3	Y_4	Y_5	Y_6	Y_7
0	0	0	1	0	0	0	0	0	0	0
0	0	1	0	1	0	0	0	0	0	0
0	1	0	0	0	1	0	0	0	0	0
0	1	1	0	0	0	1	0	0	0	0
1	0	0	0	0	0	0	1	0	0	0
1	0	1	0	0	0	0	0	1	0	0
1	1	0	0	0	0	0	0	0	1	0
1	1	1	0	0	0	0	0	0	0	1

(a) 真值表

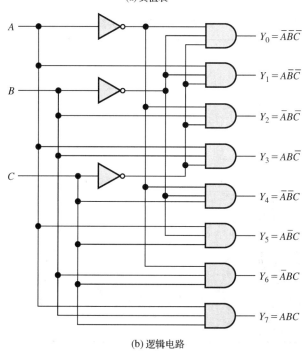

(b) 逻辑电路

图 7.27 3 线-8 线译码器

译码器可用于二进制数与 BCD 码之间的转换、比较两个数的大小、对二进制数或 BCD 码表示的数进行代数运算以及其他相关的功能。

7.5 逻辑电路的化简

采用最小项之和或者最大项之积可表示逻辑函数，但是无法实现用最少的门来实现逻辑电路。

虽然逻辑函数可以很容易地表示为最小项之和或者最大项之积，但是，这样直接得到的逻辑电路往往不是最简的，即使用的门电路数并不是最少的。例如，对于逻辑表达式

$$F = \overline{A}\,\overline{B}D + \overline{A}BD + BCD + ABC \tag{7.29}$$

如果由该式直接实现逻辑电路，则需要 2 个非门、4 个与门和一个或门。

合并式 (7.29) 右边部分前两项，得

$$F = \overline{A}D(\overline{B} + B) + BCD + ABC$$

而 $\overline{B}+B=1$，于是得

$$F = \overline{A}D + BCD + ABC$$

显然，仅在 $B=1$、$C=1$、$D=1$ 时，$BCD=1$。于是有 $\overline{A}D=1$ 或者 $ABC=1$，这是因为要么 $\overline{A}=1$，要么 $A=1$。因此 BCD 项是多余的，去掉该项后得到

$$F = \overline{A}D + ABC \tag{7.30}$$

实现该式的逻辑的电路仅含一个非门、两个与门和一个或门。

　　练习 7.15 试设计一个真值表，验证式(7.29)和式(7.30)是等价的。

　　答案： 见表 7.8。

表 7.8　练习 7.15 的解

A	B	C	D	F
0	0	0	0	0
0	0	0	1	1
0	0	1	0	0
0	0	1	1	1
0	1	0	0	0
0	1	0	1	1
0	1	1	0	0
0	1	1	1	1
1	0	0	0	0
1	0	0	1	0
1	0	1	0	0
1	0	1	1	0
1	1	0	0	0
1	1	0	1	0
1	1	1	0	1
1	1	1	1	1

7.5.1　卡诺图

　　如前所述，逻辑表达式可以通过代数方法来化简，但是，用于化简的布尔代数规则较多，不易灵活掌握。图形化简法提供了一种简单直观的方法，可用于逻辑函数的化简，该方法可以被看作真值表的图形化表示，通常也被称为**卡诺图**(Karnaugh map)。

> 卡诺图是一种由多个方格构成的矩形阵列，每个方格代表逻辑函数的一个最小项。

　　卡诺图是一种由多个方格构成的矩形阵列，每个方格代表逻辑函数的一个最小项，对应真值表中的一行。两变量、三变量和四变量的卡诺图如图 7.28 所示。两变量卡诺图由 4 个方格组成，每个方格对应一个最小项。类似地，三变量卡诺图有 8 个方格，四变量卡诺图有 16 个方格。

　　图 7.28 给出了每个方格对应的最小项。例如，在三变量卡诺图中，最右上方的方格对应的最小项为 $\overline{A}B\overline{C}$。与真值表各行对应的位组合分别标在图的左边和上边，例如，在四变量卡诺图中，与真值表中 $ABCD$ 为 1101 的行相对应的是图中第 3 行、第 2 列的方格，第 3 行左边标为 11，第 2 列上边标为 01。这样，我们可以很容易地找到与任一最小项或真值表中任一行对应的方格。

在四变量卡诺图的上方，位组合不是按照自然二进制数的顺序排列的，而是按照两位格雷码的顺序排列的，即 00，01，11，10。这样，任何两个相邻小方格之间只有一个变量不同，从而使相邻的最小项集合在一起，例如，包含 A(不是 $\overline{A}$)的最小项在卡诺图的下半部分。在四变量卡诺图中，包含 B 的最小项在卡诺图的中间两行，包含 AB 的最小项在图中的第三行，等等。将相邻最小项集合在一起是化简逻辑电路的关键。

练习 7.16　a. 写出图 7.28(c)中右上角的方格对应的最小项；b. 写出图 7.28(c)中左下角的方格对应的最小项。

解：a. $\overline{A}\,\overline{B}C\overline{D}$；b. $A\overline{B}\,\overline{C}\,\overline{D}$。

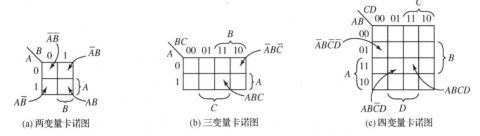

(a) 两变量卡诺图　　(b) 三变量卡诺图　　(c) 四变量卡诺图

图 7.28　可表示各方格对应的最小项的卡诺图

卡洛图中的上边与下边、左边与右边被看作相邻。

具体一个共同边的两个方格的矩形框被称为 **2 矩形框**。类似地，具有共同边的包含四个方格的矩形框被称为 **4 矩形框**。在选定矩形框时，图的上边与下边、左边与右边被看作相邻。这样，右边的方格与左边的方格相邻，上边的方格与下边的方格相邻，因此，在卡诺图的四个角上的四个方格形成一个 4 矩形框。图 7.29 给出了卡诺图中的几种矩形框。

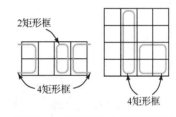

图 7.29　卡诺图中的几种矩形框

矩形框可以表示为原变量或者反变量的逻辑乘。

为了得到逻辑函数的卡诺图，我们在使该函数取 1 的方格中标记 1。将标有 1 的方格归入矩形框中。图 7.30 给出了一些两变量与项的图。

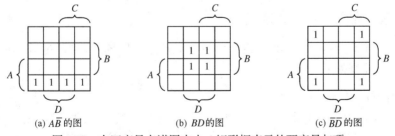

(a) $A\overline{B}$ 的图　　(b) BD 的图　　(c) $\overline{B}\overline{D}$ 的图

图 7.30　在四变量卡诺图中由 4 矩形框表示的两变量与项

在一个由 16 个方格组成的四变量卡诺图中，单个逻辑变量或者其反变量的图为一个 8 矩形框，一个两变量与项(例如 AB 或者 $A\overline{B}$)的图为一个 4 矩形框，一个三变量与项的图为一个 2 矩形框。逻辑函数

$$F = \overline{A}\,\overline{B}\,\overline{C}D + \overline{A}\,\overline{B}CD + \overline{A}B\overline{C}D + \overline{A}BCD + AB\overline{C}\overline{D} + ABCD \tag{7.31}$$

> 在卡诺图中用最小或者最大的矩形框把逻辑函数为 1 的方格圈起来,就得到了逻辑表达式的最简与或式(SOP)表达式。

的卡诺图如图 7.31 所示。图中的 4 矩形框对应于与项 $\overline{A}D$,2 矩形框对应于与项 ABC,这些矩形框均是由标为 1 的方格组成的最大矩形框。于是,可得到 F 的最简 SOP 表达式为

$$F = \overline{A}D + ABC \tag{7.32}$$

观察卡诺图中能涵盖 1 方格的最大矩形框,即可方便地化简逻辑函数。

例 7.14 逻辑函数的最简 SOP 表达式

一个逻辑电路有 A、B、C 和 D 四个输入变量,其输出变量为

$$E = \sum m(1, 3, 4, 5, 7, 10, 12, 13)$$

求 E 的最简 SOP 表达式。

解: 首先画出卡诺图。由于有 4 个输入变量,因此卡诺图由 16 个方格组成,如图 7.32 所示。将输出函数表达式中的最小项行号转换为二进制数,得到:0001,0011,0100,0101,0111,1010,1100,1101。每一个二进制数对应于图中的一个方格,例如,1101 对应于图中第 3 行、第 2 列的方格,0011 对应于图中第 1 行、第 3 列的方格,等等。将每个最小项行号对应的方格标为 1,如图 7.32 所示。

然后,确定图中涵盖 1 方格的最大尺寸的矩形框,且使这样的矩形框数量最少,所得结果即逻辑函数的最简形式。为了将所有标为 1 的方格包含到矩形框中,需要两个 4 矩形框和一个 1 矩形框(即由一个单独的方格构成的矩形框),如图 7.32 所示。最后,得到该函数的最简 SOP 表达式为

$$E = \overline{A}D + B\overline{C} + A\overline{B}C\overline{D}$$

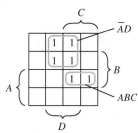

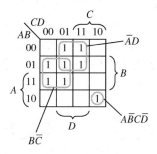

图 7.31　式(7.31)的卡诺图,化简后得到 $F = \overline{A}D + ABC$　　　图 7.32　例 7.14 的卡诺图

7.5.2 如何获得最简 POS 表达式

到目前为止,我们已探讨了如何获得最简 SOP 表达式。其实,参照此过程也可获得最简或与式(POS)表达式,步骤如下:

1. 对输出函数绘制卡诺图。
2. 对卡诺图的输出值进行取反运算,即逻辑 1 变为 0,逻辑 0 变为 1。
3. 尽量用最大的矩形框去涵盖取反之后的方格,并写出对应于输出反函数的 SOP 表达式。
4. 应用德·摩根定律,将 SOP 转换为 POS 即可。

举例如下:

例 7.15 逻辑函数的最简 POS 表达式

求例 7.14 的逻辑函数 E 的最简 POS 表达式。

解： 如图 7.32 所示为函数 E 的卡诺图，将所有输出值从 1 变为 0（空白格），0 变为 1，则获得了函数 $\overline{E}$ 的卡诺图。结果如图 7.33 所示。

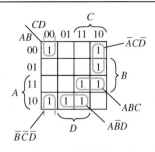

图 7.33 例 7.15 的卡诺图（此图即对图7.32的卡诺图进行取反运算）

现在，用最少量的最大矩形框涵盖输出为 1 的方格。显然，图 7.33 中没有 8 矩形框或 4 矩形框。观察总计有 8 个为 1 的方格，最好的办法是使用 4 或 2 矩形框。其中一种方法如图中所示，即

$$\overline{E} = ABC + A\overline{B}D + \overline{A}C\overline{D} + \overline{B}\,\overline{C}\,\overline{D}$$

应用德·摩根定律来获得的 POS 表达式如下：

$$E = (\overline{A} + \overline{B} + \overline{C})(\overline{A} + B + \overline{D})(A + \overline{C} + D)(B + C + D)$$

如果选择如图 7.33 中不同矩形框的组合，则可以获得另一种正确的表达式：

$$\overline{E} = A\overline{B}\,\overline{C} + \overline{A}\,\overline{B}\,\overline{D} + ACD + BC\overline{D}$$

则应用德·摩根定律获得的 POS 表达式如下：

$$E = (\overline{A} + B + C)(A + B + D)(\overline{A} + \overline{C} + \overline{D})(\overline{B} + \overline{C} + D)$$

练习 7.17 构造下列逻辑函数的卡诺图并求出其最简 SOP 表达式：

a. $Z = \overline{W}\,\overline{X}Y + \overline{W}X\overline{Y} + W\overline{X}Y + WXY$

b. $D = \overline{A}\,\overline{B}\,\overline{C} + A\overline{B}\,\overline{C} + \overline{A}B\overline{C} + A\overline{B}C + \overline{A}BC$

c. $E = \overline{A}BC\overline{D} + AB\overline{C}\,\overline{D} + AB\overline{C}D + ABC\overline{D}$

答案： 见图 7.34。

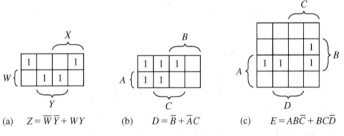

(a) $Z = \overline{W}\,\overline{Y} + WY$ (b) $D = \overline{B} + \overline{A}C$ (c) $E = AB\overline{C} + BC\overline{D}$

图 7.34 练习 7.17 的解

练习 7.18 构造练习 7.17 的逻辑函数的卡诺图，并求出其最简 POS 表达式。

答案： 见图 7.35。

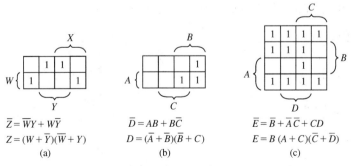

$\overline{Z} = \overline{W}Y + W\overline{Y}$ $\overline{D} = AB + B\overline{C}$ $\overline{E} = \overline{B} + \overline{A}\,\overline{C} + CD$

$Z = (W + \overline{Y})(\overline{W} + Y)$ $D = (\overline{A} + \overline{B})(\overline{B} + C)$ $E = B(A + C)(\overline{C} + \overline{D})$

(a)   (b)   (c)

图 7.35 练习 7.18 的答案

7.6　时序逻辑电路

到目前为止，我们研究的数字电路都是组合逻辑电路，即电路在某一时刻的输出完全取决于该时刻的输入，如门电路、编码器和译码器。在本节中将介绍**时序逻辑电路**，这种电路在某一时刻的输出不仅取决于该时刻的输入，而且还取决于该时刻以前的输入。我们称这种电路是有记忆的，因为它们"记住"了过去时刻的输入值。

时序电路由周期性逻辑 1 脉冲组成的**时钟信号**来同步驱动，如图 7.36 所示。由于时钟信号控制电路对新的输入值的响应，因此，电路将按照时钟信号确定的时序运行。由同一个时钟信号控制的时序电路被称为**同步时序电路**。

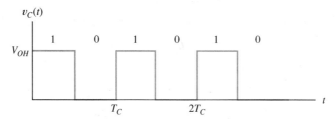

图 7.36　由周期性逻辑 1 脉冲组成的时钟信号

7.6.1　触发器

触发器是时序电路的一个基本组成单元。触发器有两个稳定状态，因此它能存储一位信息。根据时钟信号和输入信号控制方式的不同，还有很多不同类型和功能的触发器。下面将简单地介绍其中的几种。

一个简单的触发器由两个非门构成，如图 7.37 所示，分别将一个非门的输出端与另一个非门的输入端相连即可得到该触发器。这个电路有两个稳定状态。一方面，当上方触发器的输出 Q 为高电平时，下方触发器的输出则为低电平。因此，将下方触发器的输出记为 $\bar{Q}$。注意：由非门的逻辑函数可知，Q 为高电平和 $\bar{Q}$ 为低电平的状态将一直被保持，即这个电路能够保持这种状态。另一方面，这个电路也能够保持 Q 为低电平和 $\bar{Q}$ 为高电平的状态。

SR 触发器　由于图 7.37 的简单触发器无法控制，其输出状态不能确定，因此这种电路没有实际应用价值。一种有用的电路是置位-复位触发器(SR 触发器)，它由两个或非门组成，如图 7.38 所示。当输入端 S 和 R 均为低电平时，或非门等效为非门，输出为其余输入信号的"非"。因此，当 S 和 R 均为低电平时，SR 触发器等效为图 7.37 的两非门电路。

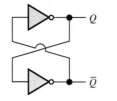

图 7.37　简单触发器的电路

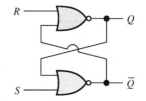

图 7.38　由两个或非门交叉连接实现的 SR 触发器

如果 S 为高电平，R 为低电平，则 $\bar{Q}$ 为低电平，Q 为高电平。当 S 变为低电平时，触发器输出仍然保持为高电平不变，称为**置位状态**。如果 S 为低电平，R 为高电平，则 $\bar{Q}$ 为高电平，Q

为低电平。当 R 变为低电平时，触发器输出保持为低电平不变，称为**复位状态**。在通常条件下，S 和 R 同时为高电平是不允许的。这里，当 S 和 R 均为低电平时，认为 SR 触发器具有记忆功能，保持最近的当 S 或 R 为高电平时的输出状态不变。

我们通过对变量加下标来表示状态的时序。例如，触发器的输出状态 Q_{n-1} 发生在 Q_n 之前，而 Q_n 又在 Q_{n+1} 之前，等等。SR 触发器的真值表如图 7.39(a) 所示。在真值表中的第一行，当 S 和 R 均为逻辑 0 时，输出保持先前的状态（$Q_n = Q_{n-1}$）。SR 触发器的电路符号如图 7.39(b) 所示。

(a) 真值表　　　　　　　　(b) 电路符号

图 7.39　SR 触发器的真值表和电路符号

SR 触发器用于开关的消抖　SR 触发器的一个应用就是开关的消抖，如图 7.40(a) 所示的单刀双掷开关。当开关从 A 端拨到 B 端时，将产生如图 7.40(b) 所示的电压波形。首先，开关处在 A 端，V_A 为高电平。然后，开关断开，V_A 降为零。接着，开关拨到 B 端，V_B 变为高电平。由于开关拨到 B 端时会产生机械抖动，因此 V_B 将由高电平降为零，再升为高电平，如此反复几次后 V_B 才稳定为高电平。同样，当开关由 B 端拨到 A 端时也会发生抖动。

开关转换时发生抖动将会引起一些麻烦。例如，计算机键盘即为一种开关，按下这种开关来选择相应的字母。在每次按一个键时，抖动将会引起计算机或者计算器连续输入几个字母。

SR 触发器能够消除这种接触抖动。如图 7.40(a) 所示，将开关的 A、B 端分别同触发器的 S、R 端相连。开关连接 A 端时，触发器处于置位状态，Q 为高电平。当开关从 A 端断开后，V_A 降为零，但触发器的状态将保持不变，直到 V_B 变为高电平。即使发生接触抖动，触发器将保持 Q 为低电平的复位状态。该触发器的输出波形 Q 和 $\overline{Q}$ 如图 7.40(b) 所示。

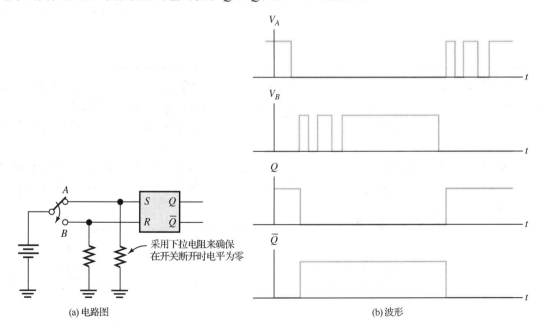

(a) 电路图　　　　　　　　　　　　　(b) 波形

图 7.40　SR 触发器用于开关的消抖

练习 7.19 SR 触发器的输入端波形如图 7.41 所示，画出输出 Q 的波形。

答案: 见图 7.42。

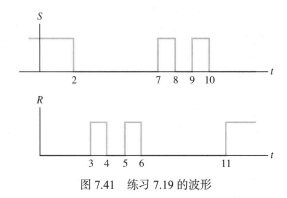

图 7.41　练习 7.19 的波形

练习 7.20 给出图 7.43 的电路的真值表。

答案: 见表 7.9。

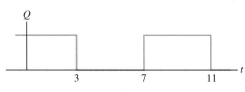

图 7.42　练习 7.19 的答案

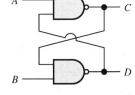

图 7.43　由与非门组成的触发器(见练习 7.20)

表 7.9　练习 7.20 的真值表

A	B	C_n	D_n
0	0	1	1
0	1	1	0
1	0	0	1
1	1	C_{n-1}	D_{n-1}

钟控 SR 触发器　我们对基本 SR 触发器的结构进行改进，就能够控制触发器状态改变的时刻。**钟控 SR 触发器**具有此功能，如图 7.44 所示。在 SR 触发器的两个输入端前分别加上一个与门。如果时钟信号 C 为低电平，则 SR 触发器的两个输入均为低，触发器的状态不变。只有当 C 为高电平时，信号 S 和 R 才能被传送到 SR 触发器的两个输入端。

钟控 SR 触发器的真值表和电路符号分别如图 7.44(b)、(c)所示。当 C 为高电平时，具有"**使能**"作用:使触发器接收输入信号;否则，当 C 为低电平时，具有"**禁止**"作用:禁止触发器输入信号。

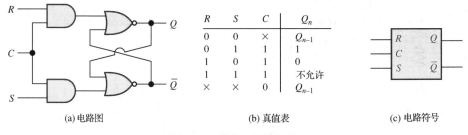

图 7.44　钟控 SR 触发器

在设计数字系统时，R、S 和 C 不能同时为高电平。如果三个信号均为高电平，则当 C 变为低电平时，触发器的状态可能为 $Q=1$ 或者 $Q=0$（或者在两种状态间摆动）。通常，我们不使用表现为不确定状态的系统。

有时，要求钟控 SR 触发器能独立于时钟信号，完成置位或清零的功能。图 7.45(a) 所示为具有此功能的触发器。如果**预置输入** Pr 为高电平，即使 C 为低电平，Q 也将输出高电平。类似地，**清零输入** Cl 能独立使 Q 变为低电平。Pr 和 Cl 被称为**异步输入信号**，因为其控制作用不受 C 的约束。另外，仅当 C 为高电平时，输入端 S 和 R 才能被使能，因此称输入 S 和 R 为**同步输入信号**。

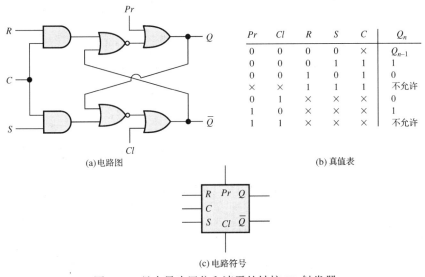

Pr	Cl	R	S	C	Q_n
0	0	0	0	×	Q_{n-1}
0	0	0	1	1	1
0	0	1	0	1	0
×	×	1	1	1	不允许
0	1	×	×	×	0
1	0	×	×	×	1
1	1	×	×	×	不允许

(a)电路图　　　　　　　　　　　　　　　(b)真值表

(c)电路符号

图 7.45　具有异步置位和清零的钟控 SR 触发器

边沿触发的 D 触发器　前面讲述的触发器由时钟信号 C 来"使能"或者"禁止"。这里，**边沿触发电路**仅在时钟信号跃变时刻才响应其输入信号。如果时钟信号不变，输入都被禁止，无论其为高电平还是低电平。**正边沿触发**电路在时钟信号从低电平到高电平的转换瞬间响应转换时刻之前的输入信号；相反，**负边沿触发**电路在时钟信号从高电平到低电平的转换瞬间响应转换时刻之前的输入信号。时钟信号的正边沿也被称为**上升沿**，负边沿也被称为**下降沿**。图 7.46 通过一个时钟信号波形来表示这些概念。

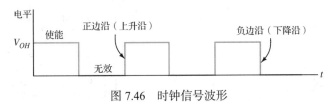

图 7.46　时钟信号波形

D 触发器是边沿触发电路的一个例子，也被称为**延迟触发器**，它的输出值取决于触发时钟转换时刻之前的输入值。边沿触发的 D 触发器的电路符号如图 7.47(a) 所示，在 C 输入端的尖角符表示触发器为边沿触发。正边沿触发的 D 触发器的真值表如图 7.47(b) 所示。注意：在真值表的时钟列中的符号 ↑ 表示时钟信号从低电平到高电平的转换时刻。

　练习 7.21　上升沿触发的 D 触发器的输入信号如图 7.48 所示，画出输出 Q 的波形图。（假定在 $t=2$ 之前 Q 为低。）

　答案：见图 7.49。

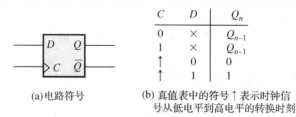

C	D	Q_n
0	×	Q_{n-1}
1	×	Q_{n-1}
↑	0	0
↑	1	1

(a)电路符号　　　　(b) 真值表中的符号 ↑ 表示时钟信
　　　　　　　　　　号从低电平到高电平的转换时刻

图 7.47　正边沿触发的 D 触发器

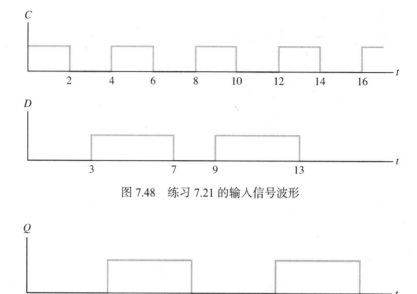

图 7.48　练习 7.21 的输入信号波形

图 7.49　练习 7.21 的解

JK 触发器　下降沿触发的 JK 触发器的电路符号和真值表如图 7.50 所示。它与 SR 触发器非常相似,不同的是,在输入 J、K 均为高电平时,其状态在下一个时钟的下降沿处改变,而且输出处于翻转状态,即在一次时钟转换时刻,输出由高电平变为低电平;在下一次时钟转换时刻,输出又由低电平回到高电平,如此反复翻转。

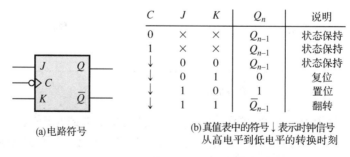

C	J	K	Q_n	说明
0	×	×	Q_{n-1}	状态保持
1	×	×	Q_{n-1}	状态保持
↓	0	0	Q_{n-1}	状态保持
↓	0	1	0	复位
↓	1	0	1	置位
↓	1	1	$\overline{Q_{n-1}}$	翻转

(a)电路符号　　　　(b)真值表中的符号 ↓ 表示时钟信号
　　　　　　　　　　从高电平到低电平的转换时刻

图 7.50　下降沿触发的 JK 触发器

7.6.2　串入并出移位寄存器

寄存器由一组触发器构成,用于存储或操作数字字的各个位。例如,将几个正边沿触发的

D 触发器按图 7.51 相连接，就可以得到一个串入并出移位寄存器。这种移位寄存器实现的功能是：在每个时钟脉冲的作用下将输入字移动一位。

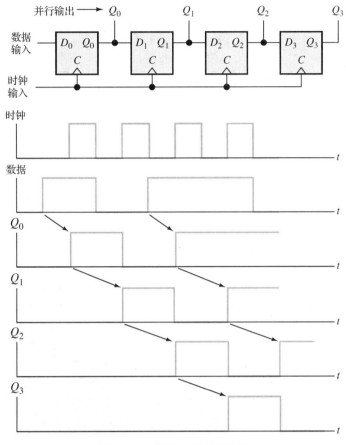

图 7.51　串入并出移位寄存器

图 7.51 的波形图说明了移位寄存器的运行方式。假设所有的触发器初始状态($t = 0$)为复位状态($Q_0 = Q_1 = Q_2 = Q_3 = 0$)。输入数据(按位依次)送至第一级的输入：在第一个时钟脉冲的上升沿时刻，第一个数据位被传送到第一级；在第二个时钟脉冲的上升沿时刻，第一个数据位被传送到第二级，而第二个数据位被传送到第一级。在经过 4 个时钟脉冲后，输入数据的 4 位被传送到整个移位寄存器。这样，串行的输入数据可以转换为并行的形式输出。

7.6.3　并入串出移位寄存器

有时，我们需要将并行的数据串行传输，图 7.52 表示一个并入串出移位寄存器。该寄存器由 4 个带异步预置和清零输入端的正边沿触发的 D 触发器组成。通过在清零输入端加一正脉冲使寄存器清零。(由于清零输入端是异步的，所以在寄存器清零时不需要时钟脉冲。)并行数据通过 A、B、C 和 D 这 4 个输入端输入。然后，在并行输入使能端(PE)加一正脉冲，使对应数据线为高电平的所有触发器输入数据。这样，4 个并行数据被加载到寄存器的各级中。最后，用时钟脉冲控制寄存器，从最后一级寄存器依次串行输出数据。

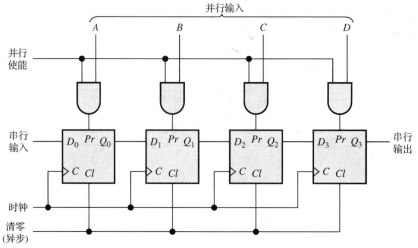

图 7.52　并入串出移位寄存器

7.6.4　计数器

　　计数器用于计算输入信号的脉冲数。例如，图 7.53 为脉冲计数器，它由多个 JK 触发器级联而构成。由图 7.50 说明，当 J、K 均为高电平时，触发器的输出 Q 在时钟下降沿处翻转。需要计数的输入脉冲信号与第一级触发器的时钟输入端相连，而第一级的输出端与第二级的时钟输入端相连。

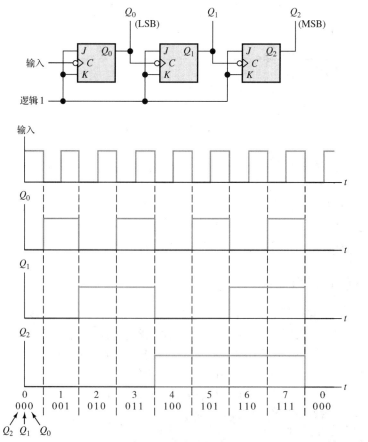

图 7.53　脉冲计数器

假设所有触发器的初始状态为清零状态($Q = 0$)。当第一个输入脉冲下降沿到来时，Q_0 变为逻辑 1。在第二个输入脉冲下降沿到来时，Q_0 翻转为 0。这时，Q_0 出现下降沿，导致 Q_0 变为 1。各计数器的输出波形如图 7.53 所示，在第 7 个脉冲后，计数器的输出 $Q_2Q_1Q_0 = 111$。在第 8 个脉冲后，计数器重新回到了 $Q_2Q_1Q_0 = 000$。因此，该计数器也被称为模 8 计数器。

实际应用 7.1　电子学在生物医学工程中的应用：心脏起搏器

在某些类型的心脏病中，刺激心脏跳动的生物信号被阻塞而不能到达心肌。当这种阻塞发生时，心肌自然以一个很低的频率跳动，虽然不会致人死亡，然而，由于心率太低，会导致病人不能进行正常的活动。这时，采用电子起搏器来强迫心脏以一个较高的频率跳动是非常有益的。

有时，自然起搏的阻塞不是持续性的，即在部分时间里心脏正常地跳动，只是偶尔停止搏动。这时，采用按需心脏起搏器对偶尔起搏受阻的病人是合适的。按需心脏起搏器包含感知自然心跳的电路，并仅在预先设置的时间间隔内没有心跳时，采用电脉冲刺激心肌。如果检测到自然心跳，则停止加电脉冲。这种类型的电路被称为按需心脏起搏器，因为仅在需要的时候才发出脉冲。

尽量促进自然心跳被证明是对病人有利的(只要自然的心率大于阈值)。另一方面，如果需要人工脉冲，则最好产生略高一些的频率。典型的自然起搏阈值为每分钟 66.7 次(对应脉搏间隔为 0.9 s)，强迫起搏阈值为每分钟 75 次。因此，在一般情况下，需要在病人的一次自然心跳后等待 0.9 s，再启动电路产生人工起搏脉冲；而在施以连续的人工起搏时，两个人工脉冲之间的时间间隔为 0.8 s。

起搏器的另一个特征是在检测到自然心跳之后或者在产生一个起搏脉冲之后，需忽略一个短期内(约 0.4 s)来自心脏的信号，它来自心肌收缩和松弛期间发出的脉冲。上述这种信号不应该引起起搏器的定时功能复位。因此，当电路检测到一次心脏收缩(或者电脉冲刺激)开始时，定时电路就复位，而直到心脏的收缩和舒张期结束后定时电路才能再次复位。

出现在起搏器输出端的典型电信号如图 PA7.1 所示。在记录图左边显示的是发生在自然心跳期间的信号。接下来，自然心跳阻塞发生，一个起搏器脉冲在最后一次自然心跳后延时 0.9 s 后发出。这些脉冲幅值的典型值为 5 V，其持续时间为 0.7 ms。在起搏器脉冲刺激之后，产生了心脏收缩和舒张的自然信号，不过这些信号被电路忽略了。在经历两个强力搏动周期后，心脏再次开始自然跳动。

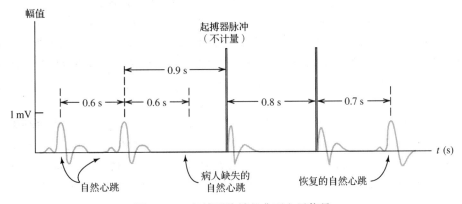

图 PA7.1　起搏器终端的典型电子信号

起搏器的电路和电池都被装在一个金属盒子里。这个盒子被植入病人胸部的皮肤下，电线(包在一根被称为导管的绝缘管内)穿过动脉从起搏器通向心脏内部。起搏器的电子终端为金属盒子和导管的端部，起搏器和导管如图 PA7.2 所示。

典型的按需心脏起搏器的结构框图如图 PA7.3 所示。注意，电子终端既是放大器的输入端又是脉冲发生器的输出端。输入放大器增加了输入自然信号的幅值。由于自然心脏信号的幅值非常小(大约 1 mV)，应该被放大后再到达比较器电路，然后判断自然心跳是否存在。放大器中的滤波电路可除去信号的部分频率成分，以加强检测心跳的能力。此外，合适的滤波也除去了可能的无线电波和电线的干扰。因此，放大器的重要指标参数是其增益和频率响应。

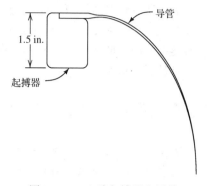

放大器的输出与模拟比较电路相连，比较器将放大和滤波后的信号与一个阈值相比较。如果输入信号比阈值高，则比较器输出高电平。因此，比较器输出的数字信号表示检测结果是自然心跳或强制电脉冲。

图 PA7.2　心脏起搏器和导管

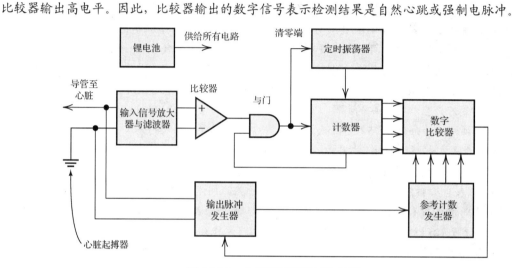

图 PA7.3　心脏起搏器的结构框图

这个检测结果通过一个与门送到计数器和计时电路(定时振荡器)。与门的第二个输入信号来自计数器，输入值为 0，并持续 0.4 s。因此，在前一个检测结果之后的 0.4 s 内，与门避免了再一次检测。这样，起搏器忽略了在一个自然心跳或强迫心跳开始后 0.4 s 内的输入信号。

计时功能通过对一个定时振荡器的输出周期计数来实现。定时振荡器产生周期为 0.1 s 的方波，当检测到一个心跳时，定时振荡器复位到一个周期的起始点。这样，在心跳后的每个振荡器周期的结束时间为 0.1 s 的整数倍。电路的正确工作取决于精确定时，因此定时振荡器必须保持精确的周期，显然，定时振荡器的频率稳定性是其关键的性能参数。

计数器是一个计算定时振荡器输出周期数的数字电路。当检测到心跳或起搏器脉冲时，计数器自动置为零。计数器产生的数字信号被送到比较器，基准电路产生的信号也被送到比较器。如果最近的跳动是自然的，则基准计数值为 9，如果最近的跳动是强迫的，则基准计数值为 8。当输入到比较器的计数值与基准计数值相等时，数字比较器的输出为高电平，这时，脉冲发生器将产生一个输出脉冲。

脉冲发生器必须产生一个指定幅值和持续时间的脉冲。在某些设计中，输出脉冲幅值需要比电池电压高。这时，可将充电电容先与电池并联，再切换为与电池串联的电路结构，这样便可产生更高的电压了。

对于所有的起搏器电路，超低功耗是最重要的技术指标，因为电路必须依靠一块很小的电池工作很多年，而更换电池是需要做外科手术的。当不需要起搏脉冲时，该电路的工作电流仅为几毫安，由 2.5 V 电池供电。当需要起搏脉冲时，电路的平均电流消耗增加到几十毫安。由于在产生起搏脉冲时需要的输出功率较大，这个较高的电流消耗是不可避免的。

高可靠性也是非常重要的，设备故障可能危及生命。对电路中每个部分进行详细的故障模式分析是十分必要的，因为某些故障是非常危险的。例如，即使起搏器不能产生起搏脉冲，病人可能由于心肌的自然(低频率的)搏动而幸存。但是，如果定时脉冲发生器因故障而运行太快，则病人的心脏将被强迫快速地跳动，使人迅速致命，尤其是那些因心脏疾病而十分虚弱的人。

显然，电路设计不是解决这个问题的全部。起搏器的详细规格参数需要内科医生提出；导管和金属盒的形式以及材料的选择需要机械工程师和化学工程师的参与。通过团队的协作，工程师和内科医生设计出能显著改善健康状况的电子起搏器。那些致力于这项研究的工作人员以他们的成就而自豪。当然，还可以对心脏起搏器进行更多的改进，也许，完成这些改进的人正是研读本书的某些学生。

小结

在本章中，我们了解到复杂的组合逻辑函数可以由与非门(或者或非门)的组合连接来实现。此外，触发器也是由逻辑门的组合连接构成的，触发器的相互连接又构成了寄存器。一个复杂的数字系统如计算机，是由许多的门电路、触发器和寄存器组成的。因此，逻辑门电路是复杂数字系统的基本构成单元。

本章小结

1. 数字信号的抗干扰能力优于模拟信号。在噪声幅值不太高的情况下，能够识别出加入噪声后的数字信号的逻辑电平。
2. 数字电路中对元件值的要求不需要像模拟电路那样精确。
3. 数字电路比逻辑电路更容易由大规模集成电路实现。
4. 在正逻辑系统中，高电平代表逻辑 1。
5. 数据可用十进制、二进制、八进制、十六进制或者 BCD 码的形式表示。
6. 在格雷码中，每两个相邻码之间仅有一位不同。格雷码常用于描述位置和角度的变化。
7. 在计算机中，数据通常用有符号补码的形式表示。
8. 逻辑变量取两个值，即逻辑 1 和逻辑 0。根据布尔代数运算法则，逻辑变量可由与、或、非运算构成。真值表列出了所有的输入变量的组合和对应的输出变量。
9. 德·摩根定律：

$$AB = \overline{\overline{A} + \overline{B}}$$

   和

$$A + B = \overline{\overline{AB}}$$

10. 与非(或者或非)门电路可实现任何的组合逻辑电路。
11. 任何的组合逻辑函数都能改写为与或式(最小项之和，SOP)，其中的每个与项是与真值表中输出变量为逻辑 1 的行对应的最小项。
12. 任何的组合逻辑函数都能改写为或与式(最大项之积，POS)，其中的每个和项是与真值表中输出变量为逻辑 0 的行对应的最大项。

13. 许多有用的组合电路，如译码器、编码器和转换器可由集成电路实现。

14. 卡诺图用于简化逻辑表达式，减少实现给定逻辑函数的门电路数。

15. 时序逻辑电路在某时刻的输出与该时刻及以前的输入有关，因此这种电路具有记忆特性。同步或钟控时序电路是由时钟信号控制的。

16. 触发器的类型有：SR 触发器，钟控触发器，D 触发器，JK 触发器。

17. 寄存器由触发器构成，用于存储或处理数字字。

18. 逻辑门的组合连接构成了触发器。触发器的相互连接又构成了寄存器。一个复杂的数字系统如计算机，是由许多的门电路、触发器和寄存器组成的。因此，逻辑门电路是复杂数字系统的基本构成单元。

习题

7.1 节　逻辑电路的基本概念

*P7.1　描述数字方式相比模拟方式的三个优点。

P7.2　给出下列术语的定义：位，字节，半字节。

P7.3　解释正逻辑系统与负逻辑系统的不同。

P7.4　什么是噪声容限？噪声容限为什么重要？

P7.5　试述串行传输与并行传输之间的不同点。

7.2 节　二进制数的表示

P7.6　将下列二进制数转换为十进制数形式：a. *101.101；b. 0111.11；c. 1010.01；d. 111.111；e. 1000.0101；f. *10101.011。

P7.7　将下列十进制数转换为二进制数和 BCD 码形式：a. 17；b. 8.5；c. *9.75；d. 73.03125；e. 67.375。

P7.8　求整数 0 到 100、0 到 1000 及 0 到 10^6 分别需要用多少位的字来表示？

P7.9　求下列二进制数之和：a. *1101.11 和 101.111；b. 1011 和 101；c. 10001.111 和 0101.001。

P7.10　求下列 BCD 码之和：a. *10010011.0101 和 00110111.0001；b. 01011000.1000 和 10001001.1001。

P7.11　将下列十进制数转换为二进制数、八进制数和十六进制数形式：a. 173；b. 299.5；c. 735.75；d. *313.0625；e. 112.25。

P7.12　写出下列十进制数的 8 位有符号补码：a. 19；b. −19；c. *75；d. *−87；e. −95；f. 99。

P7.13　将以下十六进制数分别转换为二进制数、八进制数和十进制数形式：a. $FA.F_{16}$；b. $2A.1_{16}$；c. 777.7_{16}。

P7.14　将以下八进制数分别转换为二进制数、十六进制数和十进制数形式：a. 777.7_8；b. 123.5_8；c. 24.4_8。

P7.15　分别按下列进制计数时，777 之后的数为何值？a. 十进制；b. 八进制；c. 十六进制。

P7.16　十进制整数如果分别由 a. 3 位二进制数，b. 3 位八进制数，c. 3 位十六进制数表示，其最大值为多大？

*P7.17　参照图 7.9 的 3 位格雷码的列表，构建 4 位格雷码的列表，格雷码的优势体现在哪些应用中？为什么？

P7.18　把以下数转化为十进制数形式：a. $*FA5.6_{16}$；b. $*725.3_8$；c. $3F4.8_{16}$；d. 73.25_8；e. $FF.F0_{16}$。

P7.19　写出下列二进制数的反码和补码：a. 11101000；b. 00000000；c. 10101010；d. 11111100；e. 11000000。

P7.20　用 8 位有符号补码计算下列各式：a. $17_{10}+15_{10}$；b. $17_{10}-15_{10}$；c. $33_{10}-37_{10}$；d. $15_{10}-63_{10}$；e. $49_{10}-44_{10}$。

P7.21　怎样判断有符号补码的加法运算中发生了上溢或下溢？

7.3 节 组合逻辑电路

P7.22 什么是真值表?

P7.23 说明德·摩根定律。

P7.24 除了非门仅有一个输入端,其余门均有两个输入端,分别对与门、或门、非门、与非门、或非门和与或门画电路符号,并列出真值表。

P7.25 描述一种方法来证明布尔代数等式的正确性。

P7.26 写出以下布尔表达式的真值表。

    a. $D = ABC + A\bar{B}$

    b. * $E = AB + A\bar{B}C + \bar{C}D$

    c. $Z = WX + \overline{(X+Y)}$

    d. $D = A + \bar{A}B + C$

    e. $D = \overline{(A+BC)}$

P7.27 写出图 P7.27 中各逻辑电路输出的布尔表达式。

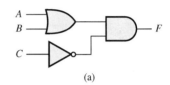

(a)

*P7.28 用真值表证明等式

$$(A+B)(A+C) = A + BC$$

P7.29 用真值表证明等式

$$(A+B)(\bar{A}+AB) = B$$

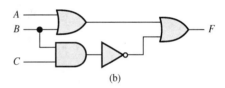

(b)

P7.30 用真值表证明等式

$$A + \bar{A}B = A + B$$

P7.31 用真值表证明等式

$$ABC + AB\bar{C} + A\bar{B}C + A\bar{B}\bar{C} = A$$

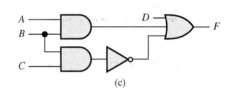

(c)

图 P7.27

P7.32 画出用与门、或门和非门实现下列表达式的电路。

    a. $F = A + \bar{B}C$

    b. $F = A\bar{B}C + AB\bar{C} + \bar{A}BC$

    c. * $F = (\bar{A} + \bar{B} + C)(A + B + \bar{C})(A + \bar{B} + C)$

P7.33 应用德·摩根定律交换下列表达式中的与运算和或运算。

    a. $F = AB + (\bar{C} + A)\bar{D}$

    b. $F = A(\bar{B} + C) + D$

    c. $F = A\bar{B}C + A(B + C)$

    d. * $F = (A + B + C)(A + \bar{B} + C)(\bar{A} + B + \bar{C})$

    e. * $F = ABC + A\bar{B}C + \bar{A}B\bar{C}$

P7.34 为什么采用与非门就足够实现任何的组合逻辑电路?采用其他什么门电路也足够实现任何的组合逻辑电路呢?

P7.35 电路如图 P7.35 所示。开关由逻辑变量控制,如果 A 为高电平,则开关 A 闭合;如果 A 为低电平,则开关 A 断开。相反地,如果 B 为高电平,则开关 $\bar{B}$ 断开;如果 B 为低电平,则开关 $\bar{B}$ 闭合。如果输出电压为 5 V,则输出变量为高电平;如果输出电压为零,则输出变量为低电平。写出输出变量的逻辑表达式,并给出该电路的真值表。

P7.36 电路如图 P7.36 所示,题设及所求同习题 7.35。

P7.37 门电路的输入端上的小圆圈表示对输入变量取反,如图 P7.37 所示。求与图中电路等效的门电路。

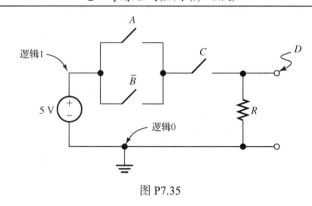

图 P7.35

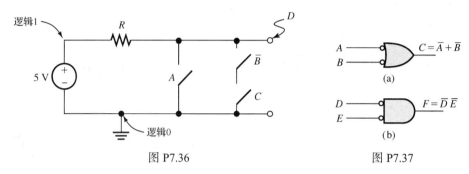

图 P7.36

图 P7.37

7.4 节　逻辑电路的综合

P7.38　对一个真值表采用与或式(SOP)列出逻辑表达式。同样，对一个真值表采用或与式(POS)列出逻辑表达式。

P7.39　给出一个译码器的例子。

*P7.40　在表 P7.40 中，A、B 和 C 为输入逻辑变量，F 到 K 为输出逻辑变量。根据输入变量，写出函数 F 的与或式和或与式。

表 P7.40

A	B	C	F	G	H	I	J	K
0	0	0	1	1	1	0	0	1
0	0	1	0	0	1	0	1	1
0	1	0	1	0	1	0	0	0
0	1	1	0	1	0	1	1	0
1	0	0	0	0	1	0	0	0
1	0	1	1	0	1	0	1	0
1	1	0	0	0	1	1	1	1
1	1	1	1	0	1	1	1	1

P7.41　同习题 P7.40，根据输入变量，写出函数 G 的与或式和或与式。

P7.42　同习题 P7.40，根据输入变量，写出函数 H 的与或式和或与式。

P7.43　同习题 P7.40，根据输入变量，写出函数 I 的与或式和或与式。

P7.44　同习题 P7.40，根据输入变量，写出函数 J 的与或式和或与式。

P7.45　同习题 P7.40，根据输入变量，写出函数 K 的与或式和或与式。

P7.46　仅用与非门实现图 P7.46 电路的与或式。

P7.47 仅用或非门实现图 P7.47 电路的或与式。

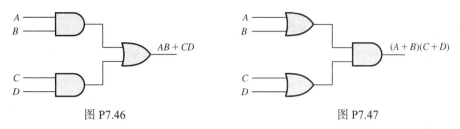

图 P7.46   图 P7.47

P7.48 设计一个控制快艇引擎点火装置的逻辑电路。如果对点火装置供电,则逻辑输出 I 变为高电平,其他情况 I 为低电平。在引擎间隙中弥散的汽油烟会引起爆炸。如果有汽油烟存在,则传感器产生的逻辑输出 F 将变为高电平,在这种情况下不能对点火装置供电。为了防止事故发生,在行驶过程中不能对点火装置供电。如果处于行驶状态,则逻辑信号 G 为高电平,反之则为低电平。风扇用于清除引擎间隙中的汽油烟,应在点火装置供电前运行五分钟。在风扇运行满五分钟时逻辑信号 B 变为高电平。在风扇运行没有满五分钟或者处于行驶状态但没有油烟存在时,可进行应急手动控制,对应的信号为 E。a. 列出包含所有输入信号 B、E、F 和 G 组合的真值表,并给出每行对应输出 I 的值;b. 求布尔表达式 I 的 SOP 形式;c. 求布尔表达式 I 的 POS 形式;d. 试对上述 b. 和 c. 中得到的表达式进行化简,用最少的门电路实现对应的逻辑电路,门电路可采用与门、或门和非门。

*P7.49 仅用与非门实现两输入 A 和 B 的异或运算。(提示:将与非门的两个输入端相连可得到一个非门,列出真值表并写出 SOP 表达式。最后,应用德·摩根定律将或运算转换为与运算。)

P7.50 仅用两输入或非门实现输入变量 A 和 B 的异或运算。(提示:将或非门的两个输入端相连可得到一个非门,列出真值表并写出 POS 表达式。最后,应用德·摩根定律将与运算转换为或运算。)

P7.51 如图 7.26 的 BCD–七段译码器。假设逻辑变量 B_8、B_4、B_2 和 B_1 表示 BCD 码数据。例如,十进制数 7 用 BCD 码表示为字 0111,其中最高位 $B_8 = 0$,第二位 $B_4 = 1$,等等。a. A 段为高电平,表示显示器中 A 段 LED 灯亮,求 A 段由最大项相与式实现的逻辑电路;b. 输出 B 段为高电平,表示显示器中 B 段 LED 灯亮,求 B 段由最大项相与式实现的逻辑电路。

*P7.52 有两个补码相加,S_1 是第一个数的符号位,S_2 是第二个数的符号位,S_T 是总和的符号位。如果用输出 E 为 1 表示加法结果的上溢或者下溢,E 为零表示正常的结果。要求:a. 写出真值表;b. 给出 E 的最小项组成的表达式;c. 用与门、或门、非门实现 E,并绘出逻辑电路图。

7.5 节 逻辑电路的化简

*P7.53 a. 画出下列逻辑函数的卡诺图:

$$F = \overline{A}B\overline{C}\overline{D} + AB\overline{C}\overline{D} + \overline{A}B\overline{C}D + AB\overline{C}D + \overline{A}BC\overline{D} + \overline{A}B\overline{C}\overline{D}$$

b. 求该逻辑函数的最简 SOP 表达式。

c. 求最简 POS 表达式。

P7.54 一个逻辑电路有输入信号 A、B、C,其输出 $D = \sum m(0,3,4)$。要求:

a. 画出 D 的卡诺图;b. 获得 D 的最简 SOP 表达式;c. 写出两种等效的最简 POS 表达式。

P7.55 一个逻辑电路有输入信号 A、B、C,其输出 $D = \prod M(1,3,4,6)$。要求:

a. 画出 D 的卡诺图;b. 获得 D 的最简 SOP 表达式;c. 写出 D 的最简 POS 表达式。

P7.56 a. 画出下列逻辑函数的卡诺图:

$$D = ABC + \overline{A}BC + AB\overline{C} + BC$$

b. 求逻辑函数 D 的最简 SOP 表达式，并用与门、或门和非门实现该函数的逻辑电路；

c. 求逻辑函数 D 的最简 POS 表达式，并用与门、或门和非门实现该函数的逻辑电路。

P7.57. a. 画出下列逻辑函数的卡诺图：

$$F = AB\overline{C}\overline{D} + ABCD + ABC\overline{D} + \overline{A}BCD$$

b. 求该逻辑函数的最简 SOP 表达式；

c. 用与、或门和非门实现 b. 中所得函数的逻辑电路；

d. 求该逻辑函数的最简 POS 表达式。

*P7.58 表 P7.58 中的 A、B、C、D 是输入变量，F、G、H、I 是输出变量，要求：a. 画出输出 F 的卡诺图；b. 获得 F 的最简 SOP 表达式；c. 用与门、或门、非门搭建 F 的最简 SOP 表达式的电路；d. 获得 F 的最简 POS 表达式。

表 P7.58

A	B	C	D	F	G	H	I
0	0	0	0	0	0	0	1
0	0	0	1	1	0	0	1
0	0	1	0	0	0	0	1
0	0	1	1	0	0	0	0
0	1	0	0	0	0	0	1
0	1	0	1	1	0	0	1
0	1	1	0	0	0	1	1
0	1	1	1	0	1	1	0
1	0	0	0	0	0	0	0
1	0	0	1	1	0	1	0
1	0	1	0	0	0	0	0
1	0	1	1	0	0	1	0
1	1	0	0	1	0	0	0
1	1	0	1	1	0	1	0
1	1	1	0	1	1	1	0
1	1	1	1	1	1	1	0

P7.59 同习题 P7.58，针对输出变量 G 完成上题的要求。

P7.60 同习题 P7.58，针对输出变量 H 完成上题的要求。

P7.61 同习题 P7.58，针对输出变量 I 完成上题的要求。

P7.62 设有一逻辑电路，其输出为 X。仅当给定的十六进制数是偶数(包括 0)且小于 7 时，X 为高电平。逻辑电路的输入为与十六进制数等值的二进制数的位：B_8、B_4、B_2 和 B_1，其中 B_8 为最高位，B_1 为最低位。列出真值表，并画出卡诺图，写出 X 的最简 SOP 表达式。

P7.63 设有一逻辑电路，其输出为 X。当给定的 BCD 码字为不可用的错误形式时，X 为高电平。逻辑电路的输入分别为 BCD 码字的各位：B_8、B_4、B_2 和 B_1，其中 B_8 为最高位，B_1 为最低位。要求画出卡诺图，写出 X 的最简 SOP 表达式和最简 POS 表达式。

P7.64 设有一逻辑电路，其输出为 X。当给定的 BCD 码字为 4、6、C 或者 E 时，X 为高电平。逻辑电路的输入分别为 BCD 码的各位：B_8、B_4、B_2 和 B_1，其中 B_8 为最高位，B_1 为最低位。要求画出卡诺图，写出 X 的最简 SOP 表达式和最简 POS 表达式。

P7.65 设有一实现两个逻辑信号互换的逻辑电路。电路有三个输入 I_1、I_2、S 和两个输出 O_1、O_2。当 S

为低电平时,有 $O_1 = I_1$,$O_2 = I_2$。当 S 为高电平时,有 $O_1 = I_2$,$O_2 = I_1$。因此,S 相当于控制两个输入交换的开关。用卡诺图求解逻辑函数的最简 SOP 表达式,并画出相应的逻辑电路。

P7.66　一市政府委员会有 A、B、C 三个成员。当委员对某个议案投票时,1 表示赞成,0 表示反对。在多数投赞成票时,输出 X 为高电平,反之则为低电平。求 X 的最简 SOP 表达式。画出检测是否有两张赞成票的最简电路。在有五个成员的情况下,重复上面的问题。(提示:此时的电路为检测是否有三张赞成票。)

P7.67　一市政府委员会有 A、B、C、D 四个成员。当委员对某个议案投票时,1 表示赞成,0 表示反对。在少数投赞成票或者刚好票数一致时,输出 X 为高电平,反之则为低电平。求 X 的最简 SOP 表达式,并画出电路。

P7.68　一种帮助确保数据正确传输的方法是在传输的每个数据字后加上一个奇偶校验位,使得每个数据中有偶数个 1。如果在接收到的数据中有奇数个 1,则表明在传输过程中至少产生了一个错误。a. 说明图 P7.68 的电路用于求出半字节(4 位数据字)$ABCD$ 的校验位,即传输的数据为 $ABCDP$;b. 求 P 的最简 SOP 表达式;c. 如果接收到的数据有一位出错,则该数据中会有奇数个 1。求一个由四个异或门组成的逻辑电路。当接收到的数据 $ABCDP$ 中有奇数个 1 时,其输出为 1,反之则为 0。

P7.69　如表 P7.69 所示,设一电路将 3 位二进制码转换为 3 位格雷码。分别求出 X、Y 和 Z 由输入变量 A、B、C 表示的最简 SOP 表达式。

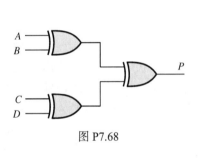

图 P7.68

表 P7.69

二进制码 ABC	格雷码 XYZ
000	000
001	001
010	011
011	010
100	110
101	111
110	101
111	100

P7.70　如表 P7.69 所示,设一电路将 3 位格雷码转换为 3 位二进制码。分别求出 A、B 和 C 由输入变量 X、Y 和 Z 表示的最简 SOP 表达式。

*P7.71　我们已经了解了 BCD 码,其最高位到最低位的权分别是 8、4、2、1。另一种表示十进制数的有权码是 4221 码,其最高位到最低位的权分别是 4、2、2、1。表 P7.71 分别表示了十进制数、BCD 码和 4221 码。若将 BCD 码转化为 4221 码,要求:a. 画出输出变量 F 的卡诺图,并将表中没有的输入变量组合对应的输出值标注 “x”,即无关项,给出 F 的最简 SOP 表达式;b. 针对输出变量 G,重复完成 a. 的要求;c. 针对输出变量 H,重复完成 a. 的要求;d. 针对输出变量 I,重复完成 a. 的要求。

表 P7.71　与十进制数对应的 BCD 码、4221 码、余 3 码

十　进　制	BCD 码 ABCD	4221 码 FGHI	余 3 码 WXYZ
0	0000	0000	0011
1	0001	0001	0100
2	0010	0010	0101
3	0011	0011	0110

(续表)

十 进 制	BCD 码 *ABCD*	4221 码 *FGHI*	余 3 码 *WXYZ*
4	0100	1000	0111
5	0101	0111	1000
6	0110	1100	1001
7	0111	1101	1010
8	1000	1110	1011
9	1001	1111	1100

P7.72   若将表 P7.71 中的 4221 码转化为 BCD 码，要求：a. 画出输出变量 *A* 的卡诺图，并将表中没有的输入变量组合对应的输出值标注为 "*x*"，即无关项，给出 *A* 的最简 SOP 表达式；b. 针对输出变量 *B*，重复完成 a. 的要求；c. 针对输出变量 *C*，重复完成 a. 的要求；d. 针对输出变量 *D*，重复完成 a. 的要求。

P7.73   余 3 码也是另一种表示十进制整数的编码。为了将一个十进制数转换为其对应的余 3 码，我们将这个数加上 3，并用 4 位二进制数表示得到的和。例如，将十进制数 9 转换为余 3 码：

$$9_{10} + 3_{10} = 12_{10} = 1100_2$$

因此，1100 就是与十进制数 9 对应的余 3 码。其他十进制数的对应余 3 码见表 P7.71。

设计一个实现 BCD 码转余 3 码的逻辑电路。a. 画出 *W* 的卡诺图。卡诺图中无 BCD 码对应的方格标为 x。通过卡诺图求出 *W* 的最简 SOP 表达式。在卡诺图中，*x* 可作为 1，也可作为 0；b. 重复 a. 画出 *X* 的卡诺图，写出 *X* 的最简 SOP 表达式；c. 重复 a，画出 *Y* 的卡诺图，写出的最简 SOP 表达式；d. 重复 a.，画出 *Z* 的卡诺图，写出 *Z* 的最简 SOP 表达式。

P7.74   设计一个实现余 3 码转 BCD 码的逻辑电路。a. 画出 *A* 的卡诺图。卡诺图中无 4221 码对应的方格标为 X。通过卡诺图求出 *A* 的最简 SOP 表达式。在卡诺图中，*x* 可作为 1，也可作为 0；b. 重复 a.，画出 *B* 的卡诺图，写出 *B* 的最简 SOP 表达式；c. 重复 a.，画出 *C* 的卡诺图，写 *C* 出的最简 SOP 表达式；d. 重复 a.，画出 *D* 的卡诺图，写出 *D* 的最简 SOP 表达式。

7.6 节   时序逻辑电路

P7.75   用或非门实现一个 SR 触发器。接下来，用与非门实现一个 SR 触发器。

P7.76   画出 SR 触发器的电路符号，列出真值表。

P7.77   画出钟控 SR 触发器的电路符号，列出真值表。

P7.78   说明触发器的同步输入与异步输入之间的差别。

P7.79   什么是边沿触发？

P7.80   画出上升沿触发的 D 触发器的电路符号，列出真值表。

*P7.81   假设图 P7.81 移位寄存器的初始状态为 $100(Q_0 = 1, Q_1 = 0, Q_2 = 0)$，问在后续脉冲作用下的寄存器状态如何？问：移位寄存器在第几次移位后回到初始状态。

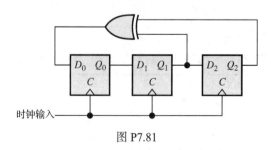

图 P7.81

P7.82 在以下情况中，重复习题 P7.81 的提问：a. 用或门代替异或门；b. 用与门代替异或门。

P7.83 图 P7.83 中的 D 触发器是正边沿触发的。设在 $t = 0$ 之前的状态为 $Q_0 = Q_1 = 1$，绘出对应时刻 Q_0 和 Q_1 的波形。假设逻辑电平为 0 V 和 5 V。

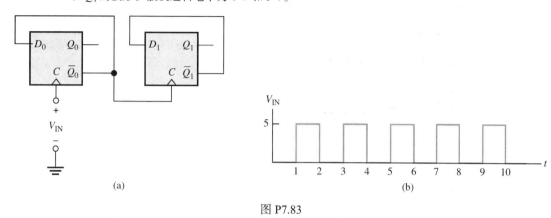

图 P7.83

P7.84 图 P7.84 中的 D 触发器是正边沿触发的，输入 Cl 为异步清零。设在 $t = 0$ 时的状态为 $Q_0 = Q_1 = Q_2 = Q_3 = 1$，时钟输入 V_{IN} 如图 P7.83 所示。绘出对应时刻 Q_0、Q_1、Q_2 和 Q_3 的波形，假设逻辑电平为 0 V 和 5 V。

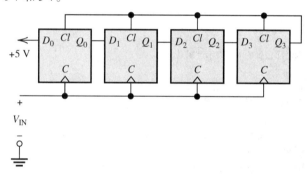

图 P7.84

*P7.85 用与门、或门、非门和一个负边沿触发的 D 触发器构成图 7.50 的 JK 触发器。

P7.86 考虑如图 7.53 所示的脉冲计数器，设触发器具有异步清零输入。怎样通过增加门电路实现在计数到 6 时马上复位计数到 0，即构成一个模 6 计数器。

P7.87 电子骰子的功能框图见图 P7.87。该系统由一个高速时钟，一个释放状态为逻辑 1 的按钮开关，以及一个状态按 001，010，011，100，101，110 顺序循环的计数器组成。计数器的二进制计数值与模具各边上点的个数等值。Q_3 为最高有效位(MSB)，Q_1 为最低有效位(LSB)。系统的显示部分由 7 个发光二极管组成，每个二极管在逻辑 1 时点亮。译码器是一个将计数器状态转换为显示部分的输入逻辑信号的组合逻辑电路。当压下按钮开关时，计数器开始工作，当释放按钮开关时，计数器停止在一个随机状态。a. 用带有异步预置置数和清零输入的 JK 触发器画出计数器的具体电路；b. 设计系统中的译码器，并用卡诺图简化电路。

P7.88 四个发光二极管分别位于菱形的四个角，如图 P7.88 所示。发光二极管在逻辑 1 时被点亮。每次仅有一个二极管被点亮。根据 S 为高或者低，二极管将沿着顺时针方向或者逆时针方向依次被点亮。每两秒内应完成一次循环。a. 时钟的频率是多少？b. 画出计数器的逻辑电路；c. 列出真值表，并用卡诺图分别求出 D_1 到 D_4 的最简 SOP 表达式。

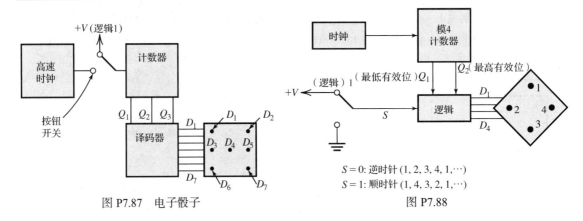

图 P7.87　电子骰子

图 P7.88

$S = 0$: 逆时针 $(1, 2, 3, 4, 1, \cdots)$
$S = 1$: 顺时针 $(1, 4, 3, 2, 1, \cdots)$

测试题

T7.1 采用一种甚至多种方法来完善表 T7.1(a)的描述；从表 T7.1(b)中选择最合适的选项。[表 T7.1(b) 的内容可以使用多次，也可以不用。]

表 T7.1

(a)	(b)
a. 一个逻辑表达式的真值表包括……	1. 十进制等效
b. 德·摩根定律认为……	2. 过去录音的方式
c. 如果更高的电压值表示逻辑 1，较低的电压表示逻辑 0，则……	3. 非逻辑
d. 对于格雷码……	4. 等边的或者全等的
e. 如果把一个二进制数的每一位均取非，再加 1，则为……	5. 或门
f. 将两个负的补码相加，结果的最左位值为零，则出现……	6. 与门和一个或门
g. 一个卡诺图的顶部和底部方格被认为是……	7. 数字信号
h. 如果将上升沿触发的 D 触发器的输出 $\bar{Q}$ 接至 D 输入端，在每次时钟的上升沿，触发器的状态为……	8. 非门、与门和一个或门
i. 只要噪声的幅值不大，则噪声可以从……中完全抹去	9. 非或者反
j. 寄存器的组成是……	10. 触发器
k. 一个 SOP 逻辑电路的组成是……	11. 上溢
l. 对十进制数，从小数点开始分别对整数和小数按 4 位 BCD 码为一组，将各组转换为十六进制数，可以产生……	12. 一张表格，涵盖所有输入变量的组合及其对应的输出
	13. 含有 0 和 1 的一张表格
	14. 以数字形式出现的码字
	15. 模拟信号
	16. 邻近的
	17. 每个码字被旋转，形成下一个字
	18. 如果与运算改变为或运算，反之也成立，并对结果求反，则结论等于原来的表达式
	19. 采用与非门足够表达任意的逻辑表达式
	20. 正逻辑
	21. 补码
	22. 负逻辑
	23. 相邻的字，有一位代码不同
	24. 下溢
	25. 翻转

T7.2 把一个十进制数 353.875_{10} 转换为以下几种形式：a. 二进制数；b. 八进制数；c. 十六进制数；d. BCD(二-十进制)码。

T7.3　把 FA.7$_{16}$转化为八进制数。

T7.4　把以下两项有符号的补码转换为十进制数。a. 01100001；b. 10111010。

T7.5　如图 T7.5 中的逻辑电路，要求：a. 根据输入 ABC 写出 D 的逻辑表达式；b. 画出真值表和卡诺图；
　　　c. 计算 D 的最简 SOP 表达式；d. 获得 D 的最简 POS 表达式。

T7.6　对输出函数 G 搭建逻辑电路，条件是：仅当输入的十六进制数为 1、5、B 和 F 时，G 输出为 1。
　　　设输入变量 B_8、B_4、B_2、B_1 表示十六进制数的位（最高位是 B_8，最低位是 B_1）。要求：a. 对图 T7.6
　　　填空；b. 获得 G 的最简 SOP 表达式；c. 求解 G 的最简 POS 表达式。

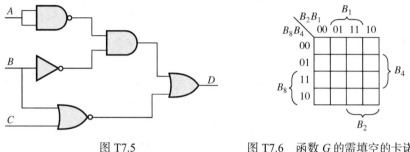

图 T7.5　　　　　　　　　　　　　　　　　图 T7.6　函数 G 的需填空的卡诺图

T7.7　一个移位寄存器如图 T7.7 所示。如果寄存器的初始状态是 100（即 $Q_0 = 1$，$Q_1 = 0$，$Q_2 = 0$），请画
　　　出后续的六种状态。提问：经过多少次移位之后，寄存器回到初始状态？

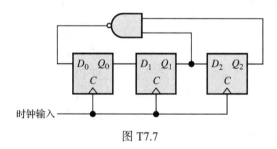

图 T7.7

第8章 计算机、微控制器和基于计算机的仪器仪表系统

本章学习目标

- 识别且描述计算机各个模块的功能。
- 定义微处理器、微型计算机和微控制器。
- 能够为给定的应用程序选择存储器。
- 了解微控制器在不同专业领域的应用。
- 能够识别飞思卡尔半导体公司的 HCS12/9S12 微控制器系列的程序设计模型和功能。
- 能够列出 HCS12/9S12 微控制器系列的指令及其寻址模式。
- 能够使用 CPU12 的指令集编写简单的汇编语言程序。
- 描述基于计算机的仪器仪表系统的各模块电路的工作原理。
- 识别仪器仪表系统中可能遇到的错误类型。
- 避免常见的接地环路、噪声耦合和传感器接入电路时加载等问题。
- 确定基于计算机的仪器仪表系统(如数据采集板)的模块电路规格。

本章介绍

读者必定熟悉多功能电子计算机,它们广泛用于商务、工程设计、文字处理和其他应用中,尽管有时不易发现,但在许多产品中,如汽车、家电、照相机、传真机、车库开门设备以及仪器仪表中都能找到专用计算机。**嵌入式计算机**只是某个产品的一部分,它不能被称为计算机。事实上,几乎所有最近生产的设备都包含一个或多个嵌入式计算机。典型的汽车包含 100 多个嵌入式计算机,本章的重点是嵌入式计算机。

具有嵌入式控制功能的相对简单的计算机完全可以用一个成本不到一美元的单晶硅芯片实现。这种计算机通常被称为**微控制器**(MCU)或者单片机,在洗衣机、打印机或烤箱的控制方面非常有用。

> 嵌入式计算机是产品(如汽车、打印机或面包机)的一部分,而这种产品不能被称为计算机。

在本章中,我们以飞思卡尔半导体公司的 HCS12/9S12 系列为例,对 MCU 的组织和指令集进行了概述。广泛使用的 MCU 有数百个种类,但是基本概念都是类似的,本章的主要目的是让大家了解这些概念。本书中,没有专门的章节去详细介绍一个复杂的机电系统所需的特定 MCU。

计算机的容量迅速提高且成本大幅下降,这一趋势在未来也将持续。在过去的几十年,对于一个特定配置的计算机,其价格每 18 个月就会减半。因此,可以把嵌入式 MCU 看成是一种功能强大但价格低廉的资源,适用于解决各工程领域中几乎所有的控制或仪器仪表问题。

8.1 计算机结构

图 8.1 为一台计算机的系统级结构图。**中央处理器**(CPU)由**算术逻辑单元**(ALU)和**控制单元**组成。

ALU 主要执行数据的算术逻辑运算，例如加法、减法、比较或者乘法。从根本上说，ALU 是一种逻辑电路，与第 7 章讨论的电路相似(但要复杂得多)。

控制单元负责监控计算机的运算，例如从存储器中检索下一条指令的位置，并驱使 ALU 对数据进行运算。ALU 和控制单元含有各种**寄存器**，以控制操作数、结果和控制信号。(回忆 7.6 节，寄存器是由大量触发器构成的，可以存储二进制数组成的字。)接下来将讨论用于 HCS12/9S12 系列的 CPU12 的各种 CPU 寄存器的功能。

8.1.1 存储器

可以将存储器看成是存储数据和指令的地址序列。每个存储单元都有唯一的地址，通常存储一个字节的数据，数据通常用两个十六进制数表示。(当然，在计算机电路中，数据以二进制形式存在。)

通常，我们用 KB 来表示存储容量，$1 K = 2^{10} = 1024$。类似地，$1 M$ 就是 $2^{20} = 1\,048\,576$。图 8.2 展示了一个 64 KB 的存储器。在控制单元的控制下，信息可以被写入或从每个存储单元读取。(这里假设有读/写类型的存储器。随后，我们可以看到另外一种类型的存储器，称之为只读存储器，也是非常有用的。)

> 有几个符号可用于表示十六进制数，包括下标 16、下标 H 和前缀 $。因此，$F2_{16}$、$F2_H$ 和 $F2 都表示 F2 是一个十六进制数。

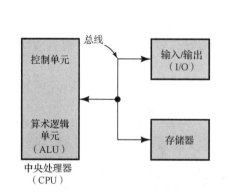

图 8.1 一台计算机由中央处理器、存储器和输入/输出设备组成

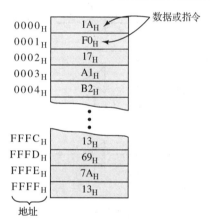

图 8.2 一个 64 KB 的存储器有 $2^{16} = 65\,536$ 个存储单元，每个存储单元含有一个字节(8 位)的数据，每个单元有一个 16 位的地址。图中用十六进制来表示地址和数据是非常方便的，地址范围可以从 0000_H 表示到 $FFFF_H$，例如内存单元 0004_H 含有 $B2_H = 10110010_2$ 这个字节

8.1.2 程序

程序是存储在存储器中的指令序列。通常情况下，控制器读取(即检索)指令，确定指令的操作内容，从存储器中提取所需要的数据让 ALU 执行运算，并将结果写入到存储器中。然后，读取下一条指令，并重复这个过程。我们将会看到，微型计算机可以执行的指令类型丰富多样。

8.1.3 总线

一台计算机中的各种单元由**总线**连接。总线是一个导线束，一次可以传输多位数据。例如，

数据总线在 CPU 和存储器(或者 I/O 设备)之间传送数据(和指令)。在小型计算机中，数据总线的宽度(即一次能够传送的位数)通常是 8 位。然后，一个字节可以同时在 CPU 和存储器(或者 I/O 设备)之间进行传送。[在更强大的多功能 CPU 中，总线更宽，例如个人计算机(PC)的数据总线通常有 64 位。]

多条**控制总线**用于指导计算机的操作。例如，一条控制总线将地址发送到存储单元(或者 I/O 设备)中，而且指导数据读取或者写入。一条 16 位宽的地址总线，能够调用 $2^{16} = 64$ K 个存储单元(和 I/O 设备)。另一条控制总线连接到 CPU 内部，将信号从控制单元传送到 ALU，这些控制信号指导 ALU 执行特定的操作，如加法运算。

总线是双向作用的，换言之，它们可以在任何一个方向传送数据。数据总线连接着 CPU 和存储器，但是存储器和 CPU 不能同时向总线发出冲突的数据信号请求。冲突是可以避免的，通过将数据传送到总线上的**三态缓冲器**来实现，如图 8.3 所示。根据控制信号的作用，三态缓冲器的功能就是一个开启或关闭的开关。当需要将一个字节的数据从 CPU 传送到存储器中时，三态缓冲器使得 CPU 工作(开关关闭)，并且使存储器禁用(开关打开)。在任何时候，CPU 和存储器的输入数据都连接着总线，所以在总线上可以获得所需的数据。因此，CPU 中的数据出现在总线上，并可以通过存储器存储。当数据需要从存储器传送到 CPU 中时，三态缓冲器的工作条件就是相反的。

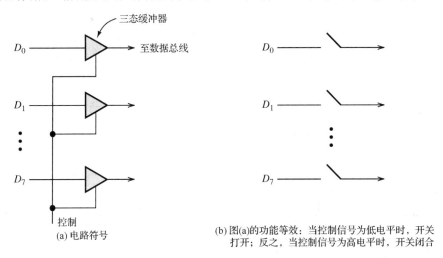

图 8.3　数据通过三态缓冲器传送到数据总线上，三态缓冲器的作用就是一个开启或者关闭的开关

8.1.4　输入/输出设备

键盘、显示器和打印机都是输入/输出(I/O)设备。在控制应用程序中，**传感器**是一种很重要的输入设备，它将温度、压力、位移、流量以及其他物理参数转换为数字信号，以便于计算机读取。阀门、电机、开关等**执行器**是输出设备，它们是能够被计算机控制的系统。

有些计算机拥有**内存映射 I/O**，这些 I/O 设备和内存位置分配有相同的总线。相同的指令用来从内存中读取数据或向内存中写入数据，同样也可用于 I/O，其他计算机的 I/O 都有一个独立的地址总线和指令。本书主要讨论使用内存映射 I/O 的系统。

微处理器是一个包含在单个集成电路芯片上的 CPU。第一个微处理器是英特尔 4004，它出现在 1971 年，每个价值数千美元。随后，微处理器的价格大幅下降，性能也有所提高。**微型计算机**，如 PC 或笔记本电脑，则结合了存储器和 I/O 芯片。微控制器(MCU)将 CPU、内存、总线和 I/O 集成在一个芯片上，并且针对嵌入式控制应用进行了优化。在本章后面将对 HCS12/9S12 MCU 系列进行更详细的概述。

计算机体系结构有很多种。在**哈佛体系结构**的计算机中，有独立的数据和指令存储器。如果同一内存既包含数据又包含指令，则为**冯·诺依曼体系结构**。HCS12/9S12 MCU 系列采用冯·诺依曼体系结构。

练习 8.1　设一个 MCU 有一条 20 位的地址总线，问它可以访问多少个内存地址？

答案：$2^{20} = 1\ 048\ 576 = 1024\ K = 1\ M$。

练习 8.2　一个 64 KB 的存储器能够存储多少位？

答案：524 288 位。

8.2　存储器类型

计算机中应用的存储器有以下几种类型：(1)随机读写存储器(RAM)；(2)只读存储器(ROM)；(3)海量存储器。我们依次讨论每种类型，然后再针对各种应用选择合适的存储器。

8.2.1　RAM

读写存储器(read and write memory，RAM)用于在执行程序时存储数据、指令和结果。半导体 RAM 包含一个或者更多的硅集成电路(每个电路有很多存储单元)和控制逻辑，使信息可以进入或者离开特定的地址单元。

通常情况下，当没有电源时，存储在 RAM 中的信息会丢失。因此，RAM 是**易失性的**。本来 RAM 的缩写表示随机存取存储器(random access memory)，但随着时间的推移，这个词已经改变了意义，现在 RAM 就表示易失性半导体存储器。(事实上，在停电情况下，RAM 仍然得到小型电池的供电而保存着信息。)

所有存储单元访问 RAM 中的数据的时间都一样，最快的 RAM 的访问时间是几纳秒，按随机顺序访问地址不会造成时间开销。

> 当以随机顺序访问内存位置时，RAM 和 ROM 不会发生速度损耗。实际上，RAM 最初是指随机存取存储器。

常用的 RAM 有两种类型。**静态 RAM** 的存储单元是 SR 触发器，只要保持电源供电，便能无限期地存储数据。**动态 RAM** 中的信息以电容有电荷(或无电荷)的形式存储在每个单元中。由于电容会漏电，所以有必要定期刷新信息，这使得动态 RAM 比静态 RAM 的使用要更复杂。动态 RAM 的优点是基本存储单元更小，所以芯片的容量更大。大多数控制应用仅需要相对少量的 RAM，因此使用静态 RAM 更简单。

图 8.4 是一个 8 K 字的 8 位静态 RAM 芯片。该芯片有 13 条地址线、8 条数据线和 3 条控制线。控制线上的"圆圈"表明低电平有效。除非芯片选择线是低电平，否则芯片无法存储数据，也不能将数据放置到数据总线。如果输出使能线和芯片选择线都是低电平，那么存储在地址中特定存储单元上的数据将会出现在地址总线上。如果写使能线和芯片选择线均是低电平，那么出现

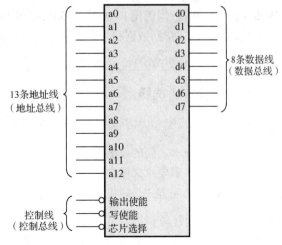

图 8.4　通用 8 K 字的 8 位静态 RAM 芯片

在数据总线上的数据将会被存储在地址信号的指定存储单元中。在正常操作中，输出使能端和写使能端不能同时为低电平。

8.2.2　ROM

在正常运行的情况下，**只读存储器**(ROM)只能读取数据，而不能写入数据。ROM 的主要优点是可以按照随机顺序快速读取数据，并且当电源关闭时信息不会丢失，因此，我们说 ROM 是**非易失性的**(即永久的)。ROM 主要用于存储程序，例如计算机通电时自动执行的启动程序。一般简单的专用应用程序，如洗衣机的控制器，都是存储在 ROM 中的。

> ROM 的主要优点是非易失性。当电源中断时，存储在 RAM 中的信息会丢失。

ROM 有几种类型。例如**掩模可编程 ROM**，生产厂家在制造芯片时就将数据写入存储器了。在生产这种类型的 ROM 时，其较大的成本主要用于写数据的掩码。然而，当掩码的成本分摊到大量单元时，掩模可编程 ROM 却是最便宜的 ROM。如果在开发初始系统时需要频繁改变存储信息，那么掩模可编程 ROM 并不是一个好的选择。

对于**可编程只读存储器**(PROM)，用一个特殊的电路即可以实现数据的写入，即通过数据位是 0 还是 1 来熔断或者不熔断小保险丝。因此，PROM 可以一次性写入数据，并根据需要读取多次。如果需要少量的单元，PROM 是一个比较经济的选择。

可擦除 PROM(EPROM)是另一种永久的 ROM，通过紫外线照射(通过芯片封装上的窗口)擦除数据，并采用特殊电路改写。对芯片加以适当的电压，可以擦除**电可擦除 PROM**(EEPROM)中存储的信息。虽然可以将数据写入 EEPROM，但这个过程比 RAM 的处理过程要慢得多。

闪存是一种非易失性的存储技术，能够非常快地擦除或写入数据，数据范围从 512 B 到 512 KB。闪存的使用寿命有限，大约在 1 万次到 10 万次读/写周期。闪存是一个迅速发展的技术，最终可能取代通用计算机中用于海量存储的硬盘设备。

8.2.3　海量存储器

海量存储器包括硬盘和闪存，这些都是读/写存储器。另一种类型是 CD-ROM 和 DVD-ROM 光盘，主要用来存储大量数据。海量存储器的单位容量是存储器类型中成本最便宜的。除闪存外的所有种类的海量存储器，在初始访问一个特定的单元时都需要相对较长的时间。与 RAM 或者 ROM 的微秒级相比，海量存储器的初始访问时间要几毫秒。然而，如果顺序访问海量存储单元，则传输速率相当高(但仍比 RAM 或 ROM 的传输速率要低)。通常情况下，在程序的执行过程中，以随机顺序的形式访问数据和指令的速度更快。因此，在执行时程序是存储在 RAM 或 ROM 中的。

> 硬盘、CD-ROM 和 DVD-ROM 光盘是顺序存储器，如果按顺序访问存储器位置，则访问速度更快。

8.2.4　存储器的选择

在选择存储器类型时需要考虑的因素有以下几点：

1. 速度与成本之间的权衡。
2. 信息是否需要永久保存，或是否必须频繁改变。
3. 数据的访问方式是随机访问还是顺序访问。

在执行前，通用计算机的程序和数据从海量存储器(如硬盘)读入内存中。由于需要很多不同的程序，因此将这些程序全部存储在半导体 ROM 上不太实际，这样会占用大量的存储空间而导致昂贵的成本。此外，相比于硬盘，要修改存储在 ROM 中的信息是比较困难的。通用计算机只有少量的 ROM 用于计算机的启动或者执行根程序，大多数的存储器都是 RAM 和海量存储器。

　　另一方面，嵌入式 MCU 的程序通常存储在 ROM 中，只有少量的 RAM 存储临时结果。例如，一个电视机遥控器控制电视的程序就存储在 ROM 中，但由用户输入的时间和频道的信息则存储在 RAM 中。这个应用中，即使关闭了电视机，RAM 仍然有电供应。不过，由于电视机停电，存储在 RAM 中的数据将丢失(除非该电视机有备用电池)。通常，嵌入式计算机中无须海量存储器。

8.3　数字过程控制

　　图 8.5 是一个控制方案的大体框图，主要说明内燃机控制的工作过程。各种物理输入信号，如电能和物料等均由 MCU 依次控制的执行器来调控。

　　有些执行器是模拟电路，有些是数字电路。数字执行器的例子如开关或者阀门开关，主要根据控制信号的逻辑值来驱动。数字执行器可以直接由数字控制线控制。模拟执行器需要模拟信号输入。例如，飞机的方向舵可以由与其角度呈正比的模拟输入信号控制而转向。因此，需要一个**数模(D/A)转换器**来实现数字信号向模拟信号的转换，这样才能控制模拟执行器。

> D/A 和 DAC 都是数模转换器的缩写。

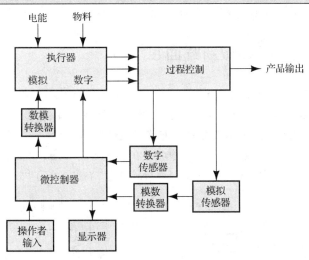

图 8.5　基于 MCU 的物理过程

　　在控制过程中，各种传感器产生的电信号与工艺参数(如温度、压力、pH 值、速度或位移)相关。有些传感器是数字的，有些是模拟的。例如，一个压力传感器可能含有一个开关，当压力超过某个特定值时，开关关闭，并产生一个高电平输出信号。另一方面，模拟压力传感器则产生一个与压力成正比的输出电压。由于 MCU 的输入必须是数字的，所以必须有一个**模数(A/D)转换器**将模拟信号转换为数字形式。

　　通常情况下，需要一个显示器展示进程信息，便于操作者观察，也需要键盘或者其他输入设备，这样操作者才能直接操作控制过程。

　　图 8.5 的系统可能有很多种变化，例如，有时我们只需要检测过程并给操作者呈现信息。汽车

仪表就是这种情况，它的传感器可提供速度、燃料储备量、机油压力、发动机温度、电池电压等信息，这些数据由一个或者多个显示器展示给驾驶员。

执行器、传感器和 I/O 设备对于每个应用程序来说都是唯一的，并且不便于与 MCU 集成。通常，A/D 和 D/A 转换器包含在 MCU 内。因此，一个典型的系统由一个 MCU、传感器、执行器和 I/O 设备组成。系统可能不包含所有这些元素。在给定的 MCU 系列中，通常会根据片上存储器的数量和类型、A/D 通道的数量等分为不同的种类。

实际上，几乎所有的系统都可以由 MCU 控制或者监控，相关的应用包括交通信号、发动机、化工厂设备、防滑刹车、加工过程、结构压力测量、机床、航空仪表、心电监护仪、核反应堆以及实验室实验等。

8.3.1 中断与轮询

在很多控制应用中，MCU 必须很快地应对某些输入信号。例如，核电厂的超压迹象需要及时关注。当这样的事件发生时，MCU 必须马上**中断**正在处理的事情，启动**中断处理程序**以确定中断源，并采取适当的行动。许多 MCU 都有处理这些中断的硬件容量与指令。

MCU 可以通过**轮询**方式来替代中断，以确定是否需要注意系统的某些部分。处理器检查每一个传感器，并根据需要采取适当的措施。然而，持续轮询是非常浪费处理器时间的。在复杂的应用程序中，处理器的大部分时间可能需要执行广泛但低优先级的动作。在这种情况下，中断比轮询提供了更快的响应速度。对于一个面包机，采用轮询方式更合理，因为与 MCU 相关的任何动作都没有超过几毫秒。此外，任何一次动作可以被推迟几十毫秒，却不会引起麻烦。

实际应用 8.1　人人都能做新鲜面包

这里给出一个 MCU 的简单例子:面包机的控制器。也许你已经具有操作这种流行设备的经验。按照厨师的方法，将配料(面粉、水、奶粉、糖、盐、酵母和黄油)放在面包锅中，然后通过按键从菜单中选择指令，大约四个小时后就完成了新鲜面包的制作。

图 PA8.1 是一个面包机的电路原理图。在面包机中有三个数字执行器:一个控制加热元件，一个控制混合和糅合电机，第三个则控制风扇，用来冷却烘烤后的面包。在这个应用中没有必要使用模拟执行器。

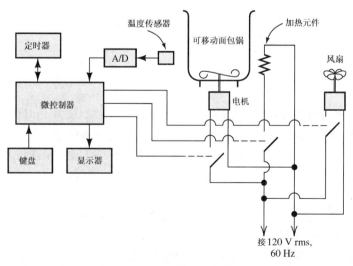

图 PA8.1　一个与 MCU 相关的简单应用——面包机

模拟传感器用于测量温度。传感器的输出通过 A/D 转换器转换为数字信号，才能被 MCU 读取。

我们需要一个计时器来设定完成面包制作的时间。计时器是一个倒计时的数字电路，类似于 7.6 节讨论的计数器。计时器显示在面包制作过程中剩余的小时和分钟数，MCU 通过剩余时间来做决定，剩余时间显示也为厨师们带来了极大的方便。

控制程序存储在 ROM 中，由厨师输入的参数则写入 RAM 中 (例如，面包皮是浅色，中度色，还是深色？)。MCU 不断地检查剩余时间以及温度。计算机执行存储在 ROM 中的程序，确定面包机混合配料的时间，何时打开加热元件加热面团使其膨胀，然后糅合面团，再烘烤，再冷却。各阶段加工时间的长短和温度都取决于厨师的初始设定。

首先，面包机将配料混合几分钟，然后打开加热元件加热酵母，使面团膨胀。虽然面团膨胀了，仍然需要一个较高的温度，比如说 90°F。因此，加热元件又将开启，MCU 频繁地读取温度。当温度达到所需温度值时，加热元件就会关闭。如果温度降得太低，加热元件将再次启动。

MCU 持续检查剩余的时间和温度，根据存储在 ROM 中的程序和厨师输入的参数 (保存在 RAM 中) 来决定电机和加热元件是继续工作还是停止。

在这个应用中，大约需要 100 字节的 RAM 来存储由操作者输入的信息和临时数据，此外，还需要 16 KB 的 ROM 来存储程序。与该设备的总价格相比，此小容量 ROM 的成本非常低，因此在 ROM 中可以存储很多程序，使面包机应用起来非常灵活。除了制作面包，还可以烤蛋糕、煮米饭、做果酱或者其他类型的面团 (如肉桂卷)。

8.4　HCS12/9S12 编程模型

前面，我们讨论了图 8.1 所示的通用计算机。在本节中，我们对飞思卡尔半导体公司 (Freescale Semiconductor) 的 HCS12/9S12 系列单片机进行较为详细的描述。章节篇幅有限，我们不能详细讨论这些 MCU 的所有特征、指令和编程技术。但我们将描述编程模型、所选的指令和一些简单的程序，以便更好地了解 MCU 在专业领域中的嵌入式应用。

8.4.1　HCS12/9S12 编程模型简介

ALU 和控制单元含有各种寄存器，用于保存操作数、下一条执行指令的地址、数据地址和结果。例如，CPU12 的编程模型如图 8.6 所示。(实际上，MCU 包含许多其他的寄存器——图中只展示了关系到程序的寄存器。因此，图 8.6 通常被称为编程模型。)

累加器是一种通用的寄存器，用于保存某个参数以及所有算术和逻辑运算的结果。寄存器 A 和 B 分别包含右侧最低有效位 (图 8.6 的 0 位) 和左侧最高有效位的 8 位。有时 A 和 B 作为独立寄存器，其他时间则组合为一个 16 位的寄存器，用寄存器 D 表示。记住，寄存器 D 并非独立于寄存器 A 和 B。

> 记住，寄存器 D 并非独立于寄存器 A 和 B。

程序计数器 (PC) 是一个 16 位的寄存器，含有控制单元从存储器中读取下一条指令的第一个字节的地址。PC 的大小与存储器地址的大小是相同的。因此，存储器可能包含 2^{16} = 64 K 个位置，每个位置含有图 8.2 显示的一个字节的数据或指令。

索引寄存器 X 和 Y 主要用于寻址 (对于数据)，这种寻址被称为索引寻址。我们在后面将会讨论。

条件代码寄存器 (CCR) 是一个 8 位的寄存器，每个位要根据处理器或之前的逻辑或算术运算的结果而定。图 8.6 给出了条件代码寄存器的结构。例如，如果在算术运算之前进位 (或借位)，则进位 C (条件代码寄存器的 0 位) 被置位 (逻辑 1)。如果上述操作的结果是上溢或者下溢，那么第 1 位 (上溢或者 V)将被置 1。如果之前的操作结果是零,那么第 2 位(零或者 Z)将置 1。如果结果是负值,那么第 3 位(负值或者 N)将被置 1。根据需要,我们以后再讨论剩余位的意义和使用方法。

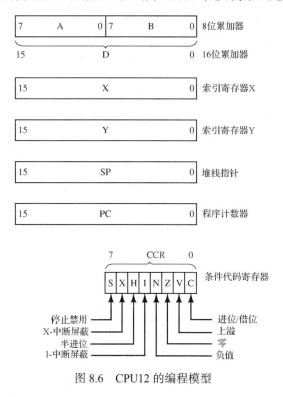

图 8.6　CPU12 的编程模型

8.4.2　堆栈和堆栈寄存器

堆栈是存储器中一种用于存储信息位置的序列,如存储当子程序正在执行或者发生中断时程序计数器和其他寄存器中的内容(我们将简短地讨论子程序)。顾名思义,信息加到(或推入)堆栈的顶部,当要被写入时再按照相反的顺序读出(或拉出)信息。这与清洗餐盘类似,在清理餐桌时将盘子逐个叠放至最高;当要将盘子放入洗碗机时,则需要从堆栈的顶部依次拿下。数据从堆栈中被取出后,不再存在于存储器中,然后根据后续的推入指令再写入数据。入栈的第一个字最后被拉出,所以堆栈被称为**后进先出存储器**(LIFO)。

> 堆栈是后进先出存储器,信息被加到(推入)栈顶,并最终以相反的顺序读出(拉出)。

堆栈指针是保存了堆栈的栈顶位置的 CPU 寄存器。每当寄存器的内容被推入堆栈时,如果寄存器包含一个字节,则堆栈指针的内容便减 1。如果寄存器包含两个字节,则堆栈指针的内容便减 2(越往堆栈的顶部走,地址的值越小)。相反,当数据从堆栈中被拉出并转移到寄存器时,堆栈指针的内容便加 1 或者 2(视寄存器的长度而定)。当一个 8 位寄存器(A、B 或者 CCR)的内容被推入堆栈中(通过 PSHA、PSHB 或者 PSHC 指令)时,这些操作将发生变化:

1. 堆栈指针的内容减 1。
2. 8 位寄存器的内容将被存储在与堆栈指针的内容相对应的地址中。

当一个 16 位寄存器 D、X 或者 Y 的内容被推入堆栈中(通过 PSHD、PSHX 或者 PSHY 指令)时,这些操作将发生变化:

1. 堆栈指针的内容减 1。该 16 位寄存器的内容的最低有效字节(8~15 位)存储在与堆栈指针的内容相对应的地址中。

2. 堆栈指针的内容再次减 1，该 16 位寄存器的内容的最高有效字节存储在与堆栈指针的内容相对应的地址中。

对于从堆栈中拉出数据，操作过程是相反的。对于一个 8 位寄存器(通过 PULA、PULB 或者 PULC 指令)：

1. 堆栈指针指向的存储器位置的数据将存储到寄存器中。

2. 堆栈指针的内容将加 1。

对于一个 16 位寄存器(通过 PULD、PULX 或者 PULY 指令)：

1. 堆栈指针指向的存储器位置的数据存储在寄存器的高字节中，并且堆栈指针的内容加 1。

2. 堆栈指针指向的存储器位置的数据存储在寄存器的低字节中，堆栈指针的内容再次加 1。

图 8.7 是执行指令序列(PSHA，PSHB，PULX)后寄存器和存储器的内容。图 8.7(a)是相关寄存器和存储单元的初始内容。(通常，存储单元内总有信息而不是空白。但是，当存储单元的内容是未知的或者无关紧要的，我们就让存储单元置为空白。)图 8.7(b)是执行指令 PSHA 后存储器的内容。请注意，寄存器 A 的初始内容已经存储在 090A 单元，并且指针的 SP 值已经减 1(此外，A 和 B 的初始内容是不变的)。图 8.7(c)是执行指令 PSHB 后存储器的内容。请注意，寄存器 B 的内容已经存储在 0909 单元，并且 SP 值减 1。最后，图 8.7(d)是执行指令 PULX 后存储器的内容。需要注意的是，0909 单元的内容已经存储在寄存器 X 的第一个字节，并且 090A 单元的内容存储在寄存器 X 的第二个字节。当然，SP 值加 2。

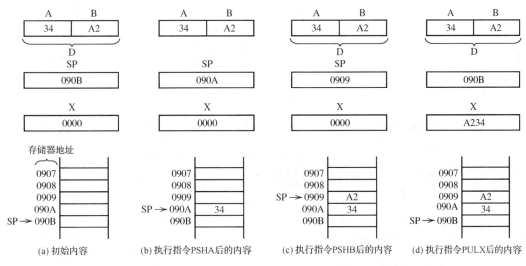

图 8.7　执行指令序列(PSHA，PSHB，PULX)后寄存器和存储器的内容

练习 8.3　设指针的初始内容如图 8.7(a)所示，请问在执行指令序列 PSHB，PSHA，PULX 后，寄存器 X 中的内容是什么？

答案： 寄存器 X 中的内容是 34A2。

练习 8.4　设指针的初始内容如图 8.7(a)所示,请问在执行指令序列 PSHX，PSHA，PULX 后，寄存器 X 中的内容是什么？

答案：寄存器 X 中的内容是 3400。

练习 8.5 假设堆栈中所有存储单元的初始内容是 00，且堆栈指针寄存器包含 0806。然后，按照以下顺序操作：

1. 数据 $A7_H$ 被推入堆栈中。
2. 78_H 被推入堆栈中。
3. 从堆栈中拉出一个字节。
4. FF 被推入堆栈中。

试列出在每步操作后，0800 到 0805 之间存储单元的内容，同时给出堆栈指针(SP)中的内容。

答案：第一步操作后：

```
0800: 00   SP: 0805
0801: 00
0802: 00
0803: 00
0804: 00
0805: A7
```

第二步操作后：

```
0800: 00   SP: 0804
0801: 00
0802: 00
0803: 00
0804: 78
0805: A7
```

第三步操作后：

```
0800: 00   SP: 0805
0801: 00
0802: 00
0803: 00
0804: 78
0805: A7
```

第四步操作后：

```
0800: 00   SP: 0804
0801: 00
0802: 00
0803: 00
0804: FF (新数据代替老数据)
0805: A7
```

8.5 CPU12 的指令集和寻址模式

计算机擅长于执行简单的指令，如在给定寄存器的内容中迅速准确地添加一个数字到给定存储单元中。在执行**程序**或**软件**的指令序列时，计算机具有高精确度计算能力和高智能的处理能力。这些程序都是由程序员编写的。

然而，在程序中即使出现一个很微小的问题都会导致程序无法执行，直到错误被纠正。在设计一个 MCU 控制器时，程序员大部分时间都是在编写软件。为了更有效率，程序员必须对 MCU 使用的指令集了如指掌。在本节以及下一节只会做一个简单的概述，因为并不需要大家成为专业的程序员。

> 设计基于单片机的控制器的主要工作是编程。

一般来说，不同类型 MCU 的指令集是类似的，但细节不同。一旦掌握了给定计算机的编程，就能很容易学习和很好地使用任何处理器的指令集。这里，我们以 CPU12 为例，在网络上很容易找到更多相关的内容。

8.5.1　CPU12 的指令

表 8.1 列出了 CPU12 的部分指令。表中第一列给出了每条指令的助记符，第二列是指令的简要说明和指令的等价布尔表达式。例如，ABA 指令的意思是将寄存器 B 中的内容添加到寄存器 A 中，然后将结果存储在 A 中。我们将这个操作表示如下：

$$(A) + (B) \rightarrow A$$

如表中第二列所示。

> (A)代表寄存器 A 的内容。

表 8.1　CPU12 的部分指令

源 代 码	操 作	地址模式	机器代码	条件代码 S	X	H	I	N	Z	V	C
ABA	添加累加器 $(A) + (B) \rightarrow A$	INH	18　06	-	-	↕	-	↕	↕	↕	↕
ADDA (opr)	添加存储单元到 A $(A) + (M) \rightarrow A$	IMM DIR EXT IDX	8B　ii 9B　dd BB　hh　ll AB　*	-	-	↕	-	↕	↕	↕	↕
ADDB (opr)	添加存储单元到 B $(B) + (M) \rightarrow B$	IMM DIR EXT IDX	CB　ii DB　dd FB　hh　ll EB　*	-	-	↕	-	↕	↕	↕	↕
ADDD (opr)	添加存储单元到 D $(D) + (M: M + 1) \rightarrow D$	IMM DIR EXT IDX	C3　jj　kk D3　dd F3　hh　ll E3　*	-	-	-	-	↕	↕	↕	↕
BCS (rel)	进位分支(if C = 1)	REL	25　rr	-	-	-	-	-	-	-	-
BEQ (rel)	相等分支 (if Z = 1)	REL	27　rr	-	-	-	-	-	-	-	-
BLO (rel)	减少分支^{U}(if C = 1)	REL	25　rr	-	-	-	-	-	-	-	-
BMI (rel)	负数分支^{S}(if N = 1)	REL	2B　rr	-	-	-	-	-	-	-	-
BNE (rel)	不等分支(if Z = 0)	REL	26　rr	-	-	-	-	-	-	-	-
BPL (rel)	相加分支^{S}(if N = 0)	REL	2A　rr	-	-	-	-	-	-	-	-
BRA (rel)	恒定分支	REL	20　rr	-	-	-	-	-	-	-	-
CLRA	清除累加器 A　$00 \rightarrow A$	INH	87	-	-	-	-	0	1	0	0
CLRB	清除累加器 B　$00 \rightarrow B$	INH	C7	-	-	-	-	0	1	0	0
COMA	补码累加器 A $(\bar{A}) \rightarrow A$	INH	41	-	-	-	-	↕	↕	0	1
INCA	增量累加器 A $(A) + \$01 \rightarrow A$	INH	42	-	-	-	-	↕	↕	↕	-
INCB	增量累加器 B $(B) + \$01 \rightarrow B$	INH	52	-	-	-	-	↕	↕	↕	-
INX	增量索引寄存器 X $(X) + \$0001 \rightarrow X$	INH	08	-	-	-	-	-	↕	-	-

（续表）

源 代 码	操 作	地址模式	机器代码	条件代码 S	X	H	I	N	Z	V	C
JMP (opr)	跳转 常规地址→ PC	EXT IDX	06　hh　ll 05　*	- 	- 	- 	- 	- 	- 	- 	-
JSR (opr)	跳转到子程序 (参见文本)	DIR EXT IDX	17　dd 16　hh　ll 15　*								
LDAA (opr)	加载累加器 A (M) → A	IMM DIR EXT IDX	86　ii 96　dd B6　hh　ll A6　*	-	-	-	-	↕	↕	0	-
LDAB (opr)	加载累加器 B (M) → B	IMM DIR EXT IDX	C6　ii D6　dd F6　hh　ll E6　*	-	-	-	-	↕	↕	0	-
LDD (opr)	加载累加器 D (M): (M + 1) → D	IMM DIR EXT IDX	CC　jj　kk DC　dd FC　hh　ll EC　*	-	-	-	-	↕	↕	0	-
LDX (opr)	加载索引寄存器 X (M): (M + 1) → X	IMM DIR EXT IDX	CE　jj kk　DE dd　FE hh　ll EE　*	-	-	-	-	↕	↕	0	-
LDY (opr)	加载索引寄存器 Y (M): (M + 1) → Y	IMM DIR EXT IDX	CD　jj　kk DD　dd FD　hh　ll ED　*	-	-	-	-	↕	↕	0	-
MUL	B 乘以 A　(A) * (B) → D	INH	12	-	-	-	-	-	-	-	↕
NOP	无操作	INH	A7	-	-	-	-	-	-	-	-
PSHA	将 A 推入堆栈 $(SP) - 1 \Rightarrow SP$; (A) $\Rightarrow M_{(SP)}$	INH	36	-	-	-	-	-	-	-	-
PSHB	将 B 推入堆栈 $(SP) - 1 \Rightarrow SP$; (B) $\Rightarrow M_{(SP)}$	INH	37	-	-	-	-	-	-	-	-
PSHX	将 X 推入堆栈 $(SP) - 2 \Rightarrow SP$; $(X_H:X_L) \Rightarrow M_{(SP)}:M_{(SP+1)}$	INH	34	-	-	-	-	-	-	-	-
PSHY	将 Y 推入堆栈 $(SP) - 2 \Rightarrow SP$; $(Y_H:Y_L) \Rightarrow M_{(SP)}:M_{(SP+1)}$	INH	35	-	-	-	-	-	-	-	-
PULA	将 A 从堆栈中拉出 $(M_{(SP)}) \Rightarrow A$; $(SP) + 1 \Rightarrow SP$	INH	32	-	-	-	-	-	-	-	-
PULB	将 B 从堆栈中拉出 $(M_{(SP)}) \Rightarrow B$; $(SP) + 1 \Rightarrow SP$	INH	33	-	-	-	-	-	-	-	-
PULX	将 X 从堆栈中拉出 $(M_{(SP)}:M_{(SP+1)}) \Rightarrow X_H:X_L$; $(SP) + 2 \Rightarrow SP$	INH	30	-	-	-	-	-	-	-	-
PULY	将 Y 从堆栈中拉出 $(M_{(SP)}:M_{(SP+1)}) \Rightarrow Y_H:Y_L$; $(SP) + 2 \Rightarrow SP$	INH	31	-	-	-	-	-	-	-	-

（续表）

源 代 码	操 作	地址模式	机器代码	条件代码							
				S	X	H	I	N	Z	V	C
RTS	从子程序返回 $(M_{(SP)}:M_{(SP+1)}) \Rightarrow PC; (SP) + 2 \Rightarrow SP$	INH	3D	-	-	-	-	-	-	-	-
STAA (opr)	保存累加器 A $(A) \rightarrow M$	DIR EXT IDX	5A dd 7A hh ll 6A *	-	-	-	-	↕	↕	0	-
STAB (opr)	保存累加器 B $(B) \rightarrow M$	DIR EXT IDX	5B dd 7B hh ll 6B *	-	-	-	-	↕	↕	0	-
STD (opr)	保存累加器 D $(A) \rightarrow M; (B) \rightarrow M + 1$	DIR EXT IDX	5C dd 7C hh ll 6C *	-	-	-	-	↕	↕	0	-
STOP	停止内部时钟。如果控制位 S = 1, STOP 被禁用，其作用类似于 NOP	INH	18 3E	-	-	-	-	-	-	-	-
TSTA	测试累加器 A　(A) − 00	INH	97	-	-	-	-	↕	↕	0	0
TSTB	测试累加器 B　(B) − 00	INH	D7	-	-	-	-	↕	↕	0	0

S 表示仅用于有符号的二进制补码的指令。

U 表示仅用于无符号数的指令。

*用于索引寻址（IDX），只给出机器代码的第一个字节，需要额外的 1～3 字节。

ii 表示 8 位即时数据。

dd 表示直接地址的低字节。

hh 11 表示扩展地址的高字节和低字节。

jj kk 表示 16 位即时数据的高字节和低字节。

rr 表示分支指令中的有符号 8 位偏移量。

大家很容易记住助记符。但是，在微型计算机的存储器中，指令是以一个或多个 8 位操作代码（操作码）的形式存储的。表中的每个代码表示两位 16 进制数，例如，在 ABA 的指令行中，操作码是 1806。因此，ABA 的指令在存储器中的二进制数是 00011000 和 00000110。

由表可见，ADDA（opr）指令中的行代表一个存储单元。该指令的作用是将存储单元的内容添加到累加器 A 中，并将结果保存于累加器 A。用表达式表示如下：

$$(A) + (M) \rightarrow A$$

其中，M 表示存储单元的内容。一些指令可以允许使用多种**寻址模式**来访问存储单元，例如，ADDA 指令可以采用 5 种不同寻址模式中的任何一种。下面讨论 CPU12 的寻址模式。

表 8.1 还展示了条件代码寄存器的内容中每条指令的作用。条件代码中每个位的符号意义如下：

- － 表示该指令位是不变的
- 0 表示该指令位总是被清零
- 1 表示该指令位总是被置 1
- ↕ 表示根据结果，该位被置 1 或清零

CPU12 的指令比表中列出来的要多很多，这里只是举例说明一些常用指令。接下来，我们将简述 CPU12 采用的几种寻址模式。

8.5.2　扩展寻址（EXT）

回想一下，CPU12 采用的是 16 位存储地址（通常书面表达为 4 个十六进制数）。在**扩展寻址**中，完整的操作数的地址包含在指令中。因此，指令 ADDA　$CA01 将存储单元 CA01 中的内容添加到寄

存器 A 中(稍后将介绍汇编程序，将助记符转换为操作码。$符号表示汇编地址是十六进制形式)。如你所见，操作码将出现在三个连续的存储单元中，首先给出的是地址的高字节，然后是低字节。

> 在 CPU12 汇编语言中，前缀$表示数字是十六进制的。

```
BB    (ADDA 指令扩展寻址的操作码)
CA    (地址的高字节)
01    (地址的低字节)
```

注意地址的高字节在低字节之前。

8.5.3　直接寻址(DIR)

直接寻址操作只给出了地址的两位最低有效位(十六进制)，并且假设最高有效位的两位为零。因此，有效地址从 0000 到 00FF。举例如下，指令

```
ADDA    $A9
```

表示将 00A9 存储单元的内容添加到寄存器 A 相应位置的内容中。也就是说，这个指令将出现在两个连续的存储单元中：

```
9B    (ADDA 指令直接寻址的操作码)
A9    (地址的低字节)
```

请注意，用扩展寻址方式可以得到相同的结果。这种情况下，指令变为

```
ADDA    $00A9
```

但是，采用扩展寻址方式的指令将占用存储器中三个字节，直接寻址方式只占用两个字节。此外，直接寻址方式的完成速度更快。

8.5.4　固有寻址(INH)

某些指令，如 ABA，只访问 MCU 的寄存器，那么这种指令采用了**固有寻址**方式。如果用一个指令序列将数字添加到存储单元 23A9 和 00AA，然后将结果存储在 23AB 单元，则可以表示为

```
LDAA    $23A9   (扩展寻址，从 23A9 单元中载入 A)
LDAB    $AA     (直接寻址，从 00AA 单元中载入 B)
ABA             (固有寻址，将 B 添加到 A 中)
STAA    $23AB   (扩展寻址，将结果存储在 23AB 单元中)
```

8.5.5　立即寻址(IMM)

立即寻址用字符#表示，其操作数的地址紧随指令的地址。例如，指令 ADDA　#$83 的含义是将十六进制数 83 添加到寄存器 A 的内容中。该指令存储在两个连续的存储单元中：

> 在 CPU12 汇编语言中，符号#表示立即寻址。

```
8B    (ADDA 指令立即寻址的操作码)
83    (操作数)
```

由于 A 是一个单字节寄存器，所以只需要存储器的一个字节来存储操作数。

此外，D 是一个双字节(16 位)寄存器，所以假设其操作数占用两个存储字节。例如，指令 ADDD #$A276 的含义是将两个字节的十六进制数 A276 添加到寄存器 D 的内容中。该指令存储在如下三个连续的存储单元中：

C3　（ADDD 指令立即寻址的操作码）

A2　（操作数的高字节）

76　（操作数的低字节）

8.5.6　索引寻址（IDX）

当我们希望按顺序逐个访问项目列表，或者可能以两、三步方式向前或向后跳过该列表时，索引寻址非常有用。CPU12 具有各种索引寻址选项。（在表 8.1 中，我们将所有这些选项分组在 IDX 标签下。由于篇幅有限，在表中只给出了机器代码的第一步，一般为 2～4 步。）

常数偏移索引寻址。在常偏移索引寻址中，有效地址是通过对所选 CPU 寄存器（X、Y、SP 或 PC）的内容加上带符号的偏移来形成的。此类型的寻址中，X、Y、SP 或 PC 的内容没有改变。假设 X 包含\$1005，Y 包含\$200A。使用此类型寻址的源代码的例子如下：

```
STAA  5, X    （将 A 的内容存储在$100A 的位置）
STD  - 3, Y   （将 D 的内容存储在$2007 和$2008 的位置）
ADDB $A, X    （寄存器 B 加上位置$100F 的内容）
```

累加器偏移索引寻址。在这种寻址形式中，将一个累加器（A、B 或 D）的内容作为无符号数添加到指定寄存器（X、Y、SP 或 PC）的内容中，以获得有效地址。例如，如果 X 包含\$2000 和 A 包含\$FF，则指令

```
LDAB  A, X
```

将存储器位置\$20FF 的内容加载到 B。完成指令后，A 和 X 的内容保持与执行指令之前的相同。

接下来，我们讨论四种类型的索引寻址，在执行指令之前或之后，增加或减少所选择的 CPU 寄存器（X、Y 或 SP）的内容。增量或减量可以在 1 到 8 之间，并且所选择的 CPU 寄存器包含指令完成后递增或递减的值。

自动预递增索引寻址。假设 X 包含\$1005，那么对于指令

```
STAA  5, +X
```

先递增 X，所以 X 的内容变成\$100A，并且 A 的内容存储在\$100A 的位置。完成指令后，X 包含\$100A。

自动预递减索引寻址。再者，假设 X 包含\$1005。对于指令

```
STD  5, -X
```

先递减 X，所以 X 的内容变成\$1000，并且 D 的内容存储在\$1000 和\$1001 的位置。完成指令后，X 包含\$1000。

注意，X 前面的符号决定是否具有预增量或预减量。另一方面，如果代数符号在寄存器名称后面，则有后增量或后减量。这里，增量或减量可以在 1 到 8 之间。

自动后递增索引寻址。假设 X 包含\$1005。然后，指令

```
STAA  5, X+
```

将 A 的内容存储在 1005 的位置，然后递增 X，因此 X 的内容变成\$100A。如前所述，增量可以从 1 变化到 8。

自动后递减索引寻址。再者，假设 X 包含\$1005。然后，指令

```
STAA  3, X-
```

将 A 的内容存储在\$1005 的位置，然后递减 X，因此 X 的内容变成\$1002。

间接索引寻址。在这种类型的寻址中，将指令中给出的 16 位(或等效的 4 位十六进制)常数添加到所选 CPU 寄存器(X、Y、SP 或 PC)的内容中，得到指向包含操作数地址的位置的指针。为了说明，首先假设 CPU 寄存器的存储器和一些存储器位置如图 8.8 所示。如果执行指令

LDY [$1002, X]

则将$1002 添加到 X 的内容中，结果为$2003。位置$2003 和$2004 的内容包含操作数的起始地址的高字节和低字节。因此，操作数的起始地址为$3003。最后，位置$3003 和$3004 的内容被写入寄存器 Y。因此，在执行这个指令之后，Y 包含$A3F6。

代替在指令中指定偏移值，可以使用寄存器 D 的内容。因此，在图 8.8 中，指令

LDY[D, X]

将 D 的内容添加到 X 的内容中，结果为$2003。地址$2003 和$2004 的内容是$3003。这是操作数的(初始)地址。因此，$A3F6 被加载到寄存器 Y 中，就像指令 LDY[$1002，X]一样。

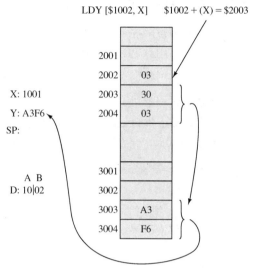

图 8.8　指令 LDY[$1002，X]的说明

总而言之，间接索引寻址的步骤如下：

1. 将偏移或 D 的内容添加到指令中指定的 CPU 寄存器(X、Y、SP 或 PC)中。
2. 转到步骤 1 所生成的地址。这个位置的内容是下一个操作数的地址。

8.5.7　相对寻址

转移指令用于改变程序流的顺序。回想一下，如果两个数字相加的结果不是零，那么条件代码寄存器的 Z 位将被清零；如果结果是零，那么 Z 位将被置 1。根据 Z 位的值，BEQ 指令(即结果等于零的转移指令)可以改变程序流。

在 CPU12 中，转移指令只用于相对寻址。反过来，相对寻址也只使用转移指令。

例如，假设寄存器 A 包含 FF，寄存器 B 包含 01，然后执行指令 ABA，二进制加法如图 8.9(a)所示。因为结果是零，条件寄存器的 Z 位将被置 1。如果执行转移指令 BEQ　$05，那么下一条指令是程序计数器的内容加上偏移量(这里指 05)。如果 Z 位被清零，则执行紧随转移指令的指令，如图 8.9(b)所示。

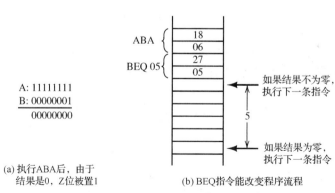

图 8.9　使用 BEQ 指令

8.5.8 机器代码和汇编程序

ADDA 是处理器执行一条指令的助记符。在 CPU12 中，采用扩展寻址的指令 ADDA 以 $BB = 10111011_2$ 的形式存储在存储器中。其中，BB 是扩展寻址的指令 ADDA 的机器代码。机器代码也被称为**操作码**或 **OP 代码**。在扩展寻址中，操作数的地址存储在紧随指令操作码的两个存储单元中。指令 ADDA $070A 按以下形式存储在三个连续的存储单元中：

```
BB
07
0A
```

对于人们来说，将指令助记符转化为机器代码是一项非常艰巨的任务，但是，计算机却擅长这种类型的任务。此外，助记符相比于机器代码更容易记忆。因此，我们一般使用助记符编写程序。一种被称为**汇编程序**的计算机程序，可以将助记符转化为机器代码，也可以处理与程序相关的其他任务。例如，将十进制数转换为十六进制数，并记录转移地址和操作数地址。在下一节，我们将对汇编语言展开更多的讨论。

练习 8.6 假设某些内存位置的内容如图 8.10 所示。此外，寄存器 A 的内容是零，并且寄存器 X 在执行下列每个指令之前包含 0200：

a. LDAA $0202
b. LDAA #$43
c. LDAA $05，X
d. LDAA $06
e. LDAA $07，X–
f. LDAA +05，+X

在每条指令之后指出寄存器 A 和 X 的内容。

答案：a. A 包含 1A 和 X 包含 0200；b. A 包含 43 和 X 包含 0200；c. A 包含 FF 和 X 包含 0200；d. A 包含 13 和 X 包含 0200；e. A 包含 10 和 X 包含 01F9；f. A 包含 FF 和 X 包含 0205。

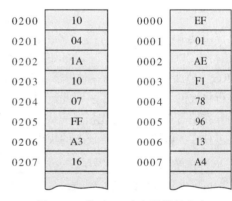

0200	10		0000	EF
0201	04		0001	01
0202	1A		0002	AE
0203	10		0003	F1
0204	07		0004	78
0205	FF		0005	96
0206	A3		0006	13
0207	16		0007	A4

图 8.10　练习 8.6 中存储器的内容

练习 8.7 设从存储单元 0200 开始，连续存储单元含以下指令操作码：

```
CLRA
BEQ $15
```

a. 指出这些指令的存储地址和内容（以十六进制形式）；

b. 执行转移指令后下一指令的地址是什么？

答案：a. 存储地址和内容分别是

0200:　87（CLRA 操作码）

0201:　27（BEQ 操作码）

0202:　15（转移指令的偏移量）

b. 下一指令的地址是 0218。

8.6 汇编语言编程

程序由能完成任务的指令序列组成。毫无疑问，大家都熟悉使用其他的高级语言编程，如

BASIC、C、Java、MATLAB 或 Pascal 语言。使用高级语言时，在程序执行前，**编译器**或**解释器**需将程序语句转换为机器代码。对于烦琐复杂的工程分析，使用机器语言编写程序显得太过冗长。对于面向应用的软件，比如计算机辅助设计包，采用易于使用的程序尤为重要。但是，在控制应用中使用嵌入式计算机编写程序时，需要保证指令数量相对少，最大限度地减少各种操作所需的时间，并且能对系统中的受控事件做出快速反应，这点尤为重要。

我们经常使用机器语言来为计算机的控制应用编程，若用汇编程序将会减轻很多负担。这会带来许多便利，如编写助记符指令、标记存储地址，以及在源程序文件中添加用户评论等。

事实上，在通用计算机的主机中，用文本编辑器编写的程序被称为**源代码**。接着通过汇编程序，源代码被转换为**目的代码**，即机器代码。最后，再将机器代码载入被称为**目的系统**的 MCU 的存储器中。有时我们说源代码是用汇编语言编写的，不过汇编语言代码与计算机执行的实际操作码非常相似。

CPU12 汇编语言通常采用以下形式进行声明：

```
LABEL    INSTRUCTION/DIRECTIVE    OPERAND    COMMENT
```

通常情况下，每一行源代码被转换成一条机器指令。一些源代码语句被称为**指令**，主要是用于向汇编程序发出命令。其中之一就是起源指令 ORG，例如，

```
ORG    $0100
```

其作用是指示汇编程序将第一条指令放置在存储单元 0100 中。

在 CPU12 汇编语言中，标签必须从第一列开始，各个区域由空格划分开。因此，当我们把 ORG 作为指令而不是标签时，需要在它前面放置一个或者多个空格。如果某行的首字符是*，则该行将被汇编程序忽略，表明此行用于注释。适当的行距可以使源代码更易于理解。

在编写程序时，首先描述完成任务的算法。接着，创建指令序列以执行算法。通常情况下，有多种方法可以编写给定任务的程序。

> 通常情况下，有多种方法可以编写给定任务的程序。

例 8.1　一个汇编语言程序

编写一个程序，从存储单元 0400 开始，检索存储单元 0500 中存储的数据，然后加 5，将结果写入 0500 单元中，程序停止。（虽然 CPU12 有多种其他指令让编写的程序更短，建议这里只使用表 8.1 中所列的指令。）

解：源代码如下：

```
; SOURCE CODE FOR EXAMPLE  8.1
; THIS LINE IS A COMMENT THAT IS IGNORED BY THE ASSEMBLER
;
         ORG      $0400      ;ORIGIN DIRECTIVE

BEGIN    LDAA     $0500      ;LOAD NUMBER INTO A
         ADDA     #$05       ;ADD 5, IMMEDIATE ADDRESSING
         STAA     $0500      ;STORE RESULT
         STOP
         END                 ;END DIRECTIVE
```

为了解释，每一行都增加了注释。BEGIN 是标识 LDAA 指令地址的标签。（在这里，BEGIN 具有存储单元 0400 的值。）如果在更复杂的程序中需要引用该单元，可使用该标签。STOP 是指令助记符，可以停止 MCU 的进一步行动。END 指令通知汇编程序接下来没有更多的指令了。

例 8.2　绝对值汇编程序

编写一个程序的源代码，从存储单元 $0300 开始，从寄存器 A 中将一个有符号的二进制补码

载入存储单元\$0200 中，计算其绝对值，并将结果返回到存储单元\$0200 中，然后清除寄存器 A，停止程序。请使用表 8.1 中所列的指令。（设存储单元\$0200 中的初始内容绝不会是 $1000000 = -128_{10}$，因为没有 8 位二进制补码形式的正数。）

解： 回想一下，根据条件代码寄存器中某些位的值，转移指令(也称条件指令)执行不同的指令集。例如，在表 8.1 中，如果条件代码寄存器的 N 位被清零(即逻辑 0)，加法指令(BPL)的转移指令将会产生转移。

很多指令会自动进行测试。例如，载入 A 的指令 LDAA，如果值分别是负数或者零，则条件代码寄存器的 N 位或 Z 位将被置 1。

我们的计划是载入数字，如果是负数，则计算其二进制补码，存储结果，并清空寄存器 A，然后停止程序。获得二进制补码的方式是首先找到二进制反码，然后加 1。如果是正数，就没必要再计算。源代码如下：

```
; SOURCE CODE FOR EXAMPLE  8.2
;
          ORG      $0300      ;ORIGIN DIRECTIVE
          LDAA     $0200      ;LOAD NUMBER INTO REGISTER A
          BPL      PLUS       ;BRANCH IF A IS POSITIVE
          COMA                ;ONES'S COMPLEMENT
          INCA                ;ADD ONE TO FORM TWO'S COMPLEMENT
          STAA     $0200      ;RETURN THE RESULT TO MEMORY
PLUS      CLRA                ;CLEAR A
          STOP
          END                 ;DIRECTIVE
```

在该程序中，数字首先从存储单元\$0200 载入寄存器 A 中。如果数字是负数(即最高有效位是1)，条件代码寄存器的 N 位将被置 1(逻辑 1)，否则就不置 1。如果 N 位是 0，BPL PLUS 指令将执行起始单元标签为 PLUS 的下一条指令。另外，如果 N 位是 1，那么执行的下一条指令则是紧随着转移指令的指令。如果存储单元的内容是负数，则计算二进制补码来改变符号。然后，将结果写入初始单元中，并清空 A。

为了说明汇编程序的一些任务，接下来将前面例子的源代码手动地转换为机器代码。

例 8.3　源代码向机器代码的手动转换

请手动确定例 8.2 的源代码所产生的每个存储单元的机器代码。标签 PLUS 的值是多少？（提示，用表 8.1 来确定每个指令的操作码。）

解： 汇编程序会忽略标题和其他注释。因为 ORG 指令，机器代码被放置在起始存储单元 0300 以后的位置。存储地址和它们的内容是

```
0300: B6 Op code for LDAA with extended addressing.
0301: 02 High byte of address.
0302: 00 Low byte of address.
0303: 2A Op code for BPL which uses relative addressing.
0304: 05 Offset (On the first pass this value is unknown.)
0305: 41 Op code for COMA which computes one's complement.
0306: 42 Op code for INCA.
0307: 7A Op code for STAA with extended addressing.
0308: 02 High byte of address.
0309: 00 Low byte of address.
030A: 87 Clear A.
030B: 18 Halt processor.
030C: 3E
```

每一行之后添加了注释，汇编程序本身不会产生这些注释。

　　回想一下，转移指令使用相对寻址。第一次执行源代码时，BPL 指令所需的偏移量是未知的。然而，在第一次执行源代码后，与标签 PLUS 相对应的存储单元是 030A，并且 BPL 指令所需的偏移量为 05。END 指令不产生目标代码。

8.6.1　子程序

　　有时，指令的某些序列在许多不同的地方被反复使用。如果将这些序列存入存储器，那么这些序列就可以在任何地方使用。这种指令序列被称为**子程序**。若在主程序的任何一点需要执行子程序，只需使用跳转指令转到子程序指令：

```
JSR address
```

其地址是子程序的第一条指令的直接、扩展或者索引地址，当子程序结束时，则使用子程序指令

```
RTS
```

跳回主程序，并执行主程序中紧随 JSR 指令的存储单元中的下一条指令。如图 8.11 所示。

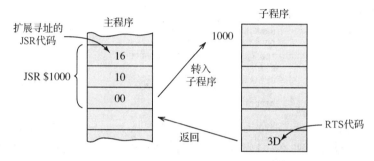

图 8.11　采用扩展寻址的跳转子程序指令的示意图(JSR 指令也允许使用其他寻址模式)

　　堆栈用于记录子程序完成后的返回地址。在执行跳转后，紧随 JSR 指令的地址将被推入到系统堆栈中。在执行返回指令时，该地址从堆栈中被取出来，并载入程序计数器中。子程序结束后，接下来执行的下一条指令便是紧随 JSR 的指令。

　　汇编程序可以执行的任务之一便是记录子程序的起始地址，我们只需标注源代码中子程序的第一条指令，这样非常方便。因为在编写程序时，我们通常不知道最终在什么地方会导入子程序。在完成所有源代码的编写后，汇编程序可以计算出每部分程序所需的存储量，并且确定子程序的起始位置，这些起始位置将被标签取代。

例 8.4　子程序的源代码

　　设寄存器 A 的内容是一个有符号的二进制补码数 n。试用表 8.1 中的指令，编写一个名为 SGN 的子程序，其作用是如果 n 是正数，用+1 代替 A 中的内容(有符号的二进制补码形式)；如果 n 是负数，用−1 代替；如果 n 是零，则不用改变。

　　解：子程序的源代码如下：

```
;  SOURCE CODE FOR SUBROUTINE OF  EXAMPLE 8.4
;
SGN     TSTA                    ;TEST CONTENT OF A
        BEQ     END             ;BRANCH IF A IS ZERO
        BPL     PLUS            ;BRANCH IF A IS POSITIVE
        LDAA    #$FF            ;LOAD -1, IMMEDIATE ADDRESSING
        JMP     END             ;JUMP TO END OF SUBROUTINE
PLUS    LDAA    #$01            ;LOAD +1, IMMEDIATE ADDRESSING
END     RTS                     ;RETURN FROM SUBROUTINE
```

首先，数字会自检。如果是零，将设置 Z 标记；如果是负数，将设置 N 标记。接下来，如果数字是零，BEQ 指令迫使一个分支转移到 END，从子程序返回。如果数字是正数，子程序转移到 PLUS，导入二进制补码数+1 的十六进制代码，然后返回。如果数字是负数，将执行 LDA#FF 指令，然后返回。[注意，在该子程序中，END 是一个标签（而不是指令），因为它是从第一行开始的。]

练习 8.8　编写一个程序，从位置$0100 开始，在位置$0500 的内容上加 52_{10}，将结果存储在位置$0501 中，然后停止。设所有的值都是二进制补码形式。

答案：源代码如下：

```
; SOLUTION FOR  EXERCISE 8.8
;
      ORG       $0100
      LDAA      #$34       ;LOAD HEX EQUIVALENT OF 52 BASE TEN
      ADDA      $0500      ;ADD CONTENT OF 0500
      STAA      $0501      ;STORE RESULT IN 0501
      STOP
      END                  ;DIRECTIVE
```

练习 8.9　编写一个名为 MOVE 的子程序，用以检测寄存器 A 中的内容。如果 A 不是零，则子程序应该将位置 0100 的内容移动到 0200，否则不移动。在调用子程序之前，A、B、X 和 Y 的内容必须与返回的内容相同。

答案：子程序如下：

```
; SUBROUTINE FOR  EXERCISE 8.9.
;
MOVE  TSTA                 ;TEST CONTENT OF A
BEQ   END                  ;BRANCH IF CONTENT OF A IS ZERO
      PSHA                 ;SAVE CONTENT OF A ON STACK
      LDAA $0100           ;LOAD CONTENT OF MEMORY LOCATION 0100
      STAA $0200           ;STORE CONTENT OF A IN LOCATION 0200
      PULA                 ;RETRIEVE ORIGINAL CONTENT OF A
END   RTS                  ;RETURN FROM SUBROUTINE
```

8.6.2　补充学习资料

在本章中，我们对飞思卡尔半导体公司的 HCS12/9S12 MCU 系列进行了简单的概述。关于 HCS12/9S12 的更多细节可以在 www.freescale.com 找到。

我们强调汇编语言编程，因为它给出了清晰的 MCU 内部工作原理图。随着 MCU 的发展，其具有更高的速度和复杂性，使得编程逐渐远离汇编语言，并趋于更高级的语言，例如 C 语言。

如果你有兴趣将 MCU 应用于自己的项目，则应该选修专门针对 MCU 的课程或机电一体化课程。动手练习对了解 MCU 很重要。通常，人们从一块包含感兴趣的 MCU、原型设备、LED、小型显示器、开关和其他组件的训练板开始。这种板通常配备了一个接口，所以程序可以通过主机的 USB 连接下载到单片机上。HCS12 MCU 的一个例子是 EVBplus.com 上的 Dragon12-Plus-USB 板。

机器人、铁路模型、配备有摄像机的远程控制飞机模型等的设计和建造，对于那些对结合 MCU、机械系统和电子元件感兴趣的人来说，可以成为一个令人着迷的爱好。更多例子，可以在 www.nutsvolts.com 上查看 *Nuts and Volts* 杂志，或在 www.makezine.com 上查看 *Make* 杂志。

Arduino MCU 板很受艺术家、do-it-yourself 爱好者和学生的欢迎，在 *Nuts and Volts* 和 *Make* 杂志上会发现许多与这些板相关的文章。同时，可以访问 http://spectrum.ieee.org/geek-life/hands-on/the-making-of-arduino/0 来查看更多信息。

8.7　测量的概念和传感器

8.7.1　基于计算机的仪器仪表系统

图 8.12 是一个关于汽车或化学过程的基于计算机的测量系统。温度、角速度、位移和压力等物理现象使得**传感器**的电压、电流、电阻、电容或电感发生变化。如果传感器的输出还不是电压信号，那么**信号调理器**将提供一个**激励源**，将电气参数的变化转换为电压。此外，信号调理器进行信号放大和滤波，将调理的信号输入到**数据采集(DAQ)** 板中。在 DAQ 板上，再将每个调理的信号送入到周期性采集信号和维持数值稳定的**采样保持电路(S/H)** 中，接着，经**多路转换器(MUX)** 将其连接到模数转换器(A/D 或 ADC)，将模拟信号转换为数字字，由计算机读取和处理。最后，计算机存储和显示结果。例如，分别从一个应力传感器和速度传感器中产生的信号可以相乘，获得随时间变化的功率曲线。此外，功率可以被积分，表示在一段时间内消耗的能量。在一个过程中长期进行统计分析，将使得质量控制更为方便。

> 基于计算机的仪器仪表系统由四个主要部分组成：传感器、DAQ 板、软件和通用计算机。

本节首先介绍传感器，在接下来的几节中，再讨论基于计算机的 DAQ 系统的其他模块电路。

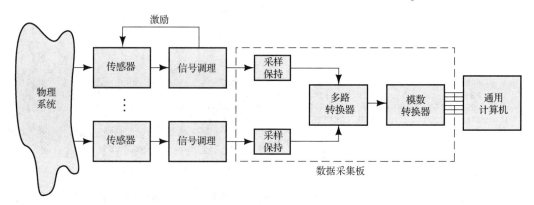

图 8.12　基于计算机的测量系统

8.7.2　传感器

我们重视传感器或信号调理器，因为它们能产生类似于物理量或被测量变化的电信号(通常是电压)，然后可以继续测量电信号。通常情况下，电压与被测量成正比，即传感器的电压如下：

$$V_{\text{sensor}} = Km \tag{8.1}$$

该公式中，V_{sensor} 是传感器产生的电压，K 是**灵敏度常数**，m 是被测量。例如，压力传感器是由 4 个应变仪元件组成的传感器，它们连接在惠斯通电桥中，并将其黏贴到承载元件上。当力量施加到传感器单元时，按比例产生的电压将出现在桥臂两端，再将一个恒定电压的**激励**作用于桥臂的另外两端。对于一个给定的激励电压，**灵敏度常数**的单位是 V/N 或 V/lbf。

> 美国国家仪器公司(National Instruments)的网站www.ni.com上有很多基于计算机的仪表和控制(包括传感器)的详细信息。

表 8.2 是一些被测量和传感器类型的实例，仅仅是众多传感器类型中的一部分。

表 8.2 被测量和传感器类型

被 测 量	传感器类型
加速度	地震质量加速度计
	压电加速度计
角位移	旋转式电位计
	光电轴编码器
	测速发电机
光	光电传感器
	光伏电池
	光电二极管
液位	电容探头
	电导探针
	超声波液位传感器
	压力传感器
线性位移	线性可变差动变压器(LVDT)
	应变仪
	电位器
	压电器件
	可变面积电容式传感器
力/力矩	称重传感器
	应变仪
流体流量	电磁流量计
	桨轮传感器
	收缩效应压力传感器
	超声波流量传感器
气体流量	热线风速计
压力	波登管/线性可变差动变压器组合
	电容式压力传感器
接近	微动开关
	可变-磁阻式接近传感器
	霍尔效应接近传感器
	光学接近传感器
	磁簧开关传感器
温度	二极管温度计
	热敏电阻
	热电偶

8.7.3 等效电路和负载

图 8.13 的等效电路适用于许多传感器。源电压 V_{sensor} 类似于被测量,R_{sensor} 是戴维南等效电阻。作为信号调理的一部分,传感器的电压被多级放大。图 8.13 表示传感器与放大器的输入端相连(放大器将在第 10 章中讨论)。从任何放大器的输入端看进去,都等效为一个有限的阻抗,即图 8.13

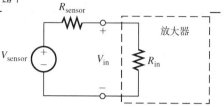

中的 R_{in}。根据分压公式，有

$$V_{in} = V_{sensor} \frac{R_{in}}{R_{in} + R_{sensor}} \qquad (8.2)$$

因为电流通过电路，放大器的输入电压小于传感器的内部电压，这种效应被称为**负载效应**。负载效应是不可预知的，也是不希望出现的。如果 R_{in} 比 R_{sensor} 大得多，则放大器的输入电压与传感器内部的电压几乎相等。因此，当需要测量传感器的内部电压时，需要设计一个信号调理放大器，其输入阻抗要远远大于传感器的戴维南等效电阻。

图 8.13　传感器连接放大器输入端的模型

> 当需要测量传感器的内部电压时，需要设计一个信号调理放大器，其输入阻抗要远远大于传感器的戴维南等效电阻。

例 8.5　传感器的负载效应

设有一个温度传感器，其开路电压与温度成正比。当传感器的戴维南等效电阻从 15 kΩ 变为 5 kΩ 时，要使系统的灵敏度常数变化小于 0.1%，放大器的最小输入电阻是多少？

解：灵敏度常数与输入电阻和传感器的戴维南等效电阻之间的分压比呈正比。当戴维南等效电阻变化时，常数变化需等于 0.1%（或小于）。因此，根据 kΩ 级的电阻，有

$$V_{sensor} \frac{R_{in}}{15 + R_{in}} \geq 0.999 V_{sensor} \frac{R_{in}}{5 + R_{in}}$$

所以，R_{in} 必须大于 9985 kΩ。

8.7.4　电流输出的传感器

某些类型的传感器产生的电流与被测量成正比。例如，在适当的外加电压下，光电二极管产生的电流与光照强度成正比。光电二极管如图 8.14(a) 所示。与负载单元一样，光电二极管需要一个恒定电压的激励源。图 8.14(b) 是不同光照强度下二极管的电流与电压的关系曲线（伏安特性曲线）。若需要电流只取决于光照强度，则二极管的电压必须保持基本不变。

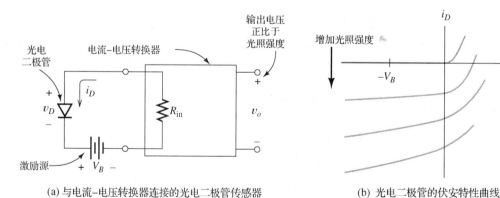

(a) 与电流–电压转换器连接的光电二极管传感器　　(b) 光电二极管的伏安特性曲线

图 8.14　光电二极管的光感应系统。因为二极管电压通常为常数，R_{in} 的理想值为零

通常，**电流–电压转换器**（又被称为互阻放大器）用于获得与二极管电流成正比的输出电压。以放大器为例，从电流–电压转换器的输入端看进去可获得等效输入阻抗，即图 8.14(a) 的 R_{in}。当电流变化时，为了使二极管电压保持稳定，R_{in} 必须非常小（这样，它两端的电压可以忽略不计）。因此，当我们想检测传感器产生的电流时，需要一个输入阻抗非常小（理想为零）的电流–电压转换器。

> 当我们想检测传感器产生的电流时，需要一个输入阻抗非常小（理想为零）的电流–电压转换器。

8.7.5　变阻传感器

其他传感器在响应被测量的变化时会产生变化的电阻，例如，热敏电阻的电阻随温度的变化而变化，通过恒流激励源驱动传感器，可以将电阻的变化转换为电压的变化。为了避免负载效应，需将电压施加到一个高输入阻抗放大器，如图 8.15 所示。使用类似的交流激励源，可以将电容或电感的变化转换为电压的变化。

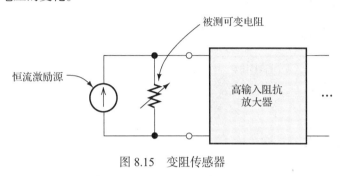

图 8.15　变阻传感器

8.7.6　测量系统的误差

测量时可能产生多种误差。我们将测量误差定义为

$$误差 = x_m - x_{truc} \qquad (8.3)$$

其中，x_m 是测量值，x_{true} 是被测量的真实值。通常，误差以满刻度值 x_{full}（即系统测量的最大值）的百分比表示。

$$百分比误差 = \frac{x_m - x_{true}}{x_{full}} \times 100\% \qquad (8.4)$$

误差来源有很多种，其中一些只针对特定的被测量和测量系统。但是，有必要对可能发生的误差进行分类。有些是**固有误差**，也称**系统误差**，即相同条件下每次测量的结果都是一样的。有时，固有误差可以通过标准更精确的对比测量来计算。例如，可以通过称量高精确度标准的质量来校准体重秤，校准数据则用来纠正随后的体重测量结果。

固有误差包括**偏移误差**、**刻度误差**、**非线性误差**和**滞后误差**，如图 8.16 所示。偏移误差是一个与真实值相加或者相减的常数；刻度误差产生的测量误差与被测量的真实值成正比；非线性误差由电子放大器的设计不当或过激励产生；产生滞后误差时，误差取决于被测量达到当前值的方向和距离。例如，滞后误差可以由测量位移的静摩擦或者磁场传感器的材料效应而产生。所有类型的固有误差都可能由于老化或者温度、湿度等环境因素的变化而缓慢漂移。

虽然在相同的条件下（漂移除外）每次测量的**固有误差**都是一样的，但每个实例的随机误差却是不同的，且具有零均值。例如，测量一个给定的距离时，与振动相结合的摩擦可能导致重复测量的值不同。有时，我们可以通过重复测量和计算平均值来减少随机误差的影响。

评估仪器性能的一些附加条件如下：

1. **准确度**：测量值和真实值之间的最大期望值差异（通常以满刻度值的百分比来表示）。
2. **精确度**：仪器重复测量一个稳定测量物的能力，对于精确度越高的测量，其随机误差越小。

3. **分辨率**：测量值之间尽可能小的增量。对于这个概念，更高的分辨率意味着更小的增量，因此，一个 5 位数字显示器(例如，$0.0000\sim9.9999$)的分辨率比一个 3 位(例如，$0.00\sim9.99$)数字显示器的分辨率要高。

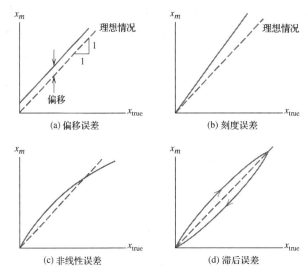

图 8.16　某些类型仪器误差的示意图。x_m 表示测量系统被测量的测量值，x_{true} 表示被测量的真实值

练习 8.10　设一个磁流体传感器的内阻(因为流体电导率可以变化)从 $5\,\text{k}\Omega$ 变化到 $10\,\text{k}\Omega$。该传感器的内部(开路)电压与流速成正比。随着传感器电阻的变化，设该测量系统(包括负载效应)灵敏度常数的变化小于 0.5%。问：该系统中放大器的输入电阻应该是什么规格？

答案：该放大器的输入电阻必须大于 $990\,\text{k}\Omega$。

练习 8.11　问：a. 一个非常精确的仪器的测量结果可能非常不准确吗？b. 一个非常准确的仪器的测量结果可能非常不精确吗？

答案：a. 是的。精确度意味着测量是可重复性的，但是，测量值之间可能有很大的固有误差；b. 不会。如果在相同条件下重复测量的结果差异很大，则某些测量值必定误差很大，结果肯定是不准确的。

8.8　信号调理

信号调理器的功能包含放大传感器信号，将电流转换为电压，给传感器提供激励源(交流或直流)，以便将电阻、电感或电容的变化转换为电压的变化，并且进行过滤以消除噪声或其他不需要的信号成分。信号调理器往往针对特定应用进行定制设计，例如，二极管温度计的信号调理器未必适用于热电偶。

8.8.1　单端与差分放大器

通常情况下，传感器的信号非常小(1 毫伏或更小)，并且信号调理中重要的一步就是放大，因此传感器通常连接在放大器的输入端。在**单端放大器**的输入端，其中一个输入端接地，如图 8.17(a)所示，输出电压等于输入电压乘以增益常数 A。

如图 8.17(b)所示，**差分放大器**含有同相输入端和反相输入端。理想情况下，输出电压等于两输入电压之差乘以差模增益 A_d。

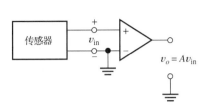

(a) 单端输入：放大器的一个输入端接地

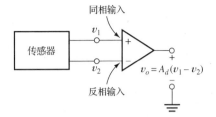

(b) 差分输入：放大器的两个输入端都不接地，输出电压等于两输入电压之差乘以差模增益 A_d

图 8.17　单端输入和差分输入的放大器

图 8.18 是一个典型的传感器所产生的电压与差分放大器相连的模型。放大器的两个输入电压之差是**差模信号**：

$$v_d = v_1 - v_2 \tag{8.5}$$

有时，也存在一个大的**共模信号**，如下：

$$v_{cm} = \frac{1}{2}(v_1 + v_2) \tag{8.6}$$

通常情况下，我们关注最多的是差模信号，共模信号被认为是不需要的噪声，可见差分放大器仅响应差模信号是非常重要的。在设计放大器时，必须能够拒绝足够大的共模信号的影响。衡量差分放大器抑制共模信号能力的参数是**共模抑制比**(CMRR)。当存在大共模信号时，选择一个具有高 CMRR 的差分放大器十分重要，而**仪用放大器**在这方面的性能非常好。差分放大器、CMRR 和仪用放大器将在第 10 章和第 13 章中讨论。

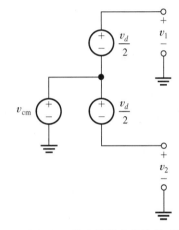

图 8.18　分解为差模和共模成分的传感器模型

> 当存在大共模信号时，选择一个具有高 CMRR 的差分放大器十分重要。

8.8.2　环路接地

通常情况下，传感器和信号调理单元(如放大器或电流-电压转换器)在位置上是分开的，通过导线连接在一起。此外，传感器产生的电压(或电流)可能非常小(小于 1 毫伏或 1 微安)，这样可能产生几个问题，如准确度降低，或在极端情况下所需信号被覆盖。

其中的一个问题被称为**环路接地**。假设有一个单端放大器，将其输入端与配电系统的"地线"相连，注意这些"地线"通向配电板的接地总线，然后又与冷水管或者与打入地下的导电杆相连。通常，检测系统有几个模块电路是通过不同的导线接地的。在理想情况下，地线的阻抗为零，即所有接地点都有相同的电压。但实际上，各种地线电阻并不为零，所以各接地点的电压值存在小但又明显的差异。

如图 8.19 所示，设有一个传感器、一个单端放大器和连接其间的导线。导线的电阻非常小，用 R_{cable} 表示。图中的几根地线电阻分别为 R_{g1} 和 R_{g2}，电流源 I_g 表示接地电流。通常情况下，通过仪器的供电电路 I_g 起源于 60 Hz 的高频线电压。如果将传感器和放大器输入端都接地，那么 I_g 的分流将流过连接导线，而输入电压等于传感器电压减去 R_{cable} 的压降：

$$V_{in} = V_{sensor} - I_{g1}R_{cable} \tag{8.7}$$

当传感器电压非常小时，其完全被 R_{cable} 的压降淹没。

　　反之，如果不让传感器接地，只让放大器接地，I_{g1} 则为零，输入电压确实为传感器的电压。因此，在将传感器连接到单端输入放大器时，应该选择一个未接地的传感器或者浮地传感器。

> 在将传感器连接到单端输入放大器时，应该选择一个浮地传感器。

　　如果你已经连接了几个音/视频组件，如电视机、收音机、CD 播放机、立体声功放等，可能遇到环路接地问题，将导致音响发出恼人的 60 Hz 的嗡嗡声。

8.8.3　替代连接

　　图 8.20 是传感器和放大器的四种连接方式。正如我们所见，因为环路接地问题，需要避免图 8.20(a) 所示的接地传感器和单端接地放大器的连接方式，而其他三种连接方式均可采用。但是，对于图 8.20(d) 显示的浮地传感器和差分放大器的连接方式，通常需要两个高值电阻(远大于传感器

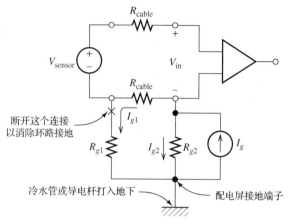

图 8.19　当系统在几个点上接地时形成的环路接地

的内部阻抗，以避免负载效应)来为放大器的输入偏置电流(输入偏置电流将在 10.12 节讨论)提供路径。如果没有这两个电阻，输入端共模电压将变得非常大，以至于放大器不能正常工作。在图 8.20(c) 中，传感器的接地为偏置电流提供了路径。

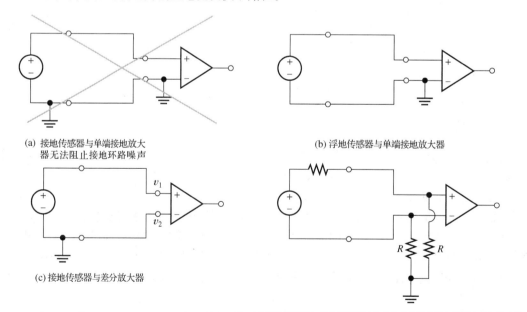

(a) 接地传感器与单端接地放大器无法阻止接地环路噪声

(b) 浮地传感器与单端接地放大器

(c) 接地传感器与差分放大器

(d) 浮地传感器与差分放大器（包含多个电阻为输入偏置电流提供路径）

图 8.20　传感器和放大器的四种连接方式

8.8.4　噪声

将传感器连接到信号调理单元时还会引起另一个问题，就是由附近电路生成的电场或磁场产生的、无意的噪声叠加（例如计算机会产生高频率的噪声）。电场耦合可以建模为连接附近电路和导线的小电容，如图 8.21 所示，电流通过这些电容注入导线中。当使用非屏蔽电缆且传感器阻抗很大时，这更是一个问题。屏蔽电缆的金属箔或编织线形式的外壳包住导线，可以消除由电场引起的大部分噪声。该屏蔽体接地，将为电容电流提供一个低阻抗路径，如图 8.22 所示。

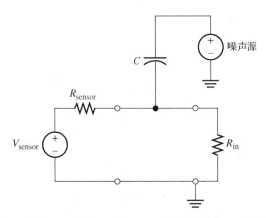

图 8.21　噪声通过电场耦合到传感器电路中，该效果可以等效为噪声源和传感器导线之间的一个小电容

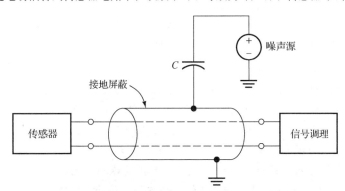

图 8.22　使用屏蔽电缆可以大大减少电场耦合噪声

> 使用屏蔽电缆可以减少电场耦合噪声。

磁耦合也可以产生噪声问题。许多电路尤其是电源变压器，可以产生时变磁场。当这些磁场通过电缆导体区域时，电缆中会感应生成电压。通过减小导线的有效面积，可以大大减少磁耦合噪声，双绞线和同轴电缆（见图 8.23）就是两种很好的结构，因为同轴电缆中导体的中心线是重合的，其有效面积是很小的。

> 使用双绞线或同轴电缆可以减少磁耦合噪声。

练习 8.12　传感器产生的电压是 $v_1 = 5.7$ V，$v_2 = 5.5$ V，分别计算传感器信号的差模成分和共模成分。

答案：$v_d = 0.2$ V；$v_{cm} = 5.6$ V。

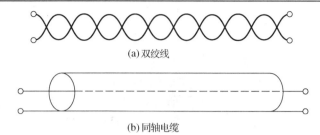

(a) 双绞线

(b) 同轴电缆

图 8.23　使用双绞线或同轴电缆可以大大减少磁耦合噪声

实际应用 8.2　虚拟的首攻线

在美式橄榄球中，进攻球队必须在连续四次进攻中前进 10 码 (yard) 来保持控球。因此，球迷观看比赛时会关注球队推进的标注线。

1998 年 9 月 27 日，在 ESPN 周日晚上的橄榄球比赛中，运动视效公司介绍了他们在电视屏幕上采用电子绘画首攻线的"首攻与 10 码线"（1st and Ten）系统。该系统被人们热情地接受，甚至赢得了技术创新艾美奖。在 2003 年的赛季中，18 名公司员工参与了约 300 场 NCAA 和 NFL 比赛的报道。

虽然在电视屏幕上绘制一条虚拟线的概念听起来很简单，但需要克服一些棘手的技术问题，使其看起来就像在现场绘制的线条一样。通常情况下，有三台主要的摄像头分别位于 50 码线和场地两侧 25 码线的上方和后方。在比赛中，每台摄像机平移、倾斜、缩放和迅速改变焦距，当摄像机的视角改变时，需要改变虚拟线的位置、方向和宽度。此外，一些橄榄球场可能不平坦，但是技术人员能够确保球场的排水和码线并非完全是直线。另外，如果虚拟线与球场线的曲率不匹配，那么它看起来会很不自然。再者，对于视频的每一帧，需要每秒绘制该线 30 次。当然，当一名球员、一位官员或者球越过虚拟线时，该线的某部分还需要消失。为了达到这些要求，运动视效公司采用了一系列的先进电子技术和计算机技术，令人印象深刻。

为了在给定场地安装系统，运动视效公司开始使用激光测量仪器来测量每条 10 码线沿线各点的海拔高度，计算机运用这些数据来建立一个虚拟的球场三维模型。

每台摄像机上装载的传感器用于测量平移、倾斜、变焦和对焦。再将该数据输入到计算机中，通过改变模型与给定摄像头相匹配，再根据摄像头拍摄的球场上的图像，用蓝线绘制虚拟地图。最后，如图 PA8.2 所示的虚拟地图再通过平移、倾斜和变焦等多种组合的设计，从而与真实图像相匹配。通过保存系统产生的校准数据，最终应用于实际比赛。

一种名为"色度键控"的技术已经存在了很长一段时间，并被广泛用于电视上的天气预报。预报天气的预报员站在一块淡蓝色的墙壁前，计算机将淡蓝色的像素（即图片元素）替换为天气图和其他图形，因此，预报员看起来就站在天气图前。采用同类技术，可以让官员、球员和球越过虚拟的首攻线。但是，要辨别哪些像素是球员而哪些是场地的一部分，则比将预报员图像从淡蓝色的墙壁上分离要难得多。通常，避免预报员穿的衣服与墙的颜色一致（而且墙的颜色都是相同的）。然而，球场可能有很多不同颜色的区域，比如白色（球场上的码线），绿色（草或者人工草皮）或褐色（草或者泥）。部分区域可能阳光普照，但其他区域可能在阴影中。一些橄榄球队（比如 Green Bay　Packers）的队服有部分是绿色的，与阳光照射下的人工草皮很难区分。其他颜色比如棕色，也是很难区分开的。

通过不断校正，"首攻与 10 码线"系统可以跟踪区别哪些颜色是球场的一部分，哪些不是。所以，虚拟绘制的"首攻与 10 码线"不会越过球员。

在比赛中，有 4 个人在操控系统，包括 5 台计算机。"监视人"待在体育馆内，并且用无线电将攻线的位置传送到卡车上，卡车上有设备和两位技术员。"线定位技术员"将位置数据输入计算机中，监视线的位置，并做出必要的调整。另一位技术员监视场上的颜色变化，便于色度键控正确完成。最后，一位"挑刺者"寻找问题，并给以解决。

其中一台计算机接收和处理摄像头的平移、倾斜和变焦数据，另一台计算机跟踪"正在广播"的摄像头，第 3 台计算机显示播出的视频和叠加现场的虚拟图，包括目前的码线。第 4 台计算机辨别哪部分图像是球场，哪部分图像是球员或官员。最后，第 5 台计算机在视频上放置虚拟线，同时避免将任何交叠的图像放置在屏幕上。

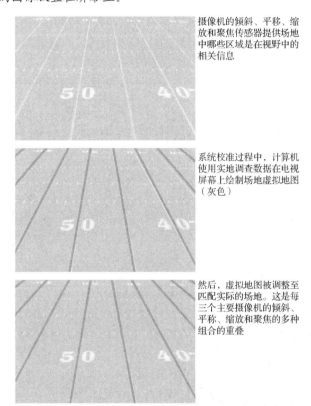

摄像机的倾斜、平移、缩放和聚焦传感器提供场地中哪些区域是在视野中的相关信息

系统校准过程中，计算机使用实地调查数据在电视屏幕上绘制场地虚拟地图（灰色）

然后，虚拟地图被调整至匹配实际的场地。这是每三个主要摄像机的倾斜、平称、缩放和聚焦的多种组合的重叠

图 PA8.2　计算机通过扫描橄榄球场地来绘制虚拟地图，并实时绘制"首攻与 10 码线"

关于"首攻与 10 码线"系统及其类似技术被应用于播报其他运动的更多信息，详见网站 www. sportvision. com。

8.9　模数转换

模拟信号转化成数字形式要经过两个步骤。首先，在时间周期点对模拟信号进行采样（即测量）；然后，再分配一个代码代表每个样本的近似值。在选择 DAQ 系统时，采样率和位数是两个非常重要的参数。

8.9.1　采样率

信号的采样率取决于信号各分量的频率（所有信号可表示为不同频率、振幅和相位的正弦分量的总和)。如果信号各分量的频率均低于f_H,而采样超过f_H的两倍,则信号包含的所有信息都存在于样本中。

> 如果信号各分量的频率均低于f_H,而采样率超过f_H的两倍,则信号包含的所有信息都存在于样本中。

8.9.2　混叠现象

有时候,我们可能只对频率达到f_H的信号分量感兴趣。但是,信号中可能包含频率高于f_H的噪声或部分分量。如果采样率太低,可能发生**混叠现象**。在混叠现象中,高频率分量的样本被视为较低频率分量的信息,并且可能淹没应被关注的信号分量。例如,图8.24是以10 kHz频率对7 kHz频率的正弦波进行采样。如图中虚线所示,样本值看起来类似 3 kHz 频率的正弦曲线,因为采样率(10 kHz)没有高于信号频率(7 kHz)的两倍,所以样本出现了混叠偏差(3 kHz)。(请注意,从样本上不可能看出到底是 3 kHz 频率还是 7 kHz 频率的信号被采样。)

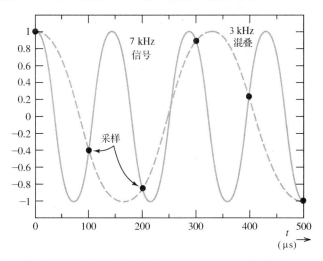

图 8.24　在以 10 kHz 频率对 7 kHz 频率的正弦波进行采样时,样本值看起来是 3 kHz 频率的正弦曲线

图 8.25 展示了混叠频率作为信号频率f的函数。当信号频率f超过采样频率f_s的一半时,样本的视在频率与其真实信号频率是不同的。

避免混叠现象的方法之一是采用足够高的采样率。这样,混叠频率便高于待关注的信号频率。接着,计算机用数字滤波软件处理样本,删去不需要的频率成分。然而,当高频噪声存在时,将导致采样率的处理超出计算机处理结果数据的能力。这时,建议在

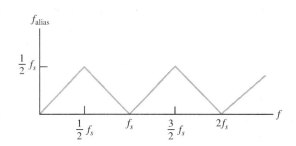

图 8.25　混叠或视在频率与真实信号频率的对比

ADC 转换前,首先采用模拟**抗混叠滤波器**,以消除频率高于被关注信号成分中最高频率的噪声。通常,这是一个带有运算放大器的高阶巴特沃思滤波器,在 13.10 节将有详细介绍。由于实际滤波器无法完全滤掉频率略高于滤波器截止频率的噪声,通常有必要选择采样率高于有用信息最高频率的三倍。例如,音频信号的最高频率大约为 15 kHz,但是在 CD 技术中所用的采样率为 44.1 kHz。

8.9.3　量化噪声

模数转换时需要考虑的第二个重要因素是幅值区间的数目。由于幅值进入同一个特定区间的所有模拟信号均表示为相同的码字，所以数字信号不能精确反映模拟信号，当一个数模转换器（DAC）将码字还原为原始的模拟波形时，只能重构一个原始信号的近似值——该重构电压介于每个区域中间，如图 6.46 所示。因此，在原始信号和重构值之间存在一些**量化误差**。使用的区间越多就可以减小此误差，但是，这就导致每个样本被表示为更长的码字。幅值区间的数目 N 与码字的比特数 k 的关系式为

$$N = 2^k \tag{8.8}$$

> 模数转换包含两步过程。首先，在均匀间隔的时间点对信号进行采样。其次，对样本值进行量化，以便使用有限字长进行表示。

因此，如果使用一个 8 位（$k=8$）的 ADC，会有 $N = 2^8 = 256$ 个幅值区间。基于计算机的测量系统的分辨率受限于 ADC 的字长。在 CD 技术中，16 位字用来代表样本值，以这种位数，用一个监听器来检测重构音频信号的量化误差的影响是非常困难的。在电话系统中通常使用 8 位字，且重构音频信号的保真度相对较差。

有限字长效应可以被定义为在重构信号中加入量化噪声。量化噪声的均方根值约为

$$N_{qrms} = \frac{\Delta}{2\sqrt{3}} \tag{8.9}$$

其中，Δ 表示量化区间的宽度。

> 有限字长效应可以被定义为在重构信号中加入量化噪声。

在下面的例子中，我们将说明如何用已经讨论的各种因素来选择一个基于计算机的测量系统的功能模块。

例 8.6　一个基于计算机的测量系统的性能参数

设有一个单端接地（即传感器的一个终端连接到电力系统的地）的压电振动传感器产生一个有用信号，其峰值为 ±25 mV，均方根值为 3 mV，且信号各分量的频率最高达 5 kHz。该传感器的内阻为 1 kΩ。如果希望分辨率为 2 μV 或更好（即更小）、准确度为峰值信号的 ±0.2% 或更好（注：要求分辨率大大优于精确度，这样系统能够识别比误差还小的信号变化）。探头接线可能暴露在电场和磁场噪声中，该噪声含有频率高于 5 kHz 的分量。所用的 ADC 的输入范围为 −5 V 到 +5 V。请绘制测量系统的框图，并给出每个模块电路的主要性能参数。

解： 由于传感器的一端是接地的，需要使用差分放大器以避免接地回路问题（见图 8.20）。

为了减少电容和电感耦合噪声，应该选择屏蔽双绞线或同轴电缆来连接传感器和检测系统。为了避免接地回路，屏蔽层应只在传感器端接地。此外，应该使用抗混叠滤波器来减少 5 kHz 以上的噪声。系统框图如图 8.26 所示。

由测量放大器和抗混叠滤波器组合而成的电路的电压增益应为 200（= 5 V/25 mV）。这样，传感器的信号被放大到匹配 ADC 的电压范围。与传感器内阻相比，放大器的输入阻抗应该非常大，因此，负载效应是可以忽略的。如果选定一个 1 MΩ 的最小输入阻抗，负载效应将减少 0.1%，达到了要求的准确度（允许来自其他未知源的误差存在）。

要实现一个 ±25 mV 信号的分辨率为 2 μV，需要一个振幅级别至少为 25 000（= 50 mV/2 μV）的 ADC。这就意味着 ADC 的字长至少为 $k = \log_2(25\,000) = 14.6$。由于字长必须是一个整数，则 $k = 15$ 是能满足所需规格的最小字长。事实证明，16 位 ADC 的数据采集（DAQ）板是完全可用的，为了能够提供一些设计余量，我们应该指定字长。

因为被关注的信号的最高频率为 5 kHz，所以需要一个不低于 10 kHz 的采样率。但是，抗混叠滤波器不能有效去除略高于 5 kHz 的信号分量，所以应该选一个更高的采样率(20 kHz 或更高)。

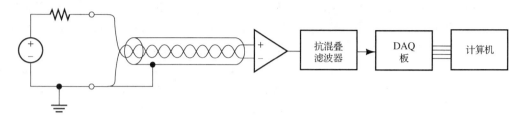

图 8.26　例 8.6 的图

练习 8.13　某 8 位 ADC 接收信号的范围从−5 V 到+5 V。请计算每个量化区间的宽度和量化噪声的近似均方根值。

答案：$\Delta = 39.1$ mV; $N_{qrms} = 11.3$ mV。

练习 8.14　一个 25 kHz 的正弦波以 30 kHz 采样。请计算混叠频率的值。

答案：$f_{alias} = 5$ kHz。

本章小结

1. 计算机由中央处理器(CPU)、存储器、输入输出(I/O)设备组成，它们由双向数据和控制总线连接在一起。CPU 包含控制单元、算术逻辑单元(ALU)和各种寄存器。
2. 存储器用来存储程序和数据。存储器的三种类型分别是 RAM、ROM 和海量存储器。
3. 在冯·诺依曼计算机体系结构中，数据和指令都存储在相同的存储器中。在哈佛体系结构中，数据和指令存储在各自的存储器中。
4. 传感器是将物理值转换为电信号的输入设备，执行器是允许 MCU 去影响被控制系统的输出设备。
5. 图 8.5 展示了一个用于过程控制的 MCU。
6. 模数(A/D)转换器将模拟电压转换为数字信号，数模(D/A)转换器将数字信号转换为模拟电压。模拟传感器和执行器与 MCU 之间需要用转换器作为接口。
7. 图 8.6 展示了 CPU12 的寄存器集。
8. 堆栈存储器的数据被逐步添加直到堆栈的顶部，或者从堆栈的顶部开始读取。它是一个后进先出(LIFO)的存储器。堆栈指针是记忆了堆栈顶部地址的寄存器。
9. 表 8.1 包含了 CPU12 的一些指令。
10. CPU12 支持六种寻址模式：扩展寻址、直接寻址、固有寻址、立即寻址、索引寻址和相对寻址。
11. 在为嵌入式微控制器编写程序时，往往首先用标签和助记符编写源程序。汇编程序将源程序转换为目标程序，目标程序由载入到目标系统的机器代码组成。
12. MCU 的软件开发成本较高。但是，当成本可以分摊到很多产品时，采用汇编语言编程是最好的解决办法。
13. 图 8.12 是一个典型的基于计算机的仪器仪表(测量)系统的框图。
14. 当我们需要检测传感器的内部(开路)电压时，应该指定放大器的输入阻抗远大于传感器的戴维南等效阻抗。

15. 当我们要检测传感器产生的电流时，需要一个电流-电压转换器，相比于传感器的戴维南等效阻抗，该转换器的输入阻抗应非常小(最好为零)。

16. 在相同条件下，重复测量结果的固有误差都相同。固有误差包括偏移误差、刻度误差、非线性误差和滞后误差。

17. 每次测量的随机误差都不相同，且平均值为零。

18. 仪器的准确度是测量值和真实值之差的最大预期量差(通常表示为与满刻度值的百分比)。

19. 精确度是一台仪器对一个常量重复测量的能力。较精确的测量有较小的随机误差。

20. 一台仪器的分辨率是实测值之间可以辨别的最小增量。

21. 信号调理器的部分功能有放大信号，将电流信号转换为电压信号，给传感器提供激励源，过滤噪声或其他不需要的信号分量。

22. 单端接地放大器的一个输入端是接地的，而差分放大器的两个输入端都不接地。一个理想差分放大器的输出是其输入电压之差乘以差模增益。

23. 如果差分放大器的输入电压是 v_1 和 v_2，那么差模信号 $v_d = v_1 - v_2$，且共模信号 $v_{cm} = 1/2 (v_1 + v_2)$。通常在仪器仪表系统中，差模信号是被关注的，共模信号则是不需要的噪声。

24. 当存在大量不需要的共模信号时，最重要的是选择一个具有大 CMRR(共模抑制比)的差分放大器。

25. 环路接地是在仪器仪表系统中将几个点同时连接到地时产生的问题。流经接地导体的电流会产生噪声，使得测量不准确和不够精确。

26. 当我们将传感器连接到单端接地放大器时，为了避免出现环路接地噪声，需要选择一个浮地传感器(即传感器两端均不接地)。

27. 屏蔽电缆可以减少电场耦合噪声。

28. 同轴电缆或双绞线可以降低磁耦合噪声。

29. 如果信号所有分量的频率都不高于 f_H，则信号中的所有信息都保留在样本中，前提是采样率比 f_H 的两倍还要多。

30. 模数转换是一个两步的过程。首先，在等距时间点采样；其次，将采样值进行量化，这样就可以通过有限长度的数字字来代替它们。

31. 我们将有限字长效应建模为量化噪声和信号的叠加。

32. 如果以频率 f_s 采样一个正弦信号，且 f_s 小于信号频率 f 的两倍，则该样本会被误看作一个频率为混叠频率 f_{alias} 的信号。混叠频率和真实信号频率的区别详见图 8.25。

33. 如果传感器信号包含了我们不感兴趣的高频分量，通常使用模拟抗混叠滤波器来消除。因此，没有混叠发生，就可以使用较低的采样率。

习题

8.1 节　计算机结构

P8.1　列出微型计算机的功能部件。

P8.2　什么是三态缓冲器？它们有何用途？

P8.3　给出一些 I/O 设备的例子。

P8.4　什么是内存映射的 I/O？

P8.5　什么是总线？数据总线的功能是什么？地址总线的功能又是什么？

P8.6　什么是嵌入式计算机？

*P8.7 一台计算机的地址总线为 16 位宽，且数据总线为 32 位宽。请问存储器可能包含多少字节？

P8.8 微处理器、微计算机和微控制器的术语定义是什么？

P8.9 解释哈佛计算机体系结构和冯·诺依曼计算机体系结构的区别是什么？

8.2 节 存储器类型

P8.10 什么是 RAM？列出两种类型。在嵌入式计算机中，它对存储程序有用吗？请解释。

*P8.11 什么是 ROM？列出四种类型。在嵌入式计算机中，它对存储程序有用吗？请解释。

P8.12 举出海量存储器的三个例子。

P8.13 哪种类型的存储器的存储单元是最便宜的？（设需要达到 MB 容量。）

P8.14 如果地址总线的宽度是 32 位，请问可以编址多少个存储单元？

*P8.15 对于一个汽车点火系统的控制器来说，哪种类型的存储器是最好的？

P8.16 何时选择 EEPROM，而不选 EPROM？

P8.17 哪种类型的存储器是易失性的？哪种类型的存储器是非易失性的？

8.3 节 数字过程控制

P8.18 列出基于 MCU 的应用中可能使用的电路单元。

P8.19 什么是传感器？给出三个例子。

P8.20 什么是执行器？给出三个例子。

*P8.21 请解释数字传感器和模拟传感器之间的区别，分别给出一个例子。

P8.22 给出可能包含 MCU 的五种常见的家用产品。

P8.23 列出两个 MCU 或仪器在你所在专业领域的潜在应用。

P8.24 什么是 A/D？为什么在 MCU 控制器中需要它？

*P8.25 什么是 D/A？为什么在 MCU 控制器中需要它？

P8.26 什么是轮询？什么是中断？与轮询相比，中断的主要优势是什么？

8.4 节 HCS12/9S12 编程模型

P8.27 CPU12 的 A、B、D 寄存器分别有什么功能？

P8.28 程序计数器寄存器的功能是什么？MCU 的功能又是什么？

*P8.29 什么是堆栈？堆栈指针的作用是什么？

P8.30 什么是 LIFO 存储器？

*P8.31 设寄存器中的初始内容分别是

A:07　B:A9　SP:004F　X:34BF

并且存储单元 0048 到 004F 的初始内容包含所有 0，然后依次执行指令 PSHA，PSHB，PULA，PULB，PSHX。请列出执行每个指令后寄存器 A、B、SP、X 以及存储单元 0048 到 004F 的内容。

P8.32 设寄存器中的初始内容分别是

A:A7　B:69　SP:004E　Y:B804

并且存储单元 0048 到 004F 的初始内容包含所有零，然后依次执行指令 PSHY，PSHB，PULY，PSHA。请列出执行每个指令后寄存器 A、B、SP、X 以及存储单元 0048 到 004F 的内容。

*P8.33 写出一个推拉指令序列，用于交换寄存器 X 中的高字节和低字节。执行指令序列后，其他寄存器的内容与之前一样。

8.5 节　CPU12 的指令集和寻址模式

P8.34　设寄存器 X 包含 2000，寄存器 A 的初值包含 01。请为寻址类型命名，且给出以下每步指令后寄存器 A 的内容。存储器中的内容如图 P8.34 所示。

　　a. *LDDA　$2002

　　b. LDDA　#$43

　　c. *LDDA　$04

　　d. LDDA　6，X

　　e. *INCA

　　f. CLRA

　　g. *LDAA　$2007

　　h. INX

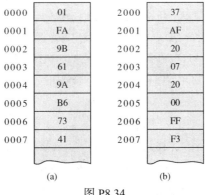

图 P8.34

P8.35　假设某内存位置的内容如图 P8.34 所示。此外，对于这个问题的每个部分，CPU 寄存器的初始内容是：(D) = $0003，(X) = $1　FFF，(Y) = $1000。在每次执行以下这些指令后，确定寻址类型和寄存器 D、X 和 Y 的内容。

　　a. ADDB　$1002，Y

　　b. LDAA　B，X

　　c. LDAB　7，+X

　　d. LDX　[$1004，Y]

　　e. LDAA　[D，X]

P8.36　a. *设寄存器 A 的初始值包含 FF，且程序计数器是 2000。请问转移指令执行后第一条指令的地址是什么？存储器的内容和相应的指令助记符如图 P8.36(a) 所示。

　　b. 如图 P8.36(b) 所示，重复 a.的要求。

　　c. 如图 P8.36(c) 所示，重复 a.的要求。

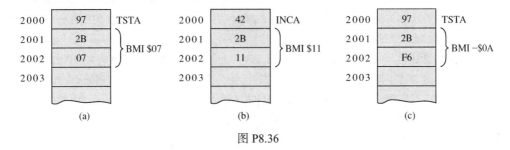

图 P8.36

P8.37　给出以下每条指令的机器代码：

　　　a. * CLRA

　　　b. * ADDA　$4A

　　　c. ADDA　$02FF

　　　d. BNE　－$06

　　　e. ADDA　#$0D

　　　问：每条指令占用多少存储单元？

P8.38　给出执行以下指令序列后寄存器 A 的内容：

```
LDAA    #$01
ADDA    #$F1
CLRA
```

　　　问：条件代码寄存器的 N 位被置 1 还是清零？Z 位被置 1 还是清零？

*P8.39　a. 设寄存器 A 的内容是 43，执行指令 ADDA　#$05 后，找出寄存器 A 的内容；b. 设寄存器 A 的内容是 FA，执行指令 ADDA　#$0F 后，找出寄存器 A 的内容。（这种情况下，发生上溢。）

*P8.40　设寄存器 A 的内容是 $A7，寄存器 B 的内容是 $20。执行 MUL 指令后，找出 A 和 B 的内容。（提示：MUL 指令假设 A 和 B 的内容是无符号的整数。）

8.6 节　汇编语言编程

*P8.41　编写一个汇编语言程序，从单元 200 开始，将寄存器 A 的内容乘以 11_{10}，然后将结果存储在存储单元$FF00 和$FF01 中，在$FF00 中放置最高有效字节，然后停止该处理器的操作。

P8.42　编写一个汇编语言程序，从单元 0400 开始，在单元 0800 中存储 00，在单元 0801 中存储 01，在单元 0802 中存储 02，在单元 0803 中存储 03，然后停止该处理器的操作。

*P8.43　编写一个名为 DIV3 的子程序，将 A 的内容除以 3，设 A 的初始值是二进制补码形式的正整数。然后从子程序返回，将商值存储在 B 和 A 的剩余部分。

P8.44　考虑以下 CPU12 的汇编语言代码：

```
;     PROBLEM 8.44
;
      ORG     $0600
START LDAA    #$07
      LDAB    #$AF
      STD     $0609
      STOP
      END
```

　　　描述程序每一行的功能，并从单元 0600 开始，执行以上代码后，列出存储单元 0600 到 060A 的内容。

P8.45　编写一个名为 MUL3 的子程序，将寄存器 A 的内容用最近的 3 的倍数来代替。设 A 的初始内容是一个二进制补码形式的正整数，存储单元$0A 用于临时存储。在源代码中，请为读者用注释来解释程序及其运行。[提示：反复减去 3，直到结果为负。如果结果是-3，则 A 的初始内容是 3 的倍数，不用改变。如果结果是-2，则 A 的初始内容是 1+整数(3 的倍数)，将初始值减去 1，即获得最近的 3 的倍数。如果结果是-1，则 A 的初始内容是 2+整数(3 的倍数)，将初始值加 1 后获得最近的 3 的倍数。]

P8.46　设寄存器 B 包含一个数 n(BCD，二进制编码的十进制数)。编写一个名为 CONVERT 的子程序，将寄存器 B 的内容用其等效的二进制数来代替，其他寄存器(程序计数器除外)的内容在执行完子程序后不能改变。存储单元$1A、$1B 和$1C 可以用于临时存储。（提示：需要将 n 的高 4 位与低字节分开，可以将 n 的高 4 位移到左边，然后将结果显示在寄存器 D 中。提示：将高 4 位移到左边可通过乘以 2^4 来完成。）

8.7 节　测量的概念和传感器

P8.47　定义基于计算机的仪器仪表系统的各个组件。

*P8.48　绘制一个传感器的等效电路，其开路电压与被测量成正比。问：什么是负载效应？当测量传感器的戴维南(即开路)电压时，如何避免负载效应？

P8.49　如果传感器产生的短路电流(诺顿)与被测量成正比，信号调理器的输入阻抗怎样的是最好的？

*P8.50　对于一个数量级为 10^4 N 的满刻度作用力，其负载单元产生一个 200 μV 的开路电压，且戴维南等效阻抗为 1 kΩ。传感器的终端与放大器的输入端相连。当负载时，若整个系统的灵敏度小于 1%，放大器的最小输入阻抗为多少？

*P8.51　某个液位传感器的戴维南(或诺顿)等效电阻从 10 kΩ 到 1 MΩ 随机变化，传感器的短路电流与被测量成正比。设由于传感器阻抗的变化，我们允许调理器的灵敏度可达 1%。问需要什么类型的信号调理器？并计算信号调理器的输入阻抗。

P8.52　固有误差和随机误差有什么不同？

P8.53　列出四种固有误差。

*P8.54　测量系统的测量范围从 0 到 1 m 满刻度，系统的准确度设定为满刻度值的±0.5%。如果被测量值是 70 cm，那么真实值的可能范围是多少？

P8.55　解释仪器的精确度、准确度和分辨率之间的不同。

*P8.56　三台仪器分别对一个流速 1500 m^3/s 的设备进行了 10 次重复测量，结果见表 P8.56。请问：

　　a. 哪台仪器的精确度最高？哪台最低？请解释原因。

　　b. 哪台仪器的准确度最高？哪台最低？请解释原因。

　　c. 哪台仪器的分辨率最高？哪台最低？请解释原因。

表 P8.56

实　验	仪器 A	仪器 B	仪器 C
1	1.5	1.73	1.552
2	1.3	1.73	1.531
3	1.4	1.73	1.497
4	1.6	1.73	1.491
5	1.3	1.73	1.500
6	1.7	1.73	1.550
7	1.5	1.73	1.456
8	1.7	1.73	1.469
9	1.6	1.73	1.503
10	1.5	1.73	1.493

8.8 节　信号调理

P8.57　列出信号调理器的四种以上的功能。

P8.58　单端接地放大器和差分放大器有什么不同？

P8.59　设一个理想差分放大器的两端输入电压是相等的，计算其输出电压。

*P8.60　差分放大器的输入电压为

$$v_1(t) = 0.002 + 5\cos(\omega t) \text{ V}$$

和

$$v_2(t) = -0.002 + 5\cos(\omega t) \text{ V}$$

计算差模输入电压和共模输入电压。设差分放大器的理想差模增益 $A_d = 1000$，计算放大器的输出电压。

P8.61　一个传感器产生一个直流 6 mV 的差模信号和一个有效值为 2 V、频率为 60 Hz 的共模信号。写出传感器输出端与地之间的电压表达式。

*P8.62　设一个传感器的一端接地。该传感器与 5 米外的一台计算机的 DAQ 板相连。应该选择什么类型的放大器？为了减轻电场耦合和磁耦合噪声，应该使用什么类型的电缆？请绘制传感器、电缆和放大器的示意图。

P8.63　什么是浮地传感器？什么时候需要使用浮地传感器？

*P8.64　设从传感器采集的数据中发现需去除的 60 Hz 交流分量。问：产生这种干扰的原因是什么？每种干扰原因的解决方案各是什么？

8.9 节　模数转换

P8.65　模数转换在原理上包含哪两步，分别是什么？

P8.66　什么是混叠现象？在什么条件下会发生混叠现象？

P8.67　什么原因会造成量化噪声？

*P8.68　我们需要使用计算机仪器系统中压电振动传感器的信号。该信号包含频率高达 30 kHz 的组件，应采用的最低采样率是多少？设样本值的分辨率为 ADC 满刻度的 0.1%(或更好)，ADC 的最少位数是多少？

*P8.69　一个峰值 2 V 的正弦波信号被一个 12 位的 ADC 转换为数字形式，ADC 接收的信号范围从-5 V 到+5 V(换句话说，码字在-5 V 到+5 V 振幅之间被等分)。要求：

　　a. 确定每个量化空间的宽度Δ；

　　b. 确定量化噪声的有效值和量化噪声提供给电阻 R 的激励；

　　c. 确定 2 V 正弦波给电阻 R 的激励；

　　d. 将 c. 中的信号激励除以 b. 中的噪声，这个比值被称为信号噪声比(SNR)。请用分贝数表示 SNR，提示：$SNR_{dB} = 10\log(P_{signal} / P_{noise})$。

*P8.70　我们需要一个 ADC，其输入电压范围从 0 到 5 V，且分辨率为 0.02 V。问需要多少位码字？

*P8.71　一个频率为 10 kHz 的正弦波被采样。根据以下采样频率：a. 11 kHz、b. 8 kHz、c. 40 kHz，计算样本的视在频率，判断是否发生混叠现象？

P8.72　一个 60 Hz 的正弦波 $x(t) = A\cos(120\pi t + \phi)$ 在 360 Hz 处被采样，因此，样本值为 $x(n) = A\cos(120\pi n T_s + \phi)$，其中 n 代表整数值，$T_s = 1/360$，是样本之间的时间间隔。一个新信号用等式 $y(n) = 1/2[x(n) + x(n-3)]$ 计算，要求：

　　a. 证明对所有的 n，都有 $y(n) = 0$；

　　b. 设 $x(t) = V_{signal} + A\cos(120\pi t + \phi)$，其中 V_{signal} 是一个时间常量，要求确定 $y(n)$ 的表达式；

　　c. 在使用 $x(n)$ 输入样本来计算新信号样本 $y(n)$ 时，采用数字滤波器。试明确一种情况，使得 a. 和 b. 分别描述的滤波器都有用。

自测题

T8.1　首先，在表 T8.1(b) 中选择一种或多种正确答案填入表 T8.1(a) 中每一句的表述。[表 T8.1(b) 中的选项可以选择多次或者不用。]

表 T8.1

(a)	(b)
a. 三态缓冲器……	1. 由常闭的开关组成
b. 当 I/O 设备被具有相同地址和数据总线的数据存储单元访问时，则有……	2. 海量存储
	3. B 和 Y
c. 微控制器的程序通常存放在……	4. I/O 设备有其自己的地址和数据总线
d. 最容易被擦除的内存类型是……	5. 由打开的开关组成
e. 最有可能用于微控制器中临时数据存放的内存类型是……	6. A 和 X
f. 算术运算执行于……	7. 控制单元
g. 微控制器可以被设计为响应外部事件，依靠……	8. 扩展
h. CPU12 中保持某个参数和算术逻辑运算的结果的寄存器是……	9. A、B 和 D
i. CPU12 中专门用于索引寻址的寄存器是……	10. 包含由程序计数器控制的开关打开和闭合
j. TSTA 指令可能改变……的内容	11. 提高数据在总线任意方向上的数据传输能力
k. 栈是……	12. 条件代码寄存器
l. ABA 指令使用的寻址类型是……	13. ALU
m. ADDA　$0AF2 指令使用的寻址类型是……	14. 轮询
n. ADDA　#$0A 指令使用的寻址类型是……	15. 后进先出存储器
o. 保持从存储器检索的下一个指令地址的寄存器是……	16. 固有
p. BEQ 指令使用的寻址类型是……	17. 内存映射 I/O
	18. A 和 D
	19. 中断
	20. X 和 Y
	21. ROM
	22. 直接
	23. 程序计数器
	24. 动态 RAM
	25. 堆栈指针
	26. 使用中断或轮询
	27. 静态 RAM
	28. 索引
	29. 立即
	30. 相对

T8.2　设有一个 CPU12 的 MCU。设寄存器 A 的初始内容是 00，B 的初始内容是 FF，Y 的初始内容是 2004，且所选存储单元的初始内容见图 P8.34。要求命名所采用的寻址类型，并给出执行以下指令后寄存器 A 的内容（以十六进制形式）：a. LDAA　$03；b. LDAA　$03, Y；c. COMA；d. INCA；e. LDAA　#$05；f. ADDD　#A001。

T8.3　设 CPU12 微控制器的寄存器的初始内容是

　　A: A6　　B: 32　　SP: 1039　　X: 1958

并且存储单元 1034 到 103C 的初始内容包含所有零，然后执行以下指令：PSHX，PSHB，PULA，PSHX。列出执行指令后寄存器 A、B、SP、X 的内容，以及存储单元 1034 到 103C 的内容。

T8.4　定义一个基于计算机的仪器仪表系统的四大组件。

T8.5　命名测量系统中存在的四种系统误差。

T8.6　固有误差与随机误差有什么不同？

T8.7　在仪器仪表系统中，怎样会导致环路接地？环路接地有怎样的影响？

T8.8　如果一个传感器必须有一端要接地，我们应该选择什么类型的放大器？为什么？

T8.9　在将传感器连接到仪用放大器时，为了避免电场耦合和磁耦合带来的噪声，最好选择什么类型的电缆？

T8.10　如果我们需要检测传感器的开路电压，对于仪用放大器来说最重要的性能参数是什么？

T8.11　对于一个 ADC，我们怎样选择其采样率？为什么？

第9章 二 极 管

本章学习目标

- 理解二极管的工作原理，了解在各种应用中如何选择二极管。
- 用图解负载线分析法来分析非线性电路。
- 分析和设计简单的稳压电路。
- 用理想二极管模型和分段线性化模型求解电路。
- 理解各种整流器和整形电路。
- 理解小信号等效电路。

本章介绍

电子电路在信息处理和能量控制方面是非常有用的。电子电路的应用有计算机、收音机、电视机、导航系统、调光器、计算器、家用电器、机器的控制、运动传感器和测量仪器等。对电子电路的基本了解有助于你在工作中使用各种工程领域的仪器。在接下来的几章中，我们将介绍几种非常重要的电子元件及其基本应用电路，还将介绍几种重要的分析法。在本章中，我们将讨论二极管。

9.1 二极管的基本概念

二极管是一种基本的但很重要的二端元件，它有两个电极：**阳极**和**阴极**。二极管的电路符号见图 9.1(a)，伏安特性见图 9.1(b)。在图 9.1(a) 中，二极管两端电压为 v_D，参考方向设定阳极为正，阴极为负，电流 i_D 的参考方向设定为从正极流向负极。

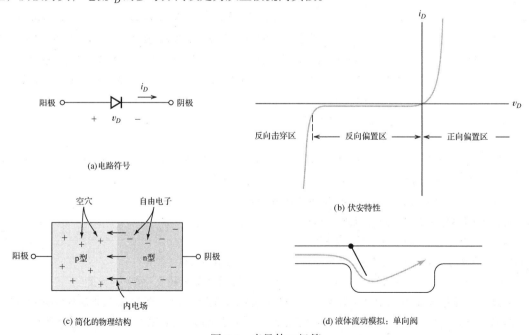

图 9.1 半导体二极管

当二极管两端的电压 v_D 为正时,较小的电压将引起相当大的电流,这种情况被称为**正向偏置**。显然,沿着箭头方向的电流很容易流过二极管。

> 二极管很容易从阳极到阴极传输电流[如图 9.1(a)中的箭头方向],但是阻碍电流的反方向流动。

另一方面,当 v_D 取较小的负值时,电流 i_D 非常小,对应二极管特性图中的这个区域被称为**反向偏置区**。二极管的单向导电性在许多应用方面十分有用。例如,当汽车发动机运转时,交流发电机通过二极管对电池充电。当发动机停止时,二极管防止电池通过交流发电机放电。在这些应用中,二极管与液体流动模拟中的单向阀相似,如图 9.1(d)所示。

> 如果二极管上的反向偏置电压足够大,则二极管进入反向击穿区,反向电流将显著增大。

如果反向偏置电压足够大,则二极管进入**反向击穿区**,反向电流将显著增大。如果在二极管上耗散的功率不会使其温度过高,则工作在反向击穿区的二极管不会损坏。实际上,有时还特意使二极管工作在反向击穿区。

9.1.1　二极管的物理结构简介

前面讨论了二极管的外部特性及其电路的应用,下面将简单介绍二极管的内部物理结构。

二极管包含两种类型的半导体材料(通常为加有少量特殊杂质的硅)之间形成的结。在结的一边为掺有杂质的 n 型材料,含有大量自由电子。在结的另一边,掺入的不同杂质产生正电荷,称之为**空穴**。空穴占大多数的半导体材料被称为 p **型材料**。在 p 型材料和 n 型材料的交界面会形成 pn 结,大多数二极管是由 n 型材料和 p 型材料以及之间的 pn 结构成的,如图 9.1(c)所示。

即使没有外加电压,在 pn 结中仍会产生一个内电场。这个电场维持着 n 型材料中的多数载流子为自由电子,p 型材料中的多数载流子为空穴。如果在 n 型电极上加正电压,则内电场将会增强,使得电荷不能穿过结,因此,二极管外部表现为没有电流通过。另一方面,如果在 p 型电极上加正电压,则内电场将会减弱,使得大电流通过结。因此,当外加反向电压时,二极管几乎无电流,而当外加正向电压时,二极管流过大电流;阳极与 p 型材料相连,阴极与 n 型材料相连。

9.1.2　二极管的小信号模型

各种材料和结构可用于制造二极管。现在我们仅讨论小信号硅二极管。在中小功率电子电路中,这种二极管是最常见的。

一种工作在 300 K 温度下的小信号硅二极管的伏安特性如图 9.2 所示。注意,在正向偏置区和反向偏置区的电压与电流的坐标刻度是不同的,这反映了不同的特性,因为在反向偏置区的电流远小于正向偏置区的电流。此外,正向偏置区的电压值也远小于反向偏置区的击穿电压。

在正向偏置区,外加正向偏置电压低于 0.6 V(工作温度为 300 K)时,小信号硅二极管的导电能力很弱(远小于 1 mA)。随着正向偏置电压的增大,电流迅速增大,正向偏置特性表明在正向电压约为 0.6 V 时的特性曲线存在一个拐点。注意:拐点处的实际电压值取决于二极管的材料、环境温度和电流大小,典型值为 0.6 V 或 0.7 V。随着温度的增加,拐点电压以 2 mV/K 的速度递减。因为电压随着温度变化而线性变化,所以二极管可用作温度传感器。当二极管的电流一定时,二极管两端的电压就取决于其环境温度。医生使用的电子温度计由二极管传感器、放大器和液晶显示器的驱动电路构成。

在反向偏置区,小信号硅二极管在室温下的典型电流值约为 1 nA。反向偏置区的电流通常很小且稳定,称之为反向饱和电流。随着温度的增加,反向电流也将增加。温度每增加 10 K,反向电流将加倍。

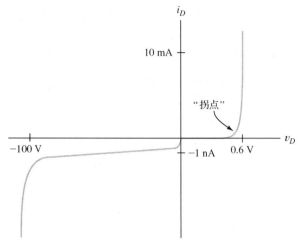

图 9.2　小信号硅二极管的伏安特性（工作温度为 300 K），注意负电流和电压的变化范围

当增大电压达到反向击穿值时，电流迅速增大，这时的电压被称为**反向击穿电压**。例如，图 9.2 中二极管的特性曲线的击穿电压约为–100 V。击穿电压值的范围从几伏到几百伏不等。在一些应用中，要求二极管工作在正向偏置区以及反向偏置区的不导通状态（不允许进入击穿区），这时会提供二极管最小击穿电压的说明。

9.1.3　肖克利方程

在一定的简化假设和理论推导下，二极管的电压与电流的关系表示为

$$i_D = I_s \left[\exp\left(\frac{v_D}{nV_T}\right) - 1 \right] \tag{9.1}$$

这就是**肖克利（Shockley）方程**。式中，I_s 为**饱和电流**，小信号二极管在 300 K 时的饱和电流值在 10^{-14} A 数量级。注意：I_s 受温度影响大，温度每增加 5 K，硅二极管的饱和电流就加倍。参数 n 为**发射系数**，其值在 1 到 2 之间，取决于元件的结构。电压 V_T 为

$$V_T = \frac{kT}{q} \tag{9.2}$$

V_T 被称为**热电压**。T 表示结所处的绝对温度值，$k = 1.38 \times 10^{-23}$ J/K 为玻耳兹曼（Boltzmann）常数，$q = 1.60 \times 10^{-19}$ C 为一个电子的电荷量。温度为 300 K 时，V_T 约为 0.026 V。

求解肖克利方程的二极管电压，得到

$$v_D = nV_T \ln\left[\left(\frac{i_D}{I_s}\right) + 1 \right] \tag{9.3}$$

对于正向电流在 0.01 μA 与 10 mA 之间的小信号二极管，n 取 1 的肖克利方程通常是很精确的，因为肖克利方程的推导中忽略了几个现象，在电流过小或过大时该方程就不精确了。例如，在反向偏置下，从肖克利方程推出 $i_D \cong -I_s$，但我们通常发现反向偏置电流比 I_s 大很多，尽管其值依然很小。此外，无法根据肖克利方程获得准确的反向击穿电压值。

正向偏置电压为零点几伏时，肖克利方程的指数部分远大于 1，于是可得

$$i_D \cong I_s \exp\left(\frac{v_D}{nV_T}\right) \tag{9.4}$$

肖克利方程的这种形式在使用上更方便。

我们偶尔使用肖克利方程分析电子电路，但进一步简化的二极管模型往往更有用。

9.1.4 齐纳二极管(稳压管)

工作在反向击穿区的二极管被称为**齐纳(Zener)二极管**,也被称为稳压管。齐纳二极管可提供一个恒定电压,因此,在制造齐纳二极管时要尽可能地实现击穿区的垂直特性。与二极管的符号有所不同,齐纳二极管的符号如图 9.3 所示。齐纳二极管可耐受容差 ± 5% 的击穿电压。

练习 9.1 在 300 K 的温度下,某二极管在 $v_D = 0.6$ V 时的电流 $i_D = 0.1$ mA。假设 n 为 1,$V_T = 0.026$ V,求饱和电流 I_S,以及在 $v_D = 0.65$ V 和 $v_D = 0.70$ V 时的二极管电流。

答案: $I_S = 9.50 \times 10^{-15}$ A,$i_D = 0.684$ mA,$i_D = 4.68$ mA。

图 9.3 齐纳二极管的符号

练习 9.2 设二极管处于正向偏置状态,并满足式(9.4)的肖克利方程。假定 $V_T = 0.026$ V,$n = 1$。问: a. 使电流加倍的 v_D 增量为多少? b. 使电流增加 10 倍的 v_D 增量为多少?

答案: a. $\Delta v_D = 18$ mV; b. $\Delta v_D = 59.9$ mV。

9.2 二极管电路的负载线分析

在 9.1 节中已知二极管的伏安特性是非线性的,后面会继续学习更多具有非线性特性的电子元件。由于这种非线性,我们在第 1 章到第 6 章学到的线性电路分析方法(见图 9.4)不能用于分析包含二极管的电路。实际上,在电子学中的分析方法大多数针对含非线性元件的电路。

图解分析法是分析非线性电路的一种方法。例如图 9.5 的电路,由基尔霍夫电压定律可得

$$V_{SS} = Ri_D + v_D \tag{9.5}$$

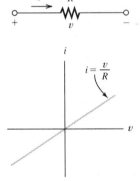

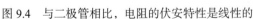

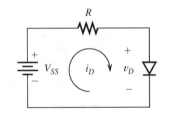

图 9.4 与二极管相比,电阻的伏安特性是线性的   图 9.5 用于负载线分析的电路

假设 V_{SS} 和 R 的值已知,要求解 i_D 和 v_D。式(9.5)中有两个未知量,要求解未知量还需要一个等式或者条件,而图 9.6 给出的二极管的伏安特性就是所需的条件。

通过在二极管的特性曲线上绘出式(9.5)对应的曲线,可得到上述电路的解。由于式(9.5)是线性的,所对应的图形应该为一条直线,只要找到满足式(9.5)的两个点就可确定这条直线。一个简单的方法是假设 $i_D = 0$,代入式(9.5),得 $v_D = V_{SS}$,这一组值对应于图 9.6 中的 A 点。再设 $v_D = 0$,可得到 $i_D = V_{SS}/R$,这一组值对应于图 9.6 中的 B 点。最后,连接 A、B 两点得到的直线被称为**负载线**。负载线与二极管的特性曲线的交点被称为**工作点**,这个点即式(9.5)与二极管特性的共解。

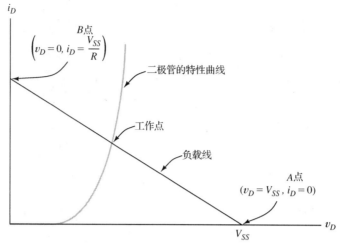

图 9.6　图 9.5 中电路的负载线分析

例9.1　负载线分析

图 9.5 中电路的 $V_{SS} = 2\,V$，$R = 1\,k\Omega$，二极管的特性曲线如图 9.7 所示。求二极管工作点的电压和电流。

解：首先确定负载线的一端。令 vD = 0，将 VSS = 2 V、R = 1 kΩ代入式(9.5)，得到 iD = 2 mA。这一组值对应于图 9.7 中的 B 点。同样，再令 iD = 0，得 vD = 2 V。这一组值对应于图 9.7 中的 A 点。连接 A、B 两点的负载线与二极管的特性曲线的交点即为所求的工作点，如图 9.7 所示，得到解为 VDQ ≅ 0.7 V，IDQ ≅ 1.3 mA。

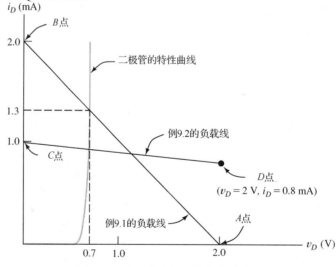

图 9.7　例 9.1 和例 9.2 的负载线分析

例9.2　负载线分析

设 $V_{SS} = 10\,V$，$R = 10\,k\Omega$，重复例 9.1 的要求，即求二极管工作点的电压和电流。

解：令 $v_D = 0$，将 $V_{SS} = 10\,V$、$R = 10\,k\Omega$代入式(9.5)，得 $i_D = 1\,mA$。这一组值对应于图 9.7 中的 C 点。

如上例中，再令 $i_D = 0$，则 $v_D = 10\,V$，但这一坐标点已经超出书页表示范围，不便于在图中表示，可以选择满足式(9.5)的其余点来获得负载线。已求得 C 点在 i_D 轴上，故在特性曲线的右端选择满足式(9.5)的一个较合理的点。设 $v_D = 2\,\text{V}$，将 $V_{SS} = 10\,\text{V}$，$R = 10\,\text{k}\Omega$ 代入式(9.5)，得 $i_D = 0.8\,\text{mA}$。这一坐标点($v_D = 2\,\text{V}$，$i_D = 0.8\,\text{mA}$)对应于图 9.7 中的 D 点。最后，连接 C、D 两点获得负载线，由负载线和特性曲线的交点即确定工作点的值：$V_{DQ} \cong 0.68\,\text{V}$，$I_{DQ} \cong 0.93\,\text{mA}$。

> 如果负载线的截距已经超出书页的表示范围，可以选择负载线在图横坐标边沿的某个坐标点来表示。

练习 9.3　如果二极管的特性曲线如图 9.8 所示，在下列情况下求图 9.5 中电路的工作点：

a. $V_{SS} = 2\,\text{V}$，$R = 100\,\Omega$；

b. $V_{SS} = 15\,\text{V}$，$R = 1\,\text{k}\Omega$；

c. $V_{SS} = 1.0\,\text{V}$，$R = 20\,\Omega$。

答案：

a. $V_{DQ} \cong 1.1\,\text{V}$，$I_{DQ} \cong 9.0\,\text{mA}$；

b. $V_{DQ} \cong 1.2\,\text{V}$，$I_{DQ} \cong 13.8\,\text{mA}$；

c. $V_{DQ} \cong 0.91\,\text{V}$，$I_{DQ} \cong 4.5\,\text{mA}$。

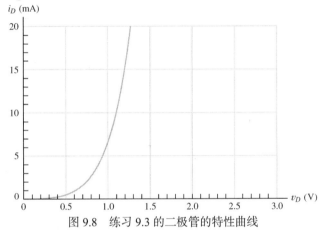

图 9.8　练习 9.3 的二极管的特性曲线

9.3　稳压管稳压电路

有时，我们需要一种在变化的输入电压下输出恒定电压的电路，这种电路被称为**稳压电路**。例如，汽车上的计算机依靠车载电池保障运行，其中就用到了稳压电路。车载电池电压(受电池状态和引擎是否运转的影响)通常在 10 V 到 14 V 之间，而许多计算机电路需要工作在 5 V 的恒定电压下。因此，需要一个将 10 V 到 14 V 的输入电压转换为恒定 5 V 输出的稳压电路。

> 稳压电路使一个时变电源给负载输出恒定电压。

本节将用 9.2 节中讲到的负载线分析法来分析简单的稳压电路。如图 9.9 所示，为了使电路正常工作，输入源电压的最小值应大于想要得到的恒定输出电压值。图中，稳压管的反向击穿电压即输出电压，电阻 R 限制流过二极管的电流，防止二极管过热。

已知二极管的特性曲线，可画出负载线来分析电路的工作状态。由基尔霍夫电压定律可写出 v_D 和 i_D 的关系式。此时，二极管工作在反向击穿区，v_D 和 i_D 均为负值。由图 9.9 中的电路可得到

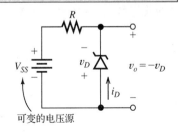

图 9.9　简单的稳压电路，在变化的输入电压下输出基本恒定的电压 v_o

$$V_{SS} + Ri_D + v_D = 0 \tag{9.6}$$

同样，该式表示一条直线，故连接任何满足这个等式的两个点均可得到电路的负载线，负载线和二极管的特性曲线的交点即为工作点。

例9.3　稳压管稳压电路的负载线分析

如图 9.9 所示的稳压电路，$R = 1\ \mathrm{k\Omega}$，稳压管的特性曲线如图 9.10 所示。求 $V_{SS} = 15\ \mathrm{V}$ 及 $V_{SS} = 20\ \mathrm{V}$ 时的输出电压。

解：$V_{SS} = 15\ \mathrm{V}$ 及 $V_{SS} = 20\ \mathrm{V}$ 时的负载线如图 9.10 所示。输出电压由负载线与二极管的特性曲线的交点决定，于是在 $V_{SS} = 15\ \mathrm{V}$ 时，$v_o = 10.0\ \mathrm{V}$；在 $V_{SS} = 20\ \mathrm{V}$ 时，$v_o = 10.5\ \mathrm{V}$。由此可见，输入源电压的变化量为 5 V 时，输出电压仅改变 0.5 V。

实际稳压管的稳压效果比此例更好，因为实际稳压管的击穿特性曲线比图 9.10 更陡。

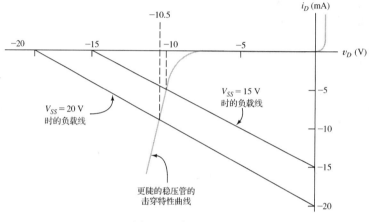

图 9.10　例 9.3 的图

9.3.1　负载线的斜率

> 如果电源电压不等，但是内阻相等，则二者的负载线是平行的。

注意，图 9.10 中的两条负载线是平行的。观察式(9.5)和式(9.6)，可发现负载线的斜率均为 $-1/R$。因此，虽然源电压的改变引起了工作点位置的变化，但是负载线的斜率并不变。

9.3.2　复杂电路的负载线分析

任何包含电阻、电压源、电流源和一个二端非线性元件的电路都能用负载线分析法进行分析。首先求出电路线性部分的戴维南等效电路，如图 9.11 所示。然后，在非线性元件的特性曲线上画出负载线，所得交点即为工作点。一旦非线性元件的工作点已知，原电路中的电压和电流即可被确定。

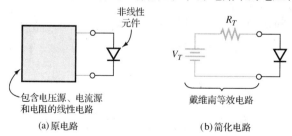

图 9.11　含一个非线性元件的电路的负载线分析可视作一个戴维南等效电路的分析

例 9.4　带负载的稳压管稳压电路分析

如图 9.12(a)所示的稳压管稳压电路,稳压管的特性曲线如图 9.13 所示,求 $V_{SS}=24\text{ V}$、$R=1.2\text{ k}\Omega$、$R_L=6\text{ k}\Omega$时的负载电压 v_L 和电源电流 I_S。

解: 首先,将所有线性元件放在二极管的左边,电路如图 9.12(b)所示。然后,求出左侧线性电路的戴维南等效电路。戴维南等效电压等于开路电压(将二极管开路时 R_L 两端的电压):

$$V_T = V_{SS}\frac{R_L}{R + R_L} = 20\text{ V}$$

令电压源为零,从二极管的两端看进去的电路的等效电阻,称之为戴维南等效电阻。令电压源为零,即将电压源短路,这时 R 与 R_L 并联,戴维南等效电阻为

$$R_T = \frac{RR_L}{R + R_L} = 1\text{ k}\Omega$$

得到的等效电路如图 9.12(c)所示。

接下来,利用基尔霍夫电压定律写出等效电路的负载线等式:

$$V_T + R_T i_D + v_D = 0$$

由所得的 V_T 和 R_T 画出负载线,并确定工作点,如图 9.13 所示。最后得到 $v_L = -v_D = 10.0\text{ V}$。

一旦求得 v_L,即可求得原电路中的电压和电流值。例如,由图 9.12(a)原电路中的输出电压值 10.0 V,可求得 $I_S = (V_{SS} - v_L)/R = 11.67\text{ mA}$。

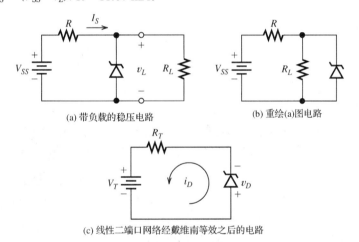

(a) 带负载的稳压电路　　　　　(b) 重绘(a)图电路

(c) 线性二端口网络经戴维南等效之后的电路

图 9.12　例 9.4 的图

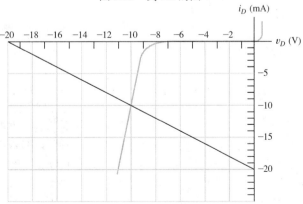

图 9.13　例 9.4 和练习 9.4 的稳压管的特性曲线

练习 9.4 求下列情况下例 9.4 中负载两端的电压：a. $R_L = 1.2\,\text{k}\Omega$；b. $R_L = 400\,\Omega$。

答案： a. $v_L \cong 9.4\,\text{V}$；b. $v_L \cong 6.0\,\text{V}$。

（注意，负载电压随着负载电流的变化而变化，所以这个稳压电路的稳压效果并不理想。）

练习 9.5 如图 9.14(a)所示的电路，假设击穿特性曲线是垂直的，如图 9.14(b)所示。求 a. i_L = 0 mA；b. $i_L = 20\,\text{mA}$；c. $i_L = 100\,\text{mA}$ 时的输出电压 v_o。

[提示：由基尔霍夫电压定律有

$$15 = 100(i_L - i_D) - v_D$$

再画出对应每个 i_L 值的负载线。]

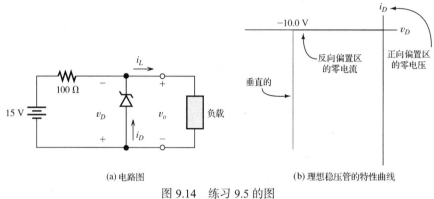

(a) 电路图   (b) 理想稳压管的特性曲线

图 9.14   练习 9.5 的图

答案： a. $v_o = 10.0\,\text{V}$；b. $v_o = 10.0\,\text{V}$；c. $v_o = 5.0\,\text{V}$。（注意：在大负载电流时稳压电路的工作效果不佳。）

9.4 理想二极管模型

图解负载线分析法对 9.3 节中的稳压电路等某些电路是有效的，但是，在求解一些复杂电路时，这种方法就显得比较烦琐。因此，我们用更简单的模型来模拟二极管的作用。

> 理想二极管在通过正向电流时，可视作短路；施加反偏电压时，可视作开路。

理想二极管是二极管的一种简单模型。当二极管正偏时，压降为零，可视作短路；反偏时，电流为零，可视作开路。在正向压降和反向电流可忽略时，或者进行粗略的电路分析时，可以用这种理想二极管模型来代替实际二极管。

理想二极管的伏安特性如图 9.15 所示。当 i_D 为正时，v_D 为零，二极管处于导通状态；当 v_D 为负时，i_D 为零，二极管处于关断状态。

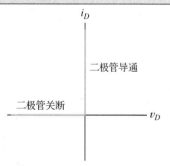

图 9.15   理想二极管的伏安特性

9.4.1 理想二极管电路的假设状态分析

在分析含理想二极管的电路时，事先并不知道二极管的开关状态，因此，需要对二极管的开关状态做出假设。如果假设二极管导通，则计算导通电流；或者假设二极管关断，则计算二极管两端的电压。如果对于假设导通的二极管，求得 i_D 为正，对于假设关断的二极管，求得 v_D 为负，则初始假设正确，电路得解。（注意，假定 i_D 的参考方向为二极管的电流流向，v_D 的参考极性为二极管的阳极。）否则，我们需要做出另一种假设，并重复上述步骤分析电路。经过多次练习后，通常对简单电路能够实现一次性假设成功。

含理想二极管电路的分析步骤如下：

1. 假定每个二极管的状态，设为导通(短路)或者关断(开路)。n 个二极管有 2^n 种可能的状态组合。
2. 分析电路，确定流过假设导通状态的二极管的电流，以及确定假设关断状态的二极管两端的电压。
3. 验证所得结果与假设是否一致。对于假设导通的二极管，求得 i_D 应为正向流过二极管；对于假设关断的二极管，求得 v_D 的实际正极性端为二极管的阴极(即反向偏置)。
4. 如果结果与假设一致，则分析结束。否则，回到步骤 1，重新选择另一种二极管状态假设的组合。

例 9.5　假设状态分析

用理想二极管模型分析如图 9.16(a)所示的电路。第一次假设 D_1 关断、D_2 导通。

解： 当 D_1 关断、D_2 导通时，等效电路如图 9.16(b)所示，求得 $i_{D2} = 0.5$ mA。因为 D_2 为正，所以 D_2 导通的假设是正确的。而求得 $v_{D1} = +7$ V，这与 D_1 关断的假设不一致。因此，我们必须做出另一组假设。

现在假设 D_1 导通、D_2 关断，等效电路如图 9.16(c)所示。求解电路得 $i_{D1} = 1$ mA，$v_{D2} = -3$ V。结果与假设(D_1 导通、D_2 关断)一致，故本次假设正确。

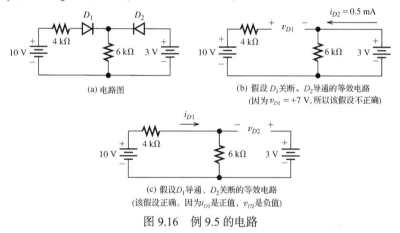

(a) 电路图　　(b) 假设 D_1 关断、D_2 导通的等效电路(因为 $v_{D1} = +7$ V，所以该假设不正确)

(c) 假设 D_1 导通、D_2 关断的等效电路(该假设正确。因为 i_{D1} 是正值，v_{D2} 是负值)

图 9.16　例 9.5 的电路

总之，不能独立判断电路中某个二极管的工作状态，必须综合判断电路中所有二极管的工作状态。

注意：在例 9.5 中，虽然在假设 D_1 关断、D_2 导通时求得的 i_{D2} 为正，但是正确的解却是 D_2 关断。因此，只有当所有结果均与假设一致时，才能确定假设是正确的。

对于含有 n 个二极管的电路，二极管的开关状态有 $2n$ 种可能的组合。因此，可能需要经过烦琐的求解过程才能最终得解。

练习 9.6　如图 9.16(a)的电路，证明 D_1 关断、D_2 关断的假设是错误的。

练习 9.7　如图 9.16(b)的电路，证明 D_1 导通、D_2 导通的假设是错误的。

练习 9.8　求图 9.17 电路中二极管(假设为理想二极管)的状态。

答案： a. D_1 导通；　b. D_2 关断；　c. D_3 关断，D_4 导通。

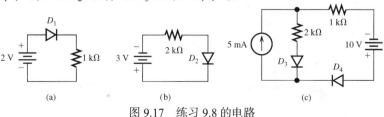

图 9.17　练习 9.8 的电路

9.5   二极管的分段线性模型

有时，我们需要用比理想二极管更精确的模型来表示二极管，但又不想采用非线性方程或图解方法，这时，可使用二极管的**分段线性模型**，即折线模型。首先，用多条线段来模拟实际的伏安特性。其次，用电阻串联恒压源的模型模拟各线段的特性，不同的线段有不同的等效电阻和电压。

在图 9.18(a)中，电阻 R_a 与电压源 V_a 串联，可得等式：

$$v = R_a i + V_a \tag{9.7}$$

伏安特性如图 9.18(b)所示，在电压轴上的交点处 $v = V_a$，直线的斜率为 $1/R_a$。

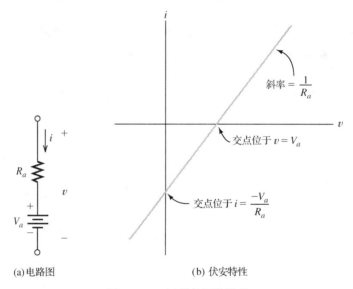

斜率 $= \dfrac{1}{R_a}$

交点位于 $v = V_a$

交点位于 $i = \dfrac{-V_a}{R_a}$

| (a)电路图 | (b) 伏安特性 |

图 9.18   二极管的折线模型

如果已知一线性的伏安特性，可反推求得对应的电阻和电压源值。因此，首先将非线性伏安特性表示为多条线段，则将该电路模型视为由每一条线段(一个电阻和电压源串联)级联而成的等效模型。

例 9.6   稳压管的分段线性模型

稳压管的伏安特性如图 9.19 所示，利用线段求其电路的等效模型。

解： 线段 A 与电压轴的交点为 0.6 V，线段 A 的斜率的倒数为 10 Ω。于是，二极管在这一段的电路模型为一个 10 Ω 电阻串联一个 0.6 V 电压源，如图 9.19 所示。线段 B 对应的电流为零，因此对应的等效电路为开路。最后，线段 C 与电压轴的交点为–6 V，其斜率的倒数为 12 Ω，等效电路如图 9.19 所示。这样，二极管的工作状态仅取决于其工作点在哪一段直线模型上。

例 9.7   用分段线性模型分析电路

用例 9.6 所求得的电路模型求解图 9.20(a)中的电流。

解： 由于 3 V 电压源使得二极管正向偏置，则工作点在图 9.19 中的线段 A 上。因此，二极管的等效电路为线段 A 所对应的电路，得到图 9.20(b)的等效电路。求解电路，得 $i_D = 80$ mA。

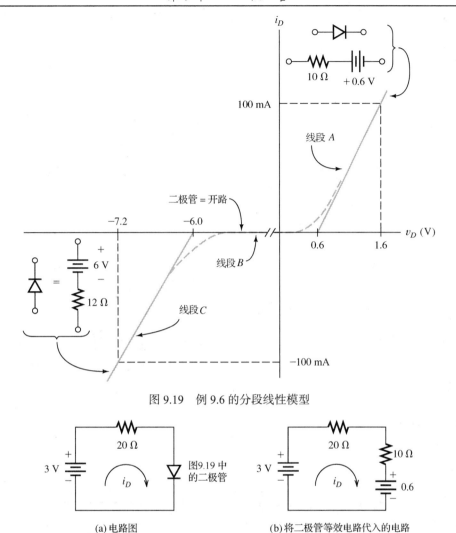

图 9.19 例 9.6 的分段线性模型

图 9.20 例 9.7 的电路

(a) 电路图　　　　　　(b) 将二极管等效电路代入的电路

练习 9.9 利用图 9.19 中的恰当模型分别求解图 9.21 电路中的 v_o，假设：a. $R_L = 10$ kΩ；b. $R_L = 1$ kΩ。（提示：确保计算结果与所选二极管的等效模型一致。每种等效模型都有相应的二极管电压和电流的范围，相应的计算结果应在其对应的范围内。）

答案： a. $v_o = 6.017$ V；b. $v_o = 3.333$ V。

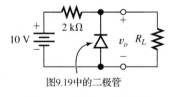

图 9.21 练习 9.9 的电路

练习 9.10 求图 9.22(a) 中各线段对应的电路模型，并在等效电路模型中注明符号 a 和 b。

答案： 见图 9.22(b)，注意区分电压源相对 a、b 端的极性。

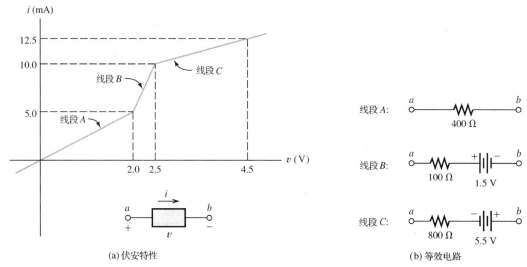

(a) 伏安特性　　　(b) 等效电路

图 9.22　练习 9.10 中假设的非线性元件

9.5.1　简化的二极管的分段线性模型

图 9.23 给出了一个比较准确、简单的二极管的分段线性模型，称之为恒压降模型。在二极管的反向偏置区等效为开路，而在正向偏置区有一个恒压降(即二极管导通电压)。该模型等效为一节电池串联一个理想二极管。

9.6　整流电路

本书已经介绍了二极管并分析了二极管电路的一些模型，接下来将介绍一些实用电路。首先是将交流转换为直流的**整流器**，它是**电子电源**和电池充电电路的基本组成。典型实例为：电源将 60 Hz 的工频交流电压转换为稳定的直流电压，并输出给

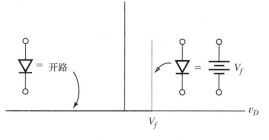

图 9.23　二极管的恒压降模型

负载，如计算机电路和电视机电路。整流器也可用于信号处理，如无线电信号的解调(解调是还原语音或视频等信息的过程)，还可应用于电子电压计中，完成交流电压到直流电压的高精度转换。

9.6.1　半波整流电路

如图 9.24 所示，**半波整流器**连接着一个正弦电压源和负载电阻 R_L。当电压源 $v_S(t)$ 为正时，二极管处于正向偏置区。如果该二极管为理想的，则负载两端的电压等于电源电压。对于实际二极管，电路的输出电压比电压源低，电压差等于二极管的管压降。在室温下，硅二极管的管压降约为 0.7 V。当电源电压为负时，二极管反向偏置。对于理想二极管，负载电阻中没有电流流过；即使对于实际二极管，电路中也仅有很小的反向电流。因此，仅在电压源的正半周期内才有电流流过负载。

1. 电池充电电路

通过一个半波整流器对电池充电，如图 9.25 所示，当交流电压源的电压高于电池电压时，回路中产生电流，注意在电路中加上电阻以限制回路电流的大小是十分必要的。当交流电压源的电压低于电池电压时，二极管反向偏置，电流为零。因此，电流的方向始终为向电池充电的方向。

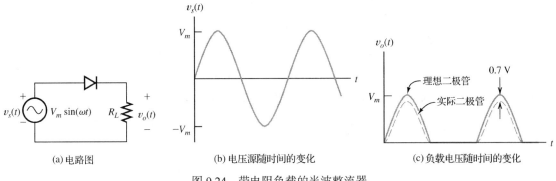

图 9.24　带电阻负载的半波整流器

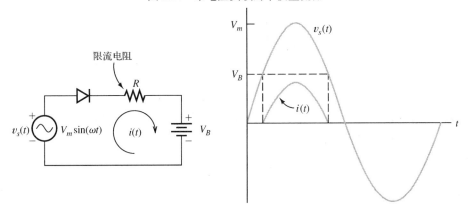

图 9.25　用于电池充电的半波整流器

2. 带滤波电容的半波整流器

通常需要将交流电压转换为恒定的直流电压，作为电子电路的电压源。一种方法是在整流器的输出端并联大容量的电容。电路的电压和电流波形如图 9.26 所示。当交流电压为正半周峰值时，电容充电，直到其两端电压等于电源峰值电压(假定二极管为理想二极管)。当电源电压低于电容电压时，二极管反向偏置，流过二极管的电流为零。由电容继续为负载提供电流，通过负载缓慢放电，直到交流电压源的下一个正半周峰值为止。如图 9.26 所示，流过二极管的电流为电容的充电脉冲电流。

由于电容周期性地充放电，负载电压中含有较小的交流成分，称之为**纹波**。实际应用时可选用大容量的电容来减小纹波的幅值，这样，电容几乎在整个周期内放电，而在一个放电周期内电容释放的电荷量为

$$Q \cong I_L T \tag{9.8}$$

其中，I_L 为负载平均电流，T 为交流电压的周期。由于电容释放的电荷量等于电压变化量和电容的乘积，即

$$Q = V_r C \tag{9.9}$$

式中，V_r 为纹波电压的峰-峰值，C 为电容。由式(9.8)和式(9.9)可求得 C 为

$$C = \frac{I_L T}{V_r} \tag{9.10}$$

实际上，由于负载电流不是恒定的，电容也不是在整个周期内放电，所以式(9.10)只是一个近似值。在设计电源电路时需要对电容值进行估算，而式(9.10)给出了一个较准确的电容参考值。

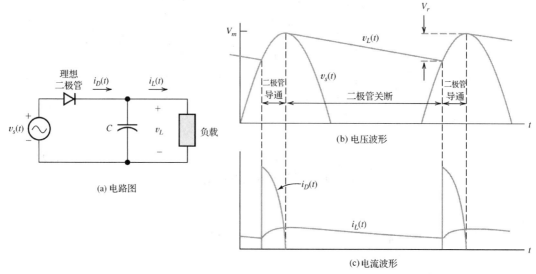

(a) 电路图

(b) 电压波形

(c)电流波形

图 9.26　带滤波电容的半波整流器

在有滤波电容的整流器中，负载两端的平均电压近似等于其两端电压的最大值和最小值的平均值。由图 9.26 可得，负载两端的平均电压为

$$V_L \cong V_m - \frac{V_r}{2} \tag{9.11}$$

9.6.2　反向峰值电压

整流电路的一个重要参数是二极管的**反向峰值电压**(PIV)。显然，二极管的击穿电压值应该比 PIV 值高。在如图 9.24 所示的带电阻负载的半波整流电路中，PIV 为 V_m。

在带滤波电容的整流电路中，与负载并联的电容使得 PIV 的值约为 $2V_m$。参考图 9.26，在交流电压的负半周峰值时，二极管承受的反向电压等于电压源与电容电压之和。

9.6.3　全波整流电路

常用的**全波整流器**有几种形式，其中一种由两个交流电源和两个二极管构成，如图 9.27(a)所示。电路图中的一个显著特点是**接地符号**。在电子电路中，通常将许多元件的一端连接到一个被称为地(ground)的公共点。因此，在图 9.27(a)中，R_L 的低压端与两个电压源的串接点相连通。

> 图中省略了一根导线或者导体，它连接着所有与接地符号相连的节点。

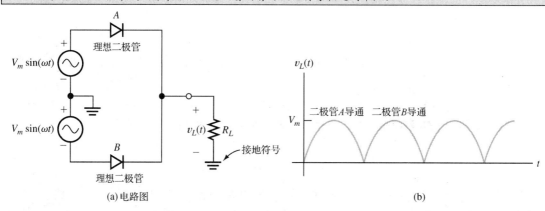

(a) 电路图

(b)

图 9.27　全波整流器

当上端电压源在二极管 A 左端的电压极性为正时，则下端电压源在二极管 B 左端的电压极性为负，反之亦然，称两电压源是**反相连接**的。因此，这种电路实际上由两个反相电压源构成的两个半波整流器和一个公共的负载组成，两个二极管轮流导通半个周期。

通常，这两个反相电压源由一个**变压器**(变压器的知识将在第 15 章介绍)提供。变压器除了能产生反相的交流电压，还能通过改变自身的匝数比来调节电压 V_m。这一点是很重要的，因为交流电源并非总是适合直接进行整流，有时需要电压变换之后才能进行整流。

全波整流器的另一种电路形式由**二极管桥**构成，如图 9.28 所示。当交流电压 $V_m \sin(\omega t)$ 极性为正时，电流依次流经二极管 A、负载和二极管 B。当交流电压为负时，电流依次流经二极管 C 和二极管 D。无论交流电压为正还是为负，流过负载的电流方向一致。

如图 9.28 所示，交流电压源的两端都不接地，仅负载的一端接地。如果交流电压源和负载有一个公共接地点，则电路中的部分元件将会短路。

与带滤波电容的半波整流电路类似，在负载两端并联电容也可使负载两端的电压变得平滑。在全波整流电路中，电容在重新充电前只在半个周期内放电，因此，全波整流电路中的电容量仅为半波整流电路的一半。修改式(9.10)，得到全波整流器的滤波电容为

$$C = \frac{I_L T}{2 V_r} \tag{9.12}$$

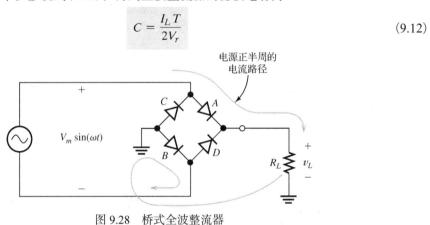

图 9.28　桥式全波整流器

练习 9.11　在图 9.25 的电池充电电路中，$V_m = 20$ V，$R = 10$ Ω，$V_B = 14$ V。a. 设二极管为理想的，求峰值电流；b. 求二极管在每个周期内导通的百分比。

答案：a. $I_{peak} = 600$ mA；b. 二极管在每个周期内导通的百分比为 25.3%。

练习 9.12　电路如图 9.26。一个电源对负载输出的(平均)电压为 15 V，电流为 0.1 A，频率为 60 Hz。设纹波电压峰-峰值为 0.4 V，二极管的正向偏置区的管压降为 0.7 V。求交流电压峰值 V_m 及滤波电容的近似电容值。(提示：为了实现纹波为 0.4 V，负载平均电压为 15 V，则负载电压峰值应为 15.2 V。)

答案：$V_m = 15.9$ V；$C = 4166$ μF。

练习 9.13　同练习 9.12，电路图如图 9.28 所示，电容与负载 R_L 并联。

答案：$V_m = 16.6$ V；$C = 2083$ μF。

9.7　波形整形电路

在电子系统中有各种各样的**波形整形电路**，可以将一种波形变为另一种波形。例如，在电视机或雷达的收发系统中有各种波形整形电路。本节将介绍一些由二极管构成的整形电路。

9.7.1　限幅(削波)电路

限幅电路用于"削掉"输入信号的一部分波形并将其作为输出波形。

限幅电路由二极管构成,用于"削掉"输入信号的一部分波形。例如图 9.29 的电路,将输入波形中电压高于 6 V、低于–9 V 的部分削掉(假设二极管为理想的)。当输入电压在–9 V 和 6 V 之间时,两个二极管均截止,没有电流流动。这样,电阻 R 两端的电压为零,输出电压 v_o 等于输入电压 v_{in}。另一方面,当 v_{in} 超过 6 V 时,二极管 A 导通,6 V 电池直接接到输出端,输出电压为 6 V。当 v_{in} 低于–9 V 时,二极管 B 导通,输出电压为–9 V。这样,峰值为 15 V 的正弦电压经限幅电路整形后的输出波形如图 9.29(b)所示,电路的传输特性如图 9.29(c)所示。

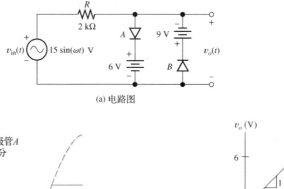

(a) 电路图

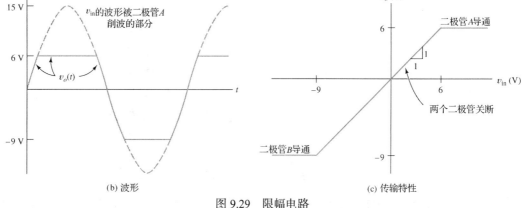

(b) 波形　　　　　　　　　　　　　　　(c) 传输特性

图 9.29　限幅电路

注意:电阻 R 值应选择足够大,使二极管正向导通时流过二极管的电流在适当的范围内(约几个毫安);同时,电阻 R 的值应选择足够小,使二极管反向关断时,电流在 R 上的压降可以被忽略。通常,满足这样要求的电阻值的范围是很宽的。

在图 9.29 中,假设二极管是理想的。如果使用小信号硅二极管,则期望有一个 0.6 V 或 0.7 V 的正向压降来补偿电池电压。此外,在电子电路中应尽量避免使用电池,因为电池需要周期性地更换。因此,更好的设计方案是用稳压管代替电池。图 9.29 的电路的实际等效电路如图 9.30 所示,各稳压管均已标明击穿电压值。

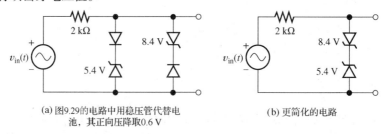

(a) 图9.29的电路中用稳压管代替电池, 其正向压降取0.6 V　　　　　(b) 更简化的电路

图 9.30　图 9.29 的电路的实际等效电路

练习 9.14 已知二极管的正向压降为 0.6 V, 要求: a. 绘出图 9.31(a)和(b)的电路的传输特性。b. 绘出 $v_{in}(t) = 15\sin(\omega t)$ V 时的输出波形。

答案: a. 见图 9.31(c); b. 见图 9.31(d)。

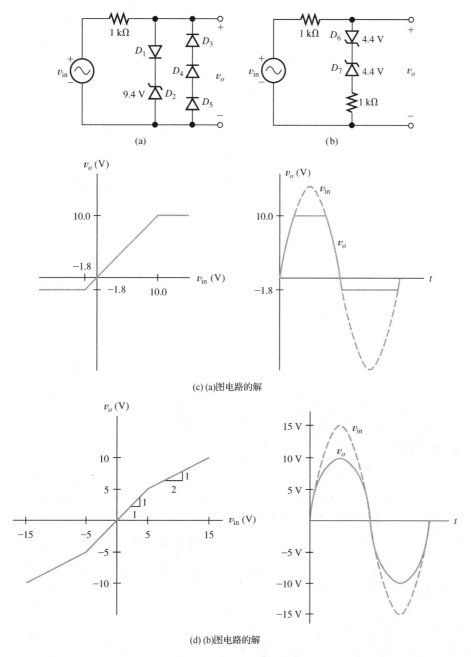

(a)   (b)

(c)(a)图电路的解

(d)(b)图电路的解

图 9.31 练习 9.14 的电路

练习 9.15 设计一个限幅电路, 使其传输特性分别为 a. 图 9.32(a); b. 图 9.32(b)。二极管的正向压降为 0.6 V。[对 b. 的提示: 在电路中串入一个电阻到二极管支路, 实现输入 $v_{in} = 3$ V 时二极管导通, 该部分电路对应于图中 $v_{in} = 3$ V 到 $v_{in} = 6$ V 之间的线段。]

答案: a. 见图 9.32(c); b. 见图 9.32(d)。

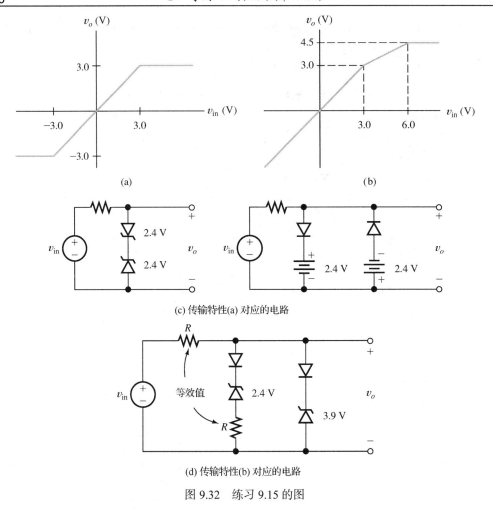

图 9.32　练习 9.15 的图

9.7.2　钳位电路

钳位电路是另一种二极管整形电路,它将一个直流成分加到输入的交流波形上,使得正(或负)峰值保持在某一特定的值上。也就是说,波形的峰值电压被"夹住"在一个指定的值。图 9.33 的电路即为钳位电路,其输出电压的正峰值被固定为-5 V。

在钳位电路中的直流电源被叠加到输入波形上,从而使输出波形的峰值被"夹住"在一个指定的值。

电路中若一个电容的电容值很大,则电容的放电过程很慢,可认为电容两端的电压是基本恒定的。因为电容的电容值很大,所以电容对交流输入信号的阻抗就很小。电路的输出电压为

$$v_o(t) = v_{in}(t) - V_C \tag{9.13}$$

如果输入信号的正半波使输出电压高于-5 V,则二极管导通,V_C 增大,导致电容充电到某值以使输出电压的最大值为-5 V。电阻 R 的阻值应足够大,使电容缓慢地放电。这一点是必要的,才能保证在输入波形的峰值减小时电路仍然满足要求。

当然,也可通过改变电池电压来改变电路的钳位电压。如果将二极管反向,则电路钳住输入波形的负峰。如果得到期望的钳位电压需使二极管反向偏置,则有必要将放电电阻串联一个适当的直流电压源与电容形成回路,以确保二极管导通,实现钳位功能。此外,使用稳压管代替电池会更加方便,如图 9.34 所示。

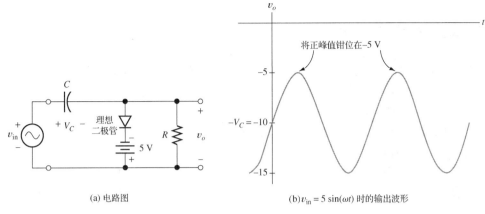

(a) 电路图

(b) $v_{in} = 5\sin(\omega t)$ 时的输出波形

图 9.33 钳位电路

练习 9.16 如图 9.34(a) 所示的电路，假设电容足够大，使得在一个周期内电容不会明显地通过电阻 R 放电。问：a. 如果 $v_{in}(t) = 0$，稳态输出电压为多少？b. 绘出 $v_{in}(t) = 2\sin(\omega t)$ 时的输出电压的稳态波形；c. 假定电阻被直接接地而不是−15 V（即 15 V 电源短路），如果 $v_{in}(t) = 2\sin(\omega t)$，绘出输出电压的稳态波形。

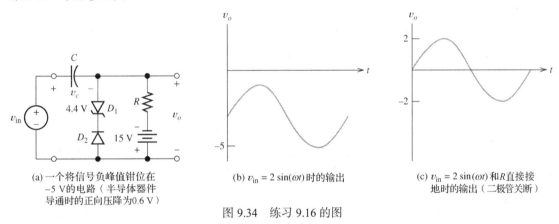

(a) 一个将信号负峰值钳位在−5 V 的电路（半导体器件导通时的正向压降为0.6 V）

(b) $v_{in} = 2\sin(\omega t)$ 时的输出

(c) $v_{in} = 2\sin(\omega t)$ 和 R 直接接地时的输出（二极管关断）

图 9.34 练习 9.16 的图

答案： a. $v_{in}(t) = 0$ 时，输出 $v_o = -5$ V；b. 见图 9.34(b)；c. 见图 9.34(c)。

练习 9.17 设计一个电路，将交流信号的负峰值钳位在+6 V。可以使用任意电池、电阻和电容以及稳压管或常规二极管，正向压降为 0.6 V。

答案： 解答见图 9.35。也可以有其他的解。

练习 9.18 重复练习 9.17，将交流信号的正峰值钳位在+6 V。

答案： 解答见图 9.36。也可以有其他的解。

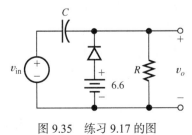

图 9.35 练习 9.17 的图

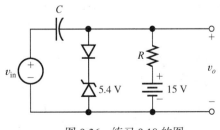

图 9.36 练习 9.18 的图

9.8　线性小信号等效电路

在电子电路中,我们会遇到许多这样的例子,直流电压源为非线性器件提供静态工作点的偏置电压,而较小的交流信号作为电路的输入。我们常常将这类电路分成两部分来分析。首先,分析直流电路,求出静态工作点。在偏置电路的分析中,必须处理电路的非线性器件。其次是交流分析,仅考虑交流小信号的传输,当信号足够小时,任何非线性特性都能近似地线性化。因此,可以先获得非线性器件的**线性小信号等效电路**,再进行交流分析。

通常,这种电路的设计主要考虑交流信号会引起怎样的变化。直流电压仅仅使器件工作在一个适当的静态工作点。例如,对于便携式收音机,主要考虑信号的接收、解调、放大并传送到扬声器;由电池提供的直流电压实现对交流信号的变换功能。不过,大部分设计时间在考虑如何处理交流小信号。

线性小信号等效电路是应用于电子电路中的一种重要分析方法,本节将通过一个简单的二极管电路来阐明这一方法和原理。在第 11 章和第 12 章中,将用此方法分析三极管放大电路。

已知一个二极管的(线性)小信号等效电路仅由一个电阻构成,二极管的特性曲线如图 9.37 所示。假设直流电压源使电路工作在**静态工作点**(或 **Q 点**),当电路输入交流小信号时,瞬时工作点在 Q 点上下稍微地摆动。在足够小的交流信号变化范围内,特性曲线可被看作直线,于是

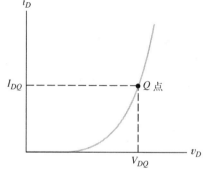

图 9.37　含 Q 点的二极管的特性曲线

$$\Delta i_D \cong \left(\frac{\mathrm{d}i_D}{\mathrm{d}v_D}\right)_Q \Delta v_D \tag{9.14}$$

式中,Δi_D 为由交流信号引起的二极管电流相对 Q 点电流的微变量,Δv_D 为二极管电压相对 Q 点电压的微变量,而 $(\mathrm{d}i_D/\mathrm{d}v_D)_Q$ 为二极管的特性曲线在 Q 点的斜率。注意,斜率是电阻值的倒数。

> 二极管的小信号等效电路是一个动态电阻。

因此,定义二极管的**动态电阻**为

$$r_d = \left[\left(\frac{\mathrm{d}i_D}{\mathrm{d}v_D}\right)_Q\right]^{-1} \tag{9.15}$$

而式(9.14)变为

$$\Delta i_D \cong \frac{\Delta v_D}{r_d} \tag{9.16}$$

为了表示方便,可去掉符号 Δ,用 v_d 和 i_d 表示在 Q 点附近二极管电压和电流的变化量。注意,小写的下标字母用于表示电流和电压的微小变化量。这样,对于交流小信号有

$$i_d = \frac{v_d}{r_d} \tag{9.17}$$

由式(9.15)可知,二极管的交流小信号等效电阻值为其特性曲线的斜率的倒数。二极管的电流由肖克利方程[见式(9.1)]表示如下:

$$i_D = I_s\left[\exp\left(\frac{v_D}{nV_T}\right) - 1\right]$$

特性曲线的斜率可通过对肖克利方程求微分而得,即

$$\frac{\mathrm{d}i_D}{\mathrm{d}v_D} = I_s \frac{1}{nV_T} \exp\left(\frac{v_D}{nV_T}\right) \tag{9.18}$$

代入 Q 点电压，有

$$\left(\frac{\mathrm{d}i_D}{\mathrm{d}v_D}\right)_Q = I_s \frac{1}{nV_T} \exp\left(\frac{V_{DQ}}{nV_T}\right) \tag{9.19}$$

在正向偏置条件下，V_{DQ} 至少是 V_T 的几倍，则肖克利方程括号中的–1 项可以忽略，得

$$I_{DQ} \cong I_s \exp\left(\frac{V_{DQ}}{nV_T}\right) \tag{9.20}$$

将该式代入式(9.19)，得

$$\left(\frac{\mathrm{d}i_D}{\mathrm{d}v_D}\right)_Q = \frac{I_{DQ}}{nV_T} \tag{9.21}$$

再将上式代入式(9.15)，得到二极管在 Q 点的动态小信号电阻值：

$$r_d = \frac{nV_T}{I_{DQ}} \tag{9.22}$$

综上所述，对于在二极管的 Q 点附近微小变动的信号，可将二极管简单地看作一个线性电阻，电阻值由式(9.22)计算得到(条件是二极管正向偏置)。随着 Q 点电流 I_{DQ} 增加，电阻值减小，因此，随着 Q 点的上移，一个固定幅值的交流电压将产生一个幅值更高的交流电流，如图 9.38 所示。

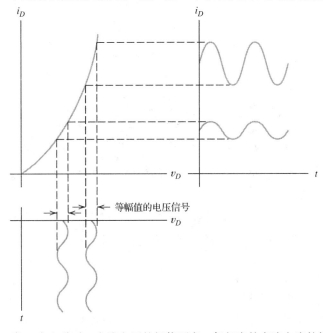

图 9.38　当 Q 点上升时，交流电压的幅值不变，但相应的交流电流的幅值增大

9.8.1　电子电路中电流电压的标记规则

本书曾经介绍过直流与交流符号的不同表示，因此，有必要再次说明有关二极管电流和电压的标记规则：

- v_D 和 i_D 表示二极管总的瞬时电压和电流。如果需要强调这些变量随时间变化的特性，则用 $v_D(t)$ 和 $i_D(t)$ 表示。

- V_{DQ} 和 I_{DQ} 表示二极管在静态工作点的直流电压和电流。
- v_d 和 i_d 表示(小)交流信号。如果想要强调其时间变化特性,则用 $v_d(t)$ 和 $i_d(t)$ 表示。

图 9.39 对上述标记规则进行了举例说明。

练习 9.19 假设温度为 300 K,取 $n = 1$,二极管的 I_{DQ} 分别为:a. 0.1 mA;b. 1 mA;c. 10 mA。分别计算此二极管的动态电阻值。

答案: a. 260 Ω;b. 26 Ω;c. 2.6 Ω。

9.8.2 压控衰减器

现在,我们分析一个简单而常见的线性等效电路的实例,如图 9.40 所示。该电路的功能是产生一个输出信号 $v_o(t)$,而 $v_o(t)$ 为交流输入信号 $v_{in}(t)$ 的一部分。这个电路的功能与电阻分压器(见 2.3 节)相似,

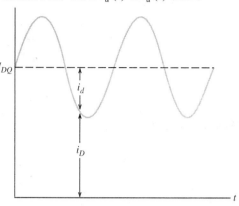

图 9.39 以二极管电流举例说明标记规则

但是此电路的分压比取决于另一被称为**控制信号**的电压 V_C。我们将信号幅值减小的过程称为**衰减**,因此,这里分析的电路被称为**压控衰减器**。输入信号被衰减的程度取决于直流控制电压 V_C。

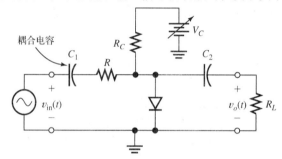

图 9.40 用一个二极管作为可控电阻实现的可变衰减器

注意,被衰减的交流信号经**耦合电容** C_1 与电路相连,输出电压经耦合电容 C_2 与负载 R_L 相连。电容的阻抗为

$$Z_C = \frac{1}{j\omega C}$$

式中,ω 为交流信号的角频率,必须选择足够大的电容,使其能够对交流信号有效短路。同时,耦合电容对于直流表现为开路。这样,二极管的静态工作点(Q 点)就不会受到信号源或负载的影响。这种耦合方式尤其适用于在变化的电源和负载下运行可能影响 Q 点的电路。此外,耦合电容也阻止了直流电流流入电源或负载。

由于耦合电容隔离了直流,所以仅考虑直流偏置电路中的 V_C、R_C 和二极管,以求得 Q 点。图 9.40 的电路的直流等效电路如图 9.41 所示,使用本章曾经讲述过的方法分析 Q 点,将二极管的 Q 点电流代入式(9.22),即可求得二极管的动态电阻值。

> 绘制小信号交流等效电路时,直流电压源和耦合电容被视作短路处理,二极管则用动态电阻替换。

现在分析交流信号的衰减。此时,直流电压源被看作短路,信号源产生的交流电流流过电压源 V_C。由定义可知,V_C 为一直流电压源,其两端的电压恒定。由于直流电压源有交流电流成分,但是没有交流电压,所以直流电压源对于交流信号等效为短路。这是我们绘制交流等效电路时必须遵循的一个重要准则。

图 9.40 的电路的交流等效电路如图 9.42 所示，电压源和电容用短路代替，二极管由其动态电阻代替。该电路为一分压器，可由线性电路分析法进行分析。R_C、R_L 和 r_d 并联的等效电阻为

$$R_p = \frac{1}{1/R_C + 1/R_L + 1/r_d} \tag{9.23}$$

则电路的**电压增益**为

$$A_v = \frac{v_o}{v_{\text{in}}} = \frac{R_p}{R + R_p} \tag{9.24}$$

显然，A_v 是小于 1 的。

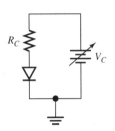

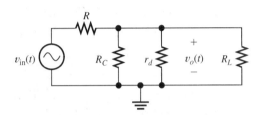

图 9.41   用于 Q 点分析的图 9.40 的电路的直流等效电路   图 9.42   图 9.40 的电路的交流等效电路

练习 9.20   设图 9.40 中的电路有 $R = 100\ \Omega$，$R_C = 2\ \text{k}\Omega$，$R_L = 2\ \text{k}\Omega$。二极管在 300 K 时的 $n = 1$，正向压降为 0.6 V。求 V_C 分别为 a. 1.6 V 和 b. 10.6 V 时 Q 点对应的二极管电流和 A_v。

答案：a. $I_{DQ} = 0.5$ mA，$A_v = 0.331$；b. $I_{DQ} = 5$ mA，$A_v = 0.0492$。

压控衰减器的一个应用实例是数字录音机，可将麦克风采集到的声音放大到一个合适的值，通过模数转换器(ADC，参见 6.10 节)将声音信息转换为数字信息，然后保存在数字存储器中。在录音过程中常常遇到的问题是一些人的声音太小，而另一些人的声音太大；或者说，一些人可能离麦克风太远，而另一些人离麦克风又太近。如果在麦克风与 ADC 之间加上一个固定增益的放大器，则会导致弱信号电平低于噪声水平，或者信号太强，超过了 ADC 的最大限值，引起严重的失真。

解决这一问题的途径是在系统中增加一个压控衰减器，如图 9.43 所示。将衰减器放在麦克风与高增益放大器之间。当录音信号较弱时，较小的控制电压使得信号几乎不衰减。另一方面，当录音信号较强时，较大的控制电压使信号适当衰减，从而避免了失真。该控制电压来对放大器输出信号的整流，整流信号被一个时间常数较大的 RC 滤波器处理，使衰减强度跟随信号的平均幅值而变，而不是快速变化。通过合理的设计，该系统能够在大范围变化的输入信号的情况下，在 ADC 电路部分输出令人满意的声音。

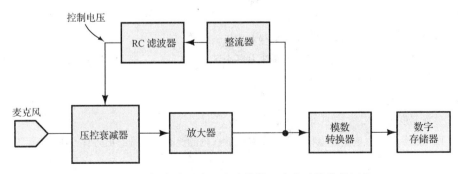

图 9.43   压控衰减器为录音头维持一个合适的信号幅值

尽管我们现在讨论的二极管电路能够实现一些电路功能，但是，集成化的晶体管放大器具有更佳的性能，因为其增益经 Q 点可控，例如 Analog Devices 公司的产品(型号) AN-934 和 Maxim Integrated Products 公司的产品 MAX9814。

本章小结

1. pn 结二极管是一个正向导通、反向截止的二端元件(从阳极到阴极导通)。其伏安特性分为三个区：正向偏置区、反向偏置区和反向击穿区。

2. 肖克利方程表示 pn 结二极管的电压和电流的关系。

3. 非线性电路(如含二极管的电路)可用负载线分析法来分析。

4. 齐纳二极管(稳压管)工作在反向击穿区，产生恒定的基准电压。

5. 稳压器在变化的电源的情况下能产生一个近似恒定的输出电压。

6. 二极管的理想模型为：当电流从二极管的正方向流过时，将二极管视作短路；如果在二极管两端加反向电压，则将二极管视作开路。

7. 在假设状态分析中，首先为每个二极管假设一个导通或关断的状态；然后分析电路，核对电流方向和电压极性与假设状态是否一致。如果假设不正确，则重复上述过程，直到找到一组合理的二极管工作状态。

8. 在分析非线性元件的分段线性模型(折线模型)中，伏安特性可近似分解为多个线段，而每一个线段的等效模型为一个电压源串联一个电阻。

9. 整流电路可应用于电池的充电以及把交流电压转换为恒定直流电压。半波整流电路仅在交流输入信号的半个周期内导通电流，而全波整流电路则在整个输入信号周期内导通电流。

10. 整形电路改变输入信号的波形，并将已改变的波形传送到输出端。限幅电路将输入信号中高于(或低于)给定水平的部分去掉；钳位电路则加上或减去一个直流电压，使得波形的正(或负)峰值为指定的电压。

11. 二极管的小信号(微变)等效电路为一个动态电阻，电阻值的大小取决于静态工作点 (Q 点)。

12. 在小信号等效电路中，直流源和耦合电容由短路代替，二极管由其动态电阻代替。

习题

9.1 节　二极管的基本概念

P9.1　画出二极管的电路符号，并标出阳极和阴极。

P9.2　画出典型二极管的伏安特性，并标出其各个区。

P9.3　描述一个二极管的电流流向图。

P9.4　写出肖克利方程并定义其中的所有参数。

P9.5　计算温度为 20℃和 150℃时的 V_T。

*P9.6　已知稳压管的反向击穿电压，设包括稳压管在内的所有二极管的正向管压降为 0.6 V。要求画出图 P9.6 的电路的 i-v 关系曲线。

P9.7　对于图 P9.7 的电路，重复习题 P9.6 的要求。

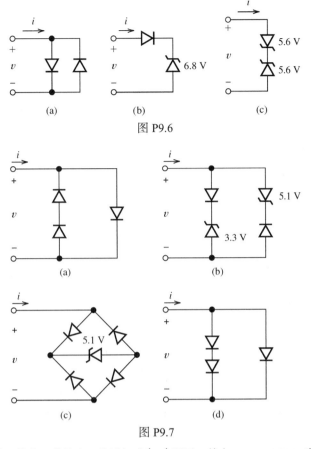

图 P9.6

图 P9.7

*P9.8 一个二极管工作在正偏状态，特性如式(9.4)所示，其中 $V_T = 0.026$ V。当 $v_{D1} = 0.600$ V 时，电流 $i_{D1} = 1$ mA；当 $v_{D2} = 0.680$ V 时，电流 $i_{D2} = 10$ mA。请计算 I_s 与 n 的值。

P9.9 一个硅二极管正向流过小电流，二极管两端的电压会随着温度每升高 1 K 而减小 2 mV，即电压-温度变化率为 2 mV/K。如果在温度为 25℃、电流为 1 mA 时，二极管的端电压是 0.650 V，请计算温度为 175℃、电流为 1 mA 时二极管的端电压。

P9.10 一个二极管工作在温度为 300 K 且 $v_D = 0.6$ V 时，$i_D = 0.2$ mA。设 $n = 2$，$V_T = 26$ mV。用肖克利方程计算在 $v_D = 0.65$ V 和 $v_D = 0.70$ V 时二极管的电流。

P9.11 设一个二极管有 $n = 1$，$I_S = 10^{-14}$ A，$V_T = 26$ mV。要求：a. 选择一种软件，绘制 i_D-v_D 关系曲线，i_D 的变化范围是 10 μA 到 10 mA，建议 i_D 采用对数坐标，v_D 采用线性坐标；b. 将一个 100 Ω 电阻与二极管串联，采用 a. 中的坐标表示方式，绘制 i-v 关系曲线。比较这两条曲线，何时能够体现这个串联电阻的重要作用？

P9.12 一个硅二极管满足肖克利方程，$n = 2$，工作在 150℃下。当电流为 1 mA 时，二极管的端电压为 0.25 V。求电压增至 0.30 V 时的电流。

*P9.13 图 P9.13 中的两个二极管是相同的，$n = 1$，工作温度恒定为 300 K。开关闭合前 $v = 600$ mV，计算开关闭合之后 v 的值。假设 $n = 2$，重复计算 v 的值。

P9.14 假设二极管的工作温度恒定为 300 K，当正向电流为 1 mA 时，端电压 $v = 600$ mV，当正向电流为 10 mA 时，端电压 $v = 700$ mV。试计算 n 的值。

*P9.15 图 P9.15 中的两个二极管是相同的，$n = 1$。当任意二极管的工作温度为 300 K、正向电流为 100 mA 时，端电压 $v = 700$ mV。a. 若两个二极管的工作温度为 300 K，问电流 I_A、I_B 分别

为多少? b. 已知每当温度增加 5 K 时，I_S 加倍，如果二极管 A 的工作温度为 300 K，二极管 B 的工作温度为 305 K，问电流 I_A、I_B 又分别为多少？[提示：采用对称性原理求解 a. ；对于 b. 问题，列写两个超定方程，通过迭代法解得二极管的端电压。通过求解这个习题，会发现如果两个二极管的工作温度相同，则各自流过总电流的一半。但是，如果一个二极管的电流稍大一点，其温升较高，导致电流增加。最后，这个二极管负担的电流会显著大于另一个并联的二极管的电流。这种现象常见于流过大电流而且彼此热隔离的器件，可能出现过热。]

图 P9.13   图 P9.15

9.2 节 二极管电路的负载线分析

*P9.16 图 P9.16 的非线性电路元件的伏安特性为 $i_x = [\exp(v_x) - 1]/10$，已知 $V_S = 3$ V，$R_S = 1\ \Omega$，用图解负载线分析法求解 i_x 和 v_x。（可以用计算机程序画出特性曲线和负载线。）

P9.17 重复习题 P9.16，$V_S = 20$ V，$R_S = 5$ kΩ，$i_x = 0.01/(1 - v_x/5)^3$ mA 。

P9.18 重复习题 P9.16，$V_S = 6$ V，$R_S = 3\ \Omega$，$i_x = v_x^3/8$ mA 。

P9.19 重复习题 P9.16，$V_S = 3$ V，$R_S = 1\ \Omega$，$i_x = v_x + v_x^2$ mA 。

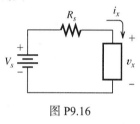

图 P9.16

P9.20 这里介绍几种特殊用途的二极管。一种是恒流二极管，在变化较大的电压作用下，其电流保持为恒定值。电路符号和特性曲线见图 P9.20(a)。另一种特殊的二极管是发光二极管(LED)，其电路符号和特性曲线如图 P9.20(b) 所示。有时，将这两种二极管串联，用于在电压变化的环境下为 LED 提供恒定的电流，如图 P9.20(c) 所示。b. 请画出图 P9.20(d) 中并联电路的特性曲线。

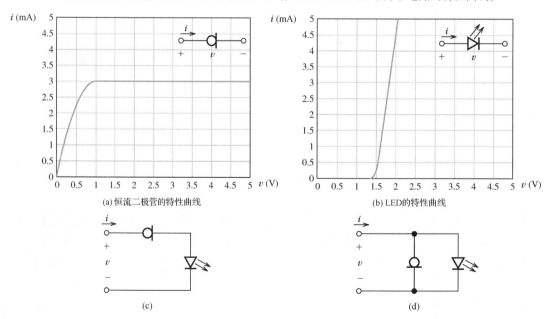

(a) 恒流二极管的特性曲线   (b) LED 的特性曲线

(c)   (d)

图 P9.20

P9.21 求图 P9.21 的电路中的 i 和 v。LED 的特性曲线如图 P9.20(b) 所示。

P9.22　求图 P9.22 的电路中的 i_1 和 i_2。恒流二极管的特性曲线如图 P9.20(a)所示。

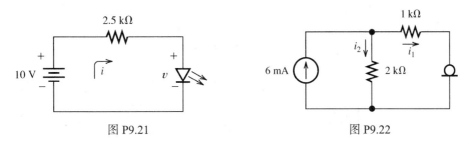

图 P9.21　　　　　　　　　　　　图 P9.22

P9.23　求图 P9.23 的电路中的 i 和 v。LED 的特性曲线如图 P9.20(b)所示。

P9.24　电路如图 P9.24 所示，重复习题 P9.23 的问题和要求。

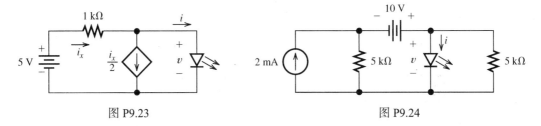

图 P9.23　　　　　　　　　　　　图 P9.24

9.3 节　稳压管稳压电路

P9.25　什么是齐纳二极管(稳压管)？其典型的应用是什么？画出稳压值为 5.8 V 的理想稳压管的特性曲线。

*P9.26　画出一个简单的稳压电路。

P9.27　如图 9.14 所示的稳压电路，求 v_o 为 10 V 时的最小负载电阻值。

P9.28　如图 P9.28 所示的稳压电路，源电压 V_S 从 10 V 到 14 V 变化时，负载电流 i_L 在 50 mA 到 100 mA 之间变化。设稳压管为理想的。求在变化的负载电流和电源电压下，使得负载电压 v_L 保持恒定电阻 R_s 的最大值，以及 R_s 的最大功率损耗。

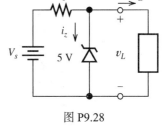

图 P9.28

P9.29　设计一个稳压电路，输入电压变化却提供给负载 5 V 的稳定电压。该负载电流的波动范围是 0～100 mA，而源电压的波动范围是 8～10 V。可以假设稳压管是理想元件，但是电阻 R 值必须确定。画出稳压电路，给出元件的参数；同时给出每个元件的最大功率损耗值。

P9.30　如果源电压的波动范围是 6～10 V，重复习题 P9.29 的设计要求。

P9.31　如果负载电流的波动范围是 0～1 A，重复习题 P9.29 的设计要求。

P9.32　某电路包含一个非线性元件、电阻、直流电压源和直流电流源，并且已知电路中非线性元件的伏安特性。试概述一种求解该电路的方法。

*P9.33　某线性二端电路的两端分别为 a 和 b，开路时测得电压 $v_{ab} = 10$ V。将电路两端短路时测得电流为 2 A，方向从 a 端经短路电路到 b 端。设有一特性为 $i_{ab} = \sqrt[3]{v_{ab}}$ 的非线性元件接在电路的两端，求此时的 v_{ab}。

9.4 节　理想二极管模型

P9.34　什么是理想二极管？画出其特性曲线。应用理想二极管模型求解电路时，怎样检验二极管的初始导通或断开的假设是正确的？

P9.35　已知由两个理想二极管反向串联的电路，其等效电路有何特性？如果将这两个理想二极管反向并联，其等效电路又有何特性？

P9.36　求出图 P9.36 中各电路的 I 和 V，设二极管均为理想的。

*P9.37　求出图 P9.37 中各电路的 I 和 V，设二极管均为理想的。

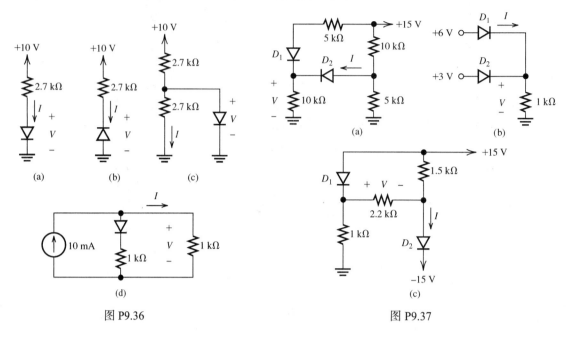

图 P9.36　　　　　　　　　　　　　　　图 P9.37

P9.38　求出图 P9.38 中各电路的 I 和 V，设二极管均为理想的。(b)图电路中，V_{in} 分别为 0 V、2 V、6 V、10 V，请画出 V_{in} 变化范围为−10 V 到 10 V 的 V-V_{in} 图。

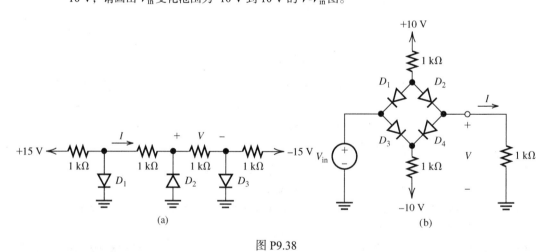

图 P9.38

P9.39　画出图 P9.39 中各电路的 i-v 图。设二极管均为理想的，v 的变化范围为−10 V 到+10 V。

P9.40　图 P9.40(a)的电路为一种逻辑门电路。设二极管为理想的。电压 V_A 和 V_B 相互独立，取值分别为 0 V(表示逻辑 0 或低电平)或 5 V(表示逻辑 1 或高电平)。a. 在输入电压的四种组合中哪一种输出为高电平(即 $V_o = 5$ V)？该逻辑门的类型是什么？b. 对图 P9.40(b)的电路，重复上述问题。

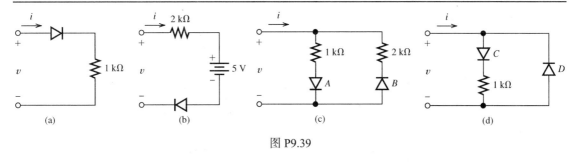

图 P9.39

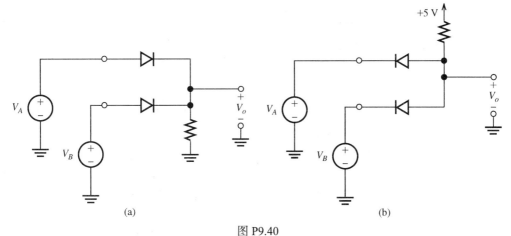

图 P9.40

P9.41 画出图 P9.41 电路的 $v_o(t)$-t 图，设二极管均为理想的。

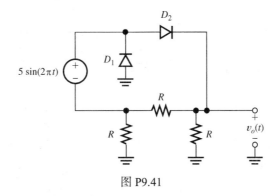

图 P9.41

9.5 节 二极管的分段线性模型

P9.42 如果用分段线性法建立一个非线性二端元件的模型，求出各线段的等效电路。

P9.43 一个电阻 R_a 与电压源 V_a 串联，请画出此部分电路图，标注电压 v 为串联电路的端电压，电流 i 流过此部分电路。画出该部分电路的特性曲线。

P9.44 某二端元件的特性曲线为一条经过点 $(2\ V, 5\ mA)$ 和点 $(3\ V, 15\ mA)$ 的直线，电流参考方向为流进正极性的电压方向。求该元件的等效电路。

P9.45 一个理想稳压管的稳压值为 10 V，其特性曲线如图 9.14 所示。求出特性曲线各段的分段线性等效电路。

*P9.46 由图 P9.46(c) 的直线段近似模拟一个非线性元件的特性曲线。求各段的等效电路，再用所求得的等效电路求出图 P9.46(a) 和 (b) 中的 v_o。

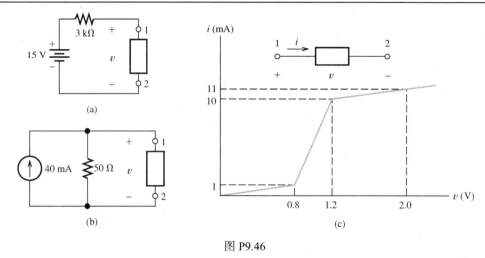

图 P9.46

*P9.47 图 P9.47 的电路中，稳压管的分段线性模型见图 9.19。当负载电流 i_L 的变化范围为 $0\sim100$ mA 时，试画出 v_L-i_L 图，v_L 为负载电压。

P9.48 图 P9.48 的电路中的二极管可以用图 9.23 的模型来代替，V_f= 0.7 V。a. 假设二极管工作在开路状态，计算节点电压 v_1 和 v_2，请问：计算结果是否与替换模型的解一致？如果不一致，解释为什么；反之亦然；b. 假设二极管工作时类似于 0.7 V 的电压源，重复 a. 的要求。

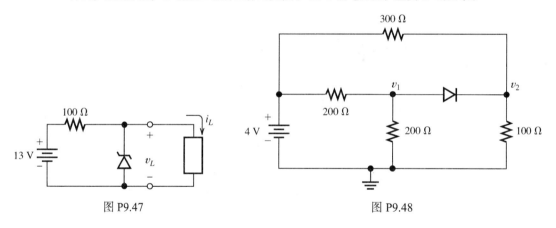

图 P9.47   图 P9.48

9.6 节 整流电路

P9.49 绘制一个半波整流器的电路图；再绘制两种不同的全波整流电路。

P9.50 一有效值为 20 V、频率为 60 Hz 的交流源与一个理想二极管和一个 100 Ω的电阻串联。求二极管的峰值电流和反向峰值电压(PIV)。

P9.51 如图 9.25 所示的电池充电电路，交流源的峰值为 24 V，频率为 60 Hz。电阻为 2 Ω，二极管是理想的，V_B= 12 V。求平均电流(即每秒通过电池的电荷值)。假设电池初始为完全放电状态、其容量为 100 A，电池充满电需要多长时间？

P9.52 分析图 9.26 的半波整流电路，交流电压源的有效值为 20 V，频率为 60 Hz。二极管可被视作理想元件，电容值足够大，因而纹波电压足够小。负载为 100 Ω的电阻，要求计算二极管的 PIV 以及一个周期内电容器的电荷量。

P9.53 大多数电压表的读数等于被测电压的平均值。一个周期波形的平均值的数学定义为

$$V_{avg} = \frac{1}{T} \int_0^T v(t) \, dt$$

其中，T 为电压 $v(t)$ 的周期。

a. 如果所测电压 $v(t) = V_m \sin(\omega t)$，则计算直流电压表的读数。

b. 如果所测电压为正弦波经半波整流后的电压，则计算直流电压表的读数。

c. 如果所测电压为正弦波经全波整流后的电压，则计算直流电压表的读数。

*P9.54 设计一个半波整流器，输出一个均值为 9 V、纹波峰-峰值为 2 V 的电压给负载，负载平均电流为 100 mA。假设二极管是理想元件，输入电源频率为 60 Hz，幅值任意可选。试画出设计的电路图，确定元件的参数值。

P9.55 设计一个全波整流器，设计要求同习题 P9.54。

P9.56 采用两个二极管和两个反相的电压源，设计一个全波整流器，设计要求同习题 P9.54。

P9.57 假设二极管的正向压降为 0.8 V，设计要求同习题 P9.54。

*P9.58 需要一个向负载提供 15 V 电压的半波整流器，负载平均电流为 250 mA，纹波的峰-峰值应低于 0.2 V。计算滤波电容的最小值。如果要求设计全波整流器，计算滤波电容的最小值。

P9.59 如图 9.25 所示的电池充电电路，$v_S(t) = 20 \sin(200\pi t)$ V，$R = 80\ \Omega$，$V_B = 12$ V，设二极管为理想的。要求：

a. 画出电流 $i(t)$ 的时间图。

b. 求出电池的平均充电电流。［提示：平均充电电流为周期内流过电池的电荷量。］

P9.60 如图 9.27 所示的全波整流器，其中大容值的滤波电容与负载 R_L 并联，$V_m = 12$ V，设二极管为理想的。a. 求负载电压的近似值及二极管的 PIV。b.如图 9.28 所示的全波桥式整流器，求负载电压的近似值及二极管的 PIV。

P9.61 图 P9.61 是一个典型的汽车电池充电系统的等效电路。三相△形连接的电压源表示交流发电机的定子绕组。（三相交流电源在 5.7 节已经学习过，实际上，发电机的定子绕组通常是 Y 形连接，不过其线电压与△形连接电源的线电压是相同的）。电路中没有给出稳压电路，此电路控制了输出给发电机转子绕组的电流以及给电池的充电电流。要求：a. 画出负载电压 $V_L(t)$ 的波形；假设二极管是理想的，而且 V_m 足够大，电流总是流进电池；［提示：每个电源和 4 个二极管形成一个桥式整流器。］b. 计算纹波电压的峰-峰值；c. 如果平均充电电流为 30 A，计算 V_m 的值；d. 实际计算 V_m 时应该考虑哪些因素？

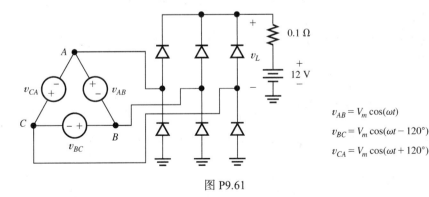

$$v_{AB} = V_m \cos(\omega t)$$
$$v_{BC} = V_m \cos(\omega t - 120°)$$
$$v_{CA} = V_m \cos(\omega t + 120°)$$

图 P9.61

9.7 节　波形整形电路

P9.62 什么是限幅电路？ 画出示例图，给出元件参数、输入波形和相应的输出波形。

P9.63 如图 P9.63 所示，画出该电路的输出波形。设二极管为理想的。

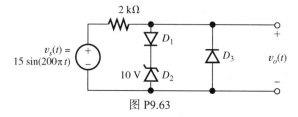

图 P9.63

P9.64　画出图 P9.64 的电路的传输特性图(v_o-v_{in} 图)。设二极管为理想的。

P9.65　画出图 P9.65 的电路的传输特性图(v_o-v_{in} 图)。设二极管为理想的。

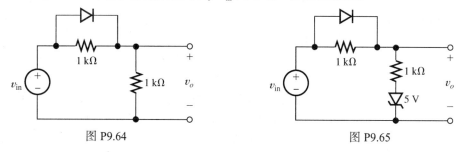

图 P9.64　　　　　　　　　　　　　图 P9.65

P9.66　画出图 P9.66 的电路的传输特性图(v_o-v_{in} 图)。设二极管为理想的，v_{in} 的变化范围为–5 V 到+5 V。

P9.67　画出图 P9.67 的电路的传输特性图(v_o-v_{in} 图)，仔细标明断点及斜率。设二极管为理想的，v_{in} 的变化范围为–5 V 到+5 V。

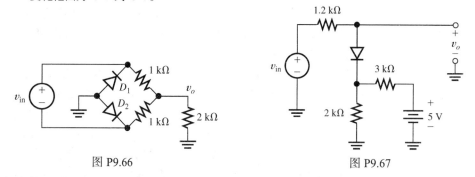

图 P9.66　　　　　　　　　　　　　图 P9.67

P9.68　什么是钳位电路？画出示例图，给出元件参数、输入波形和相应的输出波形。

P9.69　如图 P9.69 所示的电路的 RC 时间常数与输入信号周期相比足够大，二极管为理想的。画出 $v_o(t)$ 的时间图。

*__**P9.70**__　如图 P9.70 所示的电路，画出稳态输出电压的波形，假设 RC 时间常数足够大于输入波形的周期，而且二极管是理想元件。

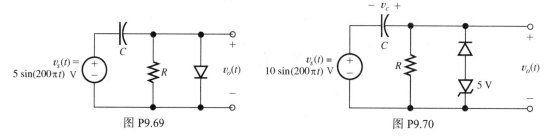

图 P9.69　　　　　　　　　　　　　图 P9.70

P9.71　电压倍增电路。如图 P9.71 所示的电路的电容值很大，使得电路仅在每个周期的很小一段时间内放电。因此，电容两端没有交流电压，在 A 点的电压为交流输入电压加上 C_1 的直流电压。要求

画出 A 点的电压-时间图；求出负载两端的电压；解释为什么称该电路为电压倍增电路？每个二极管的 PIV 为多少？

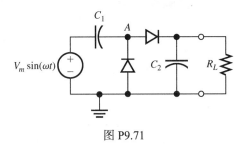

图 P9.71

*P9.72　设计一个限幅电路，能够削掉输入电压中大于 3 V 和小于–5 V 的部分波形，应考虑二极管的压降为 0.7 V。另外，稳压二极管的稳定电压值以及直流电压源的值可任意选择。

P9.73　重复习题 P9.72，限幅阈值为+2 V 和+5 V（即削去输入电压中大于+5 V 和小于+2 V 的部分波形）。

P9.74　用二极管、稳压管（稳定电压值任意）和电阻（电阻值任意）设计两个电路，具有如图 P9.74(a) 和 (b) 的转移特性。要求：v_{in} 的变化范围是–10 V 和+10 V，二极管的正向压降为 0.6 V，假设稳压管在击穿区的稳压特性是理想的，电源电压为 ± 15 V。

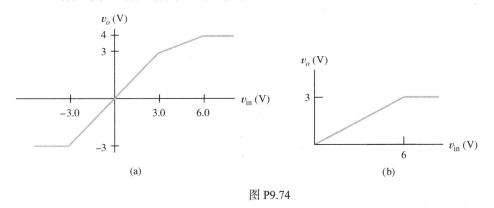

图 P9.74

*P9.75　用二极管、稳压管（稳定电压值任意）和电阻（电阻值任意）设计一个钳位电路，将周期性输入信号的负峰值钳位到–5 V。二极管的正向压降为 0.6 V，假设稳压管在击穿区的稳压特性是理想的，电源电压为 ± 15 V。

P9.76　重复习题 P9.75，将周期性输入信号的正峰值钳位到+5 V。

9.8 节　线性小信号等效电路

P9.77　某二极管的 $I_{DQ} = 4$ mA，$i_d(t) = 0.5\cos(200\pi t)$ mA。求 $i_D(t)$ 的表达式，并画出 $i_D(t)$ 的时间图。

P9.78　二极管的小信号等效电路由什么组成？非线性元件的动态电阻在给定工作点处是怎样确定的？

P9.79　在小信号交流等效电路中，直流电压源用什么代替？为什么？

P9.80　在小信号交流等效电路中，直流电流源用什么代替？为什么？

*P9.81　一个非线性元件的伏安特性为 $i_D = v_D^3 / 8$。要求画出 i_D-v_D 的曲线图，v_D 的取值从–2 V 到+2 V。该元件是二极管吗？计算其动态电阻，当 v_D 的取值从–2 V 到+2 V 时，画出动态电阻与 v_D 的关系曲线。

P9.82　一个击穿的二极管的伏安特性为

$$i_D = \frac{-10^{-6}}{(1 + v_D/5)^3}, \qquad -5\,\text{V} < v_D < 0$$

i_D 单位是安培。画出 i_D - v_D 在反偏区的特性曲线，并计算 Q 点分别在 $I_{DQ} = -1\,\text{mA}$ 和 $I_{DQ} = -10\,\text{mA}$ 时二极管的动态电阻。

P9.83　一非线性元件两端所加电压为

$$v_D(t) = 5 + 0.01\cos(\omega t)\,\text{V}$$

电流为

$$i_D(t) = 3 + 0.2\cos(\omega t)\,\text{mA}$$

求在该条件下器件的 Q 点参数和动态电阻。

P9.84　在理想情况下，我们希望稳压管在反向击穿区的电压是恒定的，对于稳压管在反向击穿区的动态电阻，这意味着什么？

*P9.85　图 P9.85 为一稳压电路，交流电压的峰-峰值为 1 V，负载的直流 (平均) 电压为 5 V。稳压管 Q 点的工作电流为多少？如果输出电压的峰-峰值小于 10 mV，问稳压管的最大动态电阻为多少？

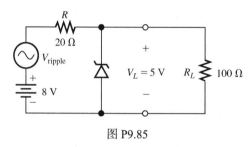

图 P9.85

测试题

T9.1　对图 T9.1 的各电路计算 i_D 值，二极管的特性曲线见图 9.8。

T9.2　图 T9.2 的二极管是理想的，要求计算二极管的工作状态，以及 v_x 和 i_x。

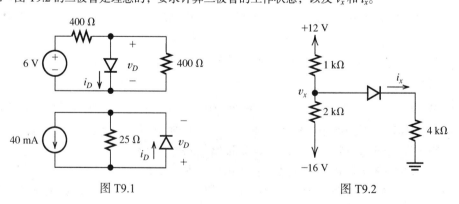

图 T9.1　　　　　　　　　图 T9.2

T9.3　某二端元件的伏安特性通过了两个工作点 (5 V，2 mA) 和 (10 V，7 mA)，电流流入元件电压的正极性端。要求计算此分段线性模型的电阻和电压源的值。

T9.4　画出以一个电阻为负载的桥式全波整流电路图。

T9.5 假设一个正弦交流电压源的峰值为 10 V，要求设计电路来削掉 5 V 以上和 –4 V 以下的正弦波形。假设电路中保护理想二极管、直流电压源和必要的元件，并标注 $v_o(t)$ 的输出端。

T9.6 假设一个频率为 10 Hz 的正弦电压源 $v_{in}(t)$，要求使用理想二极管、直流电压源和其他元件设计一个电路，能够将电压源的正峰值钳位到 –4 V，说明在选择器件参数时的约束条件，务必标注出输出电压 $v_o(t)$ 的两个端口。

T9.7 假设一个硅二极管在 300 K 温度下的偏置电流是 5 mA，关于二极管电流的肖克利方程中有 $n = 2$，要求画出二极管的小信号等效电路，并标出元件的参数值。

第 10 章 放大器的技术参数和外部特性

本章学习目标

- 在给定信号源和负载的情况下，利用不同的放大器模型计算放大器的各性能参数。
- 计算放大器的效率。
- 了解放大器输入和输出阻抗的重要性。
- 掌握各种应用下理想放大器的最佳模型。
- 掌握各种应用下满足需求的放大器频率响应。
- 理解放大器的线性和非线性失真。
- 确定放大器的脉冲响应参数。
- 学习差分放大器，并确定其共模抑制比性能。
- 理解不同输入的直流漂移，设计平衡电路。

本章介绍

电子系统中最重要的模拟单元是放大器，通常用于增大电信号的幅值。大多数传感器(例如在机械工程应用中的应变仪或化学处理中的流量计)的信号幅值相当小，需要将其放大后再进一步进行处理。

本章重点介绍放大器的外部特性，以便于在各种测量应用中选择合适的放大器。同时，本章在介绍了放大器的基本概念后，还分析了实际放大器的非理想特性，通过了解这些不足，避免在电子仪表的使用过程中出现错误。而放大电路的内部工作原理将在第 11 章～第 13 章中进行介绍。

10.1 放大器的基本概念

> 在理想情况下，放大器输出波形与输入波形是相同的，只是输出波形的幅值更大。

在理想情况下，放大器输出波形与输入波形是相同的，只是输出波形的幅值更大，如图 10.1 所示。信号源产生一个电压信号 $v_i(t)$ 作为放大器的输入信号，经放大器后在与输出端并联的**负载电阻** R_L 上产生输出信号

$$v_o(t) = A_v v_i(t) \tag{10.1}$$

常数 A_v 被称为放大器的**电压增益**。通常电压增益是远大于 1 的，但在后续章节还会介绍 A_v 值小于 1 的放大器应用情况。

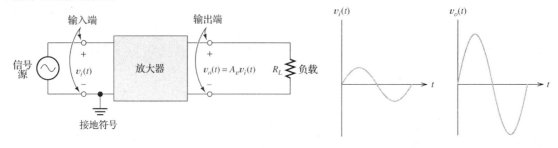

图 10.1　电子放大器

例如，当我们对话筒(麦克风)讲话时，能产生幅值为 1 mV 的电信号。作为信号源，该小信号通过放大器后幅值能达到 10 V，即放大 10 000 倍。如果把该输出电压信号加至音箱(扬声器)，放出的声音可以比本人说话的声音更加响亮，这就是电子扩音的原理。

有时，A_v 是一个负值，所输出电压与输入电压是反相的，这类放大器被称为**反相放大器**。相反，如果 A_v 是一个正值，则为**同相放大器**。一个典型的信号及其分别通过同相放大器和反相放大器后对应的输出波形如图 10.2 所示。

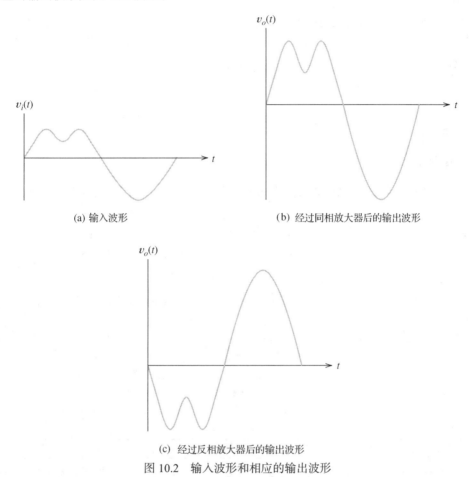

(a) 输入波形　　　　　　　　　　　(b) 经过同相放大器后的输出波形

(c) 经过反相放大器后的输出波形

图 10.2 　输入波形和相应的输出波形

> 反相放大器具有负的电压增益，输出波形与输入波形相反。同相放大器具有正的电压增益。

对于单声道音频信号，无论采用同相还是反相放大器均能产生同样的效果。但是，对于一个立体声系统，则左声道和右声道均需要使用同样的信号放大器(即必须同时使用同相放大或者反相放大)，传送给两个扬声器的信号在相位上才会有正确的关系。此外，如果一个视频信号被反相放大，将得到一个黑白颠倒的图像。因此，选择同相放大还是反相放大对于视频放大器来说是非常重要的。

10.1.1 公共接地点

通常，放大器输入信号的一端和输出信号的一端均连接到一个公共**接地点**，其接地符号如图 10.1 所示。通常，接地端由包含电路和电路板导体的金属机壳组成。这个共同的接地端作为信号电流的返回路径，并且稍后将看到，它也是电子电路中的直流电源电流的返回路径。

或许你对汽车布线中电气接地的概念比较熟悉。这里，接地导体包括汽车外壳、挡板和其他导电性装置。例如，当电流通过线路使尾灯发光时，还必然通过挡板或者汽车外壳之类的接地导体形成闭合回路。同样，家用 60 Hz 工频配电系统(美国使用该频率系统，而中国使用 50 Hz 工频配电系统)也是接地的，一般接到一个冷水管上。不过，这时就不能让电流通过接地导体(冷水管)，以免形成安全隐患。

> 在电路的应用中，一定要小心。

有时(但不是经常)，电器机壳接地通过电线连接到 60 Hz 电源系统地。在电路的应用中，一定要小心。在一些电子电路中，机壳接地端相对电源系统地可能达到交流 120 V。如果同时接触机壳与电源系统地(例如冷水管或者潮湿的混凝土地板)，则会有致命的危险。

练习 10.1　一个同相放大器的电压增益值是 50，输入电压为 $v_i(t) = 0.1\sin(2000\pi t)$ V。a. 计算输出电压 $v_o(t)$；b. 在反相放大器增益为 -50 的情况下，计算输出电压 $v_o(t)$。
答案：a. $5\sin(2000\pi t)$ V；b. $-5\sin(2000\pi t)$ V。

10.1.2　电压放大器模型

电压放大器可以等效为一个受控电压源模型，如图 10.3 所示。因为实际放大器要从信号源获取输入电流，因此合理的放大器模型在输入端应该包括电阻 R_i。另外，电阻 R_o 必须串接于输出端，才能解释当电流流过负载时理想放大器的输出电压比空载时降低的现象。由此得到完善的**电压放大器模型**，如图 10.3 所示。此后，我们还将学习表征放大器性能的不同模型。

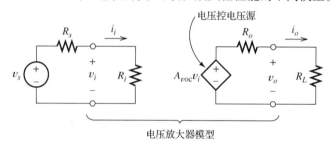

图 10.3　电压放大器模型，包括输入电阻 R_i 和输出电阻 R_o

> 放大器以输入阻抗、输出阻抗和增益参数表征其特性。

放大器的**输入电阻** R_i 是从输入端看进去的等效电阻。后面我们将会发现，输入电路有时还包括电容性或电感性的效应，用**输入阻抗**来表示。例如，示波器的输入阻抗由 1 MΩ 的电阻并联 47 pF 的电容构成。在本章中，除非特别说明，我们均假设输入阻抗是纯电阻性的。

串联在输出端的电阻 R_o 被称为**输出电阻**。实际放大器不能传递恒定电压给任意阻值的负载。而且，随着负载电阻的减小，输出电压将变得更小。输出电阻正是导致输出电压减小的原因，当负载通过电流时，输出电阻上的压降导致了输出电压的降低。

电压控电压源模型反映了放大器的放大特性。注意，电压控电压源的电压与输入电压 v_i 有着简单的 A_{voc} 倍数关系。如果负载是开路的，输出电阻上没有压降，输出电压 $v_o = A_{voc}v_i$。因此，A_{voc} 被称为**开路电压增益**。

总而言之，电压放大器模型包括输入阻抗、输出阻抗和放大器等效电路中的开路电压增益。

> 电压放大器模型包括输入阻抗、输出阻抗和放大器等效电路中的开路电压增益。

10.1.3　电流增益

如图 10.3 所示，输入电流 i_i 从放大器输入端流入，输出电流 i_o 则是流过负载的电流。**电流增益** A_i 是输出电流与输入电流的比值：

$$A_i = \frac{i_o}{i_i} \tag{10.2}$$

输入电流可以表示为输入电压与输入电阻的比值，输出电流则表示为输出电压除以负载电阻。这样，根据电压增益和电阻的定义，得到电流增益为

$$A_i = \frac{i_o}{i_i} = \frac{v_o/R_L}{v_i/R_i} = A_v \frac{R_i}{R_L} \tag{10.3}$$

其中

$$A_v = \frac{v_o}{v_i}$$

是有负载电阻的电压增益。通常，A_v 值比开路电压增益 A_{voc} 小，因为有部分电压降落在输出电阻 R_o 上。

> A_v 是带负载时的电压增益，而 A_{voc} 是输出端开路时的电压增益。

10.1.4　功率增益

信号源传进输入端的功率被称为输入功率 P_i，从放大器传送至负载的功率被称为输出功率 P_o。因此，放大器的**功率增益** G 是输出功率与输入功率的比值：

$$G = \frac{p_o}{p_i} \tag{10.4}$$

由于我们假设输入阻抗和负载是纯电阻性的，因此输入端和输出端的平均功率是均方根(rms)电流和均方根电压的乘积，可以写出

$$G = \frac{P_o}{P_i} = \frac{V_o I_o}{V_i I_i} = A_v A_i = (A_v)^2 \frac{R_i}{R_L} \tag{10.5}$$

注意，我们用的大写字母符号表示电流和电压的均方根值(有效值)，比如 V_o 和 I_o；用小写字母表示瞬时值，比如 v_o 和 i_o。当然，因为假设瞬时输出值等于瞬时输入值与一个常数的积，则电压有效值之间的比值和电压瞬时值之间的比值相同，也等于放大器的电压增益。

例 10.1　计算放大器的性能参数

含有内部电压 $V_s = 1 \text{ mV}$、内阻 $R_s = 1 \text{ M}\Omega$ 的电源连接到放大器的输入端，其开路电压增益 $A_{voc} = 10^4$，输入电阻 $R_i = 2 \text{ M}\Omega$，输出电阻 $R_o = 2 \Omega$，负载电阻 $R_L = 8 \Omega$。计算电压增益 $A_{vs} = V_o/V_S$ 和 $A_v = V_o/V_i$。同时，计算电流增益和功率增益。

解： 首先，画出包含电源、放大器和负载的电路，如图 10.4 所示。应用分压公式得到输入电压值：

$$V_i = \frac{R_i}{R_i + R_s} V_s = 0.667 \text{ mV rms}$$

电压控电压源的电压为

$$A_{voc} V_i = 10^4 V_i = 6.67 \text{ V rms}$$

接着，用分压公式计算输出电压：

$$V_o = A_{voc} V_i \frac{R_L}{R_L + R_o} = 5.33 \text{ V rms}$$

此时，得到电压增益：

$$A_v = \frac{V_o}{V_i} = A_{voc} \frac{R_L}{R_o + R_L} = 8000$$

$$A_{vs} = \frac{V_o}{V_s} = A_{voc} \frac{R_i}{R_i + R_s} \frac{R_L}{R_o + R_L} = 5333$$

利用式(10.3)和式(10.5)得到电流增益和功率增益：

$$A_i = A_v \frac{R_i}{R_L} = 2 \times 10^9$$

$$G = A_v A_i = 16 \times 10^{12}$$

注意，此电路的电流增益非常大，因为输入电阻高，导致放大器的输入电流很小。不过，由于负载电阻很小，导致输出电流相对比较大。

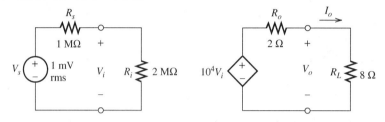

图 10.4　例 10.1 的电源、放大器和负载

10.1.5　负载效应

注意，不是所有的电源电压都施加在例 10.1 中放大器的输入端，因为放大器的输入电阻是有限值，使流入输入端的电流在信号源内阻 R_s 上出现一个压降。类似地，放大器的电压控电压源的电压并非完全加至负载上，输出电压被减小的现象称之为**负载效应**。由于负载效应的影响，电压增益(A_v 或者 A_{vs})将小于放大器的内部(开路)电压增益 A_{voc}。

由于负载效应，电压增益(A_v 或者 A_{vs})比放大器的内部电压增益 A_{voc} 小。

　　练习 10.2　一个放大器的输入电阻为 $2000\ \Omega$，输出电阻为 $25\ \Omega$，开路电压增益为 500。电源电压为 20 mV，内阻为 $500\ \Omega$，负载电阻 $R_L = 75\ \Omega$。请计算电压增益 $A_v = V_o/V_i$ 和 $A_{vs} = V_o/V_s$，以及电流增益和功率增益。

　　答案：$A_v = 375$，$A_{vs} = 300$，$A_i = 10^4$，$G = 3.75 \times 10^6$。

　　练习 10.3　假如我们改变练习 10.2 中的负载电阻，能获取最大功率增益的负载电阻是多少？负载电阻的功率增益是多少？

　　答案：$R_L = 25\ \Omega$，$G = 5 \times 10^6$。

10.2　级联放大器

当一个放大器的输出连接到另一个放大器的输入时，我们将其称为放大器的级联。

　　有时，我们把一个放大器的输出作为下一个放大器的输入，如图 10.5 所示，这种电路连接被称为**放大器的级联**。这时，整个级联放大器的总电压增益是

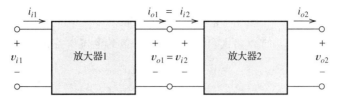

图 10.5　两个放大器的级联

$$A_v = \frac{v_{o2}}{v_{i1}}$$

同时乘以和除以 v_{o1}，上式变为

$$A_v = \frac{v_{o1}}{v_{i1}} \times \frac{v_{o2}}{v_{o1}}$$

从图 10.5 可知 $v_{i2} = v_{o1}$，所以

$$A_v = \frac{v_{o1}}{v_{i1}} \times \frac{v_{o2}}{v_{i2}}$$

因为第一级放大器的增益 $A_{v1} = v_{o1}/v_{i1}$，第二级增益 $A_{v2} = v_{o2}/v_{i2}$。可得

$$A_v = A_{v1} A_{v2} \tag{10.6}$$

因此，级联放大器的总电压增益是各级放大增益的乘积。（当然，计算每一级放大器的增益时，必须包含负载效应。注意，第二级放大器的输入电阻是第一级放大器的负载电阻。）

> 在计算各级增益时，必须考虑负载效应。

　　类似地，级联放大器的电流总增益由各放大器增益相乘得到，总的功率增益也是各放大器增益的乘积。

例 10.2　计算级联放大器的性能参数

　　如图 10.6 所示，级联放大器由两个放大器组成。要求计算每级放大器和级联后的电流增益、电压增益与功率增益。

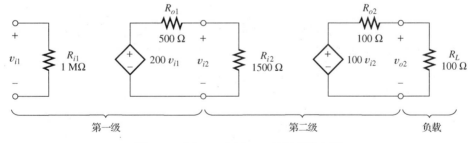

图 10.6　例 10.2 和例 10.3 的级联放大器

　　解：由于第二级放大器的输入电阻是第一级放大器的负载电阻，第一级的电压增益为

$$A_{v1} = \frac{v_{o1}}{v_{i1}} = \frac{v_{i2}}{v_{i1}} = A_{voc1} \frac{R_{i2}}{R_{i2} + R_{o1}} = 150$$

由图 10.6 可知 $A_{voc1} = 200$。同样，

$$A_{v2} = \frac{v_{o2}}{v_{i2}} = A_{voc2} \frac{R_L}{R_L + R_{o2}} = 50$$

总电路的电压增益是

$$A_v = A_{v1}A_{v2} = 7500$$

因为 R_{i2} 是第一级的负载电阻，可以用式(10.3)算出第一级的电流增益为

$$A_{i1} = A_{v1}\frac{R_{i1}}{R_{i2}} = 10^5$$

类似地，第二级的电流增益为

$$A_{i2} = A_{v2}\frac{R_{i2}}{R_L} = 750$$

总电流增益为

$$A_i = A_{i1}A_{i2} = 75 \times 10^6$$

功率增益分别为

$$G_1 = A_{v1}A_{i1} = 1.5 \times 10^7$$

$$G_2 = A_{v2}A_{i2} = 3.75 \times 10^4$$

$$G = G_1G_2 = 5.625 \times 10^{11}$$

10.2.1 级联放大器的简化模型

> 可以得到级联放大器的简化模型。

　　有时，我们希望得到一个级联放大器的简化模型。其体的操作是：第一级的输入电阻是级联放大器的输入电阻，最后一级的输出电阻是级联放大器的输出电阻，开路放大增益用最后一级负载开路来计算。但是，必须考虑每级负载效应的影响。一旦获得级联放大器的开路电压增益，就获得了这个级联放大器的简化模型。

例 10.3　级联放大器的简化模型

分析图 10.6 的级联放大器的简化模型。

解：考虑到第二级电路的负载作用，因此第一级放大器的电压增益为

$$A_{v1} = A_{voc1}\frac{R_{i2}}{R_{i2} + R_{o1}} = 150$$

> 根据第二级的负载作用，确定第一级的电压增益。

当负载开路时，第二级的电压增益为

$$A_{v2} = A_{voc2} = 100$$

总的开路电压增益为

$$A_{voc} = A_{v1}A_{v2} = 15 \times 10^3$$

> 总电压增益是各阶段增益的乘积。

级联放大器的输入电阻为

$$R_i = R_{i1} = 1\,\text{M}\Omega$$

输出电阻为

$$R_o = R_{o2} = 100\,\Omega$$

> 输入阻抗为第一级的输入阻抗，输出阻抗为最后一级的输出阻抗。

　　图 10.7 为此级联放大器的简化模型。

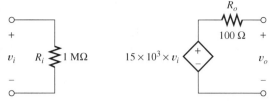

图 10.7　例 10.3 中图 10.6 的级联放大器的简化模型

练习 10.4　三个放大器分别具有如下性能参数，将其级联起来。

$$放大器 1: \quad A_{voc1}=10, \quad R_{i1}=1 \text{ k}\Omega, \quad R_{o1}=100 \text{ }\Omega$$
$$放大器 2: \quad A_{voc2}=20, \quad R_{i2}=2 \text{ k}\Omega, \quad R_{o2}=200 \text{ }\Omega$$
$$放大器 3: \quad A_{voc3}=30, \quad R_{i3}=3 \text{ k}\Omega, \quad R_{o3}=300 \text{ }\Omega$$

假设放大器的级联顺序为 1，2，3，要求计算级联放大器的简化模型的参数。
答案：$R_i = 1 \text{ K}\Omega$，$R_o = 300 \text{ }\Omega$，$A_{voc} = 5357$。

练习 10.5　如果放大器的级联顺序为 3，2，1，重复练习 10.4 的计算。
答案：$R_i = 3 \text{ K}\Omega$，$R_o = 100 \text{ }\Omega$，$A_{voc} = 4348$。

10.3　功率和效率

10.3.1　功率

由**电源**给放大器的内部电路提供功率。通常，由几个直流电压向放大器输出电流，从而提供电能，如图 10.8 所示。每个电压源输送给放大器的平均功率是平均电流和电压的乘积，而总功率是各电压源输出功率的总和。例如，图 10.8 电路的总的平均功率是

$$P_s = V_{AA}I_A + V_{BB}I_B \tag{10.7}$$

> 这个方程中的项数取决于施加到放大器上的电源电压数。

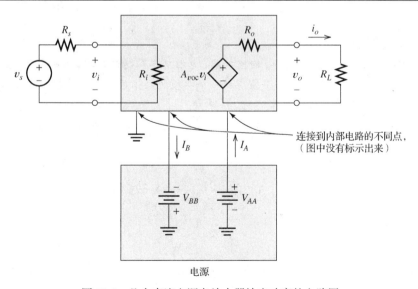

图 10.8　几个直流电源向放大器输出功率的电路图

注意,我们已经假设供电电压的电流方向是两个电源向放大器输出功率的方向,将一个电源输出的功率又传送至另一电源的情况极少发生。电路中可以只有一个电源或者有多个电源,只需改变式(10.7)中叠加单元的数量即可。在电子电路中,直流电源通常用重复的大写下标来表示,例如 V_{CC}。

我们知道典型放大器的功率增益是非常大的。因此,输出到负载的功率比信号源提供的功率大得多。这些额外的功率由电源供给,同时,电源提供的少部分能量在放大器的内部电路中转换为热量而被**耗散**。因此,在设计放大器的内部电路时,要尽量减少这些能量的耗散。

> 从直流电源和信号源流入放大器的功率的一部分作为有用信号传递给负载,另一部分作为热量耗散。

信号源提供给放大电路的功率 P_i 与电源功率 P_s 之和必然等于输出功率 P_o 与耗散功率 P_d 之和,

$$P_i + P_s = P_o + P_d \tag{10.8}$$

图 10.9 表示了这个功率平衡关系。通常,此公式中的功率 P_i 与其他功率相比较非常小,可以忽略。

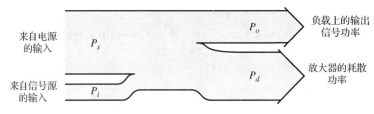

图 10.9　功率平衡关系的原理图

总之,放大器是一个从直流电源获取电能(功率),然后将部分电能(功率)转换为输出信号电能(功率)的系统。例如,立体声音响系统将从电源获取的部分电能(功率)转换为输出信号功率,并通过扬声器最终转换为声音。

10.3.2　效率

放大器的效率 η 等于输出功率占输入功率的百分比,即

$$\eta = \frac{P_o}{P_s} \times 100\% \tag{10.9}$$

例 10.4　放大器的效率

计算图 10.10 中放大器的输入功率、输出功率、电源功率和耗散功率,同时算出放大器的效率。(这组数据是在高输出阻抗的测试条件下获得的一个典型的立体声放大器的单通道数据。)

解: 传送到放大器的平均信号功率为

$$P_i = \frac{V_i^2}{R_i} = 10^{-11}\,\text{W} = 10\,\text{pW}$$

(注:$1\,\text{pW} = 10^{-12}\,\text{W}$),输出电压为

$$V_o = A_{voc} V_i \frac{R_L}{R_L + R_o} = 8\,\text{V rms}$$

然后,得到平均输出功率为

$$P_o = \frac{V_o^2}{R_L} = 8\,\text{W}$$

电源提供的功率为

$$P_s = V_{AA}I_A + V_{BB}I_B = 15 + 7.5 = 22.5\,\text{W}$$

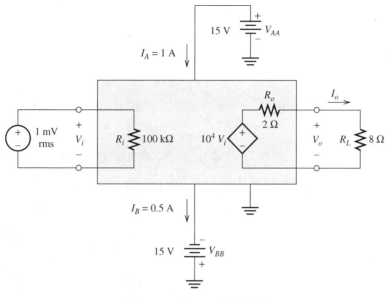

图 10.10　例 10.4 的放大器

注意：（通常）输入信号的功率 P_i 与其他功率相比较非常小，可以忽略。放大器中的耗散功率为

$$P_d = P_s + P_i - P_o = 14.5 \text{ W}$$

放大器的效率为

$$\eta = \frac{P_o}{P_s} \times 100\% = 35.6\%$$

练习 10.6　一个 15 V 的电压源为放大器提供 1.5 A 的电流，输出信号功率为 2.5 W，输入信号功率是 0.5 W。请计算放大器的耗散功率和效率。

答案： $P_d = 20.5 \text{ W}$，$\eta = 11.1\%$。

10.4　其他放大器模型

10.4.1　电流放大器模型

至此，我们学习了如图 10.3 所示的放大器模型，其中的增益特性由电压控电压源表征。图 10.11 则是一种**电流放大器**模型，通过电流控电流源来表征其增益特性。同样，放大器从信号源获得的电流要流过输入电阻。而输出电阻与受控电流源并联，这是因为放大器不能给任意大的负载电阻提供一个恒定的电流。

如果负载短路，那么就没有电流流过 R_o，输出电流与输入电流的比值是 A_{isc}。因此，A_{isc} 被称为**短路电流增益**。采用电压放大器模型的放大器也可以用电流放大器模型来表示，这两种模型的输入电阻和输出电阻是相同的，而短路电流增益可以从电压放大器模型中短接输出端并计算电流增益而得到。

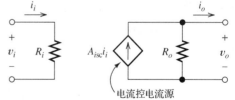

图 10.11　电流放大器模型

A_{isc} 是输出短路时放大器的电流增益。

注意，这就是将电压放大器模型的戴维南等效电路转换为电流放大器模型的诺顿等效电路。

例 10.5　将电压放大器模型转换为电流放大器模型

某放大器的电压放大器模型如图 10.12 所示，请分析其电流放大器模型。

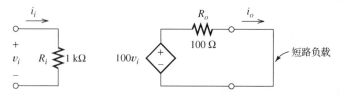

图 10.12　例 10.5、例 10.6 和例 10.7 的电压放大器模型

解： 将图 10.12 中的放大器输出端短路来计算短路电流增益，得到

$$i_i = \frac{v_i}{R_i}, \qquad i_{osc} = \frac{A_{voc}v_i}{R_o}$$

> 将输出端短路，分析电路并确定 A_{isc}。

短路电流增益：

$$A_{isc} = \frac{i_{osc}}{i_i} = A_{voc}\frac{R_i}{R_o} = 10^3$$

最终得到的电流放大器模型如图 10.13 所示。

练习 10.7　某电流放大器模型的输入电阻是 1 kΩ，输出电阻是 20 Ω，短路电流增益是 200。要求计算电压放大器模型的参数。

答案： $A_{voc} = 4$，$R_i = 1$ kΩ，$R_o = 20$ Ω。

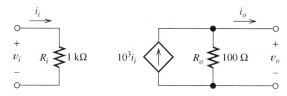

图 10.13　与图 10.12 的电压放大器模型等效的电流放大器模型

10.4.2　跨导放大器模型

另一种放大器模型是**跨导放大器模型**，如图 10.14 所示。在这种情况下，采用电压控电流源来分析增益值 G_{msc}，即**短路跨导增益**。G_{msc} 是短路输出电流 i_{osc} 与输入电压 v_i 之比。

$$G_{msc} = \frac{i_{osc}}{v_i}$$

短路跨导增益的单位是西门子。这种模型的输入电阻和输出电阻与电压放大器、电流放大器模型中的输入电阻和输出电阻扮演着相同的角色。一个指定的放大器在已知输入电阻、输出电阻和短路跨导增益时可以得到跨导放大器模型。

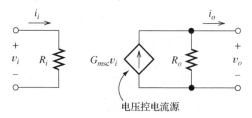

图 10.14　跨导放大器模型

输入电阻是从放大器输入端看进去的等效电阻，与前述所有放大器模型的输入电阻值相同。同样，输出电阻是从输出端看进去的戴维南等效电阻，与前述所有放大器模型的输出电阻值相同。

例 10.6　分析跨导放大器模型

分析图 10.12 中放大器的跨导放大器模型。

解： 短路跨导增益为

$$G_{msc} = \frac{i_{osc}}{v_i}$$

将输出端短路，分析电路确定 G_{msc}。

负载短路时的输出电流为

$$i_{osc} = \frac{A_{voc}v_i}{R_o}$$

因此，有

$$G_{msc} = \frac{A_{voc}}{R_o} = 1.0 \text{ S}$$

最终得到的放大器模型如图 10.15 所示。

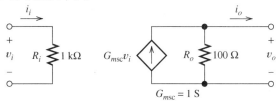

图 10.15　例 10.6 中图 10.12 的电压放大器模型的等效跨导放大器模型

练习 10.8　一个电流放大器的输入电阻是 500 Ω，输出电阻是 50 Ω，短路电流增益是 100。请计算跨导放大器的相应参数值。

答案： $G_{msc} = 0.2$ S，$R_i = 500$ Ω，$R_o = 50$ Ω。

10.4.3　互阻放大器模型

最后，我们来看图 10.16 所示的放大器模型。在这种情况下，放大器的等效模型为电流控电压源。增益参数 R_{moc} 被称为**开路互阻增益**，单位是欧姆，它是开路输出电压 v_{ooc} 与输入电流 i_i 的比值：

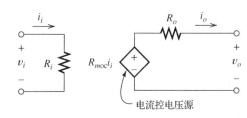

图 10.16　互阻放大器模型

$$R_{moc} = \frac{v_{ooc}}{i_i}$$

输入电阻和输出电阻的值与其他放大器模型中的值相同。

例 10.7　确定互阻变压器模型

分析图 10.12 中的互阻变压器模型。

解： 开路负载的输出电压为

$$v_{ooc} = A_{voc}v_i$$

将输出端开路，分析电路确定 R_{moc}。

输入电流为

$$i_i = \frac{v_i}{R_i}$$

因此，我们得到开路互阻增益为

$$R_{moc} = \frac{v_{ooc}}{i_i} = A_{voc}R_i = 100 \text{ k}\Omega$$

最终得到的互阻放大器模型如图 10.17 所示。

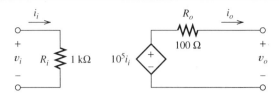

图 10.17 例 10.7 中图 10.12 的等效互阻放大器模型

练习 10.9 一个放大器的输入电阻是 1 MΩ，输出电阻是 10 Ω。G_{msc}=0.05 S。求出此放大器的 R_{moc}。

答案： R_{moc} = 500 kΩ。

因此，放大器可以由以下四种模型之一来建模：电压放大器、电流放大器、跨导放大器或者互阻放大器。但是，在输入或输出电阻为零或者无穷大值时，不能用任意一种模型来表示放大器，否则，可能导致不能确定增益参数。例如，如果 $R_i = 0$，那么 $v_i = 0$，则电压增益 $A_{voc} = v_o/v_i$ 是不确定的。

10.5 放大器阻抗在不同应用中的重要性

10.5.1 要求高或低输入阻抗的应用

通常，要求放大器将信号源的内部电压加以放大。例如，采用心电图仪来放大和记录一个人的心脏所产生的小电压信号。这些小电压信号的获取依靠放在此人皮肤上的电极。对于不同的个体，电极的输入阻抗是不同的，通常阻值比较高。如果心电图仪的输入阻抗较低，输出电压就会因为加上负载而降低。因此，信号的幅值受到电极与皮肤接触电阻的影响，所以不能真实呈现心脏的活动情况。另一方面，如果心电图仪的输入阻抗比信号源内阻大很多，则心脏产生的电压几乎完全输出到心电图仪的输入端。可见，心电图仪放大器的输入阻抗值很高。

> 一些应用需要高输入阻抗放大器，而另一些应用需要低输入阻抗放大器。

另一方面，放大器需要对信号源的短路电流做出响应。这种情况下，需要放大器具有一个小的输入阻抗。例如，将一个电流表串联在电路中用来测量电流。通常，我们不希望电流表的接入改变了电路的电流值，这时我们需要一个内阻足够小的电流表才不会对电流有明显的影响。

总之，如果放大器的输入阻抗比信号源内阻大得多，则输入端的电压基本等于信号源的内部电压，如图 10.18(a) 所示。另一方面，如果输入阻抗很小，那么输入放大器的电流基本上等于信号源的短路电流，如图 10.18(b) 所示。

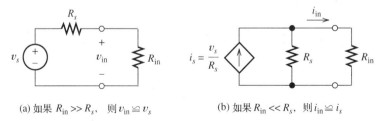

(a) 如果 $R_{in} \gg R_s$，则 $v_{in} \cong v_s$　　　　(b) 如果 $R_{in} \ll R_s$，则 $i_{in} \cong i_s$

图 10.18 电路如果需要传递信号源的开路电压值，则放大器的输入阻抗值应足够大，如图(a)所示；如果需要传递信号源的短路电流值，则放大器的输入阻抗值应足够小，如图(b)所示

10.5.2　要求高或低输出阻抗的应用

对放大器输出阻抗的要求也是多种多样的。例如，我们可以采用一个音频放大器，通过扬声器为一栋办公大楼的许多房间提供背景音乐，如图 10.19 所示。通过各个开关独立控制各扬声器是否工作。因此，负载的等效电阻值的变化范围较大，这取决于已开扬声器的数量。如果放大器的输出阻抗比负载大得多，则输出电压取决于负载。因此，当关闭部分扬声器时，提供给其他扬声器的输出电压会变大，导致音量突然增大。事实上，我们并不希望这种情况发生。另一方面，如果放大器的输出阻抗相对负载而言非常小，那么输出电压基本与负载无关。可见，在这种音频应用的情况下，小的输出阻抗更理想。

> 一些应用需要高输出阻抗放大器，而另一些应用需要低输出阻抗放大器。

另一个实例是在光电通信系统中的应用，发光二极管(LED)将诸如声音波形之类的信号转换为与之成线性比例的光信号。在一定的范围内，流过 LED 的电流信号被转换为与之成正比的光照强度。由于 LED 的电压与电流并非线性比例关系，因此必须将声音信号线性转换为电流信号而非电压信号。因此，必须选择输出阻抗非常高的放大器来驱动 LED 器件。(反之，如果选择输出阻抗非常小的放大器来驱动 LED 器件，则声音信号被转换为与之成正比的电压信号，这时，电流与声音信号为非线性关系，则 LED 发出的光照强度与声音信号无线性比例关系。)

总之，通过选择输出阻抗远小于负载的放大器，就能输出一个理想的与负载无关的电压波形。另一方面，我们可以设计输出阻抗比负载高很多的放大器，从而得到一个给定的电流波形。

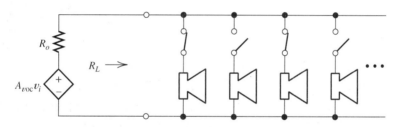

图 10.19　如果放大器输出电阻 R_o 相对负载非常小，那么负载电压基本与闭合开关的数量无关

10.5.3　要求特殊阻抗的应用

> 一些应用需要具有特定输入阻抗和输出阻抗的放大器。

并不是所有的应用都要求放大器的阻抗很小或很大，例如一个通过**传输线**与信号源连接的放大器，如图 10.20 所示。你可能熟悉的一种传输线是同轴电缆，它通常用来连接电视机与有线电视系统或数字电视(DTV)天线。每种传输线有各自的**特征阻抗**，例如电视设备上的同轴电缆的特征阻抗通常是 75 Ω。当信号在导线上传输时，部分信号会反射回信号源，除非放大器的输入阻抗与传输线的特征阻抗相等，则正向传输在输入端终止，不再反射，如图 10.20 所示。当连接一个信号源(如机顶盒或天线)到电视机时，从电视机反射的信号在信号源处再次反射，因此信号第二次到达电视机。这些额外的信号因为在传输线来回传输而被延迟，并导致图像质量的下降。在模拟信号的情况下，反射的效果是位于主图像右侧的一个被称为"幽灵"的模糊图像。数字信号会被这些反射信号损坏到无法解码的程度。因此，电视机的输入阻抗和信号源的输出阻抗与传输线的特征阻抗近似相等是非常重要的，这样可以防止发生显著的反射。

音频放大器是另一种情形，其输出阻抗需要一个适中的阻值。扬声器的频率响应取决于驱动它的放大器的输出阻抗。因此,如果声音的高保真度是一个主要考虑因素,则应当选择输出阻抗对频率的响应几乎恒定的放大器。

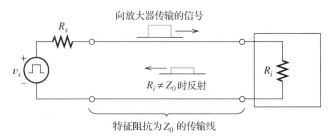

图 10.20 为避免反射发生,放大器的输入阻抗 R_i 应等于传输线的特征阻抗

10.6 理想放大器

我们在 10.5 节已经知道,某些应用对放大器的输入阻抗(与信号源内阻相比较)和输出阻抗(与负载电阻相比较)有一定的要求。这些放大器的分类如下:

> 根据输入和输出阻抗,理想放大器可以分为四类:理想电压放大器、理想电流放大器、理想跨导放大器和理想互阻放大器。根据应用选择最佳的放大器类型。

1. **理想电压放大器**,是将信号源的开路电压经过放大后传输至负载的放大器,而且输出电压与负载电阻无关。因此,理想电压放大器有无穷大的输入阻抗(这样,信号源的开路电压能传输到放大器输入端)和零输出阻抗(所以,输出电压与负载电阻无关)。
2. **理想电流放大器**,是将信号源的短路电流经过放大后传输至负载的放大器,而且输出电流与负载电阻无关。因此,理想电流放大器具有零输入阻抗和无穷大的输出阻抗。
3. **理想跨导放大器**,将信号源的开路电压经过放大和转换后,输出与电压成比例的电流至负载。因此,理想跨导放大器具有无穷大的输入阻抗和输出阻抗。
4. **理想互阻放大器**,将信号源的短路电流经过放大与转换后,输出与电流成比例的电压至负载。因此,理想互阻放大器具有零输入阻抗和零输出阻抗。表 10.1 列出了每种理想放大器的输入阻抗、输出阻抗和增益等参数值。

表 10.1 理想放大器的性能参数

放大器类型	输入阻抗	输出阻抗	增益参数
电压	∞	0	A_{voc}
电流	0	∞	A_{isc}
跨导	∞	∞	G_{msc}
互阻	0	0	R_{moc}

10.6.1 实际放大器的分类

事实上,放大器不可能有零或者无穷大的阻抗。不过,实际放大器仍然参照理想放大器的形式进行分类。例如,如果一个放大器的输入阻抗非常大(与信号源内阻相比较)并且输出阻抗非常小(与负载电阻比较),就可以将其视为一个理想电压放大器。

需要注意的是,已知参数的放大器不能被视为理想放大器,除非同时预先知道了信号源内阻和负载电阻。例如,一个放大器的输入阻抗是 1000 Ω,输出阻抗是 100 Ω。这时,如果信号源内阻比 1000 Ω 小很多，并且负载电阻比 100 Ω 大很多，那么这个放大器能被看作近似的理想电压放大器；另一方面，如果信号源内阻为 1 MΩ，而负载电阻为 1 Ω，则该放大器应被视为近似的理想电流放大器。

> 对于某给定放大器的正确分类，取决于放大器的信号源内阻和负载电阻的范围。

通常，小功率电子电路的电阻在 1 kΩ 到 100 kΩ 之间，因此，电阻小于 100 Ω 被归类为"小"，电阻大于 1 MΩ 被归类为"大"。所以，通常可以将 10 Ω 输入电阻和 2 MΩ 输出电阻的放大器归类为理想电流放大器。当然，根据负载和信号源电阻的大小不同，分类方式可以灵活改变。

练习 10.10 给定放大器的输入阻抗 $R_i = 1$ kΩ，输出阻抗 $R_o = 1$ kΩ。R_s 是信号源内阻，R_L 是负载电阻。要求分别对以下放大器的加以分类：a. R_s 小于 10 Ω，R_L 大于 100 kΩ；b. R_s 大于 100 kΩ，R_L 小于 10 Ω；c. R_s 小于 10 Ω，R_L 小于 10 Ω；d. R_s 大于 100 kΩ，R_L 大于 100 kΩ；e. R_s 接近 1 kΩ，R_L 小于 10 Ω。

答案： a. 近似的理想电压放大器；b. 近似的理想电流放大器；c. 近似的理想跨导放大器；d. 近似的理想互阻放大器；e. 这种情况难以归类。

练习 10.11 一个特殊传感器用来测量化工处理过程中的液面高度，传感器的短路电流与液面高度成正比（传感器的开路电压与液面高度无关）。要求放大器将与液面高度成比例的电压信号传输到负载，而负载的阻值在 1 kΩ 到 10 kΩ 之间变化。需要什么类型的理想放大器来实现此要求？

答案： 应该采用互阻放大器。因为放大器的输入电阻应足够小，这样才能传送传感器的短路电流。此外，为了传送与负载无关的输出电压，放大器输出电阻相对负载电阻必须很小。

10.7 频率响应

至今，我们认为放大器增益参数是恒定的。事实上，如果把频率可变的正弦信号加至放大器，那么增益会是频率的函数。此外，放大器还会影响正弦信号的幅值和相位。因此，我们给出放大器增益的一个更普遍的定义，即增益相量，它是输出信号相量与输入信号相量之比：

$$A_v = \frac{\mathbf{V}_o}{\mathbf{V}_i} \tag{10.10}$$

> 电压增益相量是输出电压相量除以输入电压相量，增益相量具有幅值和相位。

我们使用大写粗体符号分别表示输入电压相量和输出电压相量。类似地，我们也定义电流增益相量、跨导增益相量和互阻增益相量，用增益相量强调这些增益的幅值与相位的重要性。为方便起见，也可以不加"相量"这一后缀，简称为增益。实际上，增益相量也是一种传递函数，我们在第 6 章已经讨论过了，因此在用分贝表示这个传递函数时，多采用 20 dB 的形式。

例 10.8 计算增益相量

已知放大器的输入电压是 $v_i(t) = 0.1\cos(2000\pi t - 30°)$ V，输出电压是 $v_o(t) = 10\cos(2000\pi t + 15°)$ V，计算放大器的增益相量，并用分贝表示。

解： 输入电压相量是一个复数，其幅值是正弦信号的峰值，角度是正弦信号的相位角。因此

$$\mathbf{V}_i = 0.1\underline{/-30°} \text{ V}$$

类似地，

$$\mathbf{V}_o = 10\underline{/15°} \text{ V}$$

这样，电压增益相量为

$$A_v = \frac{\mathbf{V}_o}{\mathbf{V}_i} = \frac{10\underline{/15°}}{0.1\underline{/-30°}}$$

$$= 100\underline{/45°}$$

电压增益相量表示输出信号幅值是输入信号幅值的 100 倍，并且输出信号超前输入信号 45°。

为了用分贝表示增益，我们首先去掉角度得到增益的模，再计算分贝增益：

$$|A_v|_{dB} = 20 \log |A_v| = 20 \log(100) = 40 \text{ dB}$$

10.7.1 增益的频率响应

如果我们绘制典型放大器的增益与频率的关系(幅频特性)曲线，就可以得到如图 10.21 所示的曲线。注意，在一定频率范围内增益值保持不变，这段频率范围被称为**中频段**。

> 许多放大器有一个增益值恒定的中频范围。

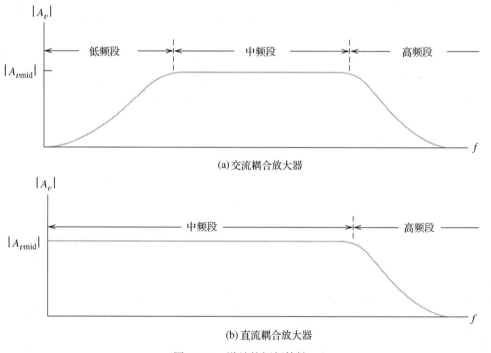

(a) 交流耦合放大器

(b) 直流耦合放大器

图 10.21 增益的幅频特性

10.7.2 交流耦合与直流耦合

在某些情况下，如图 10.21(a)所示，在直流(频率为零)信号输入时，增益降至零，这种放大器因为只放大交流信号，因而被称为**交流耦合放大器**。通常，这种放大器是由**耦合电容**连接几个级联放大电路而构成的，耦合电容使本级放大器的直流电压不影响信号源、邻近放大器以及负载，如图 10.22 所示。(有时也采用变压器来连接各级放大电路，构成交流耦合放大器，其在直流情况下的增益同样为零。变压器的知识将在第 14 章介绍。)

> 放大器可以是交流耦合或直流耦合放大器。

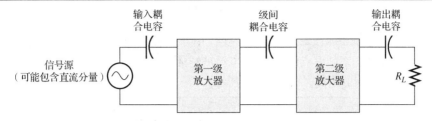

图 10.22　电容耦合防止直流输入分量影响第一级放大器，第一级的直流

电压到达第二级放大器，第二级放大器的直流电压到达负载

其他一些放大器在直流输入也有相同的增益，如图 10.21(b) 所示，这种方式被称为**直流耦合或直接耦合**。集成电路中的放大器通常采用直流耦合方式，因为电容器或者变压器的制作难以集成化。

音频放大器通常采用交流耦合方式，因为声音的频率范围在 20 Hz 到 15 kHz，无须放大直流信号。另外，对扬声器施加直流电压是不可取的。

心电图仪放大器采用交流耦合方式，因为电极所产生的电化学电位，经常会在放大器输入端产生近 1 V 的直流电压。心脏产生的交流信号幅值大约是 1 mV，因此，要求放大器的增益足够高，典型增益值为 1000 或更高。如果 1 V 的直流信号输入放大器时会产生高达 1000 V 的电压输出，那么设计这样一个能够产生如此高的电压输出的放大器不仅困难，而且也没有必要。因此，心电图仪需要采用交流耦合方式来防止直流信号成分引起的过载。

视频放大器采用直流耦合方式，因为视频信号的频率范围通常在直流到 MHz 范围。暗色图片与亮色图片产生不同的直流分量。为了获得合适亮度的图片，需要使用直流耦合放大器来保持直流分量。

10.7.3　高频段

如图 10.21(a) 和 (b) 所示，放大器的增益幅度总是在高频段显著下降，这是因为放大器的通路上有等效的并联小电容和串联小电感，如图 10.23 所示。电容的阻抗与频率成反比，所以在高频时可能引起短路；电感的阻抗与频率成正比，所以在高频时相当于开路。

在足够高的频率下，所有放大器的增益幅度都会下降。

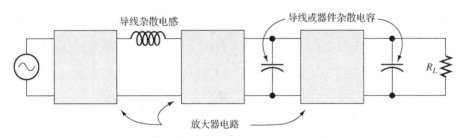

图 10.23　信号通路上等效的并联小电容和串联小电感引起高频段内放大器增益幅度的下降

一些小电容表示传输信号的导线与地之间产生的分布电容，另一些小电容是放大电路中元器件(如晶体管)的等效集总电容。小电感是由电路中导线周围的磁场产生的。例如，一根置于重要位置的半英尺长导线有足够大的电感值，这会严重影响放大器在数个 GHz 频率范围内工作时的频率响应。

10.7.4　半功率频率与带宽

通常，我们定义放大器近似有效工作的频率范围在对应于 $1/\sqrt{2}$ 倍中频电压(或电流)增益的两个频率点以内。这两个点就是**半功率频率**点，如果使用一个幅度不变、频率可变的输入信号进行测试，此时的输出功率是中频段对应功率的一半。用分贝来表示因子$1/\sqrt{2}$，得到$20\log(1/\sqrt{2}) = -3.01\,\text{dB}$。因此，在半功率频率点的电压(或电流)增益比中频增益约少 3 dB。定义放大器的带宽B表示半功率频率点之间的距离，如图 10.24 所示。

在半功率频率点，电压增益大小是中频段的$1/\sqrt{2}$倍。

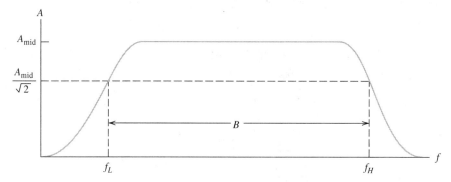

图 10.24　典型放大器的增益频率特性，给出半功率频率(3 dB)点的上限和下限(f_H和f_L)及带宽 B

10.7.5　宽带与窄带放大器

直流耦合放大器或者下限半功率频率相比上限半功率频率很小的放大器被称为**宽带**或**基带放大器**。宽带放大器用于处理频率范围很宽的信号，比如音频信号(20 Hz 到 15 kHz)或者视频信号(直流到 MHz 范围)。

另一方面，某些放大器的频率响应被限制在一个与中心频率非常接近的小频率范围内，这类放大器被称为**窄带**或**带通放大器**，其增益频率特性如图 10.25 所示。带通放大器用于无线电接收机，它放大从一个发射机获得的有用信号，并滤除邻近频率范围内其他发射机的信号。

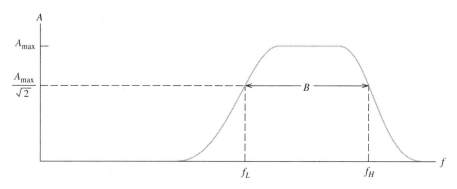

图 10.25　带通放大器的增益频率特性

10.8　线性波形失真

10.8.1　幅值失真

如果放大器对于输入信号的不同频率成分有不同的增益值，则这种失真被称为**幅值失真**。

音频系统中经常发生幅值失真，因为与中频段的信号相比，放大器尤其是扬声器会减少对高音和低音部分的放大。电话系统更为如此，所以我们接听电话时的音乐质量会比较差。

例 10.9　幅值失真

已知放大器的输入信号包含两种频率成分：

$$v_i(t) = 3\cos(2000\pi t) - 2\cos(6000\pi t) \ \text{V}$$

放大器在 1000 Hz 时的增益是 $10\underline{/0°}$，在 3000 Hz 时增益是 $2.5\underline{/0°}$。试绘制输入和输出的波形。

解：第一种成分的频率是 1000 Hz，因此增益是 $10\underline{/0°}$，但第二种成分的频率是 3000 Hz，所以增益是 $2.5\underline{/0°}$。根据输入信号对应的增益与相移关系，我们得到输出为

$$v_o(t) = 30\cos(2000\pi t) - 5\cos(6000\pi t) \ \text{V}$$

输入和输出波形示于图 10.26。可见，输入和输出波形的形状不同是由幅值失真引起的。

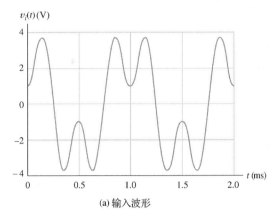

(a) 输入波形

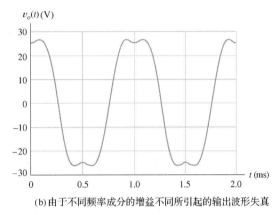

(b) 由于不同频率成分的增益不同所引起的输出波形失真

图 10.26　例 10.9 的幅值失真

10.8.2　相位失真

如果放大器的相移与频率不成比例，则会发生**相位失真**。所有频率的零相移会使输出波形与输入波形相同。另一方面，如果放大器的相移与频率成比例，则输出波形将是输入波形的时移，因为输出波形相对输入波形没有改变，就不认为波形发生了失真。如果相移与频率不成比例，则波形通过放大器时会发生改变，即产生相位失真。

例 10.10　相位失真

假设输入信号

$$v_i(t) = 3\cos(2000\pi t) - \cos(6000\pi t) \ \text{V}$$

分别传输至三个放大器，其增益见表 10.2。要求计算并绘制三种情况下放大器的输出波形。

表 10.2　例 10.10 中放大器的增益

放大器	1000 Hz 的增益	3000 Hz 的增益
A	$10\underline{/0°}$	$10\underline{/0°}$
B	$10\underline{/-45°}$	$10\underline{/-135°}$
C	$10\underline{/-45°}$	$10\underline{/-45°}$

解：根据增益和相移，我们得到放大器的输出信号是

$$v_{oA}(t) = 30\cos(2000\pi t) - 10\cos(6000\pi t)\ \mathrm{V}$$

$$v_{oB}(t) = 30\cos(2000\pi t - 45°) - 10\cos(6000\pi t - 135°)\ \mathrm{V}$$

$$v_{oC}(t) = 30\cos(2000\pi t - 45°) - 10\cos(6000\pi t - 45°)\ \mathrm{V}$$

三个输出波形分别示于图 10.27。放大器 A 产生一个与输入相同的输出波形，放大器 B 也产生与输入相同的输出波形，但有时延，因为放大器 A 对两种频率信号的增益相移为零，而放大器 B 的增益相移与频率成比例(3000 Hz 频率的相移是 1000 Hz 频率的相移的 3 倍)。放大器 C 产生一个失真的输出波形，因为其相移与频率不成比例。

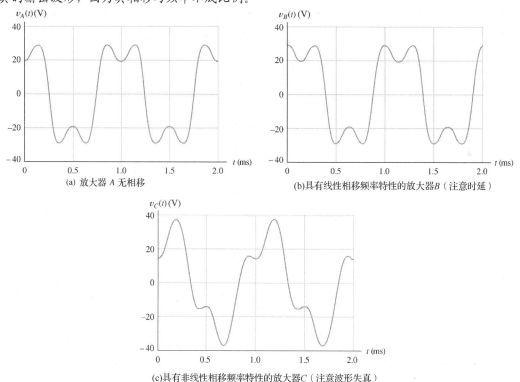

(a) 放大器 A 无相移

(b) 具有线性相移频率特性的放大器 B（注意时延）

(c) 具有非线性相移频率特性的放大器 C（注意波形失真）

图 10.27　例 10.10 中放大器的相移频率特性[注意：放大器的输入波形与 $v_A(t)$ 的波形相同]

幅值失真和相位失真往往被称为**线性失真**，因为尽管放大器是线性的(例如满足叠加原理)，但失真仍然发生。以后，我们会学习放大器的另一类失真，即非线性失真。

简单地回顾叠加原理，该原理在 2.7 节的电阻电路中进行了讨论。对于一给定的放大器，假设输入 $v_{\mathrm{in}A}$ 对应输出 v_{oA}，输入 $v_{\mathrm{in}B}$ 对应输出 v_{oB}。这样，如果输入是 $v_{\mathrm{in}A} + v_{\mathrm{in}B}$，那么对应的输出是 $v_{oA} + v_{oB}$，则称放大器满足叠加原理或者是线性的。换句话说，如果输入和输出信号均满足叠加原理，则称这个放大器是线性的。例如，$v_o(t) = 10v_{\mathrm{in}}(t)$ 的放大器是线性的，因为 $10(v_{\mathrm{in}A} + v_{\mathrm{in}B}) = 10v_{\mathrm{in}A} + 10v_{\mathrm{in}B}$。但是，$v_o(t) = [v_{\mathrm{in}}(t)]^2$ 的放大器就不是线性的，因为 $(v_{\mathrm{in}A} + v_{\mathrm{in}B})^2 \neq v_{\mathrm{in}A}^2 + v_{\mathrm{in}B}^2$。

> 如果增加的输入信号总能对应增加的输出信号，则该放大器被称为线性放大器。

10.8.3　对不失真放大的要求

为了避免波形的线性失真，要求在输入信号的频率范围内，放大器应具有恒定的幅值增益和线性相移频率特性。当然，放大器在超出输入信号的频率范围之外偏离这些要求并不会导致失真。对不失真放大的要求如图 10.28 所示。

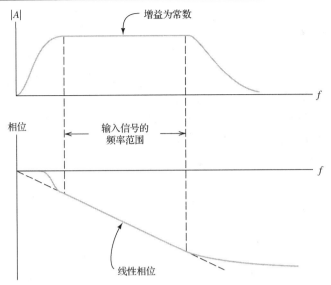

图 10.28　如果在输入信号的频率范围内，幅值增益恒定且具有线性相移频率特性，则不会发生线性失真

> 为了避免波形的线性失真，要求在输入信号的频率范围内，放大器应具有恒定的幅值增益和线性相移频率特性。

在之前我们给出的例子中，输入信号只由特定频率的几个成分组成。但是，电子系统中的很多信号通常包含连续频率范围的成分。例如，音频信号包含的频率成分在 20 Hz 到 15 kHz 之间。因此，我们要求音频放大器在此频率范围内具有几乎相同的增益。（但是，因为耳朵对相位失真不敏感，所以就没有必要要求音频放大器的相移与频率成比例。）

模拟视频信号包含从直流到几 MHz 的重要频率成分。由于波形的形状最终决定画面各点的亮度，因此无论是相位失真还是幅值失真都将影响画面质量。因此，在规定的频率范围内，我们要求视频放大器的增益不变，并且相移与频率成比例。

10.8.4　增益的再定义

我们最初将增益定义为输出信号与输入信号之比：

$$A_v = \frac{v_o(t)}{v_i(t)}$$

但是，如果发生线性波形失真（或者有时延），则输出信号和输入信号之比是时间的函数，而非一个常数。因此，我们不应该将放大器的增益定义为瞬时输出和输入之比，而是考虑增益是频率的函数，应当取正弦输入信号相量的比值来求每个频率的复数增益。

练习 10.12　假设输入信号是

$$v_i(t) = \sin(1000\pi t) + \cos(2000\pi t) + 2\cos(3000\pi t) \text{ V}$$

频率为 1000 Hz 时，增益是 $5\underline{/30°}$。如果要防止波形出现两种线性失真，对其他不同频率成分的放大器增益和相移应该为多少？

答案：对 500 Hz 频率成分的增益为 $5\underline{/15°}$，对 1500 Hz 频率成分的增益为 $5\underline{/45°}$。

练习 10.13　某放大器的输出信号是 $v_o(t) = 10 v_{in}(t - 0.01)$。假设正弦输入信号为 $v_{in}(t) = V_m \cos(\omega t)$，试计算增益相量（幅值和相位）与 ω 的关系式。

答案：$10\underline{/-0.01\omega}$。

10.9 脉冲响应

通常，我们需要放大一个如图 10.29(a) 所示的脉冲信号。脉冲信号包含很宽范围的频率成分，因此，脉冲的放大需要宽带放大器。一个典型的放大的输出脉冲如图 10.29(b) 所示，其输出波形在几个重要方面与脉冲输入波形不同：脉冲出现**过冲**与**振荡**；前沿和后沿是渐变的而非突变的；如果放大器为交流耦合方式，则输出脉冲顶部是**倾斜**的。

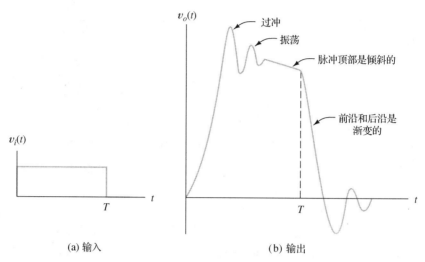

图 10.29　一个典型的交流耦合宽带放大器的脉冲输入波形和相应的输出波形

10.9.1 上升时间

放大器响应前沿的逐渐上升通常用**上升时间** t_r 来量化，t_r 为最终稳定的输出电压幅值的 10%处（t_{10} 点）到 90%处（t_{90} 点）之间的时间间隔，如图 10.30 所示。

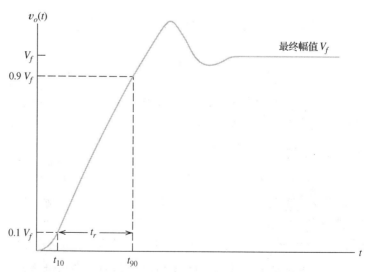

图 10.30　输出脉冲的上升时间(注意：图中曲线没有考虑脉冲顶
部的倾斜，否则，需要采用一些方法来评估幅值 V_f)

输出信号的上升沿变缓与否取决于增益在高频段的表现(带宽 B 越大,上升时间越少,即上升越陡峭)。一个宽带放大器的半功率带宽 B 和上升时间 t_r 的经验公式如下:

$$t_r \cong \frac{0.35}{B} \tag{10.11}$$

> 在给定上升时间的情况下,这种近似关系对于估计半功率带宽非常有用,反之亦然。

这一关系并非对所有的宽带放大器都准确,但仍然有助于估计放大器的性能(它适用于分析一阶电路,详见习题 P10.80)。

既然脉冲放大器是宽带的,则带宽几乎等于上限半功率频率。因此,主要是放大器的高频特性限制了上升时间。

10.9.2 过冲和振荡

如图 10.29 所示,过冲和振荡也是输出脉冲的特征,与放大器在高频段的增益有关。具有明显过冲和振荡的放大器在其增益特性中通常有一个峰值,如图 10.31 所示。最大增益的频率与振荡的频率近似。

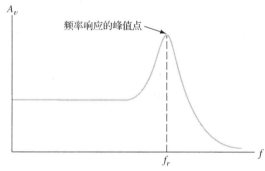

图 10.31 放大器(其脉冲响应具有明显的振荡)的增益频率特性,振荡频率近似等于 f_r

因为上升时间和过冲均与高频响应有关,通常要权衡两者的关系。在特定的设计中,为减少上升时间而选择的元器件值往往会导致更多的过冲和振荡。但是,通常不希望出现超过 10%的过冲量。

10.9.3 倾斜度

> 放大器的脉冲响应可能包括过冲、振荡和倾斜度,上升时间总是不为零。

如图 10.32(a)所示,如果放大器为交流耦合方式,并且随着脉冲期间耦合电容充电的影响,那么输出脉冲的顶部会发生倾斜(如果脉冲无限持续,那么将与在输入端加了一个新的直流输入相同,最终交流耦合放大器的输出电压会变为零)。倾斜度被定义为放大器初始脉冲幅值的百分比,即

$$倾斜度百分比 = \frac{\Delta P}{P} \times 100\% \tag{10.12}$$

ΔP 和 P 的定义如图 10.32(a)所示。随着脉宽增加(或者通过改变耦合电路而减小时间常数来增大放大器的下限半功率频率),输出波形分别如图 10.32(b)和(c)所示。

对于小的倾斜度,倾斜度与下限半功率频率的近似关系为

$$\text{倾斜度百分比} \cong 200\pi f_L T \tag{10.13}$$

T 是脉宽，f_L 是放大器的下限半功率频率。（习题 P10.81 有倾斜度公式的推导。）

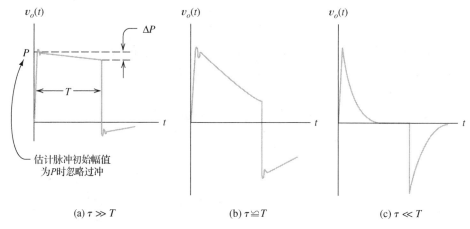

(a) $\tau \gg T$ 　　　　　　(b) $\tau \cong T$ 　　　　　　(c) $\tau \ll T$

图 10.32　交流耦合放大器的脉冲响应，T 是输入脉宽，τ 是耦合电路的最小时间常数

练习 10.14　在雷达系统中，通过发射无线电波脉冲并根据物体的反射信号来检测物体。当把反射信号转换到基带后，它们表现为脉冲信号，脉冲之间的时间间隔表示物体之间的距离。为了辨别在给定距离内的物体，放大器允许最大的上升时间接近于反射时间间隔。例如，如果需要区分与雷达发射机在同一直线上相距 10 m 的物体，回声的时间间隔是 20 m（因为电波必然经过往返传输）除以光速，可计算得出一个最大的上升时间接近 66.7 ns。估计所需的放大器的最小带宽。

　　答案：$B \cong 5.25\,\text{MHz}$ 。

练习 10.15　放大器需要放大脉宽 100 μs 的脉冲信号，并且倾斜度不超过 1%。试估计放大器的下限半功率频率的最大值。

　　答案：$f_L = 15.9\,\text{Hz}$ 。

10.10　传输特性和非线性失真

> 传输特性是瞬时输出幅值与瞬时输入幅值的关系图。

　　放大器的**传输特性**是瞬时输出幅值与瞬时输入幅值的关系图。对于理想放大器，输出波形只是输入波形的放大，传输特性是直线，其斜率就是增益。实际放大器的传输特性不完全是直线，特别是对于信号幅值较大的情形，如图 10.33 所示。传输特性的弯曲部分反映了一个不希望的效应，即**非线性失真**。

> 传输特性的弯曲导致非线性失真。

　　有时，传输特性直线偏离的程度是非常大的。这时，高幅值的输入信号产生的输出波形被严重**削波**，如图 10.34 所示。但是在一些应用中，即使很小的传输特性直线偏离都会造成严重的后果。

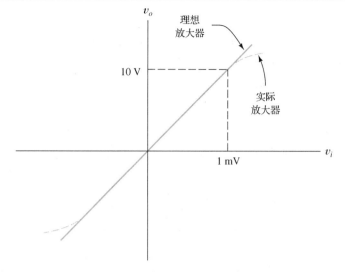

图 10.33　增益为 $A_v = 10\ 000$ 的传输特性

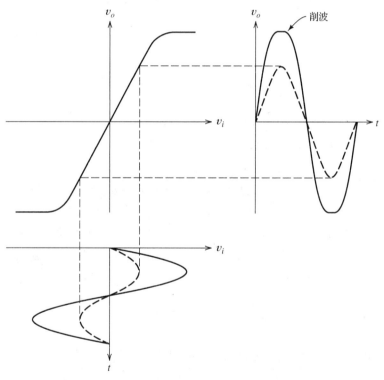

图 10.34　输入信号、放大器传输特性和输出信号，图示了大信号幅值的削波现象

10.10.1　谐波失真

非线性放大器的输入和输出关系可以表示为

$$v_o = A_1 v_i + A_2 (v_i)^2 + A_3 (v_i)^3 + \cdots \tag{10.14}$$

$A_1, A_2, A_3 \cdots$ 是选定的常数，使这个方程与非线性传输特性曲线相匹配。

假设输入信号是正弦信号：

$$v_i(t) = V_a \cos(\omega_a t) \tag{10.15}$$

让我们找出与之相对应的输出信号表达式。将式(10.15)代入式(10.14)中，应用 $[\cos(\omega_a t)]^n$ 三角恒等式，合并各项，定义 V_0 为所有常数之和，V_1 是频率为 ω_a 的各项系数之和，对 V_2 和 V_3 等也做出类似的定义，因此，我们得到

$$v_o(t) = V_0 + V_1 \cos(\omega_a t) + V_2 \cos(2\omega_a t) + V_3 \cos(3\omega_a t) + \cdots \tag{10.16}$$

期望的输出是 $V_1 \cos(\omega_a t)$，称之为**基波分量**。V_0 分量表示直流电平的偏移(如果采用交流耦合方式，则不会在放大器的负载端出现)。另外，传递的二次项和更高次项也产生了频率为输入频率整数倍的输出分量，这些分量被称为**谐波失真**。对应于频率为 $2\omega_a$ 的分量被称为**二次谐波**，对应于频率为 $3\omega_a$ 的分量被称为**三次谐波**，等等。在式(10.14)中，传输特性中的高阶分量产生高次谐波。例如，平方分量产生二次谐波；同样，立方分量产生三次谐波。

对于正弦波输入，非线性失真产生频率为输入频率整数倍的输出分量。

在宽带放大器中出现谐波失真是很麻烦的，因为谐波信号的频率会与拟放大的有用信号的频率范围相交叠。例如，在音频放大器中，谐波失真将降低扬声器放出的声音质量。

二次谐波失真因子 D_2 被定义为二次谐波幅值与基波幅值的比值，用公式表示为

$$D_2 = \frac{V_2}{V_1} \tag{10.17}$$

V_1 是式(10.16)中的基波幅值，V_2 是二次谐波幅值。类似地，三次等高次谐波失真因子定义为

$$D_3 = \frac{V_3}{V_1} \quad D_4 = \frac{V_4}{V_1} \quad \cdots \tag{10.18}$$

总谐波失真表征了放大器产生非线性失真的程度。

总谐波失真(THD)记为 D，是所有谐波失真因子的平方和。总谐波失真可以表示为

$$D = \sqrt{D_2^2 + D_3^2 + D_4^2 + D_5^2 + \cdots} \tag{10.19}$$

我们通常将 THD 表示为百分数。一个设计良好的音频放大器在额定输出功率状态下，其 THD 值为 0.01%(即 $D = 0.0001$)。(以前，廉价的收音机和留声机中放大器的 THD 值通常为 5%。)

注意放大器的 THD 值取决于输出信号的幅值，因为传输特性的非线性程度与幅值有关。当然，如果输入信号太大，则任何放大器都将削减输出信号。当出现严重的削波时，THD 值就会很大。

练习 10.16 放大器的传输特性为

$$v_o = 100v_i + v_i^2$$

a. 当输入正弦信号为 $v_i(t) = \cos(\omega t)$ 时，计算放大器的 THD 值。b. 当 $v_i(t) = 5\cos(\omega t)$ 时，计算 THD 值。[提示：注意 $\cos^2 x = 1/2 + (1/2)\cos(2x)$。这个放大器不会产生三次及以上的更高次谐波，因此，$D_3 = 0$，$D_4 = 0$，等等。]

答案：a. $D = 0.005$；b. $D = 0.025$。注意：THD 值随输入幅值的增大而增大。

10.11 差分放大器

差分放大器有两个输入端：同相输入端和反相输入端。

到此为止，我们分析的均为只有一个输入信号源的放大器。这里将介绍**差分放大器**，它具有

两个输入信号源，如图 10.35 所示。一个理想差分放大器的输出电压与两输入电压之间的差值成比例，表示如下：

$$v_o(t) = A_d[v_{i1}(t) - v_{i2}(t)]$$
$$= A_d v_{i1}(t) - A_d v_{i2}(t) \tag{10.20}$$

> 理想情况下，差分放大器产生的输出与两个输入信号之间的差值成比例。

注意，当电压加至 1 端时，增益为正数；反之，当电压加至 2 端时，增益为负数。因此，2 端被称为**反相输入端**，用符号"−"表示；1 端被称为**同相输入端**，用符号"+"表示，如图 10.35 所示。

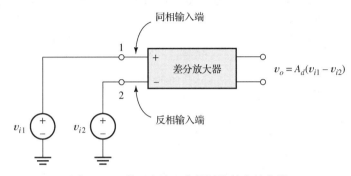

图 10.35　带两个输入信号源的差分放大器

两个不同的输入电压产生**差模信号**：

$$v_{id} = v_{i1} - v_{i2} \tag{10.21}$$

A_d 通常被称为**差模增益**。因此，理想差分放大器的输出是

$$v_o = A_d v_{id} \tag{10.22}$$

共模信号 v_{icm} 是输入的平均值：

$$v_{icm} = \frac{1}{2}(v_{i1} + v_{i2}) \tag{10.23}$$

原始输入信号 v_{i1} 和 v_{i2} 可以表示为如图 10.36 所示的等效信号源。可见，差分放大器的输入信号分别由差模信号 v_{id} 和共模信号 v_{icm} 构成。

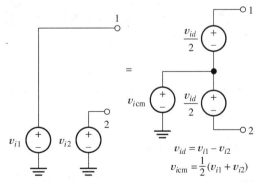

图 10.36　输入信号 v_{i1} 和 v_{i2} 可以由差模信号 v_{id} 和共模信号 v_{icm} 等效

> 在许多应用中，同时存在一个小的重要差模信号和一个强干扰共模信号。

　　有时，我们只希望放大较小的差模信号，但是较大的共模信号总是令人讨厌地存在着。一个典型的例子就是记录病人的心电图（ECG）信号。假设一个病人躺在与地绝缘的床上，如图 10.37 所示。如果两个电极分别放置在病人的两只手臂上，电极之间就会出现由病人心脏产生的差模信号，这就是心脏病专家感兴趣的信号。不过，我们通常会发现在各电极和电力系统接地之间有一个大的 60 Hz 的共模信号。这是因为病人通过身体与电源线之间很小的分布电容连接到了 60 Hz 的电源线上，类似的小电容还存在于身体和地之间。这个电容网络构成了分压器网络，病人身体成为电源线与地之间的重要部分（如果你在实验室里接触了具有高输入阻抗的交流表或者示波器的输入端，便可以观察到 60 Hz 的共模信号）。因此，在心电图仪放大器的输入端，存在一个大约 1 mV 的差模信号和一个频率为 60 Hz 的几十伏的共模信号。在理想情况下，心电图应该仅对差模信号有反应。

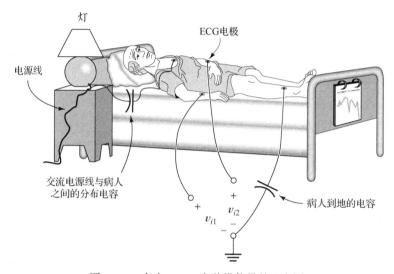

图 10.37　存在 60 Hz 大共模信号的心电图

　　在科学和工程领域，将传感器与计算机连接是非常普遍的，所以由电力线引起的大共模信号的干扰问题也很常见。因此，掌握这些概念是非常重要的。

10.11.1　共模抑制比

　　遗憾的是，实际的差分放大器会同时放大共模信号和差模信号。差模信号的增益（差模增益）记为 A_d，如果我们用 A_{cm} 表示共模信号的增益（共模增益），则实际差分放大器的输出电压为

$$v_o = A_d v_{id} + A_{cm} v_{icm} \tag{10.24}$$

　　对于一个精心设计的差分放大器，其差模增益 A_d 应远大于共模增益 A_{cm}，量化的指标是**共模抑制比**（CMRR），定义为差模增益幅值与共模增益幅值的比值。通常，CMRR 用分贝表示为

$$\text{CMRR} = 20 \log \frac{|A_d|}{|A_{cm}|} \tag{10.25}$$

> 共模抑制比（CMRR）是一种说明共模信号相对于差模信号抑制程度的指标。

　　CMRR 通常是频率的函数，频率越高，CMRR 越小。如果在频率 60 Hz 时，放大器的 CMRR 值达到 120 dB，则认为该放大器的性能较佳。

例 10.11　计算 CMRR 的最小值

试计算心电图仪放大器 CMRR 的最小值，如果该放大器的差模增益是 1000，差模输入信号的峰值是 1 mV，共模输入信号是峰值为 100 V、频率为 60 Hz 的正弦波，要求输出信号中由共模信号产生的输出电压占差模信号产生的输出电压的 1%或者更少。

解：既然差模输入信号的峰值是 1 mV，而差模增益是 1000，则输出电压峰值为 1 V。根据要求，共模信号输出的峰值必须是 0.01 V 或者更小。因此，共模增益为

$$A_{cm} = \frac{0.01 \text{ V}}{100 \text{ V}} = 10^{-4}$$

（可见，共模增益实际上是在衰减。）根据式（10.25）计算 CMRR 值：

$$\text{CMRR} = 20 \log \frac{|A_d|}{|A_{cm}|} = 20 \log \frac{1000}{10^{-4}} = 140 \text{ dB}$$

因此，心电图仪放大器需要非常高的 CMRR。

或许，我们可以采用另一种似乎更简单但却非常危险的方法来解决心电图仪放大器的共模信号干扰问题。把连接病人的一个电极与地线相连，这样短接了共模信号，使 60 Hz 的共模干扰降到很低，也就降低了放大器对共模抑制比参数的严格要求。但是，一旦病人与电源地之间有良好的接触，任何与电源线的接触都可能致命，尤其是对于重病患者。甚至普通情况下一个细微的小电流流经病人的心脏都将会是致命的，这些小电流可以通过其他医疗仪器甚至是医生的双手而传导。因此，有必要将病人与地之间进行隔离，以便保护病人，防止此类危险发生。

10.11.2　CMRR 测量

测量放大器的 CMRR 是相当直接的，我们必须找到差模和共模增益。通过将放大器输入端连接在一起，同时接入测试电源，可得到共模增益，如图 10.38 所示。注意，当放大器输入端连接在一起时，差模信号 v_{id} 是零，输出是由加在输入端的测试电源提供的共模信号产生的。因此，测量输入和输出电压，然后计算出它们的比值，就得到共模增益。

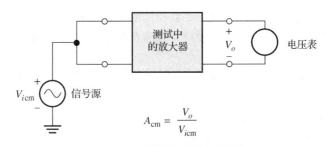

图 10.38　共模增益的测试电路

理论上，为了得到纯粹的差模信号，必须在放大器的两个输入端接两个反相的信号，如图 10.39（a）所示。不过，既然共模增益通常比差模增益小很多，也可以采用一个信号源输入，这时结果仅有一个小误差，如图 10.39（b）所示。[在图 10.39（b）中，输入信号包含一差模信号 v_{id} 和一共模信号 $v_{icm} = v_{id}/2$。]不管怎样，差模增益是在共模输入电压为零或忽略不计的情况下，通过计算输出电压与输入电压的比值而得到的。最后，通过所测的差模和共模增益的比值，得到放大器的 CMRR。

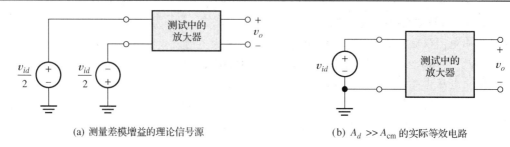

(a) 测量差模增益的理论信号源 　　(b) $A_d \gg A_{cm}$ 的实际等效电路

图 10.39　差模增益的测试电路

练习 10.17　放大器的差模增益 $A_d = 50\,000$。如果把两个输入端连接在一起，并施加 1 V 的输入信号，则输出信号是 0.1 V。放大器的共模增益是多少？CMRR 是多少？（均用分贝表示。）

答案：$A_{cm} = -20$ dB　；CMRR $= 114$ dB。

练习 10.18　放大器满足如下关系：$v_o = A_1 v_{i1} - A_2 v_{i2}$。a. 假设 $v_{i1} = 1/2$，$v_{i2} = -1/2$，试计算 v_{id} 和 v_{icm}。计算 v_o 和 A_d 的 A_1 和 A_2 表达式。b. 假设 $v_{i1} = 1$，$v_{i2} = 1$，计算 v_{id} 和 v_{icm} 的 A_1 和 A_2 表达式。根据 A_1 和 A_2 计算 v_o 和 A_{cm}。c. 根据 a. 与 b. 的计算结果，求出 CMRR 的 A_1 和 A_2 表达式。如果 $A_1 = 100$，$A_2 = 101$，计算 CMRR。

答案：a. $v_{id} = 1$，$v_{icm} = 0$，$v_o = A_d = \dfrac{A_1}{2} + \dfrac{A_2}{2}$。

b. $v_{id} = 0$，$v_{icm} = 1$，$v_o = A_{cm} = A_1 - A_2$。

c. CMRR $= 20\log\dfrac{|A_1 + A_2|}{2|A_1 - A_2|} = 40$ dB。

10.12　失调电压、偏置电流和失调电流

直到现在，我们都是假设若放大器输入信号为零，则输出也是零。但是，实际的直接耦合放大器并非如此，即使输入信号为零，仍然能观测到直流输出电压。这是由于放大器内部元件参数的不平衡造成的，同时也因为某些放大电路要求外部输入电路在放大器的输入端提供一些小的直流信号。这样的差分放大器可以通过在理想放大器输入端接三个电流源和一个电压源来等效，如图 10.40 所示。

两个用 I_B 表示的电流源被称为**偏置电流源**，表示来自内部放大电路通过输入端的小直流电流，两个偏置电流有相同的值和方向(均流入放大器或者均流入地)。偏置电流 I_B 是关于温度的函数，对于给定类型的放大器，每个单元的 I_B 值都是不同的。

I_{off} 被称为**失调电流**，它由放大器内部的不平衡产生。失调电流通常比偏置电流小。失调电流方向是不定的——它能流向任意输入端。对于给定的放大器，各单元的失调电流方向可能不同。注意，图 10.40 的失调电流的值为 $I_{off}/2$。

电压源 V_{off} 串联在输入端，称之为**失调电压**。同失调电流一样，它是因为电路内部的不平衡产生的。失调电压的值同样是关于温度的函数。另外，放大器各单元的失调电压的值和方向也是会改变的。失调电压源可以串联在任何一个输入端。

> 实际差分放大器的缺陷问题可以由几个直流源来等效：两个偏置电流源、一个失调电流源和一个失调电压源。这些电源的作用是在理想输出中添加一个直流项(通常是不希望的)。

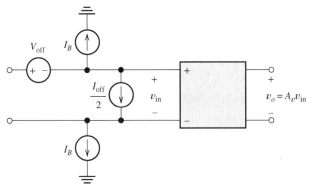

图 10.40 差分放大器以及导致在输入信号为零时仍然存在直流输出的直流源

实际应用 10.1 电子螺柱仪

当我们想要在墙上挂一幅沉重的画或架子时，通常需要找到能承受它们质量的木螺柱，这可以通过一个电子螺柱仪来实现。

一个简单的电子螺柱仪如图 PA10.1 和图 PA10.2 所示，它可以通过使用本书讨论的一些电子工程概念来进行设计。首先，正如 3.3 节中讨论的，金属板之间的电容取决于金属板周围材料的介电常数。如图 PA10.1 所示的情况，A 板和 B 板之间的电容比 B 板和 C 板之间的电容小，这是因为木螺柱的介电常数比空气高。随着螺柱仪向右移动到以木螺柱为中心时，则电容相等。然后，随着螺柱仪稍微偏离中心，A 板和 B 板之间的电容变得更高。

第二个应用于螺柱仪的概念是一种类似于 2.8 节惠斯通电桥的交流电桥电路。如图 PA10.2 所示，可变电容在电桥上与两个相等电阻和一个交流源相连接。当电容相等、电桥平衡时，节点 A 和 C 之间的电压为零。

第三个概念是使用一个高增益微分放大器(例如在 10.11 节讨论的放大器)和一个蜂鸣器(一种简单的扬声器)来构成电桥电路的敏感探测器。

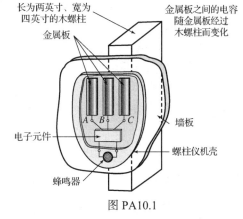

图 PA10.1

当螺柱仪位于木螺柱之上，却不在中心时，电容不相等，电桥也是不平衡的。因此，产生一个交流电压作为差分放大器的输入，蜂鸣器发出声音。当螺柱仪居中时，电桥变得平衡，声音消失。因此，通过在墙表面移动螺柱仪，我们可以很容易地定位木螺柱的中心线。

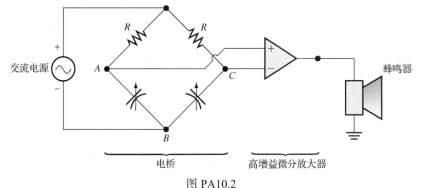

图 PA10.2

10.12.1　降低偏置电流的影响

相同的戴维南等效阻抗连接在输入端，能降低偏置电流的影响(2.6 节中介绍了网络的戴维南等效阻抗计算方法，通过使独立电源为零，计算出网络的阻抗。独立电压源依靠短路置零，独立电流源依靠开路置零)。图 10.41(a)为带有电源阻抗和偏置电流源的差分放大器。每个电流源可以转换为电压源串联相应阻抗的形式，如图 10.41(b)所示。如果电源阻抗相等，则电压也相等，就没有差模信号输入放大器。假设共模增益为零，输出电压也将为零。

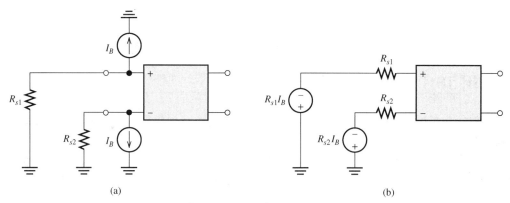

图 10.41　当 $R_{s1}=R_{s2}$ 时，偏置电流源的影响消失

例 10.12　最坏情况下的直流输出电压计算

一个直接耦合差分放大器的差模电压增益为 100，输入阻抗是 1 MΩ，输入偏置电流是 200 nA，最大失调电流为 80 nA，最大失调电压为 5 mV。如果放大器输入端通过 100 kΩ 电源电阻接地，计算最坏情况下的输出电压。

解：包括电源电阻的电路如图 10.42(a)所示，既然电路是线性的，可以运用叠加原理，分别考虑每个电源。因为两个输入端的阻抗相等，偏置电流平衡，其影响可以忽略不计。

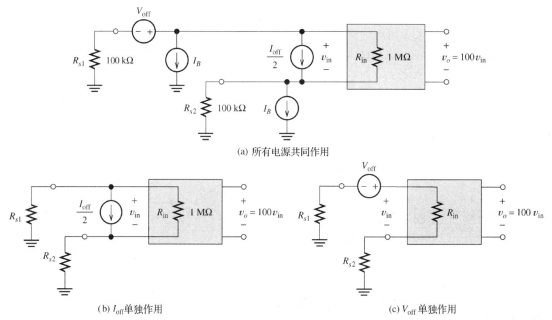

图 10.42　例 10.12 的放大器

> 由于电路是线性的，我们使用叠加原理，从而把问题分成几个相对简单的问题。

失调电流流过电阻 R_{in} 和电源电阻之和的并联结构，如图 10.42(b) 所示。因此，来源于失调电流的差模输入电压有一个极大值：

$$V_{Ioff} = \frac{I_{off}}{2} \frac{R_{in}(R_{s1} + R_{s2})}{R_{in} + R_{s1} + R_{s2}} = 6.67\,\text{mV}$$

只有失调电压源作用的电路如图 10.42(c) 所示。由失调电压产生的差模输入电压是失调电源电压在输入端的部分，其余部分则作用于 R_{s1} 和 R_{s2}。输入端部分的电压能用分压原理计算：

$$V_{Voff} = V_{off} \frac{R_{in}}{R_{in} + R_{s1} + R_{s2}} = 4.17\,\text{mV}$$

再乘以放大器增益，就得到由失调电流源和失调电压源引起的最大输出电压分别为 0.667 V 和 0.417 V。这些电压为最大值，并可以有两种极性，因此总的输出电压在 –1.084 V 到 +1.084 V 之间。

10.12.2 平衡电路

为消除失调电流和电压的影响，可以使用如图 10.43 所示的平衡电路。电位器两侧的电阻 R_1 和 R_2 构成分压器，它分别在电位器的两端提供小的电压，其值一边为正，另一边为负。在使用中，只需简单调整电位器，使输入信号源为零时，放大器输出也为零。

> 平衡电路可以用来抵消放大器给输出信号增加的直流偏置。

尽管使用了这样一种平衡电路，但保持两个输入端到地的电阻相等是一个很好的方法，因为偏置电流会随温度而改变。相等的电阻为偏置电流提供平衡，不受其数值的影响。遗憾的是，失调电流和电压随温度而改变，因此，用固定电路实现所有温度下的完美平衡是不可能的。

原则上，分压器 $(R_1$ 和 $R_2)$ 能从图 10.43 的电路中删除掉，电位器的末端能直接连接供电电压。但是，调整的范围将大大超出必要的范围，很难实现正确的调整。

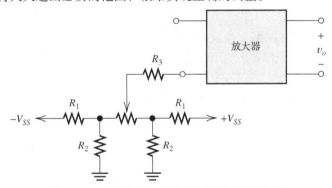

图 10.43　消除失调和偏置电源影响的可调网络

一些放大器为平衡电路提供了独立的端子，使信号输入端不会被妨碍。

练习 10.19　直接耦合的差分放大器的差模电压增益为 500，输入阻抗是 100 kΩ，输入偏置电流是 400 nA，最大失调电流为 100 nA，最大失调电压为 10 mV。如果放大器输入端通过 50 kΩ 的电阻接地，计算最坏情况下的输出电压。

答案： v_o 的范围是 –3.75 V 到 +3.75 V。

练习 10.20　如果反相输入端直接接地和同相输入端通过 50 kΩ 电阻接地，重复练习 10.19 的求解。

答案： v_o 的范围是 +2.5 V 到 +10.84 V。

本章小结

1. 放大器的作用是向负载传送一个比信号源可用信号更大的信号。

2. 输入阻抗、输出阻抗和增益参数是放大器的性能参数。

3. 反相放大器的电压增益为负,因此,输出波形与输入波形是反相的。而同相放大器的电压增益为正。

4. 负载效应由信号源的内阻和放大器输出阻抗的压降造成。

5. 在级联电路中,每个放大器的输出连接到下一个放大器的输入。

6. 放大器的效率是将电源功率转换为输出信号功率的百分比。

7. 为描述放大器特性,可使用几种模型:电压放大器模型、电流放大器模型、跨导放大器模型和互阻放大器模型。

8. 根据输入和输出阻抗,理想放大器可以分为四种类型:理想电压放大器、理想电流放大器、理想跨导放大器和理想互阻放大器。放大器类型的最佳选择取决于实际应用要求。

9. 放大器的直接耦合方式,对直流信号有固定的增益。另一方面,放大器的交流耦合方式,在低频时增益下降,而直流增益为零。当频率足够高时,所有的放大器的增益均降为零。

10. 线性失真包括幅值失真和相位失真。如果放大器对于输入信号的不同频率成分有不同的增益,就会发生幅值失真;而如果放大器的相移与频率不成比例,则会发生相位失真。

11. 放大器脉冲响应具有上升时间、过冲、振荡和倾斜度等特性。

12. 如果放大器的传输特性不是直线,则会产生非线性失真。在输入正弦信号时,这将导致输出信号出现谐波。放大器的总谐波失真率反映了非线性失真的程度。

13. 理想的情况下,差分放大器仅对其两个输入信号的差(即差分输入信号)产生响应。

14. 差分放大器共模输入是两个输入的平均值。CMRR 定义为差模增益幅值与共模增益幅值的比值,它是很多仪器仪表应用的重要参数。

15. 直流失调是指在被放大的信号中增加了直流量,这是由偏置电流、失调电流和失调电压产生的结果,可以通过合适的平衡电路来消除。

习题

10.1 节 放大器的基本概念

P10.1 放大电路产生负载效应的两个原因?

P10.2 说明反相放大器和同相放大器的区别。

P10.3 画出电压放大的模型,并标明其基本组成。

*P10.4 如图 P10.4 所示的电路,当开关闭合时,输出电压 $v_o = 100\,\text{mV}$;当开关断开时,输出电压 $v_o = 50\,\text{mV}$。试求解放大器的输入电阻值。

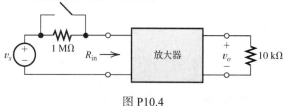

图 P10.4

*P10.5　一个负载为 100 Ω电阻的放大器，其电压增益为 50 和功率增益为 5000。试求解放大器的电流增益和输入电阻。

*P10.6　一个信号源的开路电压 $V_s = 2\,\text{mV}$，内阻为 50 kΩ，将此信号源连接至一个开路电压增益为 100、输入电阻为 100 kΩ以及输出电阻为 4 Ω的放大器。同时，放大器的输出端连接一个 4 Ω的负载。试求解电压增益 $A_{vs} = V_o / V_s$、$A_v = V_o / V_i$ 以及功率增益和电流增益。

*P10.7　一个理想的交流电流源施加到放大器的输入端，放大器的输出电压有效值为 2 V。将 2 kΩ 的电阻与电流源并联接在放大器的输入端，输出电压有效值变为 1.5V。试确定放大器的输入电阻。

P10.8　一个放大器的 $R_i = 12\,\text{kΩ}$，$R_o = 1\,\text{kΩ}$，$A_{voc} = -10$，驱动 1 kΩ的负载。将一个戴维南等效电阻为 4 kΩ和短路电流为 $2\cos(200\pi t)\,\text{mA}$ 的信号源接到放大器的输入端。试求出输出电压的时间函数表达式和功率增益。

P10.9　一个开路电压增益为 100 的放大器，接上 10 kΩ的负载后，电压增益变为 80，试计算放大器的输出电阻。

P10.10　一个放大器的 $R_i = 1\,\text{MΩ}$，$R_o = 1\,\text{kΩ}$，$A_{voc} = -10^4$，负载电阻为 1 kΩ。一个戴维南等效电阻为 2 MΩ和开路电压为 $v_s = 3\cos(200\pi t)\,\text{mV}$ 的信号源接到放大器的输入端。试求出输出电压的时间函数表达式和功率增益。

P10.11　一个放大器的电流增益为 500，负载电阻为 100 Ω，输入电阻为 1 MΩ。试求出电压增益和功率增益。

P10.12　一个单位开路电压增益的放大器，其输入电阻为 1 MΩ，输出电阻为 100 Ω。信号源内部电压源的有效值为 5 V、内阻为 100 kΩ，负载电阻为 50 Ω。将信号源接到放大器的输入端，同时接上负载，试求解负载的电压和功率。如果将负载直接接到信号源，试求负载上的电压和功率。比较两种情况下的结果，对于采用单位增益放大器向负载传输信号功率方面的有用性，你能得出什么结论？

P10.13　假设有一个 5～10 kΩ的电阻性负载，连接到放大器的负载端。我们需要负载端的电压随负载电阻的变化小于 1%。在这种情况下，放大器的哪一个参数是最重要的，该参数的取值范围是多少？

P10.14　一个放大器的电压增益为 0.1，但是功率增益为 10，请问：这可能吗？电流增益值为多大？负载电阻值与放大器的输入电阻相比如何？

P10.15　一个放大器的输入电阻 $R_i = 20\,\text{kΩ}$，输出电阻 $R_o = 2\,\text{Ω}$，开路电压增益 $A_{voc} = 1000$。8 Ω的负载电阻接到放大器的输出端，一个内阻为 10 kΩ 的信号源接到放大器的输入端。试求解电压增益 $A_{vs} = V_o / V_s$，$A_v = V_o / V_i$，以及功率增益和电流增益。

P10.16　假设有一个传感器，其戴维南等效电阻从 0～10 kΩ 变化，将它连接到放大器的输入端。随着传感器电阻的变化，我们希望放大器的输出电压变化可以小于 2%。在这种情况下，放大器的哪一个参数是最重要的，该参数的取值范围是多少？

P10.17　一个带电阻性负载的放大器，电流增益和电压增益相等。其输入电阻、负载电阻是多少？

10.2 节　级联放大器

*P10.18　放大器的 $A_{voc} = 10$，$R_i = 2\,\text{kΩ}$，$R_o = 2\,\text{kΩ}$。如果连接 1 kΩ 负载后，要求电压增益不小于 1000，请问：至少需要级联多少个这样的放大器？

*P10.19　3 个放大器 1、2、3 的性能参数如下：

放大器 1：$A_{voc1} = 100$，$R_{i1} = 2\,\text{kΩ}$，$R_{o1} = 1\,\text{kΩ}$

放大器 2：$A_{voc2} = 200$，$R_{i2} = 4\,\text{kΩ}$，$R_{o2} = 2\,\text{kΩ}$

放大器 3：$A_{voc3} = 300$，$R_{i3} = 6\,\text{kΩ}$，$R_{o3} = 3\,\text{kΩ}$

级联顺序是 1—2—3。要求计算级联放大器简化模型的参数。

P10.20　将 3 个相同的放大器级联起来，它们的 $A_{voc} = 25$，$R_i = 2\,\text{kΩ}$，$R_o = 3\,\text{kΩ}$。试确定级联电路的

输入电阻、开路电压增益和输出电阻。

P10.21 表 P10.21 中给出了放大器 A 和 B 的性能参数。放大器级联的顺序为 A—B。求级联电路的输入阻抗、输出阻抗和开路电压增益。当级联的顺序为 B—A 时,再次完成前面的计算。

表 P10.21 放大器的性能参数

放大器	开路电压增益	输入阻抗	输出阻抗
A	100	3 kΩ	400 Ω
B	500	1 MΩ	2 kΩ

P10.22 画出两个放大器的级联电路。写出以各级放大器的开路电压增益和阻抗表示的级联电路开路电压增益的表达式。

P10.23 3 个放大器 1、2、3 的性能参数如下:

放大器 1: $A_{voc1} = 300$, $R_{i1} = 6$ kΩ , $R_{o1} = 3$ kΩ

放大器 2: $A_{voc2} = 200$, $R_{i2} = 4$ kΩ , $R_{o2} = 2$ kΩ

放大器 3: $A_{voc3} = 100$, $R_{i3} = 2$ kΩ , $R_{o3} = 1$ kΩ

级联顺序是 1—2—3。要求计算级联放大器简化模型的参数。

10.3 节 功率和效率

*P10.24 如图 P10.24 所示的电路,试计算 3 个直流电源提供给放大器的功率。

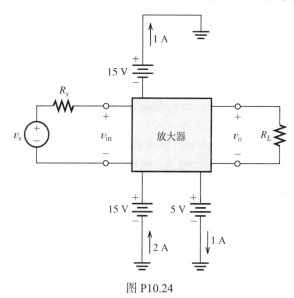

图 P10.24

P10.25 在大信号测试条件下,音频放大器向 8 Ω 负载提供有效值为 24 V、频率为 1 kHz 的正弦电压。50 V 的电源电压为放大器提供 4 A 的电流。输入信号的功率很小,可以忽略。试计算放大器的效率和耗散功率。

P10.26 一个放大器的电源电压为 12 V,电源提供的电流为 1.5 A。输入信号的电流有效值为 1 μA,输入电阻为 100 kΩ。放大器在 10 Ω 负载上的输出电压有效值为 10 V。试计算放大器的效率和耗散功率。

P10.27 一个放大器的输入电压有效值为 100 mV,输入电阻为 100 kΩ,在 8 Ω 负载上输出有效值为 10 V 的电压。电源电压为 15 V,提供的平均电流为 2 A。试计算放大器的效率和耗散功率。

P10.28　如何定义功率放大器的效率？什么是放大器的耗散功率？放大器有哪些形式的耗散功率？

P10.29　两个放大器级联在一起，第一级放大器的电源功率为 2 W、输入电阻为 1 MΩ、输入电压有效值为 2 mV。第二级电源功率为 22 W、负载电阻为 8 Ω、输出电压的有效值为 12 V。试确定总功率增益、耗散功率和效率。

10.4 节　其他放大器模型

*P10.30　一个放大器的输入电阻为 1 kΩ，输出电阻为 200 Ω，短路跨导增益为 0.5 S。试确定开路电压增益、短路电流增益和开路互阻增益。

*P10.31　放大器 A 的输入电阻为 1 MΩ，输出电阻为 200 Ω，开路互阻增益为 100 MΩ。放大器 B 的输入电阻为 50 Ω，输出电阻为 500 kΩ，短路电流增益为 100。求出 B 级联在 A 之后的电压放大器模型，并确定相应的跨导放大器模型。

*P10.32　一个放大器的输入电阻为 10 kΩ，输出电阻为 2 kΩ，开路互阻增益为 200 kΩ。试确定开路电压增益、短路电流增益和短路跨导增益。

*P10.33　一个放大器的输入电阻为 20 Ω，输出电阻为 10 Ω，短路电流增益为 3000。信号源的内部电压有效值为 100 mV，内阻为 200 Ω。负载为 5 Ω 电阻。试计算放大器的电流增益、电压增益和功率增益。如果电源电压为 12 V，平均电流为 2 A，试计算放大器的耗散功率和效率。

*P10.34　一个参数为 $R_i = 100\,\Omega$、$R_o = 1\,k\Omega$、$R_{moc} = 10\,k\Omega$ 的放大器，试求出放大器的 A_{voc}、G_{msc} 和 A_{isc}。

P10.35　绘制一个电压放大器的电路模型，请问：增益参数应该在开路还是短路状态下进行测量？对于电流放大器模型、互阻放大器模型和跨导放大器模型，又分别该如何测量？

P10.36　a. 哪种放大器模型包含电流控电压源？b. 哪种放大器模型包含电流控电流源？c. 哪种放大器模型包含电压控电流源？

P10.37　放大器 A 的输入电阻为 50 Ω，输出电阻为 500 kΩ，短路电流增益为 100。放大器 B 的输入电阻为 1 MΩ，输出电阻为 200 Ω，开路互阻增益为 100 MΩ。求出 B 级联在 A 之后的电压放大器模型，并确定相应的跨导放大器模型。

P10.38　一个放大器的输入电阻为 100 Ω，输出电阻为 10 Ω，短路电流增益为 500。画出该放大器的电压放大器模型、互阻放大器模型和跨导放大器模型，并标明所有参数。

P10.39　一个放大器的参数为 $G_{msc} = 0.5\,S$，$R_i = 10\,k\Omega$，$R_o = 100\,\Omega$。试求解放大器的 A_{voc}、R_{moc} 和 A_{isc}。

P10.40　一个参数为 $R_i = 2\,k\Omega$，$R_o = 500\,\Omega$，$R_{moc} = -10^7\,\Omega$ 的放大器，连接 1 kΩ 的负载。输入信号源的戴维南等效电阻为 1 kΩ，开路电压为 $2\cos(200\pi t)$ mV。试确定输出电压和功率增益。

P10.41　一个放大器的开路互阻增益为 200 Ω，短路跨导增益为 0.5 S，短路电流增益为 50。试确定输入电阻、输出电阻和开路电压增益。

P10.42　一个短路电流增益为 10 的放大器，当其负载为 50 Ω 时，电流增益为 8。试求出放大器的输出电阻。

P10.43　一个放大器的参数为 $A_{isc} = 200$，$R_i = 2\,k\Omega$，$R_o = 300\,\Omega$。试求解放大器的 A_{voc}、R_{moc} 和 G_{msc}。

P10.44　一个放大器的开路电压增益为 100，短路跨导增益为 0.2 S，短路电流增益为 50。试确定输入电阻、输出电阻和开路互阻增益。

10.5 节　放大器阻抗在不同应用中的重要性

P10.45　举例说明放大器需要具有特定输入阻抗的情况。

P10.46　假设一个电压源 $v(t) = V_{dc} + V_m\cos(\omega t)$ 连接到一个放大器的输入端，而负载是非线性器件（例如 LED）。a. 如果要求负载电流正比于电压源 $v(t)$，放大器的输出阻抗应该如何取值？b. 如果要求负载电压正比于电压源 $v(t)$，放大器的输出阻抗又该如何取值？

P10.47 如果需要放大器向一组并联的可变负载输出恒定的信号，这时，输出阻抗应该是多少？为什么？如果负载是串联的，输出阻抗又该是多少？

P10.48 给出一个需要放大器具有低输入阻抗的实例。

P10.49 给出一个需要放大器具有高输入阻抗的实例。

10.6 节 理想放大器

*P10.50 假设一个输入电阻为 $1000\ \Omega$、输出阻抗为 $20\ \Omega$、开路互阻增益为 $10\ k\Omega$ 的放大器，如图 P10.50 所示。试计算从输入端看进去的电阻 $R_x = v_x / i_x$。

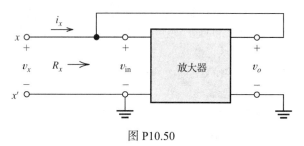

图 P10.50

*P10.51 假设有一个两级的级联放大器，第一级为理想跨导放大器，第二级为理想互阻放大器。这是什么类型的放大器？增益参数是多少？按相反的顺序将其级联，重复上述问题。

*P10.52 在进行一个物理实验时，我们需要记录一个特定传感器的开路电压。电压需要放大 1000 倍并施加到一个可变负载电阻上。需要什么类型的理想放大器？并证明。

*P10.53 一个理想互阻放大器的输出端连接到一个理想跨导放大器的输入端。这是什么类型的放大器？并确定其增益参数。

P10.54 分别给出理想电压放大器和理想电流放大器的输入阻抗和输出阻抗。

P10.55 一个理想跨导放大器的短路跨导增益为 0.1 S，如图 P10.55 所示。试计算从输入端看进去的电阻 $R_x = v_x / i_x$。

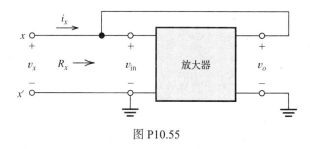

图 P10.55

P10.56 一个理想电压放大器的输出端连接到一个理想跨导放大器的输入端。这是什么类型的放大器？并确定其增益参数。

P10.57 在某个应用中，需要放大器检测信号源的开路电压并使电流流过一个负载。信号源电阻和负载电阻是可变的。负载电流几乎不受信号源电阻和负载电阻影响。需要什么类型的理想放大器？如果信号源电阻从 $1\ k\Omega$ 增加到 $2\ k\Omega$。它会导致负载电流减少了 1%，则输入电阻是多少？如果负载电阻从 $100\ \Omega$ 增加到 $300\ \Omega$，这将使负载电流减少 1%，那么输出电阻是多少？

P10.58 一个放大器的输入电阻为 $1\ \Omega$，输出电阻为 $1\ \Omega$，开路电压增益为 10。该放大器近似属于哪一类理想放大器模型？并求相应的增益值。在确定放大器的类型时，可以假设信号源电阻和负载电阻值约为 $1\ k\Omega$。

P10.59　在记录汽车排放时，我们需要检测一个化学传感器的短路电流，该传感器具有可变的戴维南等效阻抗。数据采集模块需要输入一个与此电流成正比的电压。需要什么类型的理想放大器？并证明。

P10.60　如果我们要检测传感器的短路电流，并向一个可变负载提供与短路电流成比例的电流。需要什么类型的理想放大器？并进行解释。

P10.61　放大器作为系统的一部分，可用于记录由电力配电系统在地上产生的电压。通过将放置在地上的探头之间的电压波形进行放大，再输入到笔记本电脑的模数转换器(ADC)即可实现。在干沙中探头的内阻可以高达 10 kΩ，在淤泥中可低至 10 Ω。因为在工程中使用了几种不同的模数转换器，所以放大器的负载阻抗范围从 10 kΩ 到 1 MΩ。模数转换器的输入电压要求是探头开路电压的 1000 倍，误差为 3%。什么类型的理想放大器最适合这个应用？做出你的最佳判断，并确定放大器的阻抗和增益参数。

P10.62　我们需要设计一个放大器，用于记录电化学电池随时间变化的短路电流。(为此，短路回路的电阻必须小于 10 Ω。)放大器输出到条状记录器，每变化 1 伏电压，会使记录器偏斜 1 cm(误差为±1%)。记录器的输入电阻未知，也许还是可变量，但是它大于 10 kΩ。要求每毫安电池电流对应记录器偏斜 1 cm(误差为±3%)。什么类型的理想放大器最适合这个应用？做出你的最佳判断，并确定放大器的输入阻抗、输出阻抗和增益参数。

P10.63　一个放大器的输入电阻为 1 MΩ，输出电阻为 1 MΩ，开路电压增益为 100。该放大器近似属于哪一类理想放大器？并求相应的增益值。在确定放大器的类型时，可以假设信号源电阻和负载电阻约为 1 kΩ。

P10.64　放大器作为系统的一部分，可用于记录雷暴在地上产生的电压。通过将放置在地上的探头之间的电压波形进行放大，再输出到条状记录器即可实现。在干沙中探头的内阻可以高达 10 kΩ，在淤泥中可低至 10 Ω。记录器具有小于 100 Ω 的未知阻抗，每毫安电流会使记录器偏斜 1 cm(误差为±1%)。要求每 0.1 V 探头电压对应记录器偏斜 1 cm，什么类型的理想放大器最适合这个应用？做出你的最佳判断，并确定放大器的阻抗和增益参数。

10.7 节　频率响应

P10.65　放大器的增益为

$$A = \frac{1000}{[1 + j(f/f_B)]^2}$$

根据 f_B，确定上限半功率频率。

*P10.66　分别概述典型直流耦合放大器和交流耦合放大器的增益随频率变化的情况。

*P10.67　习题 P10.62 中的放大器为直流耦合还是交流耦合？并解释原因。

*P10.68　一个放大器的输入电压为

$$v_{in}(t) = 0.1 \cos(2000\pi t)$$
$$+ 0.2 \cos(4000\pi t + 30°) \text{ V}$$

相应的输出电压为

$$v_o(t) = 10 \cos(2000\pi t - 20°)$$
$$+ 15 \cos(4000\pi t + 20°) \text{ V}$$

确定 f = 1000 Hz 和 f = 2000 Hz 时的复数增益。

P10.69　宽带放大器和窄带放大器有什么不同？

P10.70　如图 P10.70 所示，A 模块是一个理想电压放大器，B 模块是一个理想互阻放大器。a.推导以放大器增益、$v_{in}(t)$ 和电容 C 表示的 $v_o(t)$ 表达式；b.推导总电压增益的频率函数表达式。[提示：假设 $v_{in}(t) = V_m \cos(2\pi ft)$，求解 $v_o(t)$ 的表达式，然后以输入和输出相量的比值来确定电压的复数增益]c. 给定 $R_{moc} = 10^3\ \Omega$ ， $A_{voc} = 50/\pi$ ， $C = 1\mu F$ ，画出在 1 Hz 到 1 kHz 频率范围的电压增益波特图和相频图。

P10.71　一个驻极体麦克风产生的输出信号包括一个 2 V 的直流电压和一个有效值为 10 mV 的交流音频信号。音频信号的频率范围从 20 Hz 到 10 kHz。我们需要将音频信号的有效值放大到 10 V，然后用于扬声器。该放大器为交流耦合还是直流耦合？并解释原因。中频电压增益是多少？合适的半功率频率是多少？

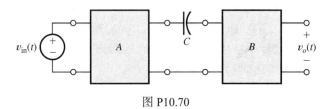

图 P10.70

P10.72　如图 P10.72 所示，A 模块是理想跨导放大器，B 模块是理想电压放大器。电容初始未带电。a. 推导以放大器增益、$v_{in}(t)$ 和电容 C 表示的 $v_o(t)$ 表达式；b.推导总电压增益的频率函数表达式；〔提示：假设 $v_{in}(t) = V_m \cos(2\pi f t)$，求解 $v_o(t)$ 表达式，然后以输入和输出相量的比值来确定电压的复数增益〕c. 给定 $G_{msc} = 10^{-6}\ S$ ， $A_{voc} = 200\pi$ ， $C = 1\mu F$ ，画出在 1 Hz 到 1 kHz 频率范围的电压增益波特图和相频图。

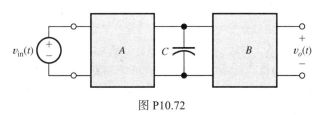

图 P10.72

10.8 节　线性波形失真

*P10.73　一个放大器的输入信号是 $v_{in}(t) = 0.01\cos(2000\pi t) + 0.02\cos(4000\pi t)$ V 。放大器在 1000 Hz 时的复数增益是 $100\underline{/-45°}$ 。为了在 2000 Hz 时获得无失真放大，复数增益应该为多少？绘制或编写一个计算机程序来画出输入和输出随时间变化的波形。

P10.74　为避免线性失真，如何确定放大器的幅值增益和相位？

P10.75　用于产生特定效果的音频信号的放大器输出为

$$v_o(t) = v_{in}(t) + Kv_{in}(t - t_d)$$

K 和 t_d 是常量。a. 这是一个线性放大器吗？请仔细解释；b. 确定复数电压增益的频率函数；〔提示：假设 $v_{in}(t) = V_m \cos(2\pi f t)$，求解 $v_o(t)$ 的表达式，然后以输入和输出相量的比值来确定电压的复数增益。〕c. 给定 $K = 0.5$ 和 $t_d = 1$ ms，用计算机绘制增益和相位随频率的变化图，其中 $0 \leqslant f \leqslant 10$ kHz；d. 该放大器是否产生振幅失真？是否产生相位失真？请仔细解释。

P10.76　一个放大器的输入信号是 $v_i(t) = 0.01\cos(2000\pi t) + 0.02\cos(4000\pi t)$ V ，放大器增益的频率函数表达式为

$$A = \frac{1000}{1 + j(f/1000)}$$

推导放大器输出信号的时间函数表达式。

P10.77　一个放大器的输入/输出关系为 $v_o(t) = Kv_{in}(t - t_d)$ 。a. 这是一个线性放大器吗？请仔细解释；

b. 确定复数电压增益的频率函数；〔提示：假设 $v_{in}(t) = V_m \cos(2\pi ft)$，求解 $v_o(t)$ 的表达式，然后以输入和输出相量的比值来确定电压的复数增益。〕c. 给定 $K = 100$ 和 $t_d = 0.1$ ms，绘制增益和相位随频率的变化图，其中 $0 \leqslant f \leqslant 10$ kHz；d. 该放大器是否产生振幅失真？是否产生相位失真？请仔细解释。

P10.78　用于产生特定效果的音频信号的放大器输出为

$$v_o(t) = v_{in}(t) + K\frac{\mathrm{d}}{\mathrm{d}t}v_{in}(t)$$

K 是常量。a. 这是一个线性放大器吗？请仔细解释；b. 确定复数电压增益的频率函数；〔提示：假设 $v_{in}(t) = V_m \cos(2\pi ft)$，求解 $v_o(t)$ 的表达式，然后以输入和输出相量的比值来确定电压的复数增益。〕c. 给定 $K = 1/(2000\pi)$，用计算机绘制增益和相位随频率的变化图，其中 $0 \leqslant f \leqslant 10$ kHz；d. 该放大器是否产生振幅失真？是否产生相位失真？请仔细解释。

10.9 节　脉冲响应

*P10.79　几个放大器的增益与频率的关系如图 P10.79 所示。如果放大器的输入为图中所示的脉冲。画出每个放大器增益随时间变化的关系，尽可能对每个波形的特征进行定量的估计。

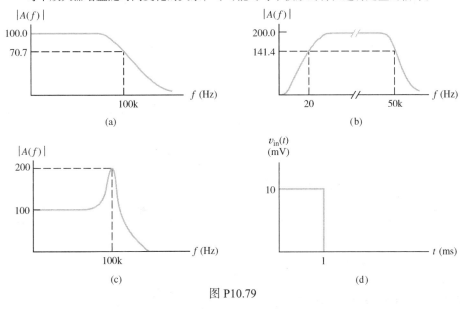

图 P10.79

*P10.80　一个音频放大器的半功率频率为 15 Hz 到 15 kHz。该放大器用于放大如图 P10.82(b) 所示的脉冲。估算放大器输出的上升时间和倾斜度。脉宽 T 是 2 ms。

P10.81　画出一个放大器的脉冲响应，标出上升时间、过冲、振荡和倾斜度。请给出一个宽带放大器上升时间和上限半功率频率的近似关系。并给出一个倾斜度百分比和下限半功率频率的近似关系。

P10.82　如图 P10.82(a) 所示的简单高通滤波器。a. 求复数增益 $A = \mathbf{V}_2 / \mathbf{V}_1$ 的频率函数表达式；b. 直流时的增益为多大？在非常高的频率时，增益又为多大？求半功率频率的 R 和 C 表达式；c. 输入脉冲如图 P10.82(b) 所示，假设电容器初始未充电，求出输出电压 $v_2(t)$ 在 t 从 0 到 T 之间的表达式，假设 RC 远大于 T，求出倾斜度百分比的近似表达式；d. 依据 b. 和 c. 的结果，求出倾斜度百分比和半功率频率的关系。

P10.83　几个放大器的输入信号和相应的输出信号如图 P10.83 所示。画出每个放大器增益随频率变化的关系，尽可能对每个增益图的特征进行定量的估计。

P10.84　简单低通滤波器如图 P10.84 所示。a. 求复数增益 $A = \mathbf{V}_2 / \mathbf{V}_1$ 的频率函数表达式。直流时的增益为多大? 在非常高的频率时, 增益 A 又为多大? 求半功率带宽 B 的 R 和 C 表达式; b. 考虑电容最初未充电, 并且 $v_1(t)$ 是一个单位阶跃函数时, 求 $v_2(t)$ 和电路上升时间 t_r 的 R 和 C 表达式; c. 依据 a. 和 b. 的结果, 求出电路带宽和上升时间的关系, 并与式(10.11)进行比较。

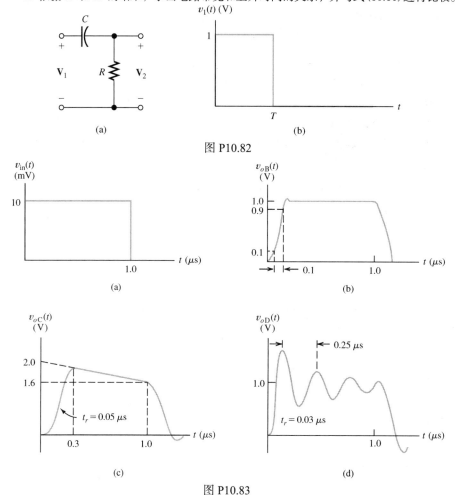

图 P10.82

图 P10.83

10.10 节　传输特性和非线性失真

P10.85　什么是谐波失真? 它是由什么原因造成的?

*P10.86　一个放大器的输入信号为

$$v_{\text{in}}(t) = 0.1 \cos(2000\pi t) \text{ V}$$

相应的输出信号为

$$v_o(t) = 10 \cos(2000\pi t) + 0.2 \cos(4000\pi t)$$
$$+ 0.1 \cos(6000\pi t) \text{ V}$$

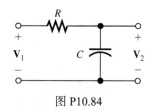

图 P10.84

确定失真因子 D_2、D_3、和 D_4。同时, 确定总谐波失真的百分比。

P10.87　放大器的传输特性为

$$v_o(t) = 10 v_{\text{in}}(t) + 0.6 v_{\text{in}}^2(t) + 0.4 v_{\text{in}}^3(t)$$

对于输入 $v_{\text{in}}(t) = 2\cos(200\pi t)$ V 时, 确定失真因子 D_2、D_3 和 D_4。同时, 计算总谐波失真。

你可能会发现以下三角恒等式关系很有用:

$$\cos^2(A) = \frac{1}{2} + \frac{1}{2}\cos(2A)$$

$$\cos^3(A) = \frac{3}{4}\cos(A) + \frac{1}{4}\cos(3A)$$

P10.88　放大器的传输特性为

$$v_o(t) = v_{\text{in}}(t) + 0.1v_{\text{in}}^2(t)$$

对于输入 $v_{\text{in}}(t) = \cos(\omega_1 t) + \cos(\omega_2 t)$，确定每个输出分量的频率与幅值。你可能会发现以下三角恒等式关系很有用：

$$\cos^2(A) = \frac{1}{2} + \frac{1}{2}\cos(2A)$$

$$\cos(A)\cos(B) = \frac{1}{2}\cos(A - B)$$
$$+ \frac{1}{2}\cos(A + B)$$

10.11 节　差分放大器

P10.89　什么是差分放大器？写出差模输入电压和共模输入电压的定义。写出输出的差模和共模输入分量表示的表达式。

*P10.90　某放大器的差模增益为 500。如果两个输入端连接在一起，并施加一个有效值 10 mV 的输入信号，输出信号有效值是 20 mV。求出放大器的共模抑制比（CMRR）。

P10.91　输入信号 v_{i1} 和 v_{i2} 如图 P10.91 所示，输入到一个 $A_d = 10$ 的差分放大器。（假设共模增益为零。）画出放大器的输出随时间变化的关系。画出共模输入随时间变化的关系。

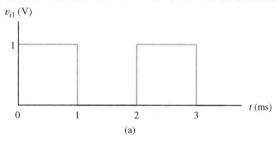

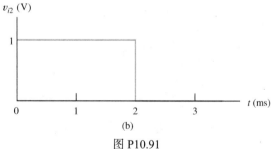

图 P10.91

P10.92　描述一种情况。在这种情况下，感兴趣的是一个小的差模信号，但同时又存在着一个大的共模信号。

P10.93　描述差分放大器共模抑制比的定义。

P10.94　某个仪用放大器的输出为 $v_o(t) = 1000v_{i1}(t) - 1001v_{i2}(t)$，确定放大器的共模抑制比，单位为分贝。

P10.95　某个仪用放大器，其输入信号由一个有效值为 20 mV 的差模信号和一个有效值为 5 V、频率为 60 Hz 的共模信号组成。要求共模信号对输出信号的贡献至少比差模信号的贡献小 60 dB。该放大器的共模抑制比最低为多少分贝？

10.12 节 失调电压、偏置电流和失调电流

P10.96 画出差分放大器平衡电路的电路图。

*P10.97 一个差模放大器的差模增益为 500，共模增益可忽略。输入端与地面通过容差为 ±5% 的 1 kΩ 电阻连接。由 100 nA 偏置电流引起的输出电压极值为多少？如果电阻完全相等，输出电压为多少？

P10.98 画出差模放大器符号，并标出失调电压源、偏置电流源和失调电流源。它们对放大器的输出信号有什么影响？

*P10.99 一个差分放大器，偏置电流为 100 nA，最大失调电流为 20 nA，最大失调电压为 2 mV，输入电阻为 1 MΩ，差模增益为 1000。输入端与地面通过相等的 100 kΩ 电阻相连接。假设共模增益为零，求输出电压的极值。

P10.100 如果放大器的共模抑制比为 60 dB，求解习题 P10.99 的问题。在这种情况下，输出电压极值与零共模增益时的值相比，增加的百分比为多少？

P10.101 一个差分放大器的 3 种不同测试条件电路如图 P10.101 所示。放大器的差模电压增益为 100，共模电压增益为零，输入阻抗为无穷大。确定 V_{off}、I_B 和 I_{off} 的值。

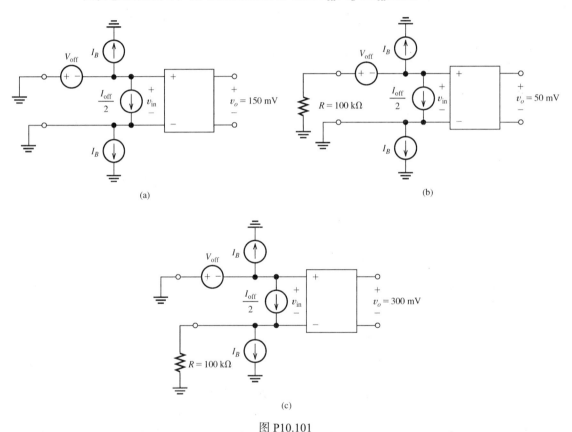

图 P10.101

测试题

T10.1 假设我们有两个相同的放大器，均为 $A_{voc} = 50$、$R_i = 60\ \Omega$ 和 $R_o = 40\ \Omega$，将它们级联在一起。试确定级联电路的开路电压增益、输入电阻和输出电阻。

T10.2　列出 4 种类型的理想放大器的增益参数、输入阻抗和输出阻抗。

T10.3　假设一个内部阻抗和负载阻抗均可变的传感器。在下列情况中，我们分别需要什么类型的理想放大器：a. 负载电流与信号源的戴维南等效电压成正比；b. 负载电流与信号源短路电流成正比；c. 负载电压与信号源开路电压成正比；d. 负载电压与信号源短路电流成正比。

T10.4　假设有一个放大器，$R_i = 200\ \Omega$，$R_o = 1\ k\Omega$，$A_{isc} = 50$。确定放大器的 A_{voc}、R_{moc} 和 G_{msc}。然后画出放大器的 4 个模型，并标出每个参数的值。

T10.5　一个放大器从 15 V 的直流电源获取了 2 A 的电流。输入信号电流有效值是 1 mA，输入电阻是 2 kΩ。放大器为 8 Ω 的负载提供有效值为 12 V 的电压。确定放大器的功耗和效率。

T10.6　假设一个放大器的输入信号电压峰值为 100 mV，并包含了从 1 kHz 到 10 kHz 频率的信号成分。除了大小(放大比例为 100 倍)和延迟时间，我们想要使输出电压波形与输入波形近似相同。应该如何设置放大器？

T10.7　放大器的失调电流、偏置电流和失调电压对被放大的信号的主要影响是什么？

T10.8　什么是谐波失真？是什么原因引起的？

T10.9　共模抑制比是什么？它在什么类型的应用中很重要？

第11章 场效应晶体管

本章学习目标

- 理解金属氧化物半导体场效应晶体管(MOSFET)的基本原理。
- 利用负载线分析法来分析基本的场效应晶体管(FET)放大器。
- 分析偏置电路。
- 利用小信号等效电路分析 FET 放大器。
- 几种 FET 性能参数的计算。
- 根据特定的应用要求选择合适的 FET 放大器配置。
- 理解互补金属氧化物半导体(CMOS)逻辑门电路。

本章介绍

场效应晶体管(field-effect transistor,FET)是一种重要的元件,它被广泛应用于放大器和逻辑门电路中。本章主要讨论增强型**金属氧化物半导体场效应晶体管**(metal-oxide-semiconductor field-effect transistor,MOSFET),它是近几十年随着数字电子技术快速发展的主要元件之一。(FET 有很多类型,但本书仅详细讨论目前最常见的增强型 MOSFET。)

下一章将讨论双极结型晶体管(BJT),它也被应用于放大器和逻辑门电路中。与 BJT 相比,MOSFET 具有体积小、制作简单等优点,因此 MOSFET 常用于制作存储器和微处理器这类复杂的数字电路。不过,BJT 能提供较大的电流而被广泛应用于快速开断电容性负载,例如连接数字芯片的电路板。可见,每种元件都因其独特优点而有不同的应用领域。

11.1 NMOS 管和 PMOS 管

11.1.1 简介

n 沟道增强型 MOSFET(即 NMOS 管)的结构如图 11.1 所示,它是在纯净硅片的不同部位通过掺入杂质的方式,分别构成 n 型和 p 型材料。n 型材料主要依靠负极性自由电子来导电,而 p 型材料则通过带正极性的空穴来导电。

NMOS 管的四个引出端分别为**漏极**(drain,D)、**栅极**(gate,G)、**源极**(source,S)和**衬底**(body,B;通常也称之为基底)。通常情况下,极小的负电流流过衬底引出端,将衬底与源极相连便可作为三端元件使用。栅极通过一层较薄的二氧化硅与衬底绝缘,因此流过栅极的电流极小,可以忽略。当栅极与源极之间的电压足够大时,电子被吸引到栅极的附近区域,此时,在栅极与源极之间形成 n 沟道;同时,若在漏极与源极之间施加适当的电压,就能使电流从漏极流入,穿过 n 沟道从源极流出,即漏极电流由栅极电压控制。

> 漏极电流由栅极电压控制。

虽然 MOS 指金属氧化物半导体,但目前 MOSFET 的栅极是由多晶硅构成的。

沟道的长度(L)和宽度(W)如图 11.1 所示。为了在给定区域内放置更多的晶体管,人们在过去的 40 多年中一直致力于减小沟道的长度和宽度。1971 年,Intel 公司发明了第一个微处理器 4004,它在 10 μm 的尺寸中包含了 2300 个晶体管。而到 2016 年,微处理芯片的沟道长度仅为 7 nm,氧化层的厚度仅为 nm 级，但却包含了超过 100 亿个的晶体管。这一非凡的技术革命对计算机和其他电子产品性能的显著提升起着重要的作用。不过，由于基础物理(例如原子的大小)的限制，该技术在近期会缓慢发展，毕竟氧化层的厚度或者栅极宽度不可能小于一个原子的尺寸。

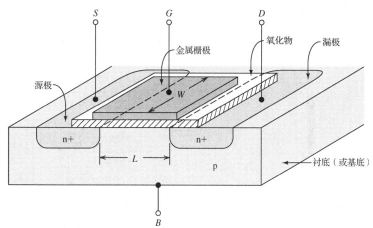

图 11.1　n 沟道增强型 MOSFET 的结构(L：沟道长度；W：沟道宽度)

> 集成电路设计者通过调整沟道的长度(L)和宽度(W)来获得满足特定要求的元件。

　　除了沟道的长度(L)和宽度(W)，元件的性能还由半导体掺杂浓度以及氧化层厚度等参数决定。通常情况下，工艺参数已预先确定，但是集成电路设计者可以调整沟道的长度(L)和宽度(W)来获得满足特定要求的元件。

　　n 沟道增强型 MOSFET 的电路符号如图 11.2 所示，下面将讨论其基本原理。

11.1.2　截止区的工作特性

　　分析如图 11.3 所示的电路的工作原理。假设 v_{DS} 为漏极与源极之间的电压，并且假定栅极与源极之间的电压 v_{GS} 的初始值为零。实际上，漏极与衬底以及源极与衬底交界处分别形成了一个反向串联的 pn 结(例如二极管)。在正向偏置电压下(p 端为正极)，自由电子容易流

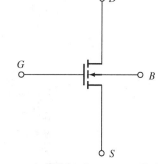

图 11.2　n 沟道增强型 MOSFET 的电路符号

过其中一个 pn 结；但是另一个 pn 结处于反偏状态，这样没有电流流过 pn 结。因此，在电压 v_{DS} 的作用下，漏极与衬底之间的 pn 结处于反向偏置，漏极中没有电流流动。这个区域被称为**截止区**(cutoff region)。即使电压 v_{GS} 增大，元件仍然保持截止，直到 v_{GS} 达到**阈值电压** V_{to} (threshold voltage)。通常，阈值电压 V_{to} 的取值范围在零点几伏到 1 伏之间。因此，在截止区有如下特性：

$$当 v_{GS} \leq V_{to} 时，i_D = 0 \tag{11.1}$$

> 式(11.1)是工作在截止区的增强型 NMOS 管的重要公式。

11.1.3　非饱和区(三角区，可变电阻区)的工作特性

> 非饱和区(三角区，可变电阻区)也被称为线性区。

　　当 $v_{DS} < v_{GS} - V_{to}$ 且 $v_{GS} \geq V_{to}$ 时，则称 NMOS 管工作在**非饱和区**(三角区，可变电阻区)。分析如图 11.4 所示的电路的工作原理如下：此时，v_{GS} 远大于阈值电压 V_{to}。由给定的栅极电压产生的

电场将吸引电子，并驱赶栅极附近区域带正电的空穴，使电流容易通过源极(S)和衬底(B)之间的 pn 结，于是，在漏极与源极之间产生了 n 沟道。随着 v_{DS} 的增大，电流从漏极流入，穿过沟道从源极流出。当 v_{DS} 较小时，漏极电流与 v_{DS} 成正比。而且对于给定的(较小值的) v_{DS}，漏极电流与栅源电压超过阈值的部分电压($v_{GS} - V_{to}$)成正比。

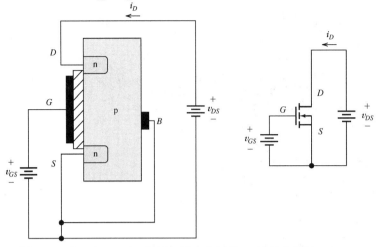

图 11.3　当 $v_{GS} < V_{to}$ 时，漏极与衬底之间的 pn 结反向偏置，$i_D = 0$

> 在非饱和区，NMOS 管可被视为一个连接在漏极与源极之间的电阻，但是电阻值随着电压 v_{GS} 的增大而减小。

对于不同的栅极电压，漏极电流 i_D 与 v_{DS} 的关系如图 11.4 所示。在非饱和区，NMOS 管可被视为一个连接在漏极与源极间的电阻，但是电阻值随着电压 v_{GS} 的增大而减小。

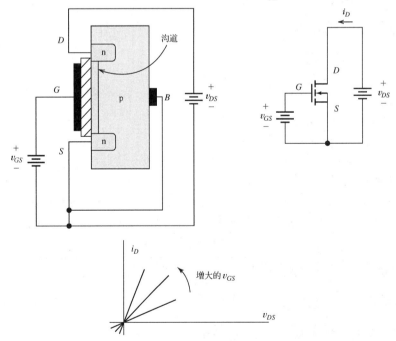

图 11.4　当 $v_{GS} > V_{to}$ 时，栅极下方出现 n 沟道；随着 v_{GS} 的增大，沟道变厚。当 v_{DS} 较小时，i_D 与 v_{DS} 成正比，元件近似为一个大小由 v_{GS} 控制的电阻

现在来研究继续增大 v_{DS} 的情况。沟道内有电流流过，所以沟道内沿沟道与源极一侧的压降逐渐增大，即栅极与沟道之间沿漏极方向的任意一点间的电压逐渐减小，导致沟道厚度随着 v_{DS} 的增大而逐渐减小。如图 11.5 所示，沟道呈楔形，v_{DS} 越大，沟道电阻越大，电流 i_D 增大的速度随 v_{DS} 的增大而减慢。

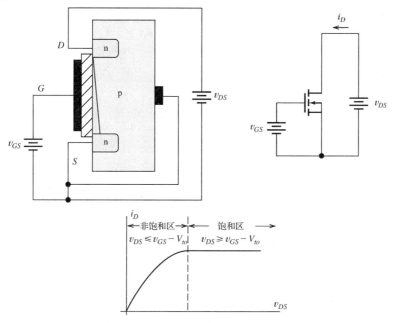

图 11.5　随着 v_{DS} 的增大，接近漏极处的沟道被"夹断"，电流 i_D 增大的速度随 v_{DS} 的增大而减慢。当 $v_{DS} > v_{GS} - V_{to}$ 时，i_D 最终保持恒定

当 $v_{DS} < v_{GS} - V_{to}$ 且 $v_{GS} \geq V_{to}$ 时，元件工作在非饱和区。漏极电流为

$$i_D = K \left[2(V_{GS} - V_{to})v_{DS} - v_{DS}^2 \right] \tag{11.2}$$

> 式 (11.2) 是工作在非饱和区的增强型 NMOS 管的重要公式。

其中 K 为

$$K = \left(\frac{W}{L} \right) \frac{KP}{2} \tag{11.3}$$

> 增强型 NMOS 管的 KP 值一般为 $50\ \mu A/V^2$。

如图 11.1 所示，W 表示沟道宽度，L 表示沟道长度，元件参数 KP 与氧化层厚度以及沟道材料的特性有关。n 沟道增强型元件的 KP 值一般为 $50\ \mu A/V^2$。

通常情况下，KP 的大小由制造过程决定。然而，在设计电路时，可以通过改变 W/L 来获得满足不同电路需要的元件。条件 $v_{DS} \leq v_{GS} - V_{to}$ 与 $v_{GD} \geq V_{to}$ 等价，所以当 v_{GD} 和 v_{GS} 均远远大于阈值电压 V_{to} 时，元件工作在非饱和区。

11.1.4　饱和区的工作特性

随着 v_{DS} 的增加，栅极与接近漏极沟道的电压差降低。当栅极与漏极之间的电压 v_{GD} 等于阈值电压 V_{to} 时，漏极附近的沟道厚度减小为零。如图 11.5 所示，若 v_{DS} 继续增大，i_D 的大小将不再随

v_{DS} 的增大而改变。这个区域就被称为**饱和区**（saturation region）。当元件工作在饱和区时，$v_{GS} \geq V_{to}$ 且 $v_{DS} \geq v_{GS} - V_{to}$。此时漏极电流为

$$i_D = K(v_{GS} - V_{to})^2 \tag{11.4}$$

式（11.4）是工作在饱和区的增强型 NMOS 管的重要公式。

记住，在饱和区内 v_{GS} 远远大于阈值电压 V_{to}，但 v_{GD} 略小于 V_{to}。图 11.6 给出了 NMOS 管的漏极特性曲线。

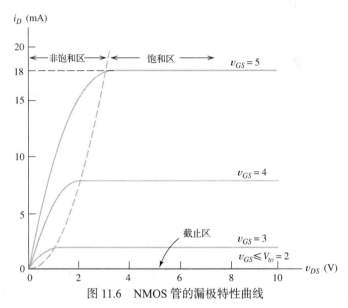

图 11.6　NMOS 管的漏极特性曲线

11.1.5　非饱和区与饱和区的边界特性

下面推导漏极特性曲线（$i_D - v_{DS}$）中非饱和区与饱和区的边界条件。在非饱和区与饱和区的分界处 $v_{GD} = V_{to}$，此时漏极处的沟道厚度为零。当 $v_{GD} = v_{GS} - v_{DS}$ 时，边界条件为

$$v_{GS} - v_{DS} = V_{to} \tag{11.5}$$

将上式代入式（11.4），化简得到边界等式为

$$i_D = K v_{DS}^2 \tag{11.6}$$

可见，非饱和区与饱和区的边界是一条抛物线。

式（11.6）是关于非饱和区和饱和区的边界的重要公式。

式（11.2）和式（11.4）的 i_D 均为边界处的值，所以由式（11.5）得到 v_{GS} 表达式，再代入式（11.2），同样可以得到式（11.6）。

如果一个 NMOS 管的参数 KP、L、W 和 V_{to} 的值已给定，那么就可以得到其静态特性。

例 11.1　画出 NMOS 管的漏极特性曲线

已知一增强型 NMOS 管的各参数为：$W = 160\ \mu m$，$L = 2\ \mu m$，$KP = 50\ \mu A/V^2$，$V_{to} = 2\ V$。试画出当 v_{GS} 分别等于 0 V、1 V、2 V、3 V、4 V、5 V 时的漏极特性曲线。

解：由式（11.3）求该元件的常数 K：

$$K = \left(\frac{W}{L}\right)\frac{KP}{2} = 2\ mA/V^2$$

由式(11.6)获得非饱和区与饱和区的边界等式，有

$$i_D = Kv_{DS}^2 = 2v_{DS}^2$$

其中，i_D 的单位为 mA，v_{DS} 的单位为 V。上式的计算结果如图 11.6 中的虚线所示。

再由式(11.4)计算在饱和区内不同的电压 v_{GS} 对应的漏极电流，即

$$i_D = K(v_{GS} - V_{to})^2 = 2(v_{GS} - 2)^2$$

电流的单位为 mA。分别代入 v_{GS} 的值，得

当 $v_{GS} = 5$ V 时，$i_D = 18$ mA

当 $v_{GS} = 4$ V 时，$i_D = 8$ mA

当 $v_{GS} = 3$ V 时，$i_D = 2$ mA

当 $v_{GS} = 2$ V 时，$i_D = 0$ mA

可见，当 $v_{GS} = 0$ V 和 $v_{GS} = 1$ V 时，元件工作在截止区，此时 $i_D = 0$。上述计算结果如图 11.6 的饱和区中的曲线所示。

最后，由式(11.2)画出三角区的漏极特性曲线。对于不同的 v_{GS} 值，由上式画出的抛物线均通过原点($i_D = 0$，$v_{DS} = 0$)，且每一条抛物线的顶点均位于非饱和区与饱和区的边界上。

> 小结：当一个 NMOS 管的(正值) v_{GS} 足够大时，自由电子被吸引到栅极，形成 n 沟道，连接着漏极和源极。这时，如果 v_{GS} 为正值，则电流从漏极经过沟道至源极输出。因此，电流 i_D 被 v_{GS} 所控制。

练习 11.1　若一个 NMOS 管的阈值电压 $V_{to} = 2$ V，试分析在以下情况下该元件分别工作在什么区域(非饱和区，饱和区，截止区)？a. 当 $v_{GS} = 1$ V，$v_{DS} = 5$ V 时；b. 当 $v_{GS} = 3$ V，$v_{DS} = 0.5$ V 时；c. 当 $v_{GS} = 3$ V，$v_{DS} = 6$ V 时；d. 当 $v_{GS} = 5$ V，$v_{DS} = 6$ V 时。

答案：a. 截止区；b. 非饱和区；c. 饱和区；d. 饱和区。

练习 11.2　假设某 NMOS 管的各参数为：$KP = 50 \ \mu\text{A/V}^2$，$V_{to} = 1$ V，$L = 2 \ \mu\text{m}$，$W = 80 \ \mu\text{m}$。画出当 v_{DS} 的范围为 0 V 到 10 V，v_{GS} 分别等于 0 V、1 V、2 V、3 V、4 V 时该元件的漏极特性曲线。

答案：该 NMOS 管的漏极特性曲线如图 11.7 所示。

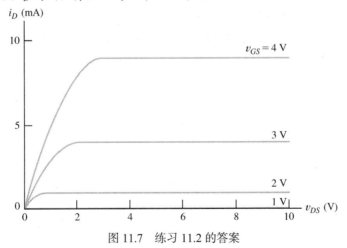

图 11.7　练习 11.2 的答案

11.1.6　PMOS 管

通过交换 n 沟道 MOSFET 元件的 n 型和 p 型区域的位置，便可得到 p 沟道元件。p 沟道

MOSFET(即 PMOS 管)的电路符号如图 11.8 所示，源极在上方，电流从漏极流出，除了箭头的方向和位置不同，PMOS 管的电路符号和 NMOS 管的是一致的。

除了电压的极性相反，PMOS 管的特性与 NMOS 管的相同。对于 n 沟道元件，我们以流入漏极的电流方向作为参考方向，而对于 p 沟道元件，则以流出方向作为参考方向，所以两种元件的漏极电流均为正值。可见，只需将电压的极性取负，p 沟道元件的特性曲线与 n 沟道元件的特性曲线便相同了。

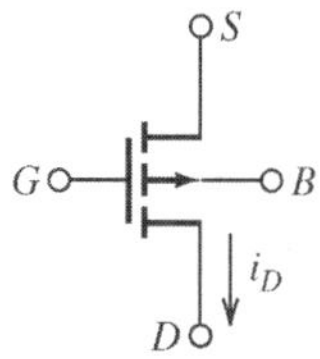

表 11.1 列出了增强型 NMOS 管和 PMOS 管的工作条件。由于硅材料中电子与空穴导电能力的差异，PMOS 管的参数 KP 的典型值为 25 μA/V^2，大约为 NMOS 管的一半。需要注意的是，PMOS 管的阈值电压 V_{to} 为负值。

图 11.8 PMOS 管的电路符号

表 11.1 MOSFET 小结

	NMOS 管	PMOS 管
电路符号	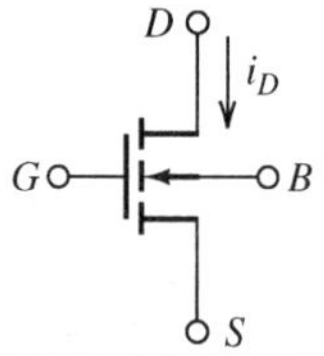	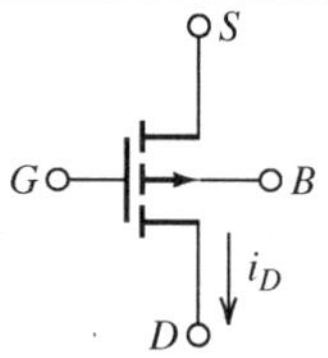
KP(典型值)	50 μA/V^2	25 μA/V^2
K	$(1/2)KP(W/L)$	$(1/2)KP(W/L)$
V_{to} (典型值)	+1 V	−1 V
截止区	$v_{GS} \leqslant V_{to}, i_D = 0$	$v_{GS} \geqslant V_{to}, i_D = 0$
非饱和区(三角区，可变电阻区)	$0 \leqslant v_{DS} \leqslant v_{GS} - V_{to}$ 且 $v_{GS} \geqslant V_{to}$ $i_D = K[2(v_{GS} - V_{to})v_{DS} - v_{DS}^2]$	$0 \geqslant v_{DS} \geqslant v_{GS} - V_{to}$ 且 $v_{GS} \leqslant V_{to}$ $i_D = K[2(v_{GS} - V_{to})v_{DS} - v_{DS}^2]$
饱和区	$v_{GS} \geqslant V_{to}$ 且 $v_{DS} \geqslant v_{GS} - V_{to}$ $i_D = K(v_{GS} - V_{to})^2$	$v_{GS} \leqslant V_{to}$ 且 $v_{DS} \leqslant v_{GS} - V_{to}$ $i_D = K(v_{GS} - V_{to})^2$
v_{DS} 与 v_{GS}	通常为正值	通常为负值

练习 11.3 假设一个 PMOS 管的 $KP = 25$ μA/V^2，$V_{to} = -1$ V，$L = 2$ μm，$W = 200$ μm。

当 v_{DS} 的范围为 0 V 到−10 V，v_{GS} 分别为 0 V、−1 V、−2 V、−3 V、−4 V 时，画出该元件的漏极特性曲线。

答案：其漏极特性曲线如图 11.9 所示。

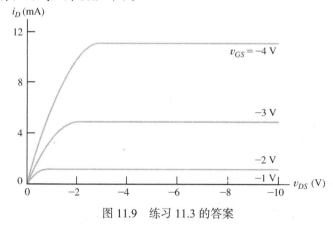

图 11.9 练习 11.3 的答案

11.1.7 沟道长度调制与电荷载流子速度饱和

从 MOSFET 的介绍来看，当沟道长度大于 10 μm 时，我们不再讨论 MOSFET 的工作状态，因为元件的工作特性已经稳定。如果管道长度减小，则必须讨论其影响元件特性的几种效应。其中之一为沟道长度调制的效应，体现为当 v_{DS} 增加时，沟道的有效长度会减小。此效应导致特性曲线在饱和区的曲线斜率随 v_{DS} 的增加而略有增加，因此，表 11.1 中在饱和区的 i_D 表达式需要乘以系数$(1 + \lambda | v_{DS} |)$。通常，令沟道长度因子 $\lambda = 0.1 / L$，L 是沟道长度，单位为μm。

第二个效应是由电荷载流子速度饱和引起的。i_D 表达式是基于假设载流子速度正比于沟道的电场强度，不过，当电场强度增加时，沟道缩短到小于 2 μm；电场强度越大，载流子速度越趋于饱和值。因此，v_{GS} 值越大的特性曲线，其进入饱和区的$| v_{DS} |$值越小。而且，i_D 随 v_{GS} 值的变化更接近线性关系，这意味着相同 v_{GS} 值差的 i_D 曲线簇间距越来越大，而不是等间距。

上述效应对于高端 MOS 设计者非常重要，一般读者仅初步了解了如何采用前述的关系式分析 MOSFET 放大器和逻辑电路即可。

11.2 简单 NMOS 放大器的负载线分析

本节将利用 9.2 节分析二极管电路的负载线分析法来分析如图 11.10 所示的 NMOS 放大电路。直流电源为 MOSFET 设置偏置电路，提供适当的静态工作点，正常放大输入信号 $v_{in}(t)$。当 $v_{in}(t)$ 变化使得 v_{GS} 变化时，i_D 也会随之发生变化。因此，变化的 i_D 将在电阻 R_D 上产生压降，从而使输入信号的变化在漏极得到体现。

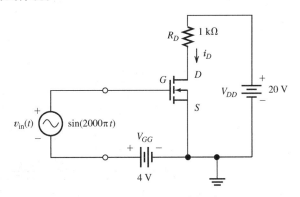

图 11.10 NMOS 放大电路

根据基尔霍夫电压定律（KVL），在输入回路中有如下表达式：

$$v_{GS}(t) = v_{in}(t) + V_{GG} \tag{11.7}$$

输入电压 $v_{in}(t)$ 引起 v_{GS} 随时间而变化，继而引起电流 i_D 变化。在电阻 R_D 上压降的变化引起了输入信号放大量的变化，体现在漏极电流 i_D 上。

若输入信号是峰值为 1 V、频率为 1 kHz 的正弦信号且 V_{GG} = 4 V，则有

$$v_{GS}(t) = \sin(2000\pi t) + 4 \tag{11.8}$$

根据基尔霍夫电压定律，漏极回路的电压方程为

$$V_{DD} = R_D i_D(t) + v_{DS}(t) \tag{11.9}$$

式(11.9)是负载线方程。

设 $R_D = 1\ \text{k}\Omega$，$V_{DD} = 20\ \text{V}$，式(11.9)便可写为

$$20 = i_D(t) + v_{DS}(t) \tag{11.10}$$

其中，电流 $i_D(t)$ 一般为毫安级。在晶体管的漏极特性曲线上画出上式的图形，为一条直线，即**负载线**。

由于负载线是一条直线，只需要确定两点就能画出。首先，当 $i_D = 0$ 时，由式(11.10)得 $v_{DS} = 20\ \text{V}$，如图 11.11 中横轴上的交点所示。同样，当 $v_{DS} = 0$ 时，$i_D = 20\ \text{mA}$，如图中纵轴上的交点所示。将它们分别作为起点和终点，连接这两点便得到负载线。

只需要定位两个点就能画出负载线。

在输入的交流信号为零时，放大器的工作点被称为**静态工作点**(quiescent operating point)或者 **Q 点**。当 $v_{\text{in}}(t) = 0$ 时，由式(11.8)得 $v_{GS} = V_{GG} = 4\ \text{V}$。所以，$v_{GS} = 4\ \text{V}$ 的那条曲线与负载线的交点就是 Q 点，静态值为：$I_{DQ} = 9\ \text{mA}$，$V_{DSQ} = 11\ \text{V}$。

术语"静态"表明了输入的交流信号为零。

栅极与源极之间电压的最大值和最小值为：$V_{GS\,\text{max}} = 5\ \text{V}$，$V_{GS\,\text{min}} = 3\ \text{V}$［见式(11.8)］。如图 11.11 所示，负载线与漏极特性曲线的交点为 A 和 B。

在 A 点处，$V_{DS\,\text{min}} = 4\ \text{V}$，$I_{D\,\text{max}} = 16\ \text{mA}$。在 B 点处，$V_{DS\,\text{max}} = 16\ \text{V}$，$I_{D\,\text{min}} = 4\ \text{mA}$。

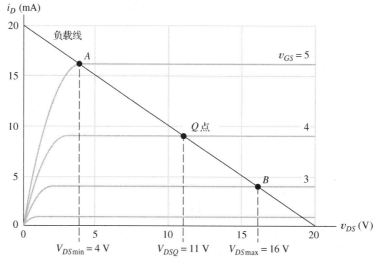

图 11.11　图 11.10 电路的漏极特性曲线与负载线

v_{GS} 和 v_{DS} 与时间的关系如图 11.12 所示。需要注意的是，v_{DS} 的峰-峰值为 12 V，输入信号的峰-峰值为 2 V，而且漏极的交流电压和输入信号相比符号相反（即正极性输入信号的最大值将产生负极性 v_{DS} 的最小值）。因此，图 11.10 为反相放大器。显然，该放大器的增益 $A_v = -12\ \text{V}/2\ \text{V} = -6$，"－"极性表示电压反相。

然而，图 11.12(b) 的输出信号的波形和输入信号的并不相同，它不是一个正弦波。当静态工作点 $V_{DSQ} = 11\ \text{V}$ 时，输出信号降至 $V_{CE\,\text{min}} = 4\ \text{V}$，减小了 7 V；而当 Q 点在输出信号的正半周时，输出信号从 5 V 升到 16 V。由于交流输出与交流输入不成比例，所以无法计算该电路的增益。不过，尽管信号产生失真，但是输出信号还是远远大于输入信号的。（这是一个非线性失真的例子，在 10.10 节已经讨论过。）

> 失真是由于 FET 特性曲线的间隔不均匀而造成的。如果施加一个幅值更小的输入信号，则放大倍数基本一致，信号没有明显失真。

该电路会产生失真是由于 FET 特性曲线的间隔不均匀造成的。如果施加一个幅值更小的输入信号，则将得到一个没有明显失真的放大信号，这是由于在有限的饱和区内特性曲线的间距基本均匀。如果画出 v_{GS} 的增量为 0.1 V 的特性曲线，就会清楚地看到这一点。

本节所分析的放大电路相对比较简单，采用图形分析实际的放大电路有一定困难。本章将提出 FET 的线性小信号等效电路，采用电路分析的数学方法取代图形分析法。通常情况下，等效电路法更适用于分析实际的放大电路，不过，简单电路的图形分析法提供了一条理解放大器工作原理的有效途径。

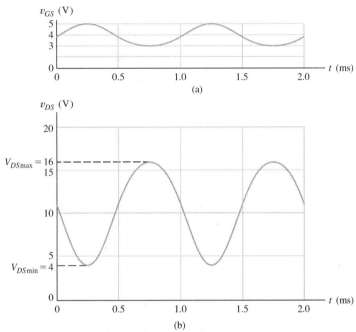

图 11.12　图 11.10 电路的 v_{GS} 和 v_{DS} 与时间的关系

练习 11.4 MOSFET 的特性曲线如图 11.11 所示，若将图 11.10 电路的参数改为 $V_{DD} = 15$ V，$V_{GG} = 3$ V，$R_D = 1$ kΩ，$v_{in}(t) = \sin(2000\pi t)$，试求 V_{DSQ}、$V_{DS\,min}$ 和 $V_{DS\,max}$ 的值。

答案 $V_{DSQ} \cong 11$ V，$V_{DS\,min} \cong 6$ V，$V_{DS\,max} \cong 14$ V。

11.3　偏置电路

放大电路的分析一般分为两步。第一步是分析直流电路以确定 Q 点，分析中需要用到非线性元件的方程或者特性曲线；第二步即利用线性小信号等效电路来求解输入电阻、电压增益等。

> 放大电路的分析分为两步：(1) 计算静态工作点 (Q 点)；(2) 利用 (线性) 小信号等效电路来求解电阻和增益。

本章讨论的基本电路更适合设计分立元件电路，其中包含大电容(用于隔离电源、负载与放大器偏置电路和相邻放大电路)与较大容差(±5%或者更小)的电阻，因为这两种元件不适用于集成电路。因此，集成电路的设计更加复杂，因为电源、各级放大器与负载之间相互制约。本书不讨论集成电路的设计。

图 11.10 的放大器的双电源偏置电路是没有实用性的, 通常情况下只需用一个直流电源。更重要的问题是, 不同 FET 元件的参数是不一样的。我们通常希望 Q 点位于负载线的中间以使输出信号有足够的变化范围而不被限幅, 但是当每个 FET 的参数不同时, 双电源电路可能会使工作点接近两侧而不是居中。

11.3.1 固定自偏置电路

固定自偏置电路如图 11.13(a)所示, 该电路能较好地建立 Q 点, 基本不受元件参数的影响。

为了便于分析, 使用戴维南等效电路替代栅极回路, 如图 11.13(b)所示, 其中戴维南等效电压为

$$V_G = V_{DD}\frac{R_2}{R_1 + R_2} \tag{11.11}$$

戴维南等效电阻 R_G 是 R_1 和 R_2 的并联结果。由图 11.13(b)得栅极回路的电压方程为

$$V_G = v_{GS} + R_S i_D \tag{11.12}$$

因为 NMOS 管的栅极电流非常小, 所以假设 R_G 上的压降为零。

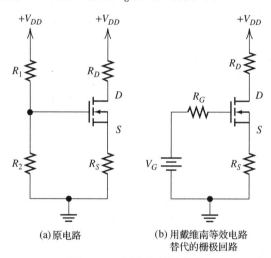

(a)原电路　　　　(b)用戴维南等效电路
　　　　　　　　　替代的栅极回路

图 11.13　固定自偏置电路

通常希望 FET 工作在饱和区, 所以有

$$i_D = K(v_{GS} - V_{to})^2 \tag{11.13}$$

联立解式(11.12)和式(11.13)便可以得到工作点(位于饱和区)。画出这两个方程的曲线如图 11.14 所示, 其中式(11.12)的图形为一条直线, 称之为**偏置线**(bias line)。当 $v_{GS} < V_{to}$ 时, 式(11.13)的图形是虚线, 所以式(11.12)和式(11.13)的方程组有两个根, 即图中有两个交点。其中, v_{GS} 较小的根没有意义, 应当舍去。因此, v_{GS} 的较大解以及 i_D 的较小解对应的交点才是真正的工作点。

> 联立解式(11.12)和式(11.13)便可以得到工作点(条件是 MOS 管工作于饱和区)。v_{GS} 的较大解以及 i_D 的较小解对应的交点才是真正的工作点。

最后, 图 11.13 的电路对应的漏极回路的电压方程为

$$v_{DS} = V_{DD} - (R_D + R_S)i_D \tag{11.14}$$

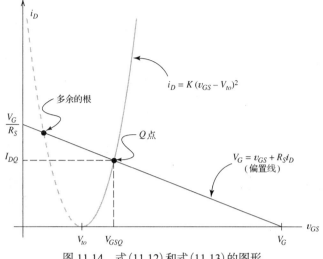

图 11.14　式(11.12)和式(11.13)的图形

例 11.2　确定固定增益自偏置电路的 Q 点

分析如图 11.15 所示的固定增益自偏置电路，其中，晶体管的参数为 $KP = 50\ \mu A/V^2$，$V_{to} = 2\ V$，$L = 10\ \mu m$，$W = 400\ \mu m$，试确定其静态工作点。

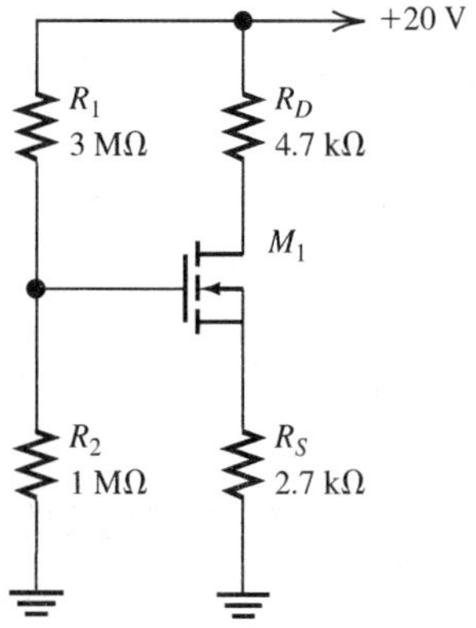

解：由式(11.3)计算元件的常数 K:

$$K = \left(\frac{W}{L}\right)\frac{KP}{2} = 1\ mA/V^2$$

把各参数值代入式(11.11)，得

$$V_G = V_{DD}\frac{R_2}{R_1 + R_2} = 20\frac{1}{(3 + 1)} = 5\ V$$

因为 Q 点必须同时满足式(11.12)和式(11.13)，解以下方程组：

$$V_G = V_{GSQ} + R_S I_{DQ}$$
$$I_{DQ} = K(V_{GSQ} - V_{to})^2$$

将后一个方程代入前一个方程消去 I_{DQ}，得 V_G 的表达式：

$$V_G = V_{GSQ} + R_S K(V_{GSQ} - V_{to})^2$$

将上式展开并化简，得

$$V_{GSQ}^2 + \left(\frac{1}{R_S K} - 2V_{to}\right)V_{GSQ} + V_{to}^2 - \frac{V_G}{R_S K} = 0$$

代入值，得

$$V_{GSQ}^2 - 3.630V_{GSQ} + 2.148 = 0$$

图 11.15　例 11.2 的固定增益自偏置电路

解方程，得 $V_{GSQ} = 2.886\ V$ 或 $V_{GSQ} = 0.744\ V$(舍去)，

$$I_{DQ} = K(V_{GSQ} - V_{to})^2 = 0.784\ mA$$

解得漏源电压：

$$V_{DSQ} = V_{DD} - (R_D + R_S)I_{DQ} = 14.2\ V$$

这个值已经足够大，能保证元件工作在饱和区，所以认为其为本例题的解。

练习 11.5　晶体管参数为 $KP = 50\ \mu A/V^2$，$V_{to} = 1\ V$，$L = 10\ \mu m$，$W = 200\ \mu m$。计算图 11.16 的电路的 I_{DQ} 和 V_{DSQ}。

答案：$I_{DQ} = 2$ mA，$V_{DSQ} = 16$ V。

练习 11.6 晶体管参数为：$KP = 25$ μA/V²，$V_{to} = -1$ V，$L = 10$ μm，$W = 400$ μm。计算图 11.17 的 PMOS 电路的 I_{DQ} 和 V_{DSQ}。

答案：$I_{DQ} = 4.5$ mA，$V_{DSQ} = -11$ V。

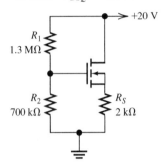

图 11.16　练习 11.5 的电路

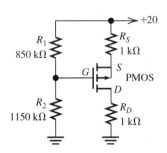

图 11.17　练习 11.6 的电路

11.4　小信号等效电路

前面几节讨论了分立元件 FET 放大器的直流自偏置电路。这一节主要分析在静态工作点附近有一较小变动的电流与电压的关系。在 9.8 节中，我们用下标为大写字母的小写字母来表示总量，例如 $i_D(t)$ 和 $v_{GS}(t)$；静态工作点则用下标中加上 Q 的大写字母表示，例如 I_{DQ} 和 V_{GSQ}；用下标为小写字母的小写字母来表示小信号，例如 $i_d(t)$ 和 $v_{gs}(t)$。由于总电流或总电压等于静态工作点的值加上小信号的值，所以写为

$$i_D(t) = I_{DQ} + i_d(t) \tag{11.15}$$

$$v_{GS}(t) = V_{GSQ} + v_{gs}(t) \tag{11.16}$$

图 11.18 为式(11.15)中各电流的关系。

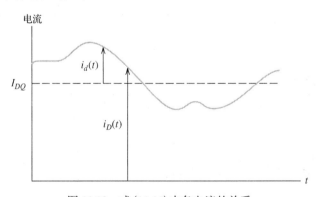

图 11.18　式(11.15)中各电流的关系

首先，假设 FET 工作在饱和区，这是放大电路常见的工作条件。为分析方便，重新列出式 (11.4)：

$$i_D = K(v_{GS} - V_{to})^2$$

将式(11.15)和式(11.16)代入式(11.4)，消去 i_D 和 v_{GS}，得

$$I_{DQ} + i_d(t) = K\left[V_{GSQ} + v_{gs}(t) - V_{to}\right]^2 \tag{11.17}$$

将式(11.17)的右边展开，得

$$I_{DQ} + i_d(t) = K(V_{GSQ} - V_{to})^2 + 2K(V_{GSQ} - V_{to})v_{gs}(t) + Kv_{gs}^2(t) \tag{11.18}$$

由于 Q 点的值应该满足式(11.4)，因此有

$$I_{DQ} = K(V_{GSQ} - V_{to})^2 \tag{11.19}$$

即式(11.18)等号两边的第一项可以消去。由于我们仅分析小信号的情况，所以式(11.18)等号右边的最后一项可以舍去[假设 $|v_{gs}(t)|$ 在每个时刻的值都远远小于 $|(V_{GSQ} - V_{to})|$ 的值]。

根据以上处理，式(11.18)化简为

$$i_d(t) = 2K(V_{GSQ} - V_{to})v_{gs}(t) \tag{11.20}$$

这时，定义 FET 的互导(或跨导)为

$$g_m = 2K(V_{GSQ} - V_{to}) \tag{11.21}$$

式(11.20)写为

$$i_d(t) = g_m v_{gs}(t) \tag{11.22}$$

由于 FET 的栅极电流可忽略，有

$$i_g(t) = 0 \tag{11.23}$$

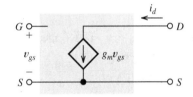

这样，式(11.22)和式(11.23)表示的小信号等效电路如图 11.19 所示。因此，在小信号情况下，FET 等效为一个连接在漏极和源极之间的电压控电流源，而栅极和源极之间为开路状态。

图 11.19　FET 的小信号等效电路

> 在小信号情况下，FET 等效为一个连接在漏极和源极之间的电压控电流源，而栅极和源极之间为开路状态。

11.4.1　元件参数和 Q 点对互导的影响

在分析放大电路时，互导 g_m 是一个重要的参数。通常情况下，g_m 越大，放大电路的性能就越好。因此，了解 Q 点和元件参数对互导的影响尤为重要。

将式(11.19)的 $(V_{GSQ} - V_{to})$ 代入式(11.21)，得

$$g_m = 2\sqrt{KI_{DQ}} \tag{11.24}$$

值得注意的是，g_m 与 Q 点处的漏极电流的平方根成正比，可以通过选择较大的 I_{DQ} 来提高 g_m。

> 选择较大的 I_{DQ} 可提高 g_m。

将式(11.3)中 K 的表达式代入式(11.24)，得

$$g_m = \sqrt{2KP}\sqrt{W/L}\sqrt{I_{DQ}} \tag{11.25}$$

所以，当 I_{DQ} 一定时，增加沟道的宽长比(W/L)，即可提高 g_m。

> 当 I_{DQ} 一定时，增加沟道的宽长比(W/L)，即可提高 g_m。

11.4.2　复杂的等效电路

以上介绍的简单等效电路有时候并不能满足实际需求，需要更为复杂的等效电路来模拟 FET，

例如在分析 FET 放大器的高频响应时需要添加一些小电容。而以上推导的方程和等效电路通常也只能描述元件的静态特性，对于快速变化的电流、电压的更精确模型就必须考虑电容的影响。

同时，前面用来推导 FET 小信号等效电路的一阶方程并不能完全解释 v_{DS} 对漏极电流的影响，这是因为我们假设饱和区的漏极特性是水平的，但事实并非如此——实际元件的漏极特性是随着 v_{DS} 的增加而轻微地向上倾斜。因此，如果希望在小信号等效电路中表明 v_{DS} 的影响，则必须在漏极和源极之间增加一个电阻 r_d，这个电阻被称为漏极电阻，如图 11.20 所示。这时，式(11.22)应当写为

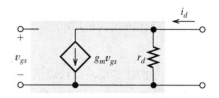

图 11.20　分析 i_D 与 v_{DS} 关系的 FET 小信号等效电路

$$i_d = g_m v_{gs} + v_{ds}/r_d \tag{11.26}$$

11.4.3　偏微分形式表示的互导和漏极电阻

通过分析式(11.26)可以得到 g_m 的另一种定义。当 $v_{ds} = 0$ 时，g_m 是 i_d 和 v_{gs} 之比，有

$$g_m = \left. \frac{i_d}{v_{gs}} \right|_{v_{ds}=0} \tag{11.27}$$

然而，i_d、v_{gs} 和 v_{ds} 表示在静态工作点处较小的变化量，因此 $v_{ds} = 0$ 的情况相当于使 v_{DS} 在静态工作点处保持为常数，即 V_{DSQ}。

这样式(11.27)写为

$$g_m \cong \left. \frac{\Delta i_D}{\Delta v_{GS}} \right|_{v_{DS}=V_{DSQ}} \tag{11.28}$$

其中，Δi_D 为漏极电流在 Q 点处的增量。同样，Δv_{GS} 为栅源电压在 Q 点处的增量。

因此，g_m 等于 Q 点处 i_D 对 v_{GS} 的偏微分：

$$g_m = \left. \frac{\partial i_D}{\partial v_{GS}} \right|_{Q \text{ point}} \tag{11.29}$$

同样，将漏极电阻的倒数写为

$$\frac{1}{r_d} \cong \left. \frac{\Delta i_D}{\Delta v_{DS}} \right|_{v_{GS}=V_{GSQ}} \tag{11.30}$$

即

$$\frac{1}{r_d} \cong \left. \frac{\partial i_D}{\partial v_{DS}} \right|_{Q \text{ point}} \tag{11.31}$$

根据漏极特性可以计算出 Q 点处偏导数的近似值，然后，就能通过小信号等效电路来分析放大电路，由 g_m 和 r_d 计算放大器的增益和阻抗。后面几章将介绍这种方法的一些应用实例。下面首先介绍如何通过特性曲线计算 g_m 和 r_d 的值。

例 11.3　根据图 11.21 的 MOSFET 特性曲线确定 g_m 和 r_d 的值，其中，Q 点处 $V_{GSQ} = 3.5\ \text{V}$，$V_{DSQ} = 10\ \text{V}$。

解：根据已知确定图中 Q 点的位置。由式(11.28)得 g_m 为

$$g_m \cong \left. \frac{\Delta i_D}{\Delta v_{GS}} \right|_{v_{DS}=V_{DSQ}=10\ \text{V}}$$

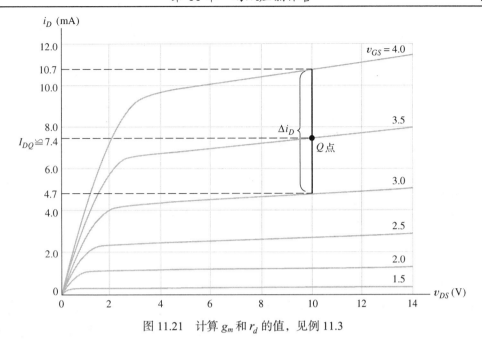

图 11.21　计算 g_m 和 r_d 的值，见例 11.3

假设保持 $v_{DS} = 10\text{ V}$ 不变，在 Q 点附近沿垂线方向有一个较小的变化量 Δi_D。为了计算 g_m 值，设增量以 Q 点为中心(而不是从 Q 点出发)。这个变化量的起点位于曲线 Q 点的下方，而终点在其上方，因此 $\Delta i_D \cong 10.7 - 4.7 = 6\text{ mA}$，$\Delta v_{GS} = 1\text{ V}$，增量 Δi_D 如图所示。

$$g_m = \frac{\Delta i_D}{\Delta v_{GS}} = \frac{6\text{ mA}}{1\text{ V}} = 6\text{ mS}$$

由式(11.30)得漏极电阻为

$$\frac{1}{r_d} = \frac{\Delta i_D}{\Delta v_{DS}}\bigg|_{v_{GS}=V_{GSQ}}$$

因为增量是在保持 v_{GS} 恒定的前提下获得的，变化量必然通过特性曲线的 Q 点，$1/r_d$ 等于过 Q 点的曲线的斜率。当 $v_{GS} = V_{GSQ} = 3.5\text{ V}$ 时，若 $v_{DS} = 4\text{ V}$，则 $i_D \cong 6.7\text{ mA}$；若 $v_{DS} = 14\text{ V}$，则 $i_D \cong 8.0\text{ mA}$。

$$\frac{1}{r_d} = \frac{\Delta i_D}{\Delta v_{DS}} \cong \frac{(8.0 - 6.7)\text{ mA}}{(14 - 4)\text{ V}} = 0.13 \times 10^{-3}$$

取倒数，得 $r_d = 7.7\text{ k}\Omega$。

练习 11.7　根据图 11.21 的特性曲线确定 g_m 和 r_d 的值，其中 Q 点为 $V_{GSQ} = 2.5\text{ V}$，$V_{DSQ} = 6\text{ V}$。
答案： $g_m \cong 3.3\text{ mS}$，$r_d \cong 20\text{ k}\Omega$。

练习 11.8　解释如何通过式(11.29)和式(11.4)推导得到式(11.21)。

11.5　共源极放大器

共源极放大器的电路如图 11.22 所示，被放大的输入信号为 $v(t)$。对于交流信号的传递，**耦合电容** C_1、C_2 以及**旁路电容** C_S 的等效阻抗都很小。本节采用中频段分析法，即对于交流信号将电容等效为短路。这样，电阻 R_1、R_2、R_S 和 R_D 共同组成偏置电路，并通过调整电阻值获得适当的 Q 点，将放大的输出信号施加于负载电阻 R_L。

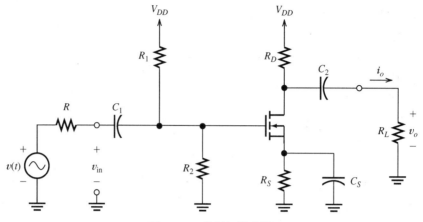

图 11.22　共源极放大器

11.5.1　小信号等效电路

图 11.22 的小信号等效电路如图 11.23 所示。耦合电容 C_1 被短路,而 MOSFET 也以小信号模型来代替。由于旁路电容 C_S 近似为短路,所以 FET 的源极直接接地——这就是该电路被称为共源极放大器的原因。

当仅分析交流输入信号的传递时,直流电压源被视为短路(即使有交流电流流过直流源,其交流电压仍然为零。因此,对于交流电流而言,直流电压源相当于短路)。所以,在等效电路中,R_1、R_2 一端均与栅极相连,另一端则均直接接地;同样,R_D 的另一端也直接接地。

> 当仅分析交流输入信号的传递时,直流电压源被视为短路。

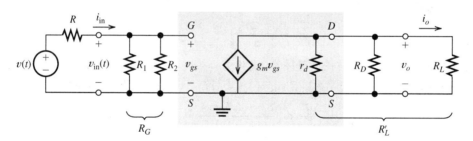

图 11.23　共源极放大器的小信号等效电路

11.5.2　电压增益

接下来推导共源极放大器的电压增益。由小信号等效电路可知,电阻 r_d、R_D 和 R_L 相互并联,因此,等效电阻为

$$R_L' = \frac{1}{1/r_d + 1/R_D + 1/R_L} \tag{11.32}$$

输出电压等于受控源的电流与等效电阻之乘积:

$$v_o = -(g_m v_{gs}) R_L' \tag{11.33}$$

其中,负号表示参考方向为非关联参考方向(电流 $g_m v_{gs}$ 从电压 v_o 参考极性的正端流出)。
而且,输入电压等于栅源电压,即

$$v_{in} = v_{gs} \tag{11.34}$$

将式(11.33)的两边和式(11.34)分别相除，得电压增益：

$$A_v = \frac{v_o}{v_{in}} = -g_m R'_L \tag{11.35}$$

表达式中的负号表示共源极放大器是反相放大器。注意，电压增益与 g_m 成正比。

> 在分析 FET 放大器的小信号中频段特性时，我们将耦合电容、旁路电容和直流电源替换为短路，而将 FET 替换为小信号等效模型。这样，我们可以写出电路方程，获得求解增益、输入阻抗和输出阻抗的表达式。

11.5.3 输入电阻

共源极放大器的输入电阻为

$$R_{in} = \frac{v_{in}}{i_{in}} = R_G = R_1 \| R_2 \tag{11.36}$$

其中，$R_1 \| R_2$ 表示 R_1 和 R_2 并联。虽然 R_1 和 R_2 是偏置电路的一部分，但是其值的大小并不重要(详见 11.3 节对偏置电路的讨论)。在分立元件电路中，电阻的大小从 0 到 10 MΩ不等，因此，在设计共源极放大器的输入电阻时，就有很大的选择空间(不过，第 12 章介绍的 BJT 放大电路却并非如此)。

> 在设计共源极放大器的输入电阻时有很大的选择空间。

11.5.4 输出电阻

为了计算放大器的输出电阻，需要去掉信号源，仅留下其内阻，并将负载开路，这样从输出端看进去的电阻即为输出电阻。通过以上变化，等效电路如图 11.24 所示。

> 为了计算放大器的输出电阻，我们去掉信号源，仅留下其内阻，并将负载开路，然后分析从输出端看进去的电阻。

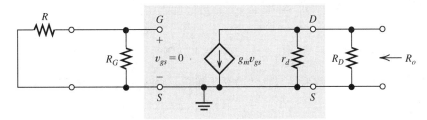

图 11.24 用于计算 R_o 的电路

由于电路没有输入信号，所以 $v_{gs} = 0$，受控源的电流 $g_m v_{gs} = 0$，相当于开路。电路的输出电阻即 R_D 和 r_d 并联的等效电阻：

$$R_o = \frac{1}{1/R_D + 1/r_d} \tag{11.37}$$

例 11.4 共源极放大器增益和阻抗的计算

分析图 11.25 的共源极放大器，其中 NMOS 管的参数为 $KP = 50\,\mu A/V^2$，$V_{to} = 2\,V$，$L = 10\,\mu m$，$W = 400\,\mu m$。要求计算其中频电压增益、输入电阻和输出电阻。假设输入电压为 $v(t) = 100\sin(2000\pi t)\,mV$，计算输出电压。设信号源的频率(1000 Hz)位于中频段。

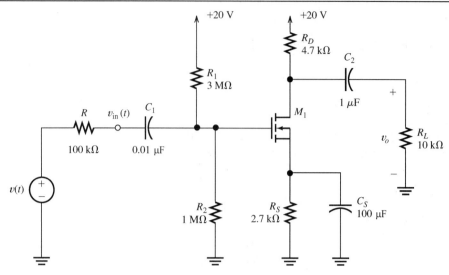

图 11.25　例 11.4 的共源极放大器

解：为了确定 Q 点，首先计算 MOSFET 的参数 g_m。偏置电路由 R_1、R_2、R_D、R_S 和 MOSFET 组成。由例 11.2 可知 $I_{DQ} = 0.784\ \text{mA}$。

所以，由式(11.25)得元件的互导为

$$g_m = \sqrt{2KP}\sqrt{W/L}\sqrt{I_{DQ}} = 1.77\ \text{mS}$$

因为饱和区的漏极特性是一条水平的直线，所以 $r_d = \infty$。

综合式(11.32)、式(11.35)、式(11.36)和式(11.37)，得

$$R'_L = \frac{1}{1/r_d + 1/R_D + 1/R_L} = 3197\ \Omega$$

$$A_v = \frac{v_o}{v_{\text{in}}} = -g_m R'_L = -5.66$$

$$R_{\text{in}} = \frac{v_{\text{in}}}{i_{\text{in}}} = R_G = R_1 \| R_2 = 750\ \text{k}\Omega$$

$$R_o = \frac{1}{1/R_D + 1/r_d} = 4.7\ \text{k}\Omega$$

因为输入电压是信号源内阻和输入电阻的分压部分，所以输入电压如下：

$$v_{\text{in}} = v(t)\frac{R_{\text{in}}}{R + R_{\text{in}}} = 88.23 \sin(2000\pi t)\ \text{mV}$$

输出电压为

$$v_o(t) = A_v v_{\text{in}}(t) = -500 \sin(2000\pi t)\ \text{mV}$$

练习 11.9　若将 R_L 变为开路，计算例 11.4 放大器的电压增益。

答案：$A_{voc} = -8.32$。

练习 11.10　若将图 11.22 电路的旁路电容 C_S 变为开路，试分析该电路，并画出其小信号等效电路；将 r_d 视为开路，推导由 g_m 和电阻表示的电压增益表达式。

答案：$A_v = -g_m R'_L / (1 + g_m R_S)$。

练习 11.11　利用例 11.4 的数据和练习 11.10 的表达式估计电压增益的大小，并和例题中的结果进行比较。

答案：没有旁路电容时，$A_v = -0.979$；而有旁路电容时，$A_v = -5.66$。即在 FET 的源极和地之间若没有旁路阻抗，则共源极放大器的电压增益大大降低。

> 在 FET 的源极和地之间若没有旁路阻抗，则共源极放大器的电压增益大大降低。

11.6　源极跟随器

源极跟随器是另一种类型的放大器，电路如图 11.26 所示。待放大的信号电压为 $v(t)$，信号源内阻（即戴维南等效电阻）为 R。交流输入能通过耦合电容 C_1 到达 FET 的栅极。电容 C_2 分别连接 FET 的栅极和负载。注意：在放大器的中频分析中，假设耦合电容短路，而电阻 R_S、R_1 和 R_2 组成偏置电路。

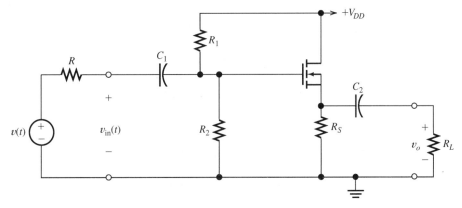

图 11.26　源极跟随器

11.6.1　小信号等效电路

小信号等效电路如图 11.27 所示。耦合电容元件被短路支路代替，FET 由其小信号等效模型代替。在小信号等效电路中，直流电压源相当于短路，所以漏极直接接地。此图对 FET 小信号等效电路的画法（漏极在下端）与图 11.26 不同，但是本质是一样的。

画出放大电路的小信号等效电路的能力是非常重要的，可以自测一下能否由图 11.26 得到图 11.27 的小信号电路。

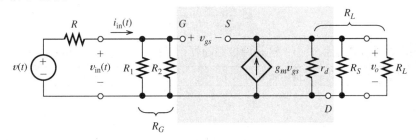

图 11.27　源极跟随器的小信号等效电路

11.6.2　电压增益

接下来，推导源极跟随器的电压增益表达式。由小信号等效电路可知，电阻 r_d、R_S 和 R_L 相互并联，因此，定义等效电阻为

$$R'_L = \frac{1}{1/r_d + 1/R_s + 1/R_L} \tag{11.38}$$

输出电压:

$$v_o = g_m v_{gs} R'_L \tag{11.39}$$

由 KVL 得

$$v_{in} = v_{gs} + v_o \tag{11.40}$$

将式(11.39)中的 v_o 代入式(11.40),得

$$v_{in} = v_{gs} + g_m v_{gs} R'_L \tag{11.41}$$

将式(11.39)和式(11.41)的两边分别相除,即得到电压增益的表达式为

$$A_v = \frac{v_o}{v_{in}} = \frac{g_m R'_L}{1 + g_m R'_L} \tag{11.42}$$

可见,电压增益是正的,并且略小于 1。因此,源极跟随器是电压增益小于 1 的同相放大器。

> 源极跟随器是电压增益小于 1 的同相放大器。

11.6.3 输入电阻

输入电阻是从等效电路的输入端看进去的等效电阻。因此,输入电阻:

$$R_{in} = \frac{v_{in}}{i_{in}} = R_G = R_1 \| R_2 \tag{11.43}$$

其中, $R_1 \| R_2$ 表示 R_1 和 R_2 并联。

11.6.4 输出电阻

为了分析输出电阻,将负载和电压源撤除,保留信号源的内阻,并在输出端添加一个附加电压源,如图 11.28 所示。从输出端看进去的输出电阻:

$$R_o = \frac{v_x}{i_x} \tag{11.44}$$

其中, i_x 为附加电压源流出的电流。所以,输出电阻:

$$R_o = \frac{1}{g_m + 1/R_S + 1/r_d} \tag{11.45}$$

可见,源极跟随器的输出电阻很小,这是源极跟随器得到广泛应用的重要原因之一。

> 采用源极跟随器的原因之一是其输出电阻很小。

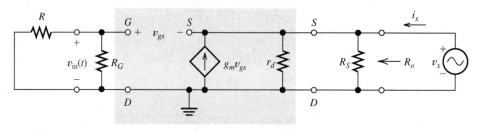

图 11.28 计算源极跟随器的输出电阻的等效电路

例 11.5　源极跟随器的增益和阻抗的计算

分析如图 11.26 所示的源极跟随器，$R_L = 1\,\text{k}\Omega$，$R_1 = R_2 = 2\,\text{M}\Omega$。NMOS 管的参数为：$KP = 50\,\mu\text{A/V}^2$，$V_{to} = 1\,\text{V}$，$L = 2\,\mu\text{m}$，$W = 160\,\mu\text{m}$。试计算 R_S 为何值时 $I_{DQ} = 10\,\text{mA}$，并计算其电压增益、输入电阻和输出电阻。

解： 由式(11.3)和式(11.4)，得

$$K = \left(\frac{W}{L}\right)\frac{KP}{2} = 2\,\text{mA/V}^2$$

$$I_{DQ} = K(V_{GSQ} - V_{to})^2$$

由上式解出 V_{GSQ} 并代入值得

$$V_{GSQ} = \sqrt{I_{DQ}/K} + V_{to} = 3.236\,\text{V}$$

栅极的直流对地电压为

$$V_G = V_{DD} \times \frac{R_2}{R_1 + R_2} = 7.5\,\text{V}$$

源极的直流电压为

$$V_S = V_G - V_{GSQ} = 4.264\,\text{V}$$

所以，源极电阻为

$$R_S = \frac{V_S}{I_{DQ}} = 426.4\,\Omega$$

(在实际应用中，分立元件电路的电阻 R_S 应选择一个标称值，但是本例仍然使用 R_S 的精确计算值。)

通过式(11.25)获得元件的互导：

$$g_m = \sqrt{2KP}\sqrt{W/L}\sqrt{I_{DQ}} = 8.944\,\text{mS}$$

由于漏极特性曲线在饱和区是水平的，因此 $r_d = \infty$。

将值代入式(11.38)，得

$$R_L' = \frac{1}{1/r_d + 1/R_S + 1/R_L} = 298.9\,\Omega$$

所以，由式(11.42)得电压增益：

$$A_v = \frac{v_o}{v_\text{in}} = \frac{g_m R_L'}{1 + g_m R_L'} = 0.7272$$

输入电阻：

$$R_\text{in} = R_1 \| R_2 = 1\,\text{M}\Omega$$

由式(11.45)得输出电阻：

$$R_o = \frac{1}{g_m + 1/R_S + 1/r_d} = 88.58\,\Omega$$

相对于其他单个 FET 放大器来说，这个输出电阻是相当小的。

由式(11.3)，得电流增益：

$$A_i = A_v\frac{R_\text{in}}{R_L} = 727.2$$

功率增益:

$$G = A_v A_i = 528.8$$

虽然电压增益小于 1,但是由于输入电阻很高,使得输出功率远远大于输入功率。

源极跟随器的电压增益略小于 1,但具有高输入阻抗和低输出阻抗,其电流增益和功率增益通常大于 1。

练习 11.12 推导式(11.45)。

练习 11.13 推导如图 11.29 的**共栅极放大器**的电压增益、输入电阻和输出电阻表达式,假设 r_d 为开路。

答案: 小信号等效电路如图 11.30 所示。$A_v = g_m R'_L$, $R_\text{in} = 1/(g_m + 1/R_S)$, $R_o = R_D$。

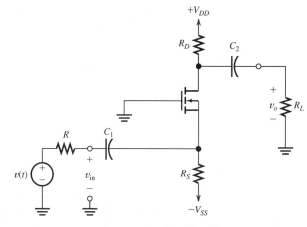

图 11.29 共栅极放大器

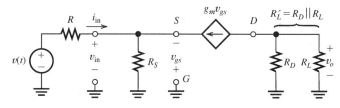

图 11.30 练习 11.13 的小信号等效电路

11.7 CMOS 逻辑门

在互补金属氧化物半导体(CMOS)技术中,将 NMOS 管和 PMOS 管制造在同一块硅片上。下面,我们将介绍如何使用 CMOS 技术构成数字系统的基本模块——与非(NAND)门和或非(NOR)门。

11.7.1 CMOS 反相器

如图 11.31 所示为一个 CMOS 反相器。其中,NMOS 管和 PMOS 管是在硅晶体中掺杂形成的,形成的 n 型和 p 型半导体如图 11.31(a)所示。注意,栅极 G 通过一层 SiO_2 和电路的其余部分绝缘,因此输入端等效为开路(小容量的电容除外)。

CMOS 反相器的电路如图 11.31(b)所示。直流电压 V_{DD} 位于电路上方,当输入电压为高电平时($V_\text{in}=V_{DD}$),在 NMOS 管的漏极 D 和源极 S 之间产生导电沟道。此时,电路如图 11.31(c)所示,NMOS 管等效为一个阻值很小的电阻元件,理想情况下可以将其看作一个闭合的开关。同时,PMOS

管"断开"，等效为开路。所以，输入电压 V_{in} 为高电平，则输出电压 V_{out} 为低电平(例如 $V_{out} = 0$)。

另一方面，当 V_{in} 为低电平时，在 PMOS 管的栅极附近产生一个导电层，但是 NMOS 管却没有。如图 11.31(d)所示，PMOS 管"闭合"，而 NMOS 管"断开"。此时的输出电压 V_{out} 为高电平($V_{out} = V_{DD}$)。

由于这两个场效应晶体管的轮流"开关"工作，当输入电压为高电平时输出电压为低电平；反之，当输入电压为低电平时输出电压为高电平，这就是一个逻辑反相器的工作特性。

> 当输入电压为低电平时，PMOS 管导通(闭合)，NMOS 管关断(断开)，输出电压为高电平，反之亦然。

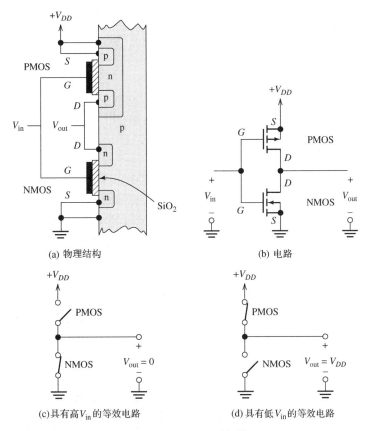

(a) 物理结构　　　　　　　　　　(b) 电路

(c)具有高 V_{in} 的等效电路　　　　　　(d)具有低 V_{in} 的等效电路

图 11.31　CMOS 反相器

11.7.2　CMOS 与非门

在反相器电路中增加一个晶体管就可以构成一个与非门。双输入的与非门电路如图 11.32(a)所示，其中，两个 PMOS 管是并联的，两个 NMOS 管是串联的。

当栅极电压为高电平时，NMOS 管"闭合"；而当栅极电压为低电平时，NMOS 管"断开"。反之，对于 PMOS 管也成立(即当栅极电压为低电平时，PMOS 管"闭合"；而当栅极电压为高电平时，PMOS 管"断开")。

当 A 端电压为高电平、B 端电压为低电平时的等效电路如图 11.32(b)所示。当 A、B 端电压均为高电平时的电路则如图 11.32(c)所示。由于晶体管具有开关特性，所以只有当 A、B 两端电压均为高电平时，输出电压才为低电平，这便是与非门的运行方式。若添加更多的晶体管，还可以得到三输入的与非门。

将 N 个 PMOS 管并联，将 N 个 NMOS 管串联，构成 N 输入的与非门。

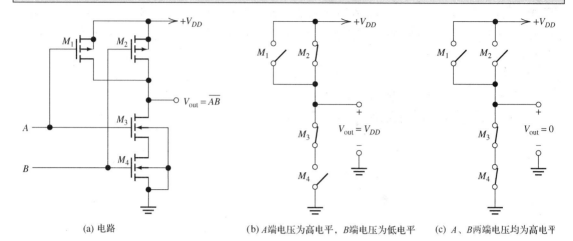

(a) 电路　　　　　　　(b) A端电压为高电平，B端电压为低电平　　　(c) A、B两端电压均为高电平

图 11.32　双输入 CMOS 与非门

11.7.3　CMOS 或非门

双输入的或非门电路如图 11.33 所示，其中，两个 PMOS 管串联，两个 NMOS 管并联。或非门的运行方式与前面讨论的与非门电路非常相似。例如，当栅极电压为高电平时，NMOS 管"闭合"，当栅极电压为低电平时则"断开"。PMOS 管的情况与 NMOS 管的相反。

将 N 个 PMOS 管串联，将 N 个 NMOS 管并联，构成 N 输入的或非门。

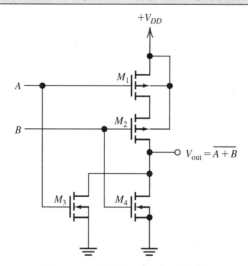

图 11.33　双输入 CMOS 或非门

练习 11.14　对于以下几种情况：a. A、B 两端电压均为高电平；b. A端电压为高电平、B端电压为低电平；c. A、B 两端电压均为低电平。要求分别画出图 11.33 的或非门的等效电路[与图 11.32(b) 和(c)相似]，并写出栅极电压的真值表。

答案： 如图 11.34 所示。

练习 11.15　画出三输入或非门的电路图。

答案： 如图 11.35 所示。

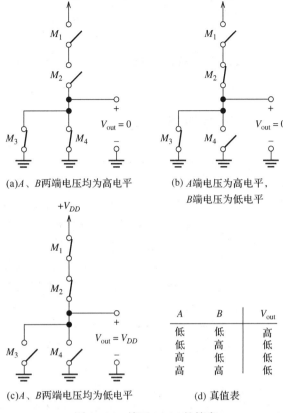

(a) A、B 两端电压均为高电平　　　(b) A 端电压为高电平，
　　　　　　　　　　　　　　　　　　　　B 端电压为低电平

(c) A、B 两端电压均为低电平

A	B	V_{out}
低	低	高
低	高	低
高	低	低
高	高	低

(d) 真值表

图 11.34　练习 11.14 的答案

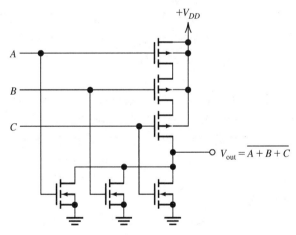

图 11.35　三输入 CMOS 或非门(练习 11.15 的答案)

11.7.4　小结

在第 7 章，我们知道复杂的组合逻辑电路可以通过连接多个与非门(或者或非门)来实现，而逻辑门电路还可以构成触发器，将触发器组合后还可构成寄存器。一个复杂的数字系统，例如计算机是由许多门电路、触发器和寄存器组成的。因此，逻辑门电路是复杂数字系统的基本元件。

现代技术能够通过掺杂、氧化和金属连接等工艺实现在小块硅片上集成数十亿个 CMOS 门电路，而且加工工艺步骤已大大减少(约为 20 个步骤)，这样，研制功能更强大的计算机所需的成本也就大大减少。

> 复杂的数字系统由数十亿个 NMOS 管和 PMOS 管连接而成，所有器件都在一片硅片上生成，而加工步骤相当少。

实际应用 11.1　请问鳟鱼将往哪里走？

鱼类生物学家需要经常研究各种鱼类的迁徙，以帮助人们根据鱼类栖息地的改变来调整捕鱼地点，其中一个例子便是在美加交界的苏必利尔湖的各条支流上重新建立鳟鱼的栖息地。鳟鱼会从它们出生的河流游到苏必利尔湖，在湖中生长的鳟鱼比那些生活在河流里的体形更大。当这些鳟鱼成年以后，就会回到河流里产卵。以前在苏必利尔湖的每条支流里都曾发现过鳟鱼，但是过度捕捞以及栖息地的改变，使得在这些河流上已经很难找到鳟鱼了。现在，人们正在实施计划使鳟鱼回到那些河流里。

获得鱼类迁移精确信息的一个重要方法就是为鱼植入射频识别(RFID)标签，然后通过天线监控河流里鱼类的活动。RFID 系统有着非常广泛的应用，这里介绍一种具有代表性的 RFID 系统。

用于鱼类研究的射频识别标签由一个铁氧体磁芯、一个 CMOS 集成电路芯片和两个电容组成，体积仅为一粒米的大小。这些标签通过皮下注射植入鱼体内，标签不含内部电源，所以称之为无源识别标签(PIT)。

典型的河边鱼类观测站如图 PA11.1 所示。由于很多观测鱼类的重要位置都远离电网，所以这些监测站通常由太阳能板提供电能，为深层循环蓄电池供电，而天线则由一条经标杆悬挂在河面上空，另一条经石头压于河底的线路回路构成。

一个具有代表性的 RFID 系统的原理图如图 PA11.2 所示。溪流天线用电感 L_1 表示，其值从 10 μH 到 100 μH 不等。电容 C_1 被称为天线调谐器，和 L_1 形成一个共振频率为 134.2 kHz 的并联共振回路。RFID 标签中的线圈同样形成一个天线，由电感 L_2 表示，与电容 C_2 一起也形成了一个并联共振回路。

系统运行时，开关定期置于触点 A，为溪流天线提供频率为 134.2 kHz 的正弦波，这样便在天线附近产生一个交流磁场。当一条被植入了标签的鱼通过天线时，L_2 和磁场耦合，产生一个频率为 134.2 kHz 的电压加于 CMOS 集成芯片的输入端。该电压由芯片内部的二极管整流，加至芯片充电电容 C_3。大约 50 ms 后，开关自动置于触点 B，这时提供给溪流天线的电压变为零，L_3 将反向放电提供给 CMOS 芯片。当 CMOS 芯片接收一个完整的脉冲信号后，将产生一个 64 位的码字来分辨不同的鳟鱼及其特定标签。

通常利用频移键控(FSK)方式来对每一个码字进行编码。对于 1 电平，芯片提供一组 16 个频率为 123.2 kHz 的信号给 L_2。对于 0 电平，芯片则提供一组 16 个频率为 134.2 kHz 的信号给 L_2。然后通过与 L_1 的磁场耦合产生一个感应电压，提供给 FSK 解调器和数据记录器。

FSK 解调器能分辨每组 16 个周期信号的频率，并确定每一位的值；数据记录器用来存储得到的代码，以便鱼类生物学家就能周期性地分析这些数据。如果在河流里放置更多的传感器，数据记录器也可以用来记录其他一些数据，例如鱼游过观测站的时间、河流水温和水流速度等。

这个计划以及其他一些鱼类监控系统的更多信息详见相关网站。

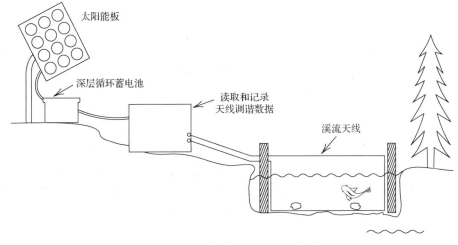

图 PA11.1   典型的河边鱼类观测站

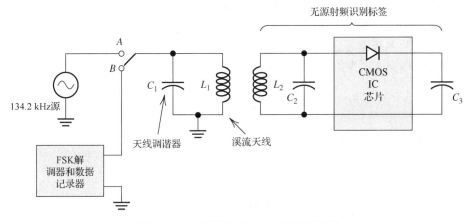

图 PA11.2   观测站的 RFID 系统原理图

本章小结

1. n 沟道增强型场效应晶体管的结构如图 11.1 所示。

2. MOSFET 是过去几十年随着数字电子技术快速发展的基本元件。

3. 在 NMOS 管中，当栅极和源极之间的电压较大（且为正极性）时，电子将被吸引到栅极附近区域，并在漏极和源极之间产生一条 n 沟道。这时，如果在漏极和源极之间施加一个电压，电流将从漏极流入，然后穿过沟道从源极流出。漏极电流由栅极上所施加的电压控制。

4. MOSFET 的工作特性可以分为截止区、非饱和区（三角区，可变电阻区）和饱和区。

5. KP 值通常由半导体制造工艺所决定，但是在设计电路中，可以通过改变 W/L 的大小来得到满足不同电路要求的 FET。

6. 可以利用图形（负载线）法来分析简单放大电路。

7. 由于漏极特性曲线的非等间距排列，使得 FET 放大器会产生非线性失真。不过，对于输入小信号的情况，失真问题可忽略。

8. 偏置电路使 FET 通常工作在饱和区，这样才能实现放大的功能。

9. 在对小信号进行中频段分析时，FET 可以等效为图 11.20 的电路。

10. FET 的互导定义为

$$g_m = \frac{\partial i_D}{\partial v_{GS}}\bigg|_{Q \text{ point}}$$

11. FET 的小信号漏极电阻定义为

$$\frac{1}{r_d} = \frac{\partial i_D}{\partial v_{DS}}\bigg|_{Q \text{ point}}$$

12. 在小信号 FET 放大器的中频段分析中，耦合电容、旁路电容和直流源均被视为短路，FET 则替代为小信号模型，由此得到电路方程，以及增益、输入阻抗和输出阻抗的表达式。

13. 为了计算放大器的输出电阻，需要让电路空载，以及用信号源的内阻代替信号源，然后计算从等效电路输出端看进去的电阻，即输出电阻。

14. 共源极放大器是反相放大器，其电压增益大于 1。

15. FET 源极和地之间的非旁路阻抗大大降低了共源极放大器的增益。

16. 源极跟随器具有接近于 1 的电压增益、较大的电流增益以及相对较低的输出阻抗，并且源极跟随器是同相输出的。

17. 复杂的数字系统能通过数以百万计的 NMOS 管和 PMOS 管的相互连接来构成，而这些场效应晶体管只需要少数的步骤便能在同一个芯片上生产出来。

习题

11.1 节　NMOS 管和 PMOS 管

P11.1　画出一个 n 沟道增强型 MOSFET 器件的物理结构，标注沟道长度 L 和沟道宽度 W 以及沟道区域，并给出相应的电路符号。

P11.2　对于一个 n 沟道 MOSFET，分别写出在截止区、饱和区和非饱和区 i_D 的表达式，以及 v_{GS}、v_{DS}、v_{GD} 的变化范围，并注明与阈值电压 V_{to} 的关系。

*P11.3　某 NMOS 管的参数为 $KP = 50 \ \mu A/V^2$，$V_{to} = 1 \ V$，$L = 5 \ \mu m$，$W = 50 \ \mu m$。试计算以下情况中漏极电流 i_D 的大小，并判断晶体管工作在哪个区：a. $v_{GS} = 4 \ V$，$v_{DS} = 10 \ V$；b. $v_{GS} = 4 \ V$，$v_{DS} = 2 \ V$；c. $v_{GS} = 0 \ V$，$v_{DS} = 10 \ V$。

*P11.4　假设某 NMOS 管的参数为 $KP = 50 \ \mu A/V^2$，$V_{to} = 1 \ V$，$L = 10 \ \mu m$，$W = 200 \ \mu m$。画出当 v_{DS} 从 0 V 到 10 V，v_{GS} 分别等于 0 V、1 V、2 V、3 V 和 4 V 时，该晶体管的漏极特性曲线。

P11.5　已知一个 n 沟道增强型 MOSFET 器件，$K = 0.1 \ mA/V^2$，$V_{to} = 1 \ V$。如果 $v_{GS} = 4 \ V$，问该器件分别工作在饱和区和非饱和区的 v_{DS} 变化范围，并画出器件工作在饱和区时 i_D 与 v_{GS} 的关系曲线。

P11.6　假设某 NMOS 管的阈值电压 $V_{to} = 1 \ V$。请问以下各种情况中该元件分别工作在哪个区：a. $v_{GS} = 5 \ V$，$v_{DS} = 10 \ V$；b. $v_{GS} = 3 \ V$，$v_{DS} = 1 \ V$；c. $v_{GS} = 3 \ V$，$v_{DS} = 6 \ V$；d. $v_{GS} = 0 \ V$，$v_{DS} = 5 \ V$。

P11.7　如果一个 n 沟道增强型 NMOS 管的栅极直接连接到漏极，并且加到漏极和源极之间的电压大于阈值 V_{to}，请问其工作在哪个区？反之，如果加到漏极和源极之间的电压小于阈值 V_{to}，请问其工作在哪个区？

P11.8　试判断图 P11.8 中各增强型晶体管的工作区，其中，晶体管的参数：$|V_{to}| = 1 \ V$，$K = 0.1 \ mA/V^2$。

P11.9　已知某 NMOS 管的参数为 $KP = 50 \ \mu A/V^2$、$V_{to} = 1 \ V$。试计算该晶体管沟道宽度与沟道长度 (W/L) 的比值，以满足当 $v_{GS} = v_{DS} = 5 \ V$ 时 $i_D = 2 \ mA$ 的要求。若 $L = 2 \ \mu m$，W 等于多少？

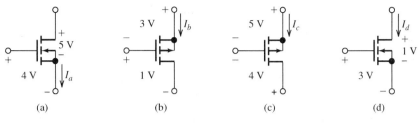

图 P11.8

P11.10 由于制造工艺的限制，L 和 W 通常大于 0.25 μm。另外，为了节省集成芯片的空间，要求 L 或者 W 不能大于 2 μm。应该如何选择 L 和 W 的尺寸，实现 i_D 值最小？又该如何选择而实现 i_D 值最大？假设外加电压 v_{GS} 和 v_{DS} 不变，写出不同尺寸晶体管的 i_D 之比值表达式。

*P11.11 已知某 NMOS 管在饱和区内的两个工作点分别为：$v_{GS} = 2$ V，$i_D = 0.2$ mA，以及 $v_{GS} = 3$ V，$i_D = 1.8$ mA。试计算该晶体管的 V_{to} 和 K 的大小。

P11.12 假设一个 NMOS 管的工作特性为一个压控电阻，如图 11.4 所示，满足 $v_{DS} << v_{GS} - V_{to}$。已知 $V_{to} = 0.5$ V，$K = 0.1$ mA/V^2。要求写出此压控电阻与相应的器件参数和控制电压之间的关系式，并分别计算 $v_{GS} = 0.5$ V、1 V、1.5 V 和 2V 时的电阻。

P11.13 增强型 MOS 管如图 P11.13 所示，已知 $|V_{to}| = 1$ V，$K = 0.2$ mA/V^2。当 V_{in} 分别为 0 V 和 5 V 时，计算电流 i_D，并分析器件的工作区。

P11.14 增强型 MOS 管如图 P11.14 所示，已知 $V_{to} = 1$ V，$K = 0.5$ mA/V^2，要求计算 R 的值。

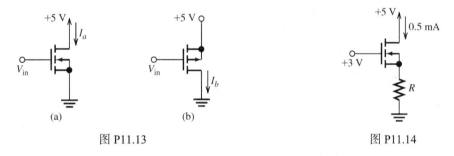

图 P11.13   图 P11.14

*P11.15 已知某 p 沟道增强型 MOSFET 的参数 $V_{to} = -0.5$ V、$K = 0.2$ mA/V^2。假设其工作在饱和区，试计算当 $i_D = 0.8$ mA 时 v_{GS} 的大小。

11.2 节 简单 NMOS 放大器的负载线分析

P11.16 FET 放大器发生失真的主要原因是什么？

*P11.17 电路如图 11.10 所示，分别有参数如下：

   a. $R_D = 1$ kΩ和 $V_{DD} = 20$ V；

   b. $R_D = 2$ kΩ和 $V_{DD} = 20$ V；

   c. $R_D = 3$ kΩ和 $V_{DD} = 20$ V。

   要求在 i_D-v_{DS} 坐标图上绘制负载线。当 R_D 增加时，负载线有什么变化规律？

P11.18 如图 11.10 所示的电路，试在 i_D-v_{DS} 坐标图上画出以下各种情况的负载线，并说明当 V_{DD} 增加时，负载线的位置将如何变化？

   a. $R_D = 1$ kΩ，$V_{DD} = 5$ V

   b. $R_D = 1$ kΩ，$V_{DD} = 10$ V

   c. $R_D = 1$ kΩ，$V_{DD} = 15$ V

*P11.19 分析图 11.10 的电路,晶体管的特性曲线如图 11.11 所示。假设 V_{GG} 变为零,试计算 V_{DSQ}、V_{DSmin} 和 V_{DSmax} 的大小以及放大器的增益。

P11.20 分析图 P11.20 的放大器:

    a. 计算 $v_{GS}(t)$。当输入交流信号时,耦合电容等效为短路;当输入为直流信号时,耦合电容等效为开路。[提示:对交流源和直流源应用叠加原理。]

    b. 若 FET 的 $V_{to} = 1\ V$、$K = 0.5\ mA/V^2$,画出当 v_{GS} 分别等于 1 V、2 V、3 V 和 4 V 时的漏极特性曲线。

    c. 在漏极特性曲线上画出放大器的负载线。

    d. 计算 V_{DSQ}、V_{DSmin} 和 V_{DSmax}。

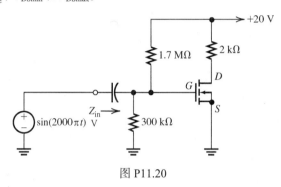

图 P11.20

*P11.21 如果习题 P11.20 中的静态工作点始终在饱和区工作,请计算 R_D 的最大值。

P11.22 利用负载线分析法来分析图 P11.22 的电路,确定 V_{DSQ}、V_{DSmin} 和 V_{DSmax} 的大小。其中,FET 的特性曲线如图 11.21 所示。[提示:首先用戴维南等效电路代替电阻和 15 V 电源。]

P11.23 假设图 11.10 的电阻 R_D 被替换为一个不常见的二端非线性元件,其中 $v = 0.1i_D^2$,v 的正极性端连接电源 V_{DD},要求在图 11.11 中画出负载线,并描述此负载线的形状。

P11.24 已知图 P11.24 所示的 PMOS 放大电路中晶体管的特性曲线如图 11.9 所示,要求采用负载线分析法计算 $v_o(t)$ 的最大值、最小值以及在静态工作点的值。

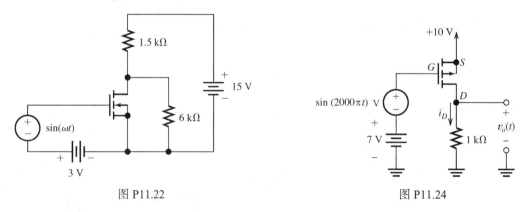

图 P11.22   图 P11.24

P11.25 已知图 11.12(b) 所示的失真信号:

$$v_{DS}(t) = V_{DC} + V_{1m}\sin(2000\pi t) + V_{2m}\cos(4000\pi t)$$

其中 $V_{1m}\sin(2000\pi t)$ 是需要的信号,而 $V_{2m}\cos(4000\pi t)$ 是失真信号,其频率是输入信号的两倍,称之为二次谐波。要求计算 V_{1m} 和 V_{2m} 的值,以及二次谐波失真率,即 $|V_{2m}/V_{1m}|\times100\%$。(通常,一个高品质的音频放大器的失真率应该小于 0.1%。)

11.3 节　偏置电路

P11.26　为什么在 MOSFET 放大电路中需要设计静态工作点？当信号的最大振幅小于 1 V，FET 的 $V_{to} = 1$ V，且偏置电路使晶体管的 $V_{GSQ} = 0$ 时，将会发生什么情况？

*P11.27　如图 P11.27 的电路所示，MOSFET 的 $K = 0.25$ mA/V²，$V_{to} = 1$ V。要求计算 I_{DQ} 和 V_{DSQ}。

*P11.28　某 NMOS 源极跟随器的 $V_{DD} = 12$ V、$R_D = 0$、$R_1 = 1$ MΩ。FET 的参数为 $KP = 50$ μA/V²，$V_{to} = 1$ V，$L = 10$ μm，$W = 800$ μm。确定固定增益自偏置电路的 R_2 和 R_S 的大小，以满足源极跟随器的 $V_{DSQ} = 6$ V，$I_{DQ} \cong 2$ mA。

*P11.29　图 P11.29 的电路的晶体管参数为：$KP = 50$ μA/V²，$W = 600$ μm，$L = 20$ μm，$V_{to} = 1$ V，试计算电阻 R_1 和 R_S 的大小。

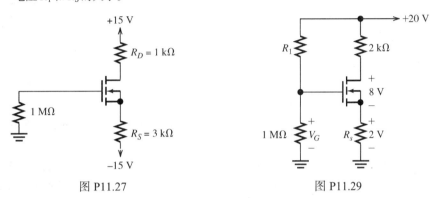

图 P11.27　　　　　　　　　　　图 P11.29

P11.30　固定增益自偏置电路如图 11.13 所示，其中 $V_{DD} = 15$ V、$R_1 = 2$ MΩ、$R_2 = 1$ MΩ、$R_S = 4.7$ kΩ、$R_D = 4.7$ kΩ；MOSFET 的参数为 $V_{to} = 1$ V，$K = 0.25$ mA/V²。试计算其 Q 点的参数。

P11.31　如图 P11.31 所示的电路，分别确定以下两种情况的 I_{DQ} 值。

　　a. $V_{to} = 4$ V，$K = 1$ mA/V²。

　　b. $V_{to} = 2$ V，$K = 2$ mA/V²。

P11.32　分析图 11.13(a) 的固定增益自偏置电路，其中 $V_{DD} = 12$ V、$R_D = 3$ kΩ、$R_1 = 1$ MΩ；晶体管的参数为：$KP = 50$ μA/V²，$V_{to} = 1$ V，$L = 10$ μm，$W = 80$ μm。当 $V_{DSQ} = 6$ V，$I_{DQ} \cong 1$ mA 时，计算 R_2 和 R_S 的值。

P11.33　如图 P11.33 所示的电路，已知 MOSFET 的参数为 $V_{to} = 1$ V，$K = 0.25$ mA/V²。要求计算 I_{DQ} 和 V_{DSQ}。

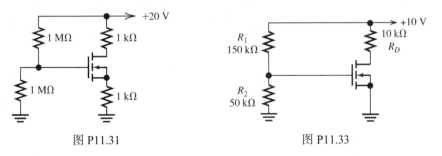

图 P11.31　　　　　　　　　　　图 P11.33

*P11.34　如图 P11.34 所示的电路，已知 MOSFET 的参数为 $V_{to} = 1$ V，$K = 0.25$ mA/V²。要求计算 I_{DQ} 和 V_{DSQ}。

P11.35　如图 P11.35 所示的电路，已知两个 MOSFET 的参数为 $V_{to} = 0.5$ V，$KP = 100$ μA/V²。要求计算 R 的值满足 $i_{D1} = 0.2$ mA。若第二个 MOSFET 工作在饱和区，确定 V_x 的取值范围。此时 i_{D2} 的值为多少？如果 V_x 值足够大，而第二个 MOSFET 工作在饱和区，则此晶体管等效为哪种理想的电路元件？

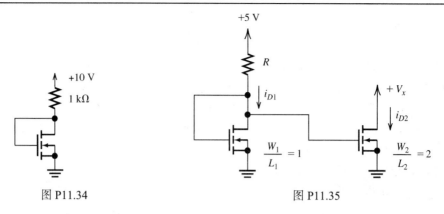

图 P11.34　　　　　　　　　　图 P11.35

11.4 节　小信号等效电路

P11.36　画出 FET(包含 r_d)的小信号等效电路。

P11.37　给出定义 g_m 和 r_d 的偏微分形式的计算公式。

P11.38　一个 NMOS 管在饱和区的特性曲线是 i_D 为恒定值,则 r_d 值如何?

P11.39　计算当 $V_{DSQ} = 0$ 时的 g_m 值,画出此静态工作点对应的小信号等效电路。此类 FET 电路有何用途?

*P11.40　对于一个工作在非饱和区的 NMOS 管,已知 K、V_{to}、I_{DQ} 和 V_{GSQ},要求推导 g_m 的表达式。

*P11.41　对于一个工作在非饱和区的 NMOS 管,已知 K、V_{to}、I_{DQ} 和 V_{GSQ},要求推导 r_d 的表达式。

P11.42　某 NMOS 管的特性曲线如图 P11.42 所示,其中工作点为 $V_{DSQ} = 6$ V、$V_{GSQ} = 2.5$ V。试利用图形法分析 g_m 和 r_d 在工作点的值。

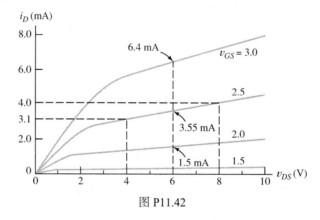

图 P11.42

P11.43　假设一个不常见的 FET 具有特性:

$$i_D = 3v_{GS}^3 + 0.1v_{DS}$$

i_D 的单位是 mA,v_{GS} 和 v_{DS} 的单位是 V。如果其静态工作点参数为 $V_{GSQ} = 1$ V,$V_{DSQ} = 10$ V,试计算 g_m 和 r_d 的值。

P11.44　假设一个不常见的 FET 具有特性:

$$i_D = 3\exp(v_{GS}) + 0.01v_{DS}^2$$

i_D 的单位是 mA,v_{GS} 和 v_{DS} 的单位是 V。如果其静态工作点参数为 $V_{GSQ} = 1$ V,$V_{DSQ} = 10$ V,试计算 g_m 和 r_d 的值。

P11.45　假设在 Q 点有 $I_{DQ} = 4$ mA、$V_{GSQ} = 2$ V、$V_{DSQ} = 10$ V，某 NMOS 管的 $g_m = 2$ mS、$r_d = 5$ kΩ。试画出当 v_{GS} 分别等于 1.8 V、2.0 V 和 2.2 V，9.0 V < v_{DS} < 11.0 V 时，Q 点附近的漏极特性曲线。

P11.46　某 NMOS 管的工作参数如下：

$$v_{GS}(t) = 1 + 0.2\sin(\omega t) \text{ V}$$
$$v_{DS}(t) = 4 \text{ V}$$
$$i_D(t) = 2 + 0.1\sin(\omega t) \text{ mA}$$

请问：由以上关系可以确定哪个小信号参数（g_m 还是 r_d）？它的值为多少？并计算此时的静态工作点的值（V_{GSQ}、V_{DSQ} 和 I_{DQ}）。

P11.47　某 NMOS 管的工作参数如下：

$$v_{GS}(t) = 2 \text{ V}$$
$$v_{DS}(t) = 5 + 2\sin(\omega t) \text{ V}$$
$$i_D(t) = 3 + 0.01\sin(\omega t) \text{ mA}$$

请问：由以上关系可以确定哪个小信号参数（g_m 还是 r_d）？它的值为多少？并计算此时的静态工作点的值（V_{GSQ}、V_{DSQ} 和 I_{DQ}）。

11.5 节　共源极放大器

P11.48　耦合电容的作用是什么？如果它们在电路中存在，则在交流等效电路中应该如何等效?简而言之，耦合电容对于放大器的增益-频率特性有何影响？

P11.49　试画出一个阻容耦合共源极放大器的电路图。

*P11.50　分析如图 P11.50 所示的共源极放大器。其中 NMOS 管的参数为 $KP = 50$ μA/V^2，$V_{to} = 1$ V，$L = 5$ μm，$W = 500$ μm，$r_d = \infty$。要求：

a. 计算 I_{DQ}、V_{DSQ} 和 g_m 的大小。

b. 计算电压增益、输入电阻和输出电阻。假设在交流信号作用下耦合电容等效为短路。

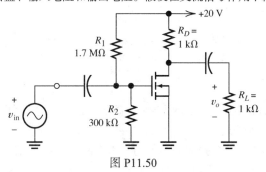

图 P11.50

P11.51　当 NMOS 管的参数为 $KP = 50$ μA/V^2、$V_{to} = 2$ V、$L = 20$ μm、$W = 600$ μm、$r_d = \infty$ 时，重做习题 P11.50，并和习题 P11.50 比较增益值的不同。

P11.52　分析图 P11.52 的放大器。

a. 画出小信号等效电路，假设电容对于输入信号等效为短路。

b. 假设 $r_d = \infty$，试推导电压增益、输入电阻和输出电阻的表达式。

c. 若 $R = 100$ kΩ、$R_f = 100$ kΩ、$R_D = 3$ kΩ、$R_L = 10$ kΩ、$V_{DD} = 20$ V、$V_{to} = 5$ V 以及 $K = 1$ mA/V^2，计算 Q 点处的 I_{DQ} 和 g_m。

d. 将 c. 中的参数值代入 b. 推导的表达式，计算表达式。

e. 如果 $V(t) = 0.2\sin(2000\pi t)$ V，计算 $v_o(t)$。

f. 判断这是一个反相放大器还是一个同相放大器。

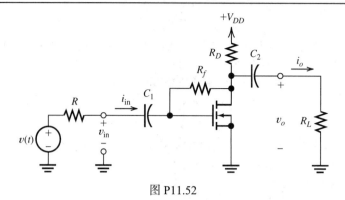

图 P11.52

*P11.53 已知 V_{to} = 3 V,K = 0.5 mA/V^2,计算图 P11.53 的电路的 V_{DSQ}、I_{DQ} 以及 g_m。假设 $r_d = \infty$,画出小信号等效电路,写出输出电阻 R_o 与 R_D 和 g_m 的关系式。

11.6 节 源极跟随器

P11.54 画出一个阻容耦合源极跟随器的电路图。

P11.55 分析共源极放大器和源极跟随器的基本原理。当需要电压增益大于 1 或者需要小的输出电阻时,应该分别选择哪一种放大器?

*P11.56 分析图 11.26 的源极跟随器,其中 V_{DD} = 15 V,R_L = 2 kΩ,R_1 = 1 MΩ,R_2 = 2 MΩ;NMOS 管的参数 KP = 50 μA/V^2,V_{to} = 1 V,L = 10 μm,W = 160 μm,$r_d = \infty$。计算 R_S 为何值时,I_{DQ} = 2 mA?并计算电压增益、输入电阻和输出电阻。

P11.57 图 11.29 的共栅极放大器的分析见练习 11.13。已知 V_{DD} = 15 V,V_{SS} = 15 V;R_S = 3 kΩ,R_L = 10 kΩ,R_D = 3 kΩ;MOSFET 的参数为 KP = 50 μA/V^2,V_{to} = 1 V,L = 10 μm,W = 600 μm,$r_d = \infty$。要求:

　　a. 确定 Q 点以及 g_m 的值。

　　b. 计算输入电阻和电压增益。

11.7 节 CMOS 逻辑门

P11.58 画出 CMOS 反相器的电路图。画出输入为高电压时的等效电路(开关闭合或者断开);画出输入为低电压时的等效电路。

P11.59 画出双输入 CMOS 与门的电路图。[提示:利用两个与非门串接一个反相器。]

P11.60 a. 画出三输入 CMOS 与非门的电路图。

　　b. 画出当三端输入均为高电平时的等效电路(开关闭合或者断开)。

　　c. 画出当三端输入均为低电平时的等效电路(开关闭合或者断开)。

测试题

T11.1 一个 NMOS 管的参数为 KP = 80 μA/V^2,V_{to} = 1 V,L = 4 μm,W = 100 μm,当 v_{DS} 为 0~10 V,v_{GS} = 0.5 V 或 4 V 时,要求绘出漏极特性曲线。

T11.2 一个放大器类似于图 11.10,R_D 变为 2 kΩ,直流电压源变为 V_{DD} = 10 V,V_{GG} = 3 V。晶体管的漏极特性曲线如图 11.7 所示,请采用负载线分析法计算 v_{DS} 的最小值、最大值和 Q 点的值。

T11.3　如图 T11.3 所示的偏置电路，晶体管的参数为 $KP = 80\ \mu A/V^2$，$V_{to} = 1$ V，$L = 4\ \mu m$，$W = 100\ \mu m$。请问 R_S 为何值时，工作点的 $I_{DQ} = 0.5$ mA？

T11.4　某个 NMOS 管的工作参数如下：

$$v_{GS}(t) = 2 + 0.02 \sin(\omega t)\ \text{V}$$

$$v_{DS}(t) = 5\ \text{V}$$

$$i_D(t) = 0.5 + 0.05 \sin(\omega t)\ \text{mA}$$

请问：根据这些信息，能计算 g_m 还是 r_d 参数？结果是什么？此参数对应的 Q 点值 $(V_{GSQ}, I_{DQ}, V_{DSQ})$ 分别为多少？

T11.5　当我们绘制一个放大器的中频小信号等效电路时，如何替换以下电路元件：a. 一个直流电压源；b. 一个耦合电容；c. 一个直流电流源。

T11.6　绘制一个 CMOS 反相器的电路图。请问当输入为高电平时，哪个晶体管处于闭合状态？哪个处于断开状态？

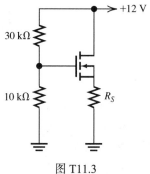

图 T11.3

第 12 章　双极结型晶体管

本章学习目标

- 理解双极结型晶体管(BJT)在放大电路中的工作原理。
- 采用负载线分析法来分析简单的放大器,并理解非线性失真的原因。
- 采用大信号等效电路分析 BJT 电路。
- 分析偏置电路。
- 利用小信号等效电路分析 BJT 电路。
- 计算放大器的几个重要配置参数。
- 根据实际应用选择合适的放大器结构与参数。

本章简介

第 11 章分析了场效应晶体管(FET),它是现代电子技术中一种重要的元件。本章将分析另一种重要的元件——**双极结型晶体管**(bipolar junction transistor,BJT)。BJT 不仅常用于放大器,在数字逻辑电路中同样非常重要,它与 FET 一起构成了现代电子技术的基础。

首先,我们将讨论元件参数,并以 npn 型 BJT 为例推导其电压与电流的关系式。然后分析共发射极 BJT 的特性曲线,用图形法展示该元件的工作原理。最后,利用负载线分析法来分析简单的放大电路。在 12.4 节将会介绍 pnp 型 BJT。之后将讨论 BJT 分别在三个工作区(有源放大区、饱和区和截止区)时的大信号模型,并采用这些模型分析偏置电路。然后,推导 BJT 的小信号等效电路,并采用此等效电路分析两类主要的放大器(共发射极放大器和射极跟随器)。

12.1　电流和电压的关系

BJT 是由掺入适当杂质的半导体材料(通常是硅)构成的。由于掺入杂质的不同产生 n 型或者 p 型半导体。n 型材料主要由电子导电,而 p 型材料则主要依靠带正电的空穴。npn 型晶体管是由一层 p 型材料夹在两层 n 型材料之间构成的,结构如图 12.1(a)所示,每个 pn 结形成一个二极管,但是如果同处于一个半导体晶体中的两个 pn 结离得太近,其电流就会相互影响,使得 BJT 成为一种特殊的电子元件。

如图 12.1(a)所示,BJT 有三层,分别被称为**集电区**、**基区**和**发射区**,对应的三个引出端分别被称为集电极、基极和发射极。npn 型 BJT 的电路符号如图 12.1(b)所示,箭头表示电流参考方向。

> npn 型晶体管是由一层 p 型材料(被称为基区)夹在两层 n 型材料(分别被称为集电区和发射区)之间构成的。如果外加电压合适,大电流会从集电区流向发射区,而少量电流会流过基区。

12.1.1　液体流动模拟

从某种程度上来看,BJT 就像是液体流动系统中的阀门。在一个适当的电路中,如果有一个小电流流入基极,那么一个大电流就会从集电极流入、从发射极流出,就像是基极电流打开了集电极与发射极之间的阀门,基极电流越大,阀门打开得越大。当把一个待放大信号加于基极,该信号就按照电流变化规律打开或者关闭集电极和发射极间的阀门,使得集电极和发射极间的放大电流不断波动。

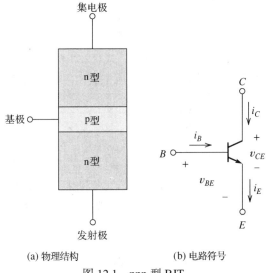

(a) 物理结构   (b) 电路符号

图 12.1 npn 型 BJT

12.1.2 工作特性方程

如图 12.2 所示，当外加电压的正极和 pn 结的 p 区相连时，pn 结**正向偏置**；而当外加电压的正极和 pn 结的 n 区相连时，pn 结**反向偏置**。

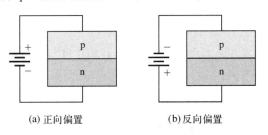

(a) 正向偏置   (b) 反向偏置

图 12.2 pn 结的偏置情况

当 BJT 作为一个放大器工作时，基极和集电极间的 pn 结反偏，而基极和发射极间的 pn 结正偏。如果无特别说明，本书中的偏置情况均按照这样定义。

肖克利(Shockley)提出的用基极-发射极(发射结)电压 v_{BE} 表示发射极电流 i_E 的方程如下，这个方程被称为肖克利方程。

$$i_E = I_{ES}\left[\exp\left(\frac{v_{BE}}{V_T}\right) - 1\right] \tag{12.1}$$

除了意义不同，这个方程与式(10.1)的二极管电流方程是一致的。发射极电流 i_E 的饱和电流 I_{ES} 与元件的尺寸以及其他一些因素有关，其典型值从 10^{-12} 到 10^{-16} 不等。(回顾一下，当温度为 300 K 时，V_T 约等于 26 mV。)

根据基尔霍夫电流定律，流出 BJT 的电流应等于流入的电流，因此参考图 12.1(b)有

$$i_E = i_C + i_B \tag{12.2}$$

(注意：无论 pn 结如何偏置，上式均成立。)

当 BJT 工作在放大状态时，基极-集电极(集电结)应该被反偏，而基极-发射极(发射结)被正偏。

定义集电极电流与发射极电流的比值为 α，即

$$\alpha = \frac{i_C}{i_E} \tag{12.3}$$

α 的取值为 0.9 到 0.999,其中 0.99 为 α 的典型值。式(12.2)表示发射极电流由流过基极和集电极的电流共同组成,但是 α 接近于 1,表示发射极电流主要由集电极电流构成。

通常 α 的取值略小于 1。

将式(12.1)代入式(12.3)并整理,得

$$i_C = \alpha I_{ES} \left[\exp\left(\frac{v_{BE}}{V_T}\right) - 1 \right] \tag{12.4}$$

其中,当 v_{BE} 大于零点几伏时,括号内的指数远远大于 1,因此括号内的 1 可以忽略。定义**刻度电流**为

$$I_s = \alpha I_{ES} \tag{12.5}$$

因此,式(12.4)改写为

$$i_C \cong I_s \exp\left(\frac{v_{BE}}{V_T}\right) \tag{12.6}$$

从式(12.3)中解出 i_C 代入式(12.2),并解出基极电流得

$$i_B = (1 - \alpha) i_E \tag{12.7}$$

既然 α 略小于 1,因此仅有很小部分的发射极电流由基极电流提供。由式(12.1)消去 i_E,得

$$i_B = (1 - \alpha) I_{ES} \left[\exp\left(\frac{v_{BE}}{V_T}\right) - 1 \right] \tag{12.8}$$

定义 β 为集电极电流与基极电流之比。由式(12.4)和式(12.8),得

$$\beta = \frac{i_C}{i_B} = \frac{\alpha}{1 - \alpha} \tag{12.9}$$

β 的值从 10 到 1000 不等,典型值为 $\beta = 100$。上式改写为

$$i_C = \beta i_B \tag{12.10}$$

当 β 远大于 1 时,集电极电流即为放大了的基极电流。电流流过 npn 型 BJT 的示意图如图 12.3 所示。

由于 β 通常远大于 1,集电极电流即为放大了的基极电流。

练习 12.1 某晶体管的 $\beta = 50$,$I_{ES} = 10^{-14}$ A,$v_{CE} = 5$ V,$i_E = 10$ mA。假设 $V_T = 0.026$ V。求 v_{BE}、v_{BC}、i_B、i_C 和 α。

答案:$v_{BE} = 0.718$V,$v_{BC} = -4.28$V,$i_B = 0.196$ mA,$i_C = 9.80$ mA,$\alpha = 0.980$。

练习 12.2 计算当 α 分别等于 0.9、0.99 和 0.999 时相应的 β 值。

答案:相应的 $\beta = 9$,$\beta = 99$,$\beta = 999$。

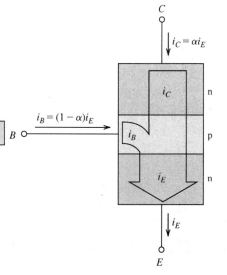

图 12.3　仅小部分发射极电流流过基极[条件是:基极-集电极(集电结)反向偏置,基极-发射极(发射结)正向偏置]

练习 12.3 某晶体管的基极-发射极(发射结)正向偏置, 基极-集电极(集电结)反向偏置。假设其 $i_C = 9.5$ mA、$i_E = 10$ mA, 求 i_B、α 和 β。

答案: $i_B = 0.5$ mA, $\alpha = 0.95$, $\beta = 19$。

12.2 共射极特性曲线

npn 型 BJT 的共射极电路如图 12.4 所示。连接在基极和发射极间的正电压 v_{BE} 使基极-发射极(发射结)正偏, 在集电极和发射极间也接有一正电压 v_{CE}, 所以基极和集电极间的电压为

$$v_{BC} = v_{BE} - v_{CE} \tag{12.11}$$

当 v_{CE} 大于 v_{BE} 时, 基极-集电极(集电结)电压 v_{BC} 为负。此时, 基极-集电极(集电结)反向偏置。

晶体管的**共射极特性曲线**是电流 i_B、i_C 与电压 v_{BE}、v_{CE} 的关系曲线。一个典型 npn 型 BJT 的共射极特性曲线如图 12.5 所示。

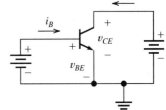

图 12.4 npn 型 BJT 的共射极电路

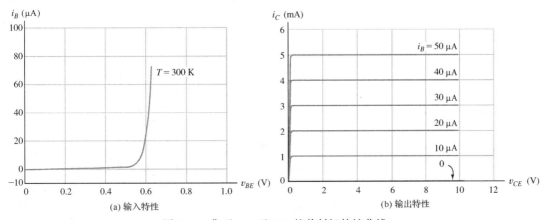

图 12.5 典型 npn 型 BJT 的共射极特性曲线

共射极输入特性曲线如图 12.5(a)所示, 是由式(12.8)画出的 i_B 与 v_{BE} 的关系曲线。它与正向偏置二极管的特性曲线具有相同的形状, 因此, 在室温下流过适当的电流时, 基极-发射极(发射结)电压大约为 0.6 V 到 0.7 V。[注意:一定电流产生的基极-发射极(发射结)电压随着温度按 2 mV/K 的速率下降。]

共射极输出特性曲线如图 12.5(b)所示, 是当 i_B 一定时 i_C 与 v_{CE} 的关系曲线。若图中晶体管的 $\beta = 100$, 且基极-集电极(集电结)反向偏置($v_{BC} < 0$, $v_{CE} > v_{BE}$), 则有

$$i_C = \beta i_B = 100 i_B$$

当 v_{CE} 小于 v_{BE}, 基极-集电极(集电结)正向偏置时, 集电极电流就会急剧下降, 如输出特性曲线的左侧边沿所示。

12.2.1 BJT 的放大作用

由图 12.5(a)可见, 基极-发射极(发射结)电压 v_{BE} 的微小变化会引起基极电流 i_B 的较大变化, 尤其是如果基极-发射极(发射结)正偏, 在 v_{BE} 没有变化前就有电流流过(例如 $i_B = 40$ μA 的那条曲

线)。当 v_{CE} 远远大于零点几伏时，基极电流的变化将使集电极电流 i_C 产生更大的变化(因为 $i_C = \beta i_B$)。在特定的电路中，这种集电极电流的变化还可以转变为比输入电压 v_{BE} 的变化更大的电压变化。因此，BJT 可用于放大加在基极-发射极(发射结)的信号。

例 12.1　由特性曲线计算 β 值

根据图 12.5 的特性曲线证明 $\beta = 100$。

解： 当 v_{CE} 较高，使得集电极-基极之间处于反向偏置时，β 为集电极电流和基极电流之比。例如，当 $v_{CE} = 4$ V、$i_B = 30$ μA 时，$i_C = 3$ mA。所以有

$$\beta = \frac{i_C}{i_B} = \frac{3\,\text{mA}}{30\,\mu\text{A}} = 100$$

(注意：对于大多数晶体管，输出特性曲线上工作点位置的稍许不同将导致 β 值的不同。)

练习 12.4　假设 $I_{BE} = 10^{-14}$ A、$\beta = 50$，试画出 npn 型 BJT 在温度为 300 K 时的共射极特性曲线。要求 i_B 以 10 μA 为步长(或间隔)从 0 变化到 50 μA。[提示：利用输入特性曲线，由式(12.8)计算当 i_B 分别等于 10 μA、20 μA 或其他值时的 v_{BE} 值。除了 i_C 的刻度不同，输出特性曲线与图 12.5(b)相似。]

答案： 如图 12.6 所示。

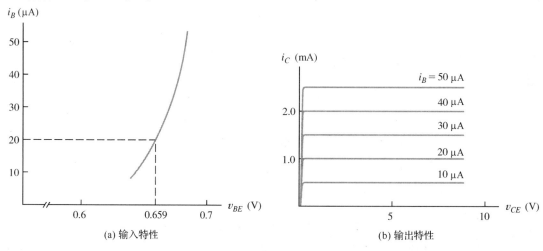

(a) 输入特性　　　　　　　　(b) 输出特性

图 12.6　练习 12.4 的图

12.3　共射极放大器的负载线分析

图 12.7 为一个简单的共射极放大器，直流电压源 V_{BB} 和 V_{CC} 使放大器**偏置**于某工作点，保证了交流输入电压 $v_{\text{in}}(t)$ 能够被电路放大。我们将证明在集电极与地之间的电压是被放大了的输入电压。

12.3.1　输入电路的分析

本节将利用与第 9 章分析二极管电路相似的负载线分析法来分析这个电路。根据基尔霍夫电压定律，得

$$V_{BB} + v_{\text{in}}(t) = R_B i_B(t) + v_{BE}(t) \qquad (12.12)$$

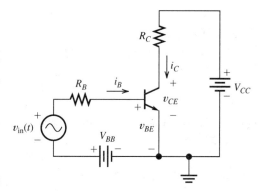

图 12.7　使用负载线分析法来分析简单的共射极放大器

> 式(12.12)为输入负载线的表达式。

上式在图 12.8(a) 的输入特性曲线上的图形即为**负载线**。如果要画出负载线，必须先确定两个点。首先假设 $i_B = 0$，由式(12.12)得 $v_{BE} = V_{BB} + v_{in}$，这一点是负载线与电压轴的交点。同样，假设 $v_{BE} = 0$，得 $i_B = (V_{BB} + v_{in}) / R_B$，而这一点是负载线与电流轴的交点。连接这两点，得到负载线如图 12.8(a) 所示。

式(12.12)表示外部电路对 i_B 和 v_{BE} 值的约束。此外，i_B 和 v_{BE} 还需要满足元件的特性曲线。而满足以上两个约束条件的值即为负载线和元件的特性曲线的交点。

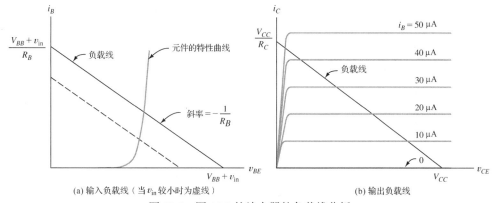

(a) 输入负载线（当 v_{in} 较小时为虚线）　　　　(b) 输出负载线

图 12.8　图 12.7 的放大器的负载线分析

因为负载线的斜率等于 $-1/R_B$，所以即使由于 v_{in} 的变化使得负载线位置平移，其斜率仍保持恒定。例如对于图 12.8(a) 中的虚线，其 v_{in} 值小于实线的 v_{in} 值。

> v_{in} 的变化使得负载线位置平移，但其斜率仍保持恒定。

v_{in} 等于零所对应的点被称为**静态工作点**(quiescent operating point)，也被称为 **Q 点**。因此，当交流输入电压 v_{in} 随时间变化时，工作点将围绕着 Q 点上下变动。对于不同的 v_{in}，可由负载线和输入特性曲线的交点来得到 i_B 的值。

12.3.2　输出电路的分析

在分析了输入电路得出 i_B 之后，就能够利用负载线分析法来分析输出电路了。参考图 12.7，得到回路电压方程为

$$V_{CC} = R_C i_C + v_{CE} \tag{12.13}$$

> 式(12.13)为输出负载线的表达式。

在晶体管的输出特性曲线上画出上式的负载线如图 12.8(b) 所示。

根据上述分析所得到的 i_B，可以确定相应的输出曲线和负载线的交点，这样就可以得到 i_C 和 v_{CE} 的值。因此，当 v_{in} 变化时，i_B 随之发生变化，使得工作点在输出特性曲线上沿负载线上下变化。通常情况下，v_{CE} 的交流部分远远大于输入电压，从而实现放大功能。

> 当 v_{in} 在一定范围内改变时，i_B 随之变化，使得工作点在输出特性曲线上沿负载线上下变化。

如图 12.8(a) 所示，当 v_{in} 向正方向变化时，输入负载线向右上方移动，i_B 增大(负载线和输入特性曲线的交点上移)，使得输出负载线的工作点向左上方移动，v_{CE} 减小。因此，v_{in} 向正方向的变化引起了 v_{CE} 向负方向更大的变化。可见，信号放大是反向的，即共射极电路是一个**反相放大器**。

例 12.2　BJT 放大器的负载线分析

假设图 12.7 的电路的 $V_{CC} = 10\,\text{V}$、$V_{BB} = 1.6\,\text{V}$、$R_B = 40\,\text{k}\Omega$、$R_C = 2\,\text{k}\Omega$。输入信号为正弦电压

$v_{in}(t) = 0.4\sin(2000\pi t)$ V ，幅值为 0.4 V，频率为 1 kHz。晶体管的共射极特性曲线如图 12.9 所示。试计算 v_{CE} 的最大值、最小值和 Q 点处的值。

解: 首先求 i_B。v_{in} 分别为零（用来求 Q 点）、0.4 V（用于求正最大值）和 –0.4 V（用于求负最大值）时的负载线见图 12.9(a)。

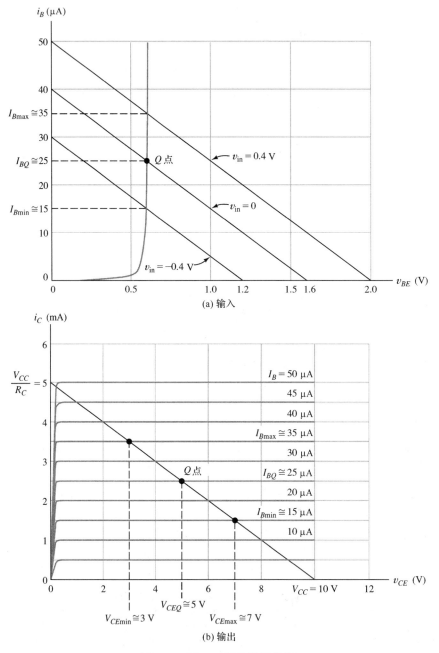

(a) 输入

(b) 输出

图 12.9　例 12.2 的负载线分析

由负载线和输入特性曲线的交点得到基极电流的值分别为 $I_{B\max} \cong 35\,\mu A$ ，$I_{BQ} \cong 25\,\mu A$ ，$I_{B\min} \cong 15\,\mu A$，输出特性曲线上的负载线见图 12.9(b)。输出负载线和 $I_{BQ} \cong 25\,\mu A$ 的那条特性曲线的交点为 Q 点，其值为 $I_{CQ} \cong 2.5\,mA$ 和 $V_{CEQ} \cong 5\,V$；和 $I_{B\max} \cong 35\,\mu A$ 的那条特性曲线的交点即为

$V_{CE\min} \cong 3\,\text{V}$ 的点；而与反方向最小值 $I_{B\min} \cong 15\,\mu\text{A}$ 对应的特性曲线的交点则为 $V_{CE\max} \cong 7\,\text{V}$ 的点。

如果能找到 v_{in} 随时间变化时的更多点，就能画出 v_{CE} 随时间变化的波形图。v_{in} 和 v_{CE} 的波形图如图 12.10 所示。需要注意的是，v_{CE} 的交流部分与输入电压相比是反向的，即 v_{CE} 为最小时 v_{in} 为最大，反之亦然。

输入电压的峰–峰值为 0.8 V，而 v_{CE} 交流部分的峰–峰值为 4 V，即电压增益等于 5（因为 v_{CE} 交流部分的幅值是 v_{in} 的 5 倍）。通常情况下，将增益写为–5 以强调该放大器是反相放大器。

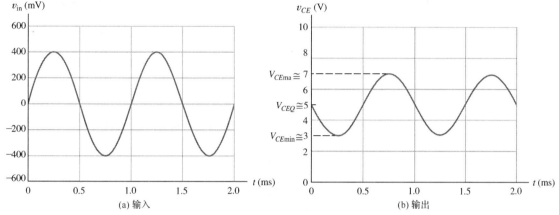

图 12.10　图 12.7 的放大器的电压波形图

12.3.3　非线性失真

虽然图 12.10 的输入与输出波形的差异对比并不明显，但事实上输出电压并不像输入电压一样是一个标准的正弦波。由于晶体管特性曲线的非线性，使得放大器并非完全线性的。因此，输入信号不仅被放大和反相，而且出现了非线性失真。图 12.11 显示了例 12.2 在输入电压的幅值增加到 1.2 V 时的输出波形，显然它出现了失真。

由于输入电压的负峰值使 i_B 和 i_C 减小为零，并使工作点移动到了电压轴上与输出负载线的交点，这就使得 v_{CE} 在正峰值处被"限幅"为 $V_{CC} = 10\,\text{V}$。当发生这种情况时，称晶体管被"关断"，即工作在截止区。

> 当 i_C 为零时，称晶体管被"关断"。

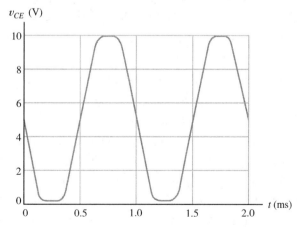

图 12.11　当 $v_{in}(t) = 1.2\sin(2000\pi t)$ V 时，例 12.2 中放大器输出的大信号出现了非线性失真

如图 12.11，输出波形的负峰值被"限幅"为 $v_{CE} \cong 0.2\,\text{V}$。这是因为 i_B 增大到一定程度后，使得工作点移动到输出负载线的上端终点处，而这里的特性曲线是"拥挤"在一起的。我们把这个区域称为**饱和区**。

> 当 $v_{CE} \cong 0.2\,\text{V}$ 时，称晶体管工作在饱和区。

只有当工作点沿负载线的变动始终保持在饱和区和截止区之间的**有源放大区**（线性放大区）时，放大才是线性的。输出负载线如图 12.12 所示，图中分别标出了截止区、饱和区和有源放大区。

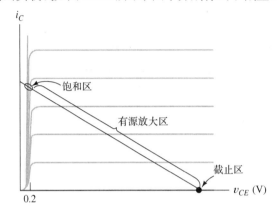

图 12.12　放大功能位于有源放大区。而当工作点进入饱和区或截
止区时，就会发生"限幅"现象。在饱和区，$v_{CE} \cong 0.2\,\text{V}$

练习 12.5　若 $v_{\text{in}}(t) = 0.8\sin(2000\pi t)\ \text{V}$，重做例 12.2，并计算 $V_{CE\max}$、V_{CEQ} 和 $V_{CE\min}$。
答案：　$V_{CE\max} \cong 9.0\,\text{V}$，$V_{CEQ} \cong 5.0\,\text{V}$，$V_{CE\min} \cong 1.0\,\text{V}$。

练习 12.6　如果 $v_{\text{in}}(t) = 0.8\sin(2000\pi t)\ \text{V}$ 和 $V_{BB} = 1.2\,\text{V}$，重做例 12.2，并计算 $V_{CE\max}$、V_{CEQ} 和 $V_{CE\min}$。
　　答案：　$V_{CE\max} \cong 9.8\,\text{V}$，$V_{CEQ} \cong 7.0\,\text{V}$，$V_{CE\min} \cong 3.0\,\text{V}$。

实际应用 12.1　可以通过改变汽车软件来提高马力吗？

早期的汽车仅包含少量电路，但没有电子元件。而电子技术在汽车上最早的、最重要的应用是电子点火。本书前面介绍了电子点火的早期版本的电路。点火系统现代化的第一步是触头替换，即用双极结型晶体管（BJT）代替机械操作开关。该晶体管周期性地工作在饱和区（等效为开关闭合）和截止区（等效为开关断开），通过快速切断流经线圈的电流来产生火花。

与机械开关相比，电子开关的重要优点之一是不会磨损。但是，要想让电子开关得到应用，需要提高点火控制技术。最佳点火时间不仅与引擎随速度变化的转动情况有关，还与油门配置、空气温度、引擎温度、燃料质量、引擎负荷和设计目标等因素有关。早期的点火系统利用机械和气动系统来调整点火时刻，但是这种系统不能在所有情况下均保持最佳状态。现代引擎控制系统利用电子传感器来确定运行条件，使用不同的电路来处理传感器信号，并用特定功能的计算机（包含特定软件）来计算每个汽缸的最佳点火时间，以及控制 BJT 工作于饱和区或截止区，从而在准确的时间产生火花点火。

在 20 世纪 50 年代，要想增大引擎功率，需要钻孔和铣刀头等多项工作，但如今却可以通过修改引擎控制软件来实现。Hot-rod 引擎的广告宣称其引擎中有一块 ROM（只读存储器，详见第 8 章），它能载入控制优化软件，使得引擎具有更好的性能（不同于省油和延长引擎寿命）。

这个里程碑事件让人们更加认识到电子元件在这个过去只是纯机械系统中的重要性。为了纪念第一辆汽车问世 100 周年,《汽车工程》杂志对汽车历史上最重要的 10 个事件进行了评选。知道谁排在第一位吗? 答案是: "包括引擎控制、刹车、驾驶和稳定性控制在内的汽车电子技术" (*Automotive Engineering*, 1996.02, p.4)。当然, 电子技术应用的先进性不会停留在 1996 年, 相反, 关于汽车电子技术的改革创新报道大量涌现。近年来的实例是防撞系统、自动平行泊车、夜视系统甚至自动驾驶技术。可见, 现代机械工程师不仅要熟悉机械设计和材料问题, 还需要熟悉电子技术应用的优势与不足。

12.4　pnp 型 BJT

到目前为止, 我们只讨论了 npn 型 BJT。当位于 p 型发射区和集电区之间的基区是一层 n 型材料时, 便产生了另一种重要的 BJT。当直流电压源与 pnp 型 BJT 相连的极性与 npn 型 BJT 的正好相反时, pnp 型 BJT 同样可以作为放大器使用, 而且电流方向与 npn 型 BJT 的相反。除了电压极性和电流方向不同, 这两种类型的元件几乎是完全相同的。

pnp 型 BJT 的物理结构和电路符号如图 12.13 所示。需要注意的是, pnp 型晶体管发射极上的箭头是指向元件的, 表示发射极电流的反向。为了吻合在有源放大区流过 pnp 型 BJT 的电流实际方向, 我们将参考方向取反。

对于 pnp 型 BJT 有以下方程, 与 npn 型 BJT 是完全相同的:

$$i_C = \alpha i_E \tag{12.14}$$

$$i_B = (1 - \alpha)i_E \tag{12.15}$$

$$i_C = \beta i_B \tag{12.16}$$

$$i_E = i_C + i_B \tag{12.17}$$

当基极-发射极(发射结)正偏(对于 pnp 型, v_{BE} 为负), 而基极-集电极(集电结)反偏(对于 pnp 型, v_{BC} 为正)时, 式(12.14)~式(12.16)均成立。对于 npn 型晶体管, α 和 β 的典型值为 $\alpha \cong 0.99$、$\beta \cong 100$。

> 除了电压极性和电流方向不同, pnp 型晶体管和 npn 型晶体管基本相同。

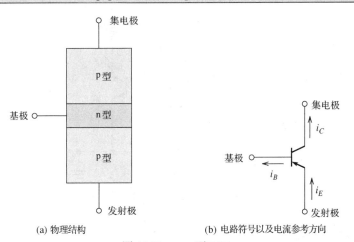

(a) 物理结构　　　　　(b) 电路符号以及电流参考方向

图 12.13　pnp 型 BJT

当 pnp 型晶体管工作在有源放大区时, 有

$$i_E = I_{ES}\left[\exp\left(\frac{-v_{BE}}{V_T}\right) - 1\right] \tag{12.18}$$

$$i_B = (1 - \alpha) I_{ES} \left[\exp \left(\frac{-v_{BE}}{V_T} \right) - 1 \right] \tag{12.19}$$

除了用 $-v_{BE}$ 代替 v_{BE}，上式与 npn 型晶体管的式 (12.1) 和式 (12.8) 完全相同 (因为对于 pnp 型 BJT，v_{BE} 取负值)。对于 npn 型元件，I_{ES} 的典型值从 10^{-12} 到 10^{-16} 不等；在温度为 300 K 时，$V_T \cong 0.026\,\text{V}$。

除了电压值为负，pnp 型 BJT 的共射极特性曲线与 npn 型的也完全相同。典型的特性曲线如图 12.14 所示。

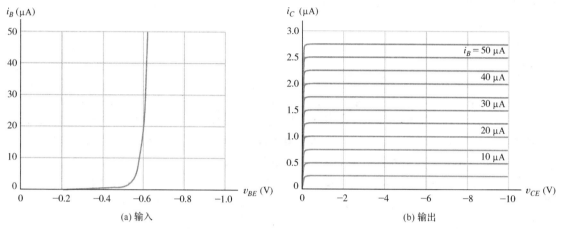

(a) 输入   (b) 输出

图 12.14　pnp 型 BJT 的共射极特性曲线

练习 12.7　由图 12.14 的特性曲线计算晶体管的 α 和 β。
答案：$\alpha = 0.980$，$\beta = 50$。

练习 12.8　如图 12.15 所示的放大电路，要求：a. 根据图 12.14 的特性曲线，利用负载线分析法求 i_B 和 v_{CE} 的最大值、最小值以及在 Q 点处的值；b. 问：该 pnp 型共射极放大器是不是反相放大器？
答案：a. $I_{B\max} \cong 48\,\mu\text{A}$，$I_{BQ} \cong 24\,\mu\text{A}$，$I_{B\min} \cong 5\,\mu\text{A}$，$V_{CE\max} \cong -1.8\,\text{V}$，$V_{CEQ} \cong -5.3\,\text{V}$，$V_{CE\min} \cong -8.3\,\text{V}$；b. 是反相放大器。[如果不确定，可以画出 v_{in}、i_B 和 v_{CE} 的波形进行比较。]

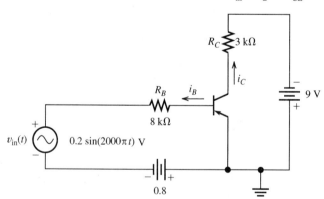

图 12.15　练习 12.8 的共射极放大器

12.5　大信号直流电路模型

在分析或者设计 BJT 电路时，我们常常需要分析静态工作点 (Q 点) (已经在 9.8 节的压控衰减器中介绍过)。本节将提出对 BJT 电路进行大信号直流分析的电路模型。而下一节将介绍如何利用这些模型来分析 BJT 放大器的偏置电路。最后，我们讨论用于分析放大电路的小信号模型。

在晶体管电路中，常用带大写字母下标的大写字母来表示直流电压和电流，例如 I_C 和 V_{CE} 分别表示直流集电极电流和集电极-发射极电压。对于其他的电流和电压也按这种方法表示。

已知 BJT 可以工作在有源放大区、饱和区或截止区。在有源放大区，基极-发射极(发射结)正向偏置，基极-集电极(集电结)反向偏置。

12.5.1 有源放大区的等效模型

BJT 在有源放大区工作时的等效电路模型如图 12.16(a)所示。电流控电流源用来等效集电极电流与基极电流的关系。为了确保有源放大区的等效模型能够成立，必须始终满足 I_B 和 V_{CE} 之间的约束关系。

接下来分析有源放大区的等效电路模型。图 12.17 为某 npn 型晶体管的特性曲线。如图 12.17(b) 所示，当基极-发射极(发射结)正向偏置时，$V_{BE} \cong 0.7 \text{ V}$ 且基极电流 I_B 为正。由图 12.17(a) 可以看出，为了确保元件运行在有源放大区，V_{CE} 必须大于 0.2 V(在特性曲线的拐点以上)。

同样，对于 pnp 型晶体管，为了保证有源放大区模型的合理性，必须保证 $I_B > 0$ 且 $V_{CE} < -0.2\text{V}$(通常假设 pnp 型晶体管的 I_B 参考方向是从基极流出为正)。

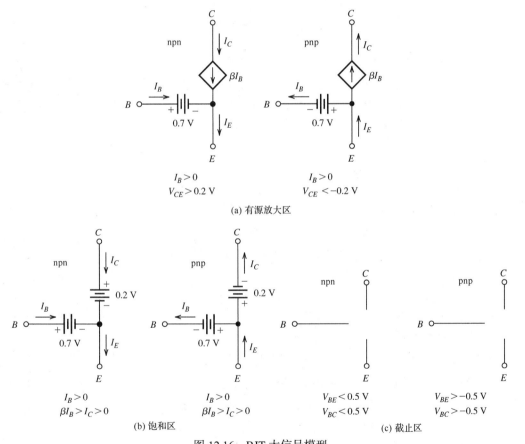

(a) 有源放大区

(b) 饱和区   (c) 截止区

图 12.16   BJT 大信号模型

(备注：图中数值是典型的小信号硅元件在温度为 300 K 时的值)

12.5.2 饱和区的等效模型

BJT 在饱和区工作时的等效电路模型如图 12.16(b)所示。在饱和区，两个 pn 结均正向偏置，由图 12.17(a) 的集电极特性曲线，得 $V_{CE} \cong 0.2\,\mathrm{V}$。所以，在饱和区的等效模型中，集电极和发射极之间有一个 0.2 V 的电压源。当元件工作在有源放大区时，I_B 为正。同样，由图 12.17(a) 可以看出，工作点位于集电极特性曲线的拐点以下，并且约束条件为 $\beta I_B > I_C > 0$。

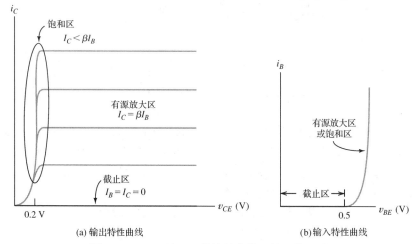

(a) 输出特性曲线　　　　　　　　　　　(b) 输入特性曲线

图 12.17　npn 型 BJT 的特性曲线上的工作区域

12.5.3　截止区的等效模型

当元件工作在截止区时，两个 pn 结均反向偏置，没有电流流过元件。所以，此时的等效模型为三极之间均相互开路，如图 12.16(c) 所示。(事实上，如果提供的正向偏置电压小于 0.5 V，那么电流太小可将其忽略，仍然使用截止区的等效模型。) BJT 工作在截止区的电压约束关系如图 12.16(c) 所示。

例 12.3　确定 BJT 的工作区

已知某 npn 型 BJT 的 $\beta = 100$。对于以下的各种情况，判断元件的工作区：

a.　$I_B = 50\,\mu\mathrm{A}$，$I_C = 3\,\mathrm{mA}$；

b.　$I_B = 50\,\mu\mathrm{A}$，$V_{CE} = 5\,\mathrm{V}$；

c.　$V_{BE} = -2\,\mathrm{V}$，$V_{CE} = -1\,\mathrm{V}$。

解： a. 当 I_B 和 I_C 为正时，晶体管可能工作在有源放大区或者饱和区。

由于工作在饱和区的约束关系为

$$\beta I_B > I_C$$

上式成立，因此元件工作在饱和区。

b. $I_B > 0$ 且 $V_{CE} > 0.2$，元件工作在有源放大区。

c. $V_{BE} < 0$ 且 $V_{BC} = V_{BE} - V_{CE} = -1 < 0$，两个 pn 结均反向偏置，元件工作在截止区。

练习 12.9　已知某 npn 型晶体管的 $\beta = 100$。对于以下的各种情况，判断元件的工作区：

a.　$V_{BE} = -0.2\,\mathrm{V}$，$V_{CE} = 5\,\mathrm{V}$；

b.　$I_B = 50\,\mu\mathrm{A}$，$I_C = 2\,\mathrm{mA}$；

c.　$I_B = 50\,\mu\mathrm{A}$，$V_{CE} = 5\,\mathrm{V}$。

答案： a. 截止区；b. 饱和区；c. 有源放大区。

12.6　BJT 电路的大信号直流分析

本书在 12.5 节提出了 BJT 的大信号直流电路模型，本节将利用这些模型来分析电路。在 BJT

电路的直流分析中，首先需要假定晶体管工作在某个特定区域(有源放大区、截止区去或饱和区)。然后再利用晶体管适合的电路模型来求解电路。接着，需要检验所得的解是否满足所假定的工作区的约束条件。如果满足，那么分析结束。否则，就需要假设元件工作在另一个区域，并重复以上步骤，直到得到满足要求的解为止。这与采用理想二极管模型以及折线模型分析二极管电路十分相似，具体步骤如下：

1. 选择一个 BJT 的工作区：饱和区、截止区或者有源放大区。
2. 根据该工作区的晶体管等效模型计算 I_C、I_B、V_{BE} 和 V_{CE}。
3. 检验所选择工作区的约束条件是否满足。如果满足，则分析结束。否则，返回步骤 1，选择另一个工作区。

在分析和设计 BJT 放大器的偏置电路时，上述方法非常有用。偏置电路的目的是使工作点位于有源放大区，保证信号被放大。因为晶体管的某些参数(例如 β)有一定幅度的变化，所以让工作点不受这些变化的影响同样非常重要。

下面将举例详述此方法，并说明其在偏置电路设计中的实用意义。

例 12.4 固定基极偏置电路的分析

已知某直流偏置电路如图 12.18(a)所示。其中 $R_B = 200\ \text{k}\Omega$、$R_C = 1\ \text{k}\Omega$、$V_{CC} = 15\ \text{V}$，晶体管的 $\beta = 100$。求 I_C 和 V_{CE}。

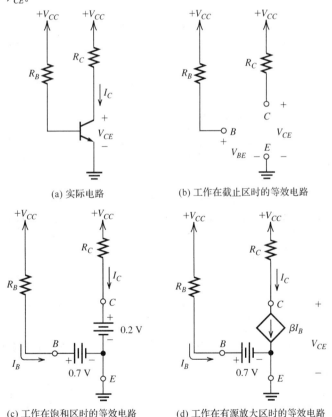

(a) 实际电路 (b) 工作在截止区时的等效电路

(c) 工作在饱和区时的等效电路 (d) 工作在有源放大区时的等效电路

图 12.18　例 12.4 和例 12.5 的图

解： 虽然本例最后确定晶体管工作在有源放大区，但是首先假设其工作在截止区(以此说明如何检验假设的结果是否准确)。

假设晶体管工作在截止区，其电路模型如图 12.16(c)所示，等效电路如图 12.18(b)所示。可知 $I_B = 0$ 且 R_B 上没有压降，所以 $V_{BE} = 15$ V。但是，若 npn 型晶体管工作在截止区，应该满足 $V_{BE} < 0.5$，可见元件工作在截止区的假设不成立。

接下来，假设晶体管工作在饱和区。此时的电路模型如图 12.16(b)所示，等效电路如图 12.18(c)所示。解得

$$I_C = \frac{V_{CC} - 0.2}{R_C} = 14.8 \text{ mA}$$

$$I_B = \frac{V_{CC} - 0.7}{R_B} = 71.5 \text{ μA}$$

检验饱和区的约束条件，满足 $I_B > 0$，但是 $\beta I_B > I_C$ 不满足约束条件。所以，元件也没有工作在饱和区。

最后，假设晶体管工作在有源放大区，利用图 12.16(a)中的等效模型和图 12.18(d)的等效电路。解得

$$I_B = \frac{V_{CC} - 0.7}{R_B} = 71.5 \text{ μA}$$

（注意：某些教材将发射结的正向偏置电压设为 0.6 V，本书设定为 0.7 V。事实上，这个值与元件型号和电流大小有关，但是通常情况下这样的假设对结果的影响并不大。）现在有

$$I_C = \beta I_B = 7.15 \text{ mA}$$

得

$$V_{CE} = V_{CC} - R_C I_C = 7.85 \text{ V}$$

工作在有源放大区的条件为：$I_B > 0$ 且 $V_{CE} > 0.2$ V，该条件满足，所以元件工作在有源放大区。

例 12.5   固定基极偏置电路的分析

若 $\beta = 300$，重做例 12.4。

解： 首先，假设元件工作在有源放大区，有

$$I_B = \frac{V_{CC} - 0.7}{R_B} = 71.5 \text{ μA}$$

$$I_C = \beta I_B = 21.45 \text{ mA}$$

$$V_{CE} = V_{CC} - R_C I_C = -6.45 \text{ V}$$

工作在有源放大区的条件为：$I_B > 0$ 且 $V_{CE} > 0.2$ V，所以条件不满足，元件并没有工作在有源放大区。

然后，假设元件工作在饱和区，有

$$I_C = \frac{V_{CC} - 0.2}{R_C} = 14.8 \text{ mA}$$

$$I_B = \frac{V_{CC} - 0.7}{R_B} = 71.5 \text{ μA}$$

检验饱和区的约束条件，得 $I_B > 0$ 和 $\beta I_B > I_C$ 均满足，所以元件工作在饱和区且 $V_{CE} = 0.2$ V。

12.6.1 偏置电路设计的应用

分析图 12.19 中例 12.4 和例 12.5 的负载线是非常有益的。当 $\beta = 100$ 时，Q 点近似位于负载线的中间；而当 $\beta = 300$ 时，此时的工作点进入饱和区。

> 本节讨论的放大电路通常将工作点偏置于有源放大区的中间位置。

如果将这个电路作为放大器使用，则希望 Q 点位于有源放大区，这样瞬时工作点就能随着基

极电流的变化，沿着负载线向上或向下变化。而在饱和区，工作点不能随着基极电流的微小变化而显著移动，因此不能实现放大功能。可见，在 $\beta = 100$ 时能取得恰当的 Q 点，而并非选择 $\beta = 300$。由于需要分析 β 的每一种变化情况，所以这个电路并不适合作为放大器的偏置电路(本来可以通过调整 R_B 来补偿 β 的变化，但是并不实用)。

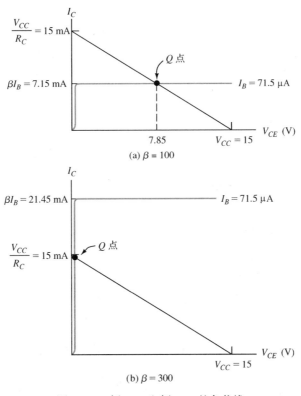

图 12.19 例 12.4 和例 12.5 的负载线

图 12.18(a)的电路被称为**固定基极偏置电路**，这是因为基极电流由 V_{CC} 和 R_B 确定，不随 β 的变化而变化。(注意：如果希望电路在输出负载线上处于特定的工作点，基极电流必须随着 β 的变化而变化。)

如图 12.18(a)所示的固定基极偏置电路并不适用于放大电路，因为当 β 变化时，晶体管可能进入饱和区或者截止区工作。

练习 12.10 根据以下两种情况重做例 12.4：a. $\beta = 50$; b. $\beta = 250$。
答案：a. $I_C = 3.575 \text{ mA}$, $V_{CE} = 11.43 \text{ V}$; b. $\beta = 14.8 \text{ mA}$, $V_{CE} = 0.2 \text{ V}$。

练习 12.11 假设图 12.18(a)的电路的 $R_C = 5 \text{ k}\Omega$、$V_{BE} = 0.7 \text{ V}$ 和 $V_{CC} = 20 \text{ V}$。在以下两种情况下，求使得工作点位于输出负载线的中间的 R_B 值(Q 点应为 $V_{CE} = V_{CC}/2 = 10 \text{ V}$)：a. $\beta = 100$; b. $\beta = 300$。
答案：a. $R_B = 965 \text{ k}\Omega$; b. $R_B = 2.90 \text{ M}\Omega$。

练习 12.12 求解以下两种情况下图 12.20 的电路的 I_C 和 V_{CE}：a. $\beta = 50$; b. $\beta = 150$。
答案：a. $I_C = 0.965 \text{ mA}$, $V_{CE} = -10.35 \text{ V}$; b. $I_C = 1.98 \text{ mA}$, $V_{CE} = -0.2 \text{ V}$(晶体管工作在饱和区)。

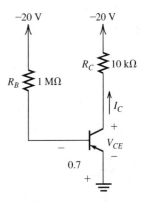

图 12.20 练习 12.12 的图

下面的例子将分析一个发射极电流与 β 无关的电路。

例 12.6 BJT 偏置电路的分析

电路如图 12.21(a) 所示,其中 $R_E = 2\,\text{k}\Omega$, $R_C = 2\,\text{k}\Omega$, $V_{CC} = 15\,\text{V}$, $V_{BB} = 5\,\text{V}$。当 β 分别等于 100 和 300 时,求 I_C 和 V_{CE} 的值。

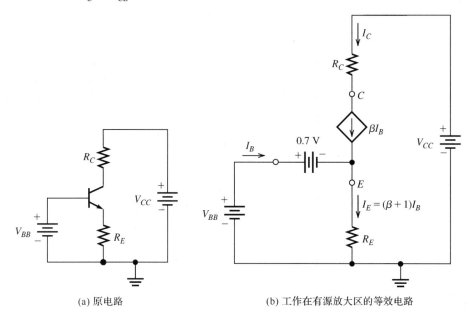

(a) 原电路　　　　　　　(b) 工作在有源放大区的等效电路

图 12.21　例 12.6 的图

解: 假设晶体管工作在有源放大区。由图 12.21(b) 的等效电路写出电压方程,得

$$V_{BB} = 0.7 + I_E R_E$$

可解得发射极电流为

$$I_E = \frac{V_{BB} - 0.7}{R_E} = 2.15\,\text{mA}$$

注意:发射极电流与 β 无关。

由式 (12.2) 和式 (12.10) 可求得基极电流和集电极电流:

$$I_C = \beta I_B$$
$$I_E = I_B + I_C$$

将第一个等式代入第二个等式,得

$$I_E = I_B + \beta I_B = (\beta + 1) I_B$$

$$I_B = \frac{I_E}{\beta + 1}$$

代入值求得结果见表 12.1。注意:β 越大,I_B 越小,但 I_C 几乎保持恒定。

写出集电极回路的电压方程,求 V_{CE}:

$$V_{CC} = R_C I_C + V_{CE} + R_E I_E$$

代入值求得 $\beta = 100$ 时,$V_{CE} = 6.44\,\text{V}$; $\beta = 300$ 时,$V_{CE} = 6.42\,\text{V}$。

显然,图 12.21(a) 的电路的 Q 点与 β 无关。但是,这个电路在绝大多数放大电路中并没有实用性,这是因为:首先,需要两个电压源 V_{CC} 和 V_{BB},但是在实际应用中通常只有唯一电源;其次,我们希望把信号(通过耦合电容)加在基极上,但是此电路的基极电压已经被电压源 V_{BB} 确定,由于 V_{BB} 恒为常数,对于交流信号等效为短路,使得交流电流与电压不能加到基极上。

表 12.1 例 12.6 的电路的求值结果

β	$I_B(\mu A)$	$I_C(mA)$	$V_{CE}(V)$
100	21.3	2.13	6.44
300	7.14	2.14	6.42

12.6.2 四电阻 BJT 偏置电路的分析

四电阻 BJT 偏置电路适用于分立元件构成的放大电路,但是不适用于集成放大电路。

能避免前面所述不足的电路见图 12.22(a),即**四电阻 BJT 偏置电路**。由 R_1 和 R_2 组成的分压器为基极提供恒定的电压(与 β 无关)。如例 12.6 分析的那样,恒定的基极电压产生基本恒定的 I_C 和 V_{CE}。在四电阻 BJT 偏置电路中,基极并非直接和电源或地相连,所以能够使输入信号通过耦合电容加到基极上。

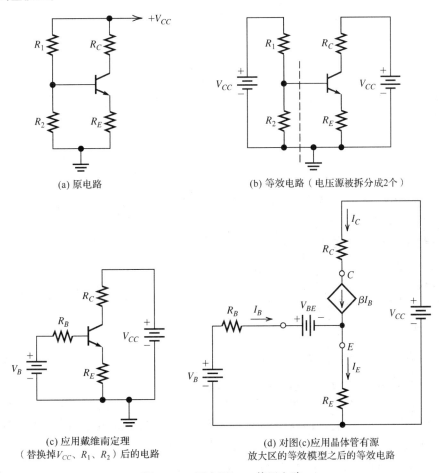

(a) 原电路

(b) 等效电路(电压源被拆分成2个)

(c) 应用戴维南定理
(替换掉 V_{CC}、R_1、R_2)后的电路

(d) 对图(c)应用晶体管有源
放大区的等效模型之后的等效电路

图 12.22 四电阻 BJT 偏置电路

此电路的分析步骤如下:首先,将电路等效变为图 12.22(b)。除了将电压源拆分为两个独立的电源以便于分析,图 12.22(a)和(b)是完全相同的。

然后，对虚线左边的电路应用戴维南定理求出等效电路。其中，戴维南等效电阻 R_B 是 R_1 和 R_2 的并联组合，为

$$R_B = \frac{1}{1/R_1 + 1/R_2} = R_1 \| R_2 \tag{12.20}$$

戴维南等效电压 V_B 为

$$V_B = V_{CC} \frac{R_2}{R_1 + R_2} \tag{12.21}$$

戴维南等效电路见图 12.22(c)。

再用晶体管在有源放大区的等效模型代替晶体管，得图 12.22(d)的电路。

写出图 12.22(d)的电路的基极回路电压方程：

$$V_B = R_B I_B + V_{BE} + R_E I_E \tag{12.22}$$

对于室温下的硅晶体管，有 $V_{BE} \cong 0.7\,\text{V}$，另外有

$$I_E = (\beta + 1) I_B$$

求得

$$I_B = \frac{V_B - V_{BE}}{R_B + (\beta + 1)R_E} \tag{12.23}$$

求得 I_B 以后，I_C 和 I_E 就很容易求得了。最后，写出图 12.22(d)的集电极回路的电压方程，并求出 V_{CE}：

$$V_{CE} = V_{CC} - R_C I_C - R_E I_E \tag{12.24}$$

例 12.7　四电阻 BJT 偏置电路的分析

假设 $V_{BE} = 0.7\,\text{V}$，当 β 分别等于 100 和 300 时，求图 12.23 电路的 I_C 和 V_{CE} 值。

解： 由式(12.20)和式(12.21)，得

$$R_B = \frac{1}{1/R_1 + 1/R_2} = 3.33\,\text{k}\Omega$$

$$V_B = V_{CC} \frac{R_2}{R_1 + R_2} = 5\,\text{V}$$

将两式和 $\beta = 100$ 代入式(12.23)，得

$$I_B = \frac{V_B - V_{BE}}{R_B + (\beta + 1)R_E} = 41.2\,\mu\text{A}$$

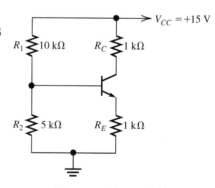

图 12.23　例 12.7 的图

同样，当 $\beta = 300$ 时求得 $I_B = 14.1\,\mu\text{A}$。注意：β 越高，I_B 越小。

现在，由 $I_C = \beta I_B$ 计算集电极电流。当 $\beta = 100$ 时，求得 $I_C = 4.12\,\text{mA}$；当 $\beta = 300$ 时，则求得 $I_C = 4.24\,\text{mA}$。可见，当 β 增大 3 倍时，集电极电流的变化不到 3%。由 $I_E = I_C + I_B$ 计算发射极电流：当 $\beta = 100$ 时，$I_E = 4.16\,\text{mA}$；当 $\beta = 300$ 时，$I_E = 4.25\,\text{mA}$。

最后，由式(12.24)求 V_{CE}，结果是当 $\beta = 100$ 时，$V_{CE} = 6.72\,\text{V}$；当 $\beta = 300$ 时，$V_{CE} = 6.51\,\text{V}$。

由此可见，如果电阻值选择恰当，四电阻 BJT 偏置电路能实现 Q 点几乎与 β 无关，这使得四电阻 BJT 偏置电路在 BJT 放大器中有着广泛的应用(除了集成电路，因为在集成电路中几乎不使用电阻)。

练习 12.13　若 $R_1 = 100\ \text{k}\Omega$、$R_2 = 50\ \text{k}\Omega$，重做例 12.7。计算 β 分别等于 300 和 100 时的 I_C 之比，并与例 12.7 的电流进行比较。

答案：当 $\beta = 100$ 时，$I_C = 3.20\ \text{mA}$、$V_{CE} = 8.57\ \text{V}$；当 $\beta = 300$ 时，$I_C = 3.86\ \text{mA}$、$V_{CE} = 7.27\ \text{V}$。集电极电流之比等于 1.21。而在例 12.7 中，集电极电流之比仅为 1.03。这说明 R_1 和 R_2 越大，I_C 随 β 变化的变化程度就越大。

12.7　小信号等效电路

> 本节研究 BJT 小信号等效电路，用于分析放大电路。

现在来分析 BJT 中的小电流和小电压。首先，需要设定放大电路常用的几个规则：用下标带大写字母的小写字母表示总电流和总电压，例如 $i_B(t)$ 表示总的基极电流；用下标带大写字母的大写字母表示 Q 点处的电流或电压，例如 I_{BQ} 表示交流输入为零时的基极直流电流；用带小写字母下标的小写字母表示 Q 点附近电流或电压的变化量（由被放大的输入信号产生），例如 $i_b(t)$ 表示基极电流的交流部分。

> $i_b(t)$ 表示基极电流的交流部分，I_{BQ} 表示交流输入为零时的基极直流电流，$i_B(t)$ 表示总的基极电流。其他电流与电压也采用这样的符号来表示。

因此，总电流等于 Q 点处的直流值加上交流部分，写为

$$i_B(t) = I_{BQ} + i_b(t) \tag{12.25}$$

这三个量之间的关系如图 12.24 所示。同样，写出

$$v_{BE}(t) = V_{BEQ} + v_{be}(t) \tag{12.26}$$

由偏置电路建立 Q 点已经在 12.6 节介绍过了。现在分析 BJT 中的小信号模型是如何构成的。

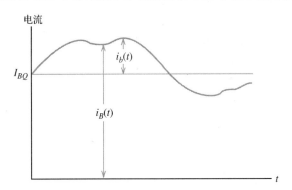

图 12.24　图解总电流 $i_B(t)$、直流电流 I_{BQ} 和信号电流 $i_b(t)$ 的关系

由式 (12.8) 可以根据总的基极-发射极（发射结）的电压计算总的基极电流，为

$$i_B(t) = (1 - \alpha)I_{ES}\left[\exp\left(\frac{v_{BE}}{V_T}\right) - 1\right]$$

因为工作点在有源放大区，所以括号中的 1 可以忽略。

将式 (12.25) 和式 (12.26) 代入式 (12.8)，得

$$I_{BQ} + i_b(t) = (1 - \alpha)I_{ES}\exp\left[\frac{V_{BEQ} + v_{be}(t)}{V_T}\right] \tag{12.27}$$

上式写为

$$I_{BQ} + i_b(t) = (1 - \alpha)I_{ES} \exp\left(\frac{V_{BEQ}}{V_T}\right) \exp\left[\frac{v_{be}(t)}{V_T}\right] \tag{12.28}$$

式(12.8)仍与 Q 点的值有关,所以写为

$$I_{BQ} = (1 - \alpha)I_{ES} \exp\left(\frac{V_{BEQ}}{V_T}\right) \tag{12.29}$$

代入式(12.28),得

$$I_{BQ} + i_b(t) = I_{BQ} \exp\left(\frac{v_{be}(t)}{V_T}\right) \tag{12.30}$$

这里研究的小信号满足 $v_{be}(t)$ 值在任意时刻均远小于 V_T。[通常, $v_{be}(t)$ 只有几毫伏甚至更低。]

又因为当 $|x| \ll 1$ 时,下式成立(见图 12.25):

$$\exp(x) \cong 1 + x \tag{12.31}$$

所以,式(12.30)写为

$$I_{BQ} + i_b(t) \cong I_{BQ}\left[1 + \frac{v_{be}(t)}{V_T}\right] \tag{12.32}$$

上式两端同除以 I_{BQ},并定义 $r_\pi = V_T/I_{BQ}$,则有

$$i_b(t) = \frac{v_{be}(t)}{r_\pi} \tag{12.33}$$

因此,对于在 Q 点附近变化的小信号,晶体管的基极-发射极(发射结)pn 结等效为电阻 r_π:

$$r_\pi = \frac{V_T}{I_{BQ}} \tag{12.34}$$

代入 $I_{BQ} = I_{CQ}/\beta$,得

$$r_\pi = \frac{\beta V_T}{I_{CQ}} \tag{12.35}$$

室温下 $V_T \cong 0.026$ V,而 β 的典型值为 100,小信号放大器的典型偏置电流为 $I_{CQ} = 1\,\text{mA}$,所以 $r_\pi = 2600\,\Omega$。

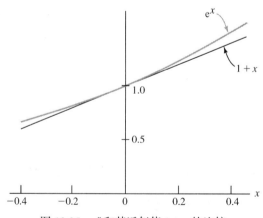

图 12.25　e^x 和其近似值 $1 + x$ 的比较

总集电极电流等于 β 倍的总基极电流:

$$i_C(t) = \beta i_B(t) \tag{12.36}$$

但是,总电流等于 Q 点处的值与交流部分之和,所以有

$$I_{CQ} + i_c(t) = \beta I_{BQ} + \beta i_b(t) \tag{12.37}$$

可见

$$i_c(t) = \beta i_b(t) \tag{12.38}$$

12.7.1 BJT 的小信号等效电路

式(12.33)和式(12.38)分别给出了 BJT 中小信号电压和电流之间的关系，所以，用图 12.26 的**小信号等效电路**表示 BJT 十分方便。该电路非常清楚地表示了式(12.33)与式(12.38)所表示的电流和电压关系。

> 图 12.26 所示的 BJT 小信号等效电路有助于分析放大电路。

通过分析发现，尽管 pnp 型和 npn 型 BJT 电流的参考方向不同，但是两者具有相同的小信号等效电路。由式(12.35)给出的 r_π 表达式也同时满足 npn 型和 pnp 型 BJT(设 pnp 型 BJT 的 I_{CQ} 参考方向为流出集电极，所以 I_{CQ} 为正值)。下面几节将证明小信号等效电路对于分析 BJT 放大器方程非常有用。

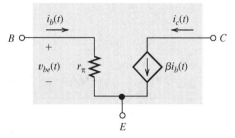

图 12.26　BJT 的小信号等效电路

12.8 共射极放大器

在 BJT 放大电路中，要想实现放大功能就必须使 BJT 的工作点位于有源放大区。例如，采用 12.6 节的四电阻 BJT 偏置电路，可以使工作点偏置在有源放大区，而耦合电容用来连接负载和信号源，以避免影响静态工作点。

> 耦合电容用来连接 BJT 放大电路的负载和信号源，但不会影响静态工作点。

通过小信号等效电路可以分析放大电路的增益、输入电阻和输出电阻。本节和下一节将分析两种重要的 BJT 放大电路。

图 12.27(a)为**共射极放大器**，电阻 R_1、R_2、R_E 和 R_C 组成了四电阻 BJT 偏置电路；电容 C_1 将信号源和晶体管的基极相连，电容 C_2 将集电极上被放大的信号与负载 R_L 相连；另外，电容 C_E(即**旁路电容**)为交流发射极电流在发射极和地之间提供了一条低阻抗通路。

通常选择较大的耦合电容和旁路电容，使其交流阻抗很小。为了简化电路，将电容置为短路。但是，在信号频率较低的情况下，此类电容会降低放大器的增益。

> 在进行小信号交流分析时，将耦合电容和旁路电容视作短路处理。

对于交流信号，发射极相当于与地直接相连，此时，输入信号与负载均与发射极相连，这就是将此电路称为共射极放大器的原因。

以上分析在**中频段**是成立的。但是，在**低频段**必须考虑耦合电容以及旁路电容的影响；而在**高频段**则需要分析包括截止频率等参数在内的更复杂的晶体管等效模型。本书不涉及低频段和高频段的分析。

12.8.1 小信号等效电路

在分析放大器之前，画出小信号等效电路是非常有用的，如图 12.27(b)所示。其中，耦合电容被短路所代替，晶体管则被小信号等效模型所代替。

另外，由于直流电压源的内部阻抗近似为零，因此电压源上不可能出现交流电压，这样直流电压源可以等效为短路。

> 在进行交流信号分析时，将直流电压源替换为短路。

仔细比较图 12.27(a) 的实际电路和图 12.27(b) 的小信号等效电路可见，由于 C_1 被等效为短路，所以在小信号等效电路中输入信号直接连接基极；同样，发射极直接与地相连，负载直接与集电极相连。

需要注意的是，在实际电路中 R_1 和直流电压源一端相连，但由于直流电压源等效为短路接地，因此在小信号等效电路中 R_1 连接在基极与地之间。

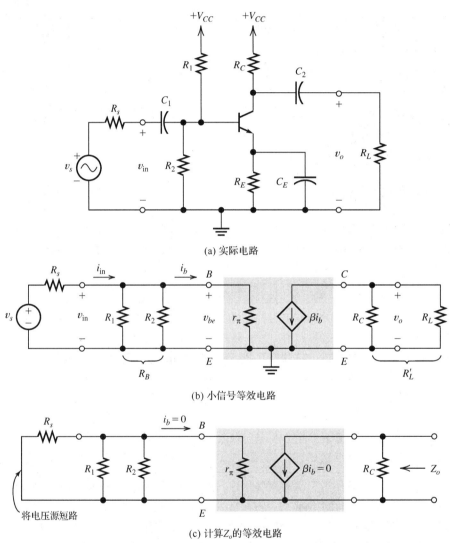

(a) 实际电路

(b) 小信号等效电路

(c) 计算 Z_o 的等效电路

图 12.27　共射极放大器

由于 R_1 与 R_2 并联，R_C 与 R_L 并联，这里定义 R_1 和 R_2 的并联电阻为 R_B，R_C 和 R_L 的并联电阻为 R'_L：

$$R_B = R_1 \| R_2 = \frac{1}{1/R_1 + 1/R_2} \tag{12.39}$$

$$R'_L = R_L \| R_C = \frac{1}{1/R_L + 1/R_C} \tag{12.40}$$

并联电阻如图 12.27(b) 所示。

12.8.2　电压增益

现在根据等效电路来推导放大器电压增益的表达式。首先，输入电压应该等于 r_π 上的压降：

$$v_{\text{in}} = v_{be} = r_\pi i_b \tag{12.41}$$

而输出电压则等于流过 R'_L 的集电极电流所产生的电压：

$$v_o = -R'_L \beta i_b \tag{12.42}$$

负号表示电流从电压的正极性端流出。式(12.42)和式(12.41)两边分别相除，即得到电压增益为

$$A_v = \frac{v_o}{v_{\text{in}}} = -\frac{R'_L \beta}{r_\pi} \tag{12.43}$$

电压增益为负，表示共射极放大器是反相放大的。而电压增益通常相当大，可以达到几百。

式(12.43)的电压增益表达式表示有负载时的电压增益。而开路电压增益对于理解放大器的特性也非常重要(见第 11 章)，将开路代替 R_L，即可求出开路电压增益：

$$A_{voc} = \frac{v_o}{v_{\text{in}}} = -\frac{R_C \beta}{r_\pi} \tag{12.44}$$

12.8.3　输入阻抗

放大器的另一个重要参数是输入阻抗，可以通过分析等效电路来求解。输入阻抗是从输入端看进去的阻抗。图 12.27(b) 的输入端等效电路等于 R_B 和 r_π 的并联组合：

$$Z_{\text{in}} = \frac{v_{\text{in}}}{i_{\text{in}}} = \frac{1}{1/R_B + 1/r_\pi} \tag{12.45}$$

(通过将输入电压 v_{in} 除以电流 i_{in} 来求得输入阻抗，此电路的输入阻抗是纯电阻。如果等效电路中有电容或者电感，则可以通过相电压和相电流的比值来求得输入阻抗。)

12.8.4　电流增益和功率增益

电流增益 A_i 可由式(10.3)求得，即

$$A_i = \frac{i_o}{i_{\text{in}}} = A_v \frac{Z_{\text{in}}}{R_L} \tag{12.46}$$

放大器的功率增益 G 则由其电流增益和电压增益之积求得，即

$$G = A_i A_v \tag{12.47}$$

12.8.5　输出阻抗

输出阻抗是视信号电压源 v_s 为零时从负载端看进去的阻抗。如图 12.27(c) 所示，当 v_s 为零时，基极上没有电压，所以 i_b 等于零。因此，受控源的电流 βi_b 等于零，即等效为开路。此时，从输出端看进去的阻抗就等于 R_C：

$$Z_o = R_C \tag{12.48}$$

例 12.8 共射极放大器

计算图 12.28 的放大器的 A_v、A_{voc}、Z_{in}、A_i、G 和 Z_o，并画出 $v_o(t)$ 随时间变化的波形图。其中，$v_s(t) = 0.001\sin(\omega t)$ V，$V_T = 26$ mV。

解： 要计算 r_π 需要先计算 I_{CQ}，所以首先分析直流情况下的电路。分析静态工作点不仅要考虑晶体管的影响，还要考虑 R_1、R_2、R_C 和 R_E 的影响。而对于输入电压和负载电阻，由于它们对 Q 点没有影响(因为在直流电路中耦合电容等效为开路)，因此可以不用考虑。

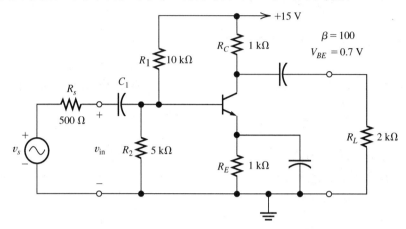

图 12.28 例 12.8 的共射极放大器

直流通路如图 12.23 所示。由例 12.7 可知，当 $\beta = 100$ 时，求得 Q 点为 $I_{CQ} = 4.12$ mA 和 $V_{CE} = 6.72$ V。将值代入式(12.35)，得

$$r_\pi = \frac{\beta V_T}{I_{CQ}} = 631 \ \Omega$$

由式(12.39)式(12.40)，得

$$R_B = R_1 \| R_2 = \frac{1}{1/R_1 + 1/R_2} = 3.33 \ \text{k}\Omega$$

$$R'_L = R_L \| R_C = \frac{1}{1/R_L + 1/R_C} = 667 \ \Omega$$

所以，求解式(12.43)~式(12.48)，得

$$A_v = \frac{v_o}{v_{in}} = -\frac{R'_L \beta}{r_\pi} = -106$$

$$A_{voc} = \frac{v_o}{v_{in}} = -\frac{R_C \beta}{r_\pi} = -158$$

$$Z_{in} = \frac{v_{in}}{i_{in}} = \frac{1}{1/R_B + 1/r_\pi} = 531 \ \Omega$$

$$A_i = \frac{i_o}{i_{in}} = A_v \frac{Z_{in}}{R_L} = -28.1$$

$$G = A_i A_v = 2980$$

$$Z_o = R_C = 1 \ \text{k}\Omega$$

注意：有载电压增益 A_v 略小于空载电压增益 A_{voc}，因为前者涉及放大器负载 R_L 的影响(详见第 10 章)。共射极放大器的功率增益相当大，这就是其得到广泛应用的原因。

共射极放大器的增益是反相的，有较大的电压增益、电流增益和功率增益。

电压源电压等于电压源内阻的电压和放大器输入阻抗的电压之和，所以有

$$v_{in} = v_s \frac{Z_{in}}{Z_{in} + R_s} = 0.515 v_s$$

当有载时，有

$$v_o = A_v v_{in} = -54.6 v_s$$

又因为 $v_s(t) = 0.001\sin(\omega t)$ V，有

$$v_o(t) = -54.6\sin(\omega t) \text{ mV}$$

输出电压和输入电压的波形如图 12.29 所示，它们是反相的。

练习 12.14　若 $\beta = 300$，重做例 12.8。[提示：当 β 变化时，Q 点随之发生变化。]

答案： $A_v = -109$，$A_{voc} = -163$，$Z_{in} = 1186$ Ω，$A_i = -64.4$，$G = 7004$，$Z_o = 1$ kΩ，$v_o(t) = -76.5\sin(\omega t)$ mV。

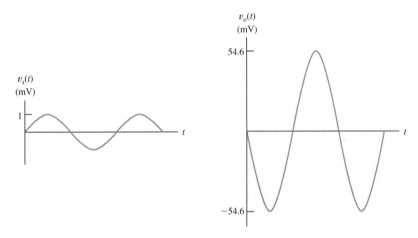

图 12.29　例 12.8 的输入电压和输出电压的波形

12.9　射极跟随器

另一种类型的 BJT 放大器如图 12.30(a)所示，即**射极跟随器**。此电路无须共射极放大器的集电极电阻 R_C，所以该电路的偏置电路为 $R_C = 0$ 的四电阻电路，即仅由电阻 R_1、R_2 和 R_E 组成的偏置电路。对此偏置电路的分析如同 12.6 节的例题。

交流输入信号通过耦合电容 C_1 加到基极，而输出信号则通过耦合电容 C_2 加到负载。

12.9.1　小信号等效电路

射极跟随器的小信号等效电路如图 12.30(b)所示。和前面的分析一样，用短路代替电容和直流电压源，用小信号等效模型代替晶体管。

通过以上等效变换，电路如图 12.30(b)所示，此时集电极直接与地相连，因此，该电路也被称为**共集电极放大器**。

对照图 12.30(a)，练习绘制小信号等效电路。

对于电路分析,绘制小信号等效电路的能力是至关重要的。通过与图12.30(b)的小信号等效电路相比较,试着根据原电路画出小信号等效电路。

在等效电路中 R_1 和 R_2 并联,所以设并联电阻为 R_B。同样,设 R_E 和 R_L 的并联电阻为 R'_L,表达式如下:

$$R_B = R_1 \| R_2 = \frac{1}{1/R_1 + 1/R_2} \tag{12.49}$$

$$R'_L = R_L \| R_E = \frac{1}{1/R_L + 1/R_E} \tag{12.50}$$

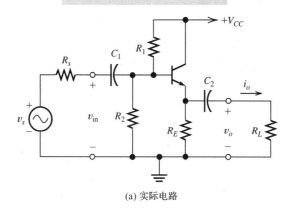

(a) 实际电路

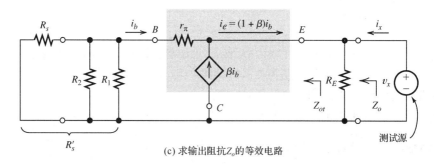

(b) 小信号等效电路

(c) 求输出阻抗 Z_o 的等效电路

图 12.30　射极跟随器

12.9.2　电压增益

现在推导射极跟随器的增益表达式。流过电阻 R'_L 的电流为 $i_b + \beta i_b$,所以输出电压为

$$v_o = R'_L (1 + \beta) i_b \tag{12.51}$$

由基尔霍夫电压定律, 得回路方程为

$$v_{\text{in}} = r_\pi i_b + (1 + \beta)i_b R'_L \qquad (12.52)$$

式(12.51)和式(12.52)两边分别相除, 即得到电压增益:

$$A_v = \frac{(1 + \beta)R'_L}{r_\pi + (1 + \beta)R'_L} \qquad (12.53)$$

上式的分母大于分子, 所以射极跟随器的电压增益小于 1。但是事实上, 电压增益只是稍稍小于 1, 并且由于放大器的电流增益往往较大, 此类放大器同样很有用。

> 射极跟随器的电压增益小于 1。

注意: 电压增益为正, 说明射极跟随器的输入与输出电压是同相的, 即如果输入电压变化, 输出电压也会随之变化, 而且变化的大小与输入电压几乎相同, 即输出电压跟随输入电压变化。这就是此类放大器也被称为射极跟随器的原因。

12.9.3　输入阻抗

如图 12.30(b)所示, 输入阻抗 Z_i 等于 R_B 和 Z_{it} 的并联阻抗, 其中, Z_{it} 为从晶体管的基极看进去的输入阻抗。所以, 输入阻抗 Z_i 写为

$$Z_i = \frac{1}{1/R_B + 1/Z_{it}} = R_B \| Z_{it} \qquad (12.54)$$

由式(12.52)两边同时除以 i_b, 得 Z_{it} 为

$$Z_{it} = \frac{v_{\text{in}}}{i_b} = r_\pi + (1 + \beta)R'_L \qquad (12.55)$$

> 与其他组态的 BJT 放大器相比, 射极跟随器的输入阻抗更高。

与其他组态的 BJT 放大器相比, 射极跟随器的输入阻抗更高。(注意: 在第 11 章中已说明场效应晶体管能提供比 BJT 更大的输入阻抗。)在获得射极跟随器的电压增益和输入电阻之后, 由式(10.3)和式(10.5)便得到电流增益和功率增益。

12.9.4　输出阻抗

输出阻抗是从输出端看进去的戴维南等效阻抗。为了计算射极跟随器的输出阻抗, 需要使电路空载, 信号源为零, 计算从输出端向左看的等效阻抗。此时电路如图 12.30(c)所示, 在输出端外接一个电压源 v_x, 其电流为 i_x, 方向为流入要求的输出阻抗, 则输出阻抗为

$$Z_o = \frac{v_x}{i_x} \qquad (12.56)$$

(注意: 对于纯电阻电路, 输出阻抗由电压与电流的瞬时值之比来求得; 而对于非纯电阻电路, 应该采用相量来计算。)

为了求输出阻抗值, 需要写出 v_x 和 i_x 的方程。例如, R_E 上方所有电流之和满足方程:

$$i_b + \beta i_b + i_x = \frac{v_x}{R_E} \qquad (12.57)$$

对于上式, 计算输出阻抗时需要消去 i_b, 因为最后的结果中应该只包含晶体管参数和电阻值, 而不包含任何电路参数, 例如 i_b。因此, 还需要另一个方程。

首先，定义 R_S、R_1 和 R_2 的并联电阻为

$$R'_s = \frac{1}{1/R_s + 1/R_1 + 1/R_2} \tag{12.58}$$

所需要的另一个方程由基尔霍夫电压定律得到：

$$v_x + r_\pi i_b + R'_s i_b = 0 \tag{12.59}$$

由式(12.59)解出 i_b，代入式(12.57)，并化简得输出阻抗为

$$Z_o = \frac{v_x}{i_x} = \frac{1}{(1 + \beta)(R'_s + r_\pi) + 1/R_E} \tag{12.60}$$

这个阻抗也可以看作 R_E 和以下电阻的并联：

$$Z_{ot} = \frac{R'_s + r_\pi}{1 + \beta} \tag{12.61}$$

[可见，Z_{ot} 是从晶体管发射极看进去的等效阻抗，如图 12.30(c)所示。]

> 射极跟随器的输出阻抗比其他 BJT 放大器的输出阻抗小。

射极跟随器的输出阻抗往往比其他 BJT 放大器的输出阻抗小。

例 12.9　射极跟随器的分析

计算如图 12.31 所示的射极跟随器的电压增益、输入阻抗、电流增益、功率增益和输出阻抗(假设在室温下，$V_T = 26$ mV)。

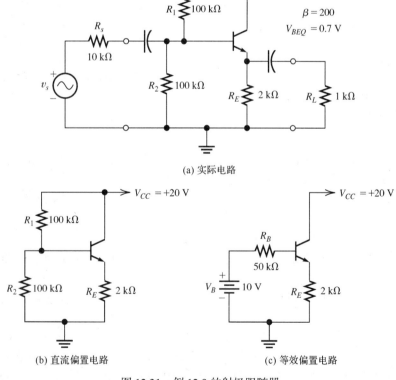

(a) 实际电路

(b) 直流偏置电路　　　　　　(c) 等效偏置电路

图 12.31　例 12.9 的射极跟随器

解：为了计算r_π，首先要确定偏置的静态工作点。

首先要确定偏置的静态工作点，才能计算r_π。

直流通路中，耦合电容等效为开路，且没有R_S和R_L，所以直流电路见图 12.31（b）。

用其戴维南等效模型代替基极偏置电路，等效电路见图 12.31（c）。

假设工作点在有源放大区，由基极回路得

$$V_B = R_B I_{BQ} + V_{BEQ} + R_E(1 + \beta)I_{BQ}$$

代入值，得$I_{BQ} = 20.6\,\mu A$。有

$$I_{CQ} = \beta I_{BQ} = 4.12\,mA$$

$$V_{CEQ} = V_{CC} - I_{EQ}R_E = 11.7\,V$$

因为V_{CEQ}远远大于 0.2 V 且I_{BQ}为正，所以晶体管工作在有源放大区。

由式（12.35），得

$$r_\pi = \frac{\beta V_T}{I_{CQ}} = 1260\,\Omega$$

在确定晶体管的工作点以及r_π值之后，计算放大器的增益和阻抗。将数据代入式（12.49）和式（12.50），得

$$R_B = R_1 \| R_2 = \frac{1}{1/R_1 + 1/R_2} = 50\,k\Omega$$

$$R_L' = R_L \| R_E = \frac{1}{1/R_L + 1/R_E} = 667\,\Omega$$

由式（12.53）得电压增益为

$$A_v = \frac{(1 + \beta)R_L'}{r_\pi + (1 + \beta)R_L'} = 0.991$$

由式（12.54）和式（12.55）得输入阻抗为

$$Z_{it} = r_\pi + (1 + \beta)R_L' = 135\,k\Omega$$

$$Z_i = \frac{1}{1/R_B + 1/Z_{it}} = 36.5\,k\Omega$$

由式（12.58）和式（12.60），得

$$R_s' = \frac{1}{1/R_s + 1/R_1 + 1/R_2} = 8.33\,k\Omega$$

$$Z_o = \frac{1}{(1 + \beta)/(R_s' + r_\pi) + 1/R_E} = 46.6\,\Omega$$

由式（10.3）得电流增益为

$$A_i = A_v \frac{Z_i}{R_L} = 36.2$$

由式（10.5）得功率增益为

$$G = A_v A_i = 35.8$$

尽管电压增益稍小于 1，但是电流增益却很大（与 1 相比）。因此，输出功率大于输入功率，此电路是有效的放大器。

尽管射极跟随器的电压增益稍小于 1，但是电流增益和功率增益却很大。

总之，相比其他单级 BJT 放大器（例如共射极和共基极），射极跟随器（共集电极）的输出阻抗更小，输入阻抗更高。因此，如果需要高输入阻抗和低输出阻抗的放大电路，建议选用射极跟随器。

如果射极跟随器与共射极放大电路串联级联，合适的组合方式会令整个多级放大电路的参数更佳。事实上，采用 BJT 的多级放大电路的组合形式是多样的。

练习 12.15　若 $\beta = 300$，重做例 12.9。并将结果同例 12.9 的结果进行比较。

答案：$A_v = 0.991$，$Z_i = 40.1\text{k}\Omega$，$Z_o = 33.2\Omega$，$A_i = 39.7$，$G = 39.4$。

本章小结

1. npn 型双极结型晶体管(BJT)由两层 n 型材料(分别为集电区和发射区)以及它们中间的 p 型材料(基区)组成。

2. 在有源(线性)放大区，集电极电流是被放大的基极电流，表达式为 $i_C = \beta i_B$。其中，β 的典型值为 100。

3. npn 型 BJT 的典型共射极特性曲线如图 12.5 所示。

4. 负载线分析法是分析放大电路的基本方法。

5. BJT 放大器不仅放大信号，还会使信号失真。在有源放大区，失真主要因为输入特性曲线的曲率以及输出特性曲线的不等间距排列。对于大信号而言，当晶体管工作时如果在饱和区和截止区之间变换，将发生"限幅"之类比较严重的失真。

6. 除了电流方向和电压极性相反，pnp 型 BJT 和 npn 型 BJT 放大电路几乎是完全相同的。

7. BJT 工作在以下三个区：有源放大区、饱和区和截止区。这三个工作区的 BJT 等效电路模型如图 12.16 所示。

8. 在 BJT 的大信号分析中，我们先假定工作点在某个区域，利用相应的电路等效模型来解出电流和电压，然后判断所得结果是否满足所假定区域的约束条件。如果不吻合，则重复以上过程直至得到合理的结果。

9. 在使用 BJT 作为放大器件时，必须将其偏置工作在有源放大区。四电阻 BJT 偏置电路[见图 12.22(a)]常用于简单的放大器。

10. BJT 的小信号等效电路如图 12.26 所示。

11. 要分析中频段的放大器，首先需要画出小信号等效电路。BJT 由它的等效电路模型代替，耦合电容和旁路电容则用短路代替。然后，获得增益和阻抗的表达式，并代数求解。

12. 两种重要的 BJT 放大电路是共射极放大器[见图 12.27(a)]和射极跟随器[见图 12.30(a)]。共射极放大器是反相放大器，具有较大的电压增益和电流增益以及中等程度的输入阻抗。而射极跟随器是同相放大器，具有近似为 1 的电压增益、较大的电流增益和较高的输入阻抗。

习题

12.1 节　电压和电流的关系

P12.1　写出 npn 型 BJT 的发射极电流的肖克利方程。

P12.2　一个正偏的 pn 结，其哪个极应该接电源的正端？一个工作在放大状态的 BJT，其发射极-基极(发射结)应该正偏还是反偏？集电结呢？

P12.3　画出 npn 型 BJT 的结构示意图，并标出三个区域。BJT 工作在放大状态时，电流是流入还是流出基极、集电极以及发射极？

P12.4　请定义 BJT 的参数 α 和 β，在何种电路组态下可采用这两个参数之一。

P12.5 画出 npn 型 BJT 的电路符号，标出各个极以及相应电流的参考方向，并确定 BJT 工作在有源放大区时的实际电流方向。

*P12.6 一个 npn 型晶体管的基极-发射极(发射结)正偏，基极-集电极(集电结)反偏，已知 $i_C = 9$ mA，$i_B = 0.3$ mA，求 i_E、α 和 β。

*P12.7 (假设在室温下，$V_T = 26$ mV)一个 npn 型晶体管的 $I_{ES} = 10^{-13}$ A，$\beta = 100$，$v_{CE} = 10$ V，$i_E = 10$ mA。求 v_{BE}、v_{BC}、i_B、i_C 和 α。

P12.8 分析图 P12.8 的电路，晶体管 Q_1 和 Q_2 完全相同，且 $I_{ES} = 10^{-14}$ A，$\beta = 100$。求 V_{BE} 和 I_{C2}。设 $V_T = 26$ mV。〔提示：两个晶体管均工作在有源放大区，因为两个晶体管相同且 V_{BE} 相等，所以集电极电流相等。〕

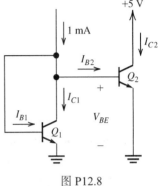

图 P12.8

P12.9 已知某 npn 型 BJT 的基极-发射极(发射结)正偏、基极-集电极(集电结)反偏。若 $i_C = 10$ mA、$i_E = 10.5$ mA，求 i_B、α 和 β。

P12.10 已知 BJT 的 $\beta = 200$，求 α。

P12.11 已知某 npn 型 BJT 的基极-发射极(发射结)正偏、基极-集电极(集电结)反偏。若 $\beta = 200$、$i_B = 10$ μA，求 i_C 和 i_E。

P12.12 在图 P12.12 的电路中，晶体管 Q_1 的参数为 $I_{ES1} = 10^{-14}$ A，$\beta_1 = 100$；而晶体管 Q_2 的参数为 $I_{ES2} = 10^{-13}$ A，$\beta_2 = 100$。假设两个晶体管均工作在有源放大区，而且 $V_T = 26$ mV，计算 V_{BE} 和 I_{C2} 的值。

P12.13 假设一个 npn 型晶体管的 $V_{BE} = 0.7$ V，$I_E = 10$ mA，$V_T = 26$ mV，分别计算 $I_E = 1$ mA 和 1 μA 的 V_{BE} 值。

P12.14 在绝对温度 $T = 300$ K 时，一个晶体管的 $v_{BE} = 0.600$ V，$i_E = 10$ mA，试计算 I_{ES} 的值。当温度 $T = 310$ K 时，晶体管的 $v_{BE} = 0.580$ V，$i_E = 10$ mA，试再次计算 I_{ES} 值，并指出温度差异 10 K 导致 I_{ES} 的变化量。〔回忆一下式(9.2)中的 $V_T = kT/q$，其中，玻尔兹曼常数 $k = 1.38 \times 10^{-23}$ J/K，电子电荷量 $q = 1.60 \times 10^{-19}$ C。〕

P12.15 求图 P12.15 中晶体管的 β 值。

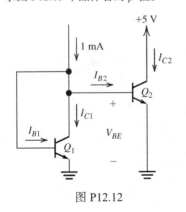

图 P12.12

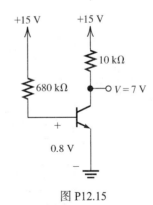

图 P12.15

*P12.16 两个晶体管 Q_1、Q_2 并联等效为一个晶体管，如图 P12.16 所示。如果单个晶体管的参数如下：$I_{ES1} = I_{ES2} = 10^{-13}$ A，$\beta_1 = \beta_2 = 100$。求等效晶体管的 I_{ES} 和 β_{eq}，假设所有晶体管均工作在同一温度下。

P12.17 图 P12.17 的两个晶体管 Q_1、Q_2 的连接被称为达林顿(Darlington)连接，可以等效为一个晶体管。求用 β_1 和 β_2 表示的等效晶体管的 β_{eq}。

12.2 节 共射极特性曲线

*P12.18 图 P12.18 为某晶体管的特性曲线，试求该晶体管 α 和 β 的值。

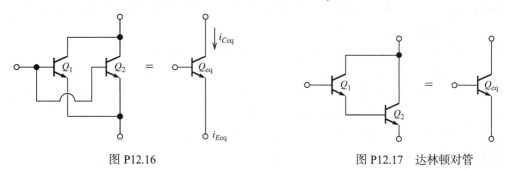

图 P12.16   图 P12.17 达林顿对管

*P12.19 当室温为 30℃时，已知某 npn 型 BJT 在 $i_B = 0.1$ mA 时，$v_{BE} = 0.7$ V。试画出 30℃时的输入特性曲线。求当 $i_B = 0.1$ mA 时 v_{BE} 在 180℃下的近似值，并画出 180℃的输入特性曲线。（提示：温度每上升 1℃，v_{BE} 降低 2 mV。）

P12.20 某 npn 型硅晶体管的 $\beta = 100$，$i_B = 0.1$ mA。画出当 v_{CE} 在 0～5 V 之间变化时 i_C 与 v_{CE} 的关系曲线。当 $\beta = 300$ 时，按照要求重做一遍。

P12.21 某晶体管的特性曲线如图 P12.18 所示，其中 $i_C = 8$ mA、$v_{CE} = 12$ V。试分别在输入和输出特性曲线上标出其工作点。

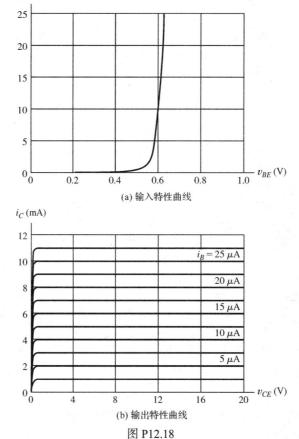

图 P12.18

12.3 节　共射极放大器的负载线分析

*P12.22　分析图 12.7 的电路，设 $V_{CC} = 20$ V、$V_{BB} = 0.8$ V、$R_B = 40$ kΩ、$R_C = 2$ kΩ，输入信号是幅值为 0.2 V、频率为 1 kHz 的正弦信号 $v_{in}(t) = 0.2\sin(2000\pi t)$ V。晶体管的共射极特性曲线如图 P12.18 所示。求 v_{CE} 的最大值、最小值以及在 Q 点处的值，并估算该电路的电压增益。

P12.23　简述 BJT 放大器失真的几种原因。

P12.24　分析图 12.7 的电路，设 $V_{CC} = 20$ V、$V_{BB} = 0.8$ V、$R_B = 40$ kΩ、$R_C = 10$ kΩ，输入信号是幅值为 0.2 V、频率为 1 kHz 的正弦信号 $v_{in}(t) = 0.2\sin(2000\pi t)$ V。晶体管的共射极特性曲线如图 P12.18 所示。求 v_{CE} 的最大值、最小值以及在 Q 点处的值。请问：$v_{CE}(t)$ 的波形有何特点？为什么此时的电压增益不合常理？

P12.25　分析图 12.7 的电路，设 $V_{CC} = 20$ V、$V_{BB} = 0.3$ V、$R_B = 40$ kΩ、$R_C = 2$ kΩ，输入信号是幅值为 0.2 V、频率为 1 kHz 的正弦信号 $v_{in}(t) = 0.2\sin(2000\pi t)$ V。晶体管的共射极特性曲线如图 P12.18 所示。求 v_{CE} 的最大值、最小值以及在 Q 点处的值。估算电压增益，并分析为什么电压增益会这么小。

P12.26　分析图 12.7 的电路，设 $V_{CC} = 10$ V、$R_C = 2$ kΩ。画出 i_C-v_{CE} 的负载线。令 $V_{CC} = 15$ V，再画出 i_C-v_{CE} 的负载线，并分析当 V_{CC} 改变时负载线斜率的变化规律。

12.4 节　pnp 型 BJT

P12.27　画出 pnp 型 BJT 的电路符号，标出各个极以及相应电流的参考方向，并确定 BJT 工作在有源放大区时的实际电流方向。

P12.28　图 P12.28 所示为一个 npn 型晶体管和一个 pnp 型晶体管连接成 Sziklai 对管的电路结构，其等效为一个 npn 型晶体管。试用 β_1 和 β_2 表示此等效晶体管的电流放大系数 β_{eq}。

*P12.29　某 pnp 型硅晶体管的 $\beta = 100$，$i_B = 50$ μA。画出当 v_{CE} 在 0~−5 V 的范围内变化时 i_C 与 v_{CE} 的关系曲线。当 $\beta = 300$ 时，按照要求重做一遍。

*P12.30　电路如图 P12.30 所示，其中 $i_s(t) = 10 + 5\sin(2000\pi t)$ μA，晶体管的 $\beta = 100$：

　　a. 画出 i_B 分别等于 0 μA、5 μA、10 μA、15 μA、20 μA 和 25 μA 时，v_{CE} 在 0~−20 V 的范围内变化的输出特性曲线；

　　b. 在输出特性曲线上画出输出负载线；

　　c. 求 I_{Cmax}、I_{CQ} 和 I_{Cmin}；

　　d. 画出 $v_{CE}(t)$ 随时间变化的曲线；

　　e. 若 $i_s(t) = 20 + 5\sin(2000\pi t)$ μA，重做 c.和 d.的题目。

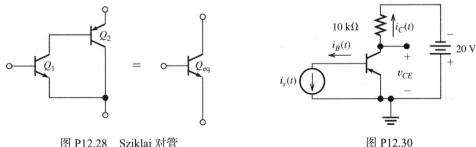

图 P12.28　Sziklai 对管　　　　　　　　　图 P12.30

P12.31　假设一个 pnp 型晶体管的 $V_{CE} = -5$ V，$I_C = 0.995$ mA，$I_E = 1.000$ mA。请计算晶体管的 α 和 β 值。

P12.32　当室温为 30℃时，一个 pnp 型晶体管的 $V_{BE} = -0.7$ V，$I_E = 2$ mA。请计算当 $I_E = 2$ mA、温度为 180℃时的 V_{BE} 值。

12.5 节　大信号直流电路模型

P12.33　对一个工作在室温条件下的典型小信号硅 npn 型 BJT,绘制输入特性曲线,i_B 的变化范围是 $0\sim$ 40 μA。假设$\beta=100$,再画出输出特性曲线,要求 i_B 的变化范围是 $0\sim40$ μA,间隔 10 μA,并且标注截止区、饱和区以及有源放大区。

P12.34　图 P12.34 的晶体管的$\beta=100$,如果工作在饱和区,则 $|V_{CE}|=0.2$ V;如果工作在有源放大区或者饱和区,则 $|V_{BE}|=0.6$ V。要求分析图(a)、(b)、(c)、(d)各晶体管的工作区,并计算 V_{CE}、I_B、I_E 和 I_C 的值。

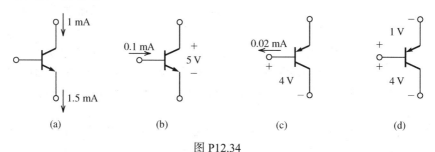

图 P12.34

*P12.35　晶体管如果工作在有源放大区,基极–集电极(集结)和基极–发射极(发射结)应该如何偏置?如果在饱和区,应该如何偏置?如果在截止区,又该如何?

P12.36　画出一个工作在室温和有源放大区的 npn 型 BJT 的大信号直流电路模型,并写出确保 BJT 工作在有源放大区的电流和电压的约束条件。如果工作在饱和区,重复前述要求;如果工作在截止区,重复前述要求。

P12.37　已知某 npn 型 BJT 工作在室温下,$\beta=100$,分析以下各种情况 BJT 的工作区:

a. $V_{CE}=10$ V,$I_B=20$ μA;

b. $I_C=I_B=0$;

c. $V_{CE}=3$ V,$V_{BE}=0.4$ V;

d. $I_B=50$ μA,$I_C=1$ mA。

P12.38　图 P12.17 中的达林顿对管等效为一个晶体管。假设 Q_1 和 Q_2 工作在有源放大区,$|V_{BE}|=0.6$ V,计算等效晶体管的 V_{BE} 值。针对图 P12.28 中的 Sziklai 对管,重复上述要求。

P12.39　已知某 pnp 型 BJT 工作在室温下,$\beta=100$,分析以下各种情况 BJT 的工作区:

a. $V_{CE}=-5$ V;$V_{BE}=-0.3$ V;

b. $I_B=1$ mA;$I_C=10$ mA;

c. $I_B=0.05$ mA;$V_{CE}=-5$ V。

P12.40　画出一个工作在室温和有源放大区的 pnp 型 BJT 的大信号直流电路模型,并写出确保 BJT 工作在有源放大区的电流和电压的约束条件。如果工作在饱和区,重复前述要求;如果工作在截止区,重复前述要求。

12.6 节　BJT 电路的大信号直流分析

*P12.41　采用大信号模型进行 BJT 电路直流分析,写出具体步骤。

*P12.42　采用图 12.16 的大信号模型分析晶体管,求图 P12.42 中 4 个电路的 I_C 和 V_{CE},设晶体管工作在有源放大区和饱和区时均有$\beta=100$,$|V_{BE}|=0.7$ V。若$\beta=300$,重复以上要求,并比较值的不同。

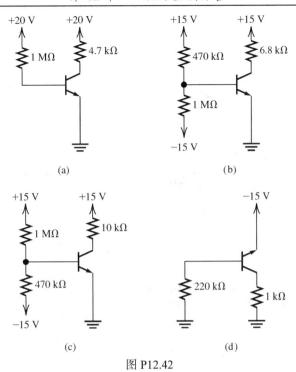

图 P12.42

P12.43 图 P12.43 中的晶体管工作在有源放大区，$\beta = 100$，$|V_{BE}| = 0.7$ V。要求计算每个晶体管的 I_C 和 V_{CE} 的值。

P12.44 画出一个 npn 型的四电阻 BJT 偏置电路的电路图。

P12.45 画出一个固定偏置电流的电路，此电路不适用于多级级联的放大电路的主要原因是什么？

*P12.46 分析图 P12.46 的电路。要求 I_C 在 Q 点处的值介于最小值 4 mA 和最大值 5 mA 之间。设电阻值恒定，而 β 在 100～300 的范围内变化，要求 R_B 的最大值仍然满足约束条件。求 R_B 的最大值以及此时的 R_E。

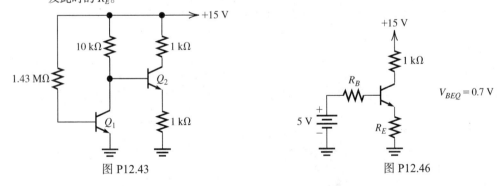

图 P12.43   图 P12.46

P12.47 分析图 P12.47 的电路，所有晶体管工作在有源放大区和饱和区，均有 $|V_{BE}| = 0.7$ V。当 β 分别为 100 和 300 时，求 I 和 V 的值。

*P12.48 四电阻 BJT 偏置电路见图 12.22(a)，其中 $V_{CC} = 15$ V、$R_1 = 100$ kΩ、$R_2 = 47$ kΩ、$R_C = 4.7$ kΩ、$R_E = 4.7$ kΩ。设 β 在 50～200 的范围内变化，$V_{BE} = 0.7$ V，电阻的容差为 ± 5%，求 I_C 的最大值和最小值。

P12.49 分析图 12.22(a) 的四电阻 BJT 偏置电路，其中 $R_1 = 200$ kΩ、$R_2 = 100$ kΩ、$R_C = 10$ kΩ、$R_E = 10$ kΩ、$V_{CC} = 15$ V、$\beta = 200$。设 $V_{BE} = 0.7$ V，求 I_{CQ} 和 V_{CEQ}。

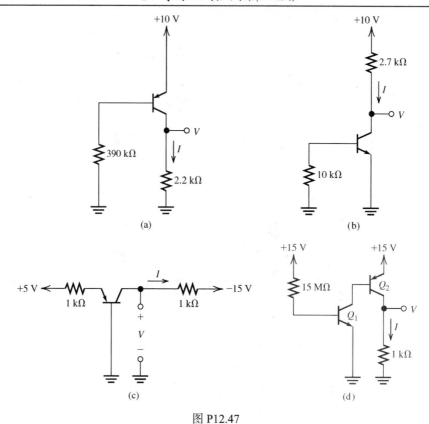

图 P12.47

P12.50　分析图 12.22(a) 的四电阻 BJT 偏置电路，其中 $R_1 = 100\,\text{k}\Omega$ 、$R_2 = 200\,\text{k}\Omega$ 、$R_C = 10\,\text{k}\Omega$ 、$R_E = 10\,\text{k}\Omega$ 、$V_{CC} = 15\,\text{V}$ 、$\beta = 200$ 。设晶体管工作在饱和区或者有源放大区时 $V_{BE} = 0.7\,\text{V}$ ，求 I_{CQ} 和 V_{CEQ} 。〔提示：此时的 BJT 不一定工作在放大区。〕

P12.51　分析图 P12.51 的电路，求 I_C 和 V_{CE}。

P12.52　分析图 P12.52 的电路，求 R_1 和 R_C 为何值时，使静态工作点为 $V_{CE} = 5\,\text{V}$ 、$I_C = 2\,\text{mA}$ 。

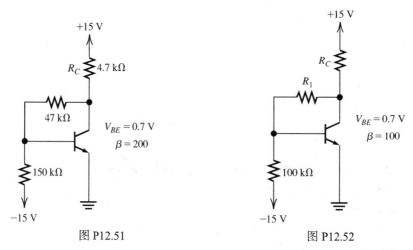

图 P12.51　　　　　　　　　　　　图 P12.52

12.7 节　小信号等效电路

P12.53　已知 β 值和静态工作点，给出 r_π 的计算式。

P12.54 画出 BJT 的小信号等效电路。

*P12.55 设某个 BJT 新产品的输入特性为 $i_B = 10^{-5}v_{BE}^2$，电流单位为 A，电压单位为 V，$i_C = 100i_B$。其小信号等效电路如图 12.26 所示，求等效电阻 r_π 与 I_{CQ} 的关系式，若 $I_{CQ} = 1$ mA，求 r_π。

P12.56 Sziklai 对管如图 P12.28，分别画出对管和等效晶体管的小信号等效电路，根据 $r_{\pi 1}$、$r_{\pi 2}$、β_1 和 β_2 推导 $r_{\pi eq}$ 的表达式。

P12.57 图 P12.17 的达林顿对管可以等效为一个晶体管。分别画出对管和等效晶体管的小信号等效电路，根据 $r_{\pi 1}$、$r_{\pi 2}$、β_1 和 β_2 推导 $r_{\pi eq}$ 的表达式。

P12.58 在室温下，某 npn 型 BJT 的 $\beta = 100$。分别求 I_{CQ} 等于 1 mA、0.1 mA 和 1 μA 时 r_π 的值。设 BJT 工作在有源放大区且 $V_T = 26$ mV。

12.8 节 共射极放大器

P12.59 画出一个采用四电阻 BJT 偏置电路的共射极放大器，含有一个信号源和一个负载电阻。

P12.60 为什么经常用耦合电容将信号源和负载连接到放大电路？如果放大直流信号，能否采用耦合电容？为什么？

P12.61 共射极放大器是反相还是同相放大器？其电压增益和电流增益有什么特点？

*P12.62 分析图 P12.62 的共射极放大器。画出直流电路模型，计算 I_{CQ}、r_π，并求 A_v、A_{voc}、Z_{in}、A_i、G 和 Z_o。设在该电路工作的频率范围内，耦合电容和旁路电容等效为短路。

P12.63 分析图 P12.63 的共射极放大器。画出直流电路模型，计算 I_{CQ}、r_π，并求 A_v、A_{voc}、Z_{in}、A_i、G 和 Z_o。设在该电路工作的频率范围内，耦合电容和旁路电容等效为短路。

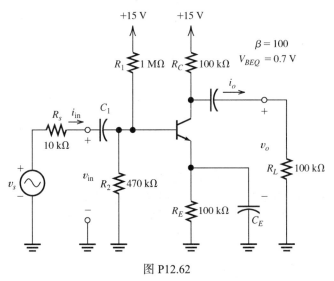

图 P12.62

P12.64 分析图 P12.64 的共射极放大器。

    a. 画出电路的小信号等效电路，设耦合电容等效为短路；

    b. 推导由电阻值、r_π 以及 β 表示的电压增益的表达式；

    c. 推导由电阻值、r_π 以及 β 表示的输入电阻的表达式；

    d. 设 $\beta = 100$，$V_{BEQ} = 0.7$ V，$R_C = 2$ kΩ，$R_L = 2$ kΩ，$R_E = 100$ Ω，$V_{CC} = 20$ V。求 R_B 为何值时，$I_{CQ} = 5$ mA；

    e. 计算由 c. 和 d. 推导出的表达式的值。

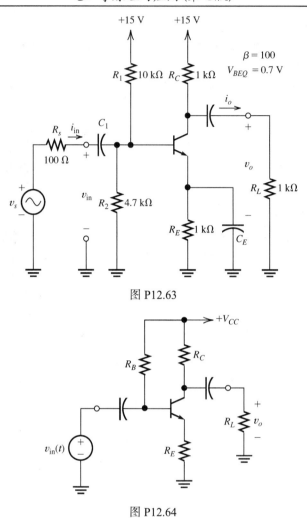

图 P12.63

图 P12.64

12.9 节　射极跟随器

P12.65　画出一个射极跟随器的电路，包含一个信号源和一个电阻负载。

P12.66　射极跟随器的电压增益、电流增益和功率增益有什么特点？

*P12.67　分析图 P12.67 的射极跟随器，画出直流等效模型，并求 I_{CQ}。然后根据所求的结果计算 r_π 以及中频段的 A_v、A_{voc}、Z_{in}、A_i、G 和 Z_o 的值。

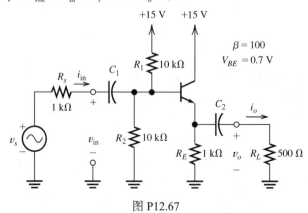

图 P12.67

P12.68　分析图 P12.68 的射极跟随器，画出直流等效模型，并求 I_{CQ}。然后根据所求的结果计算 r_π 以及中频段的 A_v、A_{voc}、Z_{in}、A_i、G 和 Z_o 的值。

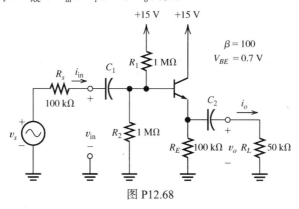

图 P12.68

测试题

T12.1　从表 T12.1(b) 中选择合适的内容填入表 T12.1(a) 的空白处 [表 T12.1(b) 的选项可以使用多次或者不用。]

表 T12.1

(a)
a. 一个 BJT 工作在有源放大区，则集电极-基极之间＿＿＿＿＿＿。
b. 一个 BJT 工作在有源放大区，则发射极-基极之间＿＿＿＿＿＿。
c. 一个 BJT 工作在有源放大区，＿＿＿＿＿＿电流通常极较小于其他两极的电流。
d. 当 BJT 放大电路达到＿＿＿＿＿＿或者＿＿＿＿＿＿，输出波形发生限幅。
e. 对于一个 BJT 放大电路，如果集电极特性曲线不是等间距的，会导致＿＿＿＿＿＿。
f. BJT 工作在＿＿＿＿＿＿时，其大信号模型包含两个电压源。
g. BJT 工作在＿＿＿＿＿＿时，其大信号模型为三个极之间开路。
h. 若一个 BJT 的参数为 $\beta = 50$、$I_C = 1\ \text{mA}$、$I_E = 1.5\ \text{mA}$，则 BJT 工作于＿＿＿＿＿＿。
i. 一个射极跟随器的电压增益值＿＿＿＿＿＿。
j. 一个共射极放大器的电压增益值＿＿＿＿＿＿。
k. 在一个中频小信号等效电路中，耦合电容可视为＿＿＿＿＿＿。

(b)
1. 截止区
2. 正偏
3. 反偏
4. 发射极(发射区)
5. 基极(基区)
6. 集电极(集电区)
7. 饱和区
8. 大增益
9. 小增益
10. 失真
11. 有源(线性)放大区
12. 远大于 1，且为负
13. 远小于 1，且为负
14. 反相
15. 略小于 1
16. 同相
17. 值大于 1，且为正
18. 开路
19. 短路

T12.2 如图 12.7 所示的简单放大器，$R_B = 10\ \text{k}\Omega$，$V_{BB} = 0.8\ \text{V}$，$v_{\text{in}}(t) = 0.2\sin(2000\pi t)\ \text{V}$，$R_C = 2.5\ \text{k}\Omega$，$V_{CC} = 10\ \text{V}$。特性曲线如图 12.5 所示。请采用负载线分析法求 $V_{CE\min}$、V_{CEQ} 和 $V_{CE\max}$。

T12.3 一个 npn 型晶体管工作在有源放大区，$I_{CQ} = 1.0\ \text{mA}$ 和 $I_{EQ} = 1.04\ \text{mA}$。设 $V_T = 26\ \text{mV}$，求 α、β、r_π 的值，并画出 BJT 的小信号等效电路。

T12.4 如图 T12.4 所示，已知 $\beta = 50$，$V_{BE} = 0.7\ \text{V}$，要求：a. 计算 I_C 和 V_{CE}；b. 令 $\beta = 250$，重复求 a。

T12.5 对图 T12.5 的放大电路，要求画出中频段小信号等效电路，并且在等效电路中标注各元件。

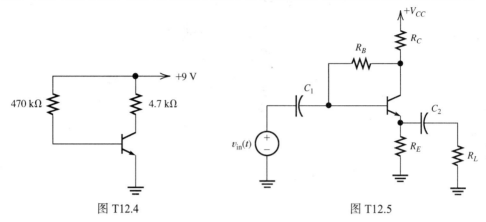

图 T12.4   图 T12.5

T12.6 共射极放大器见图 12.27(a)，$R_1 = 100\ \text{k}\Omega$，$R_2 = 47\ \text{k}\Omega$，$R_C = 2.2\ \text{k}\Omega$，$R_L = 5.6\ \text{k}\Omega$，$\beta = 120$，$V_T = 26\ \text{mV}$，$I_{CQ} = 4\ \text{mA}$。求电压增益 $A_v = v_o / v_{\text{in}}$ 和输入阻抗。

第13章 运算放大器

本章学习目标

- 掌握理想运算放大器的各种特性。
- 掌握判断运算放大器中的负反馈的方法。
- 学会利用节点约束条件来分析具有负反馈的理想运算放大器的电路。
- 学会选择适用于各种不同应用的运算放大器的电路结构。
- 学会使用运算放大器来设计各种用途的电路。
- 学会确定实际运算放大器的局限性和其在仪器仪表应用中存在的潜在误差。
- 理解精密仪用放大器的工作原理。
- 掌握积分器、微分器和有源滤波器的应用。

本章介绍

第 10 章讨论了基本放大器的外部特性。

通过第 11 章和第 12 章的学习,我们知道了怎样使用场效应晶体管(FET)或双极结型晶体管(BJT)来构成基本放大器。本章将介绍在工程仪器中广泛使用的一个重要器件——**运算放大器**(简称运放)。

运算放大器是由大约 30 个 BJT 或 FET、10 个电阻和一些电容组成的电路。这些组成元件通过一定的工序被集成在一块硅晶体上(被称为芯片),用这种方式制造出来的电路被称为**集成电路**(IC)。

集成电路的制造并不比单个晶体管的制造复杂多少,所以与第 11 章和第 12 章介绍的分立 FET 和 BJT 电路相比,运算放大器更为经济,是更好的选择。

目前,运算放大器是应用广泛的通用集成电路。不过,这种类型的放大器最初用于模拟计算机电路中对信号进行积分或加法等运算——因此被称为运算放大器。

这些价格便宜的集成电路可以与电阻(有些情况下还有电容)组成很多有用的电路。而且,这些电路的特性主要由电路结构和电阻值决定,受运算放大器本身的影响很小。这意味着即使运算放大器中的一些参数值很不稳定,电路特性也不会受到很大的影响。

13.1 理想运放

运算放大器的电路符号如图 13.1 所示,图中是一个具有反相和同相输入端的差分放大器(在 10.11 节讨论了差分放大器)。输入信号分别用 $v_1(t)$ 和 $v_2(t)$ 表示(通常用小写字母来代表时变电压,在这里经常省略时间变量而仅用简单的 v_1、v_2 来表示输入电压)。

> **差分放大器的输入信号由差分分量和共模分量组成。**

我们知道,输入信号的平均值被称为**共模信号**,如下所示:

$$v_{icm} = \frac{1}{2}(v_1 + v_2)$$

同样,输入电压之间的差被称为**差模信号**,如下所示:

$$v_{id} = v_1 - v_2$$

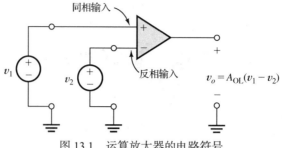

图 13.1　运算放大器的电路符号

理想运放的特性如下。

理想运放具有以下特性:

- 输入阻抗为无穷大
- 差模输入信号增益为无穷大
- 共模输入信号增益为零
- 输出阻抗为零
- 无限宽的带宽

理想运放的等效电路只包含受控源,如图 13.2 所示。**开环增益** A_{OL} 非常大——理想情况下为无穷大。

运算放大器通常与反馈网络一起使用,反馈网络将部分输出信号返回到输入。因此,信号通过放大器输出,再由反馈网络引回作为输入信号,形成一个闭环过程。A_{OL} 是放大器没有引入反馈网络时的增益,因此被称为开环增益。

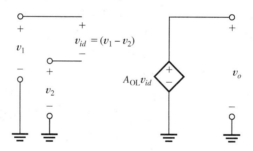

图 13.2　理想运放的等效电路(开环增益 A_{OL} 极大,接近∞)

现在,假设放大器的开环增益 A_{OL} 恒定不变,因此理想运放没有线性或者非线性的失真,其输出电压 v_o 和差模输入电压 $v_{id} = v_1 - v_2$ 的波形相同。(后面将会说明 A_{OL} 实际上是一个与频率有关的函数。另外,在实际使用中的放大器存在非线性失真这一缺点。)

13.1.1　电源连接

为了让实际运放正常工作,就必须由一个或多个直流电压源给它提供直流电压,如图 13.3 所示。然而,常常省略电路图中的电源连接部分。(正如图中所示,标准做法是使用带有重复大写下标的大写符号来表示直流电压源,如 V_{CC} 和 V_{EE}。)

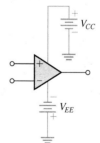

图 13.3　直流电源 V_{CC} 和 V_{EE} 的运放符号

13.2　反相放大器

运算放大器几乎都采用了**负反馈**。负反馈就是把输出信号返回到系统的输入端和源信号一起作为输入信号，反馈回来的信号和源信号极性相反（也有可能是正反馈，正反馈就是把输出信号返回到系统的输入端和源信号一起作为输入信号，反馈回来的信号和源信号极性相同。然而负反馈在放大电路中应用得更广泛。）通常，会假设运算放大器为理想运放，并使用节点约束的概念来分析放大电路。

> 运算放大器几乎都采用了负反馈。在负反馈中，与源信号极性相反的部分输出信号被返回到输入端。

一个理想运放的开环差模增益是接近无穷大的，即使一个非常小的输入电压都会得到一个非常大的输出电压。在一个负反馈电路中，输出信号的一部分与反相输入端相连，作为反相输入信号，这就迫使差模电压趋于零。如果假设增益是无穷大的，那么差模电压就为零，于是输入电流也为零。这种差模电压和输入电流被强制为零的情况统称为**节点约束条件**（也分别称为虚短和虚断）。

> 在负反馈系统中，理想运放的输出电压值使差模电压和输入电流均为零的情况统称为节点约束条件。

理想运放电路的分析步骤如下：

1. 确定有无负反馈。
2. 假设运算放大器的差模电压和输入电流趋于零（节点约束条件：虚短和虚断）。
3. 应用标准的电路分析原理，比如基尔霍夫定律和欧姆定律去求解电路中的各个参数。

接下来，我们以几个普遍应用于工程和科学仪表中的重要电路为例，阐明如何使用这种分析方法。

13.2.1　基本反相器

反相放大器的运放电路如图 13.4 所示，假设它为理想运放，运用节点约束条件来确定电压增益 $A_v = v_o/v_{in}$。需要注意的是，在分析该电路之前，应首先确认电路引入了负反馈而不是正反馈。

接下来，将证明图 13.4 中的电路引入了负反馈。首先，假设某一时刻的输入电压 v_{in} 在反相输入端产生一个正极性的电压 v_x。这时，在输出端出现一个非常大（理论上是无穷大的）的反相输出电压。而这个输出电压的一部分又通过电阻 R_2 的反馈路径返回到反相输入端。因此，反相输入中最初的正极性电压由于负反馈的作用逐渐趋于零。同理，反相输入端上的初始负极性电压也会因引入负反馈而趋于零（v_x 为负的情况也类似）。可见，为了从运算放大器的输出端得到精确的输出电压值，就必须有和原始输入电压信号相反的反馈电压，并且在输入端产生零输入电压（几乎为零）。因为假设运算放大器的增益为无穷大，所以只要有一个非常小（理论上为零）的输入电压 v_x，就可以得到需要的输出。

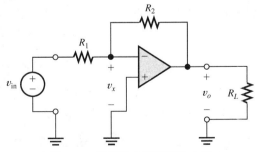

图 13.4　反相放大器的运放电路

图 13.5 就是一个反相放大器,图中包含了运算放大器输入的节点约束条件。值得注意的是,输入电压是加在电阻 R_1 上的。因此,流过电阻 R_1 的电流为

$$i_1 = \frac{v_{\text{in}}}{R_1} \tag{13.1}$$

流入运放输入端的电流为零(虚断),所以流过电阻 R_2 的电流为

$$i_2 = i_1 \tag{13.2}$$

由式(13.1)和式(13.2),可以得到

$$i_2 = \frac{v_{\text{in}}}{R_1} \tag{13.3}$$

列写包含运放输出端、电阻 R_2 和运放输入端在内的回路电压方程,得到

$$v_o + R_2 i_2 = 0 \tag{13.4}$$

用式(13.3)代替式(13.4)中的 i_2,并且求解电路的电压增益,得到

$$A_v = \frac{v_o}{v_{\text{in}}} = -\frac{R_2}{R_1} \tag{13.5}$$

因为 A_v 是带有反馈网络的电路增益,所以称之为**闭环增益**。

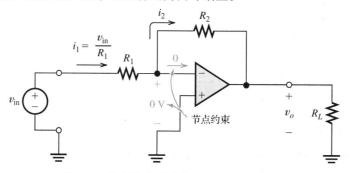

图 13.5　使用节点约束条件分析反相放大器

假设运算放大器为理想运放,闭环电压增益仅仅由电阻的比值决定。这是一个非常理想的情况,因为电阻值相对准确和稳定。值得注意的是,电压增益是个负值,这说明放大器是反相放大的,即输出电压和输入电压是反相的。

> 假设运算放大器为理想运放,反相器的闭环电压增益仅仅由电阻的比值决定。

反相放大器的输入阻抗为

$$Z_{\text{in}} = \frac{v_{\text{in}}}{i_{\text{i}}} = R_1 \tag{13.6}$$

通过选择 R_1 值可以很方便地调节电路的输入阻抗。

整理式(13.5)可得

$$v_o = -\frac{R_2}{R_1} v_{\text{in}} \tag{13.7}$$

可见,输出电压与负载电阻 R_L 无关。从而得到这样一个推论:输出电压可以作为理想电压源(就它与负载 R_L 的关系而言),换句话说,反相放大器的输出阻抗为零。

> 反相放大器具有闭环电压增益 $A_v = -R_2 / R_1$,输入阻抗等于 R_1,输出阻抗为零。

后面将会说明,反相放大器的特性其实要受到运算放大器非理想性质的影响。然而,在许多应用场合下,放大器的实际性能和理想性能的偏差非常小。

13.2.2 "虚短"的概念

有时，运算放大器的输入端会处于**虚短**的状态，如图 13.5 所示，因为运算放大器的差模输入电压趋于零，就如同短接到地，其输入电流也会为零。

由于运算放大器的反相和同相输入端均没有电流流过，所以也称这种状态为**虚断**。

13.2.3 反相电路的分析

目前存在多种有用的反相电路形式。在分析这些电路时遵循的步骤和分析基本反相器的步骤相同：先确定是否存在负反馈，再根据节点约束条件，应用基本的电路分析原理。

例 13.1　反相放大器的分析

图 13.6 为一种采用小阻值电阻构成的高增益反相放大器，无须像常规反相放大器那样采用很高的电阻值。假设运算放大器为理想的，求电压增益的表达式，并求出输入阻抗和输出阻抗。给定条件为：$R_1 = R_3 = 1\,\text{k}\Omega$，$R_2 = R_4 = 10\,\text{k}\Omega$。参照图 13.5 所示的反相放大电路，其中 $R_1 = 1\,\text{k}\Omega$，如果要使图 13.5 的电路达到与图 13.6 的电路相同的增益，求需要的 R_2 为多大？

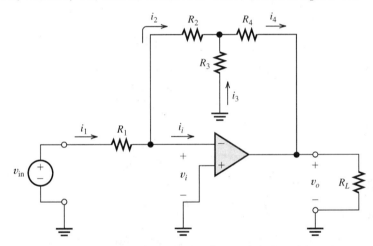

图 13.6　采用小阻值电阻构成的高增益放大器(见例 13.1)

解： 首先，确定电路中存在负反馈。假设输入信号 v_i 为正值，可以得到一个非常大的反相输出电压。其中的一部分通过电阻网络返回输入端，并且这一信号和原始的输入信号极性相反。因此，可以证明存在负反馈。

> 一般情况下，如果反相输入端和输出端之间连接有电阻网络，则存在负反馈。

接下来，采用节点约束条件：

$$v_i = 0 \quad 和 \quad i_i = 0$$

运用基尔霍夫电流定律和电压定律以及欧姆定律分析电路。注意，v_{in} 是加在 R_1 上的电压(利用 $v_i = 0$ 的虚短条件)，可以写出

$$i_1 = \frac{v_{\text{in}}}{R_1} \tag{13.8}$$

然后，在 R_1 右边的节点上应用基尔霍夫电流定律，并利用已知约束条件 $i_i = 0$，得到

$$i_2 = i_1 \tag{13.9}$$

对 v_i、R_2 和 R_3 构成的回路写出一个电压等式，同时使用了虚短条件 $v_i = 0$，有

$$R_2 i_2 = R_3 i_3 \tag{13.10}$$

在 R_3 上方的节点上应用基尔霍夫电流定律，有

$$i_4 = i_2 + i_3 \tag{13.11}$$

对 v_o、R_4 和 R_3 构成的回路写出电压等式：

$$v_o = -R_4 i_4 - R_3 i_3 \tag{13.12}$$

接下来，用替代法消去电流变量(i_1、i_2、i_3 和 i_4)，得到一个输出电压和输入电压的关系式。首先，从式(13.8)和式(13.9)中可以得到

$$i_2 = \frac{v_{\text{in}}}{R_1} \tag{13.13}$$

然后，用式(13.13)去代替式(13.10)中的 i_2，整理后可得

$$i_3 = v_{\text{in}} \frac{R_2}{R_1 R_3} \tag{13.14}$$

用式(13.13)和式(13.14)消去式(13.11)中的 i_2 和 i_3，可以得到下面的关系式：

$$i_4 = v_{\text{in}} \left(\frac{1}{R_1} + \frac{R_2}{R_1 R_3} \right) \tag{13.15}$$

最后，用式(13.14)和式(13.15)消去式(13.12)中的 i_3 和 i_4，得到

$$v_o = -v_{\text{in}} \left(\frac{R_2}{R_1} + \frac{R_4}{R_1} + \frac{R_2 R_4}{R_1 R_3} \right) \tag{13.16}$$

因此，电路的电压增益为

$$A_v = \frac{v_o}{v_{\text{in}}} = -\left(\frac{R_2}{R_1} + \frac{R_4}{R_1} + \frac{R_2 R_4}{R_1 R_3} \right) \tag{13.17}$$

根据式(13.8)计算输入电阻为

$$R_{\text{in}} = \frac{v_{\text{in}}}{i_1} = R_1 \tag{13.18}$$

观察式(13.16)可以知道，输出电压是与负载电阻无关的。因此，对负载来说，电路的输出就像是一个理想电压源。换句话说，放大器的输出电阻为零。按已知电阻值($R_1 = R_3 = 1\,\text{k}\Omega$ ，$R_2 = R_4 = 10\,\text{k}\Omega$)计算电压增益的值，可得

$$A_v = -120$$

在图 13.5 所示的基本反相放大电路中，电压增益值由式(13.5)给出，即

$$A_v = -\frac{R_2}{R_1}$$

因此，如果 $R_1 = 1\,\text{k}\Omega$，要得到-120的电压增益，则需要 R_2 为 $120\,\text{k}\Omega$。值得注意的是，为了达到相同的增益，基本反相放大器需要的电阻比值为 120:1；而对于图 13.6 所示的电路，需要的电阻比值仅为 10:1。保持电路中的电阻比值尽可能接近一致，有时具有显著的优点。因此，图 13.6 所示的电路要比图 13.5 所示的电路更优化。

上述例子讲解了怎样利用节点约束条件来分析带有负反馈的理想运放电路，接下来通过一些习题来练习这种方法的运用。如下电路均存在负反馈，并假设运算放大器均为理想运放，以便于在分析中使用节点约束条件。

练习 13.1　图 13.7 中的电路是一个加法器。a. 假设电路中的运算放大器是理想运放，在给定输入电压和电阻的条件下求解输出电压；b. 对电源 v_A 来说，输入电阻是多少？c. 对电源 v_B 来说，输入电阻又是多少？d. 对于负载 R_L 来说，输出电阻是多少？

答案： a. $v_o = -(R_f / R_A)v_A - (R_f / R_B)v_B$；b. v_A 的输入电阻等于 R_A；c. v_B 的输入电阻等于 R_B；d. 输出阻抗为零。

练习 13.2　求解图 13.8 电路中标示的电流和电压。

答案： a. $i_1 = 1\ \text{mA}$，$i_2 = 1\ \text{mA}$，$i_o = -10\ \text{mA}$，$i_x = -11\ \text{mA}$，$v_o = -10\ \text{V}$；b. $i_1 = 5\ \text{mA}$，$i_2 = 5\ \text{mA}$，$i_3 = 5\ \text{mA}$，$i_4 = 10\ \text{mA}$，$v_o = -15\ \text{V}$。

练习 13.3　求解图 13.9 的电路的输出电压表达式。

答案： $v_o = 4v_1 - 2v_2$。

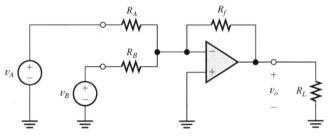

图 13.7　练习 13.1 的加法放大器

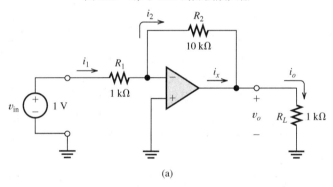

(a)

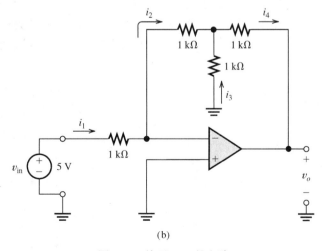

(b)

图 13.8　练习 13.2 的电路

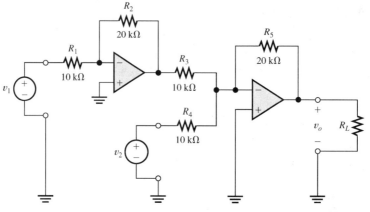

图 13.9 练习 13.3 的电路

13.2.4 正反馈

如图 13.10 所示，如果将反相放大电路中运算放大器的两个输入端互换，那么将会得到很有趣的结果。实际上这种状态下的反馈就是正反馈，也就是说，反馈信号将增强原输入信号的作用。这样，如果输入一个正的电压信号，就会得到一个非常大的正的输出电压。输出电压的一部分会通过反馈网络回到运算放大器的输入端，导致输入电压越来越大，输出电压也就跟着越来越大。输出电压很快达到运算放大器所能输出的最大电压值，从而产生饱和。

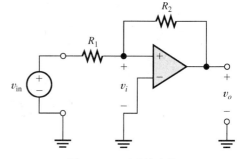

如果一开始输入电压为负，那么输出电压就会达到负的最大值。由于输出电压保持在负的最大值或正的最大值而与输入电压 v_{in} 无关，因此电路就不能起到放大作用。但是，如果输入电压 v_{in} 足够大，而且极性改变，那么输出电压将会从一个极性的最大值转向另一个极性的最大值。在第 7 章中，用于数字系统中的存储器的触发器电路就是一个正反馈电路。

图 13.10 正反馈电路

在正反馈的情况下，运算放大器的输入和输出电压会增大，直到输出电压达到它的极值。

如果忽略了图 13.10 所示的电路是正反馈的而不是负反馈的，并且错误地运用节点约束条件，将会得到表达式 $v_o = -(R_2 / R_1)v_{in}$，和分析负反馈电路得到的结果一样。这说明在使用节点约束条件之前验证负反馈的存在是非常重要的。

13.3 同相放大器

同相放大器的电路结构如图 13.11 所示，假设运算放大器是理想的。首先，确定反馈是正反馈还是负反馈。假设 v_i 是正极性信号，产生了一个非常大的正的输出电压。输出电压的一部分通过 R_1 又出现在输入端。因为 $v_i = v_{in} - v_1$，随着 v_o 和 v_1 的增加，v_i 会逐渐趋于零，所以，放大器和反馈

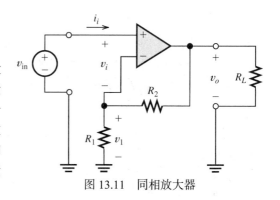

图 13.11 同相放大器

网络表现为使 v_i 逐渐趋于零。可见,其反馈信号和原输入信号极性相反,引入的是负反馈。

接下来,就可以利用节点约束条件:$v_i = 0$ 和 $i_i = 0$。运用基尔霍夫电压定律和条件 $v_i = 0$,得到

$$v_{in} = v_1 \tag{13.19}$$

运用条件 $i_i = 0$,再由电阻分压公式可得 R_1 上的电压为

$$v_1 = \frac{R_1}{R_1 + R_2} v_o \tag{13.20}$$

把式(13.20)代入式(13.19)并整理,得到闭环电压增益:

$$A_v = \frac{v_o}{v_{in}} = 1 + \frac{R_2}{R_1} \tag{13.21}$$

注意:电路是同相放大器(即 A_v 是正的),并且增益大小由反馈电阻的比值来决定。

> 在理想运放的情况下,同相放大器是具有无穷大输入电阻和零输出电阻的理想电压放大器。

理论上讲,由于输入电流 i_i 为零,运放电路的输入阻抗是无穷大的。既然电压增益不受负载电阻的影响,那么输出电压也与负载电阻无关,因此,输出阻抗也为零。所以,理想运放构成的同相放大器是一个理想电压放大器(理想放大器已经在 10.6 节讨论过了)。

13.3.1 电压跟随器

从式(13.21)可知:当 $R_2 = 0$ 时,增益为 1。但是,通常选择断开 R_1(即 $R_1 = \infty$)来实现增益为 1,这样的电路被称为**电压跟随器**,如图 13.12 所示。

练习 13.4 分别求解图 13.13 所示电路的电压增益 $A_v = v_o / v_{in}$ 和输入阻抗。a.开关断开时;b.开关闭合时。

答案:a. $A_v = +1$,$R_{in} = \infty$;b. $A_v = -1$,$R_{in} = R/2$。

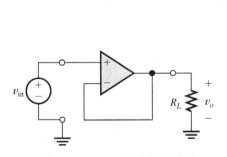

图 13.12 $A_v = 1$ 的电压跟随器

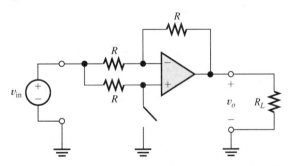

图 13.13 练习 13.4 的反相或同相放大电路

练习 13.5 假设图 13.14 的电路中的运算放大器是理想运放,要求使用节点约束条件求解输出电流 i_o 的表达式,并计算电路的输入、输出电阻。

答案:$i_o = v_{in}/R_F$,$R_{in} = \infty$,$R_o = \infty$(因为输出电流与负载阻抗无关)。

练习 13.6 a. 求解图 13.15 的电路中电压增益 v_o/v_{in} 的表达式;b. 计算 $R_1 = 10\text{ k}\Omega$ 和 $R_2 = 100\text{ k}\Omega$ 时的电压增益;c. 求电路的输入电阻;d. 求输出电阻。

答案:a. $A_v = 1 + 3(R_2/R_1) + (R_2/R_1)^2$;b. $A_v = 131$;c. $R_{in} = \infty$;d. $R_o = 0$。

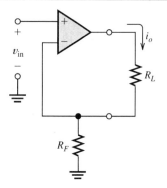

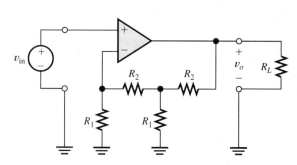

图 13.14　电压–电流转换器(也被称为跨
　　　　　导放大器)，练习 13.5 的电路

图 13.15　练习 13.6 的电路

实际应用 13.1　负反馈在机械(力学)中的应用：动力转向

除了应用于放大电路中，负反馈还有很多其他方面的工程应用，例如在汽车动力转向系统中的应用。其典型系统的示意图如图 PA13.1 所示。发动机(引擎)驱动液压泵连续不断地向控制阀门提供压力，使得液体流到助推气缸的两边。对于直行，压力均匀地施加在气缸的两侧，不会产生转动力。当司机转动方向盘时，通过给气缸的某一侧提供比另一侧更大的压力来辅助方向盘的转动。图 PA13.1 中示出了一个方向的液体流动路径。当车轮转动时，一个来自动力转向系统的机械反馈臂使得阀门回到原来的位置。因此，有一条负反馈路径从助推气缸通过机械连接回到控制阀门。

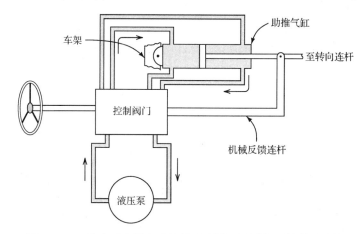

图 PA13.1　汽车动力转向系统的示意图，说明负反馈的重要性

负反馈在动力转向系统中起着很重要的作用。试想一下，如果助推气缸的输出和控制阀门之间没有机械连接，将会发生什么情况。如果方向盘稍稍偏离了中心，压力就会持续地施加给助推气缸，那么车轮就会一直偏转直至到达极限位置。这样，司机完成一个慢转弯都会非常困难。

另一方面，在适当的位置加入反馈连接后，车轮只能转动到可以使阀门返回原来的中心位置的程度。当方向盘转动时，轮子按比例转动。

值得注意的是，控制阀门响应的是方向盘的输入和转向系统所处位置的差别，这和运算放大器中的差模输入信号相似。液压泵就像运放电路中的电源，助推气缸的位置类似于运放电路中的输出信号，而回到控制阀门的机械连接就像一个反馈电路。

13.4 简单放大器的设计

可以利用带有电阻反馈网络的运算放大器来设计许多有用的放大器。先假定放大器是理想的，然后再考虑真实运算放大器的非理想特性。在实践中，电路设计的性能需求往往并不十分苛刻，所以在设计的时候都是假设运算放大器为理想运放。

> 可以利用带有电阻反馈网络的运算放大器来设计许多有用的放大器。

我们通过之前章节(包括练习)已经讨论过的运算放大器来举例说明如何进行设计，对于这些电路而言，设计主要包括选择合适的电路结构和反馈电阻的阻值。

> 放大器的设计主要包括选择合适的电路结构和反馈电阻的阻值。

例 13.2 同相放大器的设计

使用一个理想的运算放大器设计一个增益为 10 的同相电压增益放大器。输入信号的范围为 $-1\ \mathrm{V}$ 到 $+1\ \mathrm{V}$。设计中的电阻有 5% 容差(容许误差)。(参见附录 B 列出的电阻的 5% 容差标准)。

解：我们使用如图 13.11 所示的同相放大器。增益由式(13.21)给出。因此，我们有

$$A_v = 10 = 1 + \frac{R_2}{R_1}$$

从理论上讲，在 $R_2 = 9R_1$ 的前提下，任意电阻值都能提供适当的增益。然而，阻抗过小并不符合实际，这是因为通过电阻的电流必须由运算放大器的输出提供，且本质上是来源于电源的。例如，如果 $R_1 = 1\ \Omega$，$R_2 = 9\ \Omega$，那么输出电压就为 $10\ \mathrm{V}$，运算放大器必须提供 $1\ \mathrm{A}$ 的电流。如图 13.16 所示，大多数集成运放不能提供如此大的输出电流，即使能够，负载电力供应也毫无依据可言。在以下电路中，我们将保持 $R_1 + R_2$ 足够大，以使提供给它们的电流大小是合理的。基于交流供能的发电机设计电路，电流达到毫安级通常就可以接受。(在电池供能的设备中，我们会更加努力地减小电流以避免经常更换电池。)

> 如果电阻太小，放大器就需要不切实际的电流和电源。

另一方面，如果电阻太大，如 $R_1 = 10\ \mathrm{M\Omega}$，$R_2 = 90\ \mathrm{M\Omega}$，那么也存在一些问题。电阻过大时，其阻值会不稳定，尤其在潮湿环境中。后面将说明对于非常大的电阻，由于受到运算放大器中偏置电流的影响，也会造成一些问题。此外，如图 13.17 所示，高阻抗电路很容易与杂散电容耦合，进而从附近的电路吸收不希望出现的信号。

> 非常大的电阻可能是不稳定的，并且杂散电容会耦合不希望出现的信号。

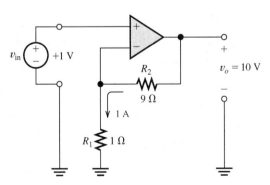

图 13.16 如果电阻太小，需
要极端的大电流

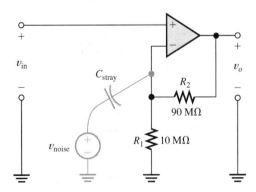

图 13.17 如果电阻太大，杂散电容
将会耦合不希望出现的信号

一般来说，阻值介于 100 Ω 到 1 MΩ 之间的电阻最适合在运放电路中使用。由于例题对电阻的容差要求为 5%（参见附录 B），因此寻找一组满足 $R_2/R_1 = 9$ 的电阻，比如 $R_2 = 180$ kΩ，$R_1 = 20$ kΩ。然而对于很多应用而言，$R_2 = 18$ kΩ 和 $R_1 = 2$ kΩ 时电路会工作得很好。当然，如果考虑到 5% 容差，可以允许 R_2/R_1 有约 ±10% 的变化。这是因为 R_2 可以降低 5% 而 R_1 可以升高 5%，反之亦然。因此，放大器的增益（这里 $A_v = 1 + R_2/R_1$）变化范围约为 ±9%。

如果需要更精确的结果，电阻的容差可选择为 1%。也可以用一个可调电阻来使增益到达所需的值。

例 13.3　设计放大器

测量锻锤振动的仪器内有一内阻始终小于 500 Ω 的传感器，并且这一内阻的阻值会随时间的变化而变化。现要求放大器能产生一个放大版的内部电压源 v_s 的输出，其电压增益为 −10 ±5%。对于这一应用，设计一个放大器。

解： 由于指定的是一个反相增益，所以选择使用反相放大器，如图 13.4 所示。拟用的放大器和信号源如图 13.18 所示。

利用节点约束条件和传统电路分析，我们可以得到

$$v_o = -\frac{R_2}{R_1 + R_s}v_s$$

因此，选择的电阻应该满足

$$\frac{R_2}{R_1 + R_s} = 10 \pm 5\%$$

因为 R_s 的值是可变的，我们必须使 R_1 的值大于 R_s 的最大值。因此，我们选择 $R_1 \cong 100$ kΩ，$R_{smax} = 50$ kΩ。（当 R_s 的变化范围为 0 到 500 Ω 时，$R_1 + R_s$ 之和的变化范围只有 1%）。为了实现所需的增益，要求 $R_2 \cong 500$ kΩ。

由于增益误差范围指定为 ±5%，因此要使用变化率为 1% 的电阻。这是非常必要的，因为增益变化是由 R_s、R_1 和 R_2 的变化引起的。如果每个电阻都引起 ±1% 的变化，那么增益也将变化约 ±3%，这是在允许范围之内的。

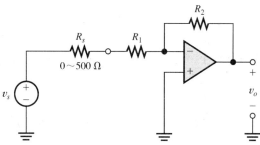

图 13.18　例 13.3 的电路

参见电阻标称值变化 1% 的表（参见附录 B），我们选择 $R_1 = 49.9$ kΩ，$R_2 = 499$ kΩ。除了确保增益不会超出规定的限制，选择的这些值不会因为太小而产生大电流，也不会因为太大而导致干扰信号进入电路。

另一种解决方案是使用 5% 容差的电阻，选择 $R_1 = 51$ kΩ、R_2 为一个 430 kΩ 的固定电阻和一个 200 kΩ 可调电阻的串联结构。那么增益可以设置为最初所需的值。在实际操作中，R_s 阻值的变化以及因老化、温度变化或其他原因造成的其余电阻的阻值漂移都会造成增益波动。

练习 13.7　找出例 13.3 中电路增益 $A_{vs} = v_o/v_s$ 的最大值和最小值。电阻的标称值为 $R_1 = 49.9$ kΩ，$R_2 = 499$ kΩ。假设电阻 R_1 和 R_2 相对于其标称值有 ±1% 容差，R_s 的变化范围为 0 到 500 Ω。

答案： 增益极值是 −9.71 到 −10.20。

13.4.1　高精度设计

当设计增益误差很小(1%或更好的)的放大器时，有必要采用可调电阻。相比于 1%容差的电阻，更倾向于选择成本更低的 5% 容差的电阻，然后再利用可调电阻去补偿这一差值。然而，实际效果并没有想象中那么好，因为往往 5% 容差的电阻比 1% 容差的电阻更不稳定。此外，固定电阻往往比可调电阻更稳定。从长期的角度来看，最好的方法是使用 1% 容差的固定电阻，并且设计足够的调整范围来克服其产生的增益变化。

通常，我们在设计需要的功能时，会结合不同类型的运放电路。这些要点在接下来的示例中会加以说明。

例 13.4　加法放大器的设计

两个信号源的电压分别为 $v_1(t)$ 和 $v_2(t)$，已知其内阻总是小于 1 kΩ，但具体的值并不确定且可能随时间而变化。设计一个放大器，其输出电压是 $v_o(t) = A_1 v_1(t) + A_2 v_2(t)$。增益为 $A_1 = 5 \pm 1\%$，$A_2 = -2 \pm 1\%$。假设运算放大器是理想运放。

解: 图 13.7 的加法电路可以形成输入电压的加权形式:

$$v_o = -\frac{R_f}{R_A}v_A - \frac{R_f}{R_B}v_B$$

此处两个输入信号的增益均为负。然而，例题要求 v_1 的增益为正而 v_2 的增益为负。因此，我们首先让 v_1 通过一个反相放大器，然后该反相放大器的输出和 v_2 一起输送至电路。对应的电路如图 13.19 所示。

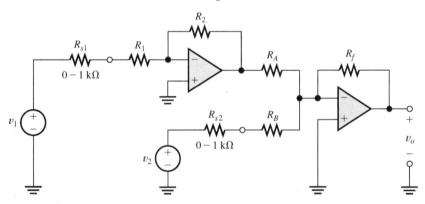

图 13.19　例 13.4 设计的放大器

结果表明，该电路的输出电压为

$$v_o = \frac{R_2}{R_{s1} + R_1}\frac{R_f}{R_A}v_1 - \frac{R_f}{R_{s2} + R_B}v_2 \tag{13.22}$$

我们必须选择合适的电阻值以保证 v_1 的输入增益为+5，v_2 的输入增益为-2。有很多的电阻组合可以满足上述要求。然而，应该保持电源侧的输入阻抗要远远大于电源内阻，以避免由于负载造成的增益变化。这说明应该选择很大的 R_1 和 R_B 的阻值(但是，非常大的阻值是不切实际的)。为了将增益值保持在±1%的设计值之内，选择 $R_1 = R_B \cong 500$ kΩ。随着电源内阻的变化，增益的变化只有约 0.2%(因为输入阻抗大约是电源内阻最大值的 500 倍)。

即使选择了 1% 容差的电阻，也必须使用可调电阻来修正增益。例如，对于 1% 容差的电阻，其增益为

$$A_1 = \frac{R_2}{R_{s1} + R_1}\frac{R_f}{R_A}$$

由于电阻误差，其变化范围约为±4%。因此，为了修正 A_1，使用一个固定电阻串联在可变电阻 R_1 上。同理，为了调整 A_2，使用一个固定电阻串联在可变电阻 R_B 上。

假设选择 R_1 为 453 kΩ(这是一个 1% 容差的电阻)的固定电阻，串联一个 100 kΩ 微调器(即一个最大值为 100 kΩ 的可调电阻)，对 R_B 使用相同的组合。(回忆前面设计 R_1 和 R_B 的标称值为 500 kΩ。)微调器允许大约±10%的调整，比固定电阻允许的调节范围更大。

v_2 的输入增益为

$$A_2 = -\frac{R_f}{R_{s2} + R_B}$$

由于 $R_{s2} + R_B$ 的标称值为 500 kΩ，而且我们需要 $A_2 = -2$，R_f 为 1 MΩ 且其容差为 1%。欲得到

$$A_1 = \frac{R_2}{R_{s1} + R_1} \frac{R_f}{R_A} = 5$$

由于 $R_f / (R_{s1} + R_1) = 2$，选择合适的 R_2 和 R_A 的值，以使 $R_2 / R_A \cong 2.5$。因此选择 $R_2 = 1$ MΩ，$R_A = 402$ kΩ。这样我们就完成了设计，并选择如下数值：

- R_1 为 453 kΩ 固定电阻和 100 kΩ 可调电阻的串联(500 kΩ 的标称值)。
- R_B 与 R_1 一样。
- $R_2 = 1$ MΩ。
- $R_A = 402$ kΩ。
- $R_f = 1$ MΩ。

这些值并不是可以满足规范要求的唯一值。通常，设计结果可以有多种"正确"的答案。

> 通常，设计结果可以有多种"正确"的答案。

练习 13.8　推导式(13.22)。

练习 13.9　某个电压源有 600 Ω ± 20% 的内部阻抗。设计一个放大器，使其输出电压 $v_o = A_{vs}v_s$，v_s 是内部电压源。假设运算放大器是理想的且 $A_{vs} = 20 \pm 5\%$。
答案: 可以有多种答案。如图 13.11 所示的电路就是一个满足要求的可行电路，其中 $R_2 \cong 19 \times R_1$。例如，可以使用 1% 容差的电阻，其标称值分别为 $R_1 = 1$ kΩ 和 $R_2 = 19.1$ kΩ。

练习 13.10　如果 $A_{vs} = -25 \pm 3\%$，再次解答练习 13.9 的问题。
答案: 可以有多种答案。如图 13.18 所示的电路就是一个满足要求的可行电路，其中 $R_1 \geqslant 20R_s$，$R_2 \cong 25(R_1 + R_s)$。可以使用 1% 容差的电阻，其标称值分别为 $R_1 = 20$ kΩ 和 $R_2 = 515$ kΩ。

练习 13.11　如果 $A_1 = +1 \pm 1\%$，$A_2 = -3 \pm 1\%$，再次解答例 13.4 的问题。
答案: 通过例 13.4 介绍的方法可以得到多种答案。

13.5　运算放大器线性工作的缺陷

13.1 节到 13.4 节介绍了运算放大器，我们学习了怎样使用节点约束条件来分析带有负反馈的放大电路，以及了解了运算放大器的设计方法。到目前为止，假设运算放大器都是理想的，这个假设适合于学习放大电路的基本原理，但并不适合分析使用实际运放的高性能电路。因此，在这一节和接下来的几节里，将分析实际运放存在的一些缺陷，并讨论在设计时怎样处理这些缺陷。

> 与理想运放相比，实际运放有几类缺陷。

实际运放的非理想特性可以分为三类：(1)线性范围内的非理想特性；(2)非线性特性；(3)直流失调。首先讨论线性范围内的非理想特性，然后讨论非线性特性和直流失调。

13.5.1　输入和输出阻抗

理想运放有一个无穷大的输入阻抗和一个零输出阻抗。然而，实际运放只有有限的输入阻抗和非零的输出阻抗。由 BJT 作为输入级的集成运放的输入阻抗一般为 $1\,M\Omega$；而以 FET 作为输入级的集成运放的输入阻抗则要高很多，一般为 $10^{12}\,\Omega$。低功耗放大器的输出阻抗可以高达数千欧姆，但是大多数集成运放的输出阻抗在 $1\,\Omega$ 到 $100\,\Omega$ 之间。

> 实际运放具有有限的输入阻抗和非零的输出阻抗。

在带有负反馈的电路中，阻抗很大程度上取决于反馈作用，而在闭环控制电路中，放大器的输入和输出阻抗几乎不影响其性能。

13.5.2　增益和带宽的限制

理想运放有无穷大的增益和无限宽的带宽。实际运放只能有有限的开环增益，通常在 10^4 到 10^6 之间(这里指没有反馈电阻的开路电压增益)。而且，实际运放的带宽是受到限制的，不可能为无限宽。实际运放的增益是一个与频率有关的函数，频率越高，增益就越小。

> 实际运放具有有限的开环增益和有限的带宽。

通常，集成运放的带宽是被放大器设计者有意限制的。这称为频率补偿，以避免反馈放大器中产生振荡。对频率补偿的进一步讨论超出了本书的范围，所以不再进行介绍。大多数集成运放的开环增益表达式为

$$A_{OL}(f) = \frac{A_{0OL}}{1 + j(f/f_{BOL})} \tag{13.23}$$

其中 A_{0OL} 是放大器的直流开环增益，f_{BOL} 是开环转折频率。

如图 13.20 所示，在开环增益的波特图上，直到频率等于 f_{BOL} 之前，增益 $A_{OL}(f)$ 都是一个近似的恒定值。频率超过 f_{BOL} 时，每增加十倍增益，频率就减少 20 dB(波特图已经在 6.4 节介绍)。

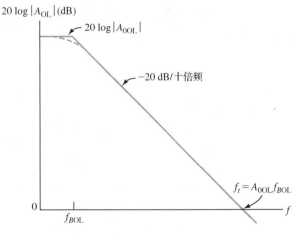

图 13.20　典型运算放大器的开环增益的波特图

13.5.3　闭环带宽

下面将要说明负反馈会减小放大器的直流增益，并扩展其带宽。分析图 13.21 所示的同相放大电路。输出电压相量 $\mathbf{V}_o$ 是开环增益与差模输入电压相量 $\mathbf{V}_{id}$ 的乘积：

$$\mathbf{V}_o = A_{\mathrm{OL}}(f)\mathbf{V}_{id} \tag{13.24}$$

假设放大器的输入阻抗为无穷大，那么输入电流就为零。于是，R_1 上的电压就可以在反馈网络(R_1 和 R_2 串联)中运用电压分配原则求出。R_1 上的电压为 $\beta\mathbf{V}_o$，β 是 R_1 和 R_2 的分压系数：

$$\beta = \frac{R_1}{R_1 + R_2} \tag{13.25}$$

对图 13.21 应用基尔霍夫电压定律，得到

$$\mathbf{V}_{\mathrm{in}} = \mathbf{V}_{id} + \beta\mathbf{V}_o$$

求出 $\mathbf{V}_{id}$ 并代入式(13.24)，得到

$$\mathbf{V}_o = A_{\mathrm{OL}}(\mathbf{V}_{\mathrm{in}} - \beta\mathbf{V}_o) \tag{13.26}$$

求解带有反馈电阻的放大电路的闭环增益：

$$A_{\mathrm{CL}} = \frac{\mathbf{V}_o}{\mathbf{V}_{\mathrm{in}}} = \frac{A_{\mathrm{OL}}}{1 + \beta A_{\mathrm{OL}}} \tag{13.27}$$

将式(13.23)代入式(13.27)，得到

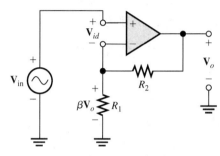

图 13.21　用于分析闭环带宽的同相放大电路

$$A_{\mathrm{CL}}(f) = \frac{A_{0\mathrm{OL}}/[1 + \mathrm{j}(f/f_{B\mathrm{OL}})]}{1 + \{\beta A_{0\mathrm{OL}}/[1 + \mathrm{j}(f/f_{B\mathrm{OL}})]\}} \tag{13.28}$$

变换一下形式，得到

$$A_{\mathrm{CL}}(f) = \frac{A_{0\mathrm{OL}}/(1 + \beta A_{0\mathrm{OL}})}{1 + \{\mathrm{j}f/[f_{B\mathrm{OL}}(1 + \beta A_{0\mathrm{OL}})]\}} \tag{13.29}$$

现在，定义闭环直流增益为

$$A_{0\mathrm{CL}} = \frac{A_{0\mathrm{OL}}}{1 + \beta A_{0\mathrm{OL}}} \tag{13.30}$$

闭环带宽为

$$f_{B\mathrm{CL}} = f_{B\mathrm{OL}}(1 + \beta A_{0\mathrm{OL}}) \tag{13.31}$$

在式(13.29)中使用这些定义，得到

$$A_{\mathrm{CL}}(f) = \frac{A_{0\mathrm{OL}}}{1 + \mathrm{j}(f/f_{B\mathrm{CL}})} \tag{13.32}$$

与式(13.23)进行比较，发现闭环增益和开环增益的表达式形式完全一样。开环直流增益 $A_{0\mathrm{OL}}$ 非常大，通常为 $(1 + \beta A_{0\mathrm{OL}}) \gg 1$。因此，从式(13.30)中可见，闭环增益要比开环增益小得多。而且，式(13.31)说明闭环带宽要比开环带宽宽很多。总而言之，负反馈会减小增益并扩大带宽。

负反馈会减小增益并扩大带宽。

13.5.4　增益带宽积

现在分析闭环增益和闭环带宽的乘积。由式(13.30)和式(13.31)可知

$$A_{0CL}f_{BCL} = \frac{A_{0OL}}{1 + \beta A_{0OL}} \times f_{BOL}(1 + \beta A_{0OL}) = A_{0OL}f_{BOL} \tag{13.33}$$

因此，直流增益和带宽的乘积是与反馈率 β 无关的。把增益带宽积记为 f_t，有

$$f_t = A_{0CL}f_{BCL} = A_{0OL}f_{BOL} \tag{13.34}$$

如图 13.20 所示，f_t 是开环增益的波特图中穿过 0 dB 时的交点频率。0 dB 对应的是单位增益，因此，f_t 也被称为**单位增益带宽**。通用集成运放的增益带宽积一般有几兆赫兹。

> 对于同相放大器，增益带宽积是常数。当我们降低增益(通过为 $1 + R_2/R_1$ 选择一个较低的值)时，带宽变得更大。

例 13.5　开环和闭环增益波特图

某个运算放大器有直流开环增益 $A_{0OL} = 10^5$，带宽 $f_{BOL} = 40\,\text{Hz}$。如果用该放大器和反馈电阻构成一个闭环直流增益为 10 的同相放大器，求解该放大器的闭环带宽，并绘制开环增益波特图和闭环增益波特图。

解： 增益带宽积为

$$f_t = A_{0OL}f_{BOL} = 10^5 \times 40\,\text{Hz} = 4\,\text{MHz} = A_{0CL}f_{BCL}$$

因此，如果反馈作用使得增益减少到 $A_{0CL} = 10$，则带宽为 $f_{BCL} = 400\,\text{kHz}$。

换算成分贝，直流开环增益为

$$A_{0OL} = 20\log(10^5) = 100\,\text{dB}$$

转折频率为 $f_{BOL} = 40\,\text{Hz}$。根据 6.4 节的波特图可知，在转折频率以下的增益函数是常数(一条平行于横轴的直线)，在转折频率以上是一条以斜率为 20 dB/十倍频下降的直线。波特图如图 13.22 所示。

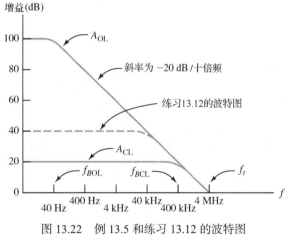

图 13.22　例 13.5 和练习 13.12 的波特图

将 $A_{0CL} = 10$ 用分贝形式表示，有

$$A_{0CL} = 10\log(10) = 20\,\text{dB}$$

转折频率是 $f_{BCL} = 400\,\text{kHz}$。最终的波特图如图 13.22 所示。值得注意的是，闭环增益曲线在与开环增益曲线相交前是一条不变的水平直线，相交后与开环增益曲线重合。

练习 13.12　在 $A_{0CL} = 100$ 时重做例 13.5。

答案： $f_{BCL} = 40\,\text{kHz}$。波特图如图 13.22 所示。

13.6　非线性限制

13.6.1　输出电压的峰值限制

实际运放的输出有几个非线性限制。首先，输出电压范围是有限的。如果输入信号足够大，输出电压将趋向于超出这个限制范围，那么就会出现削波现象。

> 实际运放的输出电压由于内部设计受限于某个范围，当输出电压试图超出这个限制范围时，就会发生削波现象。

允许的输出电压范围取决于所使用放大器的类型、负载电阻值和电源电压值。例如，电源电压为+15 V 和−15 V 的 LM741 放大器(LM741 是一种常用放大器)能够产生−14 到+14 V 范围的输出电压。如果电源电压值减小一些，则输出电压范围也会随之减小。(这是典型的针对负载电阻大于10 kΩ的放大器。LM741 放大器可以保证的输出电压范围只有−12 到+12 V。负载电阻值越小，这种非线性限制就越大。)

考虑具有正弦输入信号的同相放大器，如图 13.23 所示。假设是一个理想运放，其电压增益见式(13.21)，为方便起见，再次列出：

$$A_v = 1 + \frac{R_2}{R_1}$$

代入图 13.23 所示的值($R_1 = 1\,\text{k}\Omega$ 和 $R_2 = 3\,\text{k}\Omega$)，则 $A_v = 4$。$V_{im} = 1\,\text{V}$ 时，$R_L = 10\,\text{k}\Omega$ 上的输出波形如图 13.24 所示。因为没有超出运算放大器的非线性限制，输出波形是正弦波。另一方面，如果 $V_{im} = 5\,\text{V}$，则输出达到最大输出电压限制，输出波形被削波，如图 13.25 所示。

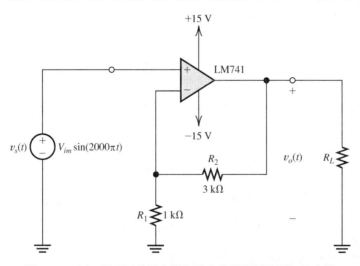

图 13.23　用于说明运算放大器各种非线性限制的同相放大器

13.6.2　输出电流限制

实际运放的输出的第二个限制是放大器提供给负载的最大电流限制。对于 LM741 放大器来说，最大限制电流为 ± 40 mA。如果负载电阻值变小，使得输出电流超出这个限制，则输出波形也会出现削波现象。

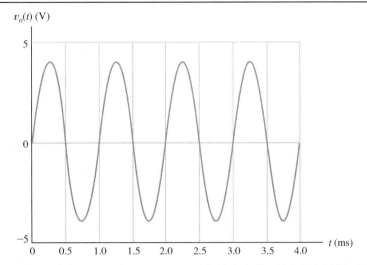

图 13.24　图 13.23 的电路在 $V_{im}=1\,\text{V}$、$R_L=10\,\text{k}\Omega$ 时的输出波形，没有超出限制，则 $v_o(t)=4v_s(t)$

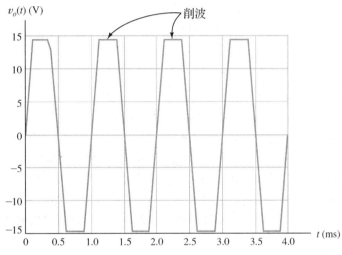

图 13.25　图 13.23 的电路在 $V_{im}=5\,\text{V}$、$R_L=10\,\text{k}\Omega$ 时的输出波

形，由于输出达到了最大输出电压，发生削波现象

> 实际运放的输出电流范围是有限的。如果输入信号足够大，输出电流将超过这个限制范围，就会发生削波现象。

　　例如，假设图 13.23 的电路的输入电压峰值 $v_{im}=1\,\text{V}$，负载电阻 R_L 调到 $50\,\Omega$。对于一个理想放大器可以算出输出电压峰值为 $V_{om}=4\,\text{V}$，输出电流峰值为 $V_{om}/R_L=80\,\text{mA}$。然而，LM741 放大器的输出电流的最大限制为 $40\,\text{mA}$，因此也会发生削波现象。电路的输出电压波形如图 13.26 所示，可见输出电压的峰值为 $40\,\text{mA}\times R_L=2\,\text{V}$。

13.6.3　转换速率限制

　　实际运放的另一个非线性限制是输出电压变化率是有限的，这称为**转换速率限制**。输出电压增大（或减小）的速率不能超过该限制值。转换速率限制用公式表示为

$$\left|\frac{\mathrm{d}v_o}{\mathrm{d}t}\right| \leqslant \text{SR} \tag{13.35}$$

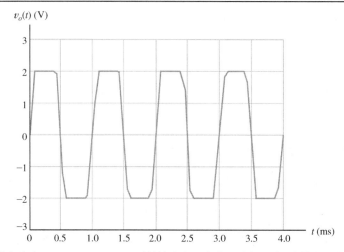

图13.26 图13.23 的电路在 $V_{im} = 1$ V、$R_L = 50$ Ω时的输出电压波形,因为达到最大输出电流限制而发生削波现象

> 实际运放的另一个非线性限制即输出电压变化率是有限的。

对于不同类型的集成运放,转换速率限制值的范围从 SR $= 10^5$ V/s 到 SR $= 10^8$ V/s 不等。对于电源电压为 ± 15 V、$R_L > 2$ kΩ的 LM741 型放大器,转换速率的典型限制值为 5×10^5 V/s(通常表示为 0.5 V/μs)。

例如,如图 13.23 所示的电路,除了输入电源电压变为 2.5 V 峰值、50 kHz 的正弦波,有

$$v_s(t) = 2.5 \sin(10^5 \pi t) \text{ V}$$

从 $t = 0$ 开始[假设 $v_s(t)$ 在 $t = 0$ 之前为零]的输出波形如图 13.27 所示。图中还标出了理想运放输出电压为输入电压的 4 倍的情况。当 $t = 0$ 时,输出电压为零。理想的输出增大速率超过了 LM741 的转换速率限制,所以 LM741 的输出以约为 0.5 V/μs 的最大速率增大。在 A 点,实际的输出最终达到了理想的输出,但之后理想的输出以超过转换速率限制的速率减小。因此,在 A 点,LM741 的输出开始以其最大速率减小。注意,由于转换速率限制,实际运放输出的是一个三角波,而不是正弦波。

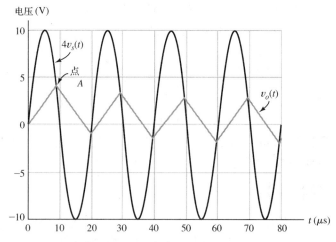

图13.27 图 13.23 电路在 $v_s(t) = 2.5 \sin(10^5 \pi t)$ V 、$R_L = 10$ kΩ 时的输出波形,因为超过了转换速率限制,输出波形为三角波。理想运放的输出为 $4v_s(t)$,以供比较

13.6.4 全功率带宽

放大器的**全功率带宽**指的是一个频率范围。在这个频率范围内，放大器能够产生幅值等于最大输出电压的不失真正弦波输出。

> 放大器的全功率带宽指的是一个频率范围。在这个频率范围内，放大器能够产生幅值等于最大输出电压的不失真正弦波输出。

接下来，推导一个用转换速率和峰值表示的全功率带宽的表达式。输出电压的表达式为

$$v_o(t) = V_{om}\sin(\omega t)$$

将上式对时间求导，得到

$$\frac{\mathrm{d}v_o(t)}{\mathrm{d}t} = \omega V_{om}\cos(\omega t)$$

最大转换速率为 $\omega V_{om} = 2\pi f V_{om}$。令其等于放大器的转换速率限制值，有

$$2\pi f V_{om} = \text{SR}$$

求得频率为

$$f_{\text{FP}} = \frac{\text{SR}}{2\pi V_{om}} \tag{13.36}$$

式中，把全功率增益带宽记为 f_{FP}。只有当频率小于 f_{FP} 时，放大器才可能输出不失真的全振幅正弦波输出。

例 13.6 全功率带宽

已知转换速率限制为 SR = 0.5 V/μs，为保证最大输出峰值 V_{om}=12 V，求 LM741 放大器的全功率带宽。

解：将给定的已知数据代入式(13.36)中，得到

$$f_{\text{FP}} = \frac{\text{SR}}{2\pi V_{om}} \cong 6.63\,\text{kHz}$$

因此，当频率小于 6.63 kHz 时，LM741 放大器可以输出峰值为 12 V 的不失真正弦波。

练习 13.13 某个运算放大器的最大输出电压范围为–4 至+4 V。最大电流幅值为 10 mA。最大转换速率限制为 SR = 5 V/μs。该运算放大器用于图 13.28 的电路中。假设本练习的所有输入都为正弦输入信号。a. 求运算放大器的全功率带宽；b. 对于 1 kHz 的频率，$R_L = 1\,\text{k}\Omega$，可以在没有失真的情况下获得多大的峰值输出电压(即限幅或转换速率限制)？c. 对于 1 kHz 的频率，$R_L = 100\,\Omega$，可以在没有失真的情况下获得多大的峰值输出电压？d. 对于 1 MHz 的频率，$R_L = 1\,\text{k}\Omega$，可以在没有失真的情况下获得多大的峰值输出电压？e. 如果 $R_L = 1\,\text{k}\Omega$ 且 $v_s(t) = 5\sin(2\pi10^6 t)$ V，绘制时域稳态输出波形。

答案：a. $f_{\text{FP}} = 199\,\text{kHz}$；b. 4 V；c. 1 V；d. 0.796 V；e. 输出波形是三角波，峰值输出电压为 1.25 V。

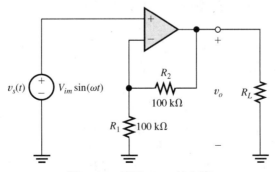

图 13.28 练习 13.13 的电路

13.7　直流缺陷

通常，放大器为直接耦合输入电路，因此流入放大器输入端的直流偏置电流必然流经连到输入端的元件，如信号源或者反馈电阻。

将流入同相输入端的直流电流记为 I_{B+}，而将流入反相输入端的直流电流记为 I_{B-}。设直流电流的平均值为**偏置电流**，记为 I_B，有

$$I_B = \frac{I_{B+} + I_{B-}}{2} \tag{13.37}$$

理论上，运算放大器的输入电流是对称的，流入同相和反相输入端的偏置电流是相等的。然而，由于实际上各元件不是完全匹配的，所以偏置电流并不相等。流入同相和反相输入端的偏置电流之差被称为**失调电流**，记为

$$I_{\text{off}} = I_{B+} - I_{B-} \tag{13.38}$$

放大器的另一个直流缺陷是当输入电压为零时，输出电压可能不为零，等效为放大器中有一个很小的直流偏置电压(**失调电压**)与其中一个输入端串联。

这三种直流缺陷(偏置电流、失调电流和失调电压)可以通过在放大器输入端放置直流电源的方法来模拟，如图 13.29 所示。图中，I_B 表示偏置电流，$I_{\text{off}}/2$ 表示失调电流，而 V_{off} 表示失调电压。(这三种电源已经在 11.12 节中讨论过，讨论结果表明这三种电源可应用于运算放大器中，也可以用在一般放大器中。)

> 这三种直流缺陷(偏置电流、失调电流和失调电压)可以通过在放大器输入端放置直流电源的方法来模拟，如图 13.29 所示。

两个偏置电流大小相等，参考方向也相同(如图 13.29 所示，均流出输入端)。在某些运算放大器中，偏置电流可能是负的，即流向输入端。通常，对于一个给定的运算放大器，其偏置电流的方向是可以确定的。例如，如果一个运算放大器的输入端是 npn 型 BJT 的基极，那么偏置电流 I_B 就是正的(假设参考方向如图 13.29 所示)。换句话说，如果是 pnp 型的 BJT 基极，那么偏置电流就是负的。

由于两个偏置电流在大小和方向上是匹配的，所以在设计电路时就可以认为它们的影响是相互抵消的。另一方面，失调电压的极性和失调电流的方向是不确定的。例如，如果一个给定的运算放大器的失调电压值最大为 2 mV，那么 V_{off} 的变化范围就是-2 mV 到+2 mV。通常，大多数运算放大器的失调电压值都接近零，只有少数运算放大器的失调电压值接近最大规定值。集成运放最大失调电压的典型值是几毫伏。

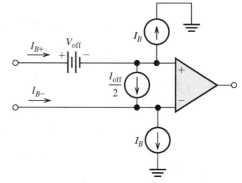

图 13.29　表征运算放大器直流缺陷的三个电流源和一个电压源模型

以 BJT 为输入元件的运算放大器，其偏置电流通常为 100 nA。以 FET 为输入元件的运算放大器，其偏置电流要低很多，例如以结型场效应晶体管(JFET)为输入端的元件，其失调电流的典型值为 100 pA(在 25℃温度下)。一般情况下，失调电流值的范围是 20%到 50%的偏置电流值。

偏置电流、失调电流和失调电压对反相或者同相放大器的影响是在输出信号上叠加了一个直

流电压(通常不希望出现)。通过加上如图 13.29 所示的电源来分析这些影响，而运算放大器的其余条件均视为理想的。

偏置电流、失调电流和失调电压对反相或者同相放大器的影响是在输出信号上叠加了一个直流电压(通常不希望出现)。

例 13.7 确定最坏情形下的直流输出

求如图 13.30(a) 所示的反相放大器在最坏情形下的直流输出电压，假设 $v_{in} = 0$。运算放大器的最大偏置电流为 100 nA，最大失调电流为 40 nA，最大失调电压为 2 mV。

解：我们的方法是计算每个直流电源单独工作时产生的输出电压。然后使用叠加原理，通过不同电源增加的输出可以找到最坏情形下的直流输出。

首先，考虑失调电压，包含偏置电压源的电路如图 13.30(b) 所示。偏置电压源可以与任意输入端串联。我们选择将它与同相输入串联，则电路为同相放大器。[注意，尽管图 13.30(b) 的电路的画法不同，但是与图 13.11 的同相放大器是等效的。]因此，输出电压等于同相放大器的增益[由式 (13.21)]乘以失调电压：

$$V_{o,voff} = -\left(1 + \frac{R_2}{R_1}\right) V_{off}$$

代入数值，可以得到

$$V_{o,voff} = -11 V_{off}$$

由于指定失调电压 V_{off} 的最大值为 2 mV，所以 $V_{o,voff}$ 值的范围从–22 mV 到+22 mV。然而，大多数放大器单元的 $V_{o,voff}$ 接近零。

接下来，我们考虑偏置电流源。包括偏置电流源的电路如图 13.30(c) 所示。由于同相输入端直接与地面相连，其中一个偏置电流源发生短路，不起作用。因为假设这是一个理想运放(除了直流电源)，应用节点约束条件，有 $v_i = 0$。因此，$I_1 = 0$。应用基尔霍夫电流定律，有 $I_2 = -I_B$。写出一个从输出经过 R_2 和 R_1 的电压方程，有

$$V_{o,bias} = -R_2 I_2 - R_1 I_1$$

代入 $I_1 = 0$ 和 $I_2 = -I_B$，有

$$V_{o,bias} = R_2 I_B$$

因为最大偏置电流 I_B 为 100 nA，则 $V_{o,bias}$ 的最大值为 10 mV。通常情况下，I_B 的最大值是确定的，但最小值却不确定。因此，$V_{o,bias}$ 的范围从一不确定的小电压(也许几毫伏)到 10 mV。(我们保守地假设 $V_{o,bias}$ 的最小值为零。)

接下来，考虑失调电流源，电路如图 13.30(d) 所示。通过与偏置电流相似的分析，可以得到

$$V_{o,ioff} = R_2\left(\frac{I_{off}}{2}\right)$$

最大失调电流 I_{off} 为 40 nA，因此 $V_{o,ioff}$ 值的范围在–2 mV 到+2 mV。

通过叠加原理，直流输出电压是各电源各自作用的总和：

$$V_o = V_{o,voff} + V_{o,bias} + V_{o,ioff}$$

因此，输出电压的极值为

$$V_o = 22 + 10 + 2 = 34\,mV$$

和

$$V_o = -22 + 0 - 2 = -24\,mV$$

因此，从一个放大器单元到另一个单元的输出电压范围从–24 mV 到+34 mV。（我们假设偏置电流的最小贡献为零。）典型的放大器单元的总输出电压接近零，而不是接近这些极值。

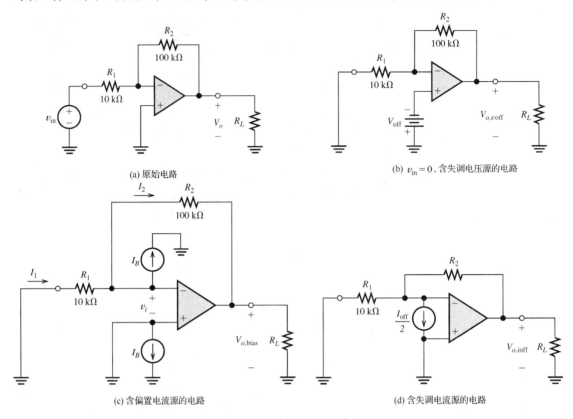

图 13.30　例 13.7 的电路

13.7.1　消除偏置电流的影响

前面提到，可以设计一个电路，使得其两个偏置电流源的作用相互抵消。例如，在反相放大器配置中添加一个与放大器同相输入端串联的电阻 R_{bias}，如图 13.31 所示。这样做不会改变放大器的增益，却会使得两个电流源 I_B 的作用相互抵消。注意，R_{bias} 的值等于 R_1 和 R_2 的并联值。

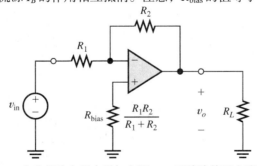

图 13.31　在分析放大器中增加电阻 R_{bias} 可消除偏置电流的影响

练习 13.14　考虑图 13.31 所示的放大器。a. 假设是一个理想运放，求出电压增益 v_o/v_{in} 的表达式。注意，得到的结果与式(13.5)相同，该公式是针对无偏置电流补偿电阻 R_{bias} 的反相放大器推导出来的。b. 重新绘制 $v_{in}=0$ 的电路，要包含偏置电流源。表明输出电压为零。c. 假设 $R_1=10\ \text{k}\Omega$，

$R_2 = 100\,\text{k}\Omega$，$V_{\text{off}}$ 的最大值指定为 3 mV。求出由失调电压源 V_{off} 造成的输出电压范围。d. 假设 $R_1 = 10\,\text{k}\Omega$，$R_2 = 100\,\text{k}\Omega$，$I_{\text{off}}$ 的最大值指定为 40 nA。求出由失调电流源造成的输出电压范围。

e. 假设电路参数值同 c.和 d.，求出由失调电压源、失调电流源和偏置电流共同造成的输出电压范围。

答案： a. $v_o/v_{\text{in}} = -R_2/R_1$；b. $\pm 33\,\text{mV}$；c. $\pm 4\,\text{mV}$；d. $\pm 37\,\text{mV}$。

练习 13.15 考虑图 13.32 所示的同相放大器。a. 推导电压增益 v_o/v_{in} 的表达式。增益是否取决于 R_{bias} 的值，并解释。b. 为使偏置电流引起的输出电压为零，推导出 R_{bias} 与其他电阻的关系式。

答案： a. $v_o/v_{\text{in}} = 1 + R_2/R_1$，增益与 R_{bias} 无关，因为通过 R_{bias} 的电流为零（假设为理想运放）。

b. $R_{\text{bias}} = R_1 \| R_2 = 1/(1/R_1 + 1/R_2)$。

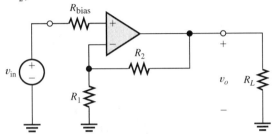

图 13.32　同相放大器，包含了平衡偏置电流影响的电阻 R_{bias}，参见练习 13.15

13.8　差分放大器和仪用放大器

图 13.33 给出了一个差分放大器。假设运放是理想的并且 $R_4/R_3 = R_2/R_1$，那么输出就是差模信号（$v_1 - v_2$）的常数倍数。其共模增益为零（在 11.11 节已经讨论过共模信号的问题）。为了将偏置电流的影响降低到最小，选择 $R_2 = R_4$，$R_1 = R_3$。

> 差分放大器广泛应用于工程仪表中。

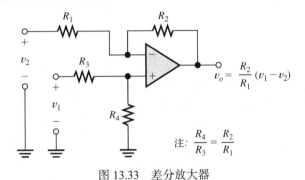

图 13.33　差分放大器

电路的输出阻抗为零。对于 v_1 的输入阻抗为 $R_3 + R_4$。

由 v_1 产生的电流通过反馈网络（R_1 和 R_2）流回到输入源 v_2 中。因此，在信号源 v_2 看来，电路似乎不是无源的。所以，输入阻抗的概念在 v_2 上并不适用（除非 v_1 为零）。

在某些应用场合，信号源有自己的内部阻抗，所以和理想信号之间的差别就是有内部压降。于是，在设计电路时可以分别加上信号源 v_2 与 v_1 的内部阻抗 R_1 和 R_3。然而，要获得很高的共模抑制比，就需要让电阻的比值非常匹配。如果电源的阻抗没有小到可以忽略或者阻抗值不确定，那么要想实现匹配是一件非常困难的事。

13.8.1 精密仪用差分放大器

图 13.34 给出了一个改进过的差分放大器，其共模抑制比不会受信号源内部阻抗的影响。因为节点约束条件在放大器 X_1 和 X_2 的输入端上，所以从信号源流出的电流为零。于是，两个信号源的输入阻抗都为无穷大，输出电压只与信号源内部阻抗有关。和类似的差分放大器(见图 13.33)相比，这是一个很重要的优点。值得注意的是，这种放大器的第二级是一个单位增益的差分放大器。

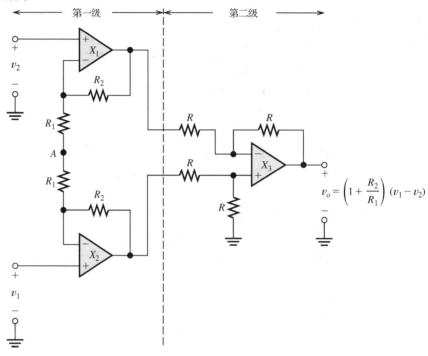

图 13.34　精密仪用差分放大器

这个电路的奇妙之处在于差模信号在第一级(X_1 和 X_2)中的增益比共模信号的高很多。为了证明这一点，首先考虑只有差分输入的情况(例如 $v_1 = -v_2$)。由于电路是对称的，A 点的电压为零。即在分析只有差分输入的情况时，可以认为 A 点是接地的。这样，输入放大器 X_1 和 X_2 就可以看成是增益为 $(1 + R_2/R_1)$ 的同相放大器。第二级的差模增益是 1。因此，总的差模增益为 $(1 + R_2/R_1)$。

接下来，考虑只有共模输入的情况(如 $v_1 = v_2 = v_{cm}$)。因为节点约束条件，所以放大器 X_1(或者 X_2)的输入端之间的电压差为零。于是，放大器 X_1 和 X_2 反相输入端的电压都等于 v_{cm}。由于两个串联电阻 R_1 之间的电压为零，也就是没有电流流过 R_1，因此同样也没有电流流过 R_2。已经知道共模信号在第一级中的增益为 1，于是放大器 X_1 和 X_2 的输出电压等于 v_{cm}。也就是说，第一级的差模增益是 $(1 + R_2/R_1)$，比 1 要大得多，从而达到减小共模信号相对于差模信号的值的目的[值得注意的是，如果 A 点是真正的接地点，那么共模增益将和差模增益相等，即 $(1 + R_2/R_1)$。]

实际上，因为不需要使用 A 点，所以会将两个串联的 R_1 电阻结合成一个电阻(电阻值为 $2R_1$)。因此也就不存在两个 R_1 的电阻值匹配或不匹配的问题了。并且，从电路图中也可以看出，在第一级中要让差模增益比共模增益高出很多，也不需要考虑 R_2 的匹配问题。既然第一级减小了共模信号的相对值，那么第二级中就不必过分考虑电阻的匹配了。

因此，尽管电路要复杂一些，但是图 13.34 的差分放大器的性能要比图 13.33 的电路好得多。

特别是共模抑制比与电源内部阻抗无关，两个电源的输入阻抗都为无穷大，并且电阻匹配要求也不是很重要。

练习 13.16　假设运算放大器是理想运放，推导图 13.33 的差分放大器的输出电压表达式。假定 $R_4/R_3=R_2/R_1$。

13.9　积分器和微分器

积分器的电路如图 13.35 所示，其输出电压正比于输入电压对运行时间的积分（对运行时间的积分是指积分的上限是时间 t）。

> 积分器产生的输出电压与输入电压对运行时间的积分成正比。在一个运行时间积分段，积分的上限是时间 t。

积分电路在测量仪表应用中的作用很大。例如，针对一个来自加速度传感器的正比于加速度的信号，通过对加速度信号进行积分，得到一个正比于速度的信号。另一种积分方式产生正比于位置的信号。

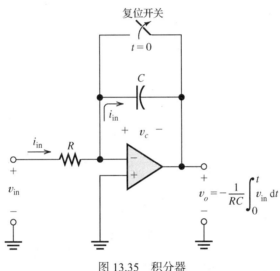

图 13.35　积分器

在图 13.35 中，负反馈通过电容产生。因此，假设运算放大器是理想运放，其反相输入端的电压为零。输入电流为

$$i_{\text{in}}(t) = \frac{v_{\text{in}}(t)}{R} \tag{13.39}$$

流入理想运放输入端的电流为零。所以，输入电流 i_{in} 流过电容。假设复位开关在 $t=0$ 时刻是打开的。于是，电容电压在 $t=0$ 时为零。电容上的电压为

$$v_c(t) = \frac{1}{C} \int_0^t i_{\text{in}}(t)\mathrm{d}t \tag{13.40}$$

对从放大器输出端到电容再到输入端构成的回路可写出一个电压方程：

$$v_o(t) = -v_c(t) \tag{13.41}$$

将式(13.39)代入式(13.40)中，再将得到的结果代入式(13.41)中，得到

$$v_o(t) = -\frac{1}{RC}\int_0^t v_{in}(t)\mathrm{d}t \tag{13.42}$$

因此，输出电压是输入电压对运行时间的积分的 $-1/RC$ 倍。如果希望积分器有一个正的增益，可以将积分器级联一个反相放大器。

可见，选择 R 和 C 的值可以调整增益的数值大小。当然，选择电容时，为了减少费用、体积和规模，希望电容值越小越好。然而，对于一个给定的$(1/RC)$值，电容越小，电阻就会越大，电流 i_{in} 也就会越小。因此，随着电容的减小，偏置电流的影响会越来越明显。通常，在设计中尽量做到折中选取。

练习 13.17　如图 13.35 所示的积分器，其输入为图 13.36 的方波信号。a. 如果 $R = 10\,\mathrm{k\Omega}$，$C = 0.1\,\mu\mathrm{F}$，并且运算放大器是理想运放，请画出输出波形；b. 如果 $R = 10\,\mathrm{k\Omega}$，那么 C 为多少时才能产生峰–峰值为 2 V 的输出。

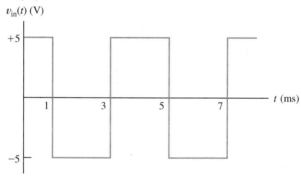

图 13.36　练习 13.17 的方波信号

答案：a. 见图 13.37；b. $C = 0.5\,\mu\mathrm{F}$。

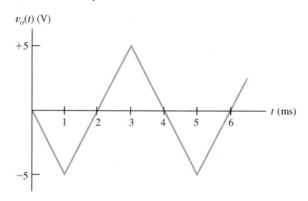

图 13.37　练习 13.17 的答案

练习 13.18　图 13.35 中，$v_{in} = 0$，$R = 10\,\mathrm{k\Omega}$，并且 $C = 0.01\,\mu\mathrm{F}$。如图中所示，$t = 0$ 时复位开关打开。除偏置电流 $I_B = 100\,\mathrm{nA}$ 外，可以把运算放大器看成是理想运放。a. 求以时间作为变量的输出电压的表达式；b. $C = 1\,\mu\mathrm{F}$，其他条件不变，重新做 a.。

答案：a. $v_o(t) = 10t$；b. $v_o(t) = 0.1t$。

练习 13.19　在图 13.35 的电路中添加一个与同相输入端串联的电阻 R，然后重做练习 13.18。

答案：a. $v_o(t) = -1\,\mathrm{mV}$；b. $v_o(t) = -1\,\mathrm{mV}$。

13.9.1 微分器电路

图 13.38 所示是一个**微分器**，其输出电压是输入电压对时间求导数的倍数。利用与分析积分器时相似的方法对电路进行分析，得到电路的输出电压为

$$v_o(t) = -RC\frac{\mathrm{d}v_{\mathrm{in}}}{\mathrm{d}t} \qquad (13.43)$$

练习 13.20 推导式(13.43)。

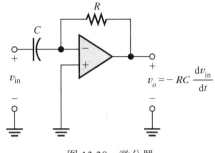

图 13.38 微分器

13.10 有源滤波器

滤波器是电路设计中让一定范围内的频率通过输入到达输出并且防止其他范围的频率通过的元件。例如，一个低通滤波器让低频通过输入到达输出而阻止高频通过。常见的滤波器应用是将一个感兴趣的信号与其他信号和噪声分离。例如，对于心电图仪，需要一个滤波器使心脏的信号通过，该频率低于 100 Hz，并阻止其他由肌肉收缩引起的更高频率的噪声通过。我们可以使用一个低通滤波器去除老式留声机唱片的噪声。对于无线电接收器，滤波器可以区分不同接收站的信号。在数字仪表系统中，需要使用低通滤波器来去除噪声和高于采样频率一半以上的信号以避免失真，在采样和模数转换中称之为混淆。

> 滤波器对于从噪声中分离所需信号非常有用。

在 6.2 节和 6.8 节中，我们探讨了无源滤波器设计的几个例子。本节将介绍如何设计由电阻、电容和运算放大器组成的低通滤波器。由运算放大器、电阻和电容组成的滤波器被称为**有源滤波器**。相对于无源滤波器，有源滤波器在很多方面都改善了性能。

关于有源滤波器的研究十分广泛并设计出了许多有用的电路。理想情况下，一个有源滤波器电路应该：

1. 包含相应的几个元件。
2. 有一个对元件误差不敏感的传递函数。
3. 对放大器的增益带宽积、输出阻抗、转换速率和其他的参数有适当的要求。
4. 容易进行调整。
5. 要求元件值的范围小。
6. 允许实现各种有用的传递函数。

在本书中已经介绍了许多不同程度满足这些要求的电路。在本节中，我们只关注一个特定的(但实用的)方法来实现低通滤波器。

13.10.1 巴特沃思传递函数

巴特沃思传递函数的大小为

$$|H(f)| = \frac{H_0}{\sqrt{1 + (f/f_B)^{2n}}} \qquad (13.44)$$

传递函数如图 13.39 所示，这里的整数 n 是滤波器的阶数，$f_B = 3$ dB 是截止频率。使 $f = 0$，于是 $|H(0)| = H_0$；因此，H_0 是直流增益的大小。需要注意的是，随着滤波器阶数增加，传递函数接近于一个理想的低通滤波器。

　　一个有源低通巴特沃思滤波器可以通过 Sallen-Key 电路的级联而获得，一级 Sallen-Key 电路如图 13.40 所示。在这种 Sallen-Key 电路中，电阻 R 均相等，电容 C 也都相等。不同的元件构成有用电路是可能的，但是元件相同会更加方便。

　　图 13.40 的 Sallen-Key 电路是一个二阶低通滤波器。为了获得一个 n 阶滤波器，必须级联 n/2 个电路。（我们假设 n 是偶数。）

　　截止频率为 3 dB 的全通滤波器与 R 和 C 的关系为

$$f_B = \frac{1}{2\pi RC} \tag{13.45}$$

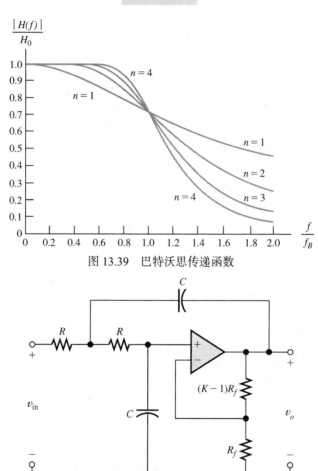

图 13.39　巴特沃思传递函数

图 13.40　元件相同的 Sallen-Key 低通有源滤波器

　　通常，我们希望对于给定的截止频率进行设计。我们试图选择小电容值，因为这将降低物理尺寸和成本。然而，式(13.45)表明，随着电容减小，电阻会变得更大(对于给定的截止频率)。如果电容太小，电阻会变得过大。此外，线路的杂散电容很容易影响高阻抗电路。因此，我们选择一个容值小，但不是太小(不小于 1000 pF)的电容。

　　在选择电容时，应该选择一个满足误差要求的值。然后，使用式(13.45)计算电阻。先选择电容，然后计算电阻是非常有用的，因为电阻值比起电容值通常可以在更大的范围内进行选择。也许我们无法找到 R 和 C 的标称值，以精确地获得截止频率；不过，必须将截止频率限制在非常小的范围中的情况很少见。因此，1% 容差的电阻通常就可以满足精度要求。

注意，在图 13.40 的电路中，运算放大器和反馈电阻 R_f 以及 $(K-1)R_f$ 形成一个同相放大器，其增益为 K。在直流时，电容器开路。然后，电阻 R 与同相放大器输入端串联在一起，对增益没有影响。因此，电路的直流增益为 K。随着 K 从 0 到 3 变化，传递函数显示出峰值越来越高(例如，增益幅度随频率增加而达到跌落前的峰值)。对 $K=3$，峰值为无穷大。如果 K 大于 3，电路就会不稳定，即产生振荡。

在选择反馈电阻 R_f 以及 $(K-1)R_f$ 时，最关键的问题是它们的比值。如果需要，一个精确的比值可以通过一个电位计来实现，通过调整电位计使每一个部分的直流增益满足要求。为了最小化偏置电流的影响，我们应该选择合适的电阻值，使得 R_f 以及 $(K-1)R_f$ 的并联值等于 $2R$。然而，对于 FET 输入的运算放大器，输入偏置电流通常非常小，这是没有必要的。

一个 n 阶巴特沃思低通滤波器是通过级联 $n/2$ 个有适当的 K 值的低通滤波器而得到的。(这里，我们假设 n 为偶数。)表 13.1 显示了各阶滤波器所需的 K 值。全通滤波器的直流增益 H_0 是各个阶段 K 值的乘积。

表 13.1　用于不同阶的低通或高通巴特沃思滤波器的 K 值

阶数	K
2	1.586
4	1.152
	2.235
6	1.068
	1.586
	2.483
8	1.038
	1.337
	1.889
	2.610

例 13.8　低通有源滤波器的设计

设计一个四阶巴特沃思低通滤波器，截止频率为 100 Hz。

解： 我们直接选择电容值为 $C=0.1\ \mu F$。这是一个标准值而且不是特别大。(也许我们可以利用 0.01 μF 的值实现同样性能的设计。然而，正如我们前面所提到的，C 的实际大小有所限制。)

这种有源低通滤波器在基于计算机的系统中可以作为抗混叠滤波器。

接下来，我们利用式(13.45)求解 R。代入 $f_B=100$ Hz 和 $C=0.1\ \mu F$，得到 $R=15.92\ \Omega$。实际上，我们将选择一个 15.8 kΩ、1% 容差的电阻。这将导致标称的截止频率略高于设计的截止频率。

参考表 13.1，一个四阶滤波器需要两部分，这两部分的增益分别为 $K=1.152$ 和 2.235。总的直流增益 $H_0=1.152\times 2.235\cong 2.575$。我们对两部分都选择 $R_f=10\ k\Omega$。完整的电路图如图 13.41 所示。电阻 R_3 和 R_{13} 包含固定电阻和与其串联的可调电阻，以获得每阶要求的增益。

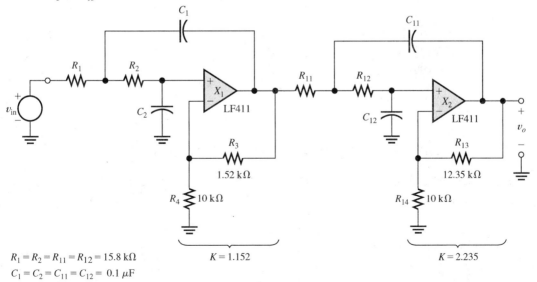

$$R_1=R_2=R_{11}=R_{12}=15.8\ k\Omega$$
$$C_1=C_2=C_{11}=C_{12}=0.1\ \mu F$$

图 13.41　例 13.8 中设计的四阶巴特沃思低通滤波器

例13.8中设计的滤波器总增益的波特图如图13.42所示。可以验证直流增益是 $20 \log H_0 \cong 8.2$ dB。如期望的一样，3 dB 频率非常接近 100 Hz。

图 13.43 显示了直流增益中每个部分的增益。该图也显示了归一化总增益。当然，总增益就是各个阶段归一化增益的乘积。(注意，增益是以比值而不是分贝绘制的)。第一个阶段的传递函数——即低通阶段——达不到峰值，然而在第二阶段将产生峰值。正是这种峰值提升了整体的传输特性。

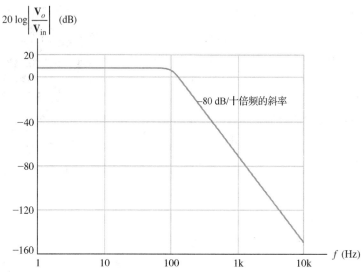

图 13.42　例 13.8 的四阶低通滤波器的总增益的波特图

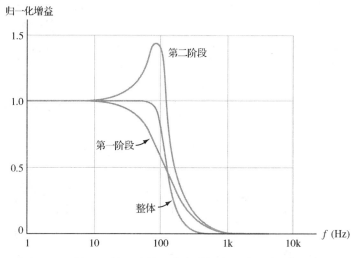

图 13.43　例 13.8 的四阶低通滤波器各阶段增益随频率的变化

练习 13.21　对于远大于 f_B 的频率，在式(13.44)中，证明巴特沃思低通滤波器的传递函数的增益每十倍频降低 $20 \times n$。

练习 13.22　设计一个六阶巴特沃思低通滤波器，截止频率为 5 kHz。

答案: 对于一个六阶滤波器，可以通过级联三个如图 13.40 所示的电路来实现。可以选择使用 1000 pF 到 0.01 μF 这一范围的电容。若 $C = 0.01$ μF，需要 $R = 3.183$ kΩ。$R_f = 10$ kΩ 是比较好的选择。由表 13.1 可知，增益值是 1.068、1.586 和 2.483。

本章小结

1. 如果一个差分放大器的输入电压为 v_1 和 v_2，则其共模输入电压为 $v_{icm} = \frac{1}{2}(v_1 + v_2)$，差分输入信号为 $v_{id} = v_1 - v_2$。

2. 一个理想运放的输入阻抗为无穷大，差模增益为无穷大，共模增益为零，输出阻抗为零，而且带宽为无穷大。

3. 在一个具有负反馈的放大电路中，输出信号的一部分返回到输入端，而且反馈信号与输入信号的极性相反。

4. 为分析具有负反馈的理想运放电路，可假定运放的差模输入电压和输入电流为零(即节点约束条件)，并应用此条件去分析运放电路。

5. 基本反相放大器的结构如图 13.4 所示，其闭环电压增益为 $A_v = -R_2/R_1$。

6. 基本同相放大器的结构如图 13.11 所示，其闭环电压增益为 $A_v = 1 + R_2/R_1$。

7. 许多有用的放大电路可以采用运算放大器来设计。首先，选择一个合理的电路结构；然后确定电阻值以满足需要的增益值。

8. 在设计运放电路时，采用非常大的电阻是不合适的，因为这样的电阻不稳定。而且高阻抗电路的分布电容很容易引入噪声。选择极小的电阻也不合适，因为会产生大电流流过这些电阻，从而增大了功率损耗。

9. 在运算放大器的线性工作区内，实际运放的性能指标并不完美，例如有限的输入阻抗、不为零的输出阻抗、有限的开环增益，而且开环增益随着频率的增加而下降。

10. 负反馈减小了增益幅值，扩展了带宽。对于同相放大器，其直流增益幅值与带宽的乘积是常数。

11. 任何运算放大器的输出电压和输出电流是有限的。如果输出波形达到(并试图超过)两个最大值的任何一个，则发生削波现象。

12. 任何运算放大器的输出电压的变化率是有限的，称之为转换速率限制。全功率带宽是指运算放大器能够正常传递正弦信号的最大频率值。

13. 运放的直流特性缺陷包括偏置电流、失调电流和失调电压。这些效果可以利用图13.29 中的电源来模拟。直流特性缺陷的影响是一个直流信号(通常是不希望的)叠加到预期的输出信号上。

14. 一个单独的运算放大器可用作如图 13.33 所示的差分放大器。但是，与之相比，图 13.34 介绍的精密仪用放大器具有更好的性能。

15. 图 13.35 为积分器，产生的输出电压与输入电压对运行时间的积分成正比。图 13.38 为微分器。

16. 有源滤波器通常比无源滤波器具有更好的性能。有源巴特沃思低通滤波器可以通过级联几个具有适当增益的 Sallen-Key 电路来实现。

习题

13.1 节　理想运放

P13.1　理想运放的特性有哪些?

P13.2 实际运放有 5 个引脚，描述每一个引脚的功能。

P13.3 一个差分放大器的输入为 v_1 和 v_2，写出差分输入电压和共模输入电压的定义。

*P13.4 一个差分放大器的输入电压为 $v_1(t) = 0.5\cos(2000\pi t) + 20\cos(120\pi t)$ V，$v_2(t) = -0.5\cos(2000\pi t) + 20\cos(120\pi t)$ V，试分别计算共模输入信号和差模输入信号的表达式。

P13.5 讨论开环增益和闭环增益的区别。

13.2 节   反相放大器

*P13.6 阐述含理想运放的放大电路的分析步骤。

P13.7 节点约束条件指的是？正反馈时能否使用？

P13.8 试画出基本的反相放大器的电路。假设采用理想运放的情况下，写出闭环增益、输入和输出阻抗的表达式。

P13.9 如图 P13.9 所示的电路，若为理想运放，试画出输入信号 $v_{in}(t)$ 和输出 $v_o(t)$ 的波形。

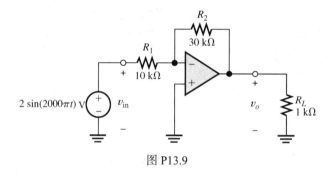

图 P13.9

*P13.10 如图 P13.10 所示的电路，若为理想运放，试计算电路的闭环电压增益。

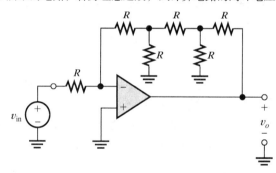

图 P13.10

P13.11 如图 P13.11 所示的电路，若为理想运放，试计算电路的闭环电压增益。

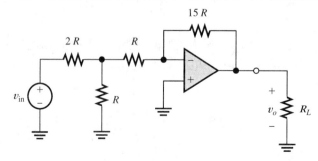

图 P13.11

P13.12　如图 P13.12 所示的反相放大电路,若为理想运放,v_{in} 为正,二极管电流 $i_D = I_S \exp(v_D / nV_T)$〔见式(9.4)〕。由 v_{in}、R、I_S、n 和 V_T 推导 V_o 的表达式。

P13.13　交换图 P13.12 中的电阻 R 与二极管的位置,二极管阴极向右,重复习题 P13.12 的问题。

P13.14　如图 P13.12 所示的电路,二极管 $i_D = Kv_D^3$,由 v_{in}、R 和 K 推导 V_o 的表达式。

P13.15　如图 P13.15 所示的电路,运算放大器为理想运放,但是输出电压不能超过 ±10 V。试计算电路的输出电压值。〔提示:该电路为正反馈连接。〕

P13.16　反相放大电路如图 P13.16 所示,假设为理想运放,求电压和电流的表达式。根据基尔霍夫电流定律,流入闭合面内的电流之和等于流出的电流之和。试解释当一个闭合面内包含一个实际运放时,如何满足该定律的?

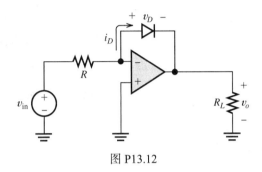

图 P13.12

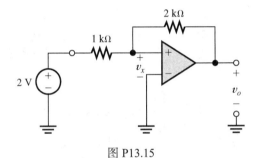

图 P13.15

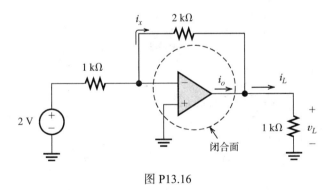

图 P13.16

13.3 节　同相放大器

*P13.17　试画出电压跟随器的电路。其电压的增益、输入和输入阻抗是多少?

*P13.18　如图 13.12 所示的电压跟随器具有单位增益,因此 $v_o = v_{in}$。为什么不直接去掉运放,将负载直接连接到信号源上?举例说明与直接连接相比,电压跟随器的优越之处。

P13.19　试画出基本的同相放大电路。假设采用理想运放的情况下，写出闭环增益、输入和输出阻抗的表达式。

P13.20　如图 P13.20 所示的电路，若为理想运放，试求解每个电路的输出电压 v_o。提示：由于每个电路都引入了负反馈结构，因此可采用节点约束条件来分析。

*P13.21　如图 P13.21 所示的电路，若为理想运放，试求解输出电压 v_o 与输入 v_A、v_B 以及电阻的关系。

P13.22　如图 P13.22 所示的电路，$v_{in}(t) = 2 + 3\cos(2000\pi t)$ V，试求使 $v_o(t)$ 直流分量为 0 的 R_2 值，以及输出电压 v_o。

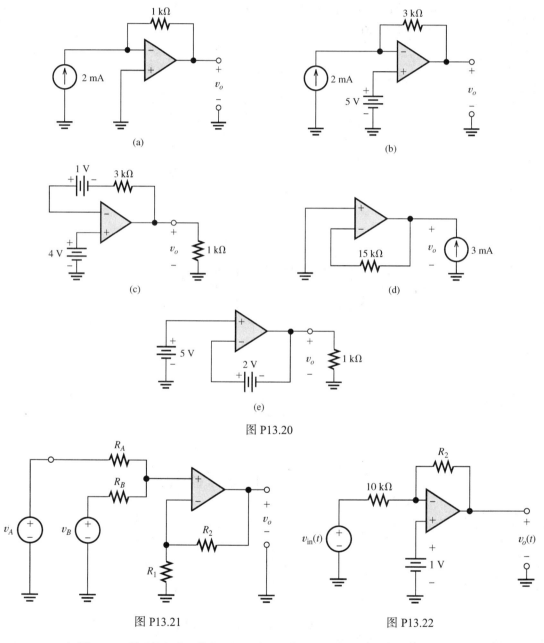

图 P13.20

图 P13.21　　　　　　　　　　　图 P13.22

P13.23　如图 P13.23 所示的电路，若为理想运放，试求解各电路的输出电路 i_o。请问：每个电路的输出阻抗值如何？为什么？[提示：图(b)中输入电压源的末端未接地，这样的电源被称为浮地。]

*P13.24　如图 P13.24 所示电路，若为理想运放，a. 求解输出电压由源电流和电阻表示的表达式；b. 电路的输出阻抗值是多少？c. 电路的输入阻抗值是多少？d. 电路可视为何种类型的理想放大器？（详见 11.6 节关于不同类型放大器的介绍。）

P13.25　如图 P13.25 所示的电路，重复习题 P13.24。

P13.26　如图 P13.26 所示电路，a. 求输出电流 i_o 与电压源和电阻的关系；b. 电路的输出阻抗值是多少？c. 电路的输入阻抗值是多少？d. 电路可视为何种类型的理想放大器？（有关各种理想放大器类型的讨论，请参阅 11.6 节。）

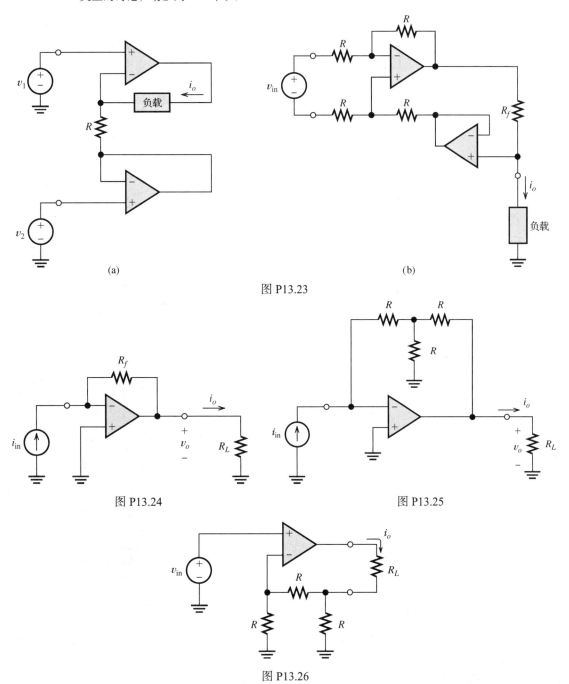

图 P13.23

图 P13.24

图 P13.25

图 P13.26

P13.27　如图 P13.27 所示的电路，若为理想运放，放大器的功率增益 G 被定义为负载 R_L 达到的功率除以电源 v_s 提供的功率。试列写各电路的功率增益表达式，请问哪个电路的功率增益更大？

*P13.28　如图 P13.28(a)和(b)所示的电路，一个是负反馈电路，另一个是正反馈电路。假设为理想运放，希望输出极值为 ± 5 V。输入电压波形如图 P13.28(c)所示，请画出输出电压 $v_o(t)$ 的波形。

P13.29　电路如图 P13.29(a)和(b)所示，重做习题 P13.28[输入电压波形如图 P13.28(c)所示]。

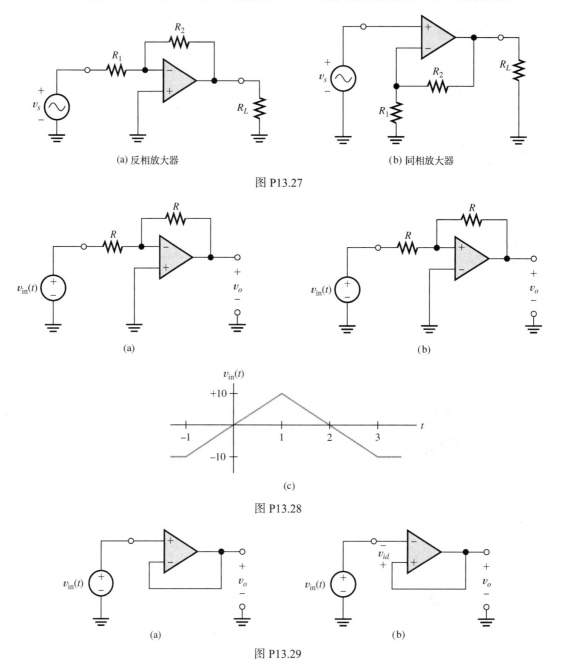

(a) 反相放大器　　　　　　　　　　　(b) 同相放大器

图 P13.27

(a)　　　　　　　　　　　(b)

(c)

图 P13.28

(a)　　　　　　　　　　　(b)

图 P13.29

P13.30　采用 5% 容差的电阻和理想运放来设计反相放大器，运算放大器的增益为−2。假设在规定的电阻容差下，增益的极值是多少？增益误差是多少？

P13.31　若设计增益为+2 的同相反大器，重做习题 P13.30。

*P13.32　如图 P13.32 所示的电路，若为理想运放，试求解输出电流 i_o 的表达式。请问电路的输入阻抗是多少？从负载 R_L 看进去的输出阻抗多大？

P13.33　如图 P13.33 所示的电路，若为理想运放，试求解电压增益与 T 的关系式。（T 值在 0~1 之间，取决于电位器的位置。）

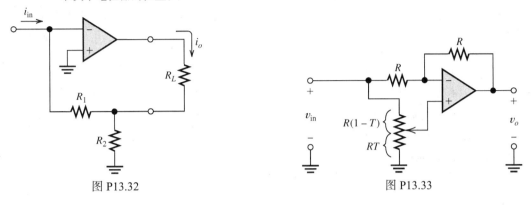

图 P13.32　　　　　　　　　　　　　　　　图 P13.33

P13.34　如图 P13.34 所示含有负反馈的电路，若为理想运放，试采用节点约束条件（两个运算放大器）推导电压增益 $A_1 = v_{o1} / v_{in}$ 和 $A_2 = v_{o2} / v_{in}$ 的表达式。

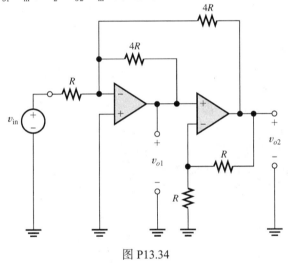

图 P13.34

13.4 节　简单放大器的设计

P13.35　假设使用运算放大器设计一种放大器，使用非常小的反馈电阻将会产生什么问题？使用非常大的反馈电阻又会产生什么问题？

*P13.36　使用表 P13.36 中的元件设计一个放大器，其电压增益为 $-10 \pm 20\%$。输入阻抗需要尽可能大（理想情况下为开路）。记下要使用的实际电阻值。（提示：同相放大和反相放大级联。）

表 P13.36　设计问题可用的元件

标准 5% 容差的电阻（见附录 B）
标准 1% 容差的电阻（如果 5% 容差的电阻可行，就不要用 1% 容差的电阻，因为 1% 容差的电阻的价格更高）
理想运放
可调电阻（微调器），其最大值范围从 100 Ω~1 MΩ，且按 1-2-5 顺序（如 100 Ω，200 Ω，500 Ω，1 kΩ等）。如果固定电阻能够满足要求，就不要使用可调电阻

*P13.37 如例 13.4 所示，仅用一个运算放大器就能完成设计。设计合适的电路结构和电阻值，使得增益误差限定为±5%。

P13.38 使用表 P13.36 中的元件，设计一个放大器，其输入阻抗至少为 10 kΩ，电压增益为：a. −10 ± 20%；b. −10 ± 5%；c. −10 ± 0.5%。

P13.39 使用表 P13.36 中的元件，设计一个放大器，其电压增益为+10 ± 3%，输入阻抗为 1 kΩ ± 1%，。

P13.40 使用表 P13.36 中的元件，设计一个电路，其输出电压是 $v_o = A_1 v_1 + A_2 v_2$。电压 v_1 和 v_2 是输入电压。设计实现 $A_1 = 5 ± 5\%$，$A_2 = -10 ± 5\%$。对输入阻抗没有要求。

*P13.41 如果输入阻抗要求尽可能大(理想情况下开路)，重做习题 P13.40。

P13.42 两个信号源电压分别为 $v_1(t)$ 和 $v_2(t)$。电源的内阻(即戴维南等效阻抗)总是小于 2 kΩ，但具体值不确定，而且很可能随时间改变。使用表 P13.36 中的元件，设计一个电路，其输出电压是 $v_o(t) = A_1 v_1(t) + A_2 v_2(t)$。电压 v_1 和 v_2 是输入电压。实现 $A_1 = -10 ± 1\%$，$A_2 = 3 ± 1\%$。

P13.43 假设我们有一个电源的内阻(即戴维南等效阻抗)总是小于 1 kΩ，并且阻值随时间变化。使用表 P13.36 中的元件，设计一个放大器，对电源电压进行放大。电压增益为−20 ± 5%。

13.5 节 运算放大器线性工作的缺陷

P13.44 对实际运放在其线性工作中的缺陷列表进行说明。

*P13.45 某运算放大器的单位增益带宽 f_t 为 15 MHz。如果将这个运算放大器用在一个同相放大器中，该同相放大器的闭环直流增益为 $A_{0CL} = 10$，求闭环截止频率 f_{BCL}。当直流增益为 100 时重做上述问题。

P13.46 某运算放大器的开环直流增益为 $A_{0OL} = 200\ 000$，开环 3 dB 带宽 $f_{BOL} = 5$ Hz。求频率为 a. 100 Hz、b. 1000 Hz、c. 1MHz 时的开环增益。

P13.47 本题研究电压跟随器上运算放大器的有限开环增益、有限输入阻抗和非零输出阻抗所产生的影响。如图 P13.47 所示的运算放大器模型，a. 推导电路的电压增益 v_o/v_s 的表达式，计算当 $A_{OL} = 10^5$、$R_{in} = 1$ MΩ和 $R_o = 25$ Ω时的值，将这个结果与理想运算放大器的增益相比较；b. 推导电路输入阻抗 $Z_{in} = v_s/i_s$ 的表达式，计算当 $A_{OL} = 10^5$、$R_{in} = 1$ MΩ和 $R_o = 25$ Ω时的值，将这个结果与理想运放的输入阻抗相比较；c. 推导电路输出阻抗 Z_o 的表达式，计算当 $A_{OL} = 10^5$、$R_{in} = 1$ MΩ和 $R_o = 25$ Ω时的值，将这个结果与理想运放的输出阻抗相比较。

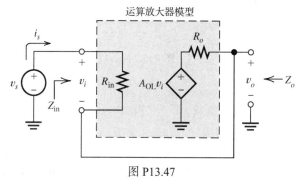

图 P13.47

P13.48 本题研究反相放大器上运算放大器的有限开环增益、有限输入阻抗和非零输出阻抗所产生的影响。如图 P13.48 所示的运算放大器模型，a. 推导电路电压增益 v_o/v_s 的表达式，计算当 $A_{OL} = 10^5$、$R_{in} = 1$ MΩ、$R_o = 25$ Ω、$R_1 = 1$ kΩ和 $R_2 = 10$ kΩ时的值，将这个结果与理想运放的增益相比较；b.推导电路输入阻抗 $Z_{in} = v_s/i_s$ 的表达式，计算当 $A_{OL} = 10^5$、$R_{in} = 1$ MΩ、$R_o = 25$ Ω时的值，将这个结果与理想运放的输入阻抗相比较；c. 推导电路输出阻抗 Z_o 的表达式，计算当 $A_{OL} = 10^5$、$R_{in} = 1$ MΩ、$R_o = 25$ Ω时的值，将这个结果与理想运放的输出阻抗相比较。

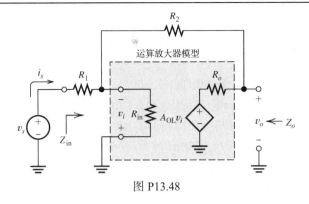

图 P13.48

P13.49 设计一个直流增益为 10 的同相放大器，而且在 10 kHz 下的增益大小必须不少于 9。求运算放大器要求的最小增益带宽。

P13.50 设计一个直流增益为 10 的同相放大器，而且在 200 kHz 下的相移不能超过 10°。求运算放大器要求的最小增益带宽。

P13.51 设计两种方案，满足直流电压增益为 100。第一种方法是使用一个同相级，其增益为 100。第二种方法是级联两个同相级，其增益均为 10。放大器的增益带宽积为 10^6。推导一个以频率的函数表示的增益表达式，为每种方案设计 3 dB 的带宽。

*P13.52 一个特定的运算放大器有一个开环直流增益 $A_{0OL} = 200\,000$ 和一个开环 3 dB 带宽 $f_{BOL} = 5$ Hz。画出开环增益大小与范围的波特图。如果这个运算放大器是用于闭环直流增益为 100 的同相放大器，则画出闭环增益大小与范围的波特图。当闭环直流增益为 10 时重做上述问题。

13.6 节 非线性限制

P13.53 列出实际运放的非线性限制。

P13.54 写出全功率带宽的定义。

P13.55 如果采用正弦输入信号得到的理想输出大大超过了功率带宽，那么输出信号的波形会是怎样的？在这种情况下，如果运算放大器的转换速率为 10 V/μs，频率输入是 1 MHz，那么输出信号的峰-峰值是多少？

P13.56 设计一个运算放大器，它可以产生一个 100 kHz 的正弦波，输出一个 5 V 的峰值电压。则该运算放大器的最小转换速率为多少？

*P13.57 假设有一个运算放大器，其最大输出电压范围为 −10~+10 V。最大输出电流强度为 20 mA。转速换限制为 SR = 10 V/μs。采用如图 13.28 所示的运算放大器。a. 确定运算放大器的带宽；b. 当频率为 1 kHz、$R_L = 1$ kΩ 时，输出电压峰值是否会失真？c. 当频率为 1 kHz、$R_L = 100$ Ω 时，输出电压峰值是否会失真？d. 当频率为 1 MHz、$R_L = 1$ kΩ 时，输出电压峰值是否会失真？e. 当 $R_L = 1$ kΩ，$v_s(t) = 5\sin(2\pi 10^6 t)$ V 时，画出稳定输出波形随时间变化的图形。

P13.58 需要一个同相放大器，其直流增益为 10，以放大一给定的输入信号：

$$v_{\text{in}}(t) = 0 \qquad t \leqslant 0$$
$$= t\exp(-t) \qquad t \geqslant 0$$

其中 t 以 μs 计。确定最小转换速率以避免运算放大器失真。

P13.59 我们需要一个电压跟随器来放大以下给定电压：
$$v_{\text{in}}(t) = 0 \qquad t \leqslant 0$$
$$= t^2 \qquad 0 \leqslant t \leqslant 3$$
$$= 9 \qquad 3 \leqslant t$$

其中 t 以 μs 计。确定最小转换速率以避免运算放大器失真。

*P13.60 一种测量运算放大器转换速率限制的方法是将正弦波(或方波)作为放大器的输入,然后把频率提高,直到输出波形变为三角波时为止。假设一个 1 MHz 的输入信号产生一个三角形输出波形,其峰值为 4 V。确定这个运算放大器的转换速率。

P13.61 一个运算放大器的最大输出电压范围从 -10~+10 V,.最大输出电流大小是 25 mA,最大转换速率为 1 V/μs。该运算放大器应用于图 P13.61 的放大器中。a. 确定该运算放大器的带宽。b. 当频率为 5 kHz,$R_L = 100\ \Omega$ 时,输出电压峰值是否失真? c. 当频率为 5 kHz,$R_L = 10\ k\Omega$ 时,输出电压峰值是否失真? d. 当频率为 100 kHz,$R_L = 10\ k\Omega$ 时,输出电压峰值是否失真?

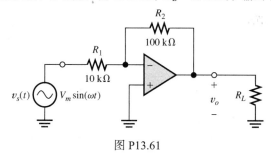

图 P13.61

P13.62 考查如图 P13.62 所示的桥型电路 a. 假设运算放大器是理想的,推导电压增益 v_o/v_s 的表达式。b.如果 $v_s(t) = 3\sin(\omega t)$,画出 $v_1(t)$、$v_2(t)$ 和 $v_o(t)$ 随时间变化的曲线。c.如果运算放大器由 ±15 V 的电源供电,输出电压钳位在 ±14 V。当恰好到达阈值电压时,$v_o(t)$ 的峰值为多少?(注:如果峰值输出电压比供电电压更大,那么这种电路也是可用的。)

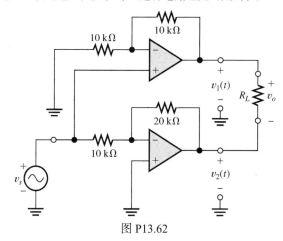

图 P13.62

13.7 节 直流缺陷

*P13.63 画出运算放大器的电路符号,考虑到直流缺陷,在其中增加电源。

P13.64 对运算放大器的直流缺陷进行定义,这些缺陷会带来什么影响?

P13.65 相比于 BJT 输入的运算放大器,FET 输入的运算放大器有什么优势?

*P13.66 当 $v_{in} = 0$ 时,找出图 13.30(a) 的反相放大器输出电压的最坏情况。当偏置电流从 100~200 nA 变化时,最大失调电流大小是 50 nA,最大失调电压大小是 4 mV。

P13.67 有时需要交流耦合放大器。图 P13.67 的电路是一个实现交流耦合的反例。解释为什么会是反例。[提示:考虑偏置电流的影响。]演示如何添加一个元件(包括它的值),以实现偏置电流不会影响电路的输出电压。

P13.68　考查图 P13.61 的放大器。信号源输入电压为零，要求输出电压不超过 100 mV。a. 忽略直流缺陷，运算放大器允许的最大失调电压为多少？b. 忽略直流缺陷，运算放大器允许的最大偏置电流为多少？c. 展示如何添加一个组件（包括它的值），以便偏置电流对电路没有影响；d. 假设 c. 的电阻已经设置，忽略失调电压，运算放大器允许的最大失调电流为多少？

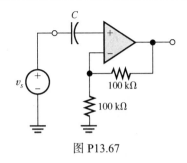

图 P13.67

13.8 节　差分放大器和仪用放大器

P13.69　以信号的差分和共模形式表达差分放大器的函数。

*P13.70　利用表 P13.36 中的元件，设计一个单运放的差分放大器，其差模增益为 10。

P13.71　利用图 13.34 中的电流重复习题 P13.70。

P13.72　图 13.34 为精密放大电路，若运放为理想的，$R_1 = 1 \text{ k}\Omega$，$R_2 = 9 \text{ k}\Omega$，$R = 10 \text{ k}\Omega$，输入信号如下：

$$v_1(t) = 0.5 \cos(2000\pi t) + 2 \cos(120\pi t)$$
$$v_2(t) = -0.5 \cos(2000\pi t) + 2 \cos(120\pi t)$$

　　a. 求解差模输入信号和共模输入信号的表达式；b. 推导输出端 X_1 和 X_2 的电压表达式；c. 推导输出电压 $v_o(t)$ 的表达式。

13.9 节　积分器和微分器

P13.73　运行时间的积分的含义是什么？

*P13.74　如图 P13.74 所示的电路，若运放为理想的，试画出输出电压的波形图。有时，积分器也用作一个（简易）脉冲计数器。假设运放的输出电压为 –10 V，请问在运算放大器上已经施加了多少个输入脉冲（假设其输入电压为 5 V，脉宽为 2 ms）？

P13.75　如图 P13.75 所示的电路，若运放为理想的，试画出输出电压的波形图。

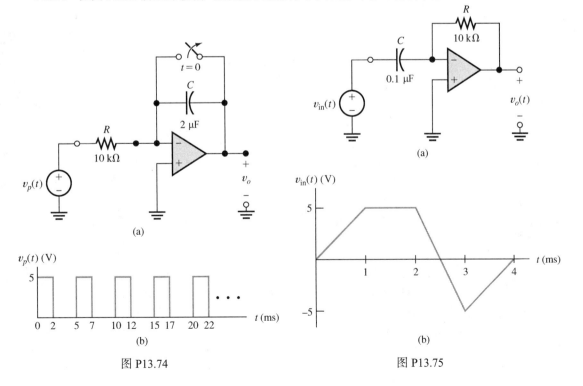

图 P13.74　　　　　　　　　　　图 P13.75

P13.76 一个机械手在给定方向上的位移用电压 $v_{in}(t)$ 来表示。电压与位移成正比，1 V 对应于参考点 10 mm 的位移。设计一个电路，其产生的电压 $v_1(t)$ 正比于机械手的速度，1 V 对应 1 m/s。设计另一个电路，其产生的电压 $v_2(t)$ 正比于机械手的加速度，1 V 对应 1 m/s²，使用表 P14.36 中所列的元件。

13.10 节 有源滤波器

P13.77 滤波器的功能是什么？有哪些典型的应用？什么是有源滤波器？

*P13.78 推导出图 P13.78 的各电路的电压传递比的表达式。此外，根据比例绘制波特图。假设运算放大器是理想运放。

P13.79 把积分器电路看作滤波器是很有启发性的，推导出图 P13.74 中积分器的传递函数，并按比例绘制出波特图。

P13.80 对图 P13.75 的微分器电路重做习题 P13.79。

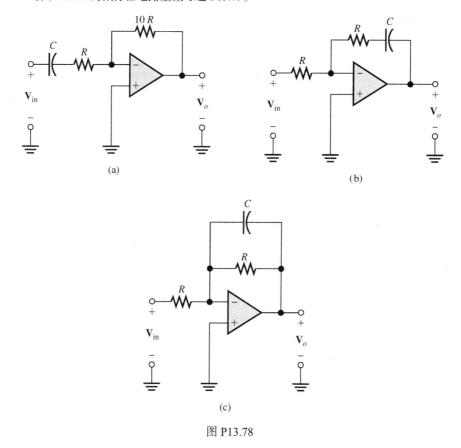

图 P13.78

测试题

T13.1 绘制以下每个放大器的电路图。标明运算放大器输入端和所有需要的电阻。同时，基于图中的电阻给出电压增益的表达式。a. 基本的反相器；b. 同相放大器；c. 电压跟随器。

T13.2 推导如图 T13.2 所示的电路的电压增益 $A_v = v_o / v_{in}$ 的表达式，假设节点约束条件均可用。（同时包含正反馈路径和负反馈路径，但一旦确定好电阻值，就只存在负反馈，就可以使用节点约束条件进行分析。）

T13.3　一个特定的运算放大器的开环直流增益为 $A_{0OL} = 200\,000$，开环 3 dB 的带宽为 $f_{BOL} = 5$ Hz。这个运算放大器被用于闭环直流增益为 $A_{0CL} = 100$ 的同相放大器中。a. 确定闭环转折频率 f_{BCL}；b. 给定同相放大器的输入电压 $v_{in}(t) = 0.05\cos(2\pi \times 10^5 t)$ V，求输出电压的表达式。

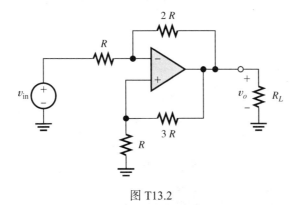

图 T13.2

T13.4　某运算放大器的最大输出电压范围为 $-4.5 \sim +4.5$ V，最大的输出电流大小是 5 mA，转换速率限制是 SR = 20 V/μs。将该运算放大器用于图 13.28 中的电路。a. 求运算放大器的功率带宽；b. 当频率为 1 kHz、$R_L = 200$ Ω时，最大输出电压 V_{om} 是否失真？c. 当频率为 1 kHz、$R_L = 10$ kΩ时，最大输出电压 V_{om} 是否失真？d. 当频率为 5 MHz、$R_L = 10$ kΩ时，最大输出电压 V_{om} 是否失真？

T13.5　画出运算放大器的符号，包括电源、失调电压、失调电流和偏置电流。这些电源在运放电路中的主要作用是什么？

T13.6　利用一个运算放大器和必要的电阻来绘制差分放大器的电路图。以输入电压和阻抗的形式表示输出电压。

T13.7　利用一个运算放大器和必要的电阻来绘制积分放大器的电路图。以输入电压和阻抗的形式表示输出电压。

T13.8　什么是滤波器？什么是有源滤波器？给出一个有源滤波器的应用。

第14章 磁路和变压器

本章学习目标

- 理解磁场与磁场中运动电荷的相互作用。
- 通过右手定则来确定载流导线或绕组周围磁场的方向。
- 计算移动电荷和载流导线在磁场中受到的力。
- 计算由绕组内磁通变化或导线切割磁感线所引起的感应电压。
- 通过楞次定律确定感应电压的极性。
- 运用磁路的概念来确定实际设备的磁场。
- 在给定的参数条件下,确定绕组的电感和互感。
- 理解滞后、饱和度、铁芯损耗和诸如铁之类磁性材料中的涡流。
- 理解理想变压器并求解包含变压器的电路。
- 用实际变压器的等效电路去确定其参数之间的规律和功率效率。

本章介绍

在描述相互作用问题的时候,我们经常引入场的概念。例如,万物都被引力所吸引。我们设想由一个物体产生的引力场,然后通过它们之间相互作用的这些场来解释受到的来自其他物体的力。另一个例子是静止电荷的同性相斥、异性相吸。理论上讲,每个电荷产生的电场都会与其他电荷相互作用,最终产生电场力。

在本章和接下来的两章里,我们会学习一些由移动电荷所引起的磁场的重要工程应用。移动的电荷在磁场中受到力的作用。此外,变化的磁场在附近的导体中产生感应电动势。

在这一章中,我们首先回顾一下磁场的基本概念。然后,我们将会理清磁场和电感(包括互感)之间的关系。接下来,我们将研究极大地方便了电能配送的**变压器**。

磁场也成为大多数可以将电能和机械能相互转化的实用设备的基础。在接下来的几章里,我们将研究几种类型的旋转能量转换装置的基本工作原理,将其统称为电动机和发电机。

14.1 磁场

磁场存在于永磁体和载流导线周围的空间中。在这两种情况下,磁场都源自运动的电荷。在一个永磁铁中,磁场是由原子中所有自旋的电子产生的。这些场相互作用,产生了我们观察到的外部磁场。(在大多数其他材料中,所有电荷的磁场都倾向于抵消彼此之间的磁场。)如果一根载流导线绕成了一个多匝绕组,那么其磁场将被大大增强,尤其当这个绕组围绕着一个铁芯时,磁场的增强效果更为显著。

我们可以把磁场想象成形成闭合路径的**磁力线**。这些磁力线在磁场强的区域更为密集,而在磁场弱的区域较为疏散,如图 14.1 所示。磁通的单位是韦伯(Wb)。

> 磁力线形成闭合路径,在磁场强的区域更为密集,而在磁场弱的区域较为疏散。

地球有一个自然磁场,但与一般的变压器、电动机或发电机中的磁场相比很微弱。由于这些磁场的相互作用，磁铁往往沿着地球磁场的方向。因此，磁铁有北极(N)和南极(S)。异性磁极相互吸引。一般约定，磁力线离开 N 极进入 S 极。可以用指南针来确定磁力线的方向。指南针可以指明向北的磁通(即指南针指向的相反方向就是磁铁的 S 极)。(由于地球的磁力线是从南到北的。因此，如果像在磁铁上那样把 N、S 标志在地球上，S 极将出现在地理上的北极，磁力线也由此进入地球。)

> 当把指南针放在磁场中时，它就会沿着磁力线的方向指向北方。

在公式中，我们定义**磁通密度**为矢量 **B**(在今后的讨论中，我们将用粗体表示矢量。相应的非粗的斜体符号代表矢量的大小。因此，B 代表矢量 **B** 的大小。我们也用粗体表示相量，可以从上下文中明确哪些是空间矢量，哪些是相量。)此外，我们使用国际单位制(SI)，其中，**B** 的单位是韦伯每平方米(Wb/m²)，也可以用特斯拉(T)表示。这个通量密度矢量的方向为磁力线的切线方向，如图 14.1 所示。

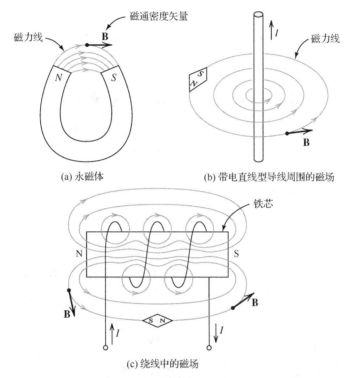

(a) 永磁体　　　(b) 带电直线型导线周围的磁场

(c) 绕线中的磁场

图 14.1　磁场可以等效为闭合路径的磁通线形式。运用指南针，我们可以判断任意情况下的磁场方向。需要注意的是，磁通密度 **B** 和磁通线是相互垂直的

14.1.1　右手定则

由电流引起的磁场方向可以通过右手定则确定，以下有几点相关的说明。例如，如图 14.2(a)所示，如果紧紧抓住一根导线并且将拇指指向电流方向，那么四指环绕导线时所指的方向就是磁场方向。此外，如图 14.2(b)所示，如果将四指围绕绕组，并且使手指指向电流流动方向，那么此时大拇指的指向就是绕组产生的磁场方向。

> 右手定则用于确定磁场方向。

练习 14.1　设有一根平行于地面并且电流方向向北的通电导线。(忽略地球的磁场。)a. 导线上方磁场 **B** 的方向如何？b. 导线下方磁场 **B** 的方向如何？

答案: a. 向西; b. 向东。

练习 14.2 一个沿时钟外沿弯曲的绕组。如果电流方向为顺时针,那么此时时钟表面中心的磁场 **B** 的方向如何?

答案: 进入时钟表面的方向。

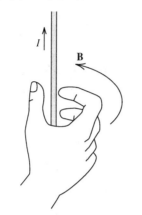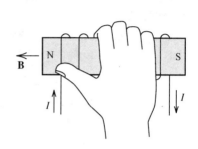

(a) 如果紧紧抓住一根导线并且将拇指
    指向电流方向,那么四指环绕导线
    时所指的方向就是磁场方向

(b) 如果将四指围绕线圈,并且使手指
    向电流流动方向,那么此时大拇指的
    指向就是线圈产生的磁场的方向

图 14.2　右手定则

14.1.2　磁场中运动电荷受到的力

电荷 q 以速度 **u** 通过磁场 **B** 时,将产生如图 14.3 所示的力 **f**。这个力可以由以下公式计算得到:

$$\mathbf{f} = q\mathbf{u} \times \mathbf{B} \tag{14.1}$$

其中×表示矢量积。注意,由于矢量积的定义,力的方向与磁通密度 **B** 和速度 **u** 所在平面相互垂直。这样,力的大小可以由如下公式得到:

$$f = quB \sin(\theta) \tag{14.2}$$

如图所示,其中的 θ 为速度 **u** 和磁通密度 **B** 的夹角。

> 电荷在磁场中运动时,受到力的作用。

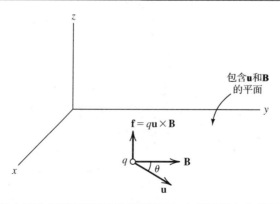

图 14.3　磁场中运动电荷所受到的磁场作用力 **f** 与其速度 **u** 和磁通密度 **B** 有关

在国际单位制中，力矢量 **f** 的单位为牛顿(N)，电荷单位是库仑(C)，速度矢量 **u** 的单位是米每秒(m/s)。因此，推导出式(14.1)和式(14.2)的一致性，得出磁通密度 **B** 的单位为牛顿秒每库仑米(N·s/C·m)，即等效于特斯拉(T)。

练习 14.3　一个电子($q = -1.602 \times 10^{-19}$ C)以 10^5 m/s 的速度沿 x 正轴方向移动。磁通密度为 1 T，沿 y 正轴方向。求出电荷产生的力的大小和方向。(假定一个右坐标系统，如图 14.3 所示。)
答案：$f = 1.602 \times 10^{-14}$ N，沿 z 负轴方向。

14.1.3　载流导线的磁场力

导体中流动的电流由运动的电荷(通常是电子)组成。这样，载流导线在磁场中就会受到力的作用。力在导线一小段增量上的大小为

$$d\mathbf{f} = i\, d\mathbf{l} \times \mathbf{B} \tag{14.3}$$

其中 $d\mathbf{l}$ 的方向与电流方向一致。

> 当载流导体在磁场中时，将受到力的作用。

对于一根长度为 l 的导线和恒定磁场而言，有

$$f = ilB \sin(\theta) \tag{14.4}$$

其中，θ 是导线和磁场的夹角。注意，当磁场方向垂直于导线时，力的值最大。

练习 14.4　一根长度为 $l = 1$ m 的导线通有与磁场互相垂直的 10 A 电流，磁场的 $B = 0.5$ T。计算导线上力的大小。
答案：$f = 5$ N。

14.1.4　磁链和法拉第定律

通过一个表面面积为 A 的曲面的磁通是给定曲面的面积积分：

$$\phi = \int_A \mathbf{B} \cdot d\mathbf{A} \tag{14.5}$$

其中 $d\mathbf{A}$ 是曲面的增量。$d\mathbf{A}$ 的方向垂直于曲面。如果磁通恒定且始终垂直于曲面，则式(14.5)可推导出

$$\phi = BA \tag{14.6}$$

> 通过表面的磁通是由 **B** 和表面的增量面积点积的积分来确定的。

我们认为通过一个绕组包围的表面的磁通**链接**整个绕组。如果绕组有 N 匝，那么总的磁链为

$$\lambda = N\phi \tag{14.7}$$

这里，假设同一磁通通过每一匝绕组。这仅仅是当绕组紧密围绕铁芯时的假设，这种情况通常出现在变压器和电机中。

根据**法拉第(电磁感应)定律**，感应电动势为

$$e = \frac{d\lambda}{dt} \tag{14.8}$$

使用该公式的条件为磁链是在不断变化的。这有可能发生在磁场随时间的变化而变化或者绕组与

磁场间存在相对运动时。

楞次(Lenz)定律指出，感应电动势的极性方向是这样的：电压将产生电流(通过一个外部电阻)，阻止原先的磁链发生变化。(假设感应电动势作为一个电压源。)例如，假定磁场连接绕组如图 14.4 所示，方向指向页面且不断增大。(这个磁场是由一个图中未显示的绕组或永磁体产生的)。此时，绕组中的感应电动势将产生一个逆时针方向的电流。根据右手定则，由这个电流产生的磁场方向为离开页面，并与初始磁场改变方向相反。

磁感应强度矢量的方向垂直于页面向里，而且不断增大

感应电动势

14.1.5 导体切割磁场产生的感应电动势

感应电动势也可由导体切割磁场产生。例如，如图 14.5 所示，在一个指向页面的均匀磁场中，滑动的导体与静止的轨条将形成一个面积为 $A = lx$ 的闭合区域。绕组的磁链为

图 14.4 当链接绕组的磁通产生变化时，绕组中就会产生感应电动势，若在绕组两端接通电阻构成回路，那么根据该感应电动势的极性产生电流而形成的磁场将会阻碍原先的磁链发生变化

$$\lambda = BA = Blx$$

根据法拉第定律，绕组产生的感应电动势为

$$e = \frac{d\lambda}{dt} = Bl\frac{dx}{dt}$$

同时，$u = dx/dt$ 为导体移动的速度，则

$$e = Blu \tag{14.9}$$

式(14.9)可以用来计算直导线在均匀磁场中移动，速度已知且方向与磁场方向相互垂直时的感应电动势。

例如，在额定功率为 1 kW 的直流发电机中，一个长度为 0.2 m 的导体以 12 m/s 的速度切割磁通密度为 0.5 T 的磁场。这样将产生 1.2 V 的感应电动势。(若连接多段导体，则将产生更大的感应电动势。)

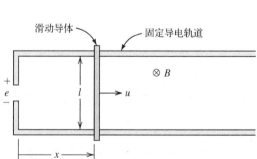

图 14.5 导体切割磁力线时所产生的感应电动势

练习 14.5 a. 一个 10 匝且半径为 5 cm 的圆形绕组。还有一个磁通密度为 0.5 T 且垂直于绕组平面的磁场。计算绕组的磁通和磁链。b. 假设磁通在 1 ms 内均匀减少到零。确定绕组中的感应电动势。

答案： a. $\phi = 3.927$ mWb，$\lambda = 39.27$ mWb；b. $e = 39.27$ V。

14.1.6　磁场强度和安培定律

至此为止，我们已经了解了磁通密度 **B** 和它的作用。总结一下，移动电荷和载流导体在 **B** 中将受到力。如果磁链随时间变化，它还将在绕组中引起感应电动势。更进一步说，当一个移动的导体在切割磁力线时会产生感应电动势。

现在，我们将介绍另一个场矢量，即**磁场强度 H**，并了解如何建立磁场。一般来说，磁场由运动电荷建立。在大多数应用中，磁场由绕组中流动的电流确定。我们将看到，**H** 取决于电流和绕组的结构。此外，我们将了解磁通密度 **B** 依赖于 **H**，并且与填充绕组内空间的材料的特性有关。

磁场强度 **H** 和磁通密度 **B** 的关系如下：

$$\mathbf{B} = \mu \mathbf{H} \tag{14.10}$$

其中 μ 是材料的磁导率。**H** 的单位是安培每米（A/m），μ 的单位是韦伯每安米（Wb/A·m）。

$$\mu = \mu_0 = 4\pi \times 10^{-7} \text{ Wb/A·m} \tag{14.11}$$

B 为磁通密度，单位为韦伯每平方米（Wb/m²）或特斯拉（T）；**H** 为磁场强度，单位为安培每米（A/m）。

对于一些材料特别是铁和某些稀土合金而言，其磁导率比自由空间高得多。相对磁导率定义为其磁导率与自由空间磁导率的比值：

$$\mu_r = \frac{\mu}{\mu_0} \tag{14.12}$$

对于铁和某些稀土合金，μ_r 的值范围从几百到 100 万不等。而用于常规的变压器、电动机和发电机中的铁，其相对磁导率为几千。

在典型电机和变压器中使用的铁，其相对磁导率为几千。

安培定律指出，磁场强度沿闭合路径的线积分等于流过该路径所包围区域的电流的代数和。其方程形式为

$$\oint \mathbf{H} \cdot d\mathbf{l} = \sum i \tag{14.13}$$

这里 $d\mathbf{l}$ 是一个长度矢量单元，其方向为路径的切线方向。引入矢量点乘：

$$\mathbf{H} \cdot d\mathbf{l} = H dl \cos(\theta) \tag{14.14}$$

其中，θ 是 **H** 和 $d\mathbf{l}$ 的夹角。

安培定律指出，磁场强度沿闭合路径的线积分等于流过该路径所包围区域的电流的代数和。

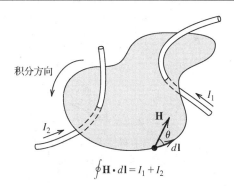

$$\oint \mathbf{H} \cdot d\mathbf{l} = I_1 + I_2$$

图 14.6　安培定律表明，磁场强度沿闭合路径的线积分等于这个区域内流过的电流的代数和

根据其参考方向，式(14.13)中的电流既可为正又可为负。如果电流的参考方向与右手定则的方向一致，则它为正。（根据右手定则，把你的右手拇指指在导线的参考方向，并将其他四指环绕导线。）式(14.13)中的电流若在相反方向，则为负。安培定律可以通过图 14.6 的例子加以说明，在这种情况下，电流的参考方向与右手定则所指示的方向一致。

如果磁场强度大小恒定，并与路径上各处的增量长度 $d\mathbf{l}$ 的方向相同，安培定律可简化为

$$Hl = \sum i \tag{14.15}$$

其中 l 为路径长度。

在某些情况下，我们可以利用安培定律来求载流导线或绕组周围空间的磁场公式。

例 14.1　长直导线周围的磁场

假设一个通有电流 I、流向为从页面由内向外的长直导线，如图 14.7 所示。列出导线周围磁场强度和磁通密度的表达式。假定导线周围材料的磁导率为 μ。

解： 通过对称性和右手定则，我们得出结论，**B** 和 **H** 位于一个垂直于导线的平面(即页面)，并与圆环相切，导线位于圆环中心，如图 14.7 所示。此外，当给定半径 r 时，H 值为常数。对如图所示的圆环路径应用安培定律[式(14.15)]，我们可以得出

$$Hl = H2\pi r = I$$

计算磁场强度，得

$$H = \frac{I}{2\pi r}$$

利用式(14.10)计算得到磁通密度：

$$B = \mu H = \frac{\mu I}{2\pi r}$$

例 14.2　环形铁芯的磁通密度

考虑图 14.8 的环形绕组，求出用绕组匝数 N、电流 I、磁芯磁导率 μ、物理尺寸表示的铁芯中心线上磁通密度 B 的表达式。然后，假设通过铁芯的磁通密度恒定(这是在 $R \gg r$ 的情况下的近似)，求出总磁通和磁链的表达式。

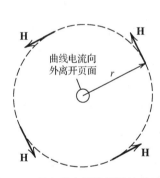

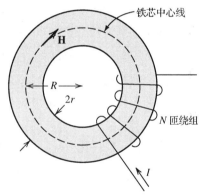

图 14.7　通电长直导线周围的磁场可用安培定律和对称性来考虑

图 14.8　例 14.2、例 14.3、例 14.4 分析的环形绕组

解： 利用对称性，磁场强度沿如图 14.8 所示的虚线圆中心线恒定。(我们假设绕组以对称的方式绕着环形铁芯。为了清晰起见，图中只画了一部分绕组。)对虚线路径使用安培定律，我们得到

$$Hl = H2\pi R = NI$$

解得 H，并利用式(14.10)计算 B，则

$$H = \frac{NI}{2\pi R} \tag{14.16}$$

$$B = \frac{\mu NI}{2\pi R} \tag{14.17}$$

假设 R 远远大于 r，沿铁芯横截面的磁通密度几乎恒定。然后，根据式(14.6)，得出磁通等于磁通密度与区域的横截面积的乘积：

$$\phi = BA = \frac{\mu NI}{2\pi R}\pi r^2 = \frac{\mu NIr^2}{2R} \tag{14.18}$$

最终，得到绕组的磁链：

$$\lambda = N\phi = \frac{\mu N^2 I r^2}{2R} \tag{14.19}$$

例 14.3　环形铁芯的磁通和磁链

假设有这样一个 $\mu_r = 5000$、$R = 10\ \text{cm}$、$r = 2\ \text{cm}$、$N = 100$ 的环形铁芯，电流为

$$i(t) = 2\sin(200\pi t)\ \text{A}$$

计算其磁通和磁链。并用法拉第定律确定绕组的感应电动势。

解： 首先，铁芯材料的磁导率为

$$\mu = \mu_r \mu_0 = 5000 \times 4\pi \times 10^{-7}$$

利用式(14.18)，我们计算磁通为

$$\phi = \frac{\mu NIr^2}{2R} = \frac{5000 \times 4\pi \times 10^{-7} \times 100 \times 2\sin(200\pi t) \times (2 \times 10^{-2})^2}{2 \times 10 \times 10^{-2}}$$

$$= (2.513 \times 10^{-3})\sin(200\pi t)\ \text{Wb}$$

磁链为

$$\lambda = N\phi$$

$$= 100 \times (2.513 \times 10^{-3})\sin(200\pi t)$$

$$= 0.2513\sin(200\pi t)\ \text{Wb}$$

最后，利用法拉第定律[见式(14.8)]，可以得到绕组中由磁场变化引起的感应电动势：

$$e = \frac{\mathrm{d}\lambda}{\mathrm{d}t} = 0.2513 \times 200\pi\cos(200\pi t)$$

$$= 157.9\cos(200\pi t)\ \text{V}$$

练习 14.6　一根被空气($\mu_r \cong 1$)环绕的长直导线，其电流为 $20\ \text{A}$。计算距导线 $1\ \text{cm}$ 处的磁通密度。

答案： $4 \times 10^{-4}\ \text{T}$。

练习 14.7　图 14.9 显示了两根通过大小相等且方向相反的电流的导线，计算如图所示各路径在指定方向上的

$$\oint \mathbf{H} \cdot d\mathbf{l}$$

答案： 路径 1，$10\ \text{A}$；路径 2，$0\ \text{A}$；路径 3，$-10\ \text{A}$。

练习 14.8　如图 14.9 所示，导线长度为 $1\ \text{m}$，导线间距为 $10\ \text{cm}$，求出两根导线之间力的大小。并判断这个力是引力还是斥力。

答案： $f = 2 \times 10^{-4}\ \text{N}$；斥力。

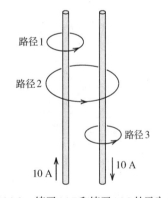

图 14.9　练习 14.7 和练习 14.8 的示意图

14.2　磁路

我们了解到许多常用的设备(如变压器、电动机和发电机)都包含铁芯。本节中，我们将学习如何计算这些设备中的磁场。前一节讨论的一个简单例子是图 14.8 所示的环绕绕组，并在例 14.2 中进行了分析。这个环面具有对称性，很容易应用安培定律来求出电场强度的表达式。然而，在

许多工程应用中，我们需要分析更为复杂的结构(如对称性的铁芯和多匝绕组)，不能直接应用安培定律。相反，可以利用**磁路**的概念来进行分析，这与电路分析相类似。

一个 N 匝载流绕组的**磁动势**(mmf)如下所示：

$$\mathcal{F} = Ni \tag{14.20}$$

磁路中的载流绕组类比于电路中的电源，磁动势类比于电压源。通常，我们定义磁动势的单位为 A·匝(turn)。然而，匝数实际上是一个纯粹的数字而没有物理单位。

如图 14.10 所示的铁棒，其磁路的**磁阻**为

$$\mathcal{R} = \frac{l}{\mu A} \tag{14.21}$$

其中 l 是磁路的长度(沿着磁通的方向)，A 是横截面积，μ 是材料的磁导率。磁阻类似于电路中的电阻。当铁棒并不是笔直的时候，路径的长度不确定，我们可以沿着中心线估计其长度。因此，l 有时被称为路径的**平均长度**。

磁路中的磁通 ϕ 类似于电路中的电流。磁通、磁阻和磁动势的相互关系如下：

$$\mathcal{F} = \mathcal{R}\phi \tag{14.22}$$

这与欧姆定律($V = Ri$)相对应，磁阻的单位为 A·匝/Wb。

例 14.4 环形绕组的磁路

利用磁路的概念，分析如图 14.8 所示的环形绕组，列出磁通的表达式。

解： 如图 14.11 所示，环形绕组的磁路类似于一个电阻与电压源组成的简单电路。

磁路的平均长度为

$$l = 2\pi R$$

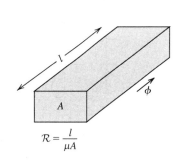
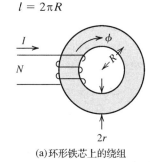
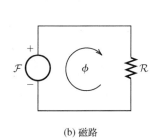

(a)环形铁芯上的绕组   (b) 磁路

图 14.10 磁阻与长度 l、横截面积 A 和磁导率 μ 有关   图 14.11 环形绕组的磁路

绕组横截面半径为 r。因此，横截面积为

$$A = \pi r^2$$

代入式(14.21)，磁阻为

$$\mathcal{R} = \frac{l}{\mu A} = \frac{2\pi R}{\mu \pi r^2} = \frac{2R}{\mu r^2}$$

磁动势为

$$\mathcal{F} = NI$$

解关于磁通的式(14.22)，得到

$$\phi = \frac{\mathcal{F}}{\mathcal{R}}$$

代入之前 $\mathcal{F}$ 和 $\mathcal{R}$ 的表达式，则有

$$\phi = \frac{\mu N r^2 I}{2R}$$

这与在例 14.2 和例 14.3 中通过安培定律得到的磁通表达式一样。

14.2.1　磁路方法的优点

　　磁路方法的优点是可以应用于多绕组的非对称磁场铁芯。绕组是磁动势的来源，正如电路中的电源一样。磁阻可以像电阻那样串联或并联。磁通类似电流。利用磁路方法虽然不能准确地测定磁场，但对于许多工程应用来说已经足够。我们可以利用几个例子对此方法加以说明。

> 磁路方法的优点是可以应用于多绕组的非对称磁场铁芯。

例 14.5　一个带气隙的磁路

　　下面讨论一个带气隙的铁芯，如图 14.12(a) 所示。铁芯材料的相对磁导率为 6000，并且横截面为一个长为 3 cm、宽为 2 cm 的矩形。绕组为 500 匝。求解当电流为多大时，可以在气隙中建立一个磁通密度为 $B_{\text{gap}} = 0.25$ T 的磁场。

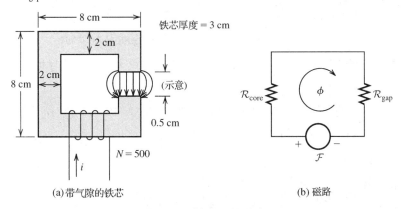

图 14.12　例 14.5 的磁路

　　解： 如图 14.12(b) 所示，这种磁路类似于一个电压源和两个电阻串联的电路。首先，我们计算铁芯磁阻。注意，磁通路径的中心是一个边长为 6 cm 的正方形。因此，铁芯的平均长度为

$$l_{\text{core}} = 4 \times 6 - 0.5 = 23.5 \text{ cm}$$

铁芯横截面积为

$$A_{\text{core}} = 2 \text{ cm} \times 3 \text{ cm} = 6 \times 10^{-4} \text{ m}^2$$

铁芯磁导率为

$$\mu_{\text{core}} = \mu_r \mu_0 = 6000 \times 4\pi \times 10^{-7} = 7.540 \times 10^{-3}$$

于是，铁芯磁阻为

$$\mathcal{R}_{\text{core}} = \frac{l_{\text{core}}}{\mu_{\text{core}} A_{\text{core}}} = \frac{23.5 \times 10^{-2}}{7.540 \times 10^{-3} \times 6 \times 10^{-4}}$$

$$= 5.195 \times 10^4 \text{ A·匝/Wb}$$

　　现在，我们计算气隙磁阻。如图 14.12(a) 所示，磁力线在气隙中呈弓形，这被称为**边缘效应**。因此，气隙有效面积大于铁芯有效面积。通常，我们通过在气隙横截面的长宽尺寸上加上气隙长度来考虑这一点。因此，气隙有效面积为

$$A_{\text{gap}} = (2 \text{ cm} + 0.5 \text{ cm}) \times (3 \text{ cm} + 0.5 \text{ cm}) = 8.75 \times 10^{-4} \text{ m}^2$$

> 在计算气隙有效面积时，我们将气隙长度分别与气隙横截面的长宽尺寸相加，近似地考虑边缘效应。

空气磁导率近似于真空，即

$$\mu_{\text{gap}} \cong \mu_0 = 4\pi \times 10^{-7}$$

于是，气隙磁阻为

$$\mathcal{R}_{\text{gap}} = \frac{l_{\text{gap}}}{\mu_{\text{gap}} A_{\text{gap}}} = \frac{0.5 \times 10^{-2}}{4\pi \times 10^{-7} \times 8.75 \times 10^{-4}}$$
$$= 4.547 \times 10^6 \text{ A} \cdot \text{匝}/\text{Wb}$$

总的磁阻等于气隙磁阻与铁芯磁阻之和：

$$\mathcal{R} = \mathcal{R}_{\text{gap}} + \mathcal{R}_{\text{core}} = 4.547 \times 10^6 + 5.195 \times 10^4 = 4.600 \times 10^6$$

虽然气隙长度远远短于铁芯长度，但气隙的磁阻却比铁芯磁阻更大，这是因为铁芯磁导率要高得多。大部分磁动势降落在气隙上（这类似于串联电路中，电压的最大部分是降落在最大电阻上的）。

现在，我们可以计算磁通：

$$\phi = B_{\text{gap}} A_{\text{gap}} = 0.25 \times 8.75 \times 10^{-4} = 2.188 \times 10^{-4} \text{ Wb}$$

铁芯磁通与气隙磁通相等。然而，铁芯中的磁通密度却更大，这是因为其区域更小。磁动势如下所示：

$$\mathcal{F} = \phi\mathcal{R} = 4.600 \times 10^6 \times 2.188 \times 10^{-4} = 1006 \text{ A} \cdot \text{匝}$$

根据式（14.20），我们可以得到

$$\mathcal{F} = Ni$$

解出电流，并代入数值，则

$$i = \frac{\mathcal{F}}{N} = \frac{1006}{500} = 2.012 \text{ A}$$

例 14.6　一个具有串/并联磁阻的磁路

铁芯如图 14.13(a)所示，横截面积为 2 cm× 2 cm，相对磁导率为 1000。绕组有 500 匝，电流 i 为 2 A。计算每一个气隙的磁通密度。

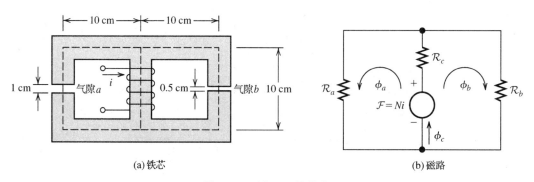

(a) 铁芯　　　　　　(b) 磁路

图 14.13　例 14.6 的磁路

解：磁路如图 14.13(b)所示。首先，我们计算 3 个路径的磁阻。对于中心路径，我们有

$$\mathcal{R}_c = \frac{l_c}{\mu_r \mu_0 A_{\text{core}}} = \frac{10 \times 10^{-2}}{1000 \times 4\pi \times 10^{-7} \times 4 \times 10^{-4}}$$

$$= 1.989 \times 10^5 \text{ A} \cdot \text{匝/Wb}$$

对于左边路径，总磁阻等于铁芯与气隙 a 的磁阻之和。在估算气隙的区域时，我们通过增加其宽度和深度(加上气隙长度)来考虑气隙边缘效应。那么气隙 a 等效于 $A_a = 3\,\text{cm} \times 3\,\text{cm} = 9 \times 10^{-4}\,\text{m}^2$。于是，左边路径的总磁阻为

$$\mathcal{R}_a = \mathcal{R}_{\text{gap}} + \mathcal{R}_{\text{core}}$$

$$= \frac{l_{\text{gap}}}{\mu_0 A_a} + \frac{l_{\text{core}}}{\mu_r \mu_0 A_{\text{core}}}$$

$$= \frac{1 \times 10^{-2}}{4\pi \times 10^{-7} \times 9 \times 10^{-4}} + \frac{29 \times 10^{-2}}{1000 \times 4\pi \times 10^{-7} \times 4 \times 10^{-4}}$$

$$= 8.842 \times 10^6 + 5.769 \times 10^5$$

$$= 9.420 \times 10^6 \text{ A} \cdot \text{匝/Wb}$$

类似地，右边路径的总磁阻为

$$\mathcal{R}_b = \mathcal{R}_{\text{gap}} + \mathcal{R}_{\text{core}}$$

$$= \frac{l_{\text{gap}}}{\mu_0 A_b} + \frac{l_{\text{core}}}{\mu_r \mu_0 A_{\text{core}}}$$

$$= \frac{0.5 \times 10^{-2}}{4\pi \times 10^{-7} \times 6.25 \times 10^{-4}} + \frac{29.5 \times 10^{-2}}{1000 \times 4\pi \times 10^{-7} \times 4 \times 10^{-4}}$$

$$= 6.366 \times 10^6 + 5.869 \times 10^5$$

$$= 6.953 \times 10^6 \text{ A} \cdot \text{匝/Wb}$$

进一步，我们计算 $\mathcal{R}_a$ 和 $\mathcal{R}_b$ 的并联磁阻。于是，总磁阻为 $\mathcal{R}_c$ 和上述并联值的和

$$\mathcal{R}_{\text{total}} = \mathcal{R}_c + \frac{1}{1/\mathcal{R}_a + 1/\mathcal{R}_b}$$

$$= 1.989 \times 10^5 + \frac{1}{1/(9.420 \times 10^6) + 1/(6.953 \times 10^6)}$$

$$= 4.199 \times 10^6 \text{ A} \cdot \text{匝/Wb}$$

现在，绕组中心支路的磁通可以用磁动势除以总磁阻得到：

$$\phi_c = \frac{Ni}{\mathcal{R}_{\text{total}}} = \frac{500 \times 2}{4.199 \times 10^6} = 238.1 \ \mu\text{Wb}$$

磁通类似于电流，于是我们利用分流定律分别确定左边路径和右边路径的磁通，左边路径的磁通为

$$\phi_a = \phi_c \frac{\mathcal{R}_b}{\mathcal{R}_a + \mathcal{R}_b}$$

$$= 238.1 \times 10^{-6} \times \frac{6.953 \times 10^6}{6.953 \times 10^6 + 9.420 \times 10^6}$$

$$= 101.1 \ \mu\text{Wb}$$

类似地，右边路径的磁通为

$$\phi_b = \phi_c \frac{\mathcal{R}_a}{\mathcal{R}_a + \mathcal{R}_b}$$

$$= 238.1 \times 10^{-6} \frac{9.420 \times 10^6}{6.953 \times 10^6 + 9.420 \times 10^6}$$

$$= 137.0 \, \mu\text{Wb}$$

我们可以利用 $\phi_c = \phi_a + \phi_b$，对之前计算加以检验。

现在，可以通过磁通除以区域面积得到气隙的磁通密度：

$$B_a = \frac{\phi_a}{A_a} = \frac{101.1 \, \mu\text{Wb}}{9 \times 10^{-4} \, \text{m}^2} = 0.1123 \, \text{T}$$

$$B_b = \frac{\phi_b}{A_b} = \frac{137.0 \, \mu\text{Wb}}{6.25 \times 10^{-4} \, \text{m}^2} = 0.2192 \, \text{T}$$

通常，我们发现在由铁芯与气隙组成的磁路中，铁芯磁阻对结果的影响可以忽略不计。而且，通常没有铁芯磁导率的精确值，因此假设铁芯磁导率为零就足够准确。这与电路中假设导线的电阻为零相对应。

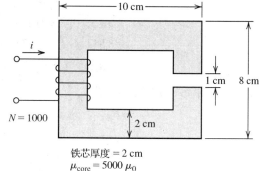

练习 14.9 如图 14.14 所示的磁路。求解当电流为多少时，可以使气隙中的磁通密度为 0.5 T。

答案： $i = 4.03 \, \text{A}$。

练习 14.10 重复例 14.6，此次假设铁芯磁阻为零。求解该示例中磁通密度计算的误差百分比。

答案： $\phi_a = 113.1 \, \mu\text{Wb}$，$B_a = 0.1257 \, \text{T}$，误差百分比为 11.9%；$\phi_b = 157.1 \, \mu\text{Wb}$，$B_b = 0.2513 \, \text{T}$，误差百分比为 14.66%。

图 14.14　练习 14.9 中的磁路

14.3　电感和互感

我们已经知道当一个绕组通过电流时，绕组中将产生磁通。如果电流随时间变化，磁通也会发生变化，并在绕组中感应出电动势。这是 3.4 节介绍的电感的物理基础。

现在，我们把电感和绕组的物理参数以及绕组所绕的铁芯联系起来。

假设一个通有电流为 i 的绕组产生了数值为 ϕ 的磁通。那么，电感可以定义为磁链除以电流：

$$L = \frac{\lambda}{i} \tag{14.23}$$

假设磁通被限制在铁芯内，所有的磁通链接绕组的每一匝，可以得到磁链 $\lambda = N\phi$。则有

$$L = \frac{N\phi}{i} \tag{14.24}$$

代入 $\phi = Ni / \mathcal{R}$，我们得到

$$L = \frac{N^2}{\mathcal{R}} \tag{14.25}$$

式 (14.25) 只有在所有的磁通链接绕组的每一匝时才成立。

于是，我们可以看出电感取决于绕组匝数、铁芯尺寸以及铁芯材料。并且电感与绕组匝数的平方成正比。

根据法拉第定律，绕组的磁链变化时，绕组中产生的感应电动势为

$$e = \frac{\mathrm{d}\lambda}{\mathrm{d}t} \qquad (14.26)$$

变换式(14.23)，我们得到 $\lambda = Li$，替换式(14.26)中的 λ，得

$$e = \frac{\mathrm{d}(Li)}{\mathrm{d}t} \qquad (14.27)$$

对于绕在固定铁芯的绕组而言，电感恒定，式(14.27)可简化为

$$e = L\frac{\mathrm{d}i}{\mathrm{d}t} \qquad (14.28)$$

当然，这个方程与电压和电流有关，我们曾经在第 3 章到第 6 章的分析中用到。

例 14.7　电感的计算

求解如图 14.12 所示 500 匝绕组的电感，并在例 14.5 的基础上进行分析。

解：在例 14.5 中，我们计算磁路的磁阻为

$$\mathcal{R} = 4.600 \times 10^6 \, \mathrm{A \cdot 匝/Wb}$$

代入式(14.25)，得

$$L = \frac{N^2}{\mathcal{R}} = \frac{500^2}{4.6 \times 10^6} = 54.35 \, \mathrm{mH}$$

14.3.1　互感

当两个绕组绕在同一个铁芯上时，一个绕组产生的部分磁通会链接到另一个绕组。我们将绕组 2 中由绕组 1 的电流产生的磁链表示为 λ_{21}。相应地，绕组 1 中由绕组 1 的电流产生的磁链表示为 λ_{11}。同样，绕组 2 的电流在绕组 2 中产生的磁链为 λ_{22}，在绕组 1 中产生的磁链为 λ_{12}。

绕组的**自感**定义为

$$L_1 = \frac{\lambda_{11}}{i_1} \qquad (14.29)$$

和

$$L_2 = \frac{\lambda_{22}}{i_2} \qquad (14.30)$$

两个绕组之间的**互感**为

$$M = \frac{\lambda_{21}}{i_1} = \frac{\lambda_{12}}{i_2} \qquad (14.31)$$

两个绕组总磁链为

$$\lambda_1 = \lambda_{11} \pm \lambda_{12} \qquad (14.32)$$

和

$$\lambda_2 = \pm\lambda_{21} + \lambda_{22} \qquad (14.33)$$

磁通极性相同则相互增强，反之则相互削弱。

14.3.2　同名端

同名端是一种标准规则，在电路图中每个绕组的一端标注一个点，以此确定磁通的相互关系。一个例子如图 14.15 所示，当电流均流入带点端子(同名端)时，产生附加的磁通。注意(根据右手定则)，图 14.15 中任意一个带点端子的电流在磁芯中产生顺时针方向的磁通。因此，如果两个

电流同时输入(或者,同时离开)同名端,互磁链将增强自磁链。另一方面,如果一个电流从同名端进入而另一个电流从同名端离开,互磁链将削弱自磁链。

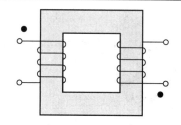

> 通过同名端,电流产生附加的磁通。

图 14.15　流入同名端的电流产生相互增强的磁通

14.3.3　互感的等效电路方程

将磁链的式(14.29)～式(14.31)代入式(14.32)和式(14.33),可得

$$\lambda_1 = L_1 i_1 - M i_2 \tag{14.34}$$

和

$$\lambda_2 = \pm M i_1 + L_2 i_2 \tag{14.35}$$

应用法拉第定律,得到绕组的感应电动势:

$$e_1 = \frac{\mathrm{d}\lambda_1}{\mathrm{d}t} = L_1 \frac{\mathrm{d}i_1}{\mathrm{d}t} \pm M \frac{\mathrm{d}i_2}{\mathrm{d}t} \tag{14.36}$$

和

$$e_2 = \frac{\mathrm{d}\lambda_2}{\mathrm{d}t} = \pm M \frac{\mathrm{d}i_1}{\mathrm{d}t} + L_2 \frac{\mathrm{d}i_2}{\mathrm{d}t} \tag{14.37}$$

这里我们再一次假设绕组和铁芯固定,因此电感恒定,不随时间变化。这些是用于分析含互感电路的基本关系式。

例 14.8　计算电感(自感)和互感

如图 14.16 所示,两个绕组绕在一个环形铁芯上。铁芯磁阻为 $10^7 \mathrm{A\cdot 匝/Wb}$。确定绕组的自感和互感。假设磁通被限制在铁芯,因此所有的磁通都链接两个绕组。

解:自感可以通过计算式(14.25)得到。对于绕组 1,有

$$L_1 = \frac{N_1^2}{\mathcal{R}} = \frac{100^2}{10^7} = 1 \text{ mH}$$

类似地,对于绕组 2,有

$$L_2 = \frac{N_2^2}{\mathcal{R}} = \frac{200^2}{10^7} = 4 \text{ mH}$$

为了计算互感,用磁通除以 i_1,

$$\phi_1 = \frac{N_1 i_1}{\mathcal{R}} = \frac{100 i_1}{10^7} = 10^{-5} i_1$$

绕组 2 在绕组 1 的电流的作用下产生的磁链为

$$\lambda_{21} = N_2 \phi_1 = 200 \times 10^{-5} i_1$$

最终,得到互感为

$$M = \frac{\lambda_{21}}{i_1} = 2 \text{ mH}$$

练习 14.11　计算例 14.8 中的互感,其中互感系数 $M = \lambda_{12}/i_2$。
答案:$M = 2 \text{ mH}$,注意,$M = \lambda_{21}/i_1$ 与 $M = \lambda_{12}/i_2$ 相等。

练习 14.12　在图 14.16 中，由 i_2 产生的磁通和 i_1 产生的磁通是相互增强还是削弱的？如果一个同名端位于绕组 1 的顶端，另一个同名端应位于绕组 2 的哪一端？写出 e_1 和 e_2 的表达式，注意为互感选择合适的极性。

答案：磁通相互削弱。该同名端应位于绕组 2 的底部。所以正确的表达式为

$$e_1 = L_1 \frac{\mathrm{d}i_1}{\mathrm{d}t} - M \frac{\mathrm{d}i_2}{\mathrm{d}t}, \qquad e_2 = -M \frac{\mathrm{d}i_1}{\mathrm{d}t} + L_2 \frac{\mathrm{d}i_2}{\mathrm{d}t}$$

练习 14.13　对于图 14.17 中所示的绕组，点 a 和点 b 之间 3 条路径的磁阻相等：

$$\mathcal{R}_1 = \mathcal{R}_2 = \mathcal{R}_3 = 10^6 \text{ A} \cdot \text{匝/Wb}$$

假设所有磁通都在绕组内通过。a. 在路径 1、2、3 上，i_1 和 i_2 产生的磁通相互增强还是削弱？如果在绕组 1 的顶端有同名端，则绕组 2 的同名端应在什么位置？b. 确定 L_1、L_2 和 M 的值。c. 电压 [式 (14.36) 和式 (14.37)] 的互感项为正还是负？

答案：a. 在路径 1 和路径 2 上磁通相互增强，在路径 3 磁通上相互削弱，同名端应该位于绕组 2 的顶端；b. $L_1 = 6.667 \text{ mH}$；$L_2 = 60 \text{ mH}$，$M = 10 \text{ mH}$；c. 正极性。

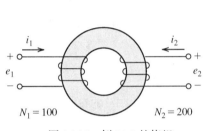

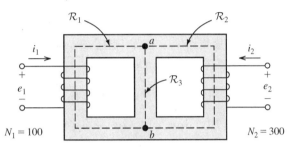

图 14.16　例 14.8 的绕组　　　　图 14.17　练习 14.13 的磁路

14.4　磁性材料

迄今为止，我们已经假定 B 和 H 呈线性关系（即 $B = \mu H$）。实际上，对于应用在电动机、永磁铁和变压器中的铁合金而言，B 和 H 并不是线性关系。

> 对于电动机和变压器中使用的铁，B 和 H 之间的关系不是线性的。

如图 14.18(a) 所示，采用一个绕组给铁样品施加一个磁场强度 H。假设一开始铁样品没有磁化。如果我们在微观尺度上观察这些材料，就会发现原子的磁场在**磁畴**中是一致的。然而，磁场方向在不同磁畴中却是随机的，于是外部的宏观磁场为零。这一点如图 14.18(b) 所示。

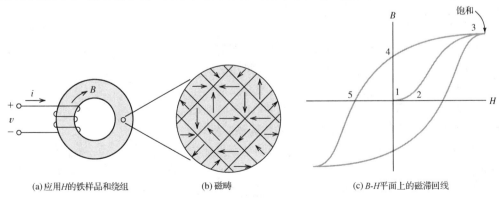

(a) 应用 H 的铁样品和绕组　　　(b) 磁畴　　　(c) B-H 平面上的磁滞回线

图 14.18　B-H 滞后和饱和度的关系曲线

图 14.18(c)所示为一个 B-H 坐标系。在点 1,B 和 H 都是零。随着在绕组上施加电流,H 增大,磁畴的磁场趋向于与外加磁场一致。一开始(从点 1 到点 2),这是一个可逆过程,所以如果施加的磁场减少到零,磁畴的磁场将回到原始的随机方向。然而,如果施加更大的磁场,磁畴的磁场将与施加的磁场一致,这样即使施加磁场减小到零(从点 2 到点 3),磁畴的磁场也将倾向于保持一致。最终,对于足够强的磁场,所有的磁畴都与施加磁场对齐,B-H 曲线的斜率接近 μ_0。我们称之为材料**饱和**。对于典型的铁芯材料,当 B 为 1 到 2 T 之间时,发生饱和。

> 对于典型的铁芯材料,当 B 为 1~2 T 之间时,发生饱和。

如果从点 3 开始,施加磁场 H 减少到零,铁芯将保持一个剩余的磁通密度 B(点 4)。这是因为磁畴继续保持由之前施加磁场指定的方向。如果 H 沿相反方向继续增加,B 将减少到零(点 5)。最终,在相反的方向上将会发生饱和。如果一个交流电流施加于绕组,那么**磁滞回线**将出现在 B-H 平面上。

14.4.1　能量分析

让我们考虑如图 14.18(a)所示的绕组的能量流动。我们假设绕组电阻为零。随着电流增加,增加的磁通密度将产生一个感应电压,从而导致能量流进绕组。传递给绕组的能量 W 是功率的积分。因此,我们得到

$$W = \int_0^t vi\,\mathrm{d}t = \int_0^t N\frac{\mathrm{d}\phi}{\mathrm{d}t}i\,\mathrm{d}t = \int_0^\phi Ni\,\mathrm{d}\phi \tag{14.38}$$

这里 $Ni = Hl$,$\mathrm{d}\phi = A\,\mathrm{d}B$,$l$ 为平均路径长度,A 是横截面。将式(14.38)的右边进行替换,得

$$W = \int_0^B AlH\,\mathrm{d}B \tag{14.39}$$

同时,横截面积 A 与 l 的乘积等于铁芯的体积。式(14.39)两端除以 Al 可得

$$W_v = \frac{W}{Al} = \int_0^B H\,\mathrm{d}B \tag{14.40}$$

这里,W_v 代表铁芯每单位体积的能量。如图 14.19 所示,传递给绕组的体积能量就是 B-H 曲线与 B 轴之间的面积。当 H 减小到零时,一部分能量返回到电路中,一部分储存在剩余磁场中,一部分在磁化铁芯的过程中转化为热量。

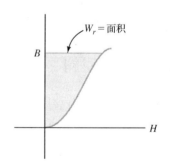

图 14.19　B-H 曲线和 B 轴之间的面积表示提供给铁芯的体积能量

14.4.2　铁芯损耗

当交流电流施加到一个有铁芯的绕组中时,更多的能量在每个周期进入绕组而不是返回给电路。部分能量在磁畴方向变化时发热消耗了;这与我们不断地弯曲一块金属而产生热量相似。这个体积能量每个周期转换成的热量等于磁滞回线的面积,如图 14.20 所示。这种能量损失被称为**铁芯损耗**。由于每个周期发热损失的能量固定,磁滞引起的功率损耗与频率成正比。

在电动机、发电机、变压器中,能量转换成热量是不可取

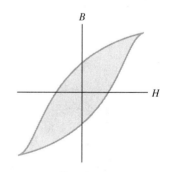

图 14.20　磁滞回线的面积为每个周期转化为热量的体积能量

的。因此，我们将选择一种具有窄磁滞回线的材料，如图 14.21(a)所示。另一方面，对于一个永磁体，我们会选择一种具有宽磁滞回线(面积较大)的材料，如图 14.21(b)所示。

假设峰值磁通密度不变，磁滞引起的功率损耗与频率成正比。

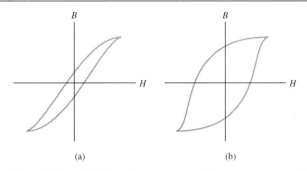

(a)　　　　　　　　　　(b)

图 14.21　如果想要使铁芯损耗最小(如在变压器或者电动机中)，应选择具有窄磁滞回线的材料。另一方面，对于永磁体，应该选择具有宽磁滞回线的材料

14.4.3　涡流损耗

除了磁滞，对于交流操作，还有另一种效应将导致铁芯损耗。首先，让我们考虑一个固体铁芯。当然，铁芯本身是一个电导体，就像短路绕组一样工作。随着磁场变化，铁芯中产生感应电压，从而出现电流，称之为涡流，在铁芯材料中形成环流。因此，根据 $P = v^2/R$，能量在铁芯中被消耗。

解决涡流损耗的一种方法是用薄铁片层压成铁芯，且这些薄铁片彼此电绝缘。恰当选择薄铁片的方向以中断涡流。因此，对涡流的阻碍越大，损耗就越小。另一种方法是用绝缘黏合剂把铁粉黏在一起制成铁芯。

对于给定峰值磁通密度的情况，铁芯中的感应电压与频率成正比(由于法拉第定律)。因此，涡流引起的功率损耗与频率的平方成正比（因为 $P = v^2/R$）。

假设峰值磁通密度不变，涡流引起的功率损耗与频率的平方成正比。

14.4.4　磁场中的能量储存

尽管许多铁芯材料没有线性的 B-H 磁化特性，但也经常假设 $B = \mu H$ 来执行初始设计计算。通常，铁芯材料的性能并不能准确获取，因此发电机、电动机或变压器的设计计算是近似的。只要铁芯处于不饱和运行状态，这种线性近似就相当方便且足够精确。

将 $H = B/\mu$ 代入式(14.40)并整理，可得

$$W_v = \int_0^B \frac{B}{\mu}\, dB = \frac{B^2}{2\mu} \tag{14.41}$$

注意，一旦给定磁通密度，磁场中的体积能量就与磁导率成反比。

在有气隙的磁路中，铁芯中的磁通密度与气隙中的磁通密度大致相同。(由于边缘效应，气隙中的磁通密度要小一些。)铁芯中磁导率远远大于空气的磁导率(为上千倍或更多)。因此，气隙的体积能量远远高于铁芯的体积能量。在一个由铁芯和大量气隙组成的磁路中，几乎所有的能量都存储在气隙中。

练习 14.14　分析一个绕在铁芯上的绕组。通以 60 Hz 的交流电源，铁芯材料的磁滞回线面积为 40 J/m³。铁芯的体积是 200 cm³。计算因为磁滞引起的热能。

答案：0.48 W。

练习 14.15 一个有气隙的铁芯，气隙的有效面积为 2 cm × 3 cm，长 0.5 cm。磁动势是 1000 A·匝，铁的磁阻可忽略不计。计算磁通密度和存储在气隙中的能量。

答案: $B = 0.2513\ \text{T}$，$W = 0.0754\ \text{J}$。

14.5 理想变压器

变压器通常由若干绕组绕在一个铁芯上，铁芯通常由铁片叠加组成(减少涡流损失)。后面，我们将看到变压器可以用来调整交流电压的值。可以使用变压器来升高电压，例如从 2400 V 升至 48 kV；变压器也可以用来降低电压，例如从 2400 V 降至 240 V。

变压器在配电中应用广泛。在电能的远距离传输中(比如，从水力发电站到一个遥远的城市)，应该使用相对大的电压，一般为数百千伏。回顾一下，交流电源提供的功率为

$$P = V_{\text{rms}}I_{\text{rms}}\cos(\theta) \tag{14.42}$$

对于给定的功率因数($\cos\theta$)，为传输一定量的功率，可以采用电压和电流的多种组合结果。由于载流导线的电阻不为零，因此，在传输线中有功率损耗

$$P_{\text{loss}} = R_{\text{line}}I_{\text{rms}}^2 \tag{14.43}$$

这里 R_{line} 是输电线路的电阻。通过设计具有一个大电压值和一个小电流值的配电系统，线路损失可以减小到仅占功率输送的一小部分。因此，电压越大，配电效率越高。

出于安全性和其他原因，必须在消耗电能的地方使用相对较小的电压。例如，在美国住宅中，电压额定值为 110 V 或 220 V。因此，变压器在配电系统中能够根据需求来升高或降低电压。

> 变压器通过在配电系统的不同点上改变电压的升降，大大方便了配电。

14.5.1 电压比

一个变压器如图 14.22 所示。一个交流电压源连接到一次绕组(初级绕组)，匝数为 N_1。电流流入一次侧，并导致铁芯出现交流磁通 $\phi(t)$。这个磁通在匝数为 N_2 的二次绕组上产生一个感应电压，该电压为负载提供电能。根据匝数比 N_2/N_1，二次侧电压的有效值(均方根值)可以大于或小于一次侧电压的有效值。

现在，我们忽略绕组阻抗和铁芯损耗。同时，假设铁芯磁阻非常小，而且所有磁通链接两个绕组。

一次侧电压如下：

$$v_1(t) = V_{1m}\cos(\omega t) \tag{14.44}$$

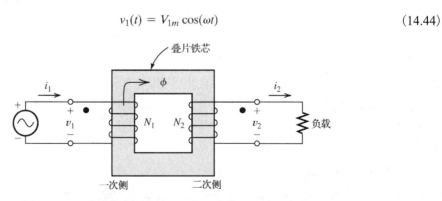

图 14.22　一个由绕在同一铁芯上的几个绕组组成的变压器

根据法拉第定律，可得

$$v_1(t) = V_{im}\cos(\omega t) = N_1\frac{\mathrm{d}\phi}{\mathrm{d}t} \tag{14.45}$$

重新整理可得

$$\phi(t) = \frac{V_{1m}}{N_1\omega}\sin(\omega t) \tag{14.46}$$

假设所有的磁通都链接绕组，则二次侧电压为

$$v_2(t) = N_2\frac{\mathrm{d}\phi}{\mathrm{d}t} \tag{14.47}$$

利用式(14.46)代替 $\phi(t)$ 可得

$$v_2(t) = N_2\frac{V_{1m}}{N_1\omega}\frac{\mathrm{d}}{\mathrm{d}t}[\sin(\omega t)] \tag{14.48}$$

$$v_2(t) = \frac{N_2}{N_1}V_{1m}\cos(\omega t) \tag{14.49}$$

$$v_2(t) = \frac{N_2}{N_1}v_1(t) \tag{14.50}$$

注意，每个绕组的电压与绕组匝数成正比。在使用变压器时，这是一个重要的概念。

在理想变压器中，所有的磁通链接绕组的每一匝，每个绕组上的电压与其匝数成正比。

另外请注意，我们已经在图 14.22 的每个绕组一端标注了一个点。这些标注点用于确定电流从同名端流入时，是否产生增强的磁场。此外，楞次定律表明，当 ϕ 增加时，两个同名端的电压均为正极性；当 ϕ 减少时，两个同名端的电压均为负极性。因此在一个变压器中，同名端的电压极性是相同的。当绕组 1 在同名端的电压为正极性时，绕组 2 在同名端也有相应的正极性电压。

同名端的电压极性是相同的。

因此，我们建立了如下关系，每个绕组电压与绕组的匝数成正比。显然，电压的峰值和有效值也遵循相关的匝数比：

$$V_{2\mathrm{rms}} = \frac{N_2}{N_1}V_{1\mathrm{rms}} \tag{14.51}$$

例 14.9　确定所需的匝数比

假设有一个有效值为 4700 V 的交流电源，负载端需要有效值为 220 V 的电压。确定变压器需要的匝数比 N_1/N_2。

解： 整理式(14.51)，我们有

$$\frac{N_1}{N_2} = \frac{V_{1\mathrm{rms}}}{V_{2\mathrm{rms}}} = \frac{4700}{220} = 21.36$$

14.5.2　电流比

让我们再一次考查图 14.22 中的变压器。注意电流 i_1 和 i_2 产生相反的磁场(因为 i_1 流入同名端而 i_2 流出同名端)。于是，施加到铁芯的磁动势为

$$\mathcal{F} = N_1 i_1(t) - N_2 i_2(t) \tag{14.52}$$

同时，磁动势与磁通和磁阻的关系为

$$\mathcal{F} = \mathcal{R}\phi \tag{14.53}$$

在一个设计良好的变压器中，铁芯磁阻非常小。理想情况下，这个磁阻为零，在铁芯上建立的磁通的磁动势也为零。于是，式(14.52)变成

$$\mathcal{F} = N_1 i_1(t) - N_2 i_2(t) = 0 \tag{14.54}$$

> 对于理想变压器，净磁动势为零。

整理等式，可以得到

$$i_2(t) = \frac{N_1}{N_2} i_1(t) \tag{14.55}$$

电流有效值之间的关系为

$$I_{2\text{rms}} = \frac{N_1}{N_2} I_{1\text{rms}} \tag{14.56}$$

比较式(14.51)的电压表达式和式(14.56)的电流表达式。注意，如果电压升高(即 $N_2/N_1 > 1$)，电流就会减小，反之亦然。

14.5.3　理想变压器中的功率

再一次分析图 14.22。那么由二次绕组流向负载的功率为

$$p_2(t) = v_2(t) i_2(t) \tag{14.57}$$

分别使用式(14.50)和式(14.55)代替 $v_2(t)$ 和 $i_2(t)$，即

$$p_2(t) = \frac{N_2}{N_1} v_1(t) \frac{N_1}{N_2} i_1(t) = v_1(t) i_1(t) \tag{14.58}$$

同时，一次绕组传输的功率为 $p_1(t) = v_1(t) i_1(t)$，可以得到

$$p_2(t) = p_1(t) \tag{14.59}$$

因此，我们确定了这样一个事实，功率从电压源传递到一次绕组，再通过二次绕组传递到负载。理想变压器既不产生也不消耗功率。

> 理想变压器既不产生也不消耗功率。

总结　让我们总结一下理想化的假设及其对变压器的影响。

1. 假设所有的磁通链接两个绕组，且两个绕组的电阻为零。因此，每个绕组上的电压与绕组匝数成正比。这导致了如下的电压关系：

$$v_2(t) = \frac{N_2}{N_1} v_1(t)$$

2. 假设铁芯磁阻可以忽略，所以两个绕组的总磁动势为零。因此有如下关系：

$$i_2(t) = \frac{N_1}{N_2} i_1(t)$$

3. 电压和电流相互作用的结果，是使所有功率通过一个理想变压器从电源传递到负载。因此，理想的变压器的功率效率为 100%。

4. 变压器的电路符号如图 14.23(a)所示。

14.5.4　变压器的机械模拟：杠杆

杠杆如图14.23(b)所示，它是一个电力变压器的机械模拟物。杠杆两端的速度比与杠杆长度比

相关，$v_2 = v_1(l_2/l_1)$，正如变压器电压与匝数比相关一样。同样，力之间的关系为 $F_2 = F_1(l_1/l_2)$，这与变压器两端电流之间的关系相似。正如变压器一样，一个无摩擦的杠杆既不生成也消耗能量。我们在杠杆的一端施加较小的力和较大的速度，那么就能在另一端得到一个较大的力和较小的速度。反之，力越大则速度越小。就像变压器的电压和电流相互之间的关系一样。

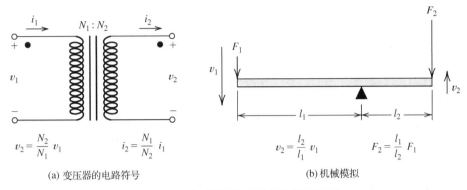

$$v_2 = \frac{N_2}{N_1} v_1 \qquad i_2 = \frac{N_1}{N_2} i_1 \qquad\qquad\qquad v_2 = \frac{l_2}{l_1} v_1 \qquad F_2 = \frac{l_1}{l_2} F_1$$

(a) 变压器的电路符号　　　　　　　　　　　(b) 机械模拟

图 14.23　变压器的电路符号和机械模拟

例 14.10　分析一个包含理想变压器的电路

考虑如图 14.24 所示的电源、变压器和负载。求出电流和电压的有效值：a. 开关打开；b. 开关关闭。

解： 由于施加的电源，一次侧电压 $V_{1rms} = 110\,\mathrm{V}$。一次侧和二次侧的电压关系如式 (14.51) 所示：

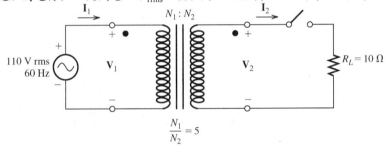

图 14.24　例 14.10 的电路图

$$V_{2rms} = \frac{N_2}{N_1} V_{1rms} = \frac{1}{5} \times 110 = 22\,\mathrm{V}$$

整理式 (14.56)，可以得到

$$I_{1rms} = \frac{N_2}{N_1} I_{2rms}$$

a. 开关打开，二次侧电流为零，于是，一次侧电流 I_{1rms} 也为零，没有从电源中获取能量。

b. 开关关闭，二次侧电流为

$$I_{2rms} = \frac{V_{2rms}}{R_L} = \frac{22}{10} = 2.2\,\mathrm{A}$$

于是，一次侧电流为

$$I_{1rms} = \frac{N_2}{N_1} I_{2rms} = \frac{1}{5} \times 2.2 = 0.44\,\mathrm{A}$$

让我们理清一下本例中的思路。当源电压施加到一次绕组时，产生一个非常小的一次侧电流（理想情况下为零），在铁芯中建立了磁通。磁通在二次绕组中生成感应电压。在开关关闭之前，二次侧没有电流流通。在开关关闭时，电流在二次绕组中阻碍铁芯中磁通的变化。然而，由于电压施加到一次侧，铁芯中的磁通一定持续存在。（否则，一次侧电路不会满足基尔霍夫电压定律。）因此，电流必须开始流入一次绕组以抵消二次绕组的磁动势。

14.5.5　阻抗转移

分析如图 14.25 所示的电路。这个二次侧电压相量、电流相量与负载阻抗的关系为

$$\frac{\mathbf{V}_2}{\mathbf{I}_2} = Z_L \tag{14.60}$$

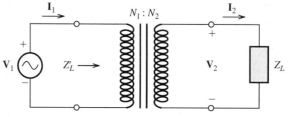

图 14.25　从一次侧得到的等效电抗是 $Z_L' = (N_1 / N_2)^2 \times Z_L$

用式(14.51)和式(14.56)替换 $\mathbf{I}_2$ 和 $\mathbf{V}_2$，可得

$$\frac{(N_2/N_1)\mathbf{V}_1}{(N_1/N_2)\mathbf{I}_1} = Z_L \tag{14.61}$$

整理得

$$Z_L' = \frac{\mathbf{V}_1}{\mathbf{I}_1} = \left(\frac{N_1}{N_2}\right)^2 Z_L \tag{14.62}$$

其中，Z_L' 为从电源侧计算得到的等效阻抗。我们称负载阻抗通过匝数比的平方映射到一次绕组。

例 14.11　阻抗变换的使用

考查如图 14.26(a) 所示的电路。求出电流相量和电压相量，同时计算传输到负载的功率。

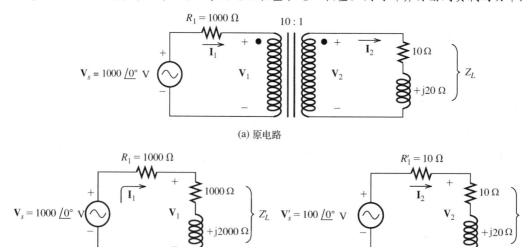

(a) 原电路

(b) Z_L 映射到一次侧的电路　　　(c) $\mathbf{V}_s$ 和 R_1 映射到二次侧的电路

图 14.26　例 14.11 和例 14.12 的电路

解： 首先，我们将负载阻抗 Z_L 映射到一次侧，如图 14.26(b) 所示。一次侧的等效阻抗为

$$Z'_L = \left(\frac{N_1}{N_2}\right)^2 Z_L = (10)^2(10 + j20) = 1000 + j2000 \ \Omega$$

电源的总阻抗为

$$Z_s = R_1 + Z'_L = 1000 + 1000 + j2000 = 2000 + j2000 \ \Omega$$

转化成极坐标形式，有

$$Z_s = 2828\underline{/45°} \ \Omega$$

现在可以计算出一次侧的电压和电流：

$$\mathbf{I}_1 = \frac{\mathbf{V}_s}{Z_s} = \frac{1000\underline{/0°}}{2828\underline{/45°}} = 0.3536\underline{/-45°} \ \text{A peak}$$

$$\mathbf{V}_1 = \mathbf{I}_1 Z'_L = 0.3536\underline{/-45°} \times (1000 + j2000)$$

$$= 0.3536\underline{/-45°} \times (2236\underline{/63.43°}) = 790.6\underline{/18.43°} \ \text{V peak}$$

下一步，可以通过匝数比计算二次侧的电压电流：

$$\mathbf{I}_2 = \frac{N_1}{N_2}\mathbf{I}_1 = \frac{10}{1}0.3536\underline{/-45°} = 3.536\underline{/-45°} \ \text{A peak}$$

$$\mathbf{V}_2 = \frac{N_2}{N_1}\mathbf{V}_1 = \frac{1}{10}790.6\underline{/18.43°} = 79.06\underline{/18.43°} \ \text{V peak}$$

最终，计算流入负载的功率：

$$P_L = I_{2\text{rms}}^2 R_L = \left(\frac{3.536}{\sqrt{2}}\right)^2 (10) = 62.51 \ \text{W}$$

除了使用匝数比的平方将阻抗从变压器一侧变换到另一侧，我们也可以通过匝数比将电压源和电流源进行映射。

例 14.12 将电压源映射到二次侧

分析如图 14.26(a) 所示的电路，将 V_s 和 R_1 映射到二次侧。

解： 将电压通过匝数比进行映射。这样，可以得到

$$\mathbf{V}'_s = \frac{N_2}{N_1}\mathbf{V}_s = \frac{1}{10}1000\underline{/0°} = 100\underline{/0°} \ \text{V}$$

另一方面，通过匝数比的平方转换而得的电阻为

$$R'_1 = \left(\frac{N_2}{N_1}\right)^2 R_1 = \left(\frac{1}{10}\right)^2 (1000) = 10 \ \Omega$$

V_s 和 R_1 转移到二次侧的电路如图 14.26(c) 所示。

练习 14.16 计算如图 14.26(c) 所示的电路的 $\mathbf{V}_2$ 和传输到负载的功率。（当然，答案应该与例 14.11 中的结果一样。）
答案 $\mathbf{V}_2 = 79.06\underline{/18.43°}\text{V}$，$P_L = 62.51\,\text{W}$。

练习 14.17 分析如图 14.27 所示的电路。计算 $\mathbf{I}_1$、$\mathbf{I}_2$、$\mathbf{V}_2$ 的值，传输到 R_L 的功率以及 R'_L。
答案 $\mathbf{I}_1 = 1.538\underline{/0°}\,\text{A}$，$\mathbf{I}_2 = 0.3846\underline{/0°}\,\text{A}$，$\mathbf{V}_2 = 153.8\underline{/0°}\,\text{V}$，$P_L = 29.60\,\text{W}$，$R'_L = 25\,\Omega$。

练习 14.18 回顾如何从内阻为 R_s 的电源获得最大功率，我们需要将负载等效电阻 R'_L 等于 R_s。计算图 14.27 中为了获得最大负载功率时相应的匝数比。
答案 $N_1/N_2 = 1/\sqrt{10}$。

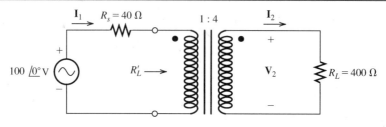

图 14.27　练习 14.16 和练习 14.17 的电路图

14.6　实际变压器

精心设计的变压器能近似满足我们在讨论理想变压器时假定的条件。通常，对于初始设计计算，我们可以假设变压器是理想的。然而，在设计的最后阶段，需要一个更好的模型来精确计算。此外，精确的模型有助于我们更好地理解变压器及其局限性。

一个实际变压器的等效电路如图 14.28 所示，R_1 和 R_2 为变压器绕组导线中的电阻。

对于理想的变压器，我们假定所有的磁通都链接两个绕组的每一匝。事实上，由每个绕组产生的一些磁通离开铁芯，而不链接到另一个绕组。我们通过在理想变压器中增加两个漏感 L_1 和 L_2 来处理这种**漏磁通**，如图 14.28 所示。

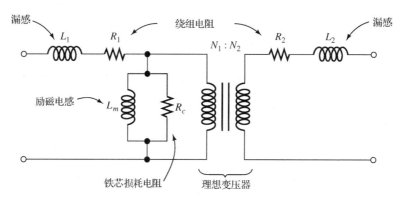

图 14.28　实际变压器的等效电路

在讨论理想变压器时，我们假定铁芯磁阻为零并忽略了铁芯损耗。这意味着在铁芯中建立磁通不需要磁动势。这些假设在实际中并不成立。考虑到铁芯中的磁阻非零，需要考虑**励磁电感** L_m，如图 14.28 所示。电流需要通过 L_m 来建立磁通。最后，考虑到磁滞和涡流引起的铁芯损耗，增加电阻 R_c。

表 14.1 比较了实际变压器和理想变压器的电路元件的值。

表 14.1　60 Hz、20 kVA、2400/240 V 的变压器的实际参数和理想参数的对比

元件名称	符号	理想参数	实际参数
一次侧电阻	R_1	0	3.0 Ω
二次侧电阻	R_2	0	0.03 Ω
一次侧漏感抗	$X_1 = \omega L_1$	0	6.5 Ω
二次侧漏感抗	$X_2 = \omega L_2$	0	0.07 Ω
励磁感抗	$X_m = \omega L_m$	∞	15 kΩ
铁芯损耗电阻	R_c	∞	100 kΩ

14.6.1　变压器模型的变化

图 14.29 列出了变压器等效电路的几个变化。在图 14.29(a) 中，二次侧电感和电阻被映射到了一次侧。在图 14.29(b) 中，励磁电感和损耗电阻被移到了输入侧的电路。[实际上，图 14.29(b) 中的电路并不是精确等效于图 14.29(a) 中的电路。然而，在正常的工作情况下，L_1 和 R_1 相对于 L_m 和 R_m 上的电压还是很小的。因此，这两个电路得到的结果几乎相等。] 其他等效电路可以通过将电路参数移动到二次侧以及将 L_m 和 R_c 移动到右侧而得到。通常，我们选择的等效电路配置是为了有效地解决手头的问题。

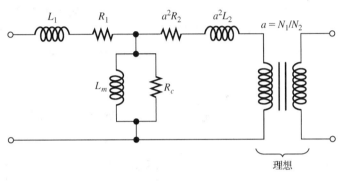

(a) 所有元件映射到一次侧

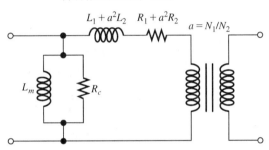

(b) 比(a)图更方便使用的近似等效电路

图 14.29　变压器等效电路的变化。(b)图不完全等效于(a)图，但适用于一些特定的场合

14.6.2　调整率和功率效率

因为元件 L_1、L_2、R_1 和 R_2，变压器负载侧的电压随负载电流的变化而变化。通常，这是一个不希望存在的影响。变压器调整率的定义为

$$调整率 = \frac{V_{\text{no-load}} - V_{\text{load}}}{V_{\text{load}}} \times 100\%$$

其中 $V_{\text{no-load}}$ 为负载开路时负载端电压的有效值，V_{load} 是接上负载时负载端电压的有效值。

理想情况下，通常希望调整率为零。例如，在一个调整率不佳的住宅配电系统中，当我们使用干衣机时，照明灯光就会变暗。显然，这不是一个理想的情况。

由于变压器的等效电路上存在电阻，因此并不是所有电源输入到变压器的功率都传递到负载。我们定义功率效率为

$$功率效率 = \frac{P_{load}}{P_{in}} \times 100\% = \left(1 - \frac{P_{loss}}{P_{in}}\right) \times 100\%$$

P_{load}是负载功率，P_{loss}是变压器中耗散的功率，P_{in}是电源输入变压器一次侧的功率。

例 14.13　调整率和功率效率的计算

在本例中，我们将电流和电压的有效值(而不是峰值)作为相量的大小。这通常是配电工程师的工作。当用有效值而不是峰值表示相量时，我们会明确指出。

对于滞后的功率因数为 0.8 的额定负载，计算表 14.1 中变压器的调整率和功率效率。

解: 首先，我们画出图 14.30 中的电路。注意，将励磁感抗 X_m 和铁芯损耗电阻 R_c 放在 R_1 和 X_1 的左边，这样做的目的是使计算更简洁并足够精确。假定负载电压的相位为零。在电力系统中，通常采用电压和电流相量的有效值(而不是峰值)。因此，作为一个相量，有

$$\mathbf{V}_{load} = 240\underline{/0°}\text{ V rms}$$

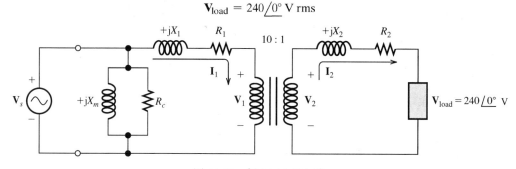

图 14.30　例 14.13 的电路

对于一个 20 kVA 的额定负载而言，有

$$I_2 = \frac{20\text{ kVA}}{240\text{ V}} = 83.33\text{ A rms}$$

负载功率因数为

$$负载功率因数 = \cos(\theta) = 0.8$$

进一步解得

$$\theta = 36.87°$$

于是，负载相电流为

$$\mathbf{I}_2 = 83.33\underline{/-36.87°}\text{ A rms}$$

这里相位角为负是因为负载有滞后的功率因数。

利用匝数比，由二次侧电流可以得到一次侧电流:

$$\mathbf{I}_1 = \frac{N_2}{N_1}\mathbf{I}_2 = \frac{1}{10} \times 83.33\underline{/-36.87°} = 8.333\underline{/-36.87°}\text{ A rms}$$

接下来，我们可以计算电压:

$$\mathbf{V}_2 = \mathbf{V}_{load} + (R_2 + jX_2)\mathbf{I}_2$$

$$= 240 + (0.03 + j0.07)83.33\underline{/-36.87°}$$

$$= 240 + 6.346\underline{/29.93°}$$

$$= 245.50 + j3.166\text{ V rms}$$

利用匝数比，由二次侧电压可以得到一次侧电压:

$$\mathbf{V}_1 = \frac{N_1}{N_2}\mathbf{V}_2 = 10 \times (245.50 + j3.166)$$

$$= 2455.0 + j31.66 \text{ V rms}$$

此时，我们可以计算电源电压：

$$\mathbf{V}_s = \mathbf{V}_1 + (R_1 + jX_1)\,\mathbf{I}_1$$

$$= 2455.0 + j31.66 + (3 + j6.5) \times (8.333\underline{/-36.87°})$$

$$= 2508.2\underline{/1.37°} \text{ V rms}$$

进一步，计算变压器中的功耗：

$$P_{\text{loss}} = \frac{V_s^2}{R_c} + I_1^2 R_1 + I_2^2 R_2$$

$$= 62.91 + 208.3 + 208.3$$

$$= 479.5 \text{ W}$$

传递到负载的功率为

$$P_{\text{load}} = V_{\text{load}} I_2 \times 功率因数$$

$$= 20 \text{ kVA} \times 0.8 = 16\,000 \text{ W}$$

输入功率为

$$P_{\text{in}} = P_{\text{load}} + P_{\text{loss}}$$

$$= 16\,000 + 479.5 = 16\,479.5 \text{ W}$$

此处，我们可以计算功率效率：

$$功率效率 = \left(1 - \frac{P_{\text{loss}}}{P_{\text{in}}}\right) \times 100\%$$

$$= \left(1 - \frac{479.5}{16\,479.5}\right) \times 100\% = 97.09\%$$

接下来，可以确定空载时的电压。空载时有

$$I_1 = I_2 = 0$$

$$V_1 = V_s = 2508.2$$

$$V_{\text{no-load}} = V_2 = V_1 \frac{N_2}{N_1} = 250.82 \text{ V rms}$$

最终，调整率为

$$调整率 = \frac{V_{\text{no-load}} - V_{\text{load}}}{V_{\text{load}}} \times 100\%$$

$$= \frac{250.82 - 240}{240} \times 100\%$$

$$= 4.51\%$$

本章小结

1. 右手定则可用于确定电流产生的磁场方向，如图 14.2 所示。
2. 施加在磁场中运动电荷上的力的表达式为

$$\mathbf{f} = q\mathbf{u} \times \mathbf{B}$$

类似地，施加在磁场中移动载流导线上的力的表达式为

$$d\mathbf{f} = i d\mathbf{l} \times \mathbf{B}$$

3. 根据法拉第定律的推导，当绕组的磁链随时间变化时，绕组中就会产生感应电动势。类似地，当导体切割磁力线时也会产生感应电动势。我们可以通过楞次定律来确定感应电动势的极性。

4. 磁通密度 **B** 和磁场强度 **H** 的关系式为

$$\mathbf{B} = \mu \mathbf{H}$$

这里 μ 是材料的磁导率。对于空气和真空中的情况，$\mu = \mu_0 = 4\pi \times 10^{-7}$。

5. 根据安培定律，**H** 在闭合路径的线积分等于流过该封闭区域的电流代数和。我们可以利用此定律确定长直导线周围或者环形绕组内部的磁场。

6. 利用电路概念可以近似地分析实际的磁性设备。磁动势近似为电压源，磁阻近似于电阻，磁通近似于电流。

7. 绕组的电感(自感)和互感可以通过绕组以及绕组围绕的铁芯的物理特性加以计算。

8. 铁的 *B-H* 曲线表现为磁滞回线，在 1～2T 时铁芯将会饱和。磁滞回线的面积表示每个周期转化成的热能。涡流损耗是引起铁芯损耗的另一个原因。在由铁芯和气隙组成的磁路里，大部分能量都储存在气隙中。

9. 在理想变压器中，绕组的电压与匝数成正比，净磁动势为零，功率效率为 100%。

10. 实际变压器的等效电路分别如图 14.28 和图 14.29 所示。

11. 功率效率和调整率是变压器的重要指标。

习题

14.1 节 磁场

P14.1 产生磁场的基本原理是什么?

P14.2 陈述法拉第定律和楞次定律。

P14.3 陈述安培定律，包括电流的参考方向。

P14.4 陈述如下情况中的右手定则: a. 载流导体; b. 载流绕组。

*P14.5 将一根铁棒插入如图 P14.5 所示的单匝绕组中，当铁棒穿过绕组时，产生的电压 v_{ab} 为正还是为负?

*P14.6 地球的磁场接近 3×10^{-5} T。那么使一根带恒定电流为 10 A 的长直导线运动多少距离时，其产生的磁通密度将等于地球磁场的 10%? 建议至少使用两种方法来帮助减少对船只或飞机上导航罗盘电路的影响。

P14.7 一个不规则的线圈环通有如图 P14.7 所示的电流。由于所产生的磁场，线圈环上是否有力? 证明你的答案。[提示:考虑牛顿第三定律。]

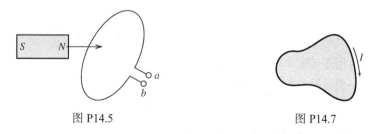

图 P14.5   图 P14.7

*P14.8 一根通有 10 A 电流、0.5 m 长的导线，垂直于磁场。求磁通密度为何值时，可以在导线上产生 3 N 的力。

P14.9 一根通有直流电的长铜管，会由于电流的存在而在铜管内部或外部产生磁场吗？证明你的回答。

*P14.10 假设我们测试某材料，发现对其施加的 H 为 50 A/m 时，有 $B = 0.1$ Wb/m^2。计算该材料的相对磁导率。

P14.11 如图 P14.11 所示，以非磁性形式缠绕的两个绕组，每个绕组的部分磁通相互链接。假设左边绕组的电感足够小，以使 $i_1(t)$ 等于右边绕组产生的感应电压除以电阻。在 $t = 1$ s 时，两个绕组产生的力是相互吸引、排斥或者为零？阐明理由，并分析 $t = 2$ s、3 s、5 s 时的情况。

*P14.12 有一均匀的 1 T 磁通密度的磁场，垂直于半径为 10 cm 的 5 匝圆形绕组的平面。求绕组的磁通和磁通链。假设磁场在 1 ms 内以均匀的速率减小到零，试计算绕组中感应电压的大小。

P14.13 两根非常长的平行导线相距 1 cm，通有同方向的 10 A 电流。导线周围材料的 $\mu_r = 1$。确定其中一根导线的 0.5 m 横截面上的力。两根导线相互吸引还是排斥？

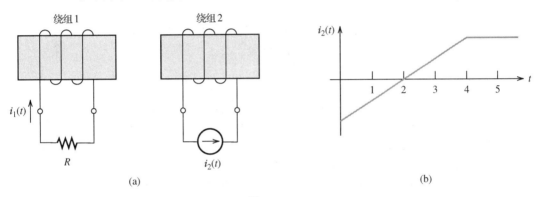

图 P14.11

P14.14 假设图 P14.14 中链接绕组的磁通 ϕ 的大小正在增加。试确定每个绕组感应电压的极性。

P14.15 运用 14.1 节中的公式，分析采用 m、km、s、C 表示的 μ、**B** 和 **H** 的单位。

P14.16 利用右手定则确定图 P14.16 中每个绕组磁通的方向。标记每个绕组的 N 和 S 端。两个绕组相互吸引还是排斥？

P14.17 一根通有电流 $i(t)$ 的长直导线，与一矩形单匝绕组位于同一平面内，如图 P14.17 所示。导线和绕组被空气所围绕。a. 推导绕组磁通的表达式；b. 推导绕组产生的感应电压 $v_{ab}(t)$ 的表达式；c. 当 $i(t)$ 是有效值为 10 A 且频率为 60 Hz 的正弦波时，若 $l = 10$ cm，$r_1 = 1$ cm，$r_2 = 10$ cm，试计算 v_{ab} 的有效值。

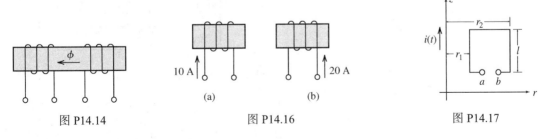

图 P14.14　　　　　　图 P14.16　　　　　　图 P14.17

P14.18 将一个有效值为 120 V、频率为 60 Hz 的电压施加到 500 匝的绕组上。计算绕组的磁通峰值和有效值。

P14.19 一个 $B = 0.3\sin(377t)$ T 的均匀磁场垂直于半径为 20 cm 的 1000 匝环形绕组所在的平面。试确定磁链和电压随时间变化的函数。

P14.20 一个 200 匝环形绕组（见图 14.8）的内径 $r = 1$ cm，外径 $R = 10$ cm。当在此绕组上通 $0.05\sin(200t)$ A 的电流时，电压为 $0.5\cos(200t)$ V。试确定 ϕ 与时间的函数表达式以及铁芯材料的相对磁导率。

P14.21 假如设计一个发电机，需要一个直导体以 30 m/s 的速度通过一个 0.5 T 的均匀磁场时，可以产生 120 V 的电压。导体、运动轨迹及磁场彼此相互垂直。请问导体的长度应为多少？结果表明，在发电机的设计中，这种长度的导体是不切实际的，我们必须使用 N 个长度为 0.1 m 的导体。那么为了获得 120 V 电压，N 应该为多少？

P14.22 一根通有恒定电流 $i(t) = I_1$ 的非常长的直导线，与一矩形单匝绕组位于同一平面内，如图 P14.17 所示。导线和绕组被空气所围绕。利用电源在绕组中施加一个顺时针方向的恒定电流 I_2。a. 推导导线磁场作用于绕组上的力的表达式；b. 当 $I_1 = I_2 = 10$ A、$l = 10$ cm、$r_1 = 1$ cm、$r_2 = 10$ cm 时，计算力；c. 绕组吸引还是排斥导线？

P14.23 两根非常细的无限长的导线分别位于 x 轴和 y 轴，并通有电流，如图 P14.23 所示。a. 假设 I_x 和 I_y 为正极性，画出每个轴的正极和负极部分的磁场作用于导线上的力的方向；b. 计算 y 轴上导线的力矩。

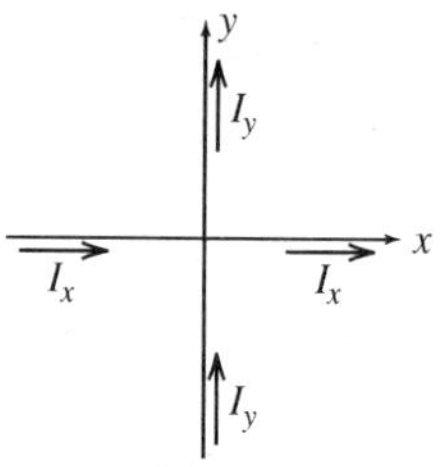

14.2 节 磁路

*P14.24 气隙长度为 0.1 cm。试求多长的铁芯能与此气隙的磁阻相等？其中铁的相对磁导率为 5000，并假设气隙与铁芯的横截面积相等。

*P14.25 考查例 14.6 分析的图 14.13 中的磁路。假如气隙 a 长度减为零，计算气隙 b 中的磁通，为何该结果小于例 14.6 的答案？

图 P14.23

P14.26 如果一个磁路的长度翻倍，其磁阻如何变化？横截面积翻倍又如何？相对于磁导率翻倍，磁阻又将如何变化？

*P14.27 磁路中的什么量分别与电路中的电压源、电阻以及电流类似？

P14.28 以 kg、C、m 和 s 来表示磁阻的单位。

P14.29 考查图 P14.29 中的磁路。假设铁芯磁阻小到可以忽略。气隙长度为 0.1 cm，每段气隙的有效面积为 20 cm^2。为了在气隙中获得 0.5 T 的磁通密度，试计算出绕组匝数。

P14.30 计算如图 P14.30 所示的磁芯每段的磁通。

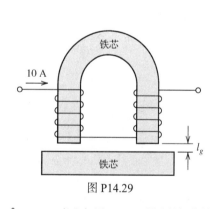

图 P14.29

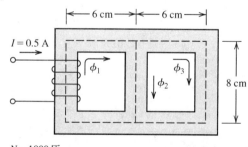

$N = 1000$ 匝
铁芯横截面积：2 cm × 2 cm
$\mu_r = 5000$

图 P14.30

*P14.31 考查如图 P14.31 所示的螺线管，它通常用作化工工艺中的操作阀门。忽略边缘效应和铁芯磁阻。推导磁通与物理尺寸、μ_0、匝数 N 和电流的表达式。

P14.32 分析图 P14.32 所示的铁芯，上面有两个 N 匝绕组，它们的磁通在中心支路彼此增强。确定匝数

N，在 $I = 2A$ 时使气隙中的磁通密度为 0.25 T。气隙和铁芯的横截面均为边长 2 cm 的正方形。通过在气隙每边增加气隙的长度来计算边缘效应。

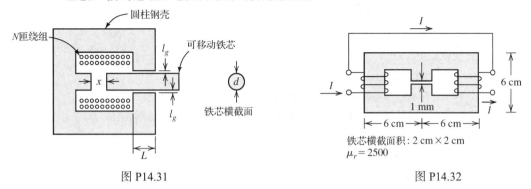

图 P14.31　　　　　　　　　　　　　　　　　　图 P14.32

P14.33　计算如图 P14.33 所示的铁芯每段的磁通。通过在气隙的每个横截面尺寸上增加气隙长度来计算边缘效应。

P14.34　画出类似图 P14.34 中的磁路的电路图。尤其要注意电压源的极性。确定铁芯中的磁通密度。

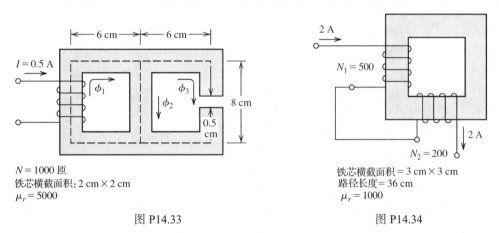

图 P14.33　　　　　　　　　　　　　　　　　　图 P14.34

P14.35　考虑图 14.11 所示的环形铁芯，其相对磁导率为 1000，$R = 5$ cm，$r = 2$ cm。两个绕组绕在铁芯上，其中一个为 200 匝，另一个为 400 匝。将电压 $v(t) = 10\cos(10^5 t)$ V 施加在 200 匝的绕组上，400 匝的绕组开路。确定 200 匝的绕组的电流和 400 匝的绕组的感应电压。假定磁通完全通过铁芯，电流为标准正弦波。

14.3 节　电感和互感

*P14.36　考虑如图 P14.36 所示的电路，两个绕组的参数为 $L_1 = 0.1$ H，$L_2 = 10$ H，$M = 0.5$ H。在 $t = 0$ 之前，绕组中的电流为零。$t = 0$ 时，开关闭合。画出 $i_1(t)$ 和 $i_2(t)$ 随时间变化的曲线。

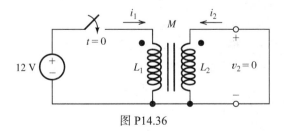

图 P14.36

*P14.37 一个 500 匝的绕组绕在铁芯上。当在其上施加有效值为 120 V 且频率为 60 Hz 的电压时,电流有效值为 1 A。忽略绕组电阻,确定铁芯磁阻。给定铁芯横截面积为 5 cm²,长度为 20 cm,确定铁芯材料的相对磁导率。

*P14.38 一个 100 匝的绕组绕在铁芯上,其电感为 200 mH。如果匝数增加到 200,电感为多少?假设磁通完全处于绕组之中。

*P14.39 现有两个绕组绕在同一个铁芯上。$L_1 = 1$ H,$L_2 = 2$ H,$M = 0.5$ H。电流 $i_1 = \cos(377t)$ A,$i_2 = 0.5\cos(377t)$ A。如果电流均由同名端流入,试确定绕组电压的表达式。

P14.40 利用磁场的基本原理,画出一到两个图来解释电感中电压与电流的相互关系。

P14.41 两个绕组绕在同一个铁芯上,电感分别为 L_1 和 L_2。由一个绕组产生并链接到另一个绕组的磁通比例被称为耦合系数 k。推导以 L_1、L_2 和 k 表示的互感 M。

P14.42 两个绕组绕在同一个铁芯上。$L_1 = 0.2$ H,$L_2 = 0.5$ H,$M = 0.1$ H。电流 $i_1 = \exp(-1000t)$ A,$i_2 = 2\exp(-1000t)$ A。如果电流均进入同名端,确定两个绕组的感应电压。

P14.43 一个 200 匝的绕组绕在磁阻为 5×10^5 A·匝/Wb 的铁芯上。确定绕组的电感。

P14.44 分析如图 P14.44 所示的电路。两个绕组的参数为 $L_1 = 0.1$ H,$L_2 = 10$ H,$M = 1$ H。在 $t = 0$ 之前,绕组中的电流为零。$t = 0$ 时,开关闭合。画出 $i_1(t)$ 和 $v_2(t)$ 随时间变化的曲线。

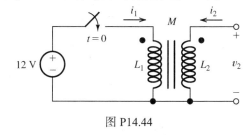

图 P14.44

P14.45 两个绕组绕在同一个铁芯上,其中 $L_1 = 1$ H,$L_2 = 2$ H,$M = 0.5$ H。电流 $i_1 = 1$ A,$i_2 = 0.5$ A。如果电流均进入同名端,确定两个绕组的磁通。当 i_1 进入同名端,i_2 离开同名端,情况又何如?

P14.46 分析图 P14.14 中的绕组。将同名端置于最左端,试在右端绕组合理设置同名端以使其耦合。

P14.47 一个 100 匝的绕组绕在环形铁芯上,电感为 100 mH。假如一个 200 匝的绕组绕在另一个环形铁芯上(r 和 R 如图 14.11 所示),尺寸为第一个绕组的两倍。若铁芯材料均相同,则哪一个绕组的磁导率更高?计算第二个绕组的电感。

P14.48 一个对称的环形绕组绕在塑料芯上($\mu_r \cong 1$),电感为 1 mH。如果磁芯改为相对磁导率为 200 的铁氧体材料,电感将变成多少?假设整个磁路由铁氧体组成。

P14.49 继电器有一个 500 匝的绕组,当施加有效值为 24 V 的 60 Hz 电压时,绕组的电流有效值为 50 mA。绕组电阻可忽略。确定绕组的磁通峰值、铁芯磁阻以及绕组电感。

14.4 节 磁性材料

*P14.50 铁芯绕组在交流电流激励下产生铁芯损耗的两个原因是什么?哪些因素对于减小这两种损耗最为重要?当磁通峰值不变而频率加倍时,这两种损耗将发生什么变化?

*P14.51 频率为 60 Hz 且磁通密度峰值给定时,一给定铁芯磁滞损耗为 1 W,涡流损耗为 0.5 W。估算当频率为 400 Hz 而磁通密度不变时的这两种损耗。

P14.52 画出铁磁材料的 B-H 曲线。并指明磁滞和饱和情况。

P14.53 对于一个用于永磁体的有前景的材料来说,B-H 曲线中什么特性是我们期望的?用于电动机或者变压器呢?请解释。

P14.54 分析一个绕在铁芯上的绕组。假设通以 60 Hz 的交流电流,铁芯的磁滞回线为矩形,如图 P14.54 所示。铁芯体积为 1000 cm³。确定由磁滞所引起的电能转化成热量的值。

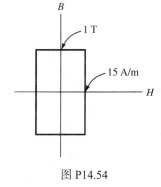

图 P14.54

P14.55　一个铁芯的平均长度为 20 cm，横截面积为 4 cm^2，相对磁导率为 2000。将一个 500 匝的绕组绕在上面并通有 0.1 A 的直流电流。a. 确定铁芯磁阻、磁通密度以及电感；b. 用 $W = (1/2)LI^2$ 来计算存储在磁场中能量；c. 用式 (14.41) 计算铁芯中的能量密度，进而通过该密度与体积相乘来计算能量，与 b. 的计算结果相比较。

P14.56　在频率为 60 Hz 时，一铁芯绕组的铁芯损耗为 1.8 W。在 120 Hz 时的损耗为 5.6 W。两种情况下的磁通密度峰值相等。确定在 60 Hz 时的磁滞损耗和涡流损耗。

P14.57　一个铁芯带有有效面积为 2 cm × 3 cm、长度为 l_g 的气隙。施加的磁动势为 1000 A·匝，铁芯磁阻可以忽略不计。用含 l_g 的函数表示磁通密度和存储在气隙中的能量。

14.5 节　理想变压器

P14.58　我们在推导理想变压器的电压与电流关系时做了哪些假设？

*P14.59　分析如图 P14.59 所示的有 3 个绕组的变压器。a. 设置同名端的位置以使绕组 1 和绕组 2 以及绕组 1 和绕组 3 耦合；b. 假设所有的磁通链接绕组的每一匝，确定电压 $\mathbf{V}_2$ 和 $\mathbf{V}_3$；c. 假如建立铁芯磁通的净磁动势为零，以 $\mathbf{I}_2$、$\mathbf{I}_3$ 和匝数比的形式给出 $\mathbf{I}_1$ 的表达式，然后计算 $\mathbf{I}_1$。

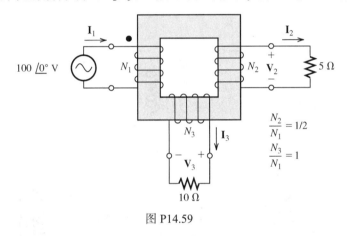

图 P14.59

*P14.60　假如我们需要 25 Ω 的负载电阻来对电源产生 100 Ω 的影响。除了通过变压器，我们还可以用 25 Ω 电阻串联 75 Ω 电阻以代替变压器。从功率效率上来讲，哪种方式更合理，请说明原因。

*P14.61　美国住宅通常应用有效值为 120 V 的电压。如果配电系统和家用电器设计成更低的电压（如有效值为 12 V）或更高的电压（如 12 kV），将会引发哪些问题？

P14.62　如图 P14.62 所示，电压源 V_S 通过传输线连接到 $R_L = 10$ Ω 的负载上，传输线的 $R_{line} = 10$ Ω。在 (a) 图中，没有使用变压器。在 (b) 图中，一个变压器用于在线路的发送端提高电源电压，另一个变压器用于将电压降到负载端。对于这种情况，计算电源发出功率、线路损耗、传输到负载的功率以及功率效率。功率效率定义为传输到负载的功率与电源功率的比值。

P14.63　在交流电压源的电压有效值为 240 V 时，为了把负载阻抗从 25 Ω 变为 100 Ω，就需要一个变压器。画出所需的电路图。变压器的匝数比应为多少？确定电压源电流、负载电流以及负载电压。

P14.64　分析图 P14.64 的电路。确定二次侧电压 V_{2rms}，二次侧电流 I_{2rms} 以及负载功率。其中，$N_1 / N_2 = 10$。并分别计算 $N_1 / N_2 = 1$ 和 $N_1 / N_2 = 0.1$ 的情况。

P14.65　有一个被称为自耦变压器的装置如图 P14.65 所示。a. 假设所有的磁通均链接绕组的每一匝，确定 v_1、v_2 和匝数比的关系；b. 假设建立磁通的总磁动势为零，求出 i_1 和 i_2 的关系。

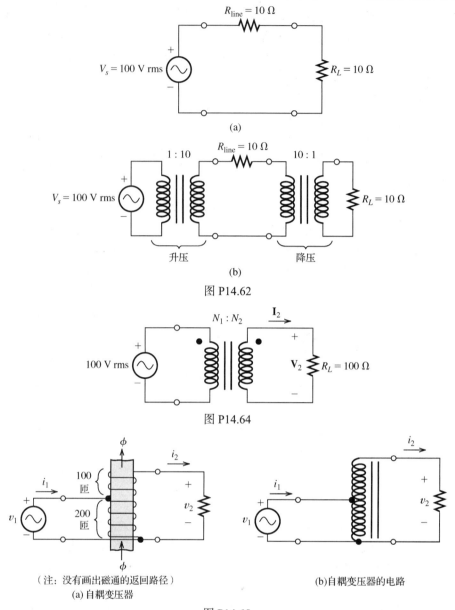

图 P14.62

图 P14.64

图 P14.65

P14.66 a. 如图 P14.66 所示，将电阻和电压源映射到电路的左端，求 $\mathbf{I}_1$；b. 将右侧同名端移到顶部，再重复解答 a.。

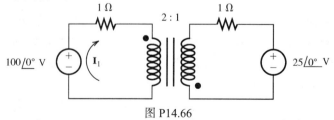

图 P14.66

P14.67 分析图 P14.67 的电路。a. 确定 $\mathbf{I}_1$ 和 $\mathbf{V}_2$ 的值。b. 对于每个电源，确定其平均功率，并说明电源是吸收还是发出功率。c. 将二次侧同名端移到底部，再重复解答 a. 和 b. 的问题。

P14.68　一个自耦变压器如图 P14.68 所示。假设所有磁通完全处于绕组中，且建立磁通的总磁动势可以忽略。确定 $\mathbf{I}_1$、$\mathbf{I}_2$、$\mathbf{I}_3$ 和 $\mathbf{V}_2$ 的值。

P14.69　如图 P14.69 所示，确定其等效电阻 R'_L 和电容 C'_L。［提示：阻抗按匝数比的平方映射。］

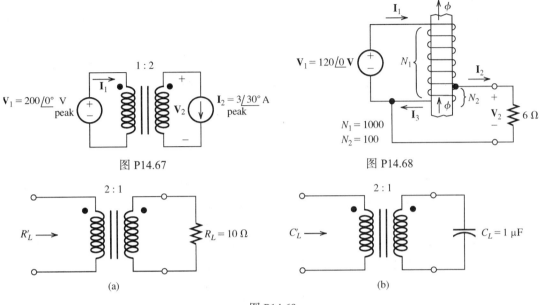

图 P14.67　　　　　　　　　图 P14.68

(a)　　　　　　　　　　　(b)

图 P14.69

14.6 节　实际变压器

*P14.70　画出实际变压器的等效电路图。简要讨论该电路中的元件。

*P14.71　60 Hz、20kVA、8000/240V 的变压器有如下参数：

一次侧电阻	R_1	15 Ω
二次侧电阻	R_2	0.02 Ω
一次侧漏感抗	$X_1 = \omega L_1$	120 Ω
二次侧漏感抗	$X_2 = \omega L_2$	0.15 Ω
励磁感抗	$X_m = \omega L_m$	30 kΩ
铁芯损耗电阻	R_c	200 kΩ

确定在 2 kVA 负载（如额定容量的 10%）、滞后的负载功率因数为 0.8 时，变压器的调整率和功率效率。

*P14.72　通常，变压器恰好设计成能使磁通密度峰值低于工作在饱和状态时铁芯材料的值。为什么我们不将其设计成远低于饱和点？或远高于饱和点？假设电压、电流的额定值保持不变。

P14.73　一个住宅由表 14.1 所示的变压器供电。这个住宅每个月用电为 400 kWh。从利用效率来说，表中哪个等效电路的效率最高？同时需要对你的答案做出一些正确的判断和假设。

P14.74　当负载开路且一次侧电压为额定电压时，一个 60 Hz、20 kVA、8000/240 V 的变压器的一次侧电流为 0.315 A 并吸收了 360 W 功率。利用这些数据可以求出图 14.29(b) 中哪些元件的数据？并将这些数据计算出来。

P14.75　在理想变压器的假设下，确定 $v_2 = (N_2 / N_1) v_1$。从理论上来说，如果直流施加到理想变压器的一次侧，二次绕组将会出现一个直流电压。然而，实际变压器对于直流无效。用图 14.28 的等效电路加以解释。

P14.76 一个 60 Hz、20 kVA、8000/240 V 的变压器的二次侧短路，一次侧电压减小。若在一次侧施加有效值为 500 V 的电压，则一次侧电流的有效值为 2.5 A(即额定的一次侧电流)，变压器吸收的功率为 270 W。分析图 14.29(b)的等效电路图。在上述情况下，L_m 和 R_c 的电流和功率可以忽略。解释其原因，并确定一次侧的总漏感($L_1 + a^2 L_2$)和总电阻($R_1 + a^2 R_2$)。

P14.77 变压器参数同习题14.71。求解变压器带额定负载且滞后的功率因数为 0.8 时的调整率和功率效率。

P14.78 有一额定工作频率为 60 Hz 的变压器。其一次侧、二次侧额定电压分别为 4800 V 和 240 V。变压器额定容量为 10 kVA。现在我们将此变压器用于 120 Hz 的状态下。讨论在设定适合于新频率运行的额定值时必须考虑的因素。(记住，为了更好地利用变压器中的材料，我们希望两个频率的磁通密度峰值都接近饱和。)

测试题

T14.1 分析图 14.3 中的一个右手笛卡儿坐标系。一根导线沿着 x 轴的正、反向通有 12 A 电流。正 z 方向有磁通密度为 0.3 T 的磁场。a. 确定长为 0.2 m 的导线受到的力及其方向；b. 如果磁畴指向 x 轴正方向，重复解答问题 a。

T14.2 假设在 x-y 平面上有一个 10 匝的正方形绕组，其每边长 25 cm。另有一个磁通密度为 $0.7\sin(120\pi t)$ T 沿着正 z 方向的磁场。磁通在 x、y、z 方向均恒定。计算绕组中的感应电压。

T14.3 一根 20 cm 长的导线以 15 m/s 的速度在一个 0.4 T 的恒定磁场中运动。导线、运动方向、磁场方向三者相互垂直。计算导线的感应电压。

T14.4 分析图 T14.4 的磁路。铁芯的相对磁导率为 1500。a. 仔细估计气隙中的磁通密度；b. 确定绕组的电感。

T14.5 假如一缠绕在铁芯上的绕组中通有交流电流。通过铁芯材料的能量转化为热能的方式来命名两种机制。对于每种情况而言，怎样选择铁芯材料才能使功耗最小？每种功耗与交流电流的频率有何关系？

T14.6 分析图 T14.6 所示的电流，其中 $R_s = 0.5\ \Omega$，$R_L = 1000\ \Omega$，$N_1/N_2 = 0.1$。a. 确定开关断开时的电压和电流的有效值；b. 开关闭合时，重复 a. 的计算。

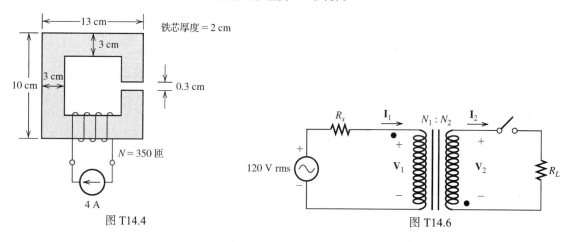

图 T14.4　　　　　　　　　　　　　　　图 T14.6

T14.7 选择一个变压器为一个负载提供峰值为 100 kW 的功率，该负载只在很小比例的时间内产生峰值功率，在其余时间内产生很小的功率。变压器 A 和 B 同时满足要求。当 A、B 在负载处于峰值时效率相同，A 的功耗主要为铁芯损耗而 B 的功耗主要为绕组电阻。从成本的角度来看，哪个变压器更合适？为什么？

第15章 直流电机

本章学习目标

- 掌握在各种应用场合下选择合适的直流电机。
- 分析电机转矩和转速的关系。
- 利用直流电机等效电路计算电和机械特性。
- 应用电机铭牌数据。
- 理解并励电机和串励电机及各种形式的电机运行特性。

本章介绍

电机能实现电能和机械能的相互转换。**电动机**将电能转化为旋转机械能；而**发电机**将机械能转化为电能。绝大多数的电机要么作为电动机，要么作为发电机使用。

电动机用于驱动我们日常生活中的大量电器，如计算机硬盘、冰箱、自动车库门、洗衣机、食品搅拌器、真空除尘器、DVD播放器、排风扇、自动窗、风挡刮水器、电梯等。工业方面的电动机应用包括材料处理设备、机械化操作、泵、岩石粉碎机、电扇、空气压缩机等。在需要机械能的场合，无论是需要小功率还是大功率的，电动机都是最佳选择。对于机械系统设计人员而言，掌握各种电动机的外部特性、选择合适类型的电动机来满足动力系统要求是很重要的。

15.1 电动机概述

> 本节内容非常重要，其一，帮助大家预先了解电动机的特性；其二，在完成本章的学习之后，本节可作为复习资料。

本章将介绍多种类型的电动机。本节首先概述电动机，介绍它的性能参数及运行特性。然后在本章的剩余部分将详细讨论直流电机。第16章将介绍交流电机。本节主要以三相感应电动机为例，因为其应用广泛。但是，本节的许多概念同样适用于其他类型的电动机。

15.1.1 基本结构

电动机主要由两部分组成：**定子**和**转子**。其中转子是电动机的转动部分，通过一个转轴将电动机和机械负载连接起来。此转轴和转子都被轴承支撑，使得二者能够自由转动，如图15.1所示。

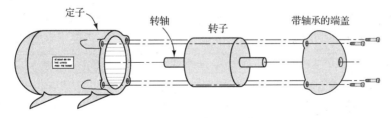

图 15.1 电动机的组成

定子或转子(或两者)上是否缠绕线圈由电动机的类型决定。线槽开在定子和转子上，线槽内有导线绕组及导线间的绝缘部分。各绕组内的电流建立磁场，并相互作用产生转矩。

通常，定子和转子为铁磁材料以增强磁场。变压器中的磁场在铁磁材料中随时间而变换，为了减少因涡流造成的能量损耗，铁磁材料由铁芯片叠加而成。(在一些电机的某些部位，磁场是稳定的，就不必采用层叠的铁芯片。)

几种常见类型的电动机特性如表 15.1 所示。到目前为止，读者可能还不了解此表中的部分内容和意义，尤其是第一次接触这些旋转电动机时更觉陌生。但是，当你仔细看完本章和下一章的内容，那么此表格就是一个比较各种电动机的有用工具，也可作为设计某个系统而选择合适电动机的依据。

表 15.1　各类电动机的性能比较

		类型	功率范围(马力)	转子	定子	评价和应用
交流电动机	三相	异步(感应)	1～5000	鼠笼式	三相电枢绕组	结构简单，坚固耐用；应用普遍；风扇，泵
				绕线式		通过调整转子阻抗可以调速；起重机
		同步	1～5	永磁场		精确调速；传送机
			1000～50000	直流励磁绕组		恒定大负载；可对功率因数进行校正
	单相	异步	$\frac{1}{3}$～5	鼠笼式	主绕组和辅助绕组	几种类型：分相，电容式启动，电容式运行；结构简单，经久耐用；许多家庭应用：风扇、抽水机、冰箱
		同步	$\frac{1}{10}$ 或更少	磁阻或磁滞	电枢绕组	低扭矩，固定转速；定时应用
直流电动机	励磁磁场	并联式	10～200	电枢绕组	励磁绕组	工业应用：磨床，起重机
		串联式				低转速、高扭矩；如果空载会出现危险；钻机，自启动电动机(大量的单相交流电动机均具有较高的功率质量比)
		串/并联混合式				输出转矩，转速特性可调；牵引电动机
	永久磁场		$\frac{1}{20}$～10	电枢绕组	永磁铁	伺服系统应用，机床，计算机的外设，汽车的风扇和车窗电动机

15.1.2　电枢和励磁绕组

> 励磁绕组的作用就是在电机中建立起磁场，进而输出转矩。

已知一个电机可以包含几种绕组。大部分电机中的绕组分为**励磁绕组**和**电枢绕组**(通常感应电机的绕组不按照电枢绕组和励磁绕组分类，而是分类为定子绕组和转子绕组或者导条。)励磁绕组的作用就是在电动机中建立起磁场。励磁绕组中的电流与加在电动机上的机械负载(串联的电动机除外)无关。另外，电枢绕组中电流的大小取决于机械负载功率。通常，当机械负载很轻时，电枢绕组电流幅值小；当机械负载重时，电枢绕组电流幅值大。如果电机作为发电机使用，则电流从电枢绕组输出。在其他一些电动机中，磁场由永磁铁产生，因此不需要励磁绕组。

> 电枢绕组中电流的大小取决于机械负载功率。当电机作为发电机运行时，电流从电枢绕组输出。

表 15.1 描述了部分常见电动机的励磁磁场和电枢绕组的位置(定子或者转子)。例如，在三相同步交流电动机中，励磁绕组在转子上，而电枢绕组在定子上。其他电动机如绕线磁极式直流电动机的励磁绕组和电枢绕组的位置正好相反。在学习本章和下一章时，建议随时查看表 15.1，以避免混淆不同类型的电动机。

15.1.3 交流电动机

电动机的能量来自交流电源或直流电源。交流功率有两种类型，即单相和三相。(三相交流电源和电路已经在 5.7 节讨论过。)交流电动机有以下几种类型。

1. 异步(感应)电动机：因为结构相对简单、耐用、运行特性好，这是一种最常用的电动机类型。
2. 同步电动机：当电源频率一定、不考虑负载转矩时，同步电动机的转速一定。三相同步发电机在发电领域的应用范围很广。
3. 各种专用电动机。

在美国，大约有三分之二的电能被电动机所消耗，当然，这部分能量中有一半以上是被感应电动机消耗的。因此，交流感应电动机很常见，本书将在第 16 章讨论各种类型的交流电动机。

15.1.4 直流电动机

由直流源提供能量的电动机被称为直流电动机，直流电动机的棘手问题之一就是如何将交流电转化为所需的直流电。如果需要使用直流电动机但只能用交流电，就必须采用整流器或者其他转换器，从而将交流电转换为直流电。这样就增加了系统的费用。所以，如果能满足应用需要，交流电动机常常是更好的选择。

> 直流电动机常见于电动汽车方面的应用。

直流电动机常见于电动汽车方面的应用，因为在一些场合下更易于从电池获取能量。直流电动机可以启动汽车，驱动汽车上挡风玻璃的雨刮器、风扇、电动车窗等。

多数直流电动机在转子电枢绕组中的电流方向随转子转动而周期性地往复变化，这是由机械开关结构操作的，这种结构由分别安装在定子上的**电刷**和电机转轴上的**换向器**构成。换向器由彼此绝缘的导体构成。每个换向片都连接到转子上的部分电枢绕组，电刷与转动的换向器相连接。随着换向器的转动，电刷就在换向器上移动，如同开关动作，改变了电枢绕组中的电流方向，本书后面将会进一步详细解释。这里要强调的一点是，电刷和换向器容易磨损，直流电动机一个明显的不足就是需要维护，而且相对频繁。

> 直流电动机一个明显的不足就是需要维护，而且相对频繁。

直流电动机的一个显著优势是其方向和速度比交流电动机更容易控制。但是，随着在交流电机中出现了电子变频系统，这要比直流电机更经济，因此该优势已经不复存在。这些可调频电源已经广泛应用于交流感应电动机来进行速度控制。

不过，在直流电源容易获得的地方，直流电动机仍可用于某些控制系统(如在交通工具中)。在本章章末，我们将详细探讨各类直流电动机。

15.1.5 电动机的损耗、额定功率和效率

图 15.2 描述了能量从三相电源通过一台感应电动机传递给机械负载(比如泵)。由于绕组电阻、磁滞和涡流等损耗的存在，一部分电能损耗掉(转变成热量)。类似地，转变成机械能的部分电能也因摩擦和风阻(例如来自转子和转轴周围风的移动)而损耗掉。因风阻而损耗掉的电能有时是特意设计的，例如将风叶与电动机固定为一个整体，风叶的转动可以起到冷却作用。

设由三相电源提供的输入电能为 P_{in}，单位为瓦特(W)，如式(15.1)所示：

$$P_{in} = \sqrt{3} V_{rms} I_{rms} \cos(\theta) \tag{15.1}$$

其中 V_{rms} 为线电压有效值，I_{rms} 是线电流有效值，$\cos(\theta)$ 是功率因数。

机械输出功率如式(15.2)所示：

$$P_{out} = T_{out}\omega_m \tag{15.2}$$

其中，P_{out} 是输出功率，单位是瓦特；T_{out} 是输出转矩，单位是牛·米(N·m)；ω_m 是输出转轴角速度，单位是弧度每秒(ω/s)。

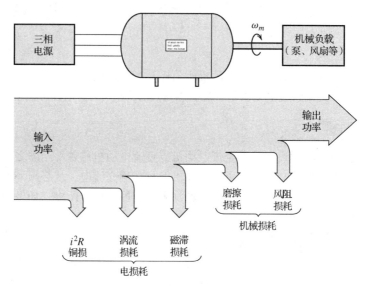

图 15.2　从三相电源经过感应电动机到达机械负载的能量传递
损耗。由于多种原因，在传递过程中造成某些功率损耗

转速记为 n_m，单位为转每分(rpm)，或记为 ω_m，单位为弧度每秒。其转换关系如式(15.3)所示：

$$\omega_m = n_m \times \frac{2\pi}{60} \tag{15.3}$$

单位为英尺·磅或者牛·米的转矩转换表达式如式(15.4)所示：

$$T_{foot\text{-}pounds} = T_{newton\text{-}meters} \times 0.7376 \tag{15.4}$$

在美国,电动机的机械输出功率常用马力(horsepower)表示,马力和瓦特的功率转换如式(15.5)所示：

$$P_{horsepower} = \frac{P_{watts}}{746} \tag{15.5}$$

电动机的**额定功率**是指连续安全运行的输出功率。例如，可以用 5 马力的电动机带动 5 马力的机械负载；如果负载所需能量减少，那么电动机从电源处获取的能量也将减少，如果是感应电动机，转速会稍微加快。因机械负载不同，电动机的输出功率范围从零到几倍额定功率不等。由系统设计者来确保电动机不超负载运行。

> **由系统设计者来确保电动机不超负载运行。**

能量损耗引起电动机温度的上升，这会限制电动机的输出功率。但是，如果没有导致温度显著上升，短暂的超负载还是可以接受的。

电动机的**效率**由式(15.6)给出：

$$\eta = \frac{P_{out}}{P_{in}} \times 100\% \tag{15.6}$$

性能较好的电动机运行在接近额定功率时，其效率一般在 85%～95%。另外，如果要求电动机的输出功率远小于额定功率，则该电动机的效率会比较低。

15.1.6 电动机的转矩-转速(机械)特性

设想一个由三相感应电动机驱动一个负载(例如泵)的场景。图 15.3 表示电动机产生的转矩与转速的关系曲线(在第 16 章，我们将分析此感应电动机的转矩-转速特性曲线是如何产生的。)，以及为驱动负载所要求的转矩值。假设系统最初静止，然后闭合连接电动机的电源。当电动机低速运行时，电动机产生的转矩远大于负载转矩，超出的转矩导致电动机加速。最终，当电动机产生的转矩和负载转矩相等时，电动机转速稳定在某一点。

现在分析一台三相感应电动机的转矩-转速特性，如图 15.4 所示，负载为一台起重机。如果启动转矩小于负载所需的转矩，也就是在有载启动的情况下，电动机不会转动。在这种情况下，电机中产生过大的电流，除非保险丝和保护设备切断电源，否则电动机将因过热而损坏。

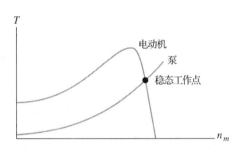

图 15.3　负载为泵的感应电动机的机械特性

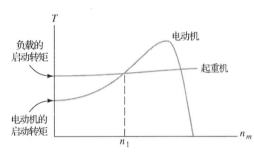

图 15.4　该系统无法有载启动一静止物，因为电动机的启动转矩小于负载的启动转矩

另外，即使图 15.4 的电动机不能启动负载，但只要电动机能让负载的转速超过 n_1，那么在机械离合器的作用下也能够启动负载。

设计者必须选择合适的电动机，确保其机械特性曲线满足不同的负载运行。

各种类型的电动机有不同的转矩-转速特性，如图 15.5 所示。系统设计者要掌握如何根据负载需要来选择一台合适的电动机。

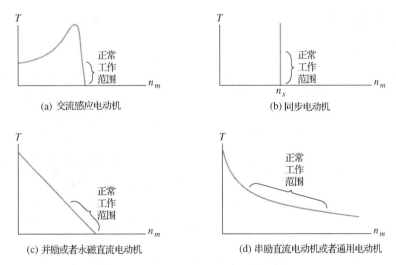

图 15.5　常见电动机的转矩-转速特性

15.1.7　电动机的调速

根据电动机的转矩-转速特性，随着负载增加，电动机会降低转速。转速调节率定义为空载转速与满载转速之差值除以满载转速的百分比值，如下所示：

$$转速调节率 = \frac{n_{\text{no-load}} - n_{\text{full-load}}}{n_{\text{full-load}}} \times 100\% \tag{15.7}$$

15.1.8　同步电动机的运行特性

交流同步电动机的转矩-转速特性如图 15.5(b)所示。同步电动机的运行角速度为一常数：

$$\omega_s = \frac{2\omega}{P} \tag{15.8}$$

其中，ω是交流电源的角频率，P是电动机的磁极数(这类电动机的内部结构将在 16.3 节介绍)。同步转速的表达式如下：

$$n_s = \frac{120f}{P} \tag{15.9}$$

其中 f 为交流电源的频率，单位为赫兹(Hz)。

磁极数 P 总是偶数，将 P 的各个值代入式(15.9)，并假设电源频率为 60 Hz，则电动机的可能转速有 3600 rpm、1800 rpm、1200 rpm、900 rpm 等。如果需要达到其他的转速值，则不建议选择同步电动机。(电子系统如交-交变频器可以将 60 Hz 转变为任意频率，这样，通过增加额外费用就可以克服转速不足的局限性。)

> 同步电动机的转速为 $(60 \times f)$ rpm。如果需要达到其他的转速值，则不建议选择同步电动机。

如图 15.5(b)图所示，同步电动机的启动转矩为零。因此，需要增加特殊的器件来辅助启动。一种方法是首先减小负载，以感应电动机的运行方式启动，直到电动机转速接近同步转速时，再通过开关切换至同步电动机运行。

> 同步电动机的启动转矩为零。

15.1.9　感应电动机的运行特性

> 感应电动机的启动转矩与满载运行的额定转矩接近。

感应电动机的转矩-转速特性如图15.5(a)所示，这类电动机的启动转矩比较理想。在正常运行下，感应电动机的实际转速要稍小于同步转速，同步转速由式(15.8)和式(15.9)给出。例如，一台典型的磁极数为 4($P=4$) 的感应电动机在满载情况下，其运行转速为 1750 rpm，而在空载情况下，转速接近 1800 rpm，这说明同步电动机的转速限制同样适用于感应电动机。

> 感应电动机的转速在略小于到等于 $(60 \times f)$ rpm 之间，因此如果电源频率固定，则不同电动机负载下的转速变化范围很窄，对负载的适用性不够好。

在启动过程中，感应电动机的电流比额定状态下的满载电流大许多倍，为避免过大电流，大功率感应电动机通常采用降压启动方式。我们知道，电动机的转矩取决于施加的电压，在给定转速的情况下，感应电动机的转矩正比于电枢电压幅值的平方。当电动机启动时，如果启动电压仅为额定电压的一半，此时产生的转矩只是额定转矩的四分之一。

15.1.10　并励直流电动机的运行特性

直流电动机包含定子上的励磁绕组和转子上的电枢绕组，因励磁绕组和电枢绕组可以连接成并励或串励形式，所以两者的转矩-转速特性完全不同。在后面的章节将探讨具体的原因。

并励直流电动机的转矩-转速特性如图 15.5(c) 所示，并励直流电动机有很大的启动转矩，并且启动电流也很大，通常用电阻串联在电枢绕组上的方法来获得一个合适的启动电流。

对于固定的电源电压和固定的励磁电流，在正常运行范围内，并励直流电动机的转速在小范围内变化。但可以通过几种方法来改变转矩-转速特性，从而完美实现对并励直流电动机的调速。与感应电动机和同步电动机不同，直流电动机的转速所受的限制不大。

> 直流电动机的转速的变化范围很大。

15.1.11　串励直流电动机的运行特性

串励直流电动机的转矩-转速特性如图 15.5(d) 所示，串励直流电动机有适中的启动转矩和启动电流，随着负载的变化，它的转速可在很宽的范围内自动调节。当负载加重时，串励直流电动机的转速下降，和其他类型的电动机相比，它的输出功率更接近于一常数。即使负载转矩的变化范围很大，电动机在额定功率下都可以正常工作，这是这类电动机的优点。汽车的启动电动机是串励直流电动机。当发动机温度很低时，启动电动机低速启动；相反，当发动机温热时，启动电动机将快速旋转。无论哪种情形，从电池获得的电流都在正常范围内。(反之，如果没有这样的精确控制，并励直流电动机将总是保持在一固定转速，并在启动较冷的电动机时需要巨大的启动电流。)

在某些场合，串励直流电动机的空载转速会很高，超过某一工作点后就会很危险。如果存在空载运行的可能性，则需要一套控制系统来切断电动机和电源的连接。可以采用一种有效的交流电动机作为通用电动机，其性能与串励直流电动机非常相似。

例 15.1　电动机的性能计算

一台三相电动机在额定满载下运行，输入三相电源有效值为 440 V，产生的线电流有效值为 6.8 A，功率因数为 78% 滞后 [即 $\cos(\theta) = 0.78$]，输出 5 马力，电机转速为 1150 rpm。在空载情况下，电机转速为 1195 rpm，线电流为 1.2 A，功率因数为 30% 滞后。试分别求满载及空载下的功率损失、效率和转速调节率。

解：将额定输出功率 5 马力转化为瓦特单位：

$$P_{\text{out}} = 5 \times 746 = 3730 \text{ W}$$

代入式 (15.1)，得满载的输入功率为

$$P_{\text{in}} = \sqrt{3} V_{\text{rms}} I_{\text{rms}} \cos(\theta)$$
$$= \sqrt{3}(440)(6.8)(0.78) = 4042 \text{ W}$$

功率损失：

$$P_{\text{loss}} = P_{\text{in}} - P_{\text{out}} = 4042 - 3730 = 312 \text{ W}$$

满载的效率：

$$\eta = \frac{P_{\text{out}}}{P_{\text{in}}} \times 100\% = \frac{3730}{4042} \times 100\% = 92.28\%$$

空载下，有

$$P_{in} = \sqrt{3}(440)(1.2)(0.30) = 274.4 \text{ W}$$

$$P_{out} = 0$$

$$P_{loss} = P_{in} = 274.4 \text{ W}$$

效率为

$$\eta = 0\%$$

代入式(15.7)，得转速调节率为

$$转速调节率 = \frac{n_{no\text{-}load} - n_{full\text{-}load}}{n_{full\text{-}load}} \times 100\%$$

$$= \frac{1195 - 1150}{1150} \times 100\% = 3.91\%$$

现在，我们已经大致了解了电动机，接下来将详细讨论各种常见的电机类型。本章的其余部分将讨论直流电机，第16章将讨论交流电机。

练习 15.1 一直流电动机工作在满载下，由 220 V 直流电源供能，功率损耗为 3350 W，输出功率为 50 马力，转速为 1150 rpm。在空载运行下，转速为 1200 rpm。试求满载下的电源电流、效率和转速调节率。

答案： $I_{电源}$=184.8 A，η=91.76%，转速调节率 = 4.35%。

练习 15.2 如图 15.5 所示的转矩-转速特性，试问：a. 哪一类电动机在启动时驱动重负载(大惯性)的能力最弱？b. 在正常运行范围内，哪一类电动机的转速调节率最差？c. 哪一类电动机具有最好的转速调节率？d. 哪一类电动机既有大的启动转矩又有好的转速调节率？e. 哪一类电动机在空载情形下无法运转？

答案： a. 同步电动机，因为其启动转矩为零；b. 串励直流电动机；c. 同步电动机；d. 交流感应电动机；e. 串励直流电动机，因为当负载转矩为零时转速会很大。

15.2 直流电机的工作原理

> 通过对理想的直线直流电机的分析，展示了直流电机内部电磁场作用的机制。

本节将介绍直流电机的基本工作原理，分析方法是将此电机视为图 15.6 的直线直流电机。接下来，我们将会看到旋转直流电机的工作特性与这种简易的直线直流电机的是相似的。在图 15.6 中，一个直流电压源 V_T 通过一个串联电阻 R_A 和开关(在 $t = 0$ 时开关闭合)串联，连接到一对导轨，导轨上的导体无摩擦滑动。假设导轨和滑条的电阻为零，一个磁场垂直于页面穿入由导轨和滑条构成的平面。

设在 $t = 0$ 时开关闭合，之前滑条是静止不动的。在开关闭合之后，初始电流 $i_A(0+) = V_T / R_A$ 顺时针流过电路，那么滑条受到一垂直电磁力的作用：

$$\mathbf{f} = i_A \mathbf{l} \times \mathbf{B} \tag{15.10}$$

滑条电流(和 $\mathbf{I}$)方向为从上往下，所以电磁力的方向向右。因为电流和磁场相互垂直，电磁力为

$$f = i_A l B \tag{15.11}$$

电磁力使得滑条向右加速，滑条加速到速度 u，并切割磁力线，这时在滑条上感应出电压。感应电压以滑条上端为正极性，大小由式(15.12)给出(标注的符号表示电动势，与电压不同)：

$$e_A = B l u \tag{15.12}$$

该系统的等效电路如图 15.7 所示，注意此回路中的感应电动势 e_A 和电源电压 V_T 的极性相反，电流为

$$i_A = \frac{V_T - e_A}{R_A} \tag{15.13}$$

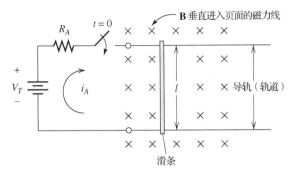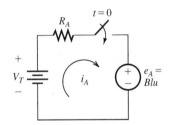

图 15.6　连接导轨的滑条构成的直线直流电机模型　图 15.7　直线直流电机作为电动机时的等效电路

当滑条获得一定速度后，通过感应电动势 e_A 吸收能量并转化为滑条动能。最终，当感应电动势的数值等于电源电压，即 $e_A = V_T$ 时，滑条获得最大速度，此时，电流和电磁力变为零，滑条以恒定速度滑行。

15.2.1　电动机的运行方式

假设一机械负载施以滑条向左的力，那么滑条转速将轻微下降，导致感应电动势 e_A 减小，电流顺时针在电路中流动，在滑条上的电磁力向右。最终，当滑条减速到所受电磁力 $(f = i_A l B)$ 等于机械负载的作用力时，滑条以恒定速度移动。

在这种情形下，电源 V_T 的电能的一部分通过电路上的电阻 R_A 转化为热量，另一部分转化为机械能。转化为感应电动势的功率为 $p = e_A i_A$，转化为机械能的功率为 $p = fu$。

15.2.2　发电机的运行方式

假设滑条以一固定速度运行，有 $e_A = V_T$，此时电流为零。这时，给滑条一个向右的外力，使得滑条加速向右且速度越来越快，导致感应电动势 e_A 超过电源电压 V_T。如图 15.8 所示，电路中的电流按逆时针方向流动。因为电流反向，滑条上受到的磁场力也反向向左。最终，当外力等于感应电磁力时，滑条速度恒定。此时，感应电动势发出的功率 $p = e_A i_A$，一部分转化为电阻消耗的功率 $(p_R = R_A i_A^2)$，另一部分传递给电池电能 $(p_t = V_T i_A)$。这样，机械能转化为电能，电能最终转化为电阻上的热量损失或者储存在电池中的化学能。

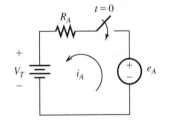

图 15.8　直线直流电机作为发电机运行时的等效电路

例 15.2　理想的直线直流电机

假设如图 15.6 所示的电机直线运动，已知 $B = 1$ T，$l = 0.3$ m，$V_T = 2$ V，$R = 0.05\ \Omega$。a. 设滑条在 $t = 0$ 时静止不动，试求滑条上的初始电流和初始力。如果没有机械负载加在滑条上，求滑条的最终(例如稳态)速度；b. 设 4 N 的机械负载加在滑动的滑条上，方向向左。当系统达到稳态时，试求滑条速度、V_T 的功率，以及负载所消耗的功率、R_A 消耗的功率和效率；c. 设 2 N 外力直接加在移动的滑条上，方向向右，达到稳态时，试求滑条速度、从机械能获取的功率、转化为电源的

功率、R_A 消耗的功率和效率。

解：a. 最初因为 $u = 0$，有 $e_A = 0$，所以初始电流为

$$i_A(0+) = \frac{V_T}{R_A} = \frac{2}{0.05} = 40 \text{ A}$$

滑条最初受到的力为

$$f(0+) = Bli_A(0+) = 1(0.3)40 = 12 \text{ N}$$

空载下达到稳态时，感应电动势等于电源电压，有

$$e_A = Blu = V_T$$

将电压值代入，并求解速度 u 为

$$u = \frac{V_T}{Bl} = \frac{2}{1(0.3)} = 6.667 \text{ m/s}$$

b. 由于机械力阻碍滑条运动，因此电机作为电动机运行。在达到稳态时，电磁力等于负载力，有

$$f = Bli_A = f_{\text{load}}$$

代入负载值，求电流得

$$i_A = \frac{f_{\text{load}}}{Bl} = \frac{4}{1(0.3)} = 13.33 \text{ A}$$

由图 15.7 的电路，可得

$$e_A = V_T - R_A i_A = 2 - 0.05(13.33) = 1.333 \text{ V}$$

可求得稳态下的速度为

$$u = \frac{e_A}{Bl} = \frac{1.333}{1(0.3)} = 4.444 \text{ m/s}$$

分配给负载的机械功率：

$$p_m = f_{\text{load}} u = 4(4.444) = 17.77 \text{ W}$$

从电源处获取的功率：

$$p_t = V_T i_A = 2(13.33) = 26.67 \text{ W}$$

电阻消耗的功率：

$$p_R = i_A^2 R = (13.33)^2 \times 0.05 = 8.889 \text{ W}$$

经过检验，可以看出在误差范围内的确满足 $p_t = p_m + p_R$。最后，从电源电能转化为机械能的效率为

$$\eta = \frac{p_m}{p_t} \times 100\% = \frac{17.77}{26.67} \times 100\% = 66.67\%$$

c. 将一外力向右作用在滑条上，滑条加速运行，感应电动势大于电源电压 V_T，电流在电路中逆时针流动，如图 15.8 所示。此时，电机作为发电机运行。在稳态下，电磁力向左，且大小等于外力，即有

$$f = Bli_A = f_{\text{pull}}$$

代入外力值解得电流 i_A 为

$$i_A = \frac{f_{\text{pull}}}{Bl} = \frac{2}{1(0.3)} = 6.667 \text{ A}$$

由图 15.8 的电路，得

$$e_A = V_T + R_A i_A = 2 + 0.05(6.67) = 2.333 \text{ V}$$

稳态下的滑条速度为

$$u = \frac{e_A}{Bl} = \frac{2.333}{1(0.3)} = 7.778 \text{ m/s}$$

外力发出的机械功率为

$$p_m = f_{\text{pull}} u = 2(7.778) = 15.56 \text{ W}$$

转化为电能的功率为

$$p_t = V_T i_A = 2(6.667) = 13.33 \text{ W}$$

电阻消耗的功率为

$$p_R = i_A^2 R = (6.667)^2 \times 0.05 = 2.222 \text{ W}$$

a. 可以验证 $p_m = p_t + p_R$ 在误差范围内。最后，得到机械能转化为电能的效率为

$$\eta = \frac{p_t}{p_m} \times 100\% = \frac{13.33}{15.56} \times 100\% = 85.67\%$$

在例 15.2 中可知，当导体通过相当大的电流(40 A)时仅产生了一个中等的力(12 N)。可以通过增长滑条来增加产生的外力，但是这会增加电机的尺寸。另外一种方法就是增强磁场强度。但是，事实则是用在电机中的磁性材料会在磁通密度为 1 T 附近产生磁饱和，所以通过增加磁场强度来增加电磁力是不切实际的。

另外，在紧凑型结构设计中，由很多条导体构成的圆柱形转子可以获得较大的力，而且，旋转运动比直线运动的用处更加宽泛。因此，绝大多数(并非所有)实际应用的电机都是旋转运动的，在本章剩余部分将研究旋转直流电机。

练习 15.3 如果将磁通密度增加到 2 T，试计算例 15.2 中的各个问题。

答案：a. $i_A(0+) = 40$ A, $f(0+) = 24$ N, $u = 3.333$ m/s ； b. $i_A = 6.667$, $e_A = 1.667$, $u = 2.778$ m/s, $p_m = 11.11$ W, $p_t = 13.33$ W, $p_R = 2.22$ W, $\eta = 83.33\%$; c. $i_A = 3.333$ A, $e_A = 2.167$ V, $u = 3.612$ m/s, $p_m = 7.222$ W, $p_t = 6.667$ W, $p_R = 0.555$ W, $\eta = 92.3\%$。

实际应用 15.1　　电磁流量计，法拉第，猎杀红十月号

流量计用来测量通过管子的液体流速，在控制化学过程的系统中此传感器非常重要。其中一个比较普遍的应用就是电磁流量计(简称 magflow)，其工作原理类似于 15.2 节介绍的直线直流电机。

电磁流量计如图 PA15.1 所示，线圈在液面上建立一个垂直磁场，电极位于管子的另一端，它由绝缘材料如陶瓷或环氧树脂包裹着。这样，磁场方向、液体流向和电极方向三者相互垂直。当导电流体穿过磁场时，与流体流速成正比的电动势在电极间展现出来。流量等于管子的横截面积和流速的乘积。因此，该仪器测量感应电动势，但是标定值为流量。

法拉第意识到用电磁感应定律来测量水流的可能性，他试图用桥上的悬挂设备来测量泰晤士河的流速。但是，因当时缺乏现代电子设备的优势，他没有实验成功。

在现代计量中，电子放大器常用来放大感应电压。在许多设备中，感应电压常通过模数转化器转换为数字信号，然后经微型计算机处理，显示数据或者将其送往中控计算机进行处理。

如果流体的导电性弱，从电极两端看过去的戴维南等效电阻很大，那么需要一个输入阻抗很大的放大器；否则，由于流体的电导率改变，观察到的电压就会不同，导致流速计量不准确。当然，化学工程师理解电磁流量计的局限性对实际使用是很重要的。即使存在这一不足，优化设计

的电磁流量计还是可以在一个很广泛的范围内使用。

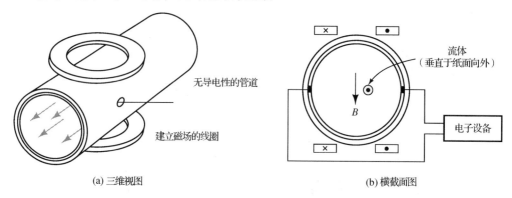

(a) 三维视图　　　　　　　　(b) 横截面图

图 PA15.1　电磁流量计

　　作为一种仪器,电磁流量计的工作方式为发电机模式。不过,如果在两极间的流体上施加一个电流,它将工作在电动机模式。这样,在磁场和电流的相互作用下产生一个力,直接施加在流体上。当然,如果准备建立一个这样的泵,则需要一个具有高电导率的流体如海水,还需要强磁场以及大电流。通过上述方法修正,就能建立起一个大功率泵。由 Tom Clancy 撰写的"猎杀红十月号"(*The Hunt for Red October*)中的超静音潜艇推进器的工作原理就是这样。由于此系统产生的动力是平稳的且直接作用于海水,不需要产生振动的旋转部件和阀,因此整个系统运行时没有噪声。

　　资料来源:Ian Robertson, "Magnetic flowmeters: the whole story," *the chemical engineer*,February 24,1994,pp.17-18; The Magmeter Flowmeter Homepage,http://www.magmeter.com.

15.3　旋转直流电机

　　通过前面对直线直流电机的分析,我们已经熟悉一些直流电机的基本原理。在接下来的内容中,相同的原理同样适用于旋转直流电机。

　　旋转直流电机和直线直流电机的工作原理基本相同。

15.3.1　转子和定子结构

　　最常见的直流电机包含一个圆柱形的定子,且定子的磁极数 P 为偶数,磁极由励磁绕组或永磁铁构成,磁极在定子周围形成的磁场为南北极交替变化。

　　转子在定子内部,它是由片状铁构成的圆柱体,通过轴承和电机的转轴联结,使转子的转动能够带动转轴旋转。转子壁上开有凹槽,用来镶嵌电枢绕组(其余结构特征略),如图 15.9 所示。

　　两磁极电机的横截面展示了气隙中的磁力线(磁通),如图 15.10 所示。磁通倾向经过磁阻小的路径,由于空气的磁阻比铁中磁阻大得多,所以磁通会采用从定子到转子间最短的路径,那么气隙中的磁通垂直于转子表面和电枢绕组,而且每一磁极表面的磁通密度值接近

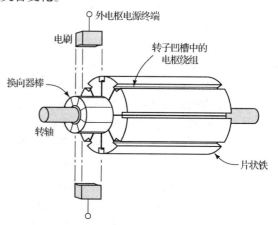

图 15.9　直流电机转子的组成

一个常数。在磁极之间，气隙中的磁通密度很小。

电机中，外部电源给励磁绕组和电枢绕组提供电流，电流方向如图 15.10 所示，产生一逆时针转矩，并作用在电枢绕组上。以上论述可通过式 $\mathbf{f} = i\mathbf{l} \times \mathbf{B}$ 来计算力的大小加以证明。

四极直流电机的横截面如图 15.11 所示。注意：电枢绕组位于南极(S)下的电流方向应与位于北极(N)下的电流方向相反，这样才能产生转矩。

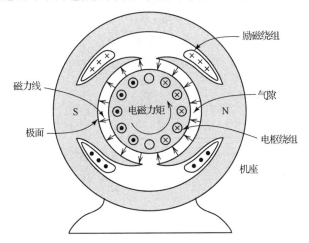

图 15.10　两极直流电机的横截面图

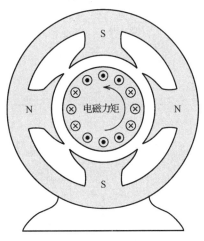

图 15.11　四极直流电机的横截面图

15.3.2　感应电动势和换向

随着转子的转动，导体切割定子绕组产生的磁力线。在极面上，电枢绕组中的导体电流、磁场以及导体运动方向三者必须相互垂直，如同在 15.2 节讲述的直线直流电机的情况。同时，随着电枢绕组的转动，在电枢绕组端感应出一个几乎恒定的电压，但在磁场的不同极之间转换时，磁场方向反向。因此，感应电压降至零后再建立相反极性的电压。一个机械开关——**换向器**可以改变导体的连接，从而改变感应电压的极性，并且确保对外感应电压是恒定的。

> 换向器和电刷形成一个机械开关，可以改变导体的连接，从而改变极性。

我们使用包含一组电枢绕组的两极电机来演示上述过程，如图 15.12 所示。在这种情况下，电枢绕组端部附有固定在转轴上的换向器。换向器的两片换向片彼此绝缘且和转轴绝缘(更确切说，图中的电刷在换向器里，而在实际电机中，电刷覆在换向器的外表面。实际电刷和换向器如图 15.9 所示。)

如图 15.12 所示，左边的电刷连接到定子磁极在南极下的电枢绕组，右边的电刷连接到定子磁极在北极下的电枢绕组。

在电枢绕组两端感应出的电压 v_{ad} 是交流电压，如图 15.12 所示。前面提到，当导体垂直于磁极方向时，流过绕组的磁通密度为零，则感应电压为零。当导体顺着磁极方向时，磁通密度为常数，感应出的电压有效值也接近一常数。随着转子的转动，换向器将外部绕组反接，因此从外部看过去的电压 v_T 是极性不变的。

注意，电刷在换向过程中起到短接电枢绕组的作用，因为电刷比换向器中的绝缘片要宽。这样，换向时的电压值非常小，短接过程就不会引起问题。(实际中有各种措施来确保电机的绕组电压在换向瞬间接近零。)

一般电机中的换向器含有 20～50 片换向片，在每次换向瞬间只有部分绕组需要换向，因此实际情况下电机的端电压要比上面的两片换向片形成的换向电压波动要小得多。实际直流电机的端电压如图 15.13 所示。

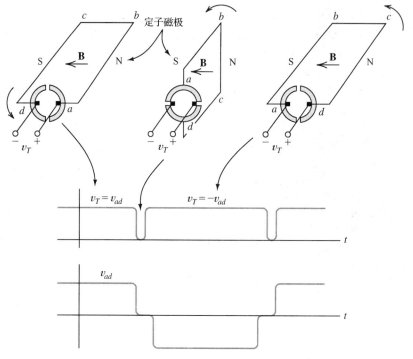

图 15.12 磁极数为 2 的单个电枢绕组的换向原理

通常,换向片由铜导条做成,并且铜导条间彼此绝缘,也与转轴绝缘。电刷含有石墨,起到润滑作用。正是因为电刷的磨损消耗,直流电机的一大不足之处在于必须定期更换电刷以及重新调整电刷表面。

实际电枢绕组由大量导线构成,围绕转子周边安放。为了输出较高的端电压,许多导线串联成绕组。另外,通常有几组电流平行穿过电枢绕组,导线与换向器之间的连接结构特殊,造成电流从相反方向流进定子的南磁极,而流出定子的北磁极。只有这样,

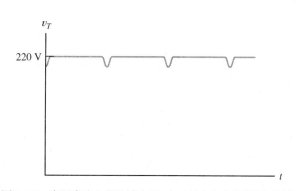

图 15.13 实际直流电机的端电压。由于每次仅有几根(少量的)导体被换向,电压波动比起图 15.12 所示的要小

导线的电磁力才能产生辅助转矩。导线与换向器的具体结构本书不予讨论。作为电机用户,掌握其外部特性比掌握其内部结构更重要。

15.3.3 旋转直流电机的等效电路

旋转直流电机的等效电路如图 15.14 所示。励磁电路可等效为电阻 R_F 和电感 L_F 串联。在稳态下,电流为一常数,在直流电路中电感被视作短路,因此感抗作用可忽略,有

$$V_F = R_F I_F \tag{15.14}$$

等效电路中的电压 E_A 是因导体切割磁力线而在电

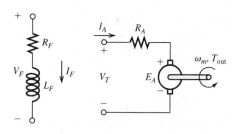

图 15.14 旋转直流电机的等效电路

枢绕组中感应出的电压平均值。电机中的 E_A 有时又被称为**反电动势**(电动力),因为它总是阻碍外电源的作用。电阻 R_A 是电枢绕组和电刷的等效电阻之和。(有时,电枢绕组可等效为约 2 V 的直流电源而不是一个电阻,但在本教材中,都用电阻 R_A 表示压降的存在。)

感应出的电枢电压由下式给出:

$$E_A = K\phi\omega_m \tag{15.15}$$

其中,K 是**机械系数**,大小取决于机械设计的各结构参数,ϕ 是每一个定子绕组产生的磁通,ω_m 是转子的角速度。

电机中的电磁转矩表达式如下:

$$T_{\text{dev}} = K\phi I_A \tag{15.16}$$

其中 I_A 是电枢绕组电流。(因为摩擦和其他转子损耗的存在,导致直流电动机的输出转矩要小于电磁转矩。)

电磁功率表示转化为机械力的功率部分,是电磁转矩与角速度的乘积,由下式给出:

$$P_{\text{dev}} = \omega_m T_{\text{dev}} \tag{15.17}$$

这个电磁功率也可以由感应电压得出:

$$P_{\text{dev}} = E_A I_A \tag{15.18}$$

15.3.4　直流电机的磁化曲线

直流电机的**磁化曲线**是指电机在恒定转速下的感应电压 E_A 和流经的励磁电流 I_F 的关系曲线。(E_A 是电枢绕组两端的开路电压。)典型的直流电机的磁化曲线如图 15.15 所示。

> 直流电机的磁化曲线是恒定转速的电机的 E_A 与 I_F 的关系曲线。

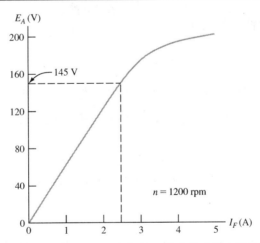

图 15.15　一台电压为 200 V、功率为 10 马力的直流电机的磁化曲线

因为 E_A 正比于磁通 ϕ,所以磁化曲线的形状与磁通 ϕ 和电流 I_F 的关系曲线(取决于磁路的参数值)一致。当励磁电流过大时,铁芯磁饱和,因此磁化曲线会趋于水平。当然,不同的电机会有不同的磁化曲线。

如式(15.15)所示,电枢绕组感应电压 E_A 正比于电机转速。如果转速为 n_1 时对应感应电压 E_{A1},

转速为 n_2 时对应感应电压 E_{A2}，则有

$$\frac{E_{A1}}{E_{A2}} = \frac{n_1}{n_2} = \frac{\omega_1}{\omega_2} \tag{15.19}$$

式(15.14)到式(15.19)以及图 15.14 的等效电路和图 15.15 的磁化曲线，都是分析直流电机的基本工具。

例 15.3　直流电机性能的计算

某一直流电机有如图 15.15 所示的磁化曲线，在转速为 800 rpm 时，电枢绕组电流为 $I_A = 30$ A，励磁电流为 $I_F = 2.5$ A。假设电枢绕组电阻为 0.3 Ω，且励磁绕组电阻为 $R_F = 50$ Ω。试求励磁绕组电压 V_F、电枢绕组电压 V_T、电磁转矩和电磁功率。

解： 由式(15.14)可得励磁绕组电压：

$$V_F = R_F I_F = 50 \times 2.5 = 125 \text{ V}$$

由磁化曲线可得 $I_F = 2.5$ A，转速 $n_1 = 1200$ rpm 时的感应电压 $E_{A1} = 145$ V。

代入式(15.19)，可得电枢绕组转速在 $n_2 = 800$ rpm 时的电压 E_{A2}：

$$E_{A2} = \frac{n_2}{n_1} \times E_{A1} = \frac{800}{1200} \times 145 = 96.67 \text{ V}$$

电机角速度为

$$\omega_m = n_2 \times \frac{2\pi}{60} = 800 \times \frac{2\pi}{60} = 83.78 \text{ rad/s}$$

整理式(15.15)，有

$$K\phi = \frac{E_A}{\omega_m} = \frac{96.67}{83.78} = 1.154$$

由式(15.16)，可得电磁转矩为

$$T_{\text{dev}} = K\phi I_A = 1.154 \times 30 = 34.62 \text{ N} \cdot \text{m}$$

电磁功率为

$$P_{\text{dev}} = \omega_m T_{\text{dev}} = 2900 \text{ W}$$

运用式(15.18)计算电磁功率进行检验，有

$$P_{\text{dev}} = I_A E_A = 30 \times 96.67 = 2900 \text{ W}$$

对于图 15.14 所示的电枢绕组电路，应用基尔霍夫电压定律，可得

$$V_T = R_A I_A + E_A = 0.3(30) + 96.67 = 105.67$$

练习 15.4　如图 15.15 所示为某电机的磁化曲线。若 $I_F = 2$ A，$n_1 = 1500$ rpm，试求电压 E_A。
答案： $E_A \cong 156$ V。

练习 15.5　如图 15.15 所示为某电机的磁化曲线，当电机转速 $n_1 = 1500$ rpm 时，电磁功率是 10 马力，$I_F = 2.5$ A。电枢绕组电阻为 0.3 Ω 且励磁绕组电阻为 $R_F = 50$ Ω，试求电磁转矩、电枢绕组电流 I_A 以及施加在电枢绕组上的电压 V_T。
答案： $T_{\text{dev}} = 47.49$ N $\cdot$ m，$I_A = 41.16$ A，$V_T = 193.6$ V。

接下来讨论由励磁绕组和电枢绕组以及直流电源的连接方式不同所导致的不一致的转矩-转速(机械)特性。

15.4　并励与他励直流电动机

在一台并励直流电动机中，励磁绕组和电枢绕组并联，如图 15.16 所示。励磁等效电路中有一

变阻器 R_{adj} 和励磁绕组的电感串联。在后面的内容中将了
解通过变阻器来调节电动机的转矩-转速特性。

假设电动机由一直流电压源 V_T 供能，电枢绕组电阻
为 R_A，感应电压为 E_A，电动机转轴的角速度为 ω_m，电磁
转矩为 T_{dev}。

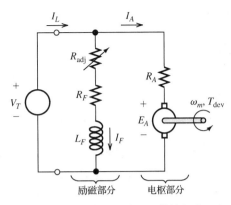

15.4.1 并励直流电动机的功率分流过程

图 15.17 给出了并励直流电动机的功率分流过程，由
电源提供输入功率，即端电压和线电流 I_L 的乘积：

$$P_{in} = V_T I_L \tag{15.20}$$

一部分功率用来建立磁场，另一部分功率被励磁电路吸
收，转化为热量散失，励磁功率损耗(即**励磁损耗**)由下式
给出：

图 15.16　并励直流电动机的等效电路，变
阻器 R_{adj} 常用来调节电动机转速

$$P_{field\text{-}loss} = \frac{V_T^2}{R_F + R_{adj}} = V_T I_F \tag{15.21}$$

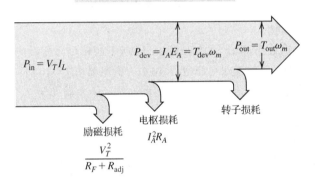

图 15.17　并励直流电动机的功率分流过程

并且，电枢绕组上的电阻功率损耗(即**电枢损耗**)转化为热量，即

$$P_{arm\text{-}loss} = I_A^2 R_A \tag{15.22}$$

通常，电枢损耗与励磁损耗这两部分总和又被称为**铜损**。通过感应电压转化为机械形式的功率被
称为**电磁功率**，即

$$P_{dev} = I_A E_A = \omega_m T_{dev} \tag{15.23}$$

其中 T_{dev} 就是电磁转矩。

因为转轴存在**转子损耗**，输出功率 P_{out} 和输出转矩 T_{out} 分别小于电磁功率和电磁转矩，这些损
耗包括摩擦损耗、风阻损耗、涡流损耗、磁滞损耗。转子损耗几乎和电动机的转速成正比。

15.4.2 并励直流电动机的转矩-转速特性

接下来将要推导并励直流电动机的电磁转矩-转速关系式。对图 15.16 的等效电路应用基尔霍
夫电压定律，可得

$$V_T = R_A I_A + E_A \tag{15.24}$$

由式(15.16)可得

$$I_A = \frac{T_{\text{dev}}}{K\phi} \tag{15.25}$$

将式(15.15)和式(15.25)代入式(15.24)，可得

$$V_T = \frac{R_A T_{\text{dev}}}{K\phi} + K\phi\omega_m \tag{15.26}$$

最后得到电磁转矩-转速关系式如下：

$$T_{\text{dev}} = \frac{K\phi}{R_A}(V_T - K\phi\omega_m) \tag{15.27}$$

这是我们希望得到的转矩-转速特性。注意，该电动机的转矩-转速特性曲线是条直线，如图 15.18 所示。空载转速(例如 $T_{\text{dev}} = 0$)和堵转转矩都在图中标出。大多数电动机的正常工作范围在转矩-转速特性曲线的右下方区域，如图中所示。

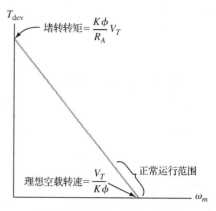

图 15.18　并励直流电动机的转矩-转速特性曲线

> 并励直流电动机的启动或堵转转矩高出空载转矩很多倍。

例 15.4　并励直流电动机

一台 50 马力的并励直流电动机，具有如图 15.19 所示的磁化曲线，提供直流电压 $V_T = 240$ V，电枢绕组电阻 $R_A = 0.065\ \Omega$，励磁绕组电阻 $R_F = 10\ \Omega$，变阻器 $R_{\text{adj}} = 14\ \Omega$。其转速为 1200 rpm 时，转子损耗 $P_{\text{rot}} = 1450$ W。如果这是台举重机，需要电动机的输出转矩为 $T_{\text{out}} = 250$ N · m，试求电动机的转速和效率。

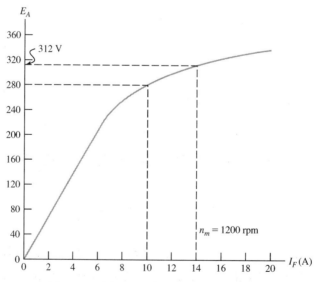

图 15.19　例 15.4 的直流电动机的磁化曲线

解： 图 15.20 为该电动机的等效电路，励磁电流由下式给出：

$$I_F = \frac{V_T}{R_F + R_{\text{adj}}} = \frac{240}{10 + 14} = 10\ \text{A}$$

利用磁化曲线找出励磁电流 $I_F = 10$ A 所对应的机械常数 $K\phi$。如图 15.19 所示，在 $n_m = 1200$ rpm、

$I_F = 10\,\text{A}$ 时所对应的电枢电压 $E_A = 280\,\text{V}$，代入式(15.15)，可得机械常数为

$$K\phi = \frac{E_A}{\omega_m} = \frac{280}{1200(2\pi/60)} = 2.228$$

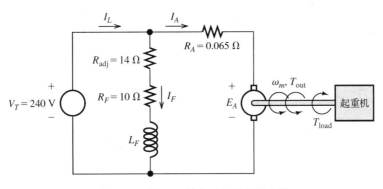

图 15.20 例 15.4 的电动机的等效电路

假设转子损耗正比于转速，则等效为假设转子损耗与转速之比——旋转转矩为常数：

$$T_{\text{rot}} = \frac{P_{\text{rot}}}{\omega_m} = \frac{1450}{1200(2\pi/60)} = 11.54\,\text{Nm}$$

则电磁转矩为

$$T_{\text{dev}} = T_{\text{out}} + T_{\text{rot}} = 250 + 11.54 = 261.5\,\text{Nm}$$

应用式(15.16)求出电枢绕组电流：

$$I_A = \frac{T_{\text{dev}}}{K\phi} = \frac{261.5}{2.228} = 117.4\,\text{A}$$

对电枢绕组回路应用基尔霍夫电压定律，有

$$E_A = V_T - R_A I_A = 240 - 0.065(117.4) = 232.4\,\text{V}$$

代入式(15.15)，求得

$$\omega_m = \frac{E_A}{K\phi} = \frac{232.4}{2.228} = 104.3\,\text{rad/s} \qquad \text{或} \qquad n_m = \omega_m\left(\frac{60}{2\pi}\right) = 996.0\,\text{rpm}$$

先求出电动机的输出功率和输入功率，然后计算电动机的效率：

$$P_{\text{out}} = T_{\text{out}}\omega_m = 250(104.3) = 26.08\,\text{kW}$$

$$P_{\text{in}} = V_T I_L = V_T(I_F + I_A) = 240(10 + 117.4) = 30.58\,\text{kW}$$

$$\eta = \frac{P_{\text{out}}}{P_{\text{in}}} \times 100\% = \frac{26.08}{30.58} \times 100\% = 85.3\%$$

练习 15.6 重复例 15.4，将电动机的外加直流电压增加到 300 V，通过增加变阻器 R_{adj} 的值，保证励磁电流不变，试求 R_{adj} 和电动机转速。

答案： $R_{\text{adj}} = 20\,\Omega$，转速增加到 $\omega_m = 131.2\,\text{rad/s}$ 或 $n_m = 1253\,\text{rpm}$。

练习 15.7 重复例 15.4，当变阻器 R_{adj} 的值增加到 30 Ω时，电动机的外加直流电压 $V_T = 240\,\text{V}$ 保持不变，问电动机的转速是否改变？

答案： $I_F = 6\,\text{A}$，$E_A = 229.3\,\text{V}$，$I_A = 164.3\,\text{A}$，$\omega_m = 144.0\,\text{rad/s}$，$\eta = 88.08\%$，$n_m = 1376\,\text{rpm}$；可见，随着 R_{adj} 增加，电动机的转速增加。

15.4.3　他励直流电动机

除了电枢绕组和励磁绕组所用的电源不同，他励直流电动机类似于并励直流电动机，其等效电路如图 15.21 所示。他励直流电动机的分析思路类似于并励直流电动机，他励直流电动机通过调节两个电源(分别产生电枢磁场和励磁磁场)中的一个来控制电动机转速，这是该类电动机使用两个电源的主要原因。

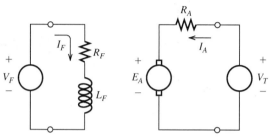

图 15.21　他励直流电动机的等效电路，可通过改变两个电源中的一个(V_F 或 V_T)来控制转速

15.4.4　永磁直流电动机

> 他励直流电动机和永磁直流电动机的特性类似于并励直流电动机。

永磁直流电动机由安装在定子中的磁铁(而不是励磁绕组)提供磁场。除了励磁磁场不能被调节，其特性类似于他励直流电动机。与励磁电动机相比，永磁直流电动机有以下几个优点：第一，因无须电源建立磁场，该电动机的效率更高；第二，与同等输出功率的励磁电动机相比，永磁直流电动机的体积更小。永磁直流电动机通常被称为微型或者小型马力电动机，如汽车上的小排气扇和电动车窗就是这类电动机的典型应用。

这种电动机也有不足之处，例如，当电枢绕组电流过大或过热时，永磁电动机的磁性就会消失。另外，与励磁电动机相比，永磁直流电动机中磁场的磁通密度较小，这样在同等电枢绕组电流下，永磁电动机产生的转矩要小于励磁电动机。因此，永磁电动机通常仅应用在低转矩、高转速的场合。

15.5　串励直流电动机

串励直流电动机的等效电路如图 15.22 所示，注意，其中的励磁绕组和电枢绕组是串联的。本节将介绍应用于各种场合的串励直流电动机的转矩-转速特性。

> 串励直流电动机的励磁绕组设计不同于并励直流电动机的设计。

串励直流电动机的励磁绕组的线径比并励直流电动机的线径更大，因此励磁绕组的等效电阻要小得多，主要是为防止励磁绕组的端电压下降太多。

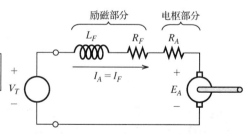

图 15.22　串励直流电动机的等效电路

接下来，讨论串励直流电动机的转矩和转速之间的关系。这里用线性关系来近似磁通和励磁电流的关系，即

$$\phi = K_F I_F \tag{15.28}$$

其中 K_F 是个常数，取决于励磁绕组匝数和磁力线回路以及磁性材料的 *B-H* 磁化曲线。当然，由于

铁芯(磁性材料)存在磁饱和现象(ϕ和I_F曲线的形状与电动机的磁化曲线相似)，实际中的ϕ和I_F的关系曲线是非线性的。但是，式(15.28)使得我们更容易了解串励直流电动机的特性。在后面内容中，我们再考虑磁饱和特性的影响。

在串励直流电动机中有$I_A = I_F$，则有

$$\phi = K_F I_A \tag{15.29}$$

将式(15.29)代入式(15.15)和式(15.16)，可得

$$E_A = K K_F \omega_m I_A \tag{15.30}$$

和

$$T_{\text{dev}} = K K_F I_A^2 \tag{15.31}$$

对图15.22所示的等效电路应用基尔霍夫电压定律，有

$$V_T = R_F I_A + R_A I_A + E_A \tag{15.32}$$

通常，假设稳态下的电感电压为零。

将式(15.30)代入式(15.32)，得到I_A

$$I_A = \frac{V_T}{R_A + R_F + K K_F \omega_m} \tag{15.33}$$

最后，将式(15.33)代入式(15.31)，得到串励直流电动机的转矩和转速的机械特性。

> 式(15.34)为串励直流电动机的转矩和转速的机械特性。

$$T_{\text{dev}} = \frac{K K_F V_T^2}{(R_A + R_F + K K_F \omega_m)^2} \tag{15.34}$$

图15.23是串励直流电动机中转矩和转速的机械特性，该图就是式(15.34)反映的特性曲线以及实际的电动机的转矩-转速特性曲线，体现了转子损耗和磁饱和的影响。式(15.34)明确了空载(即$T_{\text{dev}} = 0$时所对应的转速为无限大)下的电动机转速。在高速运行状态下，因气隙和涡流造成的转子损耗非常大，所以电动机转速也是有限的。

但是，在某些情况下，空载转速可能高到足以构成危险，因此，当负载断开时必须有保护设备来断开电源和电动机。

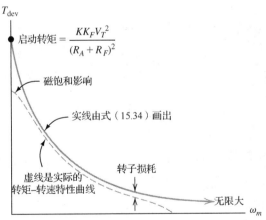

图 15.23　串励直流电动机的转矩-转速特性曲线

在低转速情况下，由式(15.33)可知电流$I_F = I_A$很大。此时，磁饱和出现，因此启动转矩没有式(15.34)计算的那么大。

例 15.5 串励直流电动机

一台串励直流电动机在负载转矩为 12 N·m 时，转速为 $n_{m1} = 1200$ rpm。忽略绕组的电阻、转子损耗和磁饱和效应，试求输出功率。如果负载转矩增加到 24 N·m，试求电动机的新转速和输出功率。

解：由于忽略各种损耗，输出转矩和输出功率分别等于电磁转矩和电磁功率，先求出角速度：

$$\omega_{m1} = n_{m1} \times \frac{2\pi}{60} = 125.7 \text{ rad/s}$$

输出功率为

$$P_{\text{dev1}} = P_{\text{out1}} = \omega_{m1} T_{\text{out1}} = 1508 \text{ W}$$

设 $R_A = R_F = 0 \ \Omega$，代入式(15.34)有

$$T_{\text{dev}} = \frac{K K_F V_T^2}{(R_A + R_F + K K_F \omega_m)^2} = \frac{V_T^2}{K K_F \omega_m^2}$$

可见，对于一固定的电源电压 V_T，电磁转矩和转速的平方成正比，

$$\frac{T_{\text{dev1}}}{T_{\text{dev2}}} = \frac{\omega_{m2}^2}{\omega_{m1}^2}$$

代入各值求得

$$\omega_{m2} = \omega_{m1} \sqrt{\frac{T_{\text{dev1}}}{T_{\text{dev2}}}} = 125.7 \sqrt{\frac{12}{24}} = 88.88 \text{ rad/s}$$

相应地有

$$n_{m2} = 848.5 \text{ rpm}$$

过载下的输出功率为

$$P_{\text{out2}} = T_{\text{dev2}} \omega_{m2} = 2133 \text{ W}$$

练习 15.8 在例 15.5 中负载转矩 $T_{\text{dev3}} = 6$ N·m 时，试求电动机转速和输出功率。

答案：$P_{\text{out3}} = 1066$ W，$\omega_{m3} = 177.8$ rad/s，$n_{m3} = 1697$ rpm。

练习 15.9 假设一并励直流电动机，重复例 15.5 的计算。(设并励直流电动机为一理想电动机，励磁绕组电阻为无穷大而非零。)

答案：当 $R_A = 0$ 且电源电压 V_T 一定时，并励直流电动机以一固定转速运行，不受负载影响。这样，$n_{m1} = n_{m2} = 1200$ rpm，$P_{\text{out1}} = 1508$ W，并且 $P_{\text{out2}} = 3016$ W。

通过比较例 15.5 和练习 15.9 的结论，可见并励直流电动机的输出功率要比串励直流电动机的输出功率大。

15.5.1 通用电动机

交流电动机的重要类型之一即通用电动机。

式(15.34)表明，串励直流电动机产生的转矩与电源电压的平方成正比，转矩方向和电源电压的极性无关。假如定子能够避免过大的涡流损耗，那么直流电动机就能在单相交流电源上运行。对于交流电源，由于励磁绕组和电枢绕组的感抗不为零，因此交流电源产生的电流比同样幅值的直流电源产生的电流要小。

串励直流电动机可以用单相交流电源供电，这样的电动机被称为**通用电动机**，因为既可直流供电也可交流供电。当一个交流电动机上存在电刷和换向器时，它就是通用电动机。与其他类型

的单相交流电动机相比，通用电动机有以下几个优点：

1. 对于一个给定的负载，通用电动机比其他类型的电动机能产生更大的输出功率。这对于便携式工具和小功率应用(如电钻、电锯和搅拌器等)而言是个巨大优势。

2. 在不增大启动电流的情况下，通用电动机产生性能更大的启动转矩。

3. 如果负载转矩增加，则通用电动机的转速减慢。因此产生的功率相对稳定，且电流值在可接受的范围内。(相对而言，并励直流电动机和感应电动机几乎以一固定转速运行，因此需要激增电流来满足大负载转矩。)所以，通用电动机更适合于负载转矩变化大的场合，如电钻和搅拌器。(同样原因，串励直流电动机常用在汽车上作为启动器。)

4. 可以将通用电动机设计成高转速状态运行，假设所用电源频率为 60 Hz，其他类型的交流电动机的转速只能限制在 3600 rpm。

通用电动机的一个不足之处(也是直流电动机所具有的)就是电刷和换向器很容易磨损，导致其使用寿命比交流电动机的短得多。感应电动机(可用于冰箱压缩机、水泵和高炉鼓风机)在使用寿命上比通用电动机要好很多。

15.6 直流电动机的调速

在电动机拖动系统的设计中，调速是非常重要的。

调节直流电动机转速的几种常用方法如下：

1. 保持励磁绕组电流为常数，改变电枢绕组提供的电压。
2. 保持电枢绕组电压为常数，改变励磁绕组电流。
3. 电枢绕组串联一电阻。

本节将简略介绍电动机的调速方式。

15.6.1 改变电压的调速

这种调速方式适合于他励直流电动机和永磁直流电动机，但不适合于并励直流电动机，因为励磁电流和磁通都随着 V_T 的变化而变化。若电枢绕组电压和励磁绕组电流同时增加，则两者相互抵消，导致电动机的转速基本不变。

一般情形下，可忽略电枢绕组电阻的压降，有

$$E_A \cong V_T$$

因为

$$E_A = K\phi\omega_m$$

可得

$$\omega_m \cong \frac{V_T}{K\phi} \tag{15.35}$$

可见，当励磁绕组电流为常数时，他励直流电动机以及永磁直流电动机的转速都与电源电压成正比。

改变供电电源电压的调速方式也适用于串励直流电动机。但是在这种情况下，磁通不是固定的。式(15.34)表明在任意意转速下，串励直流电动机的输出转矩与电源电压的平方成正比，根据转矩-转速特性，转速随着供电电压的变化而变化。总之，更高的电压产生更高的转速。

15.6.2　改变直流励磁电压的调速

过去,从直流发电机上可以得到可调的直流电压,如曾经应用非常广泛的**瓦德-列奥纳德**(Ward Leonard)系统。该系统采用一台三相感应电动机驱动一台直流发电机,然后由直流发电机依次提供直流电压给需调速的电动机。通过使用一个变阻器或开关来控制直流电压的幅值和极性,以此改变直流发电机的励磁电流。这种设计的不足之处,就是需要 3 台电机来驱动一个负载。

随着大功率电子器件的出现,更经济的方案就是用一个整流器将三相交流电整流为直流电,如图 15.24 所示。整流后的直流电压 v_L 含有少量纹波,通过 6 个二极管构成的全波整流电路可以得到更平滑的电压波形。无论采用哪种方案,都不必将整流后的直流电压完全去除纹波,因为电感通过电流时的连续性使得电压波形趋向平滑。

一旦获得了稳定的直流电压,使用电子开关电路可控制输出给负载的平均电压,如图15.25 所示(在第 11 章和第 12 章介绍的电子元件如 BJT 和 FET 可作为开关,在大功率电子设备中则采用可控硅整流器作为开关。)。

开关周期性地断开和闭合,其周期为 T,闭合时间为 T_{on},其他为断开时间。当开关断开时,电感 L_A 可能引起电枢电流持续流过。这样,电枢绕组电流 I_A 基本不变,尽管输出电压 $v_o(t)$ 在 0 和 V_S 之间快速变换。当开关断开时,二极管给电枢绕组电流提供回路,电动机的电压平均值由下式计算:

$$V_T = V_s \frac{T_{on}}{T} \tag{15.36}$$

这样,通过改变二极管的导通时间来调节电压平均值,从而达到电动机调速的目的。

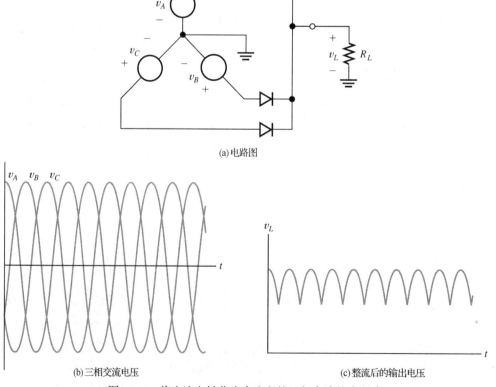

(a) 电路图

(b) 三相交流电压　　　　　　　　　　　　　(c) 整流后的输出电压

图 15.24　将交流电转化为直流电的三相半波整流电路

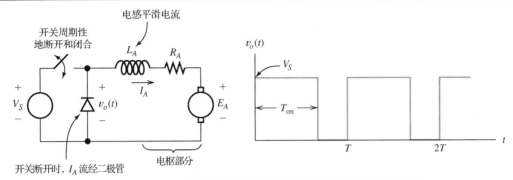

图 15.25　通过一个周期性断开和闭合的电子开关，可以有效地将固
定的直流电压转化为可调的直流电压，并提供给电动机

15.6.3　改变励磁电流的调速

对于并励直流电动机和他励直流电动机，可以通过改变励磁绕组中的电流达到调速目的。对于图 15.16 中的并励直流电动机，调节变阻器 R_{adj} 来控制励磁绕组中的电流。

另外，永磁直流电动机有固定的磁通，而串励直流电动机中的励磁绕组电流和电枢绕组电流是相同的，彼此不能独立调节。因此，改变励磁绕组中的电流不适合这两种类型的电动机。

为了理解励磁绕组电流对转矩-转速特性的影响，首先复习并励直流电动机和他励直流电动机中的下列等式：

$$E_A = K\phi\omega_m$$

$$I_A = \frac{V_T - E_A}{R_A}$$

$$T_{\text{dev}} = K\phi I_A$$

考虑 I_F 减小（通过增大 R_{adj}）引起的变化。I_F 减小导致磁通 ϕ 减小，随即感应电压 E_A 也减小，这依次引起 I_A 增大。实际上 I_A 增大的百分比与磁通减小的百分比相比大得多，因为 V_T 和 E_A 几乎相等。因此，当 E_A 减小时，$I_A = (V_T - E_A)/R_A$ 迅速增加，$T_{\text{dev}} = K\phi I_A$ 中的两项向相反方向变化，但 I_A 的增加量比磁通 ϕ 的下降量大得多。所以当 I_F 减小时，电动机转速迅速增加。（可以比较练习 15.7 和例 15.4 的答案，得出此结论。）

15.6.4　励磁电路断开的危险

如果断开并励和他励直流电动机中的励磁电路，且磁通下降几乎到零，会发生怎样的情况？（因剩磁的存在，尽管励磁电流为零，但磁场不为零。）结果是 I_A 很大，电动机的转速迅速增加。事实上，转速过高有可能引起电枢解体，在几秒钟内电动机就会粉碎成一堆没用的碎片（包括解体的绕组和换向片）。因此，对于并励和他励直流电动机，设计好保护电路是非常重要的。

> 并励和他励直流电动机保护电路的设计非常重要，以便在励磁电流消失时自动断开电枢电路。

15.6.5　电枢绕组串联电阻调速

直流电动机的另外一种调速方式就是加入与电枢绕组串联的外电阻。这种调速方式适合各类直流电动机：并励、他励、串励或者永磁直流电动机。如图 15.26(a) 所示为并励直流电动机的电枢绕组串联了一个外电阻的等效电路，将总电阻记为 R_A，R_A 由电枢绕组电阻和调速电阻组成。并励直流电动机的转矩-转速特性由式 (15.27) 给出如下：

$$T_{\text{dev}} = \frac{K\phi}{R_A}(V_T - K\phi\omega_m)$$

串联了可变电阻的并励直流电动机的转矩-转速特性如图 15.26(b)所示。在他励和永磁直流电动机上也有类似的结果。

当电动机启动加速时，并励和他励直流电动机通常是将电枢绕组串联一个电阻来限制电枢绕组电流，以实现电动机的启动与加速控制。

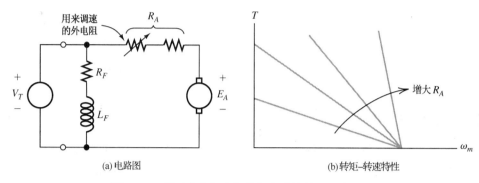

(a)电路图   (b)转矩-转速特性

图 15.26   通过改变与电枢绕组串联的外电阻来调速

电枢绕组串联电阻的调速方式的不足之处是消耗能量。当电动机低速运行时，从电源获取的大部分能量通过串联的电阻直接转化为热量损失。

> 观察图 15.26、图 15.27 和图 15.28 的转矩-转速特性，可见通过电枢绕组串联外电阻，可改变电枢电阻、电枢供电电压或者励磁电流，从而实现调速，此方法适合各类直流电动机：并励、他励、串励或者永磁直流电动机。

式(15.34)直接给出了串励直流电动机的电磁转矩表达式，如下：

$$T_{\text{dev}} = \frac{K K_F V_T^2}{(R_A + R_F + K K_F \omega_m)^2}$$

注意，如果 R_A 足够大，则电动机的转矩可减小到满足任意转速。

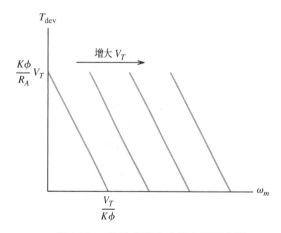

图 15.27   他励直流电动机在不同电枢
电压 V_T 下的转矩-转速特性

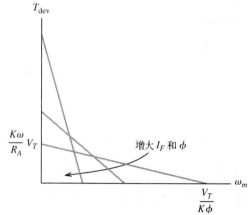

图 15.28   并励和他励直流电动机在
不同 I_F 下的转矩-转速特性

练习 15.10   如图 15.16 所示，在并励直流电动机中，改变电压 V_T 为什么不是调速的一种有效方式？

答案：因为在磁化曲线的线性部分，磁通和励磁电流成正比，V_T 减小时也降低了励磁电流和磁通。根据式(15.35)，转速为常数，无法调速。(实际上，考虑到磁饱和性的影响，转速会出现少许变化。)

练习 15.11 图 15.26(b)是不同的 R_A 对应的各转矩-转速特性曲线簇，在要求固定的励磁电流以及不同的 V_T 值下，描绘他励直流电动机(见图 15.21)的转矩-转速特性曲线簇。

答案：式(15.27)为转矩-转速关系式，当励磁电流一定时，磁通 ϕ 为常数，该曲线簇如图 15.27 所示。

练习 15.12 在电源电压 V_T 一定、I_F 可调的情况下，画出并励和他励直流电动机的转矩-转速特性曲线簇。

答案：由式(15.27)所示，当励磁电流增加时，磁通 ϕ 增加，该曲线簇如图 15.28 所示。

15.7 直流发电机

发电机将**原动机的**动能转化为电能，如常见的汽轮机和柴油机。当需要直流电时，可以使用直流发电机或使用交流发电机结合整流器。目前的发展趋势更多的是使用交流发电机结合整流器来获得直流电，但直流发电机仍然在使用，在某些场合，直流发电机是一个更好的选择。

图 15.29 为直流发电机的几种连接方式，我们将简略地讨论每种连接方式并通过实例来阐明他励直流发电机的性能参数的计算方法。

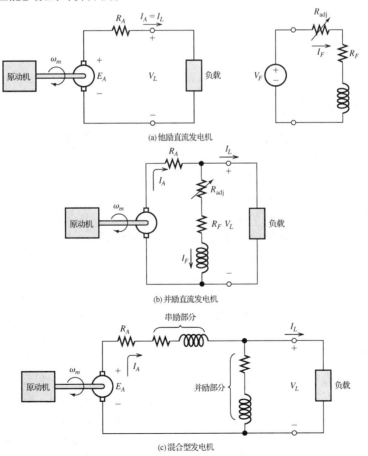

(a) 他励直流发电机

(b) 并励直流发电机

(c) 混合型发电机

图 15.29　各种类型的直流发电机的等效电路

15.7.1 他励直流发电机

如图 15.29(a)所示的他励直流发电机的等效电路,原动机驱动电枢绕组转轴以角速度ω_m转动,外部直流电源V_F给励磁绕组提供电流I_F,电枢绕组感应出的电压引起电流流过负载。设发电机转速和励磁电流不变,考虑到电枢绕组电阻上会出现压降,随着负载电流I_L的增加,电压V_L会随之减小,如图 15.30(a)所示。

在很多应用场合,需要负载两端的电压基本与负载电流无关。衡量负载电压随电流下降而下降的参数为负载的电压调节率,由下式给出:

$$\text{电压调节率} = \frac{V_{NL} - V_{FL}}{V_{FL}} \times 100\% \tag{15.37}$$

其中,V_{NL}是空载电压(对应$I_L = 0$),V_{FL}是满载电压(即额定电流时的电压)。

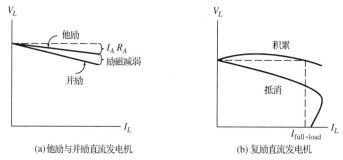

(a)他励与并励直流发电机　　　(b) 复励直流发电机

图 15.30　不同的直流发电机的负载电压与负载电流之间的关系

他励直流发电机优点之一就是通过改变V_F和R_{adj}来改变励磁电流,实现电压的宽范围可调。同样,因负载电压与转速成正比而实现调速。

15.7.2 并励直流发电机

他励直流发电机的不足处之一就是需要不同的直流电源给励磁绕组供电。并励直流发电机克服了该缺点。因为励磁绕组、电枢绕组和负载是并联的,如图15.29(b)所示,可以通过改变与励磁绕组串联的R_{adj}来调整输出电压。

因为铁芯中剩磁的存在,并励直流发电机通常存在一个初始电压。(通过调节R_{adj}使初始电压达到最小值,且反接两个励磁绕组两端来确保初始电压的建立。)但是,如果发电机被退磁,则电枢绕组的感应电压为零,导致励磁绕组电流为零,输出电压为零。补救方式就是给励磁绕组提供正确极性的直流电压,以便在电机中产生剩磁。如果希望发电机输出的电压极性反向,可通过调整外加电源的极性来实现,或者交换发电机的外接电源两端。

因为励磁电流随着负载电流的增加而下降,所以并励直流发电机的负载调节能力比他励直流发电机要差,如图 15.30(a)所示,压降增加的主要原因在于励磁减弱。

15.7.3 复励直流发电机

将串励和并励方式合在一起构成的直流发电机被称为复励直流发电机。可能会出现以下几种连接方式,如图 15.29(c)为**长并励复合连接方式**,另一种为**短并励复合连接方式**,其中并励绕组直接和电枢绕组并联,其串励绕组和负载串联。另外,无论是长并励还是短并励直流发电机,串励绕组的磁场与并励绕组的磁场作用的结果是相互增强或相互抵消。如果磁场相互增强,称之为**增强型并激**直流发电机;如果是相互削弱的,称之为**削弱型并激**直流发电机。由此,总共有4种连接方式。

一个**全补偿**(从空载电压到满载电压)增强型并激直流发电机是可以实现的,其满载电压等于空载电压,如图 15.30(b)所示。电压随电流变化的特性曲线是发电机饱和效应造成的。如果满载电压比空载电压小,那么称发电机为**欠补偿**状态。**过补偿**发电机的满载电压比空载电压要大得多。

差励连接的发电机的输出电压随着负载电流的减小而迅速减小,因为串励绕组的磁场与并励绕组的磁场是相互抵消的。当负载电压降低至零时,负载电流仍然较大,如图 15.30(b)所示。

15.7.4 性能分析计算

现在对他励直流发电机进行性能分析计算,然后分析其他连接方式的发电机。

与直流电动机类似,下列等式也可应用到直流发电机:

$$E_A = K\phi\omega_m \tag{15.38}$$

$$T_{\text{dev}} = K\phi I_A \tag{15.39}$$

参考图 15.29(a),有

$$E_A = R_A I_A + V_L \tag{15.40}$$

$$V_F = (R_F + R_{\text{adj}})I_F \tag{15.41}$$

图 15.31 给出了直流发电机的功率分流过程,效率的计算如下:

$$效率 = \frac{P_{\text{out}}}{P_{\text{in}}} \times 100\% \tag{15.42}$$

式(15.37)到式(15.42)、发电机磁化曲线以及图 15.31 是分析他励直流发电机的理论依据。(磁化曲线是在给定转速下 E_A 随电流 I_F 的变化曲线。)

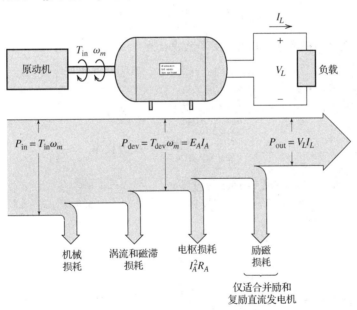

图 15.31　直流发电机的功率分流过程

例 15.6　他励直流发电机

一台他励直流发电机,$V_F = 140$ V,$R_F = 10\ \Omega$,$R_{\text{adj}} = 4\ \Omega$,$R_A = 0.065\ \Omega$,电枢绕组的转速为 1000 rpm,磁化曲线如图 15.19 所示,试求在满载电流为 200 A 下的励磁电流、空载电压、满载电压以及电压调节率。设电机总效率为 85%(忽略电源供给励磁回路的能量损耗),试求输入转矩、电磁转矩以及包含摩擦、风力、涡流和磁滞损耗在内的功率总损耗。

解： 励磁电流为

$$I_F = \frac{V_F}{R_{adj} + R_F} = \frac{140}{4 + 10} = 10\,A$$

参考图 15.19 的磁化曲线，在电压 $E_A = 280\,V$ 时对应的转速为 1200 rpm，式 (15.38) 指出 E_A 和转速成正比，在转速为 1000 rpm 时，有

$$E_A = 280\frac{1000}{1200} = 233.3\,V$$

即电动机的空载电压，为负载电流为 200 A 时，得

$$V_{FL} = E_A - R_A I_A = 233.3 - 200 \times 0.065 = 220.3\,V$$

最后，得电压调节率为

$$调节率 = \frac{V_{NL} - V_{FL}}{V_{FL}} \times 100\% = \frac{233.3 - 220.3}{220.3} \times 100\% = 5.900\%$$

输出功率为

$$P_{out} = I_L V_{FL} = 200 \times 220.3 = 44.06\,kW$$

电磁功率为输出功率和电枢损耗之和：

$$P_{dev} = P_{out} + R_A I_A^2 = 44060 + 0.065(200)^2 = 46.66\,kW$$

角速度为

$$\omega_m = n_m \frac{2\pi}{60} = 104.7\,rad/s$$

输入功率为

$$P_{in} = \frac{P_{out}}{0.85} = \frac{44.06}{0.85} = 51.84\,kW$$

包含摩擦、风力、涡流和磁滞损耗在内的功率总损耗为

$$P_{losses} = P_{in} - P_{dev} = 51.84 - 46.66 = 5.18\,kW$$

输入和电磁转矩为

$$T_{in} = \frac{P_{in}}{\omega_m} = \frac{51\,840}{104.7} = 495.1\,N \cdot m$$

$$T_{dev} = \frac{P_{dev}}{\omega_m} = \frac{46\,660}{104.7} = 445.7\,N \cdot m$$

练习 15.13 当 $R_{adj} = 0$ 时重复例 15.6 的内容。

答案： $I_F = 14\,A$，$V_{NL} = 260\,V$，$V_{FL} = 247\,V$，电压调节率 $= 5.263\%$，$P_{losses} = 6.1\,kW$，$T_{in} = 555\,N \cdot m$，$T_{dev} = 497\,N \cdot m$。

本章小结

1. 电动机由转子和定子组成，两者都包含线圈绕组，分别为电枢绕组和励磁绕组。
2. 给电动机供电的电源可能为直流、单相交流或三相交流电源。
3. 选择电机的因素包括实际电源、输出功率、转矩和转速的关系曲线、使用寿命、效率、转速调节方式、启动电流、转速需求、环境温度、维护电机的周期等。
4. 常用的直流电动机含有电刷和换向器，换向器在转动时实现导条电流的换向，但容易造成磨损，这是直流电动机的一个不足之处，所以定期维护电刷和换向器是有必要的。
5. 直流电动机的一个优点是易于调速。然而，交流电动机可采用现代电力电子元件来改变

交流电源的频率，从而实现调速。

6. 电动机拖动系统可以自动调节转速，满足电动机的输出转矩等于负载转矩。如果将电动机的转矩-转速特性曲线和负载转矩-转速曲线画在同一坐标平面上，它们的交点就是电动机的稳态工作点。

7. 直线直流电机模型以简单的方式解释了直流电动机的工作原理，但是，此方式并不适用于实际应用中的大多数直流电动机。

8. 通常，直流电动机在定子上由励磁绕组建立偶数磁场，在转子上有电枢绕组电流流过，在磁场中感应出电压和电磁力。为了产生电磁转矩(或感应的电枢绕组电压)，换向器和一套电刷保证了电枢绕组在旋转过程中切割磁极的换向。

9. 磁化曲线表示电动机以某一转速运行时感应的电枢绕组电压与励磁电流的关系，图 15.14 的等效电路、磁化曲线以及下列等式提供了分析直流电动机的基础。

$$E_A = K\phi\omega_m$$
$$T_{\text{dev}} = K\phi I_A$$
$$P_{\text{dev}} = E_A I_A = \omega_m T_{\text{dev}}$$

10. 图 15.16 为并励直流电动机的等效电路，其转矩-转速特性如图 15.18 所示。调整转速有两种方式：1)用变阻器 R_{adj} 改变励磁电流；2)加入与电枢绕组串联的一个可调电阻。注意，改变电压 V_T 并不能有效调节转速。

11. 图 15.21 为他励直流电动机的等效电路，其转矩-转速特性与图 15.18 所示的并励直流电动机的相同。控制转速有三种方式：改变励磁电流、改变电枢绕组电压 V_T，加入与电枢绕组串联的一额外电阻。

12. 永磁直流电动机与他励直流电动机的转矩-转速特性类似，除改变励磁电流不能控制转速外，可以通过改变电枢绕组电压或加入与电枢绕组串联的额外电阻来调速。

13. 图 15.22 为串励直流电动机的等效电路，在正常运行状态下，其转矩近似与转速的平方成反比。串励直流电动机适合用作起重机，但是，如果负载被完全断开，转速可能增大而引起危险。

14. 通用直流电动机本质上还是串励直流电动机，只是设计成由交流电源供电运行，适合在功率-质量比要求高的场合使用。但由于换向器易磨损，因此使用寿命有限。调速可通过改变提供的电压和电枢绕组串联可调电阻来实现。

15. 过去，通过引入直流发电机改变直流电压来控制电动机的转速，目前，常见的调速措施之一是用整流器将交流电压转换为直流电压，然后调节斩波电路的占空比来获得可调的电压平均值。

16. 图 15.26、图 15.27 和图 15.28 分别说明了并励和他励直流电动机的转矩-转速特性的变化情况，通过改变电枢绕组电阻、电枢绕组所需电压以及励磁电流来控制转速。

17. 直流发电机的类型分为他励、并励和复励。直流发电机的分析类似于直流电动机的分析。

习题

15.1 节　电动机概述

P15.1　列举两种三相交流电动机的基本类型，哪一种更加常用？

P15.2　哪些类型的电动机包含了电刷和换向器？这些部件有些什么功能？

P15.3　电动机有哪两种类型的绕组？哪一种类型的绕组不能用在永磁电动机中？为什么？

P15.4 在哪些应用中直流电动机比交流电动机更有优越性?

P15.5 指出旋转电动机主体部分的名称。

*P15.6 当供给家用或小型排气扇时,列出两个直流电动机相比于单相交流感应电动机的实际缺点。

*P15.7 一台三相感应电动机的功率为 5 马力,额定转速为 1760 rpm,线电压有效值为 220 V。电动机的空载转速为 1800 rpm,试求转速调节率。

*P15.8 三相感应电动机在线电压有效值为 440 V、转速为 1150 rpm 下驱动的负载转矩为 15 N·m,线电流为 3.4 A,功率因数为 80%。试求输出功率、功率损耗和电动机效率。

*P15.9 一台 25 马力的三相感应电动机,由有效线电压为 440 V 三相电源供能,满载转速为 1750 rpm。当电动机以额定电压启动时,启动转矩等于两倍满载转矩。为了估算,假设感应电机的启动转矩正比于提供的电压的平方。为了减小电动机的启动电流,我们将线电压设为 220 V。估算此线电压下的启动转矩。

P15.10 一台三相感应电动机的功率为 5 马力,额定转速为 1760 rpm,线电压有效值为 220 V。试求输出转矩和满载情况下电动机的角速度。

P15.11 一台三相感应电动机的线电压有效值为 440 V,线电流有效值为 14 A,功率因数为 85%,输出功率为 6.5 马力。试求该电动机的功率损耗和效率。

P15.12 电动机驱动负载,负载转矩:

$$T_{\text{load}} = \frac{800}{20 + \omega_m} \text{N·m}$$

该电动机的转矩-转速特性如图 P15.12 所示,a. 该电动机能否从速度零启动负载,为什么? b. 假设系统被附加设备驱动加速,然后断开。原理上,整个系统以哪两个恒定速度旋转? c. 如果系统以较低的速度运行,提供能量的电动机突然中断,系统的转速降低每秒几弧度,能量恢复后将发生什么情况,为什么? d. 如果系统最初是以较高的速度运行,重复上问。

P15.13 电动机的输出转矩为

$$T_{\text{out}} = 10^{-2}(60\pi - \omega_m)\omega_m$$

其中 ω_m 是角速度,单位为 rad/s,T_{out} 是输出转矩,单位为 N·m,a. 试求空载下的电动机转速? b. 求最大输出转矩所对应的速度及最大输出转矩。c. 求最大输出功率所对应的转速和最大输出功率。d. 试求电动机的启动转矩,该电动机如何启动?

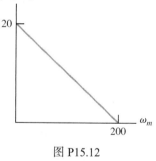

图 P15.12

P15.14 一台三相感应电动机的功率为 5 马力,实际转速为 1760 rpm,线电压有效值为 220 V。该电动机的功率因数为 80%,在满载状态下效率为 75%。试求在满载状态下电源提供的输入功率和有效线电流。

P15.15 需要极数为 4 的同步电动机,转速为 1000 rpm,求交流电源频率,在这个交流电源频率下该同步电动机能有几种转速,哪一种可能的转速最高?

P15.16 一台三相感应电动机的线电压有效值为 220 V,电源频率为 60 Hz 时的转速为 3500 rpm,额定输出功率为 3 马力,线电流为 8 A 且总损耗为 300 W,试求输入功率、功率因数和效率。

P15.17 在额定满载条件下,某台三相感应电动机的线电压有效值为 440 V,线电流为 35 A,功率因数为 83%,输出 25 马力。满载下的转速为 1750 rpm,空载下的转速为 1797 rpm,线电流为 6.5 A,功率因数为 30%。试求能量损耗和满载下的电动机效率以及空载下的输入功率和转速调节率。

P15.18 一台电动机拖动一负载,转矩-转速特性如图 P15.12 所示,负载风扇所需转矩为

$$T_{\text{load}} = K\omega_m^2$$

在转速为 $n = 1000$ rpm 时，负载消耗功率为 0.75 马力。试求该电动机角速度，并转换为转速单位（rpm）。

P15.19 一台三相感应电动机的有效线电压为 220 V，额定频率为 60 Hz，当达到额定满载输出功率时，转速为 3500 rpm，估算电动机的空载转速和转速调节率。

15.2 节 直流电机的工作原理

*P15.20 如图 P15.20 所示的直线直流电机，如果开关闭合，试求滑条上的初始磁场力的幅值和方向。忽略摩擦，滑条上的最终稳定速度是多少？

*P15.21 对于图 15.6 中空载下的直线直流电机，金属导条以稳定速度滑行，a. 如果电源电压 V_T 的幅值翻倍，将发生什么情况？b. 如果电阻 R_A 翻倍，将发生什么情况？c. 如果磁通密度 B 翻倍，将发生什么情况？

P15.22 对于图 15.6 的直线直流电机，a. 如果电源电压 V_T 的幅值翻倍，在导体上所受的感应力将怎样变化？b. 如果电阻 R_A 的阻值翻倍，在导体上所受的感应力将怎样变化？c. 如果磁通密度 B 翻倍，又将怎样？

P15.23 如图 P15.23 所示的直线直流电机，如果有一外力 10 N，方向朝上，在稳定时，该电机是起到电动机还是发电机的作用？a. 试求 V_T 提供或吸收的能量。b. R_A 消耗掉的电能是多少？c. 外力提供的能量是多少？

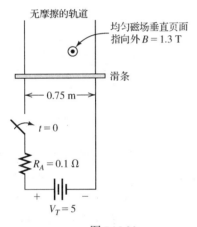

图 P15.20

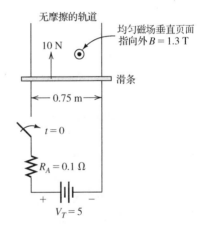

图 P15.23

P15.24 如图 15.6 所示的直线直流电机，导条长度为 0.5 m，其电阻为 0.05 Ω，稳定速度为 20 m/s，释放 1 马力功率，磁通密度限制在 1 T，试求电流 i_A、电源 V_T、电机效率，设电机的全部损耗都在 R_A 上。

P15.25 如图 P15.25 所示的直线直流电机，如果有一外力 10 N，方向朝下，在稳定时，该电机起到电动机还是发电机的作用？a. 试求电压源 V_T 提供或吸收的能量。b. R_A 消耗的电能是多少？c. 外力提供的能量是多少？

P15.26 我们已经介绍过电磁场中的直线直流电机，如直流电动机。磁场中的导体流过电流会受到力的作用，这就是电磁轨道炮的工作原理，通过网络可以查找到相关资料以及实际中这方面的构建技巧，如图 P15.26 所示。a. 当开关闭合时，自动推进器受力方向是？并解释；b. 设自动

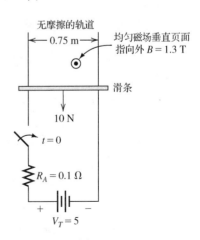

图 P15.25

推进器的质量为 3 g,设储存在电容中的所有能量全部转化为滑条动能,试求推进器的最终速度。(注:普通来福步枪子弹的最快速度接近 1200 m/s。)c. 列举使 b. 中的转速减慢的各种因素。

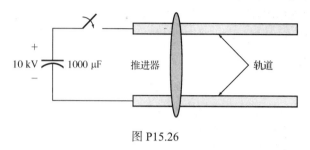

图 P15.26

15.3 节　旋转直流电机

*P15.27　设计直流电机的运行转速为 1200 rpm,电压为 240 V,磁通密度为 1 T,转子半径为 0.1 m。电枢导条长度为 0.3 m。试问这台电机需要放置多少个串联的电枢导条?

*P15.28　判断直流电机产生的转矩方向的一种可行方式就是查看定子中电枢绕组电流产生的磁场的相互作用。如图 15.10 所示,对于电枢绕组中电流建立的磁场和方向,试找出转子磁极的位置并标出南北极。与定子磁极不一样,转子磁极要一致。哪一种磁极方向会导致转矩顺时针旋转,或者逆时针旋转? 如果是图 15.11 的四极数呢? 重复上述各问。

*P15.29　直流电动机带负载运行时需要一恒定的转矩。$V_T = 200$ V,运行转速为 1200 rpm,$I_A = 10$ A。电枢绕组电阻 5 Ω 且励磁电流不变,试求当 V_T 增加到 250 V 时的转速。

*P15.30　一台直流电动机,$R_A = 1.3$ Ω,$I_A = 10$ A,产生反电势 $E_A = 240$ V。当电动机运行转速在 1200 rpm 时,试求电枢绕组上的电压、电磁转矩和电磁功率。

P15.31　某一电动机如图 15.14 所示,转速为 1200 rpm,$R_F = 150$ Ω,$V_F = V_T = 180$ V,$I_A = 10$ A,$R_A = 1.2$ Ω,试求 E_A、T_{dev}、P_{dev} 和电阻上消耗的功率。

P15.32　一台永磁直流电动机,$R_A = 7$ Ω,$V_T = 240$ V,空载运行下的转速为 1500 rpm,$I_A = 1$ A,连接负载,电动机转速降到 1300 rpm。试求电动机在负载情况下的效率。设总损耗由电阻 R_A 的热量损耗和转子的摩擦损耗组成,并且与转速无关。

P15.33　一台直流电动机的运行转速为 1200 rpm 时产生反电势 $E_A = 240$ V。假设励磁电流不变,试求运行转速为 600 rpm 和 1500 rpm 时的反电势。

P15.34　在空载条件下,电动机的运行转速为 1200 rpm 时,电枢绕组电流为 0.5 A,端电压为 480 V。电枢绕组电阻 2 Ω,试求负载转矩为 50 N·m 时,电机转速和转速调节率是多少? 设损耗仅包括电阻 R_A 的热量损耗和摩擦损耗,与转速无关。

P15.35　如图 15.10 所示的两极电动机,转子和定子之间的气隙是 1.5 mm 宽,两绕组都为 250 匝,流过电流为 3 A。设磁铁的导磁系数为无穷大。试求 a. 气隙中的磁通密度; b. 当电枢导条流过的电流为 30 A、长度为 0.5 m 时,每根导条上的感应电压为多少?

P15.36　有时定子,尤其直流电机的磁轭不是片状叠成的(见图 15.10)。但是,转子中的材料却必须是片状叠成的,为什么?

P15.37　一台电动机的运行转速在 $n_{m1} = 1200$ rpm 时,电枢绕组的感应电压为 200 V。设此台电动机运行在 $n_{m2} = 1500$ rpm,电磁功率为 5 马力,试求电枢绕组电流和电磁转矩。

15.4 节　并励与他励直流电动机

*P15.38　一台并励直流电动机,$R_A = 1$ Ω,$R_F + R_{adj} = 200$ Ω,$V_T = 200$ V,在转速为 1200 rpm 时,转子损

耗为 50 W，$E_A = 175$ V。a. 求空载时的转速；b. 当电机转速从零到空载转速变化时，画出 T_{dev}、I_A 和 P_{dev} 随转速变化的曲线。

*P15.39 永磁直流电动机是否需要磁化曲线，请解释。

*P15.40 一台并励直流电动机，$R_A = 0.1$ Ω，$V_T = 440$ V，输出功率为 50 马力，$n_m = 1500$ rpm，$I_A = 103$ A，励磁电流为常数。a. 试求电磁功率，在 R_A 上的功率损耗，电动机转子损耗；b. 设电动机转子损耗正比于转速，试求电动机空载时的转速。

*P15.41 一台永磁直流电动机，$R_A = 0.5$ Ω，空载下，从电源 12.6 V 处吸收电流 0.5 A，运行转速为 1070 rpm，设转子损耗正比于转速，当负载增加、转速下降到 950 rpm 时，试求输出功率和电机效率。

*P15.42 一台并励直流电动机，$K\phi = 1$ V/(rad/s)，$R_A = 1.2$ Ω，$V_T = 200$ V，试求电机功率为 5 马力时的转速。忽略电磁损耗和转子损耗。试求电动机的 I_A 值和效率？哪个答案更接近机器的正常运行范围？

P15.43 一台永磁汽车风扇电动机从 12 V 电源上吸收 20 A 电流，此时电动机锁住(例如静止不动)。当端电压 $V_T = 12$ V 时运行风扇，此时电动机的转速为 800 rpm，电流 3.5 A。假设负载(包括转子损耗)需要的电磁转矩与转速的平方成正比。如果电动机分别从 10 V 和 14 V 电源上吸收，分别求电动机的转速。

*P15.44 一台并励直流电动机的电磁曲线如图 P15.44 所示。忽略转子损耗，电压为 $V_T = 240$ V 且 $R_A = 1.5$ Ω，总的电阻 $R_F + R_{adj} = 240$ Ω。a. 试求空载下的转速；b. 连接一负载，转速下降 6%，试求此负载下的输出转矩、输出功率、电枢电流和励磁损耗以及电枢损耗。

P15.45 一台并励直流电动机的输出功率为 24 马力，转速为 1200 rpm，电源电压为 440 V，线电流 $I_L = 50$ A。电阻 $R_A = 0.05$ Ω，$R_F + R_{adj} = 100$ Ω，试求电动机的电磁转矩和效率。

P15.46 一台他励直流电动机(见图 15.21 的等效电路)，$R_A = 1.3$ Ω，$V_T = 220$ V，输出功率为 3 马力，$n_m = 950$ rpm，$I_A = 12.2$ A，设励磁电流为常数。a. 试求电功率，电磁转矩，R_A 上的功率损耗及转子损耗；b. 设转子损耗与转速成正比，试求空载下的转速。

P15.47 工作在额定状态下的并励直流电动机，输出功率为 5 马力，$V_T = 200$ V，$I_L = 23.3$ A，$n_m = 1500$ rpm，且 $I_F = 1.5$ A，$R_A = 0.4$ Ω，试求 a. 输入功率；b. 提供给励磁电路的功率；c. 在电枢绕组上消耗的功率；d. 转子损耗；e. 效率。

P15.48 一台永磁汽车风扇电动机从 12 V 电源上吸收 20 A 电流，此时电动机锁住(例如静止不动)。a. 求电枢绕组电阻；b. 在电源为 12 V 的情况下，求电动机能产生的最大电磁功率；c. 如果电动机分别从 10 V(电池电源几乎耗尽)和 14 V(引擎启动后电池充电的端电压)电源上吸收，分别求电动机产生的最大电磁功率。

P15.49 一台并励直流电动机有零转子损耗且 $R_A = 0$ Ω，设 $R_F + R_{adj}$ 是常数，ϕ 正比励磁电流(除 d 外)。对于 $V_T = 200$ V，$P_{out} = 2$ 马力，电动机的转速为 1200 rpm。如发生下列情形，电流 I_A 和转速将怎样变化？a. 负载转矩加倍；b. 负载功率加倍；c. P_{out} 不变，V_T 降到 100 V；d. P_{out} 不变，$R_F + R_{adj}$ 值翻倍。

P15.50 一台并励直流电动机的电磁曲线如图 P15.50 所示。忽略转子损耗，电压为 $V_T = 240$ V 且 $R_A = 1.5$ Ω，总的电阻 $R_F + R_{adj} = 160$ Ω。a. 试求空载下的转速；b. 连接一负载，转速下降 6%，试求负载转矩、输出功率、电枢电流和励磁损耗以及电枢损耗。

P15.51 一台并励直流电动机，$R_A = 0.5$ Ω，$R_F + R_{adj} = 400$ Ω，如果 $V_T = 200$ V，并且空载下电动机的运行转速为 1150 rpm，线电流为 $I_L = 1.2$ A。试求此转速下的转子损耗。

P15.52 一台并励直流电动机，$R_A = 4$ Ω，$V_T = 240$ V，转速为 1000 rpm，感应电压为 120 V。试在坐标平面上画出转矩-转速特性(T_{dev} 和 n_m 的关系图)。

P15.53　假设将一个直流电动机设计为励磁电压 V_F 等于电枢电压 V_T(见图 15.14)。在设计好的电动机中，在满载运行情况下电流 I_F 还是 I_A 更大？为什么？请估计合理的满载下 I_A/I_F 的值。

P15.54　一台并励直流电动机的电磁曲线如图 15.19 所示，电压 $V_T = 200$ V，电枢绕组电阻 $R_A = 0.085\ \Omega$，磁场电阻 $R_F = 10\ \Omega$，变阻器 $R_{adj} = 2.5\ \Omega$，在转速为 1200 rpm 时，转子损耗为 $P_{rot} = 1000$ W，如负载转矩为 $T_{out} = 200$ Nm，与转速无关，试求电动机的转速和效率。

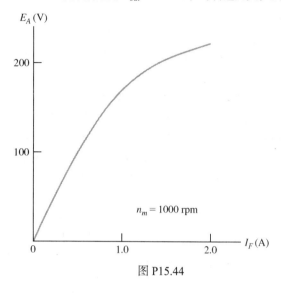

图 P15.44

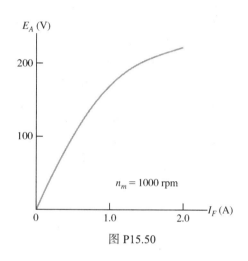

图 P15.50

15.5 节　串励直流电动机

*P15.55　一台串励直流电动机，$R_F + R_A = 0.6\ \Omega$，从直流电源电压 $V_T = 220$ V 吸收电流 $I_A = 40$ A，电机运行在 900 rpm，试问吸收电流在 $I_A = 20$ A 时的电动机转速？假设电流 I_A 和磁通 ϕ 为线性正比关系。

P15.56　与其他交流电动机相比，试列出通用电动机的 4 个优点。

P15.57　通用电动机对于钟表是否是更好的选择？对于高炉鼓风机呢？对于家用的咖啡研磨机呢？请给出理由。

P15.58　仔细观察单相交流电动机，与通用电动机相比，有什么特点可用于区别？

P15.59　一台串励直流电动机提供的电源电压为 280 V，电枢绕组电流为 25 A，运行转速为 1200 rpm，磁场电阻为 0.2 Ω，电枢绕组电阻为 0.3 Ω，假设磁通正比于励磁电流，当电枢绕组电流为 10 A 时，电动机的转速为多少？

P15.60　一台串励直流电动机，在电源电压为 280 V 时，电枢绕组电流为 25 A，转速为 1200 rpm，磁场电阻为 0.2 Ω，电枢绕组电阻为 0.3 Ω，电动机的转子损耗为 350 W 且正比于转速。试求输出功率和电磁转矩。当负载转矩增加两倍时，再求新的电枢绕组电流和转速。

P15.61　一台串励直流电动机，$R_F + R_A = 0.6\ \Omega$，从直流电源电压 $V_T = 220$ V 吸收电流 $I_A = 40$ A，电动机运行在 900 rpm，如转子损耗为 400 W，试求输出功率和电磁转矩。假设负载转矩减为四分之一且转子损耗正比于转速，试求电流 I_A 的新值和转速。

P15.62　一台串励直流电动机，$R_A = 0.5\ \Omega$，$R_F = 1.5\ \Omega$，带动负载在 1200 rpm 下运行，从直流电源电压 $V_T = 220$ V 吸收电流 $I_A = 20$ A，转子损耗为 150 W，试求电动机的输出功率和效率。

P15.63　设计一台串励直流电动机，在可调负载下运行，R_A 和 R_F 可忽略，为得到高效率，电动机有非常小的转子损耗，若负载转矩为 100 N·m，电机运行在最高转速 1200 rpm，a. 求负载在 300 N·m 时的电动机转速；b. 空载时的转速；当电动机在负载下突然断开直流电源，会出现什么潜在结果？

15.6 节 直流电动机的调速

*P15.64 一台串励直流电动机，提供直流电源电压 $V_T = 75$ V，运行转速为 1400 rpm，电磁转矩(负载转矩加上各损耗转矩)恒为 25 N·m，电阻 $R_F + R_A = 0.1$ Ω，试求电枢绕组应串联多大电阻来限制电动机转速为 1000 rpm。

*P15.65 对下列各种类型的他励直流电动机，描绘出转矩-转速特性。a. 励磁电流变化；b. 电枢绕组两端的电压变化；c. 电枢绕组串联的电阻变化。

*P15.66 一台串励电动机驱动一固定负载转矩，电源电压为 50 V，转速为 1500 rpm，电阻 $R_F = R_A = 0$，忽略转子损耗。需要一个多大的平均电压来获得转速为 1000 rpm？如图 15.25 所示的 50 V 的矩形波形电压，试求 T_{on}/T 的值。

P15.67 设一台并励直流电动机的转速为 800 rpm，运行在磁化曲线的线性部分，电动机输出固定转矩来带动负载。设 $R_A = 0$ Ω，在励磁电路中的电阻 $R_F = 50$ Ω，$R_{adj} = 25$ Ω，当电动机转速升到 1200 rpm，试求 R_{adj} 的新值。调节 R_{adj} 获得电动机的最慢转速，最慢转速是多少？

P15.68 电源电压为 12 V，空载下，一台永磁直流电动机的转速为 1700 rpm，忽略转子损耗。需要多大电压获得空载下转速为 1000 rpm？如图 15.25 所示，12 V 为矩形波形，试求 T_{on}/T 的值。

P15.69 列出三种对直流电动机进行转速控制的常用方法。哪些用在并励直流电动机上？哪些用在他励直流电动机上？哪些适合永磁直流电动机？哪些适合串励直流电动机？

P15.70 一台并励直流电动机的磁化曲线如图 15.19 所示，提供的直流电源电压 $V_T = 200$ V，电枢绕组电阻 $R_A = 0.085$ Ω，磁场电阻 $R_F = 10$ Ω，变阻器 $R_{adj} = 2.5$ Ω，转速为 1200 rpm 时，转子损耗 $P_{rot} = 1000$ W。设转子损耗正比于转速。a. 当负载转矩 $T_{load} = 200$ N·m 且和转速独立时，试求稳态下的电枢绕组电流。b. 假设启动这台电动机，电磁电路处于稳定状态，此时电机没有转动，能量全部消耗在电枢绕组电路中，试求电流 I_A 的初始值。试求电磁转矩的启动值，并与稳定状态下的问题 a. 进行比较。c. 在电枢绕组上串联一个多大的附加电阻，限定启动电流不超过 200 A？串联电阻后的启动转矩为多少？

P15.71 一台串励电机驱动一固定负载转矩，电源电压为 50 V，转速为 1500 rpm，电阻 $R_F = R_A = 0$。忽略转子损耗。需要一个多大的平均电压来获得 1000 rpm 的转速？如图 15.25 所示的 50 V 的矩形波形电压，试求 T_{on}/T 的值。

15.7 节 直流发电机

*P15.72 一台他励直流发电机在额定状态下的电压为 150 V，满载电流为 20 A，转速为 1500 rpm，断开负载，输出电压为 160 V。a. 试求满载下的电压调节率、负载电阻、电枢绕组电阻和电磁转矩。b. 当发电机转速降到 1200 rpm 时，负载阻值不变，试求负载电流、负载电压以及电磁功率。

P15.73 以图 15.30 为例，列出 15.7 节中发电机的连接类型，并且按电压调节率从大到小的顺序排列。

P15.74 列出混合直流发电机的 4 种类型。

P15.75 常用什么方法来增大负载电压，使用：a. 他励直流发电机；b. 并励直流发电机。

P15.76 对于全补偿复励直流发电机的电压调节率是多少？

P15.77 他励直流发电机的磁化曲线如图 P15.77 所示，$V_F = 150$ V，$R_F = 40$ Ω，$R_{adj} = 60$ Ω，$R_A = 1.5$ Ω，原动机带动电枢绕组的转速为 1300 rpm，试求励磁电流、空载电压、满载电压、满载电流为 10 A 时的电压调节率。假设整个发电机的效率(不含励磁电路损耗)为 80%，试求输出转矩、电磁转矩和整个损耗，包括摩擦损耗、风阻损耗、涡流损耗和磁滞损耗。

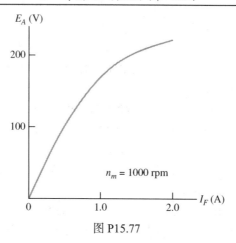

图 P15.77

测试题

T15.1　并励直流电动机中两绕组的名称是什么？哪一个是定子哪一个是转子？对于机械负载，哪一个电流会发生变化？

T15.2　对于并励直流电动机，描绘出转矩-转速特性。如果电动机为轻载且励磁绕组断开，电动机转速将发生什么变化？

T15.3　描绘出串励直流电动机的转矩-转速特性。

T15.4　给出转速调节率的定义。

T15.5　对于直流电动机，解释磁化曲线是如何测量的。

T15.6　在并励直流电动机中，说出并简短叙述功率损耗的类型。

T15.7　通用电动机是什么？与其他类型的交流电动机相比，其优点和不足是什么？

T15.8　列出控制直流电动机转速的三种方法？

T15.9　设一台直流电动机产生的反电动势 E_A = 240 V，电机转速为 1500 rpm。a. 如果励磁电流一直保持常数，电动机转速为 500 rpm 时反电动势是多少？b. 对于转速为 2000 rpm 呢？

T15.10　一台直流电动机电枢绕组上感应出电压 120 V，n_{m1} = 1200 rpm，如果磁场为常数，电动机的运行转速 n_{m2} = 900 rpm，电磁功率为 4 马力，那么电枢绕组电流是多少？电磁转矩是多少？

T15.11　一台他励直流电动机(如图 15.21 所示的等效电路)，R_A = 0.5 Ω，V_T = 240 V，满载下输出功率为 6 马力，n_m = 1200 rpm，I_A = 20 A，励磁电流为常数，a. 试求电磁功率、电磁转矩、R_A 上的功率损耗和转子损耗；b. 假设转子损耗正比于转速，试求电动机的转速调节率。

T15.12　电源电压为 240 V、电动机转速为 1000 rpm、吸收电枢绕组电流为 20 A 的串励直流电动机，励磁电阻是 0.3 Ω，电枢绕组电阻为 0.4 Ω，设磁通正比于励磁电流，试求电枢绕组电流为 10 A 时的电动机转速。

第16章 交流电机

本章学习目标：

- 掌握在各种应用场合下如何选择合适的交流电机。
- 理解各种交流电机的转矩如何随转速变化的原理。
- 掌握交流电机的电和机械特性的计算。
- 使用交流电机的铭牌数据。
- 理解三相感应电动机、三相同步电动机、各种单相交流电动机、步进电动机和无刷直流电动机的运行与机械特性。

本章介绍

本章继续研究和分析电机，但在阅读本章之前没有必要学完第15章，但应该先学习15.1节，掌握电机的整体概念。

16.1 三相感应电动机

对于额定功率超过 5 马力的场合，通常都使用三相感应电动机，如泵、电风扇、压缩机和研磨机以及其他工业应用。本节将讨论这些重要设备的结构和原理。

16.1.1 定子旋转磁场

> 本节将展示三相感应电动机的定子绕组建立的磁极，其绕着定子圆周旋转。

三相感应电动机包含一组由三相电源提供能量的绕组，这组绕组建立一个旋转磁场，该磁场通过气隙、定子和转子。可以将该磁场看作由南北极构成，且绕着定子圆周旋转。（在北极磁力线流入定子，在南极磁力线流出定子。）因为南北极是成对出现的，所以总的极数 P 总是偶数。图 16.1 所示的是两极和四级的电动机，类似地，三相感应电动机磁极数有 6、8 甚至更多。

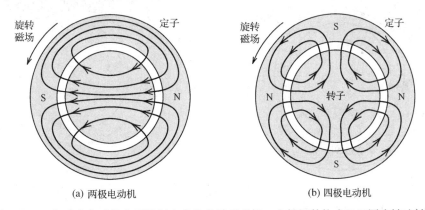

(a) 两极电动机　　　　　　(b) 四极电动机

图 16.1　三相感应电动机定子绕组中产生的励磁磁场，由偶极数构成且以同步转速转动

接下来，研究定子绕组以及两极电动机中如何建立旋转磁场。两极电动机的定子内壁上开凿了纵长型的内凹槽，用以容纳三相绕组，图 16.2 表示了三相绕组中的一组。

为简化作图，对于每相绕组只画两根在定子两侧的导线。实际上每相绕组包含大量的导线，分布在各个凹槽内。这样，气隙中建立的磁场按照 θ 角度的正弦规律变化（θ 角度如图 16.2 的定义所示），在 a 相绕组中由电流 $i_a(t)$ 在气隙中产生的磁场为

$$B_a = Ki_a(t)\cos(\theta) \tag{16.1}$$

其中 K 是常数，取决于定子与转子绕组的结构和材料以及 a 相绕组的匝数，当磁场从定子出、从转子进时 B_a 为正，反之为负。

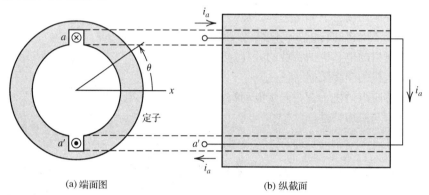

(a) 端面图　　　　　　　　　　(b) 纵截面

图 16.2　磁极数为 2 的定子绕组中的一相绕组。为了简化目的，只画出了单匝绕组，一台电机实际上由多匝绕组构成，且磁场分布在定子端面四周，气隙中建立的磁场按照 θ 角度的正弦规律变化

> 每相绕组在圆周气隙中产生按照正弦规律变化的磁场。三相磁场彼此在时间和空间上相差 $120°$。

a 相绕组在气隙中产生的磁场如图 16.3 所示。磁场在 $\theta = 0°$ 和 $\theta = 180°$ 时最强。虽然随着电流变化，磁场在强度和极性上也随之变化，但单独由 a 相绕组产生的磁场是静止的。接下来分析由三相绕组构成的组合磁场如何转动。

其他两相绕组 b 和 c 与 a 相绕组一样，它们只是在空间位置上相差 $120°$ 和 $240°$，如图 16.4 所示。这样，由 b 相和 c 相绕组在气隙中产生的磁场如下：

$$B_b = Ki_b(t)\cos(\theta - 120°) \tag{16.2}$$

$$B_c = Ki_c(t)\cos(\theta - 240°) \tag{16.3}$$

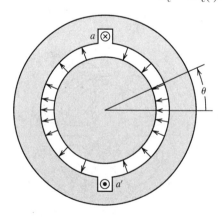

图 16.3　a 相绕组在圆周气隙中产生按照正弦规律变化的磁场。此时显示的是在电流 $i_a(t)$ 下产生正的最大值。在角度 $\theta = 0°$ 和 $\theta = 180°$ 时磁场强度幅值最大，且电流和磁场都按正弦规律变化。随着时间变化，磁场消失到零后再建立反向磁场

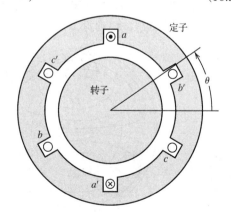

图 16.4　空间位置相差 $120°$ 的三相绕组，形成两极磁场的定子

三相绕组在整个气隙中产生的合成磁场是三组绕组单独产生磁场的和。所以组合磁场为

$$B_{gap} = B_a + B_b + B_c \tag{16.4}$$

将式(16.1)~式(16.3)代入式(16.4)，有

$$B_{gap} = Ki_a(t) \cos(\theta) + Ki_b(t) \cos(\theta - 120°) + Ki_c(t) \cos(\theta - 240°) \tag{16.5}$$

在对称三相电源作用下，三相绕组中的电流表达式如下：

$$i_a(t) = I_m \cos(\omega t) \tag{16.6}$$

$$i_b(t) = I_m \cos(\omega t - 120°) \tag{16.7}$$

$$i_c(t) = I_m \cos(\omega t - 240°) \tag{16.8}$$

将以上三式代入式(16.5)，有

$$B_{gap} = KI_m \cos(\omega t) \cos(\theta) + KI_m \cos(\omega t - 120°) \cos(\theta - 120°) \\ + KI_m \cos(\omega t - 240°) \cos(\theta - 240°) \tag{16.9}$$

对式(16.9)应用余弦三角函数式 $\cos(x)\cos(y) = (1/2)[\cos(x-y) + \cos(x+y)]$，得

$$B_{gap} = \frac{3}{2}KI_m \cos(\omega t - \theta) + \frac{1}{2}KI_m[\cos(\omega t + \theta) \\ + \cos(\omega t + \theta - 240°) + \cos(\omega t + \theta - 480°)] \tag{16.10}$$

而且，有

$$[\cos(\omega t + \theta) + \cos(\omega t + \theta - 240°) + \cos(\omega t + \theta - 480°)] = 0 \tag{16.11}$$

因为三相绕组对称，图 16.5 是其相位图(其中-240°等于+120°，-480°等于-120°)。由式(16.10)可推出

$$B_{gap} = B_m \cos(\omega t - \theta) \tag{16.12}$$

其中，$B_m = (3/2)KI_m$，由式(16.12)可得出重要结论：气隙磁场随着角速度 ω 逆时针旋转。为了确认这一事实，观察等式可知，最大磁通密度出现时有

$$\theta = \omega t$$

由此可知，在两极电机中，最大磁通以角速度 $d\theta/dt = \omega$ 逆时针旋转。

> 气隙磁场随着角速度 ω 逆时针旋转。

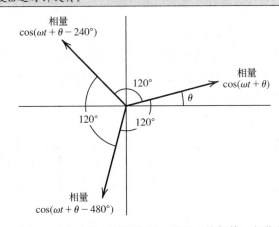

图 16.5　式(16.11)左边的三相相位图。无论 θ 为何值，相位总和为零

16.1.2　同步转速

对于极数为 P 的电机，其磁场旋转的角速度为

$$\omega_s = \frac{\omega}{P/2} \tag{16.13}$$

称之为**同步角速度**。单位换为 rpm 的同步转速为

$$n_s = \frac{120f}{P} \tag{16.14}$$

设电源频率为 60 Hz，表 16.1 给出了同步转速和磁极数的对应关系。

总之，定子绕组建立的旋转磁场的磁极数为 P，转速为同步转速 n_s，其中磁极数为 2 和 4 的电机磁场如图 16.1 所示。

练习 16.1　如果三相电源中的 b 相和 c 相交换，则流过电机三线绕组中的电流为

$$i_a(t) = I_m \cos(\omega t)$$
$$i_b(t) = I_m \cos(\omega t - 240°)$$
$$i_c(t) = I_m \cos(\omega t - 120°)$$

在这种情况下，结果显示出旋转磁场为顺时针旋转。

表 16.1　电源频率为 60 Hz 时同步转速和磁极数的对应关系

P	n_s
2	3600
4	1800
6	1200
8	900
10	720
12	600

练习 16.1 的结果显示，任意对调三相电源中的两相，可使电机旋转磁场的方向与原来相反，即改变了电机的转向。这种操作在三相感应电动机的实际应用中经常出现。

> 通过任意对调三相电源中的两相，可使电机旋转磁场的方向与原来相反，即改变了电机的转向。

16.1.3　鼠笼式感应电动机

三相感应电动机的转子有两种形式。最简单、最便宜、最耐用的就是**鼠笼式转子**，由铝制导条和端部的短路环构成，如图 16.6 所示。鼠笼是将融化的铝浇铸在铁芯(硅钢片)柱外侧的笼式沟槽而制成的。在鼠笼式感应电动机中，没有电源与转子相连。另外一种形式的转子就是**绕线式**，后面将会讨论。

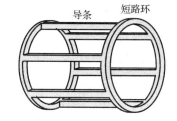

图 16.6　由铝材料构成的鼠笼式转子，端部连接成短路环，其中铝浇铸在铁芯(硅钢片)柱外侧的沟槽中

接下来讨论在鼠笼式感应电动机中如何产生转矩。之前知道，定子绕组建立磁极数为 P 且以同步转速旋转的磁场。随着旋转磁场的转动，在鼠笼式导体上将感应出电压。由于磁场方向，磁场和定子的相对运动方向和导条的长度方向三者是相互垂直的，感应电压 v_c 由式(15.9)给出，如下：

$$v_c = Blu \tag{16.15}$$

其中 B 是磁通密度(磁感应强度)，l 是导条长度，u 是导条和磁场的相对速度。

该感应电压在导条上产生感应电流，如图 16.7 所示，最大感应电压出现在磁通密度 B 为最大时，即导条在磁场磁极正下方时，而且，在南极下的导条上产生的电压极性和电流方向与北极下的相反，电流从北极下的导条流进，然后途径短路环，再从南极下的导条流出。

> 定子中的旋转磁场在转子上产生感应电压，导致转子上的电流建立磁极，与定子上建立的磁场磁极相互作用，产生转矩。

转子上的电流建立磁极，与定子上建立的磁场磁极相互作用，产生转矩。转子上产生的磁北极 N_r 与定子上产生的磁南极 S_s 产生相反的电磁力。

如果转子上的阻抗为纯电阻，导条上的最大电流将出现在定子产生的磁场磁极 S_s 和 N_s 的正下方，如图 16.7 所示。因此，定子磁极相对转子磁极转移了 $\delta_{rs} = 90°$，如图 16.7 中的两极电动机所示。正因为这个两磁极偏移才产生了最大转矩。

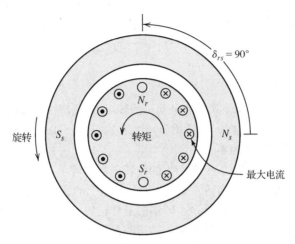

图 16.7　鼠笼感应电动机的横截面图。定子中的旋转磁场感应出转子
上的电流并产生转子磁场磁极，两磁极相互作用产生转矩

16.1.4　转差率

转子上感应电压的频率取决于定子产生的旋转磁场和转子的相对速度以及磁极数。定子磁场的同步转速标记为 ω_s 或 n_s，机械负载转速标记为 ω_m 或 n_m。在感应电动机中，机械负载转速 ω_m 可以从零变化到几乎等于同步转速，这样两者之间存在转速差，即 $\omega_s - \omega_m$（或 $n_s - n_m$）。

转差率定义为相对转速与同步转速之比，如下：

$$s = \frac{\omega_s - \omega_m}{\omega_s} = \frac{n_s - n_m}{n_s} \tag{16.16}$$

当转子静止不动时，转差率为 1；若转子以同步转速转动，则转差率为零。

鼠笼式感应电动机的感应电压的角频率又被称为**滑差**，如下：

$$\omega_{\text{slip}} = s\omega \tag{16.17}$$

同样，当机械负载转速接近同步转速时，感应电压频率接近于零。

> 转子电流的角频率又被称为滑差。

16.1.5　转子电感对转矩的影响

在图 16.7 中，假设转子的整个阻抗为纯电阻时分析了感应电动机产生转矩的原理。但是，转子导条的阻抗不是纯电阻，因为导条嵌入了铁芯材料。很显然导条存在串联感抗，转子导条的等效电路如图 16.8 所示，其中 $\mathbf{V}_c$ 是感应电压相量，R_c 是导条电阻，L_c 是导条电感。感应电压的频率和幅值都与转差率成正比。

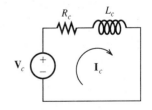

图 16.8　转子导条的等效电路

既然转子感应电压的角频率是 $\omega_{\text{slip}} = s\omega$，则电抗为

$$Z_c = R_c + \text{j}s\omega L_c \tag{16.18}$$

电流为

$$\mathbf{I}_c = \frac{\mathbf{V}_c}{R_c + \mathrm{j}\omega L_c}$$ (16.19)

因为有电感，电流滞后于感应电压，随着转差率 s 的增加，相位滞后接近 90°。因此，转子峰值电流出现在定子磁场电极偏后些，而且，转子磁场电极与定子磁场电极相差不到 90°，如图 16.9 所示。因此，产生的电磁转矩减小。(如果定子和转子磁场电极平行，则不会产生转矩。)

16.1.6　转矩-转速特性

如图 16.10 所示，定性分析鼠笼式感应电动机的转矩-转速特性，先假设转子转速 n_m 等于同步转速 n_s(即转差率 s 等于零)。此时，两者相对转速为零(即 $\mu = 0$)。根据式(16.15)，感应电压 v_c 为零，所以转子电流为零，转矩为零。

当转子慢慢落后于同步转速时，定子产生的旋转磁场比转子导条的要快，转子上的感应电压幅值与转差率呈线性增长的关系。当转差率较小时，导条上的感抗 $s\omega L_c$ 可以忽略，转子上电流最大时与定子旋转磁场最大时一致，这是产生转矩的最佳位置。因为感应电压正比于转差率且阻抗不依赖于转差率，所以电流也正比于转差率，转矩与磁场和电流乘积成正比。因此，当转差率很小时，转矩与转差率成正比，如图 16.10 所示。

> 当转差率很小时，转矩与转差率成正比。

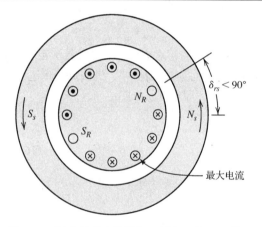

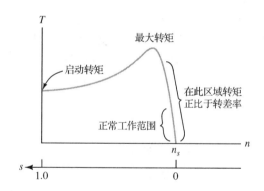

图 16.9　随着转差率的增加，导条上的电流滞后　　　　图 16.10　三相感应电动机的转矩-转速特性
　　　　　感应电压。结果转子磁场磁极和定子磁
　　　　　场磁极之间的角位移偏差 δ_{rs} 接近零

随着电动机转速进一步减慢，在式(16.19)中感应电抗起主要作用，电流幅值与转差率几乎无关。随着电动机转速下降，转矩趋向平缓，因为转子的磁极和定子的磁极趋向一致，随着转子转速下降到零，转矩也下降，当转速为零时对应的转矩为**启动转矩**。当转矩为最大值时称之为**失步转矩**或最大转矩。

> 在设计电动机时可以通过改变电动机的结构(例如转子导条的横截面积和长度)和材料参数来调节转矩-转速特性。

以上分析揭示了三相感应电动机的特点。在设计感应电动机时可以通过选择电动机的形状、尺寸以及材料来调节转矩-转速特性。感应电动机的转矩-转速特性的一些例子如图 16.11 所示。但是，关于电动机设计的内容不在本书的讨论范围内。

练习 16.2 电源为 60 Hz、5 马力、磁极数为 4 的三相感应电动机，在满载下以 1750 rpm 转速旋转。试求转差率以及转子电流在满载下的频率，如果负载转矩下降一半，求转子转速。

答案： $s = 50/1800 = 0.02778$，$f_{slip} = 1.667$ Hz，$n = 1775$ rpm。

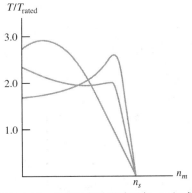

图 16.11 为满足各种设计要求，三相感应电动机的转矩-转速特性经修改后可以满足各种特殊场合

16.2 感应电动机的等效电路和性能计算

在 16.1 节定性分析了感应电动机的原理和转矩-转速特性。本节运用等效电路来计算感应电动机的性能。

如果感应电动机的转子不动，那么定子产生的磁场通过转子绕组，感应电流在转子内部流动。该类型的感应电动机就基本类似三相变压器，定子绕组可看作一次绕组，转子绕组则为短接的二次绕组。由此，可以得到电动机单相绕组的等效电路，如图 14.28 所示。当然，变压器等效电路应用到电动机时，还要进行修正，毕竟存在电动机的转动情况和电能到机械能的转化。

> 一台感应电动机的单相等效电路与一个二次绕组短路的变压器相类似。

16.2.1 转子等效电路

一相转子绕组等效电路如图 16.12(a)所示。（除电压和电流相位不同外，其他两相的等效电路相同。）在定子不动的情况下，$\mathbf{E}_r$ 表示 a 相定子绕组的感应电压，前面已讨论，转子感应电压和转差率成正比，在转动时，感应电压可以表示为 $s\mathbf{E}_r$。（对于固定转子，$s = 1$。）

我们已经知道转子电流的频率为 $s\omega$，转子电感（每相）为 L_r，电抗为 $js\omega L_r = jsX_r$，其中 $X_r = \omega L_r$ 是转子不动时的感抗，每相电阻为 R_r，转子上每相电流相量为 $\mathbf{I}_r$，如下：

$$\mathbf{I}_r = \frac{s\mathbf{E}_r}{R_r + jsX_r} \tag{16.20}$$

上式分子和分母同时除以 s，得

$$\mathbf{I}_r = \frac{\mathbf{E}_r}{R_r/s + jX_r} \tag{16.21}$$

等效电路如图 16.12(b)所示。

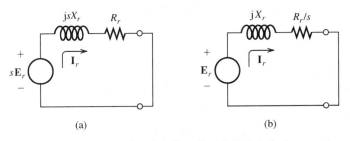

(a) (b)

图 16.12 转子某相绕组的两种等效电路

16.2.2 感应电动机的完整等效电路

作为一变压器，转子不动时的转子感应电压 E_r 和定子电压的变比为匝数比。这样，把转子的阻抗折算到等效电路定子一侧，如图 16.12(b)所示，把转子 X_r 和 R_r/s 各自折算到定子上，分别为 X_r' 和 R_r'/s。

感应电动机的某相完整等效电路如图 16.13 所示，定子绕组的电阻为 R_s，漏感抗为 X_s，产生旋转磁场的励磁电感为 X_m。除符号不同外，该等效电路和变压器等效电路类似。

> 图 16.13 的等效电路非常适用于分析感应电动机。

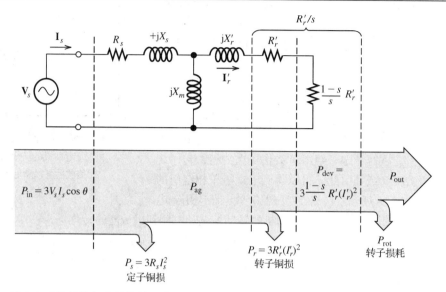

图 16.13　感应电动机的某相完整等效电路和功率分流过程。其中 V_s 是相电压有效值，I_s 是相电流有效值

16.2.3　线性化定量分析

图 16.13 的等效电路中的 V_s 和 I_s 分别表示为**相电压**和**相电流**。

三相感应电动机中的绕组要么接成三角形(△形)要么接成 Y 形。当绕组为三角形连接时，线电压等于相电压，线电流是相电流的 $\sqrt{3}$ 倍(见 5.7 节)，有下式：

$$V_s = V_{\text{line}}$$
$$I_{\text{line}} = I_s \sqrt{3}$$

> 当绕组为三角形连接时，上式为其线电压与相电压、线电流与相电流的关系。

同样，对于 Y 形连接，有

$$V_s = \frac{V_{\text{line}}}{\sqrt{3}}$$

$$I_{\text{line}} = I_s$$

> 当绕组为 Y 形连接时，上式为其线电压与相电压、线电流与相电流的关系。

电动机的额定电压均为线电压。对于一已知三相电源，如果为 Y 形连接，那么通过电机绕组的电压要除以一个 $\sqrt{3}$。

> 电动机的额定电压均为线电压。

感应电动机的启动电流比满载运行电流要大得多。有时，为了减少启动电流，对于三角形连接的电动机在启动时采用 Y 形连接启动，当接近额定运行转速时再切换到三角形连接。

16.2.4　功率和转矩的计算

在图 16.13 中，折算电阻 R'_r / s 由以下两部分组成：

$$\frac{R_r'}{s} = R_r' + \frac{1-s}{s} R_r' \tag{16.22}$$

感应电动机的功率分流过程如图 16.13 所示,由电阻 $[(1-s)/s] R_r'$ 所释放的能量要转化为机械能形式,作为功率的一部分,称之为**电磁功率**,记为 P_{dev}。三相中的一相等效电路如图 16.13 所示,那么整个三相电磁功率为

$$P_{dev} = 3 \times \frac{1-s}{s} R_r' (I_r')^2 \tag{16.23}$$

另一方面,被转子电阻 R_r' 所消耗的功率转化为热量,通常,由 I^2R 计算出来的损耗被称为**铜损**(尽管导条有时是由铝材料制成的)。整个转子铜损为

$$P_r = 3R_r' (I_r')^2 \tag{16.24}$$

那么定子铜损为

$$P_s = 3R_s I_s^2 \tag{16.25}$$

三相电源的输入功率为

$$P_{in} = 3I_s V_s \cos(\theta) \tag{16.26}$$

其中 $\cos(\theta)$ 为功率因数。

电磁功率的一部分因气隙和摩擦而损失,另一部分损耗则是磁滞和涡流引起的铁芯损耗。有时,电阻 r 和磁阻抗 jX_m 上的损耗构成了铁芯损耗。除铁芯损耗,还有转动产生的损耗(即转子损耗)。除非特别说明,转子损耗与旋转转速成正比。这样,输出功率等于电磁功率减去转子损耗:

$$P_{out} = P_{dev} - P_{rot} \tag{16.27}$$

通常,电动机效率为

$$\eta = \frac{P_{out}}{P_{in}} \times 100\% $$

则电磁转矩为

$$T_{dev} = \frac{P_{dev}}{\omega_m} \tag{16.28}$$

功率 P_{ag} 是经过气隙后进入转子并由转子电阻消耗掉的部分。由此,该功率等于电磁功率加上转子电阻消耗掉的部分,并将式(16.23)和式(16.24)代入得

$$P_{ag} = P_r + P_{dev} \tag{16.29}$$

$$P_{ag} = 3R_r' (I_r')^2 + 3 \times \frac{1-s}{s} R_r' (I_r')^2 \tag{16.30}$$

$$P_{ag} = 3 \times \frac{1}{s} R_r' (I_r')^2 \tag{16.31}$$

比较式(16.23)和式(16.31),有

$$P_{dev} = (1-s)P_{ag} \tag{16.32}$$

将式(16.32)代入式(16.28)中,得

$$T_{\mathrm{dev}} = \frac{(1-s)P_{\mathrm{ag}}}{\omega_m} \tag{16.33}$$

将 $\omega_m = (1-s)\omega_s$ 代入式(16.33)中, 得

$$T_{\mathrm{dev}} = \frac{P_{\mathrm{ag}}}{\omega_s} \tag{16.34}$$

式(16.34)用于计算启动转矩。

当电机启动时, 电机最初的转矩或启动转矩一定要大于负载所需的转矩。启动时 $\omega_m = 0$, $s = 1$, $P_{\mathrm{ag}} = 3R'_r(I'_r)^2$, 再利用式(16.34)计算得到启动转矩。

例 16.1　感应电动机的性能

感应电动机的磁极数为 4, 输出为 30 马力, 电源频率为 60 Hz, 电压有效值为 440 V, 三角形连接。电机参数为

$$R_s = 1.2\ \Omega \qquad\qquad R'_r = 0.6\ \Omega$$
$$X_s = 2.0\ \Omega \qquad\qquad X'_r = 0.8\ \Omega$$
$$X_m = 50\ \Omega$$

在负载下工作, 电动机转速为 1746 rpm, 且转子损耗为 900 W, 试求功率因数、线电流、输出功率、铜损、输出转矩和电动机效率。

解: 根据表 16.1, 磁极数为 4 的电动机同步转速为 1800 rpm, 利用式(16.16)计算出转差率:

$$s = \frac{n_s - n_m}{n_s} = \frac{1800 - 1746}{1800} = 0.03$$

在图 16.14 中, 利用已知数据, 计算出电源这边的复阻抗为

$$Z_s = 1.2 + \mathrm{j}2 + \frac{\mathrm{j}50(0.6 + 19.4 + \mathrm{j}0.8)}{\mathrm{j}50 + 0.6 + 19.4 + \mathrm{j}0.8}$$

$$= 1.2 + \mathrm{j}2 + 16.77 + \mathrm{j}7.392$$

$$= 17.97 + \mathrm{j}9.392$$

$$= 20.28\underline{/27.59^\circ}\ \Omega$$

功率因数是阻抗角的余弦函数, 因为阻抗是呈电感性的, 所以电流滞后电压, 功率因数为

$$功率因数 = \cos(27.59^\circ) = 88.63\% \ 滞后$$

如果是三角形连接, 相电压等于线电压, 电压有效值为 440 V, 相电流为

$$\mathbf{I}_s = \frac{\mathbf{V}_s}{Z_s} = \frac{440\underline{/0^\circ}}{20.28\underline{/27.59^\circ}} = 21.70\underline{/-27.59^\circ}\ \mathrm{A\ rms}$$

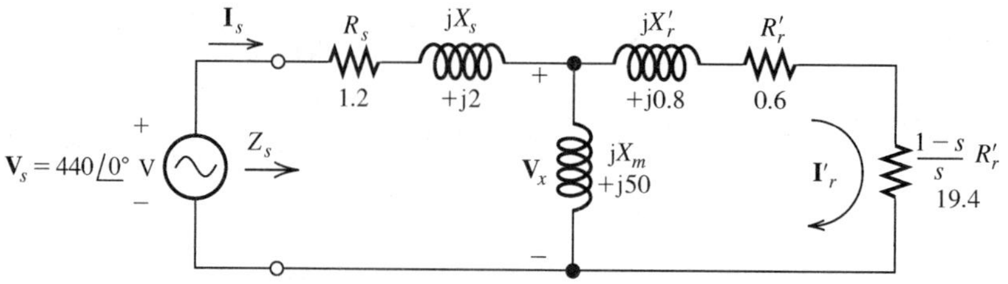

图 16.14　例 16.1 的感应电动机中某相的等效电路

由此，线电流为

$$I_{\text{line}} = I_s\sqrt{3} = 21.70\sqrt{3} = 37.59 \text{ A rms}$$

则输入功率为

$$P_{\text{in}} = 3I_sV_s\cos\theta$$
$$= 3(21.70)440\cos(27.59°)$$
$$= 25.38 \text{ kW}$$

在交流电机的计算中，电压与电流相量的幅值均取有效值而不是之前那样取峰值或者幅值。

接下来，计算 $\mathbf{V}_x$ 和 $\mathbf{I}'_r$：

$$\mathbf{V}_x = \mathbf{I}_s\frac{\text{j}50(0.6 + 19.4 + \text{j}0.8)}{\text{j}50 + 0.6 + 19.4 + \text{j}0.8}$$
$$= 21.70\underline{/-27.59°} \times 18.33\underline{/23.78°}$$
$$= 397.8\underline{/-3.807°} \text{ V rms}$$

$$\mathbf{I}'_r = \frac{\mathbf{V}_x}{\text{j}0.8 + 0.6 + 19.4}$$
$$= \frac{397.8\underline{/-3.807°}}{20.01\underline{/1.718°}}$$
$$= 19.88\underline{/-5.52°} \text{ A rms}$$

在定子和转子中的铜损分别为

$$P_s = 3R_sI_s^2$$
$$= 3(1.2)(21.70)^2$$
$$= 1695 \text{ W}$$

$$P_r = 3R'_r(I'_r)^2$$
$$= 3(0.6)(19.88)^2$$
$$= 711.4 \text{ W}$$

电磁功率为

$$P_{\text{dev}} = 3 \times \frac{1-s}{s}R'_r(I'_r)^2$$
$$= 3(19.4)(19.88)^2$$
$$= 23.00 \text{ kW}$$

经检验，下式：

$$P_{\text{in}} = P_{\text{dev}} + P_s + P_r$$

在误差范围内。

输出功率为电磁功率减去转子损耗，由下式得出：

$$P_{\text{out}} = P_{\text{dev}} - P_{\text{rot}}$$
$$= 23.00 - 0.900$$
$$= 22.1 \text{ kW}$$

对应 29.62 马力，因此感应电动机可以在额定负载下运行，其输出转矩为

$$T_{\text{out}} = \frac{P_{\text{out}}}{\omega_m}$$
$$= \frac{22\,100}{1746(2\pi/60)}$$
$$= 120.9 \text{ Nm}$$

电动机效率为

$$\eta = \frac{P_{\text{out}}}{P_{\text{in}}} \times 100\%$$

$$= \frac{22\,100}{25\,380} \times 100\%$$

$$= 87.0\%$$

例 16.2　启动电流和启动转矩

对例 16.1 的电动机计算其启动电流和启动转矩。

解： 电机从静止时启动，有 $s = 1$，其等效电路如图 16.15(a) 所示，计算虚线右边的联合阻抗为

$$Z_{\text{eq}} = R_{\text{eq}} + jX_{\text{eq}} = \frac{j50(0.6 + j0.8)}{j50 + 0.6 + j0.8} = 0.5812 + j0.7943\ \Omega$$

联合阻抗的等效电路如图 16.15(b) 所示。

从电源这边看过去的阻抗为

$$Z_s = 1.2 + j2 + Z_{\text{eq}}$$

$$= 1.2 + j2 + 0.5812 + j0.7943$$

$$= 1.7812 + j2.7943$$

$$= 3.314\underline{/57.48°}\ \Omega$$

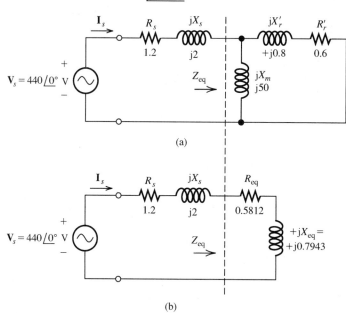

图 16.15　例 16.2 的等效电路

由此，启动相电流为

$$\mathbf{I}_{s,\,\text{starting}} = \frac{\mathbf{V}_s}{Z_s} = \frac{440\underline{/0°}}{3.314\underline{/57.48°}}$$

$$= 132.8\underline{/-57.48°}\ \text{A rms}$$

由于电机是三角形连接，启动线电流为

$$I_{\text{line,\,starting}} = \sqrt{3}I_{s,\,\text{starting}} = 230.0\ \text{A rms}$$

在例 16.1 中，当电机在几乎满载的情况下运行时，线电流 $I_{line}= 37.59$ A，其启动电流几乎是额定电流的 6 倍多，这是三相感应电动机的典型特点。

通过气隙的功率是传递到虚线右侧的功率的 3 倍，如图 16.15 所示。计算功率 P_{ag} 为

$$P_{ag} = 3R_{cq}(I_{s,\,starting})^2$$
$$= 30.75 \text{ kW}$$

利用式(16.34)计算出启动转矩为

$$T_{dev,\,starting} = \frac{P_{ag}}{\omega_s}$$
$$= \frac{30\,750}{2\pi(60)/2}$$
$$= 163.1 \text{ N} \cdot \text{m}$$

当电动机在额定状态下运行时，电动机的启动转矩比输出转矩大得多。这也是感应电动机的一个特点。

例 16.3　感应电动机性能参数的计算

电压有效值为 220 V、频率为 60 Hz、吸收电流为 31.87 A 的一台三相 Y 形连接感应电动机，功率因数为 75%滞后。整个定子铜损为 400 W，整个转子铜损为 150 W，转子损耗为 500 W。试求通过气隙后的功率损耗 P_{ag}、电磁功率 P_{dev}、输出功率 P_{out} 和电动机效率。

解： 相电压 $V_s = V_{line}/\sqrt{3} = 127.0$ V rms。电源输入功率为

$$P_{in} = 3V_s I_s \cos(\theta)$$
$$= 3(127)(31.87)(0.75)$$
$$= 9107 \text{ W}$$

功率 P_{ag} 等于输入功率减去定子铜损：

$$P_{ag} = P_{in} - P_s$$
$$= 9107 - 400$$
$$= 8707 \text{ W}$$

励磁功率等于输入功率减去电动机的全部铜损：

$$P_{dev} = 9107 - 400 - 150 = 8557 \text{ W}$$

在此基础上，减去转子损耗，得到输出功率为

$$P_{out} = P_{dev} - P_{rot}$$
$$= 8557 - 500$$
$$= 8057 \text{ W}$$

最后得效率为

$$\eta = \frac{P_{out}}{P_{in}} \times 100\%$$
$$= 94.0\%$$

练习 16.3　设电动机转速为 1764 rpm，再次计算例 16.1。
答案： $s = 0.02$；功率因数为 82.62%；$P_{in} = 17.43$ kW；$P_{out} = 15.27$ kW；$P_s = 919$ W；$P_r = 330$ W；$T_{out} = 82.66$ N·m；$\eta = 87.61\%$。

练习 16.4　如果转子电阻增加到 1.2 Ω，再次计算例 16.2，求启动转矩并与例 16.2 进行比较。
答案： $\mathbf{I}_{s,starting} = 119.7\,\underline{/-50°}$；$T_{dev,\,starting} = 265.0$ N·m。

16.2.5　绕线式感应电动机

感应电动机另一种形式即转子是绕线式的，称之为**绕线式感应电动机**，其定子和鼠笼式感应电动机的一样。不同于铝材料制成的鼠笼式转子，绕线式转子改用三相绕组嵌入转子槽中，结构上保证转子产生的磁极数与定子的相同。通常绕线式接成 Y 形连接，通过滑环再连接到端部。

练习 16.4 的结果表明，感应电动机的启动转矩是随着转子电阻的增加而增加的。通过用一套可变电阻连接到转子端部，电机的转矩-转速特性可调。如图 16.16 所示。这样，通过改变可变电阻来控制电动机转速。但是，随着转子电阻的增加，电动机效率会越来越低。

绕线式感应电动机的不足之处在于比鼠笼式电动机要昂贵且耐用性也差一些。

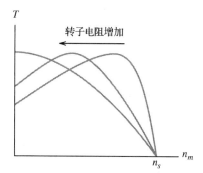

图 16.16　随着绕线式感应电动机串联的电阻的不同，电动机的转矩-转速特性发生变化

16.2.6　感应电动机的选择

在选择感应电动机时，优先考虑的是

1. 效率
2. 启动转矩
3. 最大转矩
4. 功率因数
5. 启动电流

最希望电动机达到的性能是前 4 项参数要大但启动电流要小。遗憾的是，设计出满足所有理想标准值的电动机比较难。事实证明，目前只能设计出综合性能较高的电动机。比如转子电阻越高，会导致电动机效率降低且启动转矩越大；漏电抗 X_s 的增加，会导致启动电流和功率因数的降低。所以电机设计工程师必须比较各种类型的电机，并选取一种能更好地满足实际需要的电机。

16.3　同步电机

本节将讨论交流同步电机。这种电机主要用在发电企业。作为电动机时，更多的是用在高功率、低转速的场合，这一点与感应电动机的应用场合不同。与交流电机和直流电机不同的是，同步电机转速不因机械负载的变化而变化(假设电源频率为常数)，而是以同步转速ω_s旋转，该转速由式(16.13)给出：

$$\omega_s = \frac{\omega}{P/2}$$

(其中ω是交流电源的角频率，P是定子或转子磁场的磁极数。)除非另做说明，已假定同步电机一直以同步转速转动。

发电企业大多采用同步电机来产生电能。

假设电源频率为常数，则同步电动机转速不因机械负载的变化而变化。

同步电机和三相感应电动机的定子结构一样，如 15.1 节所述，三相绕组建立定子磁场，该磁场的磁极数为 P，在定子周围磁场南北极交替变化，且以同步转速转动。在同步电机中，定子中的绕组被称为**电枢绕组**。

同步电机和三相感应电动机的定子结构一样。

同步电机中的转子是磁极数为 P 的磁体或者是永磁体(仅对于小型电机)。

同步电机中的转子通入直流电流后，其**励磁绕组**建立磁极数为 P 的磁场。(在小型电机中，转子可以被永磁体取代，接下来主要研究励磁式绕组类型的同步电机。)直流电源的电流从外部通过静止电刷到达滑环，滑环内部滑片间和转轴间都彼此绝缘。另外一个方法就是设置一个小的交流发电机，称之为励磁机，通过二极管整流为直流电，这就避免了电刷和滑环的维护。

两极和四极同步电机如图 16.17 所示，转子可以为圆柱体(隐极式)，如图 (a) 所示，也可以是凸极式，如图 (b) 的四极电机所示。一般情况下，凸极式同步电机要便宜但转速低，不过有多极磁场。高速电机通常有圆柱体转子(隐极式同步电机)。凸极式同步电机常用在水力发电中，而隐极式同步电机常用在热(煤、核能等)电站。

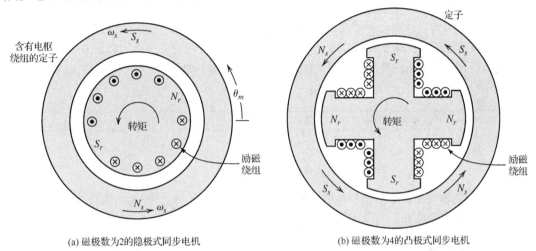

(a) 磁极数为2的隐极式同步电机　　　　　(b) 磁极数为4的凸极式同步电机

图 16.17　两种同步电机的横截面图。定子磁极和转子磁极的相对位置如图所示，
因为转子磁极总是要与定子磁极产生相反的电磁力，所以就产生了转矩

16.3.1　汽车的交流发电机

多数汽车上的交流发电机都是同步电机，除了电枢绕组没有连接到独立的交流电源上，因此发电机转速不是固定值。随着转子的转动，旋转磁场切割电枢绕组导条，感应产生交流电压，再经整流，得到直流电压用来供给车灯照明、给电池充电等。交流电压的频率和幅值随转速的增加而增加，感应产生的交流电压的幅值正比于磁通密度，即取决于励磁电流。电子控制电路(调节器)用来调节励磁电流，维持直流电压在 14 V 左右。

16.3.2　电动机的转动原理

当把步进电机作为电动机使用时，电枢绕组和三相交流电源连接，那么在电枢绕组中三相电流将建立旋转磁场。转子以同步转速转动，转子磁极落后于定子磁极，由于转子磁极总是想要与定子磁极平行，电磁转矩就因此产生，产生的转矩方向如图 16.17 所示。

16.3.3　电角度

如图 16.17(a) 所示，绕着气隙偏移的角位移记为 θ_m，有时将角位移记为**电角度**，即 $180°$ 就是从磁北极到相邻南极的角度。两极电机的电角度为 $360°$，四极电机的电角度为 $720°$，那么六极电机的电角度为 $3×360°$。电角度用 θ_e 表示，这样电角度和机械的角位移关系式如下：

$$\theta_e = \theta_m \frac{P}{2} \tag{16.35}$$

介于 180°（即从磁北极到相邻南极的角度）的电角度可以测量。

16.3.4　磁场分量

气隙中存在的合成旋转磁场由转子中的励磁直流电流和定子电枢绕组中的交流电流共同产生，其磁通是时间和角位移的函数。磁力线垂直于气隙面，因为这种路径最短。这样，在既定点上，磁力线直接垂直于电枢绕组导条，它位于纵向的定子槽内。

气隙中存在的合成旋转磁场由转子中的励磁直流电流和定子电枢绕组中的交流电流共同产生。

多数同步电机被设计成磁通密度是 θ_m 的正弦函数，由于磁场以统一速度旋转，气隙中任何一点的磁通密度都是随时间呈正弦规律变化的。在 $\theta_m = 0$ 时，磁场分量分别用相量 $\mathbf{B}_s$、$\mathbf{B}_r$ 和 $\mathbf{B}_{\text{total}}$ 表示，分别对应着定子的磁通分量、转子的磁通分量和总磁通，如下式：

$$\mathbf{B}_{\text{total}} = \mathbf{B}_s + \mathbf{B}_r \tag{16.36}$$

同步电机被设计成其磁通沿着气隙圆周呈正弦函数变化。

转子中的电磁转矩为

$$T_{\text{dcv}} = K B_r B_{\text{total}} \sin(\delta) \tag{16.37}$$

其中 K 是常数，取决于电机结构和材料。B_{total} 和 B_r 分别是相量 $\mathbf{B}_{\text{total}}$ 和 $\mathbf{B}_r$ 的幅值。δ 是电角度，又称**转矩角**，是转子磁场滞后于定子磁场的角度。

16.3.5　等效电路

各旋转磁场分量在电枢绕组中感应出相应的电压。以电枢绕组的 a 相为例，除了相位各偏移 $\pm120°$，其他两相的感应电压和电流 a 相类似。

转子上感应出的电压分量用相量表示如下：

$$\mathbf{E}_r = k\mathbf{B}_r \tag{16.38}$$

其中 k 是常数，取决于电机的结构特点。

由定子产生的旋转磁场感应出的另一个电压如下：

$$\mathbf{E}_s = k\mathbf{B}_s \tag{16.39}$$

可见，定子磁场由电枢绕组中的电流建立，定子是一个互感耦合的三相电抗器，定子磁场的感应电压如下：

$$\mathbf{E}_s = jX_s\mathbf{I}_a \tag{16.40}$$

其中 X_s 是感抗，称之为**同步电抗**，$\mathbf{I}_a$ 是电枢电流相量。〔实际上，定子电枢绕组也有电阻，更精确的应是 $\mathbf{E}_s = (R_a + jX_s)\mathbf{I}_a$，但是，电阻 R_a 和电抗相比非常小。因此式(16.40)已经足够准确。〕

$\mathbf{V}_a$ 和 $\mathbf{I}_a$ 分别表示电压相量和电流相量，二者关系取决于电机的 Y 形或者三角形连接方式。

在分析讨论中，我们始终假设电压相量 $\mathbf{V}_a$ 的相位角是 0°。

在电枢绕组端部的电压是这两个电压分量的总和，有

$$\mathbf{V}_a = \mathbf{E}_r + \mathbf{E}_s \tag{16.41}$$

其中 $\mathbf{V}_a$ 是 a 相绕组的电压相量。将式(16.40)代入式(16.41)中,有

$$\mathbf{V}_a = \mathbf{E}_r + jX_s\mathbf{I}_a \tag{16.42}$$

另外,有

$$\mathbf{V}_a = k\mathbf{B}_{\text{total}} \tag{16.43}$$

因为总电压与总磁通成正比。

　　同步电机的等效电路如图 16.18 所示,其中只画出了 a 相电枢绕组。三相电源中的 $\mathbf{V}_a$ 提供电流 $\mathbf{I}_a$ 给电枢绕组,在转子励磁作用下,电枢绕组上感应出交流电压 $\mathbf{E}_r$。直流电压源 V_f 给转子提供直流电流 I_f。变阻器 R_{adj} 串联在励磁电路中,方便调节励磁电流大小。同时也分别调整了转子磁场 $\mathbf{B}_r$ 和感应电压 $\mathbf{E}_r$。

　　电机中的电枢绕组可以连接成 Y 形也可以连接成三角形,在分析中,没有考虑具体采用哪种连接方式。无论哪一种,$\mathbf{V}_a$ 都表示了 a 相绕组的电压相量。在 Y 形连接中,$\mathbf{V}_a$ 对应的是相电压相量;而在三角形连接中,$\mathbf{V}_a$ 对应的是线电压相量。类似地,$\mathbf{I}_a$ 是流过 a 相绕组中的电流,在 Y 形连接中对应的是线电流,而在三角形连接中却不是。无论哪种连接方式,重要的是要知道 $\mathbf{V}_a$ 始终是 a 相绕组两端的电压,电流 $\mathbf{I}_a$ 是流过 a 相绕组的电流。

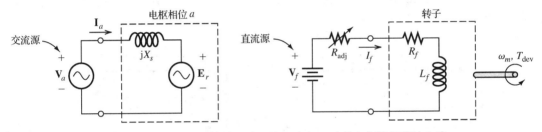

图 16.18　同步电机的等效电路。基于式(16.42)的电枢绕组等效电路

　　图 16.19(a)是同步电机的电压和电流的相量图,图 16.19(b)是相应磁场对应的相量。由于转子励磁磁场滞后于总磁场,电磁转矩[式(16.37)给出]和输出功率都是正值,即该电机作为电动机在工作。

　　由三相交流电源提供的电机输入功率表达式如下:

$$P_{\text{dev}} = P_{\text{in}} = 3V_aI_a\cos(\theta) \tag{16.44}$$

其中功率因数在三相绕组中都一样。由于等效电路没有考虑各种损耗,因此输入功率等于机械功率。

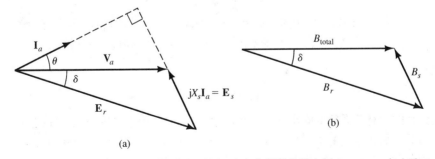

图 16.19　同步电机的电压和电流的相量图。注意定子部分的电压 $\mathbf{E}_s = jX_s\mathbf{I}_a$ 与电流 $\mathbf{I}_a$ 的角度差是正确的。转矩公式为 $T_{\text{dev}} = KB_rB_{\text{total}}\sin(\delta)$,功率因数是 $\cos(\theta)$

16.3.6　功率因数校正的含义

三相绕组吸收的总的无功功率为

$$Q = 3V_a I_a \sin(\theta) \tag{16.45}$$

其中 θ 定义为相电压 $\mathbf{V}_a$ 超前相电流 $\mathbf{I}_a$ 的相位角。

> **同步电机表现为提供无功功率。**

如图 16.19(a)所示，由于相电流 $\mathbf{I}_a$ 超前相电压 $\mathbf{V}_a$，所以相位角 θ 为负值，因此计算出该台电机的无功功率为负，表明同步电机可以提供无功功率(此时同步电机作为同步补偿机用)。这是同步电机的一个重要优点，因为多数工厂都有一个滞后的总功率因数(很大程度上是由于使用了电感性的电机)。功率因数低导致在输电线上和变电站设备上电流增大。这样，电力公司就要向他们的客户收取更多的电力费用。但如果在工厂里采用了同步电机，部分无功功率就会被本厂的同步补偿机吸收，因而降低了电能费用。

> **合理使用同步电机可以降低工厂的能量消耗，提高功率因数。**

有时企业安装一台无负载同步电机，目的就是为了校正功率因数。由于无负载(并忽略各项损耗)，转子磁场和总磁场的电角度相一致，其转矩角 δ 为零。根据式(16.37)，电磁转矩为零，无负载同步电机的相量图如图 16.20 所示。

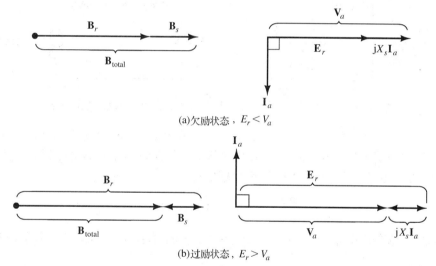

(a)欠励状态，$E_r < V_a$

(b)过励状态，$E_r > V_a$

图 16.20　无负载同步电机的相量图。当一台电机满足 $E_r > V_a$ 时，电流 $\mathbf{I}_a$ 超前电压 $\mathbf{V}_a$ 90°。电机的各相等效为一个电容。这时，电机提供无功功率

如果满足

$$V_a > E_r \cos(\delta) \tag{16.46}$$

就称电机是**欠励**的。对于无负载同步电机，相位角 $\delta = 0$，如果 $\mathbf{E}_r$ 的幅值小于相电压 $\mathbf{V}_a$ 的幅值，电机就为欠励的，那么电流 $\mathbf{I}_a$ 滞后电压 $\mathbf{V}_a$ 是 $\theta = 90°$，因而供应的功率[由式(16.44)计算]为零，这一点正是无负载(忽略各损耗)同步电机所希望的。欠励同步电机吸收了无功功率，这与多数应用的期望情况是相反的。

但是，如果励磁电流一直增加到满足

$$V_a < E_r \cos(\delta) \tag{16.47}$$

则称电机为**过励**的。无负载过励同步电机的相量图如图 16.20(b) 所示，在这种情况下，电流超前电压 90°，该电机提供无功功率，相当于一个纯电容容抗。在这种情况下使用的同步电机就被称为同步补偿机。

16.3.7　电机在可变负载和恒定励磁电流情况下运行

电机通常是在交流电压源的幅值和相位稳定输入的情况下运行，结合式(16.43)可知，总磁通相量 $\mathbf{B}_{total}$ 在幅值和相位上都是恒定的。因为同步电机转速为常数，功率和转矩成正比，也就是和 $B_r \sin(\delta)$ 成正比，如式(16.37)所示，即

$$P_{dev} \propto B_r \sin(\delta) \tag{16.48}$$

如图 16.21(a) 所示。

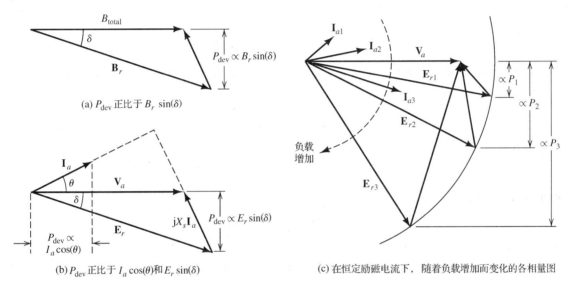

(a) P_{dev} 正比于 $B_r \sin(\delta)$

(b) P_{dev} 正比于 $I_a \cos(\theta)$ 和 $E_r \sin(\delta)$

(c) 在恒定励磁电流下，随着负载增加而变化的各相量图

图 16.21　同步电机的相量图

而且，E_r 正比于 B_r，因此，有

$$P_{dev} \propto E_r \sin(\delta) \tag{16.49}$$

由于 $P_{dev} = P_{in} = 3V_a I_a \cos(\theta)$（忽略铜损），且 V_a 是常数，有

$$P_{dev} \propto I_a \cos(\theta) \tag{16.50}$$

式(16.49)和式(16.50)的结果如图 16.21(b)所示。

假设同步电机在恒定励磁电流、负载可变的情况下运行。随着负载变化，$\mathbf{E}_r$ 的相位发生变化，但是由于电流是恒定的，所以 $\mathbf{E}_r$ 的幅值也是不变的。因此相量 $\mathbf{E}_r$ 的变化轨迹是个圆周，变化过程如图 16.21(c)所示。注意到随着负载的增加，功率因数从超前变为滞后。

> 假设同步电机在恒定励磁电流、负载可变的情况下运行，$\mathbf{E}_r$ 的变化轨迹是个圆周。如图 16.21 所示，$jX_s\mathbf{I}_a$ 和 $\mathbf{I}_a$ 延伸至形成一个直角。可见，随着负载的增加，功率因数从超前变为滞后。

例 16.4　同步电机的性能

一台三角形连接的同步电机的电压有效值为 480 V，电源频率为 60 Hz，200 马力，极数为 8，以 50 马力的电磁功率（包含各损耗）运行，功率因数 90% 超前，同步感抗 $X_s = 1.4\ \Omega$。试求：a. 同步电机转速和电磁转矩；b. 求相量 $\mathbf{I}_a$ 和 $\mathbf{E}_r$ 及转矩角；c. 假设保证励磁电流为常数，负载转矩一直增加到电磁功率为 100 马力，再求相量 $\mathbf{I}_a$、$\mathbf{E}_r$、转动角和功率因数。

解： a. 由式（16.14）可求出电机转速：

$$n_s = \frac{120f}{P} = \frac{120(60)}{8} = 900\ \text{rpm}$$

$$\omega_s = n_s \frac{2\pi}{60} = 30\pi = 94.25\ \text{rad/s}$$

在第一个运行条件下，其电磁功率为

$$P_{\text{dev1}} = 50 \times 746 = 37.3\ \text{kW}$$

电磁转矩为

$$T_{\text{dev1}} = \frac{P_{\text{dev1}}}{\omega_s} = \frac{37\ 300}{94.25} = 396\ \text{Nm}$$

b. 额定电压指的是线电压的有效值，由于绕组是三角形连接，有 $V_a = V_{\text{line}} = 480\ \text{V rms}$，代入式（16.44），解得 I_a 值

$$I_{a1} = \frac{P_{\text{dev1}}}{3V_a \cos(\theta_1)} = \frac{37,300}{3(480)(0.9)} = 28.78\ \text{A rms}$$

由于功率因数 $\cos(\theta_1) = 0.9$，求得

$$\theta_1 = 25.84°$$

由此得到相量 $\mathbf{I}_{a1}$：

$$\mathbf{I}_{a1} = 28.78\underline{/25.84°}\ \text{A rms}$$

由式（16.42）得

$$\mathbf{E}_{r1} = \mathbf{V}_{a1} - jX_s\mathbf{I}_a = 480 - j1.4(28.78\underline{/25.84°})$$
$$= 497.6 - j36.3$$
$$= 498.9\underline{/-4.168°}\ \text{V rms}$$

因此，转矩角 $\delta_1 = 4.168°$。

c. 当励磁为恒定（例如 I_f、B_r、E_r 为常数）的、负载转矩增加时，转矩角也必然增加。在图 16.2（b）中，电磁功率与 $\sin(\delta)$ 成正比。因此，有

$$\frac{\sin(\delta_2)}{\sin(\delta_1)} = \frac{P_2}{P_1}$$

代入值并解得 $\sin(\delta_2)$

$$\sin(\delta_2) = \frac{P_2}{P_1}\sin(\delta_1) = \frac{100\ \text{hp}}{50\ \text{hp}}\sin(4.168°)$$
$$\delta_2 = 8.360°$$

由于 $\mathbf{E}_r$ 的幅值 E_r 是常数，得

$$\mathbf{E}_{r2} = 498.9\underline{/-8.360°}\ \text{V rms}$$

（可见，$\mathbf{E}_{r2}$ 滞后 $\mathbf{V}_a$ 为 $480\underline{/0°}$，此时该电机作为电动机使用。）

接下来，求出新的电流

$$\mathbf{I}_{a2} = \frac{\mathbf{V}_a - \mathbf{E}_{r2}}{jX_s} = 52.70\underline{/10.61°}\ \text{A rms}$$

最后，新的功率因数：

$$\cos(\theta_2) = \cos(10.61°) = 98.3\%\ \text{leading}$$

练习 16.5 对例 16.4 的电机，设励磁恒定，负荷转矩增加到电磁功率 P_{dev3}=200 马力。试重新求相量 $\mathbf{I}_a$、$\mathbf{E}_r$、转动角和功率因数。

答案： $\mathbf{I}_{a3}$= 103.6$\underline{/-1.05°}$；$\mathbf{E}_{r3}$= 498.9$\underline{/-16.90°}$；$\delta_3 = 16.90°$；功率因数 = 99.98%滞后。

16.3.8 电机在恒定负载和可变励磁电流下运行

如图 16.21(b)所示，当电机在恒定电磁功率 P_{dev} 运行时，$I_a\cos(\theta)$ 和 $E_r\sin(\delta)$ 都是恒定的。在此基础上，如果励磁电流增加，则磁场 $\mathbf{E}_r$ 的幅值增加，各个励磁电流的相量图如图 16.22 所示。随着励磁电流增加，电枢绕组电流减小，减小到最小值 $\theta = 0°$（功率因数为 1），然后增加超前的功率因数。当电流相量和电压相量的相位相同时，电流幅值达到最小（比如 $\theta = 0$，功率因数为 1）。I_a 随励磁电流的变化图如图 16.23 所示，该图因形状为 V 形又被称为 V 形图。

如果励磁电流增加，则磁场 $\mathbf{E}_r$ 的幅值增加，功率因数将改变为超前而不是之前的滞后特性。

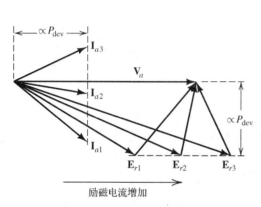

图 16.22 电磁功率不变，励磁电流增加的情况下电机的相量图

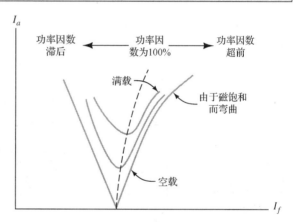

图 16.23 同步电机在可变励磁电流下的 V 形图

例 16.5 调整功率因数

电源有效值为 480 V、频率为 60 Hz、磁极数为 8、三角形连接的 200 马力的同步电机，其电磁功率（包括各损耗）为 200 马力，功率因数为 85%，呈电感性。同步电机感抗为 X_s=1.4 Ω，励磁电流 I_f = 10 A。试求功率因数为 100%所需的励磁电流是多少？设不考虑磁饱和，即 B_r 正比于电流 I_f。

解： 先求 E_r 的初始值。因为最初功率因数为 $\cos(\theta_1) = 0.85$，可得

$$\theta_1 = 31.79°$$

相电流为

$$I_{a1} = \frac{P_{\text{dev}}}{3V_a\cos(\theta_1)} = \frac{200(746)}{3(480)0.85} = 121.9\ \text{A rms}$$

电流相量：

$$\mathbf{I}_{a1} = 121.9\underline{/-31.79°}\ \text{A rms}$$

感应电压：

$$\begin{aligned} \mathbf{E}_{r1} &= \mathbf{V}_{a1} - jX_s\mathbf{I}_{a1} = 480 - j1.4(121.9\underline{/-31.79°}) \\ &= 390.1 - j145.0 \\ &= 416.2\underline{/-20.39°} \text{ V rms} \end{aligned}$$

最初的励磁相量图如图 16.24(a) 所示。

为达到功率因数为 100%，需要增加励磁电流和 $\mathbf{E}_r$ 的幅值，直到 $\mathbf{I}_a$ 和 $\mathbf{V}_a$ 相位一致，如图 16.24(b) 所示。相量电流的新幅值为

$$I_{a2} = \frac{P_{\text{dev}}}{3V_a\cos(\theta_2)} = \frac{200(746)}{3(480)} = 103.6 \text{ A rms}$$

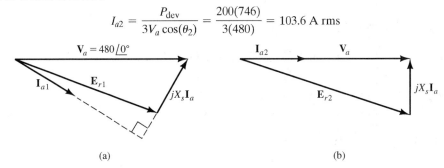

图 16.24　例 16.5 的相量图

由此，可以得到

$$\begin{aligned} \mathbf{E}_{r2} &= \mathbf{V}_{a2} - jX_s\mathbf{I}_{a2} = 480 - j1.4(103.6) \\ &= 480 - j145.0 \\ &= 501.4\underline{/-16.81°} \text{ V rms} \end{aligned}$$

已知 $\mathbf{E}_r$ 的幅值正比于励磁电流，有

$$I_{f2} = I_{f1}\frac{E_{r2}}{E_{r1}} = 10\frac{501.4}{416.2} = 12.05 \text{ A dc}$$

练习 16.6　在例 16.5 中，如需要获得功率因数为 90%，试求所需的励磁电流为多少。
答案： $I_f = 13.67$ A。

16.3.9　最大转矩

式(16.37)为同步电机的电磁转矩，如下：

$$T_{\text{dev}} = KB_rB_{\text{total}}\sin(\delta)$$

如图 16.25 所示。即在转矩角 $\delta = 90°$ 输出**最大转矩** T_{max}。

> 在转矩角 $\delta = 90°$，同步电机输出最大转矩 T_{max}。

$$T_{\text{max}} = KB_rB_{\text{total}} \tag{16.51}$$

通常，额定转矩约为最大转矩的 30%。

设同步电机最初无负载，$\delta = 0°$ 以同步转速转动。随着负载增加，电机转速一下子下降，δ 增加到电磁转矩满足负载需要，此时电机又以新的同步转速转动。

但是，如果加在同步电机上的负载超过最大转矩，那么电机将不会以同步转速转动，δ 会一直增加，在电机上来回产生一个巨大的冲击，导致电机剧烈振动。一旦同步电机转速与旋转电枢磁场转速一致时，平均转矩下降到零，电机转速减慢至停止。

同步电机的转矩-转速特性如图 16.26 所示，通常希望同步电机以过励状态（即 I_f、B_r 和 E_r 比较

大)运行。这里有几个原因：第一，电机产生无功功率；第二，如式(16.51)所示，最大转矩随着 B_r 的增大而增大。

> 通常希望同步电机以过励状态运行，以便获得更大的最大转矩和产生无功功率。

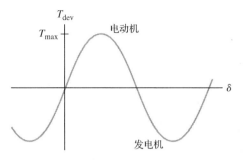

图 16.25　转矩随转矩角的变化图。其中 T_{max} 是同步电机的最大转矩　　　　图 16.26　同步电机的转矩-转速特性

16.3.10　启动方案

由于同步电机从零转矩启动，因此需要一个特殊装置来辅助启动，可用下面几种方法：

> 由于同步电机从零转矩启动，因此需要一个特殊装置来辅助启动。

1. 改变交流电源的频率，从非常低的频率开始(启动频率不到 1 Hz)，通过逐渐增加电源频率来增加电机的运行转速。此方法由电力电子电路来完实现，如回旋转换器可将 60 Hz 电源频率转化为任意所需的频率，这样的系统通常用来精确调速。

2. 用一个原动机带动同步电机来加速启动。此时，同步电机连接上交流电源和负载。一直等到电枢绕组感应电压相位和线电压匹配时才接通交流电源，即转动角 δ 接近零时才合上交流电源，否则由于转子要迅速和定子磁场一致，将出现过电流和过转矩。

3. 许多同步电机的转子都有阻尼器或阻尼导体，其作用类似于鼠笼式转子串联电阻的作用。在励磁绕组短接且无负载下，同步电机作为感应电动机启动，当电机接近同步转速后，连接直流电源来产生励磁，电机进入同步状态，然后连上负载。

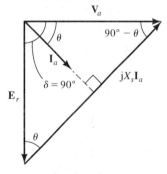

阻尼导体除了用于启动，还有另一个作用，同步电机转速在同步转速上下摆动会引起转动角 δ 来回变化，类似于钟摆。如果接入阻尼导条，振动会逐渐减弱。当以同步转速转动时，在阻尼导条上无感应电压，也不再有摆动效应。

图 16.27　在最大电磁转矩和最大功率条件下的相量图(见练习16.7)

　　练习 16.7　在 $\delta = 90°$ 时，同步电机产生最大转矩和最大功率，试画出该情况下的相量图，证明 $P_{max} = 3(V_a E_r / X_s)$ 和 $T_{max} = 3(V_a E_r / \omega_m X_s)$。

　　答案：见图 16.27 的相量图。

16.4　单相电动机

　　第 15 章分析了通用电动机，即单相交流电动机。本节简略介绍单相交流电动机的其他类型。在家庭、办公室、小型工厂里，单相交流电动机是很重要的，因为在这些地方没有三相电源。

> 通用电动机有更高的功率-质量比，但是使用寿命不长。

和多数感应电动机相比，通用电动机有更高的功率-质量比，但是它们因为存在电刷磨损的问题而导致寿命不长。如果电源频率一定，那么感应电动机就是固定转速的设备。反之，通用电动机的转速可通过供电电压幅值进行调节。

16.4.1 基本单相感应电动机

如图 16.28 所示的基本单相感应电动机，连接交流电源的是电动机定子中的**主绕组**。(接下来会介绍用来启动的辅助绕组。)图 16.6 中也有一个和三相鼠笼式感应电动机一样的鼠笼式转子。

理想情况下，气隙中的磁通在铁芯横截面圆周按正弦规律变化。下式：

$$B = Ki(t)\cos(\theta) \tag{16.52}$$

除符号不同外，与三相感应电动机中的 a 相产生的磁感应强度[见式(16.1)]一致。定子电流如下：

$$i(t) = I_m \cos(\omega t) \tag{16.53}$$

将上述表达式代入式(16.52)中，有

$$B = KI_m \cos(\omega t)\cos(\theta) \tag{16.54}$$

磁通有规律地脉动，而不是旋转，每一个循环改变两次方向。

但是，通过应用余弦三角函数恒等式，将式(16.54)写为

$$B = \frac{1}{2}KI_m \cos(\omega t - \theta) + \frac{1}{2}KI_m \cos(\omega t + \theta) \tag{16.55}$$

式(16.55)等号右边的第一项表示磁通逆时针旋转(因为 θ 角为正)，而第二项表示顺时针旋转。这样，单相感应电动机的磁通可以分解成两个方向相反的磁通。然而，三相感应电动机中的磁通只有一个转动方向。

> 单相感应电动机的脉动磁通可以分解成两个方向相反的磁通。

设电动机转子以角速度 ω_m 逆时针转动，电动机中以同样方向转动的磁通分量被称为**前向分量**，另外一个则被称为**反向分量**。这两个分量中的每一个都产生转矩，但是两者转矩方向相反。每一个分量产生的转矩-转速特性和三相感应电动机的类似。由前向磁场、反向磁场和总磁场产生的转矩如图 16.29 所示。

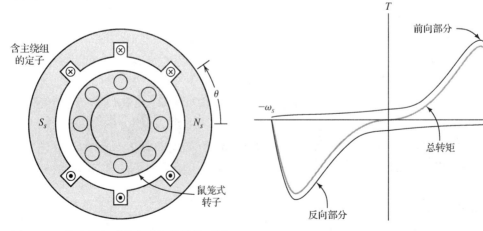

图 16.28　基本单相感应电动机的横截面图　　图 16.29　主绕组产生两个相对转动的磁通分量，每一个分量都能在转子上感应出转矩。主绕组不能单独感应出净启动转矩

注意，该电动机的净启动转矩为零，因此主绕组不会从启动处启动负载。一旦启动，电动机发动启动转矩并在额定范围内加速负载到接近同步转速。其运行特点(以同步转速转动)和三相感应电动机类似。由于转矩-转速的对称性，基本单相电动机能朝任意方向运行良好。

16.4.2 辅助绕组

在多数应用场合下，上述单相感应电动机不具备启动转矩是最严重的问题。但是，可以通过修改并完善驱动电路，使典型单相感应电动机具备启动转矩并提高其运行特性。已表明(详见习题 P16.8)若将幅值相同、相位相差 90° 的两组电流流入绕组，则可以产生前向磁通转动分量。(这和三相感应电动机在相位相差 120° 的绕组中感应产生旋转磁场类似。)如果这两组电流在相位上相差不到90° (但至少大于 0°)，那么前向分量的磁通比反向分量的磁通大，将产生净启动转矩。这样，几乎所有单相感应电动机都需要一个**辅助绕组**，与主绕组在空间位置上相差 90°。为使在主绕组和辅助绕组中的两组电流产生要求的相位偏移，单相感应电动机通过不同的结构设计来满足这种需要。

> 将幅值相同、相位相差 90° 的两组电流流入安装角度相差 90° 的两个绕组，可以产生旋转磁场。

一种办法就是辅助绕组用比主绕组直径更小的线制作，从而获得更高的电阻/感抗比，那么在辅助绕组中电流的相位角与主绕组中的不同。使用了该方法的设备被称为**分相式电动机**(见图 16.30)。通常，设计该辅助绕组仅在启动电动机时使用，一旦电动机转速接近额定转速，远处开关就切断辅助绕组的连接。(比较常见的故障就是该开关不能切断，以至于辅助绕组过热而被烧坏。)

> 单相感应电动机需要一个辅助绕组，与主绕组在空间位置上相差 90°。

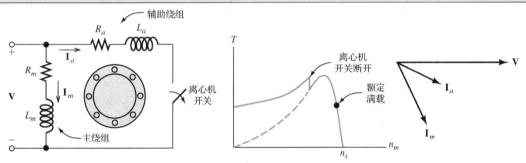

图 16.30 分相式电动机

电动机在主绕组带动下运行，单相感应电动机的转矩会以电源频率的两倍进行脉动变化，因为当定子电流过零时，不会产生转矩。另外，在三相感应电动机中转矩恒定，是因为至少任意瞬间三相中的两相电流为非零值。与同功率等级的三相感应电动机相比，单相感应电动机会有更多的噪声和振动，而且体积更大、质量更重。

> 与相同功率等级的三相感应电动机相比，单相感应电动机有更多的噪声和振动，而且体积更大、质量更重。

在**电容式启动电动机**中，将一个电容与辅助绕组串联，这会比分相式电动机产生更高的启动转矩，因为主绕组和辅助绕组两者中的电流($\mathbf{I}_a$ 和 $\mathbf{I}_m$)相差近 90°。在**电容式运行电动机**中，辅助绕组是电路中固定的一部分，可产生更平滑的转矩曲线并减少振动。将上述二者结合，可以构成**电容启动与电容运行电动机**的结构，如图 16.31 所示。

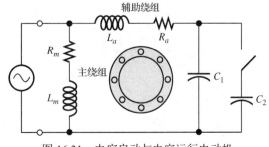

图 16.31 电容启动与电容运行电动机

16.4.3 屏蔽极电动机

最经济的一种方法就是为单相感应电动机提供自行启动方式,称之为屏蔽极电动机,如图 16.32 所示。短路铜环(屏蔽环)被放入部分磁场中,当励磁建立时,屏蔽环中感应出电流。感应出的电流要阻碍励磁磁场变化。随着屏蔽环中电流的衰减,磁场中心朝屏蔽环方向运动,该方向转动有助于其继续转动下去,最终产生启动转矩。这种方法仅用于小型电器(1/20 马力或更小)。

> 屏蔽极电动机仅用于廉价的小型电器。

16.5 步进电动机和无刷直流电动机

16.5.1 步进电动机

步进电动机用于精确、反复地定位,如机床加工应用或喷墨打印机的喷头移动。通过使用一个电子控制器来实现角度控制,该控制器将电脉冲用在电机绕组上,实现电机轴以一步一个角度的单位速度朝一个方向转动,该角度单位可以从 0.72°(每周 500 步)到 15°(每周 24 步)。步进电动机的精确度保证在每步不到 3% 的

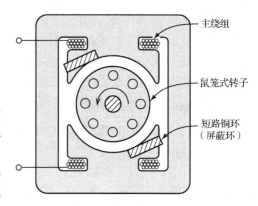

图 16.32 屏蔽电动机

误差范围内。但这种精确度不是步进电动机来回运动的累积误差。通过控制输入的脉冲,可以控制步进电动机的转速,实现从零到最大值的连续控制。

> 如果需要精确、反复地定位,建议采用步进电动机。

步进电动机有几种类型,图 16.33(a)显示了最简单的电动机的横截面,称之为可变磁阻步进电动机。定子上有 8 个凸极,各自相隔 45°。另外,转子上还有 6 个凸极,彼此相隔 60°,这样,如图中所示,当 1 和 A 一致时,2 和 B 逆时针相差 15°,3 和 D 顺时针相差 15°。

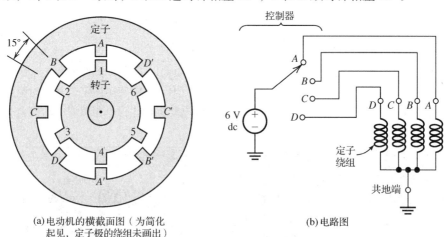

(a)电动机的横截面图(为简化
起见,定子极的绕组未画出)

(b)电路图

图 16.33 可变磁阻步进电动机

定子中包含 4 个绕组(横截面图中未画出)。如图 16.33(b)所示,步进控制器在某时刻给一相绕组提供能量。A 绕组的一部分绕在磁极 A,另一部分绕在磁极 A'。当提供电流后,磁极 A 为磁北极,磁极 A'为磁南极。于是,转子转动到使气隙(磁极 A 或者 A'与转子之间)减小的角度。只要

给 A 绕组提供电流，转子就会固定在图中所示位置。但是，如果控制器开关从磁极 A 移到磁极 B，则转子将顺时针旋转 15°，为的是 2 和 B 一致。这样，开关依次从 B 移动到 C，转子再顺时针旋转 15°。当电源开关连通顺序为 ADCBADCB··· 时，则转子实现反方向转动。

另外一种类型的电动机是**永磁式步进电动机**，其转子为圆筒形（又称听装罐式转子），有一个永磁极，其南北极沿着转子圆周分布。永磁式步进电动机的定子结构类似于磁阻式电动机的定子结构。如同于磁阻类型，当一系列脉冲作用于定子绕组时，转子位置步进改变。**混合式步进电动机**则是可变磁阻与永磁式步进电动机的组合结构。当然，步进电动机的详细说明书可从生产厂家的网站上查到。

16.5.2　无刷直流电动机

通常，直流电动机尤其适合需要高转速且方便提供直流电源的场合，如在飞机和汽车内。但直流电动机有换向器和电刷以及其他不足之处：1) 由于换向器和电刷经常磨损，导致直流电动机的使用寿命较短，尤其在高速运转的工作环境下；2) 电刷在换向片之间的移动会产生电弧，在暴露的环境下容易引起危害，同时会产生严重的电磁干扰。因此，目前新开发了一种**无刷直流电动机**，提供了一个比传统直流电动机更好的选择。

无刷直流电动机的实质就是在永磁式步进电动机上装配位置传感器（霍尔效应或光学效应）和增强功能的控制器。步进电动机的电源每次提供给一个定子绕组。当位置传感器提示转子磁场和定子磁场即将达到一致时，控制器自动切换开关，把能量输入到下一个定子绕组，实现电动机连续、平滑地运转。通过改变施加在定子绕组的脉冲的幅值和脉宽，可方便地调节电动机的转速。这样，无刷直流电动机由直流电源驱动，却具备了类似于传统并励直流电动机的运行特点。

无刷直流电动机主要应用在小功率的场合，其优点是效率比较高、维护少、寿命高、无电磁干扰，能在具有爆炸化学物质的场合下运行，同时也具有很高的转速（50 000 rpm 或更高）。

本章小结

1. 在感应电动机中，给定子绕组提供三相电源，在气隙中产生一同步转速的旋转磁场。如果任意交换电源的两相，则电动机转向反向。

2. 鼠笼式电动机的铝导条嵌入在转子中，当定子磁场转动时，在转子中感应出电流并产生转矩，图 16.10 是其转矩-转速特性。在正常的稳定运行状态下，通常电动机运行时的转差率为 0 到 5%，且输出功率和转矩几乎正比于转差率。

3. 对于感应电动机的性能计算，图 16.13 的单相等效电路是有用的。

4. 在选择感应电动机时需考虑的一些主要参数是：电机效率、启动转矩、最大转矩、功率因数和启动电流。

5. 通常，感应电动机的启动转矩是满载额定转矩的 1.5 倍或更高。这样，感应电动机能够启动任何负载转矩在额定转矩以内的负载。在额定电压下的启动电流通常是满载额定电流的 5～6 倍。

6. 三相同步电动机中的定子绕组用来产生磁极数为 P、同步转速的励磁磁场，转子具有电磁性，电动机以同步转速转动，图 16.26 为该电动机的转矩-转速特性。

7. 一旦在过励状态下运行，同步电动机将产生无功功率，有助于校正工厂的功率因数，减少能量损耗，节约费用。

8. 图 16.18 是三相同步电机的等效电路，常用来进行性能计算。

9. 同步电机启动转矩为零，通过特殊设备来保证其启动。

10. 单相感应电动机有主绕组和辅助绕组，它们安放的位置相差电角度 90°。当仅给主绕组提供能量时，电动机能运行，但启动转矩为零。由于电阻/电抗的比值不一样或因为在电路中存在电容，在两绕组中的电流出现相位差，从而产生启动转矩。一般情况下，当电动机接近额定转速时，断开启动绕组与交流电源的连接。

11. 在相同额定功率的情况下，单相感应电动机要比三相感应电动机更重，且产生更大的振动。

12. 步进电动机常用在需要重复精确定位的场合。

13. 在低功率运行场合，无刷直流电动机是比传统直流电动机更好的选择，因其寿命长、维护少、高转速、无电磁干扰，可在具有爆炸性物质的场合使用。

习题

16.1 节　三相感应电动机

*P16.1　若电源频率从额定值开始减小，为什么必须同时减小提供给感应电动机的电压？

*P16.2　两极感应电动机的磁通密度：$B = B_m \cos(\omega t - \theta)$，其中 B_m 是最大磁通密度，θ 是绕气隙转动的角位移，电机是顺时针旋转的。试分别写出磁极数为 4 和磁极数为 6 的感应电动机磁通密度的表达式。

*P16.3　一台磁极数为 4 的感应电动机，在某负载下运行的转速为 2500 rpm。如将 400 V 直流电转化为三相交流电来给该电机供电，假设转差率为 4%、负载转矩为 2 马力，试求该交流电所需的频率。如果直流-交流的转化效率为 88%，电动机效率为 80%，试求从直流电源中获得的电流。

*P16.4　一台工作频率为 60 Hz、转速接近 850 rpm 的感应电动机，该电动机的磁极数是多少？在该转速下的转差率是多少？

P16.5　感应电动机中定子绕组在气隙中产生的励磁磁场为 $B = B_m \cos(\omega t - 2\theta)$，其中 θ 是图 16.4 中逆时针方向的角位移。试问该电机的磁极数是多少？如果电源频率为 50 Hz，试求磁场的转速，磁场是顺时针还是逆时针旋转的？如果励磁磁场为 $B = B_m \cos(\omega t + 3\theta)$，再求上述各问。

P16.6　在工作频率为 50 Hz 下给三相感应电动机制作一表格，标明不同磁极下该电机的同步转速，设电机最高磁极数为 8。当电源频率为 400 Hz 时，再重复上述问题。

P16.7　解释为什么感应电动机在同步转速下的转矩为零。

P16.8　如图 P16.8 所示，磁极数为 2 的两相感应电动机有空间位置相差 90° 的两绕组。由励磁绕组产生的磁场为 $B_a = K i_a(t) \cos(\theta)$ 和 $B_b = K i_b(t) \cos(\theta - 90°)$，这两相电源分别产生的电流为 $i_a(t) = I_m \cos(\omega t)$ 和 $i_b(t) = I_m \cos(\omega t - 90°)$。试说明总磁场的转动原理，并求其转速和方向，用 K 和 I_m 表示最大的磁通密度。

P16.9　在电动汽车的设计中，磁极数为 4 的三相感应电动机的转轴直接连接到汽车驱动轴上，无须齿轮连接。轮胎的外径为 20 英寸。不用变速器，采用电子逆变器将 48 V 蓄电池转换为变频三相交流电，设转差率变化可忽略，试求当电动汽车以每小时 5～70 英里运行时所需频率的变化范围。整个电动汽车(包括蓄电池和驾乘人员)重 1000 千克，逆变器的效率为 85%，电动机的效率为 89%。a. 忽略风的阻力和路面摩擦力，当汽车在 10 秒内从转速为零平稳地加速到每小时 40 英里(即加速度为常数)时，试求电流的时间函数式。b. 假设汽车以恒定功率加速，重复上题。

P16.10　一台 10 马力、磁极数为 6、电源频率为 60 Hz 的三相感应电动机在满载下以 1160 rpm 转速运行。试求此时的电动机的转差率和转子电流频率？当负载转矩下降一半时，计算电动机转速。

P16.11　对于图 16.7 的感应电动机，如果原动机以高于同步转速带动转子，试重画图形以标明转子上的电流方向，以及转子上的磁极数和电磁转矩方向。试问，此时电机工作在电动机状态还是发电机状态？

P16.12　如图 P16.8 所示，磁极数为 2 的两相感应电动机有空间位置相差 90° 的两绕组。由励磁绕组产生的磁场为 $B_a = Ki_a(t)\cos(\theta)$ 和 $B_b = Ki_b(t)\cos(\theta - 90°)$，这两相电源分别产生的电流为 $i_a(t) = I_m\cos(2\omega t)$ 和 $i_b(t) = I_m\cos(2\omega t + 90°)$。试说明总磁场的转动原理，并求其转速和方向，用 K 和 I_m 表示最大的磁通密度。

P16.13　假设用超导材料做成感应电动机的转子导条（即转子只有纯电感，零电阻），这能否改善电动机的性能？从电动机的转矩-转速特性考虑解释。

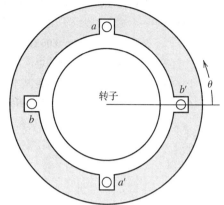

图 P16.8　两极感应电动机

16.2 节　感应电动机的等效电路和性能计算

*P16.14　一台磁极数为 2、电源频率为 60 Hz 感应电动机的转速为 3500 rpm，输出功率为 5 马力。运行在空载下的转速为 3598 rpm。设转子损耗与转速无关，试求转速在 3500 rpm 时的转动功率损耗。

*P16.15　电压有效值为 240 V、60 Hz 电源供电给磁极数为 4、三角形连接的三相感应电动机，该电动机有 $R_s = 1\ \Omega$，$R'_r = 0.5\ \Omega$，$X_s = 1.5\ \Omega$，$X'_r = 0.8\ \Omega$，$X_m = 40\ \Omega$。电动机在负载下运行的转速为 1728 rpm，转子损耗为 200 W。如果忽略转子损耗，试求空载运行下电动机的转速、线电流和功率因数。

*P16.16　交流电源的频率为 60 Hz，电压有效值为 220 V，试画出磁极数为 4、输出功率为 5 马力、三角形连接的三相感应电动机的转矩-转速特性。计算并标出关键性能参数，如电动机满载运行下的转速、满载转矩、最大转矩和启动转矩；并计算满载稳定运行的线电流和启动时的线电流。

*P16.17　有时，为了将启动电流减小到一合理值，感应电动机通过降低电压来启动，当电动机转速接近额定转速时，再将所需电压增加到额定值。如果启动电压为 220 V，试计算例 16.2 的电动机的启动线电流和电机转矩，比较降压启动和正常启动时的计算结果，并加以评价。

*P16.18　一台磁极数为 6、电压有效值为 440V、频率为 60 Hz、三角形连接的感应电动机，参数 $R_s = 0.08\ \Omega$，$R'_r = 0.06\ \Omega$，$X_s = 0.20\ \Omega$，$X'_r = 0.15\ \Omega$，$X_m = 7.5\ \Omega$。忽略转子损耗，试求空载运行下的转速、线电流和功率因数。

*P16.19　一台供电电源的线电压有效值为 440 V、频率为 60 Hz、Y 形连接的三相感应式电机，功率因数为 80% 滞后，功率因数角滞后即电感性，线电流为 16.8 A。定子铜损是 350 W，转子铜损为 120 W，总的转子损耗为 400 W。试求气隙损失功率 P_{ag}、电磁功率 P_{dev}、输出功率 P_{out} 和效率。

P16.20　额定电压为 240 V、频率为 60 Hz 的电源，供电给磁极数为 4、三角形连接的三相感应式电机，该电动机有 $R_s = 1\ \Omega$，$R'_r = 0.5\ \Omega$，$X_s = 1.5\ \Omega$，$X'_r = 0.8\ \Omega$，$X_m = 40\ \Omega$。忽略各损耗，试求电动机的启动转矩和启动线电流。

P16.21　一台额定功率为 2 马力、磁极数为 6、电源频率为 60 Hz、三角形连接的三相感应电动机。若额定转速为 1140 rpm，电压有效值为 220 V，线电流为 5.72 A，功率因数为 80%，电感性，试求电动机满载下的效率。

P16.22 限制启动电流的另外一个方法就是在电机启动时给定子绕组串联一个额外电阻,当电机接近额定转速时去掉所加电阻。为了将例 16.1 和例 16.2 的启动电流限制在 $50\sqrt{3}$ A,分别计算所需串联的电阻值,并计算串联电阻后的启动转矩,与例 16.2 的启动转矩进行比较,并加以评价。

P16.23 一台磁极数为 6、电压有效值为 440 V、频率为 60 Hz、三角形连接的感应电动机,其参数为 $R_s = 0.08\ \Omega$,$R'_r = 0.06\ \Omega$,$X_s = 0.20\ \Omega$,$X'_r = 0.15\ \Omega$,$X_m = 7.5\ \Omega$。忽略各种损耗,试求电动机的启动转矩和启动线电流。

P16.24 感应电动机转子的两种基本结构分别是什么?哪一个更经久耐用?

P16.25 一台感应电动机的工作频率为 60 Hz,其转矩-转速特性和负载线如图 P16.25 所示。试问电动机的磁极数有多少?忽略转子损耗,计算工作在稳定状态下时的电动机转速、转差率、输出功率和转子铜损。

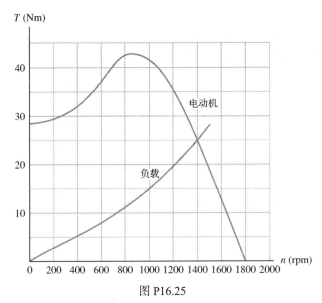

图 P16.25

P16.26 工作电源频率为 60 Hz 的绕线式感应电动机,转差率为 40%,通过增加转子的电阻来调速,设定子绕组电阻相比于转子绕组电阻可忽略,也忽略转动中的各种损耗,试求这台电动机的效率。

P16.27 列出选择电机时最重要的 5 个规格参数(除价格外)的最优值,或者指出参数是大些好还是小些好。

P16.28 一台工作频率为 60 Hz 的感应电动机,其转矩-转速特性和负载线如图 P16.25 所示。设电动机和负载的转动惯性为 5 kg·m²。计算电动机从静止加速到 1000 rpm 所需的时间。[提示:电动机输出转矩和负载转矩之差大约 25 N·m 才能满足转速建立的需求。]

P16.29 一台磁极数为 4、工作频率为 60 Hz、有效值为 240 V 的感应电动机,其转速为 1750 rpm,并输出 2 马力功率。其负载为起重机,要求输出转矩与转速的关系为常数。假设电动机运行在转矩正比于转差率的情形下,当电动机在额定电压时写出电动机转矩和转差率的关系式;当电源电压降为 220 V 时写出修正的表达式,并估算此时的电动机转速。

P16.30 一台磁极数为 8、工作频率为 60 Hz 的交流感应电动机,其转速为 850 rpm,输出功率为 2 马力,转子损耗为 100 W,试求该电动机的转差率、定子电流的频率、转子电流的频率及转子的铜损。

P16.31 一台磁极数为 6、工作电压为 440 V、工作频率为 60 Hz、三角形连接的感应电动机,其参数为 $R_s = 0.08\ \Omega$,$R'_r = 0.06\ \Omega$,$X_s = 0.20\ \Omega$,$X'_r = 0.15\ \Omega$,$X_m = 7.5\ \Omega$。在负载状态下,电动机的转差率为 4%,转子损耗为 2 kW,试求功率因数、最大转矩、铜损、输出转矩和效率。

P16.32 额定电压为 240 V、60 Hz 的电源，供给磁极数为 4、三角形连接的三相感应电动机，其参数为 $R_s = 1\,\Omega, R'_r = 0.5\,\Omega, X_s = 1.5\,\Omega, X'_r = 0.8\,\Omega, X_m = 40\,\Omega$。电动机在负载状态下的转速为 1728 rpm，转子损耗为 200 W。试求电动机的功率因数、输出转矩和效率。

16.3 节 同步电机

*P16.33 列出启动同步电机的几种方法。

*P16.34 a. 一台工作频率为 60 Hz、磁极数为 12 的同步感应电动机，驱动一台磁极数为 10 的发电机。在发电机电枢绕组上感应出的电压频率是多少？b. 假设需要驱动的一负载的转速为 1000 rpm，计算 60 Hz 三相电源的输出功率。画出整个系统图，并标明磁极数和各台机器的运行频率。（提示：有多个正确答案。）

*P16.35 一台 480 V 的三角形连接的同步感应电动机，运行在零电磁功率下，输入相电流为 15 A，并滞后于相电压。同步电机电抗为 5 Ω，励磁电流为 5 A。设转子磁场幅值正比于励磁电流，试问需要多大的励磁电流才能将电枢绕组的电流减小为零。

*P16.36 同步电机工作在 75% 额定负载下的功率因数为 100%。如果负载增加到额定状态的输出功率，试问下列物理量如何变化：a. 励磁电流；b. 转速；c. 输出转矩；d. 电枢绕组电流；e. 功率因数；f. 转矩角。

*P16.37 一台电机的磁极数为 10，工作频率为 60 Hz，电磁功率为 100 马力。当电机满载运行时，转矩角为 20°。画出该电机的转矩-转速特性，并标明额定转矩和最大转矩。

P16.38 一台工作频率为 60 Hz、工作电压为 480 V、功率为 200 马力、三角形连接的同步感应电动机在空载下运行，励磁电流可调到最小值 16.45 A，每相电枢绕组的复阻抗为 $R_s + jX_s = 0.05 + j1.4$（本章一直忽略 R_s，但其对电机效率的计算却很重要。）计算电动机在功率因数 90% 超前、满载运行下的效率。

P16.39 什么是同步电机的电容器？使用它有什么实际好处。

P16.40 画出同步电机的 V 形曲线，并标注坐标。指出哪里是功率因数超前，哪里是滞后，并画出对应 V 形曲线的最小点处的相量图。

P16.41 同步电机运行在 100% 额定负载、100% 功率因数下。如果励磁电流增加，下列物理量如何变化：a. 输出功率；b. 机械转速；c. 输出转矩；d. 电枢绕组电流；e. 功率因数；f. 转矩角。

P16.42 一台电机的磁极数为 6，工作频率为 60 Hz，电磁功率为 5 马力，转矩角为 5°。试求电机转速和电磁转矩。假设负载增加到电磁转矩的两倍，试求新的转矩角、最大转矩和最大电磁功率。

P16.43 一台磁极数为 8、工作电压为 240 V、工作频率为 60 Hz、三角形连接的同步电机以固定电磁功率 50 马力运行，100% 功率因数，转矩角为 15°。如果通过增加 B_r 来增加 20% 的励磁电流，试求此时新的转矩角和功率因数，新的功率因数是超前还是滞后？

P16.44 工作电压为 240 V、工作频率为 60 Hz、磁极数为 6、三角形连接的同步感应电动机的额定功率为 100 马力，其电磁功率（包括损耗在内）为 50 马力，功率因数为 90%、超前，电抗 $X_s = 0.5\,\Omega$。试求：a. 该电动机的转速和电磁转矩；b. 相量 $\mathbf{I}_a$、$\mathbf{E}_r$ 和转矩角；c. 设励磁为常数，负载转矩一直增加到 100 马力，试求新的相量 $\mathbf{I}_a$、$\mathbf{E}_r$、转矩角和功率因数。

P16.45 工作电压为 240 V、工作频率为 60 Hz、磁极数为 6、三角形连接的同步感应电动机运行的电磁功率为 100 马力（包含损耗在内），功率因数为 85%，滞后，电抗为 $X_s = 0.5\,\Omega$，励磁电流为 $I_f = 10$ A。假设没有出现磁饱和且 B_r 正比于 I_f，拟实现功率因数为 100%，需要多大的励磁电流？

P16.46 一台磁极数为 6、工作电压为 240 V、工作频率为 60 Hz、三角形连接的同步感应电动机运行的电磁功率为 50 马力，100% 功率因数，转矩角为 15°。试求该电机的相电流。假设改变负载使得电磁功率为零，试求新的电流值、功率因数和转矩角。

P16.47　设同步电机作为仪器来测量电枢绕组的电流和电压、励磁电流，励磁电路中含变阻器来调节励磁电流大小。讨论如何调节励磁电流来得到 100%功率因数。

P16.48　给出在工业应用上同步电动机比感应式电动机更合适的两种实例。

16.4 节　单相电动机

*P16.49　农场的一幢房子坐落在密歇根州北部乡间道路的尽头。从配电箱处至负载的导线的戴维南等效阻抗为 $0.2 + j0.2\ \Omega$。交流电源的电压频率为 60 Hz，电压有效值为 240 V。使用一台功率为 2 马力、电压有效值为 240 V、电容启动式的单相电动机来抽水。一般情况下，在满载情况下，该电动机功率因数为 75%，效率为 80%。设启动电流是满载下电流的 6 倍，试计算当电动机刚启动抽水时，最糟糕情形下供给房子的压降百分比是多少？

*P16.50　一台额定功率为 1 马力、工作电压为 120 V、工作频率为 60 Hz、电容启动式的单相感应电动机在满载下运行时的转速为 1740 rpm，其从电源处吸收电流 10.2 A，电动机效率为 80%。试求：
a. 电动机的功率因数；b. 满载下的转子阻抗；c. 电动机转子的极数。

P16.51　哪一种电动机更适合使用在便携式真空除尘器中，是感应式电动机还是通用电动机？对于家用暖气系统的风扇呢？对于冰箱的压缩机呢？对于可调速的手持式电钻呢？请为以上每个答案给出理由。

P16.52　设在微小转差率下，单相感应电动机输出功率的表达式为 $P_{out} = K_1 s - K_2$，其中 K_1 和 K_2 是常数，s 是转差率。工作在满载时的转速为 3500 rpm，功率为 0.5 马力；而工作在空载时的转速为 3595 rpm，试求输出功率为 0.2 马力时的转速。

P16.53　如何让单相电容启动的感应电动机反转？

P16.54　一台工作频率为 60 Hz、额定功率为 0.5 马力的电动机，在启动时的励磁阻抗如图 P16.54 所示。试求需要多大的电容 C，使得相量 $\mathbf{I}_a$ 和 $\mathbf{I}_m$ 的相位角相差 90°。

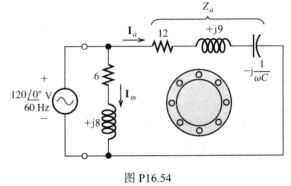

图 P16.54

16.5 节　步进电动机和无刷直流电动机

P16.55　对于一台有 6 个定子极数、8 个转子极数的步进电动机，试画出其结构的横截面图。可以参考图 16.33(a)，标出绕组及顺时针旋转的次序，说明每步转动角如何随之变化。

P16.56　利用网络查找步进电动机的更多资料。

P16.57　和传统直流电动机相比，无刷直流电动机有哪些优点？

测试题

T16.1　a. 磁极数为 4 的三相感应电动机的定子绕组电流在气隙中产生磁场，试定性描述该磁场；b. 写出磁通密度(是时间和角位移的函数)方程。

T16.2　除价格低廉外，列出感应电动机的其他 5 个优越的性能。

T16.3 一台工作频率为 60 Hz、电压为 240 V，磁极数为 8、Y 形连接的三相感应式电动机的参数如下：$R_s = 0.5\ \Omega$，$R'_r = 0.5\ \Omega$，$X_s = 2\ \Omega$，$X'_r = 0.8\ \Omega$，$X_m = 40\ \Omega$。在负载状态下，电动机转速为 864 rpm 且转子损耗为 150 W。试求功率因数、输出功率、线电流、铜损、输出转矩和电机效率。

T16.4 一台工作频率为 60 Hz、磁极数为 8、功率为 20 马力的三相感应电动机在满载下的转速为 850 rpm。试求满载下的转差率和转子电流频率。当负载转矩下降至 20% 时，试计算该电动机转速。

T16.5 描述工作频率为 60 Hz、磁极数为 6 的三相同步电动机的结构和工作原理。

T16.6 一台工作频率为 60 Hz、工作电压为 440 V、磁极数为 6、三角形连接的同步电动机，其电磁功率恒为 20 马力，100% 功率因数，转矩角为 10°。励磁电流下降使得 B_r 下降 25%，求新的转矩角和功率因数，功率因数是超前还是滞后？

附录A　复　　数

在第 5 章讨论过，如果正弦电压和电流全部用复数即相量表示，那么稳定条件下的正弦电路的分析就更为简单。以下复习复数的有关知识。

复数的基本概念

复数含有虚数 $j = \sqrt{-1}$（电气工程师采用 j 而不用 i 来表示 -1 的平方根，因为 i 在电路中表示电流）。复数的例子有 $3 + j4$ 和 $-2 + j5$。

对于复数 $Z = x + jy$，其中 x 被称为复数的**实部**，y 被称为复数的**虚部**。复数在**复平面**上的表达为：用横坐标的值表示实部，用纵坐标的值表示虚部，那么该复数就是从坐标原点出发指向由横坐标和纵坐标值确定的该点的有向线段，如图 A.1 所示。

纯虚数如 j6，其实部为零。另外，**纯实数**如 5，其虚部为零。

复数的代数式 $x + jy$ 在复平面图上用**直角坐标**表示，**共轭复数**通过改变原复数的虚部符号即可得到。如 $Z_2 = 3 - j4$，其共轭复数为 $Z_2^* = 3 + j4$（注意用符号*表示复共轭）。

复数的加、减、乘和除运算类似于代数运算，不过需要用 $j^2 = -1$ 替换。

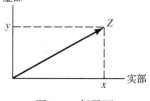

图 A.1　复平面

例 A.1　直角坐标式复数的运算

已知 $Z_1 = 5 + j5$，$Z_2 = 3 - j4$，试求 $Z_1 + Z_2$、$Z_1 - Z_2$、$Z_1 Z_2$ 和 Z_1 / Z_2 的直角坐标式。

解：对于复数的加法，有

$$Z_1 + Z_2 = (5 + j5) + (3 - j4) = 8 + j1$$

注意：复数的加法运算就是复数的实部和实部相加，虚部和虚部相加。

对于复数的减法，有

$$Z_1 - Z_2 = (5 + j5) - (3 - j4) = 2 + j9$$

在这例子中，Z_2 的实部和虚部分别被 Z_1 的相应部分减去。

对于复数的乘法，有

$$
\begin{aligned}
Z_1 Z_2 &= (5 + j5)(3 - j4) \\
&= 15 - j20 + j15 - j^2 20 \\
&= 15 - j20 + j15 + 20 \\
&= 35 - j5
\end{aligned}
$$

注意：我们扩展了二项式的乘法，然后再应用 $j^2 = -1$。

对于复数的除法，有

$$\frac{Z_1}{Z_2} = \frac{5 + j5}{3 - j4}$$

为将式子化简为直角坐标式(也称代数式)，通过将分子和分母同乘上分母的共轭复数，这样分母就变为纯实部。然后，将分子的每部分都除以实数分母，有

$$\frac{Z_1}{Z_2} = \frac{5 + j5}{3 - j4} \times \frac{Z_2^*}{Z_2^*}$$

$$= \frac{5 + j5}{3 - j4} \times \frac{3 + j4}{3 + j4}$$

$$= \frac{15 + j20 + j15 + j^2 20}{9 + j12 - j12 - j^2 16}$$

$$= \frac{15 + j20 + j15 - 20}{9 + j12 - j12 + 16}$$

$$= \frac{-5 + j35}{25}$$

$$= -0.2 + j1.4$$

练习 A.1 已知 $Z_1 = 2 - j3$，$Z_2 = 8 + j6$，试求 $Z_1 + Z_2$、$Z_1 - Z_2$、$Z_1 Z_2$ 和 Z_1 / Z_2 的直角坐标式。

答案： $Z_1 + Z_2 = 10 + j3$，$Z_1 - Z_2 = -6 - j9$，$Z_1 Z_2 = 34 - j12$，$Z_1 / Z_2 = -0.02 - j0.36$。

极坐标式的复数

复数可以用**极坐标式**表示：有向线段的长度表示复数的大小，有向线段与正实轴的夹角表示极坐标的角度，复数的极坐标式为

$$Z_3 = 5\underline{/30°} \qquad Z_4 = 10\underline{/-45°}$$

如图 A.2 所示。有向线段的长度表示复数 Z 的大小，也被称为复数的模，即 $|Z|$。

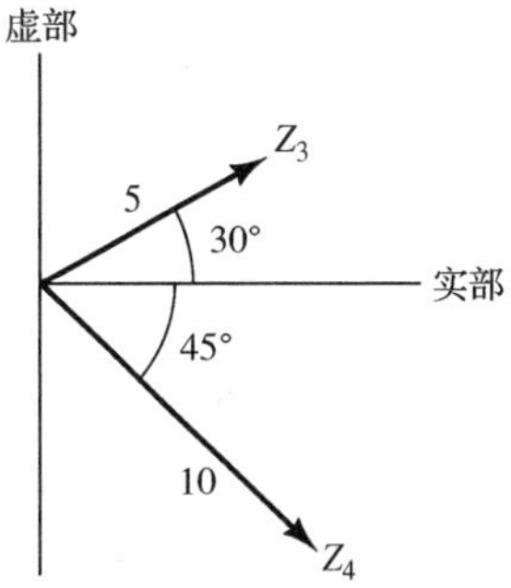

图 A.2 极坐标式的复数

复数可以由极坐标转化为直角坐标，反之亦然，通过复数的模 $|Z|$、复数的实部 x 以及复数的虚部 y 构成直角三角形，如图 A.3 所示。由此三角形可得如下关系式：

$$|Z|^2 = x^2 + y^2 \qquad (A.1)$$

$$\tan(\theta) = \frac{y}{x} \qquad (A.2)$$

$$x = |Z| \cos(\theta) \qquad (A.3)$$

$$y = |Z| \sin(\theta) \qquad (A.4)$$

用这些式子可以将极坐标式的复数转化为直角坐标式的，反之亦然。

例 A.2 由极坐标式转化为直角坐标式

将复数 $Z_3 = 5\underline{/30°}$ 转化为直角坐标式。

解： 根据式（A.3）和式（A.4），有

$$x = |Z| \cos(\theta) = 5 \cos(30°) = 4.33$$

$$y = |Z| \sin(\theta) = 5 \sin(30°) = 2.5$$

即有 $Z_3 = 5\underline{/30°} = x + jy = 4.33 + j2.5$。

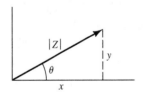

图 A.3 复数的表达方式

例 A.3 由直角坐标式转化为极坐标式

将复数 $Z_5 = 10 + j5$ 和复数 $Z_6 = -10 + j5$ 转化为极坐标式。

解： 如图 A.4 所示，根据式（A.1），求出每个复数的模，有

$$|Z_5| = \sqrt{x_5^2 + y_5^2} = \sqrt{10^2 + 5^2} = 11.18$$

$$|Z_6| = \sqrt{x_6^2 + y_6^2} = \sqrt{(-10)^2 + 5^2} = 11.18$$

根据式(A.2)，有

$$\tan(\theta_5) = \frac{y_5}{x_5} = \frac{5}{10} = 0.5$$

对上式两边取反正切，有

$$\theta_5 = \arctan(0.5) = 26.57°$$

即

$$Z_5 = 10 + j5 = 11.18\underline{/26.57°}$$

如图 A.4 所示。

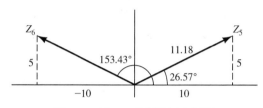

图 A.4　例 A.3 的复数极坐标图

根据式(A.2)求 Z_6，有

$$\tan(\theta_6) = \frac{y_6}{x_6} = \frac{5}{-10} = -0.5$$

对上式两边取反正切，有

$$\theta_6 = -26.57°$$

根据图 A.4 所示的 $Z_6 = -10 + j5$，显然所求的相位角 θ_6 是不对的。产生这个原因是反正切函数所求的值有多个，而实际上通过计算器或程序得到的值只是基本值。如果复数在虚轴的左半部(也就是实部为负数)，必须加(或减)180°到反正切所求的值上。

这样，得到负数 Z_6 的真实相位角

$$\theta_6 = 180 + \arctan\left(\frac{y_6}{x_6}\right) = 180 - 26.57 = 153.43°$$

最后，可得

$$Z_6 = -10 + j5 = 11.18\underline{/153.43°}$$

对于例 A.2 和例 A.3 所演示的过程，其实只要一台简易计算器就可执行。但是，必须重视通过反正切所求的角度，如果该复数实部为正，那么计算器所求的角度就是真实角度；如果复数实部为负，其真实角度为

$$\theta = \arctan\left(\frac{y}{x}\right) \pm 180° \tag{A.5}$$

多数科学计算器都能通过简单操作把复数从极坐标转化为直角坐标，反之亦然。用自己的计算器熟悉此操作，并建议在复平面图上画出该复数，便于检查计算结果是否正确。

练习 A.2　将复数 $Z_1 = 15\underline{/45°}$、$Z_2 = 10\underline{/-150°}$ 和 $Z_3 = 5\underline{/90°}$ 转化为直角坐标式。

答案：$Z_1 = 10.6 + j10.6$，$Z_2 = -8.66 - j5$，$Z_3 = j5$。

练习 A.3　将复数 $Z_1 = 3 + j4$、$Z_2 = -j10$ 和 $Z_3 = -5 - j5$ 转换为极坐标式。

答案：$Z_1 = 5\underline{/53.13°}$，$Z_2 = 10\underline{/-90°}$，$Z_3 = 7.07\underline{/-135°}$。

欧拉公式

欧拉公式揭示了复数和正弦量之间的关系，欧拉公式表述为

$$\cos(\theta) = \frac{e^{j\theta} + e^{-j\theta}}{2} \tag{A.6}$$

$$\sin(\theta) = \frac{e^{j\theta} - e^{-j\theta}}{2j} \tag{A.7}$$

欧拉公式的另外一种形式为

$$e^{j\theta} = \cos(\theta) + j\sin(\theta) \tag{A.8}$$

$$e^{-j\theta} = \cos(\theta) - j\sin(\theta) \tag{A.9}$$

由此，复数 $e^{j\theta}$ 的实部为 $\cos(\theta)$，虚部为 $\sin(\theta)$，如图 A.5 所示，其幅值为

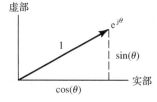

图 A.5 欧拉公式

$$|e^{j\theta}| = \sqrt{\cos^2(\theta) + \sin^2(\theta)}$$

由 $\cos^2(\theta) + \sin^2(\theta) = 1$，上式化为

$$|e^{j\theta}| = 1 \tag{A.10}$$

而且，复数 $e^{j\theta}$ 的角度为 θ，有

$$e^{j\theta} = 1\underline{/\theta} = \cos(\theta) + j\sin(\theta) \tag{A.11}$$

类似有

$$e^{-j\theta} = 1\underline{/-\theta} = \cos(\theta) - j\sin(\theta) \tag{A.12}$$

其中，$e^{-j\theta}$ 是复数 $e^{j\theta}$ 的复共轭。

复数 $A\underline{/\theta}$ 可以写成

$$A\underline{/\theta} = A \times (1\underline{/\theta}) = Ae^{j\theta} \tag{A.13}$$

$Ae^{j\theta}$ 被称为复数的**指数式**。可见，每个复数可用三种形式表示，即直角坐标式、极坐标式以及指数式。将式(A.11)替换式(A.13)中的 $e^{j\theta}$，可得到复数的三种形式之间的变换关系：

$$A\underline{/\theta} = Ae^{j\theta} = A\cos(\theta) + jA\sin(\theta) \tag{A.14}$$

例 A.4 复数的指数式

用指数式和直角坐标式表述复数 $Z = 10\underline{/60°}$，并在复平面图上画出复数。

解：根据式(A.13)把复数的极坐标式转化为指数式，有

$$Z = 10\underline{/60°} = 10e^{j60°}$$

根据式(A.8)可得到复数的直角坐标式

$$\begin{aligned} Z &= 10 \times (e^{j60°}) \\ &= 10 \times [\cos(60°) + j\sin(60°)] \\ &= 5 + j8.66 \end{aligned}$$

复数 Z 的图形表示如图 A.6 所示。

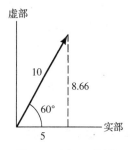

图 A.6 例 A.4 的图

练习 A.4 将复数 $Z_1 = 10 + j10$ 和 $Z_2 = -10 + j10$ 用极坐标式和指数式表示。

答案：$Z_1 = 14.14\underline{/45°} = 14.14e^{j45°}$，$Z_2 = 14.14\underline{/135°} = 14.14e^{j135°}$。

运用复数的极坐标和指数式进行算术运算

为了完成复数的加减运算，必须首先把复数转化为直角坐标式，然后分别将实部和实部相加减，将虚部和虚部相加减。

已知两指数形式的复数如下：

$$Z_1 = |Z_1|e^{j\theta_1} \qquad Z_2 = |Z_2|e^{j\theta_2}$$

其对应的极坐标式如下：

$$Z_1 = |Z_1|\underline{/\theta_1} \qquad Z_2 = |Z_2|\underline{/\theta_2}$$

复数的乘法可用指数式进行，有

$$Z_1 \times Z_2 = |Z_1|e^{j\theta_1} \times |Z_2|e^{j\theta_2} = |Z_1||Z_2|e^{j(\theta_1+\theta_2)}$$

类似地，用极坐标式实现复数的乘法，有

$$Z_1 \times Z_2 = |Z_1|\underline{/\theta_1} \times |Z_2|\underline{/\theta_2} = |Z_1||Z_2|\underline{/\theta_1 + \theta_2}$$

可见，极坐标式的复数相乘的步骤是：分别完成幅度相乘和相位角相加。

对于复数的除法，指数形式有

$$\frac{Z_1}{Z_2} = \frac{|Z_1|e^{j\theta_1}}{|Z_2|e^{j\theta_2}} = \frac{|Z_1|}{|Z_2|}e^{j(\theta_1-\theta_2)}$$

如采用极坐标式，则有

$$\frac{Z_1}{Z_2} = \frac{|Z_1|\underline{/\theta_1}}{|Z_2|\underline{/\theta_2}} = \frac{|Z_1|}{|Z_2|}\underline{/\theta_1 - \theta_2}$$

可见，采用极坐标式的复数相除的步骤是：分别完成幅值相除和相位角相减。

例A.5 极坐标式的复数运算

已知 $Z_1=10\underline{/60°}$ 和 $Z_2=5\underline{/45°}$，试求 Z_1Z_2、Z_1/Z_2 及 Z_1+Z_2 的极坐标式。

解：对于复数的乘法，有

$$Z_1 \times Z_2 = 10\underline{/60°} \times 5\underline{/45°} = 50\underline{/105°}$$

对于复数的除法，有

$$\frac{Z_1}{Z_2} = \frac{10\underline{/60°}}{5\underline{/45°}} = 2\underline{/15°}$$

对于复数的加减，必须先将复数转化为直角坐标式。

根据式(A.14)，有

$$Z_1 = 10\underline{/60°} = 10\cos(60°) + j10\sin(60°)$$
$$= 5 + j8.66$$
$$Z_2 = 5\underline{/45°} = 5\cos(45°) + j5\sin(45°)$$
$$= 3.54 + j3.54$$

把两复数相加，其和 Z_s 为

$$Z_s = Z_1 + Z_2 = 5 + j8.66 + 3.54 + j3.54$$
$$= 8.54 + j12.2$$

再把 Z_s 转化为极坐标式：

$$|Z_s| = \sqrt{(8.54)^2 + (12.2)^2} = 14.9$$

$$\tan \theta_s = \frac{12.2}{8.54} = 1.43$$

对等式两边取反正切，有

$$\theta_s = \arctan(1.43) = 55°$$

因为 Z_s 的实部为正值，所求的反正切基本角为正确的(也就是55°是正确的)。

$$Z_s = Z_1 + Z_2 = 14.9\underline{/55°}$$

练习 A.5 已知 $Z_1 = 10\underline{/30°}$ 和 $Z_2 = 20\underline{/135°}$，试求 Z_1Z_2、Z_1/Z_2、$Z_1 - Z_2$ 和 $Z_1 + Z_2$ 的极坐标式。

答案: $Z_1Z_2 = 200\underline{/165°}$，$Z_1/Z_2 = 0.5\underline{/-105°}$，$Z_1 - Z_2 = 24.6\underline{/-21.8°}$，$Z_1 + Z_2 = 19.9\underline{/106°}$。

小结*

1. 复数可以表示成直角坐标式、极坐标式及指数式。对于稳定条件下的交流正弦电路相量法的分析，掌握复数的加、减、乘和除运算是必要的。

2. 通过欧拉公式将正弦量和复数联系一起。

习题

PA.1 已知 $Z_1 = 2 + j3$ 和 $Z_2 = 4 - j3$，求 $Z_1 + Z_2$、$Z_1 - Z_2$、Z_1Z_2 和 Z_1/Z_2 的直角坐标式。

PA.2 已知 $Z_1 = 1 - j2$ 和 $Z_2 = 2 + j3$，求 $Z_1 + Z_2$、$Z_1 - Z_2$、Z_1Z_2 和 Z_1/Z_2 的直角坐标式。

PA.3 已知 $Z_1 = 10 + j5$ 和 $Z_2 = 20 - j20$，求 $Z_1 + Z_2$、$Z_1 - Z_2$、Z_1Z_2 和 Z_1/Z_2 的直角坐标式。

PA.4 将下列复数分别用极坐标式和指数式表示。a. $Z_a = 5 - j5$; b. $Z_b = -10 + j5$; c. $Z_c = -3 - j4$; d. $Z_d = -j12$。

PA.5 将下列复数分别用直角坐标式和指数式表示。a. $Z_a = 5\underline{/45°}$; b. $Z_b = 10\underline{/120°}$; c. $Z_c = -15\underline{/-90°}$; d. $Z_d = -10\underline{/60°}$。

PA.6 将下列复数分别用直角坐标式和极坐标式表示。a. $Z_a = 5e^{j30°}$; b. $Z_b = 10e^{-j45°}$; c. $Z_c = 100e^{j135°}$; d. $Z_d = 6e^{j90°}$。

PA.7 把下列复数转化为直角坐标式：

a. $Z_a = 5 + j5 + 10\underline{/30°}$;

b. $Z_b = 5\underline{/45°} - j10$;

c. $Z_c = \dfrac{10\underline{/45°}}{3 + j4}$;

d. $Z_d = \dfrac{15}{5\underline{/90°}}$。

附录 B 电阻的标称值与色标

各种系列的电阻被广泛应用于电子电路中。容差(误差)分别为 5%、10%、20%，具有碳薄膜和含碳物质的电阻有各种标称等级的功率值(如 1/8 W、1/4 W 和 1/2 W)。这类电阻在电子电路中的作用并非核心元件，比如偏置电阻。

而容差为 1% 的金属薄膜电阻则用于对精度有更高要求的电路，比如运算放大器的反馈电阻。

线绕电阻可用于大功耗等级的电路。线绕电阻通常由电阻丝在某些材料(如陶瓷)上绕制而成，因而具有一定的电感值，不适合在高频电路中作为纯电阻使用。

电阻的电阻值和容差 5%、10%、20% 通过表面的色环来表示，如图 B.1 所示。最靠近电阻一端的色环为第 1 条线。第 1 条线和第 2 条线表示电阻值的非零数值。第 3 条线表示以 10 为底的指数值。第 4 条线代表电阻的容差。第 5 条线可有可无，表示此电阻是否满足军用的可靠性标准。

表 B.1 综合了电阻表面色环的颜色对应的信息，分别列出了容差为 5%、10% 和 20% 的电阻的标准标称值。表 B.2 列出了容差为 1% 的电阻的标准标称值。

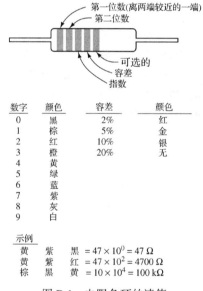

数字	颜色	容差	颜色
0	黑	2%	红
1	棕	5%	金
2	红	10%	银
3	橙	20%	无
4	黄		
5	绿		
6	蓝		
7	紫		
8	灰		
9	白		

示例

黄　紫　黑　$= 47 \times 10^0 = 47\ \Omega$
黄　紫　红　$= 47 \times 10^2 = 4700\ \Omega$
棕　黑　黄　$= 10 \times 10^4 = 100\ \text{k}\Omega$

图 B.1　电阻色环的读值

表 B.1　5% 容差的电阻的标准标称值 [a]

10	16	27	43	68
11	**18**	30	**47**	75
12	20	**33**	51	**82**
13	**22**	36	**56**	91
15	24	**39**	62	

[a] 10% 和 20% 容差的电阻的标称值只能在上述的加粗数字中找到。

表 B.2 1%容差的金属薄膜电阻的标准标称值

100	140	196	274	383	536	750
102	143	200	280	392	549	768
105	147	205	187	402	562	787
107	150	210	294	412	576	806
110	154	215	301	422	590	825
113	158	221	309	432	604	845
115	162	226	316	442	619	866
118	165	232	324	453	634	887
121	169	237	332	464	649	909
124	174	243	340	475	665	931
127	178	249	348	487	681	953
130	182	255	357	499	698	953
133	187	261	365	511	715	
137	191	267	374	523	732	

附录 C　工程基础考试

　　成为一个注册专业工程师(PE)是你迈向成功工程职业生涯最重要的一步。在美国，每个州都要求工程师持有 PE 证书，他们的工作可能会涉及生命、健康或财产方面，或是向公众提供服务。因此，从事许多类型的工作是绝对要求持有证书的。此外，注册工程师比其他工程师拥有更多的机会和更高的薪水(高出 15%～25%)。

　　对证书的要求由各个州自己设置，但每个州都类似。此外，通过互惠协议，许多州都承认在其他州获得的证书。一般来说，成为一个注册专业工程师需要获得 ABET(认证工程计划的学位)，加上四年的相关工作经验，并成功完成两个州的考试。由美国国家工程考试与调查委员会(NCEES)负责考试并评分。工程基础(FE)的考试可以在任何时间进行，但是，必须具有至少四年的工作经验才能参加工程原理和实践(PE)的考试。

　　读者应该计划在毕业前或刚毕业不久参加 FE 考试，越早越好，因为题目涉及的主题十分广泛。为了通过 FE 考试，许多工程师努力地重新复习那些毕业时曾经非常熟悉的知识。如果你是一个机械工程师、土木工程师或化学工程师，你的工作不会经常用到电路知识。多年以后，你也许不能再解答与电路相关的问题(虽然你曾经使用这本书学习了相关课程，而且在课程结束时解题也毫不费力)。因此，在大三、大四这两年参加 FE 考试是最好的时机，建议保存、使用好这本书，用于复习电路知识。

　　请仔细浏览 NCEES 的网址 www.ncees.org，了解相关学科最新的 FE 考试大纲和要求，而且该网址也有最新的工程原理和实践(PE)考试的要求。

　　另外，关于专业认证的信息由国美国家专业工程师协会(NSPE)提供，网址是 www.nspe.org。

附录 D   测试题的答案

T1.1   a. 4; b. 7; c. 16; d. 18; e. 1; f. 2; g. 8; h. 3; i. 5; j. 15; k. 6; l. 11; m. 13; n. 9; o. 14。

T1.2   a. $v_R = -6\text{ V}$。b.电压源输出功率为 30 W。c.共三个节点。d.电流源吸收功率为 12 W。

T1.3   a. $v_{ab} = -8\text{ V}$。b.电流源 I_1 输出功率为 24 W，电流源 I_2 吸收功率为 8 W。
c. $P_{R1} = 5.33\text{ W}$，$P_{R2} = 10.67\text{ W}$。

T1.4   a. $v_1 = 8\text{ V}$；b. $i = 2\text{ A}$；c. $R_2 = 2\,\Omega$。

T1.5 $i_{sc} = -3\text{ A}$。

T1.6 $v_4 = 80\text{ V}$；$i_3 = 5\text{ A}$；$i_2 = 4\text{ A}$；$i_1 = 11\text{ A}$；$v_1 = 110\text{ V}$；$v_s = 190\text{ V}$。

T2.1   a. 6; b. 10; c. 2; d. 7; e. 10 或 13; f. 1 或 4; g. 11; h. 3; i. 8; j. 15; k. 17; l. 14。

T2.2 $i_s = 6\text{ A}$；$i_4 = 1\text{ A}$。

T2.3   G=[0.95 -0.20 -0.50; -0.20 0.30 0; -0.50 0 1.50]
I=[0; 2; -2]
V=G\I% 或者用 V=inv(G)*I 表示

T2.4   一个合适的方程组由下面三个方程组的任意两个组成：

1. KVL 回路 1：

$$R_1 i_1 - V_s + R_3(i_1 - i_3) + R_2(i_1 - i_2) = 0$$

2. 结合回路 2 和 3 的 KVL 方程：

$$R_4 i_2 + R_2(i_2 - i_1) + R_3(i_3 - i_1) + R_5 i_3 = 0$$

3. 电路外围的 KVL 方程：

$$R_1 i_1 - V_s + R_4 i_2 + R_5 i_3 = 0$$

结合电流源方程：

$$i_2 - i_3 = I_s$$

T2.5 $V_t = 24\text{ V}, R_t = 24\,\Omega, I_n = 1\text{ A}$，$I_n$ 的参考方向指向 b 端，参考电压 V_t 的正极在 b 的一端。

T2.6   通过叠加，流过 5 Ω 电阻 25% 的电流归因于 5 V 电源，功率不能叠加，但是从整个电路的分析可以看到所有的功率由 15 V 的电源提供，因此，5 Ω 电阻中没有功率是由 5 V 电源产生的。

T2.7 a 与 b 端的等效电阻为 26 Ω。

T2.8   最终的电路为 20 V 电压源和 10 Ω 电阻相串联，电压源的正极性端靠近 a 端。

T3.1 $v_{ab}(t) = 15 - 15\exp(-2000t)\text{ V}$；$w_C(\infty) = 1.125\text{ mJ}$。

T3.2 $C_{eq} = 5\,\mu\text{F}$。

T3.3 $C = 4248\text{ pF}$。

T3.4 $v_{ab}(t) = 1.2\cos(2000t)\text{ V}$；$w_{peak} = 90\,\mu\text{J}$。

T3.5 $L_{eq} = 3.208\text{H}$。

T3.6 $v_s(t) = 5\sin(1000t)\text{ V}$。

T3.7 $v_1(t) = -40\sin(500t) - 16\exp(-400t)$ V ;

$v_2(t) = 20\sin(500t) - 24\exp(-400t)$ V 。

T3.8   一组命令得到相应的 $v_{ab}(t)$ 的结果为

```
syms vab iab t
iab = 3*(10^5)*(t^2)*exp(-2000*t);
vab = (1/20e-6)*int(iab,t,0,t)
subplot(2,1,1)
ezplot(iab, [0 5e-3]), title(' \iti_a_b\rm (A) versus \itt\rm (s)')
subplot(2,1,2)
ezplot(vab, [0 5e-3]), title(' \itv_a_b\rm (V) versus \itt\rm (s)')
```

$$v_{ab} = \frac{15}{4} - \frac{15}{4}\exp(-2000t) - 7500t\exp(-2000t) - 7.5\times10^6 t^2 \exp(-2000t) \text{ V}$$

可以用 MATLAB 软件测试命令，验证是否得到这样的结果和图形。

T4.1 $t_x = 4\ln(4) = 5.545$ s 。

T4.2   a. $i_1(0-) = 10$ mA, $i_2(0-) = 5$ mA, $i_3(0-) = 0$, $i_L(0-) = 15$ mA, $v_C(0-) = 10$ V ;

b. $i_1(0+) = 15$ mA, $i_2(0+) = 2$ mA, $i_3(0+) = -2$ mA, $i_L(0+) = 15$ mA, $v_C(0+) = 10$ V ;

c. $i_L(t) = 10 + 5\exp(-5\times10^5 t)$ mA ;

d. $v_C(t) = 10\exp(-200t)$ V 。

T4.3   a. $2\dfrac{di(t)}{dt} + i(t) = 5\exp(-3t)$;

b. $\tau = L/R = 2$ s, $i_c(t) = A\exp(-0.5t)$ A ;

c. $i_p(t) = -\exp(-3t)$ A ;

d. $i(t) = \exp(-0.5t) - \exp(-3t)$ A 。

T4.4   a. $\dfrac{d^2 v_C(t)}{dt^2} + 2000\dfrac{dv_C(t)}{dt} + 25\times10^6 v_C(t) = 375\times10^6$;

b. $v_{Cp}(t) = 15$ V ;

c.欠阻尼； $v_{Cc}(t) = K_1 \exp(-1000t)\cos(4899t) + K_2 \exp(-1000t)\sin(4899t)$;

d. $v_C(t) = 15 - 15\exp(-1000t)\cos(4899t) - (3.062)\exp(-1000t)\sin(4899t)$ V 。

T4.5   命令如下：

```
syms vC t
S = dsolve('D2vC + 2000*DvC + (25e6)*vC = 375e6', 'vC(0) = 0, DvC(0) = 0');
simple(vpa(S,4))
```

命令存放在以 T_4_4 命名的 M 文件中，可以在 MATLAB 文件夹中找到，有关访问此文件夹的信息，请参照附录 E。

T5.1 $I_{\text{rms}} = \sqrt{8} = 2.828$ A ; $P = 400$ W 。

T5.2 $v(t) = 9.914\cos(\omega t - 37.50°)$ 。

T5.3   a. $V_{1\text{rms}} = 10.61$ V ; b. $f = 200$ Hz ; c. $\omega = 400\pi$ rad/s ; d. $T = 5$ ms ; e. $\mathbf{V}_1$ 滞后 $\mathbf{V}_2$ $15°$ 或 $\mathbf{V}_2$ 超前 $\mathbf{V}_1$ $15°$ 。

T5.4 $\mathbf{V}_R = 7.071\underline{/-45°}$ V ; $\mathbf{V}_L = 10.606\underline{/45°}$ V ; $\mathbf{V}_C = 5.303\underline{/-135°}$ V 。

T5.5 $v_1(t) = 94.299\cos(500t - 28.237°)$ V 。

T5.6 $\mathbf{S} = 5500\underline{/40°} = 4213 + j3535$ VA ;

$P = 4213\,\mathrm{W}$；$Q = 3535\,\mathrm{VAR}$；视在功率 $= 5500\,\mathrm{VA}$。

功率因数 $= 76.6\%$（滞后）。

T5.7　$\mathbf{I}_{aA} = 54.26\underline{/-23.13^\circ}\,\mathrm{A}$。

T5.8　命令如下：

```
Z = [(15+i*10)-15;-15(15-i*5)]
V = [pin(10,45);-15]
I = inv(Z)*V
pout(I(1))
pout(I(2))
```

T6.1　所有的时域信号（通常是随时间变化的电流或电压）都可由各种频率、幅值以及相位的正弦波求和得到。滤波器的传递函数是频率的函数，其表达了生成输出量时，输入量的幅值和相位是如何改变的。

T6.2　$v_{\mathrm{out}}(t) = 1.789\cos(1000\pi t - 63.43^\circ) + 3.535\cos(2000\pi t + 15^\circ)$。

T6.3　a. 低频渐近线的斜率是 $+20\,\mathrm{dB}$/十倍频；b. 高频渐近线的斜率为零；c. 渐近线的交点坐标为 $20\log(50) = 34\,\mathrm{dB}$，$200\,\mathrm{Hz}$；d. 这是一个一阶高通滤波器；e.截止频率是 $200\,\mathrm{Hz}$。

T6.4　a. $1125\,\mathrm{Hz}$；b. 28.28；c. $39.79\,\mathrm{Hz}$；d. $5\,\Omega$；e. 无穷大阻抗；f. 无穷大阻抗。

T6.5　a. $159.2\,\mathrm{kHz}$；b. 10.0；c. $15.92\,\mathrm{kHz}$；d. $10\,\mathrm{k}\Omega$；e. 零阻抗；f. 零阻抗。

T6.6　a. 一个带阻（陷波）滤波器，传递函数如图 6.32(d) 所示。其下限截止频率 f_L 略小于 $800\,\mathrm{Hz}$，上限截止频率 f_H 略大于 $800\,\mathrm{Hz}$；b. 一个带通滤波器，传递函数如图 6.32(c) 所示，其下限截止频率 f_L 略小于 $800\,\mathrm{Hz}$，上限截止频率 f_H 略大于 $800\,\mathrm{Hz}$。

T6.7　a. 一阶低通滤波器；b. 二阶低通滤波器；c. 二阶带阻滤波器；d. 一阶高通滤波器。

T6.8　命令如下：

```
f = logspace(1,4,400);
H = 50*i*(f/200)./(1+i*f/200);
Semilogx(f,20*log10(abs(H)))
```

其他命令也能有效工作，以检验命令所生成的图形是否与上述指令所生成的一致。

T7.1　a. 12；b. 19（18 是错误的，因为其遗漏了第一步，反转变量）；c. 20；d. 23；e. 21；f. 24；g. 16；h. 25；i. 7；j. 10；k. 8；l. 1（BCD 中不含十六进制符号 A 到 F 的二进制编码）。

T7.2　a. 101100001.111_2；b. 541.7_8；c. $161.E_{16}$；d. $001101010011.100001110101_{\mathrm{BCD}}$。

T7.3　$FA.7_{16} = 372.34_8$。

T7.4　a. $+97_{10}$；b. -70_{10}。

T7.5　a. $D = \overline{AB} + \overline{(B+C)}$。b. 其只在真值表的行和与图中 $ABC = 000, 001, 100$ 相对应的单元中。c. $D = \overline{AB} + \overline{BC}$；d. $D = \overline{B}(\overline{A} + \overline{C})$。

T7.6　a. 其只在与 $B_8 B_4 B_2 B_1 = 0001, 0101, 1011, 1111$ 相对应的单元中；
　　　b. $G = B_1\overline{B_2\,B_8} + B_1 B_2 B_8$；c. $G = B_1(\overline{B_2} + B_8)(B_2 + \overline{B_8})$。

T7.7　连续状态是 $Q_0 Q_1 Q_2 = 100$（初始状态），110, 111, 011, 001, 100, 111。在 5 次变化过后寄存器返回其初始状态。

T8.1　a. 11；b. 17；c. 21；d. 24；e. 27；f. 13；g. 26；h. 9；i. 20；j. 12；k. 15；l. 16；m. 8；n. 29；o. 23；p. 30。

T8.2　a. 直接，61；b. 索引，F3；c. 固有，FF；d. 固有，01；e. 立即，05；f. 立即，A1。

T8.3　执行 4 条指令后，寄存器的内容和存储单元是

A: 32 　　　　1034: 00

B: 32 　　　　1035: 19

SP: 1035 　　1036: 58

X: 1958 　　　1037: 19

　　　　　　　1038: 58

　　　　　　　1039: 00

　　　　　　　103A: 00

　　　　　　　103B: 00

　　　　　　　103C: 00

T8.4　四个主要的组件是传感器、DAQ 数据采集板卡、软件和通用计算机。

T8.5　四种系统误差是偏移误差、刻度误差、非线性误差和滞后误差。

T8.6　固有误差是在相同条件下可重复发生的测量误差，而随机误差则是每次测量的误差值不同。

T8.7　当传感器和放大器的输入通过不同点接地时形成了环路接地，会引入噪声(通常，噪声的频率与导线的基波和谐波频率相同)。

T8.8　如果使用了一端接地的传感器，我们应该选择一个具有差分输入的放大器以避免引入环路接地噪声。

T8.9　同轴电缆或者屏蔽双绞线导线。

T8.10　如果我们准备检测一个开路电压，应该选择输入阻抗远大于传感器内部阻抗的放大器。

T8.11　采样率必须是被采样信号的最高频率的两倍以上。否则会出现频率混叠，即信号的高频成分与低频成分无法区别。

T9.1　a. $i_D \cong 9.6\,\text{mA}$；b. $i_D \cong 4.2\,\text{mA}$。

T9.2　二极管导通，$v_x = 2.286\,\text{V}$，$i_x = 0.571\,\text{mA}$。

T9.3　电阻为 $1\,\text{k}\Omega$，电压为 3 V。

T9.4　电路与图 9.28 相同，即使位置不同，它也可能是正确的。检查电路中有四个二极管，正极性半周期的电流从电源出发通过第一个正向导通的二极管，然后流过负载，最后流过第二个正向导通的二极管返回到电源负极。负极性的半周期电流的路径应该是通过其他两个二极管中的一个，再流过负载，流过负载的电流方向与之前通过负载的电流方向相同，然后通过第四个二极管返回到电源另一极。

T9.5　电路与图 9.29(a) 相同，将 6 V 的电源转化成 5 V，将 9 V 的电源转换成 4 V，交流电压峰值改变为 10V。然而，所呈现的结果可能有所不同，例如，只要电源的极性和二极管方向不改变，4 V 的电源和二极管 B 可以交换位置，同理，5 V 的电源和二极管也可以交换位置(也就是说，元件的位置在串联联结中并不影响)，并联分支可以互换位置。这个问题没有给出足够的信息来正确选择电阻值，但是在 $1\,\text{k}\Omega \sim 1\,\text{M}\Omega$ 之间的任意一个电阻值都是可以接受的。

T9.6　电路图应与图 9.33(a) 相一致，该图中用 4 V 的电源代替了 5 V 的电源。时间常量 RC 应该比电压源的周期大很多，因此，我们选择元件值应使 $RC \gg 0.1\,\text{s}$。

T9.7　二极管的小信号等效电路很简单，即是一个 $10.4\,\Omega$ 的电阻。

T10.1　$A_{voc} = 1500$；$R_i = 60 \, \Omega$；$R_o = 40 \, \Omega$。

T10.2　答案与表 10.1 类似。

T10.3　a. 跨导放大器；b. 电流放大器；c. 电压放大器；d. 互阻放大器。

T10.4　$A_{voc} = 250$（无单位或 V/V）；$R_{moc} = 50 \, \mathrm{k\Omega}$；$G_{msc} = 0.25 \, \mathrm{S}$。

T10.5　$P_d = 12 \, \mathrm{W}$；$\eta = 60\%$。

T10.6　为避免线性波形失真，电压增益应该保持不变，并且在 1～10 kHz 频率范围内，相频响应为频率的线性函数。当增益为 100 且输入电压幅值为 100 mV 时，输出电压峰值为 10 V，这时，放大器不应该出现削波或者 10 V 输出时的非线性失真。

T10.7　放大器的失调电流、偏置电流和失调电压的作用是添加一个直流分量到被放大的信号。

T10.8　当一标准正弦信号加到放大器的输入端时可能会引起谐波失真。若输出信号中出现谐波的频率是输入信号频率的整数倍，则表明输出端发生了失真。谐波失真是由于输入电压和输出电压间的非线性关系引起的。

T10.9　共模抑制比（CMRR）是差分运算放大器的差模增益与共模增益之比。理想情况下，共模增益为零，运放的输出信号只有差模信号。当我们关注差模信号而想抑制要共模信号时，CMRR 就显得十分重要。例如，在记录心电图时，将两个电极连接到病人身体，我们所关注的心电信号即是两电极接收到的差模信号，另外，共模信号是由 60 Hz 的工频电源引起的。

T11.1　$v_{GS} = 0.5 \, \mathrm{V}$，MOSFET 工作在截止状态，漏极电流为 0，这是因为 v_{GS} 小于阈值电压 v_{to}，因此，$v_{GS} = 0.5 \, \mathrm{V}$ 的 I_D 曲线在横轴上。而 $v_{GS} = 4 \, \mathrm{V}$ 的 I_D 曲线类似于图 11.11。

T11.2　负载线分析的结果是 $V_{DS\min} \cong 1.0 \, \mathrm{V}$，$V_{DSQ} \cong 2.05 \, \mathrm{V}$，$V_{DS\max} \cong 8.2 \, \mathrm{V}$。

T11.3　$R_s = 2.586 \, \mathrm{k\Omega}$。

T11.4　$g_m = 2.5 \, \mathrm{mS}$，工作点 $V_{DSQ} = 5 \, \mathrm{V}$，$V_{GSQ} = 2 \, \mathrm{V}$，$I_{DQ} = 0.5 \, \mathrm{mA}$。

T11.5　a. 短路；b. 短路；c. 开路。

T11.6　见图 11.31(b) 和 (c)。NMOS 导通，PMOS 关断。

T12.1　a. 3；b. 2；c. 5；d. 7 和 1；e. 10；f. 7；g. 1；h. 7；i. 15；j. 12；k. 19。

T12.2　$V_{CE\min} \cong 0.2 \, \mathrm{V}$，$V_{CEQ} \cong 5.0 \, \mathrm{V}$，$V_{CE\max} \cong 9.2 \, \mathrm{V}$。

T12.3　$\alpha = 0.9615$，$\beta = 25$，$r_\pi = 650 \, \Omega$。小信号等效电路图如图 12.26 所示。

T12.4　a. $I_C = 0.8830 \, \mathrm{mA}$，$V_{CE} = 4.850 \, \mathrm{V}$；b. $I_C = 1.872 \, \mathrm{mA}$，$V_{CE} = 0.2 \, \mathrm{V}$。

T12.5　我们需要将 V_{CC} 对地短路，短路耦合电容，并且代入 BJT 的小信号等效电路。小信号等效电路如图 T12.5 所示。

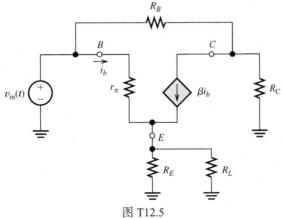

图 T12.5

T12.6 $A_v = -243.0$，$Z_{in} = 761.4\ \Omega$。

T13.1 a. 电路图如图 13.4 所示，电压增益 $A_v = -R_2/R_1$。（当然也可以用不同的电阻符号，例如 R_A 和 R_B，只要代入计算公式即可。）b. 电路图如图 13.11 所示，电压增益 $A_v = 1 + R_2/R_1$。c. 电路图如图 13.12 所示，电压增益 $A_v = 1$。

T13.2 $A_v = -8$。

T13.3 a. $f_{BCL} = 10\ kHz$；b. $v_o(t) = 0.4975\cos(2\pi \times 10^5 t - 84.29°)$。

T13.4 a. $f_{FP} = 707.4\ kHz$；b. $V_{om} = 1\ V$；c. $V_{om} = 4.5\ V$；d. $V_{om} = 0.637\ V$。

T13.5 请参阅图 13.29 的电路图。偏置电流、失调电流和失调电压对放大电路的主要影响是给已有的输出信号添加了一个直流电压(通常是不希望的)。

T13.6 请参阅图 13.33。通常，设置 $R_1 = R_3$，$R_2 = R_4$。

T13.7 请分别参见图 13.35 和图 13.38。

T13.8 滤波器是用于将输入信号中一定频率范围的信号分量输出给负载，而阻止其他频率范围的信号分量输出。有源滤波器由运算放大器、电阻和电容组成，13.10 节的第一段提到了多种滤波器的应用。

T14.1 a. 力为 0.72 N，并且指向 y 的负方向； b. 力为 0。

T14.2 $v = 164.9\cos(120\pi t)\ V$。

T14.3 1.2 V。

T14.4 a. $B_{gap} = 0.5357\ T$；b. $L = 35.58\ mH$。

T14.5 将铁芯中的能量转换为热量的方式是磁滞损耗和涡流损耗。为了减少磁滞损耗，我们选择 B-H 磁滞回线很窄的磁性材料。为了将涡流损耗降到最低，而使用硅钢片或者将钢粉通过绝缘黏合剂固定在一起制成磁芯。磁滞损耗正比于频率，而涡流损耗正比于频率的平方。

T14.6 a. $I_{1rms} = 0$，$I_{2rms} = 0$，$V_{1rms} = 120\ V$，$V_{2rms} = 1200\ V$ b. $I_{1rms} = 11.43\ A$，$I_{2rms} = 1.143\ A$，$V_{1rms} = 114.3\ V$，$V_{2rms} = 1143\ V$。

T14.7 从总能量损失以及运行成本来看，变压器 B 更好。

T15.1 绕组是定子上的磁场绕组和转子上的电枢绕组。电枢电流随着机械负载的变化而变化。

T15.2 请参阅图 15.5(c)。如果磁场断开，转速会变得非常高，使得机器损坏。

T15.3 请参阅图 15.5(d)。

T15.4 转速调节率 $= [(n_{no-load} - n_{full-load})/n_{full-load}] \times 100\%$

T15.5 为了获得磁化曲线，驱动电机恒定转速运行，并绘制开路电枢电压 E_A 和励磁电流 I_F 的关系曲线。

T15.6 并励直流电动机的功率耗损包括：1. 磁场损耗，是磁路中电阻的功率消耗。2. 电枢损耗，是电枢电阻的功率转换为热量引起。3. 转子损耗，包括摩擦、风阻、涡流损耗以及磁滞损耗。

T15.7 通用电动机是交流电动机，它在结构上类似于一个串励直流电动机，原理上不管是交流或者直流电源下它都可以运行。通用电动机的定子层叠的目的是为了减少涡流损耗。相比于其他的单相交流电动机，通用电动机的功率-质量比更高，在电流不过大的情况下，它能产生一个较大的启动转矩，在重负载下，能够减速使得功率更接近恒定值，而且可以设计在高转速下运行。通用电动机的缺点是有电刷和换向器，导致使用寿命较短。

T15.8 1. 改变电枢电路的电压，同时保持磁场不变。2. 改变励磁电流，同时保持电枢电压不变。3. 在电枢电路中串联电阻。

T15.9　a. 80 V；b. 320 V。

T15.10　$I_A = 33.16\ \text{A}$；$T_{\text{dev}} = 31.66\ \text{N} \cdot \text{m}$。

T15.11　a. $P_{\text{dev}} = 4600\ \text{W}$；$T_{\text{dev}} = 36.60\ \text{N} \cdot \text{m}$；$P_{RA} = 200\ \text{W}$；$P_{\text{rot}} = 124\ \text{W}$。b. 转速调节率 ＝ 4.25%。

T15.12　2062 rpm。

T16.1　a. 四极三相感应电动机构成的磁场在空气间隙中由四个磁极互成 90° 顺序排列（即北-南-北-南）。在定子磁极北下方，磁场由定子指向转子，在定子磁极南下方，磁场由转子指向定子。两极以同步转速绕电动机轴向随时间旋转。b. $B_{\text{gap}} = B_m \cos(\omega t - 2\theta)$，其中，$B_m$ 是电场强度峰值，ω 为三相电源的角频率，θ 表示与气隙的夹角。

T16.2　感应电动机的 5 个最重要的特征如下：（1）近似为 100%的功率因数；（2）高的启动转矩；（3）接近于 100%的效率；（4）低的启动电流；（5）高的输出转矩。

T16.3　功率因数 ＝ 88.16%（滞后）；$P_{\text{out}} = 3.429\ \text{kW}$；$I_{\text{line}} = 10.64\ \text{A rms}$；$P_S = 169.7\ \text{W}$；$P_R = 149.1\ \text{W}$；$T_{\text{out}} = 37.90\ \text{N} \cdot \text{m}$；$\eta = 87.97\%$。

T16.4　$s = 5.556\%$，$f_{\text{slip}} = 3.333\ \text{Hz}$，860 rpm。

T16.5　6 极三相同步电动机的定子包含了一组绕组（统称为电枢），由三相交流电源激励。这些绕组产生彼此空间相位差 60°、按顺序交替改变的 6 个磁极（例如，南-北-南-北-南-北）。在定子磁极北下方，磁场由定子指向转子，在定子磁极南下方，磁场由转子指向定子。磁极围绕电动机轴线以 1200 rpm 的同步转速转动。

转子包含运送直流电流的绕组，并建立了 6 个北磁极和南磁极以均匀间隔分布在定子周围。在驱动负载时，转子以同步转速转动，转子的北磁极轻微滞后，受到定子南磁极的吸引。（在某些情况下，转子也可由永磁体构成。）

T16.6　$\delta_2 = 13.39°$；功率因数 ＝ 56.25%（滞后）。

附录 E 学生的在线资源

本书的读者可以通过以下网址 www.pearsonhighered.com/hambley 获取电子版的学生解答手册[①]。

每章练习的详解列在 pdf 文件中，而且还包括习题中带星号的题目以及实际测试题的详解。

MATLAB 文件夹包含书中讨论的 m 文件。

---

① 也可登录华信教育资源网(www.hxedu.com.cn)下载。

尊敬的老师:

您好!

　　为了确保您及时有效地申请培生整体教学资源,请您务必完整填写如下表格,加盖学院的公章后传真给我们,我们将会在 2-3 个工作日内为您处理。

请填写所需教辅的开课信息:

采用教材		□中文版 □英文版 □双语版
作　者	出版社	
版　次	**ISBN**	
课程时间	始于　年 月 日 　学生人数	
	止于　年 月 日 　学生年级	□专 科　　□本科 **1/2** 年级 □研究生　□本科 **3/4** 年级

请填写您的个人信息:

学　校	
院系/专业	
姓　名	职　称　□助教 □讲师 □副教授 □教授
通信地址/邮编	
手　机	电　话
传　真	
official email(必填) **(eg:XXX@ruc.edu.cn)**	**email** **(eg:XXX@163.com)**
是否愿意接收我们定期的新书讯息通知:　　□是　　□否	

系 / 院主任:_____ (签字)

(系 / 院办公室章)

___年___月___日

资源介绍:

--教材、常规教辅(PPT、教师手册、题库等)资源:请访问 **www.pearsonhighered.com/educator**;

(免费)

--**MyLabs/Mastering** 系列在线平台:适合老师和学生共同使用;访问需要 Access Code;

(付费)

100013　北京市东城区北三环东路 **36** 号环球贸易中心 **D** 座 1208 室

电话:(8610)57355003　　传真:(8610)58257961

Please send this form to:

反侵权盗版声明

电子工业出版社依法对本作品享有专有出版权。任何未经权利人书面许可，复制、销售或通过信息网络传播本作品的行为；歪曲、篡改、剽窃本作品的行为，均违反《中华人民共和国著作权法》，其行为人应承担相应的民事责任和行政责任，构成犯罪的，将被依法追究刑事责任。

为了维护市场秩序，保护权利人的合法权益，我社将依法查处和打击侵权盗版的单位和个人。欢迎社会各界人士积极举报侵权盗版行为，本社将奖励举报有功人员，并保证举报人的信息不被泄露。

举报电话：（010）88254396；（010）88258888

传　　真：（010）88254397

E-mail：　dbqq@phei.com.cn

通信地址：北京市海淀区万寿路 173 信箱

　　　　　电子工业出版社总编办公室

邮　　编：100036